1 MONTH OF
FREE
READING

at

www.ForgottenBooks.com

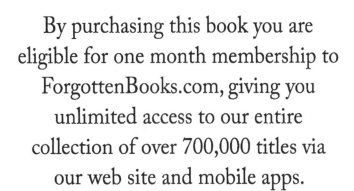

By purchasing this book you are eligible for one month membership to ForgottenBooks.com, giving you unlimited access to our entire collection of over 700,000 titles via our web site and mobile apps.

To claim your free month visit:

www.forgottenbooks.com/free1209520

ISBN 978-0-331-87203-3
PIBN 11209520

BULLETIN

DE LA

SOCIÉTÉ INDUSTRIELLE

DE

MULHOUSE

BULLETIN

DE LA

SOCIÉTÉ INDUSTRIELLE

DE

MULHOUSE

—

TOME XLIII

—

MULHOUSE

IMPRIMERIE Vᵉ BADER ET Cⁱᵉ, ÉDITEURS DES BULLETINS DE LA SOCIÉTÉ INDUSTRIELLE

RUE DE LA JUSTICE, 5

—

1873

RAPPORT ANNUEL

présenté par M. Th. Schlumberger, *secrétaire.*

Séance du 18 décembre 1872.

MESSIEURS,

Au moment de vous soumettre le résumé de vos travaux pendant l'année 1872, il ne sera peut-être pas hors de propos de vous rappeler en quelques mots dans quelles conditions généralement défavorables ont dû, surtout depuis un an, s'exercer nos principales industries.

Vous trouverez dans cette situation difficile, dans de nombreux départs dus presque tous aux changements politiques que nous subissons, dans le trouble et l'agitation inséparables d'une période comme celle que nous traversons, les motifs qui ont empêché notre Société de donner à ses études toute l'importance qu'elles avaient prise avant 1870.

Jugez en effet de la position de l'industriel: il a devant lui, menaçante, la date du 31 décembre qui va lui fermer presque complètement le marché français; les relations qu'il a mis de longues années à établir vont lui manquer brusquement; il lui faut à tout prix chercher de nouveaux débouchés, apprendre à connaître les besoins d'une consommation qui jusqu'ici trouvait pleinement à se satisfaire, se conquérir une position sur un terrain où la place lui est disputée avec acharnement.

En temps ordinaire, une transition aussi radicale ne se serait pas effectuée sans crise; diverses circonstances concourent aujourd'hui à rendre la position plus critique encore.

La main-d'œuvre, en effet, rare et recherchée depuis plusieurs années, est devenue plus rare encore par suite de l'émigration en grand nombre de la population à l'approche du 1er octobre.

Le combustible a presque doublé de prix depuis quelques mois, et vous savez tous combien l'emploi de plus en plus général des machines donne un rôle considérable à cet élément dans l'exploitation d'une industrie.

Pour fabriquer les produits exigés par une consommation nouvelle, il fallait augmenter ou modifier le matériel; et ici encore on s'est trouvé en face d'un obstacle imprévu : une hausse énorme dans toutes les branches de la construction et de la métallurgie, et, par suite, un notable surcroît de dépenses dans l'installation de nouveaux appareils.

Ajoutez enfin une récolte peu abondante dans la plupart des pays d'Europe, un renchérissement continu des moyens de subsistance, et vous vous rendrez facilement compte des préoccupations de l'industrie en face d'une situation aussi pleine d'inconnu.

Il n'entre pas dans ma pensée, Messieurs, en vous rappelant quelques-unes des circonstances au milieu desquelles l'industrie d'Alsace aura à se mouvoir à son entrée en concurrence directe avec les fabriques allemandes, de vous faire envisager l'avenir sous un jour trop sombre.

Nous sommes, c'est certain, à la veille d'une lutte redoutable qui entraînera probablement bien des souffrances; mais espérons en la vitalité de notre industrie qui a supporté si vaillamment déjà tant de secousses, et qui saura, par un redoublement d'efforts et après des sacrifices momentanés, sortir victorieuse de cette nouvelle épreuve.

Malgré tant de chances contraires, vos travaux, Messieurs, n'ont pas été réduits dans la mesure que l'on pouvait craindre, et l'exposé que je vais avoir l'honneur de vous en présenter, vous offrira des indices d'une reprise de bon augure.

Comité de chimie.

De nombreuses communications ont fourni à votre comité matière à des rapports, sinon très étendus, du moins pleins d'intérêt et de variété. Si les essais de longue haleine ont fait défaut, cela tient à l'option, aux incertitudes qui en sont résultées et à des causes de ce genre, qui n'entraveront plus des recherches futures auxquelles les sujets ne manqueront pas. Pour n'en citer qu'un, d'une étendue presque illimitée, je vous rappellerai le manuel sur les matières colorantes en usage dans les fabriques d'indiennes, que le comité s'était proposé de rédiger à un point de vue tout pratique. Il y a là, par suite des découvertes journalières et des progrès incessants dans les procédés de fabrication, un champ d'investigations toujours nouveau.

D'un autre côté, Messieurs, si nous voyons bientôt se réorganiser l'Ecole de chimie avec un laboratoire bien monté, nous pouvons espérer que les études théoriques y fleuriront comme du temps où professaient MM. Penot, Schützenberger et Rosenstiehl; et comme j'en suis à exprimer des vœux, peut-être pourra-t-on aussi réaliser le projet déjà souvent proposé d'un bureau d'essais et d'analyses pour les drogues, les denrées, les engrais, etc.

Pour suivre dans leur ordre de présentation les questions soumises à votre comité de chimie, je vous mentionnerai :

Un procédé de teinture en noir d'aniline, communiqué par M. Jules Persoz et décrit dans l'un de vos Bulletins.

Une note sur l'alizarine artificielle, par M. Ch. Girard, et un mémoire du même auteur sur certaines réactions du phénol et de ses dérivés.

Vous avez ensuite voté l'impression d'un rapport de M. Schützenberger sur un système de blanchiment au soufre, imaginé par

M. Bastaert, et d'un travail de M. C.-F. Brandt sur les propriétés de l'acide anthraflavique.

Votre comité vous a, de plus, fait connaître les résultats d'essais sur les racles en verre destinées à l'impression, et soumises à votre appréciation par M. Arbell, de Stollberg, et une méthode d'élimination du potassium à l'état d'alun, indiquée par M. Ernest Schlumberger.

Citons aussi un mémoire de M. C.-F. Brandt sur la préparation de divers chlorates au moyen du chlorate d'aluminium, et un rapport de M. E. Kopp sur l'analyse du charbon chimique employé en impression.

Dans la séance d'octobre, M. Brandt vous donnait lecture d'une note intéressante sur la composition du noir d'aniline si fort en usage aujourd'hui dans les fabriques d'indiennes, et M. Sacc vous faisait part d'un procédé pour fixer les matières colorantes sur tissu à l'aide de savons insolubles.

Vos Bulletins se sont enrichis d'une étude sur les densités de l'acide chlorhydrique, entreprise par M. Kolb, d'Amiens, qui a dressé une table donnant à 15 degrés de température la richesse en acide réel de divers mélanges variant de 0 à 25 degrés aréométriques.

Vous devez encore à M. Kolb, votre habile membre correspondant, un mémoire sur les densités de l'acide sulfurique, présenté au concours des prix, et vous avez récompensé ce travail par une médaille de 1re classe à la suite du rapport favorable que vous en a fait votre comité par l'organe de M. Rosenstiehl.

Deux concurrents se sont mis sur les rangs pour obtenir le prix relatif à la fabrication de la garance artificielle, et, à la demande de M. Jules Meyer, le rapporteur de votre comité, vous avez décerné une médaille de 1re classse à chacun des deux compétiteurs, MM. Gessert frères d'une part et MM. Meister, Lucius et Brüning d'autre part.

Comité de mécanique.

Depuis que deux de vos créations, l'Association des chaudières et l'Association pour prévenir les accidents de fabriques, fonctionnent avec tant de succès, votre comité trouve dans ces deux directions une ample moisson de sujets d'études sur lesquelles j'aurai l'occasion de revenir.

Vous avez tenu à conserver au Bulletin le travail si complet que vous a soumis M. l'ingénieur des mines Keller sur la situation des industries textiles dans le département du Haut-Rhin au 1er janvier 1870; ce rapport, approuvé dans la plupart de ses données par votre comité, constitue un document de la plus haute valeur, non-seulement au point de vue statistique, mais encore comme renseignements sur la marche de nos industries, sur les frais d'installation et d'exploitation pendant les dix dernières années, et sur les causes des crises qui souvent viennent peser sur nos manufactures.

Dans le même ordre d'idées, vous avez accueilli avec empressement les tableaux statistiques dressés par votre président, M. Aug. Dollfus, sur les diverses industries du Haut-Rhin en 1869 et 1871, et vous lui avez été reconnaissants d'avoir recueilli et classé un si grand nombre d'indications, de les avoir réunies en tableaux qui fournissent, d'un coup d'œil, l'importance exacte des moyens de production de notre pays.

Nous y trouvons, en effet, le nombre d'établissements, les ouvriers occupés, la quantité de broches et de métiers à tisser, les salaires, les productions en filés et en tissus; diversement groupés, ces chiffres nous apprennent combien les filatures emploient d'ouvriers par mille broches, ce que gagne en moyenne un ouvrier par jour, combien de marchandises allaient à l'exportation, etc. Rarement pareille occasion se présente d'obtenir des renseignements aussi certains, les propriétaires d'ateliers ayant eu tout intérêt à transmettre des réponses complètes et vraies au syndicat

industriel, qui avait à procéder à l'enquête d'où ces documents
sont tirés.

Parmi les communications diverses que votre comité a eu à
examiner, il faut encore citer :

Le régulateur pour machine motrice, de MM. Buss frères.

La solution d'un problème de cinématique, mouvement circulaire alternatif en rectiligne alternatif ou réciproquement, par
M. Poulain.

Le projet d'installation d'une grue à vapeur destinée au débarquement des houilles arrivant par bateaux.

Un indicateur de niveau d'eau dans les chaudières, inventé par
M. Emile Daniel, de Rouen, et sur lequel M. Victor Zuber vous a
lu un rapport qui a été inséré au Bulletin.

L'explication fournie par M. Bipper, ancien sous-directeur de
l'Ecole de tissage, d'un petit appareil dit compte-côtes, imaginé et
soumis à la Société par M. Bicking, d'Annecy.

Dans la partie du tissage, vous avez aussi entendu le rapport
favorable de M. Gust. Dollfus sur un appareil qui alimente automatiquement de parement la bâche à colle des encolleuses. Ce
système repose sur le principe de l'injecteur Giffard, et a été
installé par M. Dollander, manufacturier à Wildenstein.

Votre comité est saisi de l'examen d'un nouveau genre de
pompe rotative, de l'essai d'un compteur d'eau, et il est probable
que la question des bâtiments industriels, soulevée incidemment
par le comité d'utilité publique, dans sa recherche des moyens
propres à abaisser en été la forte température des ateliers, donnera lieu au comité de pousser plus loin ses investigations sur un
sujet qui touche à un si haut degré la santé et le bien-être des
ouvriers.

Que de points, en effet, sur lesquels on manque de bases pré-
cises! Le grand nombre de cas particuliers rend très difficile
l'établissement de règles fixes; mais que de renseignements épars
le comité n'arriverait-il pas à réunir en persévérant dans la voie
d'enquête inaugurée par le comité d'utilité publique!

Le concours des prix relatifs aux arts mécaniques n'a pas attiré beaucoup de candidats; vous n'avez eu l'occasion de remettre qu'une seule récompense à MM. Schmerber frères.

Les titres de ces messieurs, appréciés par une Commission spéciale, étaient basés sur l'introduction depuis quelques années dans le Haut-Rhin de la fabrication des émeris en grain et en poudre, et vous avez sanctionné la demande du comité en votant une médaille de 1re classe à MM. Schmerber frères.

Votre Commission du gaz, récemment reconstituée, aura sous peu à vous faire connaître son avis sur divers becs économiques et sur des régulateurs de pression soumis à la Société.

Comité d'histoire naturelle.

A la suite du rapport que vous a lu M. Ph. Becker, au nom du comité, sur une demande de concourir au prix relatif aux cryptogames cellulaires du Haut-Rhin, vous avez approuvé les conclusions de votre délégué, et décerné une médaille de 2e classe à MM. Giorgino et Kampmann fils, auteurs de trois catalogues comprenant les algues, les lichens et les champignons d'Alsace.

Comme se rattachant à l'histoire naturelle, je vous rappellerai encore la conférence que vous a faite au printemps dernier M. le professeur Voulot sur les âges préhistoriques de nos contrées, et dans laquelle il cherchait à démontrer par un grand nombre de vestiges et par des analogies avec ce que l'on rencontre dans d'autres pays, que la chaîne des Vosges a été habitée longtemps avant les temps connus.

Vous avez suivi avec le plus vif intérêt l'exposé de ces vues neuves et hardies, et avez tenu à conserver au Bulletin les idées émises par l'infatigable explorateur, sans toutefois vous associer entièrement à ses opinions, pour lesquelles les moyens de contrôle vous font défaut.

Au mois de juillet, vous entendiez la lecture d'une notice rédigée par M. Charles Grad, l'un des membres correspondants les plus actifs, sur les travaux scientifiques de M. Daniel Dollfus-Ausset.

Dans votre dernière réunion enfin, M. le D^r Kœchlin vous communiquait une note sur l'*Asclepias syriaca*, au point de vue de son acclimatation et des emplois que cette plante pourrait fournir comme matière textile, et vous décidiez l'impression de cette monographie.

Comité d'utilité publique.

Après de sérieuses délibérations, vous avez remis, il y a un an, la direction active du Cercle mulhousien à un comité responsable, agissant entièrement hors de votre contrôle. Pour témoigner tout votre intérêt à une institution dont vous vous étiez occupés activement et qui a toutes vos sympathies, vous avez demandé à recevoir annuellement communication de la marche du Cercle et avez appris avec satisfaction son ouverture dès le mois de mars dernier, le nombre croissant des adhérents et l'avis de diverses conférences qui y ont été tenues avec succès.

Selon le désir du comité, vous avez fait publier l'étude si complète et si bien raisonnnée de votre éminent vice-président, M. le Dr Penot : *De la nécessité de réformer l'enseignement secondaire en France.* Vous avez sans doute encore présentes à la mémoire les modifications urgentes au système actuel que réclame votre rapporteur si autorisé en pareilles matières, et le programme d'études qu'il a tracé de main de maître.

Je dois encore signaler un appel que vous adressait à la séance de février M. Gust. Dollfus en faveur d'une association existant à Mulhouse entre divers établissements pour venir en aide aux femmes en couches. Des résultats appréciables paraissent avoir été atteints, et M. Dollfus croit que l'œuvre rendrait des bienfaits plus sérieux encore, si elle arrivait à comprendre un plus grand nombre de sociétaires.

Comité d'histoire et de statistique.

Vous devez à M. Mossmann, votre savant collègue, une intéressante étude sur le village de Dornach, et vous avez cherché à encourager de tout votre pouvoir ce genre de recherches qui veulent
à la fois beaucoup d'érudition et beaucoup de patience, en insti-
tuant un prix à décerner à l'auteur d'une monographie sur une
des localités des environs.

*Histoire d'un chef de bande des guerres de Bourgogne, né à
Mulhouse,* tel est le titre d'un récit historique excessivement curieux que vous a présenté le même auteur, et qui a été reproduit
dans l'un de vos derniers Bulletins.

Vos comités de l'industrie des papiers et de commerce n'ont eu
que des sujets de peu d'importance à examiner, à l'exception toutefois du mémoire sur les dessins et marques de fabrique dont
M. le président vous faisait connaître à la dernière séance les
passages les plus saillants, et sur lequel votre comité vous émettra
sous peu son avis, la question étant d'une importance capitale
pour l'industrie des toiles peintes.

*Institutions fonctionnant sous la direction ou sous le patronage
de la Société industrielle.*

La reprise prévue et qui devait s'annoncer dès le retour de
temps moins agités, n'a pas manqué de se produire pour vos deux
Ecoles de dessins de figures et de machines. Comme vous l'ont
annoncé les organes de vos deux Commissions de surveillance, les
cours y sont suivis par un nombre d'élèves plus grand que jamais,
et la généreuse libéralité de M. Hæffely, qui permet la gratuité de
l'enseignement, n'a pas manqué son but.

Quant aux Ecoles de tissage et de filature, leur marche est des
plus satisfaisantes. Durant l'année scolaire 1871/72, les cours y
ont été fréquentés par :

20 élèves pour la partie du tissage, et par

10 élèves pour la partie de la filature.

Total : 30 élèves, auxquels il a été délivré aux examens de fin d'année qui ont eu lieu au mois d'août :

9 certificats de capacité de 1er ordre, et

3 certificats de capacité de 2e ordre.

Si on admet, de même que les années précédentes, la classification des élèves en trois catégories, savoir :

1° Les fils d'industriels qui trouvent naturellement à leur sortie de l'Ecole leurs places dans les établissements de leurs parents ;

2° Les fils d'employés industriels envoyés à l'Ecole par les chefs d'établissements pour y compléter leur instruction avant de les recevoir définitivement chez eux ;

3° Enfin les jeunes gens qui se décident à suivre les cours de l'Ecole, soit par vocation, soit par désir d'utiliser dans l'industrie leurs facultés et leur initiative, soit dans l'espoir de trouver à leur sortie une place de directeur ou d'aide-directeur ; on compte sur les 30 élèves qui cette année ont été à l'Ecole :

13 élèves de première catégorie ;

2 élèves de deuxième catégorie ;

15 élèves de troisième catégorie ;

ce qui fait voir qu'il y a progression dans la proportion des élèves étrangers aux aboutissants proprement dits des industries de filature et de tissage, et qui n'avaient d'autre but et d'autre espoir en entrant à l'Ecole, que de se créer une carrière industrielle.

La majeure partie des élèves de cette dernière catégorie occupe en effet en France, en Alsace et à l'Etranger des positions avantageuses de directeurs et d'aide-directeurs, positions pour lesquelles d'ailleurs on s'adresse à l'Ecole de plus en plus, en vue d'obtenir des sujets qu'elle a fournis.

Les cours de la douzième année scolaire, commencés le 4 novembre, sont actuellement déjà suivis par 26 élèves, savoir :

10 élèves dont l'année n'est pas terminée, ou qui, après avoir suivi une des branches, suivent également l'autre.

16 élèves nouveaux.

Sur lesquels actuellement 12 élèves suivent la partie du tissage et 14 élèves celle de la filature.

L'Ecole a vu avec regret quitter M. L. Bipper, son sous-directeur, qui s'est rendu à Reims pour y professer des cours de tissage; il a été remplacé par M. Jules Pernet, ancien élève de l'Ecole centrale et muni du diplôme d'ingénieur mécanicien.

La réunion en une seule des deux Ecoles de filature et de tissage, et ensuite la guerre 1870/71, ont nécessité de la part du Conseil d'administration de l'Ecole une démarche auprès des industriels pour consolider la situation financière, momentanément moins certaine; on a fait le 15 mai un appel pour souscrire vingt parts de mille francs, et, à une seule action près, la somme a été couverte; c'est donc l'occasion de rappeler, pour obtenir encore une adhésion, combien depuis deux ans l'Ecole a rendu de services sérieux aux établissements et aux jeunes gens qui se préparent à la carrière industrielle.

Sous la pression d'impérieuses nécessités, vous vous êtes décidés à voter la fermeture momentanée de l'Ecole de commerce qui avait atteint en quelques années un si grand succès, vous contentant, jusqu'au retour de temps meilleurs, d'avoir frayé la voie à de nombreux imitateurs.

Il en a été de même des bibliothèques populaires et des cours d'adultes, que la fatalité des circonstances a fait négliger et qui ne pourront être repris que plus tard.

L'Association alsacienne des propriétaires d'appareils à vapeur, comme vous le disait M. Ernest Zuber, son président, a continué à fonctionner régulièrement et à se développer dans une large mesure; elle compte aujourd'hui près de 900 chaudières.

Les attributions de ses agents se sont augmentées d'un service très important, celui des essais à la presse des nouveaux appareils et celui de la surveillance autrefois exercée par l'administration; aussi le Conseil de l'Association, pénétré de ce surcroît de responsabilité, a-t-il entouré l'admission de nouveaux membres de mesures de garanties plus efficaces résultant d'un examen préalable des chaudières.

D'après le compte-rendu des agents de l'Association, dont vous a entretenu M. Charles Meunier-Dollfus, l'ingénieur en chef, vous avez pu juger de l'activité du service par le nombre des visites et des observations auxquelles elles ont donné lieu.

Le concours des chauffeurs, suspendu depuis deux ans, sera repris dans quelques semaines sous la surveillance des inspecteurs de l'Association.

Parmi les travaux extraordinaires, les exemples d'essais à l'indicateur, cités par M. Meunier, font voir de quelle grande utilité peut être dans bien des cas cette méthode de contrôle de la marche des moteurs.

Pour terminer, M. Meunier relate deux accidents survenus à des récipients de vapeur, et discute à fond les causes de rupture des parois.

Une autre de vos fondations, l'Association pour prévenir les accidents de fabrique, a continué sans relâche sa mission de propagande et de conseils. M. Engel-Dollfus vous a énuméré les travaux du dernier exercice dans un rapport qui est un vrai plaidoyer éloquent et persuasif en faveur de cette œuvre d'humanité; il vous fait envisager l'entreprise sous ses côtés les plus élevés, fait voir en même temps l'inanité des tentatives entreprises dans le même but par des Sociétés d'assurances, et exprime l'espoir de voir bientôt reprendre les séances de la Commission des accidents, qui était destinée à résoudre un autre côté de la question : l'appréciation par des personnes compétentes des circonstances dans lesquelles s'était produit un accident, et l'arrangement à l'amiable des différends survenus entre patrons et ouvriers, et provenant d'un accident.

Les travaux techniques de l'Association ont fait l'objet de la part de M. Heller d'un consciencieux rapport, qui contient les nombreuses variantes dont est susceptible, selon les circonstances, le monte-courroies Baudouin; les perfectionnements apportés aux nettoyeurs de chariots et porte-cylindres dans les métiers à filer; la description d'un genre de tringles préservatrices contre la sortie des navettes hors des métiers à tisser.

Il me reste, pour terminer cette nomenclature, à vous parler de la plus récente de vos créations, le Musée de dessin industriel que vous avez organisé dans le courant de cette année, et qui va prochainement être installé dans le nouvel étage que vous avez fait construire au-dessus de l'Ecole de dessin.

Cette institution, comme toutes celles que vous avez fondées, n'empruntera à votre patronage que l'autorité nécessaire à lui donner un caractère de permanence et d'utilité publique, et sera gérée d'une manière indépendante par votre comité des beaux-arts, qui vous rendra compte toutes les années de son fonctionnement.

Conseil d'administration.

La situation financière de la Société, telle que vous l'a présentée le mois dernier M. Ernest Zuber, n'a rien que de satisfaisant; vos revenus continuent à se maintenir en excédant sur les dépenses, et pour peu que vos ressources se maintiennent à leur ancien niveau, vous serez bientôt en mesure de vous libérer entièrement de la petite dette qui grève encore votre budget, et disposerez même de recettes suffisantes pour parer à des besoins imprévus ou pour tenter une de ces entreprises comme vous en avez créées un grand nombre depuis dix ans.

Grâce à l'initiative de votre Conseil d'administration, vous avez vu s'accomplir cette année une réforme depuis longtemps désirée, celle de la bibliothèque, organisée depuis peu sur de nouvelles bases. Il y a trois ans, vous aménagiez pour cet objet un local spacieux, dans lequel depuis s'est poursuivi le travail de classement des volumes; aujourd'hui vous complétez ces mesures en facilitant l'accès et la lecture des ouvrages périodiques, et en installant un agent spécial chargé de distribuer les livres aux lecteurs à des jours déterminés.

Je ne saurais, en vous parlant du Conseil d'administration, taire les vides douloureux que cette année a vu s'y produire; c'est d'abord M. le Dr Weber, enlevé d'une façon si inattendue à votre affection, après avoir de longues années rempli le poste de secrétaire d'histoire naturelle; M. le Dr Kœchlin va vous retracer la carrière si bien remplie de votre regretté collègue. Ce sont ensuite deux de vos vice-présidents, les secrétaires de presque tous vos comités que d'inexorables nécessités exilent loin de nous. Pour presque tous, il faut l'espérer, l'absence sera de courte durée.

Au mois de juillet vous faisiez vos adieux à votre éminent vice-président, M. le Dr Penot, qui avait partagé vos travaux pendant de si longues années, lui offriez, en souvenir de ses services signalés, une médaille d'or et lui décerniez par acclamation le titre de vice-président honoraire.

Les démissions de MM. Henri Ziegler, secrétaire du comité de mécanique, Scheurer-Kestner, secrétaire du comité de chimie, ont rendu nécessaires les élections de nouveaux titulaires à ces deux postes, et vous avez appris avec satisfaction à la dernière séance que MM. Ernest Zuber et Rosenstiehl avaient bien voulu accepter ces fonctions.

La Société se compose aujourd'hui de :

    367 membres ordinaires.
    59   »   correspondants.
    25   »   honoraires.
  Total : 451 membres,

et s'est augmentée dans le courant de l'année de 17 membres ordinaires et de 2 membres honoraires.

Arrivé au terme de ce rapport succinct dont veuillez excuser la forme trop aride en tenant compte du grand nombre de sujets qu'il y avait à vous résumer en quelques pages, j'appellerai encore votre attention sur le genre de travaux tout spéciaux qui ont absorbé cette année une grande partie de vos séances; vous avez

pu vous en convaincre, ce sont des questions d'organisation intérieure, dont l'idée première a pris naissance au sein de la Société
même : musée de dessins industriels, bibliothèque, Ecole de chimie, etc., qui constituent les principaux motifs de vos délibérations. Cette situation malheureusement n'est pas près de changer;
pour quelque temps encore les communications du dehors nous
feront probablement défaut, et nous aurons à y suppléer par des
sujets d'étude présentés par les membres mêmes de la Société.

Que chacun veuille donc apporter son contingent à l'œuvre
commune, et trouve dans l'examen d'une des questions qui lui
sont familières l'objet d'un travail à soumettre à votre appréciation. Nous arriverons de la sorte à traverser une période difficile
et à maintenir notre institution au rang qu'elle a su conquérir par
près de cinquante années de travail et d'efforts soutenus.

MOUVEMENT DE LA CAISSE DE LA SOCIÉTÉ

Exercice du 1er décembre 1871 au 30 novembre 1872.

RECETTES.

	Fr.	C.
Cotisations de 157 membres à 60 fr..............	9,420	—
Id. de 214 » à 50 fr..............	10,700	—
Location pour assemblées.....................	350	—
Loyer payé par la Bourse.....................	3,000	—
Rentrées arriérées de location de la salle pour 1870 et 1871.................................	1,000	—
Avances remboursées par l'Ecole de commerce.....	14,169	60
D'un anonyme pour médailles..................	333	—
Intérêts des capitaux bonifiés par la Banque.......	450	75
Souscriptions pour le musée industriel...........	19,085	—
Solde en caisse du précédent exercice...........	27,004	91
Total......	85,501	26

N.-B. — Manque aux recettes le loyer arriéré du 1er semestre de location de la Bourse, fr. 2,500, rentré en décembre.

DÉPENSES.

Frais d'impression du Bulletin.................	4,060	25
Dépenses pour la bibliothèque.................	1,653	45
Fournitures de bureau........................	62	55
Frais de poste..............................	765	25
Frais généraux..............................	400	—
Eclairage..................................	353	—
Port de paquets et menus frais.................	64	60
Service des salles et corridors..................	153	05
Chauffage.................................	825	90
Dépenses et frais pour le Musée.................	6,378	45

N.-B. — L'achat de la collection Weber figure dans cette somme.

A reporter..........	14,716	50

	Fr.	C.
Report..........	14,716	50
Entretien du mobilier.......................	106	45
Entretien et réparation des bâtiments.............	1,240	—
Assurance contre l'incendie....................	341	80
Contributions et bien de main-morte.............	1,188	—
N.-B. — Y compris un arriéré de 1870.		
Appointements de l'agent et du concierge.........	3,369	80
Médailles....................................	345	75
Frais de présidence..........................	2,000	—
Eau de la Doller............................	11	80
Remboursé aux souscripteurs de la salle de la Bourse pour 1871 et 1872........................	3,000	—
Encadrement de deux portraits.................	140	—
Intérêts du capital Kielmann...................	360	—
Remboursement de moitié du capital Kielmann.....	4,000	—
Acomptes payés pour le Musée industriel.........	23,700	—
Total......	54,520	10

—

	Fr.	C.
Total des recettes......	85,510	26
Total des dépenses.....	54,520	10
Solde à nouveau.......	30,990	16

N.-B. — La dépense réelle pour le Musée industriel s'élève à ce jour à fr. 26,200, sur lesquels fr. 2,500 sont payés par la caisse de l'Ecole de dessin.

Sur le solde de fr. 30,990 16, une somme de fr. 10,105 40 appartient à diverses fondations et notamment au Musée industriel; le solde réel du compte de la Société est donc de fr. 20,884 76.

Ecole de dessin.

RECETTES.

Subvention de la ville........................	500	—
Loyer des locaux occupés par les Ecoles de chimie et professionnelle............................	2,500	—
Deux semestres de rente 4 1/2 0/0.............	220	—
Dotation de M. Hæffely.......................	2,000	—
Solde en caisse du précédent exercice............	2,832	51
Total......	8,052	51

DÉPENSES.

Traitements des professeurs et du concierge.......	3,898	40
Entretien des bâtiments.......................	303	50
Fournitures et mobilier.......................	325	65
Part à la construction du Musée industriel........	2,500	—
Eclairage..................................	471	25
Total......	7,498	80

N.-B. — Manque aux recettes le loyer arriéré de la bibliothèque et du Musée du vieux Mulhouse fr. 900. qui n'est rentré qu'en décembre. •

	Fr.	C.
Total des recettes......	8,052	51
Total des dépenses.....	7,498	80
Solde à nouveau.......	553	71

CONSEIL D'ADMINISTRATION

au 1ᵉʳ janvier 1873.

MM. Auguste Dollfus, président.
Engel-Dollfus,
Ernest Zuber, } vice-présidents.
Iwan Schlumberger,
Dʳ A. Penot, vice-président honoraire.
Théodore Schlumberger, secrétaire.
Auguste Lalance, secrétaire-adjoint.
Mathieu Mieg, trésorier.
Auguste Thierry-Mieg, trésorier intérimaire.
Charles Bœringer, économe.
Edouard Thierry-Mieg, bibliothécaire.
Claude Royet, bibliothécaire-adjoint.

Comité de chimie.

MM. Rosenstiehl, secrétaire.
Schneider, secrétaire-adjoint.
Scheurer-Kestner.
Ch. Dollfus-Galline.
Léonard Schwartz.
Eugène Ehrmann.
Eugène Kœchlin.
Edouard Thierry-Mieg.
Claude Royet.
Iwan Schlumberger.
Georges Steinbach.
Oscar Kœchlin.
Jean Gerber-Keller.

MM. Jules-Albert Hartmann.
    Camille Kœchlin.
    Gustave Schæffer.
    Charles Thierry-Mieg.
    Jean Heilmann.
    Henri Hæffely.
    Paul Richard.
    Eugène Dollfus.
    Dr Goppelsrœder.
    Oscar Scheurer.
    Donald Schlumberger.
    Frédéric Wolf.
    Imbach.
    Jules Meyer.
    Iwan Steinbach.
    Auguste Thierry-Mieg.
    Horace Kœchlin.
    Jean Meyer.
    Edouard Huguenin.
    Justin Schultz.
    Eugène Bruckner.
    Kuhlmann.
    Gustave Engel.
    Brandt.
    Emile Schultz.
    Charles Meunier.
    Frédéric Witz.
    Georges de Coninck.

Comité de mécanique.

MM. Ernest Zuber, secrétaire.
    Camille Schœn, secrétaire-adjoint.
    Théodore Schlumberger, secrétaire-adjoint.

MM. Henri Ziegler.
Gustave Dollfus.
Gaspard Ziegler.
Auguste Dollfus.
Victor Zuber.
Engel-Royet.
Edouard Beugniot.
Grosseteste.
Paul Heilmann.
Fritz Engel.
Alfred Bœringer.
Charles Meunier.
Heller.
Auguste Lalance.
Emile Burnat.
Henri Thierry.
F.-J. Blech.
Jacques Rieder.
W. Tournier.
E. Fries.
Louis Breitmeyer.
Vincent Steinlen.
Edmond Frauger.
Charles Bohn.
Hallauer.
Baudouin.
Louis Berger.
Henri Schwartz fils.
Emile Weiss.

} Membres correspondants.

Comité de commerce.

MM. Georges Steinbach, secrétaire.
Jean Mantz-Blech.
Jean Dollfus.

Hartmann-Liebach.
J.-Alb. Schlumberger.
Mathieu Mieg.
Engel-Dollfus.
Weiss-Schlumberger.
Emile Kœchlin.
Iwan Rack.
Alfred Kœchlin-Schwartz.
Amédée Schlumberger.
Iwan Zuber.
Imbert-Kœchlin.
Henri Spœrry.
Gustave Favre.
Théodore Hanhart.
Charles Thierry-Mieg.
Victor de Lacroix.
Lazare Lantz.
Frédéric Braun.
Alfred Engel.
Edouard Schwartz.

Comité d'histoire naturelle.

MM. Dᴿ Eugène Kœchlin, secrétaire.
Edouard Vaucher.
Becker.
Auguste Michel.
Weiss-Schlumberger.
Gerber-Keller.
Oscar Kœchlin.
Kuhlmann.
Dᴿ Kestner.
Joseph Kœchlin.
Charles Zuber.

MM. Edouard Weber.
Jean Danner.
Georges Winckel.

Comité d'histoire et statistique.

MM. Charles Thierry-Mieg, secrétaire.
Ehrsam.
Klenck.
Engel-Dollfus.
Mathieu Mieg.
Stœber.
Emile Kœchlin.
Auguste Thierry.
Joseph Coudre.

Comité des beaux-arts.

MM. Alfred Kœchlin-Schwartz, secrétaire.
Eugène Kœchlin.
Nicolas Kœchlin.
Henri Ziegler.
Engel-Dollfus.
Mathieu Mieg.
Zuber-Frauger.
Jundt.
Auguste Klenck.
Jules Bidlingmeyer.
Louis Schœnhaupt.
Louis Risler.
Ernest Lalance.
Alfred Favre.
de Rutté.
Alfred Engel.

MM. Ehrmann.
   Rodolphe Kœchlin.

Comité d'utilité publique.

MM. Engel-Dollfus, secrétaire.
   Jean Dollfus.
   Henri Thierry-Kœchlin.
   Iwan Zuber.
   Mantz-Blech.
   Georges Steinbach.
   Nicolas Kœchlin.
   Louis Huguenin.
   Charles Nægely.
   Charles Thierry-Mieg.
   J.-J. Bourcart.
   Auguste Klenck.
   J.-G. Gros.
   Albert Tachard.
   Emile Kœchlin.
   Lazare Lantz.
   Gustave Schæffer.
   Auguste Lalance.
   Frédéric Wolf.
   Dr Kœchlin.
   Oscar Kœchlin.
   Edouard Schwartz.
   Kuhlmann.

Comité de l'industrie des papiers.

MM. Amédée Rieder, secrétaire.
   Iwan Zuber, secrétaire-adjoint.
   Math. Braun, secrétaire-adjoint.

Zuber-Frauger.

Journet.

Outhenin-Chalandre.

Léon Krantz.

Auguste Krantz.

Bichelberger.

Gustave de Bouryes.

Jacques Rieder.

LISTE

des membres décédés en 1872.

MM. Alfred Kœchlin-Steinbach, manufacturier, à Mulhouse.

John Lightfoot, chimiste, à Lowerhouse.

Müller-Saudo, négociant, à Mulhouse.

Membres ordinaires reçus en 1872.

MM. Frédéric Granier, négociant, à Avignon.

Louis Risler, dessinateur, à Mulhouse.

Jules Bidlingmeyer, dessinateur, à Mulhouse.

Louis Schœnhaupt, dessinateur, à Mulhouse.

Alfred Homberger, chimiste, à Mulhouse.

Henri Yunck, directeur de filature, à Malmerspach.

Rossel, ingénieur, à Montbéliard.

Edouard Kœchlin, chimiste, à Lœrrach.

Jean Danner, à Mulhouse.

Edouard Weber, docteur, à Mulhouse.

Georges Winckel, manufacturier, à Bourbach-le-Bas.

Joseph Weiss, chimiste, à Heidenheim.

Desgrandchamps, ancien notaire, à Ferrette.

Jeanmaire, chimiste, à Mulhouse.

Charles Brustlein, directeur, à l'Ile-Napoléon.

Albert Scheurer, manufacturier, à Thann.

Spencer-Borden, manufacturier, à Fall-River.

Mathieu Mieg fils, manufacturier, à Mulhouse.

Girod, chimiste, à Næffels.

Jean-Jacques Birckel, ingénieur, à Mulhouse.

Membres honoraires.

MM. Coudre, archiviste, à Mulhouse.

Hallauer, ingénieur de l'Association alsacienne, à Mulhouse.

RÈGLEMENT

*du Musée de dessin industriel de Mulhouse, adopté par la Société
industrielle dans sa séance du 27 septembre 1872.*

ARTICLE PREMIER. — Le Musée de dessin industriel, organisé
sous le patronage de la Société industrielle, a pour but de former
à Mulhouse les archives de l'industrie des toiles peintes et de concourir par là au progrès de tout ce qui se rattache au dessin
industriel.

ART. 2. — Les moyens d'y arriver sont :

1o L'abonnement aux échantillons des plus grandes nouveautés
en tissus et impressions;

2o La réunion de toute espèce de matériaux.

ART. 3. — L'administration et la surveillance du Musée sont
confiées à une Commission de sept membres désignée par le comité
des beaux-arts, et faisant partie de la Société industrielle. Elle se
compose d'un secrétaire, d'un trésorier et de cinq membres conservateurs.

ART. 4. — Le secrétaire est chargé de la tenue des registres,
de la correspondance et des convocations.

Art. 5. — Le trésorier fait rentrer les sommes dues, délivre les cartes et fait les payements.

Art. 6. — Les conservateurs sont chargés de la surveillance du Musée et du classement des matériaux.

Art. 7. — Il sera établi un budget à la fin de chaque année.

Art. 8. — La cotisation annuelle est fixée à quinze francs.

Art. 9. — Toute personne payant une cotisation de quinze francs par an, sera considérée comme membre ordinaire et recevra une carte d'entrée.

Art. 10. — Toutefois, les fabricants d'impression et les dessinateurs ne faisant pas partie de la Société industrielle auront à payer par maison ou par atelier une somme annuelle de soixante francs en dehors de celle de quinze francs par carte.

Art. 11. — Les cartes sont personnelles.

Art. 12. — Aucun livre ou objet faisant partie de la collection ne pourra, sous aucun prétexte, être emporté du local du Musée.

Art. 13. — L'exclusion d'un membre pourra être prononcée pour un motif grave.

Art. 14. — Le Musée sera ouvert tous les jours pour les membres ordinaires, et le dimanche pour le public.

NOTE

*sur l'*Asclepias syriaca, *plante textile, par* M. le D^r KœCHLIN.

Séance du 27 novembre 1872

Asclepias syriaca. LINNÉ.　　Apocynum syriacum.
　　　　　　　　　　　　　Apocynum majus.
　　　　　　　　　　　　　Apocyn à ouate soyeuse.
　　　　　　　　　　　　　Plante à soie.
　　　　　　　　　　　　　Coton sauvage.
　　　　　　　　　　　　　Coton de Silésie.
　　　　　　　　　　　　　Berdel-sar ou Beïdel-ossor (Egypte).

BOTANIQUE. — Tous ces noms s'appliquent à la même plante ou au moins à des espèces très voisines, ce qui s'explique par sa facile acclimatation; d'où il résulte qu'elle est répandue dans un grand nombre de localités.

Plante vivace, originaire de Syrie, se trouvant aussi en Egypte dans les lieux humides, cultivée en Amérique; le fruit, couvert de deux écorces, l'une verte et membraneuse, l'autre mince, polie, de couleur safranée, recouvrant une matière filamenteuse sous laquelle toute la capacité du fruit est remplie d'une espèce de coton très fin, très mollet, d'un beau blanc, et qu'on nomme ouate ou houette.

Il y a plusieurs espèces d'apocyn dont le fruit fournit une matière analogue; mais on n'emploie guère que celui de Syrie ou de Canada, que l'on appelle aujourd'hui *ouate soyeuse*. On la tire d'Alexandrie par la voie de Marseille.

Le coton de Silésie se trouve aux environs de Hirsenberg et Grieffenberg; le duvet est aussi fin que la soie et blanc comme neige, mais si court qu'on ne peut le filer. Il convient parfaitement pour faire des ouates [1].

---

[1] BEZON, *Diction. gén. des tissus anc. et mod.*, tome Ier.

Cette plante est naturalisée en Alsace depuis deux siècles, et y a été cultivée pendant quelque temps pour la houppe soyeuse des graines qui sert à préparer la ouate. Elle croît spontanément aux environs de Strasbourg [1].

Elle est cultivée en grand aux Etats-Unis et en Silésie [2].

CULTURE. — La culture de l'*Asclepias* n'exige d'autres soins que ceux de la première plantation. On sème en couche au printemps; on couvre de paille les jeunes plants pendant l'hiver suivant, et au printemps on les transplante en espaçant de 0m,50.

Elle se contente alors d'un sol maigre et pierreux, sans autres soins que ceux que lui donne la nature, résiste parfaitement au froid de nos climats et vit jusqu'à 20 ans.

Elle peut aussi se multiplier par racine, et donne alors des produits dès la première année; pour cela on coupe des vieilles souches les racines à yeux, et on les plante à profondeur de 12 à 18 centimètres à la distance ci-dessus.

Elle préfère un sol léger, un peu humide, à l'abri du nord; toute espèce de culture, pourvu qu'elle ne soit pas trop grasse, favorise le développement et augmente le produit de la plante.

A la maturité, on récolte à la fois tous les fruits; ceux encore verts achèvent de mûrir et s'ouvrent par l'exposition dans un lieu sec.

La séparation du duvet d'avec la graine est très facile. Après la récolte on coupe les tiges et les traite comme le chanvre, et on obtient des filaments qui ont les propriétés de ce dernier.

Enfin la fleur est très riche en miel [3].

EMPLOI INDUSTRIEL. — 1o *Fibres de la tige.* — Tous les auteurs qui en parlent attribuent aux fibres de l'écorce de l'*Asclepias* les mêmes qualités qu'au chanvre. Bouillet dit qu'elle le remplace aux Etats-Unis et en Silésie où on la cultive en grand. Kirschleger dit

---

[1] KIRSCHLEGER, *Flore d'Alsace.*
[2] BOUILLET, *Diction. dessciences.*
[3] COOK. *Note, Bull. Soc. ind.*, Mulhouse, 1839, tome XIII.

que l'écorce, très tenace, sert à faire des cordes. Cook répète la
même chose; mais la Société industrielle n'a pas eu l'occasion de
faire des essais ou de voir des produits fabriqués, et du reste
l'industrie locale n'aurait pas l'emploi de ce genre de matière
textile, qui conviendrait plutôt aux fabriques du Nord de la
France qui travaillent le lin.

Plusieurs plantes de la même famille donnent des fibres tirées
de l'écorce et remarquables par leur ténacité. Ce sont surtout :

> *Marsdenia tenacissima;*
> *Calotropis gigantea;*
> *Orthantera viminea,*

toutes croissant aux Indes.

2° *Duvet du fruit.* — L'essai industriel remonte au siècle dernier, et on trouve vers 1780 à Liegnitz, en Silésie, une fabrique
exploitant ce produit pur ou mélangé au coton pour faire des
bas, des gants. Il y a d'autres preuves de l'exploitation dans le
siècle dernier de cette espèce de coton.

Cook[1] a fait des essais de cette soie tirée de plantes cultivées
par lui-même, et pense que la fibre pure est trop courte et trop
peu feutrante pour pouvoir s'employer sans mélange de coton; il
pense que cette plante pourrait utilement être cultivée, vu sa
rusticité dans les terres ingrates.

Emile Dollfus[2] a trouvé les fibres du duvet d'*Asclepias* longues
de 0m,020 à 0m,025, se séparant facilement de la graine, très
brillantes, formées, comme celles de coton, d'un tube aplati, mais
non tournées en hélice comme celles-ci, ce qui en diminue la
valeur textile par suite du manque de feutrage.

La résistance de ces fibres est très faible.

Il conclut à la nécessité de mélanger au moins un quart de
coton au duvet pour pouvoir le filer mécaniquement; malgré ce
mélange pendant le travail qui a été le même que pour le coton,

---

[1] Note déjà indiquée.
[2] *Note, Bull. Soc. ind.*, Mulhouse, 1839, p. 202.

les filaments ont montré une grande disposition à se séparer de la masse et à voltiger dans l'air des ateliers.

Les fils, et surtout les tissus fabriqués, ont perdu tout le brillant du produit naturel; ce qu'il attribue à la rupture des filaments pendant le travail.

Il conseillerait donc, si on voulait répéter les essais, de les faire porter sur des produits qui laisseraient autant que possible à cette matière son seul avantage, qui est le brillant, tels que cordonnets, passementerie, gants.

On peut conclure de tout ce qui précède :

CONCLUSIONS. — 1º Que l'*Asclepias syriaca* est d'une culture facile et est remarquable par la facilité de son acclimatation; ce qui devrait engager à en faire une plante productive;

2º Que le duvet du fruit a trouvé son véritable emploi industriel dans la fabrication des différents objets où l'on emploie la ouate; mais que, vu l'abondance, le bon marché et surtout les qualités spéciales du coton pour la filature mécanique, le duvet de l'*Asclepias* ne pourrait le remplacer ni même y être mélangé sans grand inconvénient;

3º Que la fibre de l'écorce a les propriétés du chanvre et peut être employée aux mêmes usages après avoir été préparée de la même manière, mais que la Société n'est pas à même de dire si, après de nouveaux essais et un travail préparatoire, cette fibre pourrait avoir de la valeur dans la fabrication de fils et de tissus analogues à ceux de lin.

La note précédente de M. le Dr Kœchlin sur l'*Asclepias syriaca* a été provoquée par une communication de Mme. Marcelin David, de Clamart, dont nous extrayons les renseignements suivants :

« Il y a onze ou douze ans, un capitaine de navire m'apporta des graines de deux différents *Asclepias,* que je me plus à cultiver comme plante exotique. Après divers essais, je parvins à en obtenir des fruits qui me procurèrent de nouvelles semences; je les fis avec d'autant plus de soin que je reconnus cette plante comme filamenteuse, et pensai dès lors que l'on pouvait en tirer parti au point de vue du progrès industriel.

« Je fis fabriquer, il y a quatre ans, par un tisserand de campagne, qui ne fait que de grosse toile, un échantillon avec les fibres que j'avais extraites de la tige de l'*Asclepias*, et, d'après cet essai, je dois croire que par les moyens industriels on tirera de cette plante un tissu pareil à la plus belle batiste.

« Je joins à la présente quelques fibres enlevées sur une tige verte ; vous jugerez par leur finesse et leur solidité sans aucune préparation ce qu'elles seraient une fois dégagées des matières gommeuses étrangères.

« La soie contenue dans les follicules serait, je crois, susceptible d'être travaillée ; elle est assez longue, forte et d'un blanc superbe.

« J'ai environ 70 mètres superficiels du culture d'*Asclepias syriaca,* plants de trois ans, et d'autres de six et huit ans. Dans ces derniers les tiges atteignent 2m,30 de hauteur ; j'en aurais une assez grande quantité pour pouvoir peut-être faire un essai pratique.

« L'autre *Asclepias,* dont j'ai également obtenu des fruits, est une plante volubile, semblable au liseron des haies : fleur axil- laire par petits bouquets, même fruit, mais la soie de l'intérieur est cassante.

« La tige a 7 à 8 mètres de longueur, s'enroulant autour de perches comme celles employées pour le houblon.

« J'ai cultivé aussi comme plante annuelle l'*Asclepias de Curaçao ;* la tige est également filamenteuse, mais peu produc- tive. »

NOTICE

nécrologique sur M. le docteur Weber, par M. le Dr Eug. Kœchlin.

Séance du 18 décembre 1872.

Messieurs,

Je viens un peu tard vous entretenir, selon l'usage consacré de longue date par la Société industrielle, de notre regretté collègue Jean Weber.

Il était du nombre toujours décroissant de ceux qui prirent part, sinon à la création, du moins à l'organisation de notre Société, et qui eurent aussi le bonheur de vivre pendant les belles années de prospérité de notre cité, pendant cette ère de jeunesse où tout grandissait et réussissait ici.

Nos aînés, en se mettant avec tant d'ardeur à l'œuvre pour jeter les fondations de notre institution, pouvaient sans doute s'attendre à des moments passagers de crise, où cette prospérité serait pour quelque temps éclipsée; mais ils ne pouvaient heureusement prévoir la maladie de langueur qui nous mine aujourd'hui et dont l'influence décourageante nous laisse sans forces, et nous empêche d'apporter notre pierre à l'édifice de l'avenir.

Né en 1804, Weber ne reçut pas, comme vous le savez, une éducation de luxe; les impressions qui frappèrent son intelligence, dans le milieu plus que modeste où s'écoula son enfance, ne s'effacèrent pas, et donnèrent à son esprit cette âpreté au travail qui le distingua plus tard.

Il a dû sans doute aussi à cette éducation sévère une force de constitution qui lui a permis de se livrer presque sans interruption, pendant quarante-deux ans, à une profession des plus fatigantes.

C'est au moyen d'une bourse qu'il put aller faire son instruction secondaire au collége de Nancy, en compagnie de plusieurs Mulhousois. Car alors, comme aujourd'hui, nos . compatriotes étaient contraints d'aller au dehors apprendre la langue française.

A Nancy, Weber se lia d'amitié avec deux Lorrains, qui, arrivés plus tard aux grandeurs, l'un comme chirurgien, Malgaigne, l'autre, Schneider, comme industriel, ne cessèrent de rester avec lui en très bons termes d'amitié.

En 1823 il se rendit à Paris pour commencer ses études médicales; là encore il eut à lutter avec l'exiguïté de ses ressources jusqu'à ce que, reçu par concours interne dans les hôpitaux, il put se mettre un peu à l'aise, car l'administration fournissait à ses élèves, avec le logement, une nourriture aussi simple que peu variée.

C'est à cette Ecole, unique dans le monde, que Weber acquit ce coup d'œil médical, ce jugement sain qui le distinguait dans la pratique; c'est là que, constamment en contact avec ses malades, pouvant voir leur physionomie et l'effet des médicaments à toute heure du jour et de la nuit, passant des salles à l'amphithéâtre, il fut le collaborateur du célèbre Louis dans l'étude d'une maladie connue aujourd'hui de tout le monde, mais qui alors était un sujet de vives discussions entre les princes de la science, au grand détriment du malade, que l'un voulait guérir par les saignées et l'autre par les excitants.

Amère dérision du sort! c'est cette même maladie qu'il avait tant étudiée et contribué à faire connaître, qui devait, vingt-cinq ans plus tard, lui ravir son fils aîné, arrivé à Paris depuis quelques mois, et enlevé en peu de jours par une épidémie violente provoquée par les travaux de démolition alors dans toute leur splendeur.

J'ai assisté à ce drame affreux d'un corps jeune, d'une intelligence saine, frappés à mort en moins de deux jours par ce poison insaisissable; j'ai vu l'impuissance des soins dévoués du maître qui avait instruit le père et qui ne pouvait lui conserver son fils; j'ai vu l'arrivée des parents qui, appelés en toute hâte, ne trouvèrent plus que la dépouille inanimée de leur enfant.

Tout cela est horrible et l'est doublement pour un médecin, et vous m'excuserez d'avoir rappelé cette circonstance, toujours présente à mon esprit, où je reçus pour ainsi dire le baptême du feu.

Après avoir obtenu le prix de l'Ecole pratique que la Faculté décerne à ses meilleurs élèves, Weber revint se fixer à Mulhouse en 1830, peu de jours après la révolution de juillet, dont il fut témoin et acteur. Il ne tarda pas à récolter les fruits du travail persévérant qui avait été la seule occupation de sa jeunesse. Il arrivait ici avec le prestige que donnait à ses élèves l'Ecole de Paris à une époque où nos concitoyens en étaient encore réduits à confier leur santé à quelques médicastres venus d'outre-Rhin, quelques-uns dans les fourgons des alliés, et dont les diplômes étaient fort sujets à caution.

Quoique entièrement voué à l'exercice de sa profession, Weber ne tourna cependant pas, comme tant d'autres, le dos à la science et aux travaux de l'esprit dès sa sortie de l'Ecole.

Notre Société, encore dans sa période de constitution, lui décerna, dès le 24 novembre 1830, le titre de membre honoraire, en même temps qu'à ses deux confrères Curie et Bauer. Il ne considéra pas cet honneur comme un simple titre, mais il prit bientôt et ne cessa depuis, soit comme membre du comité d'utilité publique, soit surtout comme secrétaire du comité d'histoire naturelle, de prendre aux travaux de la Société une part aussi active que le lui permettaient ses autres occupations,

Il s'occupait principalement avec intérêt de l'entretien de nos collections et de leur développement, pour lequel il a souvent fait appel à votre caisse, et avait en outre mis en train une souscription annuelle qui nous a permis de nous enrichir de plusieurs pièces fort rares et intéressantes. C'est un grand vide que nous ressentirons au comité d'histoire naturelle au moment où le déplacement du Musée industriel nous permettra sans doute de consacrer plus d'espace aux collections, de ne plus avoir à notre tête cet esprit au jugement sain et aux allures sagement économes.

Il m'est impossible de vous énumérer tous les travaux qui sont sortis de la plume féconde de notre collègue; je me borne à vous en rappeler quelques-uns parmi ceux qui ont enrichi nos Bulletins.

Ce sont des rapports sur :

La culture des forêts;

Les travaux de la section d'agriculture;

Les causes de la détresse de l'industrie;

La culture du lin;

Divers mémoires traitant de l'industrialisme;

La circulaire relative à la durée du travail dans les manufactures;

Le travail des femmes;

Des essais de reproduction de sangsues dans le Haut-Rhin.

Je relève parmi ces publications un travail de 1832 sur le choléra et sur les mesures à prendre contre cette épidémie, rapport fait au nom de la Commission sanitaire. Nous voyons dans ce rapport, fort bien fait, jaillir partout le sens pratique qui distinguait notre collègue; il s'efforce de remettre dans leur assiette les esprits affolés par ce mal nouveau et encore inconnu, et de calmer les frayeurs de la population qui allaient jusqu'à prévoir la nécessité de la fermeture complète des ateliers par crainte de la contagion.

Enfin nous devons à Weber plusieurs notices nécrologiques remarquables sur :

Jean Zuber père;

Joseph Kœchlin-Schlumberger;

Dollfus-Ausset.

Les occupations professionnelles bientôt fort absorbantes de notre collègue ne l'empêchèrent pas cependant de se dévouer à d'autres œuvres de bien public.

En 1834 il fut placé avec son contemporain Bauer à la tête de l'hospice civil, et il ne cessa pas un seul jour, pendant près de quarante ans, de consacrer son temps et son savoir au soulagement de cette intéressante clientèle, prenant aux souffrances des malheureux le même intérêt que s'ils eussent été mieux partagés par la fortune. Le matin même de sa mort, le 2 avril 1872, il avait commencé sa laborieuse journée par son service d'hôpital, quoiqu'il se sentît depuis peu atteint mortellement, obéissant ainsi jusqu'à la fin à la voix du devoir.

Je ne puis non plus passer sous silence les excellents rapports dans lesquels notre collègue sut vivre constamment avec ses confrères Bauer et Müllenbeck qui, moins robustes que lui, le précédèrent dans la tombe minés par les fatigues physiques et morales de leur profession.

Weber fit partie dès 1833 du Conseil municipal, où il ne cessa depuis lors de siéger en qualité de secrétaire.

Il eut encore l'occasion de déployer son activité comme membre de la Commission cantonale des écoles, du Conseil d'hygiène et de salubrité publique, enfin comme membre fondateur de la Société médicale du Haut-Rhin, dont il fut longtemps président.

Il fut récompensé par une médaille pour la vaccine en 1841, une médaille pour le choléra en 1854, et par le titre d'officier d'académie en 1870.

Si un succès mérité fut la récompense de notre collègue, il a été par contre rudement éprouvé dans ses affections. Précédé dans la tombe par deux de ses fils, il avait supporté ces pertes cruelles avec ce stoïcisme qui n'est pas de la dureté de cœur, mais qui devient pour le médecin une condition de l'existence ; encore n'est-ce qu'en apparence qu'il avait résisté à ces coups du sort, car moi qui le voyais souvent et lui devais donner des conseils, malheureusement inutiles, je ne puis douter que c'est là qu'il avait puisé l'origine de la maladie qui l'a emporté. Il s'était rattaché à son dernier fils, sur le point de revenir dans sa ville natale ; c'était ce retour prochain qui soutenait Weber au milieu des souffrances qu'il cachait même à ses proches ; mais cette joie même ne lui fut pas donnée, et, enlevé subitement par un mal sans remède, il ne put voir son fils à son lit de mort.

Cherchant maintenant à vous résumer les traits saillants du caractère de notre regretté collègue, je constate que, malgré une profession fort absorbante, Weber prenait un vif intérêt à la chose publique, au progrès moral et physique de la cité, et était prêt en toute circonstance à accepter des charges qui, loin d'être toujours honorifiques, se transformaient souvent en corvées ingrates. Ce qui me frappait particulièrement dans son caractère, c'était ce jugement sain, ce sens pratique, cette grande droiture, qui faisait de lui l'homme de bon conseil en toutes choses; c'était ensuite une fermeté d'âme à toute épreuve, qui n'excluait nullement l'affection (car je l'ai vu pleurer au chevet de mon père alors atteint d'une maladie fort grave), mais qui lui permettait de montrer à ses patients un visage riant, lors même que son âme était en proie aux plus graves préoccupations. Il était profondément attaché à sa ville natale et à ses institutions. Sa mort subite nous prive d'un citoyen dévoué à la chose publique, d'un collègue loyal et d'un travailleur infatigable.

RÉSUMÉ DES SÉANCES
de la Société industrielle de Mulhouse.

SÉANCE DU 27 NOVEMBRE 1872.

Président : M. Auguste DOLLFUS. — Secrétaire : M. Th. Schlumberger

Dons offerts à la Société.

1. Précis analytique des travaux de l'Académie de Rouen.

2. Chronique bâloise, par la Société historique de Bâle.

3. Dix-neuf brochures diverses, par la Société des arts et sciences de Batavia.

4. Compte-rendu de la Société de patronage des apprentis israélites de Paris.

5. Notice sur la vie et les travaux de M. Daniel Dollfus-Ausset, par M. Charles Grad.

6. Etude sur le terrain quaternaire du Sahara algérien, par M. Ch. Grad.

7. Economie du combustible par l'application du chauffage économique, par M. Paul Charpentier.

8. Locomotive à gaz avec suppression de la fumée et de la vapeur d'échappement, par M. Paul Charpentier.

9. Notice sur les causes de déperdition du sodium dans la préparation de la soude par le procédé Leblanc, par M. Scheurer-Kestner.

10. Archives communales de la ville de Cernay, par M. L. Brielle.

11. Le N° 73 du *Bulletin du Comité des forges de France.*

12. *Das Anthracen und seine Derivate,* par M. G. Auerbach.

13. Vingtième rapport annuel de la cité de Manchester.

14. *Matthew Davenport Hill,* Londres.

La séance ouvre à 5 1/2 heures en présence d'environ quarante membres.

Lecture du procès-verbal de la dernière réunion.

Correspondance.

M. Paul Charpentier, ingénieur civil à Paris, demande à concourir pour la médaille d'honneur figurant au n° 22 des prix à décerner dans la section des arts mécaniques. La communication de M. Charpentier concerne un nouveau système de chauffage au gaz. — Renvoi au comité de mécanique.

M. G. Auerbach annonce d'Elberfeld l'envoi d'un travail sur l'anthracène et ses dérivés, avec prière d'en faire l'objet d'un examen critique. — Le comité de chimie est chargé de ce soin.

MM. E. Maldant et Cᵉ, à Paris, désirent concourir pour le prix relatif à un bec nouveau pour le gaz à la houille. — Renvoi à la Commission du gaz.

Avis d'envoi prochain, de la part de MM. Fischer et Stiehl, du compteur à eau que la Société va expérimenter.

Remise par M. Bonnaymé, garde-mines à Vesoul, de tableaux statistiques des appareils à vapeur qui existaient au 1ᵉʳ janvier 1870 et au 1er janvier 1871 dans le département du Haut-Rhin, ainsi que la nomenclature des mêmes appareils dans la partie non annexée, au 1er janvier 1872. — L'assemblée décide l'impression de ces documents au Bulletin.

M. le président demande l'autorisation de céder à la ville, moyennant une réduction du tiers sur leur valeur d'achat, les poêles qui chauffaient les salles de l'Ecole de dessin, et que l'installation d'un calorifère dans le bâtiment a rendus superflus, — Adopté.

Cette recette sera appliquée au musée de dessin industriel, dont l'installation a permis la suppression des anciens fourneaux.

M. O. Hallauer remercie la Société qui vient de l'admettre au nombre de ses membres honoraires.

Dépôt par M. Ch. Lauth, 2, rue de Fleurus, à Paris, et par M. A. Poirier, 49, rue d'Hauteville, à Paris, à la date du 27 octobre 1872, d'un pli cacheté qui a été inscrit sous le n° 185.

Remise également d'un pli cacheté, n° 186, à la date du 21 novembre 1872, par M. Alphonse Wehrlin, à Mulhouse.

M. A. Lederlin écrit de Thaon que c'est à sa nouvelle adresse qu'il désire recevoir à l'avenir les publications de la Société.

Demande d'informations sur la Société, son objet, ses statuts, etc., par M. Alfred Delesalle, filateur des environs de Lille. Ces renseignements doivent servir à la création, dans le département du Nord, d'une Société pareille à celle de Mulhouse. — Ces données ont été fournies.

Offre de la part de M. le président des plans de la cité ouvrière du Havre, érigée en grande partie d'après les mêmes principes que celle de Mulhouse.

M. le secrétaire-adjoint du comité de mécanique fait part de la démission donnée par M. H. Ziegler et de la nomination, à la dernière séance, par le comité, de M. Ernest Zuber comme secrétaire.

Par suite de l'absence de M. Scheurer-Kestner et du départ de M. le Dr Penot, le comité de chimie a eu également à désigner un secrétaire, et M. le président annonce que son choix s'est porté sur M. Rosenstiehl.

A l'occasion de l'entrée en fonctions des deux nouveaux secrétaires des comités les plus importants, M. le président fait appel à tous les membres de la Société pour les engager à contribuer par leurs propres travaux à donner de l'activité aux études et de l'intérêt aux séances; selon toute apparence, les communications du dehors feront encore défaut pendant quelque temps, et il y a lieu de remplir momentanément ce vide par l'examen de sujets proposés par les membres mêmes de la Société.

M. Ad. Perrey, ancien professeur au laboratoire de chimie à Mulhouse, actuellement à Rouen, désire changer son titre de membre honoraire en celui de membre correspondant. — Adopté.

Le bureau principal des signaux météorologiques de Washington adresse une carte des Etats-Unis, accompagnée d'indications sur les hauteurs du baromètre, les températures et l'aspect du ciel en divers points de l'Amérique du Nord le 15 octobre 1872. — Dépôt au secrétariat.

Travaux.

M. le président communique rapidement les démarches entreprises par la municipalité et par le comité de chimie, pour attirer à Mulhouse un professeur de valeur, capable de donner une forte impulsion aux études chimiques. Comme les ressources de la ville sont très limitées, on a fait appel aux fabricants de toiles peintes pour les prier de venir en aide à la réorganisation du laboratoire; on ne sollicite d'eux une subvention que pour deux ou trois ans de marche, et il faut espérer que d'ici là, l'Ecole de chimie, institution libre, qui fonctionnera sous le patronage moral de la Société, possédera, par le nombre de ses élèves, des revenus suffisants pour prospérer sans subvention nouvelle. Le premier appel fait a déjà été entendu, et la liste de souscription contient déjà des dons importants.

M. le président annonce à l'assemblée la distinction flatteuse dont vient d'être l'objet l'un de ses membres, M. P. Schutzenberger, auquel l'Académie des sciences de Paris vient, en récompense de ses travaux sur la chimie organique, de décerner le grand prix Yecker.

En l'absence de M. le trésorier empêché, M. Ernest Zuber présente la situation financière de la Société pendant l'exercice 1871-1872 ainsi que les comptes de l'Ecole de dessins, qui, grâce à la libéralité de M. H. Hæffely, s'équilibrent parfaitement; les cours de cette Ecole sont plus fréquentés que jamais.

L'assemblée approuve ces comptes et en renvoie l'examen à une Commission de finances, composée de MM. Ernest Zuber, Am. Schlumberger-Ehinger, Auguste Thierry et Edouard Thierry-Mieg. Les prévisions du budget, telles que les soumet M. Zuber au nom du Conseil d'administration, sont adoptées pour la Société et pour l'Ecole de dessins.

Selon les propositions faites à la dernière séance, M. le président fait part à la Société que la distribution des ouvrages à la bibliothèque par M Michel aura lieu les lundis et mardis, de 5 à 6 heures du soir, les mercredis et samedis, de 3 à 4 heures.

M. le D^r Kœchlin, au nom du comité d'histoire naturelle, donne lecture d'une note sur l'*asclepias syriaca*, plante textile, soumise à l'examen de la Société par Mme David, de Clamart. Déjà connu et étudié par divers auteurs, ce végétal ne paraît pas offrir, en présence du bon marché du coton, d'intérêt sérieux pour l'industrie. — L'assemblée vote l'insertion au Bulletin du travail de M. Kœchlin.

M. Aug. Dollfus prévient l'assemblée que les salles destinées à recevoir les collections du musée de dessin industriel sont prêtes pour l'installation du mobilier, et soumet un plan de vitrines, casiers et armoires préparé pour ce but par le comité des beaux-arts. M. le président ajoute que le musée du vieux Mulhouse sera aussi prochainement transféré dans le nouveau local, et qu'un cabinet d'instruments physiques, avec chambre obscure pour essais des pouvoirs éclairants du gaz d'éclairage, sera monté dans la troisième salle de l'étage nouvellement construit.

Comme il l'avait annoncé à la dernière séance, M. le président a fait traduire le mémoire allemand sur les dessins et marques de fabrique, présenté au concours, et donne en partie lecture de ce travail pour en faire connaître l'esprit et les tendances.

La question paraît avoir été sérieusement étudiée par l'auteur, qui connaît à fond la législation sur la matière dans les divers pays industriels, et qui appuie sa manière de voir sur des considérations théoriques et pratiques dont le comité de commerce est chargé d'apprécier la valeur.

M. Alb. Scheurer, de Thann, présenté comme membre ordinaire par M. Ch. Meunier-Dollfus, et M. Spencer-Borden, de Fall-River, présenté par MM. Cam. Kœchlin et d'Andiran, sont admis à l'unanimité des voix.

La séance est levée à 7 heures.

Président : M. Auguste DOLLFUS. — Secrétaire : M. Th Schlumberger

Dons offerts à la Société.

1. Traité des dérivés de la houille, par MM. Charles Girard et G. de Laire.
2. *Bulletin de l'Institut national genevois.*
3. Mémoires de la Chambre de commerce et d'industrie de Wurtemberg, 1871.
4. De l'avenir des forêts en Algérie et en Alsace, par M. J. Robin
5. *Bulletin de la Société des amis de la paix.*
6. Notice sur les grues monte-charges, par M. H. Fontaine.
7. Discours du commandant Maury au Congrès [d'agriculture de Saint-Louis.
8. Un pic-rouge, par M. le docteur Kœchlin.

La séance est ouverte à 5 1/4 heures, en présence d'environ quarante membres.

Correspondance.

M. Luigi Fino, de Turin, donne sa démission de membre ordinaire et demande à rester abonné au Bulletin; il a été invité à se mettre en rapport avec l'éditeur des publications de la Société.

M. Jean Dollfus accompagne d'une circulaire l'envoi d'un numéro du Bulletin de la Société des amis de la paix, et demande à la Société industrielle d'encourager l'œuvre d'humanité poursuivie par les adeptes de la fraternité des peuples.

M. Albert Scheurer, récemment admis au nombre des membres de la Société, adresse ses remercîments pour sa nomination.

Offre de la part de M. E. Lacroix, libraire-éditeur, d'un emploi de traducteur pour les articles techniques des journaux en langue allemande, dont il donne l'analyse, ou des extraits dans les *Annales du génie civil.*

M. J. Adamina, secrétaire de la Société industrielle et commerciale du canton de Vaud, écrit que cette Compagnie s'occupe en ce moment de l'organisation de sociétés de secours mutuels pour femmes, et désire recevoir les documents que la Société industrielle de Mulhouse pourrait lui transmettre sur cette question. Les renseignements qu'il a été possible de réunir ont été fournis à M. Adamina.

M. Charles Grad, de Türckheim, en avisant l'envoi de la part de M. Jules Robin d'une brochure sur l'avenir des forêts de l'Algérie, appelle l'attention sur une nouvelle essence, l'*Eucalyptus*, qui paraît destinée à une acclimatation rapide.

M. Desgrandchamps annonce de Ferrette l'expédition de quelques modèles pouvant intéresser la Société.

La direction du *Gewerbe-Verein* de Hanovre, qui cherche à créer une école de chauffeurs, désire connaître le fonctionnement du concours institué par la Société. Les renseignements ont été fournis.

L'Association des ingénieurs sortis de l'Ecole des arts et manufactures et des mines de Liége, invite les membres de la Société à prendre part à la séance et aux excursions qui auront lieu le 26 décembre à l'occasion du 25° anniversaire de sa fondation.

M. Girod aîné, fabricant de produits chimiques à Aiguebelle (Savoie), propose un moyen de marquer les tissus de coton en caractères résistant aux opérations de la teinture. — Renvoi au comité de chimie.

M. Gustave Engel, trésorier de l'Association amicale des anciens élèves des écoles spéciales de Mulhouse, remet à la Société industrielle de Mulhouse, conformément aux statuts, le reliquat de caisse de l'Association s'élevant à la somme de 507 fr. 80, devenus disponibles par suite de la dissolution de cette Société.

Sur la proposition de M. le président, ce versement sera employé à l'ameublement du cabinet de physique (armoires, tables, rayons, etc.), qui sera installé dans l'une des salles de l'étage nouvellement construit sur le bâtiment de l'Ecole de dessin.

Le président de la Société industrielle d'Amiens annonce que pour resserrer les liens existant entre les Associations de diverses cités manufacturières, il a fait décerner le titre de membres honoraires aux présidents des Sociétés de Mulhouse, Reims, Elbeuf, Saint-Quentin, Rouen et Flers.

M. Rosenstiehl sollicite l'appui de la Société pour obtenir de MM. Ges-

sert frères un échantillon d'un nouvel hydrocarbure, qui est un isomère de l'anthracène, et qui vient d'être découvert par M. Græbe
dans l'anthracène brut. Ce spécimen doit servir à M. Rosenstiehl à
achever un travail qu'il a en préparation sur ce sujet tout d'actualité.

Demande de la part de M. Nicklès, à Villé, du Bulletin qui contient
un mémoire de M. Scheurer-Kestner sur la régénération du soufre des
résidus de soude. Un exemplaire du Bulletin de février 1868 a été
adressé.

M. Ad. Perrey remercie la Société qui l'a admis au nombre de ses
membres honoraires.

M. Rod. de Türckheim écrit de Zurich pour appeler l'attention
de la Société sur les conférences d'économie politique qui ont lieu dans
cette ville, et désire que la Société industrielle se mette en rapport avec
la Commission de statistique de Zurich. Il adresse à l'appui plusieurs
brochures et circulaires faisant connaître la nature des recherches
auxquelles se livrent nos voisins. — Renvoi au comité d'histoire et
de statistique.

A ce sujet, M. le président fait observer combien il serait utile,
pour juger de la valeur de tant de discussions auxquelles donne lieu
la question ouvrière, de recueillir des données sur les prix des substances alimentaires, des loyers et de tous les objets de première
nécessité avec leurs fluctuations depuis un grand nombre d'années,
de manière à bien se rendre compte si l'écart entre les salaires et le
coût matériel de la vie a augmenté ou diminué, ou si les besoins ne
se sont pas développés avec le bien-être plus rapidement que les
moyens de les satisfaire, etc.

Travaux.

A la demande du comité d'histoire et de statistique, l'assemblée
décide l'insertion au Bulletin du travail de M. Mossmann, intitulé :
Histoire d'un chef de bande des guerres de Bourgogne, né à Mulhouse.

Elle approuve également l'adjonction de M. Edouard Schwartz au
comité de commerce, sur la proposition de ce dernier.

Le comité de chimie demande à la Société de transformer le titre
de membre correspondant du Dr Goppelsrœder en celui de membre
honoraire, et de voter l'adjonction au comité du nouveau professeur
de chimie. — Approuvé.

Selon le vœu du comité de mécanique, l'assemblée ratifie une demande d'échange contre le Bulletin faite par un journal scientifique de Leipzig, *Der praktische Maschinen-Construkteur*, sauf nouvelle approbation après un an.

Deux plis cachetés portant les N°s 187 et 188 ont été déposés par M. Rosenstiehl.

Dans sa dernière séance, le comité de mécanique a procédé à la révision de la liste de ses membres, et propose, pour attirer à lui les personnes capables de l'aider dans ses travaux, de leur donner le titre de membres correspondants pour une année, pendant laquelle elles auront l'occasion de témoigner leur intérêt pour les études du comité, et deviendront ensuite ou non, selon les cas, membres ordinaires. — Adopté.

M. Ernest Zuber donne connaissance, au nom de la Commission des finances, du rapport qu'il a préparé sur les comptes du trésorier, et se plaît à y reconnaître la situation prospère de la Société; l'actif s'élève, après clôture de l'exercice et liquidation de divers fonds indépendants, à la somme de fr. 21,438.46; aussi l'assemblée vote-t-elle le remboursement des derniers 4,000 francs qui restent dus aux héritiers de Mme Kielmann. Dans son exposé, M. Zuber établit ensuite les montants exacts à ce jour des trois fondations : 1° *Daniel Dollfus;* 2° *pour l'érection d'un monument à Daniel Kœchlin;* et 3° *Ecole de commerce*, et rappelle que ces fondations sont représentées par une seule espèce de titres portant intérêts, et par suite faciles à réaliser isolément avec exactitude. L'examen des comptes de l'Ecole de dessin se présente également sous un jour favorable, et M. le rapporteur termine son travail en exprimant l'espoir que l'assemblée veuille bien ratifier la nomination d'un trésorier intérimaire, qui seconderait dans sa tâche M. Mathieu Mieg, souvent éloigné de Mulhouse.

M. le secrétaire donne lecture du rapport annuel sur la marche de la Société, et y constate, par le nombre des travaux qui ont vu le jour, une reprise sensible sur le dernier exercice, tout en insistant sur la nécessité, pour chaque membre ayant à cœur la prospérité de notre institution, d'y contribuer personnellement dans la plus grande mesure possible. Conformément au règlement, l'assemblée procède ensuite aux élections :

Du président, de deux vice-présidents, d'un secrétaire-adjoint, du trésorier, d'un trésorier intérimaire et du bibliothécaire; les suffrages des trente-six votants se portent presque à l'unanimité pour chacune de ces fonctions respectives sur : MM. Aug. Dollfus, Engel-Dollfus, Iwan Schlumberger, Lalance, Mathieu Mieg, Auguste Thierry et Edouard Thierry.

M. le D⁰ Kœchlin communique la notice nécrologique qu'il a bien voulu préparer sur le docteur Weber, et fait ressortir toutes les qualités qui font regretter ce collègue assidu; il nous le montre jeune homme, s'élevant à force de travail et de persévérance à une carrière des plus difficiles, homme fait se vouant aux affaires publiques, à l'étude des questions scientifiques soit comme membre de la Société industrielle, soit comme président de la Société médicale du Haut-Rhin, soit comme délégué de l'inspection des écoles.

L'assemblée prête la plus vive attention à cette lecture et en vote, à la demande du Conseil d'administration, la publication dans le Bulletin.

M. Charles Meunier-Dollfus lit un rapport sur des essais qu'il a exécutés, de concert avec M. Hallauer, sur les rendements comparatifs des chaudières à foyers intérieurs, sans réchauffeurs, et les chaudières à trois bouilleurs, munies d'un réchauffeur tubulaire en fonte placé sous la chaudière (Wesserling), et termine par la description et le rendement du foyer fumivore que M. Ten-Brink vient de monter récemment. — Renvoi au comité de mécanique.

M. Rosenstiehl rend compte d'une brochure récente : *L'anthracène et ses dérivés*, par M. Auerbach. Cet ouvrage reproduit en partie les publications du *Moniteur scientifique* sur ce sujet, et ouvre par diverses expériences des voies à de nouvelles découvertes.

Pendant le cours de la séance, M. le président a fait procéder aux ballottages de :

MM. Mathieu Mieg fils, à Mulhouse, présenté par M. Ernest Zuber.

Girod, chimiste en Suisse, présenté par M. Rosenstiehl.

Birckel, ingénieur à la Société de constructions mécaniques, présenté par M. Aug. Dollfus.

Leur admission comme membres ordinaires est prononcée à l'unanimité des voix.

La séance est levée à 7 1/2 heures.

par i

Filature
Filature
Teintur
Impres
Etoffes
Tissage
Blanch
Draps
Mollet
Ruhan
Fonde
Usines
Lamin
Serrur
Quinca

par industrie, des appareils à vapeur qui existaient au 1er janvier 1872, dans la pa... restée française du département du Haut-Rhin.

Transmis par M. Bonnaymé, garde-mines à Vesoul.

	Nombre d'établissements	CHAUDIÈRES		Récipients divers	MACH...
		motrices	calorifères		Nombre
Filatures et tissages réunis	2	11	5	26	8
Filatures	1	3	»	1	2
Teintureries, apprêts	2	»	3	»	»
Tissages	14	16	5	39	14
Fonderies et ateliers de machines	1	4	»	»	1
Forges, usines à fer	3	8	»	3	11
Laminage de métaux	1	4	»	»	1
Quincailleries, ferronneries	6	15	»	4	10
Minoteries	3	3	»	»	3
Blé (battage du)	5	7	»	»	7
Distilleries	1	»	2	3	»
Brasseries	2	2	»	»	2
Scieries	2	2	»	»	2
Tourneurs sur bois et sur métaux	1	1	»	»	4
Bougies (fabrique de)	1	1	»	»	1
Tanneries	1	2	»	»	1
Briqueteries, tuileries	2	2	»	»	2
Ciment (fabriques de)	2	2	»	»	2
TOTAUX	50	77	15	73	68
Au 1er janvier 1871, il existait dans cette portion du département	44	73	14	77	61

BULLETIN

DE LA

SOCIÉTÉ INDUSTRIELLE

DE MULHOUSE

(Février & Mars 1873)

RAPPORT

de M. F.-G. HELLER, inspecteur de l'Association pour prévenr les accidents de machines, sur les travaux techniques, pendant l'exercice 1871-72.

MESSIEURS,

J'ai l'honneur de vous rendre compte des travaux exécutés, pendant le cinquième exercice, par l'inspection organisée par l'Association pour prévenir les accidents de machines.

Dans le courant de cette année, le nombre de mes visites d'inspection s'est élevé à cent vingt et une; et j'ai pu le plus souvent me contenter d'observations verbales, car les conseils que j'avais à présenter ne portaient plus que sur des chances de danger moindres ou sur des faits déjà signalés.

Maintenant, en effet, que beaucoup de moyens préventifs ont été imaginés et reconnus efficaces, l'un des principaux rôles de l'inspection consiste à les propager et à les faire appliquer; et ce résultat, il faut bien le dire, ne peut être entièrement atteint qu'en réitérant avec persévérance les mêmes recommandations, et en indiquant sans cesse les mécanismes que, malgré le meilleur vouloir, les industriels, au milieu d'autres soins, omettent souvent d'exécuter faute d'un fréquent rappel.

Je relaterai plus loin quelques exemples tirés de mon registre d'inspection; sous certains rapports, la série de mes notes est moins étendue que les années précédentes; on comprendra en effet sans peine qu'après cinq ans d'efforts dirigés vers la recherche et l'application des moyens préventifs, les progrès réalisés soient déjà tels qu'on puisse prévoir dès maintenant le jour où le nombre des accidents sera réduit aux proportions les plus minimes.

Très souvent dans mes tournées je n'ai qu'à conseiller l'installation de ce qui existe ailleurs, ou à rappeler mes précédentes recommandations, en les appuyant d'exemples parvenus à ma connaissance, et propres à démontrer l'urgence de mes avis.

Si l'on tient compte des difficultés de toute nature qu'il y avait à surmonter, des dépenses de temps et d'argent occasionnées aux industriels par l'emploi de nos appareils, on peut se réjouir des heureux résultats obtenus partout où nos prescriptions ont été fidèlement suivies; et nous ne pouvons, pour éviter des redites, que renvoyer à nos tableaux statistiques et aux conseils que nous donnions dans nos rapports antérieurs.

Pour bien faire apprécier la valeur des moyens préventifs recommandés par l'inspection, j'ai indiqué, cette année, dans le tableau statistique qui accompagne mon mémoire, sous le titre : *Circonstances dans lesquelles l'accident a eu lieu*, les imperfections que présentaient les systèmes de précaution, ou l'absence complète de moyens préservatifs.

Il m'a semblé qu'en relatant ainsi, en même temps que les accidents, les causes auxquelles ils sont dus ou les circonstances dans lesquelles ils se sont produits, je frapperais davantage l'attention des personnes intéressées dans ces questions, et je provoquerais la mise en vigueur de mesures propres à éviter le retour des mêmes malheurs.

Car, comme je l'ai dit en commençant, il reste encore beaucoup à faire, surtout sous le rapport de la généralisation dans l'emploi des moyens préventifs; l'expérience a suffisamment prouvé l'efficacité d'un grand nombre de précautions pour que l'on puisse les appliquer sans hésitation,

A ce sujet je citerai encore une fois quelques cas souvent trop négligés :

1o Le manque presque complet de couvre-engrenages dans le mécanisme produisant la torsion (bancs-à-broches dans les filatures de coton).

Par la position qu'occupent ces engrenages presque hors vue et néanmoins très rapprochés d'endroits qu'ont à visiter les bobineuses dans leur travail, ils présentent un danger constant, et je ne saurais assez recommander de les bien couvrir. Les accidents survenus à ces roues sont assez fréquents, et d'autant plus redoutables, qu'ils mutilent les mains; on peut les éviter par un couvreroues peu dispendieux et ne gênant aucunement le travail. (Voir le compte-rendu de la 2e année, page 56, et l'accident no 6 du tableau statistique joint à ce rapport);

2o La même observation s'applique aux pignons qui commandent les cylindres cannelés dans les métiers à filer (coton et laine). (Voir le compte-rendu de la 1re année, page 32, et le tableau statistique qui y est annexé, accident du 17 mars 1868.) Dans beaucoup de filatures ces mécanismes ne sont pas encore couverts;

3o Dans les fabriques d'indiennes, il existe encore des ateliers où la planche de sûreté à appliquer aux rouleaux d'impression, décrite et recommandée par notre compte-rendu de la 1re année, n'est pas adoptée aussi généralement qu'il faudrait; les accidents arrivés depuis à ces machines en font malheureusement foi, et ces accidents eussent certainement été atténués par l'emploi des prescriptions indiquées;

4o Dans les transmissions de mouvement, les têtes de clavettes, les vis de pression ou autres pièces faisant saillie existent encore en beaucoup trop grand nombre, sans être recouvertes ou noyées, et présentent ainsi des chances permanentes de blessures.

L'insistance que je mets à relever ces omissions paraîtra peut-être un peu exagérée; mais, d'après les indications de la pratique, je crois être dans le vrai, et, d'un autre côté, j'ai aussi en vue de diriger l'attention des industriels sur l'importance, lorsqu'ils font des commandes de machines, *d'exiger des constructeurs, qu'elles soient livrées munies des dispositions préventives recommandées par l'Association.* Il est bien plus facile d'adapter les pièces convenables lors de la construction des machines qu'après la mise en train. Aussi j'engage de tout mon pouvoir les ingénieurs à se pénétrer de l'importance de la question, et à vouer plus de soins à l'étude de cette partie de leur tâche.

A cette occasion je citerai deux exemples de bon augure dans la voie que j'indique; ce sont :

1) Les transmissions *établies avec les précautions recommandées* par l'Association dans la filature de laine de MM. Reber, Schwartz de notre ville, et construites par MM. André Kœchlin et Cᵉ.

2) Une filature en montage dans les Vosges, et dont les machines, construites par M. N. Schlumberger et Cᵉ, de Guebwiller, *doivent être munies de toutes les dispositions préventives connues, jusqu'aux nettoyeurs mécaniques qui seront appliqués aux métiers à filer.*

Ces faits me paraissent mériter une grande publicité, pour qu'ils trouvent de nombreux imitateurs.

EXTRAIT DE MES NOTES D'INSPECTION.

Fabrique d'indienne.

MACHINE A CHLORER, A DEUX PAIRES DE ROULEAUX DE CAOUT-CHOUC. — Plusieurs accidents étant arrivés par de pareilles machines, il me paraît urgent de recommander un moyen, pour en prévenir la répétition. Le plus simple et le plus parfait serait de placer un rouleau avertisseur devant le cylindre inférieur. Ce rouleau peut être fait plein en bois, ou mieux encore, creux en cuivre laminé, pourvu qu'il soit léger; on le fera jouer par ses axes minces des deux bouts, dans des supports à fourche ou sur des plans inclinés, de manière à pouvoir être soulevé sans effort, pour que l'ouvrier qui aurait les doigts pris, puisse les retirer sans être blessé. Ainsi disposé, ce rouleau diminuerait de beaucoup le danger des ouvriers, et faciliterait aussi la rentrée des pièces. Je conseille de le placer à toutes les machines où l'entrée des rouleaux fait face à l'ouvrier et où il n'est protégé par auunc moyen, surtout devant les cylindres où l'ouvrier a à introduire la pièce; enfin à toutes les machines à rouleaux, agissant avec une pression telle, qu'ils ne cèdent pas lorsque la main ou les doigts d'un ouvrier y seraient pris.

Machines a laver au large, a dévidoirs. — A couvrir le côté et le dessus des engrenages commandant les dévidoirs; ces engrenages étant trop à la portée des ouvriers, offrent dans l'état actuel trop de danger.

Tambour-Rame. — A couvrir d'un côté de la machine tous les engrenages droits et les roues d'angles, ainsi que celles sur l'axe, qui portent les poulies des chaînes sans fin; de l'autre côté, à couvrir les roues droites commandant le rouleau débiteur.

Machine a sécher a seize cylindres en partie superposés. — A couvrir les roues d'angles sur l'arbre de couche, ainsi que les roues droites de la commande principale. *A placer un rouleau avertisseur devant les rouleaux apprêteurs de cette machine et sur ceux de la machine précédente.*

Machine a sécher a seize cylindres placés sur une ligne. — A mettre des planches ou des feuilles de tôle devant les engrenages des cylindres pour en empêcher l'accès. A couvrir également les engrenages des rouleaux débiteurs, qui, par leur disposition, offrent du danger.

Machine a sécher a deux grands cylindres superposés. — Je recommande de couvrir le mouvement à friction, l'arbre du pignon de friction, la vis sans fin et la roue y engrenant. Les ventilateurs étant trop à la portée des ouvriers, présentent du danger, que l'on éviterait en y plaçant des tôles cintrées couvrant les ailes en dessous et derrière; ces tôles, tout en empêchant l'accès, auront l'avantage d'augmenter l'effet des ventilateurs par rapport au séchage.

Atelier de construction de machines.

MACHINE A PLANER LE FER. — Je conseille de mieux couvrir les engrenages de la commande du plateau; le couvre-roues du pignon et de la roue droite existants devraient être disposés de manière à les couvrir tout autour; mettre aussi un couvre-roues sur les roues et pignons d'angle.

TOURS A ENGRENAGES. — Je conseille de compléter les couvre-roues de ces machines; la disposition des engrenages offre souvent du danger facile à éviter. Il est très à.désirer que ces engrenages soient bien couverts, non-seulement aux machines fonctionnant dans les ateliers de la maison, mais aussi à celles que l'on expédie au dehors; car les machines une fois arrivées dans les ateliers étrangers, ces précautions restent en souffrance, et souvent on ne les emploie qu'après des accidents regrettables.

TABLEAU STATISTIQUE.

Le tableau détaillé des accidents arrivés dans les établissements qui font partie de l'Association, du 1er mai 1871 au 30 avril 1872, ainsi que les résumés de ceux-ci, classés par machines, par industries, par personnes, d'après leur gravité et les circonstances qui les ont produits, se trouvent indiqués au bas du tableau général.

Plusieurs de ceux-ci ne m'ont pas été signalés directement par les maisons où ils ont eu lieu; ce n'est que plus tard, et indirectement, qu'ils ont été portés à ma connaissance. Dès que j'en ai été informé, je me suis rendu sur les lieux pour me renseigner sur les circonstances dans lesquelles ils s'étaient passés, et me concerter avec les personnes compétentes, sur les mesures de précaution qu'il y avait à prendre, pour en prévenir la répétition.

Je crois, cette fois-ci, que le nombre d'accidents indiqué n'est pas loin d'atteindre tous ceux qui sont réellement arrivés.

Le nombre et l'étendue des travaux que j'ai pu produire cette année paraîtront peut-être restreints, mais les études et les essais nombreux que nécessitaient la mise en pratique des objets dont j'avais à m'occuper, ont absorbé la plus grande partie de mon temps. Mon activité n'en a pas été moins constante; car outre ces essais, j'ai combiné et fait construire plusieurs monte-courroies, dans des circonstances variées, ainsi que des nettoyeurs de métiers à filer et un nouveau garde-navette.

Une fois lancé dans cette voie, je l'ai suivie avec la persévérance nécessaire pour arriver à des résultats satisfaisants, persuadé que j'étais du bien général qui doit en résulter.

En terminant cette introduction, je tiens à présenter mes sincères remercîments à tous les membres de l'Association et à leurs directeurs pour l'accueil bienveillant qu'ils n'ont cessé de m'accorder, ainsi que pour le concours précieux qu'ils ont bien voulu me prêter. J'adresse les mêmes remercîments au comité de mécanique de la Société industrielle, pour son concours éclairé, qui m'est toujours si précieux dans l'élaboration des travaux que j'ai l'honneur de vous présenter.

RAPPORT SUR LES MONTE-COURROIES.

Les accidents nombreux et graves arrivés dans divers établissements par les courroies de transmission, et la connaissance des dangers auxquels est exposé l'ouvrier chargé de remonter une courroie sur une poulie en marche, ont attiré depuis longtemps l'attention des industriels. La Société industrielle, qui s'est toujours proposé pour but de sauvegarder la vie des ouvriers, s'est aussi occupée de cette question bien avant d'y être sollicitée par les statuts de votre Association. Des efforts divers ont été tentés; s'ils n'ont pas donné de résultats efficaces dès l'abord, ils ont au moins montré quelle était la marche à suivre pour découvrir un appareil simple, d'un emploi très général, réalisé plus tard par M. Baudouin. Dans tous les essais qui ont été faits, on se proposait de remplacer la main de l'homme par un appareil quelconque, faisant mécaniquement ce que l'homme ne peut faire qu'en s'exposant à de très grands dangers.

A notre connaissance, les premiers efforts couronnés d'un peu de succès sont dus à M. Herland. M. Burnat, secrétaire du comité de mécanique de la Société industrielle, vous communiqua son rapport sur le monte-courroie de M. Herland dans la séance du mois de mai 1860. Ce monte-courroie, qui consiste dans une came de remonte, fixée sur la poulie en mouvement, ne peut être employé que dans des circonstances particulières.

Peu après la formation de votre Association, j'eus à vous faire part des études que j'avais entreprises sur les perches à crochet, lesquelles avaient été faites dans le but de faire de la perche un instrument non dangereux et facile à manier, ce qui n'avait pas toujours été le cas, puisqu'à cette occasion, je vous faisais le récit d'un accident grave arrivé par une perche. J'indiquais en outre[1] les diverses positions dans lesquelles l'ouvrier doit se placer, et la manière dont il doit s'y prendre pour éviter tout accident. Cet conseils étaient indiqués faute d'appareil plus perfectionné.

Plus tard, dans le compte-rendu de la 4e année, à propos d'un accident arrivé pendant une rattache de courroie, j'indiquais que dans ces cas[2], lorsqu'il n'y a pas à côté de la poulie de crochet fixe, servant à recevoir la courroie qui tombe de la poulie, ou d'autre disposition qui empêche le contact de la courroie avec l'arbre, *il faut isoler la courroie*, en la saisissant très près de

---

[1] Voir compte-rendu de la 2e année 1868-69, p. 23 à 27.
[2] Voir compte-rendu de la 4e année 1870-71, p. 30.

l'arbre au moyen d'une perche à crochet que l'on tourne un peu
pour en relever le doigt.

Plus loin, en m'occupant toujours des rattaches de courroies[1],
j'indiquais qu'il est fort avantageux de fixer au plafond un crochet
à côté de la poulie, de manière à recevoir la courroie quand elle
tombe, et à empêcher qu'en frottant sur l'arbre elle ne soit
entraînée. Si ce moyen n'était pas pratique, ou s'il devait entraîner
à de trop grandes dépenses, on pourrait se servir de la perche à
crochet, comme je l'ai indiqué plus haut, ou bien faire un instrument spécial en tôle, lequel, monté au bout d'une perche, main-
tiendrait plus convenablement la courroie que la perche à crochet.

Dans ces différentes indications, je tenais à faire constater
l'avantage qu'il y a *d'isoler la courroie de l'arbre ou de la poulie
en mouvement.*

Lorsque je fus invité par votre honorable secrétaire-président,
M. Engel-Dollfus, à comparer le nouveau monte-courroie de
M. Baudouin avec celui de M. Herland déjà existant, je lui adres-
sais une lettre dont M. Engel vous fit part. Voici quelles en
étaient les conclusions, sur l'appareil Herland d'abord :

La lame monte-courroie (came de remonte), partie essentielle
de l'appareil, fixée à la poulie et à l'arbre, et par conséquent se
mouvant avec eux, a l'inconvénient de former corps saillant, et
pour cela dangereux quand il est en rotation. Cette lame donne
du faux-lourd aux poulies, ce qui, si elles sont nombreuses sur
une transmission tournant un peu vite, produirait un effet nuisible
sur le moteur et sur les machines qui en reçoivent le mouvement.

La courroie, saisie par cette lame, est jetée trop brusquement
sur la poulie, ce qui détériore la courroie, et cela en proportion
de la vitesse de la transmission et du diamètre de la poulie à
laquelle le monte-courroie est fixé.

Un autre inconvénient, qui est encore plus à craindre, c'est
que la courroie au bas de la poulie ne se trouve prise et remon-

---

[1] Voir compte-rendu de la 4e année 1870-71, p. 53.

tée sur la poulie en mouvement, aussitôt qu'elle vient toucher la
came de remonte; ce qui peut arriver soit par une légère inat-
tention de l'ouvrier, soit par un dérangement de la fourche
d'embrayage pendant que l'on est en train de réparer la courroie,
ou d'arranger n'importe quoi à la machine au repos. De ce fait
pourrait résulter un accident.

Je faisais remarquer par contre sur celui de M. Baudouin:

Que cet appareil n'exigeant aucune addition solidaire avec la
poulie de commande, ni modification dans la forme et la position
de cette dernière, peut être employé dans le plus grand nombre
de cas ordinaires.

Qu'il isole parfaitement la courroie. Que cette propriété, la
sécurité parfaite contre toute remonte inopinée, la sûreté et la
facilité du montage de la courroie pendant la marche normale de
la transmission, sont des qualités qui distinguent et recomman-
dent cet appareil de prime abord.

Après que la lecture de cette lettre fut faite et que le renvoi au
comité de mécanique eut été décidé, ce dernier nomma une Commission mixte, composée de membres du comité de mécanique
de la Société industrielle et de membres de l'Association, pour
s'occuper de ce nouveau monte-courroie. Cette dernière[1] fut
unanime à reconnaître les mêmes avantages, et est arrivée en fin
de compte aux mêmes conclusions que celles que j'indique
ci-dessus.

Aujourd'hui que le monte-courroie de M. Baudouin est connu
de tous les membres de votre respectable Association, qu'il est
sanctionné par la pratique, puisque déjà plus de quatre cents
(400) fonctionnent sans réclamation, je viens, suivant ma pro-
messe, indiquer quelles sont les règles dont on doit bien se pénétrer dans l'étude d'une installation de ce genre, pour conserver à
cet appareil son efficacité, tout en donnant des dimensions aussi
faibles que possible aux différentes pièces qui le composent.

---

[1] Voir le Rapport de M. Camille Schœn. Compte-rendu 1870-71, p. 63.

Les deux points principaux sur lesquels j'ai cru devoir porter mes premières études, vu leur importance, sont d'abord la recherche d'une règle générale et positive indiquant la position du point d'articulation du levier, point essentiel, puisque la longueur de ce levier en dépend; puis de chercher à donner au tourillon du même levier un frottement suffisant pour l'empêcher de se déranger de la position qu'il occupe, pendant que l'on passe la courroie sur lui et sur la jante de la poulie.

Les diverses données que l'on doit se procurer avant de commencer l'étude d'un monte-courroie, sont :

La cote indiquant la différence de niveau entre l'axe de la poulie motrice et celui de la poulie commandée.

La cote indiquant la distance horizontale des axes de ces mêmes poulies.

La distance de la poulie motrice au poutrage ou au plafond.

Le diamètre de la poulie motrice et celui de la poulie commandée.

La largeur de la courroie et le sens dans lequel elle marche.

Le côté duquel on veut jeter la courroie, lequel est toujours indiqué par la position de la poulie folle placée sur la machine. Dans les machines où il n'existerait pas de poulie folle, on choisira le côté qui paraîtra le plus commode pour l'installation et le maniement du monte-courroie.

Savoir si la courroie est droite ou croisée.

Connaître enfin le diamètre de l'arbre moteur, qui influe sur la position du tourillon du levier.

Par contre, *les points essentiels à déterminer sont :*

Chercher à placer le point d'articulation du levier, de telle sorte, que sa longueur soit un minimum, sans pour cela que l'efficacité du monte-courroie soit diminuée.

Déterminer la longueur du levier, d'après la position du point d'articulation, de manière qu'il soit assez court pour ne pas forcer à couper ou à évider une partie du plafond.

Donner au levier sur son tourillon par un moyen quelconque,

mais simple, un frottement capable de vaincre l'effort produit par la courroie sur son extrémité lorsqu'on l'étale sur cedit levier.

Donner enfin aux leviers et aux autres parties de cet appareil des dimensions convenables pour qu'ils résistent suffisamment.

—

Par mes différentes recherches, j'ai trouvé que si l'on veut obtenir d'une manière approximative générale le point d'articulation du levier, il faut ordinairement le placer sur le prolongement de la ligne qui joint les axes de la poulie motrice et de la poulie commandée. Il arrive cependant dans quelques cas particuliers, que si ce centre était placé d'après cette règle, le levier ne pourrait pas être baissé suffisamment pour qu'il quitte le brin montant de la courroie, malgré la courbe que l'on pourrait donner à la douille sur laquelle il est fixé, parce qu'il viendrait toucher l'arbre de transmission; dans ce cas, on est alors forcé d'en dévier un peu; on en dévie aussi quelquefois pour diminuer la longueur de ce levier. Cette règle peut être admise dans les cas où la distance entre le poutrage ou plafond et les poulies est de 15 à 20 centimètres au minimum.

J'ai cherché la règle qu'il est préférable de suivre lorsque cette même distance entre la poulie et le poutrage n'est que de 4 à 5 centimètres, et j'ai trouvé que dans ce cas le centre de l'arbre moteur est l'endroit le plus rationnel; il donne la plus faible longueur de levier qui est égale au rayon de la poulie, augmenté des sept dixièmes de la largeur de la courroie (parce que la courroie est presque toujours à 45° lorsqu'elle est sur le levier). On lui donne cette longueur pour empêcher que la courroie n'échappe; ce qui arriverait facilement sans cela, surtout si la transmission marche un peu vite.

Cette disposition est en réalité un peu plus dispendieuse que la précédente, puisque l'on doit mettre une douille autour de l'arbre; mais, par contre, elle a l'avantage de maintenir le levier en place pendant qu'on l'abandonne pour étaler la courroie sur la poulie.

Je dis que cette douille a l'avantage de maintenir le levier en place, parce que, vu son grand diamètre, elle se prête mieux que la première disposition pour le maintenir en place.

En effet, lorsque la poulie est grande, le levier est très long, et le ressort à boudin de la première disposition doit être très fort, pour vaincre par le frottement qu'il produit, l'effort exercé par la courroie sur ce grand bras de levier.

Ce ressort à boudin perd de sa force au bout de peu de temps, et l'on est alors obligé de se mettre à deux pour monter la courroie, l'un pour soutenir le levier pendant que l'autre étale la courroie. Le diamètre intérieur de cette douille doit être au moins d'un centimètre plus grand que celui de l'arbre pour qu'elle ne le touche pas.

On a essayé de remplacer le ressort à boudin par une douille enveloppant le tourillon du levier. La partie de cette douille opposée à celle sur laquelle le levier est fixé, est fendue. On peut en rapprocher les deux parties au moyen d'un boulon qui sert à faire varier le frottement.

Cette disposition sera probablement peu employée, parce que la douille exige un moulage particulier, peu usité.

J'ai essayé de remplacer le ressort à boudin de M. Baudouin par un ressort plat. A cet effet, j'ai fixé le levier sur une patte d, qui est maintenue sur le tourillon au moyen de deux oreilles u''; entre ces dernières j'ai mis une bague g, qui est fixée sur l'axe du levier au moyen d'une vis w à tête noyée. Cette bague g a une partie plate à sa circonférence. Le ressort plat est retenu par l'un des boulons n' qui maintient le levier sur la patte indiquée ci-dessus (voir fig. 11 et 12, pl. 2); il vient presser plus ou moins sur la bague, suivant la différence qui existe entre son rayon et la distance de son centre à la partie plate. En appuyant sur cette surface plate de la bague, il maintient bien en place le levier qui en est solidaire. On règle la position de la partie plane de cette bague d'après celle que devra occuper le levier pendant qu'on étale la courroie. La vis *w*, qui la fixe sur le tourillon *t* du levier, est noyée pour ne pas gêner le ressort plat.

J'ai fait établir une quarantaine de monte-courroies avec cette disposition; la pratique a montré qu'elle est très bonne, et moins coûteuse que celle du ressort à boudin.

Je dois encore dire quelques mots d'une dernière modification apportée par M. Baudouin, laquelle rend son monte-courroie automatique.

Si l'on se reporte à son premier système, dans lequel le tourillon du levier occupe une position quelconque par rapport à l'arbre de transmission, on remarque que, lorsque la courroie est montée sur la poulie motrice, il faut toujours ramener le levier en arrière pour le placer dans l'espace laissé libre entre les brins arrivant et fuyant de la courroie. Si l'on n'avait pas soin de ramener ce levier en arrière, la courroie le gênerait lorsqu'elle serait tombée, et que l'on voudrait le mettre dans la position qu'il doit occuper lorsqu'on veut la remonter.

Si, par contre, on examine son second monte-courroie dans lequel le centre du tourillon du levier est placé dans l'axe de l'arbre de transmission et isolé au moyen d'une douille, on voit qu'il n'est plus nécessaire de ramener ce levier en arrière, puisque l'arbre de transmission ne le gêne plus comme dans la première disposition. On n'a donc ici qu'à continuer à pousser le levier jusqu'à ce qu'on lui ait fait faire un tour complet sur l'arbre. Cette disposition est déjà préférable à la première; car dans la supposition où l'on ait oublié de pousser suffisamment ce levier avant de laisser tomber la courroie, ce mouvement pourrait toujours s'effectuer plus facilement que dans le cas qui précède.

M. Baudouin s'est encore occupé de réaliser un monte-courroie dans lequel on n'ait qu'à donner l'impulsion au levier. A cet effet, il a d'abord remplacé le crochet fixé au support du levier, et qui retient la courroie par un cercle en fer *G* fixé au levier et au chapeau de la douille (voir nᵒˢ 14 et 15), qui porte trois pattes *G'* plus larges que lui-même, sur lesquelles la courroie vient reposer.

Cette disposition a été établie pour que la courroie ne soit pas trop lâche quand on veut la remonter.

Il a fixé ensuite une équerre *k* en tôle sur le levier, maintenue fixe par l'une de ses branches; l'autre est enveloppée d'une bande de cuir flexible *l*, qui s'avance sur la jante de la poulie jusqu'aux trois quarts (3/4) à peu près de la largeur de la courroie. Cette bande de cuir n'est éloignée de la jante que de quelques millimètres en temps ordinaire. Lorsqu'on place le levier dans la position qu'il doit occuper pendant l'étalage de la courroie, celle-ci, par suite de la partie extrême du levier, inclinée à 45°, descend sur la jante de la poulie et presse sur cette bande de cuir, qui est aussitôt entraînée par la poulie en mouvement. Cette bande de cuir entraîne le levier dans son mouvement par l'intermédiaire de l'équerre à laquelle il est fixé, et la courroie se remonte ainsi automatiquement dès qu'on a donné la première impulsion au levier. Il faut avoir soin de donner au tourillon de celui-ci un frottement assez dur, surtout si la vitesse est un peu grande, pour qu'il s'arrête aussitôt que la courroie l'abandonne, et qu'il ne soit pas entraîné à chaque tour de la poulie. On est aussi forcé de lui donner un frottement très dur, pour éviter que, pendant les rattaches de courroies, le levier ne puisse être facilement dérangé de la position qu'il occupe, ce qui pourrait causer de graves accidents.

Dans cette disposition, il suffit de pousser le levier au moyeu de la perche à crochet; la courroie se remonte d'elle-même, sans que l'on soit obligé de l'étaler sur la jante de la poulie.

Il suffit encore de pousser le levier lorsqu'il porte seulement une partie inclinée à 45°, qui tend à faire descendre la courroie sur la jante de la poulie; ce n'est que dans les monte-courroies qui ne portent aucune disposition spéciale, que l'on doit l'étaler.

La courroie se remonte au moyen d'une perche à crochet; je me dispenserai de l'explication de son fonctionnement, parce qu'il se trouve déjà décrit dans le rapport de M. Camille Schœn. (Voir compte-rendu 1870-71, page 66.)

Pour compléter cette note, je crois devoir encore observer :

1º Que les monte-courroies Baudouin peuvent être employés à toutes les poulies de transmission, quels qu'en soit le diamètre, la vitesse à laquelle elles se meuvent ou la largeur de la courroie ;

2º A toutes les poulies écartées d'un support, d'une roue, d'une poulie ou d'un objet quelconque, de la largeur de la courroie, plus une vingtaine de millimètres, espace qui est nécessaire pour mettre la courroie en bas de la poulie et loger le support du monte-courroie ;

3º Aux poulies montées de deux courroies, ayant de chaque côté un espace libre égal à celui indiqué ci-dessus, et où l'on peut faire tomber la courroie du côté qu'elle occupe ;

4º Lorsqu'une machine est commandée par un renvoi, il suffit de placer le monte-courroie à la poulie de la transmission qui commande le renvoi. Le montage et les réparations sur place de la courroie venant du renvoi sur la poulie de la machine, se feront sans danger, si préalablement on a mis en bas la courroie de la poulie qui est munie du monte-courroie. Après avoir terminé la réparation et remonté à la main la courroie de la machine, on remontera celle du renvoi au moyen du monte-courroie ;

5º Lorsqu'une machine n'a pas de poulie folle, disposition très regrettable par suite de la mise en train instantanée qui doit se produire lorsqu'on remonte la courroie, surtout pour celles d'une certaine force, on est obligé de ralentir la transmission, parce que la courroie se briserait si on lui laissait sa vitesse normale, et que la courroie doit monter sur la poulie, quoi qu'il arrive, lorsqu'on l'a étalée et que l'on a poussé le levier du monte-courroie.

Il ne faut donc pas s'aviser de supprimer les poulies folles lorsque la courroie se remonte au moyen d'un monte-courroie ; il faudrait, au contraire, en placer partout où elles manquent et où il est possible de les appliquer.

Le n° 1, fig. 1 et fig. 2 (pl. 1), représente un monte-courroie placé dans la condition exceptionnelle d'une seule poulie pour commander un cylindre de papeterie. Il est appliqué à une poulie de 1m,500 chez MM. Zuber et Rieder. C'est le premier que j'aie fait établir; voici dans quelles circonstances.

Le 1er mai 1871 M. Baudouin m'écrivait :

« Le monte-courroie dont je vous ai parlé est en place et fonc-
« tionne parfaitement. Avec une petite latte de 0m,025 de dia-
« mètre, munie d'une fourche en gros fil de fer, je jette bas une
« courroie de self-acting *aussi tendue que possible,* et je la relève
« de même avec cette même latte dans l'espace de 10 à 15
« secondes.

« Tout se fait sans échelle, simplement à la petite latte. Il n'y a
« donc plus aucun danger, ni pour coudre, ni pour relever la
« courroie.

« Recevez, etc.

« *N.-B.* — Pour les métiers double vitesse[1], il est indispen-
« sable. Je tiens à vous prévenir de suite, car dans les endroits
« où les transmissions sont resserrées et dangereuses, on peut
« éviter tout accident avec cet appareil. »

Immédiatement après la réception de cette lettre, je me rendis dans la filature de MM. Ch. Mieg et C° pour examiner l'appareil que m'annonçait M. Baudouin, où je fus tellement pénétré de l'efficacité de ce premier monte-courroie, que le lendemain j'allai le communiquer à MM. Zuber et Rieder à l'Ile-Napoléon, et leur proposai d'en faire une application à l'une des poulies de leur transmission, qui commande un cylindre de papeterie. Ce monte-courroie a été fait et fonctionne parfaitement, malgré que l'ouvrier l'ait par erreur placé à 40 millimètres trop loin de la poulie.

Afin de mieux faire comprendre diverses installations de monte-courroies et diminuer les explications, j'ai cru nécessaire de don-

[1] Ces métiers servent pour le fin. Pour chacun d'eux il y a deux poulies sur la transmission et par conséquent deux courroies, lesquelles sont très rapprochées et, par suite, plus dangereuses à manier à la main.

ner une série de dessins représentant des applications diverses de
ces appareils et les circonstances qui en ont fait varier la combinaison, appareils que j'ai fait construire pour des maisons faisant
partie de l'Association.

Légende explicative générale des monte-courroies.

—

A Arbre de transmission.

B Support du tourillon, braquette ou poutre.

$C\,C'$ Poteaux en bois (N° 6).

C'' Traverse (N° 6).

$D\,D'$ Levier coudé pour faire tomber la courroie (N° 5 et 6).

E Prolongement du levier $D\,D'$, lequel porte le contrepoids Q
      (N° 5).

F Evidement du poutrage ou du plafond.

G Cercle isolateur de la courroie (N° 14 et 15).

G' Pattes du cercle G.

H Support du crochet isolateur e.

I Support du levier $D\,D'$.

K Pièce intermédiaire entre le support B et le tourillon t.

L Levier du monte-courroie.

M Massif en pierre de taille, pilier ou poutrage.

N Entretoise du support K.

P Poulie de la transmission.

Q Contrepoids du levier $D\,D'$ (N° 6).

R Ressort du tourillon (ressort plat ou en spirale).

S Support de la transmission.

T Semelle en bois (N° 6).

Z Cheville à bouton (N° 6).

a Courroie montée.

a' Courroie en bas de la poulie.

b   Position de la courroie quand on commence à la monter

b'   Position du levier correspondante à celle *b* de la courroie

c   Position de la courroie au moment où elle commence à toucher la jante de toute sa largeur

c'   Position du levier correspondante à celle *c* de la courroie

(N° 1).

d   Douille à patte sur laquelle est fixée le levier et le ressort plat ou patte de la cravate *u'*.

d'   Position du levier *L* à la fin de sa course (N° 1).

e   Crochet isolateur de la courroie.

e'   Extrémité du tourillon formant crochet isolateur de la courroie.

f   Boulon fixant le support *K* (N° 4).

g   Bague de la douille du levier.

k   Equerre-support du cuir du monte-courroie automatique (N° 14 et 15).

l   Cuir du monte-courroie automatique.

m   Tirants du plafond en briques (N° 10).

n n'   Boulons fixant le levier sur la douille *d*, *n'* sert en même temps à fixer le ressort plat *R*.

o   Bouton de manœuvre du levier *L*.

o'   Pièce fixée au levier *L*, laquelle porte le trou ou bouton *o"*.

o"   Trou ou bouton servant à manœuvrer la pièce *o'* du levier *L*.

q   Goupille du ressort en spirale *R* (N° 7 et 13).

r   Bague à collet remplaçant la douille fixe sur le tourillon; le levier forme cravate autour d'elle (N° 5 et 6).

s   Partie saillie de la douille empêchant la courroie de tomber sur l'arbre.

t   Tourillon du levier.

u   Douille isolatrice du levier.

u'   Cravate à laquelle est fixé le levier.

u'   Oreilles de la patte *d* servant à articuler sur le tourillon *t*, et entre lesquelles est placée la bague *g*.

v   Vis empêchant le support *K* de basculer (N° 4).

w   Vis fixant la bague du levier (fig. 11 et 12, pl. II).

z   Tourillon du levier *D D'* (N° 6).

Monte-courroie N° 1.
(*Fig. 1, 2 et 3, pl. 1.*)

J'ai déjà dit que ce monte-courroie est le premier que j'aie fait établir après visite faite auprès de celui de M. Baudouin. J'ai cherché dans cette installation à diminuer les frais autant que possible. A cet effet, j'ai profité du massif en pierres de taille *M* qui reçoit le support de la transmission *S*, pour y fixer directement le tourillon *t* du levier, ainsi que le crochet *e*, qui sert à isoler la courroie de l'arbre lorsqu'on l'a descendue de la poulie.

La position du tourillon *t* du levier est telle, que la partie qui dépasse la jante de la poulie *P* vient très longue, parce qu'il est trop éloigné de l'arbre moteur *A*. La tension de la courroie augmentant à mesure qu'elle se monte sur la poulie, j'avais cru qu'il était nécessaire, pour en faciliter le montage, de chercher à faire diminuer le bras de levier sur lequel elle agit à mesure que sa tension augmente, et à faire augmenter par contre, celui sur lequel agit l'ouvrier qui remonte la courroie.

L'espace qui entoure la poulie me permettait cette disposition ; mais dans le plus grand nombre de cas, on ne pourra pas faire le levier plus grand que le rayon de la poulie augmenté des sept dixièmes de la largeur de la courroie, parce qu'il viendrait buter contre un objet extérieur quelconque, plafond, poutrage ou mur. On peut du reste se dispenser de cette variation de bras de levier ; car dès que la courroie touche un peu la poulie, elle est entraînée par elle, de sorte que l'on n'a pas plus d'effort à vaincre que quand on commence à la monter.

Si nous consultons la fig. 1, on voit facilement que plus on éloigne le tourillon *t* de l'arbre moteur *A*, plus la partie du levier qui dépasse la jante de la poulie augmente, parce qu'on est obligé de lui donner une certaine longueur, pour qu'il puisse prendre la courroie à l'endroit où elle monte sur la poulie, et ne la quitter que lorsqu'elle est complètement montée. Le parcours que le levier doit être capable de faire, dépend de la partie de la jante enveloppée par la courroie, laquelle varie suivant que la courroie est droite ou croisée, et suivant le rapport des diamètres des deux poulies.

Lorsqu'on connaît le parcours, il est facile d'en tirer la longueur du levier, puisque celui-ci doit le faire complètement. En admettant même que ce levier ne soit pas plus long que si le tourillon était au centre de l'arbre moteur, il dépasserait de beaucoup la jante de la poulie; ce qui, comme je l'ai déjà dit, est un grand inconvénient dans la plupart des cas.

Si nous rapprochons le tourillon *t* du levier de l'arbre moteur *A*, comme je l'ai fait dans la fig. 3, où j'ai conservé le même diamètre de poulie que dans la fig. 1, et placé le tourillon dans la ligne qui joint les axes de la poulie motrice et de la poulie commandée, nous aurons une longueur de levier plus faible que dans la fig. 1, quoique son extrémité doive pouvoir partir et aboutir aux mêmes points. La partie de ce levier qui dépasse la jante de la poulie est devenue beaucoup plus faible.

Ce monte-courroie n° 1 est donc établi en principe dans de mauvaises conditions; il est cependant utile en ce qu'il fait voir que l'on peut varier la disposition de ces appareils suivant les supports dont on peut disposer.

Les diverses positions occupées successivement par la courroie et le levier sont les suivantes :

b représente la courroie au commencement du montage lorsqu'on l'étale sur le levier *b'*.

c' la position du levier pendant que la courroie dans la position *c* touche la jante de la poulie de toute la largeur, moment pendant lequel il n'agit plus beaucoup, l'adhérence de la courroie sur la poulie étant assez forte pour l'entraîner.

(Lorsque la courroie commence à toucher la jante de la poulie, elle est soumise à deux forces; l'une, produite par son poids, tend à la renverser, et l'autre tend à l'entraîner sur la poulie par suite de l'adhérence qui existe entre celle-ci et la courroie. Tant que la première force est plus grande que la seconde, on est obligé de pousser la courroie avec le levier pour l'empêcher de tomber et pour l'appliquer sur la jante de la poulie; mais dès que la seconde force l'emporte sur la première, la courroie est entraînée par la poulie, et on peut ramener le levier en arrière.)

d' est la position du levier arrivé à la fin de la course, laquelle est déterminée par le crochet e fixé dans le massif en pierres de taille M.

Le point le plus haut de la circonférence de la poulie, enveloppé par la courroie, est déterminé par la ligne y perpendiculaire à celle qui joint les axes des poulies; c'est le point auquel on doit pouvoir arriver avec le levier pour être parfaitement sûr que la courroie soit remontée.

Ici on ne peut pas pousser le levier jusqu'à ce point supérieur y', parce qu'il viendrait buter contre le crochet e; ceci n'a point d'inconvénient, parce que la courroie se trouve toujours remontée avant que l'on ait atteint ce crochet e.

Dans les fig. 1 et 3 le trait pointillé représente la courroie descendue de la poulie.

Monte-courroie N° 2.

(Pl. 2, fig 1, 2 et 3.)

Le n° 2 est un exemple de vingt-quatre monte-courroies que j'ai placés dans la filature de MM. Reber-Schwartz et Cᵉ de notre ville, à des poulies de 0ᵐ,74 de diamètre, qui commandent des renvois de métiers à filer automates de leur filature de laine, au moyen de courroies horizontales droites et croisées de 0^m,110 de largeur.

La braquette *B*, qui sert de support au tourillon *t* du levier *L*, est fixée à la poutraison *M*; elle est disposée de telle façon que le même modèle peut se placer indistinctement à droite ou à gauche de la poulie, suivant les circonstances; il porte des coulisses qui permettent d'en varier un peu la position parallèlement à la poutre.

La pièce en fer forgé *K*, intermédiaire entre cette braquette *B* et le tourillon *t*, porte des coulisses à ses extrémités, pour permettre de varier verticalement la position du tourillon.

Ces deux mouvements sont d'une grande utilité dans la plupart des cas. Le support de la transmission est fixé à une colonne *S* qui supporte le poutrage *M*.

La courroie est représentée dans deux positions; le trait plein la représente montée et le trait pointillé lorsqu'elle est tombée de la poulie, et reposant sur le crochet *e* et sur la douille du levier qui l'isolent de l'arbre moteur. Le levier *L* est dessiné dans la position qu'il occupe lorsque la courroie est montée; il porte à son extrémité cette partie à 45° dont j'ai déjà parlé, qui tend à faire descendre la courroie sur la poulie de transmission, et opère son étalage sans que l'on soit obligé de le faire au moyen de la perche à crochet.

Monte-courroie N° 3.
(Pl. 2, fig. 4 et 5.)

Le n° 3 est un exemple de six monte-courroies appliqués à des poulies de 0^m,77 de diamètre, qui commandent directement des métiers à filer automates par des courroies croisées de 0^m,100 de largeur, dans la filature de MM. Trapp et Ce.

L'entaille *F* faite dans le plafond existait déjà pour le passage de la poulie et pour permettre le montage à la main de la courroie. Sur le côté de cette entaille j'ai placé une semelle en bois de sapin *G*, sur laquelle est fixé un support *B*, disposé comme dans le n° 2, de manière à ce qu'on puisse varier sa position. Ce support porte le fer plat *K*, auquel est boulonné le tourillon *t* du levier *L* qui porte le crochet *e*, sur lequel tombe la courroie lorsqu'elle est descendue de la poulie.

Lorsque l'ouvrier remonte la courroie, il ne peut pas pousser suffisamment le levier pour qu'il quitte le brin montant de celle-ci, surtout pour les courroies croisées, parce que l'arbre de transmission le gênerait. En ce moment il quitte le bouton du levier *L* et porte le crochet de la perche dans le trou *o″* de la pièce *o′* fixée au levier, et continue à le pousser jusqu'à ce que la courroie soit montée.

La courroie est ici encore dessinée dans deux positions; le trait plein indique la courroie montée et le trait pointillé la courroie descendue de la poulie, reposant sur le crochet isolateur *e* et sur l adouille du levier.

Monte-courroie N° 4.
(*Pl. 2, fig. 6, 7 et 8.*)

Le n° 4 est un exemple de six monte-courroies appliqués à des poulies de 0m,77 de diamètre, qui commandent des métiers à filer automates par des courroies droites et croisées de 0m,100 de largeur, dans la filature de coton de M. Camille Weber à Guebwiller.

Ici j'ai profité de la distance convenable qui existe entre le support de transmission *S* et la poulie pour loger ce monte-courroie; à cet effet, j'ai fixé contre le support *S* une équerre en fer *K*, laquelle forme support du tourillon *t*.

Dans les dispositions précédentes n°s 2 et 3, on avait un support ou braquette *B*, une pièce intermédiaire *K* et un tourillon *t*; ici, la braquette est remplacée par le support de la transmission *S* et la pièce intermédiaire par l'équerre *K*. Celle-ci est maintenue au support S par un boulon f, qui passe dans l'ouverture qui existe entre les bras de ce dernier.

Son écrou est serré contre une platine.

Afin d'empêcher qu'il ne puisse pivoter autour du boulon f qui le fixe, il est maintenu par une petite vis v qui traverse le support S et pénètre dans l'équerre K.

Dans cette même installation, il s'est présenté une poulie pour le monte-courroie duquel on ne pouvait pas se servir du support de la transmission. Comme pour ce cas unique il ne valait pas la peine de faire un modèle, j'ai remplacé ce support (voir fig. 9 et 10) par un fer plat de 80 m/m sur 22 d'épaisseur, plié en équerre et vissé au moyen de deux tirefonds contre une des poutres qui supporte le plafond. Ce fer plat est entretorsé par une seconde tige N en fer à T de 30 m/m sur 30 m/m fixée au poutrage par un tirefond et boulonné à la pièce en fer forgé.

Les fig. 11 et 12 représentent le type de levier employé dans les monte-courroies qui précèdent. C'est celui de M. Baudouin dans lequel j'ai remplacé le ressort à boudin par un ressort plat.

La fig. 11 est une coupe du levier et de la patte suivant la ligne ab de la fig. 12, et la fig. 12 est un plan dans lequel on a supposé le levier en bois enlevé pour mieux laisser voir le ressort que la bague g, la vis w qui la maintient sur le tourillon, ainsi R; les deux boulons nn' qui servent à fixer le levier sur la patte d de la douille u. Le boulon à embâse n' sert en même temps à fixer le ressort R.

Monte-courroie N° 5.

(Pl. 3, fig. 1, 2 et 3.)

Monte-courroie destiné à une poulie de $0^m,570$ de diamètre qui commande une forte courroie oblique de $0^m,200$ de large. La poulie se trouve très éloignée du poutrage, et le diamètre de l'arbre de transmission est extrêmement fort suivant celui de la poulie. On n'a pas fixé le levier sur une douille concentrique à l'arbre moteur, parce qu'elle serait revenue trop cher en ne servant que pour un seul appareil.

Le support en fonte *B*, auquel est boulonné le fer plat *K* qui porte le tourillon *t*, est fixé contre un fort poteau en bois *S* qui se trouve à proximité.

Le levier *L* est représenté dans la position qu'il occupe lorsque la courroie est montée; son parcours est représenté par deux circonférences indiquées sur la fig. 1; la circonférence intérieure indique le chemin parcouru par le point du levier qui saisit la courroie à l'endroit où elle monte sur la poulie, et la circonférence extérieure celui du bouton *o* qui sert à le manœuvrer.

La partie du levier qui dépasse la jante de la poulie est très grande; mais comme il n'y a rien qui le gêne dans son mouvement, ceci est sans importance.

Monte-courroie N° 6.

(Pl. 3, fig 4, 5 et 6.)

Monte-courroie destiné à une poulie placée en porte-à-faux, qui commande une courroie verticale de 160 m/m de large, faisant marcher le renvoi d'un câble en fil de fer.

Le levier est en fer; son extrémité inférieure est recourbée et forme cravate autour d'une bague *r* en fonte sur laquelle il est serré avec un chapeau, également en fer forgé, au moyen de deux boulons. Le tourillon *t*, sur lequel est fixée cette bague, est boulonné par l'une de ses extrémités sur une traverse en bois *B*, placée à l'avant de la poulie; l'autre extrémité se loge dans un trou pratiqué à l'extrémité de l'arbre de transmission. Ceci a été établi pour empêcher que le tourillon *t* ne fléchisse lorsqu'on étale la courroie, et qu'elle repose de tout son poids sur le levier.

Le poteau *C'* et la traverse *C''* existaient déjà; on a ajouté seulement la semelle *B* où se fixe le tourillon *t* du levier *L* et le poteau *C*.

Ce monte-courroie est automatique, sans avoir le cercle en fer isolateur de M. Baudouin. Le levier est dessiné aussi dans la position qu'il occupe lorsque la courroie est montée.

Cette disposition n'a pas exigé, comme les précédentes, de crochets spéciaux pour isoler la courroie lorsqu'elle tombe de la poulie, parce qu'elle vient reposer sur un tourillon fixe et non pas sur l'arbre de transmission.

Aux monte-courroies n⁰ˢ 5 et 6 j'ai ajouté un nouvel élément qui, dans bien des cas, serait à employer avec avantage : c'est une disposition pour mettre la courroie en bas de la poulie pendant la marche de la transmission. Elle se compose du levier débrayeur DD' (voir n° 5), formé de deux branches à angle droit, qui pivote sur un tourillon z, fixé dans le support en fonte B.

Pour faire tomber la courroie, on n'a qu'à saisir l'extrémité D du levier débrayeur et à l'abaisser. La partie D' vient presser sur la courroie et la fait dévier de sa marche normale ; on abaisse ce levier jusqu'à ce que la courroie ait quitté complètement la poulie.

Dans le n° 6 ce levier débrayeur est articulé sur un tourillon z fixé sur une bande de fer plat I, laquelle est adaptée au poteau C'. Il se manœuvre de la même manière que le précédent.

Lorsque l'extrémité D de ce levier débrayeur ne se trouve pas à portée de la main, on peut y percer un trou et y passer une petite corde, que l'on peut descendre à une hauteur convenable pour pouvoir facilement en saisir l'extrémité.

Dans le n° 5 le levier débrayeur se prolonge en E sur une petite longueur au delà du tourillon, et porte un contre-poids Q qui tend constamment à le ramener dans la position qu'il doit occuper lorsque la courroie est montée sur la poulie.

Il agit dès que l'on a lâché l'extrémité du levier D.

Dans le n° 6 ce levier est maintenu en place par une cheville à bouton z qui vient se loger sous la branche D, et que l'on enlève à la main lorsqu'on veut faire descendre la courroie.

Les traits pointillés représentent les parcours que doivent faire les leviers pour débrayer complètement la courroie.

Voici maintenant la série de monte-courroies exécutés par MM. Bourcart et fils, mécaniciens en notre ville.

Monte-courroie N° 7
(Pl. 4, fig. 1, 2 et 5.)

Monte-courroie appliqué à une poulie de 1^m,825 de diamètre, commandant une machine à déchiqueter le bois de teinture au moyen d'une courroie de 250 ^{m}/^{m} de large, chez MM. H. Hæffely et Ce (blanchiment et teinture). C'est le plus grand qui ait été construit jusqu'à ce jour. Une cause qui compliquait son installation, à part ses grandes dimensions, c'est que la transmission est oblique par rapport au mur, parce que dans l'installation de celle-ci il fallait la mettre perpendiculairement à l'arbre de commande principal.

Le tourillon du levier L est fixé à la pièce k qui est boulonnée au support en fonte B, lequel est vissé contre une semelle en bois M; celle-ci est elle-même fixée au mur au moyen de deux boulons qui la traversent.

Le levier du monte-courroie est fixé sur une douille à patte courbée d, pour leur permettre de faire le parcours nécessaire, sans qu'il vienne buter l'arbre de transmission A.

Monte-courroie N° 8.
(Pl. 5, fig. 1 et 2.)

Monte-courroie appliqué à une poulie de 1^m,490 placée sur une transmission mue par deux machines à vapeur, qui se trouve chez MM. Hofer-Grosjean (impression). Quand on a besoin d'un moteur seulement, la courroie de la susdite poulie est descendue, et le moteur qui la commande peut rester au repos; celle-ci a une largeur de 230 ^{m}/^{m}.

Le support B est fixé sur le support de la transmission S; la douille isolatrice u du levier porte une patte qui vient se boulonner sur le support *B*. La cravate *u'*, à laquelle est fixé le levier, porte une partie saillante *s* qui sert à empêcher que la courroie ne puisse tomber sur l'arbre moteur.

Monte-courroie N° 9.

(*Pl. 5, fig. 3 et 4.*)

Monte-courroie appliqué à une poulie de 1^m,220, qui commande un renvoi de machine à pousser les mandriers dans les rouleaux, chez MM. frères Kœchlin (impression). Le renvoi étant placé très près de la poulie de commande, la courroie exige une forte tension, ce qui rend son placement à la main très difficile et dangereux, d'autant plus que la poulie se trouve très près du poutrage.

L'arbre de transmission est carré. Le support *B* de la douille isolatrice *u* du levier est fixé à une poutre *M*; la pièce intermédiaire *K* entre ce support et la douille *u* du levier *L* est entretoisée par un fer plat *N*, qui est vissé sur une poutre parallèle à la première *M*.

La douille isolatrice *u* du levier *L* porte une patte par laquelle elle est boulonnée sur la pièce *K*.

Monte-courroie N° 10.

(*Pl. 5, fig. 5 et 6.*)

Monte-courroie appliqué à une poulie de 0^m,500, qui commande une courroie de 75 $^m/_m$ de large, chez MM. Warnery et Morlot à Thenay.

Le plancher de l'étage supérieur à celui dans lequel se trouve le monte-courroie est formé de voûtes en briques, entretoisées par des tirants en fer *m*, que l'on voit dans les fig. 5 et 6; ils sont vissés dans des colonnes en fonte *S*, qui reçoivent les butées de ces voûtes en briques.

Le support B de la douille u du levier L est fixé sur le support S de la transmission; la douille u est concentrique à l'arbre moteur A.

Monte-courroie N° 11.

(Pl. 6, fig. 1 et 2.)

Monte-courroie appliqué à une poulie de 1ᵐ,100 de diamètre, commandant une courroie de 100 ᵐ/ᵐ de largeur, qui fait marcher une pompe centrifuge, chez MM. Dollfus-Mieg et Cᵉ. Le placement de cette courroie était très difficile à la main à cause de sa grande longueur et dangereux à cause de la hauteur extraordinaire où se trouvait placée la poulie de la transmission.

Le support B de la douille du levier est fixé sur une poutre M.

Le levier L est représenté dans la position qu'il occupe lorsque la courroie est montée; la douille sur laquelle il est fixé est concentrique à l'arbre moteur A.

Monte-courroie N° 12

(Pl. 6, fig. 3 et 4)

Monte-courroie excentrique à l'arbre moteur appliqué à une poulie de 0ᵐ,750 de diamètre, qui commande une courroie croisée oblique de 80 ᵐ/ᵐ de largeur, dans le retordage de MM. Dollfus-Mieg et Cᵉ.

La pièce en fer forgé K, intermédiaire entre le support B du tourillon et le tourillon t lui-même, porte un petit levier H à l'extrémité duquel se trouve un crochet e qui sert à isoler la courroie.

Le levier du monte-courroie est fixé sur une douille à patte courbe d, qui permet de le ramener entre les deux brins de la courroie lorsque celle-ci est montée.

Monte-courroie N° 13.

(Pl. 6, fig. 5 et 6.)

Monte-courroie excentrique à l'arbre moteur appliqué à une

poulie de 0",900 de diamètre, qui commande une courroie de 100 "/" de large; celle-ci fait marcher une scie circulaire chez MM. Dreyfus et Lantz frères (filature).

Le support *B* du tourillon *t* est fixé au poutrage *M;* la pièce intermédiaire *K* est courbe et porte un crochet isolateur *e.*

La douille *d* du levier est ici encore courbe pour lui permettre de prendre la position indiquée sur la fig. 5.

Monte-courroies N" 14 et 15.

(Pl. 7, fig 1, 2, 3 et 4.)

Monte-courroies automatiques appliqués à des poulies de 0",963 et 0",760 de diamètre, qui commandent des courroies verticales et obliques de 0",110 de largeur, lesquelles font marcher des peigneuses chez MM. Steinbach-Kœchlin et Cᵉ. Le montage à la main de ces courroies était très difficile à cause des supports de transmission et du peu de jeu qui existe entre elles.

Ces deux monte-courroies nous représentent le système automatique de M. Baudouin.

Le cercle en fer isolateur *G* de la courroie, qui porte trois pattes *G',* est fixé sur le levier *L* et est relié à sa douille au moyen d'une tige en fer qui vient se visser sur elle.

Le support *B* de la douille du n° 14 est vissé à la partie inférieure d'une poutre *M,* et celui du n° 15 est vissé contre la même poutre, parce que la semelle *C* gênait son installation.

La pièce **K,** intermédiaire entre le support *B* et la douille, est droite dans le n° 14 et recourbée dans le n° 15 à cause de la semelle *C* qu'il fallait éviter.

Le levier est représenté dans la position qu'il occupe lorsque la courroie est remontée dans le n° 14, et au moment où l'on commence à la remonter dans le n° 15.

Monte-courroie N° 16.

(Pl. 7, fig. 5 et 6.)

Monte-courroie concentrique à l'arbre moteur appliqué à une poulie de 0^m,702 de diamètre, qui commande une courroie oblique de 0^m,100 de largeur, chez MM. Bourcart frères à Guebwiller (filature de coton).

Le support *B* de la douille du levier *L* est fixé sur une colonne creuse en fonte *S*, qui sert de support à la transmission. La pièce *K*, en forme d'équerre, qui relie le support *B* à la douille, est en fonte, et non en fer forgé comme dans les exemples précédents.

RAPPORT SUR LES GARDE-NAVETTES DES MÉTIERS A TISSER, par M. F.-G. Heller.

Le nombre des accidents graves qui se produisent dans les tissages mécaniques est petit comparativement à ceux qui arrivent dans les autres industries comprises dans votre Association ; cependant il en est un qui arrive encore trop fréquemment et qui occasionne soit la perte d'un œil, soit des blessures qui, pour n'être pas aussi graves, n'en sont pas moins dangereuses. Ces accidents sont produits par l'échappement inattendu de la navette pendant le travail ; ceci arrive généralement à tous les métiers, mais plus ou moins suivant leur largeur et le genre d'étoffes qu'ils produisent ; ils augmentent avec la vitesse du métier, à cause de la grande force que reçoit la navette.

Dès le début[1], votre Association s'est efforcée d'encourager les recherches et l'application de moyens propres à éviter ces accidents en recommandant le mérite des tringles garde-navettes que MM. P. Læderich et fils avaient fait placer aux métiers de leur tissage, et dont ils avaient obtenu un résultat assez satisfaisant,

[1] Voir le Compte-rendu de la 2° année, 1867-69, pag. 15-17.

malgré certaines imperfections que présente cette tringle. Depuis cette époque, MM. André Kœchlin et Cᵉ se sont fait breveter pour un appareil plus efficace, qui consiste en un rateau mobile placé sur le chapeau du battant[1]. Quoique cet appareil soit excellent sous certains rapports, il s'est peu répandu; son prix d'installation trop élevé est probablement l'obstacle qui en empêche l'emploi sur une grande échelle.

Mes efforts en vue de propager l'application de la tringle fixe ou du rateau, ont eu peu de succès, et l'on peut dire que le nombre d'appareils employés dans les tissages *que je visite*, a jusqu'à présent peu augmenté, sauf 400 métiers du tissage de MM. Schlumberger fils et Cᵉ que ces messieurs en avaient fait garnir.

Si l'on compare entre eux les deux moyens proposés jusqu'ici, savoir la tringle fixe et le garde-navette de MM. André Kœchlin et Cᵉ, on remarque :

1º Que la simple tringle est très légère et par conséquent très avantageuse, puisque l'on doit toujours donner des dimensions aussi faibles que possible aux pièces soumises à un mouvement rapide de va-et-vient ; mais que malheureusement son efficacité n'est pas suffisante.

2º Que le garde-navette de MM. André Kœchlin et Cᵉ est un peu lourd suivant la vitesse qu'il reçoit (la vitesse des métiers variant de 120 à 180 coups par minute nous donne de 240 à 360 arrêts et mises en marche pendant le même temps), ce qui constitue, sinon une perte de force motrice, du moins un inconvénient passablement grave par l'usure plus rapide qui doit en résulter dans les différents organes de la machine.

3º Que ce garde-navette est trop cher pour qu'il puisse se répandre facilement.

Revenant sur la tringle qui est la disposition la plus simple, on a cherché à la conserver tout en la rendant plus efficace. On

---

[1] Voir le Compte-rendu de la 3ᵉ année, 1869-70, pag. 90 à 93.

peut dire que son inconvénient essentiel est de ne pas garantir un espace suffisant, car si on la place trop loin du chapeau, la navette peut sortir entre elle et le chapeau ; si on la met trop près, la navette passe en dehors de la tringle.

Un contre-maître de la maison Ch. Mieg et Cᵉ, Michel Klinger, se pénétrant de ces divers avantages et inconvénients, eut l'idée d'appliquer deux tringles au lieu d'une seule, pour garantir plus d'espace à la fois, et pour que ces tringles ne gênent aucunement le travail, il les a fixées à chaque bout sur un petit levier articulé à un support, lequel est vissé sur le chapeau du peigne. Si à un moment donné ces tringles gênent l'ouvrier, il n'a qu'à les relever avec le doigt et à les adosser contre le chapeau ; mais comme il pourrait arriver que l'ouvrier oubliât de les redescendre, on les a disposées de façon à ce qu'elles penchent fort peu en arrière, de sorte que le premier coup de battant les remet en place. Dans les métiers très longs, les tringles fléchiraient si elles n'étaient supportées qu'aux extrémités ; dans ce cas, on ajoute encore un troisième support au milieu de leur longueur.

Quoique cette disposition soit très efficace et d'un prix peu élevé, M. Sins, directeur du même tissage, a cherché à la simplifier. Au lieu de fixer les deux tringles dans deux leviers à chaque extrémité, comme le faisait le contre-maître Klinger, il a pris un fil de fer (le même qu'avait pris Klinger), et l'a recourbé de manière à faire ses deux tringles d'une seule pièce en en soudant les deux extrémités ; puis au lieu d'un levier articulé dans un support fixé au chapeau du battant, il se sert seulement d'un support percé d'un trou dans lequel il engage l'une des tringles, l'autre étant soutenue par une saillie de ce même support.

Cette disposition ne remplissant pas encore une condition qui me parut assez essentielle, celle de permettre d'enlever les supports sans être obligé de dessouder la tringle, ou la tringle sans enlever les supports, je me suis mis moi-même à l'étude en remplaçant d'abord la soudure par un petit manchon et en essayant de la simplifier encore. Mes premières recherches se sont portées sur le moyen de supprimer l'emploi du support en fer forgé de M. Sins, support qui doit varier de construction à cause des différentes hauteurs que reçoit le chapeau. Je l'ai remplacé par une petite bande de tôle que j'ai fixée au chapeau au moyen de deux vis, puis je l'ai fendu par le milieu à sa partie inférieure, en faisant servir l'une des moitiés comme pivot de la tringle la plus rapprochée du chapeau, et ai dressé l'autre de manière à pouvoir mettre et enlever la tringle à volonté, en la disposant à peu près horizontalement pour servir de support à la tringle la plus éloignée; l'inclinaison de ces tringles est ainsi très facile à régler. Cette bande de tôle a sur les supports en fer forgé l'avantage de pouvoir être facilement façonnée selon les diverses positions qu'exigent le chapeau ainsi que la chaîne. Son prix d'installation est très minime. Dans le premier moment, j'avais fait la seconde partie de ce support un peu longue pour empêcher que la tringle ne puisse perdre son équilibre ; mais l'expérience m'ayant prouvé que cette partie saillante gêne un peu lorsqu'on veut entrer ou sortir la navette, je l'ai coupée tout en lui laissant une petite partie plate, sur laquelle la tringle vient reposer. Pour l'empêcher de perdre son équilibre, j'ai pris une seconde bande de tôle f, que j'ai placée de manière à ce qu'elle serve de rondelle à la vis inférieure de la première bande de tôle, formant support ; et qui, descendant en équerre, vient reposer sur la tringle et l'empêcher de se soulever. Le brin formant montant peut aussi être diminué de beaucoup, ce qui nous donne en dernier lieu un support simple, facile à faire, et par suite peu coûteux, et permettant en outre de sortir facilement la tringle, en desserrant un peu la vis qui maintient la bande de tôle f et en faisant tourner un peu celle-ci.

J'ai fait exécuter ce garde-navette dans les conditions que je viens d'indiquer en arrêtant les tringles à $0^m,090$ des boîtes de la navette. Depuis trois mois que cette disposition a été établie, elle a très bien fonctionné jusqu'à ce jour. Par les moyens que vous connaissez, on a essayé de faire sortir la navette du métier; elle est bien sortie de la chaîne, mais est rentrée dans les boîtes. Il s'est

cependant présenté depuis deux cas dans lesquels elle est sortie,
sans force aucune, il est vrai, dans l'espace laissé libre entre l'extrémité des tringles et les boîtes de la navette : cela tient évidemment à ce que les tringles ne sont pas assez longues; pour y
remédier, il faudrait augmenter leur longueur de manière à ne
laisser que 0^m,060 à 0^m,070 entre leurs extrémités et les boîtes de
la navette. Cet appareil va être établi avec cette dernière modification; dès que sa valeur pratique sera connue, je m'empresserai
de vous le faire savoir en vous indiquant encore son prix de
revient.

DESCRIPTION DES DESSINS.

—

(Les figures 1 et 2, 3 et 4, 5 et 6 6', 7 et 8, sont dessinées en grandeur naturelle.)

Figures 1 et 2. — Disposition de Michel Klinger, contre-maître
chez MM. Ch. Mieg et Ce.

La fig. 1 représente une coupe transversale du chapeau et du
battant.

La fig. vu en dessus.

AA   sont les tringles fixées au levier *B*.

L   Battant.

P   Peigne.

P'   Chapeau du peigne.

B   Levier supportant les tringles, articulé dans le support *C*
          qui est fixé au chapeau du peigne *P'*, au moyen des deux
          vis à tête noyées.

Le dessin au pointillé représente la position du levier mobile et
des tringles lorsqu'on les a adossées contre le chapeau du peigne.
pour permettre de rattacher un fil ou de défaire de la toile défec-
tueuse.

Je ferai remarquer que le contre-maître Klinger a fait toutes
ses pièces en cuivre jaune, pour éviter l'emploi du fer forgé qui
lui paraissait revenir trop cher.

*Figures 3 et 4. — Disposition de M. Sins, directeur de tissage
chez MM. Ch. Mieg et C°.*

La fig. 3 représente une coupe transversale du chapeau du
peigne et du battant.

La fig. 4 est un plan vu en dessus.

AA   Tringles faites d'une seule pièce. L'une d'elles s'engage
dans le trou B du support en fer forgé C, l'autre est
maintenue par la saillie E de ce même support.

a a   sont les vis qui servent à fixer le support C sur le chapeau
du peigne. Le dessin en pointillé représente la position
des tringles relevées et adossées contre le chapeau.

Première disposition de F.-G. Heller.

Fig. 5. Vue de côté.

Fig. 6. Vue de face.

Fig. 6'. Vue en plan.

AA   Tringles (les mêmes que celles de M. Sins).

A'   Manchon d'accouplement. A'' Bague d'arrêt.

B   Support des tringles composé d'une lame de tôle fendue à
sa partie inférieure, et vissée sur le chapeau du peigne
au moyen des vis à bois a a.

e   partie du support B dans laquelle reposent et articulent
les tringles.

d   Seconde partie de ce même support, supportant la tringle
la plus éloignée du peigne.

La partie d gênant un peu, je l'ai coupée, ce qui m'a donné la
seconde disposition, par suite de la nécessité où je me trouvais
d'empêcher les tringles de se soulever.

Seconde disposition de F.-G. Heller.

Fig. 7. Vue de côté.

Fig. 8. Vue de face.

AA   Tringles (les mêmes que dans la disposition précédente);

B   Support des tringles, formé d'une lame de tôle divisée en
deux parties e et d, comme dans le support précédent

(ces parties *e* et *d* sont plus courtes que dans la première disposition). Ce support est fixé sur le chapeau du peigne au moyen de deux vis *a* et *b*. La vis *b* sert encore à maintenir en place le chapeau en tôle *f*, qui empêche les tringles de se soulever.

NOTE SUR LES NETTOYEURS MÉCANIQUES DES MÉTIERS A FILER, par M. F.-G. Heller.

Dans le rapport des travaux techniques de l'inspection de la deuxième année (voir Compte-rendu de 1868-69, pag. 37), j'ai eu l'occasion de vous présenter une note sur le nettoyage des chariots et porte-cylindres des métiers à filer, dans laquelle je vous ai fait part de tous les appareils, à moi connus, qui ont été essayés pour éviter le danger qui existe lorsque ce sont des enfants qui sont chargés de ce soin.

Dans cette note, j'ai posé les conditions que doit remplir un type de nettoyeur mécanique, en admettant comme principe le nettoyage simultané du porte-cylindres et du chariot; ce principe, Jean Michel l'avait déjà mis en pratique ; mais, comme son appareil était très incomplet sous d'autres rapports, il n'a pas été beaucoup employé, même après avoir reçu plusieurs perfectionnements.

On ne peut imputer ce manque d'emploi à l'utilité méconnue des nettoyeurs, puisqu'un grand nombre de filateurs ne cessent de me demander des nettoyeurs mécaniques, mais parce qu'il leur manquait encore une condition essentielle, celle à laquelle les filateurs tiennent le plus, qui est qu'ils soient complets et mis en place. Ceci vient à l'appui de ce que j'indiquais au bas de la page 19 du Compte-rendu de 1870-71 :

« L'on doit combiner un appareil qui n'exige pour le filateur « aucune étude, aucun dessin préliminaire, un appareil fait à « l'avance et dont on n'a qu'à monter les pièces détachées; il faut

« aussi qu'on n'ait plus à faire, dans chaque cas particulier, des
« pièces spéciales qu'une erreur de construction ou d'ajustage
« fasse mal fonctionner ou fasse juger vicieuses de construction. »

Le nettoyeur décrit dans le compte-rendu de l'année passée
fonctionne très bien depuis deux ans à tous les métiers à filer des
filatures de MM. Schlumberger fils et Cᵉ. Je viens vous faire
connaître aujourd'hui les quelques modifications de détail ajoutées,
lesquelles en font un appareil qui remplit toutes les conditions
indiquées dans ledit Compte-rendu.

L'appareil lui-même n'a pas subi de modifications visibles,
quelques pièces de détail seules ont été changées, pour en permettre l'application à toutes les dispositions de métiers à filer.

Pour les pièces qui ne seraient pas suffisamment expliquées, je
renvoie à la légende explicative (voir Compte-rendu, 4ᵉ année,
pag. 23) et aux figures dans lesquelles les mêmes pièces sont
représentées par les mêmes lettres.

Le corps du nettoyeur est le même, sa forme n'a pas changé;
mais au lieu que le fil de fer qui sert à porter le tablier soit rivé,
comme dans l'ancien appareil, il est rendu mobile, pour pouvoir
le faire à l'avance, et le démonter à volonté, pour enlever le tablier
sans le découdre.

Le levier *E*, qui était aussi rivé sur le nettoyeur *B* (disposition
qui ne permet pas de changer sa hauteur par rapport au porte-
cylindres), a été muni d'une coulisse dans laquelle passe un boulon
qui sert à le fixer sur le corps du nettoyeur.

Le fil de fer *a'*, de 3 ᵐ/ᵐ, était relié à son support *a* au moyen
d'une pièce intermédiaire; celle-ci a été supprimée, et l'on a
taraudé directement son extrémité, sur laquelle l'écrou vient se
fixer. M. Storck, directeur de filature de MM. Bourcart frères, à
Guebwiller, a employé un fil de fer de 5 ᵐ/ᵐ pour que le taraudage
l'affaiblisse moins. A l'autre extrémité on peut faire un bourrelet
ou placer une ou deux goupilles, ce qu'a fait M. Storck.

La poulie en fonte *H* a été faite en bois, et la hauteur que je lui
ai donnée est telle, qu'elle se prête à toutes les diverses positions

de l'arbre de la main-douce qui peuvent se présenter, pour que la corde *I* ne s'échappe pas.

La poulie en fonte *G* est la même que dans la disposition précédente, mais au lieu d'avoir deux dents à sa douille, elle n'en porte qu'une. Le mouvement lui est communiqué par une cheville en fer *K'*, logée dans la bobine en bois *H*, qui est pressée de haut en bas par un ressort à boudin *e'* placé au fond du trou qui la reçoit, et qui sert à la faire engrener.

Les doigts essuyeurs *C*, composés de tuyaux en caoutchouc, garnis de panne sur une partie de leur longueur, sont recouverts sur toute leur longueur, et portent un bourrelet à l'une de leurs extrémités, lequel forme arrêt contre l'embase *C'* du nettoyeur. Le caoutchouc est ainsi mieux garanti d'une détérioration par l'huile, et le nettoyage du doigt peut être fait sans crainte de l'arracher de son support.

J'indique encore sur le dessin l'agrafe *e* telle que l'a faite M. Storck; elle porte un morceau de cuir dans lequel elle pivote; ce cuir est attaché à la corde *F*.

Si au point de vue du prix, on compare ce nettoyeur avec la disposition la plus simple qui existait, la simple toile tendue tout le long de la machine, on voit facilement qu'il y a grande économie. En effet, le mètre de cette toile de 1^m,60 de largeur coûte 4 fr. 80; avec un mètre on peut faire quatre bandes de 0^m,40 de large, ce qui donne 1 fr. 20 pour le prix du mètre courant. Si l'on admet comme longueur moyenne des métiers à filer 25 mètres, on trouve par machine un prix de 30 francs pour la toile, et 35 fr. en tenant compte du fil de fer, supports, etc., et cela pour le nettoyage du chariot seulement.

NETTOYEURS MÉCANIQUES DES MÉTIERS A FILER,
MODIFIÉS PAR F.-G. HELLER.

Légende explicative de la planche IX.

Fig. 1. Coupe transversale par le corps du nettoyeur et par le porte-cylindres.

Fig. 2. Vue de face du nettoyeur.

Fig. 3. Vue en plan.

A   Porte-cylindres.

A'   Arbre de la main-douce.

a, a   Supports boulonnés sur les deux extrémités du porte-cylindres, et servant à tenir des deux bouts le fil de fer a'.

a'   Fil de fer servant de support et de guide au corps du nettoyeur; il est attaché d'un bout directement à l'un des supports a; l'autre porte une partie taraudée, munie d'un écrou qui sert à effectuer sa tension.

b   Support de guide en fil de fer ployé.

B   Corps du nettoyeur.

B'   Chariot.

C   Tuyaux en caoutchouc garnis de panne sur toute leur longueur.

D   Tablier en panne ou en drap.

d   Fil de fer supportant le tablier suspendu dans deux trous pratiqués dans le corps du nettoyeur.

E   Levier boulonné au corps du nettoyeur portant une coulisse pour varier sa position; ainsi que le coulisseau e en forme de ressort à boudin, celui-ci est relié à la corde F au moyen d'un morceau de cuir.

e   Coulisseau en forme de ressort à boudin glissant sur le levier E et portant sur sa partie verticale le morceau de cuir I de M. Storck, qui pivote sur le coulisseau et est attaché à la corde F.

F   Corde qui mène le nettoyeur.

G Poulie de commande de la corde *I*.

G' Poulie de renvoi de la corde *I*.

H Bobine en bois, dans laquelle est logée la cheville *K'* engrenant dans la dent de la poulie *G*. Cette cheville est
poussée par le ressort à boudin *e'* logé dans le même
trou qu'elle.

LISTE

*des récompenses décernées par le jury aux exposants alsaciens-
lorrains qui ont pris part à l'Exposition universelle de Lyon.*

Hors concours.

MM. J. Ducommun et Cie (machines à coudre) Mulhouse.

Gros, Roman, Marozeau et Cie (tissus
imprimés . . . . Wesserling.

Ch. Kestner et Cie (produits chimiques) Thann.

L'Ecole professionnelle de. . . . . Mulhouse.

Diplômes d'honneur.

MM. Bourcart fils et Cie (fils et tissus de coton) Guebwiller.

Dollfus-Mieg et Cie (fils de coton simples
et retors, tissus imprimés). . . . . Mulhouse.

Doyen (pâtés et terrines de foies gras). . Strasbourg.

J. Ducommun et Cie (machines, outils). Mulhouse.

Emile Huber (peluches de soie). . . . . . . Sarreguemines.

Frères Kœchlin (tissus imprimés). . . . . Mulhouse.

A. Kœchlin-Schwartz et Cie (fils de laine) Id.

E. et J. Kœchlin (farines) . . . .   Id.

Steinbach-Kœchlin et Cie (tissus im-
primés). . . . .   Id.

Ch. Steiner (tissus imprimés) . . . . Ribeauvillé.

MM. Thierry-Mieg et Cie (tissus imprimés)... Mulhouse.
Utzschneider et Cie (faïences)........ Sarreguemines.
J. Zuber et Cie (papiers peints)....... Rixheim.
Exposition collective de l'industrie de...... Ste-Marie-a.-Mines.
Cercle ouvrier de.................... Dornach.

Médailles d'or.

MM. de Dietrich et Cie (produits métallur-
giques)...................... Niederbronu.
J.-G. Gros (produits chimiques, orseille) Mulhouse.
H. Hæffely et Cie (tissus teints.et im-
primés) .... Château de Pfastadt.
Josué Heilmann (contrôleur des rondes
des gardes de nuit)............. Mulhouse.
Albert Henry (pâtés de foies gras)..... Strasbourg.
Ant. Herzog et Cie (filés et tissus de coton) Logelbach, près Colmar.
Les fils d'Emmanuel Lang (tissus de
coton)...................... Mulhouse.
A. Scheurer-Rott et fils (tissus im-
primés)..................... Thann.
Schlumberger fils et Cie (tissus écrus et
imprimés).................... Mulhouse
Schnéegans-Reeb (pâtés de foies gras) Strasbourg.
Weiss-Fries et Cie (tissus imprimés) ... Kingersheim.
Cercle ouvrier de.................... Mulhouse.

Médailles d'argent.

MM. Adt frères (papier mâché).......... Forbach.
L. Bian (tissus de coton)........... Sentheim.
E. Bindschedler (fils de bourre de soie) Thann.
Bischoff (terrines de foies gras)....... Colmar.
Blin et Bloch (draps feutrés)........ Bischwiller.
Ch. Blumer (parquets, menuiserie, déco-
ration) .... Strasbourg.

MM. Cl. Courtois et Cie (produits chimiques) Mulhouse.

J. Ducommun et Cie (compteurs, machines à élargir les tissus)......... Id.

Em. Ertlé (fils retors de coton et laine) Id.

Frey-Witz (farines)................ Id.

Frühinsholz (tonneaux)............. Strasbourg.

Haffner (coffres-forts)............. Sarreguemines.

Jundt fils (cadres et cartons)........ Strasbourg.

J. Knapp (bronzes en poudre)....... Id.

Petit-Gérard (vitraux peints)......... Id.

Louis Schœnhaupt (dessins)........ Mulhouse.

Stehelin et Cie (machines diverses).... Bitschwiller-Thann.

A. Straszewiesz (filés de coton)....... Guebwiller.

Warnod frères et Meyer (cuivres jaunes et rouges, trait d'argent).......... Niederbruck.

Zeller frères (tissus de coton)........ Oberbruck.

Association pour prévenir les accidents de machines (fondée sous le patronage de la Société industrielle)............: Mulhouse.

Médailles de bronze.

MM. Abderhalden (filés de bourre de soie) .. Colmar.

Bareis (machines à hacher les produits alimentaires)................... Id.

Faller et Heysch (bières)........... Thann.

Gerbaut frères (albumine).......... Mulhouse.

Herrmann et Gœpfert (tissus de soie).. Thann.

Horstmann et Cie (filés et tissus de coton) Haguenau.

Keim-Gschwind (pompe d'épuisement) Thann.

Alfred Kœchlin-Schwartz (dessins) .... Mulhouse.

Leblanc-Winckler (pompes à purin)... Altkirch.

Louis (vins d'Alsace).............. Ribeauvillé.

U. Marguier (pompes).............. Colmar.

A. Mayer (liqueurs).............. Thann.

MM. Meyer frères (tissus imprimés)........ Mulhouse.

F. de Niederhæusern (tableaux et dessins)   Id.

Vᵉ Scheidecker-Humbert (poëles en faïence) .... Id.

Simon et Schœllhammer (filés de bourre de soie)...................... Soultzmatt.

Alexandre Stoffel (chocolats)......... Mulhouse.

Trœndlé et Cⁱᵉ (harnais et accessoires de tissages).................... Id.

Constant Zeller et Cⁱᵉ (terres cuites)... Ollwiller.

Mentions honorables.

MM. Eug. Arbeit (tableaux)............. Massevaux.

Bareis et Hæhnel fils (charcuterie, produits alimentaires).............. Colmar.

Birr (couleurs, vernis, encres)........ Strasbourg.

Gerhardt (encres et couleurs) .... Ste-Marie-a.-Mines.

Haas-Bœhmer (brodequins et chaussons) Barr.

Keller (meules) .... Saverne.

Leblanc-Winckler (chocolats) .... Altkirch.

Math. Lemaître (broderies diverses).... Colmar.

Longini (lithographies et chromolithographies)..................... Strasbourg.

Vᵉ Schneider (papiers peints)........ Colmar.

J. Schreiner (bourre de soie)........ Saint-Amarin.

Weyer (meules diverses)............ Saverne.

Wingerter (poteries et terres cuites)... Oberbitschdorf.

RÉSUMÉ DES SÉANCES
de la Société industrielle de Mulhouse.

SÉANCE DU 29 JANVIER 1873.

Président : M. AUGUSTE DOLLFUS. — Secrétaire : M. TH. SCHLUMBERGER

Dons offerts à la Société.

1° Le programme de la Société batave de philosophie de Rotterdam.

2° Le programme des questions mises au concours par la Société industrielle d'Amiens.

3° Classification de 100 caoutchoucs et gutta-perchas, par M Bernardin, de Gand.

4° Communication de la Société des fabricants de Mayence.

5° Les N° 74 et 75 du *Bulletin du comité des forges de France.*

6° *Le Journal d'industrie*, de J.-C. Ackermann, de Vienne.

7° Trois pièces impressions de Perse, par M. Engel-Dollfus.

L'ouverture de la séance a lieu à 5 1/4 heures, en présence de quarante membres environ.

Après la lecture du procès-verbal de la dernière réunion, M. le président fait connaître la liste des objets offerts à la Société pendant le mois, et pour lesquels les remerctments habituels sont votés.

Parmi ces pièces se trouvent les deux diplômes conférant à notre Compagnie le titre de membre honoraire de la Société industrielle d'Amiens et de la Société *Alsace-Lorraine* établie à Lausanne.

Correspondance.

La famille de M Trapp fait part du deuil qu'elle vient d'éprouver, et M. le président exprime, au nom de l'assemblée, les regrets unanimes que laisse cet homme de bien.

M. Iwan Schlumberger remercie la Société qui l'a nommé vice-président dans sa dernière réunion.

Le directeur du *Manchester Guardian* demande des informations sur la Société industrielle, ainsi qu'un abonnement au Bulletin.

M. Paul Heilmann-Ducommun, au nom de la direction du Cercle mulhousien, sollicite l'autorisation d'utiliser, pour des conférences scientifiques, quelques-uns des instruments légués à la Société par M. Daniel Dollfus-Ausset. — Accordé.

M. J.-C. Ackermann, rédacteur d'une feuille scientifique à Vienne (Autriche), désire connaître le programme des prix mis au concours par la Société.

MM. Fischer et Stiehl, constructeurs de compteurs d'eau, qui avaient offert un de leurs appareils à l'essai, reviennent sur leur décision et veulent être certains d'avance du placement de ce compteur. — Renvoi au comité de mécanique.

Remise de la part de MM. Maring et Mertz, constructeurs d'appareils à gaz, d'un système spécial, d'un prospectus descriptif et de témoignages favorables. — La commission du gaz aura à se prononcer.

MM. A. Scheurer-Rott et fils, de Thann, annoncent qu'ils souscrivent pour 400 fr. par an, pendant les trois ou quatre exercices jugés nécessaires, au cours de chimie appliquée récemment établi à Mulhouse. — Des remercîments leur sont adressés.

M. Larue-Jeandin, fabricant à Senones (Vosges), désire des renseignements sur le régime en vigueur en Alsace-Lorraine, pour les brevets d'invention. — On renverra le correspondant à l'article du traité de paix entre la France et l'Allemagne traitant du sujet.

MM. Gessert frères, d'Elberfeld, avisent l'envoi du produit isomère de l'anthracène dont on leur avait demandé échantillon pour servir aux essais entrepris par M. Rosenstiehl.

M. le Dr Penot, dans une lettre à M. le président, donne quelques détails sur la nouvelle Ecole de commerce de Lyon, qui compte aujourd'hui 118 élèves, et pour laquelle des amphithéâtres sont en construction, capables de contenir de 200 à 300 auditeurs.

M. Desgrandchamps adresse de Ferrette les plans et la description d'appareils dont l'examen est renvoyé au comité de mécanique.

M. A. Dollfus, de Cernay, appelle l'attention de la Société sur une machine à imprimer à six couleurs et invite les membres compétents à visiter ce nouveau système. — La communication sera transmise au comité de chimie.

On renvoie également à l'examen de ce comité divers échantillons et procédés de teinture, soumis par M. Graf, à Bühl.

MM. Alphonse Girod, Ad. Perrey et F. Goppelsrœder remercient la Société des nominations dont ils viennent d'être l'objet.

M. le notaire Diemer donne le montant exact de la dette Kielmann, qui, conformément au vote de la Société, a été remboursée depuis.

M. Rodolphe de Türckheim écrit de Zurich pour remercier la Société des documents qui lui ont été transmis, et pour inviter les membres à se livrer à des travaux statistiques sur les fluctuations des salaires, sur les prix des denrées, les prix des loyers à diverses époques, etc.

M. J. Adamina, secrétaire de la Société industrielle et commerciale du canton de Vaud, accuse réception de l'envoi de la publication sur les institutions de prévoyance du Haut-Rhin.

Un comité constitué à Lyon dans le but de faire rendre justice à l'un des inventeurs de la machine à coudre. demande le concours de la Société, et offre pour le musée le buste de Thimonnier. — Le conseil d'administration est chargé d'étudier cette proposition.

Envoi de la part de la Chambre de commerce de Manchester d'une note relative au tarif du nouveau traité de commerce franco-anglais.

Travaux.

L'assemblée décide, à la demande du comité de mécanique, l'impression du mémoire de MM. Meunier et Hallauer, sur des expériences de rendement comparatif entre des chaudières à bouilleurs et des chaudières à foyers intérieurs.

Sur la proposition du comité d'histoire et de statistique, l'adjonction de M. Coudre à ce comité est votée.

M. Iwan Zuber donne lecture du rapport qu'il a préparé, au nom du comité de commerce, sur deux mémoires présentés au concours et relatifs à la propriété des dessins industriels et des marques de fabrique. Les deux questions : « Dessins industriels et marques de fabrique », ont été traitées séparément, la première par M. Iwan Zuber, la seconde par M. Engel-Dollfus.

Le rapporteur écarte d'abord comme insuffisant l'un des mémoires, et porte toute son attention sur le second travail qui est sérieux et complet, et paraît émaner d'un auteur compétent ; le côté théorique et les principes qui doivent régir la matière sont présentés sous une forme qui indique un jugement droit et une saine appréciation des divers intérêts en jeu.

L'auteur cherche à résoudre le problème : partage équitable entre la Société et l'inventeur quant à la jouissance à espérer de toute nouvelle valeur d'échange créée ; et les considérations qu'il fait valoir le conduisent à proposer l'adoption d'un projet de loi conforme aux prescriptions en vigueur en France, Angleterre, Etats-Unis, et en général dans tous les pays industriels ; sous ce rapport aussi son travail est plein d'intérêt et relate toutes les législations qui existent sur le sujet dans les diverses contrées.

De son côté M. Engel-Dollfus, dans son appréciation sur les marques de fabrique, rend justice aux vues de l'auteur, conformes d'ailleurs à la manière de voir qui prévaut depuis longtemps en Alsace. M. Engel appuie surtout sur la portée moralisante de mesures législatives qui préserveraient les producteurs honnêtes contre des imitations de marques de fabrique.

L'assemblée adopte les conclusions du comité de commerce, et vote une médaille de 1re classe à l'auteur et des félicitations pour sa belle étude, et M. le président proclame lauréat M. Jannasch, professeur à Proskau, en Silésie.

M. le secrétaire du comité de commerce demande la parole pour insister sur l'urgence de la question, et invite la Société à entretenir une agitation active en faveur du projet ; il engage la présidence à faire traduire le mémoire et les rapports auxquels ce mémoire a donné lieu, et de les répandre parmi les personnes compétentes et les autorités qui ont à se prononcer.

Pour donner un caractère officiel à cette propagande, M. Ernest Zuber croit que la traduction devrait être faite et distribuée par les soins de la Chambre de commerce.

L'Assemblée partage cet avis ; elle autorise du reste l'auteur à faire imprimer son manuscrit à ses frais, et décide que le travail du comité de commerce et le mémoire de M. Jannasch seront insérés au Bulletin dans le plus bref délai.

M. Hallauer communique une note sur des expériences entreprises par lui, à l'aide de la méthode de M. Hirn, pour déterminer l'eau entraînée avec la vapeur hors des chaudières. — Renvoi au comité de mécanique.

M. Fritz Engel-Gros soumet la description d'un appareil destiné, pendant les arrêts, à caler les volants des machines à vapeur. — Renvoi au comité de mécanique et à l'Association pour prévenir les accidents de fabrique.

M. le président entretient l'assemblée du changement de professeur des cours de dessins linéaires, rendu indispensable par suite du départ subit de M. Drudin ; provisoirement les cours ont été faits avec beaucoup d'obligeance et un plein succès par M. Neiser, l'un des dessinateurs en chef d'un atelier de notre ville, auquel il aurait été à désirer qu'on pût les confier d'une façon définitive. Mais le conseil d'administration et le comité de mécanique, désireux de venir en aide à l'Association alsacienne des chaudières à vapeur, fondée sous le patronage de la Société, avaient décidé déjà qu'on chercherait à nommer à ce poste un agent dont cette Association, par suite de son développement, avait à faire choix pour compléter son personnel sédentaire ; le cumul des deux positions facilitant ce choix, on a trouvé heureusement, en M. Haffner, un homme remplissant les conditions d'aptitude voulues pour ces doubles fonctions, et sa nomination, soumise à l'approbation de la Société, est ratifiée à l'unanimité.

Une communication de M. Besson, relative à des indications thermométriques à grande distance, est renvoyée à l'examen du comité de chimie.

Une note sur un compteur de l'apprêt à incorporer dans le fil aux machines à parer, présentée par M. Bicking, sera transmise au comité de mécanique.

M. le président demande l'autorisation de faire insérer au Bulletin les noms des maisons ayant obtenu des récompenses à l'Exposition universelle de Lyon en 1872. — Adopté.

Pendant le cours de la séance, MM. Charles Zündel, négociant à Mulhouse, et Paul Kullmann, ingénieur à Remiremont, sont admis comme membres ordinaires, à l'unanimité des votants.

La séance est levée à 7 heures.

PROCÈS-VERBAUX

des séances du comité de mécanique.

Séance du 22 octobre 1872.

La séance est ouverte à 5 1/2 heures. — Dix membres sont présents.

Le procès-verbal de la dernière séance est lu et adopté.

On renvoie à M. Engel-Royet les documents adressés par M. Armengaud sur les régulateurs de MM. Buss.

La commission spéciale s'occupant du gaz d'éclairage n'étant plus en nombre par suite du départ de plusieurs de ses membres, le comité procède à sa réorganisation. Sont désignés pour faire partie de cette commission: MM. Royet, Aug. Dollfus, V. Zuber, Breitmeyer, Th. Schlumberger, Grosseteste et Schneider. On renvoie à cette commission un ouvrage sur la pression du gaz d'éclairage, par M. H. Giroud.

Le secrétaire du comité d'histoire naturelle adresse une note de ce comité concernant l'*Asclepias syriaca*, sur laquelle Mme David, de Clamart, demande l'avis de la Société industrielle. Cette note résume les essais déjà faits précédemment sur cette matière: les fibres provenant de la tige trouveront un emploi comme substitut du chanvre; pour ce qui concerne le duvet du fruit, qui a été employé pour faire des ouates, il est probable que, comme substitut du coton, de nouveaux essais ne seraient pas plus heureux que précédemment. Le comité adopte les conclusions de la note, et propose d'en adresser copie à Mme David.

M. Aug. Dollfus informe le comité que les cours de l'Ecole de dessin ont recommencé il y a plusieurs jours, malgré l'absence du professeur, M. Drudin, et grâce à l'obligeance de M. Neiser, de la maison Ducommun et Ce, qui a consenti à se charger des cours, mais à titre provisoire seulement. Il y aura donc, pour la commission de cette école, à pourvoir à la présentation d'un nouveau professeur. Cette commission de l'Ecole est reconstituée comme suit: MM. Engel-Royet, G. Ziegler, Steinlen, Heller, C. Schœn et Aug. Dollfus.

Le comité donne son approbation aux plans d'un meuble à placer dans la bibliothèque pour recevoir les publications nouvelles.

On décide, sur la proposition d'un membre, que l'on mettra à l'ordre du jour de la prochaine réunion, la révision du mode d'admission de nouveaux membres au sein du comité, et la révision de la liste des membres faisant encore partie du comité.

M. Heller donne lecture d'un long et intéressant travail qui forme le rapport annuel de l'Association pour prévenir les accidents de fabrique ; après avoir donné la statistique des accidents qu'il a pu contrôler, il s'étend d'une madière spéciale sur les appareils monte-courroies de M. Baudouin, et étudie tous les cas que leur application peut présenter dans la pratique ; il donne ensuite les nouvelles dispositions qu'il a adoptées pour les nettoyeurs de chariots des métiers selfactings.

Le comité donne son approbation à ce rapport et vote des remercîments à M. Heller pour les soins habiles qu'il donne sans cesse à ces études, qui ont déjà beaucoup contribué à diminuer les malheureux accidents de fabrique.

La séance est levée à 7 1/2 heures.

Séance du 19 novembre 1872.

La séance est ouverte à 5 1/2 heures. — Douze membres sont présents.

Le procès-verbal de la dernière séance est lu et adopté.

L'ordre du jour appelle la nomination d'un secrétaire en remplacement de M. Henri Ziegler, démissionnaire par suite de son départ de Mulhouse. Il est procédé à cette élection par un vote au scrutin secret, et le dépouillement donne l'unanimité, moins une voix, à M. Ernest Zuber, qui est proclamé secrétaire du comité. Notification de cette élection sera faite à M. le président de la Société industrielle.

Plusieurs membres ayant demandé que le mode d'admission de nouveaux membres au sein du comité fût modifié, cette question a été mise à l'ordre du jour, ainsi que la révision de la liste des membres du comité, dans laquelle plusieurs départs ont laissé des vides. Après une longue discussion, il est décidé que la révision de la liste des membres du comité aura lieu toutes les années à la séance du mois de décembre, et que l'on considérera comme démissionnaires les membres n'ayant pas pris une part active et suivie aux travaux du comité. De plus il est décidé que le comité, après délibération en séance, s'adjoindra, à titre de membres correspondants et à titre temporaire seulement, des membres de la Société industrielle qu'il pensera pouvoir coopérer d'une manière utile à ses travaux. Ce titre donnera le droit d'assister aux séances du comité et pourra être échangé contre celui de membre ordinaire après la ratification par la Société industrielle sur la demande faite par le comité.

Le comité pense ainsi, tout en s'assurant la coopération de nouveaux membres, leur faciliter le choix d'un sujet à traiter pour faire l'objet d'un travail exigé pour être admis comme membre ordinaire.

On renvoie à MM. Th. Schlumberger et Alf. Bœringer l'examen d'un échantillon de tissu fait avec une chaîne en coton et une trame en textile, dit soie végétale, envoyé par M. Zurcher, de Lœrrach.

On renvoie à M. Heilmann l'examen d'un vélocipède et d'une machine présentés tous deux par M. Desgrandschamps, avec prière d'en faire l'objet d'une communication ultérieure, s'il y a lieu.

La séance est levée à 7 1/2 heures.

Séance du 17 décembre 1872.

Dix membres sont présents.

Le procès-verbal de la dernière réunion, lu par M. Schœn, est adopté sans observations.

Il est procédé à l'élection de deux secrétaires-adjoints : MM. C. Schœn et Th. Schlumberger sont désignés à l'unanimité pour ces fonctions. Le comité décide ensuite qu'il sera procédé tous les deux ans à la réélection des secrétaire et secrétaires-adjoints et, pour la première fois, dans la séance de décembre 1874.

Conformément à la décision prise dans la précédente séance, il est procédé à la révision de la liste des membres du comité et à la nomination des membres correspondants. Sont nommés :

Membres ordinaires : MM. Ernest Zuber. Camille Schœn, Théod. Schlumberger, Henri Ziegler, Gustave Dollfus, Gaspard Ziegler, Aug. Dollfus, Victor Zuber, Engel-Royet, Ed. Beugniot, Grosseteste, Paul Heilmann, Fritz Engel, Alfred Bœringer, Charles Meunier, Aug. Lalance. Total : 17 membres.

Membres correspondants : MM. Emile Burnat, Henri Thierry, F.-J. Blech, lesquels, absents de Mulhouse pour un temps indéterminé, ne recevront pas de convocation. MM. J. Rieder, Tournier, E. Fries, Breitmeyer, Steinlen, Edmond Frauger, Bohn, Hallauer, Baudouin, Berger, Henri Schwartz fils, Weiss (de S. F. C.).

Les nouveaux membres correspondants seront prévenus par lettre de leur nomination.

Le comité repousse comme gênante, pour la plupart de ses membres, l'idée émise de se réunir le mercredi en place du mardi. Mais il admet que, pour faciliter la venue des membres du dehors, les séances puissent avoir lieu le mercredi dans des cas exceptionnels.

Communication d'une lettre de MM. E. Maldant et C° accompagnant le prospectus relatif à un régulateur sec de consommation de gaz d'éclairage de leur invention, pour lequel ils désirent concourir pour le prix proposé. A ce propos, M. Schœn appelle l'attention du comité sur le danger d'incendie qui pourrait résulter de l'installation dans le bâtiment de l'Ecole de dessin, au dessus de la bibliothèque, du laboratoire destiné aux expériences photométriques. M. Dollfus explique les précautions prises pour empêcher la conduite de cette salle d'essai de demeurer sous pression d'une façon permanente ; néanmoins la commission du gaz sera appelée à s'assurer de l'absence de tout danger.

Le conseil d'administration propose au comité l'échange de nos Bulletins contre le *Practischer Maschinen-Constructeur*, paraissant tous les mois à Leipzig, et que la Société reçoit depuis un an. Il est décidé que l'échange aura lieu pendant une année, sauf à voir ensuite s'il y a lieu de continuer.

Communication de la lettre et de brochures adressées par M. Paul Charpentier en vue de concourir au prix n° 22 des arts mécaniques et traitant du chauffage au gaz économique par combustion complète et sous volume constant, et de son application aux foyers de locomotives.

Le programme des prix exigeant que l'appareil nouveau ait fonctionné durant au moins trois mois dans le Haut-Rhin, il sera répondu à M. Charpentier qu'il ne pourra être admis au concours qu'autant qu'il aurait rempli cette condition essentielle. M. Charpentier sera prié en même temps de tenir la Société au courant des expériences qu'il dit devoir entreprendre prochainement sur des chaudières fixes, et d'indiquer en détail la disposition de ses appareils producteurs de gaz combustible.

Jusqu'à preuve du contraire, le comité est d'avis que le mode de chauffage de M. Charpentier, appliqué aux chaudières fixes, ne saurait conduire aux économies de combustible que l'auteur paraît en attendre.

Le secrétaire passe en revue les travaux actuellement aux mains des membres du comité, et soumet les plans de la pompe Maginat présentée dans l'une' des dernières séances par M. Reisz, de Strasbourg. MM. Zuber et Rieder ont l'intention d'utiliser ces pompes pour une élévation d'eau, et tâcheront de les disposer de façon à pouvoir mesurer, au moyen d'un dynamomètre totalisateur, la force absorbée par ces appareils.

A ce propos, M. Lalance fait part au comité qu'il est en train de monter une élévation d'eau pour 12,000 litres par minute au moyen de deux pompes Neut et Dumont conjuguées. Ces pompes seront mues par une machine à vapeur de la force de 50 chevaux qui se prêterait fort bien à des essais. M. Lalance met par avance cet appareil à la disposition du comité pour le cas où il jugerait intéressant de mesurer le rendement des pompes qui y seront employées.

M. Lalance appelle également l'attention du comité sur l'utilité qu'il pourrait y avoir à proposer un prix pour un appareil de réglage des robinets de conduites destinées au chauffage de l'eau. Le comité pense que cette question présente un intérêt réel au point de vue de l'utilisation économique de la vapeur d'eau, et qu'il y aura lieu d'en faire l'objet d'un prix spécial.

Le comité décide, conformément au désir exprimé par MM. Dollfus-Mieg et C*, que le concours des chauffeurs aura lieu de préférence dans la belle saison. La marche des générateurs étant plus régulière à cette époque de l'année, le concours fournira des résultats plus sûrs; en outre il peut être gênant d'enlever les chauffeurs à leur service durant les froids.

La séance est levée à 7 1/4 heures.

MULHOUSE — IMPRIMERIE DE VEUVE BADER et C*.

dans lesquelles l'accident a eu lieu

---

sur le poutrage à une hauteur d'environ 5 mètres au-dessus du sol (il aura frappa sur une dalle.
miner et le bâti de son mouvement de transmission et dessous l'arbre qui ns ce passage serré et dangereux l'épaule du garçon toucha l'arbre, qui, étant bras.
in prise entre la grande roue du peigneur et le support du couvre-roues.

ses doigts furent pris entre la toile (cuir) sans fin et le rouleau frotteur.
in fut prise et passa entre le pignon et la roue intermédiaire du mouvement ls; ils devraient l'être, étant trop accessibles et très dangereux.
rière la machine en marche, les déchets furent pris dans les engrenages de la devant empêcher l'accès à ces engrenages est incomplet en ce qu'il laisse un kouvert. Cette partie est surtout dangereuse parce qu'elle masque les engre-

r un bout de mèche au peigne circulaire, ou voulant en ôter de la laine engorgée, rouleau de pression.
sur les rouleaux, l'ouvrier s'appuya contre les planches placées devant les her l'accès de devant, laissant libre le dessus des engrenages. L'ouvrier se du rouleau auquel il avait à faire; dans cette position le bout de sa cravate commandant les rouleaux; il fut enlevé du marchepied, traîné par dessus

nant la courroie pendant que l'ouvrier chargé de ce travail l

Impr Veuve Bader & C⁰ à Mulhouse

01

ie

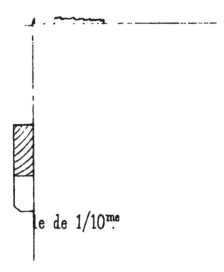

le de 1/10me.

Imp. veuve Bader & Cie à Mulhouse

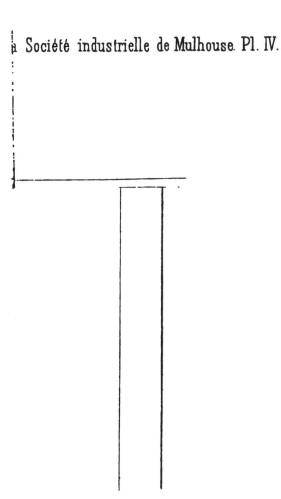

Imp Veuve Bader & Cie, Mulhouse.

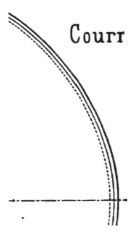

Courr

Imp Veuve Bader & Cie à Mu lhouse

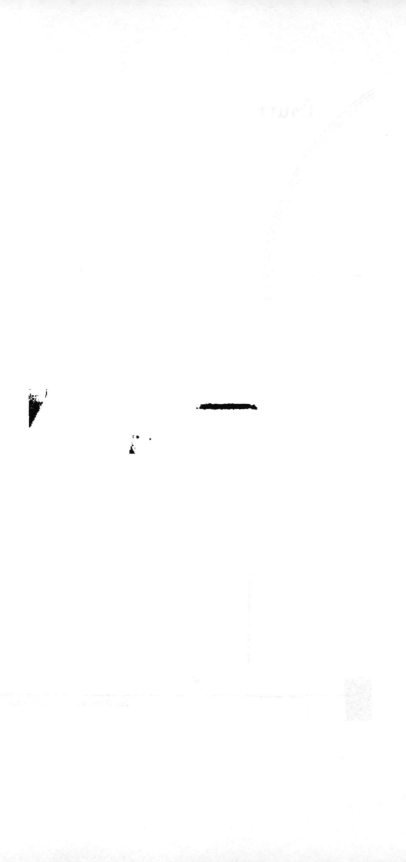

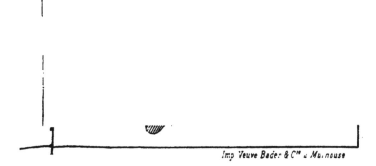

Imp Veuve Bader & Cie à Mulhouse

U

Fig. 5.

M

N° 16.

ie verticale obliq de 100 ^{m}/m.

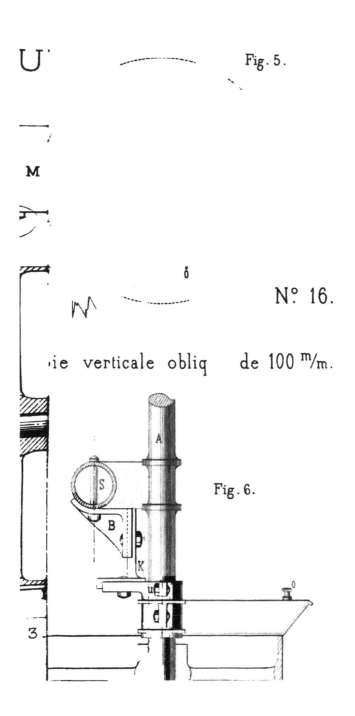

Fig. 6.

osition de M.ᵣ Klinger (Michel)

    ,   . , J. Sins.

    ,   . , Fr. G. Heller.

grandeur naturelle.

Impr. Veuve Bader & Cie. Mulhouse

A

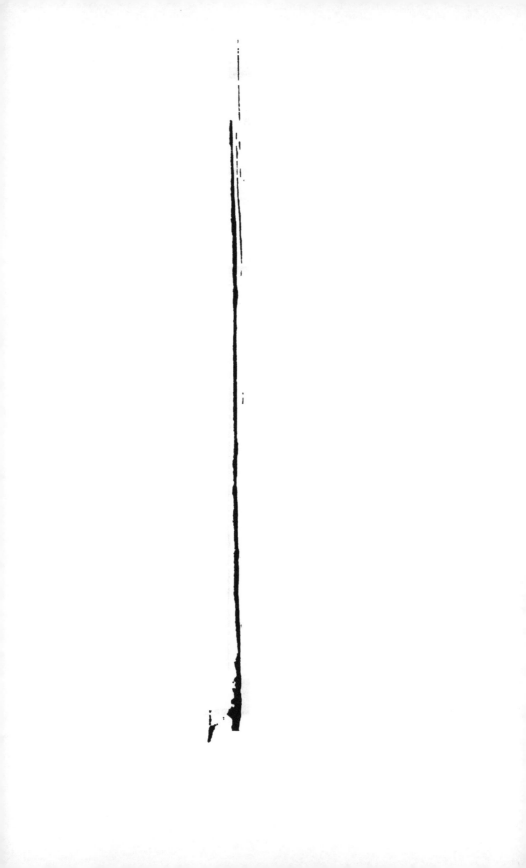

BULLETIN

DE LA

SOCIÉTÉ INDUSTRIELLE

DE MULHOUSE

(Avril & Mai 1873)

DE LA LÉGISLATION

en matière de brevets d'invention de dessins et de marques de fabrique dans l'empire d'Allemagne et les autres Etats

par le

Dr ROBERT JANNASCH

Professeur d'économie sociale à l'Académie agricole de Proskau (Haute-Silésie)

MÉMOIRE COURONNÉ PAR LA SOCIÉTÉ INDUSTRIELLE DE MULHOUSE

Séance du 25 Septembre 1872.

PROGRAMME

—

Le comité de commerce de la Société industrielle décerne une médaille de première classe pour un mémoire répondant à cette question :

La protection des dessins et marques de fabrique est-elle établie dans l'empire d'Allemagne par la législation de l'empire, ou par les lois particulières de chaque Etat faisant partie de cet empire?

Jusqu'où s'étend cette protection en ce qui concerne séparément :

    1° Les marques de fabrique ;

    2° La propriété des dessins?

La protection est-elle complète?

S'il y a des lacunes à cet égard, quelles sont-elles ?

L'Alsace, annexée à l'empire d'Allemagne, jouira-t-elle pour ses manufactures de la protection équitablement due aux industries dont le rôle avancé est de créer, d'inventer, d'innover ?

Ou bien, verra-t-elle, par l'usurpation de ses marques, des produits inférieurs chercher à se substituer aux siens, ou, par le plagiat de ses dessins, des fabricants peu scrupuleux faire l'économie d'un cabinet de dessin, et s'épargner les soucis d'une création entraînant des frais et des chances ?

L'auteur du mémoire devra établir avec soin la situation nouvelle faite à l'industrie alsacienne ; indiquer les textes de lois sur lesquels peut s'appuyer la propriété artistique et industrielle dans l'empire allemand ; signaler les lacunes qui peuvent exister dans la législation, et faire ressortir avec force la moralité de la protection due à un genre de propriété littéraire, musicale, ou toute autre propriété analogue.

Il sera utile de joindre à ce travail une étude comparée de la législation des divers peuples sur la protection accordée aux dessins et marques de fabrique.

A

Monsieur Auguste Dollfus

Président de la Société industrielle de Mulhouse.

———

Arbeit ist des Bürgers Zierde
Segen ist der Mühe Preis,
Ehrt den König seine Würde,
Ehret uns der Hände Fleiß.
Schiller.

L'art de créer le génie n'est peut-être que
l'art de le seconder.
Mirabeau.

I.

L'économie politique enseigne que tout revenu provient de la rente foncière, de l'intérêt des capitaux ou du salaire. L'extrême division du travail qui, d'une part, est la conséquence d'une culture avancée, et de l'autre, répond aux exigences des intérêts moraux et matériels de la société et de l'individu, cette division du travail fait que le revenu d'une personne ressortit de préférence ou même tient exclusivement à l'une de ces trois espèces de revenu.

Tandis qu'à un degré antérieur de culture le capitaliste se trouvait à la fois agriculteur, entrepreneur, industriel et travailleur, il n'est plus, à un degré supérieur de culture, que directeur d'une entreprise industrielle. Il la dirige par sa perspicacité et son génie industriel. Comme entrepreneur il bénéficie d'une rémunération; comme capitaliste il tire les intérêts de sa mise de fonds; mais pour pouvoir produire, il est forcé de donner un salaire à

ses ouvriers. Il lui faut acheter de l'agriculteur les matières premières, alors que ses pères produisaient eux-mêmes lesdites
matières pour les objets qu'ils ouvraient de même, et gagnaient,
par là, un salaire. Avec le modeste capital dont ils étaient possesseurs, ses pères exploitaient eux-mêmes leur industrie.

De même que dans notre exemple l'industriel est tenu de partager ses revenus avec l'ouvrier, l'agriculteur, et peut-être même
de payer des intérêts au capitaliste qui lui a avancé les fonds
nécessaires à la marche de son industrie, de même aussi le propriétaire foncier qui ne tisse plus les étoffes dont il a besoin pour
se vêtir, qui ne fabrique plus lui-même les instruments aratoires,
est également forcé de distribuer une partie de ses revenus à
l'industriel ou aux ouvriers qui, en ses lieu et place, confection-
nent ces objets. Plus les ouvriers seront capables, plus ils livre-
ront de produits dans un temps déterminé, mieux les produits
seront conditionnés sous le rapport du goût et de la solidité, plus
ces ouvriers feront preuve de connaissances pratiques dans leur
travail, et plus leurs produits auront de valeur, plus considérable
sera leur salaire.

Par les mêmes motifs, l'entrepreneur qui possédera toutes ces
aptitudes et les aura développées à un degré éminent, aura droit
d'exiger pour *son* compte un salaire plus considérable encore,
autrement dit, sa part dans l'entreprise. Et si les produits livrés
par lui sont supérieurs à ceux de ses concurrents, ou encore, s'ils
répondent à des besoins que, jusqu'alors, nul parmi ses concurrents n'a su satisfaire au gré des consommateurs, dans ce cas le
droit de l'entrepreneur à une rémunération plus élevée s'imposera
avec plus de force. La production s'assurera une rémunération
encore autrement importante dans le cas où la concurrence sera
impuissante à imiter ses produits; il pourra même s'assurer un
prix de monopole si, soit par ses aptitudes personnelles, soit par
l'application de machines perfectionnées, ou encore si, au moyen
de procédés à lui seul connus, il produit avec génie. Et nul ne
trouvera exorbitant que le possesseur de ce secret découvert par

lui à grand'peine, et qu'il est parvenu à appliquer après des essais multipliés, que ce producteur, dis-je, force les consommateurs, ainsi que l'agriculteur, le bailleur de fonds et le travailleur, à lui céder une part de la rente foncière ou du salaire par eux perçus, en compensation du produit dû à son application, que ce produit consiste d'ailleurs en inventions ou perfectionnements, ou bien en valeurs produisant une jouissance matérielle ou idéale.

Il est incontestable qu'une forte rémunération du travail stimulera puissamment l'entrepreneur à multiplier ses produits, et le conduira à augmenter ses revenus et de rechercher de nouvelles sources de richesses. Ce stimulant lui fait défaut quand il se voit forcé de partager avec d'autres les fruits de son labeur, quand il n'est pas seul à jouir des avantages si péniblement arrachés à ses aptitudes, et que d'autres, par leur participation, amoindrissent sa part si évidemment légitime.

Or il existe des inventeurs, et même en grand nombre, qui, dans la situation actuelle, ne peuvent jouir de la rémunération qui, en toute justice, leur est due. Dès lors l'intérêt légitime de l'inventeur, comme le droit évident à la propriété des produits de son travail, requiert la protection sociale en faveur de celui-ci qui, sans frais ni labeurs, sans aptitudes individuelles marquantes, sans risques ni périls, imiteraient ces inventions pour en profiter. L'inventeur demande que sa propriété soit protégée, et il est en droit de demander cette protection à l'instar de tout autre membre de la société, et cela en vertu du contrat social. Pourquoi refuserait-on à l'inventeur cette protection consentie, on le sait, au travail du premier ouvrier venu? La différence entre l'activité de l'entrepreneur et celle de l'ouvrier manuel consiste en ceci que l'activité du premier est bien plutôt le résultat d'efforts intellectuels, tandis que celle du second est bien plutôt le résultat d'efforts physiques.

Cependant cette différence dans la nature des efforts de ces deux genres de producteurs ne constitue point de différence dans la protection que les deux sont en droit de requérir de la société pour la jouissance du résultat de leurs labeurs; car tout travail, dans l'un comme dans l'autre cas, est plus ou moins le résultat d'efforts intellectuels et physiques combinés. Or, il serait ridicule d'accorder une protection moindre à l'industriel produisant des objets dans lesquels l'effort intellectuel domine, et une protection plus accusée à celui dont les produits nécessitent davantage d'efforts physiques.

II.

L'idée juridique de propriété implique la domination sur l'objet possédé. Il est clair dès lors que dire « l'inventeur a la propriété de son idée, » c'est exprimer un non-sens. Nulle puissance n'aurait le pouvoir de faire prévaloir la propriété d'une idée. Qui pourrait défendre à l'esprit entreprenant d'approprier les idées des grands maîtres, de les continuer et les développer? Comment serait-il possible de faire reconnaître à l'inventeur la propriété de son idée, alors qu'elle est entrée dans toutes les intelligences? Comment devrait-il, vis-à-vis des tiers, revendiquer son droit de propriété?

Néanmoins, s'il ne peut être question de la propriété d'une idée pure, il est facile de concevoir la propriété d'une idée *convertie en corps*.

La matière dans laquelle l'idée est cristallisée, peut être appropriée; par conséquent l'idée également en tant qu'elle est *corporifiée* dans cette matière.

Il est indifférent que cette matière soit de la pierre ou du papier, du fer ou du coton. Pareillement il est tout aussi indifférent que l'idée soit en elle-même de nature artistique ou scientifique. Dès qu'une idée est corporifiée par le nouvel objet créé, il s'établit une *valeur d'échange;* et comme le possesseur de celle-ci peut exercer sur cet objet d'échange une domination absolue, il en résulte pour lui le droit de propriété sur cet objet, et la société a le devoir de le protéger dans cette propriété. L'objet en question ne saurait cependant constituer un monopole au profit de

l'inventeur; mais la protection doit lui assurer les avantages économiques de l'idée, lesquels avantages constituent sa rémunération [1].

Nous avons vu que la propriété des idées pures ne saurait être
admise. Nous concéderons donc aux théoriciens français uniquement
ment le droit des inventeurs à la propriété de leurs idées, mais
dans le cas seulement où ces idées sont susceptibles de se transformer en valeurs d'échange. Nous n'acceptons pas non plus le
Monotaupole, terme forgé par M. Jobard pour désigner le droit
exclusif et perpétuel de propriété, préconisé par lui, de l'inventeur
sur son invention.

La domination légitime sur un objet, la propriété réelle de
celui-ci, implique la supposition que nul autre que l'inventeur
n'eût été capable de saisir l'idée et de la corporifier. Mais cette
supposition est inacceptable. L'état de la culture et de la science
a imprégné l'intelligence de l'inventeur; de là il résulte que la
société, dans sa collectivité et de qui émane cette culture, a une
part dans les idées de l'inventeur, encore que cette part soit restreinte.

Un auteur allemand [2] déclare d'une façon absolue que, « parler
de la propriété d'une idée, c'est dire une absurdité, nul ne pouvant prétendre qu'une pensée lui appartient exclusivement. »

Et, en effet, s'il était possible de poursuivre la naissance d'une
idée jusqu'à sa source première, on trouverait toujours qu'une
part de cette « propriété » appartient à un autre; c'est cet autre

---

[1] Malgré ces déductions, les théoriciens français maintiennent l'idée de la
propriété intellectuelle :

« Une découverte est la propriété de l'auteur; elle est la plus sacrée de
toutes, puisqu'elle est l'œuvre du génie; elle doit être accueillie et respectée,
puisqu'elle ajoute à la masse de nos richesses; le gouvernement doit donc la
garantir entre les mains de l'inventeur. » — CHAPTAL, *De l'industrie française*, l. II, p. 373.

Fillière, Simon, même Bastiat, le libre-échangiste, et Jobard, Le Belge,
s'expriment de la même manière.

[2] SCHMITT, *Der Büchernachdruck aus dem Gesichtspunkt des Rechts*,
Iéna, 1823.

qui a suscité et éveillé cette idée dans l'intelligence de l'inventeur.

Selon nous, ceux qui revendiquent pour la société *exclusivement* la propriété des inventions par le motif que sans la culture sociale et son intensité nul n'aurait fait des inventions, ceux-là, à leur tour, prisent trop l'influence de ladite culture et lui attribuent une part trop éminente dans les inventions. Il serait équitable de prendre en considération que, malgré l'influence que la culture sociale exerce sur l'intelligence individuelle, c'est l'inventeur qui a le mérite d'avoir, le premier, suivi la voie épineuse qui conduit à l'invention; malgré les insuccès, malgré les sacrifices qui ne lui ont pas été épargnés, il ne s'est pas laissé détourner de ses recherches. L'inventeur a reçu des dons nombreux de la culture générale; mais aussi il les cultive, lui, et les perfectionne, tandis que d'autres, à qui la même culture a offert les dons semblables, n'ont rien fait pour leur développement.

C'est pour ce motif que la société ne pourra ni ne voudra abandonner à l'inventeur seul le développement et le perfectionnement de l'idée. Etant elle-même le pivot de la culture à laquelle l'inventeur doit une partie de ses connaissances et de son expérience, la société a le droit et en même temps le devoir de proclamer *conquêtes de la culture générale* les idées des grands maîtres, et de faire valoir, à l'égard de l'inventeur, son droit sur l'idée. Il ne saurait donc être question d'un droit *absolu* de l'inventeur à la propriété des avantages que procure son idée.

La revendication des avantages de l'idée étant commune, d'un côté à la société et de l'autre à l'inventeur, la société a la tâche d'établir le plus exactement possible la limite dans laquelle le droit et les intérêts de l'inventeur d'une part, et, d'autre part, le droit et les intérêts de la société sont à garantir. Si la société agissait autrement, si elle négligeait de sauvegarder ses droits propres, elle établirait, au détriment de la culture générale collective, un monopole au profit de l'inventeur, et ce monopole tuerait toute initiative; si, au contraire, elle privait l'inventeur de la rémunération légitimement due à son activité, elle violerait d'une façon inique les droits individuels en même temps qu'elle léserait les intérêts économiques de la collectivité. La société, en négligeant la protection de l'individu, fait tort à la société elle-même. L'individu qui ne trouve pas d'avantages à créer des faits économiques, ne s'y dévouera que difficilement. La société elle-même en souffre, elle qui participe à ces avantages, dès que ces avantages, faute de protection, ne peuvent se produire.

III.

Mais comment établir la mesure servant à déterminer la part revendiquée par l'inventeur aux avantages de son invention, et comment trouver cette mesure pour la part due à la société?

Est-ce le temps consacré par l'inventeur à la démonstration par des études spéciales, de l'exactitude de son idée et la valeur de son application? Dans ce cas, la rémunération à lui accordée serait rarement en rapport avec l'importance de l'invention. Est-ce la somme des sacrifices faits par l'inventeur? Cette mesure serait également impropre. Est-ce l'emploi d'efforts physiques et intellectuels? Non, encore que ceux-ci fussent pondérables, ce qui n'est pas. Quelle est donc cette mesure? Il n'existe point de mesure pour déterminer *a priori* la valeur d'une invention industrielle au point de vue de l'économie générale de la société. En conséquence, la rémunération due à l'inventeur ne peut être déterminée d'après l'importance de l'invention. Alors même que la société eût la volonté de déterminer pour *chaque cas isolé* la part afférente à l'inventeur et à elle-même, elle n'y réussirait jamais. Mais, de ce que cette mesure n'existe pas, il ne s'ensuit nullement qu'on puisse nier, ainsi que cela s'est vu, le *droit de l'inventeur à une rémunération*.

Certains veulent que l'activité des grands esprits ne puisse être rémunérée par des équivalents économiques.

On dit qu'il serait inconséquent de la part de l'Etat de récompenser, par des équivalents matériels, les services rendus au pays et à l'humanité par les grands savants, les hommes d'Etat et les artistes.

Il ne saurait, en effet, être question de « récompense » au sens économique; ce serait tout simplement ridicule. Mais la patrie et la société peuvent décerner à de tels hommes de grands honneurs et de réelles distinctions. Sans aucun doute, la haute estime des contemporains pour la puissance morale et intellectuelle des grands hommes de leur époque, la conscience de leur propre grandeur, la conviction d'avoir rendu service à la patrie et à la société en général, tout cela constitue aux yeux des hommes de grande valeur une satisfaction plus élevée que le don de n'importe quelle valeur économique ou matérielle.

Mais dès que les services rendus par les grands hommes prennent corps et se transforment en valeurs d'échange, *dès ce moment la rémunération matérielle* peut être admise comme équivalent économique. Dès que le peintre a transporté son idée sur toile; dès que le savant naturaliste a fixé ses découvertes en lettres moulées; dès que Michel-Ange, par ses idées, vivifie la pierre, l'idée est *corporifiée;* elle est susceptible d'appropriation; elle est devenue valeur d'échange.

Nul, pourtant, n'admettra que le prix d'achat d'un livre, d'un tableau, d'une statue, constitue un équivalent suffisant aux idées et aux découvertes des artistes et des savants. Les idées que les maîtres suscitent et éveillent dans l'intelligence de leurs disciples déterminent une grande période historique dans le développement de la culture générale. Nulle invention n'a produit dans le développement intellectuel de l'humanité des effets aussi immenses que l'invention de l'imprimerie. Et cependant les profits économiques de cette invention étaient imperceptibles pour Gutenberg. Admettons que l'inventeur, durant quelques dizaines d'années, eût pu tenir secrets son invention et ses procédés, et s'attribuer ainsi le monopole de l'imprimerie. Le prix de vente des livres par lui fournis eût-il été une rémunération suffisante de ses efforts? Ces avantages matériels eussent-ils constitué un équivalent tant soit peu en rapport avec les jouissances intellectuelles procurées par l'imprimerie, notamment aux hommes de la Réforme? Pense-t-on d'ailleurs que les revenus considérables dont a bénéficié Watt dans les dernières années de sa vie aient constitué une rémunération convenable eu égard à l'importance de son invention? Thaer, par son enseignement et ses expériences, a universalisé une masse d'idées qui ont déterminé la plus énorme révolution dans le développement économique des peuples. Pense-t-on que la société tout entière eût été capable de lui offrir une rémunératien économique en rapport avec les services rendus par ce développement? Thaer a fait imprimer ses idées et les a fait payer à ses élèves. Mais le prix qu'il en a tiré peut-il être considéré comme l'équivalent des services par lui rendus?

De ce qui vient d'être dit, il résulte que la société est incapable de mesurer les avantages intellectuels dont la font profiter ses grands hommes. Pour les biens de nature *idéale,* la société n'a point d'équivalent *matériel* à offrir. Mais pour autant *que ces biens intellectuels revêtent le caractère de valeurs d'échange, la société est tenue de protéger les droits du propriétaire sur les valeurs par lui produites avec tant de peine.*

Nous venons de voir pour quelles raisons il est difficile au législateur de fixer une indemnité et un équivalent même aux idées susceptibles de revêtir le caractèrc de valeurs d'échange. La solution qui paraît être la plus simple et la plus juste est celle qui abandonne à l'inventeur, *pour une période donnée,* le droit exclusif à la propriété de ses inventions, et, de cette façon, lui fournit l'occasion de se rémunérer lui-même de son travail par l'exploitation de sa découverte. La société, en restreignant, au point de vue du temps, le droit exclusif de propriété reconnu à l'inventeur, s'assure à elle-même le droit d'utiliser plus tard l'invention au profit de l'intérêt général. Il coule de source que la période durant laquelle l'inventeur pourra seul utiliser sa découverte ne doit pas être trop restreinte; il est au contraire d'intérêt général qu'il puisse amplement se dédommager sur le terrain des résultats économiques. Les inventeurs ayant tous un droit égal à la protection de la société pour leurs découvertes, il résulte de ce droit ce devoir : que la société leur doit à tous une protection d'égale durée. Etablir une distinction dans cette durée et accorder à l'un des inventeurs un petit nombre d'années seulement pour l'exploitation de son invention, tandis qu'un autre inventeur, auquel on aura accordé dix années ou plus, pourra pendant tout ce temps jouir des avantages de son invention — cette distinction n'est pas admissible, car nous avons vu qu'il n'existe point de mesure sur laquelle on puisse se baser pour motiver cette différence.

Donc, pour les idées qui peuvent être corporifiées, qui peuvent être converties en valeurs d'échange, la société est tenue d'accorder la protection au propriétaire dans le but de lui fournir un équivalent de son travail. Pour des valeurs de nature idéale créées par l'inventeur, *il ne saurait être question de récompense économique matérielle;* mais dès que les biens intellectuels sont convertis en valeurs échangeables, le devoir strict de la société est de protéger ces biens économiques, autrement dit le droit de propriété de l'inventeur. Elle a le devoir de lui fournir l'occasion, comme à tout autre ouvrier ou entrepreneur, de se faire rémunérer son activité par la vente de ses produits; l'inventeur invite donc le propriétaire terrien à lui céder une partie de sa rente foncière; il invite l'industriel à lui céder une partie du revenu de son entreprise — en compensation de la valeur d'échange que son intelligence créatrice a donnée à l'industrie.

Il n'entre pas dans le cadre de ce travail de rechercher de quelle façon la société peut et doit récompenser la création de valeurs de nature idéale. Si la société estime avoir l'obligation de récompenser au moyen de valeurs matérielles ceux à qui elle doit des valeurs idéales, ces dons n'auront point le caractère de compensation équivalente; ils seront simplement une manière de reconnaître, en valeurs matérielles, les services rendus. Ceux qui décernent ces dons entendent par là fournir aux hommes à qui la société est redevable de l'invention, à la propagation ou au perfectionnement d'idées élevées, les moyens de poursuivre leurs travaux sans avoir à se préoccuper des besoins matériels de l'existence. Conclure de ce qu'il est impossible d'accorder à l'inventeur de valeurs idéales une compensation équivalente quelconque; conclure de là *qu'il n'y a point de compensation à accorder du tout*, c'est ne pas savoir *distinguer entre la création de valeurs de nature idéale et de valeurs ayant pour but des résultats économiques*.

Il est connu que par l'établissement des brevets d'invention, et les droits exclusifs de l'inventeur qui s'y rattachent, la législation a eu pour but de garantir à l'inventeur le droit d'exploitation, en conséquence nous posons les raisons économiques suivantes; qui rendent selon nous, cette protection des brevets absolument nécessaire.

Le peuple qui ne protège point les créateurs de ces valeurs d'échange, aura difficilement des inventeurs, des propagateurs de son industrie. Encore que le génie des grands hommes se soucie peu d'indemnités matérielles; encore que ces grands hommes, poussés par leur intelligence, soient forcés de produire de grandes choses sans se préoccuper de reconnaissance extérieure, l'expérience nous enseigne que les ressources pécuniaires dont l'inventeur a besoin dans la poursuite de son but, ne lui sont données par le capital spéculateur qu'autant que celui-ci a la certitude que la protection est acquise à l'entreprise. C'est à cette condition seulement que le capital s'associera au génie et assumera les risques résultant de la multiplication du procédé inventé.

Il n'est point encourageant pour l'inventeur de voir des hommes de génie comme Fulton, Hargraves, périr dans la misère. L'exemple de Watt produira un effet tout autre. C'est surtout cet exemple qui fait voir que, sans une protection suffisante par brevet, le grand inventeur eût à peine réussi à trouver un bailleur de fonds, dont les avances ont été reconnues indispensables à l'exploitation et au perfectionnement de l'invention primitive.

IV.

Les progrès faits dans les diverses industries sont le résultat d'une application soutenue, d'expérimentations continuelles et coûteuses. Dans toutes les grandes villes manufacturières, dans la plupart des industries, les machines ont été perfectionnées par les fabricants eux-mêmes, et toutes les améliorations sont le fruit d'efforts multipliés, intellectuels et physiques, et en même temps de sacrifices en argent.

Les progrès dans l'industrie ont un double résultat : d'abord une plus grande multiplication des produits, l'emploi de force et de capital demeurant le même qu'auparavant, et ensuite le perfectionnement des produits.

Le perfectionnement des produits a pour base une culture supérieure des goûts, ainsi que des éléments intellectuels agissant dans la production. Le fabricant prévoyant cherchera donc à donner une culture artistique à tous les individus participant à la production, c'est-à-dire à toute la population ouvrière.

Allez à Mulhouse, à Lyon, à Paris, et vous vous convaincrez que le goût que révèle l'industrie de ces villes est le résultat d'efforts infatigables poursuivis des dizaines d'années durant, et même pendant un siècle. La population ouvrière de ces villes est préparée dès son enfance au goût requis dans les diverses industries au moyen d'écoles de fabrique, d'écoles de dessin et de modelage. Les talents marquants trouvent là l'occasion de prendre leur essor, de se développer, et selon leurs aptitudes ils sont plus tard, dans l'une ou l'autre branche, employés dans l'industrie. *Il est facile de se représenter les efforts de temps et de capital nécessaires pour amalgamer* de cette façon les intérêts intellectuels et économiques d'une population avec *les intérêts d'une industrie soit dans une ville, soit dans une province.* Un semblable perfectionnement industriel obtenu par la propagation d'idées économiques et statistiques n'est pas possible, si les capitalistes n'ont pas la garantie de voir leurs efforts suivis de succès matériels. Dès que le premier entrepreneur venu qui n'a eu ni frais ni peines, peut imiter les dessins et modèles de l'inventeur, cet entrepreneur peut produire à beaucoup meilleur compte que ne le peut l'inventeur.

Ceux, au contraire, qui par leur invention en provoquent d'autres; ceux qui ont augmenté l'aisance nationale, le bien-être matériel et intellectuel du peuple; ceux qui ont mis la patrie en état de concourir au marché du monde avec les peuples étrangers, et qui de cette façon ont contribué à la grandeur politique et commerciale du pays, ceux-là sont frustrés, *volés* de la récompense due à leurs efforts, du salaire dû à leur travail, par des imitateurs sans capacités et par des spéculateurs égoïstes.

Le législateur n'a à examiner, pour accorder aux nouvelles inventions la protection de la loi, ni si les valeurs créées consistent en matières premières inconnues avant la découverte des procédés à protéger, ni si ces valeurs répondent au but de la protection au point de vue intellectuel ou matériel, ni si c'est pour leurs avantages et qualités physiques ou chimiques qu'elles peuvent être utiles, ni si c'est exclusivement à raison *de leur forme* qu'elles peuvent avoir de l'importance pour un certain nombre d'individus. La tâche du législateur, c'est de protéger *tous les produits intellectuels* dès qu'ils sont convertis en valeurs d'échange, et, dans l'intérêt du propriétaire, de les protéger contre l'imitation ou la contrefaçon. Dès lors on ne voit pas pourquoi la protection serait requise au profit d'œuvres de l'esprit qui, par le procédé littéraire, se cristallisent en valeurs d'échange; pourquoi on exigerait le droit exclusif de propriété en faveur des artistes pour les produits de leur art, tandis que l'on refuserait cette protection aux inventeurs pour des conquêtes qui se manifestent dans les produits de l'industrie. Cette inconséquence est plus frappante encore quand on concède le droit aux peintres de défendre l'imitation de leurs tableaux, alors que ce même droit est refusé aux dessinateurs de l'industrie pour leurs dessins d'art.

Il n'y a pas le moindre motif à pareille inconséquence, ainsi qu'on verra plus loin.

Si donc Wœchter considère le droit de l'écrivain à ses œuvres, le droit d'auteur comme un droit industriel qui doit être protégé par le motif que la protection du travail et du salaire est l'une des attributions de l'Etat, nous sommes également en droit de revendiquer la même protection en faveur du salaire obtenu de tout autre travail intellectuel.

Nous ferons observer finalement que *Mohl*[1] et d'autres adversaires des brevets d'invention, caractérisent ceux-ci du nom de monopole, tandis que ceux qui protégent les brevets, disent le contraire. Ainsi, entr'autres, C.-Th. Kleinschrod[2] : « D'après les lois sévères de la logique, il n'est pas juste d'appeler les brevets d'invention un monopole. L'idée générale d'un monopole consiste à limiter pour les habitants d'un pays certaines libertés dans le commerce et dans l'industrie dont ils jouissaient *auparavant*. Un brevet, par contre, consiste dans un droit exclusif pour une nouvelle invention, pour laquelle il n'y avait par conséquent pas une liberté *générale* auparavant. »

Nous ne pouvons pas partager cette manière de voir. Si nous comprenons, sous le nom de monopole, la limitation *légale* de libertés économiques dans le commerce et l'industrie de toute espèce en faveur d'une seule personne, alors le brevet limite de fait le gain de l'invention pour ceux qui, au moyen de recherches indépendantes, c'est-à-dire d'une manière tout à fait légale, arrivent à la connaissance et en possession de l'invention.

Aussitôt que le brevet limite les libertés économiques qui existaient avant lui, il montre son caractère de monopole. En vue de ce fait, le législateur doit limiter la durée des brevets d'invention. Les lois sur les brevets doivent donc seulement constituer un droit de priorité pour l'inventeur, afin de lui assurer, par ce moyen, une rémunération comme juste prix de son invention.

---

[1] *Polizeiwissenschaft*, vol. II, pp. 315 et ss. — Tübingen, 1866.
[2] Confrontez : *Internationale Patentgesetzgebung* v. C. Th. v. Kleinschrod, Erlangen, p. 10.

V.

Dans les-pages qui précédent, nous avons démontré, au point de vue des principes, le droit égal de *tous les genres* d'inventions, le droit des auteurs et producteurs à la protection par voie légale. Nous avons à dessein négligé de faire ressortir que la protection peut encore être accordée par motif d'utilité, ou en vertu d'un contrat passé entre l'inventeur et la société. Nous ne nous servons pas de cette argumentation, parce qu'elle nous conduirait à reconnaître l'opinion de ceux qui nient le droit égal à la protection des œuvres d'invention, alors que nous revendiquons en faveur DE TOUS LES CRÉATEURS de NOUVELLES VALEURS D'ÉCHANGE, **n'importe leur nature**, une *priorité de propriété*, à l'encontre de toute imitation. Ce point de vue nous aidera puissamment dans la critique de la législation existante sur les marques de fabrique.

Nous acceptons la protection des dessins, ainsi que les brevets d'invention et de perfectionnement, par des motifs plus puissants encore. Si des prix plus élevés sont payés pour des produits perfectionnés de l'art industriel, il devient possible aux entrepreneurs d'augmenter les salaires de leurs coopérateurs, sans crainte de faire baisser par la concurrence le prix des marchandises. L'entrepreneur, par l'excellence de ses dessins et les dispositions qu'il a prises, a fait droit au goût du consommateur; il a réussi à satisfaire les désirs du public acheteur. Comme pendant un certain temps il est seul à tenir le marché, grâce au brevet et à la protection des dessins, les prix de monopole qu'il demande et qu'il obtient le mettent à même d'augmenter les salaires. Les ouvriers, de leur côté, savent assez profiter des chances qu'offre le marché pour en proposer l'élévation. L'inventeur y consentira, par le motif que dans l'industrie perfectionnée l'activité des ouvriers contribue puissamment à l'élégance et à la solidité du produit. Dans ce cas se vérifiera la maxime économique que *le gain plus élevé de l'entrepreneur rend l'élévation des salaires possible.*

Pour élever la situation économique de l'homme, l'initiative de ce même homme est certes le plus puissant stimulant. Dès lors qu'une industrie fournit à l'ouvrier le moyen de développer ses talents, elle exerce, de ce fait même, une influence prépondérante sur la transformation sociale de tout le pays. Par l'introduction de l'art dans une branche industrielle quelconque, les ouvriers habiles, consciencieux et sûrs, trouvent occasion d'améliorer leur situation personnelle. C'est dans leurs rangs que se recrutera une classe moyenne capable et active, si importante dans le développement de la vie politique et économique. La reconstitution d'une classe moyenne est d'autant plus nécessaire de nos jours, que l'existence de cette même classe est mise en question *par suite des abus résultant de l'excès de la domination capitaliste.*

Les fabricants choisiront de préférence leurs employés et directeurs dans les rangs des ouvriers qui auront été à même de fréquenter des écoles spéciales. Ces ouvriers, réunissant la pratique complète des détails à des connaissances suffisantes sur l'ensemble de la branche industrielle qu'ils ont à diriger, fomenteront dans l'*industrie* les progrès les plus éclatants. Les fabricants chercheront dès lors à s'attacher ces hommes, soit au moyen d'un salaire fixe, soit en leur garantissant une part dans les bénéfices. Nous pourrions citer un grand nombre de maisons de Mulhouse, du Bas-Rhin, de France et de l'Allemagne du Nord qui, de cette façon, solidarisent avec les leurs, les intérêts de leurs employés; de même nous pourrions nommer plusieurs fabricants très considérables, autrefois simples ouvriers qui, par semblable participation, sont arrivés à une puissante situation économique.

Pour développer l'industrie et la conduire à de pareilles fins, un système rationnel de législation protectrice des dessins et des inventions par brevet est un puissant stimulant, parce que cette législation tient compte des aspirations et des revendications de l'ouvrier ou de l'inventeur, et lui assure dans l'avenir la rémunération de ses peines.

Du moment où l'invention, soit le perfectionnement, sera connue, et dans le cas où la protection légale n'est pas acquise, la concurrence s'acharne, et l'avantage se portera tout entier du côté de celui qui dispose de la plus grande somme des capitaux.

Faute de capitaux, l'inventeur pauvre ne peut donner à son affaire l'extension voulue ; il ne peut recourir à la division du travail si nécessaire à la production en masse, et qui lui serait si profitable ; il ne peut établir les grandes machines qui développent la production. Même sous le rapport de l'exploitation commerciale de son invention, il se trouve distancé par la concurrence. Tandis que le grand capitaliste peut, au moyen de ses agents, acheter à bon prix les matières premières et, au moyen des capitaux dont il dispose, augmenter rapidement le nombre de ses consommateurs, le petit capitaliste inventeur se trouve empêché d'acheter les matières premières à bonnes conditions ; faute de crédit, il ne peut utiliser les conjonctures favorables du marché ; l'écoulement de ses produits ne s'opère ni avec la rapidité ni avec la régularité qu'on remarque chez le grand fabricant. Le petit entrepreneur, faute de capital, ne peut introduire dans son établissement les perfectionnements que l'expérience de chaque jour lui enseigne, tandis que cela devient facile au grand capitaliste. Tous les avantages de la grande industrie, du grand capital et de la grande exploitation font sentir leur poids à la petite industrie, au petit capital et à la petite exploitation.

Tous les avantages dont le grand capitaliste jouit peuvent cependant être retenus par l'inventeur à qui aura été délivré un brevet d'invention. Possesseur de ce brevet, il peut faire appel au crédit dès qu'il aura démontré la valeur pratique de son invention ; il peut s'associer à un capitaliste ; les capitaux nécessaires lui sont avancés par la raison que l'invention est garantie, et que, s'il parvient à dominer le marché, il sera à même de servir les intérêts des avances faites, et même d'amortir ses emprunts.

L'objection souvent faite que l'invention eût pu, même sans la protection légale, arriver à s'indemniser de ses peines et travaux par l'aliénation de sa découverte, cette objection ne vaut pas contre ce que nous avons dit en faveur du système des brevets et la protection des dessins. En thèse générale, l'inventeur ne voudra pas avoir subi des privations et s'être imposé des labeurs pour voir les résultats de ses peines être perfectionnés et exploités par d'autres. L'orgueil qu'il met à appliquer lui-même ses idées et d'en réaliser les données sur une grande échelle, est des plus justifié. Il ne voudra pas vendre les profits créés par ses idées pour quelque somme d'argent.

Aux adversaires allemands des brevets et de la protection des dessins nous rappellerons la bienfaisante influence de ce système au *point de vue social*. Nous rappellerons surtout les principes de l'ancienne école économique allemande, qui partout et en tout a démontré la nécessité, reconnue et soutenue par la conscience populaire, de protéger efficacement la propriété comme base de l'ordre social. Nous nous associons à ces conclusions. Nous aussi nous demandons que l'Etat prenne sa vive part aux agissements et aux réformes au moyen desquels l'ordre social peut être maintenu et perfectionné.

Mais si, ainsi qu'il vient d'être dit, nous reconnaissons le fondement de tout le développement du peuple et de l'Etat dans le droit de propriété rationnellement assis, nous demeurerons conséquent en revendiquant le même droit qui, dûment protégé, favorise l'accumulation des capitaux au profit du travail.

Déserter l'un des principes fondamentaux du droit sous prétexte de demeurer « pratique, » nous paraît condamnable et un spécieux prétexte pour servir le *capitalisme*. Pour nous, nous repoussons l'opinion de ceux qui se prononcent contre les brevets et la protection des dessins, et nous déclarons que les partisans de cette négation ne comprennent rien au droit et à la justice. Le but de la société est la protection des droits du travail, puisque, sans ce droit, le régulier développement économique est absolument impossible[1].

De ce qui précède il résulte qu'à nos yeux les brevets d'invention et la protection des dessins ont absolument le même droit à *la protection légale*[2]. Tout ce que nous avons dit de la protection des inventions peut servir à démontrer le droit à la protection des dessins.

VI.

Le dessin est le produit de l'inventeur, de l'artiste qui depuis des années étudie des dessins, qui a fait de sérieuses études dans l'histoire de l'art, qui connaît les dessins orientaux aussi bien que les dessins et les formes antiques ou modernes. Ce n'est pas le hasard qui le conduit à l'idée exprimée dans le dessin. Il lui a fallu des études longues et savantes. Il faut, de plus, à l'artiste une imagination vive que la nature peut seul lui donner[3].

---

[1] C'est avec raison que la Chambre de commerce de Mulhouse, dans sa requête au chancelier de l'empire (*Deutsches Handelsblatt*, n° 29, 18 juillet 1871), dit : « L'imitation des dessins serait tout juste une espèce de communisme dans l'industrie, la négation de l'une des propriétés les plus justes et qui mérite sous tous les rapports la plus grande considération. »

[2] Le *Deutsche Handelsblatt* de 1872 (Berlin, D' Meyer, n° 33) se prononce dans le sens opposé : « Souvent on prétend que la protection par brevet et la protection des dessins sont une seule et même chose. C'est là une grande erreur. On peut être d'avis divers sur la nécessité et l'utilité des brevets, et chacune des opinions contraires peut être armée d'arguments plausibles — et malgré cette divergence on peut conclure unanimement à une loi sur la protection des dessins. »

[3] Il y a des économistes qui font peu de cas de l'esprit inventeur des individus employés dans l'industrie. L'un d'entre eux est le D' Rentsch (*Handwœrterbuch der Volkswirthschafts-Lehre*, Leipzig, 1870, p. 606). Voici son opinion : « Les législateurs ont été assez généreux en reconnaissant le droit de propriété aux œuvres de l'esprit. Et pourtant cette propriété ne saurait en aucun cas être appliquée aux dessins. Au lieu d'être le produit de savantes études et de longues recherches qu'il faut supposer dans les œuvres littéraires et dans les inventions industrielles, le dessin n'est, en thèse générale, que le résultat d'une idée ingénieuse du moment. Le dessin *n'a pour base* ni des *expérimentations coûteuses* ni des *principes sévères;* le dessin a pour base la richesse des formes dans la *nature créatrice*, qui offre ses beautés non à un seul individu, mais à tout le monde. »

Nous venons d'indiquer combien l'imitation des dessins peut nuire à l'inventeur. Dans l'*Enquête parlementaire sur le régime économique des industries textiles et du coton* (Paris, Wittersheim, 1870, p 268), un fabricant de Mulhouse se plaint du dommage

---

L'opinion de Rentsch ne peut, en aucun cas, être admise, et prouve simplement que l'auteur n'a aucune connaissance du sujet qu'il traite *ex professo*.

En effet, dans la grande industrie à Mulhouse et à Lyon surtout, mais aussi en Angleterre et dans d'autres pays, il est arrivé souvent que des fabricants ont acheté dans des expositions des tableaux originaux de grands maîtres ou en les payant au comptant à des prix très élevés, ou en faisant participer l'artiste aux bénéfices que rapporte le dessin appliqué sur les étoffes par l'impression.

Quel est maintenant l'homme équitable qui oserait dénier au fabricant le droit de propriété absolue sur le tableau ainsi acquis et des copies qu'il en fait sur les étoffes (*si je puis m'exprimer ainsi*) avec toutes les conséquences légales ? Car la loi donne à l'artiste le droit absolu de propriété sur son œuvre, que celui-ci transmet à son acheteur par la vente même du tableau.

On fait entendre que le dessinateur ou l'artiste n'a qu'à prendre la nature créatrice pour modèle de ses dessins. « Nous observerons d'abord que le plus grand nombre des dessins n'ont rien de commun avec la *nature créatrice ;* » ce sont généralement des dessins de fantaisie ; nous nommerons surtout le dessin cachemire comme l'une des plus anciennes formes ; il suffit du reste de consulter simplement les cartes d'échantillons des grandes fabriques. De plus, la nature se trouverait grandement en défaut, si l'artiste ou le dessinateur voulait l'imiter *à priori*. Elle jette au hasard les semences et partout les fleurs qui en éclosent ; mais ces fleurs ne s'arrangent nullement d'après la loi du contraste des couleurs ; vous trouverez une fleur violette à côté d'une fleur bleue, une fleur orange à côté d'une fleur rouge, etc., etc, ce qui serait d'un effet déplorable dans un dessin de fabrique. Il dépend du génie de l'artiste ou du dessinateur d'éviter ces défauts. Une prairie émaillée de fleurs (comme l'on dit) n'est belle, n'est magnifique que par l'étendue qui frappe nos yeux ; mais isolez-en un pied ou un mètre carré, vous ne trouverez rien d'admirable à la vue. Du reste, si l'on veut rabaisser le mérite de l'artiste ou du dessinateur industriel, il serait plus expéditif de dire « qu'il ne fait ces dessins qu'avec deux lignes : la courbe et la droite, connues de toute éternité; » mais j'observerai seulement que Raphaël, Michel-Ange, le Titien, etc., n'avaient pas autre chose à leur disposition.

Mais tout n'est pas fini quand le fabricant est en possession d'un dessin et surtout d'une peinture ; vient alors l'application technique, c'est-à-dire la mise en œuvre par l'impression. Il serait trop long de parler de toutes les difficultés que l'on a à surmonter dans ce cas, et, de plus, la description que l'on pourrait en faire est trop difficile à faire comprendre aux personnes qui ne sont pas initiées à cet art. Nous parlons ici autant d'un dessin destiné à l'impression que des dessins à mettre en carton pour les tissages Jacquard.

causé à l'industrie française par l'imitation des Allemands et des Anglais des dessins originaux français produits à si grands frais [1].

---

[1] Voici notre prix de revient :

Nous avons fait faire un dessin de 200 fr., plus 800 fr. de gravure, total : 1,000 fr.; nous avons acheté un tissu croisé, qui coûte 36 et souvent 47 cent. le mètre; nous avons eu à dépenser pour la couleur 20 cent., pour la façon 5 cent., puis 4 cent. pour les frais de vente. Je vous dirai que ces prix sont extrêmement réduits, et que nous ne les avons établis de cette manière que parce que nous considérions cet article comme un article de surcroît; mais pour nos articles courants nous sommes obligés de compter les prix de vente et de façon à un chiffre beaucoup plus élevé. Ainsi, quand il s'agit de nos articles courants, nous répartissons les frais de dessin et de gravure sur 30 pièces, tandis que pour l'article dont je parle, nous les avons répartis sur 100 pièces de 100 mètres, comptant que ce serait un article de grande consommation. Cela fait donc 10 cent par mètre pour le dessin et la gravure.

Donc, en résumé :

Tissu................ 46 centimes.
Couleur·.............. 20   »
Façon et vente........ 9   »
Dessin et gravure...... 10   »
　　　Total...... 85 centimes.

.Le tissu ne coûte aux Anglais que 40 cent. au lieu de 46 cent.; au lieu de 20 cent. pour la couleur, ils ne payent que 15 cent. Je ne puis donner tous ces chiffres plus en détail. Les imprimeurs de Rouen les donneront, et prouveront que les produits chimiques et la couleur coûtent 25 0/0 plus cher en France qu'en Angleterre par suite des droits. Il en résulte déjà une différence de deux sous; cette différence de deux sous assurant aux Anglais une vente beaucoup plus grande que la nôtre, je puis établir les autres éléments du prix de revient sur 1,000 pièces au lieu de 100.

Voilà pourquoi j'ai réparti cette partie des frais généraux pour nous sur 100 pièces, tandis que je les répartis sur 1,000 pour l'Angleterre. Je pourrais même la diminuer encore, parce que les Anglais comme les Allemands, copiant généralement nos dessins et n'en gravant que les bons, dont la vente est sûre, ces frais sont, de ce chef, beaucoup plus faibles que les nôtres. En comptant ainsi, on trouve pour la façon et pour la vente 5 cent. au lieu de 9, également à cause de la grande production; pour les frais de dessin, de gravure, 1 cent. seulement au lieu de 10; soit un total de 62 cent. seulement. auquel il faut ajouter environ 15 0/0 de droits d'entrée pour vendre en France, en admettant que les Anglais déclarent la valeur réelle.

En résumé :

Tissu.................. 41 centimes.
Couleur................ 15   »
Façon et vente........ .. 5   »
Dessin et gravure........ 1
　　　　　　　　　62 centimes.
Droits d'entrée environ.. 8   »
　　　　　Total... .. 70 centimes.

Les frais d'invention augmentent considérablement le prix des produits. Le risque auquel s'expose le fabricant en apportant au marché un dessin nouveau, est donc très grand. De trois à quatre dessins un seul est admis en moyenne. C'est sur le prix du dessin admis que ceux qui ont été rebutés doivent être rémunérés. Le concurrent allemand ou anglais qui n'a pas de dessinateurs imite le dessin apporté au marché par le fabricant français, et qui a été admis; il reproduit l'imitation sur des milliers d'exemplaires. Par là il lui est possible de vendre ce dessin au-dessous du prix français. Le fabricant français étant incertain, ne pouvait faire imprimer et porter au marché que des centaines d'exemplaires seulement de son dessin. Dès qu'un dessin est goûté au marché, il est envoyé aux fabricants de tous les pays par des maisons de Paris ou de Londres aux fins d'imitation, et le dessin imité peut paraître en même temps que le dessin original ou immédiatement après. Le marché, égoïste de sa nature, donne la préférence au bon marché; le grand capital, qui a commis l'imitation des milliers de fois, occupe et domine le marché, et l'entrepreneur est *volé* du salaire qui lui revenait en sa qualité d'inventeur.

Mulhouse, qui fait tant d'inventions et qui excelle au marché du monde par ses dessins, fait aujourd'hui partie intégrante de l'empire d'Allemagne. Ses produits représentent donc au marché universel les résultats de l'industrie allemande. Mulhouse demande et préconise la protection des dessins. L'intérêt de l'industrie allemande requiert-il cette protection? Cette protection lui serait-elle avantageuse ou préjudiciable? Jusqu'à ce jour, nous l'avouons avec honte, l'art industriel allemand a presque exclusivement vécu de l'art étranger; il a imité les produits du dehors. Dans quelques cas isolés seulement l'art industriel allemand a su être spontané [1] et vivre de lui-même.

---

[1] Confrontez *Deutsches Handelsblatt*, n° 33, 1872.

.... « Reste à peine à examiner la question de savoir si la protection des dessins serait opportune. Nous devons constater (ce qui n'est pas très honorable pour l'Allemagne) que ce sont généralement les industriels français qui

Ceux qui ont visité les expositions internationales, auront tout de suite remarqué l'absence d'art industriel à l'exposition allemande. L'art industriel allemand n'a été représenté un peu honorablement qu'à la dernière exposition de Paris. Quel contraste dans la section française et la section belge, où l'élégance du travail, la perfection des formes ne laissaient rien à désirer ! La section anglaise se distinguait avec avantage par le confort plein de goût propre à l'art industriel anglais. L'exposition autrichienne éclipsait également l'exposition allemande.

Sans doute, il faut bien admettre que le goût des Français a eu la chance de se développer depuis des siècles, vu la *politique de luxe* de leurs chefs d'Etat; que, dans ces dernières années surtout, les aptitudes des commençants ont été guidées par l'établissement d'écoles de dessin; que la réunion au centre de l'industrie française, à Paris, d'industries jeunes et entreprenantes, a puissamment agi sur les facultés et donné l'impulsion aux entreprises; que le grand nombre des branches industrielles, exploitées côte à côte et puissamment développées, a éminemment favorisé l'échange d'idées et d'opinions artistiques. Tout cela étant admis, étant admis même que tout ce que nous venons d'indiquer a favorisé l'essor industriel en France, il n'en reste pas moins incontestable que la protection légale reconnue à l'inventeur d'un nouveau procédé ou d'une nouvelle forme, que la protection accordée à cette propriété nouvelle a considérablement influé sur le développement de l'industrie. Quiconque lit l'histoire de l'industrie de ce siècle, verra que les Etats qui maintiennent rigoureusement la protection des brevets et des dessins sont ceux chez lesquels l'industrie est le plus développée. La Belgique, l'Angleterre, la France, l'Amérique, tiennent la tête de l'industrie de notre siècle.

ont confectionné des dessins et que ce sont les industriels allemands qui les ont imités. Nous faisons observer que ce témoignage donné à l'industrie allemande a été formulé par l'*Association des fabricants rhénans du Milieu*, et que ce témoignage a été publié dans une feuille à laquelle on ne peut reprocher l'absence d'intérêt pour l'industrie allemande. Ce jugement en a d'autant plus de poids. »

L'industrie allemande des porcelaines, autrefois la première en Europe, a été dépassée par celle de France èt d'Angleterre. Chez nous cette. production est moindre en qualité; la production en masse, de qualité moyenne ou inférieure, domine; notre exportation a diminué. Les seuls établissements de l'Etat ont maintenu l'art dans l'industrie des porcelaines. Les peintures sont jolies; par contre les formes sont lourdes et de goût vieilli[1]. Visitez, par contre, les grands dépôts de porcelaines à Paris. Quelles élégantes et jolies formes! Quelles lignes belles et régulières sur ces vases! L'industrie du verre est exactement logée à la même enseigne. L'impression des étoffes, autrefois si développée dans l'Allemagne méridionale, ne peut à aucun degré, ni de loin, soutenir la comparaison avec l'impression française, quoiqu'il faille reconnaître que dans.ces derniers temps il y a eu progrès dans cette branche en Allemagne.

VII.

Les causes de cette triste infériorité sont faciles à trouver et à établir. Une industrie ne peut soutenir la concurrence avec l'industrie étrangère qu'autant qu'elle se développe spontanément, autrement dit qu'elle ait son goût propre; qu'autant que les entrepreneurs se mettent en mesure de favoriser ce goût; qu'autant que les ouvriers et les employés les meilleurs aient l'occasion de faire valoir les enseignements qu'ils ont acquis par une longue expérience; qu'autant que ceux-ci soient assurés d'une rémunération pour les réformes apportées au travail; qu'autant qu'il soit, de cette façon, constitué une population ouvrière dont le bien-être matériel et moral progresse parallèlement à l'avancement de l'industrie.

Des ouvriers dirigés et soutenus de cette façon sont autre chose que de simples salariés. Ils deviennent le soutien intellectuel de

---

[1] La manufacture de porcelaine de M. Hutschenreuther à Selb (Bavière) fait honorable exception. Cette fabrique produit généralement des formes élégantes et agréables. En Bohême, ce sont les manufactures de *Carlsbad* qui produisent des porcelaines fines.

l'industrie. Se sachant importants dans le travail, ils seront plus consciencieux, plus spontanés.

Même ceux des visiteurs qui n'ont pris connaissance de l'industrie parisienne qu'en passant, devront convenir que c'est par la spontanéité et l'initiative personnelle que l'ouvrier parisien se distingue de tous les autres travailleurs Former des ouvriers aussi spontanés et aussi réfléchis, voilà la tâche de toute industrie qui veut progresser par elle-même. Si l'industrie allemande parvient à accomplir cette tâche, elle pourra, d'un œil scrutateur, s'approcher des produits de l'industrie étrangère, vouer son attention au perfectionnement du goût, afin de ne plus dépasser dans ses imitations de mauvais goût les produits bizarres et baroques de l'Etranger.

Pour développer l'industrie dans cette direction, la protection des dessins est absolument indispensable. Sans une efficace et suffisante protection, l'inventeur et l'entrepreneur ne feront point confectionner des dessins coûteux pour les voir utilisés et exploités par des tiers.

Les écoles de dessin, les expositions d'art et d'industrie ne feront rien pour le développement industriel aussi longtemps que la protection des dessins fera défaut, par la raison toute simple que l'inventeur n'a nul intérêt, en cette absence, de pousser à de nouveaux essais, et que cet intérêt peut seul le stimuler [1].

Dès que le goût fait invasion dans une industrie et s'y développe, on le voit gagner de proche en proche d'autres branches industrielles, par la raison que rarement une industrie se trouve isolée au point de ne rien apprendre de ses voisins. C'est ainsi

---

[1] Telle est l'opinion de l'*Association des fabricants du Rhin moyen* (*Deutsches Handelsblatt*, n° 33, 1872) :

« Il n'est malheureusement que trop vrai que dans la plupart de nos industries les mots : « art industriel » n'ont aucun sens, malgré toutes les académies et toutes les écoles industrielles. Et il en sera ainsi jusqu'au jour où l'industrie allemande aura perdu l'habitude de penser que c'est jeter son argent par la fenêtre que de l'employer à faire confectionner des dessins nouveaux et de goût, par des artistes. »

que les impressions de Mulhouse ont, par la richesse et la beauté de leurs dessins, contribué au développement de l'industrie des tapisseries à Paris. Les dessins, qui avaient été fixés sur du coton, ont été utilisés dans la fabrication des tapisseries.

Les grandes maisons de commission à Paris, qui détiennent presque exclusivement l'exportation de produits français d'art industriel, exportent en même temps les étoffes pour meubles en laine ou en coton, imprimées avec les mêmes dessins. Les logements des riches Brésiliens, Turcs et Egyptiens sont bourrés de produits de l'art industriel français. L'ameublement de chambres et de demeures entières est commandé à Paris, parce que les commissionnaires parisiens seuls sont mis à même par l'industrie française d'établir dans l'aménagement d'une habitation une conformité agréable à l'œil.

La grande consommation des produits de l'art industriel rend possible l'emploi de tous les avantages que présente la division du travail, et fort souvent on demeure étonné du prix relativement peu élevé de ces produits. C'est de cette façon que le mobilier parisien concourt avec succès en Suisse avec le mobilier confectionné dans ce pays. Dans tous les grands magasins de meubles en Suisse, les produits parisiens l'emportent sur les produits indigènes, vu la beauté de leur forme et leur bas prix. Si, il y a quelques années, les douanes de l'Allemagne méridionale n'avaient pas, par l'élévation des tarifs, empêché l'importation du mobilier parisien, le même fait se serait produit comme en Suisse.

De ce que l'inventeur trouve à appliquer ses dessins non-seulement au coton, mais encore à la laine et aux tapisseries, il est mis en situation de baisser le prix de sa marchandise, et par là le prix de confection de ces produits dans cette industrie se trouve considérablement diminué. Si nous résumons tous les avantages que présente la protection des dessins; si nous considérons qu'à l'aide de cette protection plusieurs branches de l'industrie allemande peuvent passer à l'art industriel; qu'en conséquence de ce passage ces industries s'émancipent du goût français qui domine toujours encore; enfin, que dans la nouvelle situation conquise elles peuvent concourir avec l'art industriel français sur tous les marchés, on nous approuvera de ce que, avec la plus grande énergie, nous requérons la protection des dessins.

C'est au moyen de cette protection seulement qu'on fixera chez nous l'esprit inventeur au profit de l'industrie indigène et qu'on en préviendra l'expatriation; c'est au moyen de semblable protection seulement qu'on engagera le capital à se confier au génie inventeur.

La pensée d'invention et d'entreprise n'a jamais fait défaut au peuple allemand. Si jusqu'ici de mesquins motifs politiques et commerciaux ont empêché l'essor de cette pensée en Allemagne, nous osons espérer que l'empire nouvellement fondé saura, en vue de l'avenir de son industrie, nous débarrasser des misères dues au morcellement ancien des Etats de la Confédération, de la politique étroite et des intérêts mesquins de ces Etats, et que la législation de l'empire protégera efficacement les droits plus que justifiés des inventeurs entreprenant la confection des dessins. Selon toute apparence, c'est la nécessité qui forcera une loi de protection. Par l'annexion de l'Alsace et de la Lorraine, l'industrie allemande de coton a gagné en force sur l'ancienne; la production a été presque doublée, tandis que le marché est à peu près demeuré le même. Veut-on que l'industrie du coton de l'empire d'Allemagne prospère? Dans ce cas, il faut étendre le marché. Dans peu de mois cesseront les faveurs obtenues de la France par l'Allemagne au profit de l'industrie du coton d'Alsace et de Lorraine. De ce moment l'industrie cotonnière allemande sera forcée de se défaire, par des débouchés à créer, de la surabondance de ses produits. Les filés et les simples tissus ne seront pas propres à l'exportation à moins de pertes sensibles, attendu la concurrence anglaise qui domine le marché universel.

Par contre, l'expérience a prouvé que les impressions de Mulhouse, en raison de l'élégance et de la solidité de leurs dessins, sont très recherchées à l'Etranger, et peuvent même franchir les fortes barrières de la douane des Etats-Unis nord-américains. Ces impressions seraient certainement beaucoup plus répandues, si l'imitation par le commerce des Anglais n'en restreignait le marché. Dans les établissements du Haut-Rhin (confrontez : *Enquêtes parlementaires*, coton, 1870, p. 276) il a été imprimé en 1869 89,635,447 mètres. Il en a été exporté 65 millions.

De ce dernier chiffre il y a eu 10,901,524 mètres importés, pour être réexportés sous le régime des admissions temporaires. La valeur totale de l'exportation était, en nombre rond, de 40 millions de francs. Les tissus importés, puis réexportés après impression, représentent une valeur de 5 à 6 millions de francs.

L'impression se développe et gagne par la protection des dessins. Nous venons de l'établir, et l'expérience des industriels de Mulhouse confirme notre démonstration. Pour développer l'exportation, il est du plus haut intérêt de l'Allemagne de favoriser de tout son pouvoir les impressions et de protéger les dessins des diverses fabriques. Que si ces mesures ne sont pas prises et que l'exportation n'augmente pas, une grande partie des filés et des tissus de Mulhouse sera réduite au marché allemand, et les prix baisseront. Tandis que les fabricants de Mulhouse ne produisent pour l'exportation que des étoffes solides et de haut prix, les producteurs se verront contraints, l'exportation n'étant pas fructueuse, de diriger toute leur activité vers le marché intérieur. Celui-ci ne consommant de préférence que des fils et des tissus moins fins, les filatures et les tissages mulhousiens entameront avec l'industrie allemande une lutte désespérée, et quel que soit le côté vainqueur, les conséquences de cette lutte se chiffreront par des pertes énormes de capitaux reproducteurs. Les petits fabricants seront tous ruinés, et le champ de bataille demeurera abandonné au grand capital.

Si par l'imitation des impressions dans le reste du *Zollverein* la vente des produits de l'impression du Haut-Rhin se trouve restreinte au marché intérieur, il arrivera que l'exportation, elle aussi, en souffrira, par la raison que, dans ce cas, les frais de production se répartiront sur un moins grand nombre de pièces, et que, partant, chaque pièce devra se vendre à un prix plus élevé ; par conséquent, le nombre de consommateurs à l'Etranger ira diminuant. On nous objectera peut-être qu'il est bien indifférent à l'Etranger de payer quelques centimes de plus par mètre, pourvu qu'il y ait des dessins élégamment exécutés[1]. Cela fût-il vrai, qu'il n'y aurait toujours aucun droit pour les autres imprimeurs du *Zollverein* à diminuer leurs propres frais de production aux

---

[1] La preuve qu'il n'en est pas ainsi, la voici : *Enquête parlementaire sur le régime économique* (coton), Paris, 1870, p. 138 :

« Dans de grands pays comme le Mexique, le Brésil, le jaconas imprimé français peut lutter avec les jaconas anglais. Je reçois souvent des lettres du Mexique qui me disent : « A tel prix achetez des jaconas français en proportions grandes, parce que même avec 2 ou 3 0/0 en sus l'acheteur mexicain préfère le jaconas français au jaconas anglais. » Autrefois c'était le contraire. Ainsi ma maison faisait autrefois au Mexique pour 25 à 30,000 fr. d'affaires en jaconas français, et l'année dernière le chiffre s'est élevé à plus de 500,000 fr. Vous voyez que la différence est excessivement notable.

« Il est indispensable de rester à peu près dans les mêmes prix ; on nous paye volontiers une certaine différence pour notre marchandise en raison du goût qui est meilleur, de la nouveauté qui est plus grande, enfin du mieux fini ; mais il ne faut pas que cela dépasse une certaine limite, sans cela l'acheteur ne veut plus entendre parler de rien. Dans les ordres qu'il donne, il dit : « Jusqu'à tel prix vous pouvez acheter le produit français, sinon, envoyez la commission à Manchester. » Aussi combien de fois nous est-il arrivé, pour 1 ou 2 cent. de différence, de ne pouvoir trouver à placer nos commissions en France et d'être obligés de les envoyer en Angleterre.

« Je puis assurer que ces affaires se font presque toujours sans bénéfice pour l'impression, et il est évident que les prix auxquels nous achetons ne peuvent constituer ce bénéfice de 3 1/2 cent. de façon, que M. Dollfus signalait à l'une des précédentes séances, comme étant le bénéfice moyen des imprimeurs.

« Les façons s'exécutent presque à perte des imprimeurs ; mais la quantité d'affaires qu'ils font diminue considérablement leurs frais généraux. »

Voyez en outre p. 139 :

« ...Je puis vous dire que notre maison (Fould à Paris) s'est mise depuis trois mois en relations avec une des maisons les plus importantes de Glascow, celle de Daglisck-Falconne et C°. Eh bien ! cette maison se sert pour ses impressions de dessins français exécutés par des dessinateurs de Paris et de Mulhouse qui travaillent pour elle ; elle fait des affaires considérables. Ses marchandises sont facturées aux prix français et vendues franco au port d'embarquement, c'est-à-dire dans des conditions qui rendent la lutte impossible de la part de l'industrie française.

dépens des industriels du Haut-Rhin. Et c'est précisément ce qui arriverait. L'imprimeur du Bas-Rhin, de Saxe, de Berlin, n'imprimerait que les dessins dont l'écoulement est certain. Le risque pour lui serait par conséquent moindre ; il n'aurait que faire de dessinateurs fortement rétribués et, de la sorte, il produirait à moins de frais que les Alsaciens.

Après avoir ainsi établi *la nécessité de protéger les dessins*, il nous reste à examiner *quels genres de dessins doivent être protégés par la loi?*

VIII.

L'invention ne peut être protégée qu'autant qu'elle corporifie une idée nouvelle. Le dessin pareillement, pour avoir droit à la protection, devra être une création nouvelle. On examinera si, en effet, les lignes et les formes sont nouvellement inventées ou bien ne constituent pas des *variations* de dessins déjà existants. S'il résulte de cette vérification que le dessin est original, les autorités publiques, sur requête de l'inventeur, sont tenues d'en défendre l'imitation et de la réprimer. Incontestablement dans nombre de cas il sera très difficile de constater que le dessin dénoncé comme imitation a en effet ce caractère, ou qu'il renferme des idées originales. Des experts spéciaux et impartiaux en décideront. Ces experts ayant le goût très développé et connaissant parfaitement les anciennes formes et les anciens dessins, motiveront leur jugement au vu des pièces. La partie plaignante serait tenue de fournir la preuve que le dessin ou la forme dénoncés est réellement une *variation* de son invention. C'est ainsi, par exemple, que la *loi autrichienne* statue que l'on peut déclarer imités ceux des dessins qui ne diffèrent de l'original qu'en leurs dimensions ou leurs couleurs. Dans le doute, la présomption sera favorable à l'originalité du dessin. Cette disposition empêche la trop grande extension des droits de l'auteur. Comme en suite de l'établissement de la protection légale un grand nombre d'inventeurs viendront invoquer ce droit, il pourrait être sage et pratique d'adresser les dessins nouveaux et les formes nouvelles à un *point central*, où ils seraient réunis et classés d'après un ordre systématique. A ce lieu central se créerait promptement une école d'art industriel où l'on formerait des sujets distingués pour l'industrie nationale. L'industrie du coton, de la laine et de la soie, les teintureries, les imprimeries, les fabriques de produits chimiques, de machines et de porcelaines, etc., etc., exposeraient dans ce *centre* leurs inventions, perfectionnements, dessins et formes protégés par brevet. Un pareil centre d'où l'esprit industriel émergerait dans toutes les branches industrielles, imprimerait incontinent une impulsion telle, que les effets en sont aujourd'hui incalculables. Telle branche profiterait de telle autre. La peinture sur porcelaine emprunterait à l'impression sur étoffes des idées pour de nouveaux dessins ; les industriels comme les agronomes apprendraient à connaître les machines qui leur conviennent le mieux ; par la comparaison ils saisiraient les avantages des divers systèmes ; les noms des inventeurs seraient connus d'un plus grand nombre ; les idées d'entreprise ne pourraient qu'y gagner ; les avantages qui en résulteraient sont appréciés déjà ; car déjà les Américains ont en partie réalisé cette idée.

Au moyen de ce centre, la connaissance de l'originalité des dessins serait rendue facile et simplifiée.

L'inventeur d'un dessin a le droit d'en faire interdire l'imitation dans toutes les branches de l'industrie. Dans le cas où l'inventeur aliène ce dessin, l'acquéreur n'est autorisé à en faire l'emploi *que dans la branche exploitée par lui*, à moins de stipulation formelle dans le contrat de propriété sur le dessin ; autrement il y aurait présomption que le dessin n'a été vendu que pour l'emploi spécial seulement à l'industrie de l'acquéreur. Par contre il nous semble juste qu'un inventeur qui aurait vu les difficultés d'appliquer l'invention à une autre industrie, facilité par une nouvelle découverte l'application de cette invention, que ce nouvel inventeur, disons-nous, soit protégé dans la découverte de ce nouveau procédé par un nouveau brevet.

Le droit d'imiter ledit dessin devra être acquis du premier propriétaire par l'inventeur du perfectionnement.

Dans le cas où l'employé d'un industriel invente un dessin nouveau, celui-ci devient la propriété du patron, l'employé étant, pour son travail, salarié en vertu du contrat de louage.

Les plus anciennes lois françaises rendues de 1737 à 1744 en faveur des propriétaires inventeurs à Lyon, interdisent l'imitation de dessins étrangers dans l'industrie de la soie. La loi du 14 juillet 1787 [1] étend cette interdiction à tous les autres tissus, mais permet cette imitation dans toutes les autres industries, par exemple les tapisseries. Ces dispositions étaient reçues dans toute la France.

La loi du 19 juin 1793 protégeait toute propriété d'auteur, particulièrement les écrits et les objets d'art, contre l'imitation et la contrefaçon. La loi datée de 1787, que la Révolution a laissé subsister, fut complétée par le décret de 1806. Celle-ci ne parle pas des arts plastiques, et protége seulement les dessins déposés chez les Conseils de prud'hommes, qui furent créés en 1806, et qui remplacèrent les Comités de corporations qui existaient auparavant. Un décret de 1825 confirme la loi de 1806, et accorde aussi, pour les places où les Conseils de prud'hommes n'existent pas, la permission de déposer les échantillons aux tribunaux de commerce. La pratique judiciaire, qui considère la loi de 1806 comme un complément de celle de 1793, protége la propriété de l'auteur, indépendamment de la première loi; elle s'appuie sur le décret de 1793 et sur les articles 425 et ss. du Code pénal. D'après ces articles, tout auteur de produits intellectuels possède le droit exclusif de

---

[1] L'arrêt du Conseil du 17 juillet 1787 dit : « Sa Majesté aurait reconnu que la supériorité qu'ont acquise les manufactures de soieries de son royaume est principalement due à l'invention, à la correction et au bon goût des dessins, que l'émulation qui anime les fabricants et les dessinateurs s'anéantirait, s'ils n'étaient assurés de recueillir les fruits de leurs travaux; que cette certitude, d'accord avec les droits de la propriété, a maintenu jusqu'à présent ce genre de fabrication et lui a mérité la préférence dans les pays étrangers. »

reproduction. Le décret de 1825, qui fut publié sans le concours des Chambres, est tout à fait ignoré dans la pratique judiciaire.

Dans la province rhénane prussienne, comme dans les parties de l'ancien grand-duché de Berg réunies à cette province, la loi française de 1787 a été également mise en vigueur par les décrets de 1806 et 1811.

Les lois de 1806 et 1811 en vigueur dans la province rhénane ne renferment aucune disposition spéciale différente des lois générales sur la propriété des dessins et des formes. Dans la pratique il était admis que les formes devaient être traitées comme les dessins. D'autres proposèrent d'appliquer aux formes les dispositions de la loi de 1793 sur la propriété littéraire et aux œuvres d'art. Les deux opinions admettaient, par conséquent, la nécessité de la protection des formes.

Une troisième opinion, au lieu de prendre l'une ou l'autre des deux lois pour base de la protection des dessins, préfère déduirs toute protection de dessins quelconques des principes mêmee déposés en ces deux lois.

Un arrêt de la Cour de cassation de la Prusse rhénane du 1er juillet 1844 décide que les formes sont à envisager comme dessins dans le sens des lois de 1806 à 1811.

En *Belgique* la jurisprudence est à un haut degré imbue des principes de droit proclamés en France durant la Révolution. En ce pays deux opinions se font jour sur la protection de la propriété des auteurs. L'une veut étendre la protection dans le sens de la pratique française; on considère en conséquence la loi de 1806 comme article additionnel à la loi de 1793. L'autre veut maintenir en vigueur les dispositions de 1787 introduites en Belgique en 1806, et ne tolérer l'imitation au profit des inventeurs que dans les tissus. Cette opinion concède néanmoins que les dessins et formes de nature plastique ont droit à la protection.

En Angleterre, la première loi sur la protection des dessins a été rendue en 1787 (27 en Georges III, v. 38). Elle accorde aux inventeurs, pour l'usage exclusif des dessins d'impression sur étoffes, une protection de deux mois, à dater du jour de la publication du dessin. En même temps elle ordonne que le nom du porteur du privilége sera fixé sur les étoffes. Le délai de jouissance de deux mois a été étendu à tous les tissus de laine, de soie et de poils, comme à tous les tissus mélangés, et en 1839 non-seulement à tous les genres de tissus, mais encore à *tous les genres* de marchandises, même à la fonte. La protection de trois mois a été maintenue en faveur des dessins imprimés sur étoffes ; en faveur de toutes les autres marchandises elle a été fixée à une année. Une loi de 1842 accorda à tous les dessins nouveaux la protection légale, soit que ces dessins s'appliquent par l'impression, la broderie, le tissage ou la peinture, la couture, le modelage, la gravure, la presse, etc., etc., qu'ils s'appliquent par les procédés chimiques ou par les procédés mécaniques.

Aux *Etats-Unis d'Amérique*, la protection des dessins date de 1842. Les dispositions légales de cette époque ont été étendues le 2 mars 1861, le 8 juillet 1870 et le 3 mai 1871, et depuis lors tout dessin, toute forme multipliée dans l'industrie et dans l'art industriel, jouit de la protection légale [1].

« Le brevet peut être accordé à l'indigène comme à l'étranger qui, par son application, son génie, ses peines et à ses frais, a découvert ou établi un dessin nouveau à lui propre pour un produit, un buste, haut-relief ou bas-relief ; à quiconque a découvert un pareil dessin pour l'impression sur laine, soie, coton ou autres tissus ; à quiconque aura découvert un ornement, un tableau qui, par l'impression, la peinture, la fonte ou par tout autre procédé, peut être appliqué à un article de fabrique ou transformé en un semblable article ; à quiconque présentera une forme utile ou la combinaison de plusieurs formes en un seul article, lesquelles découvertes ont été inconnues avant la demande du brevet à d'autres qu'au requérant, et n'ont pas été brevetées ou décrites

---

[1] Confrontez : *Die Patentgesetzgebung der Ver. Staaten v. Nord-Amerika*, übersetzt v. ADOLF OTT. — Brockhaus, Leipzig, 1872 p. 31.

dans une publication. Le brevet sera accordé après l'acquittement de la taxe légale et les expériences déterminées par la loi. »

La protection des dessins existe en *Autriche* depuis le 7 décembre 1838. Mais cette protection n'est accordée qu'aux dessins et aux formes susceptibles d'être multipliées par l'industrie. Les productions d'art proprement dit ne jouissent pas de ce bénéfice et peuvent être imitées. La loi américaine, qui interdit toute imitation de productions artistiques sans l'autorisation de l'inventeur, nous paraît préférable et plus juste que la loi autrichienne.

La *loi russe sur la protection des dessins* est de 1864. Elle accorde protection contre toute imitation à tous les dessins et modèles multipliés dans l'industrie. Le dessin déposé auprès de l'autorité désignée sera original. L'autorité ne s'enquiert point pourtant de savoir si le modèle l'est en effet. Le dessin inscrit est effacé dès qu'il est constaté que des étoffes quelconques le portent.

En France, ainsi qu'il a été dit, la loi de 1787 prescrivait le *dépôt* des dessins ou d'une épreuve de ce dessin auprès des préposés de la maîtrise à laquelle appartenait le requérant. La *protection dépendait de ce dépôt.* Après la disparition des maîtrises, le dépôt se faisait auprès des Conseils des prud'hommes. La loi de 1806 ordonnait de bien empaqueter les modèles. Depuis 1825 le dépôt a lieu auprès du tribunal de commerce dans les localités où il n'existe point de Conseils de prud'hommes.

Dans les provinces rhénanes prussiennes le dépôt ne peut se faire qu'auprès d'un Conseil de prud'hommes.

Les lois anglaises de 1842 à 1856 ordonnent l'enregistrement des modèles et en font défendre la protection. La dernière loi ordonne en outre que les dessins enregistrés qui sont mis au marché porteront l'indication du nom et du domicile du fabricant, ainsi que du numéro d'ordre sous lequel ils sont enregistrés. Dans le cas où le droit de propriété est cédé à un tiers, la cession sera également enregistrée. Le fabricant peut enregistrer les produits sur lesquels il pense, en outre, appliquer son dessin et pour lesquels il requiert la protection.

L'enregistrement s'opère par un employé du Conseil privé pour le commerce et les colonies. A cet effet, deux exemplaires du dessin, revêtus du nom du propriétaire, sont à présenter au *registrateur*. L'enregistrement opéré, l'un des exemplaires revêtu de la signature et muni du sceau de l'autorité d'enregistrement, est rendu au propriétaire.

L'exemplaire rendu sert d'acte public; il établit la propriété légitime et constate l'inscription légale — jusqu'à preuve du contraire.

Le *registrateur* décide si les modèles présentés sont à inscrire dans le sens de la loi de 1843, comme dessins de goût ou dessins d'utilité.

La législation des *Etats-Unis* accorde la protection aux dessins sous les conditions requises pour l'obtention des brevets. (*Voyez l'article 81 de la loi.)* Les procédés en obtention de protection sont généralement les mêmes que pour l'obtention d'un brevet. La requête désignera exactement la forme caractéristique du dessin; elle distinguera soigneusement entre le vieux et ce qui est présenté comme étant nouveau. Les droits requis seront de même exactement détaillés comme dans les inventions.

Voici le texte de la loi :

ART. 7. Nulle requête en obtention de brevet n'est soumise à examen qu'après l'acquittement de la taxe et enregistrement des détails (de la *spécification*) de la requête et du serment, et dépôt des dessins, modèles et épreuves, quand celles-ci sont exigées. Dans l'intervalle de deux années, à partir de l'enregistrement de l'invention, la requête sera complétée et mise en état d'être soumise à l'examen. Dans le cas où le requérant néglige de suivre l'affaire durant deux années après avertissement à lui parvenu ou à ses agents par la poste, la requête sera envisagée comme étant abandonnée, à moins qu'il ne soit démontré au commissaire que la suspension a été inévitable. Il est désirable que tout ce qui est nécessaire pour compléter la requête soit transmis en une seule fois à l'administration. Cet envoi en bloc est-il impossible, alors chaque envoi partiel sera accompagné d'une lettre indiquant à quelle requête, par ordre de date, appartient l'envoi.

ART. 8. Le serment sera prêté par le véritable inventeur, s'il est en vie, et la requête sera présentée par lui-même, même dans l'occurrence où le brevet est demandé par un cessionnaire. En cas de mort de l'inventeur, c'est son exécuteur testamentaire ou l'administrateur de ses biens qui prêtera le serment et formulera la requête.

En *Autriche*, procès-verbal est dressé du dépôt. Cette pièce énumère toutes les indications (nom, domicile, etc.) exigées par la loi anglaise. Le dépôt s'opère sous enveloppe scellée auprès de la Chambre de commerce ou d'industrie de l'arrondissement du déposant. A l'expiration d'une année, le pli est ouvert en présence de deux témoins. L'enveloppe enlevée, chacun peut prendre connaissance du dessin. Il est également permis de déposer des dessins ouverts, afin que chacun en puisse prendre connaissance. L'enregistrement d'un dessin devient nul si dans l'espace d'une année le modèle n'est pas mis en vente dans la monarchie autrichienne.

En *Russie* l'enregistrement a lieu, comme en Angleterre et en Autriche, auprès du Conseil industriel à Moscou. La requête est appuyée de deux modèles. L'enregistrement s'opère, par ordre de date, dès la réception. L'un des modèles, comme en Angleterre, est rendu au déposant, revêtu de signatures. Le modèle rendu mentionne la durée ds la protection, qui ne peut dépasser dix années. Le temps durant lequel le dessin doit demeurer secret ne peut dépasser trois années, et le plus souvent il est fixé à un an. Toute cession doit être signalée à l'autorité.

IX.

Toutes les législations obligent à l'acquittement d'une taxe. Comme cependant une taxe trop élevée entraverait l'esprit d'invention, le payement d'un droit modéré d'enregistrement a prévalu.

Cette taxe ne doit pas trop charger l'inventeur, et pourtant elle doit être assez élevée pour amoindrir le flot de dessins insignifiants qui souvent peuvent faire tort à l'invention sérieuse. Il y a donc lieu d'imposer les brevets d'invention d'un droit modéré [1].

Aux *Etats-Unis* la taxe d'enregistrement est de 10 à 30 dollars, selon que le brevet est pris pour trois années et six mois, ou pour sept années; en *Autriche* elle est de 10 florins; en *Russie* la requête est rédigée sur timbre; la taxe annuelle pendant la durée du brevet est de 50 kopecks.

Le produit de ces taxes est partout versé à la caisse de l'autorité qui enregistre. En *France*, pendant toute la durée de la protection, il est payé un franc chaque année. Dans le cas où le brevet est pris pour un temps indéterminé, le requérant est soumis à un droit de 10 francs.

Durant la période de protection, le dessin est tenu secret, puisque par là seulement l'inventeur peut couvrir ses frais d'invention. Sans ce secret, l'inventeur pourrait être lésé par des imitations clandestines. Avant de connaître l'imitation; avant même d'être en état de prouver la fraude; avant qu'il puisse faire cesser la fabrication du dessin imité, le marché s'en trouverait inondé et le préjudice à lui causé serait très considérable en dépit de l'amende infligée à l'imitateur. Avec le secret, et le propriétaire ayant l'assurance que le dessin sera goûté au marché, il se met à en fabriquer un grand nombre, et les jette sur le marché intérieur et extérieur. De cette façon seulement il peut couvrir les frais d'invention et s'assurer une bonne rémunération. Nous ne proposons point de diviser, comme cela se fait en Angleterre, les dessins en dessins d'*utilité* et dessins de *goût*. Cette distinction nous paraît arbitraire, attendu que, dans la pratique, il sera difficile, sinon impossible, de déterminer le point où un dessin cesse d'être

---

[1] Confrontez sur cette question le *Mémoire* du plus ancien collège de la corporation des marchands à Berlin, adressé au ministre du commerce par le Dr W. Simons : *Staatshandbuch für den norddeutschen Bund*, v. Dr G. Hirsch. Bd. II, 1869, p. 42

utile et où il commence à être de goût. Beaucoup de dessins nouveaux et des formes nouvelles peuvent être à la fois de goût et pourtant de haute valeur pratique.

La distinction des dessins en dessins-modèles et en dessins-formes nous paraît en droit injustifiable. Cette distinction existe dans la législation française; mais dans la pratique les tribunaux français, pas plus que ceux de la Prusse rhénane, n'y ont insisté. Les dispositions édictées en faveur des dessins ont été appliquées aux modèles de forme plastique. Pourquoi le propriétaire ne serait-il pas autorisé à les appliquer également dans l'industrie textile?

X.

Les plus récentes lois accordent aux inventeurs privilégiés le droit à des dommages et intérêts aux dépens des imitateurs en considération des dommages causés. En France, le propriétaire lésé porte plainte auprès du Conseil des prud'hommes ou du tribunal de commerce, ou, s'il n'en existe pas dans l'arrondissement, auprès de la première instance civile, et il conclut à des dommages et intérêts.

Le Conseil de prud'hommes nomme une Commission d'enquête. Celle-ci fait saisir par la police au domicile ou à l'atelier de l'imitateur les imitations confectionnées, ainsi que les outils servant à la multiplication. Après inventaire et clôture par sceau des objets saisis, il est dressé procès-verbal de l'enquête, ainsi que de ses résultats. Au vu de ce procès-verbal, le Conseil de prud'hommes donne son avis. Il établit le fait de l'imitation et du dommage en motivant son dire. Ceci n'est pourtant qu'une enquête préparatoire. Dans les arrondissements où il n'existe pas de Conseil de prud'hommes, la plainte est déférée au tribunal de commerce. Celui-ci fait constater le fait de l'imitation, et fixe la somme des dommages et intérêts. Le plaignant fait démontrer son droit et l'équité de sa demande de dommages et intérêts par les moyens de droit commun. Les dommages et intérêts sont réduits, et même il n'en est pas accordé du tout, dès qu'il est constaté que l'imitation a eu lieu dans une autre branche industrielle. La question de savoir si une indemnité est due au propriétaire à raison du *lucrum cessans*, conséquence de l'imitation, s'impose d'elle-même. La législation française ne résout pas la question. Or, selon nous, l'inventeur, propriétaire exclusif, peut interdire l'imitation même dans les autres branches de l'industrie. Ce droit est le sien absolument. Donc il y a lieu en sa faveur à des dommages et intérêts dès qu'il peut déterminer l'importance du dommage à lui causé par l'imitation.

La loi *anglaise* fixe pour chaque imitation frauduleuse d'un dessin une amende de 30 liv. à payer au propriétaire. La loi *autrichienne* statue que le dommage causé sera déterminé conformément aux lois civiles. Dès que l'imitation est reconnue dolosive, le coupable est en outre condamné à une amende de 25 à 300 fr. En cas de récidive, l'amende peut être élevée et le coupable condamné à l'emprisonnement. Les amendes sont versées au fonds des pauvres de la localité. La question de savoir s'il y a délit est résolu par les *tribunaux administratifs;* l'indemnité, par contre, est fixée par les tribunaux civils. La partie plaignante peut, avant le prononcé du jugement, demander la saisie des imitations et des outils qui y ont servi. Si la plainte est reconnue mal fondée, le plaignant peut être condamné à une amende jusqu'à 300 fr., versée également au fonds des pauvres. Pour nous, nous n'admettons pas, comme cela se fait en Autriche, les tribunaux administratifs en ces conflits; nous voulons les déférer aux tribunaux civils, lesquels, par l'audition d'experts et en consultant les Conseils des prud'hommes, sont le plus à même de prononcer en droit et justice.

XI.

La *protection* accordée à l'auteur d'un dessin demeure effective pendant toute la durée du brevet. Cette durée est différente dans les divers pays. La fixation de cette période dépendra essentiellement de la nature de l'objet dont on veut empêcher l'imitation. Pourquoi ensuite une protection de plus longue durée en faveur d'étoffes de meubles et d'une durée moindre seulement pour broderies et schawls imprimés?

Les *Etats-Unis* envisagent les dessins comme des inventions ayant, comme celles-ci, droit à la protection.

Les brevets étant accordés pour trois ans et six mois, sept et quatorze années, la protection des dessins est admise pour de semblables périodes. L'inventeur fixe cette période lui-même.

En *Autriche* la protection des dessins est fixée à trois ans, à dater du jour de l'enregistrement.

Nous rappelons pour mémoire la protection *préalable* accordée pour un an aux dessins en Angleterre. Cette protection est accordée aux dessins exposés dans le but d'assurer à l'inventeur pendant la durée de l'exposition le droit exclusif de reproduction. L'inventeur est tenu de munir le dessin exposé de cette mention : *provisionaly registered*. Dès que le dessin entre au marché, la protection préalable cesse, et il peut être imité par n'importe qui, dans le cas même où l'inventeur aurait acquis la protection *pleine et entière*. Cette manière de distinguer entre la protection des marchandises et la protection des dessins semble, en théorie, avoir quelque fondement; dans la pratique, par contre, il ne saurait être admis que la protection des dessins doive être fixée d'après celle des marchandises. S'il n'est pas possible de déterminer *à priori* l'importance d'une invention et partant aussi la durée du brevet eu égard à cette importance; s'il n'est pas possible de prolonger ou de restreindre la durée de la protection eu égard aux frais, peines et sacrifices apportés à l'invention par l'inventeur, il n'est pas non plus possible de faire dépendre dans les dessins la durée de la protection de considérations analogues. La législation *autrichienne,* fixant à trois années la durée de la protection des dessins, nous paraît donc répondre convenablement, d'un côté aux droits de l'entrepreneur et de l'autre aux exigences du public. Le premier, durant cette période, a l'occasion d'exploiter son invention et de s'assurer la rémunération de ses peines; le public, de son côté, ne peut se plaindre d'une protection trop longue, nuisible aux intérêts généraux de l'industrie.

XII.

Il nous reste à examiner la question de savoir si, de même qu'à l'occasion des brevets, la protection des dessins doit également être étendue aux étrangers.

Le droit de propriété des étrangers aux dessins mérite la même protection que la propriété d'inventions faites par des étrangers et qui leur est accordée par les brevets. C'est ce que nous avons établi à plusieurs reprises, tantôt par des arguments techniques et tantôt par des arguments juridiques.

Il va de soi que l'inventeur étranger est tenu de multiplier son dessin dans le pays où il requiert la protection, autrement l'industrie indigène n'aurait aucun intérêt à l'introduction de ce dessin On ne se départira de cette condition qu'autant que, par traité avec le pays du requérant, traité basé sur la réciprocité, il ait été statué autrement.

Nous repoussons les brevets d'importation accordés aux non-inventeurs, de même que nous protestons contre la protection accordée à des spéculateurs pour importation de dessins — sans avoir besoin de motiver cette exclusion après tout ce qui précède. La législation a pour tâche de protéger la propriété de l'inventeu. qui fait progresser l'industrie, mais non celle d'amoindrir les risques du spéculateur.

XIII.

En concluant, nous résumons les résultats auxquels nous sommes parvenus dans cette discussion :

1. L'intérêt de l'industrie allemande requiert une loi protégeant la propriété de l'inventeur de dessins.

2. Cette loi, pour remplir son but, sera une loi de l'empire;

elle ne dépendra pas de l'initiative des législatures 'des divers Etats.

3. La protection s'étendra à tous les dessins, qu'ils soient appliqués dans l'industrie textile ou non. Les œuvres d'art sont également à protéger contre l'imitation professionnelle, et cela dans l'intérêt du droit de propriété des artistes.

4. La revendication juridique de la protection des dessins aura pour condition le dépôt préalable des dessins et leur enregistrement.

5. Le dépôt se fera, comme aux Etats-Unis, au bureau central, qui procèdera à l'enregistrement. Les dessins sont inscrits par numéros d'ordre, sans vérification au point de vue de leur originalité. Il appartient au propriétaire du dessin original de poursuivre, par voie juridique, pour imitation, les dessins enregistrés à une date postérieure, éventuellement d'en requérir l'extinction au registre. Le registre indique les noms, la raison sociale et le domicile du propriétaire du dessin, ainsi que la date de l'inscription. Sera pareillement enregistrée toute cession du dessin. Les produits fabriqués avec ce dessin et portés au marché indiqueront également le nom et le domicile du propriétaire, comme la mention : *Enregistré* (la date). Le dessin ne sera enregistré qu'à la condition d'être porté au marché dans douze ou dix-huit mois, à dater de l'enregistrement. Faute de quoi, la protection est éteinte. La date de l'enregistrement emporte priorité, sauf preuve du contraire. Les dessins déposés au bureau central sont tenus secrets, et par conséquent présentés sous enveloppe cachetée.

6. La répression de ceux qui contreviennent à la protection des dessins sera rigoureuse et suivra le plus possible de près l'infraction.

La répression consiste :

a) En la confiscation des marchandises imitées se trouvant encore en la possession du producteur;

b) En la confiscation des outils employés à l'imitation;

c) En une indemnité à payer par l'imitateur au propriétaire,

répondant au dommage à lui causé, pour autant que cela est fai-
sable;

d) En une amende ou un emprisonnement s'il est prouvé que
l'imitation a été opérée dans une intention dolosive et dans un
but de lucre. La répression atteindra tous les complices qui,
d'une façon ou d'une autre, auront, dans un but de lucre, favorisé l'imitation; par conséquent les employés du propriétaire qui
auraient fourni les dessins à l'imitateur. La récidive sera plus
rigoureusement réprimée;

e) La répression sera la même dans le cas où l'imitation du
dessin original est opérée, sans l'autorisation du propriétaire,
dans une autre branche d'industrie;

f) La poursuite de l'imitateur n'a lieu que sur plainte de la
partie lésée. La plainte sera déposée au *forum loci*, ce qui veut
dire le tribunal civil du ressort dans lequel l'imitateur a opéré
l'imitation. Pour faciliter la démonstration du fait, le tribunal
requerra l'avis d'un Conseil de prud'hommes voisin, ou bien il
fera appeler des experts spéciaux et les chargera de l'examen de
la cause.

7. La protection des dessins ayant pour but de garantir à
l'entrepreneur une rémunération élevée, il est nécessaire d'étendre
celle-là de façon à fournir à celui-ci l'occasion de s'indemniser
largement. D'autre part, une protection de trop longue durée
constituant un empêchement au progrès industriel, cette protection sera limitée à trois années, à cinq ans au plus. Ce ne sont
pas les différents genres de dessins qui détermineront cette durée,
ainsi que cela se pratique en Angleterre.

8. Dans l'intérêt du commerce international, il est indispensable d'opérer par des traités de commerce de telle façon que les
pays étrangers, se basant sur la loi de réciprocité dans l'égalité
des droits, accordent à notre pays, c'est-à-dire à ses inventeurs
et propriétaires de dessins, la protection due contre toute imitation.

9. Il ne sera pas accordé de protection légale pour dessins

introduits à l'intérieur aux individus qui ne sont ni inventeurs ni successeurs juridiques d'inventeurs.

10. Les impôts qui pèsent sur les dessins sont à réduire à une taxe *faible* à payer annuellement (comme en France). Pour la première année la taxe est payée au moment de l'enregistrement.

Voilà, selon nous, les principes essentiels devant servir de base à la *nouvelle loi de l'empire sur la protection des dessins,* si d'ailleurs les industriels allemands doivent être mis en situation de relever l'industrie et de la perfectionner.

Nous espérons que la législation de l'empire d'Allemagne prouvera bientôt, en édictant cette loi, qu'elle conçoit les intérêts de ses sujets mieux que ne les ont entendus les divers Etats dans leur politique industrielle et commerciale.

Le droit des marques de fabrique.

I.

Sous le nom de *marques de fabrique* on entendait jadis des marques indiquant l'origine et la propriété des *produits indus-triels*. Ces marques devaient préserver de toute imitation. De nos temps, des intermédiaires en vue de *réclames*, se servent égale-ment, à l'instar des fabricants, de semblables marques, afin de distinguer les marchandises qu'ils vendent, d'autres semblables. Le droit de *marquer* du nom du propriétaire ou du fabricant le produit de son industrie, est une conséquence du droit de pro-priété. Le droit naturel ne reconnaît point ce droit de propriété (accusé par la marque); ce n'est qu'avec le développement de l'industrie moderne qu'on a compris la nécessité, dans l'intérêt du producteur, de *marquer* les marchandises, autrefois débitées dans un cercle restreint, aujourd'hui jetées sur le marché du monde. Les fabriques et les maisons de commerce jouissant d'une réputation méritée, les marchandises portant leur marque étaient recherchées ; la marque procurait ainsi des avantages économi-ques et matériels. *Cela étant, toute imitation de la marque devrait être envisagée comme une lésion du droit, notamment du droit de propriété.* Dès lors, tenant compte de ce fait, les législa-teurs ont rendu des lois protectrices de ces marques. Pour cette raison la disposition de la loi française et italienne, qui prescrit expressément d'adapter la marque de l'intermédiaire *à côté* et non *à la place* de celle du producteur, nous paraît superflue. Dès que la loi sur les marques de fabrique statue que le droit de marque est basé sur le *droit de propriété*, dès lors ce droit peut être revendiqué contre quiconque y porterait atteinte.

Le droit de marque par les producteurs a été reconnu en bien des pays, mais non celui des intermédiaires. Nous ne concevons point les motifs de cette distinction. *Pourquoi* l'intermédiaire ne jouirait-il pas aussi bien que le producteur de la réputation industrielle attachée au produit, et pourquoi n'en tirerait-il pas avantage ?

C'est donc à *juste titre* que la loi autrichienne entre autres comprend sous le nom de *marques* les signes qui distinguent des autres marchandises les *produits d'un industriel* ou les *marchandises d'un commerçant*.

Il est hors de doute que la protection accordée aux marques du négociant contribue puissamment à l'élévation du marché. Les maisons seulement qui tiennent des marchandises excellentes ont des motifs de faire connaître leurs marques au marché. Si ces marques pouvaient impunément être imitées, les intérêts du public, comme ceux du loyal négociant, en souffriraient également. Si la marque favorise le commerce, cette faveur s'étend également aux établissements industriels qui pourvoient le négociant de bonnes marchandises. Cela étant, il reste à désirer que les lois qui, en Allemagne, auront à fixer cette protection, soient conçues au point de vue de l'unité et rendues sous forme de législation impériale. Nous donnerons dans les pages suivantes les principes des lois indigènes et étrangères, puis nous ferons des propositions en vue d'une loi générale sur les marques de fabrique, dont la réalisation est demandée par toute l'industrie allemande.

II.

Très peu d'États sont privés de législation sur les marques de fabrique ; Hambourg, Brême, les deux Mecklenbourg, la Hesse et la Suisse se trouvent dans la catégorie des Etats qui n'ont pas légiféré sur cette matière. En France, en Belgique, en Angleterre, en Italie, en Autriche et dans la plupart des Etats de l'empire allemand le droit des marques de fabrique existe. Par la loi du 8 juillet 1870 et du 3 mars 1871, la protection a été inaugurée aux Etats-Unis de l'Amérique du Nord. Avant la Révolution, il existait en France des dispositions légales interdisant et réprimant l'imitation des marques employées par les membres de certaines maîtrises [1].

Les maîtrises ayant été supprimées par la Révolution, et leurs priviléges abolis, la législation de 1800 garantit à tous les fabricants la protection de leurs marques, et elle réprima toutes les imitations en leur appliquant la peine encourue *par le faux en écriture privée.* La loi de 1809, qui institua les Conseils de prud'hommes, était suivie des décrets de 1810, 1811 et 1812, renfermant des dispositions spéciales sur les marques dans la fabrication de savons, de draps, etc.

La loi de 1825 étendit cette protection aux marques dont se servaient les intermédiaires, sous la réserve expresse que ces dernières marques ne remplaçassent pas les premières, mais qu'elles fussent placées *à côté* d'elles.

La législation *belge* suit la législation française. Les lois de 1800, 1809, 1810, 1811 et 1812 étaient en vigueur dans les deux pays. La dernière loi (1812) a été complétée en Belgique en 1820.

En *Angleterre* il y a eu jadis, comme en *France,* la protection des marques dans les maîtrises et aux mêmes conditions. La première loi générale sur les marques de fabrique est de 1862.

Une semblable loi a été rendue en *Autriche* en 1858.

En Prusse, le *Landrecht* permettait de porter au marché des marchandises à marques imitées, pourvu que ces marchandises fussent d'aussi bonne qualité que les marchandises originales. Dans le cas contraire, le fabricant était coupable de tromperie *envers le public.*

La loi ne prit point en considération que par l'imitation les droits et les intérêts du premier fabricant se trouvaient lésés.

---

[1] On trouve dans le *Livre des métiers* par Etienne Boileau, fonctionnaire de Louis XI, une série de semblables dispositions. Voyez *Recueil général des anciennes lois françaises depuis l'an 420 jusqu'à la Révolution de 1789,* par MM. JOURDAN, DIRBUSY et ISAMBERT, vol. I", p. 290

Les maîtrises allemandes accordèrent souvent à leurs membres protection contre l'imitation et la falsification de leurs marques de fabrique.

Dans la partie ouest de la monarchie prussienne, les lois françaises de 1800, 1809, 1810 et 1812 prescrivant le dépôt des marques auprès des tribunaux de commerce, étaient en vigueur.

La loi sur les marques a été introduite en 1811 dans les parties de Berg, de Westphalie et de la Prusse rhénane.

Tout fabricant ou artisan revendiquant la protection par marque au tribunal de commerce ou au Conseil de prud'hommes. La marque devait être différente de celle des fabricants de la même industrie déjà déposée. Le dépôt se faisait en deux exemplaires ; il en était délivré acte au déposant. Les contestations qui pouvaient s'élever sur les marques étaient tranchées par le tribunal de commerce ou le tribunal civil. Les amendes infligées aux imitateurs variaient entre 300 et 3,000 fr. La récidive entraînait une amende double, ainsi qu'un emprisonnement de trois à six mois.

Dans les anciennes provinces prussiennes, une loi de 1818 établissait la marque de fabrique pour les fers en barres.

Le 4 juillet 1840 une loi sur les marques fut rendue pour toute la monarchie. La loi précédente de 1818, comme les lois rhénanes et westphaliennes, furent abrogées.

Comme l'industrie des fers dans ces dernières provinces avait besoin de dispositions non prévues par la loi de 1840, une loi spéciale fut rendue en faveur de cette industrie en 1847. C'est cette loi qui, avec une ordonnance de 1857, a fait autorité dans ces provinces jusqu'à ces derniers jours[1].

Les lois de Hambourg, Brême, des deux Mecklenbourg et du grand-duché de Hesse, ne préviennent aucune disposition relativement aux marques de fabrique. Néanmoins, par le traité de commerce franco-allemand, les deux villes anséatiques ont garanti la protection *aux Français, sous la condition que leurs marques fussent déposées auprès des tribunaux de commerce de ces deux villes.*

Baden et la France s'étaient réciproquement garanti la protection des marques par traité du 2 juillet 1857.

---

[1] Voyez dans l'*Appendice* la loi de Nassau et de Hanovre.

Le Code pénal allemand du 15 mai 1871, par l'article 287, défend également l'imitation des marques de fabrique en tant que raison de commerce.

Voici cet article :

§ 287. « Sera puni d'une amende de cinquante à mille thalers ou d'un emprisonnement jusqu'à six mois quiconque aura faussement marqué des marchandises ou leur emballage du nom ou de la raison de commerce d'un fabricant, producteur ou commerçant de la Confédération, ou quiconque aura sciemment mis en circulation des marchandises ainsi faussement désignées.

« La même pénalité protégera contre les atteintes de cette nature les sujets d'un pays étranger dans lequel la réciprocité sera garantie par des lois ou des traités internationaux dûment publiés.

Cette peine devra être appliquée dans les cas même où l'on aurait introduit quelques changements dans les noms ou la raison de commerce dont les marchandises sont marquées, si ces changements sont si peu apparents qu'on ne puisse s'en apercevoir que par un examen très attentif.

III.

Nous voici arrivés à la forme des marques de fabrique et à la question de savoir dans quels cas le fait de l'imitation peut être considéré comme étant démontré.

Toutes les législations disposent que les marques devront être clairement conçues, afin que les signes caractéristiques en soient facilement saisis.

Quelques législations exigent le nom de la raison sociale, ainsi que le domicile en toutes lettres; d'autres l'emploi de figures, d'armes, de lettres isolées, de sceaux, de timbres, etc. Dans plusieurs Etats l'emploi de certains signes et figures est prohibé.

L'imitation est démontrée quand la marque imitée ne se distingue pas ou ne se distingue que difficilement de la marque originale. Il y a présomption d'imitation quand les parties caractéristiques de la marque originale sont imitées clandestinement.

Beaucoup de législations donnent compétence au tribunal de commerce et au Conseil des prud'hommes de déclarer que l'imitation est constante. Ailleurs c'est le juge ordinaire qui décide avec la participation d'experts.

En *France* la loi admet comme marques de fabrique l'emploi de noms lisiblement écrits, les symboles, armes, timbres, sceaux, vignettes, reliefs, lettres, etc. Ils peuvent être appliqués aux emballages. Sont passibles de peines tous ceux qui imitent ou emploient des marques d'autrui; qui mettent dans le commerce des marchandises avec de fausses marques; qui imitent frauduleusement la marque originale dans ses caractères non essentiels; qui se servent de marques par lesquelles les acheteurs sont induits en erreur ou qui portent au marché des marchandises falsifiées de cette façon.

La législation *belge* exige que toute marque de fabrique enregistrée se distingue de toute autre marque de la même branche industrielle. Il est loisible à tout fabricant et négociant de faire reconnaître cette distinction de sa marque de celle des autres par le Conseil des prud'hommes. En cas de contestation par des tiers, le tribunal de commerce statue en faveur de la marque inscrite en dernier lieu. Les parties ont le recours au tribunal d'appel.

La loi *italienne* prescrit la diversité des marques, et ordonne l'application du nom et du domicile du *fabricant* et du *négociant*. Ce dernier ne peut enlever la marque du premier qu'avec son autorisation. En cas de refus, il ne peut appliquer sa marque qu'à côté de celle du fabricant.

La loi *anglaise* prohibe l'imitation faite dans le but de tromper le p·iblic. Sont également punissables les imitations faites de manière à ce que la marque imitée détermine évidemment une erreur dans le public. Quiconque participe à la confection de la marque où à la vente de la marchandise ainsi marquée, est réputé punissable.

Les *Etats-Unis* n'accordaient avant 1870 la protection qu'aux marques sur marchandises patentées. *Par loi du 8 juillet*

1870 et 3 mars 1871, la protection est étendue à toutes les marques.

En *Autriche* les marques doivent pouvoir facilement se distinguer de toutes les autres qui se trouvent dans le commerce. Elles ne peuvent consister en lettres, mots, chiffres isolés, en armes de provinces ou d'Etats. Le droit de la marque ne s'étend qu'à une seule branche d'industrie. La même marque ne peut servir dans plusieurs branches.

La loi *russe* subordonne la cession du droit de la marque au transfert de la raison sociale en tierce main. L'imitation est déclarée constante dès que, pour distinguer l'imitation de l'original, il faut une attention particulière.

La *Prusse* condamne l'imitation quand la marque ajoute au nom du propriétaire l'indication de son domicile. L'article 269 statue, comme la loi autrichienne, que l'imitation est constatée dès que le nom et le domicile du propriétaire sont indiqués; qu'il existe de légères différences d'avec la marque originale, et que, pour reconnaître la falsification, il faut une certaine attention.

S'expriment de même la législation de Anhalt-Bernbourg (22 juin 1852), Waldeck (Code pénal, 15 mai 1815), Oldenbourg (3 juillet 1858), Lubeck (24 août 1853), Reuss (16 novembre 1854).

En *Saxe* le Code pénal (1er octobre 1868), comme dans les Etats de Thuringe, toute imitation de marque de fabrique ou de négociant, même clandestine, est interdite.

En *Hanovre* (la loi du 25 mai 1847, § 223 et ss.) et en Nassau (22 avril 1839) est interdite l'imitation de toute marque dont la contrefaçon ne peut, sans grande attention, être distinguée des marques existantes.

La loi *bavaroise* du 21 décembre 1862 protège toutes les marques, soit qu'elles portent le nom ou la raison sociale du fabricant, soit qu'elles portent simplement des figures.

En *Wurtemberg*, conformément à la loi sur l'industrie du 12 février 1862, des fabricants et négociants doivent indiquer les noms et domicile pour pouvoir revendiquer la protection en cas d'imitation et de falsification.

Le grand-duché de *Bade* accorde protection légale contre toute imitation de marque.

IV.

La législation de certains Etats exige l'enregistrement des marques originales; d'autres non.

Dans les premiers Etats la protection dépend de cet enregistrement, dont la date pèse d'un poids décisif en cas de contestation sur la priorité.

Le dépôt et l'enregistrement s'opèrent dans certains Etats auprès des tribunaux de commerce ou des Conseils de prud'hommes, ou bien auprès des autorités administratives. Dans d'autres auprès d'une autorité centrale.

Quelques Etats ne prélèvent que des taxes insignifiantes (France), tandis que dans d'autres pays ces taxes sont assez importantes; enfin dans d'autres il n'est rien prélevé du tout.

En *France*, pour obtenir la poursuite judiciaire, il faut le dépôt des marques auprès du tribunal de commerce comme pour les dessins.

En 1809 les Conseils des prud'hommes ont été chargés de l'enregistrement des marques. Ceux-ci, en cas de contestation, ont la compétence d'arbitres.

Par la loi du 23 juin 1857, la protection légale et l'usage exclusif de la marque ne sont accordés que moyennant le dépôt. En cas de contestation de priorité, c'est la date du dépôt qui est décisive. Les détenteurs de marques sont tenus de les appliquer à leurs marchandises. Il n'y a pas d'enquête avant le dépôt.

Les lois *belges*, comme les lois françaises, ordonnent l'enregistrement des marques auprès des tribunaux de commerce, et en font dépendre la revendication juridique du droit des marques.

En *Italie*, la loi de 1867 ordonne le même enregistrement produisant la même conséquence.

L'enregistrement est demandé aux préfets. Deux marques sont déposées avec l'indication des produits auxquels elles seront appliquées. La préfecture transmet au ministère du commerce, qui procède à l'enregistrement et en donne acte. La marque n'est pas examinée avant l'enregistrement. La date est décisive en cas de contestation de priorité. Il y a lésion du droit de marque dès qu'un individu non autorisé imite frauduleusement la marque ou, de façon dolosive, la porte au marché.

En *Angleterre*, l'enregistrement n'existe pas en raison de la trop grande dimension que prendrait le registre.

Aux *Etats-Unis*, et depuis 1870, la protection de la marque dépend de l'enregistrement préalable.

En *Autriche* il y a enregistrement. Deux exemplaires sont présentés à la Chambre d'industrie. L'un est inscrit sous le numéro d'ordre courant, et déposé; l'autre, sur lequel est mentionnée la date avec l'heure du dépôt, est rendu au propriétaire. Si plusieurs marques identiques sont présentées par plusieurs individus, c'est la date du dépôt qui détermine la priorité. Le registre des marques est à la disposition du public au ministère du commerce.

Il n'y a pas d'enregistrement dans les Etats appartenant à l'ancienne Confédération de l'Allemagne du Nord. Pour l'industrie des fers et aciers des provinces rhénanes prussiennes et de Westphalie, il existe un régime exceptionnel. Les fabricants des arrondissements Neuss, de Duisburg et Essen déposent leurs marques auprès du Conseil des prud'hommes à Hagen; les autres producteurs des provinces rhénanes auprès du Conseil de Solingen ou de Remscheid. Ces Conseils procèdent à l'enregistrement.

V.

Les peines édictées par les législateurs contre l'imitation varient selon que l'imitation est dolosive ou non. Certains pays ne la frappent qu'autant qu'elle se pratique évidemment dans le but de lucre et que par l'imitation le propriétaire se trouve lésé. D'autres n'édictent que de faibles peines. D'autres, reconnaissant dans l'imitation une atteinte au droit de propriété à réprimer sévèrement, édictent amende et prison ; en cas de récidive les peines sont aggravées. Dans plusieurs Etats la propagation sciemment dolosive est mise sur la même ligne que l'imitation. Presque toutes les législations statuent des dommages et intérêts en faveur du propriétaire lésé.

Par contre l'imitation demeure indemne dans d'autres branches industrielles ; la poursuite et la condamnation de l'imitateur n'ont lieu, et cela dans tous les Etats, que sur plainte de la partie lésée; les amendes dans quelques Etats (Autriche) sont versées au fonds des pauvres.

En *France* l'imitation des marques est punie, d'après la loi de 1809, de la réclusion [1].

Depuis 1857 il est prononcé une amende de 50 à 3,000 fr. et un emprisonnement de trois mois à trois ans. En cas de récidive, les peines sont doublées. Le condamné est déclaré inéligible à la Chambre de commerce. Le possesseur de marchandises à marques contrefaites s'expose à la confiscation que le propriétaire de la marque véritable peut faire opérer du consentement du juge par un huissier. Celui qui requiert la confiscation, justifiera du dépôt de sa marque auprès de l'autorité compétente, et fournira caution, s'il y a lieu.

VI.

En *Angleterre* le contrefacteur est tenu d'indemniser le propriétaire jusqu'à concurrence du dommage causé. Il est en outre condamné à une amende de 10 schelling *minimum*.

En *Autriche* l'indemnité est fixée par le juge ; l'autorité administrative, dès qu'elle est convaincue du droit du plaignant, procède, sur la requête de celui-ci, au séquestre des marchandises imitées et de l'outillage qui a servi à la falsification. Il est en outre, en cas de falsification consciente, prononcé une amende

---

[1] Et même du carcan, aboli en 1832.

de 25 à 500 fl., doublée en cas de récidive; si la récidive se répète, elle est réprimée par l'emprisonnement.

En *Italie* l'amende est portée jusqu'à 2,000 fr., et, en cas de récidive, à 4,000 fr. L'intermédiaire qui enlève la marque sans l'autorisation du propriétaire, est atteint de la même peine. Les marchandises à marques contrefaites sont confisquées.

En *Belgique* l'imitation est traitée comme en France. La contrefaçon des marques dans la quincaillerie est punie d'une amende de 300 et de 600 fr.; en cas de récidive avec emprisonnement jusqu'à six mois. L'imitation des marques de savon est frappée d'une amende jusqu'à 3,000 fr., et de 6,000 fr. en cas de récidive, avec confiscation de la marchandise.

La loi *prussienne* de 1840, convertie en Code pénal en 1851, et, en cas de récidive, un emprisonnement jusqu'à six mois, contre quiconque, dans l'emballage des marchandises, emploie faussement le nom ou la raison sociale, avec le domicile d'un fabricant, producteur ou négociant indigène.

Pour les dispositions pénales de 1847 en vigueur dans les provinces rhénanes, voir l'*Appendice*.

En *Hanovre* les amendes allaient jusqu'à 100 fl. et l'emprisonnement à six semaines.

· En *Nassau* l'amende était de 100 fl.

En *Saxe* l'emprisonnement allait jusqu'à quatre mois et l'amende jusqu'à 200 fl.

Dans les pays soumis au Code de *Thuringe* (Weimar, 1850, 20 mars), l'imitation était punie d'un emprisonnement jusqu'à deux mois ou d'une amende fixée par le juge.

Braunschweig (Code pénal, 10 juillet 1840, article 228) et *Lippe-Detmold* ne punissent l'imitation que dans le cas où elle est opérée dans l'intention de lucre et qu'elle lèse les intérêts de tiers. La peine va jusqu'aux travaux forcés durant une année.

En *Bavière* toute imitation patente ou clandestine, tout commerce avec marque contrefaite dans le but de lucre et de tromperie, sont punis d'une amende allant jusqu'à 150 fl. En cas de récidive, emprisonnement jusqu'à trois mois et amende jusqu'à 1,000 fl.

La loi *wurtembergeoise* du 12 février 1862 statue contre l'imitation des marques et le commerce avec marques imitées une amende jusqu'à 500 fl. et un emprisonnement jusqu'à deux mois. La récidive emporte quatre mois.

En *Bade*, l'imitation est punie par le Code pénal du 6 mars 1845, article 444, d'une amende proportionnelle au dommage causé à déterminer par le juge, ou d'un emprisonnement allant jusqu'à trois mois. *Le Code pénal de l'empire d'Allemagne* (15 mai 1871) *qui remplace les codes particuliers*, fixe contre l'imitation frauduleuse une amende de 50 à 1,000 thalers, ou un emprisonnement jusqu'à six mois.

Le Code de commerce, article 27, statue que l'individu dont les intérêts se trouvent lésés par l'emploi non autorisé de sa marque, peut requérir la défense de cet emploi, et réclamer des dommages et intérêts. Le tribunal de commerce statue. Le jugement qui intervient peut être publié.

VII.

La plupart des Etats ayant légiféré sur cet objet, garantissent la protection aux marques étrangères comme aux marques indigènes, pourvu qu'il y ait réciprocité. Dans certains Etats la réciprocité est établie par des traités très libéralement conçus.

En *France*, pour la protection des dessins, les étrangers qui ont des fabriques au dehors sont placés sur la même ligne que les nationaux. La protection est égale entre Français et étrangers pour les marchandises fabriquées au dehors et munies de marques, dès que le pays étranger accorde la réciprocité.

L'*Italie* et le *Hanovre* protègent les marques étrangères à l'égal des marques nationales.

Les marques de fabrique étaient protégées dans tout le *Zollverein* même avant la législation de l'empire [1].

---

[1] Voir la loi bavaroise du 21 décembre 1862.

Pour établir la réciprocité à l'égard d'Etats non allemands, il fallait un traité spécial. C'est ainsi que la loi *prussienne* (Code pénal, article 269) frappe de la même peine l'imitation de marques étrangères et l'imitation de marques nationales.

Le principe de la réciprocité a également été reconnu aux *Etats-Unis*, et appliqué par les lois de 1870 et 1871.

En *Italie* la taxe d'enregistrement est de 40 fr. et celle de la cession de 2 fr. En France elle est de 1 fr.; en Autriche de 5 fl.; aux Etats-Unis de 26 dollars.

VIII.

Les résultats auxquels nous sommes arrivés par la comparaison des diverses législations sur les marques de fabrique et dont nous croyons devoir recommander la mise en pratique, nous conduisent à proposer ce qui suit :

1. Il est nécessaire de généraliser la protection des marques, parce que par elle on protège une propriété bien acquise.

2. Le droit des marques, pour être efficace, reconnaîtra les marques comme propriété réellement juridique.

3. Pour garantir une pareille propriété, la loi veillera à ce que l'imitation soit promptement constatée, la procédure relative à la constatation facilitée et le délit sévèrement réprimé.

4. A cet effet, la marque sera déposée auprès d'une autorité publique, enregistrée par celle-ci; afin que les avantages de l'enregistrement puissent servir, en cas de constatation, d'une façon efficace, il sera nécessaire d'établir un bureau central comme aux Etats-Unis.

5. Dans l'intérêt de l'industrie allemande, ce bureau sera établi par l'empire d'Allemagne.

6. Toute marque, pour avoir le caractère de marque originale, sera envoyée en deux exemplaires au *Bureau central de l'empire pour les marques*, et enregistrée par lui.

Ces deux exemplaires, munis de la description de la marque,

seront, par le tribunal du ressort du requérant, reconnus comme émanant effectivement de lui. Après enregistrement, l'un des exemplaires portant la date de l'enregistrement sera retourné à l'impétrant.

7. Pour tout enregistrement il est dû au bureau central un droit de deux marcs au *maximum* aux fins d'entretien du bureau.

8. Une enquête est ordonnée pour savoir si des dispositions exceptionnelles sont indispensables en faveur de l'industrie du fer, relativement au dépôt et à l'enregistrement de ses marques.

9. Les marques ne sont pas examinées avant leur enregistrement. Le propriétaire seul peut intenter une action contre les imitateurs.

10. Celui qui entend revendiquer la protection doit, au préalable, prouver l'enregistrement. La date de l'enregistrement fait foi et l'emporte, en cas de contestation de priorité, jusqu'à preuve du contraire.

Sur requête du propriétaire, il est procédé à l'extinction, au registre, de la marque imitée.

11. La législation de l'empire désignera les signes et figures dont l'emploi, pour marques, est inadmissible.

Elle statuera que les armes privées n'y peuvent être employées. Elle interdira et réprimera toute imitation clandestine.

Les caractères qui déterminent le fait de l'imitation sont à indiquer avec précision (comme en Autriche).

12. Les tribunaux civils connaissent de toutes contestations sur les marques (sauf dispositions exceptionnelles à établir en faveur de l'industrie des fers).

Ils prendront l'avis des Chambres de commerce et d'industrie, des Conseils de prud'hommes et d'experts, mais ils rendront leurs jugements indépendamment de ces avis.

13. Le principe d'une indemnité pleine et entière est à inscrire dans la loi en faveur du propriétaire lésé, pour autant que cette indemnité puisse être déterminée.

14. Les propriétaires de marques ne peuvent empêcher ni prohiber l'application de leurs marques dans une industrie autre que la leur.

15. La loi de l'empire sur les marques accordera une égale protection aux propriétaires étrangers de marques, étant admis la réciprocité. Dans ce cas les traités spéciaux sont inutiles.

16. Le droit de marque s'éteint après un laps de vingt-cinq années, s'il n'est renouvelé après cette période. Les marques éteintes sont signalées par la voie de la publicité.

17. Le bureau central publie dans un organe spécial, chaque mois, les marques nouvellement enregistrées, ainsi que les marques éteintes et les cessions de marques.

Les jugements rendus en matière de marques sont également publiés dans cet organe, à la diligence de la partie gagnante.

Il appert des propositions ci-dessus que les dispositions de l'empire d'Allemagne (article 287 du Code pénal et article 27 de la loi sur le commerce) nous semblent insuffisantes à la réglementation définitive du *droit des marques*, et que par ces dispositions on ne tient pas compte des besoins de l'industrie, pas plus qu'on reconnaît l'importance et la justice due à la protection des marques de fabrique.

APPENDICE.

I. *Ordonnance royale* de Prusse du 18 août 1847 sur les marques de fabrique dans l'industrie des fers en la province de Westphalie et la province rhénane (19 articles).

II. Loi *modificative* de l'ordonnance ci-dessus du 24 avril 1854 (6 articles).

III. *Code pénal du royaume de Saxe* du 1er octobre 1868 (article 312).

IV. *Ordonnance sur l'industrie dans le royaume de Wurtemberg* du 12 février 1862 (6 articles).

V. *Code pénal de l'empire d'Allemagne* du 15 mai 1871 (article 287).

VI. *Code pénal du grand-duché de Bade* du 6 mars 1845 (article 444).

RAPPORT

de MM. ENGEL-DOLLFUS *et* IWAN ZUBER, *au nom du comité de commerce, sur deux mémoires présentés pour le prix n° 7.*

———

Séance du 29 janvier 1873

———

MESSIEURS,

Vous avez renvoyé à l'examen de votre comité de commerce deux mémoires présentés pour concourir au prix n° 7 traitant de la protection des dessins et marques de fabrique.

L'initiative prise par l'industrie alsacienne paraît enfin porter ses fruits, et l'on commence à comprendre en Allemagne toute l'importance de cette question, comme le prouvent diverses publications et notamment le rapport de la Chambre de commerce de Leipzig, qui, à l'unanimité moins 2 voix, recommande les principes développés dans la pétition de la Chambre de commerce de Mulhouse, pour servir de base à la codification du régime des dessins et modèles de fabrique en Allemagne; votre comité de commerce a donc cru devoir hâter l'examen des mémoires envoyés, et m'a chargé, conjointement avec M. Engel-Dollfus, de présenter ses conclusions.

L'un des mémoires, signé, contrairement au mode usité, se borne à quelques considérations tellement sommaires, qu'il a dû, de prime abord, être écarté comme insuffisant pour mériter un prix.

Le second mémoire, rédigé en langue allemande, porte pour devise :

« L'art de créer le génie n'est peut-être que l'art de le seconder, » (Mirabeau), puis quatre vers de Schiller.

Les extraits lus par M. le président dans la séance de novembre vous ont déjà permis de juger tout l'intérêt que mérite ce volumineux travail que nous allons passer rapidement en revue.

L'auteur, après avoir établi combien il est juste et rationnel de protéger les inventions et créations de toute nature dès l'instant qu'elles ont pris un corps, fait ressortir qu'il faut toutefois aussi tenir compte du concours efficace de la société par tous les éléments d'instruction et d'étude qu'elle offre à chacun.

Il faut donc un partage équitable entre l'inventeur et la société quant à la jouissance à espérer de toute nouvelle valeur d'échange créée. Le moyen le plus juste et le plus simple est de garantir à l'inventeur la propriété exclusive pour un temps limité, mais suffisant pour lui laisser largement exploiter son idée.

C'est là le point de départ de toutes les lois sur les patentes ou brevets d'invention.

L'auteur fait ensuite ressortir combien on est injuste et inconséquent en refusant toute protection à l'artiste industriel, alors qu'on protège l'œuvre du peintre, du littérateur ; et il insiste sur ce que tous les créateurs d'objets d'échange, de quelque nature qu'ils soient, ont droit à la même protection contre l'imitation.

Mentionnons encore une considération d'un haut intérêt social : l'art appliqué dans l'industrie relève le niveau des ouvriers et des collaborateurs, car il conduit à créer des produits supportant des frais et des main-d'œuvres plus élevées, ce qui est le plus grand bienfait pour le travailleur ; mais la protection seule peut garantir ces avantages.

L'auteur défend l'art industriel trop rabaissé par quelques auteurs allemands ; il attribue la décadence de certaines grandes industries en Allemagne, comme par exemple celles des porcelaines, des cristaux, des impressions, à l'absence du goût spécial faute de protection.

L'auteur eût pu ajouter que, pour arriver à une certaine réputation, il faut à l'artiste industriel quelque chose de plus que l'étude de l'art et l'imagination ; il faut aussi qu'il connaisse à fond les ressources et les exigences de l'industrie pour laquelle il veut travailler ; c'est donc là une condition de plus à remplir, et elle ne laisse pas que d'être souvent fort difficile et onéreuse.

Après avoir ainsi plaidé avec beaucoup de force, de clarté et de logique la cause que nous soutenons, le mémoire passe en revue les lois protectrices en France, en Belgique, en Angleterre, aux Etats-Unis, en Autriche et en Russie; il indique leurs dates et origine, et compare les règlements adoptés dans chaque pays pour les conditions de dépôt et d'enregistrement, la procédure et les indemnités en cas de poursuites, la durée de la protection, etc.

Cette partie du travail, la plus utile au point de vue de l'étude pratique de l'importante question qui nous occupe, fait bien ressortir l'isolement injustifiable et pour ainsi dire honteux dans lequel se place l'Allemagne par l'absence de toute loi protectrice.

Nous signalerons encore les intéressants renseignements sur la loi aux Etats-Unis peu connue ici; cette loi a cela de remarquable qu'elle place sur la même ligne les inventions de toute nature, y compris les dessins et modèles, et qu'elle protège les produits industriels à l'égal des œuvres d'art; mais, le principe équitablement admis, se trouve renversé en pratique quant aux dessins industriels par des taxes beaucoup trop élevées et des formalités de serment et autres par trop compliquées.

L'auteur donne ensuite en onze paragraphes un aperçu des clauses et conditions qu'il recommanderait pour une nouvelle loi; il est pleinement d'accord en général avec les principes soutenus par la Société industrielle et la Chambre de commerce de Mulhouse; cependant nous devons signaler certaines divergences sur quelques points [1], savoir :

Sur le § 5.

L'enregistrement des dessins et modèles doit pouvoir se faire autant que possible auprès d'une juridiction locale, plutôt qu'auprès d'une administration centrale.

L'enregistrement obligatoire des cessions serait une complication bien inutile, le cédant pouvant toujours donner ses pouvoirs à son cessionnaire en cas de poursuites à faire.

---

[1] Voir le rapport publié dans le *Bulletin de la Société industrielle*, année 1870, pp. 99 à 126, et comparer notamment pp. 103, 105 à 109 et 119.

Tout comme la Chambre de commerce de Leipzig, nous repoussons l'obligation d'une marque spéciale pour les produits déposés; si ce point a été omis dans les précédents travaux de la Société industrielle et de la Chambre de commerce de Mulhouse, c'est uniquement parce que la pratique consacrée en France par une longue expérience l'avait mis hors de toute discussion. L'auteur du mémoire va jusqu'à demander que les produits fabriqués indiquent le nom et domicile du propriétaire et la date de l'enregistrement, ce qui serait absolument impossible dans beaucoup de cas.

Enfin la condition de devoir exploiter dans un délai donné sous peine de nullité de la garantie légale, nous paraît inutilement sévère; en effet, la vente d'un article, créé par exemple pour l'exportation, peut rester en suspens pendant des années et l'on ne voit aucune raison plausible pour en faire une cause de déchéance avant le terme.

Sur le § 6, f.

Le mémoire demande que la plainte soit déposée auprès du tribunal civil du ressort dans lequel l'imitateur a opéré l'imitation; nous ferons observer que souvent on ignore où s'opère l'imitation et que, selon nous, les poursuites doivent avoir lieu là où le délit a été constaté.

Nous recommanderions aussi de préférence la juridiction des tribunaux de commerce pour toute action civile, et il serait à désirer que la loi prescrivît une tentative préalable de conciliation, par exemple par devant les conseils de prud'hommes.

Sur le § 7.

L'auteur propose trois ou au plus cinq années pour la durée de la garantie; nous estimons qu'il serait plus équitable d'accorder au choix du déposant de une à quinze années, ou tout au moins de une à dix années, certains produits riches exigeant bien des années pour couvrir leurs frais.

Sur le § 11.

Comme simplification et pour écarter une cause de déchéance, il y aurait lieu de recommander une taxe annuelle, mais payable *d'avance,* pour toute la durée de la garantie demandée. Par contre cette taxe devrait être très minime et ne pas dépasser un marc par année et par *paquet* de un ou plusieurs dessins.

Sous le mérite de ces observations, votre comité de commerce accorde son entière approbation à cette première partie du mémoire relative aux dessins et modèles de fabrique.

Ainsi que le fera ressortir le rapport de M. Engel-Dollfus sur la seconde partie du mémoire traitant des marques de fabrique, les conclusions sont encore là entièrement favorables ; votre comité de commerce est donc d'avis que l'auteur du mémoire portant pour devise : « L'art de créer le génie n'est peut-être que l'art de « le seconder, » a rempli toutes les conditions du programme pour le prix n° VII; il vous propose en conséquence de lui décerner une médaille de 1ʳᵉ classe et de le féliciter hautement de son beau travail.

Janvier 1873.   J. ZUBER.

RAPPORT

sur la partie relative à la protection à accorder aux marques de fabrique, du Mémoire répondant au prix N° VII du concours de 1873, présenté, au nom du Comité de commerce, par M. ENGEL-DOLLFUS.

Séance du 29 janvier 1873.

MESSIEURS,

Ce n'est pas sans motifs que la Société industrielle, dans son programme des prix, a scindé les deux questions de la propriété des dessins et des marques de fabrique ; elles sont en effet très distinctes, et par leur origine et dans leurs rapports avec les droits de la collectivité, qu'il ne faut jamais perdre de vue lorsqu'il s'agit de l'établissement des titres sur lesquels doit reposer la jouissance des droits particuliers.

Nous aurions désiré que l'auteur du mémoire dont nous avons à faire l'analyse appuyât davantage sur la séparation des deux questions, séparation de principe bien plus que simple question d'ordre ou d'exposition.

Il a bien fait ressortir avec clarté et avec une insistance dont nous lui savons gré, les droits de l'inventeur et de ceux qui mettent en œuvre les produits de son imagination et de ses recherches. Il a également montré, en économiste versé, la part antérieure de la collectivité dans toute découverte et la nécessité de limiter les droits de l'inventeur. Il a enfin établi, à l'aide d'une argumentation solide, la théorie complète de la propriété artistique dans ses rapports avec l'industrie, sans en négliger un côté auquel les circonstances donnent une importance toute particulière, le côté économique et social.

Mais il ne semble pas avoir accordé à la question de la propriété des *marques de fabrique* l'attention et la place à part qu'elle méritait, et nous devons dès lors chercher à le suppléer dans ce que son intéressant travail a d'incomplet à nos yeux.

Tout d'abord, quelle distinction fondamentale y a-t-il à faire entre la propriété d'un dessin et celle d'une marque de fabrique ? Sur quoi reposent les titres de l'une et de l'autre de ces propriétés ? Peut-on, doit-on les protéger de la même manière et dans la même mesure ? Quel est enfin l'état actuel de la protection des marques dans l'empire allemand ?

Nous examinerons successivement les quatre questions et, pour mieux rendre notre pensée, nous puiserons quelquefois nos exemples dans les industries qui nous sont familières.

En ce qui concerne la production *artistique*, si elle a généralement été précédée de longues études et d'une succession de travaux d'initiation, il n'en est pas moins vrai, qu'à ne la juger que par son côté visible pour tous, elle se présente avec un caractère marqué de *spontanéité*, de *rapidité* et aussi d'*intermittence*.

Un dessin, une peinture, la plupart des œuvres d'art ne sont à vrai dire que des *éclosions* de l'imagination du talent ou du génie, si on les compare à tant d'œuvres dont l'exécution matérielle demande un temps considérable !

Le caractère du genre de propriété que représente la marque de fabrique est de nature toute opposée !

La *durée*, la *continuité*, la *permanence* dans le travail producteur sont ses attributs essentiels !

Sans la *multiplication* du produit, sans la continuité de la vente, plus de rémunération, ou, en d'autres termes, plus de revenu, plus de propriété.

Pour peu qu'on y réfléchisse, on reconnaît bien vite, entre l'art et l'industrie, entre la production artistique et la production industrielle, même quand cette dernière appelle l'art à son aide, des conditions d'existence si différentes que, pour établir en faveur de chacune d'elles un système de protection équitable et complet, il faut recourir à des moyens différents.

Nous ne reviendrons pas sur la protection *artistique*, confondue avec la propriété industrielle dans les impressions de haute nouveauté qui ont fait le renom de notre ville ; il a été stipulé pour elle dans la première partie de notre analyse, par notre collègue M. Zuber.

Mais nous nous croyons particulièrement fondés à réclamer la durée *illimitée* de la propriété des marques de fabrique (durée illimitée par le renouvellement des dépôts) en faveur des productions industrielles qui, privées des moyens de séduction par la simple vue, sont presque exclusivement obligées de chercher à fonder leur prospérité sur l'intelligence, le travail et les moyens de succès si lents à produire leur effet, et cependant si dignes d'encouragement, qu'on appelle: fabrication loyale, consciencieuse, constante dans la qualité des produits. Tout cela se trouve en effet presque inévitablement réuni et en quelque sorte *condensé* dans la valeur vénale d'une marque *réputée!*

Et que l'on ne se hâte pas de crier au monopole ou à l'abus!

Car, l'apparition de produits très supérieurs ou un simple relâchement de ceux qui ont contribué à la création de cette valeur, si lente, si difficile à former, qu'on appelle une marque de fabrique, amèneront son discrédit, sa chute et la perte rapide des avantages qui y étaient attachés !

Enseignes en vogue, étiquettes ou marques s'achetant ou s'acceptant les yeux fermés, réputations de toutes sortes, que deviennent-elles en très peu de temps, *quand elles cessent d'être justifiées* par la valeur du produit qu'elles couvrent ?

Qu'elles constituent pour un certain temps un avantage très marqué au profit de ceux qui réussissent à les répandre dans le commerce, nous ne le contestons pas, puisque nous demandons au contraire que cet avantage leur soit assuré (fût-ce même au prix de quelques petites gênes). Il est équitable, légitime et le meilleur stimulant aux productions d'élite.

Ce que nous avons simplement voulu faire remarquer, c'est qu'on se tromperait en croyant que, la confiance du public une fois acquise, il soit possible de l'enchaîner ou de la capitaliser, en se dispensant d'efforts nouveaux!

Mais insistons un peu plus sur la distinction que nous avons entendu établir.

Un artiste peut, par exemple, avoir, économiquement parlant, beaucoup produit, mais ses œuvres ont une valeur absolue, isolée; elles sont indépendantes les unes des autres.

Que de temps, quel esprit de suite, que de patience, au contraire, ne faudra-t-il pas pour créer *une marque de fabrique !* et qu'est-elle au fond cette marque, que doit-elle être dans sa véritable signification, si ce n'est l'équivalent du nom du fabricant lui-même, venant donner au consommateur la certitude que ce qu'il achète est bien identique et de qualité pareille à ce qui lui a déjà été livré depuis 20, 30 ans et quelquefois plus, avec le même signe caractéristique !

L'appréciation d'une œuvre d'art moderne ou d'un dessin industrie n'offre aucune chance d'erreur en dehors de l'estimation même, et son prix est fixé par le jugement des gens compétents d'après la vue même de l'objet et sur des données qui n'offrent aucune chance de surprise.

Comment, par contre, faire connaître au public la valeur intrinsèque d'une foule de choses que leur contenant obligé cache aux regards, ou dont l'*usage* peut seul révéler le mérite ?

Comment jugera-t-on à simple vue, de la valeur d'un extrait de viande ou de lait en *flacon*, d'un médicament en *boîte*, d'un engrais en *sac*, d'outils en fer ou en acier, de fils de coton empaquetés ?

« Apposez la *raison sociale* ou le nom des fabricants sur les emballages ou sur les produits mêmes, nous dira-t-on. Toute protection leur est acquise dans presque tous les pays. »

Mais on ne songe pas à l'impossibilité absolue de cette apposition chaque fois qu'elle devra se faire sur un objet de petite dimension ou, ce qui est tout aussi fréquent, lorsque la raison sociale à appliquer sera compliquée ou d'une longueur démesurée.

On sait jusqu'à quel point les grandes sociétés anonymes par actions se multiplient ! elles sont de plus en plus la forme définitive ou obligatoire de la grande industrie manufacturière.

Les privera-t-on indirectement d'une protection accordée à d'autres, parceque leur raison sociale, le plus souvent d'une longueur désespérante et impossible à loger dans la mémoire du consommateur, ne pourra pas être remplacée par une marque de fabrique ?

Peut-on se figurer une lame de canif portant pour marque :

« *Preussische patentirte Actien-Gesellschaft der Dampf-Messerschmied- und Stahlwaaren-Werkstœtte zu Ober-Ernshausen in Thüringen*[1]. » Ou bien (je ne fais que copier) un outil avec la

---

[1] Société par actions prussienne, brevetée, des établissements à vapeur de

marque : « *Mœrkisch-Schlesische Maschinenbau- und Hütten-Ac-
tien-Gesellschaft (vorm. Egells)*[1]. » Ou encore une pelote de fil
dont l'étiquette, pour avoir droit à une protection légale, aurait à
porter les mots : « *Commandite-Actien-Gesellschaft der mecha-
nischen Baumwollen-, Leinen- und Seiden-Zwirnerei in Greitz
im Voigtlande*[2]. »

Et ne croyez pas, Messieurs, que je veuille plaisanter !

L'article 18 du Code de commerce allemand dit formellement :

« Dans la règle, la raison sociale d'une société par actions devra
comprendre l'objet de son entreprise. »

Comment le consommateur, le consommateur étranger surtout,
désignerait-il d'ailleurs les produits qu'il aura à redemander au
détail lorsque les raisons de commerce seront écrites en langue
ou en caractères étrangers ? En attendant la venue, bien lointaine
je le crains, d'une langue universelle, n'y a-t-il pas, de ce fait
seul, une véritable entrave au commerce international ?

Ces difficultés, ou plutôt ces impossibilités, ajoutées à la tendance naturelle du public à désigner des marques plutôt que des
noms propres, montrent par quelle transition la marque de fabrique,
qui, elle, appartient à toutes les langues, est venue se substituer à
la raison sociale *dont elle n'est que le signe représentatif*.

On reconnaît unanimement le droit qu'a chacun à la propriété
et à la protection de son nom ; c'est admettre implicitement le
droit à la protection de la *marque* qui n'en est qu'une abréviation
ou le symbole. Nous voudrions, avec l'auteur du mémoire, que
cette vérité pénétrât enfin en Allemagne, où elle n'est consacrée
légalement que pour la seule industrie des fers, et qu'elle trouvât
sa place dans une loi de l'empire ; car, pour résumer notre pensée,

coutellerie et de fabrication d'objets en acier, de Ober-Ernshausen en Thuringe.

[1] Société silésienne par actions pour la construction de machines et de bâtiments (précédemment Egells).

[2] Société par actions en commandite du retordage mécanique de coton, de
lin et de soie, de Greitz dans le Voigtland.

il nous paraît aussi injuste qu'impolitique à tous égards, qu'une industrie progressive soit privée des avantages que cette loi lui procurerait au grand profit du pays lui-même.

Le soin jaloux avec lequel les nations les plus avancées protègent la propriété littéraire, artistique ou industrielle, contraste avec l'indifférence ou plutôt (tranchons le mot) avec la complaisance inouïe que rencontre ailleurs la contrefaçon des marques!

L'opinion publique sous ce rapport, il faut bien le dire, est en avance sur la justice légale; elle blâme et réprouve ce que la loi ne punit pas encore, mais punira bien certainement un jour, et elle se trouve ostensiblement amenée à voir dans ce silence prémédité, comme une espèce de connivence tacite, comme une prime d'encouragement donnée, sous main, aux premiers efforts des producteurs nationaux, en quête de débouchés.

Passe encore si elle n'en faisait pas les frais.

Mais c'est le public qui subit et paye la fraude, et quand il la voit, sans répression légale, érigée en quelque sorte en système économique, il s'y résigne, et souvent finit par y devenir presque indifférent, ce qui n'en est que plus fâcheux, car il faut à toute situation — que la loi parle ou ne parle pas — une sanction morale qui fait complètement défaut ici.

En France, la moralité de la loi s'est élevée parallèlement à l'intérêt, à la protection et au développement de l'industrie.

Rendu, dans l'avant-propos de son traité pratique des marques de fabrique et de commerce, dit avec justesse que *la concurrence déloyale est le fléau des industriels honnêtes et habiles, comme la contrefaçon est la ruine des inventeurs.*

Les lois de 1824, de 1857, complétées par la faculté additionnelle d'action en concurrence déloyale qui s'appuie sur le Code civil, donnent à l'industriel français sur son marché des droits, des garanties étendues, qui manquent complètement à l'industrie alsacienne et même à son commerce intermédiaire sur le marché allemand.

L'article 287 du Code pénal de l'empire est à la fois un progrès et un recul; mais à le bien considérer, et relativement aux lois particulières des Etats allemands qu'il abroge dans leurs dispositions protectrices, il est plutôt un pas rétrograde dans le sens de la protection *des marques.*

Avant tout, il faut bien s'entendre sur le véritable sens des mots.

Qu'est-ce qu'une marque?

Qu'est-ce qu'une raison de commerce?

Ce n'est pas sans motifs que les lois anglaises sont généralement accompagnées de préambules destinés à prévenir les confusions, les fausses interprétations.

Pour nous et pour le dictionnaire, une marque est un signe, un symbole, une abréviation, et l'emploi de raisons sociales pour marquer des emballages ou des produits, ne fera pas des raisons de commerce des marques dans la véritable acception du mot.

L'article 287 ne protège pas les marques, il n'en parle même pas; il ne punit que l'usurpation des raisons de commerce, et nous croyons utile d'en donner la traduction littérale :

« Sera puni d'une amende de 50 à 1,000 thalers ou d'un em-
« prisonnement jusqu'à six mois quiconque aura faussement marqué
« des marchandises ou leur emballage *du nom ou de la raison de*
« *commerce d'un fabricant*, producteur ou commerçant de la Con-
« fédération, ou quiconque aura sciemment mis en circulation des
« marchandises ainsi faussement désignées.

« La même pénalité protégera contre les atteintes de cette nature
« les sujets d'un pays étranger dans lequel la réciprocité sera
« garantie par des lois ou des traités internationaux dûment pu-
« bliés.

« Cette peine devra être appliquée dans le cas même où l'on
« aurait introduit quelques changements *dans les noms ou la raison*
« *de commerce* dont les marchandises sont marquées, si ces chan-
« gements sont si peu apparents qu'on ne puisse s'en apercevoir
« que par un examen très attentif. »

On le voit, cet article 287 ne protège que les raisons de commerce.

Il y a bien encore l'article 27 du Code de commerce qui dit :

« Quiconque aura été lésé dans ses droits par l'emploi abusif
« ou indû de sa raison de commerce (*Firma*), pourra contraindre
« le délinquant à cesser cet emploi abusif, et lui réclamer des
« dommages et intérêts.

« Le tribunal de commerce statue, selon sa libre appréciation,
« relativement à l'existence du fait et à l'étendue du dommage.

« Il est loisible au tribunal de commerce de faire publier aux
« frais de la partie condamnée les faits de la cause ou du juge-
« ment. »

Mais cet article, aussi bien que l'article 287 du Code pénal,
passe sous silence *les marques de fabriqne*, et l'auteur du
mémoire fait évidemment confusion en nous disant qu'elles sont
protégées dans l'empire allemand.

Ce qui prouve du reste surabondamment qu'elles ne le sont
pas, c'est le récit que fait le *Deutsches Handelsblatt* (journal
commercial allemand — journal d'économie politique et commerciale de Berlin) dans son numéro du 4 janvier 1872, d'une
résolution du *Handelstag* (Diète du commerce allemand) à la
date du 28 octobre 1868, et d'une pétition adressée en son nom
le 21 mars 1870 par sa délégation au *Bundesrath-Ausschuss
pour le commerce et l'industrie*, c'est-à-dire au comité pour le
commerce et l'industrie du Conseil fédéral des Etats allemands.

Cette pétition demandait, au nom du commerce allemand, qu'il
fût fait une loi de l'empire pour la protection des marques du
commerce et de l'industrie (*zum Schutze der Handels- und
Fabrikzeichen*).

Sa demande fut repoussée par des motifs dont nous croyons
devoir donner la traduction littérale à la fin de ce rapport,
d'après le texte que nous fournit le *Deutsches Handelsblatt*
(journal commercial allemand); ils sont de nature à nous faire
penser qu'une nouvelle proposition mieux préparée, mieux appuyée

surtout sur les raisons d'équité qui font la force principale des lois commerciales, aurait un sort tout différent.

La Chambre de commerce de Mulhouse, qui, elle aussi, a cru devoir scinder les deux questions de la propriété des dessins et modèles et des marques de fabrique, jugera sans doute qu'il y a lieu de tenter un nouvel effort en faveur de la protection des marques qu'elle n'a pas abordée encore.

On peut du reste voir combien les idées se modifient, combien la législation gagne et s'épure, par l'exemple suivant que nous empruntons au mémoire qui nous a été envoyé.

En Prusse, le *Landrecht* (le droit du pays) permettait de porter au marché des marchandises à marques imitées, pourvu que ces marchandises fussent d'aussi bonne qualité que les marchandises originales ; dans le cas contraire, le fabricant était coupable de tromperie *envers le public*.

La loi, fait remarquer avec raison notre auteur anonyme, ne prit point en considération que par l'imitation les droits et les intérêts du *premier* fabricant se trouvaient lésés....

Hélas ! oui, on oubliait, ou plutôt on sacrifiait sans ménagements les droits, non pas du premier fabricant, mais du *seul créateur* ou plutôt du *seul méritant*, et, avec les siens, ceux de ses ouvriers et auxiliaires, cependant bien méritants aussi ; car en admettant même que les produits fussent identiques, on permettait à l'imitateur *du moment* de recueillir d'emblée et sans courir aucune mauvaise chance, tous les avantages que s'était péniblement acquis le premier fabricant par de longues années de livraison consciencieuse, et par les frais considérables qui s'attachent à l'établissement et à la propagation d'une marque.

•On faisait autre chose encore ; on travaillait à la démoralisation du commerce intermédiaire en l'excitant en quelque sorte à donner un produit pour un autre, et en le poussant sur la pente d'actes indélicats.

En punissant dès à présent l'imitation des raisons sociales étrangères à l'égal de celle des raisons sociales du pays, la loi de l'empire devra forcément, dans sa perfectibilité, déjà prouvée, aboutir à la protection des marques de fabrique proprement dites, qu'elles soient étrangères ou nationales.

La loi, on le sait, n'impose pas au fabricant l'usage de la marque de fabrique; elle aurait d'excellentes raisons pour le protéger et le favoriser; mais, nous le répétons, se retranchant derrière des difficultés pratiques, elle l'abandonne momentanément à l'imitation, et se borne à protéger les raisons sociales.

Si la protection des marques nous était accordée, le manufacturier pourrait toujours (comme cela se fait généralement dans les pays qui ont un commerce puissant et étendu, par exemple en Angleterre) sacrifier à la facilité de la vente ou à des considérations financières l'avantage éventuel qu'offre le débouché direct avec marque de fabrique.

En obligeant, à défaut de stipulations contraires, l'intermédiaire à adapter sa marque *à côté* et non *à la place* de celle du producteur, en ne permettant pas que l'origine du produit fût déguisée, les lois française et italienne n'ont donc fait que s'inspirer de la vérité et de l'équité qui doivent former la base de toute réglementation.

Votre comité de commerce se rallie d'une manière générale à l'avant-projet d'une loi sur les marques de fabrique qui termine le mémoire soumis à son examen. Si l'on venait toutefois à donner à cette esquisse une forme plus arrêtée, il aurait à demander:

1º Que l'on ajoutât à l'article 14 :

« Cependant le possesseur d'une marque pourra s'en réserver
« l'usage exclusif pour toutes les branches de *son genre* d'indus-
« trie et de celles qui s'y rattachent par l'analogie des produits
« ou la similitude d'emploi; »

Que l'on réclamât encore :

2º Une classification des marques existantes, permettant de s'assurer officiellement et moyennant redevance de l'absence ou de la préexistence de telle marque que l'on voudrait adopter;

3º Des dispositions spéciales donnant aux possesseurs originaires

de marques antérieures à la promulgation de la loi les moyens
de se faire garantir la propriété de leurs marques ou d'en faire
cesser l'usurpation ;

4° L'obligation pour l'administration de précéder d'une mise en
demeure, la déchéance à prononcer en cas d'oubli du renouvellement obligatoire de la marque, tous les quinze ans.

La question générale des marques de fabrique semble du reste
avoir déjà été en Allemagne l'objet de travaux considérables.

Parmi les documents que nous recueillons au dernier moment,
nous avons à citer : « *Ueber den Schutz der Fabrik- und Waaren-
zeichen, nebst den einschlagenden Gesetzen sœmmtlicher deutschen
Staaten*, par G. KRUG. — Darmstadt et Leipzig, Edouard Zernin,
1866 [1]. »

Le plaidoyer de Krug en faveur de la limitation aux raisons de
commerce de la protection légale repose principalement sur les
difficultés excessives, dit-il, qu'entraînerait l'application pratique
d'une loi pareille.

Il fait cependant une concession importante en disant (page 32) :

« Je crois que le Code de commerce allemand était très pro-
« prement appelé à prévoir aussi la protection *des marqnes* en
« addition à la protection des *raisons de commerce* édictée pour
« l'article 27 (dans le sens étroit du mot).

« Cela eût paré aux besoins essentiels du présent. »

Il est amené à cette déclaration (il en fait l'aveu page 29) par
les intérêts évidents *de la morale, de la sincérité et de la vérité
dans les transactions.*

Ajoutons en passant qu'en Angleterre, en France, en Autriche,
aux Etats-Unis la loi existe, fonctionne, sans entraves pour le
commerce loyal, et qu'aux yeux de Krug même, dont les arguments semblent presque avoir servi de texte au refus donné en

---

[1] *De la protection des marques de fabrique et de commerce, avec texte
des lois qui ont trait dans les Etats allemands*, par G. KRUG. — Darmstadt
et Leipzig, Edouard Zernin, 1866.

décembre 1871 ' par le *Bundesausschuss* (comité fédéral), la loi
actuelle qui « pare aux besoins essentiels du présent », n'est que
le précurseur d'une protection plus étendue pour l'avenir.

Ce qui prouve encore combien le mouvement protectionniste
s'accentue, c'est la convention de dix ans conclue le 25 novembre
1871 entre l'Autriche-Hongrie et les Etats-Unis pour la protection réciproque des marques de fabrique.

Il nous est encore tombé sous la main :

Une brochure de S. Blanckertz, de Berlin, qui insiste sur la
nécessité de marquer du nom du producteur les produits de l'art
industriel, et qui fait ressortir avec énergie par des considérations
excellentes le préjudice résultant pour l'industrie de la contrefaçon des marques étrangères. « La contrefaçon des marques,
qu'elles soient nationales ou étrangères, est une *infamie* », s'écrie-
t-il, avec l'accent d'une profonde indignation.

Nous avons enfin parcouru une œuvre plus complète de
R. Klostermann : « *Die Patentgesetzgebung aller Lænder, nebst
den Gesetzen über Musterschutz- und Waarenbezeichnungen,
systematisch und vergleichend dargestellt, von* Dʳ R. KLOSTER-
MANN. — Berlin, Gultentag, 1869 ². »

Cet ouvrage est très étendu, très étudié; l'auteur de notre
mémoire paraît y avoir puisé — et c'était son droit — les matériaux de la comparaison succincte qu'il vous a présentée de la
législation relative aux dessins, modèles et marques de fabrique
dans les différents Etats; mais nous remettrons à plus tard l'examen de ces nouvelles sources d'informations, car nous craindrions
qu'il n'atténuât le caractère et la spontanéité des impressions,
dégagées de toute influence juridique, que désire.vous apporter
votre comité de commerce, et qu'il ne nous entraînât à discuter

---

' Voir à la fin du rapport une note extraite du *Deutsches Handelsblatt*,
donnant exactement la position de la question.

² *Législation des patentes de tous les pays, avec les lois sur la protection
des dessins et des marques de fabrique, présentées systématiquement et
comparées entr'elles*, par R. KLOSTERMANN. — Berlin, Gultentag, 1869.

des opinions qui ne sont pas émises dans le mémoire soumis à votre appréciation.

Il est d'ailleurs temps de recommander à votre bienveillante approbation un travail qui nous en paraît digne à tous égards, et qui satisfait complètement aux conditions de votre programme de prix.

Que son auteur soit Allemand ou Suisse (il doit être l'un ou l'autre, puisqu'il écrit en langue allemande), il paraît avoir lu Boileau, car, comme nous, il appelle « un chat un chat et Rollet un fripon », répudiant avec raison cette morale relative (malheureusement officielle encore, dans la question qui nous occupe) qui permet, accepte ou tolère tout acte indélicat qui n'est pas puni par le Code. Quant à votre comité de commerce, Messieurs, il vous prie instamment de vous associer à lui, en répétant à haute voix que la contrefaçon des dessins et modèles est un *vol* et la contrefaçon des marques une *fraude*. Il est convaincu d'ailleurs qu'en pareille matière le blâme énergique et unanime du la veille amène infailliblement la répression *légale* du lendemain.

PIÈCE JUSTIFICATIVE.

Feuille commerciale allemande. — Deutsches Handelsblatt
du 4 janvier 1872.

—

Protection des marques.

La correspondance St. communique ce qui suit :

Ainsi que nous l'avons annoncé dans le temps, le *Bundesrath* (Conseil fédéral) a renvoyé à l'examen de son comité spécial pour le commerce et l'industrie une pétition de l'Assemblée générale du commerce allemand (*Handelstag*), demandant l'établissement d'une loi pour la protection des marques de commerce et de fabrique.

Ce comité s'est acquitté du travail qui lui avait été confié, et il conclut à ce que le Conseil fédéral veuille bien répondre négativement à la demande du *Handelstag*, demande qui avait été soumise également à la Commission de la *Prozess-Ordnung*.

A la pétition n'étaient pas jointes des raisons décisives ; on avait simplement fait valoir aux assemblées générales du *Handelstag* que dans le commerce en gros, et notamment sur les marchés d'outre-mer, on faisait beaucoup plus attention aux marques qu'aux raisons de commerce ; que l'introduction d'un produit nouveau sur les marchés du monde et l'intronisation d'une nouvelle marque étaient devenues chose extrêmement difficile, et que la contrefaçon de la marque s'exerçant sur des produits de qualité inférieure causait de graves préjudices aux fabricants loyaux.

Le comité est d'accord avec les pétitionnaires sur ce point que la compétence du Conseil fédéral en la matière est indiscutable, vu que dans le cas présent il s'agit de la dispensation de dispositions pénales et consulaires (article 4, n° 13) ; il considère toutefois comme mal fondées les raisons invoquées pour établir la compétence du Conseil.

Ni le n° 5 ni le n° 6 de l'article 4 (brevets d'invention et propriété littéraire) auxquels se sont référés les pétitionnaires, ne concordent avec la proposition.

Le rapport entre plus particulièrement dans l'examen de la législation actuelle des Etats allemands sur les marques de fabrique, passe également en revue les lois en vigueur en France, Autriche, Belgique, Russie, Italie et aux Etats-Unis d'Amérique, et élucide ensuite la question de savoir : si les raisons données à l'appui de la pétition sont assez probantes pour qu'il y ait lieu d'accorder par une loi de l'empire une protection auxdites marques de fabrique.

Le comité repousse la motion et refuse d'appuyer la proposition, ainsi que l'avait déjà fait précédemment le ministre du commerce en Prusse, parce que, d'après lui, l'étendue des besoins d'aider aux inconvénients signalés n'est nullement en rapport avec les difficultés qu'offrirait l'introduction et l'application pratique d'une loi pareille.

Le comité rappelle que par le Code pénal la protection des marques de fabrique a été élargie en ce sens que, pour motiver, baser ce droit à la protection, il n'est plus besoin, comme cela était exigé par la majeure partie des lois particulières des Etats allemands, que le domicile ou le lieu de la fabrique ait été ajouté au nom ou à la raison de commerce; que la question ne pouvait pas être considérée comme vidée non plus, vu qu'elle concernait précisément les signes auxquels se rapporte le § 287 du Code pénal.

Que, sans doute, il ne pouvait être contesté qu'il était parfois très difficile de mettre sur la marchandise même ou son emballage le nom ou la raison sociale, mais qu'il était simplement à désirer, dans l'intérêt de la loyauté et de la sincérité des transactions, que cette manière de marquer la marchandise, plutôt que celle par signes figuratifs, se généralisât.

Qu'il pouvait être exact que dans le commerce en gros on s'attachait particulièrement à des marques figuratives. Cependant rien ne s'opposait à ce que l'on ajoutât (ce qui se fait souvent) le nom et la raison sociale à la marque, et que l'on créât de cette façon un mode de désignation à l'abri de la contrefaçon.

Quant à l'argument que l'intermédiaire cherchait à dissimuler l'origine de la marchandise, et que cette dernière, pour ce motif, devrait n'être marquée que de signes figuratifs, il n'y avait pas à y ajouter de poids, vu que, les registres de dépôt des marques étant ouverts à chacun, il était facile au consommateur, quand il le voulait bien, de découvrir le producteur.

Que seulement pour les transactions sur les marchés où les acheteurs ne pouvant pas *lire* le nom ou la raison sociale, se trouvent amenés à conclure leurs affaires sur des marques de fabrique (ainsi particulièrement sur les marchés orientaux), ces marques pouvaient avoir de l'importance. Qu'à cet égard, la quantité de marchandises allemandes qui s'est implantée en Orient comme article de marque, était proportionnellement bien restreinte, et qu'il y avait à réfléchir avant de songer, en vue de quelques cas isolés, à l'établissement d'une loi qui demanderait d'ailleurs tant de stipulations accessoires.

Que précisément à cause de ces détails étendus, on s'était résolu en Angleterre à ne pas régler légalement la matière, comme le propose la Réunion générale du commerce allemand (*Handelstag*).

Que l'allégation d'un besoin de première nécessité, sans preuves à l'appui, ne pouvait être considérée par le comité comme suffisante pour qu'il recommandât au Conseil fédéral de suivre cette affaire.

Que, de même, le comité ne pouvait appuyer la proposition éventuelle (ou subsidiaire) faite par le *Handelstag*, de recommander la matière à l'examen de la Commission pénale, afin qu'elle passât comme loi d'introduction au nouveau Code pénal.

Que, aussi longtemps que la loi ne reconnaissait pas un droit absolu sur une marque donnée de fabrique, l'usage en était loisible à chacun ; que personne ne se rendait par là coupable d'une action défendue, et que dès lors la base de dommages et intérêts manquait également.

La chose traîne du reste depuis longtemps : **le Handelstag a voté sa résolution le 22 octobre 1868 ; la pétition de son comité est datée du 21 mars 1870 ; elle a été renvoyée par le Bundesrath à son comité spécial le 14 octobre 1871, et celui-ci a délivré son rapport le 14 décembre 1871.**

MULHOUSE — IMPRIMERIE VEUVE BADER & Cⁱᵉ

BULLETIN

DE LA

SOCIÉTÉ INDUSTRIELLE

DE MULHOUSE

(Juin & Juillet 1873)

RAPPORT

sur la question de l'unification des divers systèmes de numéro-
tage des filés, présenté au nom du Comité de mécanique par
M. Camille Schœn.

Séance du 30 avril 1873.

Messieurs,

Par l'initiative de la Chambre commerciale et industrielle de la
Basse-Autriche, il se réunira à Vienne, lors de la prochaine
Exposition, un Congrès international, dans le but d'examiner s'il
serait possible de remplacer par un *titrage uniforme* les différents systèmes de titrages appliqués aux filés, et, dans l'affirma-
tive, d'étudier et d'arrêter les mesures propres à le mettre en exécution.

A cet effet une Commission préparatoire a rédigé un programme
sous forme de questionnaire, qu'elle a répandu dans le monde
industriel et commercial, ainsi qu'un exposé des réponses, qui
forment sur la matière un travail préliminaire sérieux.

Tous les hommes compétents sont appelés à être entendus au
sein du Congrès et à prendre part à ses discussions.

La Chambre de commerce de Mulhouse, saisie de cette question, s'est adressée à la Société industrielle pour avoir son opinion
sur ce sujet, qui lui paraît devoir fixer sérieusement l'attention
des industriels de l'Alsace, et nous avons, au nom de votre Comité
de mécanique, à vous faire part des observations provoquées dans
son sein par cette importante question.

Ces observations sont condensées dans le rapport que nous vous soumettons aujourd'hui, et dans lequel nous recherchons d'abord ce que c'est que le titrage des filés et comment il se fait; nous indiquons les inconvénients que présente le grand nombre de systèmes de titrage, et les motifs en faveur de leur unification. Nous recherchons ensuite parmi ces systèmes celui qui nous paraît le mieux répondre aux exigences pratiques d'une unification, tout en étant basé sur le système métrique des poids et mesures, et nous examinons si le système que nous proposons peut s'appliquer aux différentes matières textiles, et avec quelles modifications, s'il y a lieu.

Nous indiquerons enfin les moyens qui nous paraissent devoir être employés pour faire que cette unification projetée passe dans le domaine des faits accomplis.

Nous nous appuierons souvent sur le travail préparatoire dont nous avons parlé, dû à l'initiative intelligente d'un groupe d'industriels de l'Autriche, qui ont à cœur de mener à bonne fin cette entreprise, dont ils sentent la grande utilité pour l'industrie et le commerce; sa réalisation serait l'un des beaux et utiles résultats de la prochaine Exposition de Vienne.

Si la création du système métrique des poids et mesures restera toujours un titre glorieux pour les savants qui en ont doté la France, il y a 80 ans, l'introduction de cette utile institution dans les pays qui en sont encore privés sera pour eux un bienfait, et ceux qui auront su la provoquer auront mérité la juste reconnaissance de leurs concitoyens. Cette initiative prise par les hommes éminents qui forment cette Commission et dirigent ce mouvement, nous paraît une voie nouvelle tracée à la propagation de ce système. Nous souhaitons donc que leurs efforts soient couronnés d'un plein succès, sans toutefois nous dissimuler les difficultés que l'on rencontrera, surtout auprès de ceux qui n'ont pas encore adopté le système métrique, et chez lesquels, par conséquent, les besoins d'une modification de leur système de titrage se fait moins sentir.

Nous sommes souvent d'accord avec la Commission, et si nous différons d'elle sur quelques points, nous pensons que notre impartialité et notre expérience dans les deux systèmes les plus répandus, le système anglais et le système français, seront prises en sérieuse considération par ceux qui débattent cette question. Après une pratique de plus d'un demi-siècle de l'un de ces systèmes, notre industrie alsacienne, par des circonstances malheureuses, s'est vue forcée violemment, presque du jour au lendemain, à adopter un autre système, qui ne cadrait plus, ni avec ses poids, ni avec ses mesures légales. Elle a été obligée de faire en sens inverse cette transformation qui est aujourd'hui demandée presque partout, pour mettre une certaine harmonie dans les bases sur lesquelles se font les transactions.

Notre industrie est montée pour satisfaire à ces nouvelles exigences, et si elle propose maintenant de substituer au système qu'elle a dû adopter, le système de titrage métrique français, ou tout au moins un système s'en approchant beaucoup, c'est qu'elle a su en apprécier tous les avantages.

Du titrage ou numérotage des filés.

On rencontre dans l'industrie les filés sous deux états différents : soit sous forme de bobines ou canettes provenant directement des métiers à filer, soit sous forme d'écheveaux dévidés, ayant une certaine longueur dépendante du système de titrage, et réunis en paquets; les filés en bobines se vendent généralement au poids, les filés dévidés se vendent indistinctement au poids ou à la longueur.

Les filés destinés à des produits dont la longueur ou la surface sont l'élément de vente, ne peuvent être vendus sous l'une de ces unités seules; il faut que dans la vente au poids on reçoive une longueur connue, comme il faut que dans la vente à la longueur on reçoive un poids déterminé.

C'est la relation entre le poids et la longueur qui constitue le titrage des filés, tout à fait indépendant de la manière dont ils se vendent.

Le titrage au moyen des deux éléments, poids et longueur, pouvant être établi à volonté, il en est résulté différents systèmes, qui ont varié suivant l'élément employé comme degré de comparaison, ou suivant les unités auxquelles on les rapportait.

On pouvait établir d'abord deux méthodes de titrage : on pouvait prendre une unité de longueur de fil et en déterminer le poids, ou bien, on pouvait prendre un poids constant du fil et en déterminer la longueur.

Nous ne rechercherons pas les motifs qui ont pu déterminer plutôt l'adoption de l'une ou de l'autre de ces méthodes; nous constaterons seulement que la première n'est guère employée que pour la soie; on mesure un certain nombre de mètres (500 au nouveau titre ou 475 3/8 à l'ancien titre), que l'on pèse; le nombre de grains que représente le poids donne le titre de la soie; plus il y a de grains ou deniers, plus la soie est grosse.

La seconde méthode, au contraire, est adoptée dans presque tous les pays pour le coton, la laine, le lin et les autres textiles; on mesure un certain nombre d'unités de longueur, de yards, d'aunes, de mètres, etc., et on cherche combien il faut réunir de ces unités de longueur pour avoir un poids correspondant à une unité de poids : la livre, le demi-kilogramme ou le kilogramme. On a appelé numéro du fil le nombre de ces unités de longueur qu'il faut réunir pour avoir le poids admis comme base du système.

Le mesurage se fait sur des dévidoirs d'un périmètre déterminé, qui indiquent automatiquement le nombre de tours de fil à enrouler pour obtenir cette longueur convenue, que l'on appelle en France *écheveau*, en Angleterre *hank*, en allemand *strœhn*.

Le nombre d'écheveaux contenu dans l'unité de poids représente donc le numéro du fil.

Pour faciliter le travail et le contrôle, on fractionne cet écheveau en un certain nombre de parties égales, séparées par un fil qui sert d'entrelacs; on a, pour le coton, admis en Angleterre 7 divisions ou lays de 120 yards; en France, 10 divisions ou échevettes de 100 mètres, ou plus souvent seulement 5 de 200 mètres.

Connaissant le poids d'un écheveau, on en détermine le numéro en divisant le poids admis comme base du système par le poids de cet écheveau ; le quotient donne le numéro.

En pratique on se sert d'un instrument qui indique par la simple pesée le numéro du fil: c'est le peson ou la romaine, que tout le monde connaît. Sur un cadran autour duquel oscille un levier appelé *aiguille*, on a marqué les divisions qui correspondent à la série des numéros depuis 1 jusqu'à 200, 300, etc.; mais au lieu d'écrire sur les divisions les poids des écheveaux, on y a écrit les numéros correspondants. En suspendant un écheveau à cette romaine, le point où s'arrête l'aiguille permet de lire facilement le numéro de ce fil. Le poids des écheveaux variant avec chaque système de titrage, il faut autant de romaines ou de graduations différentes que de systèmes.

Pour titrer des filés encore en bobines, on en dévide un écheveau sur le dévidoir correspondant au système de titrage, et on pèse cet écheveau à une romaine construite pour ce système.

Pour titrer les filés dévidés, on retire un écheveau du paquet, et comme il a déjà la longueur conventionnelle, on le suspend à la romaine qui indique le titre ou le numéro du fil.

. Pour titrer des textiles très hygrométriques, il faut faire autant que possible cette opération dans les mêmes conditions de siccité : les laines et les soies sont dans ce cas; aussi a-t-on établi dans bien des villes pour ces textiles des bureaux de conditionnement, où on les titre en tenant compte de la quantité d'eau qu'ils peuvent avoir absorbée.

On a pensé qu'avec des moyens de pesage plus sensibles on pourrait réduire avec l'unité de poids l'unité de longueur adoptée, et prendre par exemple 100 mètres de longueur avec 100 grammes; le titre resterait le même, si la réduction se faisait de même pour les deux éléments. Mais cela aurait l'inconvénient, d'abord, de n'avoir plus une moyenne suffisante pour que des variations accidentelles, qui peuvent se rencontrer dans les filés, n'influent que peu sur le pesage, et ensuite d'exiger pour les filés dévidés un nouveau dévidage en plus.

En effet, à cause des besoins de l'industrie, il ne saurait être question de réduire les longueurs des écheveaux à 100 mètres par exemple; il en résulterait des inconvénients et des pertes de temps beaucoup trop considérables. Nous estimons donc que la base du système ne peut reposer que sur une longueur déterminée par les besoins industriels, comme cela se pratique jusqu'à présent, et non sur une longueur réduite [1].

En comparant ces deux méthodes de titrage, on voit que, d'après la méthode adoptée pour la soie, plus le fil est fin, plus le numéro est bas, tandis que d'après l'autre, plus le fil est fin, plus le numéro est élevé.

L'adoption de la première méthode bouleverserait donc toutes les habitudes et ne présenterait aucun avantage sérieux; aussi il ne nous paraît pas possible qu'on puisse changer la méthode qui sert de base au titrage actuel de la plus grande partie des matières textiles et qui est consacrée partout par un long usage, et nous n'en parlons ici que parce que l'exposé de la Commission préparatoire a soulevé cette question, qu'elle résout du reste comme nous.

Nous déclarons que, *quel que soit le système de titrage adopté, il devra être basé sur le nombre d'unités de longueur contenues dans une unité de poids*.

Nécessité de la modification et de l'unification des systèmes de titrage des filés.

Si nous ne trouvons que deux méthodes quand il s'agit de savoir comment on compare la longueur et le poids, il n'en est

---

[1] Cette manière de titrer avec des longueurs réduites peut être d'un emploi très avantageux pour des essais rapides, et est souvent mise à profit dans l'industrie.

plus de même lorsque l'on examine les unités de longueur et de poids que l'on compare. Ici ce ne sont pas seulement des différences sensibles d'un pays à l'autre, mais encore dans le même pays et pour les diverses matières qu'il s'agit de titrer. Ainsi la laine se titre autrement que le coton, et tous deux autrement que le lin, etc.; d'où autant de systèmes de titrages, qui produisent une confusion préjudiciable sous bien des rapports, et pour les producteurs et pour les consommateurs.

Il est cependant évident que si l'on pouvait remonter à l'origine de tous ces systèmes, on verrait qu'ils ont été d'abord en rapport simple avec les unités des poids et mesures adoptés dans les pays où ces filés étaient produits, et que ces unités étaient soit le yard et la livre anglaise, soit l'une des nombreuses valeurs de l'aune et de la livre qui variaient presque de ville à ville.

Lorsque les systèmes de poids et mesures furent transformés, soit par des lois, soit simplement par la force des choses, pour faciliter les relations d'échange, la méthode de titrage n'ayant rien que de conventionnel et étant complètement indépendante de l'unité sous laquelle le produit était vendu, continua d'être en vigueur, de sorte que nous nous trouvons aujourd'hui en présence de longueurs et de poids qui n'ont plus de cours légal, et qui souvent n'ont pas même d'équivalent exact dans le système des poids et mesures en vigueur.

Les mêmes motifs qui ont amené la transformation du système des poids et mesures, doivent amener avec tout autant de raison la modification des systèmes de titrage. Les échanges internationaux, se multipliant avec le développement croissant des voies de transport et de communications de toutes sortes, font que les mêmes produits sont offerts aujourd'hui sur tous les marchés et par tous les lieux de production; il faut donc une base d'entente commune qui permette que chacun sache rapidement et facilement ce qui lui est offert et ce qu'il doit demander, sans avoir recours à de longues conversions de chiffres. Pour cela il faut que ces produits soient demandés et offerts avec un conditionnement

uniforme et sous des dénominations concordantes. Si le premier
avantage qui en résultera est pour l'industriel, il se résoudra
bientôt par un avantage équivalent pour le consommateur, et, à
ce titre, cette question mérite de fixer l'attention des économistes.

La modification du système de titrage est la conséquence naturelle et rationnelle de la transformation des systèmes de poids et
mesures, comme le remplacement des différents systèmes par un
système unique est la conséquence nécessaire des relations croissantes entre les industriels et commerçants de tous les pays.

A ces considérations d'intérêt général s'en ajoutent d'autres,
résultant des simplifications qu'apporterait la modification et
l'unification des titrages dans bien des branches du travail industriel, où l'emploi simultané de mesures et de poids différents est
une complication très gênante, surtout lorsque l'on emploie des
filés de diverses matières.

*Nous déclarons donc qu'il est urgent et nécessaire de mettre
le système de titrage des filés en rapport exact avec le système
des poids et mesures, et de chercher un système uniforme pour
toutes les matières textiles. Comme c'est le système métrique qui
est appelé à se répandre partout à cause de son extrême simplicité, il faut que le titrage soit en rapport avec ce système.*

Nous devons cependant observer que lorsqu'on a adopté les
unités de longueur et de poids pour base des différents systèmes,
comme on n'avait à se conformer à aucun système complet ni de
poids et mesure, ni de numération, on a été surtout guidé par les
exigences pratiques du dévidage, du bobinage, de la teinture, en
un mot, de toute la série des manipulations industrielles; et que
ce sont là autant de données acquises par l'expérience dont il faut
que tout nouveau système s'écarte le moins possible, au risque
de se heurter contre des difficultés insurmontables.

Il n'est en effet pas indifférent d'avoir un écheveau de
$0^m,75$ de périmètre ou de $1^m,40$ ou de 3 mètres. Le dévidage se
ferait bien difficilement pour la plupart des matières avec 3 mètres;
la teinture de même, avec un écheveau si long, serait difficile.

Pour un écheveau trop court on aurait d'autres inconvénients, lesquels résideraient surtout dans son épaisseur qui gênerait et le dévidage et la teinture, et se traduiraient inévitablement par une augmentation inutile de main-d'œuvre.

Il importe donc de ne pas perdre de vue qu'*en faisant correspondre le nouveau système de titrage avec le système métrique, il faut s'approcher le plus possible de ce qui s'est pratiqué jusqu'à ce jour en ce qui concerne sa mise à exécution*, c'est-à-dire *que les longueurs de fil et le périmètre des écheveaux doivent s'éloigner le moins possible des dimensions actuellement en usage dans les différentes industries textiles*.

Il faut se rappeler que l'on veut unifier et non bouleverser; qu'on veut faciliter les relations et non les troubler; il ne faut donc pas sacrifier à une simplification et à une harmonie plus illusoire que réelle les nécessités et convenances indiquées par une longue expérience.

Envisagée sous ce point de vue, la question se trouve simplifiée, et la solution devra être recherchée au moyen des différents systèmes actuellement en usage, et si l'un d'eux répond à toutes les exigences demandées, c'est autour de celui-là qu'on devra se rallier.

Nous avons résumé ci-après, sous forme de tableaux, en y ajoutant leurs valeurs métriques, toutes les données que nous avons pu recueillir sur les systèmes en usage pour les différentes matières textiles, et que nous trouvons dans le travail préparatoire de la Commission.

COTON

Tableau I.

	SYSTÈME ANGLAIS		SYSTÈME FRANÇAIS
		mesures métriques	
Unité de poids.........	1 livre anglaise	0ᵏ453	0ᵏ500
Longueur de l'écheveau .	840 yards	768ᵐ096	1000ᵐ
Périmètre du dévidoir ..	1 1/2 yard	1ᵐ3716	1ᵐ4285
Tours de fil par écheveau	560		700
Subdivisions pʳ écheveau	7		10
Tours de fil pʳ subdivision	80		70
Unité de vente.........	Paquet de 10 liv. ou bien la livre	4ᵏ53 ou 0ᵏ453	le kilogramme

paration des matières, pré-
ployée dans le blanchi-
ment, des matières colo-
rantes et des mordants.
3° Analyse des produits industriels.
4° Exercices photographi-
ques.

(suite).

3° Analyse de produits industriels (suite).

Le Directeur de l'Ecole,

Prf. Dr Fr. GOPPELSRŒDER.

Le Président de la Société industrielle,

Aug. DOLLFUS.

Approuvé:
Le Maire,
J. MIEG-KŒCHLIN.

Mulhouse. — Imprimerie Veuve Bader & Cie.

Un
Lo
Pé
To
Sa'
To
Un

Plan d'études

PREMIÈRE ANNÉE.		SECONDE ANNÉE.	
1er SEMESTRE.	**2me SEMESTRE.**	**3me SEMESTRE.**	**4me SEMESTRE.**
Cours théorique de chimie minérale, par le professeur.	Cours théorique de chimie organique, par le professeur.	Cours de chimie appliquée aux arts et à l'industrie, par le professeur.	Cours de chimie appliquée (suite), par le professeur.
Conférences sur les cours de la semaine, par le préparateur.	Conférences sur les cours de la semaine, par le professeur.	1re partie : Métallurgie, produits chimiques, verrerie et poterie, savonnerie, combustibles, et produits destinés à l'éclairage, amidonnerie, fabrication du sucre, de l'alcool, etc.	2me partie : Blanchiment, teinture et impression.
Travaux pratiques : 1° Expériences relatives au cours de la chimie minérale. 2° Préparations de produits chimiques ressortissant de la chimie minérale. 3° Analyses qualitatives et quantitatives faciles.	Cours d'analyse qualitative, par le professeur. Travaux pratiques : 1° Expériences relatives au cours de la chimie organique. 2° Préparation de produits de nature organique. 3° Analyses qualitatives et quantitatives.	Introduction au cours de teinture et d'impression : Étude des fibres végétales, des substances employées pour le blanchiment, des substances colorantes inorganiques et organiques, naturelles et artificielles, des épaississants, réservages, etc. Analyse quantitative et Analyse élémentaire, par le professeur. Essai des drogues. Dosage par les méthodes volumétriques. 1re partie : par le professeur et le préparateur.	Essai des drogues. Dosage par les méthodes volumétriques. 2me partie : par le professeur et le préparateur.

LIN & CHANVRE

Tableau II.

	SYSTÈME ANGLAIS		SYSTÈME FRANÇAIS	SYSTÈME AUTRICHIEN	
		mesures métriques			mesures métriques
Unité de poids............	1 livre anglaise	0ᵏ453	0ᵏ500	10 livres anglaises	4ᵏ53
Longueur de l'écheveau......	300 yards	274ᵐ31	1000ᵐ	3600 Ellen viennoises	2805ᵐ1
Périmètre du dévidoir......	2 1/2 et 3 yards	2,285 et 2,74	2,5	3 Ellen viennoises	2ᵐ3376
Tours de fil par écheveau ...	100 et 120		400	1200	
Subdivisions par écheveau ..					
Tours de fil par subdivision .					
Unité de vente............	1 Schock à 12 Bündel 720.000 yards	65.808 mètres	1 Schock à 10 Bündel 500.000 mètres	1 Schock 884.000 Ellen	673.056 mètres

	ALLEMAGNE		FRANCE	
			vieux	off
		mesures métriques		
Unité de poids..............	1 berliner Handelspfund	0ᵏ467	0ᵐ500	1 ki
Longueur de l'écheveau	840 yards	768ᵐ096	720	100
Périmètre du dévidoir	1 1/2 yard	1ᵐ3716	1ᵐ44	
Tours de fil par écheveau......	560		500 ·	
Subdivisions pʳ écheveau......	7			
Tours de fil pʳ subdivision.... .	80			
Unité de vente	Paquet 10 Handelspfund	Paquet de 4ᵏ67	Paquet de 5 kᵒ	

	VIENNE		BOHÊME		SAXE
		mesures métriques		mesures métriques	
Unité de poids	1 livre de Vienne	0ᵏ560	1 livre anglaise	0ᵏ453	1 livre anglaise
Longueur de l'écheveau ...	1760 Ellen de Vienne	1371ᵐ39	800 Ellen de Leipzig	548ᵐ48	1200 Ellen de Leipzig
Périmètre du dévidoir	2 Ellen de Vienne	1ᵐ558	2 Ellen de Leipzig	1ᵐ371	3 Ellen de Leipzig
Tours de fil par écheveau..	880		400		400
Subdivisions pʳ écheveau..					
Tours de fil pʳ subdivision..					
Unité de vente	1 livre de Vienne	0ᵏ560	1 livre anglaise	0ᵏ453	1 livre anglaise

GNÉE

Tableau III.

ANGLETERRE		REIMS et le Nord de la France	ALSACE pour le rayon	ALSACE pour l'Allemagne	SAXE	mesures métriques
	mesures métriques					
u anglaise	0ᵏ453	1ᵏ000	0ᵏ500	0ᵏ467	·1· livre saxonne	0ᵏ467
0 yards	512ᵐ	710ᵐ	700	750	. 1300 Ellen de Leipzig	734
?ou 2 yards	0ᵐ914 à 1ᵐ820	1ᵐ42	1ᵐ40	1ᵐ34	2 Ellen de Berlin	1ᵐ34
) à 280		500	500	560	560	
		5	5	7	7	
		100	100	80	80	
livre	0ᵏ453	Paquet de 5 kᵒ	Paquet de 5 kᵒ	.		

DÉE

Tableau IV.

BERLIN		COCKERILL		ANGLAIS		SEDAN		ELBEUF	
	mesures métriques		mesures métriques		mesures métriques		mesures métriques		
fund	0ᵏ500	1 Zollpfund	0ᵏ500	1 livre anglaise	0ᵏ453	1 livre de Paris	0ᵏ4895	0ᵏ500	
Ellen fin	1434ᵐ	2240 Ellen de Berlin	1ᵐ494	560 yards	512ᵐ	1256 aunes de Paris	1495ᵐ	3600ᵐ	
Ellen fin	1ᵐ667	4 Ellen de Berlin	2ᵐ668	1 yard	0ᵐ9148	1297 aunes	1ᵐ557	2ᵐ	
)		560		560		966		1800	
fund	0ᵏ500	1 Zollpfund	0ᵏ500	1 livre anglaise	0ᵐ453	1 livre de Paris	1/2 kil.	1/2 kil.	

BOURRE DE SOIE

Tableau V

	SYSTÈME ANGLAIS		SYSTÈME FRANÇAIS
		mesures métriques	
Unité de poids........	1 livre anglaise	0ᵏ443	1 gramme 1ᵏ000
Longueur de l'écheveau .	840 yards	768ᵐ096	1 mètre 1000ᵐ
Périmètre du dévidoir ..	1 1/2 yard	1,3716	
Tours de fil par écheveau	560		
Subdivisions pʳ écheveau	7		
Tours de fil pʳ subdivision	80		
Unité de vente........			

SOIE

(ORGANSIN ET TRAME. SOIE GRÈGE)

Tableau VI

	LYON NOUVEAU TITRE	FRANÇAIS ANCIEN TITRE	ITALIEN
Le titre est égal au poids en	grain＝0ᵍʳ053115	grain	demi-décigramme 0ᵍʳ05
D'un écheveau de.......	500ᵐ	400 aunes＝476ᵐ 3/8	450ᵐ
Avec un périmètre	variable	variable	variable
Unité de vente	poids du pays	poids du pays	poids du pays

JUTE

Tableau VII

	SYSTÈME ANGLAIS		SYSTÈME ÉCOSSAIS
Unité de poids.........	1 livre anglaise	0ᵏ453	Le numero est
Longueur de l'écheveau.	300 yards	274,314	égal au poids
Périmètre du dévidoir ..			en livre anglaise que pèsent
Tours de fil par écheveau			48 leas de 300
Subdivisions p' écheveau			yards ou 14400
Tours de fil p' subdivision			yards soit
Unité de vente.........			13167 mètres

Titrage du coton.

LE SYSTÈME FRANÇAIS PROPOSÉ COMME BASE D'UNIFICATION ; SES AVANTAGES ; RÉFUTATION DES OBJECTIONS QU'ON LUI FAIT.

Le coton étant de tous les textiles celui qui occupe le premier rang comme quantité de matière fabriquée, c'est par lui que nous commencerons nos recherches.

Le système anglais n'est en rapport ni avec le système métrique, ni avec le système décimal ; il a pour base la livre anglaise et le yard.

Le système français, au contraire, est basé sur le système métrique, et en le comparant avec le système anglais, on voit qu'il s'en rapproche sensiblement, tout en ayant pour éléments de comparaison des valeurs métriques et décimales.

Cela se conçoit facilement, ce système ayant été établi dans le temps avec l'intention bien arrêtée de le concilier le plus possible avec le système anglais alors employé en France, pour ne produire que peu de perturbation dans ce qui existait. C'est cette considération qui a engagé à prendre pour unité de comparaison le demi-kilogramme et non le kilogramme ; mais cela ne pouvait avoir aucun inconvénient, ce poids étant un multiple exact du système comme le kilogramme lui-même, et par conséquent facile à déterminer.

Les modifications nécessitées pour la mise à exécution de ce système ont été facilitées par le choix des dimensions indiquées dans le tableau.

Une roue de 70 dents remplaçant une roue de 80 dents, une petite surmise sur les baguettes des dévidoirs, voilà tout ce que cette transformation a exigé avec une division nouvelle des romaines.

Afin de se rapprocher du conditionnement de l'écheveau ancien, on a pris un dévidoir un peu plus grand pour ne pas superposer trop de fils, et ainsi l'écheveau, tout en ayant plus de longueur, n'est pas devenu beaucoup plus gros.

Le dévidage n'occasionne pas d'augmentation de main-d'œuvre; au contraire, il donne une économie.

L'unité de 0,500 pour base de poids a l'avantage de permettre un contrôle rapide des filés quand ils se vendent en dévidés.

Ces filés sont mis en paquets de 10 livres anglaises au système anglais, ou de 5 kilogr. au système français.

Ce mode de paquetage est général et ne se laisserait pas modifier sans complications ou dépenses de matériel, et probablement sans gêner les besoins des consommateurs, si on voulait leur imposer des paquets de 10 kilogr. D'après l'un et l'autre système, un paquet contient dix fois autant d'écheveaux que le fil a de numéros, et comme l'on réunit 10 écheveaux pour en faire une toque, on aura dans un paquet autant de toques égales qu'il y a de numéros dans le fil.

Les paquets des numéros impairs ne contiendraient plus un nombre de toques en rapport exact avec le numéro, si on adoptait le kilogramme pour base du système; en effet, avec du n° 35, par exemple, il faudrait $35 \times 5 = 175$ écheveaux ou 17 1/2 toques.

La conversion d'un numéro de l'ancien système dans le numéro équivalent du nouveau est simple et se calcule facilement de tête, le rapport entre les deux étant à peu de chose près comme 5 est à 6.

On voit les sérieux motifs qui ont dicté il y a plus d'un demi-siècle aux novateurs français le système de titrage qu'il s'agissait de faire adopter partout, dans les villes comme dans les campagnes, et nous croyons que c'est grâce à ce rapprochement entre le nouveau système et l'ancien que son application n'est pas restée lettre morte pour l'industrie et le commerce, comme l'a été celle du système décrété à la même époque pour la laine, qui n'est pratiqué qu'exceptionnellement.

Aujourd'hui on fait à ce système deux reproches ayant rapport, l'un au titrage lui-même, l'autre seulement à la mise à exécution; on lui reproche : 1° de n'avoir pas pour base le kilogramme;

2º d'avoir pour périmètre un nombre trop fractionnaire ou pas assez rond, si l'on peut s'exprimer ainsi.

Nous avons vu les raisons qui ont amené, lors de l'établissement du système français, la comparaison plutôt avec 500 grammes qu'avec 1.000 grammes. Ces motifs nous paraissent exister encore aujourd'hui, surtout si, comme nous le craignons, on ne parvient pas à faire adopter simultanément par tous les pays un système de titrage uniforme. Si on n'avait pas à compter avec des systèmes existants et qui continueront à exister au moins pendant un certain temps; si un nouveau système, sans aucun précédent, était à créer, nous n'insisterions pas pour adopter plutôt 500 grammes que 1.000 grammes; mais dans l'état où se présente la question aujourd'hui, nous croyons plus convenable d'adopter 500 grammes, et nous sommes convaincus que cela faciliterait beaucoup la transformation.

Il convient cependant d'examiner les avantages qui résulteraient de l'adoption du kilogramme. On cite surtout parmi ceux-là la facilité qu'auraient les tisseurs pour leurs calculations de prix de revient, de mise en manutention, quand ils emploient dans un même tissu des filés de nature, de couleurs ou de numéros différents.

Cherchons à faire ressortir cet avantage par un exemple : un tisseur a besoin, pour un tissu, de *800.000* mètres de fil d'une couleur, de *600.000* mètres de fil d'une autre couleur; les deux filés marquent nº 20 au titrage français. Pour mettre ces quantités en teinture ou pour faire un prix de revient, il est avantageux de savoir le poids de chacune de ces quantités.

On sait qu'en nº 20, 20.000 mètres pèsent 0^k,500; il faudra donc 800.000 : 20.000 ou quarante fois 0^k,500, soit 20 kilogr. de l'un des filés, et 600.000 : 20.000 ou trente fois 0^k,500, soit 15 kilogr. de l'autre filé.

Si on avait pour base du système de titrage le kilogramme au lieu du demi-kilogramme, le numéro de ce fil serait 40; le calcul se simplifierait un peu, car on sait que 40.000 mètres pèsent un

kilogramme; il faudra 800.000 : 40.000 ou 20 kilogr. de l'un des
filés, et 600.000 : 40.000 ou 15 kilogr. de l'autre.

Il est incontestable que cette calculation est plus simple quand
il s'agit de réduire les quantités en poids, mais l'avantage disparaît quand on compte par mètres ou par nombre d'écheveaux ; la
calculation est la même dans les deux cas.

Si le système de titrage, ayant pour base le kilogramme, est
plus avantageux sous certains rapports, il s'écarte davantage des
principaux systèmes en usage, et il faut peser si l'avantage signalé
est assez important pour ne pas accepter un système existant
ayant obtenu la sanction de l'expérience, et déjà pratiqué par un
pays qui compte dans la production industrielle.

Si nous insistons sur ce point, c'est que nous savons combien
il est difficile de changer des usages invétérés, lorsqu'il n'y a pas
nécessité absolue pour le faire. On a déjà proposé pour bien des
comparaisons industrielles des unités ayant plus de rapport avec
le système métrique et le système décimal, mais qui ont trouvé
des résistances insurmontables. Ainsi on a proposé dans le temps
de remplacer le cheval vapeur de 75 kilogrammètres par l'unité
de 100 kilogrammètres, qu'on appelait dyne, avec des multiples et
sous-multiples décimaux, hectodyne, kilodyne, centidyne, etc.; on
a complètement échoué.

Le quart de pouce aussi n'a-t-il pas été conservé comme mesure du duitage des tissus, ainsi que les portées ? Serait-on sûr
du succès avec une modification plus radicale que celle que l'on
a déjà faite ?

Examinons à présent l'objection qui concerne la mise à exécution du système. On propose pour périmètre du dévidoir 1,25 ou
1,50 au lieu de 1,428, afin d'avoir un nombre moins fractionnaire
ou plus rond. Nous répondons à cette objection que 1,4285 est
le nombre le plus rapproché du périmètre anglais qui permette
de donner un nombre de tours multiple de 10, qui, répété dix
fois, donne 1.000 mètres. De plus, avec le périmètre théorique
1,4285 on obtiendrait un écheveau plus long que 1.000 mètres,

car le périmètre augmente au fur et à mesure que le dévidoir se remplit, et cela d'autant plus que le fil est plus gros. Il faut donc, en pratique, réduire un peu cette dimension ; pour les numéros fins, 1,42 donne un écheveau de 1.000 mètres ; pour les gros numéros, il faut un peu moins.

Le périmètre ne peut donc pas être établi d'une manière tout à fait absolue pour tous les numéros de filés ; il exige une petite correction que l'expérience indique et qui devient d'autant plus indispensable que l'on adopte un périmètre plus petit, avec lequel le fil se superpose d'autant plus souvent.

S'il est nécessaire d'adopter une mesure uniforme pour périmètre du dévidoir, afin que la longueur des écheveaux puisse être facilement contrôlée, en comptant le nombre de fils et en mesurant l'écheveau plié, il faudrait cependant se garder d'exagérer l'importance d'un périmètre approchant à 1 ou 2 millimètres près d'un périmètre théorique. Nous savons tous qu'en dévidant plus ou moins vite ou en tendant plus ou moins le fil, on peut obtenir sur un même dévidoir des écheveaux plus ou moins lâches, dont les longueurs peuvent varier plus ou moins entre elles.

En adoptant 1,25 ou 1,50 pour périmètre, nous voyons donc qu'on obtiendrait un nombre plus rond qu'en théorie et non en pratique, car il faudrait le modifier, et nous ne pensons pas dès lors qu'il convienne, pour s'y arrêter, de sacrifier d'autres conditions plus importantes à notre avis.

Examinons en effet ce qui résulterait de l'adoption des deux mesures mises en avant, 1m,25 et 1m,50.

Cette dernière mesure, la Commission préparatoire ne s'y arrête pas, et avec raison, car on ne pourrait obtenir un nombre de tours exact pour faire 10 échevettes de 100 mètres. Il faudrait donner soixante-six tours de dévidoir par échevette, ce qui donnerait 99 mètres et pour l'écheveau 990 mètres. Il y manquerait 10 mètres, que l'on dit devoir être compensés par l'augmentation du périmètre, provenant de la superposition des fils. C'est possible, mais la concordance et l'harmonie disparaît encore plus qu'avec 1,42.

On ferait la même objection pour 1m,1/3.

Avec le périmètre de 1,25 proposé par la Commission, il faudrait enrouler 800 fils l'un sur l'autre par écheveau, au lieu de 700 d'après le système français et 560 d'après le système anglais.

Cet écheveau deviendrait de près de moitié plus gros que l'écheveau anglais et de un septième plus gros que l'écheveau français. Ce serait là un inconvénient dont il faut tenir compte, car dans bien des cas on a trouvé l'écheveau français trop gros, soit pour la teinture, soit pour le dévidage, surtout pour les bas numéros, et alors l'on est obligé de dévider par 500 mètres au lieu de 1.000, et de réunir ensuite ces deux demi-écheveaux pour en faire un écheveau complet.

Cette diminution du périmètre du dévidoir entraînerait dans tous les cas une augmentation sensible de main-d'œuvre pour les gros numéros, et pour les numéros fins elle n'aurait aucun avantage ; nous pensons que ces motifs sont assez sérieux pour faire abandonner complètement l'idée d'un périmètre plus petit, qui n'aurait, comme nous l'avons vu précédemment, pas même l'avantage de la simplicité.

Tous ces motifs *nous engagent à proposer pour le coton l'adoption du système de titrage français, parce qu'il a pour base le système métrique et n'exige qu'une transformation insignifiante des appareils employés pour le système anglais, et qu'il ne crée pour les manipulations industrielles aucune difficulté nouvelle.*

Cependant, si l'adoption du kilogramme comme base du système devait rallier plus d'adhérents à l'unification, ou si, pour d'autres textiles, elle devait présenter des facilités importantes, nous ne verrions pas d'obstacle majeur à cette modification, qui ne changerait que l'appellation des numéros de filés qui seraient doublés.

Nous devons ajouter toutefois que cette plus grande division des numéros ne donnerait aucun avantage à l'industrie, qui trouve dans la division actuelle de quoi suffire largement à tous ses besoins; bien au contraire, le doublement des numéros pourrait lui créer des inconvénients par le plus grand écart qui paraîtrait exister entre les numéros échantillonnés sur les mêmes filés. On sait qu'aujourd'hui on a une marge de trois numéros pour faire la moyenne dans les filés ordinaires ; par exemple 27/29 deviendrait 54/58. Cet écart, quoique le même que maintenant, paraîtrait excessif et donnerait souvent lieu à des contestations ; pour les numéros fins, il irait encore en augmentant.

Si on substituait le kilogramme au demi-kilogramme, la mise à exécution du système devra toujours être basée sur un périmètre de 1,4285, avec 700 tours pour l'écheveau.

Titrage de la laine, du lin, de la jute.

COMPARAISON DES SYSTÈMES ACTUELS AVEC LE SYSTÈME PROPOSÉ POUR L'UNIFICATION.

Nous avons à présent à rechercher si le système s'appliquerait facilement et sans inconvénient aux autres matières textiles, et pour cela nous allons les passer successivement en revue à l'aide des tableaux que nous donnons plus loin.

Pour la laine peignée nous trouvons pour longueur d'écheveau 700 à 768 mètres dans les différents systèmes usités en France et en Allemagne, et 572 mètres dans le système anglais. Le nombre de tours de fil par écheveau varie de 500 à 560. L'unité de poids est la livre variant de 0,453 à 0,500, ou bien le kilogramme. Le périmètre des dévidoirs varie de 1,37 à 1,44 jusqu'à 1m,82.

On avait dans le temps décrété en France comme base du titrage un écheveau de 1.000 mètres, avec le kilogramme pour unité de poids; mais malgré toutes les ordonnances, ce système n'a été adopté qu'exceptionnellement, et peut-être faut-il en rechercher la raison dans la grande différence de ce système avec ceux partout en usage.

Avec le système employé pour le coton, on aurait 1.000 mètres pour l'écheveau, 1m,42 pour le périmètre et 700 tours de fil.

L'écheveau serait un peu plus long et un peu plus épais, mais cela ne pourrait être un inconvénient pour les opérations industrielles, car on retrouve des épaisseurs d'écheveaux plus fortes pour la laine cardée soumise aux mêmes manipulations que la laine peignée.

L'unité de poids avec le demi-kilogramme restant à peu près celle adoptée dans la plupart des systèmes, les numéros ne changeraient sensiblement que par suite de la plus grande longueur de l'écheveau; ils seraient plus gros d'un tiers environ.

Nous ne voyons donc aucun inconvénient à l'adoption pour la laine peignée du système que nous proposons.

Pour la laine cardée nous trouvons des longueurs d'écheveaux de 800 à 1,500 mètres, avec des périmètres de dévidoir de 1,50 à 2,00. Le nombre de tours de fil par écheveau varie de 560 jusqu'à 966. En France, dans quelques localités, nous trouvons le titrage basé sur le kilogramme et sur 1.000 mètres, mais ce n'est pas général. Avec le système que nous proposons, on resterait dans la moyenne de tous les systèmes, comme longueur d'écheveau, comme périmètre et comme tours de fil, de sorte que pour cette matière encore on ne rencontrerait aucun obstacle provenant des manipulations industrielles, et on ne s'écarterait pas beaucoup des divers systèmes en usage.

Les numéros usuels dans les filés de laine peignée et cardée seraient compris entre 5 et 160 nouveau titrage, de sorte qu'avec des numéros représentés par des nombres entiers, on satisferait à tous les besoins des industries lainières.

Les matières qu'il nous reste à passer en revue sont d'un emploi moins fréquent dans notre rayon industriel, de sorte que nous serons moins affirmatifs en ce qui les concerne que pour les textiles qui sont fabriqués sur une plus vaste échelle dans notre contrée.

Pour le lin, nous trouvons des écheveaux de 274 et de 1.000 mètres, avec des périmètres de dévidoir variant de 2m,28 à 2m,74; l'unité de poids est la livre ou le demi-kilogramme.

Ces filés ont été fabriqués et vendus autrefois en Alsace avec le conditionnement et le titrage du coton. Cependant la longueur plus grande du périmètre paraissant être un avantage parce qu'il est généralement adopté, il serait convenable de ne pas s'en écarter beaucoup, et nous proposerions d'adopter pour périmètre 2m,50, comme le fait la Commission préparatoire; cette mesure est admise par la filature de lin en France, et elle est la moyenne entre les mesures adoptées en Angleterre, 2m,28 et 2m,74, et celle adoptée en Autriche, 2m,34.

Pour le chanvre et pour la jute nous faisons la même observation que pour le lin; le même mode leur convient.

Pour ces derniers textiles les numéros usuels dévidés d'après le système en usage étant 1 à 300 pour le lin et 1 à 18 pour la jute, on obtiendrait pour les gros numéros des nombres fractionnaires avec le système que nous proposons; ils deviendraient 0,25 à 100 pour le lin et 0,40 à 5,5 pour la jute.

A cause de cette division en nombres fractionnaires que l'on retrouve pour certains articles spéciaux de laine cardée, le système ayant pour base le kilogramme conviendrait peut-être mieux pour ces textiles souvent employés en très gros numéros.

Pour la bourre de soie, l'Angleterre a adopté le même système que pour le coton, il se rapproche assez du système que nous proposons pour que ce dernier puisse être adopté sans inconvénient.

Dans le système employé en France, le nombre de mètres qu'il faut pour peser un gramme donne le numéro du titrage; cela revient à la comparaison d'un écheveau de 1.000 mètres avec une unité de poids de un kilogramme Ce système est celui décrété pour la laine, mais qui n'est adopté que rarement.

Le système nouveau s'y appliquerait sans difficulté.

Pour la soie grége le titrage reposant sur une méthode complètement différente de celle des autres textiles, le titrage nouveau différerait complètement de l'ancien.

En ce qui concerne la possibilité matérielle d'appliquer à la soie le système que nous proposons, nous n'y voyons aucun obstacle.

Les sortes que l'on rencontre dans le commerce titrent de 100 jusqu'à 9 deniers au système français, les numéros équivalents d'après le nouveau système seraient 45 à 500. Si l'on adoptait le kilogramme pour base du système, ces numéros deviendraient 90 à 1.000.

Ici l'avantage, signalé pour les gros numéros par l'adoption du kilogramme comme base du système, disparaît, les grands chiffres n'étant pas d'un emploi commode.

Le grand obstacle à l'adoption de ce système ne pourrait venir que de l'habitude contractée par le commerce et l'industrie de titrer en sens inverse de la méthode que nous proposons; mais si l'on veut unifier le titrage de tous les textiles, il faut que cette transformation radicale se fasse.

C'est aux grands centres de production et de consommation à émettre leur avis sur l'opportunité que présentera cette transformation et sur les obstacles qu'elle pourra rencontrer, et peut-être à décider de rester provisoirement en dehors de l'unification.

Conclusions.

Nous voyons donc que le système employé pour titrer le coton peut être appliqué sans difficultés à tous les autres textiles; que sa mise à exécution n'exige que des transformations peu coûteuses, les appareils existants pouvant être modifiés à peu de frais. Nous voyons aussi que si pour certaines matières, dont le titrage est basé sur une méthode différente, l'unification projetée peut rencontrer des obstacles, ils ne viendront pas de l'application matérielle du système.

Toutes ces considérations nous font conclure *à proposer pour système de titrage uniforme pour toutes les matières textiles le système actuellement employé en France pour titrer les filés de coton. Le nombre d'écheveaux de 1.000 mètres nécessaire pour*

peser 0,500 grammes donnera le titre ou le numéro du textile.
On donnera 70 tours de dévidoir par échevette et 10 échevettes
feront l'écheveau; le périmètre théorique de 1,4285 sera appli-
qué pour le coton, la laine peignée, la laine cardée, la bourre de
soie, la soie grége. On adoptera pour le lin, le chanvre, la jute
un périmètre théorique de 2m,50; dans ce cas 40 tours de dévi-
doir feront l'échevette et 400 tours l'écheveau.

Si le kilogramme était absolument nécessaire pour gagner des
partisans à l'unification, nous n'y verrions pas d'obstacle majeur
et nous nous rangerions à son adoption, sans toutefois la conseiller, pour les nombreuses raisons que nous avons développées
ci-haut.

Pour l'exécution du système nous ne saurions admettre qu'on
la modifie en quoi que ce soit; les motifs qu'on aurait pour le
faire ne nous paraissent nullement justifiés.

Moyens à employer pour généraliser l'unification des titrages de filés.

Il nous reste à examiner comment on pourra faire adopter ce
système de titrage unique pour toutes les industries textiles.

Les chambres de commerce, les corporations d'arts et de métiers, les sociétés industrielles, après s'être prononcées au sein
du Congrès sur l'opportunité de l'unification et sur l'adoption
d'un système uniforme, par l'organe de leurs délégués, prêteront
certainement leur appui et leur concours pour engager leurs
commettants à adopter cette transformation dont ils ne tarderont
pas à apprécier la grande utilité.

La propagation de tableaux analogues à ceux publiés par la
Commission donnant la comparaison entre les anciens titrages avec
celui qu'elle propose, sera d'une nécessité indispensable pour
initier chacun à la transformation. Ce sera l'œuvre du Congrès,
lorsqu'on se sera mis d'accord sur le système, de poursuivre l'établissement de ces tableaux, qui devront embrasser tous les numéros et tous les textiles, et être répandus partout.

La construction de romaines comparatives graduées spécialement pour chaque textile à l'ancien et au nouveau titre, sera
très utile pendant la période de transition, surtout si on n'arrive
pas à faire adopter par tous les pays le système nouveau.

Mais on a à lutter contre des habitudes invétérées, contre des
intérêts peut-être puissants, qui se croiront lésés si le langage
international devient un peu plus clair, surtout contre l'usage de
systèmes de titrage qui ne seront changés dans certains pays que
quand on y aura adopté le système métrique lui-même.

Il ne faut donc pas se dissimuler les résistances que l'on rencontrera, et rien ne doit être négligé pour les vaincre.

Nous pensons que les principales tentatives devront se porter
vers la propagation du système métrique, que quelques nations de
l'Europe viennent d'adopter, mais que d'autres, et parmi elles la
plus industrielle, l'Angleterre, n'ont pas encore. C'est de là que
viendra la grande difficulté qui fera obstacle à l'unification générale. Le système anglais ayant le yard et la livre anglaise pour
base, ne peut pas être changé dans ce pays tant que le mètre et le
kilogramme n'auront pas remplacé le yard et la livre. Du jour où
cette substitution sera faite, la modification du système de titrage
s'imposera d'elle-même, comme elle s'impose aujourd'hui à tous
les industriels des pays qui ont le système métrique.

L'action du Congrès ne sera donc directement efficace qu'auprès des pays qui ont le système métrique; mais ce n'est pas une
raison pour ne pas commencer. Aujourd'hui ces pays sont assez
nombreux pour que, par la force des choses, ils entraînent plus
tard les autres.

Quand on a modifié le système des poids et mesures, la loi est
intervenue pour proscrire l'usage complet des anciens systèmes
après un temps déterminé. Le marchand ne pouvait plus posséder
que les nouvelles mesures, les nouveaux poids soigneusement con-
trôlés et marqués par l'administration. C'était à la fois une garantie pour l'acheteur et pour le vendeur; l'acheteur savait que partout le même poids, la même mesure lui était présentée; il n'avait

à débattre que la qualité et le prix; le vendeur était sûr qu'un concurrent déloyal ne pouvait tromper son acheteur en lui offrant la même qualité à un prix inférieur, mais en ne lui donnant pas le poids ou la mesure réglementaire.

Ne pourrait-on pas faire quelque chose d'analogue en exigeant qu'au bout d'un certain temps toutes les transactions de filés soient réglées sur le nouveau titrage, qui serait le titrage légal? Ne pourrait-on pas exiger que les livres de commerce, les inventaires, les factures ne mentionnent que des mesures légales; que les ventes de filés ne se fassent plus autrement qu'en poids et mesures métriques?

Quand on a décrété une unité de poids et une unité de mesure pour régler les transactions, on ne doit plus pouvoir vendre à l'une quelconque des aunes ou des livres abrogées, et ce n'est que par une intervention légale qu'on arrivera à faire que l'usage du nouveau système des poids et mesures ne soit pas seulement facultatif, mais obligatoire dans toute espèce de transaction.

Ce n'est qu'une intervention légale qui pourrait faire disparaître certaines anomalies que l'on rencontre encore dans la vente des filés. Par exemple les filés en bobines se vendent au Zollpfund, tandis que les filés dévidés se vendent à la livre anglaise, tous deux des unités qui ne devraient plus avoir cours.

Certes on n'empêcherait pas de vendre une quantité représentée sous ces anciennes unités, par exemple un paquet de 10 livres anglaises ou 10 anciennes livres de Berlin; mais on pourrait exiger que la transaction soit basée sur $4^k,533^{gr}$ ou sur $4^k,677^{gr}$. Cette légère entrave amènerait peu à peu la modification des nombreux conditionnements sous lesquels on vend les filés.

Dans tous les contrôles officiels, dans les déclarations de douanes, dans les expertises en cas de contestation, dans les bureaux de conditionnement, la loi pourrait exiger l'adoption du nouveau système, le seul légal.

Comment et jusqu'où cette intervention législative pourrait-elle s'étendre? C'est ce qu'il ne nous est pas possible de discuter maintenant, mais nous croyons qu'elle est indispensable pour établir un peu d'harmonie dans les nombreuses manières dont se font les transactions des textiles, basées sur des mesures et sur des poids abrogés par les lois, mais conservées par des habitudes difficiles à déraciner.

Nous ne pensons pas que l'on puisse nous faire un reproche d'invoquer une action répressive contre les usages commerciaux pour l'adoption des résolutions votées au sein d'un Congrès où tous les intéressés sont convoqués, où toutes leurs observations sont entendues et discutées sérieusement. Ces résolutions, approuvées par ceux qui ont délégué leurs représentants au sein du Congrès, ne seront que l'expression d'une transaction imposée par le but que l'on veut atteindre et dont chacun aura apprécié l'utilité.

Quand, pour une transformation pareille, on a eu soin de prendre l'avis préalable des intéressés et que l'on a tenu un juste compte de leurs observations, il n'y a pas à risquer que ces derniers se sentent violentés lors de l'application de cette transformation.

Le Comité de mécanique approuve les conclusions du présent rapport; il demande à la Société industrielle l'impression du rapport, ainsi que des notes et tableaux qui l'accompagnent.

NOTE.

—

Conversion des numéros anciens en numéros nouveaux.

A. COTON, LAINE, LIN, BOURRE DE SOIE.

Voici la formule générale qui permet de déterminer le numéro d'un système quelconque correspondant au numéro du système basé sur le même principe, que nous proposons comme système de titrage uniforme pour tous les textiles.

$$\frac{\text{Numéro du}}{\text{nouveau système}} = \frac{\text{Numéro de}}{\text{l'ancien système}} \times \frac{\dfrac{\text{Longueur de l'écheveau}}{\text{ancien système}} \ \text{en mètres}}{\dfrac{2 \times \text{unité de poids}}{\text{base de l'ancien système}} \ \text{en grammes}}$$

Voici comment cette formule s'établit :

Deux systèmes ayant même longueur d'écheveau, mais ayant pour base des poids différents, auront leurs numéros en raison directe des poids. Soit N le numéro du système nouveau, ayant pour base de poids P, soit N' le numéro correspondant dans un système ayant pour base le poids P', on aura

$$N : N' :: P : P'.$$

Si ces deux systèmes ont même base de poids, mais des longueurs d'écheveaux différentes, leurs numéros seront en raison inverse de ces longueurs; soit N le numéro du système ayant pour longueur d'écheveau L et N', le numéro correspondant dans le système ayant pour longueur L', on aura

$$N : N' :: L' : L$$

multipliant les deux proportions terme à terme,

on a
$$2\,N : 2\,N' :: PL' : P'L$$

ou
$$N : N' :: PL' : P'L$$

remplaçant P et L par leurs valeurs en grammes et en mètres dans le système nouveau,

on aura
$$N : N' :: {}_{500} L' : {}_{1000} P'$$

d'où (1)
$$N = N' \times \frac{{}_{500} L'}{{}_{1000} P'} = N' \frac{L'}{2\,P'}$$

qui est la valeur algébrique de la formule que nous avons donnée ci-haut.

En résolvant cette équation (1) par rapport

à N on aurait
$$N' = N \frac{1000 \; P'}{500 \; L'}$$

ou
$$N' = N \cdot \frac{P'}{L'}$$

On voit donc que pour passer d'un numéro du système nouveau à l'ancien, il faut multiplier ce numéro par le double du poids, base de l'ancien système, et diviser par la longueur de l'écheveau

ou

$$\text{Numéro de l'ancien système} = \text{Numéro du nouveau système} \times \frac{2 \times \text{unité de poids, base de l'ancien système en grammes}}{\text{Longueur de l'écheveau ancien système en mètres}}$$

En remplaçant dans ces formules les lettres par leurs valeurs correspondantes dans les différents systèmes pour le coton, la laine, le lin, etc., et en effectuant les calculs, on obtiendra un coefficient par lequel il suffira de multiplier un des numéros quelconques de l'un des systèmes, pour avoir le numéro correspondant dans l'autre. On pourra ainsi établir les tableaux comparatifs pour tous les systèmes.

On trouvera plus loin deux tables où ces valeurs sont calculées ; nous y avons joint, dans une colonne spéciale, le numéro correspondant au N° 10 et 50 du nouveau système. Dans la table A se trouve le coefficient par lequel il faut multiplier les anciens numéros pour avoir les nouveaux numéros ; dans la table B se trouve le coefficient par lequel il faut multiplier le nouveau numéro pour obtenir le numéro correspondant dans l'ancien système.

B. Soie grége et jute.

Cherchons à présent à établir la relation entre les numéros du nouveau système proposé et les anciens titrages de la soie, fondés sur une méthode complètement différente.

Avec l'ancien titre de Lyon, une longueur de 476 mètres pesant 1 grain ou denier, soit $0^{gr},053115$, donnait le titre 1 ; le poids de 1000 mètres à ce titre serait

$$0,053115 \times \frac{1000}{476} = 0^{gr},11153.$$

Dans le nouveau système, le numéro de cet écheveau est donné par la relation $N = \frac{500}{P}$ en appelant P le poids en grammes de l'écheveau de 1000 mètres.

En remplaçant P par la valeur correspondant à un écheveau marquant 1 denier, on aurait $N = \frac{500}{0,11154} = 4484$.

Ainsi le N° 1 du système de l'ancien titrage égal au N° 4484 du système que nous proposons. Comme d'après cette méthode, les numéros sont en raison directe des poids des écheveaux, en appelant n et n' deux titres de soie, et P et P' les deux poids correspondant à un écheveau de 1000 mètres, on aurait

$$n : n' :: P : P'.$$

Dans le nouveau système, les numéros sont en raison inverse des poids des écheveaux, c'est-à-dire que plus un écheveau est lourd, plus le numéro est bas ; on aura donc entre les deux numéros correspondant aux poids P et P' et les poids, la relation

$$N : N' :: P : P'$$

multipliant ces relations terme à terme,

on a $\qquad n N : n' N' :: P P' : P' P$

d'où (2) $\qquad n N = n' N'$

résolvant cette question par rapport à N', en prenant n égal à 1, et pour N sa valeur correspondante 4484, on aura

$$N' = \frac{4484 \times 1}{n'}$$

c'est-à-dire que pour convertir les titres anciens en nouveaux, il faut diviser 4484 par ces titres, et le quotient donnera les numéros du nouveau système.

Par exemple : Combien titrera au nouveau système un écheveau de soie marquant 62 deniers à l'ancien titre de Lyon,

$$N' = \frac{4484}{62} = 72,3$$

ce sera du N° 72,3.

En opérant de même pour les autres titrages de la soie, on aurait pour le titre nouveau de Lyon, pour poids d'un écheveau de 1000 mètres en N° 1 $0,053115 \times \dfrac{1000}{500} = 0^{gr}10623$

et le numéro correspondant dans le titrage proposé serait

$$\frac{500}{0,10623} = 4709$$

on aurait de même pour le titre italien, pour poids d'écheveau de 1000 mètres

$$0^{gr},05 \times \frac{1000}{450} = 0^{gr},1111$$

et le numéro correspondant dans le titrage proposé serait

$$\frac{500}{0,111} = 4500$$

Si l'on veut passer du titrage nouveau à l'ancien, il faut résoudre l'équation (2) par rapport à N' et on aura

$$N' = \frac{N\,n}{N'}$$

Nous avons vu que les valeurs de N sont 4484, 4709 et 4500 dans les trois systèmes employés, $n = 1$ et N' le numéro du nouveau système; on aura donc le numéro d'un système ancien en divisant les valeurs de N par le numéro du titre nouveau. Soit par exemple, à déterminer le titre en deniers, ancien système Lyon, du N° 78, on aura $n' = \dfrac{4484}{78} = 57,4$

soit $57^{den},4$.

Pour la jute, système écossais, on a pour base le nombre de livres anglaises que pèsent 13.167 mètres. 13.167 mètres pesant 453 grammes, font du N° 1.

Le poids de 1000 mètres serait $\dfrac{453}{13167} = 34^{gr},4$.

En N° 1 écossais les 1000 mètres 'pèsent $34^{gr},4$. Ce serait du

$$N^o = \frac{4500}{34,4} = 14,53.$$

En faisant l'application à l'équation (2), on a

$$N'' = \frac{14,53 \times 1}{n'}$$

pour passer au nouveau système, et

$$n' = \frac{14,53 \times 1}{N'}$$

pour passer du nouveau à l'ancien.

Ainsi, à quel numéro nouveau correspond le titre 3, ancien système écossais

$$N' = \frac{14,53}{3} = 4,84$$

A quel numéro de l'ancien système correspond le N° 5 du nouveau titre

$$n' = \frac{14,53}{5} = 2,90$$

Nous donnons ci-après deux tables où ces différentes valeurs sont calculées : la table C permet de convertir les numéros de l'ancien système en numéros du nouveau système, la table D montre la transformation inverse.

MATIÈRES	SYSTÈMES	APPLICATION de la FORMULE	COEFFICIENT	NUMÉRO DE L'ANCIEN SYSTÈME correspondant dans le nouveau à	
				10	50
Coton.....	Anglais............	$N = N' \dfrac{768}{2 \times 453}$	0,8475 N'	8,475	42,3
Lin.......	Anglais............	$N = N' \dfrac{274,3}{2 \times 453}$	0,302 N'	3,02	15.1
Id........	Autrichien.........	$N = N' \dfrac{2805}{2 \times 4530}$	0,3096 N'	3,09	15,4
Id........	Français	$N = N' \dfrac{1000}{2 \times 500}$	1 N'	10	50
Laine peignée.	Allemand..........	$N = N' \dfrac{768}{2 \times 467,7}$	0,822 N'	8,22	41,1
Id.	Français (vieux).....	$N = N' \dfrac{720}{2 \times 500}$	0,72 N'	7,2	36
Id.	Anglais............	$N = N' \dfrac{512}{2 \times 453}$	0,5651 N'	5,65	28,2
Id.	Alsace, pour le rayon....	$N = N' \dfrac{700}{2 \times 500}$	0,70 N'	7	35
Id.	Reims et nord de la France	$N = N' \dfrac{710}{2 \times 1000}$	0,355 N'	3,55	17,7
Id.	Alsace, pour l'Allemagne..	$N = N' \dfrac{734}{2 \times 467}$	0,785 N'	7,85	39,2
Laine cardée..	Vienne............	$N = N' \dfrac{1371}{2 \times 560}$	1,224 N'	12,24	61,2
Id.	Bohême	$N = N' \dfrac{548,48}{2 \times 453}$	0.606 N'	6,06	30,3
Id.	Saxon.............	$N = N' \dfrac{812.7}{2 \times 453}$	0,897 N'	8,97	44,8
Id.	Berlin.............	$N = N' \dfrac{1434}{2 \times 500}$	1,434 N'	14,34	71,7
Id.	Cockerill	$N = N' \dfrac{1494}{2 \times 500}$	1,494 N'	14,94	74,7
Id.	Anglais............	$N = N' \dfrac{512}{2 \times 453}$	0,565 N'	5,65	28,2
Id.	Sedan.............	$N = N' \dfrac{1495}{2 \times 489}$	1,42 N'	14,2	61
Id.	Elbeuf	$N = N' \dfrac{3600}{2 \times 500}$	3,6 N'	36	180
Jute.......	Anglais............	$N = N' \dfrac{274.3}{2 \times 453}$	0,302 N'	3,02	15,1
Bourre de soie.	Anglais............	$N = N' \dfrac{768}{2 \times 453}$	0,8475 N'	8,475	42,3
Id.	Français..........	$N = N' \dfrac{1000}{2 \times 1000}$	0,5 N'	5	25

MATIÈRES	SYSTÈMES	APPLICATION de la FORMULE	COEFFICIENT	NUMÉRO du nouveau système correspondant dans l'ancien à	
				10	50
Coton.....	Anglais...........	$N'=N\,\dfrac{2\times453}{768}$	1,179 N	11,79	58,9
Lin.......	Anglais..	$N'=N\,\dfrac{2\times453}{274,3}$	3,3 N	33	165
Id.	Autrichien..	$N'=N\,\dfrac{2\times4530}{2805}$	3,23 N	32,3	161,5
Id.	Français...........	$N'=N\,\dfrac{2\times500}{1000}$	1 N	10	50
Laine peignée.	Allemand..........	$N'=N\,\dfrac{2\times467,7}{768}$	1,218 N	12,18	60,9
Id.	Français (vieux).....	$N'=N\,\dfrac{2\times500}{720}$	1,388 N	13,9	69,5
Id	Anglais...........	$N'=N\,\dfrac{2\times453}{512}$	1,769 N	17,7	88,5
Id.	Alsace, pour le rayon....	$N'=N\,\dfrac{2\times500}{700}$	1,428 N	14,28	71,4
Id.	Reims et nord de la France	$N'=N\,\dfrac{2\times1000}{710}$	2,81 N	28,1	140,5
Id.	Alsace, pour l'Allemagne..	$N'=N\,\dfrac{2\times467}{734}$	1,272 N	12,72	63,6
Laine cardée..	Vienne............	$N'=N\,\dfrac{2\times560}{1371}$	0,816 N	8,16	40,8
Id.	Bohême...........	$N'=N\,\dfrac{2\times453}{812,7}$	1,114 N	11,14	55,7
Id.	Berlin.............	$N'=N\,\dfrac{2\times500}{1434}$	0,697 N	6,97	34,8
Id.	Cockerill..........	$N'=N\,\dfrac{2\times500}{1494}$	0,669 N	6,69	33,4
Id.	Anglais........ ...	$N'=N\,\dfrac{2\times453}{512}$	1,76 N	17,6	88
Id.	Sedan.............	$N'=N\,\dfrac{2\times489}{1495}$	0,654 N	6,54	32,7
Id.	Elbeuf.............	$N'=N\,\dfrac{2\times500}{3600}$	0,277 N	2,77	13,8
Jute.......	Anglais...........	$N'=N\,\dfrac{2\times453}{274,3}$	3,3 N	33	165
Bourre de soie.	Anglais...........	$N'=N\,\dfrac{2\times453}{768}$	1,179 N	11,79	58,9
Id.	Français.......... .	$N'=N\,\dfrac{2\times1000}{1000}$	2 N	20	100

TABLE C.

MATIÈRES	SYSTÈMES	APPLICATION de la FORMULE	NUMÉRO 10 / 50 DE L'ANCIEN SYSTÈME correspondant dans le nouveau à	
Soie......	Ancien titre Lyon	$N' = \dfrac{4484}{n'}$	448,4	89,6
Id.	Nouveau titre Lyon.... .	$N' = \dfrac{4709}{n'}$	470,9	94.2
Id.	Système italien.........	$N' = \dfrac{4500}{n'}$	450,0	90.0
Jute......	Ecossais ....,.	$N' = \dfrac{14,53}{n'}$	1,45	0,29

TABLE D.

MATIÈRES	SYSTÈMES	APPLICATION de la FORMULE	NUMÉRO 10 / 50 DU NOUVEAU SYSTÈME correspondant dans l'ancien à	
Soie......	Ancien titre Lyon	$n' = \dfrac{4484}{N'}$	448,4	89,6
Id.	Nouveau titre Lyon.....	$n' = \dfrac{4709}{N'}$	470,9	94,2
Id.	Système italien.........	$n' = \dfrac{4500}{N'}$	450	90
Jute.......	Ecossais	$n' = \dfrac{14,53}{N'}$	1,45	0,29

NOTE

sur la comparaison des chaudières à foyers intérieurs, sans réchauffeurs (dites chaudières de Cornouailles et du Lancashire), avec les chaudières à trois bouilleurs, munies d'un réchauffeur tubulaire en fonte, placé sous la chaudière (chaudière de Wesserling).

Par MM. Charles Meunier-Dollfus *et* O. Hallauer, *ingénieurs de l'Association alsacienne.*

Séance du 18 décembre 1872.

Messieurs,

J'ai l'honneur de vous présenter au nom de M. Hallauer, ingénieur de l'Association alsacienne, et au mien, le travail suivant qui a été entrepris sur la demande de l'administration de la blanchisserie et teinturerie de Thaon, dans le but de déterminer les rendements respectifs de différentes chaudières à foyer intérieur et de chaudières à foyer extérieur.

Les premières à un ou deux foyers intérieurs sont très répandues en Angleterre dans le Cornouailles et le Lancashire : dans cette dernière province les chaudières sont généralement munies de deux foyers. Des générateurs de ces systèmes ont été essayés par nous chez MM. Sulzer frères, constructeurs à Winterthur.

Les secondes sont deux chaudières de l'établissement de MM. Gros, Roman, Marozeau et Cie à Wesserling, que nous avons également étudiées (*).

L'administration de la blanchisserie de Thaon désirait connaître nettement les valeurs intrinsèques de ces deux systèmes, car d'après les résultats obtenus tous les générateurs de la nouvelle usine devaient affecter l'une ou l'autre de ces formes.

(*) La description du système de ces générateurs se trouve dans les Bulletins de la Société industrielle, tome XXX, page 237.

Afin d'opérer de part et d'autre avec le même combustible, les essais ont été faits, à une dizaine de jours d'intervalle, dans les deux localités avec la même houille qui consistait en charbon tout venant de Von der Heydt, bassin de Saarbrück.

Chaudières à foyer intérieur.

Les chaudières à foyer intérieur, qui font l'objet de cette étude, se composent d'une enveloppe cylindrique que traversent de part en part un ou deux tubes où se trouve la grille : la partie de l'appareil où s'opère la combustion est donc entièrement entourée d'eau.

Ces chaudières construites par MM. Sulzer frères présentent les dimensions principales suivantes :

Longueur de la chaudière. . . . . 6^m144
Diamètre de la chaudière. . . . . 1^m920
Diamètre du tube intérieur . . . . 0^m720

Surface de chauffe totale . . . . . $52^m{}^2 40$
$\begin{cases} \text{Foyers} \dots \ 27^m{}^1 60 \\ \text{Tubes Galloway.} \ 1^m{}^1 80 \\ \text{Chaudière.. } 23^m{}^1 00 \\ \overline{52^m{}^1 40} \end{cases}$

Sans entrer dans les détails de la construction de ces générateurs, nous croyons devoir signaler l'ingénieuse disposition des foyers intérieurs. Les bords des viroles qui les forment, au lieu d'être superposés et rivés l'un sur l'autre comme on le fait généralement, sont relevés en forme de cornière arrondie, un anneau de tôle est interposé entre eux. Les rivets qui les relient se trouvent ainsi plongés dans l'eau du générateur au lieu d'être exposés à la flamme.

Ce mode d'assemblage permet la dilatation des foyers intérieurs, à une température naturellement plus élevée que l'enveloppe cylindrique, et met ces générateurs à l'abri des dislocations que produisent parfois les forces mises en jeu par l'inégale dilatation des différentes parties de l'appareil.

La chaudière à deux foyers porte dans chacun de ses carneaux intérieurs deux tubes Galloway.

Ces chaudières offrent une disposition toute spéciale comme circulation des gaz chauds, ainsi que nous l'avons déjà indiqué.

La fumée, après avoir traversée le 1er carneau intérieur, passe sous la chaudière, puis vient lécher la paroi supérieure du générateur pour se rendre à la cheminée.

Les constructeurs du générateur, en modifiant ainsi le circuit, avaient compté surchauffer ou tout au moins sécher la vapeur produite ; mais la proportion d'eau entraînée par cette vapeur, observée directement en appliquant la méthode de M. Hirn, a été trouvée de 6,56 °/₀. C'est le chiffre que l'on obtient généralement sur un générateur placé dans de bonnes conditions moyennes de marche. La vapeur n'a donc rien absorbé, et cependant ce trajet a fait perdre à la fumée 62°.

Cette déperdition de chaleur doit être tout entière attribuée au refroidissement par la partie supérieure du massif, et nous sommes amenés à condamner comme essentiellement vicieuse la disposition adoptée. Cette disposition est du reste interdite par l'article 8 du décret du 25 janvier 1865, ou tout au moins elle ne pourrait être admise qu'après un avis favorable émis spécialement par les agents de l'administration.

Chaudière à un seul foyer intérieur.

Cet appareil, le premier essayé, donne les mêmes rendements que la chaudière à deux foyers intérieurs, dont nous examinerons plus loin la valeur.

Nous avons relevé les températures des gaz chauds, soit directement à l'aide du thermomètre, soit au moyen d'une masse de fer plongée dans le courant gazeux ; ces observations fort complètes portent sur les quatre points principaux du circuit :

1° A la sortie du 1er carneau que forme le tube où l'on place le foyer ;

2° A la sortie du 2e carneau placé sous la chaudière et où les gaz se rendent de l'arrière à l'avant ;

3° A la sortie du 3e carneau où les gaz se dirigent de l'avant vers l'arrière de la chaudière, en léchant les parois qui forment la chambre de vapeur du générateur ;

4° A l'extrémité du conduit passant sous le massif et par lequel les gaz se rendent à la cheminée ; ce dernier chiffre nous donne la perte de chaleur par un conduit enterré, de dimensions connues ; voici les valeurs observées :

1er carneau 583°	différence ou	Δ
2e carneau 292°	chaleur abandonnée	291° du 1er au 2e
3e carneau 230°	soit à l'eau de la chaudière	62° du 2e au 3e
4e carneau 202°	soit au massif	28° du 3e au 4e

On voit tout d'abord que par la partie supérieure de la maçonnerie du fourneau, il se perd 62°, puis dans le canal inférieur allant à la cheminée 28°. En supprimant les deux derniers carneaux et en plaçant, sur le parcours des gaz chauds qui ont alors 292°, un appareil réchauffeur convenablement disposé, on pourrait amener la fumée à sortir à 125° environ, c'est-à-dire abaisser sa température de 167° au bénéfice de l'eau d'alimentation et par suite des rendements.

Ces derniers sont cependant fort beaux comme nous allons le voir.

La houille employée pour ces essais était du charbon de Von der Heydt tout venant (bassin de la Sarre) : l'eau était jaugée directement. — Nous donnons sous forme de tableaux les poids de houille brûlée et d'eau évaporée, supposée prise à 0°, ainsi que les rendements ou poids d'eau vaporisée par un kilogramme de houille, pure et tout venant brut, puis le poids total des scories et leur proportion °/₀.

Houille brûlée en 11ʰ30′ de marche.

	TOTALE pure	TOTALE brute	Par heure et mètre carré de surface de grille		Scories	
			TOTALE	VIDE	TOTALES	POUR CENT
Chaudières à un foyer intérieur sans réchauffeurs	972ᵏ	1127ᵏ5	72ᵏ6	320ᵏ8	155ᵏ5	13.79

Eau à 0° vaporisée en 11ʰ30′ de marche.

	TOTALE	Par heure et mètre carré de surface de chauffe	Par kilog. de houille ou rendement des chaudières	
			Pure	Brute
Chaudière à un foyer intérieur sans réchauffeurs	7142ᵏ	17ᵏ1	7ᵏ348	6ᵏ334

Chaudières à deux foyers intérieurs, sans réchauffeurs.

Ce système est de beaucoup préférable au précédent ; la disposition des deux tubes où sont placés les foyers, rend le nettoyage intérieur assez facile et permet de détacher les incrustations calcaires partout où elles se forment ; le diamètre des tubes étant plus petit, il s'en suit que l'on peut obtenir, avec des tôles relativement minces, une résistance suffisante à l'écrasement ; aussi est-ce ce type que nous choisirons pour le comparer aux chaudières à bouilleurs et foyer extérieur ; il a du reste, comme nous l'avons déjà dit, donné les mêmes rendements que le premier système.

Il a été impossible, par suite de la construction même du massif, de prendre la température à la sortie du 1ᵉʳ carneau ; nous donnons les résultats observés aux trois autres points :

2ᵉ carneau, circulation inférieure .... 263° différence ou chaleur Δ
3ᵉ carneau, sortie de la chaudière........... 206° abandonnée, soit 57°
4ᵉ carneau, canal conduisant à la cheminée .... 187° à l'eau, soit au massif 19°

La perte par la partie supérieure des maçonneries est à 5° près la même que pour l'essai précédent ; celle par le canal de sortie est inférieure de 9°, ce qui peut tenir à une meilleure construction qui l'isole plus du sol environnant.

L'essai a été fait avec la même houille et a duré deux journées entières.

Houille brûlée en 23 heures de marche.

	Totale pure	Totale brute	Par heure et mètre carré de surface de grille		Scories	
			Totale	Vide	Totales	Pour cent
Chaudières à deux foyers intérieurs sans réchauffeurs	2221ᵏ5	2560ᵏ	64ᵏ7	300ᵏ8	338ᵏ5	13.22

Eau à 0° vaporisée en 23 heures de marche.

Totale	Par heure et par mètre carré de surface de chauffe	Par un kilog. de houille ou rendement des chaudières	
		Pure	Brute
16507ᵏ	14ᵏ6	7ᵏ431	6ᵏ448

Eau entraînée par la vapeur.

C'est sur cette chaudière que l'eau entraînée a été déterminée directement par la méthode de M. Hirn ; six essais ont donné une moyenne de 6,56 % et les résultats ont varié dans les limites suivantes : maximum 7 %, minimum 5,61 %. En opérant avec soin on peut arriver à des résultats suffisamment approchés pour la pratique ; nous n'avions cependant à notre disposition qu'une bascule ordinaire, pouvant peser 50 kilogrammes très exactement, il est vrai, et un thermomètre donnant $\frac{1}{10}$ de degré.

Chaudières de Wesserling.

Nous avons employé la même houille, et placé les générateurs à peu près dans les mêmes conditions de marche que les précédents.

Ces chaudières présentent la surface de chauffe suivante :

Chaudière 33ᵐ²18
Réchauffeurs 47ᵐ²25
Surface de chauffe totale 80ᵐ²43

Les températures ont été relevées d'une manière tout aussi complète :

1° A la sortie du 1er carneau
où se trouvent les bouilleurs 579° différence ou chaleur.. Δ
2° A la sortie du 3° carneau
sous la chaudière .... 228° abandonnée, soit à l'eau 351°
3° A la sortie du 6° carneau
à l'extrémité des réchauffeurs 168° soit au massif........ 60°

Nous nous empressons d'appeler tout d'abord l'attention sur un fait qui semble à première vue erroné, mais qui s'explique cependant bien. L'eau dans les réchauffeurs gagne 110° — 41° = 69°, tandis que les gaz dans le même trajet perdent seulement 60°, lorsqu'ils devraient abandonner environ le double de ce que gagne l'eau, soit 140°, ainsi qu'il en a été fait la remarque lors des essais faits chez M. Hirn et chez M. Wehrlin-Hofer.

L'examen du plan d'installation de ces appareils nous a permis d'assigner à ce phénomène sa véritable cause.

Les avant-chauffeurs en fonte sont placés directement sous le premier carneau où se trouvent les bouilleurs ; des plaques de fonte placées sur la dernière rangée de tuyaux forment la séparation. Les gaz sortent de ce premier canal à 570°, et, par conséquent, sont dans tout leur parcours à une température très élevée ; ils chauffent directement ces plaques qui transmettent par conductibilité et par rayonnement une quantité de chaleur considérable ; aussi l'eau est-elle portée dans la dernière rangée de tuyaux seulement à la température élevée de 110° ; ceci n'a lieu qu'au détriment des chaudières qui se trouvent placées dans d'assez mauvaises conditions, car elles sont entièrement isolées et la partie supérieure du générateur n'est pas suffisamment protégée contre le refroidissement.

Des chaudières du même système où ces pertes de chaleur ont été évitées donnent de meilleurs résultats.

Les résultats des expériences ont été les suivants :

Houille brûlée en 22 heures de marche.

	TOTALE pure	TOTALE brute	Par heure et mètre carré de surface de grille		SCORIES	
			TOTALE	VIDE	TOTALES	POUR CENT
Chaudières de Wesserling N°ˢ 18 et 19 des rouleaux	3433ᵏ	3863ᵏ	35ᵏ4	170ᵏ4	430ᵏ	11.16

Eau à 0° vaporisée en 22 heures de marche.

	TOTALE	Par heure et mètre carré de surface de chauffe		Par kilog. de houille ou rendement des chaudières	
		sans réchauff.	avec réchauff.	Pure	Brute
Chaudières de Wesserling N°ˢ 18 et 19 des rouleaux	23257ᵏ	15ᵏ7	6ᵏ5	6ᵏ774	6ᵏ018

Comparaison des deux systèmes essayés.

Ainsi que nous l'avons dit, nous prenons la chaudière à deux foyers intérieurs, sans réchauffeurs, pour la mettre en regard de la chaudière à bouilleurs, munie de son réchauffeur. Ces deux appareils étant placés dans les mêmes conditions d'essai, les rendements en houille pure donneront immédiatement leur valeur relative.

A la chaudière à deux foyers intérieurs le rendement en houille pure est de 7ᵏ431

A la chaudière à bouilleurs et réchauffeur tubulaire le rendement en houille pure est de 6ᵏ774

Cette dernière est donc, malgré son réchauffeur, inférieure à la chaudière à deux foyers intérieurs de . . $\dfrac{7{,}431 - 6{,}774}{7{,}431} = 8\,84\%$

De plus, en ajoutant un avant-chauffeur aux chaudières à foyer intérieur, on augmenterait sensiblement encore leur rendement, qui se trouverait de beaucoup supérieur à celui donné par les chaudières à bouilleurs et réchauffeurs. Ce résultat est uniquement dû à ce que le foyer, placé dans l'intérieur même du générateur, est par suite complètement entouré d'eau. Les pertes dûes au rayonnement et au refroidissement sont ainsi considérablement réduites. Ces expériences viennent confirmer l'opinion que l'un de nous a exprimée avec M. Scheurer-Kestner, dans les recherches sur la combustion de la houille. (Voir Bulletin de la Société industrielle, tome XXXIX, page 372.)

A la suite de ces essais, l'administration de la blanchisserie de Thaon a adopté le système des générateurs à deux foyers intérieurs, qui seront munis de réchauffeurs-bouilleurs latéraux et sur lequel nous pourrons faire des essais dans des conditions plus favorables encore. En terminant cette note qu'il nous soit permis de rendre hommage à l'esprit de progrès qui a provoqué ces études, dont l'administration de Thaon a supporté toutes les charges et dont elle s'est empressée de nous accorder la publicité.

NOTE
sur l'essai d'un foyer fumivore de M. Ten Brink.

—

Quelque temps après ces expériences, M. Ten Brink, ingénieur distingué, inventeur d'un foyer fumivore pour les locomotives, appliqué avec succès dans plusieurs compagnies et notamment à celle d'Orléans, nous priait d'examiner un nouveau foyer fumivore de son invention qu'il venait d'installer à sa manufacture d'Arlen.

Nous croyons devoir joindre nos observations sur ce foyer à celles qui précèdent, car le foyer de M. Ten Brink est également intérieur.

Nouveau foyer fumivore de M. Ten Brink.

Les nombreuses tentatives faites jusqu'ici, dans le but de supprimer la fumée noire, ne sont pas encourageantes et après les essais sérieux, entrepris par la Société industrielle, il est permis d'affirmer que les résultats plus ou moins satisfaisants obtenus comme fumivorité se sont traduits toujours par une augmentation de consommation de combustible, par un abaissement des rendements, attendu que ces effets n'étaient généralement acquis que par une consommation considérable d'air par kilogramme de houille brûlée.

Aussi sommes-nous heureux d'appeler l'attention des industriels sur le nouveau foyer de M. Ten Brink, car d'après nos expériences cet appareil permet d'obtenir une fumivorité satisfaisante, tout en donnant des rendements élevés.

Nous devons le faire d'autant plus que M. Ten Brink renonce généreusement à tirer un profit quelconque de son invention.

L'appareil que nous avons essayé est appliqué à une petite chaudière à tube intérieur. Il se compose d'une caisse cylindrique à base elliptique, dans laquelle sont placés deux tubes contenant chacun l'un des foyers; cette caisse et les grilles elle-mêmes sont inclinées à 50°. La partie inférieure des tubes est fermée par une plaque de fonte qui intercepte la communication avec la chambre par derrière; les scories et les cendres achèvent la fermeture des tubes. Deux tubulures, placées l'une à la partie supérieure, l'autre à la partie inférieure du ciel de la boîte à feu, maintiennent la caisse toujours pleine d'eau et ménagent une active circulation. La houille est chargée au moyen d'une trémie formée par la plaque en avant des foyers, son poids l'amène sur la grille même où les charges précédentes sont déjà à l'état de coke. Les houilles maigres se prêtent bien à ce mode de chargement; si le foyer était alimenté avec des houilles grasses collantes, le chauffeur devrait en faciliter la descente au moyen d'un ringard. Cette disposition oblige le chauffeur à casser la houille en assez petits fragments; on sait combien il est difficile d'obtenir ce résultat dans la pratique [1].

L'air froid traverse la couche incandescente, s'échauffe et brûle les gaz produits soit par le coke, soit par la houille fraîche. Les gaz suivent le canal placé à la partie supérieure du foyer, se rendent dans une chambre assez vaste, achèvent de s'y brûler,

[1] L'ouverture de la trémie est variable, et l'on peut faire fonctionner l'appareil avec des couches plus ou moins épaisses de combustible.

puis ils s'engagent dans le carneau intérieur de la chaudière et de là dans ceux des réchauffeurs. Dans le cas particulier qui nous occupe, comme le tube intérieur présente une section insuffisante, les gaz passent à la fois au travers et autour du générateur, car le foyer de M. Ten Brink a été appliqué à une vieille chaudière précédemment installée différemment.

Trois réchauffeurs à bouilleurs, placés latéralement, utilisent la la chaleur des gaz à leur sortie de la chaudière, en établissant une circulation méthodique.

Lorsque la quantité de combustible brûlé sur ces grilles de $1^m{}^216$ est très-considérable, on est obligé d'introduire, par une prise disposée à cet effet au-dessus de la trémie, une petite quantité d'air, afin de rendre la fumivorité complète.

La surface de chauffe du générateur est distribuée comme suit :

    1° Surface de chauffe du foyer . . . . . $7^m{}^232$
    2° Surface de chauffe de la chaudière . . 14^m53
    3° Surface de chauffe des réchauffeurs. . $20^m{}^270$
            Total . . . . . . $\overline{42^m{}^255}$

La surface totale d'une grille est $0^m{}^258$, celle des deux $1^m{}^216$.

Les températures relevées sont les suivantes :

Fumée à la sortie de la chaudière...................... 226° différence Δ
Fumée à la sortie du réchauffeur .... 122°5   »   103°5
Eau d'alimentation à l'entrée des réchauffeurs .... 21°6   gain Δ
Eau d'alimentation à la sortie des réchauffeurs........... 90°3   »   68°7

Le combustible brûlé était de la houille d'Itzenplitz, deuxième qualité (bassin de Saarbrück) ; les rendements obtenus sont remarquables.

Houille brûlée en 36 heures de marche.

TOTALE pure	TOTALE brute	Par heure et mètre carré de surface de grille TOTALE	SCORIES	
			TOTALES	Proportion °/₀
1802^k	2190^k	52^k45	388^k	17.72

Eau à 0° vaporisée en 36 heures de marche.

TOTALE	Par heure et mètre carré de surface de chauffe		Par kilog. de houille ou rendement des chaudières	
	sans réchauffeurs	avec réchauffeurs	Pure	Brute
15176k4	19k29	9k90	8k422	6k930

Pour se rendre compte des résultats obtenus avec les différents appareils que nous avons étudiés, nous les résumons dans le tableau suivant :

	NATURE DE LA HOUILLE	RENDEMENT DE LA HOUILLE PURE	TEMPÉRATURE de la fumée à la sortie de l'appareil
Chaudière à un foyer intérieur	Von der Heydt, 2me sorte	7.348	230°
Chaudières à deux foyers intérieurs	Id.	7.431	208°
Chaudière à bouilleur et réchauffeur....	Id.	6.774	166°
Chaudière à foyer Ten Brink...........	Itzenplitz, 2me sorte	8.422	123°5

Il est regrettable que dans l'essai du foyer fumivore de M. Ten Brink nous n'ayons pas eu à notre disposition exactement le même combustible que dans les expériences précédentes. Toutefois il est extrêmement probable que s'il existe un écart entre les pouvoirs calorifiques de la houille d'Itzenplitz et de Von der Heydt, cet écart n'est pas considérable.

En effet l'un de nous a déterminé avec M. Scheurer-Kestner les pouvoirs calorifiques des houilles de Friedrichsthal et de Von der Heydt, qui toutes deux font partie du deuxième étage du bassin de Saarbrück, l'une à l'est, l'autre à l'ouest, et ces pouvoirs calorifiques sont égaux puisqu'ils ont été trouvés de 8457 et de 8462.

Or la houille d'Itzenplitz, dans la partie est du bassin, a donné à l'essai 17.72 % de scories, tandis que la houille de Friedrichsthal, dans les essais entrepris chez M. Kestner, contenait 17.80

de scories. (Voir Bulletin de la Société industrielle, tome XXXIX, page 296.)

Ces nombres démontrent que le résultat obtenu avec le foyer de M. Ten Brink est de 11.7 % plus élevé que celui des chaudières à foyer intérieur sans réchauffeur, et ce fait justifie l'opinion que nous avons émise précédemment, en insistant sur l'utilité d'installer des appareils réchauffeurs à la suite de ces générateurs. La température de l'eau d'alimentation s'est en effet élevée de 68°7 par son passage dans le réchauffeur.

Enfin l'écart, entre les rendements de la chaudière de M. Ten Brink et la chaudière à bouilleurs avec réchauffeur tubulaire, s'élève à 19.5 %.

Il est juste d'ajouter que dans ce dernier appareil la disposition du réchauffeur est vicieuse et que l'élévation de température de l'eau d'alimentation est dûe au moins autant au contact direct de la flamme circulant sous les bouilleurs et léchant les plaques de fonte qui se posent sur les tubes des réchauffeurs, qu'au refroidissement de la fumée à la sortie de la chaudière.

Nous souhaitons voir appliquer le système de foyer de M. Ten Brink à des chaudières à bouilleurs, convaincus que bien installé, cet appareil donnera des résultats analogues à ceux de nos essais.

APPLICATION DU PANDYNAMOMÈTRE

à la mesure du travail des machines à vapeur à balancier

par G.-A. HIRN.

Séance du 30 avril 1873.

Toutes les pièces mouvantes de nos machines, quelque résistantes qu'elles semblent relativement, se déforment temporairement sous l'action des efforts qu'elles subissent et qu'elles transmettent. Si puissants qu'on les fasse, nos arbres de transmission se tordent, nos manivelles, nos balanciers de machines à vapeur se courbent. Ces déformations passagères sont en général beaucoup plus grandes qu'on ne le pense. Dans bien des cas, elles sont susceptibles d'une mesure précise; et la valeur moyenne que nous leur trouvons nous permet alors de déterminer, avec précision aussi, l'effort moyen appliqué aux pièces qui les éprouvent et le travail mécanique moyen qui est exécuté par ces pièces.

Les personnes qui, à l'Exposition universelle de 1867, ont étudié la section des instruments de précision, ont pu y remarquer le modèle d'un *Pandynamomètre* fondé sur le principe précédent. Comme appareil de démonstration, il permettait de constater et de mesurer la torsion qu'éprouvait un gros arbre en fer forgé sous l'action du moindre effort moteur.

J'ai donné dans les *Annales des Mines* une description assez étendue du *Pandynamomètre*, tel que je l'avais établi à cette époque. J'y reviendrai dans un travail spécial, pour faire connaître quelques perfectionnements que j'ai faits, et surtout pour dire dans quels cas son emploi est ou facile ou absolument impossible. Ici, je vais parler d'une application que je viens de faire tout récemment du principe du pandynamomètre à un cas particulier, et limité aujourd'hui, il est vrai : à la mesure de la flexion du balancier des machines à vapeur verticales.

Construire un instrument à la fois précis et simple qui puisse tracer à tous instants le diagramme de la flexion du balancier, et qui permette par conséquent de se rendre compte de la détente, du mode de réglage des tiroirs, et de calculer finalement le travail de la vapeur et du moteur : tel est le problème que je me suis posé, et que j'ai résolu avec un succès qui a dépassé ma propre attente.

Je vais décrire l'appareil dans sa simplicité, je dirai dans sa *naïveté* primitive. Il est à la portée de chacun ; un menuisier et un tourneur ordinaires suffisent pour l'exécuter très convenablement.

PLANCHE I. — *BB'* Balancier de la machine.

RR' Règle plate en bois de sapin de la même longueur. Cette règle, libre par le bout *R*, est liée d'une façon rigide par le bout *R'* au balancier à l'aide de la fourche *ss'*. A son milieu elle est maintenue sur l'arête du balancier par la fourche en bois *nnnn*, entre les joues de laquelle elle est d'ailleurs libre aussi, et sur le fond de laquelle elle pose simplement de son propre poids.

A l'extrémité *B* du balancier est adaptée une tige de fer en équerre, sur la partie horizontale de laquelle se trouve une poulie *c*. A l'extrémité *R*, et sur le flanc de la règle, est fixé le tourillon d'une poulie *p* (0m,1 ou plus de diamètre).

Vers le milieu de la règle, et dans la direction de la gorge de *p*, se trouve une troisième poulie *l* sur laquelle est fixé le levier ou plutôt l'aiguille en bois, plate et très mince *ll'*.

Un cordon *fff*, flexible, mais aussi peu extensible qu'il se peut, part de la cheville *o*, à l'aide de laquelle on peut plus ou moins l'enrouler et le tendre, passe sur les poulies *c* et *p*, va faire trois quarts de tour sur la poulie *l*, et est attaché par son extrémité libre au ressort en hélice *rr*, que porte une tige verticale en bois fixée à la règle *RR'*. Pour éviter tout glissement, ce cordon est d'ailleurs fixé en un point de la circonférence de la poulie à l'aide d'une pointe ou clou sans tête.

Chacun aperçoit à première vue que si le balancier BB' fléchit dans un sens ou dans l'autre dans son plan vertical d'oscillation, l'extrémité B s'approchera ou s'éloignera de l'extrémité libre R de la règle rigide RR'. Le cordon inextensible fff, attaché de fait en c (puisqu'il ne peut s'allonger entre o et e), et toujours tendu également par le ressort très élastique rr, fera évidemment, par suite d'un mouvement relatif de B et R, tourner la poulie l et jouer dans un sens ou l'autre le levier ll'. La flexion du balancier BB' sera ainsi donnée immédiatement par l'arc que parcourra l'extrémité de ll'.

Cette extrémité porte un crayon qui appuie sur la planchette couverte de papier $ddd'd'$, et qui y trace le diagramme de la flexion. Rien de plus simple que la façon dont s'obtient ce tracé. La planchette $ddd'd'$ porte en arrière : 1° une fourche qui, tout en la maintenant verticale, lui permet de *patiner* à frottement très doux sur l'arête supérieure de la règle RR'; 2° une goupille en fer bien arrondie, qui va s'engager librement, mais sans jeu, dans une fente verticale pratiquée dans la pièce de bois immobile $gggg$, attachée solidement soit au plafond, soit à tout autre support. Par cette disposition, la goupille reste *sur une même verticale* et retient la planchette qui, par suite du mouvement du balancier, oscille relativement sur RR' à droite et à gauche du milieu.

Supposons, par exemple, le piston (du côté B) parvenu au haut de sa course : 1° le milieu de RR' se trouvera transporté à droite de la goupille qui maintient $ddd'd'$; *relativement*, au contraire, $ddd'd'$ aura voyagé à gauche de ce milieu vers la poulie l; le crayon se trouvera du côté $d'd'$; 2° au moment où la vapeur affluera au haut du cylindre, le balancier fléchira vers le bas; son extrémité B s'éloignera de R; le cordon fff, tenu en o et de fait en n, se déroulera de la poulie l; le crayon ira au haut de sa course.

La marche descendante ayant commencé, la planchette *fuira* relativement du côté droit; le crayon tracera une ligne, qui sera droite, si la pression reste invariable au cylindre pendant l'afflût de la vapeur. Au moment où la vapeur sera coupée et où la détente commencera, le crayon descendra tout en marchant vers dd, et tracera une courbe. Au bas de la course tout aura lieu à l'inverse : la planchette se sera éloignée le plus possible de la poulie l, le crayon sera arrivé du côté dd et à son excursion inférieure, etc.

La graduation et l'usage des diagrammes ainsi tracés sont des plus simples.

La machine étant arrêtée, on place la manivelle bien verticalement au haut, puis au bas de sa course, et l'on donne à chaque fois la vapeur, dont on mesure la pression avec un manomètre à mercure ; on a soin d'ouvrir le plus possible les robinets de purge du côté opposé à celui où donne la vapeur. On mesure sur $d\,d\,d'\,d'$ l'excursion totale du crayon pour une pression connue. D'après les expériences de beaucoup d'observateurs et d'après une foule d'expériences que j'ai faites moi-même, on peut considérer la flexion et la torsion du fer, de l'acier, de la fonte, etc., comme rigoureusement proportionnelles à l'effort que supportent les pièces. A l'aide des ordonnées des diagrammes et du titrage précédent, on peut donc aisément trouver la pression qui s'est exercée sur le piston en chaque point de sa course, et déterminer ainsi, comme avec l'indicateur Watt, les circonstances les plus détaillées et la somme du travail de la vapeur. Quelques réflexions et quelques remarques générales sont pourtant indispensables ici :

1º Chacun conçoit que l'exactitude de la marche de l'appareil dépend de la rigidité de la règle RR'. Celle que j'ai employée est tout d'une pièce : elle a 0ᵐ,05 d'épaisseur sur 0ᵐ,25 de largeur ; mais il est clair qu'il vaudrait mieux la former de trois planches de 0ᵐ,02, collées ensemble sur toute leur longueur ; à l'aide de cette précaution, on empêcherait le bois de travailler et de se déjeter.

J'ai mis fin à peu près complètement aux vibrations, en adaptant à la règle une pièce de bois d'équerre tt, du sommet de laquelle aux extrémités R et R' sont fortement tendues deux ficelles aa', aa';

2° L'aiguille ou levier ll' doit être, comme j'ai dit, en bois léger, très mince ($0^m,002$ au plus), et assez large.

C'est du rapport de la longueur de ce levier au rayon de la poulie l que dépend évidemment la grandeur des ordonnées du diagramme. On ne gagne point à exagérer cette dernière, car l'aiguille ll' *fouette* d'autant plus qu'elle est plus longue. Le rapport de 1 à 9 ou à 10, entre le rayon de la poulie et la longueur de l'aiguille, conduit à une amplification plus que suffisante, et évite les oscillations violentes auxquelles donne lieu un rapport plus grand (1 à 20 par exemple);

3° La tension du cordeau fff, opérée par le ressort rr, ne doit être ni trop forte ni trop faible; avec quelques tâtonnements on trouve vite celle qui convient. En ce qui concerne le cordeau lui-même, j'ai eu recours à une ficelle ordinaire, en chanvre retors, vernie avec le vernis des harnais de tissage. De o en c cette ficelle était doublée, afin d'éviter tout retrait.

Chacun saisit l'utilité de la cheville o : elle sert à ramener pendant la marche même de la machine le levier ll' dans une position telle qu'il oscille également des deux côtés de la ligne parallèle à l'arête de RR';

4° Le sommet plat de RR', où patine la planchette $ddd'd'$, doit être enduit de plombagine, pour éviter toute vibration.

A peine ai-je besoin de dire que la planchette peut s'enlever et se replacer facilement pendant la marche même, de sorte qu'on peut changer le papier du diagramme à volonté;

5° La surface des diagrammes tracés avec l'appareil répond visiblement au travail disponible total de la vapeur, diminué : 1° de celui que coûte le frottement du piston moteur; 2° de celui que coûtent la pompe pneumatique, la pompe à eau froide et la pompe alimentaire, dont les tiges, dans la plupart des machines, sont toutes attachées au balancier. La correction à faire pour arriver au travail total de la machine n'est toutefois pas très grande, puisque des machines bien construites, de près de 150 chevaux de force, consomment à peine 15 chevaux pour leur propre marche, et que sur ces 15 chevaux la moitié au moins doit être attribuée aux frottements des diverses pièces commandées indirectement par le balancier.

Cette correction en plus ou en moins, selon qu'on veut connaître le travail disponible ou celui que donnerait la machine au frein, est facile à déterminer pour chaque machine en particulier. Il suffit pour cela de faire marcher bien régulièrement le moteur à vide et de relever un diagramme : la surface de celui-ci exprime le travail propre de la machine, moins celui que coûte aussi le frottement du piston moteur, la pompe pneumatique, etc., etc. En faisant ensuite encore une fois marcher à vide, en coupant subitement la vapeur et en comptant le nombre de tours et le temps que met la machine à s'arrêter, on déterminera aisément, à l'aide du moment d'inertie du volant, le travail total de la machine pour son propre mouvement. Je donnerai à la fin de ce mémoire un exemple d'application de ce qui précède.

Voyons d'abord comment on se sert des diagrammes;

6° J'ai dit qu'on tare une fois pour toutes la flexion du balancier traduite en course du crayon sur $d\,d\,d'\,d'$, en donnant une pression de vapeur connue aux deux extrémités de la course du piston. Mais il est clair que dans cette position du balancier la flexion est un peu moindre qu'elle ne le deviendrait avec une même charge, si le balancier était horizontal. L'effort étant toujours dirigé verticalement, la flexion, en effet, est proportionnelle à la projection horizontale du balancier, qui atteint son maximum quand le piston est au milieu de sa course. (Je fais ici abstraction de l'intervention du parallélogramme, ce qui ne conduit qu'à une erreur négligeable.)

Soient a l'arc décrit par le crayon, quand on donne la pression P aux deux bouts de la course, L la longueur du balancier, H la course du piston. On a, à fort peu près :

$$A = \frac{\frac{1}{2}\,a\,L}{\sqrt{(L^2 - H^2)\,\frac{1}{4}}} = \frac{a\,L}{\sqrt{L^2 - H^2}}$$

pour la valeur de l'arc A que décrirait le crayon, si la pression P se donnait quand le balancier est horizontal.

Rigoureusement parlant, le travail du balancier relevé à l'aide de ces diagrammes a pour expression une intégrale de la forme :

$$F = C .\int \frac{p\,d\,H}{\sqrt{L^2 - H^2}}$$

équation dans laquelle la pression variable de la vapeur, ou p, devrait être écrite en fonction de H ou de la course du piston. Sous cette forme, la solution du problème serait impossible; mais il est inutile aussi de la chercher.

Divisons en effet en vingt parties égales la course du piston; désignons par h_0, h_1, h_2 les distances successives du piston au *milieu* de sa course, en dessus et en dessous. La flexion qu'indiquerait le crayon, avec la pression P, pour chacune de ces courses, aurait pour valeur :

$$a_0 = \frac{2\,A}{L}\sqrt{\frac{1}{4}\left(L^2 - h_0^2\right)}$$

$$a_1 = \frac{2\,A}{L}\sqrt{\frac{1}{4}\left(L^2 - h_1^2\right)}$$

et ainsi de suite. On forme ainsi une table de dix valeurs de flexion, répondant pour une même pression à deux positions symétriques du piston au dessus et au dessous du milieu de sa course.

Il est clair maintenant que si nous divisons l'axe des abcisses de nos diagrammes en vingt parties, la grandeur des ordonnées, multipliée par les nombres correspondants de notre table, nous donnera la pression réelle pour chacun de ces vingtièmes de la course totale;

7° Pour nous tenir toujours dans l'exactitude absolue, une remarque est à faire quant à cette division de l'axe des abcisses en vingt. Des considérations trigonométriques très simples nous montrent que la marche de la planchette $d\,d\,d'\,d'$ n'est point *uni-forme* par rapport à celle du piston moteur, et que l'on a très approximativement la relation :

$$x = \alpha \sec \theta$$

x étant les abcisses mesurées à partir du milieu des diagrammes, θ l'angle décrit par le balancier en dessus et en dessous de l'horizontale, et α une constante qui dépend des dimensions des diverses pièces du dynamomètre et du balancier.

Pour arriver d'une manière tout à fait pratique à une échelle convenable, il suffit, la machine étant en repos, de mettre la planchette $d\,d\,d'\,d'$ en place, de faire monter le piston, à partir du bas (par exemple) de vingtième en vingtième de sa course, et de faire, à chaque arrêt, marquer un point par le crayon. On divise ainsi l'abcisse *maxima* en vingt parties *inégales,* qui répondent aux vingt parties *égales* de la course du piston. Sur cette ligne divisée, on écrit en chaque point la flexion indiquée par la table dont j'ai parlé plus haut, et rien n'est alors plus facile que le calcul de la pression moyenne pendant une course de piston, et par suite celui du travail que représente un diagramme.

On arrive du reste tout aussi vite et tout aussi exactement à faire la division précédente à l'aide de l'équation, facile à démontrer :

$$x = \frac{a\,y}{\sqrt{b^2 - y^2}}$$

dans laquelle a désigne la distance du centre du balancier à la goupille de la planchette $d\,d\,d'\,d'$, b la demi-longueur du balancier de centre à centre, et dans laquelle x sont les divisions de la planchette répondant à chaque course y du piston, le milieu du cylindre étant pris pour point de départ des deux côtés;

8° Rigoureusement parlant, les ordonnées tracées sur les diagrammes sont des arcs de cercles décrits avec un rayon égal à la longueur de l'aiguille $l\,l'$ et non des lignes droites. Toutefois, en raison de la longueur de $l\,l'$ par rapport aux ordonnées les plus élevées, l'erreur commise en prenant des droites est inappréciable;

9o Rigoureusement parlant aussi, d'autres corrections encore, et assez nombreuses, seraient à faire aux nombres fournis par nos diagrammes. Toutefois, ce serait commettre, comme il arrive d'ailleurs à bien des personnes, une faute réelle que d'appliquer des méthodes de calcul poussées aux cent-millièmes, à des nombres expérimentaux qui, par leur nature même, ne peuvent être exacts qu'au centième près par exemple.

La méthode d'approximation que je viens d'indiquer suffira donc parfaitement lorsqu'on voudra se rendre compte de la marche de la détente, du mode d'admission et d'échappement de la vapeur, etc. Et lorsqu'on voudra simplement connaître le travail donné par un coup de piston, on pourra procéder plus vite et plus simplement encore. Il suffira de relever avec le planimètre (Amsler) la surface d'un diagramme, de la diviser par la longueur *maxima*, et de multiplier par la moitié de l'ordonnée *moyenne* ainsi trouvée la *moyenne* des pressions qui forment la table dont j'ai indiqué plus haut la construction;

10o Dans tout ce qui précède, j'ai admis implicitement que la machine dont il s'agit est à un seul cylindre, comme celles sur lesquelles je fais mes expériences. En réalité, la plupart des machines à balancier que l'on construit encore sont du système Woolf ou à deux cylindres. L'effort total de la vapeur est par conséquent appliqué, et d'une manière très inégale, à deux points du balancier. On arriverait aux résultats les plus faux si l'on n'avait pas égard à cette inconstance dans l'application du pandynamomètre; mais aussi rien n'est plus facile que d'en tenir compte. Remarquons que l'attache fixe *ss'* de la règle *RR'* au balancier peut être placée indifféremment en *R'* ou en *R*, autrement dit du côté de la bielle ou du côté du cylindre unique. Dans le cas de la machine Woolf, il faudra l'établir juste au dessus du tourillon du balancier répondant *au petit cylindre*, et par suite raccourcir *R* de ce côté de toute la distance des centres des deux cylindres. On tarera l'instrument, en donnant la plus forte pression possible de vapeur au haut et au bas du petit cylindre seul. Avec un peu de réflexion, chacun verra que les erreurs sont évitées par cette disposition très simple.

J'ai joint à ce mémoire quelques diagrammes de flexion tracés dans des conditions très diverses, afin que le lecteur puisse juger par lui même du mode de fonctionnement du pandynamo-mètre *(planche II)*. Il ne sera pas inutile par conséquent de compléter ce travail, en montrant comment l'instrument en particulier a été gradué et titré.

Le piston de la machine étant placé au haut et puis au bas de sa course, et la pression de la vapeur, en colonne de mercure, étant 3m,15 dans le premier cas et 3m,10 dans le second cas, le crayon parcourt une ordonnée totale de 0m,209. Le diamètre du piston est 0m,605; celui de sa tige est de 0m,08; la surface inférieure est donc 0m,287476 et la surface *libre* supérieure est $(0,287476 — 0,005026) = 0^m,282449$.

Avec ces données, on a pour la charge supportée par le piston :

Sur sa face supérieure : $0,282449 . 13,596 = 12097$ k.

Sur sa face inférieure : $0,287476 . 13,596 = 12116$ k.

Il résulte de là que la charge faisant décrire au crayon un arc de 1m est :

$$\frac{12116 + 12097}{0,209} = 115852 \text{ k.}$$

La longueur de la moitié du balancier (de centre à centre de l'axe et du tourillon) est de 2m,92; la moitié de la course est de 0m,851; on a donc d'après ce qu'on a vu (page 251) :

$$115852 \; \frac{\sqrt{2,92^2 — 0,851^2}}{2,92} = 110823 \text{ k.}$$

pour la charge qui eût donné une course de crayon de 1m, *si le balancier avait été horizontal*.

En supposant maintenant la course du piston divisée en vingt parties égales, notre équation (page 251) donne, pour les charges déterminant une course de 1^m dans ces vingt positions successives, les valeurs qui se trouvent cotées sur la règle ou index (*planche II*). La valeur moyenne de ces nombres est 112622 k. Les vingt subdivisions de l'index, répondant sur les diagrammes (tous égaux en longueur) à vingt subdivisions égales de la course du piston, ont été obtenues à l'aide des deux méthodes que j'ai indiquées : elles se ressemblent tellement dans les deux cas, que je n'ai pas hésité à donner la préférence à la méthode par calcul, de laquelle sont exclues toutes les petites irrégularités inhérentes à la division pratique et sur place. L'usage de l'index ainsi divisé et coté est, comme je l'ai dit, des plus simples. Sur la plus grande des abcisses d'un diagramme (0^m,455), on pique les vingt divisions de cet index et l'on multiplie par la moitié de l'ordonnée en chaque point le nombre des kilogrammes coté sur l'index. Pour obtenir le travail rendu, il suffit ensuite de multiplier la moyenne de tous ces produits par la course du piston ou 1^m,702; ou, si l'on veut avoir le travail en chevaux, par $\left(\dfrac{1^m,702}{75}\right)$, la machine faisant 30 tours par minute, la vitesse du piston était exprimée par le même nombre que la course du piston.

Le diagramme N° 1 répond au travail de la machine marchant à vide, et pour ainsi dire sans détente. En le soumettant au calcul, il donne un travail de 12 chevaux Ayant évalué ce même travail en partant de la force vive du volant et du nombre de tours que fait la machine pour s'arrêter, lorsqu'on coupe brusquement la vapeur, j'ai trouvé près de 14 chevaux. La différence de ces deux nombres semblerait indiquer que le premier (12 chevaux) est un peu trop fort, puisque l'on n'aurait que deux chevaux pour le travail du piston moteur et des deux pompes (du condenseur et de l'eau d'injection). Je pense toutefois que cette erreur apparente dérive plutôt de l'extrême difficulté qu'on éprouve à donner à une machine marchant à vide tout juste la quantité de vapeur nécessaire pour que la vitesse reste stable. Si l'on en donne un tant soit peu trop, l'excès employé à accélérer le mouvement du volant produit une flexion plus grande du balancier pendant l'accélération, et par suite un diagramme plus grand aussi.

Je n'ai aucune remarque à faire quant aux autres diagrammes, puisque les figures indiquent suffisamment les conditions dans lesquelles ils ont été tracés. Je dirai seulement que la force en chevaux qu'ils portent s'est toujours trouvée vérifiée d'une manière satisfaisante par la comparaison du travail de la machine avec celui de turbines parfaitement essayées au frein. J'ai donné depuis longtemps dans nos Bulletins cette méthode de pesée par substitution, qui mène à des résultats très corrects, quand on l'applique avec les soins nécessaires.

Ai-je besoin de dire, en terminant ce mémoire, que par l'application du pandynamomètre aux machines à balancier, je n'entends nullement exclure l'usage du frein, lorsqu'on peut y recourir, ou celui de l'indicateur Watt, si précieux *lorsqu'on l'emploie bien?* Chacun de ces moyens de mesure donne un chiffre qui lui est propre : le frein donne le travail envoyé à l'usine, l'indicateur Watt *(bien employé)* donne le travail total de la vapeur, le pandynamomètre donne ce travail total moins celui que coûtent trois organes essentiels de la machine. Ces trois nombres ont donc une importance lorsqu'on veut bien étudier une machine. Je ferai remarquer seulement que le pandynamomètre est d'une construction facile et économique, et, qu'une fois établi, il peut rester en place sans gêner quoi que ce soit à la marche de la machine et sans jamais se déranger. Il est commode en ce sens qu'on peut à tel moment voulu s'assurer de l'état et du travail de la machine, sans avoir à faire aucun préparatif particulier. Je pense d'ailleurs aussi que le principe même du pandynamomètre, la mesure du travail par celle de la flexion ou de la torsion des pièces d'une machine, est appelé à rendre des services multiples dans des cas où l'emploi du frein et celui de l'indicateur sont absolument impossibles.

NOTE

sur l'application de la méthode de M. G. A.-Hirn à la détermination directe de l'eau entraînée par la vapeur, présentée par M. O. HALLAUER.

Séance du 30 avril 1873

Cette méthode, dont M. Hirn a prouvé l'exactitude dans une lettre publiée au Bulletin de la Société industrielle (octobre 1869), a été pendant longtemps critiquée; on l'a même cru inapplicable dans la pratique, et quelques essais malheureux sont venus appuyer cette opinion et lui donner presque force de loi.

Cependant M. Hirn, dans la lettre citée plus haut, indique les précautions qu'il faut prendre pour arriver à un résultat exact; ainsi, l'on doit se servir d'un thermomètre divisé en dixième de degrés, pouvant, à l'aide d'une bonne lunette, donner le quarantième de degré, et avoir soin de prendre les températures initiales et finales t_1 et t_2, telles que $(a - t_1) = (t_2 - a)$, a étant celle du milieu où l'on opère. Enfin, l'emploi de l'hydrostat Kæppelin pesant 30 kilos à $0^k,0001$ près, est indispensable pour avoir des observations rigoureuses.

Malheureusement cette balance est difficilement transportable, et dans la plupart des essais il est impossible de l'installer. Cette donnée de l'eau vésiculaire qu'emporte la vapeur est cependant de la plus haute importance; sans elle, la comparaison des rendements des générateurs est inexacte, et l'analyse d'un moteur à vapeur, déjà si délicate lorsque l'on a toutes les observations nécessaires, devient presque impossible. On peut tout au plus, dans ce dernier cas, assigner une limite supérieure à la valeur de l'eau entraînée, mais en passant alors par une série de calculs assez compliqués.

Ayant été spécialement chargé d'une série d'essais sur des chaudières à foyers intérieurs, dont la disposition particulière (une circulation des gaz chauds au-dessus de l'appareil) faisait supposer que l'on obtenait de la vapeur sèche sinon surchauffée, j'ai tenu à me rendre compte de l'état de siccité de cette vapeur. J'ai appliqué la méthode de M. Hirn en employant une bascule ordinaire pesant 50 kilos à 0^k,005 près, un thermomètre donnant le cinquième de degré, et l'expérience m'a prouvé qu'en opérant avec soin, on arrive à un résultat suffisamment exact en pratique.

Voici en quelques mots l'installation que j'avais adoptée : à la partie supérieure de la conduite de vapeur et au point où l'on veut faire cette détermination, on place un tuyau vertical de 15 à 20 $^m/_m$ de diamètre, se recourbant horizontalement par un coude arrondi sur une longueur de 10 centimètres et terminé par un robinet; à ce robinet est fixé un tuyau en fer, ou mieux, en cuivre de 15 $^m/_m$ de diamètre, qui, d'abord horizontal, descend verticalement pour amener la vapeur dans le vase où elle se condense.

Comme il doit passer environ 2^k,500 de vapeur et que l'opération a seulement une durée de quelques minutes, la vitesse est assez considérable pour que l'on puisse négliger l'eau condensée par suite du refroidissement; il est du reste facile d'entourer le tuyau placé sur la conduite de vapeur.

L'évaluation des poids est très délicate, demande le plus grand soin, aussi est-il bon d'employer la méthode de la double pesée. On tare le vase vide dont on détermine le poids; on fait de même pour l'eau froide; puis, pour éviter toute erreur lorsqu'il s'agira d'évaluer le résultat de la condensation, on remplit d'eau le tuyau plongeant jusqu'au robinet; en laissant passer un peu de vapeur, puis fermant brusquement, le vide se fait, l'eau monte et vient frapper contre la clé de ce robinet; c'est alors que l'on vérifie si le poids d'eau froide correspond à la tare et l'on prend sa température; laissant ensuite arriver la vapeur, on en condense un poids donné; pour cette seconde pesée on doit s'assurer de la même manière si le tuyau est de nouveau bien rempli d'eau; on relève la température du mélange, la pression de la vapeur, et les observations sont en nombre suffisant pour le calcul.

M. Hirn a déjà donné dans sa lettre la formule à l'aide de laquelle on obtient le poids d'eau m contenu dans la vapeur :

$$M(606,5 + 0,305\ t_o - t_i) + mCt_o - mC't_i = NC'(t^* - t_i);$$

je crois la rendre un peu plus commode pour le calcul, en lui donnant la forme suivante, et en supposant $C' = 1$, ce qui ne donne lieu qu'à une très petite erreur; $Ct_o = q_o$ est une valeur donnée par les tables :

$$(M + m)(606,5 + 0,305\ t_o - t_i) - m(606,5 + 0,305t_o - q_o) = N(t_o - t_i)$$

$$\text{d'où } m = \frac{(M + m)(606,5 + 0,305t_o - t_i) - N(t_o - t_i)}{606,5 + 0,305t_o - q_o}$$

($M + m$) est le poids du mélange vapeur et eau relevé directement.

N le poids d'eau froide, le vase réduit en eau compris.

t_o la température de la vapeur correspondant à la presssion relevée.

t_i la température initiale, t^* la température finale de l'eau contenue dans le vase.

Je vais maintenant faire voir quelle est l'exactitude du résultat obtenu avec un thermomètre divisé en cinquième de degré et une bascule pesant 50 kilos à 5 grammes.

Les températures ont été prises pour une augmentation de 40°, sur laquelle j'ai pu commettre une erreur de $\epsilon = 1/10^e$ de degré, qui donne, en comptant par exemple sur 5 °/₀ d'eau entraînée, une différence de 0,27. Le poids, de son côté, a été évalué à 5 grammes près; la proportion 5 °/₀ est donc encore entachée, par le fait de la pesée, d'une erreur absolue de 0,23, soit en tout 0,27+0,23=0,5; c'est à 1/2 °/₀ environ du poids de vapeur que nous avons les résultats.

Cette exactitude est plus que suffisante pour l'étude des générateurs, et même pour celle plus délicate d'un moteur à vapour, où toutes les vérifications doivent se faire à 1 °/₀ près.

En opérant ainsi, j'ai obtenu sur une même chaudière les valeurs suivantes : 6°/₀ 56; 7°/₀; 6°/₀ 88; 6°/₀ 55; 5°/₀ 61 ; 6°/₀ 70, dont la moyenne 6°/₀ 56 représente la proportion d'eau vésiculaire pendant la journée d'essai.

Enfin, tout récemment 17 essais m'ont donné une moyenne de 5°/₀ 03, l'écart maximum variant de 4°/₀ 20 à 5°/₀ 76. Ces dernières observations ont été relevées sur le tuyau de conduite de vapeur d'une grande machine Woolf dont le travail était très régulier; et comme vérification je citerai le chiffre limite supérieur 4°/₀ 5 d'eau vésiculaire, que j'ai eu l'occasion de déterminer d'une manière indirecte en faisant l'analyse d'un moteur du même modèle, travaillant aussi régulièrement et alimenté par des chaudières placées dans les mêmes conditions; il est, comme on voit, très rapproché de la valeur relevée directement plus haut, et je crois pouvoir affirmer que la question de la détermination directe de l'eau entraînée peut être résolue pratiquement, par tout observateur intelligent, d'une manière simple et avec un matériel que l'on peut facilement se procurer dans la plupart des usines.

La régénération et la restauration des peintures à l'huile

d'après la méthode de M. de Pettenkofer,

Par Fr. Goppelsbrœder, docteur,

Directeur de l'Ecole municipale de chimie industrielle de Mulhouse.

Séance du 26 mars 1873.

MESSIEURS,

J'ai l'honneur de vous entretenir d'un sujet, dont je m'occupe depuis deux années : la restauration des peintures à l'huile. Les résultats, que je soumets à votre attention, sont dus aux découvertes de M. Max de Pettenkofer, célèbre professeur à Munich, qui a dédié aux artistes de cette ville un ouvrage intitulé : *Ueber Oelfarbe und Conservirung der Gemældegalerieen durch das Regenerationsverfahren.* La deuxième édition de ce livre a paru l'année passée. M. de Pettenkofer a étudié les circonstances dans lesquelles les tableaux périssent, aussi bien que celles qui sont indispensables à leur conservation. Les examens microscopiques de M. Radlkofer ayant prouvé que ce n'est nullement à des formations organiques ou organisées, comme on le soupçonnait, qu'il faut attribuer les dégâts observés dans l'ancienne pinacothèque de Munich et dans les galeries de Schleissheim, M. de Pettenkofer parvint à signaler les causes du mal, et sa théorie se trouve confirmée par tous ceux qui ont répété les essais et qui, comme je l'ai fait moi-même, se sont occupés sérieusement et pendant un laps de temps suffisant, de la restauration des tableaux.

Radlkofer a donc détruit une hypothèse qui est fausse, Pettenkofer a créé une théorie claire.

Je vous donnerai d'abord un résumé succinct de la méthode de M. de Pettenkofer; j'y joindrai les observations qui me sont personnelles et qui viennent à l'appui de cette théorie. Je ferai ensuite quelques expériences et vous présenterai les tableaux que j'ai restaurés.

Il est évident que des couleurs même très stables au point de vue chimique ne sauraient conserver leur nuance et leur éclat primitif, qu'à la condition que l'huile siccative qui les a pénétrées et dans laquelle les parcelles de couleur sont pour ainsi dire suspendues, garde ses propriétés optiques. Or, ces dernières ne sont nullement indépendantes de la composition chimique des huiles.

La partie la plus importante des huiles employées par les artistes est la linoléine. Ce corps ne pouvant malheureusement pas être préparé à l'état de pureté, les peintres sont obligés de recourir, soit à l'huile de lin qui renferme 80 °/₀ de linoléine, soit à l'huile de pavot qui n'en contient que 75 °/₀. La linoléine, qui est liquide lorsqu'elle est pure, se solidifie par l'oxydation à l'air, sans diminuer de volume, mais en éprouvant une augmentation de poids d'environ 10%. C'est cette masse dure, transparente, semblable au caoutchouc, qui renferme alors les couleurs et les autres parties de l'huile. Elle constitue la linoxyne de Mulder.

C'est parce que la linoléine acquiert à l'air une consistance invariable aux diverses températures de l'atmosphère, que les parcelles de couleur, après le desséchement de la peinture, ne sont plus déplacées ni par une légère pression, ni par des huiles grasses ou éthérées, ni par les vernis.

Comme il y a toujours et partout dans le monde des mouvements moléculaires et atomiques, il survient également dans les peintures des changements chimiques et physiques. Ces changements sont beaucoup plus fréquents dans l'huile que dans la partie colorée, de sorte que la quantité de l'huile nécessaire à la confection d'une bonne couleur avec un corps colorant donné, présente une grande importance. Les expériences de M. Wurm à Munich ont montré que ce n'est pas le poids spécifique du corps colorant qui détermine la quantité absorbable d'huile. On peut dire en général que les couleurs qui contiennent le moins d'huile, sont celles qui changent et se fendillent le moins. La linoxyne, ce produit d'oxydation de la linoléine, devient peu à peu dure et cassante, alors même qu'on a enlevé par l'éther et les huiles éthérées toutes les huiles grasses non siccatives.

Les peintures absorbent l'humidité atmosphérique pour la laisser s'évaporer de nouveau. Après un temps plus ou moins long, quand ces absorptions et évaporations d'eau se sont répétées assez souvent, la couleur déposée par l'artiste a perdu son aspect primitif et n'offre plus le même effet optique.

Quant aux moyens employés jusqu'à la découverte de M. de Pettenkofer pour régénérer l'état physique de la couleur, il faut rappeler que l'artiste lui-même vernit la peinture sèche pour remplir les pores, qui pendant le travail contenaient de l'huile et qui après le desséchement ne contiennent que de l'air et du vernis. Il emploie des vernis de résine, des solutions de résine dans l'essence de térébenthine, ou dans les huiles grasses et siccatives. Ces dernières du reste sont très dangereuses. Après quelque temps le vernis dépérit, moisit et ne laisse plus passer la lumière; on applique de nouveau du vernis et on répète ces opérations jusqu'à ce que l'on arrive malheureusement à détruire la clarté. Pour réparer le mal, il ne reste d'autre moyen que d'éloigner le vernis et de nourrir la couleur avec de l'huile fraîche, puis d'appliquer après son desséchement une nouvelle couche de vernis, sans mentionner les manipulations au pinceau. Pour enlever le vernis, il n'y a pas de mesure exacte, et par l'huile le ton d'une peinture devient gras et perd la transparence; outre cela il devient plus foncé et jaune.

Mais de quelle manière faut-il alors opérer? Si l'on humecte les vernis de résine et qu'on laisse s'évaporer l'eau, ils se fendillent et perdent leur transparence. Il est vrai qu'on peut la leur rendre en mouillant la peinture avec de l'eau qui pénètre dans les pores et réfracte et réfléchit la lumière plus fortement que l'air, et se rapproche ainsi par sa manière d'agir de celle de la résine et de l'huile.

Mais cette restauration ne dure que jusqu'à ce que l'eau soit évaporée. Par l'évaporation de l'eau distillée sur un vernis, on obtient une tache aussi étendue que la goutte d'eau, et si l'on répète plusieurs fois cette expérience, la tache apparaît blanche comme la craie. Au château de Schleissheim, M. de Pettenkofer a pu faire des observations très intéressantes et très diverses, suivant que les murs étaient recouverts ou non de bois, suivant que les peintures étaient placées dans le voisinage d'une fenêtre. Les parties des tableaux placés sous cadre étaient bien conservées; on pouvait même remarquer sur la peinture les liteaux du châssis sur lequel la toile était tendue, ainsi que les marques de papier portant le numéro du catalogue.

M. de Pettenkofer a prouvé qu'il y avait eu sur les peintures condensation et évaporation successives de l'humidité atmosphérique, et par conséquent perte de la cohésion du vernis, etc.

M. de Pettenkofer réussit à rétablir la cohésion moléculaire par des vapeurs d'alcool mêlées à l'air, en opérant d'abord en petit, puis en grand. Au bout de quarante-huit heures la résine a condensé jusqu'à 80 °/₀ de son poids d'alcool, qu'elle perd de nouveau en peu de temps. La résine ainsi ramollie est absorbée par la peinture, et du même coup se trouvent rétablies la cohésion de la résine et celle de la couleur. La résine molle attaque les couleurs d'une peinture moins que le vernis appliqué au pinceau, car le frottement de ce dernier peut occasionner des déplacements des corps colorants.

Le mode opératoire de M. de Pettenkofer est très simple. Il fait d'abord sur les tableaux un essai en petit au moyen d'une boîte ronde en carton, qui est intérieurement enduite de colle forte et dont le fond est tapissé de flanelle qu'on humecte avec de l'alcool à 80°; la boîte est retournée et posée sur le tableau préalablement nettoyé. La partie ainsi restaurée sert comme terme de comparaison pour les essais en grand. Pour ces derniers on se sert d'une caisse dont le fond est tapissé de flanelle et au couvercle de laquelle est fixée la peinture.

On trouve dans l'ouvrage très intéressant de M. de Pettenkofer des cas vraiment extraordinaires de régénération des couleurs. Tel est par exemple le cas d'un vert qui, par le temps et par les influences atmosphériques, était devenu d'un bleu grisâtre, comme si la couleur avait été composée de bleu et de jaune, et que cette dernière couleur eût disparu. Mais M. de Pettenkofer ne s'est point arrêté là. Il a montré ce qu'il y avait à faire lorsqu'une peinture devenue trouble ne contient point ou contient une quantité de résine insuffisante pour remplir les fentes qui se sont produites; lorsque la masse résineuse d'un tableau est trop grande ou tellement influencée qu'on ne peut pas la laisser; lorsqu'une peinture est couverte de couches alternatives de vernis à la résine et de vernis à l'huile, qui se comportent différemment envers le mélange d'air et de vapeurs d'alcool, et enfin par quel procédé on peut retarder le retour de la séparation moléculaire dans les peintures régénérées.

M. de Pettenkofer a indiqué un second moyen de régénération, le baume de copahu, qui ne se dessèche que très lentement et qui possède une constitution semblable aux vernis de résine, ces solutions de résines de mastic et de dammar dans l'essence de térébenthine. Le baume de copahu doit avoir la consistance d'une huile grasse, mais il ne doit contenir ni huile grasse, ni résine, ni essence de térébenthine. L'huile éthérée du baume de copahu est moins volatile à la température ordinaire que l'essence de térébenthine. Le baume de copahu remplit très bien le but optique des vernis de résine ordinaires, et peut être appliqué seulement en certains points d'une peinture, sans qu'on s'en aperçoive. Il remplit les pores qui se sont produits dans les parties colorées, et parfois même on peut atteindre ce but en appliquant le baume sur le revers de la peinture.

L'application du baume et l'action des vapeurs alcooliques doivent souvent être répétées plusieurs fois, et la régénération peut faire apparaître des fissures qui restaient inaperçues; dans ce cas il suffit de frictionner avec une petite quantité de baume de copahu, et à exposer aux vapeurs d'alcool.

S'il y a excès de résine et surtout si le ton de la peinture est trop jaune, il n'y a malheureusement pas d'autre moyen que d'enlever cet excès, mais sans nuire au caractère primitif de la couleur, opération qui doit être précédée de la régénération, qui fait mieux ressortir les couleurs et donne au vernis une consistance plus homogène. Jamais toutefois le vernis ne saurait être enlevé complètement sans détérioration des couleurs, parce que la résine n'est pas seulement superposée, mais aussi incorporée à la couleur.

Pour enlever l'excès de résine, on frotte avec le doigt enduit de poudre de colophane, ou bien l'on dissout avec l'essence de térébenthine. Au contraire, pour remplir de résine les pores de la peinture, on lave d'abord à l'eau, puis à l'essence de térébenthine, et après avoir nourri avec le baume de copahu, on fait gonfler la partie absorbée par les vapeurs alcooliques.

Si le tableau contient des vernis de résine et des vernis à l'huile, les premiers seuls condensent de l'alcool, se ramollissent et se retirent dans les couleurs, tandis que l'huile reste à la surface et la rend mate, rude et même rugueuse. Dans ce cas, on ne traite que par le baume de copahu et l'on repasse au moyen de poids.

Une peinture régénérée par le baume de copahu se conserve beaucoup plus longtemps sous l'influence de la condensation et de l'évaporation de l'humidité atmosphérique.

Le temps ne me permet pas de vous décrire les observations très intéressantes faites par M. de Pettenkofer dans la nouvelle pinacothèque de Munich, où la séparation moléculaire apparaissait dans la proportion de 52 °/₀ des peintures placées dans les salles exposées au nord, et dans la proportion de 10 °/₀ seulement dans les salles situées vers le sud.

Dans chaque galerie il faut éviter la formation de la rosée ou de la condensation d'eau sur les peintures, dont les plus précieuses de vraie valeur historique devraient être préservées par des glaces. Pour toutes les peintures sur toile il est bon de couvrir de baume de copahu le côté non peint. Grâce à cette précaution, les fissures qui pourraient se former avec le temps se referment d'elles-mêmes.

Il faut régénérer tout d'abord par la méthode de Pettenkofer et, s'il est absolument nécessaire de restaurer ensuite, il faut le faire de telle manière que la régénération qui deviendra nécessaire à certaines époques n'en soit point empêchée.

La régénération de M. de Pettenkofer a pour but de conserver une œuvre d'art dans son état primitif, de rétablir de temps en temps l'état optique normal du vernis et de l'huile. L'ancienne restauration, comme s'exprime M. de Pettenkofer, ne peut pas plus remplacer l'authenticité dans la peinture que la chicorée ne peut remplacer le café. C'est la tâche de la restauration future de conserver ou de rendre aux peintures, par un procédé physique, la clarté et la profondeur de couleurs primitives, et de les préserver contre les mauvaises influences de l'avenir. C'est alors seulement que se trouve rempli un devoir sacré envers les artistes. Il incombe à la science de rendre service aux peuples, et peut-il y avoir une occasion plus belle que lorsqu'il s'agit de conserver les œuvres artistiques dues à leur génie?

Quant à la restauration des corps colorés qui ont subi avec le temps des modifications chimiques, je n'en parle point ici, car elle est plus rarement nécessaire que celle du vernis et de l'huile.

Je termine en vous présentant quelques expériences et une série de tableaux, soit en voie de régénération, soit déjà complètement restaurés :

1° Voici sous cette cloche trois vases en verre; le premier contient de l'alcool absolu, et les deux autres de la résine copal en poudre. Dans l'un des vases la résine séjourne depuis 2×48, dans l'autre seulement depuis 7 heures. Par l'action des vapeurs d'alcool absolu, la poudre de résine est devenue tout à fait fluide et homogène dans le premier vase, tandis que le ramolissement de la poudre ne fait que commencer dans le second, et que la résine n'est molle et homogène que sur les bords du vase. Cet essai est propre à expliquer l'action des vapeurs d'alcool absolu sur le vernis d'un tableau et sur le baume de copahu qu'on y avait appliqué.

2° Voici ensuite une lame de verre qui a été recouverte d'une couche uniforme de vernis de copal. J'ai fait évaporer sur cette lame plusieurs fois de l'eau distillée à la température ordinaire, et voilà que les endroits où cette évaporation a eu lieu sont blancs comme la craie. Cet essai nous montre l'effet de la condensation et de l'évaporation de l'eau atmosphérique sur les peintures. En exposant une telle couche de vernis, modifiée dans son état physique, à des vapeurs d'alcool, elle devient de nouveau tout à fait homogène. On peut répéter la condensation et l'évaporation de l'eau et la régénération par les vapeurs d'alcool autant de fois que l'on veut.

3° Cette régénération de la couche de vernis a été exécutée sur cette petite peinture représentant des fruits, un verre, etc., et qui, avant la restauration, était presque invisible. La restauration a été effectuée d'après la méthode de M. Pettenkofer, mais en exposant d'abord aux vapeurs d'alcool chaudes, puis en employant très peu de baume de copahu. Avant le traitement par les vapeurs d'alcool, la peinture a été nettoyée avec un pinceau plongé dans l'essence de térébenthine très pure, opération qui a été renouvelée aussi après la restauration, pour enlever l'excès de résine.

Si je parle ici des vapeurs d'alcool chaudes, je dois ajouter que mes premiers essais de restauration ont tous été exécutés de la manière suivante :

Sur un vase en fer ou en cuivre, je plaçais un vase en porcelaine dans lequel je versais de l'alcool absolu. Le vase en métal constituant un bain d'air, fut chauffé, de sorte qu'il se développait des vapeurs d'alcool absolu. Au dessus du vase à alcool se trouvaient suspendues horizontalement les peintures, dont les différentes parties furent régénérées successivement par l'action alternante des vapeurs alcooliques et du baume de copahu, lorsque l'emploi de ce dernier était jugé indispensable. La peinture fut placée aussi près que possible du vase à alcool. J'obtins ainsi de très bons résultats. Des esquisses à l'huile sans vernis, qui avaient pour ainsi dire blanchi dans les tiroirs, reprirent, après plusieurs passages à travers les vapeurs d'alcool, leur coloris primitif et toute la fraîcheur des tons, comme si le peintre venait de finir son travail. Quelques minutes suffisent pour transformer un paysage d'hiver en paysage de printemps. Une peinture terne qui, d'après l'ancienne hypothèse, se trouvait couverte d'organismes microscopiques, reprit, après une exposition aux vapeurs alcooliques de quelques secondes ou de quelques minutes, toute sa fraîcheur primitive, et se trouva parfaitement régénérée. M. Stückelberg, célèbre peintre à Bâle, et M. Falkeisen, conservateur du musée de Bâle, qui ont assisté à mes essais, ont été surpris de l'effet rapide des vapeurs d'alcool chaudes sur les peintures vernies et esquisses sans vernis. L'emploi de ce mélange chaud de vapeurs d'alcool et d'air convient parfaitement pour une expérience de cours, destinée à faire voir aux auditeurs d'une manière rapide les effets de ce mode de régénération.

C'est à dessein que j'ai laissé une partie des esquisses ou des peintures dans l'état primitif, c'est-à-dire non restauré, pour vous faire apprécier d'une manière plus frappante l'effet de la restauration.

L'emploi des vapeurs chaudes pourrait également servir dans la régénération sérieuse, comme je m'en suis assuré avec une série de tableaux que je vous présente ici. Ce second tableau, dont la peinture pouvait à peine être distinguée, était placé dans un corridor à Bâle. Il représente un combat de chevaliers, et depuis qu'il est restauré, on reconnaît distinctement toutes les figures d'hommes et de chevaux, ainsi que les moindres détails du sol, des nuages et du ciel. Avant la restauration il avait été lavé à l'eau, puis à l'essence de térébenthine.

Dans ce troisième tableau, représentant une forêt, des chemins et des groupes d'hommes, on ne voyait que l'ensemble sans les détails. Le voici transformé en tableau qui n'a pas grande valeur, il est vrai, mais qui est très joli, et dans lequel on voit apparaître tous les détails et nuances avec la fraîcheur de couleur primitive.

Ce quatrième tableau représente la sainte Vierge, des anges, l'image de Dieu, des roches, des arbres, et porte une inscription. On ne pouvait plus voir distinctement que la sainte Vierge et quelques autres figures, et voilà maintenant l'effet de la régénération par les vapeurs d'alcool et le baume de copahu. Les effets obtenus avec ces quatre peintures sont vraiment étonnants; il en est de même pour ces autres peintures que je vous présente encore ici. Vous voyez que quelques-unes sont chargées d'un excès de vernis ou de baume de copahu; j'aurai à enlever cet excès, mais cette opération ne doit se faire qu'après la régénération par les vapeurs d'alcool.

4° Enfin j'ouvre ici cette caisse en bois, appareil à régénération par les vapeurs d'alcool à froid, d'après le modèle de M. de Pettenkofer, et j'en retire ce tableau restauré par les vapeurs froides, qui sont bien préférables aux vapeurs chaudes.

La caisse a été partout bien collée, le fond et les bords ont été couverts de flanelle. On obtient ainsi une fermeture assez hermétique pour que la flanelle, une fois humectée d'alcool, puisse donner des vapeurs alcooliques suffisantes à une série de tableaux.

M. de Pettenkofer a rendu un service énorme à l'art de la peinture à l'huile, aux artistes et à l'histoire des peintures, en indiquant le chemin qu'il 'faut suivre pour arriver à une bonne restauration des tableaux, ou plutôt à une régénération de l'état physique normal du vernis et de la couleur, restauration qui doit être répétée de temps en temps, selon les circonstances dans lesquelles les peintures se trouvent placées.

Il faut régénérer toutes les peintures après un temps à déterminer par des observations consciencieuses et variables avec le caractère individuel de l'œuvre artistique. Il ne faut donc pas attendre que la régénération soit devenue presque impossible, car alors tout autre essai de restauration ne fournit plus qu'une pseudomorphose, voire même qu'une simple caricature.

Il est inutile de plaider en faveur de la méthode de régénération de Pettenkofer; elle se recommande d'elle-même, autant par les magnifiques résultats qu'elle a fournis à Munich, que par sa simplicité et son innocuité pour les tableaux.

Si j'ai consacré beaucoup de temps à l'étude de cette excellente méthode, c'est parce qu'il me semble que tous ceux qui s'intéressent aux arts, devraient faire leur possible pour recommander la méthode de régénération de M. Pettenkofer à ceux qui possèdent des peintures ou qui s'intéressent aux collections publiques. Faisons la guerre à la fausse et dangereuse restauration des peintures qui s'entoure d'un voile mystérieux, et n'aboutit à rien moins qu'à la destruction progressive des œuvres d'art. Continuons à chercher la perfection dans la restauration des peintures, en suivant la voie indiquée par Pettenkofer. Cette tâche est à tous égards digne des efforts de la Société industrielle, qui compte dans son sein tant de membres qui savent apprécier la valeur des œuvres artistiques.

RÉSUMÉ DES SÉANCES
de la Société industrielle de Mulhouse.

SÉANCE DU 26 FÉVRIER 1873.

Président : M. Auguste DOLLFUS. — Secrétaire : M. Th. Schlumberger.

Dons offerts à la Société.

1. Sept numéros du *Journal polytechnique allemand*, par M. le Dr Hermann Grothe.

2. Mémoires de la Société des sciences, des arts et des lettres du Hainaut.

3. Le N° 76 du *Bulletin du Comité des forges de France.*.

4. Considérations sur la géologie et le régime des eaux du Sahara algérien, par M. Ch. Grad.

5. Communication de la Société des fabricants de Mayence.

6. *Beiträge zur Entstehungsgeschichte des typhus*, par M. le Dr Hægler, de Bâle.

7. *Der elsässische Bienenzüchter.*

8. Mémoires de la Société d'histoire naturelle de Zurich.

La séance est ouverte à 5 1/4 heures.

L'assemblée, composée d'environ quarante membres, écoute la lecture du procès-verbal de la réunion de janvier, reçoit ensuite communication de la liste des objets offerts à la Société pendant le mois, et vote des remercîments aux donateurs.

M. le président procède ensuite au dépouillement de la correspondance dont voici le résumé :

M. Bonnaymé, garde-mines à Vesoul, accuse réception de l'envoi du Bulletin contenant les tableaux statistiques des appareils à vapeur du département du Haut-Rhin.

M. Eugène Meyer, ancien chef d'escadron d'artillerie, à Versailles, demande des renseignements sur l'Ecole de dessin.

M. Scheurer-Kestner demande un exemplaire du rapport de M. le Dr Penot sur le travail des enfants dans les manufactures, et explique que les cinq francs par cent kilos perçus par la douane française sur les Bulletins, représentent l'impôt sur le papier.

Le nouveau directeur des papeteries du Souche, à Anould (Vosges), indique l'adresse à laquelle les publications du Bulletin devront être envoyées.

M. le Dr Goppelsrœder, en remettant à la Société un travail de M. le Dr A. Hægler, de Bâle, intitulé : « Recherches sur la production du typhus et sur les eaux potables », donne la substance de ce mémoire et les conclusions des auteurs :

1° Les germes du poison typhoïde sont nécessaires à la naissance du mal, et ne sont que charriés par les eaux putrides qui viennent à se mélanger aux eaux potables;

2° Les matières en décomposition, du moins les fumiers et autres substances fécales, privées de germes typhoïdes, ne sauraient engendrer d'épidémie;

3° Le poison typhoïde ne perd pas ses propriétés, ou pas toujours, par son mélange à des eaux qui filtrent à travers des cailloux roulés. — Renvoi au comité de chimie.

M. Kolb, membre correspondant de la Société à Amiens, désire quelques exemplaires de son mémoire sur les densités de l'acide chlorhydrique, paru dans un des derniers Bulletins. — L'envoi en a été fait.

Le comité Thimonnier avise l'envoi du buste de cet inventeur, et remercie la Société de s'intéresser à l'œuvre entreprise par le comité.

M. le président de la Chambre de commerce de Mulhouse annonce qu'un congrès international d'experts aura pour mission, à Vienne, de déterminer le meilleur mode de numérotage des filés, et remet le questionnaire proposé à ce sujet pour en faire l'objet de l'examen de la Société industrielle. — Renvoi au comité de mécanique.

M. le Dr Liebermann, de Berlin, donne sa démission de membre ordinaire.

MM. Gessert frères, d'Elberfeld, lauréats de la Société, font part de modifications introduites dans la constitution de leur Société commerciale.

M. Paul Kullmann, à Remiremont, remercie la Société de l'avoir admis au nombre de ses membres.

La famille de M. Hoppé fait part du deuil qui vient de la frapper en la personne de M. Hoppé, pendant plusieurs années membre actif de la Société. M. le président exprime les regrets que fait éprouver à tous ses collègues la mort inattendue de ce professeur distingué.

M. le secrétaire du comité de chimie transmet une lettre de M. d'Almeida, promoteur à Paris d'une nouvelle institution scientifique, la Société française de physique. dont il envoie les statuts provisoires. et exprime l'espoir de trouver des adhérents à Mulhouse.

En même temps, M. Rosenstiehl rend compte de l'examen auquel s'est livré le comité de chimie sur la machine à imprimer construite par M. Mœglen, de Cernay ; l'avis du comité n'est pas favorable à ce système qui, tout en renfermant des dispositions ingénieuses, présente des défauts majeurs.

M. le président fait part que, selon les vœux de la Société exprimés à la dernière séance, il s'est entendu avec M. le professeur Jannasch, pour la publication en allemand du mémoire sur les dessins et marques de fabrique, et avec la Chambre de commerce, qui a consenti à prendre ces frais à sa charge. et qui cherchera à répandre les idées approuvées par la Société.

M. le président demande de plus l'autorisation de traiter des frais de traduction du mémoire original qui était écrit en langue allemande. Le crédit nécessaire est voté.

Travaux.

L'assemblée décide l'insertion au Bulletin, demandée par le comité de mécanique, du mémoire de M. Hallauer, sur des expériences qu'il a faites pour déterminer la quantité d'eau entraînée mécaniquement hors des chaudières.

M. le président annonce que la construction entreprise au bâtiment de l'Ecole de dessin est entièrement achevée, que les collections s'installent, et que les appareils de physique donnés par la famille D[i] Dollfus, vont être logés dans la salle qui leur est destinée. M. Schneider, désigné comme conservateur de ce cabinet de physique, très riche surtout en instruments d'optique, a bien voulu se charger de cette tâche, et l'assemblée s'empresse de ratifier ce choix par un vote unanime.

M. Baudouin donne lecture d'un mémoire sur un mécanisme, dit *roller-motion*, applicable au métier à filer automate, et de l'emploi duquel doit résulter une augmentation de rendement assez sérieux. Il s'agit de faire débiter du fil aux cannelés pendant la rentrée du chariot; venue d'Angleterre, cette idée était fort en vogue en 1859 et 1860, et a été généralement abandonnée depuis, par suite des inégalités produites dans le fil. M. Baudouin a remédié à ces défauts, en ne faisant tourner les cylindres fournisseurs que pendant une certaine partie de la course du chariot rentrant. — Renvoi au comité de mécanique.

M. F. Engel-Gros communique un volumineux travail qu'il a entrepris sur les moyens de prévenir les incendies dans les établissements industriels. Des considérations préliminaires sur les précautions à prendre au point de vue de l'incombustibilité et de la propagation du feu, au moment de construire une fabrique, sur les engins propres à combattre un incendie, et sur les rondes de sûreté, amènent M. Engel à étudier un ensemble d'installations appropriées à un grand établissement, et le font s'arrêter avec détails sur les extincteurs à air comprimé.

L'examen de cette intéressante étude est renvoyé au comité de mécanique, et à la demande de M. le Dr Goppelsrœder, au comité de chimie.

M. Jules Roth lit un travail qu'il a préparé sur une méthode d'essai des huiles d'olive au moyen d'un réactif de son invention, dont il indique le mode de préparation; d'après les expériences multipliées auxquelles il s'est livré, M. Roth a reconnu que l'huile d'olive se solidifie très rapidement en présence de son réactif, et que le temps qu'il faut à l'huile pour se prendre en masse est d'autant plus long qu'elle contient plus d'huile de graines. — Renvoi au comité de chimie.

Pendant la séance, M. le président a fait procéder au ballottage de :

M. Eugène Wild, à Mulhouse, présenté comme membre ordinaire par M. G. Steinbach.

M. Gœrig. ingénieur, à Mulhouse, présenté comme membre ordinaire par M. G. Ziegler.

M. Edouard Wacker, ingénieur à Mulhouse, présenté comme membre ordinaire par M. G. Ziegler.

M. Charles Weber, à Sentheim, présenté par M. G. Risler.

M. Eugène Favre, à Lœrrach, présenté par M. A. Favre.

M. F. Weidknecht, à Mulhouse, présenté par M. A. Dollfus, qui sont admis comme membres ordinaires à l'unanimité des votants.

La séance est levée à 7 heures.

SÉANCE DU 26 MARS 1873.

Président : M. AUGUSTE DOLLFUS. — Secrétaire : M. TH. SCHLUMBERGER.

Dons offerts à la Société.

1. Mémoires de la Société d'émulation de Montbéliard.

2. Revue agricole, industrielle, artistique et littéraire de Valenciennes.

3. Journal *L'industrie progressive*.

4. Journal *La métallurgie*.

5. Traité pratique du travail de la laine cardée, par M. Léon Lhomme, d'Elbeuf.

6. Projet de chemin de fer de Mulhouse à Müllheim, par la Chambre de commerce.

7. Un numéro des *Mondes*. par M. le Dʳ Sacc.

8. Le N° 77 du *Bulletin du Comité des forges de France*.

9. *Bulletin de la Société scientifique industrielle de Marseille*,

10. *Revue scientifique*.

11. *Practical magazine*, de Londres.

12. *Allgemeine deutsche polytechnische Zeitung,* par le Dʳ Hermann Grothe.

13. *Neue deutsche Gewerbezeitung,* de Leipzig.

14. *Kaufmännische Corporation,* de Saint-Gall.

15. *Der elsässische Bienenzüchter.*

16. *Wochenschrift des nordöstlichen Gewerbevereines.*

17. *Mittheilungen des Fabrikantenvereins,* de Mayence.

18. Le buste de Thimonnier, inventeur de la machine à coudre.

19. Matériaux pour l'étude des glaciers, avec atlas, par M. Gustave Dollfus.

20. Observations météorologiques et glaciaires, par le même.

21. Matériaux pour la coloration des étoffes, par le même.

22. Matériaux pour les bibliothèques populaires, par le même.

23. Passe-temps équestres.

24. Collection d'oiseaux divers, par le même.

25. Un passeport de la ville et république de Mulhouse, 1794.

26. Un sceau de ladite ville.

27. Un contrat de mariage (1745 — Elisabeth Hofer, Jean Kœchlin).

28. Un sac à ouvrage brodé.

Par M. Amédée Schlumberger. Musée du vieux Mulhouse.

La séance est ouverte à 5 1/2 heures, en présence d'une quarantaine de membres.

Au sujet de la lecture du procès-verbal, M. Jules Roth fait observer que le procédé pour reconnaître les falsifications des huiles dont il a donné connaissance à la dernière réunion, s'applique aussi bien aux autres espèces d'huiles qu'à l'huile d'olive.

Correspondance.

Communication de la liste des dons offerts à la Société pendant le mois de mars, et vote des remercîments d'usage.

Demande de renseignements sur le règlement de la bibliothèque de la part de M. Edmond Sée, secrétaire de la Société industrielle du Nord de la France, en formation à Lille.

M. E. Meyer, à Versailles, remercie la Société pour les indications qui lui ont été transmises sur l'Ecole de dessin.

Communication complémentaire sur un procédé de teinture en noir, par M. Graf, teinturier à Bühl, qui avait déjà soumis ses essais à l'examen de la Société. — Renvoi au comité de chimie.

MM. Eugène Wild, Edouard Wacker, Charles Gœrig et F. Weidknecht, remercient la Société qui les a admis au nombre de ses membres.

M. le directeur de l'usine à gaz signale une anomalie dans la disposition des conduites, et demande l'autorisation de rectifier le tuyautage; après avoir donné quelques explications à ce sujet, M. le président fait voter la dépense qu'entraînera l'amélioration proposée par l'usine. — Adopté.

M. Léon Lhomme fils aîné, d'Elbeuf, adresse son traité pratique du travail de la laine cardée, avec prière d'examiner l'ouvrage. — Renvoi au comité de mécanique.

Circulaire de M. Armengaud aîné, annonçant que les planches des nombreux ouvrages qu'il a publiés pourront être remplacées à prix réduits, grâce à un tirage supplémentaire qui vient d'en être fait: M. le bibliothécaire est chargé de passer en revue les publications de cet auteur que possède la Société, pour voir s'il y a lieu de faire usage de la facilité offerte par M. Armengaud.

La famille de M. Jean-Jacques Grosheintz, du Logelbach, fait part du décès de son chef, membre de la Société pendant plusieurs années, et M. le président exprime les regrets que ce nouveau deuil fait éprouver à la Société.

Remise, de la part de l'Association des employés du commerce et de l'industrie de la ville de Mulhouse, du tableau de ses recettes et de ses dépenses pendant l'année 1872.

M. le secrétaire du sous-comité des beaux-arts fait part officiellement de l'abandon de toutes ses collections à la Société industrielle, par l'ancienne Société du dessin industriel, et donne la nomenclature des documents recueillis depuis 1858, tant par achats que par donations, et dont la valeur d'acquisition, pour les abonnements seuls, s'élève à 31,500 francs.

En même temps, M. Schœnhaupt annonce que le nouveau musée du dessin industriel vient de s'enrichir de plusieurs dons de grande valeur. L'assemblée vote des remercîments aux donateurs.

Envoi, par la Chambre de commerce, de nouveaux documents concernant le numérotage des filés. — Renvoi au comité de mécanique.

Le comité Thimonnier avise l'envoi du buste de cet inventeur, et remercie la Société des recherches qu'elle a bien voulu entreprendre sur la question. A ce sujet, M. le président dit que l'examen des titres sur lesquels se base le comité de Lyon est chose longue et minutieuse, et qu'un avis définitif ne pourra être émis que plus tard.

M. le président de la Chambre de commerce annonce que le comité permanent du Handelstag, à Berlin, lui a fait savoir que les mémoires relatifs à la protection des dessins et marques de fabrique, et récemment élaborés à Mulhouse, pourront être imprimés et soumis à un examen attentif de la part de la Commission, avant la réunion du Handelstag en assemblée générale.

M. le président de la Société dit à cette occasion que le Bulletin qui paraîtra la semaine prochaine, avril et mai, contiendra le travail de M. R. Jannasch, et les rapports de MM. Iwan Zuber et Engel-Dollfus, et qu'aussitôt publiés en français, ces documents traduits en langue allemande seront imprimés et distribués aux administrations compétentes.

M. Nourry, ingénieur à Gamaches (Somme), membre correspondant de la Société, adresse un mémoire où il traite de la disette du combustible, au point de vue de l'avenir. — Renvoi au comité de mécanique.

Dépôt, par la Chambre de commerce, de plans et devis concernant un projet de jonction près de Mulhouse des chemins de fer d'Alsace et du grand-duché de Bade.

Conseil d'administration.

Une proposition d'échange du Bulletin contre les publications de la Société scientifique industrielle de Marseille, récemment constituée, est, au reçu du premier spécimen, appuyée par le Conseil et votée par la Société.

M. le directeur de la *Revue scientifique* à Paris demande également l'échange du Bulletin contre ce journal très favorablement connu; adopté d'après l'avis du Conseil d'administration; ainsi qu'une offre pareille faite par la rédaction d'une publication anglaise, *The practical Magazine*.

Le Conseil a reçu encore deux demandes analogues de la part de deux journaux, *la Métallurgie* et *l'Industrie progressive*, et a renvoyé, avant de se prononcer, l'examen des exemplaires expédiés au comité de mécanique qui est autorisé, par un vote, à prendre une décision.

M. le président donne lecture d'une lettre adressée à la Société industrielle par M. le président du Syndicat industriel du Haut-Rhin, et dans laquelle est faite une offre sur les conditions et l'importance de laquelle M. Dollfus appelle toute l'attention des membres. Il s'agit de l'emploi des fonds disponibles de la caisse syndicale; d'après le procès-verbal de la séance du Syndicat, dans laquelle la question a été débattue, l'unanimité a été acquise au vote proposant l'utilisation de cette somme (environ 90,000 fr.) pour une œuvre d'utilité publique, et faisant intervenir la Société industrielle dans la désignation et la mise à exécution de cette œuvre. Pour administrer ce dépôt jusqu'au moment de son emploi, le Syndicat a émis l'opinion de créer un comité spécial composé de seize membres, dont la moitié serait prise parmi les personnes ayant fait partie du Syndicat, et l'autre moitié parmi les membres de la Société industrielle.

La Société, consultée, se prononce pour l'acceptation de cette proposition, dont les termes sont bien précisés par M. le président, et qui n'entraîne pour la Société qu'une surveillance, et que l'obligation de prêter son concours aux projets présentés par le comité spécial, pour lesquels sont désignés :

MM. Engel-Dollfus, G. Steinbach, H. Spœrry, Paul Heilmann-Ducommun, Eugène Bœringer, Iwan Rack, Charles Nægely et Th. Schlumberger, comme membres de la Société industrielle. Les huit membres complétant la Commission, ont été nommés par le Syndicat.

M. le Dr Goppelsrœder lit une note sur un procédé de restauration des tableaux peints à l'huile, et dû à M. Pettenkofer. On sait que l'huile qui entre dans la composition des couleurs et le vernis dont on recouvre les peintures, par l'action prolongée de l'air, du soleil, de l'humidité, se décomposent et rendent souvent presque méconnaissables les anciens tableaux. A l'aide des vapeurs d'alcool employées à froid, et du baume de copahu agissant comme dissolvant, M. Pettenkofer est arrivé à rendre aux peintures leur apparence primitive. Les expériences auxquelles s'est livré M. le Dr Goppelsrœder, ont confirmé en tout point la valeur de la méthode employée à Munich, et les tableaux partiellement restaurés que M. le rapporteur met sous les yeux de l'assemblée, permettent de juger des effets surprenants que l'on peut obtenir. — Renvoi au comité de chimie, qui pourra s'adjoindre quelques membres du comité des beaux-arts.

A la demande du comité de mécanique, l'assemblée vote l'impression au Bulletin du travail de M. F. Engel-Gros, sur les installations propres à combattre les incendies dans de grands établissements industriels.

Pendant la séance, M. Gustave Schœn, chimiste chez MM. Dollfus-Mieg et Cie, présenté comme membre ordinaire par M. Emile Schultz, est admis à l'unanimité des votants.

La séance est levée à 7 heures.

SÉANCE DU 30 AVRIL 1873.

Président : M. ERNEST ZUBER, vice-président.
Secrétaire : M. LALANCE, secrétaire-adjoint.

Dons offerts à la Société.

1. Le n° 78 du *Bulletin du comité des forges de France.*

2. Considérations philosophiques sur la chaleur, par M. Résal, ingénieur.

3. Description des formations glaciaires, par M. Charles Grad.

4. Discours prononcés au Corps législatif, par M. Lefébure.

5. Les institutions rurales de l'Alsace au moyen-âge, par M. Lefébure.

6. Les *Naufrages célèbres*, par M. Zurcher, de Toulon.

7. Discours du commandant Maury au congrès d'agriculture de Saint-Louis.

8. Compte-rendu de la Société d'encouragement à l'épargne de Mulhouse.

9. Les richesses naturelles du globe, par M. Bernardin de Gand.

10. Les n°ˢ 101 et 102 du *Bulletin de la Société des arts* de Genève.

11. Rapport trimestriel de la Société d'histoire naturelle de Zurich.

12. Communication de la Société des fabricants de Mayence.

13. Procès-verbal de la Société des arts de Paris.

14. Rapport sur la maladie de la vigne dans la Drôme, par M. Charvat.

15. *Experiments on the oxidation of iron*, par M. Crace-Calvert, de Manchester.

16. *On protoplasmic life*, par le même.

17. Vingt-six numéros du *Steirische Landbote*, par M. le Dr Wilhelm, de Graz.

18. *Der elsässische Bienenzüchter.*

19. *Entwurf eines Berggesetzes für Elsass-Lothringen.*

20. Le portrait de M. le Dr Penot.

21. Quatre exemplaires du premier *Bulletin de la Société industrielle de Lille.*.

————

La séance est ouverte à 5 1/4 heures, en présence de 50 membres environ.

Le procès-verbal de la réunion de mars est lu et approuvé.

Le président donne lecture de la liste des dons reçus pendant le mois d'avril, et pour lesquels des remercîments ont été adressés.

Correspondance.

La famille de M. Camille Hergott, ingénieur de la Compagnie des forges d'Audincourt et membre de la Société, fait part de son décès.

M. le directeur de l'Ecole industrielle de Nîmes demande des renseignements sur la Société, ainsi que sur les Ecoles qu'elle patronne.

M. Brassert, de Bonn, communique un travail fait par lui pour servir à l'établissement d'un code des mines.

La Société d'impression alsacienne annonce qu'elle souscrit fr. 500 pour l'Ecole de chimie municipale.

M. Lefébure envoie un exemplaire de son discours sur l'inspection des fabriques pour la surveillance du travail des enfants.

M. le docteur Goppelsrœder adresse la rédaction de son travail sur la régénération des tableaux, dont il a entretenu la Société dans sa dernière séance. Ce travail est en ce moment soumis à l'examen du comité des beaux-arts. — La Société autorise ce comité, s'il y a lieu, à en décider l'impression.

M. le docteur Goppelsrœder remet un pli cacheté inscrit sous le n° 192, et dans lequel il décrit des essais faits par lui pour éviter la décomposition des cocons de soie, et pour détruire les taches qui s'y trouvent.

La classe d'industrie et de commerce de la Société des arts de Genève demande l'échange de son Bulletin contre celui de la Société. Renvoyé au conseil d'administration.

MM. Th. Schuchard et Eberhardt envoient leurs démissions de membres ordinaires.

Sur la proposition du président, la Société décide qu'elle viendra volontiers en aide à M. Charles Grad pour lui faciliter la réunion des documents que nécessite un travail très complet qu'il entreprend sur la statistique industrielle de l'Alsace, et renvoie l'examen de cette question au comité d'histoire.

M. Ch. Lauth demande l'ouverture du pli cacheté n° 181, remis par lui le 15 juin dernier. — Le travail qu'il contenait, traitant d'un vert d'aniline pour teinture de laine, ainsi qu'une note complémentaire de M. Lauth, sont renvoyés au comité de chimie.

M. Engel-Dollfus adresse l'exposé financier de la situation de l'Ecole de filature et de tissage.

Par suite des derniers événements, l'Ecole a vu diminuer notablement le nombre de ses élèves; il est désirable qu'une propagande active s'occupe de lui venir en aide.

Le rapport de M. Engel sera lu dans la prochaine séance. En attendant, son impression est votée comme d'habitude, ainsi qu'un tirage spécial de 500 exemplaires.

M. G. A. Schœn remercie la Société pour sa nomination comme membre ordinaire.

M. F. Zurcher, membre correspondant, envoie un exemplaire de son ouvrage : *Les Naufrages célèbres*, ainsi que les statistiques agricoles du commandant Maury.

M. Salathé, ancien notaire, propose à la Société de lui servir une rente de fr. 1,200, à charge par elle d'instituer plusieurs prix annuels en faveur d'ouvriers ayant manifesté le goût de l'épargne, et pour leur faciliter l'achat d'une maison.

La Société accepte avec reconnaissance cette généreuse proposition, et vote des remercîments au donateur.

Le comité d'utilité publique sera chargé d'étudier la question, et de présenter une rédaction pour les prix à établir.

M. G.-A. Hirn envoie une description de son pandynamomètre appliqué au balancier d'une machine à vapeur, et au moyen duquel il parvient à calculer le travail exact de la vapeur et du moteur. — Renvoi au comité de mécanique, qui est autorisé à décider l'impression.

Le comité de chimie demande l'adjonction de M. Jeanmaire, ainsi que l'échange du Bulletin contre le journal *American Chemist*. — Adopté.

Le comité de mécanique demande l'impression d'une note de M. Th. Schlumberger sur des expériences de matériel d'incendie faites en mars dernier chez MM. Dollfus-Mieg et Cⁱᵉ. — Adopté.

Travaux.

M. Hallauer donne lecture d'un mémoire exposant la théorie rationnelle du travail de la vapeur, en étudiant spécialement les condensations qui se produisent dans les cylindres de machine à vapeur.— Renvoi au comité de mécanique.

M. Camille Schœn communique un travail dont il est l'auteur, et dont le comité de mécanique demande l'impression et le renvoi à la Chambre de commerce.

Ce travail, qui répond à une demande émanant d'une réunion d'industriels de la Basse-Autriche, a pour but de rechercher le meilleur mode pour arriver à un système uniforme dans le titrage des filés des différents textiles. — La Société en vote l'impression.

Pendant la séance, il est procédé au ballottage et à l'admission comme membre ordinaire de M. J.-J. Læderich fils, chimiste chez MM. Thierry-Mieg, et présenté par M. Jean Heilmann.

La séance est levée à 7 1/4 heures.

PROCÈS-VERBAUX

des séances du comité de chimie

Séance du 9 octobre 1872.

La séance est ouverte à 5 1/2 heures, sous la présidence de M. Rosenstiehl. — Sept membres sont présents.

Le procès-verbal de la dernière séance, rédigé par M. Brandt, est lu et adopté.

M. E. Lacroix, éditeur à Paris, adresse à la Société industrielle deux ouvrages sur lesquels il désirerait connaître l'appréciation des membres du comité de chimie. Ces ouvrages sont : *Le Guide du tein-turier*, par F. Fol; et le tome Ier de l'*Exposé des explications de l'élec-tricité*, par M. le comte du Moncel. — Ces livres sont remis, le pre-mier à M. Brandt, et le second à M. Schneider, avec prière de les examiner et de faire un rapport verbal au comité.

M. Brandt expose les résultats qu'il a obtenus dans l'examen d'un nouveau noir d'aniline signalé par M. Gustave Engel. Le rapporteur a constaté que le noir de M. Engel pourrait rendre des services dans l'impression à la planche, mais qu'il n'est point applicable à l'impres-sion au rouleau.

M. Brandt communique une série d'observations relatives à la com-position du noir d'aniline, dans lequel il soupçonne l'existence de deux noirs de nuances et de solidités différentes. — Le comité demande l'impression de la notice de M. Brandt.

La séance est levée à 6 heures.

Séance du 13 novembre 1872.

La séance est ouverte à six heures. — Douze membres sont présents.

M. Rosenstiehl remercie ses collègues de la confiance qu'ils ont bien voulu lui témoigner en le priant, à l'unanimité, de vouloir bien occuper les fonctions de secrétaire du comité de chimie, fonctions vacantes par suite de la démission de M. Scheurer-Kestner, retenu à Paris par son mandat de représentant du peuple.

M. le secrétaire rappelle les éminents services rendus par M. Scheurer-Kestner, et exprime son désir de s'inspirer toujours des vieilles traditions du comité, qui se résument en deux mots : *Travail et progrès.*

Après la lecture et l'adoption du procès-verbal de la dernière séance, M. le secrétaire communique une lettre du Dr Sacc, traitant d'un nouveau procédé de teinture qui consiste à former des savons insolubles sur les tissus. Les observations de plusieurs membres du comité ayant établi que le procédé en question ne présente aucune nouveauté, le comité demande que la lettre de M. le Dr Sacc soit déposée aux archives de la Société industrielle.

L'ordre du jour étant épuisé, la séance est levée à 6 3/4 heures.

———

Séance du 11 décembre 1872.

La séance est ouverte à 5 3/4 heures. — Quinze membres sont présents.

Le procès-verbal de la dernière séance est lu et adopté.

M. Auerbach, chimiste chez MM. Gessert frères, à Elberfeld, envoie une monographie sur l'anthracène et ses dérivés, avec prière de soumettre cette brochure au jugement des membres du comité de chimie.

M. Rosenstiehl, qui a examiné cet ouvrage, prend la parole pour en donner une appréciation succincte mais complète. Le comité, vu l'impossibilité de faire un rapport sur un travail déjà imprimé, demande que l'exposé verbal de M. Rosenstiehl soit inséré dans le procès-verbal de la séance.

Voici cet exposé :

« Le sujet est plein d'actualité, et c'est avec un vif intérêt que j'ai parcouru la brochure. Je n'ai pas pu m'empêcher de remarquer la grande parenté qui existe entre cet ouvrage et les articles que M. Kopp publie dans le *Moniteur scientifique* sur le même sujet. Beaucoup de passages, surtout ceux qui sont consacrés à la description des corps, sont identiques. Cela s'explique : M. Auerbach a été préparateur de M. Kopp à l'Ecole polytechnique de Zurich. Je ne veux pas dire que tout l'ouvrage soit la traduction en langue allemande des articles de M. Kopp. Ceux-ci ont commencé à paraître en août 1871, et leur publication n'est pas achevée: comme la science a marché depuis, l'auteur a pu faire quelques additions.

« Les articles relatifs à l'anthracène et à l'alizarine sont rédigés d'une façon plus indépendante. L'auteur développe les hypothèses admises sur la constitution de ces corps.

« On trouve dans son ouvrage la représentation graphique des molécules, qui permet de se rendre compte de la position relative des atomes. A propos de l'alizarine, l'auteur résume ce que l'on sait de la garance et de ses dérivés commerciaux; il rectifie, en passant, une erreur d'appréciation faite au laboratoire de l'Ecole polytechnique de Zurich, relative à l'action de la chaleur sur l'alizarate de chaux. Dans une première expérience, celui-ci avait été préparé avec l'alizarine artificielle; par la distillation sèche on en a obtenu de l'anthraquinone.

« Le purpurate de chaux n'en a pas donné; on ne se rend pas aisément compte de la production d'anthraquinone dans ces conditions. Depuis on a reconnu que l'alizarate de chaux pur n'en donne pas; celui qui a servi à l'expérience précédente renfermait de l'anthraquinone provenant de l'alizarine artificielle.

« J'arrive à la partie non encore publiée dans le *Moniteur scientifique*. J'ai remarqué que l'auteur y décrit aussi des corps qui n'ont pas encore été préparés à l'aide de l'anthracène, mais qui s'y rattachent indubitablement par leurs réactions; je citerai le principe actif de la rhubarbe, l'acide chrysophamique, et un dérivé de l'aloès, l'acide chrysammique. Les rapprochements que fait l'auteur engagent à faire des recherches synthétiques; son travail portera des fruits. Le livre se termine par une collection de recettes qui paraît être ce qu'il y a de plus complet qui ait été publié sur la matière. Je n'ai pas été à même d'essayer individuellement chaque recette ; mais leur seule comparaison avec celles que nous employons, permet de juger qu'elles sont rationnelles et bonnes par conséquent. On trouve aussi des indi- cations fort intéressantes sur l'emploi en teinture des nouvelles matières colorantes artificielles. Les noms des auteurs qui ont été consultés, se trouvent rejetés dans une table spéciale ; cette disposition heureuse a l'avantage de débarrasser le texte des renvois qui gênent la lecture attentive.

« En somme, l'ouvrage de M. Auerbach est excellent ; il résume l'état actuel de la question, en montrant ce qui est fait et en permet- tant d'en déduire ce qui reste à faire.

« Il est pour nous particulièrement utile. Les journaux scienti- fiques qui paraissent aujourd'hui, sont trop nombreux pour que le peu de loisir que nous laissent nos occupations journalières, nous permettent de les parcourir tous et de grouper les progrès de la science dans chaque direction spéciale.

« M. Auerbach était du reste fort compétent en la matière. Prépara- teur de M. Kopp, il a eu l'occasion d'étudier avec lui et sous sa direc- tion ces matières colorantes ; les lecteurs du *Moniteur scientifique* ont souvent dû remarquer son nom en tête d'articles relatifs à l'alizarine artificielle ; il en a fait l'analyse immédiate et y a signalé la présence d'anthraquinone, d'oxyanthraquinone ; il y a découvert une anthra- quinone isomère qui est peut-être identique avec celle obtenue au commencement de cette année par notre collègue M. Schützenberger ; enfin c'est lui qui nous a dévoilé la composition et la nature de cette matière, à laquelle l'alizarine artificielle de MM. Gessert frères et le produit qu'ils appellent improprement *purpurine*, doivent la propriété de donner de beaux rouges comparables à ceux de l'extrait de garance. Selon lui, ce serait un isomère de la purpurine qu'il appelle *isopurpurine*. »

Après avoir ainsi exprimé son jugement, M. Rosenstiehl fait observer que depuis la publication de cet ouvrage, on a signalé deux nouveaux hydrocarbures isomères de l'anthracène. L'un est contenu dans le goudron de houille, et a été étudié par M. Grache ; il se dis- tingue par son point de fusion relativement bas (105° au lieu de 213°). L'autre a été obtenu par M. Schmitt, en réduisant l'anthraquinone

mononitrée rouge; ce carbure fond à 247° centigrades. La découverte
de ces composés, ainsi que de l'anthraquinone isomère, est intéressante en ce sens qu'elle pourrait hâter le moment où l'on réussira à
produire artificiellement la véritable purpurine, laquelle paraît appar-
tenir à une série isomère de celle de l'alizarine.

M. Rosenstiehl, chargé de l'examen d'une notice du Dr Schwalbe sur
la transformation de la caséine du lait en une matière albuminoïde,
sous l'influence de l'essence de moutarde, a trouvé dans le *Moniteur
scientifique* du mois d'août 1872 la description des essais que M. Kopp
a effectués avec cette nouvelle albumine préparée par M. Schwalbe
lui-même.

Il résulte de ces essais que l'albumine en question laisse un résidu
insoluble abondant, et que tout en se coagulant par la vapeur et en
fixant un peu les matières colorantes, elle ne saurait sous ce rapport
être comparée à l'albumine et encore moins la remplacer. En présence
de ces résultats, le comité propose de déposer aux archives la communication de M. Schwalbe.

Le comité de chimie demande l'adjonction de M. Goppelsrœder et
l'échange de son titre de membre correspondant en celui de membre
honoraire.

M. Schneider annonce que l'ouvrage dont il a été chargé de rendre
compte forme le premier volume d'un traité complet des applications
de l'électricité, publié par le comte Th. du Moncel. Ce volume, consacré à la technologie électrique, contient l'étude de la propagation
électrique dans les circuits de toute nature, la description de toutes
les piles imaginées jusqu'ici, les réactions qui s'y produisent et les
calculs qui s'y rapportent, les études relatives aux câbles sous-marins,
et enfin le système des mesures électriques qui fournissent les valeurs
numériques servant de base à la construction, aux essais et à la pose
des lignes sous-marines. L'exposé des questions est facilement intelli-
gible aux personnes qui prennent le soin de se familiariser avec les
définitions préliminaires indispensables, et n'exige pas de connaissances
mathématiques trop élevées. On trouve dans ce livre des détails qu'on
chercherait en vain dans les meilleurs traités spéciaux publiés jusqu'à ce jour, et comme tous les renseignements sont puisés aux meilleures sources ou émanent des hommes les plus compétents, on peut

considérer l'ouvrage en question, quand les trois derniers volumes seront livrés à la publicité, comme un traité spécial et complet des applications de l'électricité, tant au point de vue théorique qu'au point de vue pratique, tout à fait à la hauteur des derniers progrès de la science.

Aussi le comité de chimie propose-t-il de remercier sincèrement M. Lacroix, éditeur à Paris, d'avoir bien voulu doter la bibliothèque de la Société industrielle d'un ouvrage d'une si incontestable utilité. Un extrait du procès-verbal du comité sera adressé à M. Lacroix.

M. Meunier-Dollfus, ayant lu dans le *Bulletin de la Société chimique* du mois d'octobre 1872 la description d'un acier spécial au tungstère (dit acier Muchet), s'est adressé à M. Gruner, à Paris, pour obtenir des renseignements plus circonstanciés sur ce métal. M. Gruner, qui a analysé cet acier, y a trouvé jusqu'à 8 %, de tungstène, un peu de carbone et des traces de silicium, mais pas un atome de titane, contrairement à ce que pourrait faire supposer le nom de la Compagnie anglaise qui le livre au commerce : *Titania forest steel works Company*.

Cet acier extraordinairement dur sert à tourner les jantes en acier des roues des chemins de fer, et pourrait peut-être convenir à la fabrication des râcles de rouleaux. M. Engel-Dollfus se chargera de faire venir un échantillon de cet acier, et d'examiner jusqu'à quel point il résiste à l'action des acides.

Le comité décide qu'à l'avenir l'ouverture de ses séances sera remise de 5 1/2 heures à 6 heures du soir.

La séance est levée à 7 heures.

Séance du 15 janvier 1873.

La séance est ouverte à 6 heures. — Douze membres sont présents.

Le procès-verbal de la dernière séance est lu et adopté.

Le comité propose d'envoyer à MM. Auerbach et Schwalbe la copie des paragraphes 1 et 2 du procès-verbal du 11 décembre 1872, qui traitent des communications que ces messieurs ont faites à la Société industrielle.

M. le Dr L. Gautier, professeur de chimie au collége de Melle (Deux-Sèvres), annonce qu'il se propose de publier la traduction d'un traité des matières colorantes artificielles dérivées du goudron de houille, par M. Kopp, de Zurich, et demande si la Société industrielle ne pourrait pas lui fournir les étoffes nécessaires pour les échantillons de tissus teints et imprimés qu'il a l'intention d'introduire dans l'ouvrage. — Le comité de chimie prie la Société industrielle de vouloir bien recommander M. Gautier à M. Engel-Dollfus qui voudrait peut-être l'aider à se procurer dans le commerce et surtout dans les maisons alsaciennes de Paris, les principales nuances dont il aurait besoin.

M. Girod aîné, fabricant de produits chimiques à Aiguebelle (Savoie), croit avoir trouvé un procédé pour marquer d'une manière indélébile les tissus de coton destinés à subir les diverses opérations de la teinture. Ce moyen, dit l'inventeur, consiste à faire chauffer préalablement le caractère ou le chiffre qui doit donner l'empreinte à l'étoffe. Le comité désirerait de plus amples détails, et quelques échantillons de tissus marqués par ce procédé.

A l'occasion de la communicatian de M. Girod, M. Camille Kœchlin exprime l'espoir qu'une matière colorante mêlée à la parafine fondue et imprimée pourrait résister aux opérations du blanchiment et constituer une bonne encre à marquer les tissus.

M. Rosenstiehl signale quelques expériences qu'il a faites pour marquer les tissus avec du platine mécanique d'après le procédé Vial. L'impression a été faite par un timbre au moyen de sulfate de platine convenablement épaissi, sur lequel on collait un papier saupoudré de cuivre précipité par le zinc. La nuance grise obtenue a été éclaircie de moitié par les opérations de blanchiment.

M. Rosenstiehl signale à l'attention du comité le brevet de M. Hélouis, relatif au bronze de platine. Cet alliage, réputé inattaquable par les acides, pourrait peut-être convenir pour la fabrication des râcles de rouleaux. Le comité prie le bureau de la Société industrielle de vouloir bien rechercher l'adresse de M. Hélouis (Voir la Revue des brevets métallurgiques français dans le *Bulletin de la Société chimique* du 5 janvier 1873, page 43, brevet 93,259 du 11 décembre 1871), d'appeler son attention sur l'emploi possible de ce nouvel alliage, et de le prier d'envoyer à la Société industrielle une lame pareille au bout de râcle que M. Rosenstiehl lui adressera comme modèle.

La séance est levée à 7 heures.

FU N

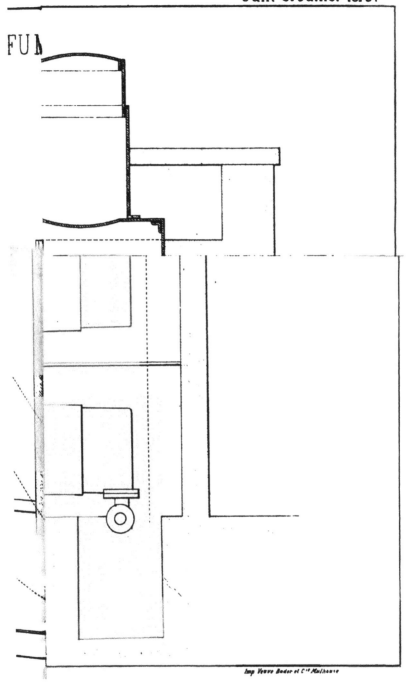

Co

rbe

$0^m.$

12 7

....

111249

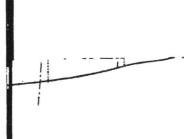

Courbe N.º I

urbe 0^{m2}00447

0^{m}004967 pressior

12.70 chevaux

111249

111584

BULLETIN

DE LA

SOCIÉTÉ INDUSTRIELLE

DE MULHOUSE

(Août 1873)

NOTE

sur les moyens de prévenir les chances de feu dans les établissements industriels, et organisation du service d'incendie, par F. Engel-Gros.

Séance du 26 février 1873.

INTRODUCTION.

Votre comité d'utilité publique ayant attiré l'attention sur cette grave question, j'ai pensé qu'il serait utile de faire connaître et de livrer à la publicité les moyens employés dans quelques-uns des grands établissements de Mulhouse pour prévenir et combattre les incendies.

Les différents prix que la Société industrielle a mis au concours, ne sont qu'une raison de plus pour que toutes les personnes qui sont en possession de renseignements utiles, les fassent converger vers ce centre habituel d'informations.

En effet, un travail très complet sur cette matière intéressante, qui peut revendiquer une des premières places parmi les questions d'utilité publique, ne pourra être fait que lorsque les éléments essentiels auront été réunis.

Des progrès considérables, dont la plupart sont tout nouveaux et très peu connus, ont été réalisés ces dernières années, et nous sommes bien loin de l'époque où des moyens très primitifs[1], si primitifs qu'ils exciteraient l'hilarité si l'on venait à les décrire, étaient le seul obstacle à opposer au fléau dévastateur.

Plusieurs de ces moyens sont entièrement nouveaux; d'autres, que nous donnons également, nous paraissent, par leur simplicité même, désignés à être répandus avec quelque utilité parmi les personnes qui s'occupent de construction ou d'organisation d'établissements industriels.

Le sujet que nous allons traiter est tout d'actualité : la fréquence des sinistres industriels avec les chômages et les pertes qui en résultent, les difficultés toujours croissantes de s'assurer à un taux qui ne soit pas par trop exorbitant, rendent cette question doublement intéressante.

Il n'est pas inutile d'insister ici sur les grandes pertes d'argent et de temps qui sont généralement occasionnées par un sinistre industriel.

Aux ennuis de tout genre vient s'ajouter la plupart du temps une perturbation profonde, qui se fait surtout sentir dans le genre d'industries que nous avons autour de nous.

Dans bien des établissements, on le sait, une série d'ateliers concourent à la confection d'un même produit; qu'un de ces ateliers vienne à brûler, il en résultera un chômage général, ou tout au moins devra-t-on avoir recours à des expédients toujours très fâcheux.

Ce n'est pas ici le cas de s'arrêter au point qui, à bien des yeux, est le plus essentiel, c'est-à-dire au sort réservé aux ouvriers d'un établissement incendié.

Jusqu'ici du moins, et à de rares exceptions près, Mulhouse est resté Mulhouse; je veux dire que l'ouvrier n'y est jamais resté sans salaire, même en cas de chômage par suite d'incendie.

N'oublions pas de dire que c'est la fréquence des sinistres industriels qui est la principale cause de l'élévation des primes

---

[1] Voir à la fin de l'introduction la Note historique.

d'assurance, et que pour cette raison aussi l'assurance d'un grand établissement industriel est devenu une chose importante et difficile.

Si dès à présent il ne nous est pas possible de traiter bien des questions se rapportant à cette matière, nous tâcherons plus tard de compléter notre travail en y joignant la série de renseignements ainsi que les dispositions nouvelles qu'on pourrait nous avoir communiquées.

La connaissance approfondie de ces moyens fait généralement partie du domaine de la mécanique; nous avons tenu à vulgariser ce que nous en possédions, en faisant connaître une série de moyens bons et pratiques dont nous avons été souvent à même de constater l'utilité; mais afin d'éviter tout malentendu, nous devons dire qu'on se tromperait en chcerhant dans notre notice une sorte de manuel de pompier.

Pour opérer avec ordre, j'ai divisé mon étude en trois parties :

La première·traitera de la prévention des incendies au point de vue de la construction.

La deuxième des appareils propres à combattre le feu.

La troisième enfin traitera spécialement des principaux moyens de surveillance et de contrôle, ainsi que de l'organisation spéciale du service d'incendie.

———

NOTE HISTORIQUE.

Je dois aux recherches de mon frère, Arthur Engel, des données assez curieuses sur le sujet qui nous occupe. Je les crois de nature à intéresser la Société industrielle, et vais les résumer succinctement.

L'invention des pompes à incendie est fort ancienne et date du IIe siècle avant notre ère; c'est Ctésibicus, d'Alexandrie, qui en est l'inventeur [1].

---

[1] Rich, *Dictionnaire des antiquités grecques et romaines,* article « Ctésibica machina.»

La preuve en est incontestablement établie par la trouvaille qui a été faite en Italie, à Castrum-Novum près de Civita-Vecchia. Quatre cents ans plus tard, dans une lettre à l'empereur Trajan sur l'incendie de Nicomédie, Pline parle de l'emploi qu'on fit de « syphons; » or, ces syphons ne sont autre chose que des pompes à incendie aspirantes et foulantes.

Bien connue des anciens, la pompe à incendie a subi le sort de beaucoup d'inventions; elle a été oubliée pendant quinze siècles, et c'est au bout de cette longue période d'années que nous la voyons remplacée d'abord par des seaux[1], puis environ cent ans plus tard par un engin plus perfectionné, la seringue. Ce petit instrument était fort répandu alors, et les incrédules peuvent encore en voir un certain nombre d'exemplaires conservés dans quelques musées archéologiques.

Le musée de Bâle, installé dans une des annexes de la cathédrale, en possède une; (voir Catalogue n° XVI, 23, *Handfeuerspritze von 1557. Geschenk von lœbl. Pflegamt des Spitals*). La provenance de cet engin pourrait suggérer quelques doutes sur l'exactitude du catalogue; mais des renseignements pris de différents côtés, et notamment auprès de M. Moritz Heine, l'intelligent conservateur de ce musée, m'ont prouvé tout le contraire.

Du reste, bien d'autres sources sont là pour le démontrer. Nous trouvons par exemple dans le *Dictionnaire raisonné du mobilier français*, de M. Viollet-Leduc, article « Seringue », des détails intéressants sur un spécimen de ce genre qu'on conserve à Troyes; on en trouvera plus loin le croquis, et l'on remarquera qu'il est construit avec soin et même avec un certain luxe[2].

---

[1] Les seaux furent importés de Francfort en Alsace pendant la deuxième moitié du XV° siècle. (Renseignement dû à l'obligeance et à l'érudition de M. X. Mossmann, archiviste à Colmar.)

[2] Cet ustensile, dit M. Viollet-Leduc, fut employé dès le XV° siècle comme engin propre à éteindre les incendies. En 1618, un commencement d'incendie causé par la foudre fut éteint par le grand chantre de la cathédrale de Troyes, Pierre Dadier, qui alla quérir une seringue de maréchal. En 1700, la cathédrale de Troyes possédait plusieurs seringues disposées à cet effet, et leur

Les pompes à incendie ordinaires, telles que nous les connaissons, ne reparurent que vers le commencement du XVIIe siècle, environ cent ans plus tard.

Ce n'est pas dire qu'auparavant des essais très sérieux n'aient été tentés en vue d'arriver à perfectionner le matériel destiné à combattre les incendies.

Grâce aux indications qu'ont bien voulu nous donner MM. Viollet-Leduc et Chevignard, de Paris, nous avons trouvé, dans un ouvrage technique, fort rare, publié à Lyon en 1578, une gravure si curieuse, que nous ne résistons pas au désir d'en donner la reproduction; on la trouvera à la fin de notre note. C'est une sorte d'appareil extincteur à vis, de construction assez régulière. Comme le dessin est très net et se comprend à simple vue, nous n'en donnons pas la description[1].

Pour en revenir aux pompes à incendie, nous voyons qu'en 1701 la ville de Leipzig en possédait plusieurs, de diverses gran-

---

emploi ne put arrêter les progrès du feu qui prit, pendant la nuit du 7 au 8 octobre de cette année, à la flèche de charpente de l'église. On pratiquait de petits réservoirs sous les combles des grands monuments, destinés à recueillir les eaux de pluie, et à chacun de ces réservoirs était attachée une seringue. Il suffit, en effet, au premier moment, d'une petite quantité d'eau pour prévenir un sinistre, et la seringue permettait d'envoyer cette eau sur le point attaqué. Cette même cathédrale de Troyes possède encore un de ces engins, qui date du XVIe siècle. Cet objet a été découvert dans les combles par M. Millet, architecte diocésain de Troyes, qui a bien voulu nous en fournir un dessin très exact. Il est fait de bronze, avec manche de bois de noyer. Sur la base du cylindre sont gravées les armes du chapitre (voyez en A) avec les deux initiales S P, Sanctus Petrus, patron de la cathédrale. Nous donnons en B le détail de la fermeture de la partie postérieure, et du piston, garni de cuir, en C Cet ustensile est d'une conservation parfaite et fabriqué avec un soin extrême.

[1] Cet ouvrage, dont j'ai eu tout récemment l'occasion de faire l'acquisition, porte le titre suivant :

Théâtre des instruments mathématiques et méchaniques de Jacques Besson, Dauphinois, docte mathématicien, avec l'interprétation des figures d'iceluy par François Bervald, par BARTHÉLÉMY VINCENT, MDLXXVIII.

Nous y lisons : Proposit, LII, Espèce d'artifice nouveau propre à jeter l'eau contre le feu, memement lorsque la flamme empesche que nul ne peut approcher de l'édifice qui ard

deurs, et qu'elle venait de recevoir de Hollande, qui paraît être la patrie de ce genre d'appareils, quatre pompes d'un système tout à fait nouveau, et dont on avait l'air de faire grand cas[1].

Ces pompes, récemmeut inventées, étaient appelées *Schlangen-feuerspritzen,* et formaient l'intermédiaire entre les pompes ordinaires à bâche et les pompes aspirantes et foulantes.

Une sorte d'entonnoir mobile *(Wassersack)* était relié à la bâche de la pompe par un boyau plus ou moins long, et pouvait être placé auprès d'une prise d'eau[2], d'une rivière ou de tout autre endroit convenable, servant ainsi à alimenter la pompe et remplaçant la chaîne à bras d'hommes. Ce système était trouvé très compliqué alors; aussi les instructions et les recommandations ne sont-elles pas ménagées.

Un peu avant cette époque, au milieu du XVIIe siècle, l'envoi que fait la ville de Colmar à Strasbourg d'un potier d'étain et d'un fondeur de cloches pour étudier de nouveaux engins appelés « *Fewerspritzen*[3], » prouve que les pompes à incendie apparurent dans notre province au moment où elles se répandirent en France et en Allemagne.

Depuis deux cents ans, il faut le dire, les progrès jusqu'ici n'avaient pas été bien grands. Depuis peu de temps seulement on est entré dans une nouvelle voie plus conforme à l'état d'avancement de la mécanique. La vulgarisation de la pompe à vapeur venant d'Angleterre et d'Amérique en est la preuve. Aujourd'hui même nous voyons la grande industrie employer des moyens nouveaux plus efficaces encore. Espérons que ces moyens ne tarderont pas à se répandre, et qu'on donnera de plus en plus de soins à cette partie importante de nos services, si souvent par trop négligée.

---

[1] *Der Stadt Leipzig Ordnungen,* Leipzig, 1701.
[2] En 1701, Leipzig avait tout un système de bornes-fontaines et de distributions d'eau pour le cas d'incendie.
[3] Lettre adressée le 31 décembre 1646 à l'ammeistre régent de Strasbourg, par la ville de Colmar. (Renseignements dus à M. X. Mossmann.)

PREMIÈRE PARTIE.

De la prévention des incendies au point de vue de la construction.

Si nous avions aujourd'hui à créer de nouveaux établissements, nous les construirions de telle manière que le danger de propagation du feu fût réduit à sa plus simple expression.

On pourrait alors songer sérieusement à devenir son propre assureur en mettant chaque année en réserve une somme qui, grossie des intérêts, ne tarderait pas à être assez considérable pour parer à toute éventualité.

On aurait ainsi un établissement exempt d'une charge qui est aujourd'hui très lourde.

Sans construire des bâtiments tout à fait *fire-proof*, nous arriverions, par une série de dispositions bien comprises, à rendre nos bâtiments à peu près incombustibles, et nous aurions en même temps la certitude de ne pas voir un sinistre arriver à des proportions qui en font de véritables catastrophes.

La construction des bâtiments véritablement *fire-proof* est très usitée en Angleterre, parce que la fonte et la brique y sont à des prix sensiblement plus bas que dans notre pays, et elle y a acquis un grand développement.

Le nouveau mode de construction (fig. 1) qui permet de supprimer les grands voûtages, toujours difficiles à faire et quelquefois dangereux, et de les remplacer par de petites voûtes transversales d'une ouverture trois ou quatre fois moins grande (fig. 2), a puissamment contribué à répandre ce genre de construction, qui offrait auparavant de sérieuses difficultés et beaucoup moins de sécurité.

Les constructions *fire-proof* auraient certainement commencé à se répandre chez nous, si une fâcheuse et énorme hausse ne venait de se produire sur le prix du fer et de la houille.

Les ingénieurs et les architectes ne raisonnent pas assez la question des chances de feu ; il est facile de s'en apercevoir à la manière dont sont généralement faits, par exemple, les murs de feu, les corniches, etc.

Quand on a construit plusieurs bâtiments avec le désir de les aménager sous ce rapport aussi convenablement que possible, on arrive certainement à des résultats très sérieux, et dont l'importance n'échappera à personne.

Nous allons donner rapidement l'indication de quelques bons préservatifs, moyens reconnus bons par la grande expérience que nous avons des incendies industriels : triste expérience qui nous pousse à nous ingénier sans relâche à les rendre le plus rares possibles.

Un des meilleurs moyens pour empêcher la propagation du feu, sont les plafonds.

On fait quelquefois aux endroits dangereux des plafonds sur treillages en fil de fer, mais ils sont plus chers que les plafonds sur lattes de bois ; ceux-ci, lorsqu'ils sont bien faits, sont très suffisants, et peuvent résister pendant très longtemps à l'action d'une forte chaleur et même des flammes.

Nous sommes persuadés que si la plupart de nos salles de filatures de Mulhouse avaient été plafonnées, nous aurions eu à enregistrer deux fois moins de sinistres. Nous croyons également que l'augmentation des frais de premier établissement qui en serait résulté, aurait été largement compensée par la différence sur les primes d'assurances ; elles n'eussent pas monté aussi vite et atteint les proportions actuelles.

A côté du danger causé par l'absence de plafonds, il ne faut pas oublier de citer la corniche qui, neuf fois sur dix, propage le feu.

On devrait s'interdire de construire des corniches en bois ou de faire dépasser les chevrons des toits ; l'aspect des bâtiments en souffrirait peut-être, mais cet inconvénient serait largement compensé par les avantages qu'on en retirerait.

Du reste, notre architecture industrielle de Mulhouse n'est pas assez soignée pour que la raison ci-dessus empêche de mettre à exécution cette règle si importante, *que les corniches doivent toujours et dans tous les cas être faites en briques ou en matière incombustible* [1].

On voit souvent établir à grands frais des murs de feu dépassant les toits, et on laisse subsister à côté de ce moyen préservatif des corniches en bois et même des corniches qui ne sont pas coupées par le mur de feu. Les architectes qui exécutent ces genres de travaux n'ont occasionné que des dépenses et provoqué peut-être une trompeuse sécurité; nous le répétons, avant tout *renoncez aux corniches combustibles* et faites des murs de feu qui divisent réellement les bâtiments en plusieurs parties.

De bons murs de feu doivent être construits en briques. En cas de feu, le moellon est détérioré et les murs (principalement ceux qui supportent des scellements) sautent facilement.

Ces murs de feu, quand ils sont placés à l'extrémité d'un bâtiment, doivent être assez épais pour pouvoir, à la rigueur, se tenir debout tout seuls; on peut risquer sans cela de terribles accidents.

Il est essentiel, et cependant cela ne se fait presque jamais, de ne pas faire passer des poutrages à travers un mur de feu. Les pannes, ainsi que les lattes des toitures, devront être coupées à fleur du mur, et si, pour une raison quelconque, on ne veut pas faire dépasser le mur de feu au-dessus des tuiles, il est nécessaire que celles-ci soient placées sur le mortier même, afin que le feu ne puisse pas se propager par les lattes de toiture.

Depuis quelques années déjà, partout où nous avons construit des murs de feu, les pannes reposent sur des petits supports en fonte scellés contre chaque côté de ce mur (fig. 3).

---

[1] Une ordonnance de police défend du reste la construction de corniches en bois dans le rayon de Mulhouse, mais elle n'est pas toujours observée, et dès que nous sortons dudit rayon, nous remarquons qu'on n'y apporte plus la moindre attention.

Un mur de feu qui a des ouvertures fermées par des portes en bois, ne remplit pas le but voulu.

Il faut que toutes les ouvertures puissent être fermées à l'aide de portes en fer bien construites; nous disons bien construites, car il faudra qu'elles soient, contre l'habitude, solidement établies et montées sur deux cadres fixés de chaque côté du mur par des boulons le traversant de part en part, et non scellées simplement à un mur qui peut se crevasser et cesser de les maintenir au moment où elles sont le plus nécessaires.

Quand à côté des portes se trouvent des ouvertures de ventilation ou autres, nous engageons à adopter une disposition dans le genre de celle qui est indiquée par la figure 5.

Elle assure la fermeture de ces passages qui, à un moment donné, pourraient être dangereux.

On sait qu'il ne suffit pas d'avoir des murs de feu et des portes en fer pour que le feu ne se propage pas; pour arriver à ce résultat, il faut que ces portes *soient fermées*. Nous indiquons au dernier chapitre, qui traite de la surveillance à exercer, comment dans certains cas, on peut arriver à obliger les surveillants à les tenir fermées. (Voir fig. 4.)

Parmi les causes générales de danger, dans un établissement, nous citerons également les poêles et fourneaux qui heureusement tendent de [plus en plus à disparaître, et sont avantageusement remplacés par des chauffages à la vapeur.

C'est aux directeurs à veiller à ce que partout où il y a des fourneaux, on les entoure de murs de briques, et qu'on défende de rassembler dans leur voisinage des copeaux ou toutes autres matières inflammables.

Il sera toujours prudent de faire les carrelages de briques qui les supportent et les petits murs dont on devrait les entourer dans certains cas, assez grands, et de conserver la réserve de combustible dans des caisses en tôle non adossées au fourneau.

La disposition vicieuse des becs de gaz peut aussi être une cause fréquente d'accidents.

Nous nous bornerons à dire qu'ils doivent être montés sur de longs bras très éloignés des cloisons ou des piliers contre lesquels ils sont attachés. On évitera ainsi de mettre le feu à la cloison ou au support, et de fondre le tuyau même d'arrivée du gaz, qu'on a le tort de faire en cet endroit en plomb au lieu d'employer du fer qui ne fond pas.

Nous croyons utile de donner le croquis (fig. 6) du robinet de gaz que nous employons; il est économique et a l'avantage de conserver la clé du robinet quand la petite vis de retenue vient à se détacher; cela n'a pas lieu dans la plupart des becs qui ont la poignée du robinet tournée vers le bas.

Nous terminerons l'énoncé de ces quelques conseils par la recommandation de bâtir bien isolés et de diviser autant que possible en plusieurs parties les bâtiments où les risques d'incendie sont les plus grands. Les séchoirs, les étendages sont, comme les théâtres, appelés à brûler fréquemment. Puisqu'ils sont en quelque sorte prédestinés à être incendiés (ce que prouve du reste l'élévation des primes), disposons-les donc de manière à ce qu'ils puissent brûler en faisant autour d'eux le moins de mal possible.

C'est pour cette raison que le grand bâtiment servant d'oxydation dans notre fabrique d'indienne, ayant été récemment reconstruit à la suite d'un sinistre, a été divisé en sept compartiments séparés tous par des murs de feu dépassant le toit; il est probable que là au moins nous n'avons plus à craindre de *sinistre général*.

Les sinistres partiels qui pourraient y éclater seront promptement maîtrisés; en outre, *les poutrages sont disposés de manière à tomber facilement et sans détériorer les murs;* on voit par là que la prévoyance trouve à s'exercer même en vue des sinistres.

DEUXIÈME PARTIE.

Appareils pour combattre le feu.

Ce chapitre comprendra la description d'appareils entièrement nouveaux et d'appareils généralement peu connus; je ne m'occuperai qu'accidentellement des appareils courants, pompes à incendie et autres connus de tout le monde, et dont on peut trouver la description dans des livres et manuels spéciaux.

A. — EXTINCTEURS.

Tout d'abord nous parlerons d'appareils dits « extincteurs, » qui, appelés à figurer aux débuts d'un incendie, peuvent rendre les plus grands services.

Diversément appréciés par les praticiens, nous n'hésiterons pas à en recommander chaudement l'emploi, à condition qu'on veuille toutefois se conformer à quelques recommandations bien simples que l'on trouvera plus loin, et qui rendront ces appareils réellement pratiques.

Les extincteurs ne sont autre chose que des réservoirs fermés hermétiquement, construits en tôle ou tout autre métal, que l'on remplit en partie d'eau et en partie d'un agent qui développe sur ce liquide une pression assez considérable pour qu'il soit projeté avec force hors de l'appareil, lorsqu'on ouvre le robinet pour s'en servir.

Il y a deux systèmes d'extincteurs; les uns dits extincteurs chimiques, fonctionnent à l'aide de compositions chimiques, lesquelles, introduites dans l'eau, se délayent et produisent un dégagement énergique de gaz, et par conséquent une pression.

Les autres fonctionnent à l'aide de l'air comprimé.

Ce sont les extincteurs chimiques qui sont les plus répandus.

Ils ont été transformés à plusieurs reprises et semblent aujourd'hui être bien compris. Ces appareils, transportables à dos d'homme et généralement placés dans l'intérieur des ateliers, aux endroits les plus dangereux (batteurs dans les filatures, menuiseries, etc.), doivent être sous la main à toute éventualité.

Il sont fort simples et se composent : d'un récipient, dont la fermeture hermétique est d'une nécessité absolue pour la conservation de la pression; et d'un tube percé de trous, destiné à faire pénéter dans l'intérieur les agents chimiques nécessaires pour le faire fonctionner.

Ce tube pénètre de toute sa longueur dans l'extincteur et est vissé à sa paroi inférieure, afin que la garniture en soit toujours noyée et par conséquent plus hermétique.

Au bas de l'appareil se trouve le robinet de décharge, qui porte un boyau en caoutchouc terminé par une petite lance.

Sur les côtés sont fixées deux courroies qui permettent de porter l'extincteur sur le dos.

Pour le faire fonctionner, il suffit d'ouvrir le robinet et de diriger contre la partie menacée le jet, qui durera jusqu'à ce que l'extincteur soit vide.

La durée de ce jet est évidemment proportionnelle à la dimension de son ouverture et à la capacité du récipient; mais il convient, afin de ne pas avoir un appareil trop lourd, de ne pas dépasser un poids total de kil. 30, récipient compris, c'est-à-dire d'une contenance de 20 litres environ.

C'est le poids maximum qu'on puisse faire porter aisément par un homme.

La durée du jet d'un appareil de dimension moyenne est de 8 à 10 minutes; c'est déjà beaucoup d'avoir toujours sous la main un secours immédiat de cette valeur.

On peut dire que la pression se conserve à peu près indéfiniment dans un appareil bien conditionné; elle varie, suivant la charge, de 4 à 8 atmosphères.

Les charges, généralement composées de bicarbonate de soude et d'acide tartrique, sont remplacées avantageusement par un

mélange de sulfate d'alumine et de bicarbonate de soude qui faci-
lite l'extinction [1].

Les extincteurs à air comprimé, d'invention plus récente, sont
construits à peu près de la même façon, avec la seule différence
qu'une petite pompe à comprimer l'air y est ajoutée.

Pour les charger, on y introduit d'abord une certaine quantité
d'air à une pression déterminée, puis on y injecte avec la même
pompe une quantité d'eau également déterminée. Voici maintenant quelles sont les précautions à prendre pour que ces appareils conservent leur pression.

Avant tout ils devront être placés dans des armoires fermées,
dont la clef se trouvera dans un endroit accessible, ou mieux,
sous une cage en verre qui pourra être brisée à la première
alerte.

Sans cette précaution, on toucherait souvent à l'appareil qui se
trouverait vide ou en partie vidé au moment où l'on voudrait s'en
servir.

Par ce même motif, il est indispensable de pouvoir se rendre
compte du maintien de la pression des extincteurs, sans qu'il soit
nécessaire pour cela de perdre du liquide en les essayant.

A cet effet on emploiera des manomètres qui pourront être
vissés sur le raccord que porte le tuyau de sortie. Il sera ainsi
possible de s'assurer fréquemment de l'état de la pression intérieure, sans pour cela perdre une goutte d'eau.

L'emploi des extincteurs de l'un et l'autre système est également recommandable pour les établissements industriels ou commerciaux.

Nous en conseillerons moins l'emploi dans les maisons particulières et dans des localités où il n'y a pas nécessité d'en avoir

---

[1] Le mélange de sulfate d'alumine et de bicarbonate de soude produit au
contact de l'eau du gaz acide carbonique; en outre il se forme du sulfate de
soude et de l'alumine en gelée. Cette gelée reste en suspension et, projetée
avec l'eau sur les parties embrasées, elle les pénètre et les rend plus difficilement combustibles. Quant à l'acide carbonique, c'est lui qui donne à l'appareil la pression nécessaire pour son fonctionnement.

un certain nombre; car presque toujours il arrivera que l'appareil ne fonctionnera pas au moment utile, faute d'avoir pris les dispositions indispensables dont nous venons de parler.

Chacun des deux systèmes a ses avantages et ses petits inconvénients.

Si la charge de l'extincteur à air comprimé ne coûte rien, le contenu de l'appareil chimique a sur l'autre l'avantage de mieux éteindre pour les raisons énoncées plus haut; si le second de ces appareils a sur son concurrent le désavantage d'avoir plusieurs ouvertures au lieu de n'en avoir qu'une seule, ce qui augmente les chances de déperdition de pression, il a par contre l'avantage de pouvoir se recharger en quelques minutes avec la petite pompe qui y adhère, et de pouvoir, lorsqu'il est vide, servir de pompe à incendie ordinaire; il suffit pour cela de le placer dans un récipient qu'on puisse alimenter.

En résumé, et quoiqu'il ait des chances de détérioration plus grandes, c'est l'extincteur chimique que nous avons placé dans nos ateliers[1].

Ce qui nous prouve du reste qu'il est généralement préféré, c'est qu'on a à peu près cessé la construction des petits extincteurs à air comprimé.

Pour pouvoir mieux utiliser ce genre d'appareil et pour compléter notre matériel d'incendie, nous avons fait construire un petit chariot à deux roues excessivement léger et portant deux extincteurs. (Voir fig. 7).

Ce chariot est traîné par le premier homme qui se trouve prêt, et quand nous avons une alerte, c'est toujours le premier secours qui arrive sur les lieux.

L'utilité des extincteurs m'a donné l'idée d'en essayer l'application en grand, et en employant alors dans ce cas particulier l'air comprimé. Dans le courant de l'année 1872, je fis construire un appareil d'un volume de 2 mètres cubes, c'est-à-dire d'une

---

[1] Construction Wallerand, de Paris.

capacité d'environ soixante-dix fois plus grande que celle d'un extincteur ordinaire.

Les essais répondirent à mon attente, et le succès obtenu nous permet de songer aujourd'hui au développement de cette idée.

Ce grand appareil ne pourra cependant, malgré sa grande utilité, jamais être très répandu; son prix relativement élevé s'y oppose et son entretien nécessite des soins qui ne peuvent être donnés que par le personnel spécial d'un grand établissement; mais il n'en sera pas moins très utile comme complément des moyens préventifs pour le service de la grande industrie ou pour un groupe de petits établissements, ou encore pour le service d'une ville.

Qu'on se figure un grand réservoir cylindrique de un mètre de diamètre, en tôle d'acier, d'une épaisseur de 12 millimètres, monté sur des brancards et supporté par deux grandes roues.

L'axe du cylindre est incliné à 45° environ, et le chariot est traîné par deux chevaux attelés l'un devant l'autre.

Au bas de l'appareil se trouve une valve qui porte un raccord à son extrémité. C'est par cet orifice unique que se charge l'extincteur, et c'est là aussi que se fixent les boyaux pour la décharge.

Cette valve, construite avec les plus grands soins, porte un embranchement sur lequel sont fixés deux manomètres étalons indiquant la pression de l'appareil, et permettant de savoir au juste quelle est cette pression pendant la charge; par conséquent on évitera les accidents pouvant résulter de l'absence de soupapes de sûreté.

Sur les côtés des brancards sont accrochés les boyaux, la lance et différentes pièces accessoires.

La capacité totale du récipient est de 2 mètres cubes et la charge de 1,500 litres d'eau.

Le poids de tout l'appareil est, vide, de 2,000, et plein, de 3,500 kilos. Il peut être facilement traîné par deux chevaux et, à la rigueur, par un seul cheval, quand les routes ne sont pas trop mauvaises.

Afin de donner une bonne idée de la construction de cet extincteur, nous joignons à la vue générale, que l'on trouvera à la fin de cette note, une vue de la valve à grande échelle. (Voir fig. 8.)

On remarquera que la soupape de fermeture est disposée de manière à ce que la pression même de l'eau aide à la fermeture.

Pour éviter toute fuite et par surcroît de précaution, on visse un couvercle sur l'extrémité de la pièce qui porte le raccord.

On remarquera également qu'un tuyau part de la valve et va plonger jusqu'au fond de l'extincteur.

C'est ce tuyau qui permet de le vider jusqu'à la dernière goutte [1].

Pour opérer la charge, voici comment on procède. Après avoir relié le récipient à une pompe à air (au moyen d'un fort tube en caoutchouc de la même sorte que ceux dont on se sert pour essayer les chaudières à la presse hydraulique, et assez épais pour résister à des pressions de 25 à 30 atmosphères), on introduit de l'air jusqu'à 4 atmosphères.

---

[1] On arrivera sans doute à trouver une disposition meilleure que celle que nous avons adoptée pour la construction de cet appareil d'essai.

Ainsi, grâce à l'invention toute récente d'une pompe qui permet de comprimer facilement l'air jusqu'à 20 ou 25 atmosphères, nous serions tentés d'expérimenter la disposition suivante :

Au lieu d'un seul corps cylindrique, nous en placerions deux sur le même char. Le volume des deux récipients serait dans le rapport de 1 à 5, et le plus petit seulement, parfaitement étanche, contiendrait la réserve d'air comprimé.

On ne laisserait pénétrer cet air dans le grand récipient, qui serait rempli d'eau, qu'au fur et à mesure des besoins.

Les avantages de cette disposition seraient les suivants :

Construction plus facile et poids moins grand. En effet, la partie la plus volumineuse de l'appareil n'ayant plus à conserver indéfiniment l'air et l'eau à de fortes pressions, elle pourra être moins soignée, et pour cette même raison il sera possible de ne pas donner autant d'épaisseur au métal, en admettant toutefois que l'on n'agisse sur l'eau qu'avec des pressions de 4 à 5 atmosphères, ce qui est parfaitement suffisant pour la projection de l'eau; quant à l'inconvénient qui pourrait résulter d'une trop forte pression au moment où l'on ferait pénétrer l'air comprimé dans le grand récipient, on l'évitera en mettant une soupape de sûreté sur l'appareil.

On arrête alors la pompe à air, et on la remplace par une pompe à eau du genre des pompes de presses hydrauliques.

On injecte de l'eau jusqu'à ce que la pression ait atteint 20 atmosphères; ce qui arrive après une injection de 1,500 litres d'eau, et il suffit alors de fermer soigneusement la valve pour que l'appareil reste chargé et prêt à fonctionner.

Ainsi chargé, l'extincteur se conserve indéfiniment en pression s'il a été bien construit.

Des expériences, souvent répétées, nous ont prouvé que l'appareil fournit, pendant 25 minutes environ, un jet plein et continu de un litre par seconde.

L'eau est d'abord lancée avec une pression de 20 atmosphères, et la dernière goutte part sous l'effort d'une pression de 4 atmosphères.

Il est à remarquer que sous ces pressions si différentes le jet conserve à très peu de chose près la même intensité; ce fait s'explique aisément : tout le monde sait en effet que lorsqu'on dépasse certaines pressions, l'eau projetée se pulvérise et se divise au contact de l'air.

Du reste, pour atteindre avec notre extincteur des hauteurs qui répondent à ces grandes pressions, pressions qui pourraient faire croire à la possibilité d'atteindre des hauteurs fabuleuses, il suffirait d'augmenter le diamètre du jet.

Nous ne le conseillerons pas, car cet appareil est surtout construit en vue de produire un jet de *longue* durée. S'il était cependant nécessaire d'arriver à de grandes hauteurs, à la corniche d'un étendage par exemple, nous préférerions faire monter les boyaux comme on le fait habituellement quand on manœuvre des pompes; la pression de l'extincteur est assez forte pour amener l'eau sur les bâtiments les plus élevés.

A ceux qui, après l'avoir vu fonctionner, seraient pris du désir d'en construire un semblable ou analogue, nous dirons qu'un réservoir en tôle d'acier, en supposant même que la construction en soit très soignée, ce qui du reste est indispensable, ne tient jamais, à froid, l'eau à 20 atmosphères, et encore moins l'air. Ce n'est qu'après l'avoir chargé plusieurs fois et avoir fait bien rouiller l'intérieur à l'aide d'une dissolution de sel ammoniaque, que les pores du métal se fermeront complètement et que l'appareil deviendra réellement étanche.

Nous ignorons si la tôle de fer est assez dense pour retenir indéfiniment de l'air emprisonné à de pareilles pressions; ce serait un essai utile à faire, car ce métal coûte moins cher que l'acier, et il possède, de plus, des propriétés élastiques et souples que l'acier n'a pas, et qui doivent entrer en ligne de compte dans le choix de la matière première pour la construction d'appareils de ce genre. Du reste, notre grand extincteur soulève une question de sécurité sur laquelle je crois devoir en appeler aux lumières de la Société industrielle.

Il s'agit en effet de tôles d'*acier* soumises à d'énormes pressions.

Les variations de température, que ce soit de la chaleur ou du froid, produisent indistinctement une augmentation du volume de l'eau contenue dans l'appareil.

De ces deux dernières causes de danger, c'est évidemment la dernière qui est la seule à craindre; car si l'eau contenue dans l'appareil venait à geler, il pourrait en résulter une rupture et par conséquent une explosion.

Il est presque inutile de dire que nous ne sommes pas restés longtemps sans chercher à écarter cette cause d'accidents graves, et nous pensons y être arrivés en chargeant l'appareil avec un mélange d'eau et de glycérine au lieu d'employer simplement de l'eau pure.

La glycérine est incombustible et, ajoutée à l'eau, elle forme avec celle-ci un mélange qui gèle très difficilement. C'est du reste un moyen connu et habituellement employé pour empêcher la congélation de l'eau dans les compteurs à gaz. L'emploi de l'eau salée offrirait à peu près les mêmes avantages.

Nous allons faire une nouvelle série d'expériences et essayer de mélanger à l'eau d'autres corps, tels que le silicate de soude par exemple, qui ont sur l'eau pure l'avantage de fournir un jet plus efficace pour l'extinction du feu. Ces corps empêcheront en même temps l'eau d'absorber une certaine quantité de l'air comprimé dans l'appareil, et par cela même rendront le jet plus homogène.

Nous ajouterons, pour terminer, que nous avons également été amenés à essayer la construction de ces engins nouveaux par les difficultés de tout genre et les frais que nous avons de recruter et d'entretenir le personnel nombreux et bien discipliné qu'il faut dans nos établissements pour le service d'incendie (notre corps de pompiers est composé de trente-quatre hommes payés spéciale- ment pour ce service).

Le *grand extincteur*, toujours prêt à fonctionner, est manœuvré par trois hommes, y compris le voiturier ; il nous met à l'abri de toutes les surprises que réserve l'emploi des moyens habituels, que, du reste, nous sommes loin d'exclure.

B. — POMPES A INCENDIE.

S'il ne convient pas de recommander l'emploi d'extincteurs pour les maisons d'habitation, il n'en est pas de même de l'em- ploi de certaines petites pompes à incendic qui devraient se trou- ver plus répandues.

Nous signalerons comme remplissant parfaitement les condi- tions voulues pour le service des maisons et des ateliers, une petite pompe anglaise dite « *Manchester Pump,* » qui est simple, solidement construite et, eu égard à ses faibles dimensions, réelle- ment efficace.

Nous ne comprenons pas que des appareils si peu coûteux et si utiles ne soient pas plus répandus, et nous comprenons encore moins que les Compagnies d'assurances, quelquefois si exigeantes, n'imposent pas comme condition première d'une assurance importante l'acquisition de semblables engins.

Il est presque inutile de répéter que bien des sinistres pourront être évités lorsque les moyens préventifs seront plus répandus, et lorsqu'on arrivera à avoir sous la main des moyens propres à combattre le feu dès sa naissance.

Quant aux établissements industriels, on aura beau multiplier les petits moyens d'extinction et avoir à sa disposition les engins habituels, il faudra nécessairement aller plus loin dans cette voie. La fréquence des sinistres même l'exige, et il y aura certes économie de temps et d'argent en agissant ainsi.

Plusieurs grandes maisons de Mulhouse, la maison André Kœchlin et Cᵉ d'abord, puis la nôtre ensuite, ont construit des pompes assez puissantes pour éteindre de forts commencements d'incendie. Nous allons nous y arrêter, et dans le courant de cette description nous aurons l'occasion de parler de plusieurs arrangements nouveaux.

A la suite de plusieurs sinistres dans notre établissement, nous avons dû choisir entre les différents systèmes de pompes à vapeur connus.

Les pompes à vapeur mobiles anglaises, du genre de celles que la ville de Mulhouse possède, ne nous convenaient pas; le prix en est très élevé et, de plus, maniées par des mains novices, elles peuvent dans certains cas être dangereuses et donner lieu à de graves accidents.

Les pompes à vapeur fixes, système américain, paraissaient devoir convenir davantage, mais avaient à nos yeux le défaut de ne pas lancer l'eau avec assez de régularité.

Nous ne voulons cependant pas porter un jugement défavorable sur ce système que nous connaissons peu, n'ayant pas été à même de l'expérimenter souvent; il doit convenir pour des installations modestes et est d'un prix d'acquisition très raisonnable.

L'hésitation entre ces divers systèmes n'a plus existé après que nous avons eu l'occasion de voir fonctionner chez MM. André Kœchlin et Cᵉ des pompes doubles, à double effet, et pouvant débiter par plusieurs lances un volume de 3 mètres cubes d'eau

à la minute à de grandes hauteurs et avec de très grandes longueurs de boyaux.

La figure 10 donnera une parfaite idée de ces machines, dont
la pareille vient d'être montée dans notre établissement.

Nous comptons beaucoup sur l'efficacité de cette pompe qui,
placée au milieu du groupe principal de nos bâtiments, nous permettra de combattre énergiquement tout commencement d'incendie, fût-il déjà assez considérable.

Elle est mue, non par une machine à vapeur spéciale comme
chez MM. André Kœchlin et Cᵉ, mais par une machine de 75
chevaux qui conduit habituellement notre parage, et à côté de
laquelle elle se trouve.

On peut facilement l'y accoupler à l'aide d'un renvoi de roues.

La machine à vapeur étant reliée à deux groupes de chaudières
constamment en pression, on comprend la facilité avec laquelle
on peut la faire manœuvrer.

Cette mise en marche est d'autant plus prompte, qu'il y a en
permanence (jour et nuit, dimanches et fêtes) un mécanicien de
service dans le local attenant.

Les gros boyaux de toile qu'il faut pour conduire au loin cette
eau, sont déployés facilement à l'aide d'un dévidoir sur char, de
construction fort simple, sur lequel ils sont enroulés, et tous réunis d'avance au moyen de raccords (fig. 13).

Il fallait, pour rendre l'exécution de ce projet possible, des
boyaux en toile d'excellente qualité, le cuir étant trop lourd, trop
coûteux et pas assez résistant et durable.

Nos boyaux ont 105 ᵐ/ₘ de diamètre intérieur[1] et supportent
facilement des pressions de 10 atmosphères.

Il est bon qu'on n'ignore pas que la fabrication des boyaux en
toile a fait de grands progrès depuis quelques années; aujourd'hui

---

[1] C'est M. J. Schwarzenbach, à la Séebourg, à Wædensweil (canton de
Zurich), qui a fabriqué les boyaux de toile dont nous parlons; ceux de
notre grand appareil extincteur ont été particulièrement soignés, et supportent, sans rien perdre, une pression de 20 atmosphères.

on en trouve de très résistants et si bien tressés qu'ils ne perdent pas une goutte d'eau, même au début de la manœuvre, alors que les conduites habituelles en perdent des flots.

J'ai vu plusieurs personnes hésiter et faire de petites installations, parce qu'elles craignaient que des boyaux ne puissent supporter une pression qui dépassât 2 ou 3 atmosphères ; elles eussent pris un tout autre parti si elles avaient eu la certitude du contraire.

Nous donnons à la fin du chapitre en note, avec deux planches explicatives (fig. 14 et fig. 15), la manière dont on doit ajuster les raccords aux boyaux de toile. C'est un ajustement solide et tenant bien la pression.

Afin que l'emploi d'une grande pompe soit bien pratique, on comprendra qu'il faut pouvoir, depuis le foyer de l'incendie, l'arrêter ou la faire marcher à volonté.

On peut même dire que cela est indispensable, car le torrent d'eau qui jaillit hors des lances est tellement impétueux, qu'on en est sérieusement embarrassé quand, pour une raison ou pour une autre, il convient de ne pas lui donner son libre cours.

Nous sommes arrivés au but désiré en construisant pour cela un petit appareil spécial ; c'est un dévidoir portatif à pieds, sur lequel est enroulé un double fil de cuivre ; un bouton de sonnerie électrique se trouve sur le dévidoir même, et la sonnette est placée à côté du machiniste dans le local de la pompe. (Voir fig. 16.)

On déroule jusqu'à l'endroit voulu les fils de fer qui y sont enroulés, et on dépose l'appareil par terre ; il suffit alors de presser le bouton pour donner les signaux de marche et d'arrêt.

Afin d'éviter les accidents pouvant résulter de la compression trop grande de l'eau dans la pompe et dans les boyaux, par suite de l'emploi d'un moteur aussi puissant, nous avons placé sur la pompe deux grandes soupapes de sûreté calculées de manière à jouer à 8 atmosphères.

Elles laissent sortir l'eau lorsqu'il y a excès de pression dans les organes de la machine.

La pompe en elle-même n'a rien de particulier; elle est très solidement établie, et tous les clapets sont en caoutchouc.

La robineterie est entièrement supprimée et remplacée par de petits tiroirs qui sont d'un maniement commode, et beaucoup moins volumineux que les robinets ordinaires.

Nous en donnons un croquis. (Voir fig. 17.)

C. — BOYAUX EN TOILE. — SOINS A LEUR DONNER. — MONTAGE DES RACCORDS SUR LES BOYAUX.

Les boyaux en toile de grand diamètre sont difficiles à sécher; il faut, pour y arriver, une organisation spéciale si l'on veut éviter une détérioration assez prompte.

On fera bien de les étendre dans un local spécial chauffable en hiver et, si possible, isolé des autres bâtiments, afin qu'ils ne soient pas brûlés en cas de sinistre. Ils seront ainsi sous la main dans le cas où on aurait à les employer avant leur séchage complet.

Il est aussi indispensable que les raccords soient bien fixés aux boyaux et que les parties de toile ajustées aux raccords ne pourrissent pas et soient parfaitement étanches.

Nous croyons de quelque utilité de décrire un de ces moyens d'assemblage; il nous semble excellent, et est, du reste, depuis nombre d'années employé par MM. André Kœchlin et Cᵉ:

On ajuste dans une extrémité de boyau un bouchon en bois tourné, légèrement conique, et on l'y fait pénétrer avec force.

Le plus grand diamètre de la partie engagée donnera ainsi très exactement le diamètre *intérieur* du boyau.

Cette dimension trouvée, on fera une virole en cuivre épais qui aura ce même diamètre pour diamètre *extérieur;* on donnera ensuite à la surface de cette pièce l'apparence d'une rape en la couvrant de petits coups de burin donnés tous dans le même sens.

On montera la virole sur un outil spécial en bois formé de trois parties, la pièce du milieu formant coin (voir fig. 14); les deux parties extérieures et égales portent chacune un petit téton qui entrera exactement dans deux trous percés préalablement dans la virole en cuivre. A l'aide de quelques coups de maillet on forcera le tout dans l'extrémité du boyau, et l'on vissera l'extérieur du boyau dans le raccord en cuivre qui portera un pas de vis très fin à l'intérieur.

Pour terminer l'opération, on serrera dans l'étau l'outil en trois morceaux monté dans la virole ainsi que dans le boyau, et l'on viendra y visser le raccord qu'on aura eu soin de monter auparavant sur un tourne-à-gauche, après l'avoir très finement fileté à l'intérieur.

Il est bon, avant de commencer ce vissage, de fixer autour du boyau une bande de cuir très mince, coupée de telle manière que les deux extrémites du cuir se rejoignent bout à bout, et de bien suifer le tout.

Une fois le boyau bien enchassé dans le raccord, on percera quelques trous à travers raccord, boyau et virole, et l'on rivera le tout à l'aide de rivets en cuivre.

Les deux pièces formant la partie femelle du raccord seront réunies au moyen de bagues ouvertes en acier faisant ressort (voir fig. 15 bis) et qu'on introduira au dedans à l'aide d'une pince.

D. — MANCHONS POUR ARRÊTER LES FUITES.

On en emploie de deux sortes; généralement ce sont des morceaux de boyau en toile, ayant exactement comme diamètre intérieur le diamètre extérieur du boyau, à protéger. On les emmanche sur les boyaux avant de fixer les raccords, et lorsqu'une fuite se déclare, il suffit, pour l'arrêter, de les faire glisser sur l'endroit qui perd de l'eau. (Voir fig. 18.)

Nous préférons la méthode suivante, qui nous semble meilleure :

Elle consiste à se servir de morceaux de cuir aux extrémités desquels sont rivées des traverses en fer.

Ces traverses sont garnies de petits crochets; lorsqu'on veut s'en servir, on embrasse, à l'aide de cette sorte de molletière, la partie du boyau qui perd l'eau, et on serre fortement l'une contre l'autre, à l'aide d'une petite corde, ces deux parties du manchon. (Voir fig. 19.)

E. — APPAREILS DIVERS ET DISPOSITIONS FACILITANT LE SERVICE D'INCENDIE.

Il doit y avoir dans chaque salle, dans chaque vestibule, des seaux à incendie. Afin qu'ils soient toujours sous la main au moment où l'on voudrait s'en servir, il est indispensable de prendre certaines précautions que nous allons indiquer; il est bien entendu qu'on pourra par tout autre moyen analogue arriver au même résultat.

On sait en effet que les seaux sont bien rarement à leur place, et que généralement ils servent à d'autres emplois, contrairement à toutes les défenses et à tous les règlements établis.

Pour arriver au résultat désiré, voici comment on peut procéder :

On passe à travers les anses des seaux, qu'ils soient suspendus ou placés sur des rayons, et en même temps à travers un anneau fixé au mur ou à la cloison, une bonne courroie neuve en cuir dont on coud les deux extrémités l'une contre l'autre, de telle manière qu'il faille couper la courroie en deux pour l'ouvrier et prendre les seaux. (Fig. 20).

A la courroie même on pendra un couteau, ou simplement un morceau de fer aiguisé. De cette façon on sera sûr de trouver les seaux à leur place, car on ne peut admettre qu'à moins de nécessité absolue on ne coupe la courroie cousue.

On pourra également se servir d'un système analogue pour fermer les robinets qui fournissent dans les salles l'eau des réservoirs à incendie, qu'il est très important de tenir toujours remplis. (Fig. 21.)

. Cette manière d'attacher les robinets permettra de ne pas serrer les écrous, mauvaise chose qui se fait souvent pour empêcher qu'on s'en serve, et qui oblige d'employer pour le déserrage une clef qu'on ne retrouve pas toujours au moment opportun.

Pour arriver à ce que les réservoirs restent pleins d'eau, il ne suffit pas seulement d'attacher les robinets, il faut aussi que la tuyauterie soit disposée de telle façon que le réservoir ne puisse se vider que par les tuyaux de descente sur lesquels sont placées les prises d'eau.

L'eau destinée aux usages courants devra être prise sur le trop-plein du réservoir, ou bien encore sur la conduite même qui l'alimente.

Quand on installe des réservoirs dans les combles de bâtiments élevés, mais seulement dans ce cas, la pression de l'eau est assez grande pour qu'on adapte aux prises des étages inférieurs des boyaux avec des lances.

Nous avons appliqué à différents endroits, afin d'éviter la perte de temps qui résulte du vissage souvent long des raccords, une disposition qui permet de conserver les boyaux prêts à tout événement, sans que ceux-ci risquent de pourrir, l'eau qui coule à travers le robinet fermé pouvant s'écouler par un petit robinet spécial placé au bas du coude. (Fig. 22.)

Cette disposition permet également de prendre commodément de l'eau dans des seaux quand on ne veut pas se servir des boyaux.

Le manque d'échelles étant souvent la cause de retards et d'accidents, il serait désirable qu'on en conservât toujours un certain nombre en bon état d'entretien.

Il est peu coûteux d'avoir une série d'échelles légères de différentes longueurs, qu'on placera, suivant le cas, le long des murs des bâtiments (fig. 23) ou sous de petits abris (fig. 24) construits à cet usage.

On aura soin de fixer sur ces dépôts d'échelles des écriteaux bien apparents, afin que personne n'ignore qu'elles se trouvent là pour le cas d'incendie.

Quand il y a dans un groupe d'établissements des bâtiments élevés ou prédestinés à être incendiés, comme des séchoirs par exemple, il convient d'organiser le long de ces bâtiments tout un système d'échelles fixes en fer avec paliers, permettant aux ouvriers qui seraient surpris par le feu de se retirer.

Ces échelles seront en même temps utiles pour le service d'incendie, en facilitant les opérations d'extinction qu'on serait dans le cas d'entreprendre.

Dans ce cas — et il en est heureusement ainsi pour la plupart des questions d'humanité ou touchant au bien-être de l'ouvrier — l'intérêt même du fabricant le pousse à certaines dépenses utiles, qui ne peuvent paraître lourdes que parce qu'elles n'ont pas été faites en temps utile et au fur et à mesure du développement d'un établissement.

Les échelles en fer sont préférables aux échelles en bois, qui se détériorent rapidement et peuvent occasionner des chutes.

MM. André Kœchlin et Cᵉ ont disposé contre tous les bâtiments de leur établissement des échelles fixes avec paliers, qui permettent de se rendre à tous les étages et sur les toits. On pourra aussi voir dans notre fabrique d'indiennes un étendage entièrement garni de galeries en fer (fig. 25) d'un modèle simple et solide, dont nous donnons le croquis (fig. 26).

A la suite d'accidents arrivés dans des puits, nous y avons également placé des échelles fixes en fer, et nous nous trouvons bien de cet arrangement, qui permet de puiser facilement de l'eau et d'y descendre commodément les aspirails des pompes.

De même qu'il est bon de faciliter l'accès des bâtiments par l'extérieur, il convient de faciliter l'approche et la recherche de l'eau à des endroits où des palissades empêchent d'y arriver assez directement.

A tous ces endroits nous avons installé dans la palissade des parties mobiles qu'on peut soulever quand c'est nécessaire, au lieu de perdre un temps précieux à les briser pour passer.

Afin qu'on sache bien où se trouvent ces parties mobiles, nous avons fixé sur chacune d'elles une plaque très apparente avec l'inscription suivante : *prise d'eau.*

Nous plaçons également ces plaques auprès de tous les endroits où se trouve assez d'eau pour qu'une pompe puisse être installée.

C'est non-seulement très utile aux personnes étrangères qui arrivent en cas de sinistres pour vous offrir leur concours, mais également au personnel de l'établissement, qui apprend ainsi tout seul à connaître ces endroits.

Dans la même voie, et toujours dans le but de gagner quelques minutes au commencement d'un incendie, nous avons placé à différents endroits des postes avertisseurs, qu'il suffit de toucher pour qu'un mécanisme mette en branle les sonnettes électriques qui sont au corps de garde ou au poste des pompiers de l'établissement.

Il y a de ces appareils construits de manière à sonner d'une manière continue, et d'autres qui ont un mécanisme spécial pouvant produire une sonnerie intermittente [1].

On se sert de l'un ou de l'autre de ces systèmes, afin de savoir immédiatement l'endroit où les secours sont demandés.

Cette disposition permet également au garde qui a découvert le feu d'y retourner immédiatement, et de ne pas perdre quelques minutes à sonner.

Afin d'éviter de fausses alertes, ces avertisseurs devront être enfermés dans des armoires avec portières en verre qu'on pourra briser en cas d'alerte.

Il sera prudent de placer à côté de ces armoires de simples boutons électriques, qui serviront à essayer fréquemment et régulièrement la sonnerie.

Nous nous bornerons à la citation des quelques appareils et dispositions dont nous venons de donner la description; il en existe certainement beaucoup d'autres, et nous pourrons y revenir quand nous serons mieux renseignés sur la valeur de certaines inventions et applications nouvelles.

Il existe par exemple en Amérique de petits appareils appelés

---

[1] J. Helm fils, constructeur d'appareils électriques à Mulhouse.

« *fire détective*, » basés sur la dilatation des métaux, qu'on place dans différentes parties d'une salle ou d'un bâtiment. Fixés à un réseau de fils électriques, ils avertissent au premier changement de température.

Ils sont, paraît-il, employés; mais sont-ils réellement pratiques? l'emploi en est-il bien recommandable?

En fait d'applications intéressantes, nous citerons également comme devant être étudié, l'emploi de la vapeur d'eau pour éteindre les incendies; malheureusement nous n'avons pu réunir jusqu'à présent que des données incomplètes sur ce sujet.

Nous signalerons aussi, en passant, des essais que nous avons faits sur des injecteurs Giffard, dont nous nous sommes servis en guise de pompes à incendie.

Cette application nous ayant donné des résultats assez satisfaisants, nous pensons que dans certains cas, et particulièrement dans des usines où cet appareil est bien connu, on pourra arriver à les utiliser comme appareils d'extinction.

En hiver surtout leur usage serait convenable, car l'eau projetée étant constamment chauffée par la vapeur qui fait fonctionner l'appareil, il n'y aurait pas de gelée à craindre.

Nous croyons savoir qu'à bord de certains navires on se sert de giffards en guise de pompe d'épuisement; mais nous n'avons cependant pas pu avoir des renseignements précis à cet égard.

TROISIÈME PARTIE.

Surveillance. — Contrôle des gardes de nuit. — Organisation spéciale du service d'incendie.

La bonne organisation d'un service d'incendie n'est pas aussi facile qu'on pourrait le croire d'abord.

Comme toutes les choses qui ne vont pas tout seul, il faut s'en occuper, et même s'en occuper souvent si l'on ne veut pas voir les appareils, les dispositions les plus simples vous manquer au moment décisif.

C'est, comme nous l'avons déjà dit au chapitre Ier de cette note, autant en aménageant, en étudiant convenablement la construction d'un établissement que par les services spéciaux et appareils divers, qu'on arrivera à donner à un groupe de bâtiments le moins de prise au terrible fléau.

Cependant, en dépit de certains effets du hasard, qui font que ce sont quelquefois les établissements les mieux organisés qui sont le plus souvent éprouvés par le feu, on aurait tort de se décourager et de négliger un service aussi essentiel.

On arriverait sans doute, si l'on prenait plus en considération les idées du genre de celles que nous venons de développer, à se trouver en somme dans des conditions meilleures, et l'on verrait, nous en sommes persuadés, décroître sensiblement le nombre des sinistres et tout naturellement baisser le taux des primes d'assurances. On nous objectera peut-être que toutes ces dispositions sont coûteuses, et que la plupart de ces appareils sont fort chers. Nous répondrons qu'il n'en est ainsi que pour les établissements qui se sont développés sans se préoccuper de cette question si importante. Quand il s'agit d'un établissement bien tenu ou à créer, ces dépenses ne sont pour ainsi dire point à compter.

Un service auquel on ne saurait attacher trop d'importance, est celui des *gardes de nuit*.

C'est grâce à une surveillance incessante exercée dans toutes les parties d'un établissement, et par des rondes souvent répétées, qu'on peut arriver à étouffer dans ses débuts tout commencement d'incendie.

La surveillance de jour se trouve naturellement faite par le personnel présent; il a sous sa main tout ce qu'il faut pour organiser les premiers secours qui suffisent généralement pour maîtriser le feu.

Il en est tout autrement la nuit quand les ateliers sont déserts.

Il y aura à remplacer cette surveillance incessante et inconsciente de chacun par la surveillance de quelques personnes seulement, et on devra s'ingénier à la rendre aussi efficace que possible.

Les rondes très fréquentes devront être effectuées de manière à ce qu'aucun coin de l'établissement ne soit oublié (ce à quoi on arrive en disposant convenablement, et en assez grand nombre, les postes de contrôle); et, point essentiel, il faudra posséder un bon appareil contrôleur, inflexible pour le personnel surveillant, dont il aura à signaler chaque oubli, chaque négligence.

Nous allons donner une description détaillée de l'unique appareil qui, de notre su, remplisse ce but.

Nous pouvons assurer qu'il est excellent, et que depuis les quelques années que nous l'avons monté dans nos établissements, nous n'avons plus à nous occuper de cette partie de la surveillance, qui maintenant s'exerce pour ainsi dire seule.

Nous pouvons d'autant mieux le recommander, que nous avons successivement expérimenté et dû rejeter la plupart des systèmes connus.

Quand il s'agit de la surveillance d'un petit établissement où le service des gardes de nuit est peu important, on peut, à la rigueur, employer avec avantage les contrôleurs anciens; mais dès que le nombre des postes devient plus grand, et surtout quand il atteint le chiffre de quelques centaines, il est indispensable qu'on soit mieux organisé.

Les rondes des gardes de nuit doivent commencer dès la cessation du travail; c'est le moment où les sinistres éclatent le plus fréquemment; elles devront se succéder d'heure en heure pendant toute la nuit, et l'on considérera cet espace de temps comme l'intervalle maximum qui devra s'écouler entre deux visites du surveillant dans le même local.

Le contrôleur à timbre sec, comme on pourrait l'appeler, a déjà été l'objet d'une communication à la Société industrielle; il a été imaginé par M. Josué Heilmann, alors qu'il était attaché à notre maison, et fonctionne aujourd'hui dans plusieurs établissements de notre ville[1].

Le principe de cet appareil repose sur la suppression de nombreuses horloges portatives et fixes, qui rendent les autres systèmes de contrôleurs si peu pratiques. Elles sont remplacées par une horloge centrale, unique, pouvant servir à un nombre quelconque de gardes de nuit et pour un nombre illimité de postes fixes, qui ne sont sujets à aucun dérangement.

Chacun de ces postes est simplement un timbre sec ; la réunion des empreintes de ces timbres forme un dessin unique en relief inimitable, sur lequel d'un seul coup d'œil on peut constater l'absence d'une de ses parties.

Nous allons maintenant expliquer comment, à l'aide de l'horloge centrale, on arrive à distribuer régulièrement les cartes qui servent à faire les tournées, et comme on peut obliger les surveillants à faire leur ronde à des moments et pendant des espaces de temps déterminés.

Qu'on imagine une horloge du système le plus simple possible, placée dans une armoire fermant à clé qui n'ait que deux ouvertures, l'une par laquelle tomberont les cartes destinées à être timbrées, l'autre, sorte de boîte aux lettres, par laquelle on pourra remettre les cartes quand elles auront été timbrées.

Le mouvement de l'horloge fait avancer à des intervalles égaux un petit plateau horizontal et mobile qui sert de fond à un casier fixe à compartiments verticaux.

C'est dans chacun de ces compartiments que le surveillant en chef, lorsqu'il vient remonter l'horloge, glisse le nombre de cartes qui doit tomber à chaque heure hors de l'appareil.

Les cartes que l'on y range portent imprimées à l'avance la désignation de l'heure à laquelle elles devront tomber : carte délivrée à 2 heures, carte délivrée à 3 heures, etc.

---

[1] Une médaille a été décernée par le jury de l'Exposition de Lyon à l'inventeur de ce contrôleur.

Les indications qui y sont imprimées empêchent en même temps les fraudes qu'on pourrait commettre si l'on se servait simplement de carton blanc.

Quand les cartes sont tombées, elles sont prises par les surveillants qui vont faire leur tournée, les enfoncent dans tous les cadres des postes et les timbrent.

La tournée une fois faite, on les remet dans l'ouverture dont nous avons parlé·plus haut.

Afin d'empêcher que la tournée ne se commence trop longtemps après l'heure de la remise, ou bien qu'elle ne se fasse trop lentement, la boîte de rentrée des cartes est disposée de telle façon qu'il faut presser un petit levier pour faire entrer la carte dans l'intérieur de l'appareil. Sur l'arbre du levier est montée une bague qui est mue par le mouvement d'horlogerie et porte un picot.

Chaque fois qu'une carte passe dans la boîte, le mouvement du levier vient appliquer le picot contre celle-ci et y fait une entaille.

Comme l'horloge fait cheminer régulièrement le picot, la distance qu'il y a entre le trou et le bord de la carte indique exactement et à quelques minutes près l'heure à laquelle elle a été remise dans l'appareil.

Afin qu'on puisse se rendre bien compte du fonctionnement de ce contrôleur, nous en donnons quelques croquis. La figure 27 représente un des postes, les figures 28, 29 et 30 des cartes de contrôle.

La première (fig. 28) est une carte à placer dans le compartiment qui doit s'ouvrir à 9 heures; elle n'a pas été timbrée et ne porte que la griffe du surveillant en chef, à laquelle est jointe la date de la remise.

La deuxième carte (fig. 29) est celle qui a été délivrée à 10 heures; le garde de nuit a fait en entier sa ronde, car il ne manque rien au dessin; on peut en même temps voir, en examinant la position du trou fait par le picot, que le garde l'a terminée à 10 heures 1/2.

La troisième carte (fig. 30), délivrée à 11 heures, présente un défaut : le garde a négligé de visiter un poste. On le voit du premier coup d'œil. Nous saurons facilement quel est le poste oublié, car nous connaissons la correspondance de chacun de ceux-ci avec chaque partie du dessin.

On verra d'après cela qu'un seul appareil central peut faire le service du plus vaste établissement; on peut multiplier à volonté le nombre des cartes, et chaque carte peut servir à contrôler un grand nombre de postes.

On arrive à tirer grand parti de ces postes en les plaçant avec intelligence; entre cent, nous citerons l'application très utile qui consiste à s'en servir pour obliger les gardes de nuit à fermer derrière eux les portes en fer roulantes.

Pour y arriver, nous plaçons tout simplement un poste à timbre sec dans une niche du mur qui soutient la porte dans le cas ou celle-ci est roulante (fig. 4). Si celle-ci est à gonds, on pourrait arriver au même but en adoptant une autre disposition.

Pour assurer la bonne marche des secours en cas d'incendie, il est indispensable d'y consacrer beaucoup de temps et de les faire fonctionner souvent.

Ce qui le prouve, c'est que presque chaque fois qu'on fait exécuter à l'improviste des manœuvres ayant pour but l'extinction d'un foyer d'incendie imaginaire, on s'aperçoit que l'une ou l'autre des dispositions prescrites a été mal comprise, et manque par suite de telle ou telle cause ou circonstance imprévue.

Ce n'est qu'en ayant des gens rompus au métier et tenus en haleine par de fréquentes alertes, et par les soins d'un surveillant en chef actif et intelligent, qu'on arrivera au résultat désiré.

Nous terminons ici notre communication avec l'idée de la reprendre lorsque nous aurons réuni de nouveaux renseignements.

NOTE

*sur les manœuvres exécutées le 30 mars 1873 chez MM. Dollfus-
Mieg et Ce avec leur matériel d'incendie, présentée au nom du
comité de mécanique, par M. Th. Schlumberger.*

Séance du 30 avril 1873.

Messieurs,

A la suite du rapport présenté à la Société industrielle par
M. Fritz Engel-Gros sur les installations propres à combattre les
incendies dans les grands établissements industriels, MM. Dollfus-
Mieg et Ce avaient invité le comité de mécanique à assister aux
manœuvres organisées pour le 30 mars 1873, et dans lesquelles
furent employés tous les moyens d'extinction qui peuvent être mis
en œuvre pour préserver leurs ateliers une fois qu'un incendie a
éclaté.

Les agents d'un grand nombre de Compagnies d'assurances
avaient été convoqués. Ces exercices soulevaient en effet une
question du plus haut intérêt pour l'industrie. En édifiant les
compagnies sur la promptitude et l'efficacité des appareils mis en
œuvre, on pouvait espérer obtenir l'extension d'un principe
admis dans les contrats : proportionalité des primes aux risques.

On sait que les Compagnies classent les bâtiments en diverses
catégories, selon leur couverture, leur mode de chauffage, d'éclairage, la proximité d'autres constructions plus ou moins combustibles, et il paraît dès lors logique de faire intervenir dans cette
appréciation des risques l'ensemble des précautions prises et la
puissance des engins dont disposent les assurés pour empêcher la
propagation du feu.

D'un autre côté, l'expérience projetée pouvait, par sa réussite,
provoquer des combinaisons basées sur l'intérêt mutuel des Compagnies et des assurés, par exemple une réduction des redevances,

à la condition de la part du propriétaire d'établir des pompes, des réservoirs ou tels systèmes reconnus efficaces pour le genre de construction à assurer.

De l'avis de tous les assistants, la démonstration fut des plus concluantes. La description des extincteurs grands et petits, des pompes fixes et mobiles, se trouvant détaillée dans le mémoire de M. Fritz Engel, nous ne dirons que quelques mots de l'organisation des manœuvres :

Quand le feu éclate, il faut, pour le maîtriser, la plus grande rapidité possible dans les moyens d'attaque. Sous ce rapport, les extincteurs tiennent le premier rang. Ce sont d'excellents appareils, sinon pour étouffer toujours un commencement d'incendie, du moins pour donner le temps d'établir des pompes, d'organiser les secours.

C'est par le jeu des extincteurs que commencèrent les essais.

Le grand appareil de 2 mètres cubes, sous 20 atmosphères de pression, donna pendant dix-sept minutes un jet puissant de 8 mètres d'élévation.

Les petits extincteurs, portés à dos d'homme comme des hottes, servirent à démontrer la facilité avec laquelle on peut, à leur aide, atteindre les flammes à leur début.

Pendant ces exercices préliminaires, la grande pompe fixe avait été mise en œuvre et se trouvait prête au bout de quelques minutes à lancer à travers un boyau de 100 millimètres un cube d'eau considérable.

Les deux pompes à vapeur de la ville et un grand nombre de petites pompes à bras avaient aussi été mises en fonction, et firent voir, par le nombre et l'importance des jets, de quelle masse d'eau il était possible de couvrir, à un moment donné, un bâtiment en feu.

NOTE

de M. G.-A. Hirn, *sur quelques corrections à faire dans les calculs
relatifs aux diagrammes du pandynamomètre de flexion.*

En donnant, dans mon mémoire sur le pandynamomètre, la
manière de faire usage des diagrammes tracés par l'instrument,
j'ai dit (page 250) que l'on peut, sans crainte d'erreur notable,
négliger l'influence du parallélogramme et évaluer l'effort qui
détermine la flexion du balancier comme s'il était appliqué à
l'extrémité de celui-ci dans le sens vertical.

Quelque satisfait que j'ai eu lieu d'être dès l'abord du mode de
fonctionnement de ce nouveau dynamomètre, je ne croyais cependant pas qu'il pût conduire à ce qu'on appelle des résultats de
haute précision. La rapidité des mouvements, l'état de trépidation
très intense des pièces en apparence les plus résistantes d'un
moteur, du balancier entre autres, me semblaient devoir troubler
l'exactitude du tracé des diagrammes et la limiter en tous cas à
des bornes assez restreintes. Je ne comptais en un mot que sur
des approximations; je ne comptais que sur des nombres justes
au trentième ou au quarantième près, par exemple; et je pensais
par suite qu'il était superflu d'introduire une rigueur plus grande
dans les calculs relatifs aux diagrammes. Ayant reconnu depuis
que l'instrument est en réalité plus précis que je n'avais osé l'espérer, j'en conclus qu'on pouvait être plus exigeant aussi quant aux
méthodes de calcul qu'on y applique. En ce sens toutefois je
n'aurai, sauf quelques détails peu importants, à compléter que ce
qui concerne l'influence du parallélogramme sur l'effort de flexion
qu'exerce sur le balancier une même pression de vapeur, selon
les diverses positions du piston.

Soit *M* la charge qui, suspendue à l'extrémité *B* du balancier,
supposé horizontal, ferait, par suite de la flexion, décrire au crayon
du pandynamomètre un arc égal à un mètre de développement.

Comme la flexion du balancier est proportionnelle à la charge, il est clair que pour toute autre charge m, l'arc tracé par le crayon sera $f = 1$ mètre $\frac{m}{M}$ d'où $m = Mf$.

Ainsi étant connue une ordonnée quelconque de nos diagrammes, il nous serait facile, par une simple multiplication, de déterminer la charge m à laquelle elle est due.

Mais en réalité, pendant le travail le balancier n'est horizontal que pendant un seul instant de chaque course; la projection horizontale de CB s'allonge et se raccourcit continuellement entre les limites B et $B \cos \theta_0$, θ_0 étant l'angle maximum que fait le balancier avec l'horizon : le bras du levier, à l'extrémité duquel s'exerce l'effort du piston et dont dépend la flexion, varie donc de fait de B à $B \cos \theta_0$. De plus, le petit côté du parallélogramme, aux extrémités duquel sont liées la tige du piston et l'extrémité du balancier, varie continuellement de direction; la poussée ou la traction opérées par le piston, changent donc sans cesse aussi de direction. Dans mon mémoire je n'ai, avec intention d'ailleurs, tenu compte que des variations du bras de levier horizontal. Voyons maintenant quelles modifications s'introduisent dans les équations quand on tient compte de cette action du parallélogramme.

On sait que le parallélogramme de Watt ne fait pas réellement marcher la tige du piston en ligne droite; il fait décrire à l'extrémité de cette tige une courbe sinueuse dont l'équation, très compliquée, est du 4e degré, et dont il nous serait à peu près impossible de faire usage pour le but que nous poursuivons. Mais lorsque le parallélogramme est bien établi, la ligne sinueuse dont je parle s'écarte si peu de la ligne droite, qu'on peut sans aucune erreur lui substituer celle-ci, et dès lors notre problème se simplifie beaucoup.

Fig. 1. Soient $CB = B$ la demi-longueur du balancier, $BL = L$ la longueur du petit côté du parallélogramme, et bb' la verticale suivant laquelle nous supposons que se meut la tige du piston. Dans la pratique on fait ordinairement $L = \frac{1}{4}B$, et l'on fait passer bb' au milieu o de la ligne ed, autrement dit, on fait $Co = \frac{1}{2} B (1 - \cos \theta_0)$.

Désignons par θ l'angle que fait CB avec la ligne horizontale Cd, et par γ l'angle que fait avec la verticale le bras BL du parallélogramme; convenons de donner à θ le signe $+$ ou $-$, selon que CB se trouve au dessus ou au dessous de Cd, et à γ le signe $+$ ou $-$, selon que BL penche à droite ou à gauche de la verticale.

Si m est l'effort exercé par la tige du piston en L, on voit d'abord que cet effort dirigé suivant LB devient $m \sec \gamma$; et l'effort de flexion qui s'exerce sur le balancier, n'est autre que ce produit ($m \sec \gamma$) multiplié par le cosinus de l'angle λ que fait BL avec la perpendiculaire BS élevée en B, ou avec la tangente du cercle décrit par B. Mais on a $\lambda = \theta - \gamma$, d'où il résulte :

$$m \sec \gamma \cos (\theta - \gamma) = m \; \frac{\cos \theta \cos \gamma + \sin \theta \sin \gamma}{\cos \gamma} = m \left(\cos \theta + \sin \theta \; \frac{\sin \gamma}{\cos \gamma} \right)$$

et c'est maintenant ce produit qui remplace m dans notre équation $m = Mf$; on a en un mot :

$$m \left(\cos \theta + \sin \theta \; \frac{\sin \gamma}{\cos \gamma} \right) = Mf$$

D'où :

$$m = Mf : \left(\cos \theta + \sin \theta \; \frac{\sin \gamma}{\cos \gamma} \right) = Mf : (\cos \theta + \sin \theta \tan \gamma)$$

La relation qui existe entre les deux angles θ et γ est facile à établir. On a en effet :

$$L \sin \gamma = \frac{1}{2} B (1 - \cos \theta) \quad \text{D'où} \sin \gamma = \frac{1}{2} \; \frac{B}{L} (1 - \cos \theta)$$

$$\cos \gamma = \sqrt{1 - \frac{1}{4} \frac{B^2}{L^2} (1 - \cos \theta)^2}$$

valeurs qui nous permettraient de faire disparaître $\frac{\sin \gamma}{\cos \gamma}$ de notre équation ci-dessus.

Mais on va voir que cette élimination est inutile. Occupons-nous d'abord de déterminer la course du point L ou du piston en fonction de l'angle θ.

Si BL ou L, au lieu d'avoir pour valeur $\frac{1}{4} B$, était *très grand* par rapport à B, nous aurions exactement $h = B \sin \theta$, la course h étant comptée à partir du milieu du cylindre, de telle sorte que pour une cylindrée entière on ait $H_0 = 2 \, h_0$. Le peu de longueur de L modifie légèrement ce résultat; rigoureusement parlant, on a $h' = h \cos \gamma$.

Toutefois, comme l'angle γ reste toujours petit, nous pouvons sans erreur sensible poser $\cos \gamma = 1$, et prendre par suite pour h la valeur $B \sin \theta$, sauf à corriger ensuite cette valeur comme je le montrerai tout à l'heure.

Avec les données précédentes, il va nous devenir facile de construire une règle ou index, comme celui que j'ai décrit dans mon mémoire, mais plus exact encore.

Soit S la surface du piston, s la section de la tige. Le piston étant au haut et puis au bas de sa course, supposons qu'en donnant la vapeur d'abord en haut et puis en bas, le crayon du pandynamomètre ait décrit un arc $(f + f') = F$. Lorsqu'on a soin d'ouvrir largement les robinets de graissage et de purge du côté opposé à celui où l'on donne la vapeur, et lorsque le piston ne fuit pas trop, la pression reste sensiblement celle de l'atmosphère indiquée par le baromètre; et si d'un autre côté la pression de la vapeur est donnée par un manomètre à air libre, la même pression barométrique s'exerce sur la colonne de mercure; nous n'avons donc plus à nous en occuper. Soient H et H' les hauteurs de la colonne manométrique dans les deux cas. On a $P = 13596^k \times H$ et $P' = 13596^k \times H'$, et par conséquent $m = (S - s) P \qquad m' = S P'$

La demi-course complète du piston étant h_0, il vient $\sin \theta_0 = \left(\dfrac{h_0}{B} \right)$

En cherchant dans les tables trigonométriques cette valeur, on trouve à côté celle de $\cos \theta_0$; à l'aide de l'équation $L \sin \gamma_0 = \frac{1}{2} B (1 - \cos \theta_0)$ nous trouvons alors celle de $\sin \gamma_0$ et par suite celle de $\tang \gamma_0$; et nous avons en conséquence :

$$(S - s) P (\cos \theta_0 + \sin \theta_0 \, \tang \gamma_0) = M f \qquad S P' (\cos \theta_0 - \sin \theta_0 \, \tang \gamma_0) = M f'$$

Ajoutant ces deux équations l'une à l'autre, et remarquant que $f + f' = F$, il vient :

$$M = \frac{(S - s)\,P\,(\cos\theta_0 + \sin\theta_0\,\text{tang }\gamma_0) + S\,P'\,(\cos\theta_0 - \sin\theta_0\,\text{tang }\gamma_0)}{F}$$

On a ainsi la charge qui, suspendue en B, le balancier étant horizontal, donnerait l'arc F au pandynamomètre.

Si maintenant nous divisons chaque moitié h_0 de la course totale H_0 en 10 parties, nous pourrons pour chaque accroissement de $\frac{1}{10}$ calculer l'angle θ et puis l'angle γ qui y répond, et résoudre pour chaque cas l'équation :

$$m\,(\cos\theta \pm \sin\theta\,\text{tang }\gamma) = m\,f$$

par rapport à m, en posant d'abord $f = 1$; d'où $m = \dfrac{M}{\cos\theta \pm \sin\theta\,\text{tang }\gamma}$

Nous obtiendrons ainsi vingt valeurs de m qui ne seront autre chose que les charges par lesquelles nous aurons à multiplier les ordonnées successives de nos diagrammes après avoir divisé l'axe des abcisses en vingt parties, d'après le procédé que j'ai indiqué dans mon mémoire. Le produit ainsi obtenu exprimera l'effort exercé par le piston en chacun de ces vingtièmes de division.

Deux petites corrections restent à faire ici, si l'on tient à rester dans une rigueur théorique absolue :

1o J'ai dit qu'on peut partir de l'équation $h = B \sin\theta$, pour calculer le sinus de l'angle θ répondant à chaque accroissement de course de $\frac{1}{10}$ en dessus et au dessous de l'horizontale $C\,d$. En raison des variations de direction de $B\,L$, les angles θ ainsi produits ne répondent pas réellement à des $\left(\frac{1}{10}\right)$ égaux de course. Pour obtenir les vraies valeurs répondant à chaque subdivision, il suffit de multiplier h par $\sin\gamma$, dont nous obtenons la valeur comme il a été dit ci-dessus.

2o Le crayon du pandynamomètre décrit en réalité des ordonnées curvilignes, des arcs de cercle, et non des lignes droites perpendiculaires à l'axe des abcisses. Pour obtenir des résultats tout à fait corrects quant à la valeur de m [ou $P'S$, $P\,(S-s)$], il suffit de tirer sur les diagrammes une ligne droite horizontale répondant à la hauteur du centre du porte-crayon, puis de décrire sur le diagramme des arcs de cercle passant par les points de sous-division en 20 parties, avec un compas dont l'ouverture est égale à la longueur du porte-crayon.

Ces deux dernières corrections dépassent, je crois, les limites d'approximation dont sont susceptibles les tracés du pandynamo-mètre. Il sera donc, pour la plupart des cas, inutile d'y recourir.

Qu'il me soit permis, en terminant cette note, de remercier publiquement M. O. Hallauer pour le concours actif qu'il m'a prêté dans l'exécution des dessins et des calculs relatifs au pan-dynamomètre. J'ai trop souvent dû travailler tout seul, pour ne pas savoir ce que vaut un tel aide.

NOTE

sur une désorganisation du coton et des fibres végétales par les alcalis après l'action de certains oxydants, par M. Paul Jeanmaire.

Séance du 28 mai 1873.

Messieurs,

Du coton ou du lin imprégnés d'acide chromique ou d'un mélange de chromate de potasse et d'un acide ou de permanganate de potasse, lavés après que la réduction du corps oxydant s'est opérée et qui ne présentaient alors aucune altération apparente, sont fortement affaiblis lorsqu'on les soumet à une action alcaline quelconque.

L'expérience peut se faire, par exemple, avec une solution de bichromate de potasse à 10 grammes par litre acidulée d'acide sulfurique. On y plonge un tissu de coton qu'on laisse quelque temps immergé ou qu'on peut retirer immédiatement et exposer à l'air jusqu'à ce que, de jaune qu'il était, on n'observe plus que la teinte verdâtre du sel de chrome qui s'est formé (et qui disparaît du reste au lavage). Puis après l'avoir lavé, on le laisse quelques instants dans une eau alcalinisée avec un carbonate alcalin ou un alcali caustique, ou même du savon à 50 ou 60° centigrades, et on observe bientôt l'altération, qui est d'autant plus prompte que la lessive est plus concentrée, et ne s'opère qu'à la longue dans des solutions très faibles (de l'ammoniaque à $^1/_{1000}$ par exemple).

Il n'est pas nécessaire que l'oxydant soit acide pour opérer la réaction; ainsi, une solution faible de permanganate de potasse additionnée d'une petite quantité d'alcali (pas assez pour opérer sa transformation en manganate), fait aussi subir au tissu qu'on y aurait plongé et qu'on aurait laissé quelques instants à l'air, puis lavé, une altération qui gagnerait en intensité par un passage alcalin.

La réaction aurait été identique si on avait ajouté assez d'alcali pour transformer le permanganate en manganate.

Au lieu de laisser à l'air les tissus manganatés, on peut les passer immédiatement en acide.

Même réaction encore, mais beaucoup moins vive avec les ferricyanures alcalins.

Il est probable que l'altération qu'on observe quelquefois sur du linge savonné ou lessivé plusieurs fois, ou certains accidents de blanchiment sont dus à une réaction analogue.

Le chromate de baryte ou le chromate de plomb fixés sur tissu et passés en acide sulfurique ou oxalique, ou tout autre acide capable de déplacer l'acide chromique, se seraient comportés de même.

C'est du reste le cas de l'échantillon que j'ai eu l'honneur de soumettre au comité de chimie il y a quelque temps.

Dans les réactions avec l'acide chromique, par exemple, il ne reste pas trace de ce dernier sur tissu, car si on y laisse tomber quelques gouttes d'une eau bleuie au sulfate d'indigo, la teinte bleue ne disparaît pas. L'altération n'est pas non plus causée par du sesquioxyde de chrome à un état particulier que le lavage n'aurait pas tout à fait enlevé, car on pourrait empêcher l'altération du tissu au moyen du ferricyanure alcalin, qui, comme on sait, transforme le sesquioxyde de chrome (le vert Guignet même) en acide chromique, ce qui n'a pas lieu.

Il faut donc chercher ailleurs une explication de la réaction qui se passe sur la fibre, réaction que je ne me hasarderai pas à définir.

L'acide chromique paraîtrait oxyder (ou déshydrogéner) la ·fibre pour former un corps nouveau qui serait désorganisé sous une influence alcaline.

Ces réactions permettent de reconnaître si un blanc ou un jaune sur fond bleu cuvé ont été obtenus par un procédé de réserve ou par l'enlevage sur tissu préparé en chromate. Dans ce dernier cas, le tissu plongé en alcali serait altéré dans les parties blanches Les enlevages au ferricyanure toutefois présenteraient l'avantage de ne pas être altérés dans ces circonstances à cause de l'action relativement très lente des ferricyanures.

PROCÈS-VERBAUX

des séances du comité de mécanique

Séance du 22 octobre 1872.

La séance est ouverte à 5 1/2 heures. — Dix membres sont présents.

Le procès-verbal de la dernière séance est lu et adopté.

On renvoie à M. Engel-Royet les documents adressés par M. Armen gaud sur le régulateur de MM. Buss.

La commission spéciale s'occupant du gaz d'éclairage n'étant plus en nombre par suite du départ de plusieurs de ses membres, le comité procède à sa réorganisation. Sont désignés, pour faire partie de cette commission, MM. Royet, Aug. Dollfus, V. Zuber, Breitmeyer, Th. Schlumberger, Grosseteste et Schneider. On renvoie à cette commission un ouvrage sur la pression du gaz d'éclairage, par M. H. Giroud.

Le secrétaire du comité d'histoire naturelle adresse une note de ce comité, concernant l'*Asclepias syriaca*, sur laquelle Mme David, de Clamart, demande l'avis de la Société industrielle. Cette note résume les essais déjà faits précédemment sur cette matière : les fibres provenant de la tige, trouveront un emploi comme substitut du chanvre ; quant au duvet du fruit, qui a été employé pour faire des ouates, il est probable que comme substitut du coton, de nouveaux essais ne seraient pas plus heureux que précédemment. — Le comité adopte les conclusions de cette note, et propose d'en adresser copie à Mme David.

M. Auguste Dollfus informe le comité que les cours de l'Ecole de dessin ont recommencé il y a plusieurs jours, malgré l'absence du professeur, M. Drudin, et grâce à l'obligeance de M. Neiser, de la maison Ducommun et C⁰, qui a consenti à se charger des cours, mais à titre provisoire seulement. La commission de cette Ecole aura donc à pourvoir à la présentation d'un nouveau professeur. Cette commission de l'Ecole est reconstituée comme suit : MM. Engel-Royet, Gaspard Ziegler, Steinlen, Heller et Auguste Dollfus.

Le comité donne son approbation aux plans d'un meuble à placer dans la bibliothèque, pour recevoir les publications nouvelles.

On décide, sur la proposition d'un membre, que l'on mettra à l'ordre du jour de la prochaine réunion, la révision du mode d'admission de nouveaux membres au sein du comité, et la révision de la liste des membres faisant encore partie du comité.

M. Heller donne lecture du long et intéressant travail qui forme le rapport annuel de l'Association pour prévenir les accidents de fabrique. Après avoir donné la statistique des accidents qu'il a pu contrôler, il s'étend d'une manière spéciale sur les appareils monte-courroie de M. Baudouin, et étudie tous les cas que leur application peut présenter dans la pratique. Il donne ensuite les nouvelles dispositions qu'il a adoptées pour les nettoyeurs de chariots des métiers self-actings.

Le comité donne son approbation à ce rapport, et vote des remercîments à M. Heller pour les soins habiles qu'il donne sans cesse à ces études qui ont déjà beaucoup contribué à diminuer les malheureux accidents de fabrique.

La séance est levée à 7 1/2 heures.

_____

Séance du 19 novembre 1872.

La séance est ouverte à 5 1/2 heures. — Douze membres sont présents.

Le procès-verbal de la dernière séance est lu et adopté.

L'ordre du jour appelle la nomination d'un secrétaire en remplacement de M. Henri Ziegler, démissionnaire par suite de son départ de Mulhouse. Il est procédé à son élection par un vote au scrutin secret, et le dépouillement donne l'unanimité, moins une des voix, à M. Ernest Zuber qui est proclamé secrétaire du comité. Notification de cette élection sera faite à M. le président de la Société industrielle.

Plusieurs membres ayant demandé que le mode d'admission de nouveaux membres au sein du comité fût modifié, cette question a été mise à l'ordre du jour, ainsi que la révision de la liste des membres du comité, dans laquelle plusieurs départs ont laissé des vides. Après une longue discussion, il est décidé que la révision de la liste des membres du comité aura lieu toutes les années à la séance du mois de décembre, et que l'on considérera comme démissionnaires les membres n'ayant pas pris une part active et suivie aux travaux du comité. De plus, il est décidé que le comité, après délibération en séance, s'adjoindra, à titre de membres correspondants et à titre temporaire seulement, des membres de la Société industrielle qu'il pensera pouvoir coopérer d'une manière utile à ses travaux. Ce titre donnera le droit d'assister aux séances du comité, et pourra être échangé contre celui de membre ordinaire, après la ratification par la Société industrielle sur la demande faite par le comité.

En s'assurant la coopération de nouveaux membres, le comité pense leur faciliter le choix d'un sujet à traiter pour faire l'objet d'un travail exigé pour être admis comme membre ordinaire.

On renvoie à MM. Th. Schlumberger et Alf. Bœringer l'examen d'un échantillon de tissu fait avec une chaîne en coton et une trame en textile dit *soie végétale*, envoyé par M. Zürcher, de Lörrach.

On renvoie à M. J. Heilmann l'examen d'un vélocipède et d'une machine à imprimer, présentés tous deux par M. Desgrandchamps, avec prière d'en faire l'objet d'une communication ultérieure, s'il y a lieu.

La séance est levée à 7 1/2 heures.

Séance du 17 décembre 1872.

La séance est ouverte à 5 heures. — Dix membres sont présents.

Le procès-verbal de la dernière réunion, lu par M. Schœn, est adopté sans observations.

Il est procédé à l'élection de deux secrétaires-adjoints ; MM. C. Schœn et Th. Schlumberger sont désignés à l'unanimité pour ces fonctions. Le comité décide ensuite qu'il sera procédé tous les deux ans à la réélection des secrétaire et secrétaires-adjoints, et pour la première fois dans la séance de décembre 1874.

Conformément à la décision prise dans la précédente séance, il est procédé à la révision de la liste des membres du comité et à la nomination des membres correspondants. Sont nommés :

MEMBRES ORDINAIRES. — MM. Ernest Zuber, Camille Schœn, Théodore Schlumberger, Henri Ziegler. Gustave Dollfus, Gaspard Ziegler, Auguste Dollfus, Victor Zuber, Engel-Royet, Ed. Beugniot, Grosseteste, Paul Heilmann, Fritz Engel, Alfred Bœringer, Charles Meunier, Heller, Auguste Lalance. — Total : 17 membres.

MEMBRES CORRESPONDANTS. — MM. Emile Burnat, Henri Thierry, F.-J. Blech (lesquels, absents de Mulhouse pour un temps indéterminé, ne recevront pas de convocation), J. Rieder, Tournier, E. Fries, Breitmeyer, Steinlen, Edmond Frauger, Bohn, Hallauer, Baudouin, Berger, Henri Schwartz fils, Weiss (de S. F. C). — Total : 14 membres.

Les nouveaux membres correspondants seront prévenus par lettre de leur nomination.

Le comité repousse, comme gênante pour la plupart de ses membres, l'idée émise de se réunir le mercredi en place du mardi ; mais il admet que pour faciliter la venue de membres du dehors, les séances puissent avoir lieu le mercredi dans des cas exceptionnels.

Communication d'une lettre de MM. E. Maldant et Cᵉ, accompagnant le prospectus relatif à un régulateur sec de consommation, de leur invention, pour lequel ils désirent concourir pour le prix proposé par la commission du gaz. A ce propos. M. Schœn appelle l'attention du comité sur le danger d'incendie qui pourrait résulter de l'installation dans le bâtiment de l'Ecole de dessin, au dessus de la bibliothèque, du laboratoire destiné aux expériences photométriques.

M. Dollfus explique les précautions prises pour empêcher la conduite de cette salle d'essai de demeurer sous pression d'une façon permanente ; néanmoins la commission du gaz sera appelée à s'assurer de l'absence de tout danger.

Le conseil d'administration propose au comité l'échange de nos Bulletins contre le *Practischer Maschinen-Constructeur*, paraissant tous les mois à Leipzig, et que la Société reçoit depuis un an. — Il est décidé que l'échange aura lieu pendant une année, sauf à voir ensuite s'il y a lieu de le continuer.

Communication d'une lettre et de brochures adressées par M. Paul Charpentier, en vue de concourir au prix n° 22 des arts mécaniques, et traitant du chauffage au gaz économique par combustion complète et sous volume constant, et de son application aux foyers de locomotives.

Le programme des prix exigeant que l'appareil nouveau ait fonctionné durant au moins trois mois dans le Haut-Rhin, il sera répondu à M. Charpentier qu'il ne pourra être admis au concours qu'autant qu'il aurait rempli cette condition essentielle. M. Charpentier sera prié en même temps de tenir la Société au courant des expériences qu'il dit devoir entreprendre prochainement sur des chaudières fixes, et d'indiquer en détail la disposition de ses appareils producteurs de gaz combustible.

Jusqu'à preuve du contraire, le comité est d'avis que le mode de chauffage de M. Charpentier, appliqué aux chaudières fixes, ne saurait conduire aux économies de combustible que l'auteur paraît en attendre.

Le secrétaire passe en revue les travaux actuellement aux mains des membres du comité, et soumet les plans de la pompe Maginat, présentée dans l'une des dernières séances par M. Reisz, de Strasbourg. MM. Zuber et Rieder ont l'intention d'utiliser ces pompes pour une élévation d'eau, et tâcheront de les disposer de façon à pouvoir mesurer, au moyen d'un dynamomètre totalisateur, la force absorbée par ces appareils.

A ce propos, M. Lalance fait part au comité qu'il est en train de monter une élévation d'eau pour 12,000 litres par minute, au moyen de deux pompes Neut et Dumont conjuguées.

Ces pompes seront mues par une machine à vapeur de 50 chevaux qui se prêterait fort bien à des essais. M. Lalance met par avance cette élévation à la disposition du comité, pour le cas où il jugerait intéressant de mesurer le rendement des pompes qui y seront employées.

M. Lalance appelle également l'attention du comité sur l'utilité qu'il pourrait y avoir à proposer un prix pour un appareil de réglage des robinets de conduites destinées au chauffage de l'eau. Le comité pense que cette question présente un intérêt réel au point de vue de l'utilisation économique de la vapeur d'eau, et qu'il y aura lieu d'en faire l'objet d'un prix spécial.

Le comité décide, conformément au désir exprimé par MM. Dollfus-Mieg et C°, que le concours des chauffeurs aura lieu de préférence dans la belle saison. La marche des générateurs étant plus régulière à cette époque de l'année, le concours fournira des résultats plus sûrs; en outre, il peut être gênant d'enlever les chauffeurs à leur service durant les froids.

La séance est levée à 7 1/4 heures.

Séance du 30 janvier 1873.

La séance est ouverte à 5 1/2 heures. — Douze membres sont présents.

Le procès-verbal de la dernière séance est lu et adopté.

Il est donné lecture du travail de MM. Meunier et Hallauer, sur la comparaison des chaudières à foyers intérieurs, sans réchauffeurs (dites chaudières de Cornouailles et du Lancashire), avec les chaudières à trois bouilleurs, munies d'un réchauffeur tubulaire en fonte placé sous la chaudière (chaudière de Wesserling), suivi d'une note sur l'essai d'un foyer fumivore de M. Ten Brinck, dont il a été communiqué quelques extraits à la séance du mois de décembre.

Les essais comparatifs sur les chaudières à foyers intérieurs, coustruites par MM. Sulzer frères à Winterthur, et sur la chaudière à réchauffeurs système Marozeau, ont été entrepris par l'Association alsacienne, à l'instigation de l'administration de la blanchisserie de Thaon. Il en est résulté que la chaudière à bouilleurs, quoique munie de réchauffeurs, a fourni, dans les mêmes conditions d'essai, un rendement inférieur de 8.84 °/₀ à celui des chaudières à foyers intérieurs, sans réchauffeurs, ce qui s'explique en partie par les pertes de chaleur résultant de l'isolement sur toutes les faces de la première chaudière, tandis que dans celle à foyer intérieur, les pertes dues au rayonnement et au refroidissement sont fort atténuées.

La chaudière à tube intérieur, à laquelle M. Ten Brinck a appliqué son foyer fumivore, a fourni des résultats très satisfaisants comme rendement et comme fumivorité. Aussi le comité exprime-t-il le désir de voir appliquer le système de foyers de M. Ten Brinck à des chaudières à bouilleurs, afin de confirmer dans toutes les applications les résultats signalés par MM. Meunier et Hallauer. — L'impression de l'intéressant travail de ces messieurs sera demandée à la Société.

Le comité passe ensuite à la délibération sur la question portée à l'ordre du jour de la nomination d'un professeur de dessin linéaire à l'Ecole de dessin.

La commission de l'Ecole, après un sérieux examen, tout en rendant justice à la bonne direction imprimée au cours de dessin linéaire par M. Neiser, et quoique ce dernier eût été disposé à en prendre définitivement la charge et paraisse convenir parfaitement au poste qui lui avait été confié provisoirement, a cru devoir tenir compte des circonstances qui rendent désirable la nomination de M. Haffner comme professeur de dessin linéaire. Elle a jugé que M. Haffner remplissait les conditions nécessaires pour bien diriger ce cours, et propose sa nomination.

Après une longue discussion, le comité décide :

1° De demander à la Société de nommer M. Haffner comme professeur de dessin linéaire à l'Ecole de dessin ;

2° D'adjoindre à M. Haffner un aide placé sous ses ordres. De cette façon on espère pouvoir augmenter le nombre des élèves admis au cours, et donner ainsi satisfaction à un besoin réel.

Il est entendu que M. Haffner aura à se conformer aux jours et heures fixés pour les cours dans les saisons d'été et d'hiver.

La commission de l'école de dessin demande à s'adjoindre MM. Meunier et Camille Schœn, qui veut bien accepter d'en faire de nouveau partie. La commission se compose ainsi de MM. Auguste Dollfus, Steinlen, G. Ziegler, Engel, Meunier, Schœn.

La séance est levée à 7 1/4 heures.

―――――

Séance du 18 février 1873.

La séance est ouverte à 5 1/2 heures. — Quatorze membres sont présents.

Le procès-verbal de la dernière séance est lu et adopté.

Le secrétaire donne communication des pièces renvoyées à l'examen du comité, dans la séance générale de janvier.

Une lettre de M. Desgrandchamps, de Ferrette, accompagnant un mémoire avec dessins à l'appui, sur une chaise roulante de son invention, est remise à M. Josué Heilmann, déjà saisi d'autres communications du même auteur, avec prière d'examiner s'il y a lieu d'en faire l'objet d'une communication ultérieure au comité, ou d'en opérer simplement le dépôt aux archives.

Un prospectus de MM. Maring et Mertz, de Bâle, relatif à des appareils économiques pour la production du gaz, de leur construction, lesquels fonctionnent aux ateliers d'Olten et dans diverses usines, est renvoyé à l'examen de la commission du gaz.

Le secrétaire donne lecture d'une note de M. Engel-Gros, sur un appareil destiné à empêcher la remise en marche imprévue d'une machine à vapeur au repos, par suite de fuites de vapeur ou d'autres causes L'appareil, qui n'est autre chose qu'un petit frein appliqué sur la jante de la roue de commande, a été adapté chez MM. Dollfus-Mieg et Cᵉ à une machine de 450 chevaux, à la suite du danger qu'avait couru un ouvrier de perdre la vie en suite de la brusque mise en mouvement de la machine.

Le comité reconnaît que le risque d'accident signalé par M. Engel mérite d'appeler sérieusement son attention, mais il lui paraît qu'il y aurait d'autres moyens plus sûrs de le combattre.

Une commission composée de MM Heller, Bohn et Th. Schlumberger, est désignée pour examiner à fond la question et en faire l'objet d'un rapport.

M. Hallauer lit la note qu'il avait présentée à la séance de janvier, sur l'application de la méthode de M. G.-A. Hirn à la détermination directe de l'eau entraînée par la vapeur. Il en résulte que cette détermination peut se faire avec une approximation très suffisante pour les besoins des essais industriels, en se servant d'ustensiles qui se trouvent dans toutes les usines. — Le comité décide de demander l'impression de la note de M. Hallauer.

Le secrétaire donne lecture de la lettre adressée par le comité Thimonnier, siégeant à Lyon, au président de la Société industrielle, pour offrir un buste de Thimonnier, qui est considéré comme l'inventeur de la machine à coudre, et demande l'aide de la Société en faveur de l'œuvre de revendication de la machine à coudre comme invention française.

Le conseil d'administration, auquel a été renvoyé l'examen de la suite à donner à ces ouvertures, demande à cet effet l'avis du comité de mécanique. M. Paul Heilmann, qui a bien voulu se charger de faire quelques recherches touchant la question de priorité de l'invention des machines à coudre, communique au comité une intéressante note à ce sujet, appuyée sur les données fournies par le rapport de M. Willès à l'Exposition française de 1855. Il en ressort que si Thimonnier ne peut revendiquer le titre d'inventeur de la machine à coudre, c'est à lui que revient le mérite d'avoir imaginé la première machine à coudre à un fil, produisant un point de chaînette.

M. Heilmann offre au comité de compléter ses recherches avec les documents qu'il pourra avoir à sa disposition, et d'en communiquer le résultat à une prochaine réunion. Mais le comité ne pense pas pouvoir être en mesure de se prononcer en parfaite connaissance de cause sur la question de priorité de l'invention, les documents anglais et américains lui faisant défaut. Dans ces conditions, il lui paraît que la Société ne saurait s'associer sans restriction à la propagande à laquelle on la convie.

M. Schœn lit une note de M. Bicking, de Sainte-Marie-aux-Mines, sur un compteur à colle. Cet appareil est destiné à régulariser l'alimentation de la colle des encolleuses et machines à parer, de manière à en introduire dans le fil une quantité déterminée d'avance, variant avec les numéros et qualités de fil et les articles à produire. L'auteur désire, s'il y a lieu, concourir pour l'un des prix proposés par la Société. La question qu'il a cherché à résoudre est d'un intérêt sérieux pour l'industrie du tissage. Le comité en renvoie l'examen à une commission composée de MM. Gustave Dollfus, G. Ziegler et Th. Schlumberger.

M. Baudouin communique un mémoire sur le *rollermotion*, et entre dans le détail des perfectionnements qu'il a imaginés, et grâce auxquels la production des métiers à filer peut être notablement augmentée. — Le comité renvoie l'examen de cette intéressante communication à une commission composée de MM. Schœn, Engel, Weiss,

G. Ziegler et Frauger. M. Baudouin est invité à lire son travail à la prochaine séance, et à l'accompagner, si possible, d'un modèle qui puisse faire saisir facilement le but que s'est proposé l'auteur.

M. Schœn présente une note dans laquelle il signale à l'attention des hommes du métier un ouvrage anglais sur la filature du coton, dont il a extrait un tableau renfermant des données numériques intéressantes sur les diverses machines de filature, réduites en mesures françaises. M. G. Ziegler est invité à prendre connaissance de ce travail, et à donner son avis sur la convenance qu'il pourrait y avoir à le faire imprimer au Bulletin.

La séance est levée à 7 3/4 heures.

Séance du 18 mars 1873.

La séance est ouverte à 5 1/2 heures. — Treize membres sont présents.

Le procès-verbal de la précédente réunion est lu et adopté.

M. Ernest Zuber s'excuse de ne pouvoir assister à la séance.

M. Schœn donne connaissance d'une lettre du président de la Chambre de commerce, demandant l'avis de la Société industrielle sur une question qui sera traitée à Vienne lors de la prochaine Exposition, dans un congrès international, et ayant trait à une tarification uniforme des numéros des filés de tous genres.

Le comité apprécie l'utilité pratique qu'une solution convenable de cette question aurait au point de vue économique pour le commerce et l'industrie, et pense que les tentatives dans ce sens peuvent être abordées avec opportunité en ce moment où le système pratique des poids et mesures vient d'être adopté par différentes nations ; pour être conséquent, la tarification des numéros des filés doit évidemment concorder à celle des poids et mesures.

Le comité estime qu'il convient de rechercher quels seraient les moyens les plus simples pour arriver à cette unification, tout en s'écartant le moins possible des usages actuels de l'industrie. Le système de numérotage adopté en France depuis 1819, a déjà opéré cette modification pour les filés de coton, et cette épreuve a complètement réussi. Le comité estime donc que ce système est celui qui devra être recommandé, et charge M. Schœn de présenter dans la prochaine séance un rapport sur ce sujet, qui, après discussion, serait renvoyé à la Chambre de commerce.

M. Fritz Engel lit quelques chapitres du mémoire qu'il a présenté à la Société industrielle sur différents appareils employés dans leur maison pour éteindre les incendies. Parmi les appareils nouveaux figure un extincteur de grande dimension, contenant 1 1/2 mètre cube d'eau sous une pression de 20 atmosphères, qui permet de débiter pendant vingt-cinq minutes un jet continu donnant six litres à la seconde. Le mémoire indique aussi les dispositions les plus convenables pour rendre la communication d'un sinistre plus difficile, au moyen de plafonnages, de murs de feu, de portes en fer, etc.

Le comité décide l'impression du mémoire de M. Engel dans les Bulletins, avec la publication des nombreuses planches qui l'accompagnent.

M. Engel invite les membres du comité à assister dimanche prochain à 10 heures du matin, à une expérimentation complète de tous ces appareils, qui aura lieu dans leur établissement de Dornach.

La commission chargée du rapport sur le mémoire présenté par M. Baudouin à la dernière séance, demande l'adjonction de M. Henri Schwartz.

Le comité nomme comme membres correspondants MM. Gœrig et Edouard Wacker, récemment admis comme membres de la Société industrielle.

Le comité charge la commission de lecture d'examiner l'opportunité d'échange demandé pour plusieurs publications.

La séance est levée à 7 1/2 heures.

PROCÈS-VERBAUX
des séances du comité de chimie

Séance du 12 février 1873.

La séance est ouverte à 6 heures. — Treize membres sont présents. Le procès-verbal de la dernière séance est lu et adopté.

M. Girod, d'Aiguebelle (Savoie), adresse un échantillon de calicot apprêté, marqué au moyen d'un cachet enduit de poix noire. M. Gustave Schæffer se propose d'examiner si cet échantillon résiste aux opérations du blanchiment.

M. Besson, professeur à l'Ecole professionnelle, envoie la description d'avertisseurs électriques de températures maxima et minima, imaginés par MM. Besson frères et Knieder. Le comité propose de publier cette description dans les Bulletins, avec les figures explicatives qui l'accompagnent, en signalant dans une note l'analogie que présentent ces appareils avec le régulateur des températures de Scheibler. (Voir *Zeitschrift für Chemie* de 1868, page 89.)

La communication de M. Besson mentionne encore un thermomètre à air, destiné à indiquer à distance les variations survenues dans la température d'un milieu. — L'examen de cet appareil est confié à M. de Coninck.

M. A. Dollfus, de Cernay, signale à l'attention de la Société industrielle une nouvelle machine à imprimer à six couleurs, inventée par M. Mœglin. Il invite en même temps les membres du comité de chimie à visiter cette machine qui fonctionne dans un établissement de Cernay.

Il y a plusieurs années déjà que cette machine a fait l'objet d'un rapport du comité de chimie; mais l'auteur y ayant apporté quelques perfectionnements, M. Rosenstiehl s'est fait un devoir d'aller la visiter en détail à la date du 11 février dernier. Il résulte de cet examen que la machine en question présente de nombreux inconvénients tout à fait inséparables des dispositions fondamentales adoptées par l'inventeur. Cet avis étant partagé par plusieurs membres qui connaissent la machine, le comité prie M. Rosenstiehl de signaler à M. Dollfus, de Cernay, les principaux inconvénients de la machine et de l'engager à détourner l'inventeur de recherches ultérieures nécessairement infructueuses.

M. Graf, directeur de teinture d'un établissement de Bühl (pays de Bade), annonce qu'il possède des recettes de teinture en bleu d'induline sur laine, et en bleu ou noir sur coton, par le chlorhydrate d'aniline. Il parle également d'un procédé de blanchiment des laines en écheveaux par l'hypermanganate de potasse et l'acide sulfureux, et signale enfin un moyen d'enlever le parement sur coton. Divers échantillons teints en bleu et noir accompagnent cette communication.

Le comité propose de répondre à M. Graf que le procédé de blanchiment qu'il indique ne présente rien de nouveau et qu'il est impossible de porter un jugement sur la valeur de ses recettes de teinture, puisqu'il n'a envoyé ni échantillons de couleurs ni description de leur mode de préparation. Dans le cas où M. Graf aurait l'intention de compléter ses indications, il est prié de rédiger sa communication en français.

M. Gustave Schæffer soumettra prochainement au comité une notice relative à l'emploi qu'il a pu donner aux râcles en verre de M. Arbell.

M. Camille Kœchlin signale un curieux accident de fabrication survenu dans une pièce de coton teinte en cuve d'indigo. Par l'effet de la gelée, les parties extérieures des plis exposés à l'air ont blanchi d'une manière notable.

M. Witz présente au comité une très belle matière textile, qu'on dit très abondante en Algérie et aux Indes. Une série d'échantillons, que M. Witz soumet au comité, prouvent que cette matière se comporte en teinture comme le coton.

L'auteur de la communication cherchera à recueillir des renseignements plus circonstanciés sur ce textile, et les communiquera dans la prochaine séance du comité.

La séance est levée à 7 1/4 heures.

––––––––––

Séance du 12 mars 1873.

La séance est ouverte à 6 heures. — Seize membres sont présents.
Le procès-verbal de la dernière séance est lu et adopté.

MM. E. et P. Sée, ingénieurs à Lille, envoient la description et le dessin d'un appareil servant à recueillir toutes les parties d'un gaz qui ont traversé des produits quelconques sans être complètement utilisés, ou décomposés. Comme l'inventeur de cet appareil, M. Emile Deswarte de Lille, se présente au concours pour l'obtention du prix relatif à une amélioration importante apportée au blanchiment de la laine, de la soie ou du coton, le comité propose de répondre à MM. Sée que la question du programme n'a nullement été résolue par le concurrent, et que l'industrie n'a pas besoin d'un appareil spécial pour faire agir les gaz décolorants. On demandera également à MM. Sée si l'appareil en question a été construit, s'il fonctionne, et pour quel objet.

M. le docteur Goppelsrœder adresse un exemplaire d'une brochure du docteur A. Hægler, de Bâle, intitulé : *Beiträge zur Entstehungsgeschichte des Typhus und zur Trinkwasserlehre*. Cet important travail, auquel ont collaboré M. le docteur Albrecht Müller, pour la partie géologique, et M. le docteur Goppelsrœder, pour la partie chimique, établit avec une entière évidence que l'épidémie du typhus abdominal, dont fut atteinte au mois d'août 1872 la population du village de Laufen (canton de Bâle-Campagne), a été produite par l'infiltration dans les sources du village d'un ruisseau infecté par les déjections provenant d'une maison dont les habitants étaient atteints du typhus abdominal.

M. Goppelsrœder pense que le typhus qui a sévi à Wesserling, doit sans doute être attribué à une cause analogue et paraît provenir du village de Mollau, dont les eaux s'infiltreraient jusqu'à Husseren.

M. Goppelsrœder communiquera plus tard ses expériences relatives à cette dernière question, en même temps qu'un résumé de la brochure du docteur Hægler.

Le comité propose de remettre au comité de mécanique l'important travail de M. Engel-Gros relatif aux moyens de prévenir les chances de feu dans les établissements industriels et à l'organisation du service d'incendie. M. Goppelsrœder insiste, à cette occasion, sur la grande importance de l'étude des corps qui pourraient être ajoutés à l'eau d'alimentation des pompes à incendie, des divers gaz qui pourraient être utilisés comme moyens d'extinction, et enfin de toutes les substances propres à rendre le bois incombustible.

M. Gustave Schæffer a reconnu que le procédé imaginé par M. Girod pour marquer les tissus n'a aucune valeur, puisque des dissolutions alcalines, même assez faibles, font disparaître l'empreinte.

M. de Coninck, chargé de l'examen du thermomètre à air de MM. Besson frères, a déterminé par le calcul quelles devraient être les dimensions à donner au réservoir d'air, pour que l'appareil puisse transmettre à distance, et avec une exactitude suffisante dans la pratique, les variations de température survenues dans un milieu donné.

Le comité propose de publier dans les Bulletins la notice de MM. Besson, suivie du rapport de M. de Coninck. Il déclare en outre qu'il est prêt à faire un rapport supplémentaire sur des appareils fonctionnant d'une manière pratique.

M. Jules Roth soumet au comité un nouveau réactif, servant à reconnaître la nature des huiles et leurs falsifications en général, et permettant de les classer suivant leur degré d'oxydabilité. Dès que les essais préliminaires seront terminés, M. Goppelsrœder invitera les membres du comité de chimie à se réunir au laboratoire de l'Ecole de chimie, pour assister aux expériences de M. Jules Roth.

M. Camille Kœchlin signale au comité un nouvel accident de fabrication observé par M. Jeanmaire : c'est une couleur au chromate de plomb, qui, par le simple virage du jaune à l'orange, altère profondément le tissu.

M. Goppelsrœder, qui a fait une série d'essais sur l'accident de fabrication relatif à l'indigo signalé par M. Camille Kœchlin, se propose de poursuivre ses recherches sur ce sujet.

La séance est levée à 7 1/2 heures.

Séance du 9 avril 1873.

La séance est ouverte à 6 heures. — Dix-sept membres sont présents.

Le procès-verbal de la dernière séance est lu et adopté.

M. Camille Kœchlin présente au nom de M. Jeanmaire une notice relative à la désorganisation du coton et des fibres végétales par les alcalis, après l'action de certains oxydants. M. Schneider donne lecture de cette notice, dont le comité demande l'insertion au Bulletin. Le comité demande également l'adjonction de M. Jeanmaire.

Le comité, après avoir avoir entendu la lecture d'une lettre de récriminations adressée par M. Mœglin, de Cernay, à M. Rosenstiehl, qui s'était chargé de rendre compte d'une nouvelle machine à imprimer à six couleurs, passe à l'ordre du jour.

Une nouvelle communication de M. Graf, teinturier à Bühl (pays de Bade), ne contenant absolument rien de nouveau, le comité en demande le dépôt aux archives.

La Société d'agriculture et d'horticulture de Vaucluse s'étant adressée à la Société d'horticulture de Mulhouse pour avoir des renseignements certains sur l'emploi de l'alizarine artificielle et l'avenir qui paraît réservé à la culture de la garance, M. Ivan Schlumberger, secrétaire de la Société d'horticulture de Mulhouse, a jugé opportun de recourir aux membres du comité de chimie pour être mis à même de répondre d'une manière compétente au questionnaire posé par la Société de Vaucluse. Voici les diverses questions :

a Les manufacturiers de Mulhouse emploient-ils l'alizarine artificielle ?

b Les couleurs obtenues par ce produit sont-elles bon teint ?

c Quel est le prix du kilogramme ?

d Le produit sert-il à l'impression et à la teinture ?

e Que doivent craindre pour le présent les cultivateurs de garance ?

f Que doivent-ils craindre pour l'avenir ?

Le comité fournit une réponse immédiate aux quatre premières questions, réponse qui sera transmise à Avignon par l'intermédiaire de la Société d'horticulture. Quant aux deux dernières questions, leur importance majeure pour le département de Vaucluse nécessite une étude approfondie. Pour cette raison, le comité, sur la proposition de M. Scheurer-Kestner, nomme une Commission* de trois membres, chargés de préparer une réponse motivée, qui sera discutée dans la prochaine séance du comité. Les commissaires désignés sont MM. Rosensthiel, Brandt et Witz.

Le comité de chimie soumet à l'examen du comité des beaux-arts le travail de M. Goppelsrœder relatif à la régénération et à la restauration des peintures à l'huile, d'après la méthode de M. Pettenkofer. Il prie M. Ehrmann de représenter le comité de chimie dans la commission qui pourra être chargée de l'examen de la communication de M. le Dr Goppelsrœder.

M. de Coninck donne lecture d'une note de M. Rosenstiehl, traitant de l'utilisation de la pression atmosphérique pour le tamisage des couleurs qui servent à l'impression. — Le comité demande la publication de cet intéressant travail et de la planche qui l'accompagne.

Les éditeurs du journal *The American Chemist* à New-York demandent à faire l'échange de leur journal mensuel contre les publications de la Société industrielle. — Le comité examine, séance tenante, un exemplaire de ce journal et reconnaît que l'échange demandé constituerait un excellent moyen de faire connaître en Amérique les travaux de la Société industrielle, moyen de propagande d'autant plus précieux, que le *American Chemist* paraît être le seul journal scientifique qui soit publié en Amérique. L'avis du comité est par conséquent très favorable à l'échange.

M. Gustave Engel lit une note sur un nouveau procédé de dosage des matières grasses dans les savons. La méthode consiste à précipiter la dissolution d'un poids connu de savon par un excès de dissolution d'hypermanganate de potasse, et à peser le précipité préalablement lavé et desséché. M. le Dr Goppelsrœder veut bien se charger de l'examen de cette communication.

M. le Dr Goppelsrœder fait hommage au comité de chimie de vingt-cinq exemplaires d'une brochure dont il est l'auteur, et qui traite du pétrole et de ses dérivés, ainsi que des principaux moyens utilisés dans l'extinction des incendies. Les membres du comité qui sont présents, emportent chacun l'exemplaire qui leur est destiné.

La séance est levée à 7 1/2 heures.

Séance du 14 mai 1873.

La séance est ouverte à 6 heures. — Quinze membres sont présents.

Le procès-verbal de la dernière séance est lu et adopté.

M. Charles Lauth ayant demandé l'ouverture d'un pli cacheté, déposé en juin 1872 et traitant d'un procédé de teinture en vert d'aniline, la Société industrielle, dans sa séance du mois d'avril dernier, a pris connaissance du contenu de ce pli, ainsi que de la note complémentaire qui s'y trouvait jointe. — Le comité, après avoir entendu la lecture de cette communication, en demande l'impression dans les Bulletins. M. G. Schæffer veut bien se charger de répéter quelques-unes des réactions indiquées par l'auteur.

M. Engel-Dollfus, au nom du comité des beaux-arts et de la Commission du musée industriel, prie le comité de chimie de faire dresser une liste des noms des chimistes, coloristes, fabricants, dessinateurs, graveurs, mécaniciens ou inventeurs quelconques, ayant le plus contribué aux progrès de l'industrie de l'impression sur tissus dans le Haut-Rhin. Cette liste ne devra pas comprendre de personnes vivantes, et en regard des noms cités seront placées les dates des travaux ou de la collaboration. — MM. Camille Kœchlin et Gustave Schæffer veulent bien se charger du soin de dresser cette liste.

M. Brandt, rapporteur de la commission chargée de rédiger une réponse motivée au questionnaire posé par la Société d'agriculture de Vaucluse, relativement à l'emploi de l'alizarine artificielle, donne lecture du résumé des conclusions auxquelles s'est arrêtée la commission dont il fait partie. Après une discussion approfondie, le travail de M. Brandt est adopté avec une légère modification, et l'impression en est votée. Le comité de chimie prie le secrétariat de la Société industrielle d'en adresser une copie à la Société d'horticulture de Mulhouse.

L'ordre du jour appelle la révision du programme des prix.

Sont maintenus avec leur rédaction actuelle les prix suivants :

N° 3, 4, 5, 6, 7, 8, 9, 10, 11, 12, 13, 14, 16, 17, 18, 19, 20, 21, 25, 26, 28, 29, 30, 31, 32, 33, 36, 38, 40, 41, 42, 43, 44 et 45.

Le prix n° 2 sera supprimé.

Les développements du prix n° 1 seront complétés par M. Camille Kœchlin.

Le prix n° 15 recevra des développements à rédiger par M. C. Kœchlin.

Dans les développements du prix n° 22, on ajoutera après le mot *tannin : et de l'arsénite d'alumine.*

Dans l'énoncé du prix n° 23, après le mot *lumière*, on ajoutera les mots : *et du savon.*

M. Brandt fera une nouvelle rédaction du prix n° 24.

La rédaction du prix n° 27 sera modifiée par M. C. Kœchlin.

Le comité propose de supprimer les développements du prix n° 34 et d'en maintenir seulement l'énoncé.

Dans le troisième paragraphe des développements du prix n° 35, on remplacera les mots : *affaiblit de 50 °/. leur intensité*, par les mots : *affaiblit beaucoup leur intensité*.

Le prix n° 37 recevra des développements à rédiger par M. G. Schæffer.

Dans les développements du prix n° 39, on supprimera le dernier paragraphe (le n° 5).

Prix nouveaux.

M. Jules Meyer propose un prix pour des cuves servant à teindre au large.

M. Brandt propose un prix relatif à la purpurine.

M. C. Kœchlin propose un prix relatif à la préparation d'un succédané de la terre de pipe.

M. Jean Meyer propose un prix pour un moyen de produire un bleu équivalent à l'outremer et se fixant sans l'intermédiaire de l'albumine.

M. Horace Kœchlin propose un prix relatif à la synthèse de la matière colorante de la cochenille.

Le comité de chimie demande l'adjonction de M. Albert Scheurer.

La séance est levée à 8 heures.

ERRATA au *Bulletin de juin et juillet 1873*.

Page 224. Remplacer les lignes 10 à 25 par celles suivantes:

D'après les définitions en appelant P et L les bases de poids et de longueur d'un système, le poids d'un mètre de numéro N

sera $p = \dfrac{P}{LN}$

Dans un autre système à base P' et L' on aurait de même pour

un numéro N', $p' = \dfrac{P'}{L'N'}$

En comparant un même fil dans deux systèmes différents, le poids d'un mètre de longueur étant le même on a $p = p'$, on aura donc

$$\frac{P}{LN} = \frac{P'}{L'N'} \text{ ou } PL'N' = P'LN.$$

ou etc.

Page 226. Ligne 20:

au lieu de $N : N' :: P : P'$
lisez $N : N' :: P' : P$

Même page. Ligne 24 :

au lieu de *question*, lisez *équation*.

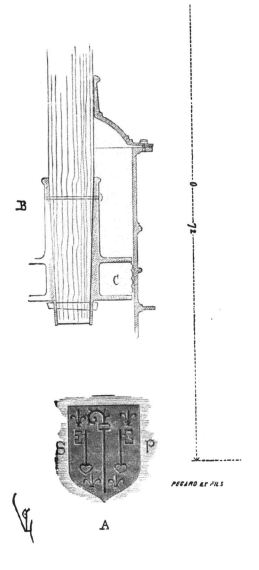

B

C

A

PEGARD ET FILS

52

MACHIN
ITA SI
INCEND
PROPIV

Th o⁰ Juilly Paris

THÉÂTRᴵCIEN, LYON MDLXXVIII.

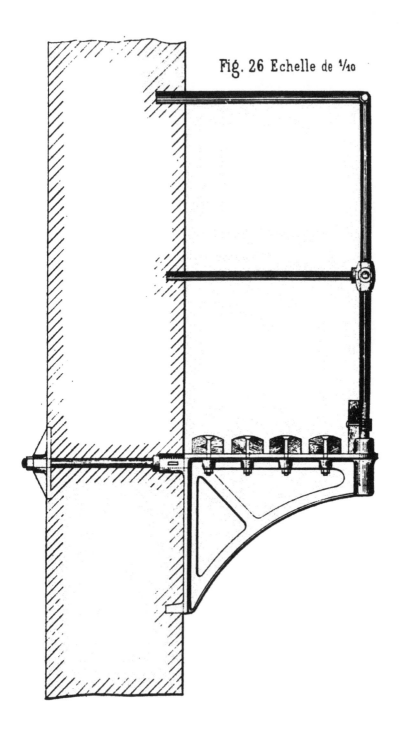

Fig. 26 Echelle de $\frac{1}{10}$

Fig 25   Echelle de $\frac{1}{100}$

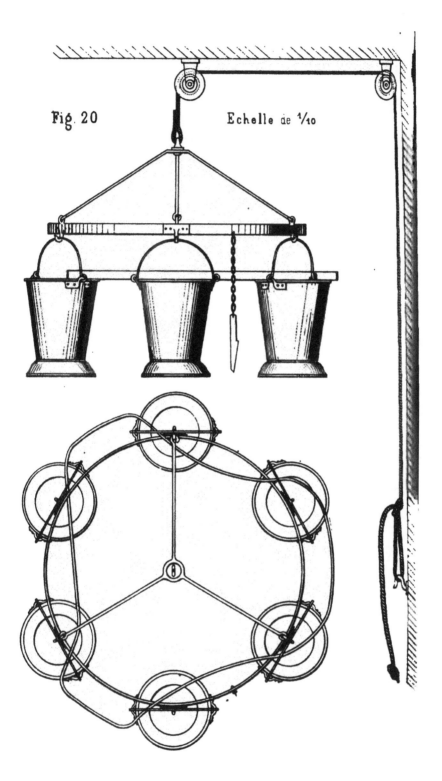

Fig. 20   Echelle de ⅟₁₀

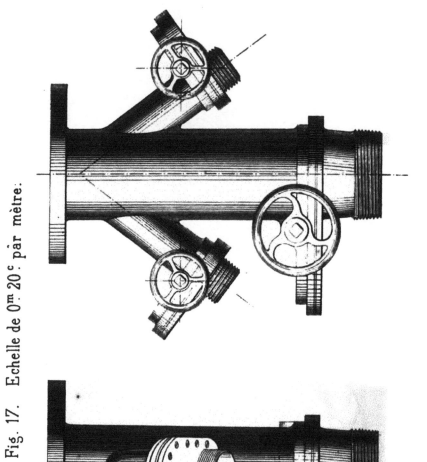

Fig. 17. Echelle de 0ᵐ. 20ᶜ. par mètre.

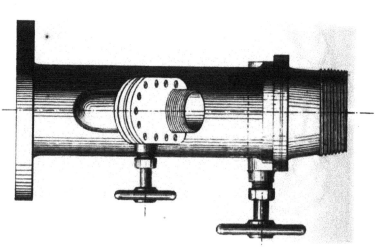

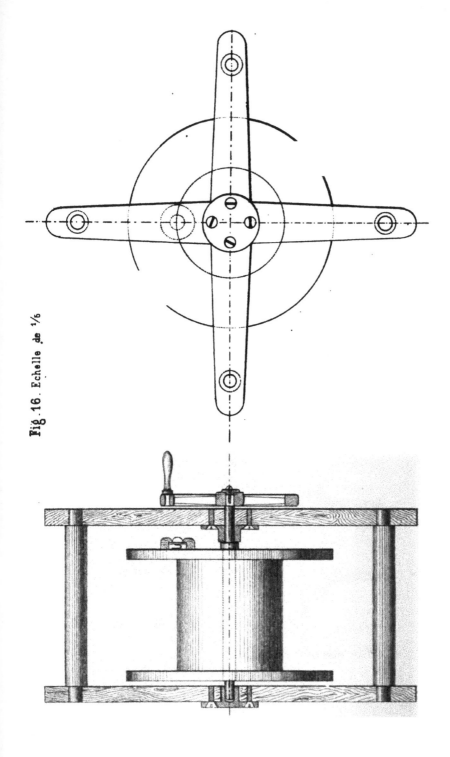

Fig . 16 . Echelle de ¹/₆

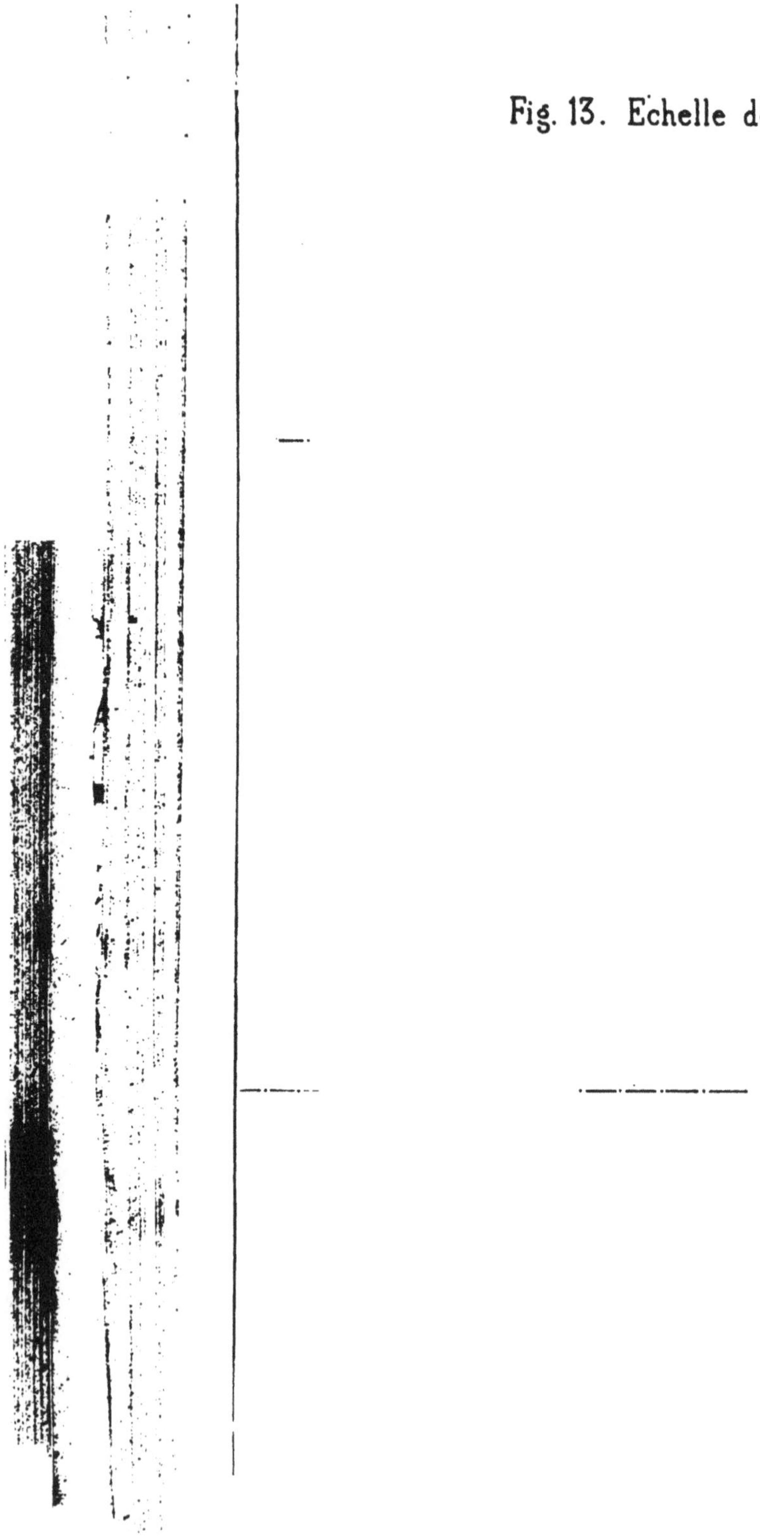

Fig. 13. Echelle de ¹

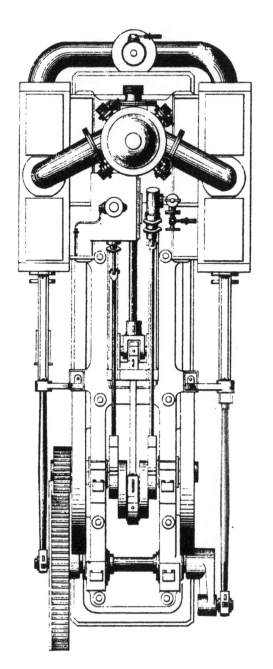

Fig. 10. Echelle de 1/25.

Fig. 4. Echelle de ¹/₂₀.

Fig. 4. Echelle de ¹⁄₂₀.

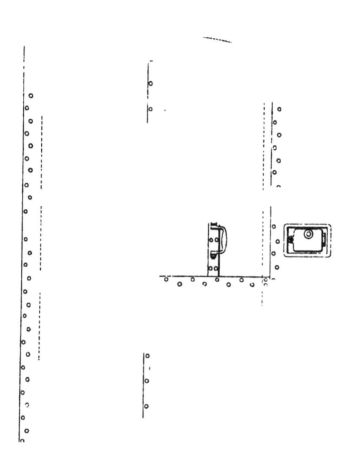

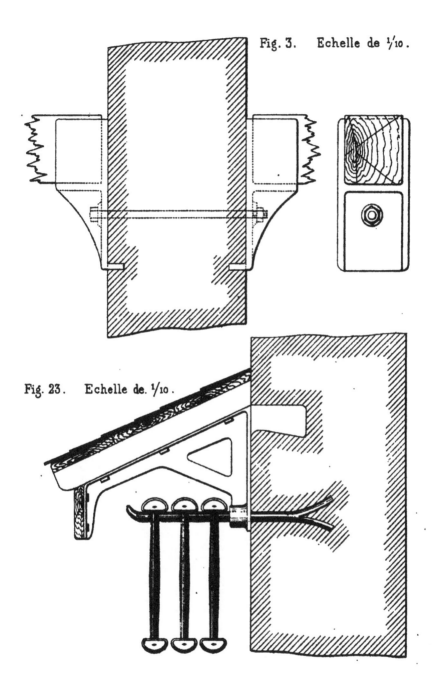

Fig. 3.   Echelle de ¹/₁₀.

Fig. 23.   Echelle de. ¹/₁₀.

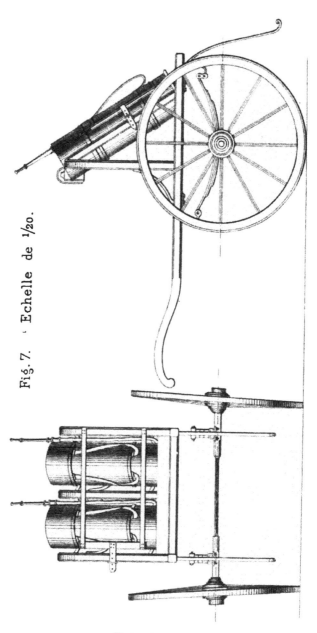

Fig. 7. 'Echelle de ¹/₂₀.

Echelle de ¹/₂. Fig. 6.

Fig. 8. Echelle de ⅕.

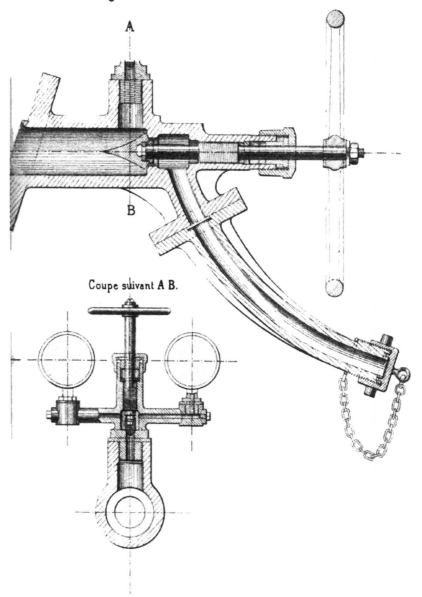

A

B

Coupe suivant A B.

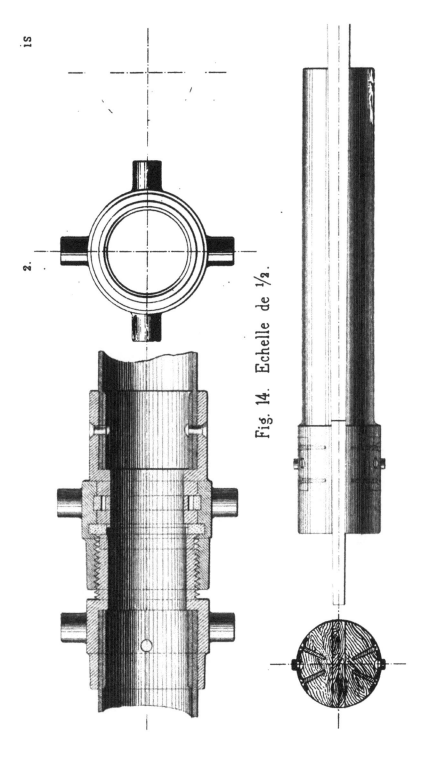

is

2.

Fig. 14. Echelle de ½.

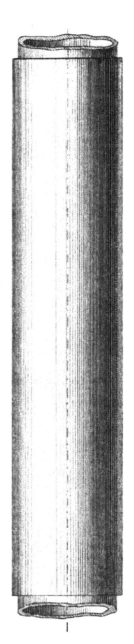

Fig. 19 Echelle de ¹/₂

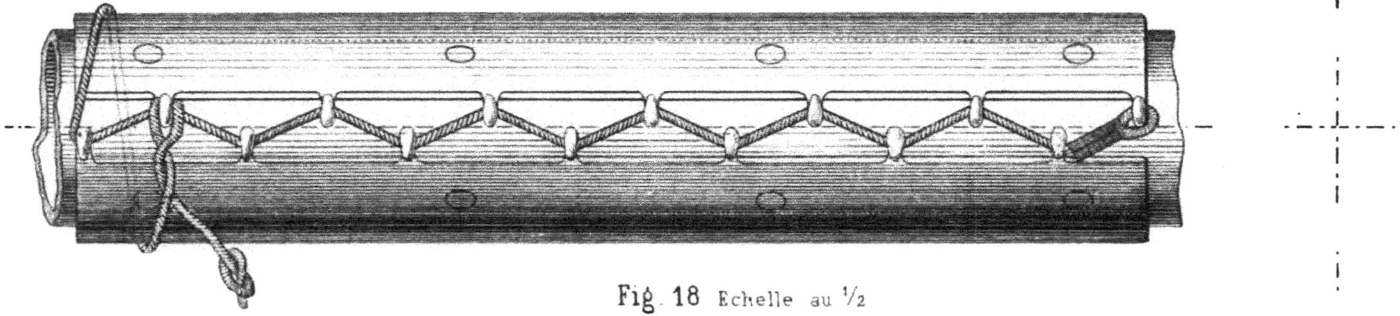

Fig. 18 Echelle au ¹/₂

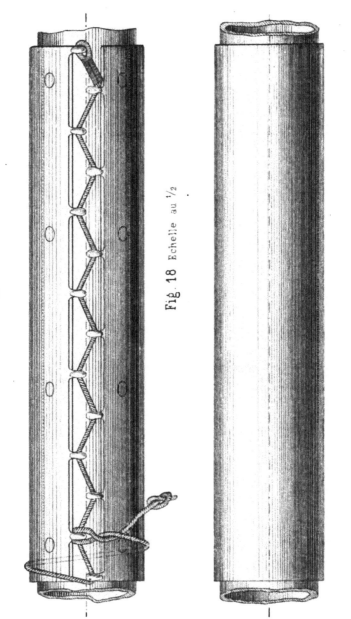

Fig. 19 Echelle de ¹/₂

Fig. 18 Echelle au ¹/₂

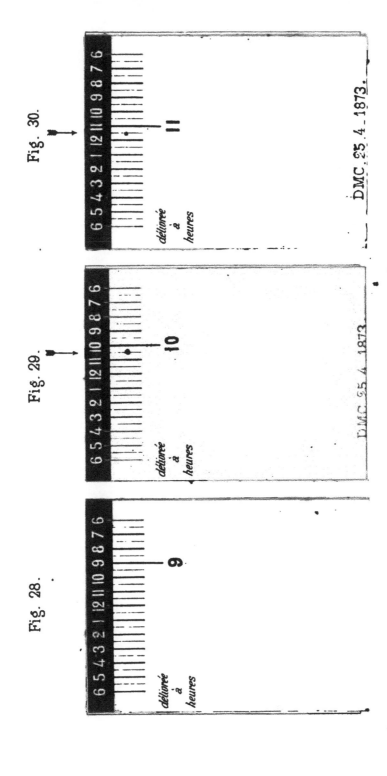

Fig. 28.

Fig. 29.

Fig. 30.

DMC. 25. 4. 1873.

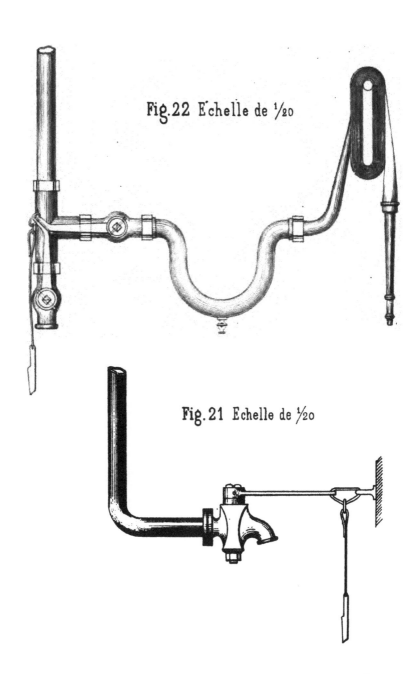

Fig.22 Echelle de ¹/₂₀

Fig.21 Echelle de ¹/₂₀

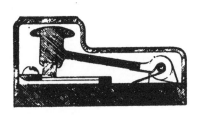

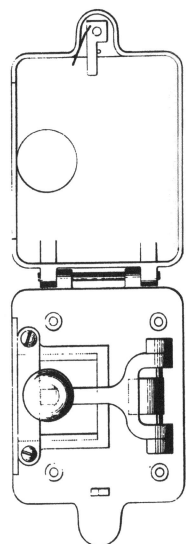

IX.

Fig. 1

Fig. 1

BULLETIN

DE LA

SOCIÉTÉ INDUSTRIELLE

DE MULHOUSE

(Supplément au Bulletin d'Août 1873)

ÉTUDE

de trois moteurs pourvus d'une enveloppe ou chemise de vapeur,
par M. O. HALLAUER.

Séance du 30 avril 1873.

PREMIÈRE PARTIE

Introduction

Le travail que je viens offrir à la Société industrielle, est une application de la méthode d'analyse et d'essai que nous avons employée avec M. G. Leloutre pour établir la théorie rationnelle et pratique des machines à vapeur dans l'*Etude générale sur les moteurs à vapeur*, actuellement en voie de publication. J'ai pensé qu'il serait utile pour la Société industrielle, que ces questions ont toujours vivement intéressée, de voir figurer dans ses Bulletins une application de cette méthode, l'exactitude des résultats qu'elle donne marquant un progrès important accompli..

Il est indispensable pour l'intelligence de l'étude qui va suivre, de présenter aussi succinctement que possible l'historique de nos travaux, puis les développements de cette méthode d'analyse et d'essai. J'insisterai même sur une série de faits complètement nouveaux : les transformations de la vapeur et la répartition des calories dans l'intérieur des cylindres; faits que nous pouvons calculer et vérifier à quelques millièmes près, grâce à M. G.-A. Hirn, dont les conseils nous ont permis de poser, entre les quantités de chaleur, les différentes égalités dont nous avions besoin.

Aussitôt la théorie de l'équivalent mécanique de la chaleur bien établie, on l'a immédiatement appliquée aux machines à vapeur; mais malheureusement la plupart des savants qui se sont occupés de ces questions, ont considéré les moteurs comme de simples cylindres géométriques, négligeant l'influence des parois sur le fluide qu'elles contiennent; aussi les belles équations qu'ils ont posées, sont-elles restées lettre morte pour la pratique, et c'est à M. Hirn que l'on doit les premières notions vraies à ce sujet. Se basant sur quelques chiffres peu nombreux, mais exacts, qu'il avait à cette époque, il a établi la suite des principaux phénomènes qui se passent dans un moteur employant *la vapeur saturée*. Ces lignes remarquables que je me permets de citer textuellement, se trouvent dans l'*Exposition analytique et expérimentale de la théorie mécanique de la chaleur,* édition de 1865 :

« Supposons une machine à cylindre unique, sans enveloppe à
« vapeur, à condensation, à détente variable, travaillant avec
« vapeur saturée; admettons que le cylindre soit garanti de tout
« refroidissement externe par une enveloppe isolante, résultat
« qu'il est toujours possible d'obtenir à bien peu près relative-
« ment.

« Pour fixer les idées, supposons que la pression dans la chau-
« dière soit de 5 atmosphères (152°,2), que la machine soit en
« plein travail et que la détente soit d'abord tenue constante de
« 1 à 5 en volume. Dans ces conditions, la vapeur afflue de la
« chaudière au cylindre pendant un cinquième de la course du
« piston, à partir des deux extrémités. Pendant cette portion de
« la course, le couvercle inférieur ou supérieur du cylindre, la
« face inférieure ou supérieure du piston, et les parois du cylindre
« qui y répondent, se mettent nécessairement à la température
« de la vapeur, et celle-ci se condense jusqu'à ce que cette con-

« dition soit remplie. Dès que la communication avec la chau-
« dière est coupée, et que la détente commence, la vapeur se
« refroidit et enlève, par suite, de la chaleur aux parois comprises
« entre la partie qui répond à la course à pleine pression. A
« mesure que le piston avance, la vapeur cède de sa chaleur aux
« parties nouvelles des parois qui lui sont offertes, et qui n'ont
« rien reçu pendant l'afflût de la chaudière au cylindre; mais à
« mesure que le refroidissement de la vapeur croît, ces parties
« d'abord chauffées cèdent de nouveau de la chaleur. A partir du
« milieu du cylindre, la vapeur rencontre des parois qui avaient
« elles-mêmes été chauffées par la course précédente du piston.
« Lorsque le piston est arrivé à la fin de sa course, la vapeur qui
« qui le poussait se jette dans le condenseur; pendant cette nou-
« velle expansion, elle enlève donc de la chaleur à toute la sur-
« face libre, et la quantité enlevée varie selon la rapidité de
« l'écoulement; elle est d'autant plus notable que cet écoulement
« est plus lent. »

L'ensemble de cette exposition est exact; mais la connaissance
des proportions rigoureuses d'eau et de vapeur qui se trouvent
dans le cylindre, *en chaque point de la course*, nous a permis de
préciser ce que M. Hirn n'a établi d'une manière certaine que
pour le commencement de la détente et la fin de la course. Depuis
lors, et avec lui, nous sommes arrivés aux conclusions suivantes :
la vapeur qui se condense pendant l'admission, se dépose à l'état
de nappe liquide sur le couvercle, le piston et la partie annulaire
découverte. Dès que commence la période de détente, une partie
de cette eau s'évapore sur les surfaces antérieurement chauffées,
pendant que de la vapeur se condense sur les parois froides nouvellement découvertes à chaque instant par le piston. De ces évaporations et condensations simultanées qui se font à diverses
hauteurs, il en résulte, suivant le plus ou moins de vapeur introduite à pleine pression, ou bien que l'on ait plus d'eau condensée
à la fin de la course qu'au commencement de la détente, ou bien
que cette proportion reste la même, ou enfin, et c'est le cas le

plus général dans les machines à grande détente, que l'évaporation l'emporte sur les condensations. Il nous est même arrivé dans un essai d'avoir à la fin de la course 1 à 2 °/₀ seulement d'eau liquide, c'est-à-dire de la vapeur à peu près sèche, lorsque nous avions débuté au commencement de la détente avec 50 °/₀ d'eau.

De plus, les nouveaux essais faits avec M. Hirn et une formule que nous devons à son obligeance, sont venus nous prouver par des chiffres irréfutables que ce n'est point la vapeur qui enlève de la chaleur aux parois. Au moment où cette vapeur se jette au condenseur, les parois du cylindre, le couvercle et la face du piston sont couverts d'une couche d'eau liquide, et c'est cette eau qui, s'évaporant en presque totalité, prend au cylindre la chaleur dont elle a besoin pour passer à l'état de vapeur, chaleur que l'on retrouve du reste intégralement au condenseur.

Enfin M. Hirn avait cru que la vapeur surchauffée à 225° restait, dans l'intérieur des cylindres, sinon surchauffée, du moins sèche, et nos analyses sont venues prouver que cette vapeur pouvait contenir, suivant le volume introduit à pleine pression, de 15 °/₀ à 50 °/₀ d'eau au commencement de la détente. Voici comment M. Hirn explique ce phénomène remarquable. Aussitôt que la vapeur surchauffée arrive dans le cylindre, celle qui est en contact direct avec les parois froides se resoud immédiatement en eau, et se dépose sur celle-ci à l'état de couche liquide; cette vapeur surchauffée étant à l'état de gaz parfait, par conséquent mauvais conducteur de la chaleur, il ne peut se faire aucun échange de calorique entre elle et l'eau qui tapisse les parois; elle conserve donc sa température vers le centre même de la masse. De telle sorte qu'il doit y avoir : sur les parois du cylindre de l'eau liquide, à une petite distance de la vapeur saturée, et en allant vers l'intérieur de la masse, de la vapeur de plus en plus surchauffée, jusqu'à avoir même la température qu'elle possède dans le tuyau d'amenée. Ce fait, qu'il est presque impossible de vérifier expérimentalement, ne change du reste rien à nos chiffres, lorsque nous supposons la vapeur saturée au commencement de la détente tout aussi bien qu'à la fin de la course, moment où cette saturation a réellement lieu.

L'ensemble des travaux faits en commun avec M. Leloutre nous a conduit à diviser l'étude d'un moteur à vapeur en deux parties bien distinctes :

I. *L'analyse de la loi de détente et du travail.*

II. *L'analyse des transformations de la vapeur et la répartition des calories.*

I.

De la loi de détente, du travail, et des différentes pertes qu'il subit.

La loi de Mariotte, qui jusqu'ici a toujours été appliquée, nous pourrions presque dire brutalement, dans la plupart des ouvrages classiques élémentaires, n'est qu'un cas exceptionnel de la loi de détente; l'examen d'un grand nombre de diagrammes obtenus dans les conditions les plus différentes, nous a permis de vérifier que l'expression $\dfrac{P}{P'} = \left(\dfrac{V'}{V}\right)^{\alpha}$ (c'est-à-dire le rapport de pression égal au rapport inverse des volumes élevé à la puissance α) est celle qui rend le mieux compte de la loi de détente; cette valeur de α peut varier, ainsi que nous l'avons constaté, entre $\alpha = 0{,}50$ et $\alpha = 1{,}30$, suivant la fraction d'introduction.

Partant de cette relation, une intégration fort simple nous donne l'expression du travail en fonction de P_0 la pression initiale, V_0 le volume introduit, V_n le volume final et α l'exposant de la loi de détente; c'est cette formule qui nous permet de constater et de séparer toutes les pertes subies par le travail, jusqu'au moment où l'on recueille sur le premier arbre moteur celui qui est réellement utilisé.

J'examine d'abord la machine à un seul cylindre; la vapeur se rend des chaudières à l'intérieur du cylindre en traversant des conduites plus ou moins longues, des valves, enfin les lumières

mêmes du cylindre; dans ce trajet la pression initiale est diminuée par suite des frottements, d'où *première perte de travail*.
Puis elle afflue dans le cylindre en remplissant tout d'abord les
espaces nuisibles, période pendant laquelle elle ne travaille pas;
il est vrai que ce volume de vapeur des espaces nuisibles agit
pendant la détente; il subsiste néanmoins un déficit que nous
évaluons de la manière suivante :

La machine étudiée a par exemple en espaces nuisibles : 1, 2
ou 3 % du volume engendré par le piston. La formule du travail
nous donne la puissance utile d'un volume de vapeur V_0 à la
pression P_0 introduit, et se détendant suivant la loi α jusqu'à
remplir le volume final $V_n + V_p$, espaces nuisibles compris.
Prenons maintenant le même cylindre supposé sans espaces nuisibles; pour avoir la même loi de détente α, il faut y introduire
le même volume de vapeur V_0, qui se détend jusqu'à occuper le
volume final V_n sans espaces nuisibles; la puissance utile est
donnée par la même formule, et la différence entre les deux travaux est : *la perte par espaces nuisibles;* elle peut s'élever dans
les machines à un seul cylindre de 1 %,5 à 8 %.

La vapeur arrivée à la fin de la course s'échappe maintenant
au condenseur; par suite des dimensions des orifices et de l'évaporation continue qui se fait sur les parois du cylindre, il subsiste sous le piston une contre-pression qui donne lieu à une troisième perte de travail.

Enfin, les frottements des différents organes absorbent une
certaine force; bien que l'on ne puisse pas précisément dire que
cette portion absorbée soit constante, car le frottement augmente
avec la charge que supportent les différentes articulations; toutefois nous sommes loin des coefficients très variables, adoptés
pour faire coïncider le travail véritablement fourni par la machine
avec les résultats de la formule inexacte que donne la loi de
Mariotte. Ce travail absorbé par le moteur varie généralement
entre 10 et 15 % du travail produit sur les pistons; le rendement
de ce genre de machines est donc de 85 à 90 %.

Dans les machines de Woolf nous avons, de plus, les pertes entre le petit et le grand cylindre. Elles sont dues à deux causes bien distinctes qui agissent simultanément et dont nous sommes parvenus à séparer les effets : 1º la perte de pression due aux espaces nuisibles; 2º celle qu'occasionnent les condensations presque instantanées qui se produisent dans le grand cylindre au commencement de la course. Dans une machine de Woolf, sans espaces nuisibles, ces condensations n'en subsistent pas moins, et nous avons établi que sur 27 °/₀ perdus pour le travail entre le petit et le grand cylindre, 17 °/₀ seuls devaient être attribués aux espaces nuisibles; le reste, 10 °/₀, aux condensations. La perte de charge due à l'écoulement pendant toute la durée de la course est peu de chose, et donne lieu à une perte de travail insignifiante.

Pour ce genre de machines, le déficit dû à une même contre-pression sous le piston est proportionnellement un peu plus fort que dans les machines à un seul cylindre, le grand piston ayant généralement des dimensions plus considérables pour une même force produite. Enfin les frottements d'un piston de plus augmentent aussi la force absorbée par le mécanisme lui-même.

II.

Des transformations subies par la vapeur à son passage dans les cylindres, répartition des calories pendant ce trajet.

Maintenant que j'ai complètement étudié le travail, j'aborde la seconde division de cette analyse; cette partie, tout aussi importante que la précédente, a le mérite d'être complètement neuve. Depuis longtemps on s'était préoccupé des diverses pertes de travail, sans pouvoir, il est vrai, en donner une valeur très exacte, et cela par suite de l'ignorance où l'on était resté concernant les lois de détente dans les cylindres; toujours est-il que la plupart des ingénieurs les avaient signalées. Tel n'est pas le cas pour les transformations de la vapeur et la répartition des calories. M. Hirn lui-même, qui a si bien indiqué, comme je l'ai dit plus haut, toute la série des faits qui devaient se passer dans l'intérieur d'un cylindre, ne possédait que peu de chiffres au moment où, dirigés par lui et aidés de ses conseils, nous nous sommes, M. Leloutre et moi, engagés dans cette nouvelle voie; les résultats remarquables auxquels nous sommes arrivés, leur exactitude vérifiée, nous permettent d'affirmer qu'à l'heure actuelle *la théorie rationnelle et pratique des moteurs à vapeur est faite d'une manière complète;* nous avons pu aussi vérifier l'influence de la détente sur la consommation, et fixer, pour les machines à un seul cylindre, au quart de la course, la fraction d'introduction la plus économique; il n'y a donc plus aujourd'hui à tâtonner, et nous pouvons de prime-abord indiquer comment doit être construit le meilleur moteur possible utilisant la force de la vapeur.

Pour étudier ces transformations successives de la vapeur, il nous a fallu prendre une unité qui permît de réunir, de résumer pour ainsi dire toute la série des faits en quelques formules simples, s'appliquant aussi bien à la vapeur surchauffée qu'à la vapeur saturée contenant des proportions variables d'eau entraînée. La nature même des phénomènes que nous analysons, nous a conduit à adopter comme unité les calories, et c'est sur le nombre de calories apportées et se distribuant dans l'intérieur du cylindre, que nous opérons. Cette unité a aussi l'avantage d'être la véritable unité industrielle, car c'est en calories, c'est-à-dire en houille brûlée, que l'on estimera encore pendant longtemps la consommation des machines; seulement ici il faut (comme je l'ai indiqué avec M. W. Grosseteste dans le compte-rendu de l'essai au frein que nous avons fait sur la machine du retordage de MM. Dollfus-Mieg) bien séparer le générateur du moteur lui-même, afin de ne pas attribuer à la machine un déficit qui porterait sur la chaudière.

La valeur de cette méthode d'analyse a été confirmée par plus de quinze essais; je passe en revue les résultats qu'elle nous a donnés, m'occupant, comme pour le travail, d'abord des machines à un seul cylindre, puis des machines Woolf.

Les machines à un seul cylindre se divisent en machines à vapeur surchauffée et machines à vapeur humide, avec ou sans enveloppe; car l'enveloppe ou chemise de vapeur est actuellement appliquée aussi bien à l'emploi de la vapeur surchauffée qu'à celui de la vapeur saturée.

Je prends comme premier exemple la machine à un cylindre, sans enveloppe, employant la vapeur surchauffée à 225° et introduisant au quart. Cette vapeur rencontrant des parois froides relativement, leur abandonne la chaleur de surchauffe, puis se condense, et au moment même où la détente commence, 14°/₀,7 d'eau à l'état liquide tapissent les parois; ces parois ont donc absorbé une quantité de chaleur que nous évaluons; elle doit suffire à toutes les transformations qui vont se succéder dans l'intérieur du cylindre pendant la période de détente, puisqu'alors la communication avec la chaudière est coupée. Lorsque le piston avance, il se produit sur les parois chauffées précédemment des évaporations constantes, qui, combinées avec la condensation qui a lieu en même temps sur les surfaces nouvellement découvertes à chaque instant par le piston, nous font arriver à la fin de la course avec 11 °/₀ d'eau, dont la plus grande partie, la presque totalité, se trouve à l'état de nappe liquide déposée sur les parois. Si nous évaluons la quantité de chaleur que contient en ce moment ce mélange, eau et vapeur; que nous ajoutions celle qui a disparu par suite du travail recueilli et des refroidissements extérieurs (valeurs que nous comprenons dans le terme général de pertes extérieures), nous voyons qu'elle est inférieure de 16ᶜ,64 à celle que nous avions au commencement de la détente; la raison en est bien simple : ces seize calories ont passé dans les parois. Lorsque maintenant l'échappement ouvre, la vapeur passe au condenseur, puis en même temps l'eau liquide qui tapisse les parois, s'évapore successivement, leur enlève la chaleur qu'elles contiennent, et nous retrouvons exactement dans l'eau de condensation ces seize calories qui nous manquaient à la fin de la course; elles étaient pour ainsi dire maintenues à l'état latent dans la masse même du cylindre.

On aurait pu aussi attribuer ces seize calories, disparues à la fin de la course et retrouvées dans l'eau de condensation, à des fuites à travers le piston; mais une série d'essais faits sur la même machine, avec des introductions différentes, nous a prouvé que cette valeur (que j'appelle R_c refroidissement au condenseur) est variable avec la proportion d'eau qui reste sur les parois à la fin de la course; ainsi, pour une introduction d'un dixième, une température de 225°, la chaleur, au commencement de la détente, diminuée des pertes extérieures, est la même que celle que l'on retrouve à la fin de la course et dans l'eau de condensation; dans ce cas aussi la proportion finale d'eau est de 1 %, le refroidissement par le condenseur R_c est nul, et puisque nous avons opéré sur le même moteur, l'hypothèse des fuites à travers le piston est fausse.

Dans un cylindre consommant de la vapeur humide, les phénomènes qui se passent sont analogues à ceux que je viens de décrire. Seulement ici, comme la vapeur n'est pas surchauffée et qu'elle contient déjà de l'eau entraînée, à son arrivée dans le cylindre il s'en condense une plus forte proportion, et malgré l'évaporation pendant la détente, il en reste plus aussi à la fin de la course; par suite, le refroidissement au condenseur R_c est plus considérable. C'est une des causes principales qui rendent une machine sans enveloppe de vapeur de 35 % inférieure, suivant qu'elle emploie ou non la vapeur surchauffée à 225°.

L'application d'une enveloppe ou chemise de vapeur améliore sensiblement les deux précédents moteurs; elle produit le même effet qu'une augmentation de surchauffe; fournissant extérieurement de la chaleur, elle diminue les condensations, augmente les évaporations pendant le travail; elle améliore donc ce travail lui-même, tout en diminuant le refroidissement au condenseur, car elle fait arriver à fin de course avec moins d'eau déposée sur les parois. Cette chaleur est en outre obtenue assez économiquement, puisque la vapeur, en se condensant, rend la plus grande partie des calories qu'elle contient, et qu'il est possible de reprendre l'eau des purgeurs pour l'envoyer à la chaudière avec l'eau d'alimentation. Aussi l'enveloppe bien construite peut-elle donner sur la consommation des moteurs employant la vapeur humide, une économie de 25 %/₀ ; son effet sur les machines à vapeur surchauffée est moins énergique.

Cependant il faut que cette enveloppe soit judicieusement construite ; la prise de vapeur de la chemise doit se faire par un canal spécial, embranché sur le tuyau d'amenée général qui alimente directement l'intérieur du cylindre ; on sépare ainsi la vapeur humide de l'enveloppe de celle qui doit se rendre la plus sèche et la plus chaude possible dans le cylindre même. Malheureusement cette disposition est assez peu répandue, quoique appliquée cependant à la machine à vapeur surchauffée de M. Hirn et à quelques machines Corliss. L'enveloppe a du reste des effets variables, non-seulement d'après la portion du cylindre qu'elle embrasse, ce qui se comprend de soi, mais même suivant qu'elle est appliquée sur les fonds ou couvercles, sur la partie annulaire au haut et au bas du cylindre ou seulement au milieu.

Deuxième fait très remarquable, et qui coïncide avec la série des phénomènes que nous avons exposée plus haut : suivant que le volume de vapeur introduit augmente à partir d'une certaine limite, l'énergie de l'action de l'enveloppe va diminuant, ce que l'on remarque immédiatement d'après la proportion de vapeur qui se condense ; il arrive même un moment où cet effet peut être nul, ainsi que nous l'avons observé avec M. Hirn sur une machine introduisant à pleine pression pendant les trois quarts de la course et pourvue d'une enveloppe annulaire ; tandis que, même dans ce dernier cas, la surchauffe de la vapeur donne toujours lieu à une économie notable.

Les transformations de la vapeur, dans une machine de Woolf, bien que plus compliquées, sont cependant de même nature ; le

refroidissement du petit cylindre se fait pendant l'écoulement de
la vapeur au grand, et nous avons dans ce grand cylindre des
condensations considérables au commencement de la course,
ainsi 38 % d'eau, ayant quitté le petit cylindre avec 24 %,,5. Mais
il se produit durant toute la période de détente des évaporations,
tant sur les parois du petit cylindre que sur celles du grand qui
ont été successivement chauffées, évaporations qui l'emportent
sur les condensations qu'exige chaque nouvelle portion de paroi
découverte par le grand piston ; aussi arrivons-nous à fin de
course seulement avec 11 %,,5 d'eau contenue dans la vapeur.
Cette quantité assez faible d'eau déposée sur les parois suffit
toutefois pour leur enlever 33 calories pendant l'échappement au
condenseur.

L'enveloppe de vapeur agit sur ces machines comme sur celles
à un seul cylindre, fournissant extérieurement de la chaleur, et
d'une manière fort économique.

Maintenant que j'ai développé toute la série des faits qui se
passent dans un moteur, l'analyse du travail, celle des transformations de la vapeur, la répartition des calories en un point
quelconque de la course, je vais en quelques mots donner la
méthode à suivre pour obtenir tous ces résultats et les observations qui y conduisent.

Cette méthode d'essai, M. Hirn l'a indiquée en 1855; nous
l'avons complétée et employée de nouveau avec lui et M. Leloutre
en 1870 et 1871. Voici en quoi elle consiste : maintenir la machine à un régime à peu près constant pendant toute une journée; mesurer l'eau qu'elle consomme; relever les pressions, l'eau
entraînée ou la température de la vapeur à l'entrée du cylindre si
cette vapeur est surchauffée; relever de nombreux diagrammes
sur les deux faces du piston; enfin, comme vérification, jauger
l'eau de condensation et sa température. Cette dernière donnée
n'est pas indispensable à l'analyse du moteur; surtout depuis la
séri d'études que nous avons faites avec M. Hirn et M. Leloutre,
on peut facilement s'en passer, mais elle fournit des vérifications

précieuses qu'il est bon de faire lorsqu'on peut installer facilement ce jaugeage.

On peut aussi vérifier le travail par le frein, bien que l'application de cet appareil soit généralement assez coûteuse et puisse offrir quelques dangers entre des mains inexpérimentées. Du reste, le problème de la vérification du travail, M. Hirn vient de le résoudre d'une manière fort ingénieuse et très simple pour les machines à balancier; il applique sur cette dernière pièce un pandynamomètre de flexion, qui donne en chaque point de la course les pressions sur le piston.

C'est cet appareil qui nous sert actuellement dans toute une nouvelle série de recherches que nous venons d'entreprendre.

DEUXIÈME PARTIE.

—

ANALYSE.

Machine système Woolf.

Dans le compte-rendu de l'essai au frein fait en commun avec M. W. Grosseteste sur la machine du retordage de MM. Dollfus-Mieg[1], nous ne nous sommes occupés que du travail produit et de la consommation. Des valeurs exactes précisant le mode d'action de la vapeur dans les cylindres nous manquant à peu près complètement à cette époque, il a fallu laisser subsister une lacune considérable que je viens combler aujourd'hui.

Dans le cours du travail entrepris avec M. G. Leloutre, se trouve déjà l'analyse de plusieurs des chiffres obtenus sur cette machine Woolf; malheureusement, comme nous ne possédions à cette époque qu'un calque de l'une des courbes de l'essai au frein (intervalle IV), les données qui en sont déduites n'offrent pas toute l'exactitude désirable.

---

[1] Voir le *Bulletin de la Société industrielle*, octobre 1869.

Ayant pu me procurer les courbes elles-mêmes de cet intervalle qui sert de base à nos calculs, j'ai repris toutes les opérations, en tenant compte de la pression barométrique.

La méthode suivie dans les recherches déjà citées plus haut, embrasse deux séries de faits bien distincts :

1º *Evaluation du travail et des différentes pertes qu'il subit depuis l'entrée de la vapeur dans les cylindres jusqu'à sa sortie, et, par suite, détermination de la consommation de vapeur par cheval et par heure;*

2º *Etude des transformations de la vapeur dans l'enveloppe et l'intérieur des cylindres; évaluation du refroidissement par le condenseur, et lorsque les données sont en nombre suffisant, vérification de la consommation.*

Evaluation du travail.

Cette évaluation du travail demande la connaissance des lois de détente dans le petit et le grand cylindre, ainsi que la valeur exacte du volume introduit pendant l'admission.

Les données que fournissent les courbes et les dimensions de la machine sont les suivantes :

PRESSIONS.

De la vapeur dans l'enveloppe......................		$= 4^k,973$
Dans le petit cylindre à la fin de l'admission..........	p_0	$= 4^k,435$
à la fin de la détente............	p_1	$= 3^k,250$
Dans le grand cylindre au commencement de la course...	P_0	$= 1^k,568$
à la fin de la course..............	P_1	$= 0^k,475$
Contre-pression sous le grand piston....................	P_2	$= 0^k,196$

VOLUMES.

Volume engendré par le petit piston....................	v_a	$= 0^{mc},299$
Espace nuisible au dessus du petit piston..............	v_p	$= 0^{mc},011$
Volume engendré par le grand piston..................	V_a	$= 1^{mc},996$

Volume du conduit, plus l'espace de sûreté
$\qquad = 0^{mc},116$
dans la boîte à vapeur... $= 0^{mc},050$ $\Big\}$ $0^{mc},205$
du tuyau de communication $= 0^{mc},028$
sous le petit tiroir........ $= 0^{mc},011$

Espace nuisible total à la partie inférieure du grand cylindre .... $\quad V_p = 0^{mc},205$

Loi de détente. — La relation[1] qui rend compte de cette loi de détente, aussi bien dans le petit que dans le grand cylindre, est la suivante :

$$\frac{p}{p'} = \left(\frac{v'}{v}\right)^{\alpha}$$

résolue par rapport à α elle donne :

$$\alpha = \frac{\log p - \log p'}{\log v' - \log v}$$

Petit cylindre. — Les valeurs prises comme termes de comparaison sont les suivantes :

PRESSIONS.

$$p_{17} = 4^k,146$$
$$p_{20} = 3^k,439$$

Volumes correspondants avec espaces nuisibles :

$$v_{17} = 0^{m^3},2502$$
$$v_{20} = 0^{m^3},29505$$

$$\alpha = \frac{\log 4^k,146 - \log 3^k,439}{\log 0^{m^3},29505 - \log 0^{m^3},2502} = 1,13$$

L'exposant de la loi de détente connu, la même relation nous donne le volume introduit v_0, en partant de la pression p_7 et du volume v_7 qui, ainsi que la pression initiale $p_0 = 4^k,425$, sont connues.

$$\frac{p_0}{p_7} = \left(\frac{7}{v_0}\right)^{\alpha}$$

$$\log v_0 = \log v_7 - \frac{\log p_0 - \log p_7}{\alpha}$$

$$\log v_0 = \log 0^{m^3},2502 - \frac{\log 4^k,425 - \log 4,146}{1,13}$$

$$v_0 = 0^{m^3},2362$$

Le volume engendré par le petit piston pendant l'admission est $v'_0 = v_0 - v_p$ l'espace nuisible ;

$$v'_0 = 0^{m^3},2362 - 0^{m^3},011 = 0^{m^3},2252. .$$

---

[1] Voir pour toutes ces formules l'*Étude générale sur les moteurs à vapeur*, par MM. Leloutre et Hallauer, déjà citée plus haut.

Grand cylindre. — Dans ce dernier, voici les pressions qui servent de terme de comparaison :

$$P_e = 0^k,994$$
$$P_{16} = 0^k,622$$

Les volumes correspondants avec espaces nuisibles . . . . $V_e = 0^{m^3},93925$
$$V_{16} = 1^{m^3},78775$$

d'où $\alpha' = \dfrac{\log 0^k,994 \quad - \log 0^k,622}{\log 1^{m^3},78775 - \log 0^{m^3},93925} = 0,73$

Travail absolu[1] avec espaces nuisibles — Nous avons maintenant toutes les données nécessaires à l'évaluation de ce travail qui s'effectue en trois périodes successives :

I. Travail à pleine pression :

$$F_p = p_0 \, v'_0$$

II. Travail de la détente dans le petit cylindre :

$$F_\delta = \frac{p_0 \, v_0}{1 - a} \left(\left(\frac{v_0}{v_n + v_p} \right)^{a-1} - 1 \right)$$

III. Travail dans le grand cylindre :

$$F_\Delta = \frac{P_0 \, (v_n + v_p + V_p)}{1 - a'} \left(\left(\frac{v_n + v_p + V_p}{V_n + v_p + V_p} \right)^{a'-1} - 1 \right)$$

En substituant aux lettres leurs valeurs données plus haut :

I. $F_p = 44250^k \times 0^{m^3},2252$ . . . . $= 9965.1^{k \times m}$

II. $F_\delta = \dfrac{44250^k \times 0^{m^3},2362}{1 - 1,13} \left(\left(\dfrac{0^{m^3},2362}{0^{m^3},310} \right)^{1,13-1} - 1 \right)$ . . . . $= 2801.1^{k \times m}$

III. $F_\Delta = \dfrac{15680^k \times 0^{m^3},515}{1 - 0,73} \left(\left(\dfrac{0^{m^3},515}{2^{m^3},212} \right)^{0,73-1} - 1 \right)$ . . . . $= 14454.6^{k \times m}$

Travail absolu total par course avec espaces nuisibles . . . . $F = 27230.8^{k \times m}$

---

[1] Ce terme est déjà défini dans l'*Etude générale des moteurs à vapeur*; ainsi nous appelons travail absolu ou puissance absolue d'un volume de vapeur donné, le travail que rend ce volume de vapeur, en supposant que le vide absolu existe sous le piston; cette supposition nous permet de nous débarrasser de la contre-pression toujours variable, et d'avoir ainsi un terme de comparaison rationnel pour les différents systèmes de moteurs à vapeur; nous tenons du reste compte de cette contre-pression en évaluant les différentes pertes de travail.

et sa vérification par le travail mesuré directement sur les courbes, se fait à $1\%,39$ près.

Consommation. — Le poids du mélange vapeur et eau consommée par coup de piston est $0^k,7729$; on peut déjà déterminer la consommation brute par cheval et par heure, premier terme de comparaison qui a servi à établir la valeur relative des différents moteurs.

Le travail F est en kilogrammètres par course; en chevaux-vapeur il devient : trav. chx $= \dfrac{F \times 2 \times \text{tours}}{60 \times 75}$ la consommation M est donnée par coup de piston; par heure elles est : $M \times 2 \times \text{tours} \times 60 = m$; par cheval *absolu* et par heure :

$$\frac{m}{\text{trav. chx}} = \frac{M \times 2 \times \text{tours} \times 60}{\dfrac{F \times 2 \times \text{tours}}{60 \times 75}} = \frac{M \times 270000}{F} = \frac{0^k,7729 \times 270000}{27230.8} = 7^k,6663$$

Pertes de travail. — Les plus importantes sont les pertes par espaces nuisibles, puis celles dues à la contre-pression sous le grand piston; l'écoulement de la vapeur du petit au grand cylindre donne lieu à une diminution insignifiante, cet écoulement se faisant sous une perte de charge de $0^k,028$ grammes seulement par centimètre carré.

Le travail absolu a déjà été évalué avec espaces nuisibles; il nous reste à chercher la puissance absolue du volume introduit v_0, se détendant dans l'espace engendré par le petit piston, pour passer de là au grand cylindre, supposé, lui aussi, sans espaces nuisibles.

La pression finale p'_n, du volume $v_0 = 0^{m3},2362$, se détendant à $v_n = 0^{m3},299$, est donnée par la relation

$$p'_n = p_0 \left(\frac{v_0}{v_n}\right)^a = 4^k,425 \left(\frac{0^{m3},2362}{0^{m3},2990}\right)^{1,13} = 3^k,390;$$ c'est cette pression qui devrait s'exercer à l'origine sur le grand piston; mais ici nous nous trouvons en présence d'un fait complexe qu'il faut analyser.

Dans la machine telle qu'elle existe, la vapeur arrive à la fin de la détente dans le petit cylindre à une pression de $3^k,250$, se précipite dans les espaces nuisibles, puis rencontrant le couvercle, le piston et des parois à une température relativement basse, elle se condense en partie; finalement sa tension est de $1^k,568$ au commencement de la course du grand piston. Cette chute est due à l'action combinée des espaces nuisibles et des parois froides; il nous faut les séparer et attribuer à chaque cause sa vraie valeur.

Si la vapeur ne s'était pas condensée, elle aurait suivi la loi de Mariotte en venant occuper les espaces nuisibles.

Sa pression, qui est, d'après les courbes, $p_n = 3^k,250$, serait devenue $p_n \times \dfrac{v_n + v_p}{v_n + v_p + V_p} = 3^k,250 \times \dfrac{0^{m^3},310}{0^{m^3},515} = 1^k,956$

Mais elle est en réalité de $1^k,568$; elle a donc perdu par le fait des condensations : $\dfrac{1^k,956 - 1^k,568}{1^k,956} = 0,194$

Si l'on suppose le grand cylindre sans espaces nuisibles, les condensations ont lieu quand même, et la pression initiale y sera: $P_0 = p'_n (1 - 0,194) = 3^k,390 \times 0,806 = 2^k,732.$

$p'_n = 3^k,390$ est la pression finale dans le petit cylindre supposé sans espaces nuisibles, plus forte que celle $3^k,250$ relevée sur les courbes.

Nous avons maintenant tous les éléments nécessaires pour calculer le *travail absolu sans espaces nuisibles* F_0, valeur à laquelle nous comparons toutes les autres pertes.

Comme précédemment, les trois périodes successives sont :

I. Travail à pleine pression :
$$= p_0 v_0$$
$$= 44250^k \times 0^{m^3},2362 \ldots \ldots \ldots = 10451.9^{k} \times m$$

II. Travail de détente dans le petit cylindre :
$$= \frac{p_0 v_0}{1 - \alpha} \left(\left(\frac{v_0}{v_n} \right)^{\alpha - 1} - 1 \right)$$
$$= \frac{44250^k \times 0^{m^3},2362}{1 - 1,13} \left(\left(\frac{0^{m^3},2362}{0^{m^3},2990} \right)^{1,13 - 1} - 1 \right) = 2429.0^{k} \times m$$

III. Travail de détente dans le grand cylindre :

$$= \frac{P'_0 \, v_n}{1 - a'} \left(\left(\frac{v_n}{V_n} \right)^{\alpha' - 1} - 1 \right)$$

$$= \frac{27320^k \times 0^{m^s},2990}{1 - 0,73} \left(\left(\frac{0^{m^s},2990}{0^{m^s},9960} \right)^{0,73 - 1} - 1 \right) = 20258.3^k \times m$$

Travail *absolu* total en kilogrammes par
course sans espaces nuisibles . . . . . $F_0 = 33139.2^k \times m$
d'où l'on déduit immédiatement la perte par espaces nuisibles
de la différence $\dfrac{F_0 - F}{F_0} = \dfrac{33139.2 - 27220.8}{33139 \cdot 2} = 17\,°/_0,86.$

Le travail par contre-pression sous le grand piston est :
$V_n \, P_c = 1960^k \times 1^{m^s},996 = 3912.2^k \times^m$ par course ; la perte :
$\dfrac{V_n \, P_c}{F_0} = \dfrac{3912.2}{33139.2} = 11\,°/_0,81.$

L'écoulement de la vapeur donne lieu, avons-nous dit, à une
contre-pression de $p_c = 0^k,028$ par centimètre carré sous le petit
piston ; le travail est : $v_n \, p_c = 280^k \times 0^{m^s},299 = 83,72^k \times m$
par course ; soit une perte de : $\dfrac{83.72}{33139.\,2} = 0\,°/_0,25$ tout à fait
négligeable.

Abordons maintenant la seconde division de notre analyse.

Etude des transformations de la vapeur.

Pour faire cette étude complète, il manquait deux données
indispensables qui n'ont pu être relevées pendant l'essai : l'eau
déposée dans l'enveloppe, que j'ai déterminée après coup : elle est
de $0^k,0773$; puis l'eau entraînée, à laquelle on peut fixer une
limite supérieure très approchée, comme nous allons voir.

Par suite du mécanisme des tiroirs, il reste constamment dans
cette machine, et à chaque coup de piston, un poids de vapeur de
$0^k,0268$ dans le petit cylindre et $0^k,0333$ dans le grand ; le volume
qu'ils occupent, la vapeur qui arrive de la chaudière ne peut le

remplir; nous devons en tenir compte chaque fois que nous calculerons le poids de vapeur contenu dans les cylindres [1].

Comme le grand tiroir ferme la communication aux 16/20 de la course, les poids calculés avec la pression finale dans le grand cylindre sont directement comparables à ceux qui sont sortis de la chaudière.

Pour faciliter l'intelligence des calculs qui vont suivre, je donne d'abord, *et par coup de piston*, un tableau de toutes les valeurs déduites directement de l'observation :

Poids de vapeur et d'eau sorti de la chaudière M............ $= 0^k,7729$
Poids d'eau déposée dans l'enveloppe.................... $= 0^k.0773$
Poids de vapeur et eau passant dans les cylindres M_0....... $= 0^k,6956$

PETIT CYLINDRE.

Poids de vapeur présent à la fin de l'admission............. $= 0^k,5617$
Poids de vapeur resté dans le cylindre.................... $= 0^k,0268$
Poids de vapeur introduit à la fin de l'admission........... $= 0^k,5349$
Poids d'eau contenu dans cette vapeur 23%,10............. $= 0^k,1607$
Poids de vapeur présent à la fin de la course............. $= 0^k,5518$
Poids de vapeur resté dans le cylindre.................... $= 0^k,0268$
Poids de vapeur introduit à la fin de la course............. $= 0^k,5250$
Poids d'eau contenu dans cette vapeur 24%,52............. $= 0^k,1706$

GRAND CYLINDRE.

Poids de vapeur présent au commencement de la course..... $= 0^k,4620$
Poids de vapeur resté dans le grand cylindre.............. $= 0^k,0333$
Poids introduit au commencement de la course............. $= 0^k,4287$
Poids d'eau contenu dans cette vapeur 38%,37............. $= 0^k,2669$
Poids de vapeur introduit à la fin de la course............. $= 0^k,6153$
Poids d'eau contenue dans cette vapeur 11%,56............. $= 0^k,0804$

On peut voir tout d'abord qu'il y a eu dans le petit cylindre, pendant la détente, condensation de 1%,42 du poids introduit, puis pendant l'échappement de la vapeur du petit au grand, et tout au commencement de la course, condensation de 13%,85; enfin, jusqu'à la fin de la course du grand piston, évaporation de 26%,81.

Passons aux comparaisons des différentes quantités de chaleur disponible présentes dans le mélange vapeur et eau en chaque point important de la course. Cette quantité de chaleur

---

[1] Nous nous sommes servis pour ces calculs des tables de M. Zeuner, donnant les densités et les quantités de chaleur correspondantes aux pressions.

$J = m_v \, \rho + Mq$; m_v est le poids de vapeur, M le poids du mélange vapeur et eau, ρ et q les nombres donnés par les tables de M. Zeuner et correspondant aux pressions.

Tous ces calculs sont faits, non sur les poids *présents* dans les cylindres, mais bien sur les poids *introduits;* ce qui revient à supposer que les deux poids de vapeur $0^k,0268$ et $0^k,0333$ restés dans les cylindres conservent toujours les mêmes quantités de chaleur; ceci n'est pas absolument exact, mais sans cette hypothèse, l'étude des phénomènes deviendrait trop compliquée et les comparaisons presque impossibles. Ces quantités de chaleur sont les suivantes :

A la fin de l'admission dans le petit cylindre :

$$J_0 = m_{v_0} \, \rho_0 + M_0 \, q_0 = 0^k,5349 \times 459^c,55 + 0^k,6956 \times 147^c,83$$
$$= 245^c,81 + 102^c,83$$
$$= 348^c,64$$

A la fin de la détente dans le petit cylindre :

$$J_1 = m_{v_1} \, \rho_1 + M_0 q_1 = 0^k,5250 \times 468^c,20 + 0^k,6956 \times 136^c,64$$
$$= 245^c,81 + 95^c,05$$
$$= 340^c,86$$

Au commencement de la course du grand piston :

$$J_2 = m_{v_2} \, \rho_2 + M_0 q_2 = 0^k,4287 \times 486^c,73 + 0^k,6956 \times 112^c,75$$
$$= 208^c,66 + 78^c,43$$
$$= 287^c,09$$

A la fin de la course :

$$J_3 = m_{v_3} \, \rho_3 + M_0 q_3 = 0^k,6152 \times 512^c,50 + 0^k,6956 \times 79^c,81$$
$$= 315^c,29 + 55^c,52$$
$$= 370^c,81$$

Pendant l'introduction à pleine pression, il n'y a pas de chaleur donnée par l'enveloppe, la différence entre les températures de la vapeur à l'intérieur et à l'extérieur étant seulement de $150.79 - 146.46 = 4°,33$.

Pendant la détente dans le petit cylindre, il y a condensation; la vapeur rend $J_0 - J_1 = 348.64 - 340.86 = 7^c,78$; mais le travail pendant cette période a demandé $AF_\int = \dfrac{2801.1}{424} = 6^c,61$, d'où $7^c,78 - 6^c,61 = 1^c,17$ absorbé par les parois; et comme la différence de température entre l'intérieur et l'extérieur tombe de $4°,33$ à $150°,79 - 135°,53 = 15°,26$, l'enveloppe a dû aussi fournir à l'intérieur du cylindre une quantité de chaleur actuellement inconnue. Nous arrivons maintenant dans le grand cylindre où les parois froides absorbent $J_1 - J_2 = 340^c,86 - 287^c,09 = 53^c,77$. Cette quantité de chaleur considérable est du reste rendue ensuite, puisqu'il s'est évaporé $38°/_{00},37 - 11°/_{00},56 = 26°/_{00},81$ d'eau, et que l'on arrive à la fin de course avec $J_3 = 370^c,81$, soit un gain de $J_3 - J_2 = 370^c,81 - 287^c,09 = 83^c,72$, le travail ayant, de plus, exigé pendant cette période $AF_\triangle = \dfrac{14454.6}{424} = 34^c,09$.

Refroidissement par le condenseur. — Le mélange vapeur et eau passe de là au condenseur, enlevant au grand cylindre une portion de chaleur R_c qui nous est inconnue; cette chaleur est en presque totalité emportée par l'eau liquide qui tapisse les parois et s'évapore successivement.

Enfin le rayonnement extérieur des cylindres coûte une quantité de chaleur que nous évaluons à $a = 9^c$ d'après d'anciens essais, et le frottement des pistons rend $b = 1^c$.

Il nous faut donc fournir en tout :

Pour l'évaporation de l'eau pendant la détente E........	$= 83^c,72$
Pour le travail $AF_\triangle$..............	$= 34^c,09$
Pour le refroidissement par le condenseur R_c..........	$= R_c$
Pour le refroidissement extérieur a	$= 9^c$
Total........	$R_c + 126^c,81$

Que l'on obtient :

1° Par la condensation de l'eau déposée dans l'enveloppe :
$$0^k,0773\,(606,5+0,305\,t-q)=0^k,0773\times500^c,23\dots\dots\qquad =38^c,67$$

2° Par la condensation pendant l'admission :
$$(0^k,1607-y)\,(606,5+0,305\,t'-q')=(0^k,1607-y)\,503,34\qquad =80^c,89$$
y est l'eau entraînée à l'entrée dans l'enveloppe[1]$\dots\dots\qquad =503^c,34y$

3° Plus ce qui s'est condensé pendant la détente dans le
petit cylindre, la chaleur absorbée par le travail déduite$\dots\qquad = 1^c,17$

4° Par la condensation du petit au grand$\dots\dots\dots\qquad = 53^c,77$

5° Ce qu'a produit le frottement des pistons$\dots\dots\dots\qquad = 1^c,00$

$$\text{Total}\dots\dots\quad -503^c,34\,y+175^c,50$$

Ces deux sommes doivent être égales :

$$R_c + 126^c,81 = 175^c,50 - 503^c,34\,y$$
$$R_c + 503^c,34\,y = 48^c,69$$

Seule relation qui existe entre les deux inconnues R_c et y ;
mais nous avons établi avec M. Leloutre, pour un cylindre non
pourvu d'une enveloppe de vapeur, que le refroidissement R_c
représente à peu de chose près la chaleur nécessaire à l'évaporation des 0.70 de l'eau contenue dans la vapeur à fin de course;
comme cette évaporation se fait à la pression moyenne sous le
piston pendant l'échappement, et que le poids d'eau est de $0^k,0804$:

$$R_c = 0.70 \times 0^k,0804\,(606.5 + 0.305\,t - q)$$
$$= 0.70 \times 0^k,0804 \times 564.35$$
$$= 31^c,76.$$

Dans un cylindre pourvu d'une chemise de vapeur et dont les
parois sont par suite à une température plus élevée, cette valeur
R_c est un peu faible; l'eau entraînée que nous en déduisons est
un maximum, soit :

$$y = \frac{48^c,69 - 31^c,76}{503^c,34} = \frac{16^c,93}{503^c,34} = 0^k,0336 \text{ ou } \frac{0^k,0336}{0^k,7729} = 4\,^0/_0\,35$$

---

[1] Nous commettons une légère erreur en supposant ainsi que l'eau entraînée
soit arrivée jusqu'au cylindre, et surtout qu'elle n'ait pas augmenté par le
passage de la vapeur à travers l'enveloppe; mais comme cette erreur n'est
que de $\dfrac{503.34 - 500.23}{503.34} = \dfrac{3.11}{503.34}$ de la chaleur qu'elle contiendrait à l'état de
vapeur, nous pouvons la négliger.

En admettant 4°/₀ ou 0ᵏ,0309, on sera très près de la vérité; les chiffres que nous avons relevés directement sur des chaudières placées dans les mêmes conditions ayant varié entre 4°/₀ et 6°/₀.

Le refroidissement R_c déduit de ce nouveau chiffre 0ᵏ,0309 est $R_c = 48°,69 - 503°,34 \times 0ᵏ,0309$

$48°,69 - 15°,55$

$33°,14$

Machine horizontale à un cylindre.

Cette machine est pourvue d'une enveloppe complète de vapeur, aussi bien autour du cylindre que sur les fonds avant et arrière.

Les travaux que nous avons entrepris en commun avec M. Leloutre et que j'ai déjà cités plus haut, m'ont permis de procéder d'une manière très rapide à l'essai de ce moteur. J'ai pu recueillir en peu de temps toutes les données indispensables; de plus, le nombre des observations est suffisant pour me permettre une vérification de la consommation, vérification qui viendra mettre hors de doute l'impossibilité de toute fuite à travers le piston. La même méthode d'analyse s'applique, comme dans le cas précédent, à deux séries de faits distincts.

Evaluation du travail.

Les données relevées sur les courbes et les dimensions de la machine sont les suivantes :

PRESSIONS.

De la vapeur à l'entrée dans l'enveloppe............ ... $= 5ᵏ,790$

dans le cylindre à la fin de l'admission...... $p_0 = 5ᵏ,368$

à la fin de la course........ $p_1 = 1ᵏ,033$

Contre-pression sous le piston....................... $p_2 = 0ᵏ,376$

VOLUMES.

Engendré par le piston. ....·....................... $V_1 = 0^{mᵌ},0994$

De l'espace nuisible............................. ... $V_2 = 0^{mᵌ},0090$

Total........ $0^{mᵌ},1084$

Loi de détente. — Cette loi est, comme on l'a vu, caractérisée par l'exposant

$$\alpha = \frac{\log p - \log p'}{\log v' - \log v} = \frac{\log 2^k,806 - \log 1^k,202}{\log 0^{m^3},08252 - \log 0^{m^3},03282} = 0.92$$

en prenant pour la comparaison les valeurs :

$$p_7 = 2^k,806 \quad \text{et volumes avec} \quad V_7 = 0^m,{}^{,}03282$$
$$p_{17} = 1^k,202 \quad \text{espaces nuisibles} \quad V_{17} = 0^m,{}^{,}08252$$

La même relation donne aussi le volume de vapeur introduit V_0 en partant des pressions p_0, p_1 et du volume V_7 :

$$\log V_0 = \log V_7 - \frac{\log p_0 - \log p_1}{\alpha} = \log 0^{m^3},03282 - \frac{\log 5^k,368 - \log 2^k,806}{0.92}$$

$V_0 = 0^{m^3},01622$ et le volume engendré par le piston, à pleine pression $V_0' = V_0 - V_p = 0^{m^3},01622 - 0^{m^3},0030 = 0^{m^3},01322.$

Travail absolu avec espaces nuisibles. — Nous avons ce travail en deux périodes successives :

I. Travail à pleine pression :

$$F_p = p_0 \, V_0' = 53680^k \times 0^m,01322 \ldots \ldots = 709.65^k \times m$$

II. Travail par détente :

$$F_\delta = \frac{p_0 \, V_0}{1 - \alpha} \left(\left(\frac{V_0}{V_n + V_p} \right)^{\alpha - 1} - 1 \right)$$

$$= \frac{53680^k \times 0^m,01622}{1 - 0,92} \left(\left(\frac{0^{m^3},01622}{0^{m^3},1024} \right)^{0,92 - 1} - 1 \right) = 1728.32^k \times m$$

Travail *absolu* total en $^k \times ^m$ par course avec espaces nuisibles F . . . . $= 2437.97^k \times m$

Consommation. — Le poids de vapeur et eau consommé par coup de piston étant $M = 0^k,0813$, on trouve par cheval *absolu* et par heure :

$$\frac{M \times 270000}{F} = \frac{0^k,0813 \times 270000}{2437.97^k \times m} = 9^k,0035$$

Pertes de travail dues aux espaces nuisibles; je l'obtiens en faisant détendre le volume introduit V_0 dans l'espace engendré V_n ainsi :

Travail à pleine pression :

$$p_0 \, V_0 = 53680^k \times 0^{m3},01622 \ldots \ldots \ldots = 870.69^{k} \times^m$$

Par détente :

$$\frac{p_0 \, V_0}{1 - \alpha}\left(\left(\frac{V_0}{V_n}\right)^{\alpha - 1} - 1\right)$$

$$= \frac{53680^k \times 0^{m3},01622}{1 - 0,92}\left(\left(\frac{0^{m3},01622}{0^{m3},0994}\right)^{0,92 - 1} - 1\right) = 1698.72^{km} \times$$

Travail *absolu* total sans espaces nuisibles $F_0 = 2569.41^{k} \times^m$

$$\text{Perte } \frac{F - F}{F_0} = \frac{2569.41 - 2437.97}{2569.41} = 5\,°/_°,15.$$

La contre-pression sous le piston donne lieu à un travail résistant $V_n \, p_c = 3760^k \times 0^{m},{}^3 0994 = 373.74^k \times^m$ par course.

$$\text{Perte de } \frac{373.74}{2569.41} = 14\,°/_°,55.$$

Dans cette machine où le vide est mauvais, il eût été cependant très facile de ramener cette perte à n'être que de 10°/₀ au plus, et cela par une bonne disposition du condenseur et des orifices.

Etude des transformations de la vapeur.

Ici j'ai relevé directement, non-seulement l'eau entraînée à l'entrée dans l'enveloppe[1], mais même l'augmentation qu'elle subit par suite de son passage à travers cette enveloppe, et, de plus, l'eau qui s'y dépose; de telle sorte que tous les renseignements sont au complet; en voici le tableau par coup de piston :

Poids de vapeur et d'eau sorti de la chaudière M	$= 0^k,0813$
Poids d'eau déposée dans l'enveloppe	$= 0^k,0070$
Poids de vapeur et d'eau passant dans l'intérieur du cylindre M_c	$= 0^k,0743$
Poids d'eau entraînée à l'entrée de l'enveloppe 6°/₀,56	$= 0^k,0053$
Poids d'eau entraînée à l'entrée du cylindre 9°/₀,88	$= 0^k,0073$
Augmentation d'eau entraînée 3°/₀,32	$= 0^k,0020$
Poids de vapeur présent à la fin de l'admission	$= 0^k,0462$

---

[1] La méthode de M. G.-A. Hirn qui m'a servi à cette détermination, m'a permis d'obtenir la valeur moyenne avec toute l'exactitude désirable; voir *Bulletin de la Société industrielle*, juin et juillet 1873.

Poids d'eau qu'elle contient 37°/₀'82.............. .... $= 0^k,0281$

Poids de vapeur présent à la fin de la course.............. $= 0^k,0620$

Poids d'eau qu'elle contient 16°/₀.55..... .... $= 0^k,0123$

Les quantités de chaleur J disponibles dans la vapeur sont à la fin de l'admission :

$$J_0 = m_0 \, \rho_0 + M_0 \, q_0 = 0^k,0462 \times 453^c,87 + 0^k0743 \times 155^c,23$$
$$= 20^c,96 + 11^c,63$$
$$= 32^c,60$$

A la fin de la course :

$$J_1 = m_1 \, \rho_1 + M_1 \, q_1 = 0^k,0620 \times 496^c,30 + 0^k,0743 \times 100^c,50$$
$$= 30^c,77 + 7^c,47$$
$$= 38^c,24$$

Refroidissement par le condenseur. — Il a donc fallu fournir pendant cette période de détente et pour faire face à l'évaporation des 37°/₀,82 — 16°/₀,55 = 21°/₀,27 d'eau une quantité de chaleur

$J_1 - J_0 = 38^c,24 - 32^c,60$............................ $= 5^c,64$

Le travail pendant la détente a absorbé $AF_J = \dfrac{1728.32}{424}$ $= 4^c,76$

Le refroidissement par le condenseur R_1................. $= R_1$

Le refroidissement extérieur évalué à a................. $= 1_1$

$\hspace{4cm}$ Total........ $R_1 + 11^c.40$

Cette chaleur a été donnée par les condensations dans l'enveloppe et dans l'intérieur même du cylindre pendant l'admission, puis par le frottement du piston $b = 0^c,25$.

L'eau déposée dans l'enveloppe $(0^k,0070)$ et l'augmentation d'eau entraînée $(0^k,0020)$ par suite du passage de la vapeur à travers l'enveloppe, ont rendu une quantité de chaleur :

$$y_1 \, r_1 \; (0^k,0070 + 0^k,0020) \; (606^c,5 + 0,305t - q)$$
$$= 0^k,0090 \times 496^c,33 = 4^c,47$$

A la fin de l'admission, nous avons un mélange de $0^k,0743$, dont $0^k,0462$ de vapeur et $0^k,0281$ d'eau, sur lesquels $0^k,0073$ d'eau entraînée de l'enveloppe; il s'est condensé par conséquent sur les parois intérieures $y_2 = 0^k,0281 - 0^k,0073 = 0^k,0208$, qui ont donné une quantité de chaleur :

$$y_2 r_2 = 0^k,0208(606.5 + 0.305t' - q') = 0^k,0208 \times 498^c,14 = 10^c,36$$

On doit encore ajouter à ces chiffres la chaleur qu'a abandonnée l'eau moléculaire entraînée passant de l'enveloppe au cylindre :

$$0^k,0073 \ (157^c,78 - 155^c,23) = 0^c,02$$

et celle donnée par le frottement du piston $b = 0^c,25$.

Cette somme a dû faire face à toutes les pertes énumérées précédemment :

$$y_1 \, r_1 + y_2 \, r_2 + 0^c,02 + b = J_a - J_o + AF_g + R_c + a$$
$$4^c,47 + 10^c,36 + 0^c,02 + 0^c,25 = 11^c,40 + R_c$$
$$R_c = 15^c,10 - 11^c,40 = 3^c,70$$

Vérification de la consommation. — J'ai déjà dit que le refroidissement par le condenseur R_c représente la chaleur enlevée aux parois lorsque l'eau qui s'y trouve déposée vient à s'évaporer en partie pendant l'échappement; les recherches que nous avons entreprises à ce sujet avec M. Leloutre, nous ont prouvé qu'il s'évapore 0.70 de l'eau totale contenue dans la vapeur; nous pouvons donc poser $R_c = 0.70 \ (M_o - m_{vn}) \ r_c$, M_o étant le poids de vapeur et d'eau introduit dans le cylindre, m_{vn} le poids de vapeur final qui est connu, r_c la chaleur nécessaire pour évaporer 1^k d'eau à la pression de $0^k,376$ qui existe derrière le piston pendant l'échappement; cette valeur $r_c = 555.38$.

La chaleur apportée par le mélange vapeur et eau dans le cylindre est $(M_o - 0^k,0073) \ (606.5 + 0 \cdot 305t) + 0^k,0073q$; t et q sont les valeurs correspondantes à la pression $p = 5^k,730$ dans l'enveloppe; j'ajoute la chaleur qu'a donnée la condensation dans cette enveloppe $= 4^c,47$, et j'ai comme chaleur totale fournie $M_o \times 654^c,12 - 0^k,0073 \times 496.33 + 4.47$. Elle doit être égale à celle que l'on retrouve au condenseur $J_a + R_c$ augmentée de toutes les pertes $AF + a - b$.

$$AF = \frac{2437^k \times m97}{424} = 5^c,75 \ , \ a = 1^c, \ b = 0^c,25, \ \text{d'où :}$$
$$M \times 654^c,12 - 3^c,62 + 4^c,47 = J_a + R_c + 5^c,75 + 1 - 0^c,25$$

Mais J_a et R_c sont fonction de M_0 et s'écrivent :

$$J_a = m_{vu} \, \rho_a + M_0 \, q_a$$
$$= 0^k,0620 \times 496^c,30 + M_0 \times 100^c,50$$
$$= 30^c,77 + M_0 \times 100^c,50$$
$$R_c = 0,70 \, (M_0 - m_{vu}) \, 555^c,38$$
$$= 0,70 \, (M_0 - 0^k,0620) \, 555^c,38$$
$$= 388^c,77 \, M_0 - 24^c,10$$

Il vient donc $M_0 \times 654^c,12 - 3^c,62 + 4^c,47 = 30^c,77$
$+ \, M_0 \times 100^c,50 + M_0 \times 388^c,77 - 24^c,10 + 5^c,75 + 1^c - 0^c,25$
$M_0 \, (654^c,12 - 100^c,50 - 388.77) = 41^c,14 - 28^c,82$

$$M_0 = \frac{12^c,32}{164^c,85} = 0^k,0747$$

Le poids vapeur et eau passant par le cylindre et relevé directement ayant été de $0^k,0743$, la consommation que je viens de calculer en diffère donc très peu de $\frac{4}{743} = 0°/_o,54$; on en doit conclure *que les fuites de vapeur à travers ce piston sont négligeables*, ce que nous ne pouvions savoir de prime abord.

Machine horizontale à deux cylindres accouplés donnant un travail de 400 chevaux.

Cette machine, du même système que la précédente, a été essayée les 21, 22, 23 et 24 mars 1871 par M. C. Linde, professeur de mécanique à l'Ecole polytechnique de Munich.

Cet essai a simplement été un essai de consommation; il est toutefois regrettable que parmi les nombreuses observations relevées et consignées dans le rapport, on ait négligé deux données qui me sont indispensables pour l'analyse complète de la machine : l'eau entraînée à l'entrée de l'enveloppe et son augmentation par suite du passage de la vapeur à travers cette même enveloppe; enfin la loi de détente moyenne pendant chaque journée d'essai. Je ne parle pas ici de la mesure de l'eau sortie du condenseur, mesure qu'il est dans bien des cas impossible de prendre par suite de la disposition même de l'appareil.

Mes essais sur le moteur précédent m'ont permis de compléter
les observations et de faire entièrement l'analyse de l'un des
cylindres, celui de droite, pendant la journée du 22 mars; pour
l'étude des autres jours d'essai sur l'un ou l'autre cylindre, on
suivrait la même marche.

J'ai extrait du rapport précédemment cité les données nécessaires à l'analyse ainsi :

Pression à l'entrée dans l'enveloppe 5^{km},060..............	= 6^k, 260
Pression à la fin de l'admission 4^{mm},930..................	= 6^k, 126
Travail indiqué sur le piston...........................	= 200chx
Consommation par cheval et heure 18^l,036......	= 9^k, 018
Nombre de tours par minute............................	= 39^t, 347
D'où je déduis la consommation par coup de piston........	= 0^t,3820
Eau condensée dans l'enveloppe par coup de piston 6°/$_o$.38..	= 0^t,0244

Les courbes insérées dans le même rapport m'ont fourni la loi
de détente, en prenant directement moi-même toutes les mesures;
enfin, d'après les renseignements qui m'ont été donnés par l'un
des ingénieurs de la maison de construction, l'espace nuisible est
de 2°/$_o$ du volume engendré par cylindrée, soit 0^{mc},0114.

Evaluation du travail.

Les données fournies par l'observation directe et les dimensions
mêmes de la machine sont :

PRESSIONS

De la vapeur à l'entrée dans l'enveloppe.................	= 6^k, 260
dans le cylindre à la fin de l'admission......	$p_0 = 6^k$, 126
Contre-pression sous le piston..............	$p_s = 0^k$, 341

VOLUMES.

Engendré par le piston............................	$V_s = 0^{mc}$,5679
De l'espace nuisible........................	$V_p = 0^{mc}$,0114
Total........	$= 0^{mc}$,5790

Loi de détente. — D'après les courbes, l'exposant qui caractérise cette loi, est :

$$a = \frac{\log p - \log p'}{\log v' - \log v} = \frac{\log 3^k, 445 \ - \log 0^k, 884}{\log 0^{mc},5222 - \log 0^{mc},1249} = 0.95$$

pour la courbe d'avant, dont le travail est un peu plus faible que le travail moyen de la journée, et

$$\alpha = \frac{\log 3^k, 884 - \log 0^k, 934}{\log 0^{m^3},5222 - \log 0^{m^3},1249} = 0.99 \text{ pour la courbe arrière,}$$

dont le travail est un peu plus fort, je prends donc pour loi de détente moyenne pendant la journée 0.97.

Travail absolu avec espaces nuisibles. — Le travail indiqué sur le piston est de 200 chevaux pour $39^t,347$; en kilogrammètre par course il sera $\dfrac{200 \times 60 \times 75}{2 \times 39.347} = 11436.7^k \times m$; le travail de la contre-pression est $0^{m^3},5676 \times 3410^k, = 1935.5^k \times m$; le travail *absolu* par course $= 11436.7 + 1935.5 = 13372.2^k \times m$.

On a vu précédemment que la formule qui donne ce travail est

$$F = F_p + F_\delta = p_0 V_0 + \frac{p_0 V_0}{1 - \alpha} \left(\left(\frac{V_0}{V_n + V_p} \right)^{\alpha - 1} - 1 \right)$$

Comme $V'_0 = V_0 - 0^{m^3},0114$ l'espace nuisible, il n'y a d'inconnu que le volume total introduit $V_0 = x$ et l'équation suivante :

$$13372.2^k \times m = 61260^k (x - 0^{m^3},0114) + \frac{61260^k \times x}{1 - 0.97} \left(\left(\frac{x}{0^{m^3},5790} \right)^{0.97 - 1} - 1 \right)$$

donne après quelques substitutions directes

$x = V_0 = 0^{m^3},0733$, d'où $V'_0 = 0^{m^3},0733 - 0^{m^3},0114 = 0^{m^3},0619$

à $\dfrac{1}{2000}$ près, et la pression finale

$$p_n = p_0 \left(\frac{V_0}{V_n + V_p} \right) = 6^k,126 \left(\frac{0^{m^3},0733}{0^{m^3},579} \right)^{0.97} = 0^k,825.$$

Le travail se décompose de la manière suivante :

Travail à pleine pression :

$F_p = 61260^k \times 0^{m^3},0619 \ldots \ldots \ldots \ldots = 3792.0^k \times m$

Travail par détente :

$$F_\delta = \frac{61260^k \times 0^{m^3},0733}{1 - 0.97} \left(\left(\frac{0^{m^3},0733}{0^{m^3},579} \right)^{0.97 - 1} - 1 \right) = 9573.5^k \times m$$

Travail *absolu* total avec espaces nuisibles

en $k \times m$ par course $F \ldots \ldots \ldots \ldots = 13365.5^k \times m$

Consommation. — La consommation par coup de piston étant $M=0^k,3820$ et le travail *absolu* avec espaces nuisibles $F=13365.5$ ou 13372.2 à $\dfrac{1}{2000}$ de différence; par cheval *absolu* et heure, nous aurons $\dfrac{M \times 270000}{F} = \dfrac{0^k,3820 \times 270000}{13372.2} = 7^k,7013.$

Pertes de travail. — Pour avoir celui qui est perdu par suite des espaces nuisibles, je fais détendre le volume introduit $V_0 = 0^{m3},0733$ dans le volume engendré $V_n = 0^{m3},5676$, et j'ai:

Travail à pleine pression :

$$p_0\, V_0 = 61260^k \times 0^m,0733 \ldots \ldots = 4490.4^{k\times m}$$

Par détente :

$$\frac{p_0\, V_0}{1-a}\left(\left(\frac{V_0}{V_n}\right)^{a} - 1\right)$$

$$= \frac{61260 \times 0^{m3},0733}{1-0,97}\left(\left(\frac{0^{m3},0733}{0^{m3},5676}\right)^{0,97}-1 \right) = 9474.7^{k\times m}$$

Travail *absolu* total sans espaces nuisibles $F_0 = 13965.1^{k\times m}$

Perte :

$$\frac{F_0 - F}{F_0} = \frac{13965.1 - 13365.5}{13965.1} = 4\,^0/_0,29.$$

La contre-pression sous le piston donne lieu à un travail résistant de $V_n\, p_c = 3410^k \times 0^m,5676 = 1935.5\text{k}\times\text{m}$, soit une perte de $\dfrac{1935.5}{13965.5} = 13\,^0/_0,86$ sur le travail *absolu* total sans espaces nuisibles.

Etude des transformations de la vapeur.

Comme nous n'avons ni l'eau entraînée à l'entrée dans l'enveloppe, ni son augmentation par suite du passage de la vapeur à travers cette enveloppe, je suis obligé d'en déterminer une valeur maximum.

Pour l'intelligence des calculs qui vont suivre, je donne en tableau toutes les valeurs déduites, tant de l'observation que des calculs précédents; elles correspondent à un coup de piston ainsi:

Poids de vapeur et d'eau entrée dans l'enveloppe M . . . . $= 0^k,3820$
Poids d'eau déposée dans l'enveloppe $6°/_{00}38$ . . . . $= 0^k,0244$
Poids de vapeur et d'eau passant dans l'intérieur du cylindre M, $= 0^k,3576$
Poids de vapeur présent à la fin de l'admission . . . . $= 0^k,2365$
Poids d'eau qu'elle contient $33°/_{00}96$ . . . . $= 0^k,1211$
Poids de vapeur présent à la fin de la course . . . . $= 0^k,2843$
Poids d'eau qu'elle contient $25°/_0$ . . . . $= 0^k,0733$

Les quantités de chaleur J disponibles dans la vapeur sont :

A la fin de l'admission :

$$J_0 = m_{v_0\,\rho_0} + M_0\,q_0 = 0^k,2365 \times 449°,832 + 0^k,3576 \times 160°,45$$
$$= 106°,38 + 57°,38$$
$$= 163°,76$$

A la fin de la course :

$$J_n = m_{vn\,\rho_n} + M_0\,q_n = 0^k,2843 \times 501°,141 + 0^k,3576 \times 94°,304$$
$$= 142°,47 + 33°,72$$
$$= 176°,19$$

Il a donc fallu fournir pour l'évaporation des $33°/_096 - 25°/_0$ $= 8°/_096$ d'eau pendant la détente :

$$J_n - J_0 = 176°,19 - 163°,76 \cdot \cdot \cdot \cdot \cdot \cdot \qquad = 12°,43$$

Le travail pendant cette période a absorbé :

$$FA_\delta = \frac{9573.5}{424} \cdot \cdot \cdot \cdot \cdot \cdot \cdot \cdot \cdot \cdot \cdot \qquad = 22°,58$$

Le refroidissement extérieur demande a . . . . $= 3°$
Le refroidissement par le condenseur R_c . . . $= R°$

Total. . . . . . $R_c + 38°,01$

Que l'on obtient :

1° Par la condensation de l'eau déposée dans l'enveloppe :
$0^k,0244\,(606.5 + 0.305t - q) = 0^k,0244 \times 493°,85$ . . . . . . $= 12°,05$

2° Par la condensation pendant l'admission :
$(0^k,1211 - y)(606.5 + 0.305t - q) = 59°,88 - 494°,46y$ $= 59°,88$
. . . . $- 494°,46y$

3° Par la chaleur qu'a produit le frottement
du piston b . . . . $= 0°,60$

Total. . . . $- y \times 494°,46 + 72.53$

Ces deux sommes doivent être égales :
$$R_c + 38^c,01 = -\, y \times 494^c,46 + 72^c,53$$
Prenons pour R_c comme précédemment :
$$R_c = 0.70 \times 0^k,0733 \,(606.5 + 0.305t - q)$$
t et q correspondant à la contre-pression moyenne sous le piston $0^k,341$.
$$R_c = 0.70 \times 0^k,0733 \times 556^c,58 = 28^c,56,$$
valeur un peu faible, puisque l'enveloppe de vapeur doit nécessairement augmenter l'évaporation pendant l'échappement.

La proportion d'eau entraînée déduite sera alors un maximum
$$y = \frac{72^c,53 - 66^c,57}{494^c,46} = \frac{5^c,96}{494^c,46} = 0^k,0120, \text{ soit } \frac{0^k,0120}{0^k,3820} = 3\,°/_o,14$$
à l'entrée dans l'enveloppe.

Valeurs relatives de ces trois machines.

Les précédents calculs font voir que la même méthode applicable dans tous les cas particuliers rend compte exactement des différentes phases du travail, aussi bien que des transformations de la vapeur; en un mot, elle peut donner, en un point quelconque de la course, le travail produit et l'état thermique interne du moteur.

Les résultats obtenus vont du reste me servir à établir la valeur relative de ces trois appareils en commençant par les deux machines horizontales.

Le cylindre I (de 64 chev.) a consommé par cheval *absolu* et heure . . . . $= 9^k,0038$

Le cylindre II (de 200 chev.) a consommé par cheval *absolu* et heure . . . . $= 7^k,7013$

soit $\dfrac{9.0038 - 7.7013}{9.0038} = 14\,°/_o,46$ en faveur de ce dernier.

Le cylindre I a consommé par coup de piston en vapeur et eau . . . . $= 0^k,0813$

Le poids de vapeur introduit à la fin de l'admission est . . . . $= 0^k,0462$

Par suite, la somme des poids d'eau entraînée, déposée dans l'enveloppe et condensée pendant l'admission s'élève à 43 %,17 . . . . = 0^k,0351

Le cylindre II a consommé par coup de piston en vapeur et eau. . . . . = 0^k,3820

le poids de vapeur introduit à la fin de l'admission = 0^k,2365

Et la somme des poids d'eau entraînée, déposée dans l'enveloppe et condensée pendant l'admission s'élève à 38 %,09 . . . . = 0^k,1455

Mais n'ayant pas installé de purgeur sur la conduite de vapeur du cylindre I, nous n'avons pu faire, ainsi que l'indique M. C. Linde dans son rapport, la réduction de l'eau condensée restée

dans ce purgeur. C'est donc $\frac{1383}{86887}$ = 1 %,59 à ajouter aux 38 %,09, soit, total : 39 %,68 donnant l'état de la vapeur sortie de la chaudière au moment où cesse l'admission dans le cylindre II.

Ce cylindre II est aussi directement comparable à la machine de Woolf, puisque pour ces deux moteurs nous avons déterminé l'eau entraînée et les refroidissements d'une manière analogue. Leurs consommations par cheval absolu et heure sont à peu près les mêmes :

Machine de Woolf par cheval *absolu* et heure consomme . . . . = 7^k,6663

Cylindre II (200 chev.) . . . . = 7^k,7013

Soit 0 %,45 en faveur de la première, et pour celle-ci le poids de vapeur et eau consommé par coup de piston . . . . = 0^k,7729

Le poids de vapeur introduit à la fin de l'admission . . . . = 0^k,5349

Par suite, la somme des poids d'eau entraînée, déposée dans l'enveloppe et condensée pendant l'admission est 30 %,80 . . . . = 0^k,2380

Mais les espaces nuisibles, qu'il est d'ailleurs assez difficile de réduire, enlèvent à la machine Woolf 17 %,86 et au cylindre II

seulement 4°/₀,29, différence 13°/₀,57, que l'on peut récupérer
en partie par une construction bien entendue. (Une étude m'a
prouvé qu'il était possible de faire une machine Woolf horizontale sans avoir beaucoup plus d'espaces perdus que dans le moteur à un seul cylindre, et cela sans nuire aux bonnes dimensions
des orifices d'admission et d'échappement.) Comme, du reste, la
consommation pour les deux moteurs analysés est la même, il
s'ensuit que la machine Woolf sans espaces nuisibles sera supérieure à une machine à un seul cylindre d'environ 14°/₀.

Ce chiffre 14°/₀ représente le bénéfice que l'on peut faire en
détendant dans un second cylindre la vapeur introduite à pleine
pression dans le premier; cette plus-value est inhérente au système Woolf. Pour y arriver en pratique, il suffit de réduire les
espaces nuisibles aux proportions de ceux des machines à un seul
cylindre; soit à 1 ou 2°/₀ du volume engendré au lieu d'être de
10°/₀, comme c'est généralement le cas dans ces machines de
Woolf.

Dans ce dernier parallèle, j'ai laissé de côté avec intention la
perte de travail due aux condensations qui se font du petit au
grand cylindre; ces condensations sont inévitables, et l'application d'une enveloppe de vapeur totale est le seul moyen d'y remédier en partie.

Comparaison en calories.

J'ai comparé ces machines en prenant directement les poids
d'eau et de vapeur consommés par cheval *absolu* et par heure;
mais ce terme de comparaison n'est pas tout à fait exact. Comme
dans chaque machine la proportion d'eau entraînée est variable,
il est préférable d'évaluer la chaleur qu'apporte ce mélange vapeur
et eau; ainsi le cylindre I (64 chev.) consomme par cheval *absolu*
et heure, l'eau entraînée étant 6°/₀,56 :

$$I = 9^k{,}0038(1 - 0{,}0656 (650 + 0{,}305t) + 0{,}0656 \times 9^k{,}0038q^1$$

---

[1] Les valeurs t et q correspondent aux pressions de la vapeur à l'entrée
dans l'enveloppe.

$$= 8^k,4132 \times 654^c,12 + 0^k,5906 \times 157^c,79$$

$$= 5596^c,43 \text{ calories.}$$

Le cylindre II (200 chev.) avec $3°/_0,14$ d'eau entraînée, consomme par cheval *absolu* et heure :

$$II = 7^k,7013 (1 \quad 0,0314)(650 + 0,305t) + 0,0314 \times 7^k,7013q$$

$$= 7^k,4595 \times 655^c,18 + 0,2418 \times 161^c,33$$

$$= 4926^c,32 \text{ calories.}$$

Différence entre ces deux machines :

$$\frac{5596.43 - 4926.32}{5596.43} = 11°/_0,98.$$

La machine Woolf, avec $4°/_0$ d'eau entraînée, consomme par cheval *absolu* et heure :

$$= 7^k,663 (1 - 0.04) (650 + 0.305t) + 0.04 \times 7^k,663q$$

$$= 7^k,3597 \times 652^c,5 + 0.3066 \times 152^c,27$$

$$= 4848.88 \text{ calories.}$$

Elle gagne sur la précédente, cylindre II :

$$\frac{4926.32 - 4848.88}{4926.32} = 1°/_0,57.$$

En faisant intervenir les diverses pertes de travail, on rendrait compte de la différence $11°/_0,98$ qui existe entre les deux machines horizontales, et il serait facile d'établir comme précédemment que les machines de Woolf, abstraction faite des espaces nuisibles, sont supérieurs d'environ $14°/_0$ aux moteurs à un seul cylindre par le fait seul de la détente dans un second cylindre. Comme cette manière de voir donne lieu à une nouvelle série d'études et qu'il me manque encore quelques chiffres pour en arriver à un ensemble de conclusions tout à fait générales, je ne puis les insérer dans ce travail qui a plus spécialement pour objet les développements de la méthode d'analyse.

Voici du reste pour les machines pourvues d'une chemise de vapeur enveloppant totalement les cylindres, les résultats pratiques auxquels on est conduit; ils s'imposent à tout constructeur qui veut sérieusement étudier un projet de moteur.

Conclusions.

Il faut à tout prix éviter les condensations qui se produisent dans l'intérieur des cylindres, et avoir, à la fin de l'admission, le moins d'eau possible contenue dans la vapeur; ce résultat, on l'obtiendra :

1° *Par l'emploi de la vapeur sèche à une température suffisamment élevée;*

2° *En séparant complètement la vapeur qui se rend au cylindre de celle qui alimente l'enveloppe; en outre cette enveloppe doit surtout couvrir aussi les fonds mêmes des cylindres.*

Ces deux conditions étant remplies, la vapeur de la chemise fournira la chaleur nécessaire pour éviter les condensations pendant le travail de la détente. Nous arriverons ainsi à avoir à la fin de la course de la vapeur aussi sèche que possible; par suite, le refroidissement au condenseur sera ramené lui-même à son minimum.

Les autres pertes, telles que les chutes de pression entre enveloppes et cylindres, celles dues aux espaces nuisibles et au mauvais vide, ont déjà éveillé l'attention des ingénieurs qui se sont occupés de ces questions, bien qu'ils n'aient pu en déterminer une valeur exacte, ainsi que nous l'avons fait avec M. G. Leloutre. On y remédie facilement en construction par une disposition bien entendue; nous croyons cependant utile de recommander la séparation des tiroirs. Ce genre de distribution, tout en isolant la vapeur chaude, permet d'augmenter les dimensions des orifices, ainsi que l'avance à l'échappement.

Enfin je tiens à insister en dernier lieu sur un fait important dont la découverte est due à M. G.-A. Hirn; il a prouvé par l'analyse des résultats obtenus sur sa machine à la suite de trois essais[1] dans des conditions différentes, que les fuites maximum

---

[1] Nous avons fait ces essais avec M. Leloutre en août 1870 et septembre 1871.

possibles à travers le piston tendent vers zéro ; le jaugeage de l'eau de condensation est du reste venu confirmer ses assertions. Les formules qu'il a établies m'ont permis de vérifier la consommation du cylindre I (64 chev.), et de prouver que ce piston, lui aussi, est aussi étanche que possible, bien que le moteur soit horizontal.

L'ensemble de cette série d'analyses a surtout eu pour objet l'étude comparée d'un moteur système Woolf avec une machine à un seul cylindre, toutes deux munies d'une enveloppe complète[1] et employant la vapeur humide.

Elle a donné lieu à l'application de la méthode indiquée par M. G.-A. Hirn en 1855, méthode que nous avons complétée et employée de nouveau en 1870 et 1871 avec lui et M. Leloutre[2]. Elle nous a permis de constater et de mettre en lumière toute l'importante série des transformations que subit la vapeur pendant son passage à travers les cylindres, et comme d'un autre côté la loi de détente posée en 1866 par M. G. Leloutre et les formules que nous avons établies depuis[3], donnent les différentes pertes de travail, *l'étude du moteur est ainsi faite d'une manière complète ; nous pouvons immédiatement en découvrir les points faibles et, par suite, indiquer les modifications qui peuvent y remédier en pratique.*

---

[1] Les couvercles supérieurs de la machine Woolf seuls ne sont pas recouverts par cette chemise.

[2] Voir l'*Etude générale sur les moteurs à vapeur*, par MM. G. Leloutre et O. Hallauer.

[3] Voir le rapport sur l'essai de la machine à vapeur surchauffée de M. Hirn, *Bulletin de la Société industrielle*, avril et mai 1867.

RÉSUMÉ DES SÉANCES

de la Société industrielle de Mulhouse.

SÉANCE DU 28 MAI 1873.

Présidence de M. ERNEST ZUBER, vice-président.
Secrétaire : M. TH. SCHLUMBERGER.

Dons offerts à la Société.

1. Douze brochures diverses de la Société des sciences et arts de Batavia. — 2. Annales de l'institution Smithsonian de Washington. — 3. Statistique du commerce et de la navigation des Etats-Unis. — 4. Plusieurs prospectus de l'Ecole de commerce de Lyon. — 5. Compte-rendu de la Société d'agriculture du Var. — 6. Un exemplaire du journal *The paper Trade*, de New-York. — 7. Communication de la Société des fabricants de Mayence. — 8. *Der elsässische Bienenzüchter*. — 9. Trois numéros du *Journal de l'industrie et du commerce de Bavière*. — 10. Album des vieux châteaux de l'Alsace, par M. Thiéry.

Trente-sept membres prennent part à la réunion.

Lecture et adoption du procès-verbal de la dernière séance.

M. le président énumère les dons reçus pendant le mois, et fait voter les remercîments habituels.

Correspondance.

M. E. H. Schwartz, à Cernay, fait part du décès de son frère, autrefois membre de la Société.

MM. Dobson et Barlow, constructeurs de machines de filature à Bolton, en Angleterre, communiquent des perfectionnements qu'ils ont introduits à la peigneuse Heilmann. — Renvoi au comité de mécanique.

M. J. Læderich fils, à Mulhouse, remercie la Société de sa nomination de membre ordinaire.

M. B. Leibendinger, à Passau, demande des renseignements sur la fabrication de l'albumine de sang.

Envoi de la part de M. le maire de Mulhouse, d'un rapport sur le mouvement de la caisse d'épargne de Mulhouse, années 1871 et 1872.

M. Xavier Kieffer, à Cernay, propose la création à Vienne (Autriche) d'une exposition permanente des produits alsaciens.

MM. d'Andiran et Wegelin envoient un échantillon d'un produit tinctorial pour noir: noix d'Anarcordium. — Renvoi au comité de chimie.

M. Léon Bloch transmet une communication relative à un procédé d'impression en noir d'aniline. — Renvoi au comité de chimie.

M. le Dr Goppelsrœder soumet un échantillon d'un nouveau produit alimentaire, la margarine-Mouriès, destiné à remplacer le beurre, et sur lequel il appelle l'attention de la Société. — Renvoi au comité de chimie.

M. Camille Kœchlin envoie une note de M. Ch. Lauth sur le noir d'aniline. — Renvoi au comité de chimie, lequel, sur le désir de l'auteur, est autorisé à en décider l'impression immédiate.

Travaux.

Le comité de chimie demande l'adjonction de M. Albert Scheurer. — Adopté.

Le comité de chimie demande en outre l'impression d'une note sur le vert d'aniline par M. Ch. Lauth. — L'impression de cette note est votée.

La commission désignée pour étudier l'aérage et les températures dans les ateliers, demande l'adjonction de MM. Camille Schœn et Th. Schlumberger.

MM. Meunier et Hallauer désirent l'autorisation de faire faire un tirage spécial du mémoire qu'ils ont présenté à l'une des dernières séances, sur le rendement des chaudières à foyers intérieurs. — Accordé.

Lecture du rapport de M. Engel-Dollfus sur la marche des Ecoles de tissage et de filature : Fondée en 1861, l'institution traverse une période critique que les événements expliquent trop bien, et dont il serait à désirer qu'elle sortît promptement; dans ce but, M. le rapporteur fait appel aux fondateurs de l'Ecole et à toutes les personnes qui s'intéressent à cette œuvre utile, les engageant à lui continuer leur concours au milieu des difficultés du moment. — L'assemblée s'associe à ce vœu; elle a décidé déjà, dans une précédente séance, l'impression au Bulletin de la note de M. Engel, et en a autorisé un tirage spécial.

M. Steinlen présente un compte-rendu sur le fonctionnement de l'Ecole de dessin industriel et architectural pendant l'exercice 1872-73 :

A la rentrée des élèves, le personnel enseignant a été changé et augmenté de manière à mieux satisfaire les besoins des cours qu'ont suivis 70 à 80 jeunes gens, sur la composition desquels M. le rapporteur donne quelques indications comme âge, profession, durée de fréquentation, etc. L'assemblée ratifie les propositions de récompenses suivantes :

1er prix : Schlegel Edouard.
Premier 2e » Finet Victor.
Second 2e » Deck Ambroise.

1re mention honorable : Igert Jean.
2e » » Rauber Louis
3e » » Weidknecht Paul.

L'assemblée décide l'impression au Bulletin du rapport de M. Steinlen, et vote, comme d'habitude, l'insertion dans l'*Industriel alsacien* de la liste des lauréats.

Le comité des beaux-arts, vu l'absence d'un grand nombre de ses membres, ne sera en mesure de présenter qu'à la prochaine séance son aperçu sur l'Ecole de dessin d'ornement.

M. G. de Coninck, au nom du comité de chimie, communique un travail qu'il a préparé sur l'indicateur de température de M. Besson, et dans lequel il expose le principe de l'appareil, les limites de son exactitude, et enfin le mode de graduation.— L'impression en est décidée.

M. Rosenstiehl donne la description et le mode d'emploi d'un système de tamisage des couleurs imaginé par lui, et qui repose sur l'usage du vide, produit par le condenseur d'une machine à vapeur, pour chasser le liquide épais au travers des mailles d'un tamis. — Cet ingénieux procédé paraît devoir rendre de grands services dans la préparation des couleurs, par suite de la rapidité et de la simplicité de l'opération, et l'assemblée s'empresse de voter la publication de l'intéressant mémoire de M. Rosenstiehl.

M. F. G. Heller, au nom du comité de mécanique, soumet à la Société son appréciation sur un appareil destiné à maintenir l'arrêt des machines à vapeur, et appliqué par M. F. Engel-Gros.

Comme inspecteur de l'Association pour prévenir les accidents de fabrique, M. Heller donne la description de ce mécanisme; il en recommande l'emploi partout où c'est possible, et y ajoute quelques mesures de précaution complémentaires.

M. Paul Jeanmaire décrit certains effets de désorganisation du coton et des fibres végétales par les alcalis après l'action de quelques oxydants, et à la demande du comité de chimie, l'assemblée vote l'impression de cette note au Bulletin.

En réponse à une demande de la Société d'agriculture de Vaucluse au sujet de la garance, M. C. Brandt a rédigé, au nom du comité de chimie, un rapport sur la question de l'alizarine artificielle, au point de vue de son emploi actuel et de son avenir probable, comparé à celui de la garance naturelle. Selon l'avis du comité, la culture des racines de garance n'est pas encore menacée par le nouveau produit, surtout si les fabricants de garance du Midi font sérieusement appel aux procédés scientifiques pour obtenir les extraits concentrés, avec la pureté et la richesse que leurs concurrents de Paris et de l'Etranger sont parvenus à réaliser; et si, d'autre part, les cultivateurs s'efforcent d'appliquer les méthodes de plantation les plus perfectionnées, les engrais les mieux appropriés. — L'impression est décidée.

Le rapport sur le concours des prix, qui réglementairement devrait être présenté à la séance générale de mai, ne pourra être soumis à la Société que dans sa prochaine séance; et M. le président indique, en attendant, les changements au programme des prix proposés par les divers comités :

Celui de chimie maintient le plus grand nombre des sujets mis au concours, apporte quelques modifications dans l'énoncé de plusieurs prix existants, et ajoute à la liste les questions suivantes :

Cuves servant à teindre au large;

Procédé d'extraction de la matière colorante dite purpurine.

Préparation du vermillon sur tissus de coton.

Succédané de la terre de pipe.

Bleu analogue à l'outremer.

Production de l'acide carminique par synthèse.

Introduction dans l'industrie de l'orcéine synthétique.

Amélioration dans les produits chimiques comme pureté et concentration.

Recherches sur les réactions ayant donné le rouge, bleu, vert, etc., avec l'aniline, la toluidine, etc.

Nouveau noir vapeur plus avantageux que ceux connus.

Le comité de mécanique propose la suppression d'un seul prix, de légères modifications dans les développements d'un ancien sujet, et l'addition de cinq nouveaux prix :

Mode d'admission et de réglage de la vapeur dans les cuves de blanchiment ou de teinture.

Proportions des pièces frottantes dans les organes de transmission.

Introduction et emploi de nouvelles machines-outils.

Installation d'un système de ventilation, destiné à rafraîchir les ateliers pendant les fortes chaleurs. Ce dernier problème fait l'objet de deux prix.

Le comité d'utilité publique, outre le maintien au programme des prix anciens, ajoute deux sujets pleins d'actualité :

1° Mémoire traitant des résultats probables pour l'industrie du Haut-Rhin de l'exploitation, par des Sociétés d'actionnaires au lieu de Sociétés en nom collectif, des diverses branches du travail manufacturier.

2° Participation des ouvriers aux bénéfices d'une exploitation industrielle, sous forme d'encouragements à l'épargne, à la prévoyance, à l'assistance, etc.

La généreuse dotation de M. Salathé donnera aussi lieu à l'énoncé d'un prix rentrant dans la compétence du comité d'utilité publique.

Comme prix nouveau, le comité d'histoire naturelle voudrait provoquer une étude sur la nappe d'eau souterraine de nos environs.

Le comité de commerce supprime le prix relatif aux dessins et marques de fabriques, et le remplace par une étude sur les voies navigables de l'Alsace, et leurs raccordements avec les autres pays.

M. Iwan Zuber fait remarquer que presque tous les nouveaux prix consistent en médailles d'honneur, et exprime la crainte qu'il soit fait abus de cette haute récompense ou que du moins il en résulte une certaine défaveur pour les questions entraînant des distinctions moindres.

Divers membres répondent à cette observation que les comités possèdent toujours la latitude de proportionner la médaille au mérite du concurrent, et M. le président promet de saisir de la question le Conseil d'administration.

Pendant la séance, MM. Eugène Schweitzer, chimiste à Iwanoff (Russie) et Xavier Schellkopf, chimiste à Serpenkoff, présentés par MM. A. d'Andiran et Wagner, ont été admis comme membres ordinaires à l'unanimité des voix.

La séance est levée à 7 heures.

SÉANCE DU 25 JUIN 1873.

Président : M. Auguste DOLLFUS. — Secrétaire : M. Th. Schlumberger

Dons offerts à la Société.

1. Archives de la Chambre de commerce de Lille. — 2. Mémoires de la Société des sciences du Hainaut. — 3. Les N°⁵ 79 et 80 du *Bulletin du Comité des forges de France.* — 4. Compte-rendu du 9ᵉ congrès des fabricants de papier de France. — 5. Bulletin de la Société genevoise d'utilité publique. — 6. Trois numéros du Bulletin de la Société académique de Poitiers. — 7. Mémoires de la Société d'agriculture de la Marne. — 8. Bulletin de la Société académique du Var. 9. Travaux de la Société libre d'agriculture de l'Eure. — 10. Bulletin agricole de l'arrondissement de Douai. — 11. Compte-rendu des travaux faits au laboratoire agricole de Calèves, par M. E. Risler. — 12. Bulletins de la Société linéenne du Nord de la France. — 13. Trois numéros du journal *La Nature.* — 14. Procédé de conservation des viandes et des légumes, par M. le Dᵣ Sacc. — 15. Communications de la Société des fabricants de Mayence. — 16. Deux numéros du journal *The Canadian patent office.* — 17. Bulletin de l'industrie et du com-

merce de la Bavière. — 18. Quatre exemplaires de la *Allgemeine poly-technische Zeitung*, de Berlin. — 19. *Der elsässische Bienenzüchter.* — 20. Huit volumes des brevets d'invention d'Amérique. — 21. Rapports du département de l'agriculture de Washington.

La séance est ouverte à 5 1/4 heures, en présence de trente-cinq membres.

Le procès-verbal de la réunion du mois de mai est adopté sans observation.

M. le président fait connaître la liste des dons offerts à la Société pendant le mois, et voter les remercîments d'usage.

Correspondance.

Une offre, relative à des objets d'antiquité trouvés dans une gravière des environs, est renvoyée à M. Engel-Dollfus, qui veut bien exami-ner la proposition.

MM. Leblond et Mulot communiquent un nouveau système de chauf-fage des fours à gaz d'éclairage Muller-Eichelbrenner. — Renvoi au comité de mécanique et à la commission du gaz.

M. L. Bloch rectifie la note sur le noir d'aniline, qu'il avait sou-mise à la Société il y a quelque temps. — Renvoi au comité de chimie.

Envoi, de la part de M. R. Neddermann à Strasbourg, d'un échan-tillon d'une composition destinée à prévenir les incrustations dans les chaudières à vapeur. — Le comité de mécanique se prononcera.

Annonce du changement de domicile de M. H. Gruner, ancien membre de la Société, qui va s'établir à Dresde.

Communication de M. J. G. Gros, ayant pour objet de tenir les industriels en garde contre les propriétés inflammables d'un liquide, récemment mis en vente à Mulhouse, et devant servir à protéger contre la rouille les pièces métalliques polies des machines, ou à épais-sir les huiles de graissage. — Renvoi aux comités de chimie et de mécanique.

MM. Gros, Roman, Marozeau et Cⁱᵉ présentent un appareil automo-teur pour guider et élargir les tissus à l'entrée des diverses machines. Un spécimen est monté dans la salle des séances, et M. Welter, l'un des constructeurs cessionnaires, donne les explications propres à faire comprendre le fonctionnement du mécanisme. — Renvoi aux comités de chimie et de mécanique.

Remise, de la part de M. Eug. Ehrmann, d'un instrument de précision, dit Diagraphe Gavard, susceptible de nombreuses applications dans l'enseignement du dessin linéaire, de la perspective et de l'architecture, et accompagné d'une brochure explicative. Selon le vœu de M. Ehrmann, cet appareil sera placé dans le cabinet d'instruments de la collection Dollfus-Ausset.

Le rédacteur d'un nouveau journal de sciences, *la Nature*, demande l'échange de sa publication contre le Bulletin. — Renvoi au conseil d'administration.

M. le Dr Goppelsrœder fait appel aux membres de la Société pour lui fournir les échantillons de tissus teints et imprimés qui lui seront nécessaires à l'établissement d'une méthode analytique à laquelle il travaille, et devant servir à reconnaître la nature et la pureté des matières colorantes libres ou fixées sur les fibres textiles.

Il désire également des échantillons de matières colorantes destinés à la même étude et à l'enseignement de l'Ecole de chimie, dont il joint le programme à sa lettre.

M. A. Muller, à Paris, adresse un nouveau procédé de titrage des indigos, dont l'examen est renvoyé au comité de chimie.

Travaux.

A la demande du comité de mécanique, l'assemblée décide l'insertion dans le Bulletin du mémoire présenté par M. Hallauer à la dernière séance, sur trois moteurs étudiés comparativement au point de vue du travail produit par la vapeur dans les cylindres de chacun d'eux. Un tirage spécial de cent exemplaires est autorisé.

Une demande d'abonnement au journal *l'Economiste français*, signée par plusieurs membres, est ratifiée par un vote unanime.

M. le président expose, qu'aux termes d'une délibération du Conseil municipal, l'administration du Musée du vieux Mulhouse a été confiée à la Société industrielle, que MM. Auguste Stœber et Coudre ont été désignés comme conservateurs des collections; qu'il y aura lieu de saisir de la question le comité d'histoire et de statistique, en le priant de choisir une Commission de surveillance, et que jusque-là M. Engel-Dollfus veut bien se charger de cette tâche. Sous peu, le Conseil d'administration sera en mesure de présenter la situation financière de l'œuvre.

M. le président ajoute quelques renseignements sur le Musée du dessin industriel qui est en pleine organisation : les matériaux y affluent en abondance de tous côtés, et M. le président engage les membres de la Société à visiter l'installation pour se rendre compte de ce qui a été fait et se pénétrer de la nécessité qu'il y a de venir en aide, par un concours financier plus complet, à une institution aussi utile. Pour se créer des ressources, on a déjà été dans l'obligation, jusqu'à nouvel avis, de ne permettre l'entrée gratuite qu'un jour de la semaine, le dimanche, et de réserver les autres jours aux personnes munies de cartes d'abonnement.

M. le Dr Kœchlin donne lecture d'une note sur la valeur nutritive du pain et de l'extrait de viande, et développe une thèse qu'il avait déjà fait entrevoir dans un précédent travail sur un système de décortication du blé, à savoir que le meilleur pain n'est pas seulement celui qui renferme le plus de matières azotées, mais bien celui dans lequel ces substances se trouvent encore sous la forme la plus facilement assimilable. De nombreuses expériences ont démontré ce fait, et justifient la faveur de plus en plus marquée dont jouit le pain blanc. Quant à l'extrait de viande, on s'est beaucoup exagéré ses propriétés alimentaires; des essais multiples ont fait voir qu'il faut le considérer comme un condiment, et ne l'employer qu'à faible dose, sous peine de le voir devenir nuisible. — Renvoi au comité d'histoire naturelle.

M. Engel-Dollfus donne connaissance du rapport qu'il a préparé sur la marche de l'Ecole de dessin. Il constate d'abord avec regret le nombre décroissant des élèves qui persévèrent plus de trois ans dans la fréquentation des cours; l'utilité des leçons se borne de plus en plus aux avantages d'un enseignement élémentaire : les études artistiques, propres à former le goût, tendent à disparaître; comment les remettre en honneur? M. Engel indique un moyen pour lequel il demande l'appui de chacun : la création de musées, la formation de collections, et en ce moment surtout le concours des membres de la Société pour le Musée de dessin industriel qui, soutenu comme il doit l'être, est destiné à devenir un puissant foyer de culture artistique. — L'impression est votée, ainsi que la liste suivante des récompenses accordées aux élèves du cours de dessin de figure.

Rappel de médaille de vermeil		Lazare Léopold.
Id.	Id. d'argent	Muller Edouard.
Médaille d'argent		Charbonnier G.
» de bronze		Thun Frédéric.
»	....	Ortas Auguste.
»	....	Ehni Albert.
»	»	Kubler Martin.
Mention honorable		Dœbely Théodore.
»	»	Meyer Georges.
»	....	Walters Henri.
»	....	Steiner Jean.
»	....	Leblé Charles.
»	....	Klein Eugène.
»	....	Rinderknecht Alb.
»	....	Bellangé Eugène.
»	....	Roggenmoser J.

M. Engel-Dollfus entretient ensuite l'assemblée de la question du Musée du vieux Mulhouse, vers lequel il voudrait voir affluer en plus grand nombre les objets d'antiquité concernant notre ville; il fait connaître une longue liste de matériaux offerts au Musée, et propose d'en publier la nomenclature complète, afin d'attirer l'attention des possesseurs d'anciens souvenirs, et de les engager à en faire don au Musée. L'assemblée approuve pleinement ce projet, et vote des remercîments aux personnes qui ont contribué à former ces collections.

M. Ernest Zuber, rapporteur du comité de mécanique, rend compte d'un projet d'installation d'une grue à vapeur, destiné à concourir pour le prix N° 45 des arts mécaniques. Ce sujet, déjà traité il y a un an, par deux membres de la Société, avait donné lieu à un travail complet qui a été remis à la Chambre de commerce. Dans le projet présenté au concours des prix, tous les éléments du problème ont été étudiés avec une connaissance sérieuse de la matière, et le comité, considérant que les conditions du programme ont été remplies, puisqu'il ne s'agit que d'une étude et non d'une installation, propose de décerner aux auteurs du travail, MM. Sauter Lemonnier et Cⁱᵉ à Paris, une médaille de première classe. — L'impression est votée, ainsi que celle du mémoire de MM. Gustave Dollfus et Paul Heilmann-Ducommun.

A la demande du comité de mécanique, M. Th. Schlumberger lit une traduction d'un article paru dans le journal polytechnique de Dingler, et relatif à un nouveau système d'extincteur d'incendie. D'invention américaine, cet appareil semble avoir rendu d'excellents services, et mérite de fixer l'attention par sa simplicité, la promptitude de sa mise en jeu et la continuité de son effet. M. le président exprime le vœu qu'un engin de ce genre puisse être expérimenté prochainement à Mulhouse.

L'assemblée décide l'impression d'une note complémentaire adressée par M. Ad. Hirn, et traitant de corrections à faire intervenir dans le calcul des courbes levées à l'aide du dynamomètre qu'il a imaginé récemment. Dans l'une des dernières séances, M. Hallauer a donné la description de cet appareil qui s'applique aux balanciers des machines à vapeur, dont la flexion sert à mesurer le travail produit.

Vu l'heure avancée, la lecture d'un long travail de M. Ch. Grad sur les forces motrices dans le Haut-Rhin, est renvoyée à la prochaine réunion.

M. Gustave Lamy, proposé comme membre ordinaire par M. Ernest Zuber, est admis à l'unanimité des votants.

La séance est levée à 7 heures.

SÉANCE DU 30 JUILLET 1873.

Président : M. AUGUSTE DOLLFUS.
Secrétaire-adjoint : M. AUG. LALANCE.

Dons offerts à la Société.

1. Collection des numéros du Bulletin des lois contenant les options des Alsaciens-Lorrains, par M. Scheurer-Kestner. — 2. Mémoires de la Société dunkerquoise, 1870-1871. — 3. Mémoires de la Société des sciences de Caen. — 4. Procès-verbaux de la Société vétérinaire d'Alsace. — 5. Bulletin de la Société genevoise d'utilité publique. — 6. Bulletin de l'Association des ingénieurs de Liége. — 7. Notice sur

l'industrie et le commerce en Alsace, par M. Ch. Grad. — 8. Mémoires de la Société d'histoire naturelle de Bâle. — 9. Le N° 81 du Bulletin du comité des forges de France. — 10. Un numéro du journal *Le Moniteur des fils et tissus de Paris*. — 11. Communication de la Société des fabricants de Mayence. — 12. Un numéro du journal *The paper Trade* de New-York. — 13. Supplément de la statistique du commerce du grand-duché de Bade. — 14. *Der elsæssische Bienenzüchter*. — 15. Cinq numéros de la *Allgemeine deutsche Zeitung*. — 16. Un nid de fauvettes, par M. Joseph Kœchlin.

Pour le Musée du Vieux-Mulhouse :

1. Portrait de M. Jean Zuber, don de Mme veuve J. Zuber. — 2. Portrait de M. Josué Heilmann, don de M. P. Heilmann-Ducommun. — 3. Modèle de peigneuse et de démêloir, premiers modèles construits par M. Josué Heilmann, et qui ont servi de base aux traités faits entre lui et MM. N. Schlumberger et Cie.

La séance est ouverte à 5 1/2 heures, en présence de 25 membres.

Le procès-verbal de la séance de juin est lu et adopté sans observations.

M. le président donne la liste des dons envoyés à la Société pendant le mois.

Parmi les objets exposés au Musée du Vieux-Mulhouse, figurent les modèles originaux des peigneuses et démêloirs Heilmann, modèles ayant servi de base aux traités intervenus entre l'inventeur et la maison Nicolas Schlumberger.

Ces machines, qui présentent un haut intérêt, sont offerts par M. Paul Heilmann, pour être déposées au Musée du Vieux-Mulhouse. M. Heilmann ne les abandonne pas toutefois au Musée; il s'en réserve la propriété et le droit d'en disposer ultérieurement.

Des remercîments sont offerts aux divers donateurs.

Correspondance.

M. Berger, de Vincennes, demande quelques renseignements sur le programme des prix de 1873.

MM. Nézeraux et Garlaudat soumettent un appareil de leur inven-

tion, destiné à rafraîchir l'air en le mettant en contact avec de l'eau.—
Renvoi à la commission des températures.

* M. Fritz Geney, membre de la Société, indique sa nouvelle adresse.

M. Fries, directeur de l'Ecole de tissage, envoie la liste des récompenses obtenues par ses élèves.

Dans la division du tissage, cinq élèves ont des certificats de capacité de premier ordre, et deux de second ordre.

Dans la filature, il a été décerné également cinq certificats de premier ordre, et deux de second ordre.

Le Bulletin contiendra, comme les années précédentes, les noms des lauréats.

MM. Gros, Roman, Marozeau et Cⁱᵉ, offrent des renseignements complémentaires sur leur machine à élargir les tissus.

La Société industrielle de Lille envoie son programme des prix. — Ce programme restera déposé au secrétariat.

La Société académique de Saint-Quentin adresse les sujets mis aux concours de ses prix pour 1874 et 1875.

La Société des ingénieurs de Berlin envoie un tableau des dimensions normales à adopter pour les brides et boulons des tuyaux en fonte. — Renvoi au comité de mécanique.

MM. A. Chatard Pécarrère et Cⁱᵉ, de Nogent-sur-Seine, demandent des renseignements sur les prix relatifs à l'industrie du papier. — On leur a répondu.

M. Ernest Thiémonge adresse un paquet cacheté, qui a été déposé sous le n° 193.

M. Gustave Dollfus adresse à la Société seize volumes et un atlas du grand ouvrage de M. Dollfus-Ausset sur les glaciers. — Des remercîments lui ont été adressés.

M. Lamy remercie la Société de l'avoir admis comme membre ordinaire.

MM. J.-B. Girard et Cⁱᵉ, de Paris, demandent des renseignements sur le programme des prix.

M. Gaspard Zeller demande le retrait d'un paquet cacheté déposé par lui en 1860 sous le n° 39. Bien que le délai de dix ans soit expiré, et que la Société soit en droit, aux termes de son règlement, de prendre connaissance du contenu de ce paquet, elle décide cependant qu'il sera rendu à M. Zeller.

MM. L. Sautter, Lemonnier et Cie, remercient la Société pour la médaille de première classe qui leur a été décernée.

M. le Dr Jannasch invite les membres de la Société à assister à un Congrès, qui aura lieu à Vienne du 4 au 8 août, pour examiner la question de la protection des brevets.

M. le président présente une carte en relief du Bas-Rhin, exécutée par M. Burgi sur le même format que celle du Haut-Rhin.

Cette carte, qui est vendue 20 fr. dans le commerce, est cédée pour 18 fr. aux membres de la Société qui se feront inscrire au secrétariat ou chez M. Emile Perrin.

M. Dollfus expose également qu'il a reçu pour le Musée du Vieux-Mulhouse une somme de 891 fr., formant le reliquat du produit des conférences organisées l'hiver dernier par des dames de Mulhouse. — Ce don est enregistré avec reconnaissance.

Travaux.

Dans la dernière séance, le programme définitif des prix Salathé a été adopté. — Les cinq établissements chargés pour la première fois de désigner les membres de la commission sont :

Pour la filature de coton, MM. Dollfus-Mieg et Cie.

Pour la filature de laine, MM. Kœchlin-Schwartz et Cie.

Pour le tissage, M. Charles Mieg.

Pour l'impression, MM. Frères Kœchlin.

Pour la construction, la Société alsacienne de constructions mécaniques.

Sur la proposition du Conseil d'administration, la Société désigne également pour faire partie de cette commission :

MM. Salathé, Engel-Dollfus, Wacker-Schœn, Groshens et Ch. Bohn.

Sur la proposition du même Conseil, l'Assemblée approuve la nomination de M. Boulanger comme professeur-adjoint de dessin linéaire à l'Ecole de dessin.

M. le président expose que pour la construction d'un deuxième étage sur l'Ecole de dessin, la Société a reçu comme souscriptions volontaires 88,640 fr.

Les dépenses se sont élevées pour la construction proprement dite
à. . . . . fr. 34,500
L'aménagement intérieur du Musée industriel a coûté. . 2,800
Celui du Musée du Vieux-Mulhouse. 2,035
Le cabinet d'instruments de physique 380

Ensemble. . . . . . . fr. 39,715

Le Musée industriel compte encore sur quelques souscriptions qu
permettront de solder les dépenses occasionnées par son installation;
l'ensemble des chiffres ci-dessus fait ressortir néanmoins un déficit qui
devra être comblé. — Sur la proposition du Conseil d'administration,
l'Assemblée vote dans ce but un crédit de 1,000 fr.

Elle accepte également le chiffre de location offert par la ville pour
le loyer du Musée du Vieux-Mulhouse, qui est propriété communale.

Le comité des beaux-arts propose de voter à M. Eck, qui pendant
trente ans a dirigé avec un zèle remarquable l'Ecole de dessin de
figure, une médaille d'argent grand module, comme témoignage de
satisfaction spéciale. — Adopté.

Le comité d'histoire naturelle demande l'impression du travail du
docteur Kœchlin sur la valeur nutritive du pain. — Adopté.

M. Aug. Dollfus présente un intéressant tableau statistique des
industries du Bas-Rhin, d'où résultent les chiffres suivants :

Trois cents établissements occupant 52,000 ouvriers, dont 29,000 à
domicile, ont expédié en France, pendant l'année 1872, passé 70 millions de marchandises sur une production totale de moins de 90 millions. — L'impression de ce tableau au Bulletin est votée.

Il est donné lecture du rapport de M. Engel-Dollfus sur les travaux
de l'Association préventive des accidents pendant l'année 1872-1873.—
Ce rapport sera, comme les années précédentes, inséré au Bulletin.

La Société adopte en principe la constitution d'une commission
d'hygiène des ateliers, demandée par ce rapport; les membres en
seront désignés ultérieurement.

M. le président donne lecture d'un travail de M. Ch. Grad sur les
forces motrices, formant un chapitre de ses études statistiques sur
l'industrie de l'Alsace.

Dans cette étude, M. Grad, comparant le bon marché des moteurs
hydrauliques à la cherté chaque jour croissante des moteurs à vapeur,

recherche les moyens à employer pour utiliser d'une manière plus complète les cours d'eau qui abondent en Alsace.

Pendant le cours de la séance, M. Salathé, ancien notaire, a été admis à l'unanimité comme membre honoraire, sur la proposition du Conseil d'administration.

La séance est levée à 7 1/4 heures.

PROCÈS-VERBAUX
des séances du comité de mécanique

Séance du 22 avril 1873.

La séance est ouverte à 5 1/2 heures. — Onze membres sont présents.

Le procès-verbal de la dernière séance est lu et adopté.

Sur la proposition de sa Commission de lecture, le comité n'adopte pas l'échange des Bulletins contre deux publications nouvelles qui l'ont demandé et ne paraissent contenir aucuns nouveaux matériaux pouvant intéresser la Société. Il approuve par contre l'échange déjà voté avec le *Practical Magazine*.

La note de M. Noury, ingénieur à Gamaches, intitulée : « La disette de combustible ; questions de prévoyance et d'avenir », est rapidement passée en revue et sera déposée aux archives.

M. Th. Schlumberger donne lecture d'une note sur les manœuvres exécutées le 30 mars 1873, chez MM. Dollfus-Mieg et C°, avec leur matériel d'incendie.

Il est décidé que cette note sera insérée au procès-verbal [1], et qu'il en sera donné lecture en séance. M. Lalance entretient à ce propos le comité de l'installation qu'il organise en ce moment dans les établissements de MM. Hæffely et C°, en vue d'une prompte extinction des incendies, avec l'aide d'un petit nombre d'hommes. Aussitôt que son organisation sera terminée, le comité sera invité par M. Lalance à assister aux expériences auxquelles elle sera soumise.

[1] Voir le Bulletin du mois d'août.

M. Camille Schœn communique au comité un long rapport sur l'unification des systèmes de titrage des filés produits avec les diverses matières textiles. Après avoir exposé avec beaucoup de méthode et dans tous leurs détails les systèmes divers actuellement en usage, M. Schœn conclut en faveur de l'adoption du système usité en France pour les filés de coton, savoir : la désignation du numéro d'après le nombre de mille mètres renfermés dans 500 grammes de filés. Il exprime en outre le désir d'une entente entre les divers pays qui ont adopté les mesures métriques, à l'effet de faire appliquer la loi aux transactions sur les filés.

Le comité adopte intégralement les conclusions de M. Schœn, et décide de demander l'impression au Bulletin de l'intéressant travail sur lequel elles s'appuient. Le comité ne voit au surplus aucun inconvénient à ce que le rapport de M. Schœn soit lu à la Chambre de commerce qui l'a provoqué, avant de l'avoir été en séance.

M. Heller lit un rapport présenté au nom d'une commission de trois membres, à laquelle avait été renvoyé l'examen d'une note de M. F. Engel, sur un appareil destiné à caler les volants des machines à vapeur pendant les arrêts. M. Heller s'exprime très favorablement au sujet de l'appareil en question, et fait ressortir l'avantage qu'il présente de pouvoir servir à arrêter la machine dans la position voulue pour la remise en marche. Toutefois, le rapporteur insiste sur l'opportunité de parer aux causes mêmes qui provoquent la mise en mouvement imprévue des machines à vapeur, en mettant en communication l'intérieur des cylindres avec l'air extérieur. Après un échange d'observations, le comité adopte les conclusions du rapport, et en vote l'impression au Bulletin, en le faisant précéder de la note de M. Engel. — Des remercîments sont votés à ce dernier pour son utile communication.

Le secrétaire passe en revue les travaux en retard, et donne quelques explications sur les motifs qui obligent à ajourner encore le rapport sur l'installation d'une grue à vapeur présentée au concours des prix de l'année précédente.

M. Bohn veut bien se charger de recueillir à Hambourg des renseignements sur les grues du système Brown, qui doivent y avoir été installées en grand nombre.

Le concours des chauffeurs devant avoir lieu le mois prochain, il est procédé à la désignation des commissaires chargés, conjointement avec MM. Meunier et Hallauer, de la surveillance du concours, et du tirage au sort des chauffeurs qui y prendront part. — MM. E. Engel. Th. Schlumberger et Gustave Dollfus sont désignés.

Le concours aura lieu, comme les années précédentes, dans les établissements de MM. Dollfus-Mieg et C°, et pourra se faire avec de la houille de Ronchamp.

En raison de l'heure avancée, l'examen du programme des prix est remis à une séance extraordinaire qui aura lieu le premier mardi de mai.

La séance est levée à 7 3/4 heures.

Séance du 6 mai 1873.

La séance est ouverte à 5 1/2 heures. — Douze membres présents.

Le procès-verbal de la dernière réunion est adopté.

Il est procédé à la révision du programme des prix.

Tous les prix figurant au programme de l'année sont maintenus avec de légères modifications, portant principalement sur l'emploi en Alsace de divers appareils ou perfectionnements demandés, avant de pouvoir être admis au concours. Le prix n° 28, fondé pour trois années seulement par un anonyme, disparaîtra seul si la subvention accordée n'est pas renouvelée.

M. Camille Schœn propose un nouveau prix pour la détermination des pressions par centimètre carré à admettre pour les coussinets d'arbres de transmission, en vue de réduire leur usure. — Le comité approuve pleinement la pensée qui a dicté ce prix, et renvoie à une prochaine réunion l'arrêté de sa rédaction.

M. Th. Schlumberger se charge de revoir le prix n° 50, relatif à l'application d'un nouveau moyen de transport pouvant faciliter les services dans l'intérieur d'une grande usine.

M. Lalance propose le prix suivant :

« Médaille d'honneur pour un moyen mécanique simple de régler l'admission de la vapeur dans les cuves de blanchiment ou de teinture, de telle sorte que la consommation de vapeur corresponde toujours à l'effet que l'on veut produire. » — Adopté.

M. Heilmann propose un prix dont il veut bien se charger de formuler le libellé pour l'introduction de machines destinées à réduire la main-d'œuvre dans les ateliers de construction.

Le comité décide également de rédiger un prix destiné à récompenser des systèmes de ventilation des ateliers. La rédaction en sera arrêtée dans une prochaine réunion.

M. Steinlen sera prié de présenter à la dernière séance du comité avant l'assemblée générale de mai, un rapport sur le cours de dessin linéaire, et il sera procédé, comme d'habitude, à l'exposition des dessins.

Le mémoire de M. Hirn, qui devait, suivant l'ordre du jour, être lu à la réunion de ce jour, n'étant pas parvenu au secrétaire, le comité s'ajourne à huitaine pour en prendre connaissance.

La séance est levée à 7 1/4 heures.

Séance du 13 mai 1873.

La séance est ouverte à 5 1/2 heures. — Douze membres sont présents.

Le procès-verbal de la dernière séance est adopté.

M. Frauger, qui a bien voulu se charger de rédiger le prix relatif à la ventilation des ateliers, désire connaître d'une façon plus précise le sens que le comité veut attacher à ce prix. Après discussion de la question, le comité exprime l'avis que la récompense devra être accordée à celui qui le premier présentera un travail sur une installation qui lui sera due et qui atteindra les résultats que l'on a en vue. — La rédaction du prix sera présentée à une prochaine réunion.

M. C. Schœn dépose la rédaction définitive du prix proposé par lui dans la dernière séance, laquelle est adoptée par le comité dans la teneur suivante :

« Médaille d'honneur pour un travail déterminant les proportions rationnelles à adopter pour les pièces frottantes des organes de transmission, tels que tourillons, pivots, dents d'engrenage, etc., dans les conditions habituelles de graissage. »

Plusieurs membres insistent sur l'intérêt qu'il y aurait à recevoir communication de travaux ne traitant que l'un des points dont il est fait mention dans le texte du prix, travaux qui pourront également être récompensés, ainsi que cela est indiqué dans les explications faisant suite au prix.

Le comité adopte également la rédaction modifiée du prix n° 50 proposé par M. Th. Schlumberger comme suit :

« Médaille de première classe pour la première application à Mulhouse d'un nouveau moyen de transport destiné spécialement à de faibles parcours, et pouvant faciliter les services dans l'intérieur d'une grande usine. »

Il est donné lecture au comité d'une lettre de M. Engel-Dollfus demandant qu'il soit désigné quelques noms d'inventeurs alsaciens destinés à être mis en vue dans la décoration du Musée de dessins industriels. M. Th. Schlumberger veut bien se charger d'établir la liste demandée.

M. Hallauer donne lecture du mémoire de M. Hirn sur l'application de la flexion des balanciers des machines à vapeur à la mesure de la force développée par elle. Cette communication est écoutée avec un vif intérêt, et le comité exprime le désir que des applications de ce pandynamomètre soient faites à Mulhouse aussitôt que possible. — L'impression du mémoire de M. Hirn est décidée.

La séance est levée à 7 1/4 heures.

Séance du 20 mai 1873.

La séance est ouverte à 5 1/2 heures. — Huit membres sont présents.

Le procès-verbal de la dernière séance est adopté.

M. Steinlen, au nom de la commission du cours de dessin linéaire, donne lecture de son rapport sur la marche de ce cours. — Ce rapport sera imprimé dans les Bulletins.

Le comité procède ensuite à l'examen des dessins exposés en présence du professeur M. Haffner et du professeur-adjoint M. Boulanger. Quelques dessins faits d'après des modèles en grandeur d'exécution, paraissent particulièrement satisfaisants. M. Steinlen est chargé de désigner, avec le professeur du cours, les quatre ou cinq élèves qui méritent des récompenses. Le comité est unanimement d'avis qu'il est nécessaire de compléter la collection des dessins servant de modèles, et qu'il y a lieu de faire emploi à cet effet du crédit voté quelques années auparavant.

Il est donné communication au comité des prix rédigés par M. Frauger, et relatifs à la température des ateliers, lesquels sont adoptés dans la teneur suivante :

« 1° Médaille d'honneur pour l'installation dans le Haut-Rhin, dans un grand bâtiment industriel en exploitation, en rez-de-chaussée ou à étages, d'un système de ventilation utilisant l'air frais des nuits ou de locaux souterrains, permettant de maintenir l'air intérieur à une température de 5 degrés centigrades au moins, au dessous de la température moyenne extérieure, pendant les plus fortes chaleurs de l'été, et cela sans nuire aux bonnes conditions de marche de l'établissement.

« 2° Médaille d'honneur pour l'installation dans le Haut-Rhin d'un appareil mécanique réfrigérant, permettant de maintenir sans trop de frais un local industriel renfermant des machines chauffées par la vapeur ou par le gaz, à une température maxima de 30 degrés centigrades pendant les plus fortes chaleurs de l'été, sans nuire aux bonnes conditions de marche des machines. »

Le prix suivant, proposé par M. Heilmann, est également adopté :

« Médaille d'honneur pour l'introduction et l'emploi dans l'industrie du Haut-Rhin d'une machine ou d'un appareil mécanique dont le travail ait pour résultat une économie notable de main-d'œuvre, dépassant les frais résultant de son entretien et de son amortissement. »

M. Hallauer expose au comité les formules et les méthodes dont il s'est servi pour analyser les moteurs à vapeur, et les appliquer à une machine du système Woolf. Cette étude se divise en deux parties : 1° Evaluation du travail et des différentes pertes qu'il subit depuis l'entrée de la vapeur dans les cylindres jusqu'à sa sortie; et 2° Etude des transformations de la vapeur dans l'enveloppe et l'intérieur des cylindres, évaluation du refroidissement par le condenseur. Chacune de ces études partielles aboutit à la détermination de la consommation de vapeur par cheval et par heure. — L'intéressant travail de M. Hallauer est renvoyé à la lecture de divers membres du comité, qui expriment le désir d'en prendre une connaissance plus approfondie.

La séance est levée à 7 1/2 heures.

Séance du 24 juin 1873.

La séance est ouverte à 5 1/2 heures. — Neuf membres sont présents.

Le procès-verbal de la dernière réunion est lu et adopté.

Il est donné lecture d'une lettre-circulaire de MM. Dobson et Barlow, indiquant les avantages résultant de perfectionnements qu'ils auraient introduits dans la construction des peigneuses Heilmann. — Dépôt aux archives.

M. Hallauer donne lecture des conclusions de son intéressante étude sur les moteurs à vapeur, qui a été lue par plusieurs membres du comité. — Il est décidé que l'impression de ce travail sera demandée à la prochaine séance.

M. Ernest Zuber lit un rapport sur le mémoire traitant de l'installation d'une grue à vapeur sur le quai du Bassin à Mulhouse, présenté au concours pour le prix N° 45. Le rapport conclut à décerner une médaille de première classe aux auteurs du mémoire. — Adopté.

Le comité décide l'impression de ce mémoire, précédé du travail présenté, dès le mois de décembre 1871, à la Chambre de commerce et à la Société industrielle par MM. Gustave Dollfus et Heilmann sur le même sujet, et suivi du rapport de M. Zuber.

M. Th. Schlumberger donne lecture d'une traduction d'un article tiré du journal de Dingler, traduit lui-même de l'anglais, et se rapportant à un appareil extincteur américain, qui paraît fort intéressant.— Le comité décide que cette notice sera lue en séance et insérée *in extenso* dans les procès-verbaux du comité, à titre de renseignement. (*Voir ci-dessous.*)

M. Hallauer lit une note complémentaire de M. Ad. Hirn sur diverses corrections à apporter aux données fournies par son pandynamomètre. — L'impression sera demandée en séance, pour faire suite au mémoire de M. Hirn.

M. Dollfus soumet au comité un psychromètre et un évaporateur de Salleron, dont il a fait l'acquisition à Paris pour la commission des températures. Le psychromètre est accompagné d'une règle à calcul qui permet de trouver immédiatement le degré hygrométrique de l'air.

La séance est levée à 7 1/2 heures.

Appareil extincteur perfectionné pour pompe locomobile dans diverses villes américaines. — Les incendies qui, dans ces derniers mois, en Amérique ont pris des proportions inquiétantes, y ont attiré l'attention d'une manière spéciale sur les meilleurs moyens de les prévenir et d'éteindre le feu une fois qu'il a éclaté. Ce sujet a provoqué de longues discussions dans les feuilles publiques.

L'incendie de Boston renferme un enseignement, déjà souvent prouvé d'ailleurs, mais dont on tient rarement compte : à savoir que quand le feu a pris une fois une certaine extension, il n'y a plus aucune espèce d'engin qui puisse le maîtriser. Toute amélioration de notre système devrait avoir par suite pour objet, d'éteindre plus promptement tout commencement d'incendie.

Autrefois, dans la construction des appareils d'extinction, on partait du principe de projeter sur le feu la plus grande quantité d'eau possible; le résultat fut une énorme augmentation des dégâts, occasionnés par les grandes masses d'eau, sans atteindre une amélioration proportionnée au point de vue de la rapidité avec laquelle le feu était maîtrisé.

L'on a, dans ces dernières années, voué beaucoup d'attention aux appareils dont l'action repose sur les propriétés extinctrices de l'acide carbonique. Le seul système reconnu pratiquement efficace est celui dans lequel l'effet chimique ne sert pas seulement à communiquer son pouvoir extinctif au jet, mais encore à le projeter; dans lequel par conséquent l'eau dissout les ingrédients chimiques, conserve les gaz qui s'y développent, et produit au moment voulu l'effet mécanique exigé pour la projection de l'eau.

De brillants résultats ont été obtenus avec les petits appareils dits extincteurs (*extinguischer*), qui possèdent les propriétés ci-dessus relatées; on a éteint à leur aide des incendies dont les dimensions n'étaient pas en rapport avec l'exiguïté des moyens. Ce sont les dimensions qui dans les extincteurs en limitent l'emploi. Comme le pompier doit porter sur son dos l'appareil avec boyaux et accessoires, le poids ne doit pas dépasser 42 kilos. Le jet a un diamètre de 3 à 4 millimètres, et une durée de cinq minutes. Le principe est bon, mais exige, pour atteindre toute sa perfection, un jet ininterrompu de volume suffisant, lorsque le problème consiste à combattre un incendie arrivé à un grand degré d'intensité.

Le premier succès pratique dans cette voie fut réalisé par la *Babcock fireextinguischer Company*. La machine, montée sur un chariot, se compose de deux réservoirs en cuivre, qui mesurent 600 litres et sont essayés à une pression de 250 kilos, 10 atmosphères.

La planche ci-jointe représente l'appareil, l'un des réservoirs *A* en coupe verticale, l'autre réservoir en tout pareil au premier en élévation. Chacun des deux appareils est rempli, jusqu'à la hauteur du robinet à eau *C*, d'eau dans laquelle on dissout 10 kilos de bicarbonate de soude. Le récipient en plomb *D* contient 5 kilos d'acide sulfurique. L'introduction des produits chimiques a lieu par les tubulures *B* et *E*, que l'on ferme aussitôt par des obturateurs filetés. Si l'appareil doit être manœuvré lors d'un incendie, on ouvre le robinet *F*; l'acide se déverse alors dans la dissolution de bicarbonate de soude; il se produit une réaction chimique violente qui en quinze secondes fait monter la pression à 100 kilos, 10 atmosphères, comme on peut s'en assurer par le manomètre. Si l'on ouvre le robinet *K*, le jet se précipite par le tuyau *G* dans les boyaux *H*, et de là aux différents étages du bâtiment à préserver.

. L'agitateur *I*, qui peut être mis en mouvement par une manivelle appliquée latéralement au réservoir, a pour objet de produire la dissolution du bicarbonate lors du remplissage à nouveau. Le petit tuyau recourbé *J* sert à empêcher le refoulement de l'acide dans la capacité *D* par la pression du gaz. Un tube en caoutchouc de 25 millimètres et 50 mètres de long, est enroulé sur l'appareil, de manière à toujours être prêt à fonctionner.

Arrivé sur le lieu du sinistre, on ouvre le robinet *F* pour faire écouler l'acide dans la dissolution de bicarbonate de soude, et en quinze secondes le manomètre indique une pression de 100 kilos.

Pendant ce temps on déroule les boyaux, le robinet de fermeture est ouvert, et en moins d'une minute après l'arrivée de la machine, le jet agit sur le feu (jet qui, pour une portée de 33 mètres, a un volume trente fois plus fort que celui de l'appareil portatif). Cette promptitude d'action n'est pas due seulement à la production instantanée de la force, mais aussi à l'absence de boyaux qu'il faut raccorder, et mettre en communication avec une pompe alimentaire. La rapidité d'installation, jointe à l'étonnant pouvoir extinctif des drogues employées, ont pour effet, dans la plupart des cas, l'étouffement du feu avant qu'il n'ait pris un caractère menaçant. Il est prouvé par la statistique que sur dix incendies, huit sont découverts à temps, peu après leur naissance, et que le sort du bâtiment atteint se décide ordinairement par les moyens de le combattre mis en œuvre dans les dix premières minutes.

L'appareil extincteur dont il est question est déjà en usage dans environ cinquante villes américaines, et cela avec un succès que n'atteint, même de loin, aucun autre appareil en usage.

A Holyoke (Massachusset), depuis son introduction en mai 1870, cet appareil a éteint treize incendies sur dix-neuf qui avaient éclaté, avant qu'un jet d'eau de n'importe quelle autre source ait pu agir.

Dans plusieurs incendies, l'effet de l'appareil a tenu du merveilleux. Parmi les villes dans lesquelles l'appareil a été introduit, il n'y en a pas dans laquelle des dommages, comparés à ceux des années précédentes, n'aient pas diminué d'au moins 50 °/₀.

Du 1ᵉʳ janvier au 1ᵉʳ mai 1870, Holyoke subit trois incendies, avec une perte de 375,000 dollars. Le 10 mai, on fit usage pour la première fois de l'appareil, et depuis cette époque jusqu'au 1ᵉʳ janvier 1871, la perte totale occasionnée par six incendies s'est élevée à 1,665 dollars. Ceci est moins que le cinquième du dégât des années précédentes. Presque dans tous les cas on a pu circonscrire le feu dans le premier bâtiment atteint, et on y a constaté des dégâts insignifiants. A Westfield, la fabrique d'orgues de W. A. Johnston se trouvait en flammes, lorsqu'arriva l'appareil amené d'une grande distance; quatre logements étaient déjà entamés par le feu, et un seul appareil extincteur chimique maîtrisa ces incendies, et toutes les habitations furent sauvées. Dans une papeterie à Holyoke, éclata, pendant un vent violent, un incendie à un étage situé à 28 mètres au dessus du sol, et le feu fut éteint par l'appareil avant que la pompe à vapeur eut commencé à fonctionner. Parmi les propriétés qui rendent la machine susceptible d'un rendement si surprenant, il faut surtout signaler sa simplicité. Un réservoir avec robinet compose, si l'on veut, toute la machine, qui se manœuvre aisément, ne peut se déranger, et n'exige pas de réparation.

On s'en est servi dans les incendies au milieu des circonstances les plus diverses, par des températures de 37° à — 23°, sans qu'elle ait manqué. Six hommes peuvent la charrier et la desservir, et son tube léger et flexible permet bien plus facilement l'approche des toits. le long d'escaliers et d'échelles, que les boyaux ordinaires. Le prix d'achat comporte à peine le dixième de celui d'une pompe à vapeur avec ses accessoires : chevaux, attelages, etc., et les frais courants sont insignifiants.

> (*Polytechnisches Journal* [Dingler], 2ᵉ livraison d'avril 1873, vol. CCVIII, 2ᵉ cahier, pages 115 à 118. — D'après l'*Engineering et Mining Journal*, février 1873, page 114, et le *Scientific American*, mars 1873, page 143; avec planche).

————————

Mulhouse. — Imprimerie Veuve Bader & Cⁱᵉ

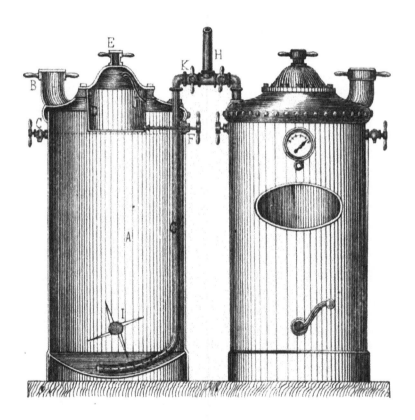

BULLETIN

DE LA

SOCIÉTÉ INDUSTRIELLE

DE MULHOUSE

(Septembre 1873)

NOTE

sur les thermomètres avertisseurs électriques, par M. EMILE
BESSON, *professeur à l'Ecole professionnelle de Mulhouse.*

Séance du 29 janvier 1873.

MESSIEURS,

Au mois d'octobre 1869 nous avons livré à la publicité, sous
le nom d' « Avertisseurs électriques de température maximum et
minimum, Besson frères et Knieder, » deux thermomètres, l'un
à maximum, l'autre à minimum, disposés de façon à indiquer à
distance, au moyen d'une sonnerie électrique ordinaire, le moment
précis où des températures déterminées sont atteintes. Un pareil
système fonctionne depuis 1868 avec plein succès dans les serres
de M. P. Besson à Strasbourg. Chaque serre a trois thermomètres
indiquant « ouvrir — fermer — chauffer. » Un petit indicateur à
touches d'interruption, placé n'importe où, permet de savoir
immédiatement quelle est la serre qui réclame et ce qu'elle
demande.

Ces thermomètres pourraient, bien entendu, s'appliquer à toute
autre évaluation de température : distillations fractionnées —
germoirs — séchoirs — salle d'hôpitaux — dortoirs, etc.

Le thermomètre à maximum (fig. 1) se compose d'un thermomètre à mercure dans le réservoir duquel est soudé un fil de

platine *A*, en communication avec la pile; un autre fil de platine *B*, en communication avec la sonnerie, descend dans la partie supérieure du tube; on peut le fixer à une hauteur déterminée en le soudant au tube, ou bien le faire glisser en *C* à frottement dur dans un bouchon de liège, de manière à pouvoir changer à volonté le degré de température où la sonnerie doit marcher. Le mercure, en se dilatant, monte dans le tube et, en touchant le fil *B*, établit la communication entre la pile et la sonnerie.

Le thermomètre à minimum (fig. 2) est un thermomètre à deux branches : l'une, qui porte le réservoir, est en partie remplie d'alcool; le reste et une partie de la seconde renferment du mercure. Dans le réservoir passe un fil de platine *A* soudé au verre, et qui descend dans l'alcool jusqu'au point où vient le mercure au degré minimum que doit accuser l'instrument; l'autre extrémité de ce fil se rend à la pile. Dans la seconde branche s'engage un fil de platine *B*, communiquant avec la sonnerie; il doit s'engager profondément dans le mercure. Par la contraction de l'alcool, le mercure vient toucher le fil *A* et fait marcher la sonnerie.

L'indicateur consiste en une planchette portant autant de touches d'interruption qu'il y a de thermomètres à contrôler; quand la sonnerie est attaquée, il suffit de chercher quelle est la touche sur laquelle on doit appuyer pour la faire taire; un numéro ou une indication quelconque fait connaître de suite la cause de l'avertissement.

Pour indiquer à distance les variations de température d'un milieu, mon frère, P. Besson, a imaginé l'appareil suivant (fig. 3), qu'il a fait installer dans un grand établissement de Schiltigheim.

Dans le milieu dont on veut suivre les variations thermométriques, on établit un réservoir à air en métal mince, d'une capacité d'environ vingt litres; la forme la plus convenable est un cylindre terminé de chaque côté par une calotte sphérique. A ce réservoir est fixé un tube métallique aussi étroit que possible pour l'intérieur de la pièce ou de l'appareil; au dehors on emploie avec avantage un tube en caoutchouc à parois très épaisses et à lumière étroite. Ce tube peut être mené en plein air, ou mieux, sous terre. A l'endroit où doivent se faire les observations, on établit un manomètre à mercure dont le tube, d'une hauteur suffisante, est fermé par le haut et purgé d'air comme un baromètre, afin d'éviter l'influence de la pression asmosphérique. A la partie supérieure de la cuvette se rattache un tube métallique faisant suite au tube de caoutchouc venant du réservoir. Si la cuvette est assez large pour qu'on puisse négliger le changement du niveau, l'ascension d'environ 2 millimètres de mercure· indique un degré centigrade; si la cuvette est à niveau variable, de même section que le tube manométrique, le degré centigrade est représenté par un millimètre environ. D'ailleurs une graduation comparative pourra facilement se faire, et permettra d'inscrire directement sur l'échelle du manomètre les degrés thermométriques. (Corriger par rapport à la température de la chambre où se font les observations).

En employant un manomètre à deux branches, c'est-à-dire dont la cuvette est de même section que le tube avec trois fils de platine placés, l'un à la courbure et allant à la pile, les deux autres dans les branches à des hauteurs convenables et communiquant avec une sonnerie, on réunirait dans un seul appareil les avantages offerts par les deux dispositions que nous avons détaillées ci-dessus.

RAPPORT

présenté par M. G. DE CONINCK, *au nom du comité de chimie, sur un appareil indicateur de température, proposé par* M. BESSON.

Séance du 28 mai 1873.

MESSIEURS,

Dans une de vos dernières séances, il vous a été donné lecture d'une lettre de M. Besson, professeur à l'Ecole professionnelle, dans laquelle il décrit un appareil de son invention, destiné à faire connaître à distance la température d'un local. Bien que M. Besson ne se présente pas explicitement comme candidat au prix que vous avez récemment institué, vous remarquerez que cette communication répond par son objet à un vœu exprimé par la Société industrielle.

Le principe de l'appareil est celui du thermomètre à air. Un réservoir d'air, placé dans la salle chauffée, communique, au moyen d'un tube étroit, avec la cuvette fermée d'un baromètre, et la hauteur de la colonne de mercure soulevée, indique la température du local.

Cet appareil serait rigoureusement exact, si le tube de communication qui, pour des établissements un peu étendus, pourra être d'une assez grande longueur, n'était pas exposé aux variations de la température extérieure. Ces variations dilatant ou contractant le volume gazeux, produiront des dénivellations dans la colonne barométrique. Mais cette cause d'erreur peut, il est vrai, être atténuée et même rendue négligeable, si les dimensions de l'appareil satisfont à certaines conditions que le calcul suivant permettra de déterminer.

Soient :

V le volume du réservoir d'air et de la portion du tube comprise dans la pièce chauffée ;

t' la température de ce volume au moment de la fermeture de l'appareil;

v le volume du tuyau de conduite;

θ' sa température au même moment;

H la hauteur de mercure observée à cet instant et ramenée à 0.

s la section du manomètre que nous supposons siphoïde avec les deux branches d'égal diamètre.

Supposons que la température du réservoir devienne t et celle du tube θ; appelons h la dénivellation correspondante ramenée à 0, et α le coefficient de dilatation de l'air.

Nous avons la même quantité d'air dans deux circonstances différentes, occupant d'abord le volume $V + v$ sous la pression H, V étant à t' et v à θ', et ensuite le volume $V + v + sh$ sous la pression $H + 2h$, V étant à t et $v + sh$ à θ. Si nous remenons la température à 0° et la pression à l'unité, nous aurons pour le volume de la masse gazeuse deux expressions qui devront être égales, d'où l'équation :

$$(1) \left(\frac{V}{1 + \alpha t} + \frac{v + sh}{1 + \alpha \theta} \right)(H + 2h) = \left[\frac{V}{(1 + \alpha t')} + \frac{v}{(1 + \alpha \theta')} \right] H$$

Cette relation entre les éléments du problème pourra se représenter graphiquement, si on considère comme variables deux de ces éléments, par exemple la dénivellation h et la température du réservoir t. L'équation représentera dans ce cas une courbe du troisième degré, les ordonnées étant les hauteurs du mercure au-dessus du niveau initial et les abcisses les degrés de température du réservoir, celle du tube restant invariable.

Si, au contraire, on suppose la température du réservoir constante et celle du tube variable, l'équation sera de la forme $M\,xy + Nx + Py + Q = o$ et représentera une hyperbole.

Si dans ces conditions la température du tube augmente d'une certaine quantité x, on aura, en appelant y la dénivellation produite,

$$(2) \left[\frac{V}{1 + \alpha t} + \frac{v + s(h + y)}{1 + \alpha(\theta + x)} \right] [H + 2(h + y)] = \left[\frac{V}{1 + \alpha t'} + \frac{v}{1 + \alpha \theta'} \right] H$$

Retranchons membre à membre l'équation (1) de l'équation (2) et ordonnons par rapport à y. Il vient :

$$sy^2 + \left[V\frac{1+\alpha(\theta+x)}{1+\alpha t} + v + 2hs + \frac{H}{2}s \right]y - \frac{4\alpha x(v+sh)\left(\frac{H}{2}+h\right)}{1+\alpha\theta} = 0$$

équation qui est de la forme

$$Ay^2 + By - C = 0$$

et dont la racine positive convient seule à la question. Cette quantité, qui représente la dénivellation produite par la variation x, sera négligeable si elle est plus petite qu'un demi-millimètre.

D'où l'équation de condition

$$\frac{-B+\sqrt{B^2+4AC}}{2A} < \frac{5}{10^4}$$

ou

$$\frac{A}{10^6} + \frac{2B}{10^3} - 4C > 0$$

A étant positif, la condition sera remplie *a fortiori* si nous posons

$$\frac{B}{10^3} - 2c > 0 \quad (3)$$

Appelons K le rapport $\frac{V}{v}$, l la longueur du tube et s' sa section. Nous aurons $V = Kls'$ $v = ls'$. Remplaçant V et v par ces valeurs dans les expressions B et C, nous aurons au moyen de l'inégalité (3) une limite inférieure de K.

Pour simplifier, nous y ferons $t = t'$ $\theta = \theta'$ et par suite $h = 0$. Nous aurons ainsi

$$K > \frac{1+\alpha t'}{1+\alpha(\theta'+x)}\left[\frac{H\,10^3\,\alpha\,x}{1+\alpha\theta'} - 1 - \frac{H}{2l}\cdot\frac{s}{s'} \right]$$

Nous remplirons *a fortiori* la condition si nous prenons K tel qu'on ait

$$K > \frac{1+\alpha t'}{1+\alpha(\theta'+x)}\,\frac{H\,10^3\,\alpha\,x}{1+\alpha\theta'}$$

Le second membre augmentant avec x, nous donnerons à x la valeur maximum qu'il puisse atteindre. Cette valeur, qui est l'écart de température du tube, ne dépassera certainement pas $10°$ si, comme l'indique M. Besson, le tube passe sous terre. Nous prendrons de même $H = 0^m.8$ et supposerons $t' = 15$ et $\theta' = 10$. La condition sera dans ce cas $K > 27.75$, soit en chiffres ronds $K = 30$.

Cette condition est suffisante pour annuler l'influence des variations de température du tube, quelles que soient la longueur et la section de celui-ci, mais il pourra arriver, si v est petit, qu'un réservoir égal à $30\,v$ ne produise pas, pour un degré de variation par exemple, dans le local chauffé, une dénivellation d'une amplitude facilement appréciable, et qu'on soit obligé de lui donner, en vue de la sensibilité de l'appareil, une capacité plus grande.

Un calcul analogue au précédent permettra de déterminer cette capacité.

Nous poserons par exemple que pour une variation d'un degré dans le réservoir, la dénivellation devra être d'un millimètre au moins. Dans ce cas, il suffira de changer dans l'équation (1) t en $t + 1$, et h en $h + y$ et de retrancher membre à membre l'équation (1) de l'équation ainsi obtenue.

On aura ainsi une équation du second degré de la forme $Ay^2 + By - C = o$.

On posera la condition

$$\frac{-B + \sqrt{B^2 + 4AC}}{2A} > \frac{1}{10^3}$$

qui peut s'écrire $\quad \dfrac{A}{10^6} + \dfrac{B}{10^3} - C < o$

d'où on tirera comme plus haut un minimum pour K.

Il est évidemment indispensable que la masse gazeuse prenne rapidement la température de l'air ambiant. M. Besson recommande à cet effet que l'enveloppe soit en métal mince, et qu'elle affecte la forme d'un cylindre terminé par deux calottes sphériques. Il conseille aussi l'emploi d'un tube en caoutchouc pour relier le réservoir au manomètre; mais avec cette disposition, l'appareil peut être influencé dans une certaine mesure par les variations de la pression extérieure. Aussi un tube métallique nous paraît-il préférable.

Graduation. — Considérons l'équation (1), *h* étant l'ordonnée et *t* l'abcisse.

La portion de courbe qui convient à la question rencontre l'axe des *x* en un point correspondant à *t'*. Elle est asymptote à une parallèle à cet axe. Il en résulte que la dénivellation produite par 1° de variation est d'autant plus faible que la température est plus élevée.

On pourra déterminer expérimentalement un certain nombre d'ordonnées, ce qui permettra de tracer la courbe et d'obtenir graphiquement les valeurs intermédiaires.

Il restera à tenir compte de la température du baromètre en ramenant à 0 la hauteur lue sur l'échelle. Dans ce but, on pourra, pour abréger, dresser un tableau à double entrée dont les divisions horizontales correspondront aux degrés du réservoir pour une même température du manomètre et les divisions verticales aux degrés du·manomètre pour une même température du réservoir.

Un simple coup d'œil sur ce tableau permettra de passer de la hauteur lue sur l'échelle à cette même hauteur ramenée à 0.

Il est clair que l'appareil gagnerait beaucoup en sensibilité si le récipient pouvait avoir des dimensions plus réduites. Il serait de plus désirable de n'avoir pas à tenir compte des changements de température tant du manomètre que du tube. Ces avantages se trouvent réunis dans une disposition imaginée par M. Salleron, constructeur d'instruments de précision à Paris, et communiquée au comité par M. Meunier-Dollfus.

L'appareil se compose d'un réservoir d'air sec et comprimé, relié par un tube capillaire à l'une des branches d'un manomètre en *U* contenant de l'acide sulfurique coloré par l'indigo. A l'autre branche du manomètre est adapté un tube capillaire semblable au premier, courant parallèlement à celui-ci et aboutissant aussi à un réservoir d'air placé, non plus dans la salle chauffée, mais sous terre à une profondeur suffisante pour que sa température reste constante.

Chaque tube porte un robinet qui permet d'établir l'équilibre de pression dans les deux réservoirs, et, par suite, l'égalité de niveau dans les deux branches du manomètre. Si on choisit pour cela le moment où le local a atteint sa température normale, l'instrument indiquera les variations au-dessus et au-dessous de cette limite.

Comme le précédent, cet appareil est à l'abri des variations de pression atmosphérique. L'emploi d'un liquide moins dense que le mercure permet en outre de réduire beaucoup les dimensions du réservoir d'air. De plus, les deux tubes étant soumis identiquement aux mêmes variations de température, forment un système compensateur qui détruit les effets de celles-ci. Enfin, la dilatation du liquide dans le manomètre est tout à fait négligeable. Si on suppose en effet que le développement de la colonne d'acide sulfurique soit de 50^{cc}, on aura, pour une variation de 20° dans la salle où est le manomètre, une dénivellation dans chaque branche de :

$$\frac{0.50 \times 20 \times 0.0006}{2} = 0^{m},0003$$

0.0006 étant le coefficient de dilatation apparente de l'acide sulfurique dans le verre.

En résumé, l'appareil de M. Salleron présente sur celui de M. Besson l'avantage d'une sensibilité plus grande, d'un réglage plus simple, et, par suite, d'une application plus facile aux usages industriels.

Telles sont les conclusions de votre comité de chimie, qui vous propose l'impression du présent rapport dans vos Bulletins.

MÉMOIRE

sur l'utilisation de la pression atmosphérique pour le tamisage des couleurs qui servent à l'impression, par M. A. ROSEN-STIEHL.

Séance du 28 mai 1873.

MESSIEURS,

Autant de fois que j'ai vu des ouvriers occupés à tamiser les couleurs servant à l'impression, en pressant avec un pinceau ces liquides épais et visqueux contre la toile d'un tamis, je n'ai pu m'empêcher de regretter que ce travail purement mécanique, et quelquefois malsain, fût fait par la main de l'homme au lieu de l'être par une machine.

Pourtant divers appareils ont été imaginés dans ce but; les uns font passer la couleur à travers une toile en la comprimant par un piston; les autres sont basés sur l'action de la force centrifuge. Ces appareils ont des inconvénients qui en limitent l'emploi, et ils sont peu répandus. On leur reproche avec justesse qu'elles exigent pour leur nettoyage un temps tel qu'on ne peut s'en servir utilement que pour tamiser à la fois de grandes masses d'une même couleur.

Ce qui manquerait donc à notre industrie, c'est une machine tamisant rapidement les couleurs, et dont le nettoyage ne fût pas plus long que celui du tamis traditionnel.

L'appareil que je désire signaler à l'attention de la Société industrielle me paraît être un premier pas vers la réalisation de cette idée; il a été construit d'après mes indications, et fonctionne depuis le mois de septembre dernier dans l'établissement de MM. Thierry-Mieg et Cie.

Dans cet appareil la couleur est poussée à travers la toile d'un tamis, non par un piston ou par un pinceau mû à bras d'homme, mais par la pression atmosphérique, laquelle agit sur toute la section comme un piston idéal, sans empêcher l'accès du tamis.

Il suffit d'énoncer le principe de cette machine pour que toute personne familiarisée avec les phénomènes de la physique puisse se rendre compte de la disposition générale.

Il faut en effet faire le vide sous le tamis, et pour gagner du temps, il faut le faire brusquement; l'appareil se composera de deux parties faciles à séparer; la partie supérieure mobile, portant la toile du tamis, que j'appellerai pour cette raison : *porte-tamis,* recouvrant comme un couvercle la partie inférieure, qui est le vase dans lequel la couleur sera aspirée; je l'appellerai *l'aspirateur;* les deux parties seront réunies par un joint, qui en fera un espace hermétiquement clos, ne communiquant avec l'air extérieur que par les mailles du tamis.

Le joint devra être d'une construction simple, peu sujet à se détériorer, qui puisse s'établir instantanément, sans manipulation spéciale, sans que l'on ait par exemple à serrer des vis.

La toile du tamis, à travers les mailles de laquelle la couleur devra passer, sera disposée de façon à pouvoir être enlevée facilement, nettoyée et remplacée, et qu'elle puisse supporter la pression de l'atmosphère sans se rompre.

Telles sont les conditions générales du problème; je vais dire maintenant comment il a été résolu.

Le porte-tamis est formé de cinq pièces circulaires, assemblées dans l'ordre suivant, en commençant par le haut :

1° Une trémie par laquelle on verse la couleur dans l'appareil; elle est en cuivre étamé à l'intérieur, et porte une bride en fer qui permet de la réunir aux autres pièces;

2° Un cercle de bronze, dressé au tour, sur lequel se pose le tamis proprement dit;

3° Un treillis en fil de laiton aplati, de 2 millimètres de large ayant des mailles de 15 millimètres d'ouverture; le treillis est destiné à soutenir la toile du tamis pour empêcher sa rupture sous la pression de l'atmosphère; il forme une cloison horizontale dans l'intérieur du porte-tamis, qui, en cet endroit, a un diamètre de 0m,30;

4° Un entonnoir en tôle étamée à ouverture très large, placé sous le treillis, destiné à guider la couleur dans sa chute, à sa sortie du tamis, pour l'empêcher de salir les parois internes de l'appareil;

5° Une pièce de raccordement en cuivre étamé à l'intérieur, ayant à sa partie supérieure le diamètre de la trémie et à sa partie inférieure celle de l'aspirateur, qui est de 0m,50.

Elle est réunie à la trémie par une bride boulonnée, qui serre en même temps toutes les pièces intermédiaires.

Le bord inférieur de cette pièce est une partie constituante du joint; c'est un cercle d'acier dressé au tour, fixé sur le cuivre par des rivets noyés dans la soudure à l'étain. L'ensemble du porte-tamis, qui s'enlève d'une pièce, pèse 28 kil.; c'est la pression exercée par ce poids sur les bords du porte-tamis, que l'on fait reposer sur l'aspirateur, qui forme le joint hermétique.

Le tamis proprement dit est formé par une toile tendue sur un anneau de bronze, dressé au tour et ajusté sans frottement dans le porte-tamis; les arêtes en contact avec la toile sont bien arrondies, de manière à ménager celle-ci. Il y a près de l'appareil plusieurs anneaux de ce genre pour les différents numéros de toile. Quand l'anneau de bronze est en place, la toile repose immédiatement sur le treillis, de telle façon que sous la pression atmosphérique elle ne subisse aucune tension, ce qui diminuerait sa durée. — Enfin, puisqu'il est important de pouvoir retirer rapidement l'anneau qui porte la toile, pour la nettoyer ou pour la remplacer, il est muni de deux petites poignées, disposées aux deux extrémités du même diamètre, et situées dans un plan vertical.

L'aspirateur est un vase cylindrique en tôle de 0m,55 de haut, ouvert à sa partie supérieure, laquelle est garnie d'une large cornière en fonte, où l'on a taillé une rainure circulaire dans laquelle s'emboîte sans frottement le cercle d'acier du porte-tamis;

le fond de cette rainure est garni d'une bande de caoutchouc vulcanisé qui y est collée à l'aide d'une dissolution de caoutchouc naturel dans la benzine. Cette rainure à fond élastique forme la deuxième partie du joint, lequel s'établit ainsi par simple contact, sans que l'on ait à serrer une vis, et il est assuré par la pression atmosphérique, qui s'ajoute au poids du porte-tamis. L'aspirateur porte de côté un robinet qui permet d'y faire le vide.

Pour simplifier les manœuvres, ce vase est fixe et ne reçoit pas directement la couleur tamisée; celle-ci tombe dans un cuveau en cuivre étamé, qui s'emboîte dans l'aspirateur sans frottement; deux poignées permettent de l'enlever facilement; sa capacité est de 80 litres.

L'appareil lui-même étant décrit, il est temps de dire comment le vide est obtenu. J'avais le choix entre plusieurs moyens. Je pouvais employer la trombe, telle qu'elle a été recommandée par M. Bunsen pour les laboratoires, et par M. Scheurer-Kestner, notre collègue, pour les établissements industriels; mais elle exige un réservoir d'eau placé à au moins 10 mètres du sol, conditions que je ne pouvais pas réaliser. Je pouvais encore employer la pompe à air telle qu'elle est adoptée par l'industrie sucrière, pour faire le vide dans les appareils de concentration; mais ce système exige une installation spéciale, qui eût peut-être été jugée trop coûteuse pour le but à atteindre. — En suivant les conseils de notre collègue, M. William Grosseteste, ingénieur civil, j'ai pris le vide sur le condenseur d'une machine à vapeur de 25 chevaux; disposition fort avantageuse, parce qu'elle n'exige l'acquisition d'aucun appareil nouveau, et l'expérience m'a appris dans quelles limites on peut se servir de la pompe du condenseur sans nuire au travail du moteur.

La chambre à air du condenseur a été percée, et on y a fixé un petit robinet de trois millimètres d'ouverture; une conduite en plomb, de petit diamètre, se rattache à ce robinet; elle aboutit à un réservoir en tôle, qui, dans le cas particulier, a dû être placé, à 70 mètres de là, immédiatement à côté de la machine à tami-

ser. Un indicateur de vide, placé près du condenseur, et un manomètre à mercure, placé près du réservoir, permettent de se
rendre compte des variations de pression qui surviennent pendant
le travail. La colonne de mercure soulevée est habituellement de
62 à 66^{cm}. Ce degré de vide suffit largement à tous les besoins.

Le réservoir est un cylindre en tôle de 280 litres de capacité;
il est percé de trois ouvertures, fermées par des robinets. L'une,
placée à la partie supérieure, communique avec le condenseur;
l'autre, placée sur les flancs du réservoir, communique avec la
machine à tamiser; enfin, la troisième est placée dans le fond
inférieur du cylindre; elle permet d'évacuer de temps en temps
l'eau qui s'y accumule petit à petit. Ce réservoir de vide a pour
but d'empêcher les variations de pression trop brusques dans le
condenseur, et il permet de faire le vide instantanément sous le
tamis. Il pourrait être plus grand; mais pour diminuer les frais
d'installation, je me suis servi d'un appareil déjà existant et sans
emploi. La pompe du condenseur y fait le vide en dix minutes;
pour que la marche du moteur n'en soit pas influencée au moment où l'on commence le travail, il faut ouvrir très lentement le
robinet placé sur la conduite; une fois que la pression intérieure
n'est que de 30^{cm} environ, on peut l'ouvrir entièrement. Tant que
le moteur est en mouvement, on laisse les communications établies pour que le réservoir soit vide d'une façon permanente.
Grâce à cette provision de vide, l'appareil est toujours prêt à
fonctionner.

A côté de la machine à tamiser se trouve un robinet d'eau sous
lequel est placé un trépied en bois; c'est là qu'on nettoie le tamis,
et, si cela est nécessaire, le porte-tamis.

Je suppose une opération terminée et l'ouvrier en train d'en
préparer une nouvelle; pendant qu'il nettoie le tamis, la colonne
de mercure qui était tombée à 0^m,40 dans le réservoir[1], remonte
à 0^m,64.

---

[1] Dans le réservoir et non dans le condenseur.

On place un cuveau vide dans l'aspirateur, on le recouvre du porte-tamis, et on met un tamis en place; deux hommes versent alors directement d'un baquet un volume maximum de 80 litres de couleur dans la trémie. Dès que la toile du tamis en est couverte, on ferme le robinet sur la conduite pour séparer le condenseur du réservoir; on ouvre le robinet qui communique avec ce dernier, et on le referme aussitôt; immédiatement la couleur s'écoule dans le vase inférieur avec une vitesse telle, que souvent les hommes ont de la peine à la verser assez rapidement. Il faut en somme plus de temps pour vider le baquet dans le tamis qu'il n'en faut pour tamiser la couleur. Quand tout a passé et que le tamis est dégarni, l'air se précipite avec bruit dans l'intérieur de la machine; c'est pour ce motif que le robinet qui communique avec le réservoir doit être habituellement fermé, autrement celui-ci se remplirait lui-même d'air, et on chargerait inutilement le moteur. Lorsque l'air est rentré dans l'appareil, on enlève le tamis et le porte-tamis, et on le nettoie sous le robinet d'eau qui est à côté de la machine; on retire le cuveau qui s'est rempli de couleur tamisée, on en met un autre en place; pendant ce temps le vide s'est refait, et l'appareil est prêt à recommencer à fonctionner.

L'expérience de plusieurs mois a appris quels sont les services que l'on peut demander à cette machine; j'ai dit plus haut qu'elle tamise rapidement; je vais préciser maintenant et parler un peu de ses défauts. Elle est peu utile pour tamiser les couleurs épaissies à la gomme ou à l'albumine; celles-ci ont l'inconvénient de boucher rapidement la toile par des grains de sable, des pellicules et autres matières insolubles; mais cet inconvénient est peu nuisible, ces couleurs étant généralement assez liquides et sont les plus faciles à tamiser à la main. On ne peut non plus y verser une couleur encore chaude : sous la faible pression à laquelle elle se trouve exposée, elle ne manque pas d'entrer en ébullition; celle-ci peut être tellement tumultueuse que le vase déborde et que les conduites d'air peuvent en être bouchées.

Ce dernier défaut, inhérent au principe même de la machine,

est peu sensible; il est fort rare que l'on ait à tamiser une couleur chaude. Par contre on consomme dans les ateliers d'impression d'énormes volumes de couleurs épaissies à l'amidon, la fécule et leurs dérivés commerciaux, de même des couleurs épaissies à la gomme adragante et à la caséine, toutes fort épaisses et dont le tamisage à la main est fort long.

Ces couleurs se tamisent avec la plus grande facilité avec la nouvelle machine, et c'est là son utilité réelle; il faut toutefois que le tamis ne soit pas bouché; si, par exemple, une couleur était peu homogène, remplie de grumeaux, d'épaississant mal délayé ou de ces peaux épaisses qui se forment par la dessiccation partielle d'une couleur longtemps exposée à l'air, il faudrait prendre la précaution ou d'éloigner préalablement cette peau, ou de la diviser à l'aide de la disposition suivante : on place dans la trémie, au-dessus du tamis, une deuxième toile d'un numéro plus fort, tendu sur un anneau d'un diamètre un peu plus grand que celui du tamis proprement dit.

La forme conique de la trémie rend cette superposition très facile.

De cette manière la couleur est forcée de traverser successivement deux toiles; elle se trouve tamisée deux fois par une seule opération, et aucune des deux toiles n'est obstruée par les grumeaux, qui sont brisés par la première d'entre elles.

L'avantage de la machine réside donc dans la simplicité de sa construction et la rapidité de la manœuvre, laquelle est due à un travail fait d'avance par un moteur à vapeur. Ces qualités en ont fait un outil dont les ouvriers ne se passent plus qu'à regret si, par une circonstance fortuite, il devient impossible de s'en servir. Pour montrer jusqu'à quel point elle est pratique, je citerai le fait suivant. La machine venait d'être mise en place, et j'avais à peine fait quelques essais préliminaires, que je dus m'absenter pour plusieurs semaines; je comptais reprendre ces essais plus tard. J'eus la surprise de voir à mon retour les ouvriers s'en servir d'une manière courante; le contre-maître, qui avait assisté aux essais,

eu avait saisi les avantages et avait instruit son personnel pendant
mon absence; pour quiconque connaît les habitudes d'esprit de
nos ouvriers, ce fait constitue le meilleur éloge de la machine.

En terminant, je me fais un plaisir de remercier M. Meunier,
ingénieur en chef de l'Association alsacienne des propriétaires
d'appareils à vapeur, d'avoir bien voulu faire faire le dessin qui
accompagne cette description.

NOTE SUR LE NOIR D'ANILINE,
Par M. CH. LAUTH.

Séance du 18 mai 1873.

J'ai fait connaître en 1869 un procédé de TEINTURE en noir
d'aniline au sujet duquel je demande à la Société industrielle la
permission de donner quelques renseignements qui faciliteront.
peut-être à d'autres la solution du problème que je m'étais posé
et que je n'ai pas résolu complètement; il est incontestable que si
le noir obtenu à l'aide du manganèse est aussi beau et aussi
solide que le noir ordinaire, le procédé que j'ai indiqué présente
des inconvénients sérieux que la pratique industrielle a révélés.

Tout d'abord je dois indiquer la voie dans laquelle j'avais
cherché à réaliser la teinture en noir d'aniline; il m'avait semblé
que deux moyens seuls permettraient d'atteindre ce but : fixer
un sel d'aniline à l'état insoluble sur la fibre et oxyder ensuite
l'alcaloïde en passant dans un bain approprié, ou, inversement,
fixer sur la fibre un oxydant insoluble et passer ensuite dans un
sel d'aniline.

Le second moyen seul donne des résultats utiles et, en pratique,
il se résume en ceci : fixer des substances insolubles, riches en
oxygène ou en chlore, susceptibles d'une décomposition facile, et

ne pouvant, en se répandant dans le bain de teinture, y décomposer en pure perte les sels d'alcaloïdes dont ce bain est chargé. Les agents oxydants que j'ai indiqués sont : les oxydes supérieurs du manganèse, le bioxyde de plomb, le chlorite de plomb, etc.

Le bioxyde de manganèse a spécialement été étudié.

Fixation du mordant. — Le procédé le plus simple pour fixer du manganèse sur coton, laine ou soie, consiste à plonger ces fibres dans une dissolution de manganate ou de permanganate alcalin; malheureusement le prix de revient de ces deux produits est relativement élevé, et, provisoirement du moins, il faut y renoncer.

J'ai donc eu recours à l'ancien procédé de bistre. Pour avoir un noir intense, il faut mordancer en chlorure de manganèse à 40° ar. B, passer en soude caustique à 12° ar. B, tenant en suspension de la chaux vive, et oxyder en chlorure de chaux faible et tiède. Le passage alcalin peut être fait à l'ébullition ; mais si on l'effectue à froid, l'oxyde blanc brunit beaucoup plus facilement.

Les inconvénients qui résultent de cette préparation, tant au point de vue de la manutention que de la qualité du coton qui devient fréquemment duveteux, ont été l'une des causes capitales de l'insuccès de mon procédé. Aussi ai-je cherché à tourner ces difficultés, mais avec peu de succès en général; parmi les nombreux essais que j'ai faits, je ne signalerai que le suivant qui pourra peut-être trouver d'autres applications : lorsqu'on porte dans une chambre remplie de gaz ammoniac des fils ou des tissus recouverts de sel de manganèse, on constate que non-seulement l'oxyde se fixe, mais que, sous l'influence de l'air mélangé d'ammoniaque, il se peroxyde en même temps.

Teinture. — Le bistre fixé, on lave à grande eau et on teint dans une solution acide d'aniline; plus les solutions sont concentrées, plus le noir est intense; avec 20 grammes d'aniline et 60 grammes d'acide sulfurique par litre, on réussit convenablement; avec 50 ou 80 grammes d'alcaloïde et 200 grammes d'acide par litre, on a des résultats encore meilleurs. On peut remplacer l'acide sulfurique par tout autre acide.

La teinture est instantanée dès que le bistre rencontre le sel d'aniline; il est décomposé et remplacé sur la fibre par le noir d'aniline; après quelques minutes on lave, et on n'a plus qu'à savonner pour donner au noir le ton qui le caractérise.

On peut cependant, après la teinture et le lavage, augmenter son intensité, et modifier sa nuance par un passage bouillant en sels de cuivre, de mercure, ou mieux, dans un mélange de chlorate, sel de cuivre et sel ammoniac, à raison de un gramme de chacune de ces substances par litre. Il semble donc qu'après que le manganèse a produit tout son effet utile, la matière colorante n'est pas encore arrivée à son état ultime et définitif.

Le noir obtenu ainsi est aussi beau et aussi solide que le noir ordinaire; mais outre les difficultés de mordançage que j'ai indiquées, je dois encore ajouter que le noir décharge fréquemment au frottement.

Si mon procédé a rencontré dans la teinture du fil des obstacles sérieux, il n'en a pas été de même dans l'industrie de la toile peinte. M. Camille Kœchlin, qui a bien voulu, en 1869, me prêter le concours de son expérience et m'aider puissamment dans mes recherches avec une obligeance dont je le prie de recevoir ici le témoignage bien reconnaissant, a reconnu qu'aucune difficulté pratique n'empêchait de fabriquer couramment les articles suivants :

1° Fonds noirs unis;

2° Fonds noirs avec effets de rongeants de toutes couleurs;

3° Fonds gris pour l'emploi de mordants moins forts que pour noir;

4° Impressions en noir associées au gris ou à toutes autres nuances capables de résister aux opérations ci-dessus indiquées (fer, chrome, cuivre, indigo, cachou, etc.);

5° Articles dérivés de l'application simultanée de l'indigo et du noir; doubles bleus, fonds bleus avec enlevages blancs et impression noire.

Des essais nouveaux permettront peut-être à l'industrie des toiles peintes de mettre à profit les observations que je signale aujourd'hui.

Je terminerai en disant que la nature de l'aniline est loin d'être indifférente à la réussite d'un beau noir :

L'aniline pure donne seule un noir intense et pur;

La toluidine donne un gris bleuté;

La naphtylamine un brun violacé;

La méthylaniline un noir violet.

Les différences de nuances produites par l'aniline et la toluidine sont telles qu'il est permis de recommander le procédé de teinture au manganèse comme un moyen très prompt et suffisamment exact dans le dosage des anilines commerciales; avec une gamme de mordants et des types connus, on titrerait les anilines comme on titre les garances.

RAPPORT

présenté au nom du comité de chimie par M. BRANDT, *sur la valeur comparée de l'alizarine artificielle et de la garance.*

Séance du 28 mai 1873.

MESSIEURS,

La Société d'agriculture de Vaucluse, émue des progrès de la fabrication de l'alizarine artificielle, s'est adressée à la Société d'horticulture de Mulhouse pour avoir des renseignements sur l'emploi de ce nouveau produit, ainsi que sur l'avenir qui paraît réservé à la culture de la garance.

M. Iwan Schlumberger, secrétaire de la Société d'horticulture de Mulhouse, a cru devoir s'adresser au comité de chimie pour être mis à même de répondre d'une manière plus complète au questionnaire posé par la Société d'agriculture de Vaucluse, et dont voici la teneur :

a) Les manufacturiers de Mulhouse emploient-ils l'alizarine artificielle ?

b) Les couleurs obtenues par ce produit sont-elles bon teint ?

c) Quel est le prix du kilogramme ?

d) Le produit sert-il à l'impression et à la teinture ?

e) Que doivent craindre les cultivateurs de garance pour le présent ?

f) Que doivent-ils craindre pour l'avenir ?

Le comité de chimie a répondu séance tenante aux quatre premières questions, réponse qui a été consignée au procès-verbal. Quant aux deux dernières, vu leur importance extrême pour le département de Vaucluse, le comité, sur la proposition de M. Scheurer-Kestner, a nommé une commission de trois membres, chargée de préparer une réponse motivée. C'est au nom de cette commission que j'ai l'honneur de vous présenter un résumé de nos recherches à ce sujet.

Il serait excessivement difficile, pour ne pas dire impossible, de donner une réponse catégorique aux dernières questions posées par la Société d'agriculture. Il est vrai, et il ne ressort que trop de tous les renseignements que nous possédons sur la question, que l'emploi de l'alizarine artificielle augmente continuellement et que la consommation de ce produit a lieu sur une très grande échelle en Alsace, et notamment en Allemagne et en Russie. Mais cette consommation d'alizarine artificielle n'a pas lieu au détriment de la consommation normale de garance. Par consommation normale de garance, nous entendons la consommation telle qu'elle était avant l'introduction dans le commerce des extraits de garance.

L'introduction de ces extraits a ouvert un champ beaucoup plus vaste à la consommation de la garance, parce que de cette manière on arrive à associer les nuances garancées à un plus grand nombre de couleurs, et que bien des articles qu'on faisait en couleurs faux teint auparavant, peuvent se faire aujourd'hui en bon teint. Par là on serait arrivé à employer beaucoup plus de garance qu'auparavant, si l'alizarine artificielle n'était pas venue faire concurrence aux extraits de garance; c'est donc surtout ce surcroît de consommation qui est menacé par l'alizarine artificielle.

On a bien essayé avec plus ou moins de succès de remplacer la garance en teinture par l'alizarine artificielle, mais on n'a complètement réussi jusqu'à présent que pour le violet. Quant au rouge, les résultats obtenus sont moins satisfaisants, et la garance, ou plutôt ses dérivés, sont encore préférables pour bien des articles.

L'alizarine artificielle, telle qu'elle est fournie aujourd'hui, ne contient qu'un seul des principes immédiats de la garance : « l'alizarine. » Quand cette alizarine est sensiblement pure, telle que celle de MM. Meister et Lucius, elle donne des violets plus beaux que la fleur de garance, et remplace avec avantage cette dernière en teinture et en impression, à la fois comme vivacité et comme prix. Mais il n'en est pas de même du rouge, pour lequel l'alizarine artificielle ne saurait, jusqu'à présent, remplacer la garance dans toutes ses applications.

Pour arriver à remplacer complètement la garance, il faut un nouveau progrès de la science; il faut qu'on arrive à produire artificiellement l'un des autres principes contenus dans la garance, ce qu'on appelle généralement purpurine, et qui fournit des rouges très orangés. La Société industrielle a mis cette question au concours dans son programme des prix. Mais le problème est loin d'être résolu, car la première condition nécessaire pour le résoudre n'est pas encore remplie, vu qu'on ne connaît pas encore exactement la constitution chimique de cette matière rouge orange contenue dans la garance.

Pour concourir avec l'alizarine artificielle, il ne manque donc que des extraits de garance bon marché; ce n'est qu'une question de prix; quant à la question de qualité en ce qui concerne les rouges, elle est tout à fait en faveur de la garance. Ce problème ne nous paraît pas impossible à résoudre.

Jusqu'à présent la fabrication des extraits de garance se fait sur une échelle assez limitée, principalement à Paris et en Angleterre, ce qui ajoute au prix de revient les frais de transport de la garance, qui sont assez considérables, quand on songe qu'on transporte de grandes quantités de matière première destinée à être revendue sous un petit volume. C'est donc sur les lieux de production, à Avignon et ses environs, que devrait se faire la fabrication des extraits. Il est vrai qu'on a déjà fait des essais nombreux, mais jusqu'à présent les extraits fabriqués dans le Midi ne valent pas ceux de Paris et d'Angleterre, et on n'en fait de longtemps pas assez pour suffire à la consommation. Mais ce n'est pas une raison pour qu'Avignon n'arrive pas à faire mieux et surtout meilleur marché, et c'est surtout sur ce côté de la question que nous croyons devoir insister. La place d'Avignon doit être fertile en ressources de tout genre, et il est de toute nécessité qu'on fasse une part beaucoup plus large que jusqu'ici à l'élément scientifique. Tout est là, et nous croyons qu'en suivant cette voie, on arrivera à de bons résultats. On peut trouver des procédés d'extraction utilisant tout le pouvoir colorant de la garance, car l'avenir est aux extraits, à l'application directe, et la teinture tend de jour en jour à perdre plus de terrain. Voilà pour la question chimique. Quant à la question agricole, il y a peutêtre de grands progrès à faire, soit par le moyen d'engrais mieux adoptés à la culture de la garance, soit par une étude plus approfondie du rendement des racines aux diverses époques de leur croissance.

On n'arrivera pas à supprimer l'alizarine artificielle; la place de celle-ci est acquise. Mais l'emploi des matières colorantes garancées, soit naturelles, soit artificielles, augmente d'une façon tellement considérable, qu'il est permis d'espérer que la garance pourra occuper une place très importante à côté de l'alizarine artificielle, et que sa consommation, loin de diminuer, pourra même augmenter.

La « purpurine » artificielle n'existant pas encore, on trouvera avantage à employer des extraits de garance donnant le rouge le plus orangé possible, que l'on emploiera tels quels ou que l'on mélangera à l'alizarine artificielle pure, selon les articles, et on produira de cette manière toutes les teintes de la garance.

La Société d'agriculture de Vaucluse pourrait contribuer puissamment au développement de l'agriculture et de l'industrie de son département, en fondant des prix destinés à exciter l'émulation générale. De cette manière elle s'assurerait du concours efficace de la science, qui a déjà tant fait pour l'agriculture et l'industrie en général.

NOTE

sur les diamètres et pas des boulons et des vis à filets triangulaires, présentée par M. Steinlen.

Séance du 24 septembre 1873.

Les mesures métriques étant universellement adoptées, il y a lieu aussi de les accepter pour les dimensions des boulons et des vis : diamètres et filets. Il ne paraît pas admissible que pour une partie des dimensions d'un boulon, on se serve de mesures anglaises quand les autres mesures sont métriques; il y aurait là une source de confusion et de gêne aussi bien pour le bureau de dessin que pour l'atelier. D'un autre côté, les tours à fileter ne servent pas seulement à la fabrication des tarauds, des boulons et vis d'assemblage ou des autres pièces analogues; le plus souvent ils s'emploient aussi pour les autres vis dont on peut avoir besoin dans la construction, et le cas est fréquent où le pas de certaines vis doit concorder avec le système de mesures employé pour les parties de la machine autres que les boulons; on serait ainsi amené dans les pays où, par exemple, les mesures anglaises seraient maintenues pour les boulons, à avoir des tours à fileter avec vis mère au pas anglais et d'autres tours avec vis mère au pas métrique, nouvelle cause de confusion et de gêne, sans parler d'une augmentation probable de dépense.

Pour le choix des dimensions à donner aux diamètres et au pas des boulons et des vis, comme aussi pour la forme de filet à adopter, il faut nécessairement que le système puisse s'appliquer, sans exceptions, à la grande comme à la petite fabrication, ainsi qu'aux différents métaux, fer, fonte et bronze, employés dans la construction des machines. Il va de soi que le filet doit être suffisamment résistant pour les grands comme pour les petits diamètres. En outre, en vue de simplifier et de faciliter l'outillage du taraudage, il y a lieu de limiter le nombre des diamètres au strict nécessaire, d'éviter autant que faire se peut l'emploi des mesures fractionnaires, et de choisir pour le filet une mesure d'angle commode à trouver et à prendre.

Enfin, bien qu'il soit théoriquement désirable qu'il y ait un rapport constant entre le diamètre et le pas, il suffit pratiquement que ce rapport soit convenablement gradué.

La série que nous avons adoptée depuis plusieurs années nous semble remplir aussi complètement que possible toutes ces conditions.

DIAMÈTRES.

Pour la petite construction : les instruments de physique, les armes, les machines à coudre, il convient, à partir de $3^{m/m}$ jusqu'à $10^{m/m}$ inclusivement, de varier les diamètres de millimètre en millimètre. L'outillage, pour ces diamètres, est d'ailleurs relativement peu coûteux. Au-delà et jusqu'à $50^{m/m}$ inclusivement, il suffit de varier les diamètres de $5^{m/m}$ en $5^{m/m}$, en intercalant chaque fois un diamètre. Soit :

Une première série de 8 diamètres,

3, 4, 5, 6, 7, 8, 9, 10,

et une deuxième série de 12 diamètres,

12, 15, 18, 20, 23, 25, 28, 30, 32, 35, 37, 40, 42, 45, 47, 50.

On a rarement lieu de dépasser 50^m/^{m}; si l'emploi de diamètres supérieurs était jugé utile, on varierait de 5 en 5^m/^{m} à partir de 50^m/^{m}.

PAS.

Pourvu que les filets aient une résistance suffisante, il convient de les rapprocher le plus possible; ils sont d'abord plus faciles à produire, puis, le plan incliné étant plus réduit, l'action du filet est plus énergique; en outre, la tendance au desserrage est moins grande.

Cette condition du rapprochement des filets est facile à remplir pour les grands diamètres; il n'en est pas de même pour les petits : si on appliquait à ces derniers ce qui est possible pour les grands, les filets auraient trop peu de résistance, surtout s'ils étaient pratiqués dans la fonte; on est ainsi conduit à adopter pour les petits diamètres une rampe plus forte que pour les grands; on la diminue graduellement à mesure que le diamètre augmente.

Notre plus forte rampe est de 6°/₀; elle se réduit à environ 3°/₀ pour le diamètre de 50^m/^{m}.

Pour base du rapport entre le diamètre et le pas, nous avons adopté 0,08D + 1. Cette base est depuis longtemps en usage dans nos ateliers. M. Armengaud propose de l'appliquer d'une façon constante.

FORME DU FILET.

La mesure d'angle que nous avons adoptée — 60° — nous semble la plus commode. Elle diffère peu d'ailleurs de celle de Whitworth — 52° — et de celle de notre ancienne série — 55°.

Nous sommes convaincus qu'un arrondissement assez sensible de l'angle à l'extérieur, ainsi qu'au fond du filet, est de toute nécessité. Les angles aigus sont certainement plus faciles à produire — à première vue, quand l'outillage est tout neuf — que les angles sensiblement arrondis, mais d'autres considérations plus sérieuses doivent faire renoncer à ce petit avantage.

L'arrondi du fond augmente sensiblement la force du filet; l'arrondi extérieur le rend moins sensible aux effets des rencontres avec les corps durs. Mais ce n'est pas tout : dans un outillage que l'on ne peut pas affûter, les angles trop aigus risquent facilement de se brûler à la trempe; réussirait-on, à force de précautions, à éviter cet inconvénient, à l'usage ils s'émousseront plus vite que des angles plus arrondis.

DIMENSIONS DE NOTRE SÉRIE ET COMPARAISON ENTRE CELLES DES SÉRIES D'AUTRES CONSTRUCTEURS

Première planche. — Tableau comparatif des diamètres, pas et rampes des séries :

Chemins de fer français.

Denis Poulot (proposée).

Vignole d'Armengaud (proposée).

Bodmer (adoptée par M. Reisbauer, fabricant d'outillage de taraudage, à Zurich).

Whitworth.

Ateliers Ducommun.

Deuxième planche. — Tableau comparatif graphique des mêmes séries.

SÉRIE PROPOSÉE PAR M. ARMENGAUD.

Elle admet pour quelques diamètres des mesures fractionnaires; c'est un inconvénient pour la fabrication; ces mesures se prennent moins exactement que les mesures rondes; les diamètres des boulons doivent d'ailleurs coïncider avec les autres mesures employées dans la construction.

En outre, ainsi que le fait observer M. Denis Poulot, il faudrait, si on adoptait ces diamètres, modifier les mesures usitées jusqu'à présent pour les fers du commerce.

Les pas ont des mesures fractionnaires mal commodes.

La rampe du filet est trop forte pour les petits diamètres.

SÉRIE PROPOSÉE PAR M. DENIS POULOT.

Ne comprend que les diamètres de 7 à 40^m/^{m}.

La rampe du filet convenable pour les diamètres moyens est trop forte pour les petits et pour les grands.

L'angle proposé pour les filets a 60°; mais, suivant nous, il n'est pas assez arrondi.

SÉRIE DES CHEMINS DE FER FRANÇAIS.

Ne comprend que les diamètres de 8 à 40^m/^{m}.

La rampe est trop forte pour les petits diamètres; elle est trop faible pour les autres.

Les filets ont un angle trop faible : 35°; étant en outre trop profonds, ils n'offrent pas une résistance suffisante, surtout pour la fonte.

L'entretien de l'outillage doit être coûteux.

SÉRIE BODMER.

Elle est assez convenablement graduée; les filets sont un peu trop faibles; les pas ont des fractions mal commodes à retenir et à prendre.

SÉRIE WHITWORTH.

(En usage dans toute l'Angleterre et à part les Compagnies françaises, adoptée par presque toutes les Compagnies de chemin de fer du Continent)

La question du système de mesures à part, cette série a presque toutes les qualités désirables; les pas moyens sont bien gradués, seulement les pas des petits et des grands diamètres sont trop forts; cela n'a du reste d'inconvénient que pour les premiers. Les filets sont bien nourris, leurs arrondis prononcés.

SÉRIE DES ATELIERS DUCOMMUN.

Sans qu'il ait été nécessaire d'admettre pour les diamètres des mesures fractionnaires et pour une partie des pas des mesures fractionnaires mal commodes à retenir ou à produire, la rampe des filets se rapproche beaucoup de la rampe uniforme proposée par M. Armengaud; à partir du diamètre de $18^{m}/^{m}$, elle augmente graduellement pour les petits diamètres — c'est, croyons-nous, une nécessité; — elle diffère peu aussi, pour les pas moyens, des rampes des séries Denis Poulot, Bodmer et Whitworth.

Les diamètres sont très sensiblement ceux de Whitworth, traduits en mesures métriques.

Troisième planche. — Diamètres, pas de la série des *Ateliers Ducommun*, forme, hauteur, profondeur et arrondis des filets.

———

Pour tous les pays où le système métrique est en usage, il y aurait évidemment un grand intérêt à adopter un système uniforme de dimensions pour les diamètres et les filets des boulons et des vis. L'entente n'est pas impossible; mais de là à l'application du système dans la pratique — avec toutes les conséquences désirables — il y a loin.

Pour obtenir le résultat voulu, il faudrait :

1° Que toutes les vis mères des tours à fileter servant à la fabrication des tarauds fussent parfaitement identiques — il ne serait pas rare d'en trouver différant entr'elles de $2^{m}/^{m}$ par mètre;

2° Que toutes les mesures, jauges, peignes servant à la fabrication des tarauds soient conformes aux étalons adoptés, tant pour les dimensions des diamètres et des pas que pour la forme des filets;

3° Que l'outillage servant à la fabrication des tarauds, ainsi que celui servant à la fabrication proprement dite des boulons et des vis, soit établi suivant les règles de l'art et toujours maintenu en parfait état de fonctionnement.

L'outillage usé a nécessairement pour effet de modifier les mesures et de déformer les filets. Il n'y a d'ailleurs aucune économie à se servir d'un outillage défectueux : les retouches, les rebuts, une moins grande célérité dans la fabrication, se chiffrent plus haut que les dépenses que nécessite un excellent entretien de l'outillage. — Nous ne parlons même pas de la différence dans la qualité de la fabrication.

En vue d'obtenir un outillage uniforme et, par suite, des produits uniformes, voici, suivant nous, les moyens qui devraient être employés :

Les pays qui adopteraient un système uniforme de dimensions pour les diamètres et les pas de vis, s'entendraient pour établir les étalons nécessaires : une ou plusieurs séries de ces étalons seraient déposées — pour chaque pays — dans un établissement public de vérification.

Pour la fabrication soit des types à livrer à l'industrie, soit de l'outillage — *poinçonné* — du taraudage, les fabricants seraient admis à un concours permanent ; ceux qui seraient reconnus capables d'exécuter ce travail avec l'exactitude voulue, recevraient un poinçon de l'Etat.

Les produits des fabricants détenteurs du poinçon de l'Etat devraient être frappés de ce poinçon, et, en outre, du nom du fabricant et d'un numéro d'ordre ; après achèvement, ils seraient envoyés au contrôle qui délivrerait, après vérification, un certificat d'identité et de conformité aux étalons ; un duplicata du certificat serait délivré aux acheteurs.

L'adoption d'un système uniforme de dimensions pour le taraudage des boulons ne donnerait pas lieu aux difficultés et aux dépenses dont on est assez disposé à s'effrayer à première vue. Tout l'outillage nécessaire au taraudage proprement dit — types, calibres, peignes, filières, tarauds — s'use assez promptement ; il y a économie pour la fabrication à le renouveler au fur et à mesure de l'usure préjudiciable.

On ne se servirait du nouvel outillage qu'après épuisement des approvisionnements de boulons, vis et écrous, et on réserverait ensuite l'ancien pour les réparations des travaux pour lesquels l'ancien système a été employé.

Dans une fabrication hérissée de détails, employant par conséquent beaucoup de boulons et de vis, nous avons, en moins d'une année, substitué les nouveaux types aux anciens, et cela sans éprouver toutes les difficultés qu'on s'imaginait à l'origine.

RAPPORT

présenté au nom du comité de mécanique sur un mémoire de
M. Steinlen, relatif aux dimensions à adopter pour les vis à
filets triangulaires, par M. Camille Schœn.

Séance du 24 septembre 1873,

Messieurs,

Dans notre dernière réunion du comité de mécanique, M. Steinlen nous a présenté une étude comparative des différentes dimensions adoptées par les constructeurs pour l'établissement des vis à filets triangulaires; il nous signalait en même temps les avantages qu'il y aurait à adopter pour ces dimensions des mesures métriques faciles à déterminer et faciles à exécuter. Les dimensions admises par chaque constructeur pour les diamètres dont il fait usage, forment des séries complètes; parmi ces séries, celles qui sont établies de la manière la plus rationnelle et la plus pratique, se sont répandues, et sont devenues peu à peu des types que chacun a adoptés.

Nous voyons d'après le travail de M. Steinlen, qui vous est soumis aujourd'hui, qu'il' y a trois types dont l'emploi paraît s'être le plus généralisé, au moins dans notre rayon industriel. Ce sont le type adopté par les chemins de fer français, le type adopté par les constructeurs anglais et par beaucoup de grandes Compagnies de chemins de fer du continent, connu sous le nom de série ou type Whitworth, du nom du célèbre constructeur qui le proposa et le fit admettre en Angleterre dès l'année 1841, et le type adopté par les ateliers de MM. Ducommun.

A côté de ces séries types, il en est d'autres qui ont été proposées à différentes époques par des ingénieurs, et qui sont établies suivant des proportions raisonnées; mais elles présentent en général des gradations trop nombreuses, dont l'emploi n'est pas indispensable, et dont il convient, par suite, de se passer, à cause des frais et des complications inutiles que leur application pourrait entraîner dans la fabrication courante.

Nous nous trouvons donc en présence de trois types expérimentés chacun depuis bien des années, et sur chacun desquels on peut aujourd'hui se prononcer avec connaissance de cause.

Parmi ces types, le plus répandu est celui de Whitworth rapporté à des mesures anglaises et pour les diamètres et pour le pas; les diamètres sont exprimés en pouces et en fractions de pouces depuis 3/16 de pouce jusqu'à 2 pouces; ils forment une série de 18 diamètres; les longueurs du pas sont exprimées en fractions de pouces allant de 1/24 jusqu'à 1/4 de pouce, et formant une série de 14 pas différen's.

Ces fractions de pouces, très simples en mesures anglaises, donnent des dimensions très compliquées quand on les exprime en mesures métriques françaises, telles que 15$^{m/m}$9, 25$^{m/m}$4 pour les diamètres, et 2$^{m/m}$309, 3$^{m/m}$175 pour les pas.

On conçoit combien il est gênant et presque impossible de mesurer de pareilles dimensions. Ce sont ces difficultés et l'avantage d'une uniformité générale qui ont amené les ingénieurs des Compagnies des chemins de fer à établir et à adopter exclusivement une nouvelle série basée sur des mesures métriques faciles à obtenir.

Le type Whitworth, par ses dimensions, se prête très bien au taraudage pour tous les matériaux, et c'est là un point très important pour les praticiens. Ces derniers lui font le reproche d'avoir le pas un peu trop grossier pour les petits diamètres, et souvent ils ont été obligés d'adopter dans leurs ateliers des pas plus fins pour les diamètres au-dessous de 15m/m.

La série adoptée par les chemins de fer français et par la marine s'écarte assez sensiblement pour les gros diamètres du type Whitworth, et son application dans les ateliers de construction a montré que si elle se prête bien au taraudage du fer, elle laisse à désirer pour le taraudage des trous percés dans la fonte. Par suite du rapprochement des filets et de leur profondeur, la fonte s'ébrèche trop facilement, et nous avons pu voir, dans des ateliers où l'on avait adopté ce type, que l'on prenait un pas plus fort que celui correspondant au diamètre, lorsqu'on avait à tarauder des pièces de fonte.

De plus, cette série n'est pas complète; elle s'arrête aux diamètres de 7m/m, et souvent on a besoin de diamètres beaucoup plus petits.

M. Steinlen vous présente une nouvelle série introduite il y a quelques années déjà dans les ateliers de MM. Ducommun, où leur fabrication de machines-outils exige les dimensions de vis les plus variées pour toutes espèces de matériaux. Cette série a des mesures métriques très simples, et en l'établissant, on a tenu compte des inconvénients que l'expérience avait signalés dans l'emploi des séries précédentes; l'habileté et les soins que cette maison apporte à tous les détails de sa fabrication, donnent à cette série l'appui d'une autorité qui aura sa valeur auprès des praticiens. Cette série est la traduction en mesures métriques du type Whitworth avec des pas plus fins pour les petits diamètres; dans les dimensions moyennes, elle se rapproche du type des chemins de fer français, mais elle s'en écarte dans les gros dia-

mètres pour en permettre l'application uniforme à tous les matériaux.

En comparant les tracés graphiques de cette série avec ceux
des séries proposées par différents ingénieurs[1], on voit qu'elle se
rapproche beaucoup de ces dernières et qu'elle peut être considérée comme leur mise à exécution, en évitant des dimensions de
fer non marchand et les gradations trop nombreuses.

En vous présentant ce travail, d'un grand intérêt au point de
vue technique, M. Steinlen a surtout voulu fixer votre attention
sur l'utilité d'une entente commune entre les constructeurs pour
adopter une série-type qui répondrait autant que possible à toutes
les exigences de l'industrie.

Cette entente aurait des avantages sérieux pour les constructeurs de machines comme pour les consommateurs, en facilitant
et simplifiant la fabrication ; toute simplification en industrie se
traduit par une économie réelle au profit du consommateur.

L'utilité de cette entente a déjà été comprise il y a bien des
années. Ainsi M. Armengaud, dans le *Vignole des mécaniciens*,
insiste sur ce point, en disant combien il serait désirable d'arriver
à adopter une série générale et uniforme, qui s'applique avec une
régularité telle, que dans un lieu quelconque un mécanicien ayant
à réparer ou à compléter une machine, trouve dans son outillage
de quoi remplacer le boulon ou l'écrou qui lui fait défaut. Depuis
longtemps chacun a compris la grande utilité d'avoir des pas de
vis uniformes aux raccords des pompes à incendie, pour que tous
les boyaux de réserve s'adaptent indistinctement à toutes les
pompes. Il a paru sur cette matière différentes propositions et
travaux sérieux qui méritent d'être pris en considération pour la
solution de la question qui vous est soumise.

Votre comité de mécanique reconnaît l'utilité de cette entente
et l'opportunité qu'il y aurait de la provoquer à nouveau, en ce

---

[1] ARMENGAUD, *Vignole des mécaniciens*, Paris, 1873. — DENIS-POULOT,
Notice sur le taraudage et son outillage, 1866, publié en 1862 dans l'Annuaire
de la Société des anciens élèves des écoles des Arts-et-Métiers.

moment où les systèmes de poids et mesures se transforment
dans différents Etats du continent, et sont remplacés par le système métrique des poids et mesures français.

Cette transformation étant faite, beaucoup de transactions,
beaucoup de dimensions conventionnelles, beaucoup d'usages de
conditionnements sont basés encore sur d'anciennes mesures
abrogées, et dont le plus souvent il est difficile de trouver un
équivalent exact. Ces transactions, ces usages doivent nécessairement être modifiés pour s'adapter au nouveau système.

Ce mouvement de transformation, dont l'utilité et la nécessité
se font sentir partout, a déjà commencé et a eu pour premier
résultat la convocation à Vienne des différents congrès industriels
qui s'y sont réunis dans ce but pendant l'Exposition.

C'est dans ces moments qu'il faut savoir profiter de l'expérience
acquise, pour que les nouvelles solutions données à ces questions
techniques soient aussi rationnelles que possible, afin que chacun
trouve avantage et intérêt à les adopter. Le travail de M. Steinlen
est un jalon posé dans cette voie. Si une uniformité générale est
peut-être difficile à atteindre de prime abord, nous pensons qu'il
suffira que quelques constructeurs adoptent un type bien raisonné
et approprié à toutes les exigences de la pratique, pour que, par
la force des choses, il se répande dans un temps assez restreint.

Votre comité de mécanique croit que pour arriver à l'entente
proposée, il faudrait consulter les constructeurs, les fabricants de
boulons, recueillir leur avis et leurs observations, les discuter et
établir d'un commun accord un type, ou se rallier à celui adopté
par les ateliers Ducommun, sauf à y introduire quelques modifications, s'il y a lieu. Il pense qu'une tentative faite dans ce sens
aura chance de succès. Votre comité de mécanique vient donc
vous demander d'accorder votre appui et votre patronage à cette
proposition de M. Steinlen; il vous demande à cette fin qu'il soit
autorisé, lui ou une Commission qu'il désignerait, de soumettre
en votre nom le travail de M. Steinlen et sa proposition aux principaux constructeurs de notre rayon industriel et de l'extérieur,

s'il y a lieu; de réunir leurs observations, puis plus tard, de provoquer une réunion des différents intéressés dans notre local, pour y délibérer sur l'établissement d'une série de types qui seraient proposés à l'adoption de tous les constructeurs. Cette réunion aurait aussi à s'entendre sur les mesures à prendre pour conserver à ces types le plus de stabilité dans l'exécution pratique.

Nous devons ajouter dès maintenant que plusieurs constructeurs sont entrés dans les vues de votre comité et nous ont assuré leur concours en exprimant le désir que l'on rattache à cette question tout ce qui y a directement rapport, dimensions d'écrous, têtes des vis, pas des vis et filets des tuyaux de fer taraudés pour des conduites d'eau, de vapeur, de gaz, etc.

RAPPORT

sur la marche de l'Ecole de dessin industriel et architectural (année 1872-1873), présenté au nom du comité de l'Ecole, par M. STEINLEN.

Séance du 28 Mai 1873.

MESSIEURS,

Par suite de la démission de M. Drudin, donnée au moment même de la rentrée générale des classes, l'Ecole de dessin industriel et architectural est restée fermée pendant quelques jours. En attendant qu'il ait été pourvu au remplacement du professeur démissionnaire, M. Neyser, dessinateur aux ateliers Ducommun, ayant bien voulu se charger provisoirement du cours, l'Ecole a pu être réouverte peu après l'époque réglementaire.

Après un sérieux examen des mérites des candidats mis sur les rangs par la Commission de l'Ecole, le comité de mécanique, tenant compte aussi du désir exprimé par le service de la Société alsacienne des propriétaires d'appareils à vapeur, a décidé de proposer à l'acceptation de la Société industrielle, comme professeur titulaire, M. Haffner, ancien dessinateur de l'établissement A. Kœchlin & Cᵉ, récemment nommé au poste d'agent de la Société alsacienne des propriétaires d'appareils à vapeur, et, en outre, en qualité de professeur adjoint, M. Boulanger, dessinateur aux ateliers Ducommun, le premier, aux appointements de fr. 1200, le second, aux appointements de fr. 600. Cette combinaison promet — au moyen d'une augmentation de dépense relativement peu considérable — une meilleure direction des cours et donne même la possibilité d'accepter un plus grand nombre d'élèves; il était matériellement impossible qu'un seul professeur pût suivre convenablement le travail de 70 à 80 élèves. En outre, le jeudi, précédemment jour de congé, le professeur suppléant donnera aux élèves les plus avancés un cours de géométrie élémentaire.

M. Haffner est entré en fonctions à partir du 1ᵉʳ janvier.

Le travail des élèves s'est sans doute ressenti des changements de direction dont nous venons, Messieurs, de vous entretenir; néanmoins comme vous pouvez vous en assurer par les dessins exposés, les progrès d'une partie des élèves sont satisfaisants.

Nous devons continuer à regretter l'absence de persévérance chez la plupart des élèves, car ce qu'on peut apprendre en quelques mois ne leur sera que de peu d'utilité; rien ne sert de savoir épeler si on ne passe pas à la lecture. Espérons que peu à peu, par l'attrait de l'enseignement, un plus grand nombre arrivera à apprécier le sérieux moyen de développement que vous mettez à la portée de tous.

Environ 100 élèves ont fréquenté l'Ecole.

Le nombre actuel des élèves est de 70, répartis comme suit :

1ʳᵉ année....................	40 élèves.
2ᵉ »	22 »
3ᵉ »	8 »

Age minimum, 12 ans.
» maximum, 17 »
» moyen, 15 »

Fréquentent l'école primaire : .... 18 élèves.

    »   l'école des Frères : .... 7 »

    »   l'école professionnelle : .... 3 »

Sont occupés dans les grands établissements de construction............................ 25 »

Dans des ateliers de serrurerie, de menuiserie...... 15 .

Dans des bureaux d'entrepreneur.............. 2 »

                           Total........ 70

Notre Commission vous propose, Messieurs, de voter des remercîments à MM. Neyser, Haffner et Boulanger, pour les soins voués à la bonne direction de l'Ecole, et de décerner des récompenses aux élèves les plus méritants dont les noms suivent :

1er prix : SCHLEGEL EDOUARD, 16 ans, 3ᵉ année, dessinateur chez MM. A. Kœchlin & Cⁱᵉ.

Premier 2ᵉ prix : FINET VICTOR, 18 ans, 3ᵉ année, pareur chez MM. Charles Mieg & Cⁱᵉ.

Second 2ᵉ prix : DECK AMBROISE, 17 ans, 3ᵉ année, ajusteur aux ateliers Ducommun.

1ʳᵉ mention honorable : IGERT JEAN, 13 ans, 3ᵉ année, plombier.

2ᵉ mention honorable : RAUBER LOUIS, 15 ans, 2ᵉ année, ajusteur chez MM. Welter & Weidknecht.

3ᵉ mention honorable : WEIDKNECHT PAUL, 13 ans, 1ʳᵉ année, école primaire.

RAPPORT

sur la marche de l'Ecole de dessin, présenté au nom du comité des beaux-arts par M. ENGEL-DOLLFUS, *membre du comité de direction.*

Séance du 25 juin 1873.

MESSIEURS,

Votre Ecole de dessin, vous le savez, est une école élémentaire, où l'on enseigne, sans préoccupation de la carrière future des élèves, les principes généraux du dessin; son but est tout d'utilité publique, et elle est, relativement à l'enseignement de l'art proprement dit, ce que l'instruction primaire est à la science, c'est-à-dire le premier pas vers un but éloigné, si distant, qu'il n'est donné qu'au petit nombre de s'en approcher.

Si la tâche de l'instituteur primaire est, pour me servir de l'expression fort juste de l'un d'eux, de *défricher* les intelligences, la nôtre, qui consiste à donner à la fois de la mobilité et de la sûreté à la main pour la mettre, assouplie, au service du jugement et du coup d'œil, n'est ni moins ardue, ni moins laborieuse, car c'est dans les villages des environs de Mulhouse que M. Eck recrute le plus grand nombre des enfants qui suivent ses cours.

Ce labeur incessant, auquel il a donné trente années, et que vous jugerez certainement digne d'une récompense spéciale, lui avait, au moins jusqu'à présent, offert une compensation : celle de conserver et de pouvoir mener plus loin quelques élèves bien doués; elle lui échappe! ses élèves quittent Mulhouse lorsqu'ils approchent de l'âge de 19 ans, et c'est ainsi que depuis deux ans il existe une décroissance notable dans le nombre de ceux d'entre eux qui dessinent *d'après la bosse.*

Le collége, l'Ecole professionnelle, où les classes commencent à 7 heures, en été, ont cessé d'ailleurs de nous envoyer leur contingent habituel de jeunes gens plus avancés.

Un peu de découragement de notre part vous semblerait peut-être justifié ou excusable, si, comme vous, Messieurs, nous ne savions qu'il ne peut mener à rien de bon, et qu'il faut, au contraire, lutter avec énergie et persévérance contre l'action dissolvante des événements.

La crise a, il est vrai, dispersé votre comité des beaux-arts; beaucoup de ses membres sont partis ou ont une existence forcément nomade; mais ne serait-ce pas précisément une raison de leur demander de penser à notre Société; de les inviter à lui envoyer, sous la forme de communications, le fruit des observations qu'ils peuvent avoir faites au loin, et de rappeler enfin à ces abeilles que la tourmente a chassées de leur ruche, que cette ruche est restée debout, qu'on y parle la même langue que par le passé, et qu'elle est aujourd'hui, comme autrefois, le foyer de toute initiative libre et désintéressée?

N'est-ce pas en quelque sorte un devoir filial de la soutenir de loin comme de près?

Pour ma part, je ne rentre jamais à Mulhouse sans être vivement frappé de l'énorme contraste qu'offrent les ressources inépuisables des capitales avec les moyens si restreints dont nous disposons et la physionomie relativement pauvre et uniforme de nos villes de travail, et si je m'y arrête, croyez bien que c'est sans aucune idée d'envie. Au fond, le lot que nous avait départi la Providence n'est peut-être pas le moins bon, mais je ne puis oublier que l'une de nos grandes industries est dans une certaine mesure une industrie de luxe, qu'elle s'adresse tout au moins aux classes aisées, et qu'il est indispensable que ceux qui concourent à la satisfaction à donner à des goûts raffinés, aient au moins des notions du but à atteindre et de la perfection à y apporter; les musées ont, à cet égard, une utilité qui n'est plus à discuter; il s'en forme de toutes parts et pour toutes les branches de l'art industriel.

Si j'avais une observation à faire, j'ajouterais que nous sommes sous ce rapport très en retard. Le nombre des musées qui ont été créés depuis quelques années en vue de favoriser le développement d'industries diverses, est considérable. Je ne vous citerai que l'un des plus récents, celui de Genève, parce qu'il est dû à la générosité d'un particulier, et que la Ville vient d'y ajouter, avec l'aide de quelques bons citoyens, des écoles de dessin et d'art appliqué à l'industrie du pays : l'horlogerie et la bijouterie.

Quel progrès avons nous, de notre côté, fait dans cette voie?

Le Musée industriel a pris possession de la salle qui lui a été attribuée au deuxième étage de l'Ecole de dessin, et déjà, comme son voisin, le Musée historique, il se trouve à l'étroit.

On est occupé à classer, étaler, étiqueter les collections précieuses dont on nous a fait don.

Tout cela demande du temps et de l'argent.

Le temps, on en trouve toujours avec du dévouement. Deux membres du comité, MM. Favre et Schœnhaupt, vous consacrent une grande partie de leurs soirées.

De l'argent! il en faudrait pour l'achat de quelques collections presque indispensables, pour l'organisation de la surveillance, pour tous ces menus détails de ménage enfin, dont il n'est pas possible de s'affranchir.

J'aime à espérer que des cartes d'abonnement prises par quelques maisons retardataires, et quelques dons sur lesquels on semble pouvoir compter, permettront bientôt au trésorier de vous présenter un budget en équilibre; je ne dois pas vous cacher qu'il serait très boiteux s'il devait vous être soumis en ce moment-ci.

D'après les vues de vos comités des beaux-arts et du Musée industriel, les collections devront se composer de trois grandes catégories :

I. *Collection historique de l'impression*, présentant dans leur ordre chronologique la succession des fabrications et des genres depuis l'origine de cette industrie. Nous en possédons tous les éléments.

II. *Collections professionnelles, composées et exposées en vue de leur utilisation, par nos dessinateurs d'industrie.*

Ce sont, à côté des collections de la plupart de nos établissements d'impression, des séries choisies de soieries, de rubans, de tissus brochés, etc.

La dépense de ce seul fait ne va pas à moins de 3,500 fr. par an, qui sont en partie couverts par des abonnements.

III. *Matériaux pour l'étude de l'art en général.*

Cette série se composera des spécimens les plus beaux en tissus de toutes espèces.

Des plâtres, des bas-reliefs, des dessins, des gravures, des photographies empruntées à l'architecture, à la statuaire, à la céramique, à l'orfévrerie, à l'ornement, au costume, permettront à chacun de s'initier au style de chaque pays et de chaque époque.

Ce cadre est étendu; mais, croyez-le bien, il ne l'est pas trop et n'a rien de fantaisiste.

A aucune époque l'artiste n'eut besoin de plus de connaissances étrangères à celles de sa profession proprement dite; à aucune époque il ne lui fallut plus de matériaux. Jamais dans la peinture d'histoire, dans le genre et même dans l'ornement, on n'attacha autant de prix à la *couleur locale*, à la vérité historique.

Et pourquoi?

La cause n'en est pas difficile à saisir quand on voit chacun collectionner et faire de la chose de son choix ou de ses prédilections l'objet d'observations, et, plus que cela, d'études minutieuses, patientes et souvent passionnées.

Quoi d'étonnant qu'il se soit formé dans ces conditions un public nouveau, pénétré d'un esprit critique avec lequel il faut de plus en plus compter dans les arts aussi bien que dans les lettres ou au théâtre, et, par contre-coup, dans l'art industriel?

Le culte de l'idéal n'y a pas gagné, il faut bien le dire. Il lui faut des coudées plus franches et plus de place à l'inspiration.

Mais cette soif du vrai, du vraisemblable, de la fidélité poussée quelquefois à l'excès, a son bon côté dans son étroitesse; elle nous fait vivre avec ceux qui nous ont précédés; nous fait mieux comprendre l'histoire et nous révèle une époque, comme les portraits du temps de Henri II ou de Charles IX qu'on voit au Musée du Louvre, reflètent aux yeux de l'observateur le moins expérimenté les mystères, le trouble, la méfiance et les crimes de ces temps agités.

Il n'y a pas à résister à ces tendances que j'appellerais *ultra-réalistes,* si l'on ne s'était déjà emparé de ce mot pour lui donner une signification un peu différente, et si ma pensée ne dépassait pas sa portée. Ne pas les comprendre ou ne pas les suivre, ne fût-ce qu'à distance, serait s'exposer à perdre son rang, et, à un point de vue plus pratique, sacrifier à l'avance les avantages que procure la connaissance parfaite du goût régnant et la possibilité d'y satisfaire.

Collectionnons, collectionnons donc, Messienrs, non par esprit d'imitation, non par plaisir ou par caprice, mais bien par une prévoyance bien entendue, car c'est en étudiant, c'est en classant méthodiquement les matériaux de l'instruction nouvelle qu'ils ont à acquérir et à répandre, c'est en s'assimilant les formes si origi-nales qui passeront sous leurs yeux, que nos dessinateurs industriels stimuleront leur imagination, épureront leur goût et s'identifieront le mieux avec les genres qu'ils pourront avoir à traiter.

Le public devient de plus en plus instruit; il dépiste l'anachronisme à cent pas. Il veut, il exige *le vrai,* et, à défaut, le vraisemblable dans la fiction.

En d'autres termes, il entend que désormais le Persan soit du Persan *authentique* (vous l'étudierez dans de Beaumont ou chez Collinot), le Louis XIV du *pur* Louis XIV (les recueils de Lepautre vous le donnent dans toute sa pompe), et le Louis XVI du *vrai* Louis XVI, avec toutes ses finesses si bien repro uites par les monographies de Pfnorr et d'autres ouvrages spéciaux.

Le temps des pastiches, où se confondent, d'une manière si discordante pour l'initié, tous les genres, toutes les époques, est décidément passé. Notre industrie est mise en demeure de compléter son instruction, comme l'ont été, avant nous, d'autres branches qui empruntent une grande partie de leur force au dessin et à la couleur. Moins on leur demandera d'originalité ou d'esprit d'invention, plus on exigera d'elles qu'elles soient successivement et selon la vogue : *de tous les temps et de tous les pays.*

RAPPORT

de M. F. ENGEL-DOLLFUS, *vice-président trésorier du comité d'administration de l'Ecole de filature et de tissage mécanique.*

Séance du 28 mai 1873.

MESSIEURS,

Je viens, en l'absence du président de votre comité d'administration, vous présenter la situation financière de votre Ecole.

Il est bien rare que l'enseignement soit une source de bénéfices, et certes vous ne les recherchiez pas en fondant cet établissement coûteux; mais il vous était cependant permis d'espérer, qu'en raison même du besoin qui s'en était fait sentir depuis longtemps, notre Ecole, qui répondait si bien aux vœux des parents toujours embarrassés de faciliter les débuts de leurs fils dans la carrière industrielle, reposerait sur des assises plus fermes, et serait fréquentée par un plus grand nombre d'élèves !

Cette attente a été déçue en partie, et nous le déplorons vivement; car il est triste de voir des ressources d'instruction si difficiles à réunir, rester négligées, et il est tout aussi regrettable d'en être encore, après onze années d'existence, à douter du sort de la première Ecole technique qu'ait fondée dans notre ville *l'initiative privée.*

Peut-être ne faisons-nous pas assez de publicité ? peut-être avions-nous trop compté sur la propagande que feraient les élèves eux-mêmes à leur sortie de l'Ecole ?

Ils auraient pu dire en effet que, grâce à l'excellente instruction qu'ils avaient reçue, la plupart d'entre eux avaient pu éviter le stage si long, si incomplet, si onéreux qu'ils auraient eu à solliciter (et qui devient de plus en plus difficile à obtenir) dans les établissements industriels. Ils auraient pu ajouter encore que notre Ecole est libre de toute ingérence gênante, que son but est exclusivement industriel, qu'affranchie du souci de l'instruction générale, elle ne cherche qu'une chose : à former des filateurs, des tisserands, des directeurs, des contre-maîtres, connaissant à fond, chose si rare! la théorie de leur profession, et possédant d'ailleurs suffisamment de pratique pour rendre des services immédiats aux chefs d'établissements ayant besoin d'auxiliaires instruits.

Il nous serait facile d'invoquer et d'obtenir des témoignages rendant haute justice aux services rendus par notre Ecole, et de les répandre à profusion; mais à quoi bon! Ils n'ajouteraient, croyons-nous, rien à l'autorité de nos paroles, car il doit nous être permis d'affirmer, sans crainte d'être contredit, que lorsque les établissements les plus considérables d'une région industrielle aussi importante que l'est la nôtre, s'unissent pour fonder une Ecole technique, elle réunit à coup sûr les conditions les plus favorables à son succès, c'est-à-dire à l'instruction des élèves, véritable et seul but de son existence.

L'outillage qui sert aux démonstrations est complet, et comprend les machines les plus perfectionnées de filature et de tissage.

Comme complément d'instruction, les principaux établissements sociétaires continuent à accorder libéralement à nos élèves la visite de leurs ateliers.

Quant à la direction, nous n'avons plus à en faire l'éloge; chacun rend entière justice au mérite, au zèle du directeur, dont le concours dévoué nous est acquis comme par le passé.

Comment se fait-il donc que des conditions semblables, qu'un concours de circonstances si exceptionnelles ne semblent pas plus appréciées? Les événements des dernières années répondent, hélas! pour nous.

Voici quel a été successivement le nombre de nos élèves depuis l'origine :

	Elèves
1861/62	15
1862/63	22
1863/64	24

1864/65...................... 35
1865/66...................... 30
1866/67...................... 33
1867/68...................... 35
1868/69...................... 29
1869/70...................... 40
1870/71...................... 15
1871/72...................... 18
1872/73...................... 31

Vous remarquerez quelle influence fatale la guerre a euc sur ce mouvement.

Nous ne sommes pas relevés encore de ce coup, mais le caractère international de notre institution, qui doit cependant avant tout et surtout profiter à l'Alsace sous peine de faillir à sa mission, nous permettra, espérons-le, de la soustraire au sort qu'a éprouvé notre Ecole de commerce, si prospère d'ailleurs sous sa forme et dans sa résidence nouvelles, mais désormais trop loin de nous pour nous rendre les mêmes services.

Sous le rapport de la nationalité, les élèves se répartissent ainsi pour les deux dernières années :

	Elèves en 1872.	Elèves en 1873.
France.............	11	10
Alsace.............	8	9
Suisse.............	5	4
Allemagne.........	3	2
Italie	3	1
Hollande	1	
Angleterre.........	—	1
	31	27

Il nous est difficile de préjuger du recrutement de cette année; il présente d'ailleurs des difficultés dont il vous est facile de saisir la nature, et dont l'issue finale décidera du sort définitif de l'Ecole. Moins convaincus de son utilité, plus préoccupés de vos intérêts, nous vous eussions peut-être demandé, s'il y avait lieu de continuer des sacrifices dont on ne nous tient pas suffisamment compte, mais il nous en coûterait d'abandonner dans une heure de découragement, quelque justifié qu'il pût être, le résultat de tant d'efforts intelligents. Nous vous rappelons du reste que l'exercice de 1871/72 s'est soldé par un bénéfice de *6122 fr. 30.*

Nous vous demandons donc, Messieurs, de continuer votre œuvre, de l'appuyer, de la faire connaître et de la recommander vous-mêmes chaudement aux familles, afin qu'elle leur soit présentée avec le caractère de haute utilité et de désintéressement qui a présidé à sa création. J'ose le dire, il en est bien peu dont l'abandon serait *aussi vivement senti,* s'il venait à être décidé.

Voici l'état de nos recettes et dépenses, ainsi que l'état général de notre situation :

ACTIF.

Immeubles et meubles............ fr.	81,666	45
Nouveau tissage mécanique.........	33,529	45
Dépenses. — Inventaire...........	389	90
Filature	520	75
Fabrication	887	95
Eclairage et chauffage..........	126	—
Caisse en espèces	3,159	05
Dollfus-Mieg et Cⁱᵉ, en compte-courant débiteur	89	55
Profits et pertes :		
Déficit au 29 février 1872 .... fr. 3,427 30		
Perte en 1872/73 .... • 2,203 60	5,630	90
	126,000	**—**

PASSIF.

H. Thierry-Kœchlin en compte-courant...... fr.	1,000	—
56 actionnaires pour 125 parts.............	125,000	—
	126,000	**—**

Recettes.

Ecolage des élèves réguliers.............	7,800	—
Filature................................	2,419	25
Perte en 1872/73 (sans intérêts aux actionnaires)	2,203	60
	12,422	**85**

Dépenses.

Dépenses diverses.......................	660	20
Emoluments et paies	10,846	25
Eclairage et chauffage..................	584	55
Intérêts 4 %, bonifiés à Dollfus-Mieg et Cⁱᵉ en compte-courant....................	221	70
Fabrication	110	15
	12,422	**85**

Je vous prie de voter l'approbation de ces comptes.

Comme vous le voyez, ils constatent pour l'exercice
1872/73 un déficit de .... fr. 2,203 60

Auquel il y a lieu d'ajouter :

Déficit non couvert des années précédentes.......... 3,427 30

Et pour n'atténuer en rien le tableau de la situation.. 5,110 95
représentant les anticipations d'écolages payées par vingt-sept élèves
(l'encaisse et 1000 fr. dus déduits) à la date du 28 février, époque de
la clôture des écritures, et non reportées à nouveau suivant l'usage
des années précédentes.

Notre budget de dépenses (sans aucun service d'intérêts) ne dépasse
pas une douzaine de mille francs par an. Il nous reste à vous demander, pour votre comité d'administration, l'autorisation de combler éventuellement par voie d'emprunt la différence qui pourrait se produire
dans le courant de l'exercice entre cette somme et les recettes pour
l'écolage qu'il nous est impossible d'évaluer dès à présent, mais sur
lesquelles il y a déjà une somme de *4,150 fr.* assurée par les élèves
présents.

Une assemblée extraordinaire qui, d'après les statuts, devra être
convoquée avant la fin de l'année courante, aura à se prononcer sur
la continuation ou la liquidation de notre société.

Nous vous proposons de la convoquer pour le courant de décembre;
on aura alors pu juger de la rentrée d'octobre.

Finalement, Messieurs, vous avez à procéder à l'élection de cinq
membres sortants de votre comité d'administration.

D'après l'ordre de roulement ce sont :

> MM. Henri Thierry-Kœchlin.
> F. Engel-Dollfus.
> Edouard Gros.
> Théodore Frey.
> Edouard Vaucher.

dont le mandat est à renouveler.

Par l'addition de 19 parts, dont l'émission a été votée par l'Assemblée générale des sociétaires, le 10 avril 1872, le nombre des parts
formant le passif de l'Ecole est de 125, savoir :

Parts.

MM. Veuve Jacques André à Thann.............................. 1

   A. Astruc et Cie à Bühl....................................... 1

   Blech frères à Sainte-Marie-aux-Mines........................ 1

   Henri Baumgartner à Mulhouse................................. 1

   Boigeol-Japy et Cie à Giromagny............................. 3

   L. Bian à Sentheim... 1

   E. Bindschedler à Thann...................................... 1

   Baudry et Cie à Cernay...................................... 1

   Bourcart fils et Cie à Guebwiller........................... 1

   F. Bourgogne, Ve Appuhn et Cie à Saint-Maurice............. 1

   Dollfus-Dettwiller à Mulhouse................................ 1

   Dollfus-Mieg et Cie à Mulhouse.............................. 10

   Auguste Dollfus à Mulhouse................................... 2

   Jacques Dietsch à Sainte-Marie-aux-Mines..................... 1

   Eugène Diemer à Sainte-Marie-aux-Mines....................... 1

   F. Engel-Dollfus à Mulhouse.................................. 5

   Emile Fries à Mulhouse....................................... 2

   Ferd. et Th. Frey à Guebwiller............................... 5

   Henry Frey-Witz à Guebwiller................................. 5

   N. Géliot à Plainfaing....................................... 3

   A. Gelly à Huttenheim.. 1

   James Gros et Cie à Cernay.................................. 1

   Gros, Roman, Marozeau et Cie à Wesserling................... 3

   Albin Gros à Paris... 2

   A. Grunélius Kœchlin, Mulhouse............................... 5

   E. Huguenin à Mulhouse....................................... 2

   Hartmann et fils à Munster................................... 1

   Filature et tissage Xavier Jourdain à Altkirch............... 1

   J. Kœchlin-Hurlimann à Mulhouse.............................. 5

   Frères Kœchlin à Mulhouse.................................... 1

   Nap. Kœchlin et Cie à Massevaux............................. 2

   Christian Kiener à Epinal.................................... 2

   Charles Kestner à Thann...................................... 1

   Les fils d'Isaac Kœchlin à Willer............................ 2

   Nicolas Kœchlin, père, Paris................................. 9

   Les fils d'Emanuel Lang à Mulhouse........................... 1

   Ch. Mieg et Cie à Mulhouse.................................. 1

   Math. Mieg et fils à Mulhouse................................ 2

   Ch. Rogelet et Cie à Bühl................................... 2

   De Régel, Scheidecker et Cie à Lutzelhausen................. 1

   Georges Risler à Cernay...................................... 1

   Schlumberger-Steiner et Cie à Mulhouse...................... 1

   J. B. Spetz à Issenheim...................................... 1

MM. Jules Siegfried au Havre................. 1
Jacques Siegfried au Havre..................................... 1
G. Steinheil Dieterlen et Cie à Rothau........................ .. 1
Henri Schwartz à Mulhouse 2
Stéhelin et Cie à Thann...... 3
Steinbach-Kœchlin et Cie à Mulhouse 2
A. Scheurer-Roth et fils à Thann............................. 1
Henri Thierry-Kœchlin à Paris............................... 9
Ch. Thierry-Mieg. père, à Mulhouse............................ 1
Thorens et Cie à Mulhouse....................................... 1
Ch. Thierry-Mieg fils, Mulhouse............................... 1
E. Vaucher et Cie à Mulhouse...... 5
Zetter Tournier et Cie à Mulhouse.... 2

ÉCOLE DE FILATURE ET DE TISSAGE MÉCANIQUE DE MULHOUSE

FONDÉE SOUS LE PATRONAGE DE LA SOCIÉTÉ INDUSTRIELLE.

Les examens de fin d'année des élèves de l'Ecole, ont eu lieu jeudi le 24 juillet 1873, et ont donné les résultats suivants :

DIVISION DU TISSAGE.

Certificats de capacité de 1er ordre.

ADOLPHE HARDMEYER, de Zurich (Suisse) .... 19 points sur un maximum de 20 points.
JEAN HAURY, de Soultz (Haut-Rhin) 18   »
LOUIS VIDON, de Bourg-Argental (Loire)........ 18   »
JEAN SPENLÉ, de Munster (Haut-Rhin) 17
EMILE QUÉTEL, de Luxeuil (Haute-Saône) 17

Certificats de capacité de 2e ordre.

FRÉDÉRIC WEIMANN, de Mulhouse............. 15
LÉON KESSELER, de Lunéville (Meurthe)........ 14

DIVISION DE LA FILATURE.

Certificats de capacité de 1er ordre.

JEAN HAURY, de Soultz (Haut-Rhin)........... 18 points sur un maximum de 20 points.
JEAN SPENLÉ, de Munster (Haut-Rhin)......... 17   »
EMILE QUÉTEL, de Luxeuil (Haute-Saône)...... 17
FRÉDÉRIC DE CONINCK, du Havre (Seine-Infér.).. 17
PAUL PERRIN, de La Bresse (Vosges) 17

Certificats de capacité de 2e ordre.

PAUL LUNG, de Moussey (Vosges),............. 16
GUILLAUME VANZINA, d'Arona (Italie) 15

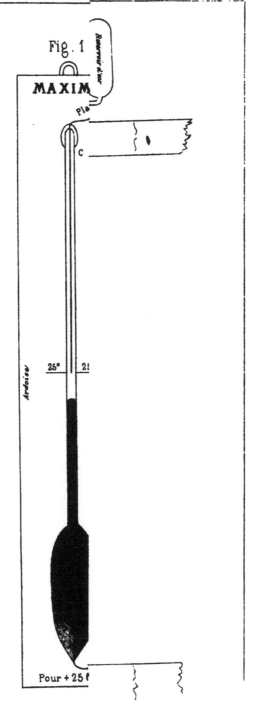

BULLETIN

DE LA

SOCIÉTÉ INDUSTRIELLE

DE MULHOUSE

(Octobre 1873)

PROGRAMME DES PRIX

proposés par la Société industrielle de Mulhouse dans son assemblée générale du 28 mai 1873, pour être décernés en 1874[1].

PRIX EMILE DOLLFUS.

Sur la généreuse proposition de la famille de M. Emile Dollfus, qui a offert d'en faire les frais pour honorer la mémoire de son chef, la Société industrielle décerne tous les dix ans, à partir de 1869, c'est-à-dire pour la seconde fois en 1879,

Une médaille d'honneur et une somme de 5,000 francs à l'auteur de la découverte, invention ou application, faite dans les dix années précédentes, et qui, au jugement de la Société, sera considérée comme ayant été la plus utile à une des grandes industries exploitées dans le ci-devant département du Haut-Rhin.

Si parmi les découvertes, inventions ou applications présentées au concours, il ne s'en trouvait aucune que la Société regardât comme assez importante, le prix ne serait point décerné; mais il pourrait être accordé des primes d'encouragement dont la valeur serait proportionnée au mérite desdites découvertes, inventions ou applications.

---

[1] La plupart des questions portées dans ce programme ont déjà figuré dans celui de l'année dernière. Si la Société industrielle les maintient au concours, c'est qu'elles n'ont pas encore eu de solutions satisfaisantes.

PRIX DANIEL DOLLFUS.

Afin de perpétuer la mémoire de M. Daniel Dollfus fils, sa veuve a fait don d'une somme de 10,000 fr. à la Société industrielle, pour fonder un prix décennal dans les mêmes conditions que le précédent, avec lequel il alternera; de manière qu'une médaille d'honneur et une somme de 5,000 fr. pourront être décernées en 1874.

Toute découverte, invention ou application qui aura obtenu l'un des prix précédents, sera par là exclue des deux concours à l'avenir.

PRIX SALATHÉ.

Dans le but d'encourager dans la classe ouvrière l'esprit d'économie et de favoriser le sentiment de la famille, M. Salathé, ancien notaire, a mis à la disposition de la Société industrielle une rente de fr. 1,200.

Conformément au vœu du donateur, cette somme sera divisée en trois fractions de fr. 400 chacune, et employée de la manière suivante :

1o Il sera accordé chaque année en mai, et pour la première fois en mai 1874, une somme de fr. 400 à trois ouvriers de fabrique, Alsaciens, nés de parents alsaciens, domiciliés à Mulhouse ou Dornach, désignés par une Commission formée selon les indications de l'article 3 ci-après.

2o Les candidats à l'un des dons de fr. 400 ont à justifier des conditions suivantes :

a) Être mariés;

b) Ne pas être âgés de plus de 35 ans;

c) Avoir fait preuve d'ordre dans leur ménage;

d) Produire une attestation de leurs patrons, certifiant qu'ils travaillent depuis au moins trois années dans leur établissement, et qu'ils se sont distingués par leur travail et leur bonne conduite;

e) Apporter la preuve qu'ils possèdent une épargne de 150 à 200 francs, ou qu'ils ont dû, *dans la dernière année,* faire face par leur travail à des charges *extraordinaires* de famille ou autres, ayant pu absorber une somme à peu près équivalente;

f) Ne pas posséder d'immeuble;

g) Se faire inscrire avant le 31 octobre de chaque année au secrétariat de la Société industrielle pour le concours de mai suivant;

h) Enfin remplir un questionnaire qui leur sera délivré audit secrétariat.

3° Une Commission est chargée de l'examen des titres des candidats et de la désignation des ayant-droit aux primes à décerner; elle se compose de onze membres, savoir :

Le président de la Société industrielle,

Cinq membres de cette Société à désigner par elle, et

Cinq contre-maîtres ou ouvriers désignés successivement par les établissements de Mulhouse et Dornach dans un ordre de roulement alphabétique, en veillant, autant que possible, à ce que les principales industries de Mulhouse soient représentées dans chaque Commission.

Les fonctions des commissaires durent trois ans; ceux désignés par les établissements ne sont pas rééligibles pour la période triennale suivante.

4° L'ouvrier qui obtient une prime de fr. 400, prend, en l'acceptant, l'engagement de l'employer à l'acquisition d'une maison; cette maison devra être choisie de préférence aux Cités ouvrières de Mulhouse, en tant qu'il y en aura de disponibles.

Il verse ces fr. 400 en premier acompte du prix de vente, et y ajoute le produit de ses premières épargnes.

Le don de fr. 400 à son profit ne devient définitif, et la passation du contrat d'acquisition n'a lieu que six mois ou un an après l'entrée en jouissance, quand l'ouvrier fait présumer, par la régularité de ses paiements, son aptitude à continuer les versements de nouveaux termes.

N.-B. — La Commission tient compte de circonstances de force majeure (maladies ou autres) qui peuvent avoir empêché l'ouvrier de satisfaire régulièrement à ses engagements.

5° S'il n'y avait pas de maisons disponibles aux Cités ouvrières de Mulhouse, ou que l'ouvrier primé préférât s'établir ailleurs, mais toujours à Mulhouse, il aurait à indiquer son intention à la Commission, et à prouver que des facilités à peu près analogues à celles qui s'accordent aux Cités ouvrières lui sont données pour la libération du prix d'acquisition de la maison qu'il compterait acheter, mais dont le prix maximum ne devra pas dépasser de 4 à 5,000 fr., jardinet compris.

6° A défaut de candidats remplissant toutes les conditions voulues et jugés dignes de la prime, la Commission pourra ajourner une ou plusieurs primes à l'année suivante, en donnant le plus de publicité possible à cette décision.

7° La Société industrielle se réserve de faire réviser les articles précédents par son comité d'utilité publique, chaque fois que l'expérience lui démontrera qu'il y a lieu d'y introduire des modifications, tendant à les rapprocher davantage du but essentiel que se propose le donateur :

« Encourager l'épargne chez l'ouvrier, en lui facilitant l'accès
« de la propriété;

« Patronner et stimuler le goût de la propriété, afin de déve-
« lopper l'amour du foyer. »

Arts chimiques.

I.

Médaille de 1re classe pour la théorie de la fabrication du rouge d'Andrinople.

II.

Médaille de 1re classe pour un travail théorique établissant la constitution chimique de la substance ou des substances qui accompagnent l'alizarine dans la garance, et qui concourent avec cette matière colorante à la génération des teintes dites garancées.

III.

Médaille d'honneur à celui qui aura le premier fabriqué et livré aux fabriques d'indiennes d'Alsace un produit artificiel remplaçant la matière colorante de la garance dans toutes ses applications, et en permettant, tant au point de vue du prix qu'à celui de la quantité, l'emploi industriel.

IV.

Médaille d'honneur pour la préparation de laques de garance foncées, rouges ou violettes.

V.

Médaille d'honneur pour une substance qui puisse servir d'épaississant pour couleurs, apprêts ou parements, et qui remplace, avec une économie d'au moins 25 °/₀, toutes les substances employées jusqu'ici à ces divers usages.

VI.

Médaille d'honneur pour une substance pouvant remplacer, dans l'industrie des toiles peintes, l'albumine sèche des œufs, et présentant une économie notable sur le prix de l'albumine.

VII.

Médaille d'honneur pour une albumine du sang décolorée, et ne se colorant pas par le vaporisage.

VIII.

Médaille d'honneur pour une amélioration importante dans le blanchiment de la laine ou de la soie.

IX.

Médaille d'honneur pour un procédé de blanchiment enlevant aux tissus de coton écrus toutes les substances amylacées qu'ils peuvent renfermer, sans altérer le tissu et sans augmentation notable de dépenses.

X.

Médaille de 1re classe pour un mémoire sur l'emploi des résines dans le blanchiment des tissus de coton.

XI.

Médaille de 1re classe pour une encre devant servir à marquer les tissus de coton destinés à être teints en fonds unis rouge puce et autres couleurs foncées. Cette encre doit encore rester apparente après avoir subi toutes les opérations que ces teintures exigent.

XII.

Médaille d'honneur pour un mémoire sur le rôle que jouent les diverses espèces de coton dans le blanchiment et la coloration des tissus.

XIII.

Médaille de 1re classe pour un bleu qui puisse servir à l'azurage des laines, et résister à l'action du vaporisage et de la lumière.

XIV.

Médaille de 1re classe pour toute amélioration de produit chimique du côté de la pureté et de la concentration : acides, alcalis, sels, savons, matières colorantes et décoctions.

XV.

. Médaille d'honneur pour l'une ou l'autre des couleurs suivantes :
Rouge métallique ;
Vert métallique foncé ;
Violet métallique :
Grenat plastique ;
Une nuance de la série allant du gris-perle au bois, susceptible d'être imprimée au rouleau, avec l'albumine pour épaississant.

XVI.

Médaille d'honneur pour un travail théorique et pratique sur le carmin de cochenille.

XVII.

Médaille d'honneur pour un vert transparent, résistant à la lumière et au savon, dont l'éclat, l'intensité, l'application sur tissus de coton et le prix en rendent l'emploi possible en industrie.

XVIII.

Médaille de 2e classe pour un travail sur cette question : L'indigotine peut-elle être régénérée de ses composés sulfuriques ?

XIX.

Médaille d'honneur à celui qui aura le premier livré aux fabriques d'indiennes de l'Alsace un produit artificiel remplaçant avec avantage la matière colorante bleue de l'indigo.

XX.

Médaille de 1ʳᵉ classe à celui qui aura le premier livré aux fabriques d'indiennes de l'Alsace un produit artificiel remplaçant avec avantage les dérivés sulfuriques de l'indigo.

XXI.

Médaille de 1ʳᵉ classe pour un nouveau procédé de fixer par l'impression les couleurs d'aniline d'une manière plus complète que par l'albumine.

XXII.

Médaille d'honneur pour un noir d'aniline soluble dans un véhicule quelconque, pouvant servir en teinture, et résistant à l'action de la lumière et du savon autant que le noir d'aniline actuel.

XXIII.

Médaille de 1ʳᵉ classe pour un nouveau noir vapeur, ayant la même intensité et la même solidité que le noir d'aniline, n'affaiblissant pas le tissu et supportant le contact de toutes les autres couleurs, notamment celles à l'albumine, sans nuire lui-même aux nuances auxquelles on l'associera.

XXIV.

Médaille d'honneur pour un mémoire sur la composition du noir d'aniline.

XXV.

Médaille d'honneur pour un rouge écarlate susceptible d'applications pareilles à celles des couleurs d'aniline, qui ne soit pas plus fugace que celles-ci et pas plus cher qu'un ponceau cochenille.

XXVI.

Médaille d'honneur pour toute reproduction sur un alcaloïde artificiel ou naturel, des réactions qui, avec l'aniline, la toluidine, la naphtylamine, donnent le rouge, le bleu, le vert et le noir. Le travail devra être accompagné d'échantillons et recevra sa récompense alors même qu'il serait industriellement inapplicable.

XXVII.

Médaille d'honneur pour un moyen d'augmenter la solidité des matières colorantes artificielles.

XXVIII.

Médaille de 1re classe pour un moyen sûr et pratique d'amener le noir d'aniline, immédiatement après l'impression, au maximum d'oxydation sans avoir recours à l'aérage et sans altérer le tissu, ni attaquer les métaux servant à l'impression.

XXIX.

Médaille d'honneur pour l'introduction dans l'industrie des toiles peintes d'une nouvelle couleur qui se développe et se fixe dans des conditions analogues à celles dans lesquelles se produit le noir d'aniline; qui soit aussi solide à l'air et à la lumière, et qui résiste à l'action du savon, des alcalis et des acides.

XXX.

Médaille d'honneur pour un alliage métallique ou une autre substance propre à servir pour racles de rouleaux, et qui réunisse à l'élasticité et à la dureté de l'acier la propriété de ne donner lieu à aucune action chimique en présence des couleurs acides, ou chargées de certains sels métalliques.

XXXI.

Médaille d'honneur ou de 1re classe pour une amélioration notable faite dans la gravure des rouleaux.

XXXII.

Médaille d'honneur de 1re ou de 2e classe (selon le mérite respectif des ouvrages), pour les meilleurs manuels pratiques sur l'un ou l'autre des sujets suivants :

1° Gravure des rouleaux servant à l'impression ;

2° Gravure des planches servant à l'impression ;

3° Blanchiment des tissus de coton, laine, laine et coton, soie, chanvre et lin.

XXXIII.

Médaille de 1re classe pour un mémoire sur cette question : Quels sont les degrés d'humidité et de chaleur auxquels la décomposition des mordants s'opère le plus rapidement et le plus avantageusement?

XXXIV.

Médaille d'honneur pour une nouvelle machine à rouleaux permettant d'imprimer au moins huit couleurs à la fois, et offrant des avantages sur celles employées jusqu'à ce jour.

XXXV.

Médaille d'honneur pour l'introduction ou la fabrication en Alsace de cylindres en fer fondu, recouverts de cuivre par la galvanoplastie, et servant à l'impression des indiennes.

XXXVI.

Médaille d'honneur pour une série de nouvelles couleurs à bases métalliques, inaltérables à l'action de l'air et de la lumière. Ces couleurs, destinées surtout à faire des unis, devront être fixées autrement que par l'albumine, et pouvoir supporter des savonnages.

XXXVII.

Médaille de 1re classe pour le meilleur système de cuves de teinture et de savonnage.

XXXVIII.

Médaille d'honneur, de 1re ou de 2e classe, pour la découverte ou l'introduction d'un procédé utile à la fabrication des toiles peintes ou des produits chimiques.

XXXIX.

Médaille de 1re classe pour un procédé permettant de régénérer le soufre contenu dans l'acide sulfhydrique.

XL.

Médaille de 1re classe pour un appareil transmettant à distance les indications thermométriques.

XLI.

Médaille de 1re classe pour un appareil réglant automatiquement la température et l'état hygrométrique de l'air dans les étendages des fabriques d'indiennes.

XLII.

Médaille d'honneur pour un mode nouveau de traitement des différentes espèces d'huiles propres au graissage des machines.

XLIII[1].

Médaille de 1re classe à l'auteur d'un mémoire traitant de l'inflammabilité comparée des huiles animales, végétales et minérales qui servent dans les ateliers au graissage des machines.

XLIV.

Médaille d'honneur à l'auteur d'un mémoire indiquant un procédé qui permette de rendre les huiles minérales moins inflammables, tout en leur conservant leurs qualités lubrifiantes comme huiles à graisser.

---

[1] Ce prix et le suivant sont proposés par le comité de commerce.

XLV.

Médaille d'honneur pour la production de l'acide carminique par synthèse.

XLVI.

Médaille d'honneur pour l'introduction dans l'industrie de l'orcéine synthétique.

XLVII.

Médaille d'honneur pour la prépararion du vermillon sur tissus de coton.

XLVIII.

Médaille d'honneur pour un bleu analogue au bleu d'outremer comme nuance et solidité, fixé sur tissus de coton par un procédé chimique sans l'aide de l'albumine ou d'un autre épaississant produisant l'adhésion par coagulation.

XLIX.

Médaille d'honneur pour une méthode pratique d'extraire de la garance la matière colorante rouge orangée, et dont le prix permette l'emploi de ce produit dans l'impression des tissus de coton.

L.

Médaille de 2e classe pour celui qui aura le premier livré aux fabriques d'indiennes d'Alsace une terre de pipe naturelle ou fabriquée artificiellement, en poudre impalpable, pouvant servir d'épaississant pour les couleurs destinées à l'impression au rouleau, et entièrement débarrassée des corps durs et sablonneux qui l'accompagnent presque toujours.

LI.

Médaille de 1re classe pour le meilleur système de cuves servant à teindre les tissus au large.

Arts mécaniques.

I.

Médaille d'honneur pour un mémoire sur la filature de coton, n°s 80 à 200 métriques.

II.

Médaille d'argent de 1re classe pour un mémoire sur la filature de laine peignée, d'après les meilleurs systèmes connus aujourd'hui. Ce mémoire devra être accompagné de plans détaillés et de la description de toutes les machines composant l'assortiment de cette filature.

III.

Médaille d'honneur pour l'invention et l'application en Alsace avec avantage sur les procédés connus, d'une machine ou d'une série de machines, disposant toute espèce de coton longue soie, d'une manière plus convenable qu'avec les procédés actuels, pour être soumis à l'action du peignage.

IV.

Médaille d'honneur pour l'invention et l'application en Alsace avec avantage sur les procédés connus, d'une machine ou d'une série de machines propres à ouvrir et à nettoyer toute espèce de coton courte soie, de manière à le disposer convenablement pour être soumis à l'action des cardes, des épurateurs, des peigneuses, s'il en existe pour les courtes soies à l'époque de l'invention, ou de toutes autres machines préparatoires analogues.

V.

Médaille d'honneur pour l'invention et l'application en Alsace avec avantage sur les procédés connus, d'une peigneuse ou d'une série de machines peigneuses, pour le coton courte soie employé à la filature des numéros ordinaires, et remplaçant avec avantage également le cardage ou l'un des deux cardages, et même, s'il est possible, en grande partie, le battage et épluchage, ou nettoyage du coton; comme le font aujourd'hui les peigneuses Heilmann et Hübner pour les cotons longue soie et les filés fins.

VI.

Médaille de 1re classe pour un mode d'emballage des filés en bobines ou canettes, plus économique que celui actuellement employé.

VII.

Médaille d'honneur pour un travail sur la force motrice nécessaire pour mettre en mouvement l'ensemble des machines et la transmission des filatures de coton de divers systèmes.

VIII.

Médaille de 1re classe pour un moyen simple et pratique de dégager le coton des peignes cylindriques des peigneuses Heilmann et Hübner.

IX.

Médaille d'honneur et 500 fr. pour une théorie complète et raisonnée de la carde et pour une description des différents genres de cardes.

X.

Médaille d'honneur ou de 1re classe pour un mémoire complet sur la filature des cotons de l'Inde.

TISSAGE.

XI.

Médaille de 1re classe pour la fabrication et la vente de nouveaux tissus dans le département.

XII.

Médaille d'honneur pour l'encollage des filés fins au dessus du numéro 70, sur la Sizing-machine.

XIII.

Médaille d'honneur pour une amélioration importante apportée au métier à tisser, telles que : casse-chaîne sous la forme d'un appareil simple, ne gênant pas l'ouvrier dans son travail, et arrêtant le métier chaque fois qu'un fil de chaîne se casse; tissage simultané de deux pièces sur un métier; rentrage pendant la marche des fils de chaîne cassés; changement de navette pendant la marche, sans arrêt ni défaut dans le tissu; perfectionnement notable apporté à la disposition des templets et harnais, etc.

MOTEURS ET GÉNÉRATEURS DE VAPEUR.

XIV.

Médaille d'honneur pour celui qui, le premier, aura fait fonctionner dans le département du Haut-Rhin une machine à vapeur d'un système nouveau, ne consommant que 9 kilogrammes de vapeur par force de cheval et par heure, la force motrice étant mesurée au frein sur l'arbre du volant.

XV.

Médaille d'honneur et une somme de 500 fr. pour un moyen nouveau de déterminer la quantité d'eau entraînée par la vapeur hors des chaudières à vapeur.

XVI.

Médaille d'honneur pour une amélioration nouvelle dans la construction ou la disposition des chaudières à vapeur du type à bouilleurs.

XVII.

Médaille d'honneur à décerner au constructeur qui, le premier, aura construit et installé dans le département du Haut-Rhin des chaudières fixes s'écartant du type à bouilleurs, et dont le rendement atteigne 75 °/₀ de la chaleur totale de combustion des houilles brûlées sur leurs grilles.

XVIII.

Six médailles d'argent et cinq sommes de 100, 50, 25, 25 et 25 fr. à décerner aux plus habiles chauffeurs de chaudières à vapeur de machines fixes.

XIX.

Médaille d'honneur et une somme de 1,000 fr. pour un mémoire basé sur un nombre suffisant d'expériences, dont le détail devra accompagner le mémoire, sur le rapport qui existe pour les divers types de machines à vapeur entre la force motrice disponible sur le piston, constatée au moyen de l'indicateur de Watt, et celle utilisable sur l'arbre du volant.

XX.

Médaille de 1ʳᵉ classe pour un appareil indicateur-totalisateur de Watt.

XXI.

Médaille d'honneur et une somme de 500 fr. pour un mémoire accompagné d'un nombre suffisant d'expériences sur les dimensions à adopter pour les cheminées des chaudières à vapeur.

XXII.

Médaille d'honneur pour un nouveau système de chauffage économique des chaudières à vapeur, fondé sur le principe de la transformation préalable des combustibles en gaz, et permettant au besoin de recueillir les produits de la distillation de la houille.

CONSTRUCTION DE BATIMENTS.

XXIII.

Médaille d'honneur et une somme de 500 fr. pour le meilleur mémoire sur les dispositions les plus convenables à adopter pour la construction des bâtiments et les machines d'une filature de coton, ou d'un tissage mécanique.

XXIV.

Médaille d'honneur pour la fabrication et la vente, dans le département du Haut-Rhin, de briques moins chères que celles en usage aujourd'hui.

XXV.

Médaille d'honneur à laquelle sera jointe une somme de 1,000 fr. pour le meilleur projet de maisons d'ouvriers.

ACCIDENTS DE MACHINES.

XXVI.

Médaille d'honneur à l'établissement industriel du Haut-Rhin qui, à conditions égales, aura le plus complètement appliqué à l'ensemble de ses machines les dispositions nécessaires pour éviter les accidents, ou aux constructeurs qui auront provoqué l'application en grand de ces dispositions ou appareils.

XXVII.

Médaille d'honneur pour l'invention et l'application, dans un établissement du Haut-Rhin, d'un appareil, ou d'une disposition non encore employée dans le département, et propre à éviter pour les ouvriers les accidents causés par les machines ou transmissions de mouvement.

XXVIII.

Prix spécialement institué en vue de venir en aide à l'inspection des manufactures dans le but qu'elle se propose.

PRIX DIVERS.

XXIX.

Médaille de 1re classe et une somme de 1,000 fr. pour de nouvelles recherches, théoriques et pratiques, sur le mouvement et le refroidissement de la vapeur d'eau dans les grandes conduites.

XXX.

Médaille d'honneur et une somme de 500 fr. pour un mémoire complet sur les transmissions de mouvement.

XXXI.

Médaille d'honneur pour un mode nouveau de traitement des différentes espèces d'huiles propres au graissage des machines.

XXXII.

Médaille de 1re classe et une somme de 500 fr. pour un mémoire sur le chauffage à la vapeur des ateliers, et en particulier des ateliers de filature.

XXXIII.

Médaille d'honneur pour l'exécution d'un projet complet de retenue d'eau, au moyen de digues ou barrages, appliqué à l'un des cours d'eau du département du Haut-Rhin, et susceptible d'atteindre le double but de contribuer à prévenir les débordements, et de former, pour les temps de sécheresse, une réserve d'eau dont pourraient profiter l'agriculture et l'industrie.

XXXIV.

Médaille d'honneur pour l'invention et l'application d'un nouvel appareil compteur à eau, applicable aux générateurs à vapeur.

XXXV.

Médaille d'honneur pour un mémoire sur la force motrice nécessaire pour mettre en mouvement les diverses machines d'une filature ou d'un tissage mécanique. Ce travail devra être basé sur des expériences dynamométriques directes.

XXXVI.

Deux médailles d'honneur, deux médailles de 1re classe et deux médailles de 2e classe (selon le mérite respectif des ouvrages), pour les meilleurs mémoires, sous forme de traités pratiques, résumés ou manuels, s'appliquant à l'une ou l'autre des industries ci-après, et destinés principalement à être mis entre les mains des chefs d'atelier, contre-maîtres ou ouvriers :

Filature de coton (l'on pourra traiter au besoin l'une ou l'autre seulement des principales opérations de cette industrie, telles, par exemple, que le battage et épluchage, les opérations de la carderie, le filage proprement dit).

Filature de laine peignée (avec les mêmes observations que ci-dessus en ce qui concerne les opérations du peignage, de l'étirage, du filage, etc).

Filature de laine cardée.

Filature de la bourre de soie.

Tissage du coton (au besoin seulement le bobinage et ourdissage, le parage ou le tissage proprement dit, etc.).

Retordage du coton, de la laine ou de la soie.

Fabrication du papier.

Construction des machines.

Pour ces diverses industries, on pourrait aussi traiter seulement l'une ou l'autre des parties suivantes : montage des machines, graissage en général, éclairage des ateliers, chauffage, transmissions de mouvements, précautions contre les accidents dus aux machines, conduite de machines à vapeur et chaudières (Guide du chauffeur).

XXXVII.

Médaille d'honneur pour une nouvelle machine à imprimer à rouleaux, permettant d'imprimer au moins huit couleurs à la fois, et offrant des avantages sur celles employées jusqu'à ce jour.

XXXVIII.

Médaille de 1re classe pour un alliage métallique ou une autre substance pouvant remplacer avantageusement, dans toutes les circonstances, le bronze employé dans la construction des machines, pour coussinets d'arbres de transmission ou pièces de machines, collets de broches de machines de filature, etc., etc.

XXXIX.

Médaille d'honneur pour le premier boulanger qui aura, dans le département du Haut-Rhin, livré à la consommation une quantité de 40,000 kilogrammes de pain cuit à la houille.

XL.

Médaille de 1re classe pour un procédé ou appareil nouveau destiné à donner à l'air des salles de filature et de tissage le degré d'humidité nécessaire pour rendre le travail facile.

XLI.

Médaille de 1re classe pour un perfectionnement important des organes de transmission par câbles métalliques.

XLII.

Médaille d'honneur pour l'invention et l'application d'un pyromètre destiné à évaluer la température des produits gazeux de la combustion de la houille sous les chaudières à vapeur.

XLIII.

Médaille de 1re classe pour divers perfectionnements à apporter aux essoreuses.

XLIV.

Médaille de 1re classe pour un perfectionnement dans la disposition des puits d'alimentation, ou dans l'organisation des pompes, donnant comme rendement de meilleurs résultat que ceux obtenus jusqu'ici.

XLV.

Médaille de 1re classe et une somme de 500 fr. pour un mémoire raisonné sur les conditions d'établissement des puits à Mulhouse et dans les environs.

XLVI.

Médaille d'honneur pour une pompe rotative aspirante et foulante, dont le rendement sera égal à celui des meilleures pompes à piston, en usage dans le département du Haut-Rhin, la colonne élévatoire étant d'au moins huit mètres, et dont le prix, à quantités égales d'eau élevée, sera moindre de moitié.

XLVII.

Médaille d'honneur pour un moteur à gaz présentant des avantages sur ceux qui ont été expérimentés jusqu'ici à Mulhouse.

XLVIII.

Médaille de 1re classe pour l'application à Mulhouse d'un chemin de fer du système dit américain pour chevaux, destiné au transport des marchandises et surtout de la houille, et fonctionnant sur les routes ordinaires.

XLIX.

Médaille de 1re classe pour la première application à Mulhouse d'un moyen de transport destiné spécialement à de faibles parcours, et pouvant faciliter les services dans l'intérieur d'une grande usine.

L.

Médaille de 1re classe pour l'invention ou l'application dans le Haut-Rhin d'un appareil compteur de tours ou de coups, applicable aux moteurs, transmissions, ainsi qu'aux pompes, etc., et dont le prix ne dépasserait pas 20 francs environ.

LI.

Médaille de 1re classe pour un nouveau compteur spécialement destiné aux broches des métiers à filer, et pouvant enregistrer jusqu'à 10,000 tours par minute.

LII.

Médaille d'honneur pour un nouveau bec pour le gaz à la houille, utilisant plus complètement que les becs connus la lumière produite par la combustion, tout en restant dans de bonnes conditions de prix et de simplicité, et reposant sur un principe nouveau.

LIII.

Médaille d'honneur pour un moyen automatique simple de régler l'admission de la vapeur dans les cuves de blanchiment ou de teinture, de telle sorte que la consommation de vapeur corresponde toujours au résultat que l'on veut atteindre.

LIV.

Médaille d'honneur pour un travail déterminant les proportions les plus rationnelles à adopter pour les pièces frottantes des organes de transmissions, telles que : tourillons, pivots, dents d'engrenage, etc., dans les conditions habituelles de graissage.

LV.

Médaille d'honneur pour l'introduction et l'emploi dans l'industrie du Haut-Rhin d'une machine ou d'un appareil mécanique dont le travail ait pour résultat une économie notable de main-d'œuvre dépassant les frais qui résulteraient de son entretien et de son amortissement.

LVI.

Médaille d'honneur pour l'installation dans un grand bâtiment industriel en exploitation dans le Haut-Rhin, en rez-de-chaussée ou à étages, d'un système de ventilation, utilisant l'air frais des nuits ou de locaux souterrains, permettant de maintenir l'air intérieur à une température de 5 degrés centigrades au moins, au-dessous de la température moyenne extérieure pendant les plus fortes chaleurs de l'été, et cela sans nuire aux bonnes conditions de marche de l'établissement.

LVII.

Médaille d'honneur pour l'installation dans le Haut-Rhin d'un appareil mécanique réfrigérant, permettant de maintenir, sans trop de frais, un local industriel renfermant des machines chauffées par la vapeur ou par le gaz, à une température maxima de 30 degrés centigrades, pendant les plus fortes chaleurs de l'été, sans nuire aux bonnes conditions de marche des machines.

Histoire naturelle et agriculture.

I.

Médaille de 1re ou de 2e classe pour une description géognostique ou minéralogique d'une partie du département.

II.

Médaille de 1re ou de 2e classe pour le catalogue raisonné des plantes des arrondissements de Mulhouse ou de Belfort, ou seulement d'un ou plusieurs cantons de ces arrondissements.

III.

Médaille de 1re classe pour un travail sur la Faune de l'Alsace.

IV.

Médaille de 1re ou de 2e classe pour un travail sur les cryptogames cellulaires du Haut-Rhin.

V.

Une médaille de 1re ou de 2e classe pour une étude sur la nappe d'eau souterraine de la plaine du Sundgau, et particulièrement de l'arrondissement de Mulhouse.

Prix du comité de commerce.

I.

Médaille d'honneur à décerner à l'auteur du meilleur mémoire traitant des différents emplois de l'alcool dans les arts industriels, et indiquant un moyen nouveau et pratique de dénaturer ce liquide. Le procédé indiqué devra concilier les intérêts de l'industrie avec les exigences du fisc.

II.

Médaille d'honneur à décerner à une maison de commerce établie en Chine, au Japon, en Australie, ou dans les Indes anglaises, qui, la première, pourra prouver qu'elle a vendu en une année pour au moins cent mille francs de produits provenant de l'industrie du Haut-Rhin, et cela à un prix rémunérateur qui permette de continuer le même genre d'affaires.

III.

Médaille d'honneur pour un mémoire donnant l'historique des établissements commerçants fondés par les Anglais en Chine et au Japon, depuis la conclusion des derniers traités de commerce de ces pays avec les étrangers.

IV.

Médaille de 1re classe au cultivateur ou propriétaire qui, s'occupant en Alsace de l'élève des moutons, aura, par des croisements avec la race de Champagne ou autre race française analogue, perfectionné la race des moutons du pays sous le rapport de la finesse et de la régularité de la laine, et cela sur un troupeau d'au moins 500 têtes nées dans les bergeries d'Alsace.

V.

Médaille de 1re classe pour un moyen sûr et pratique de remplacer la tournure des rouleaux en cuivre ou en bronze, gravés pour l'impression, de manière à conserver leur ancienne circonférence, sans nuire à la qualité du métal lors de l'application d'une gravure nouvelle.

VI.

Médaille de 1re classe pour des recherches faites en Chine ou au Japon, dans le but de retirer de ces pays des matières premières permettant de réaliser une économie d'au moins 20 % dans la préparation de certains produits chimiques, tels que : acide tartrique, acide citrique, borax ou acide borique, etc., etc.

VII.

Médaille d'honneur à décerner à des agents consulaires qui, par des renseignements fournis à la Société industrielle, auraient contribué ou contribueraient à établir des relations commerciales nouvelles entre l'Alsace et les pays où ils sont accrédités.

VIII.

Une médaille d'honneur à accorder au planteur d'Algérie qui prouvera qu'il a le premier fourni, pendant une période de trois années consécutives, à une ou plusieurs filatures alsaciennes, des cotons de sa production d'une qualité suivie, et approchant autant que possible, pour la longueur, la force, la finesse et le brillant, des sortes moyennes de Géorgie long.

IX.

Médaille d'honneur à l'auteur d'un mémoire indiquant d'une manière satisfaisante l'influence que la production rapidement croissante de la laine a déjà exercée et devra continuer d'exercer sur l'industrie cotonnière. Indiquer dans ce mémoire dans quelles proportions la production de la laine, surtout de celle de l'Australie, a augmenté dans les dix dernières années; décrire les étoffes légères fabriquées en laine pure, ou en laine mélangée avec soie, fil ou coton; en indiquer approximativement la quantité produite en France, en Angleterre et en Allemagne, et leurs prix de vente sur les principaux marchés de l'Europe.

X[1].

Médaille d'honneur et une somme de 3,000 francs à l'auteur d'un mémoire traitant, sous le point de vue financier et pratique, la question de l'établissement, par actions, d'un canal qui aurait sa prise d'eau dans le Rhin, du côté d'Huningue, par exemple, et qui descendrait vers Strasbourg, en parcourant les départements du Haut et du Bas-Rhin.

XI.

Médaille de 1re classe à une personne ou à une société qui aura introduit et pratiqué la culture de la garance en Algérie.

---

[1] Fondé par M. Georges Steinbach.

XII.

Médaille de 1ʳᵉ classe pour le meilleur travail sur l'utilité pour le commerce et l'industrie de l'Alsace d'un réseau bien complet de transports par eau.

––––––

Prix du comité d'histoire et de statistique.

I.

Médaille d'honneur de 1ʳᵉ ou de 2ᵉ classe, selon le mérite du travail présenté pour :[1]
L'histoire complète d'une des branches principales de l'industrie du Haut-Rhin, telles que la filature et le tissage du coton ou de la laine, l'impression des étoffes de coton ou de laine, la construction des machines, etc.

II.

La biographie complète d'un ou de plusieurs des principaux inventeurs ou promoteurs des grandes industries du Haut-Rhin.

III.

Des recherches statistiques sur la population ouvrière de Mulhouse, son histoire, sa condition et les moyens de l'améliorer.

IV.

Déterminer, à l'aide de renseignements incontestables, les variations que le prix de la journée de travail a éprouvées depuis un siècle dans le département du Haut-Rhin. Mettre en regard le prix de l'hectolitre de blé, ainsi que celui des objets de première nécessité pendant la même période.

––––––––––

[1] Les auteurs pourront traiter une partie seulement de chaque question, ou même fournir simplement des documents utiles à une histoire future.

V.

Une carte du département du Haut-Rhin à l'époque gallo-romaine.

Indiquer les routes, ainsi que les fragments de routes romaines; les villes, les *castra;* les murailles sur les crêtes des Vosges; les colonnes itinéraires; les tumuli celtiques ou gallo-romains; les emplacements où l'on a trouvé des armes, des monnaies, des briques ou tuiles, ou autres objets importants appartenant à l'époque gallo-romaine.

VI.

Une carte des seigneuries féodales existant dans la haute Alsace au commencement du XVII° siècle.

VII.

Une carte des établissements industriels du département du Haut-Rhin en 1789 et en 1870.

Distinguer par des marques et des couleurs particulières les différentes branches d'industrie établies dans le département du Haut-Rhin, et leur rayon respectif.

Les cartes ci-dessus spécifiées devront être exécutées sur l'échelle de la « Carte du département du Bas-Rhin, indiquant le tracé des voies romaines, etc., par M. le colonel de Morlet. » (Voir la 1ʳᵉ livraison du tome IV du Bulletin de la Société pour la conservation des monuments historiques d'Alsace.)

VIII.

Histoire des voies de communication dans le Haut-Rhin (routes, canaux, chemins de fer). Examen de leur influence sur la prospérité commerciale, industrielle et agricole du département, au point de vue soit de l'entrée, soit de la sortie des matières premières, des marchandises manufacturées, ou des produits agricoles, etc.

IX.

Une histoire des voies de communication en Alsace et de leur influence sur le commerce et l'industrie :

Grandes routes, rivières, canaux, chemins de fer.

Indication sommaire de quelques-uns des chapitres à traiter.

Nomenclature, dates, descriptions, coût, parcours, mouvement, tonnage.

Prix de transport à différentes époques ; influence sur le prix des produits, et notamment sur celui du combustible.

Avenir, améliorations à réaliser.

X.

Etude critique énumérant et appréciant les travaux archéologiques, historiques et statistiques faits en Alsace depuis le commencement de ce siècle.

XI.

Evaluer, en monnaies françaises actuelles, les différentes sortes de monnaies usitées en Alsace depuis le XIV° siècle, et en indiquer les rapports avec celles des pays riverains. (On pourra aussi ne traiter qu'une époque particulière ou qu'une partie de l'Alsace.)

XII.

Même travail pour les poids et mesures.

XIII.

Production de documents authentiques ayant trait à l'existence de l'industrie cotonnière en Alsace, du XIII° au XVII° siècle.

XIV.

Guide pratique du touriste dans les Vosges.

Faire mention des voies de communication, chemins de fer, routes, chemins et sentiers ; indiquer les hôtelleries, lieux d'arrêt et de gîte, guides et moyens de transport; citer les points de vue pittoresques, les endroits historiques, châteaux, ruines, etc.; donner quelques détails relatifs à la géologie, à la botanique, à l'histoire et à l'archéologie.

Faire suivre ce guide d'une carte bien claire, donnant autant que possible les indications ci-dessus mentionnées, pour des excursions d'une ou de deux journées, ayant pour points de départ les principaux centres du département du Haut-Rhin. Prendre comme modèle le guide du touriste en Suisse, par Bædecker.

Ce guide devra être écrit en langue française.

XV.

Une médaille d'honneur et 100 francs pour une histoire abrégée de la ville de Mulhouse, jusqu'au moment de sa réunion à la France, considérée surtout au point de vue de sa législation, de ses coutumes et des mœurs de ses habitants.

Cette histoire devra être écrite en langue française.

XVI.

Une médaille de 1re ou de 2e classe pour une monographie ou histoire d'une localité quelconque d'Alsace, depuis les temps les plus reculés jusqu'à nos jours ; ou pour un travail historique intéressant, portant sur la totalité ou une partie de notre province; ou pour un ensemble de recherches historiques sur le même objet.

Comité d'utilité publique.

I.

Médaille de 1re ou de 2e classe, suivant le mérite de l'ouvrage envoyé, pour un travail d'au moins 400 problèmes d'arithmétique, à l'usage des écoles primaires et des cours d'adultes dans les villes industrielles.

II.

Médaille d'honneur pour un essai statistique sur l'alimentation de Mulhouse.

III.

Médaille d'honneur pour un travail sur les principales améliorations introduites depuis dix ans dans l'une des classes suivantes (au choix de l'auteur), envisagée au point de vue du sort de la classe ouvrière :

    I. Alimentation.
    II. Vêtement.
    III. Logement et chauffage.
    IV. Hygiène générale.
    V. Epargne et prévoyance.
    VI. Instruction et récréation.

IV.

Prix pour une étude sur les moyens[1] de combattre l'excès de chaleur dans les ateliers à rez-de-chaussée et les ateliers mansardés, des bâtiments à étages, que leur orientation, le développement considérable de la surface vitrée ou l'inclinaison du vitrage exposent plus particulièrement à l'action solaire pendant les mois d'été.

V.

Prix pour un mémoire traitant des perfectionnements apportés pendant les dix dernières années aux engins destinés à combattre les incendies.

VI.

Prix pour un mémoire traitant de la meilleure organisation des

---

[1] Ce qu'on entend ici par *moyens*, ce serait par exemple un système efficace de ventilation ou un système réfrigérant quelconque, et non pas une modification radicale et coûteuse des ateliers mêmes, dont la température devient presque insupportable pendant les heures de grande chaleur.

services d'incendie dans les établissements industriels, et des précautions à prendre en vue d'éviter ou d'atténuer les risques d'incendie dans les ateliers réputés dangereux.

VII.

Médaille d'honneur pour un mémoire traitant des résultats qui pourraient être amenés dans le Haut-Rhin par l'exploitation, en sociétés par actions, d'industries qui, depuis leur origine, ont été entre les mains des sociétés en nom collectif, et des moyens par lesquels on pourrait remédier à ce que cet état de choses nouveau pourrait peut-être avoir de défectueux à certains points de vue.

VIII.

Médaille d'honneur pour toute exploitation industrielle, société en nom collectif ou société par actions, anonyme ou en commandite, établie postérieurement à 1872, qui aura assuré à ses ouvriers par ses statuts une part de ses bénéfices à consacrer en encouragements à l'épargne, à la prévoyance, à l'assistance ou à toute autre fondation dans leur intérêt.

IX.

Médaille de 1re classe pour un appareil destiné à renouveler promptement l'air dans les étendages servant à oxyder le noir aniline.

────────

Industrie du papier.

I.

Médaille d'honneur, à laquelle sera ajoutée une somme de 4,000 francs[1], pour la production et l'application en France d'une

---

[1] Prix fondé par MM. de Beurges, Boucher, Richelberger, Gentil, Geoffroy, Kiener frères, Vᵉ Krantz frères, Auguste Krantz, Morel, Société anonyme du Souche, Pinçon, Schwindenhammer, Zuber et Rieder.

pâte blanche, produit de la désagrégation chimique du bois. Le prix de revient de cette pâte à papier devra être tel, qu'elle puisse s'employer pure ou par mélange, et remplacer avantageusement la pâte de chiffon dans les papiers blancs d'écriture ou d'impression de sortes courantes.

II.

Médaille d'honneur pour le meilleur mémoire traitant de la décoloration du chiffon et de son blanchiment.

III.

Une médaille de 1re classe pour le meilleur mémoire sur le collage des papiers.

IV.

Médaille de 1re classe pour un moyen de neutraliser ou de détourner l'électricité qui est souvent nuisible à la fabrication du papier.

V.

Médaille de 1re classe pour un travail statistique sur l'état de l'industrie papetière dans les principaux Etats de l'Europe (France, Angleterre, Allemagne, Italie, Russie, Espagne, Belgique), et dans les Etats-Unis d'Amérique.

Comité des beaux-arts.

I.

Médaille d'honneur pour un travail sur l'utilité pratique du dessin dans ses rapports avec les professions manuelles et les arts et métiers.

II.

Prix pour une histoire spéciale des genres, des formes, des coloris des tissus, qui ont le plus de succès dans l'impression sur tissus, depuis la naissance de cette industrie à Mulhouse jusqu'à nos jours.

III.

Prix pour une note détaillée sur les genres d'impression en vogue pendant les saisons 1872-73 et 1873-74, et leur usage.

IV.

Prix pour une analyse des meilleures méthodes usitées pour l'enseignement du dessin à Paris, Lyon, Toulouse et dans les écoles d'art créées en Angleterre et en Allemagne pendant les dernières années.

———

Prix divers.

I.

Médaille d'honneur, de 1re ou de 2e classe, pour une amélioration importante introduite, dans quelque branche que ce soit, de l'industrie manufacturière ou agricole du département du Haut-Rhin.

II.

Médaille d'honneur, de 1re ou de 2e classe, pour l'introduction de quelque nouvelle industrie dans le Haut-Rhin, et pour les meilleurs mémoires sur les industries à améliorer ou à introduire dans le département. S'il s'agit d'une industrie introduite dans le département, elle devra être en activité depuis deux ans au moins.

PROGRAMME DES PRIX

offerts supplémentairement par l'Association pour prévenir les accidents de machines.

Dans la séance générale du 28 juillet 1873, l'*Association pour prévenir les accidents de machines* a décidé que les prix suivants seraient offerts aux inventeurs, supplémentairement à ceux que la Société industrielle a déjà inscrits dans son programme.

I.

SCIES CIRCULAIRES.

Médaille d'argent pour l'invention et l'application d'une disposition propre à prévenir les accidents nombreux auxquels donne lieu l'usage des scies circulaires.

La variété extrême qui existe dans les dimensions et la nature des bois à travailler sur une même scie, est la principale cause des accidents qui se produisent, et elle est le plus grand obstacle à l'adoption d'un appareil simple et pratique qui pourrait les prévenir.

La disposition à chercher et à trouver doit donc se prêter simultanément aux changements, sans gêner l'ouvrier dans son travail, ni exiger une attention ou une adresse particulière.

II.

SCIES CIRCULAIRES.

Médailles d'argent pour une communication développée sur les dispositions qui peuvent exister déjà, ou être en usage, dans le but de prévenir les accidents par les scies circulaires.

Cette note, outre l'explication des appareils, devra donner des tracés cotés permettant de les construire; les prix d'installation; l'indication des genres et des dimensions des bois travaillés; les

différents diamètres des disques des scies; le nombre des scies et
le lieu où elles ont pu fonctionner, munies des dispositions préventives dont il s'agit; enfin l'indication des accidents, s'il y en a
eu en dépit de l'emploi de la disposition préventive, et l'exposé
des circonstances dans lesquelles ils ont eu lieu.

III.

FILATURES DE LAINE.

Médaille d'argent pour l'invention d'une disposition prévenant
les accidents qu'occasionnent les peignes circulaires aux machines
de préparation dans les filatures de laine.

La disposition dont il s'agit devra avoir fonctionné pendant six
mois sur une série complète de machines [1].

Les accidents dus aux peignes circulaires sont très fréquents;
ils produisent souvent des blessures qui entraînent la perte des
doigts, la mutilation des mains, au point de rendre complètement
incapables de travail les ouvrières atteintes; ils ont même quelquefois occasionné la mort.

Un moyen pratique pour éviter ces accidents serait un grand
service rendu à la classe ouvrière.

Pour être pratique et efficace, il aurait à remplir les conditions
suivantes :

Empêcher l'accès aux peignes pendant que la machine est en
marche, tout en laissant les peignes en vue, de manière à permettre d'observer leur état, de voir la marche de la mèche et d'y
faire les rattaches.

---

[1] Les machines qui présentent surtout du danger sont les étirages dans lesquels
l'écartement entre le cylindre lisse et le rouleau de pression est tel qu'il permet le
passage des doigts. Les anciens bobinoirs présentent encore cet inconvénient; dans
les nouveaux le danger n'est pas si grand, parce que ces rouleaux ont été rapprochés. La disposition qu'il s'agit de trouver devrait aussi pouvoir s'appliquer à ces
anciens bobinoirs, comme à toutes les machines munies de peignes qui présentent
du danger pour les ouvriers.

Empêcher l'embrayage involontaire ou accidentel de la machine lorsqu'on l'a arrêtée et que l'on a cessé de faire fonctionner l'appareil préventif, soit pour dégorger un peigne, soit pour y faire quoi que ce soit. (En d'autres termes, on ne devra pas pouvoir embrayer la machine sans que la disposition pour empêcher les accidents de peignes ne soit en place.)

Finalement, la disposition à trouver ne devra en aucune façon entraver la production, et le prix de son établissement devra être assez réduit pour ne pas faire obstacle à la généralisation de son emploi.

IV.

FILATURES DE COTON ET DE LAINE.

Médaille d'argent au directeur de tout établissement qui aura appliqué le nettoyage automatique à 20,000 broches de filature ou à la totalité de ses broches, dans les établissements n'ayant que 10 à 20,000 broches.

RÉSUMÉ DES SÉANCES
de la Société industrielle de Mulhouse.

SÉANCE DU 27 AOUT 1873.

Président : M. AUGUSTE DOLLFUS.
Secrétaire : M. TH. SCHLUMBERGER.

Dons offerts à la Société.

1. Compte-rendu de la Chambre de commerce de Colmar. — 2. Plusieurs exemplaires de la Société générale de métallurgie, procédé Ponsard. — 3. Tablettes de l'inventeur et du breveté, par M. Ch. Thirion. — 4. Bulletin de la Société d'agriculture du Var. — 5. Bulletin de la Société d'agriculture de Vaucluse. — 6. Notice sur l'industrie de l'Alsace à l'Exposition de Vienne, par M. Ch. Grad. — 7. *Compendium der Augenheilkunde,* de la part de M. le Dr Goppelsrœder. — 8. *Katechismus der Baumwoll-Spinnerei,* par M. J.-J. Bourcart. — 9. Communication de la Société des fabricants de Mayence. — 10. Bulletin de la

Société d'histoire naturelle de Zurich. — 11. *Der elsässische Bienen-züchter.* — 12. *The Canadian patent office.* — 13. Séance du Reichs-tag du 20 mai 1873, par M. Engel-Dollfus. — 14. Trois numéros du journal polytechnique allemand. — 15. Discours et distribution des diplômes à l'Ecole de commerce de Lyon. — 16. Deux médailles de l'Association préventive des accidents ; 17. Deux volumes : *Die Krank-heiten der Arbeiter*, par M. Engel-Dollfus.

L'ouverture a lieu à 5 1/4 heures, en présence de 28 membres.

Le procès-verbal de la précédente réunion est adopté sans observation.

M. le président communique la liste des objets offerts pendant le mois à la Société, et fait voter les remercîments d'usage, pour pro-céder ensuite au dépouillement de la

Correspondance.

L'Académie nationale de Reims transmet son programme des con-cours ouverts pour les années 1874 à 1876.

M. E. Kuhlmann, président du conseil de surveillance de l'Ecole municipale de chimie, annonce que les examens de fin d'année ont eu lieu le 11 août, et ont donné les résultats les plus satisfaisants : trois élèves sur sept ont soutenu des épreuves brillantes, et la moyenne est excellente.

M. Salathé remercie la Société, qui l'a nommé membre honoraire dans la séance de juillet.

MM. Ch. Wacker-Schœn et Salathé annoncent qu'ils acceptent les fonctions de membres de la commission instituée pour décerner le prix fondé par M. Salathé.

M. de la Coux propose à la Société d'expérimenter un produit destiné à prévenir les incrustations dans les chaudières à vapeur. Saisi de cette demande, le comité de mécanique n'a pas cru devoir y répondre favorablement; les eaux de Mulhouse ne donnent pas géné-ralement un dépôt compacte, et un procédé de purification des eaux avant leur introduction dans les générateurs a paru au comité bien plus utile qu'un désincrustant qui n'évite nullement les nettoyages répétés.

M. G. Bufleb, libraire, successeur de M. Emile Perrin, fait hommage à la Société d'une carte-mappemonde.

M. F. Drudin, ancien professeur de l'Ecole de dessin, demande divers numéros des Bulletins concernant la filature. — Renvoi à l'éditeur.

MM. Charles Mieg et Cie, et Dollfus-Mieg et Cie, chargés de désigner parmi leur personnel un ouvrier devant faire partie de la commission pour le prix Salathé, indiquent à cet effet MM. J. Sins et Jean Meyer.

M. Eugène Royer, de Charleville, adresse une demande relative au programme des prix, à laquelle on a répondu.

M. Engel-Dollfus envoie, pour le médailler de la Société, deux spécimens de médailles que l'Association pour prévenir les accidents vient de faire frapper.

En même temps, M. Engel-Dollfus offre un ouvrage intitulé : *Krankheiten der Arbeiter*, en deux volumes.

M. Schneidewind, de Sondershausen, désire des renseignements sur un moteur à gaz Fontaine. — Il n'a pas été possible de satisfaire ce correspondant.

M. Gaspard Zeller, d'Oberbruck, près Massevaux, dépose, à la date du 26 août 1873, un paquet cacheté qui a été inscrit sous le N° 195, et M. Decker, de Mulhouse, le même jour, un pli qui porte le N° 194.

La Société générale de métallurgie, procédés Ponsard, fait parvenir un travail sur les applications du système qu'elle exploite.

Vu l'intérêt de ces notes, M. le président en donne lecture :

L'inventeur se propose d'utiliser les combustibles préalablement transformés en gaz, et d'en tirer le plus grand effet possible, moyennant de l'air chauffé. La première partie du mémoire donne la description des appareils et leur fonctionnement, la seconde les applications des procédés au réchauffage du fer, à la fusion de la fonte, à la fabrication du gaz d'éclairage, aux fours à baryte, et enfin aux chaudières à vapeur. — Renvoi au comité de mécanique et à l'Association alsacienne des propriétaires d'appareils à vapeur.

Lecture d'un rapport, présenté au nom du comité de chimie, sur une nouvelle méthode pour doser l'indigotine avec l'hydrosulfite de sodium, par le D^r Fr. Goppelsrœder. Ce procédé, imaginé et décrit par M. A. Muller, est supérieur à ceux connus jusqu'à ce jour, bien qu'il laisse encore à désirer sous certains rapports, et l'assemblée adopte les conclusions du comité demandant l'impression au Bulletin du travail de M. Muller, suivi de l'appréciation du comité de chimie.

Une note sur l'emploi du chlorate de chaux dans la préparation du noir d'aniline, par M. Léon Bloch, a fait l'objet d'essais entrepris par le comité de chimie, et vu leur caractère négatif, l'assemblée décide le dépôt du travail aux archives.

A l'occasion de l'Exposition universelle de Paris en 1867, M. le Dr Penot avait entrepris un long travail sur l'histoire des principales industries de l'Alsace; un grand nombre de chapitres en ont été lus en séance, et M. le président consulte l'assemblée sur l'opportunité de faire paraître au Bulletin une œuvre aussi sérieuse, qui vient d'être achevée par ce collègue dévoué. — Par un vote unanime, l'impression est décidée.

M. le président soumet les premiers éléments qu'il vient de recueillir sur une question toute d'actualité : le budget d'une famille ouvrière; les documents réunis par M. Dollfus, comprennent les cours depuis 1834 des objets de consommation, c'est-à-dire les prix des céréales, du pain, de la viande, des pommes de terre, etc., leurs variations mensuelles, annuelles et décennales, et les moyennes pour de certaines périodes. La plupart des aliments suivent une progression constante dans l'élévation de leurs valeurs vénales; la viande a doublé de prix depuis 1834.

Ces chiffres, puisés aux cotes officielles, donnent l'un des facteurs du problème qui comprend, outre la nourriture, le logement et l'habillement pour lesquels des recherches pareilles restent à entreprendre; et l'on arrivera ainsi à établir la comparaison de ce qu'une famille avait à dépenser à diverses époques pour satisfaire aux trois besoins les plus importants : la nourriture, le vêtement et l'habitation.

Si les objets de première nécessité ont considérablement augmenté de prix, dans quelles proportions s'est élevé pour l'ouvrier le salaire, c'est-à-dire les moyens de se procurer ces biens, et comment s'équilibre la recette et la dépense dans un ménage ?

A première vue, la hausse de la main-d'œuvre est sensiblement supérieure au renchérissement de toutes choses, et la difficulté du problème consiste dans l'appréciation d'une foule de besoins qu'a fait naître le changement des mœurs et la marche générale vers plus de bien-être.

Pendant le cours de la séance, M. Auguste Hænsler, présenté comme membre ordinaire par M. Welter, est admis à l'unanimité des votants. — La séance est levée à 7 heures.

SÉANCE DU 24 SEPTEMBRE 1873.

Président : M. Auguste Dollfus. — Secrétaire : M. Th. Schlumberger.

Dons offerts à la Société.

1. Rapport de la Commission des finances de la Société française de
secours aux blessés. — 2. Esquisse d'un voyage en Roumanie, par
M. Xavier Kieffer, d'Altkirch. — 3. Rapport général sur la situation
du commerce et de l'industrie de Verviers.— 5. Le N° 82 du *Bulletin du
Comité des forges de France.* — 5. Rapport du commerce et de l'industrie du Wurtemberg pour l'année 1872. — 6. Un volume « *Lok-
wood's Directory of the paper trade,* de New-York. — 7. Deux portraits
photographiés de M. D. Kœchlin-Schouch, par sa famille (dont l'un
pour le musée du Vieux-Mulhouse). — 8. Une représentation en plâtre
de la pierre de la Miotte en 1871, à Belfort. — Quatre brochures :
9. Les monuments d'art détruits à Strasbourg ; 10. De quelques monuments d'art alsaciens conservés à Vienne ; 11. Revue archéologique ;
12. Le chroniqueur Bernard Hertzog et son gendre le poète Jean
Fischart, par M. Eugène Müntz. — 13. Du minerai d'antimoine, des
mines de Monistrol-d'Allier. — 14. Des échantillons de grenats, zir-
cons, saphirs, hyacinthes et autres pierres mi-fines des sables du Rion,
par MM. Eugène et Arthur Engel. — 15. Divers échantillons de silex
et terrain de Solutré, près Mâcon. — 16. Cinq volumes : Les époques
géologiques de l'Auvergne, par M. Henri Lecoq.

Trente membres prennent part à la réunion, qui ouvre à 5 1/2 heures
par la lecture du procès-verbal de la dernière séance.

M. le président fait connaître la liste des dons offerts pendant le
mois, et parmi lesquels se trouve un ouvrage en cinq volumes sur
l'Auvergne, accompagné d'une lettre de M. Engel-Dollfus, qui recommande cette région aux amateurs de géologie et de beaux sites. —
L'assemblée vote les remercîments habituels.

Correspondance.

La famille de M. Mathieu Mieg fait part du décès de son chef, qui
vient d'être enlevé à un âge peu avancé, et M. le président, se faisant
l'interprète des regrets de la Société, rappelle combien M. Mieg était
un membre actif, et combien il a voué de soins à l'œuvre entreprise

en y collaborant comme membre du conseil d'administration et comme trésorier. L'assemblée s'en remet au conseil d'administration pour désigner un membre qui se chargera de présenter une notice nécrologique sur ce regretté collègue.

MM. Kœchlin-Schwartz et Cⁱᵉ désignent, pour faire partie du comité en formation pour statuer sur le prix fondé par M. Salathé, M. Joseph Ruher, régleur de selfacting dans leur établissement.

M. Fritz Geney indique sa nouvelle adresse pour l'envoi du Bulletin.

A l'occasion d'une lettre de la direction de la Société générale de métallurgie, procédés Ponsard, demandant divers Bulletins de la Société, M. le président entretient l'assemblée de la difficulté qu'il y a à se procurer en librairie certains mémoires sur les chaudières, sur la combustion de la houille, sur des conférences de filature, etc., et de l'opportunité qu'il y aurait à faire réimprimer en un volume les travaux les plus importants sur ces sujets, et propose de charger le comité de mécanique du choix des rapports à rééditer. — Adopté.

M. J. Eck remercie la Société, qui vient de lui décerner une médaille en souvenir de son trentième anniversaire d'enseignement à l'Ecole de dessin.

M. Aug. Hænsler remercie la Société de sa nomination de membre ordinaire.

M. Engel-Gros demande l'autorisation de faire paraître dans un journal étranger la traduction du mémoire qu'il a présenté sur les précautions contre les incendies. — Accordé.

Le rédacteur du *Paper Trade Journal*, M. Howard Lockwood, adresse une statistique sur l'industrie du papier aux Etats-Unis. et se pose en candidat à l'un des prix institués par le comité des papiers. — Renvoi à ce comité.

MM. Frères Kœchlin ont déposé, le 28 août 1873, un pli cacheté qui a été inscrit sous le N° 196, et M. le Dʳ Goppelsrœder, à la date du 24 septembre 1873, une lettre, N° 197, contenant la description de nouveaux procédés de dégommage et de blanchiment simultané des cocons et des frisons de soie.

M. Burgi, auteur de diverses cartes en relief, a envoyé en 1870 un plan du Saint-Gothard dont il propose, moyennant trente francs, l'acquisition à la Société. — Renvoi au comité d'histoire naturelle.

M. Théophile Groshens envoie, de Sainte-Marie-aux-Mines, le projet d'une Société de consommation basé sur le principe de l'association, offrant les avantages des achats en gros, combiné avec les facilités du crédit, limité à une fraction de la valeur des emplettes. — Cette proposition sera examinée par le comité d'utilité publique.

M. Emile Rocheblave, à Vezenobres (Gard) adresse un compteur devant servir au numérotage des filés, et accompagné d'une note descriptive. — Renvoi au comité de mécanique.

Travaux.

Aux termes des conditions arrêtées pour le prix fondé par M. Salathé, la liste des concurrents devrait être close le 1er octobre; comme ces conditions n'ont été rendues publiques que depuis peu de temps, M. le président propose de reporter pour cette année le délai à une époque plus reculée, et la Société adopte la motion de M. Iwan Zuber, fixant au 1er janvier le terme d'inscription des candidats.

L'assemblée, à la demande du comité de mécanique, vote l'acquisition pour la bibliothèque, de deux ouvrages scientifiques : ALCAN, *Traité de la filature de la laine;* REDDENBACHER, *Sur la construction des machines.*

M. Charles Meunier-Dollfus donne lecture d'un rapport sur les travaux exécutés pendant l'exercice 1872-73 par l'Association alsacienne des propriétaires d'appareils à vapeur. Dans son exposé, M. Meunier passe en revue le service ordinaire, comprenant : les visites intérieures et extérieures avec les observations auxquelles ces inspections ont donné lieu, le concours des chauffeurs dont les résultats ont été faussés par quelques irrégularités, et qui sera soumis à l'avenir à une réglementation très sévère; puis le service extraordinaire dans lequel rentrent les essais à l'indicateur de Watt, les essais de chaudières à la presse hydraulique, les essais de rendement des chaudières, et enfin les projets d'installation.

Comme travaux des ingénieurs, M. Meunier relate les expériences comparatives faites sur les rendements obtenus en brûlant le même combustible dans de bonnes chaudières à bouilleurs et réchauffeurs, et dans des chaudières de Cornouailles dépourvues de réchauffeurs; l'examen et la description d'un nouveau foyer construit par M. Ten

Brinck, et enfin une théorie de la répartition du calorique dans le cylindre d'une machine à vapeur à condensation, d'après M. Hirn, et son application à divers systèmes de moteurs, par M. Hallauer. Aucun accident n'est survenu dans les appareils des sociétaires pendant le dernier exercice, bien que l'Association compte près de mille chaudières à vapeur. — Ce rapport, soumis au comité de mécanique, sera inséré au Bulletin.

M. Hallauer présente un travail sur l'influence des enveloppes dans les cylindres de machines à vapeur. A l'une des dernières séances, M. Hallauer avait exposé une nouvelle méthode d'analyse et d'essai des moteurs à vapeur, et l'étude qu'il a faite est une application de cette théorie à un cas particulier bien défini. Pour édifier complètement le lecteur sur la manière de procéder, M. Hallauer répète la série des transformations de la vapeur et la répartition des calories, basées sur les formules de M. Hirn, et déduites d'expériences directes, et dont il avait déjà donné l'explication dans sa précédente étude sur le sujet; il résulte des recherches de M. Hallauer, que les cylindres à enveloppe donnent une consommation de vapeur inférieure de 20 à 23 %. à celle des machines sans enveloppe. — L'examen de cette importante communication est renvoyé au comité de mécanique.

Au nom de ce même comité, M. Camille Schœn présente un rapport sur la question de l'uniformité des dimensions à donner aux vis à filets triangulaires dans la construction des machines; la proposition, étudiée d'abord par M. Steinlen, a paru d'un si grand intérêt pour l'industrie, que le comité n'a pas hésité à demander à la Société son patronage pour provoquer une réunion de fabricants, et chercher des adhérents à un système unique reconnu le plus pratique. — Pour attirer l'attention sur cette question et ouvrir les débats, l'assemblée décide l'impression au Bulletin de la note de M. Steinlen, suivie du mémoire de M. C. Schœn.

M. le Dr Goppelsrœder transmet le résultat d'une analyse faite sur un minerai de plomb (Binnite), faite par M. Trechsel, préparateur du laboratoire de chimie. Cette étude offre d'autant plus d'intérêt, que la substance qui en fait l'objet n'avait pas encore été examinée au point de vue de sa composition, et que la formule chimique trouvée par M. Trechsel donne à ce corps beaucoup d'analogie avec le minerai, connu sous le nom d'argent rouge arsenical. — Renvoi au comité de chimie.

Pendant le cours de la séance, ont été admis comme membres ordinaires :

MM. Léon Frey, manufacturier à Guebwiller, présenté par M. Th. Schlumberger.

V. Schœllhammer, à Mulhouse, présenté par M. Paul Heilmann.

Ed. Gerber, chimiste à Lœrrach, présenté par M. E. Schultz.

La séance est levée à 7 heures.

SÉANCE DU 29 OCTOBRE 1873.

Président : M. AUG. DOLLFUS. — Secrétaire : M. TH. SCHLUMBERGER.

Dons offerts à la Société.

1. Notice sur le syndicat industriel du Haut-Rhin. — 2. Manuel pratique du dynamomètre indicateur de Watt, par M. A. Thomas. — 3. Le N° 83 du *Bulletin du comité des forges de France*. — 4. Bulletin de la Société industrielle de Lille. — 5. Rapport spécial sur l'immigration en Amérique. — 6. Revue du Portugal et Brésil. — 7° *The Canadian patent office.* — 8. Notice « *Puddling iron by machinery* » par M. William Yates. — 9. Communication de la Société des fabricants de Mayence. — 10. Communication de la Commission des bâtiments de Francfort. — 11. Une brochure sur la protection des marques de fabrique, par M. Noll. — 12. Débris de vases antiques trouvés près Bienne, par M. Weingartner, de Mulhouse. — 13. Echantillon d'une espèce d'éponge, trouvé dans l'Ill, près Benfeld, par M. Zeller.

La réunion commence à 5 1/2 heures, en présence de trente membres environ, par la lecture du procès-verbal de la dernière séance, qui est adopté sans observation.

M. le président énumère les dons offerts à la Société pendant le mois d'octobre, et fait voter les remercîments d'usage ; il appelle ensuite l'attention de la Société sur un travail de bois découpé. d'une exécution parfaite, représentant une réduction du temple protestant de notre ville, et que son auteur M. Kress, soumet à l'appréciation des membres.

Correspondance.

M. E. Giroud, constructeur d'appareils à gaz, à Paris, fait part de l'envoi de douze rhéomètres qui lui ont été demandés pour des essais par la commission du gaz; ces petits régulateurs paraissant présenter des avantages sérieux, seront examinés surtout au point de vue de leur durée et de leur usure.

M. G. Zipélius, comme les années précédentes, demande l'autorisation de disposer pendant l'hiver, pour la Société de lecture qu'il dirige, de l'une des salles du rez-de-chaussée de l'Ecole de dessin; pour éviter la répétition annuelle de sa demande, M. Zipélius prie la Société de lui accorder le local une fois pour toutes, aussi longtemps qu'elle n'y verra pas d'obstacle. — Adopté.

Communication, relative à un piston, dit piston universel Giffard, de la part de MM. Pitoy frères, de Nancy. — Renvoi au comité de mécanique.

M. Edouard Huguenin demande la restitution d'un pli cacheté portant le N° 130, qu'il avait remis le 21 octobre 1867. — Le renvoi a eu lieu.

MM. Léon Frey, E. Gerber et Schœllhammer, remercient la Société de leurs nominations comme membres ordinaires.

M. Emile Rocheblave, à Vezenobres (Gard), prie la Société d'expédier au constructeur de Paris qu'il désigne, l'appareil compteur numéroteur de filés, qu'il a soumis le mois dernier à l'examen de la Société.

Au nom du comité d'utilité publique, son secrétaire, M. Engel-Dollfus, émet une opinion favorable sur le système des ventes à crédit par abonnement, préconisé par un correspondant de la Société, tout en déclarant que ces sortes d'affaires ont un caractère entièrement privé, et que leur réussite dépend du mérite de l'homme qui les dirige.

M. Engel-Dollfus ajoute que dans sa dernière réunion, le comité d'utilité publique a émis un vœu pressant pour la reconstitution de la commission des accidents, et qu'il se montre tout disposé à venir en aide à ceux des membres de la Société qui voudraient prendre l'initiative de la remise en vigueur d'une institution qui a fonctionné si utilement jusqu'en 1870. S'associant au désir du comité d'utilité publique, M. le président fait valoir quelques considérations en faveur de cette œuvre ; d'abord, le nombre décroissant des différends soumis aux tribunaux pendant la période où la commission a fonctionné, puis le caractère de conciliation que l'on s'efforçait de maintenir jusqu'aux limites extrêmes dans les discussions entre patrons et ouvriers auxquelles donnaient lieu les accidents, et enfin la compétence sérieuse des membres, tous gens du métier, et plus capables que des experts nommés par les tribunaux, de découvrir la vérité et de faire la part des responsabilités. Si l'on tient compte encore de la prochaine mise en vigueur en Alsace-Lorraine de lois nouvelles sur l'industrie, et dont les dispositions ont paru assez sévères aux intéressés pour les déterminer à s'en garantir moyennant le concours de Compagnies d'assurances qui se sont établies en vue du nouvel état de choses, on comprendra combien la commission des accidents répondait à des besoins reconnus, et les signalés services qu'elle pourrait rendre, si l'on parvenait à la réorganiser.

Quant à la question des assurances contre les accidents, moyennant des Compagnies mutuelles ou à primes, le comité d'utilité publique ne se trouve pas encore suffisamment renseigné sur les mérites et le fonctionnement du système, pour émettre un avis quelconque.

M. le docteur Goppelsrœder, au nom de M. Mühlbauser, dépose un pli cacheté N° 198, 4 octobre 1873, qui contient la description de procédés relatifs à la préparation de produits d'indigo.

M. Howard Lockwood, directeur du *Paper trade Journal*, demande communication des documents concernant le papier et dont pourrait disposer la Société, et offre, en échange, des ouvrages américains traitant ce sujet. — Renvoi au comité des papiers.

M. Muller, de Bischwiller, demande un exemplaire du Bulletin contenant un rapport sur l'indigotine, récemment soumis à la Société.

Au nom du comité du Cercle mulhousien, qui organise une conférence pour le 3 novembre, MM. Paul Heilmann, G. Schæffer et Heller demandent à la Société de disposer pour l'occasion, du grand globe terrestre qu'elle possède. — Accordé.

M. William Yates, de Londres, en annonçant une brochure sur le puddlage mécanique du fer, demande à concourir pour le N° 55 des prix divers.

Le comité de chimie demande l'impression du travail de M. Trechsel, « Analyse d'un échantillon de binnite », qui sera complétée par une note sur ce minerai. — Adopté.

L'assemblée, conformément au vœu du comité de mécanique, décide l'insertion au Bulletin du travail de M. Hallauer : « Etude sur la répartition du calorique par coup de piston dans le cylindre d'une machine à vapeur », et autorise un tirage spécial de cent exemplaires dudit mémoire.

Pour donner de la publicité au projet d'unification des pas de vis à filets triangulaires, dans les ateliers de constructions mécaniques, l'assemblée, sur la proposition du comité de mécanique, autorise également un tirage à part de cinq cents exemplaires de la note de M. Steinlen sur ce sujet. suivie du rapport de M. Camille Schœn.

D'après l'avis du comité d'histoire naturelle, l'assemblée vote l'acquisition, moyennant trente francs, du massif en relief du Saint-Gothard, construit par M. Burgi, auteur de divers travaux de ce genre très appréciés.

A la prière de M. le docteur Goppelsrœder, professeur à l'Ecole municipale de chimie, le conseil d'administration et le comité de chimie auront à étudier un règlement applicable aux élèves du laboratoire, et leur permettant d'utiliser, pour leurs études, les publications et ouvrages de chimie de la Bibliothèque.

M. le président donne lecture d'une lettre de M. G. Risler, de Cernay, annonçant qu'il a apporté divers perfectionnements à la machine de son invention, dite *épurateur*, et engageant le comité de mécanique à donner son avis sur ce nouvel appareil. — Renvoi audit comité.

Communication du rapport de M. F.-G. Heller, inspecteur de l'Association pour prévenir les accidents de machines : « Sur le service des visites et sur les recherches en vue d'amoindrir les chances de danger. » Il résulte de relevés statistiques dressés par M. Heller, que le nombre des accidents décroît d'une manière sensible, et qu'on peut espérer atteindre, avec de la persévérance, à des résultats plus satisfaisants encore. Pendant l'exercice 1872-1873, les études de M. Heller ont porté

sur les nettoyeurs de chariot et porte-cylindre dans les métiers à filer,
sur les treuils et monte-charges, sur les scies circulaires et sur diverses
communications faites par les membres de l'Association. — L'impression est votée.

M. Charles Meunier-Dollfus, ingénieur en chef de l'Association alsacienne des propriétaires d'appareils à vapeur, donne connaissance de
notes qu'il a prises à l'Exposition de Vienne sur les générateurs à
vapeur et sur les machines s'y rattachant. Il passe en revue les divers
systèmes en fonction à Vienne et exposés dans la galerie des machines,
et appuie dans son examen sur les dispositions les plus nouvelles et
les mieux étudiées, adoptées par les constructeurs, telles qu'une chaudière à trois tubes d'après le système de Fairbairn, une chaudière à
foyer intérieur et à réchauffeur de MM. Sulzer frères, une chaudière
à foyer intérieur, tubulaire et amovible de la Société centrale de
constructions à Pantin, les locomobiles des mêmes constructeurs, les
chaudières de G. Sigl, munies d'une grille particulière, et un grand
nombre d'autres appareils. — Cette communication, déjà examinée
en partie par le comité de mécanique, lui sera renvoyée, et sera
insérée ensuite au Bulletin.

M. le président donne lecture de divers extraits d'une conférence
faite récemment en Angleterre sur l'hygiène des écoles d'enfants; la
Société a déjà été saisie de la question des bancs d'écoles, il y a quelques années, et prête toute son attention à ce sujet, qui comprend la
meilleure répartition de la lumière dans les salles, la position la plus
appropriée qu'il faut faire prendre aux enfants pour éviter la myopie,
une disposition raisonnée des bancs d'écoles, visant à remplir les
conditions voulues pour le développement corporel des enfants, pour
présenter des proportions convenables à la lecture, à l'écriture, au
repos, et enfin ne dépassant pas un prix de revient que les budgets
des écoles puissent atteindre.

La séance est levée à 7 heures.

PROCÈS-VERBAUX

des séances du comité de chimie

Séance extraordinaire du 21 mai 1873.

La séance est ouverte à 6 heures. — Douze membres sont présents.

Le procès-verbal de la dernière séance est lu et adopté.

Le comité adopte la rédaction suivante proposée par M. Camille Kœchlin pour le prix relatif au rouge d'Andrinople :

« Médaille de première classe pour la théorie de la fabrication du rouge d'Andrinople. L'auteur devra indiquer la modification que subit l'huile en passant à l'état de mordant organique, et donner par conséquent l'analyse comparative de l'huile qui a servi à l'huilage, et de la même huile extraite du tissu après les opérations de l'huilage. »

Le prix n° 15 recevra des développements à rédiger par M. Camille Kœchlin.

M. Brandt propose de modifier comme suit le prix n° 24 :

« Médaille d'honneur pour un noir d'aniline, pouvant être imprimé sous des couleurs fixées à l'albumine, et pouvant subir toutes les opérations de l'avivage des couleurs garance d'application. »

M. Brandt promet de fournir la rédaction complète du prix pour la prochaine séance de la Société industrielle.

La rédaction du prix n° 27 sera modifiée par M. Camille Kœchlin.

M. Gustave Schæffer donne lecture des développements qu'il propose d'ajouter à l'énoncé du prix n° 37. — La rédaction de M. Schæffer est adoptée par le comité.

M. Jules Meyer propose de décerner une médaille de première classe pour le meilleur système de cuves servant à teindre les tissus au large. — Cette proposition est adoptée par le comité.

M. Brandt enverra pour la séance de la Société la rédaction d'un prix relatif à la purpurine.

M. Camille Kœchlin propose un prix nouveau dont voici l'énoncé :

« Médaille d'honneur pour la préparation du vermillon sur tissus de coton. » — Adopté par le comité.

M. Jules Meyer enverra la rédaction d'un nouveau prix relatif à un succédané de la terre de pipe.

M. Jean Meyer propose le prix suivant, dont la rédaction est adoptée par le comité :

« Médaille d'honneur pour un bleu analogue au bleu d'outre-mer comme nuance et solidité, fixé sur tissus de coton par un procédé chimique, sans l'aide de l'albumine ou d'un autre épaississant, produisant l'adhésion par coagulation. Le procédé de fabrication de ce bleu sur tissus devra être assez pratique et bon marché pour permettre son emploi en industrie. »

Le comité adopte le prix suivant, proposé par M. Horace Kœchlin :

« Médaille d'honneur pour la production de l'acide carminique par synthèse. Le prix de cette matière colorante devra être assez peu élevé pour en permettre l'application à l'industrie. »

Le comité adopte également le prix suivant, proposé par M. Horace Kœchlin :

« Médaille d'honneur pour l'introduction dans l'industrie de l'orcéine synthétique. Son prix devra être inférieur à celui des extraits d'orseille du commerce. MM. Vogt et A. Henninger ont préparé au moyen du toluène l'orcéine artificielle. (Voir le *Bulletin de la Société chimique de Paris*, tome XVII, page 541, juin 1872.) »

M. le Dr Goppelsrœder donne lecture du rapport qu'il a été chargé de faire sur une note de M. Gustave Engel, traitant d'un nouveau procédé de dosage des matières grasses dans les savons. Le comité propose d'adresser à M. Engel la copie du travail de M. Goppelsrœder, et de déposer aux archives la communication de M. Engel et le rapport auquel elle a donné lieu.

M. Goppelsrœder communique au comité le résultat de l'analyse d'un sel de zinc qui s'est déposé au pôle négatif d'une pile Leclanché, chargée au sel ammoniac. Ce sel, dont la formule ($Az^2H^4ZnCl^2$) est analogue à celle du *Mercurammoniumchlorid* ($Az^2H^4HgCl^2$), contient en outre une molécule d'eau de cristallisation. — Le comité demande l'impression de ce travail que M. Goppelsrœder a fait en collaboration d'un de ses élèves, M. Lauth, de Strasbourg.

M. Goppelsrœder communique ensuite de nouvelles recherches sur le morin et la maclurine du bois de Cuba, sur les difficultés que présente leur séparation et sur la solubilité de certaines laques métalliques dans les alcools supérieurs de la série $C^n H^{2n} + {}^2O$. Il offre, à cette occasion, à la collection Dollfus-Ausset un flacon contenant une solution alcoolique, acidulée par l'acide chlorhydrique, de la combinaison de morin avec alumine, dissolution qui présente une très belle florescence verte.

M. Goppelsrœder présente ensuite un échantillon du nouveau bleu de Bœttger, et en indique les principales propriétés chimiques. Ce corps, préparé par la réaction du ferrocyanure de potassium sur une solution d'antimoine dans l'eau régale, ne possède nullement l'éclat du bleu d'outremer qu'on a voulu lui attribuer. M. Brandt émet l'opinion que c'est l'acide chlorhydrique seul qui produit ce bleu, et que l'antimoine n'y est pour rien.

Après avoir soumis au comité un échantillon d'un succédané du beurre de vache, fabriqué à Paris sous le nom de margarine Mouriès, et dont M. Burkhardt, de Bâle, l'avait chargé de faire l'examen, M. Goppelsrœder présente enfin au comité quelques échantillons de soie, traités par une nouvelle méthode dont la description se trouve indiquée dans un pli cacheté, récemment déposé à la Société industrielle. Ce procédé, destiné à remplacer la putréfaction des cocons, fournit une soie très brillante, forte et blanche.

La séance est levée à 7 1/4 heures.

Séance du 11 juin 1873.

La séance est ouverte à 6 heures. — Treize membres sont présents.

Le procès-verbal de la dernière séance est lu et adopté avec une légère modification.

M. Schneider donne lecture du prix nouveau proposé par M. Jules Meyer pour un succédané de la terre de pipe. Le comité adopte la rédaction de M. Meyer, en abaissant toutefois la valeur du prix à une médaille de seconde classe.

M. Rosenstiehl donne lecture d'une note de M. Charles Lauth, traitant du noir d'aniline. A cette occasion, M. Brandt appelle l'attention des membres du comité sur l'absence du chlore dans ce nouveau noir qui paraît résulter de l'oxydation du sel d'aniline. D'après M. Camille

Kœchlin, l'absence du chlore n'a rien qui doive étonner, puisque ce métalloïde, selon lui, ne fait pas partie constitutive du noir d'aniline proprement dit, mais d'une substance étrangère qui l'accompagne dans sa production. M. Rosensthiel, en résumant la discussion, fait observer qu'on possède actuellement trois procédés différents pour fabriquer le noir d'aniline, et que les noirs obtenus par ces divers procédés présentent des propriétés et des compositions différentes.

M. Goppelsrœder annonce qu'il fera préparer ces divers noirs d'aniline par les élèves de l'Ecole de chimie, et qu'il en étudiera les propriétés et la composition. Cette proposition est accueillie avec satisfaction par le comité, qui en remercie vivement l'auteur. — L'impression du travail de M. Lauth est votée par le comité.

M. Rosenstiehl donne lecture d'une note de M. Léon Bloch sur le noir d'aniline. Il résulte de ce travail que la présence du chlorure ammonique, ajouté à la couleur, empêche le chlorure de calcium de produire un coulage, et, en second lieu, que la concentration du chlorure de chaux commercial, au tiers de son volume, donne le moyen d'obtenir un chlorate de chaux avantageux comme prix de revient. L'examen de cette note est confié à M. Albert Scheurer, de Thann.

MM. d'Andiran et Wegelin adressent un échantillon de noix d'anarcardium, et demandent si ce produit, grâce à sa richesse en tannin, ne pourrait pas être utilisé dans l'impression en noir sur coton. — M. Gustave Schæffer veut bien se charger de l'examen de ce produit.

Une lettre de M. le Dr Goppelsrœder signale à l'attention de la Société industrielle un nouveau produit commercial, mis en vente par la maison Pellerin fils et C° à Paris, sous le nom de margarine Mouriès. Cette substance qui, d'après les avis favorables de MM. Boudet, Poggiale et Boussingault, constitue une excellente graisse de ménage, pouvant remplacer avec avantage le beurre dans la cuisine ordinaire, est particulièrement précieuse pour la marine, en raison de la facilité avec laquelle elle se conserve très longtemps sans rancir. — Le comité propose de remercier M. Goppelsrœder pour cette intéressante communication.

M. Meunier-Dollfus, qui s'occupe de la question des enregistreurs de température, annonce que M. J. Salleron, fabricant d'instruments de physique à Paris, a construit plusieurs appareils, transmettant à distance les observations thermométriques, fonctionnant par la dilatation de l'air. Il donne lecture d'une lettre de M. Salleron, contenant la description et le dessin d'un appareil dans lequel se trouve évité l'inconvénient qui a été reproché au thermomètre à air de MM. Besson frères. — A la suite de cette communication, le comité prie M. de Coninck de prendre connaissance de la lettre de M. Salleron et d'en tenir compte dans la rédaction de son rapport, qu'il voudra bien soumettre encore une fois au comité avant l'impression.

M. Witz annonce qu'en faisant entrer dans les cuves de blanchiment non point de l'eau fraîche, mais les vieux bouillons conservés à cet usage, il est parvenu à éviter jusqu'aux moindres traces des taches de rouille. Il pense que cet effet doit sans doute être attribué à cette circonstance, que les bouillons ont été complètement privés d'air par l'ébullition.

Le comité remercie M. Witz pour l'indication d'un moyen aussi pratique d'éviter un inconvénient extrêmement grave dans le blanchiment.

La séance est levée à 7 1/4 heures.

———

Séance du 9 juillet 1873.

La séance est ouverte à 6 heures. — Onze membres sont présents.

Le procès-verbal de la précédente réunion est lu et adopté, après une légère rectification.

M. Goppelsrœder annonce qu'il a l'intention d'entreprendre, en collaboration avec son préparateur et les élèves les plus avancés de son laboratoire, un travail ayant pour but d'examiner les méthodes employées jusqu'à présent pour reconnaître la nature et la pureté des matières colorantes soit libres, soit fixées sur les fibres textiles, et de trouver une marche systématique pour l'analyse spéciale des différentes substances colorantes. Il prie par conséquent les membres de la Société industrielle de vouloir bien lui fournir, comme point de départ, une série de colorants purs, soit libres, soit fixés sur les fibres. M. Goppelsrœder accepterait également avec reconnaissance des échantillons de tissus teints ou imprimés, avec l'indication des mordants et colorants qui ont servi à les préparer. Ces échantillons lui serviraient à compléter la collection qui est indispensable pour l'enseignement donné à l'Ecole de chimie. Le comité de chimie se met entièrement à la disposition de M. Goppelsrœder. et s'empressera de lui fournir soit des échantillons de matières colorantes fixées sur tissus, soit les matières premières et renseignements quelconques qu'il voudra bien lui demander dans le cours de ses laborieuses recherches.

MM. Gros, Roman, Marozeau et Cᵉ, à Wesserling, soumettent à l'appréciation de la Société industrielle un appareil automoteur servant à guider et à élargir les tissus. Le comité de chimie, chargé de l'examen de cette machine, en demande la description et le dessin avec l'indication du genre de travail auquel elle est applicable. De plus, comme les avis sont très partagés, il attendra, pour faire son rapport, qu'il ait eu l'occasion de voir fonctionner à Mulhouse quelques-unes de ces machines.

Une lettre de M. J.-G. Gros signale comme très dangereux l'emploi, comme huile de graissage. d'un produit offert sous le nom de *Amerikanisches magnetisches Fluidium*, et qui, d'après les analyses de M. Goppelsrœder, ne consiste qu'en une solution de 19 °/₀ de colophane dans 81 °/₀ de térébenthine. Le comité de chimie passe à l'ordre du jour sur cette communication, par la raison que le procès-verbal de la Société industrielle a mis suffisamment en relief le danger signalé plus haut. On préviendra toutefois M. Gros que, d'après tous les renseignements recueillis par le comité, le produit en question n'est pas offert comme huile de graissage.

M. Léon Bloch adresse une nouvelle rédaction de son travail sur le noir d'aniline, qui est remise au rapporteur, M. Albert Scheurer.

M. A. Muller, ancien élève du laboratoire de chimie de Mulhouse, adresse la description d'une nouvelle manière d'obtenir le titrage des indigos par l'emploi de l'hyposulfite de soude. M. le Dʳ Goppelsrœder veut bien se charger de l'examen de cette communication.

M. Albert Scheurer donne lecture d'une note sur un procédé nouveau de teinture et d'impression au moyen de l'indigo, par MM. P. Schützenberger et F. de Lalande. Un membre du comité fait observer que ce travail a déjà été publié au *Moniteur scientifique* et dans le *Bulletin de la Société chimique;* néanmoins comme cette notice présente un sérieux intérêt pour un très grand nombre de lecteurs du Bulletin, le comité n'hésite pas à déroger à ses habitudes en demandant l'impression de cette communication, qui sera accompagnée de nouveaux échantillons de tissus offerts par M. Albert Scheurer, de Thann.

Le comité, après avoir examiné deux exemplaires du journal *La Nature*, propose d'accepter l'échange de cette publication contre les Bulletins de la Société.

M. Albert Scheurer annonce qu'en traitant le chlorate d'aniline par l'acide chlorhydrique, il a obtenu un abondant précipité vert qui, après dessiccation, cède à l'alcool un corps jaune d'ocre dont la composition paraît variable. Le résidu est un corps vert insoluble dans tous les réactifs, excepté l'acide sulfurique concentré, qui le dissout en bleu intense. L'eau le précipite intact de cette solution. M. Scheurer présente au comité des échantillons du corps vert et du corps jaune; ce dernier toutefois est souillé d'impuretés provenant de ce que l'aniline employée renfermait une certaine proportion de toluidine. L'obtention de ces deux corps dans les conditions mêmes où le noir d'aniline prend naissance, vient à l'appui des conditions du travail que M. Brandt a publié il y a quelque mois dans les Bulletins de la Société industrielle, et qui attribue au noir d'aniline la nature d'un mélange d'au moins deux éléments.

La séance est levée à 7 1/2 heures.

Séance du 13 août 1873.

La séance est ouverte à 6 1/4 heures. — Douze membres sont présents.

Le secrétaire donne lecture d'une lettre de MM. Gros, Roman, Marozeau et C°, répondant à une demande de renseignements que leur avait adressée le comité de chimie, au sujet d'une machine à élargir les tissus, fonctionnant dans leur établissement. MM. Gros, Roman, Marozeau se déclarent prêts à donner au comité toutes les explications verbales qu'il désirera.

M. Eugène Dollfus annonce qu'une pareille machine vient d'être installée chez MM. Dollfus-Mieg et C°, et propose de présenter un rapport à ce sujet. M. Schæffer, sur sa demande, est adjoint à M. Dollfus.

Le secrétaire rappelle que le comité a été chargé par la Société industrielle du soin d'examiner s'il convient de faire paraître dans les Bulletins le travail de M. Schützenberger, relatif à la fixation de l'indigo sur tissus au moyen de l'hyposulfite de soude. Tout en appréciant hautement la valeur de cette découverte, le comité croit devoir ne pas déroger aux traditions de la Société, en votant l'impression dans le Bulletin d'un travail déjà publié. Seulement M. Albert Scheurer sera prié de faire un rapport exposant le procédé et les résultats obtenus par lui. Ce travail, dont le seul but sera de mettre les lecteurs du Bulletin au courant de l'état actuel de la question, ne devra engager en rien la responsabilité du rapporteur ni du comité, en ce qui concerne l'avenir industriel du procédé, son application étant de date trop récente pour permettre de porter un jugement définitif.

Répondant à quelques réclamations de membres du comité, le secrétaire promet de demander que les procès-verbaux soient publiés dans un délai plus court après les séances dont ils rendent compte.

Lecture d'un rapport de M. Albert Scheurer sur une note de M. Bloch, relative à l'emploi du chlorate de calcium pour la composition du noir d'aniline. M. Scheurer ne considère pas ce procédé comme plus économique que ceux adoptés jusqu'à présent, et signale en outre les accidents auxquels il peut donner lieu. — Ce rapport sera envoyé à M. Bloch.

M. Mœglen, de Cernay, inventeur d'une machine à imprimer sur laquelle le comité a déjà prononcé un jugement défavorable, demande par lettre des secours au comité. — M. Witz se charge de prendre des informations sur la situation de M. Mœglen.

M. le Dr Goppelsrœder donne lecture de son rapport sur une méthode de dosage de l'indigotine, présentée par M. Muller. Le rapporteur expose avec détail ses expériences, et conclut en déclarant qu'il considère ce procédé comme dépassant en exactitude toutes les méthodes usitées jusqu'à présent. — Le comité vote l'impression de ce rapport et du travail de M. Muller.

M. de Coninck lit une note additionnelle complétant le rapport présenté par lui sur l'appareil indicateur de température de M. Besson.

M. Meunier-Dollfus se charge de prendre des informations sur les appareils analogues que construit M. Salleron, et de présenter au comité un rapport à ce sujet.

La séance est levée à 7 heures.

Séance du 8 octobre 1873.

La séance est ouverte à 6 heures. — Seize membres sont présents, Le procès-verbal de la séance du 13 août, rédigé par M. de Coninck. est lu et adopté.

M. le secrétaire donne lecture de la lettre qui lui a été adressée par un membre de la Société industrielle chargé de recueillir des renseignements sur la position de M. Mœglen, de Cernay. Le comité propose de passer à l'ordre du jour sur la demande de secours que M. Mœglen avait adressée à la Société industrielle.

M. Goppelsrœder présente au nom de M. Trechsel, préparateur au laboratoire municipal de chimie industrielle, l'analyse quantitative d'un minéral peu connu, désigné sous les noms de *binnite* ou de *dufrénoysite*. Ce minéral, qui se trouve dans les collections de la Société industrielle, correspond à l'argent rouge arsénical, dans lequel l'argent est remplacé par le plomb. Le comité, après avoir entendu la lecture de cet intéressant travail, en vote l'impression dans les Bulletins, en priant toutefois M. Trechsel de vouloir bien compléter son analyse par l'indication des principaux caractères minéralogiques de la binnite.

Une lettre de M. Goppelsrœder invite les membres du comité de chimie à venir examiner dans son laboratoire une collection de cocons et de frisons de soie dégommés et blanchis par un nouveau procédé dont la description se trouve contenue dans un pli cacheté déposé à la Société industrielle, le 30 avril 1873.

M. Gustave Schæffer, chargé, en collaboration avec M. Emile Schultz, de l'examen d'une note de M. Th. Schlumberger, relative à l'emploi des cylindres en fonte cuivrée pour l'impression des étoffes, donne lecture d'une série de renseignements qu'il a pu se procurer sur cette question auprès de plusieurs personnes très compétentes de l'Angleterre et de l'Allemagne. Le comité, reconnaissant la grande utilité qu'il y aurait à publier dans les Bulletins les nombreux efforts tentés par M. Schlumberger, pour arriver à la solution pratique d'un problème aussi important que difficile, propose de demander à M. Schlumberger la description de son procédé. Cette communicotion serait insérée dans les Bulletins, suivie d'un rapport dont la rédaction est confiée à M. G. Schæffer.

M. G. Schæffer, chargé d'examiner un échantillon de noix d'Anacardium, adressé par MM. d'Andiran et Wegelin, annonce que ce produit, grâce à sa faible teneur en tannin et à sa richesse en matière oléagineuse. ne présente aucun intérêt pour l'industrie de la teinture et de l'impression. Le résultat de cet examen sera communiqué à MM. d'Andiran et Wegelin.

M. Goppelsrœder demande la communication du travail de M. Jules Roth, sur l'essai des huiles, dont il est chargé de rendre compte. On priera M. Jules Roth d'envoyer son travail au rapporteur.

M. le secrétaire rappelle l'attention des membres du comité sur une note publiée dans les comptes-rendus de l'Académie des sciences (tome LXXVII, page 707), par MM. Mathieu et Urbain, et traitant du rôle des gaz dans la coagulation de l'albumine. Il résulte de cet important travail, exécuté au laboratoire de l'Ecole centrale, que lorsqu'on extrait complètement les gaz dissous dans le sérum du sang, on obtient un liquide albumineux qui ne se coagule plus, même à la température de 100 degrés. La machine pneumatique à mercure permet d'extraire de l'albumine non-seulement les gaz, mais encore les sels volatils, tels que carbonate et sulfhydrate d'ammoniaque, qu'elle renferme. L'extraction des gaz la rend incoagulable par la chaleur; la disparition des sels volatils la convertit en une substance analogue à la globuline.

100° d'albumine de l'œuf contiennent de 55 à 84° d'acide carbonique, de 1,6 à 2,8° d'oxygène, et de 3 à 5° d'azote.

L'albumine privée de ses gaz est incoagulable, même à 100 degrés; mais elle est précipitée par l'alcool, les acides et les sels métalliques, comme l'albumine normale. On peut rendre de l'oxygène et de l'azote à cette albumine transformée, sans qu'elle redevienne coagulable; mais elle recouvre cette propriété si on lui restitue l'acide carbonique qu'elle a perdu. L'acide carbonique est donc la cause de la coagulation de l'albumine par la chaleur. L'acide carbonique entre dans la constitution du coagulum, car si on traite l'albumine coagulée par un acide fixe (acide tartrique, par exemple), elle dégage de 60 à 80ᶜᶜ d'acide carbonique par 100 grammes d'albumine.

L'albumine coagulée peut être transformée en albumine soluble et coagulable, si on la fait digérer en vase clos, à une douce température, avec une solution ammoniacale jusqu'a dissolution complète, et si on sonmet ensuite le liquide à l'évaporation pour éliminer l'ammoniaque en excès et le sel ammoniacal qui a pris naissance. L'albumine privée de sels volatils, se convertit en globuline. La solution de globuline, traitée par un courant d'acide carbonique, devient coagulable à 70 degrés environ. Une solution de globuline, additionnée d'un peu de carbonate d'ammoniaque, reprend les propriétés caractéristiques de l'albumine.

La séance est levée à 7 1/4 heures.

PROCÈS-VERBAUX
des séances du comité de mécanique

Séance du 19 août 1873.

La séance est ouverte à 5 3/4 heures. — Dix membres sont présents.

Le procès-verbal de la séance du 24 juin est lu et adopté.

Le comité approuve l'échange du Bulletin contre le journal *La Nature.*

M. Neddermann adresse un produit devant empêcher les incrustations dans les chaudières à vapeur. Beaucoup d'essais de ce genre ont amené le comité à rejeter ces moyens et à chercher la solution de cette question, pour les eaux de Mulhouse au moins, dans des procédés consistant à précipiter les sels nuisibles avant l'alimentation de l'eau dans la chaudière. La Société industrielle a institué un prix afin d'encourager les inventeurs dans cette voie.

On distribue aux membres du comité les procès-verbaux d'une réunion d'ingénieurs allemands, dans laquelle ont été arrêtés les dimensions-types à admettre pour les tuyaux en fonte, tels que longueur, diamètre des brides, nombres et diamètres des boulons d'assemblage, longueur des coudes, etc. Un tableau réunissant toutes ces dimensions, est joint aux procès-verbaux.

M. Steinlen communique une note avec tableaux comparatifs des dimensions principales adoptées pour les diamètres des boulons et vis à filets triangulaires. Il indique les avantages des dimensions adoptées par la maison Ducommun.

M. Steinlen signale l'utilité qu'il y aurait de provoquer une réunion des constructeurs de machines pour discuter l'opportunité d'adopter d'un commun accord un système uniforme et ayant surtout l'avantage d'avoir des mesures métriques et des dimensions de fer courantes. Il est décidé qu'une commission sera nommée pour discuter cette utilité, et provoquer ensuite une réunion générale des constructeurs de notre rayon. Sont désignés pour faire partie de cette commission : MM. G. Ziegler, Frauger, Steinlen, Ernest Zuber, Th. Schlumberger, Grosseteste et C. Schœn.

La séance est levée à 7 heures.

Séance du 16 septembre 1873.

La séance est ouverte à 5 3/4 heures.—Quinze membres sont présents.

Le procès-verbal de la dernière réunion est adopté sans observations.

M. Auguste Dollfus soumet au comité un certain nombre d'ouvrages envoyés en communication, et parmi lesquels il est fait choix d'une traduction française d'un ouvrage de Redtenbacher sur la construction des machines, et d'un autre d'Alcan, sur la filature de laine peignée, lesquels seront achetés pour la bibliothèque.

Le secrétaire soumet au comité un intéressant traité de M. le Dr Hirt, intitulé : *Die Krankeiten der Arbeiter*, dont M. Engel-Dollfus a fait hommage à la Société. On y trouve une analyse sérieuse des effets produits sur la santé des ouvriers par un grand nombre d'industries, et entre autres par le travail du coton. Après avoir passé par les mains des membres du comité que ces questions intéressent particulièrement, l'ouvrage de M. Hirt sera renvoyé à une commission d'hygiène qui aura à s'occuper des conclusions pratiques à en tirer.

Une note sur les procédés et les applications des procédés Ponsard, lue à la dernière séance mensuelle de la Société, est renvoyée à une commission chargée d'en suivre l'application particulièrement aux chaudières à vapeur. Il s'agit de se rendre compte des améliorations de rendement des générateurs qui peuvent résulter de la transformation préalable des combustibles en gaz, et de leur combustion au moyen d'air réchauffé par son contact avec la fumée dans les appareils récupérateurs de Ponsard. Sont désignés pour faire partie de la commission : MM. Bohn, Meunier, Breitmeyer, G. Dollfus, Ernest Zuber.

M. Schœn donne lecture d'un rapport présenté au nom de la commission qui avait été chargée dans la dernière réunion d'examiner la proposition de M. Steinlen tendant à l'adoption de types uniformes pour les vis. Il conclut en reconnaissant toute l'utilité et l'opportunité d'une entente à cet égard, et propose au comité de demander à la Société son appui et son patronage pour faire prévaloir l'idée d'unification. A cet effet une commission se chargerait de convoquer les intéressés du voisinage et de faire de la propagande. — Le comité approuve ces conclusions, et demande l'impression au Bulletin du rapport de M. Schœn et du travail de M. Steinlen, qui servira de point de départ aux discussions ultérieures.

M. Meunier donne connaissance au comité du résultat du concours des chauffeurs. Ces résultats sont malheureusement négatifs cette année. Par suite de diverses circonstances, il n'a pas été possible d'accorder aux résultats du concours une confiance suffisante pour proposer des prix à décerner. — Le comité, tout en regrettant ce qui est arrivé, décide que dans ces conditions le concours doit être annulé, et que les maisons dont les chauffeurs ont concouru, en seront avisées. Les chauffeurs admis au concours cette année, pourront se représenter dans un an.

Pour parer dans la mesure du possible au retour d'un pareil désagrément, M. Meunier propose un règlement du concours, destiné à prévenir toutes les causes d'erreur ou de fraude. Ce règlement sera complété, s'il y a lieu, par la commission du concours qui sera désignée en 1874.

M. Meunier donne encore communication au comité de quelques

passages de son rapport sur les travaux de l'Association alsacienne des propriétaires d'appareils à vapeur durant l'exercice 1872/78. Il s'étend eu particulier sur les données d'un tableau résumant les divers essais de chaudières entrepris par l'Association depuis sa fondation, et desquelles ressortent des différences de rendement considérables d'une chaudière à une autre, suivant le système de construction et le mode de chauffage adoptés.

M. Gœrig donne lecture d'une note dans laquelle il développe quelques observations qui lui ont été suggérées par la lecture du dernier rapport de MM. Meunier et Hallauer sur des essais comparatifs de la chaudière de Wesserling avec réchauffeur tubulaire en fonte, et de la chaudière Sulzer à foyer intérieur. Après une courte discussion et vu l'heure avancée, le comité décide de reprendre, dans sa prochaine réunion, l'examen des questions soulevées par M. Gœrig.

A ce propos, M. Schœn rappelle que le comité avait exprimé, il y a plusieurs années déjà, le désir de voir publier séparément les travaux nombreux que renferment les Bulletins depuis quinze ans sur les essais de chaudières à vapeur, afin de suppléer à l'épuisement des tirages de plusieurs Bulletins. — Le comité pense qu'il y aurait opportunité à reprendre l'idée de cette publication, et charge son secrétaire de lui en proposer le cadre dans une prochaine réunion.

Avant de se séparer, M. Lalance invite le comité à assister aux expériences qu'il fera le dimanche suivant, à 9 heures du matin, sur les dispositions qu'il a fait installer dans l'usine de Pfastatt pour combattre les incendies.

La séance est levée à 7 1/2 heures.

———

Séance du 21 octobre 1873.

La séance est ouverte à 5 1/2 heures.— Onze membres sont présents.

Le procès-verbal de la réunion précédente est lu et adopté.

La plupart des membres du comité ont assisté aux expériences qui ont eu lieu le 21 septembre dernier, chez MM. Hæffely et C°, sur les installations faites dans leurs établissements, en vue de combattre promptement les incendies. MM. Engel-Royet et Gœrig ont été chargés de rendre compte au comité de ces essais.

Le secrétaire communique une note accompagnée d'un appareil envoyé par M. Rocheblave, inventeur d'un compteur métrique avec casse-fil, qu'il a appliqué aux métiers à filer la soie, et qu'il croit pouvoir être utilisé avantageusement par la filature du coton et de la laine. — L'examen de cette communication est renvoyé à une commission composée de MM. Th. Schlumberger, Schœn et A. Bœringer.

Sur la demande de M. Schœn, et après avoir entendu les observations de M. Steinlen, le comité décide de faire faire un tirage spécial à 500 exemplaires du travail de M. Steinlen, sur l'unification des types pour les vis.

M. Steinlen informe le comité que le nombre des élèves demandant à être admis dans la classe de dessin industriel atteint 150, et soulève la question de savoir s'il ne conviendrait pas de les répartir en deux classes. — L'examen de cette question est renvoyé à la commission de l'Ecole de dessin, qui présentera ultérieurement ses propositions au comité.

M. Hallauer donne lecture au comité d'une étude fort intéressante sur deux machines Corliss, dout l'une était munie d'une enveloppe, tandis que l'autre en était dépourvue. L'analyse de ces deux machines, conduite d'après la méthode développée par M. Hallauer quelques mois auparavant, met en complète lumière les effets de l'enveloppe de vapeur, et les avantages qu'elle procure dans les machines à détente et à condensation. Le comité félicite M. Hallauer de ce remarquable travail, et en décide l'impression après qu'il aura été renvoyé à l'un de ses membres chargé de l'étudier complètement. M. Th. Schlumberger est désigné pour faire cet examen.

M. Heller donne lecture au comité de son rapport annuel sur les travaux de l'Association pour prévenir les accidents de machines. Ce travail débute par une statistique des accidents durant l'année 1872-1873, et par une statistique comparée des années précédentes. Il en ressort une diminution considérable du nombre des accidents de certaines machines, telles que les métiers automates, auxquelles les moyens de prévention ont été appliqués. Les accidents des cardes, par contre, sont nombreux, et M. Heller s'étend longuement sur les moyens divers à mettre en œuvre pour les éviter.

La séance est levée à 7 1/2 heures.

BULLETIN

DE LA

SOCIÉTÉ INDUSTRIELLE

DE MULHOUSE

(Novembre et Décembre 1873)

PROJET D'INSTALLATION

au bassin de Mulhouse

d'une grue à vapeur pour le déchargement des houilles.

RAPPORT

présenté au comité de mécanique de la Société industrielle par
MM. Gustave Dollfus et Paul Heilmann-Ducommun.

Séance du 29 novembre 1873.

Messieurs,

Dans un récent voyage que nous avons fait ensemble en Angleterre, nous avons étudié les installations faites dans ce pays pour le déchargement des bateaux de houille au moyen de grues à vapeur.

Nous pensons qu'il y aurait avantage à organiser à Mulhouse une installation semblable, et nous avons, à cet effet, étudié un avant-projet que nous venons soumettre à votre appréciation.

Nous examinerons d'abord dans notre travail le coût actuel du déchargement des houilles qui arrivent par le canal, puis nous comparerons ces prix à ceux que coûterait le déchargement par grue à vapeur, et enfin nous aborderons la discussion même de notre projet.

MOYENS EMPLOYÉS ACTUELLEMENT AU BASSIN DE MULHOUSE POUR
LE DÉCHARGEMENT DES HOUILLES ARRIVANT PAR BATEAUX.

Lorsqu'un bateau de houille est amarré à quai, une ou plusieurs
équipes d'hommes entreprennent le déchargement du bateau.

Chaque équipe organise « un pont », ou, pour mieux dire,
une série de planches placées l'une devant l'autre de telle façon
qu'elles forment un pont qui relie l'intérieur du bateau et le quai
où est amarré le bateau.

La houille est alors transportée au moyen de brouettes au quai
et mise en tas. Dans quelques cas, ces brouettes sont poussées à
bras d'homme à une certaine distance de l'endroit où est amarré
le bateau, puis déchargées soit sur des chantiers éloignés du quai,
ou dans des wagons de chemin de fer.

Nous ne nous occuperons pour le moment dans ce travail que
des houilles qui sont mises en tas au quai où est amarré le
bateau.

Une équipe se compose généralement de sept hommes, dont
trois hommes munis de brouettes dans lesquelles ils transportent
la houille du bateau au quai, et quatre hommes munis de pelles
au moyen desquelles ils chargent les brouettes. Le charriage des
brouettes étant très pénible, les hommes de l'équipe se relayent
pour faire le service des brouettes.

Les prix généralement payés à un entrepreneur pour le déchargement d'un bateau de houille et la mise de cette houille en tas
à quai, sont de $0^r,50$, même quelquefois $0^r,60$ la tonne.

On admet en moyenne qu'une équipe de sept hommes travaillant neuf heures par jour, peut, en trois jours de temps, décharger
un bateau de 150 tonnes. C'est le temps généralement employé
par des hommes qui travaillent pour le compte d'un entrepreneur;
mais ce délai est quelquefois réduit à deux jours quand l'équipe
parvient à s'organiser pour faire elle-même, et à forfait, l'entreprise du déchargement.

Telles sont les conditions de déchargement des houilles arrivant par bateau à Mulhouse. Comme nous l'avons dit, nous pensons qu'une grue à vapeur fournirait un travail plus rapide et plus économique; c'est ce que nous allons tâcher de démontrer.

EMPLOI D'UNE GRUE A VAPEUR POUR LE DÉCHARGEMENT DES HOUILLES ARRIVANT PAR BATEAUX.

Ainsi que le représente le dessin joint à notre travail, nous supposons dans notre projet l'emploi d'une grue à vapeur munie d'une benne, à laquelle la grue peut simultanément transmettre trois mouvements. Nous insistons dès à présent sur ce point essentiel, que la benne peut être sollicitée par trois forces, qui ont pour effet de transporter la benne en un point quelconque du cercle d'action de la grue.

Lorsqu'il sera plus spécialement traité de la construction et de la combinaison des mouvements de la grue, cette particularité de mouvements sera traitée plus à fond.

Une voie ferrée longeant le quai permet à la grue de se déplacer pour opérer le déchargement des bateaux.

Cette voie ferrée a, comme longueur, l'emplacement occupé par deux ou plusieurs bateaux; il en résulte que, sans perte sensible de temps, la grue peut, après avoir déchargé un premier bateau, se transporter devant un autre bateau, pendant que le bateau vide cède sa place à un autre bateau plein.

La grue pourra être traînée sur la voie ferrée soit par un cheval-vapeur, soit par un conducteur et un cheval.

Ce déplacement de la grue est rendu nécessaire par l'obligation de décharger le bateau successivement en différents points; car il serait impossible d'opérer le déchargement en commençant par l'un des bouts du bateau et en finissant par l'autre.

Il serait évidemment plus économique de se servir d'une grue fixe et de déplacer le bateau suivant l'état d'avancement du déchargement; cependant il n'est avantageux d'opérer ainsi que lorsque la houille est directement chargée sur wagons ou voitures, et que le déplacement du bateau est facile, comme dans le cas d'une rivière à courant d'eau rapide.

L'opération du déchargement est simple : dans le bateau se trouve une ou deux équipes d'hommes qui chargent la houille dans des bennes; le conducteur qui manœuvre la grue, enlève les bennes chargées et vient les présenter à un homme placé sur la galerie que représente notre dessin. Cet homme fait basculer la benne, et déverse la houille soit dans une voiture ou un wagon, ou la répartit en tas sur le quai.

Notre projet suppose une grue avec une flèche de 6 mètres et d'une puissance de 1,500 kilos environ, à 6 mètres de portée. D'après les renseignements qui nous sont donnés par le constructeur de la machine, une grue semblable peut déplacer en dix heures de travail environ 300 tonnes de houille, à raison de 500 kilos par charge.

Voici quel serait approximativement le coût de l'installation que nous proposons :

Une grue à vapeur montée sur roues, avec l'écartement des voies ferrées d'Alsace	Fr.	10,000
Trois bennes basculantes ou à fond mobile	»	1,000
Cheval-vapeur	»	1,600
Un hangar pour mettre la grue à couvert	»	800
80 mètres de voie ferrée	»	2,400
Galerie et imprévu	»	1,200
	Fr.	17,000

Les frais journaliers d'exploitation seraient les suivants :

Un conducteur de machine, chargé en même temps des fonctions de gardien, fr. 1,500 par an; ce qui, pour un travail utile de 200 jours, suppose une dépense journalière pour chacun des 200 jours de $\frac{1500}{200}$ . . . . Fr. 7.50

Un aide-conducteur de la grue . . . . » 1.—

A reporter . . . . . Fr. 8.50

Report..... Fr. 8.50

Houilles consommées, kilos 300, à 3 fr.......... » 9.—

Graissage, faux frais....................... » 3.—

Intérêts et dégrèvement 25°/₀ sur fr. 17,000, soit

fr. 4,250 à répartir sur 200 jours $\frac{4250}{200}$ .... » 21.25

Imprévu................................. » 5.25

Un homme pour le déchargement de la benne.... » 3.—

Total pour 300 tonnes...... Fr. 50.—

ou pour 1 tonne...... Fr. 0.17

A ce chiffre il faut ajouter encore les frais de chargement de la houille dans les bennes.

Nous estimons ces frais à 0ʳ,10 la tonne, et nous
discuterons ce chiffre tout à l'heure; cependant, pour
être à couvert de tout imprévu, admettons.......... Fr. 0.13

Total des frais de déchargement et de mise à quai de
une tonne.................................. Fr. 0.30

Il y aurait donc en faveur du déchargement par grue à vapeur
une économie de 0ʳ,20 par tonne ou de fr. 60 par jour pour les
300 tonnes que nous supposons être déchargées par la grue en
une journée de travail.

Si l'on admet que la grue soit occupée pendant 200 jours de
l'année, elle produirait un travail utile de 200 × 300 tonnes =
60,000 tonnes, avec une économie sur les prix actuels de déchargement de 60,000 × 0ʳ,20 = Fr. 12,000.

A cette somme viendraient s'ajouter un jour les fr. 4,250 admis
comme dégrèvement, défalcation faite toutefois du coût des réparations possibles et probables.

Une société pourrait s'organiser pour couvrir les premiers frais
d'installation; en abandonnant la moitié de son bénéfice, elle
pourra faire les déchargements à 0ʳ,40 la tonne et bénéficier de

fr. 6,000 par an. Une fois rentrée dans ses débours, la société ferait abandon à la ville de son matériel, ce qui serait pour la ville de Mulhouse une source de revenu annuel de quelques milliers de francs.

DISCUSSION DE NOTRE PROJET.

Parmi les objections qui pourront être faites à notre projet, nous prévoyons dès à présent les suivantes :

1° L'exactitude des chiffres que nous admettons pour le chargement de la houille dans les bennes;

2° L'inconvénient d'établir des tas de houilles en longueur du quai au lieu de les mettre en travers du quai ;

3° L'emploi d'une grue roulante au lieu d'une grue fixe ;

4° Le chômage possible de la grue par suite de l'irrégularité des arrivages de la houille.

L'expérience seule répondra à quelques-unes de ces objections; cependant nous allons les examiner sous leurs différentes faces.

Frais du chargement de la houille dans les bennes.

Nous avons admis dans le cas du déchargement par brouettes et bras d'hommes que quatre hommes chargeant des brouettes employaient trois jours pour charger sur brouettes 150 tonnes de houille :

Soit un total par jour et par homme de $\dfrac{50,000}{4} = 12,500$ kil.

par heure.... $\dfrac{12,500}{9} = 1,388$ »

par minute.. $\dfrac{1,388}{60} = 23$ »

Si le salaire journalier de chaque homme est de fr. 3, on aurait une dépense de $3 \times 4 \times 3 = $ fr. 36. — pour 150 tonnes, ou » 0.24 » 1 »

Ce chiffre est bien différent de celui que nous avons adopté, et cependant il s'explique par le fait que le chargement des brouettes devient de plus en plus pénible à mesure que le bateau se vide, et que, pour changer les brouettes, les hommes sont obligés d'élever la houille à une plus grande hauteur, tandis que pour les bennes, la hauteur à laquelle on aurait à élever la houille serait à peu près constante; de plus, il faut prendre en considération que les quatre hommes munis de pelles relayent les hommes qui poussent les brouettes, et que s'ils n'étaient pas tenus à ce transport des brouettes, ils pourraient en plus petit nombre suffire au chargement des brouettes, ce qui diminuerait le prix de 0^f,24 que nous avons trouvé pour le prix du chargement de ces brouettes.

A l'appui du chiffre que nous avons avancé, nous présenterons les arguments suivants :

1° A la Compagnie du gaz à Londres, nous avons vu fonctionner une grue à vapeur qui déchargeait un bateau de houille au moyen de bennes desservies chacune par deux hommes seulement; chaque benne enlevait un chargement de kilos 600 de houille. La grue prenait la benne au fond du bateau, l'élevait à 10 mètres de hauteur environ, et après déchargement dans un wagon, redescendait la benne à vide.

Le voyage aller et venir d'une benne s'effectuait en moyenne en une minute et demie.

Comme il y avait deux bennes en chargement dans le bateau, il en résulte que chaque équipe avait trois minutes pour remplir une benne.

Le travail du chargement est payé aux équipes à raison d'un pence la tonne, soit environ 0^f,107 ;

2° Il est généralement admis qu'il faut à un homme environ 45 minutes pour charger une voiture de houille de kilos 2,500, ce qui suppose un travail journalier de kilos 33,333 en 10 heures,

$$\text{»} \quad 3,333 \text{ en } 1 \quad \text{»}$$
$$\text{»} \quad 55,5 \quad \text{en } 1 \text{ minute}$$

soit plus du double de ce que nous avons trouvé pour le chargement des brouettes.

Le chargement de la houille prise au quai et mise sur chars étant plus facile que le chargement des brouettes, à plus forte raison le chargement des bennes sera-t-il plus facile et plus économique, puisque les bennes n'ayant que 0ᵐ,80 à 1 mètre de hauteur, il faut élever la houille à une moins grande hauteur que pour charger les chars.

Avec un gain de 3 fr., 3ᶠ,50 à 4 fr., le prix par tonne serait de :

$$\frac{3}{33,333} = 0^f09$$

$$\frac{3,50}{33,333} = 0^f105$$

$$\frac{4}{33,333} = 0^f12$$

3° Dans les ouvrrges de mécanique, on admet généralement qu'un homme élevant des terres à la pelle à une hauteur moyenne de 1ᵐ,60, fournit une quantité de travail de 38,880ᵏᵐ par jour,

soit 3,888ᵏᵐ par heure,

64,8ᵏᵐ par minute.

Avec un gain de 3 fr., 3ᶠ,50 et 4 fr., le prix par homme serait de :

$$\frac{3}{38,880} = 0^f08$$

$$\frac{3,50}{38,880} = 0^f09$$

$$\frac{4}{38,880} = 0^f103$$

La hauteur à laquelle il faut élever la houille pour le chargement des bennes étant d'environ 0ᵐ,80 à 1 mètre, il est permis de se baser sur un chiffre variant entre 33,000 et 38,880ᵏᵐ pour représenter la quantité de houille qu'un homme pourra en un jour charger dans les bennes.

Nous supposons dans notre projet que la grue déchargera 300 tonnes de houille par jour au moyen de trois bennes, dont deux seraient continuellement en chargement sur le bateau.

La quantité enlevée par heure serait donc de 30,000 kilos.

»   »   par minute   »   de   500   »

La grue déchargeant toutes les minutes une benne chargée de 500 kilos de houille, l'équipe sur le bateau aurait, pour charger ces 500 kilos, deux minutes, ou pour 250 kilos une minute.

En admettant un travail utile de 50^{km} au lieu de 64^{km} par minute, il faudrait donc   5 hommes par équipe
ou 10   »   pour les deux équipes,
soit une dépense de 30 ou 40 francs, suivant que les hommes seraient payés 3 ou 4 francs.

Avec un gain de 3 ou 4 francs, le prix de la tonne serait de :

$$\frac{30}{300^t} = 0^f10$$

$$\frac{40}{300^t} = 0^f13$$

Il est donc permis d'espérer que le chiffre de 0^f,10, et surtout celui de 0^f,13, sont des estimations qui seront confirmées dans l'avenir, si notre projet est mis à exécution.

Disposition des tas de houille.

On critiquera sans doute notre projet de disposer des tas de houille en longueur du quai, au lieu de les placer en travers du quai, ce qui utiliserait plus avantageusement la surface du quai de débarquement.

A ce dernier point de vue l'observation est juste; mais si nous étions tenus de décharger la houille en dehors du cercle d'action de la grue, nous serions obligés de nous servir de wagons, et de là un déchargement plus coûteux.

Le seul inconvénient qui résulte des tas établis comme nous le proposons, est l'obligation de faire enlever par des chars en une journée toute la quantité de travail produit par la grue dans cette journée. Si cet enlèvement des houilles n'avait pas lieu pendant la journée, ou au plus tard, pour une faible quantité de houille, dans la matinée du lendemain, la grue pourrait être arrêtée dans son travail.

Au nouveau bassin, où l'on pourra sans doute disposer d'une plus grande longueur de quai pour le déchargement de la houille, un temps plus long pourra être accordé pour l'enlèvement des houilles mises en tas à quai, et alors l'inconvénient signalé disparaîtra.

Nous allons néanmoins examiner jusqu'à quel point il est à craindre que l'enlèvement des houilles ne se fasse pas suffisamment vite.

Aujourd'hui, pour enlever un chargement de houille de kilos 180,000, il est accordé un délai de trois jours au destinataire du bateau.

Dans le cas où notre projet serait adopté, il faudrait faire enlever 300,000 kilos de houille en une journée, ou tout au plus, comme délai de grâce, achever l'enlèvement pour les premières heures du lendemain.

En supposant des voitures pouvant enlever en moyenne 2,000 kilos de houille, et faisant un voyage aller et venir en deux heures de temps, il faudrait avoir à sa disposition trente voitures pour opérer le déplacement de ces 300 tonnes. A première vue, ce chiffre de trente voitures ne paraît pas dépasser les ressources que peut offrir Mulhouse. Ces 300 tonnes étant réparties le long du quai sur une longueur de 80 mètres, les voitures pourraient facilement aborder le quai pour se faire charger.

On pourrait aussi, au moyen de bennes s'ouvrant par le bas, décharger directement la houille sur voiture; cependant il serait à craindre que l'on éprouve en ce cas une perte de temps dans la manœuvre de la grue, et de là un travail total moindre.

L'expérience indiquera si cette perte de temps compenserait l'économie obtenue par le chargement direct de la houille sur voitures.

Si l'on ne craignait pas une augmentation de dépense d'installation, une disposition qui faciliterait l'enlèvement de la houille, consisterait à installer le long du quai des casiers pouvant momentanément recevoir tout 'le chargement d'une voiture, pour le délivrer à l'arrivée de cette voiture.

Nous indiquons ce moyen dans le cas où les voitures vides n'arriveraient pas avec une régularité suffisante pour prendre leur chargement directement des bennes.

Du reste, ainsi que le représente le dessin ci-joint, avec une flèche de 8 mètres de longueur, on pourrait faire des tas plus grands, et accorder le délai de trois jours admis aujourd'hui pour l'enlèvement des houilles mises à quai.

Emploi d'une grue fixe.

On nous dira sans doute qu'une grue fixe serait d'une installation plus économique, et qu'il serait plus simple de déplacer le bateau suivant les nécessités du déchargement.

Dans le cas d'un déchargement immédiat sur wagons ou voitures, il paraîtrait en effet préférable d'avoir une grue fixe; mais dans l'obligation où nous nous trouverons sans doute de faire des tas de houille, il paraît plus prudent de pouvoir déplacer la grue.

Au lieu d'une grue montée sur roues à boudins, on pourrait peut-être employer des roues sans boudins et disposer simplement des plate-bandes pour faciliter le déplacement de la grue.

Chômage par suite de non-arrivage régulier de bateaux.

Si la grue n'avait pas un travail journalier régulier à faire, il est évident que notre prix de revient en souffrirait.

Nous pensons cependant que 200 jours sur 300 représenteront une juste moyenne. D'après les renseignements que nous avons obtenus, nous estimons qu'il se décharge par jour en moyenne deux ou trois bateaux de houille au bassin de Mulhouse (plate-forme du Nord); nous pensons donc que la grue serait régulièrement occupée.

Du reste, pour fixer les idées, nous donnons ci-après un prix

de revient qui ne suppose à la grue que 100 jours de travail par
an, ou un déchargement par an de 30,000 tonnes :

Conducteur de la grue $\dfrac{\text{Fr. 1,500}}{100}$ .... Fr. 15.—

Un aide................................. » 1.—

Houilles consommées .... » 9.—

Graissage et faux frais...................... » 3.—

Imprévu.................................. » 5.25

Intérêts et dégrèvement 25°/₀ sur Fr. 17.000 à

répartir sur 100 jours $\dfrac{4,250}{100}$.................... » 42.50

Un homme au déchargement de la benne....... » 3.—

$\qquad\qquad$ Pour 300 tonnes...... Fr. 78.75

$\qquad\qquad\qquad$ » 1 » ..... » 0.26

A ces 0ʳ,26 il faudrait ajouter
$\qquad$ 0ʳ,13 pour le chargement des bennes.

Total : 0ʳ,39.

En résumé, les frais d'une exploitation pour le déchargement
de houilles par grue à vapeur avec l'organisation que nous proposons, peuvent se subdiviser en deux classes : l'une comprenant
les frais journaliers d'exploitation, l'autre comprenant des frais
généraux ayant particulièrement sur le prix de revient par tonne
une influence variable suivant la quantité totale du travail annuel.

Dans la première classe nous faisons figurer les frais suivants :

Houilles consommées........................ Fr. 9.—

Aide-conducteur .... » 1.—

Graissage et faux frais...................... » 3.—

Imprévu.................................. » 5.25

Un homme au déchargement des bennes........ » 3.—

$\qquad$ Total pour un travail journalier de 300 tonnes Fr. 21.25

$\qquad\qquad$ Soit pour une tonne...... Fr. 0.07

Dans la seconde classe de frais figurent :

L'intérêt et le dégrèvement du capital.......... Fr. 4,250

Le salaire du conducteur de la grue............. » 1,500

Fr. 5,750

Cette somme se répartirait comme suit, suivant le travail total annuel :

$$\text{Pour } 60{,}000 \text{ tonnes } \frac{5750}{60{,}000} = 0{,}096 \text{ par tonne}$$

$$\text{» } 50{,}000 \text{ » } \frac{5750}{50{,}000} = 0{,}115 \text{ » } \text{ »}$$

$$\text{» } 40{,}000 \text{ » } \frac{5750}{40{,}000} = 0{,}144 \text{ » } \text{ »}$$

$$\text{» } 30{,}000 \text{ » } \frac{5750}{30{,}000} = 0{,}191 \text{ » } \text{ »}$$

Le déchargement d'une tonne de houille coûtera donc :

0^r,13 pour le chargement des bennes,

0^r,07 » les frais journaliers d'exploitation,

0^r,10 » les frais généraux correspondant à un travail annuel de 60,000 tonnes.

0^r,30

Remarque.— Il paraîtrait plus rationnel de comprendre le salaire des conducteurs de la grue dans la classe des frais journaliers d'exploitation; nous avons compris ce salaire dans la classe des frais généraux, parce que la quantité de travail annuel que pourra fournir la grue à vapeur est pour le moment encore inconnu.

Nous n'avons pas indiqué dans notre travail comment est organisée la grue que nous avons vue fonctionner en Angleterre.

Les principes fondamentaux sont à peu près toujours les mêmes; voici une description sommaire de la grue fixe à vapeur qui décharge à Londres les bateaux destinés à la Compagnie du gaz.

Description de la grue.

GRUE A VAPEUR SUR CHARIOT.

La grue avec ses treuils, les cylindres à vapeur et la chaudière sont montés sur un petit wagon composé d'un fort châssis en fonte, placé sur deux essieux. Elle peut circuler sur une voie ferrée de 1ᵐ,50 d'écartement entre rails. La voie est disposée le long du quai contre lequel s'amarrent les bateaux à décharger.

La chaudière est verticale et fournit la vapeur aux deux cylindres qui commandent la grue, et au petit cheval qui donne le mouvement de translation à tout le système. Cette chaudière se compose d'une partie cylindrique terminée par un dôme. La boîte à feu, également cylindrique, renferme une série de tubes verticaux qui descendent jusqu'à quelque distance de la grille. Ce système, quoique souvent employé, exige de fréquentes réparations ; aussi remplace-t-on ces petits tubes par de plus gros tubes disposés horizontalement et perpendiculairement entre eux à différentes hauteurs de la boîte à feu.

La machine à vapeur est à deux cylindres verticaux, quelquefois disposés et fixés le long de la chaudière, et d'autres fois ils sont placés verticalement de chaque côté de l'axe de la grue. Le petit cheval est fixé à l'arrière du wagon. Des robinets permettent au mécanicien de mettre en train l'une ou l'autre de ces machines.

Treuil principal. — L'arbre coudé de la machine porte un pignon qui engrène directement avec la roue du treuil. Ce treuil enroule la chaîne qui soulève les bennes. La descente se fait au moyen d'un frein que le mécanicien commande par une pédale placée sous son pied.

Mouvement de translation. — L'arbre coudé transmet son mouvement par l'intermédiaire d'un arbre vertical et de roues d'angle à un arbre qui lui est parallèle. Ce dernier porte deux roues d'angle qui engrènent simultanément avec une même roue de l'arbre vertical, en sorte que ces deux roues tournent en sens inverse.

Chacune est folle sur l'arbre, et porte un cône dans lequel vient s'engager un manchon conique commandé par un levier. On voit que par cette disposition on peut donner à l'arbre un mouvement dans un sens ou dans l'autre. Cet arbre porte un pignon conique à forte denture, qui engrène avec un segment denté fixé au châssis du wagon. Le mécanicien peut, par la manœuvre de son levier, faire tourner la grue autour de son axe vertical dans un sens ou dans l'autre; dans ce mouvement, tous les accessoires de la grue tournent sur la plate-forme du wagon.

Mouvement de la flèche. — Un second treuil est placé à la partie supérieure des bâtis de la grue. Il est commandé depuis l'arbre coudé par un arbre vertical et une vis sans fin. Sur ce treuil vient s'enrouler une chaîne qui passe sur une poulie et dont l'extrémité est fixée au bâtis. La chappe de la poulie est fixée à l'extrémité de la tête de la grue par deux fortes tringles. Le mécanicien a à sa portée un levier qui lui permet de manœuvrer un manchon qui donne le mouvement au treuil. Le mécanicien peut donc, au moyen de deux robinets, de deux leviers et d'une pédale, effectuer tous les mouvements simultanément.

Nous ne nous sommes occupés dans cette première partie de notre travail que du déchargement de la houille et de la mise à quai.

Il y aurait avantage aussi dans certains cas à transporter les houilles sur des voies ferrées au lieu de les transporter sur chars; nous nous proposons d'examiner cette question dans un autre travail.

Nous indiquerons aussi dès maintenant l'avantage qu'il y aurait à faire un embranchement ferré joignant le nouveau bassin à la ligne d'Alsace. L'emploi de grues à vapeur pour le chargement des wagons qui circuleront sur cet embranchement serait un avantage non-seulement pour les arrivages destinés à Mulhouse, mais pour toutes les marchandises qui transitent par le canal et reprennent le chemin de fer d'Alsace. Nous nous proposons également de vous entretenir ultérieurement de ce projet d'une utilité aussi grande, mais d'une réalisation plus difficile au point de vue des capitaux que nécessiterait l'exécution de ce projet.

Les conclusions que nous tirons du travail que nous venons de vous présenter sont, que dans le cas d'arrivages de bateaux de houille en quantité suffisante pour éviter un chômage de travail, il y a :

1o Avantage évident à employer une grue à vapeur pour le déchargement des bateaux de houille, lorsque la houille peut être déchargée directement sur des wagons ou sur des voitures, ou encore dans des estacades ou dans des châssis pouvant contenir en réserve le chargement complet d'une voiture ;

2o Avantage également à employer une grue à vapeur, lorsque la houille est mise en tas, à la condition toutefois qu'un service régulier soit organisé pour l'enlèvement des houilles.

Avant de décider la disposition d'une installation définitive au nouveau bassin de Mulhouse, nous pensons que ce serait le cas de faire une installation provisoire à l'ancien bassin pour étudier comment notre projet se comporterait en pratique dans les conditions dans lesquelles nous nous trouvons à Mulhouse, et pour combiner dans les meilleures conditions une installation définitive au nouveau bassin.

Nous vous proposons donc, après avoir obtenu l'assentiment des autorités compétentes :

De former, sous le patronage de la Chambre de commerce de Mulhouse et de la Société industrielle, une société disposant d'un capital de 20,000 francs. Cette société serait autant que possible composée de personnes intéressées à obtenir un débarquement et un transport économiques des houilles. Les déchargements obtenus par la grue à vapeur seraient faits à un prix légèrement inférieur à ceux adoptés actuellement, soit 0ʳ,40 la tonne par exemple. Les bénéfices qui pourraient être réalisés seraient employés à dégrever les dépenses d'installation. Une fois rentrée dans ses frais, la Société ferait abandon à la ville de tout son matériel.

En ne limitant pas ce projet uniquement au déchargement des houilles, mais en étendant l'emploi de la grue au chargement et au déchargement d'autres marchandises, principalement de celles. d'un fort poids, on embrasserait une sphère d'utilité beaucoup plus grande pour l'industrie générale de Mulhouse.

Ainsi, en portant de fr. 20 à 30,000 le chiffre de la dépense d'installation première, on pourrait faire l'acquisition d'une grue avec une flèche de 8^m,320, pouvant, en s'amarrant aux rails et pour une inclinaison de flèche de 45 degrés, lever 6,000, même 10,000 kilos.

Une grue semblable permettrait le déchargement de grosses pierres et de gros colis.

En cas de déchargement de houille avec une flèche de 8^m,300, on pourrait faire des tas de houille de 7 mètres de largeur sur 2 mètres de hauteur, ce qui, pour une longueur de 70 mètres, ferait un tas de houille de 1,274,000 kilos; le travail journalier de la grue étant de 300 tonnes, il lui faudrait quatre jours pour revenir au premier point de départ du déchargement. Il y aurait donc un délai amplement suffisant pour l'enlèvement des houilles.

On aurait par année une augmentation de dépense de 2,500 francs, soit 25% d'intérêt et de dégrèvement sur une augmentation d'installation de 10,000 francs. Cette dépense serait-elle couverte par les services que rendrait la grue en dehors des deux cents jours de travail que nous lui supposons?

Il est permis de l'espérer. On pourrait du reste opérer avec des bennes d'une capacité plus grande pour augmenter le travail journalier de la grue, et lui permettre de desservir d'autres travaux.

Au point de vue de l'utilité générale, et même si le bénéfice obtenu en devenait plus réduit, il serait peut-être préférable d'installer une grue à vapeur puissante qui, pouvant plus largement être utile en raison de la facilité qui serait donnée pour le déchargement et la mise à bord des marchandises, serait un encouragement soit pour la création de nouvelles installations semblables, soit pour le développement de nos transports par canaux.

MÉMOIRE

présenté à la Société industrielle pour le concours des prix, par M. L. SAUTER-LEMONNIER ET Cⁱᵉ, *de Paris.*

Séance du 25 juin 1872.

PROJET D'INSTALLATION D'UNE GRUE A VAPEUR.

A. — Programme des conditions à remplir.

La grue pour les plans et devis détaillés de laquelle la Société industrielle de Mulhouse a proposé un prix, est destinée à opérer le déchargement des houilles, briques, etc., etc., et autres matériaux en fragments qui arrivent journellement par le canal du Rhône au Rhin.

Un bassin de 350 mètres de longueur, sur 70 mètres de largeur environ, situé à proximité de la ville, sert de port de débarquement aux marchandises à destination de la place de Mulhouse. Ce bassin est traversé de part en part par le canal.

Le mouvement sur ce bassin peut être évalué à 60,000 tonnes de marchandises à débarquer annuellement; ce qui, réparti en deux cents jours ouvrables, correspond à un débarquement moyen de 300 tonnes par jour.

Les arrivages se font par bateaux, dont les plus grands ont 30 mètres de long, 3ᵐ,80 de large et 1ᵐ,80 ou 2 mètres de creux. Le tonnage moyen d'un bateau est de 175 tonnes.

La grue à établir devra prendre les matériaux à bord, et les déposer directement soit sur quai en dépôt provisoire, soit dans les tombereaux qui les emmènent de suite. Elle sera conduite par un seul homme.

Le .débarquement s'opère actuellement à bras à l'aide de brouettes; les matériaux débarqués sont d'abord déposés à quai, et ensuite chargés en tombereaux. Le débarquement de la tonne prise à bord et mise à quai se paie en moyenne 0^f,55.

Le service avec l'appareil projeté devra offrir des avantages sur le service actuel.

B. — Conditions générales de l'appareil.

Les conditions du programme à remplir étant arrêtées tel qu'il vient d'être énoncé pour arriver à le remplir d'une façon pratique et économique, en dehors de toute considération technique spéciale, on est conduit à résoudre tout d'abord les questions suivantes :

Quel doit être le moteur destiné à actionner la grue projetée?

Cette grue doit-elle être fixe ou roulante?

Quelle doit être sa puissance et son rayon d'action?

Quel doit être le nombre de manœuvres qu'elle devra pouvoir opérer par heure de travail?

Moteur destiné à actionner la grue. — Les moteurs ordinairement appliqués aux grues de levage sont, en raison des différents besoins :

1° Les hommes lorsque le service est peu actif, le chiffre de tonnes à manutentionner peu important;

2° Les moteurs à vapeur lorsque la manutention annuelle devient plus importante, mais pouvant encore s'opérer à l'aide d'un seul ou d'un petit nombre d'appareils;

3° Enfin la pression hydraulique lorsque le nombre des grues et autres engins réunis dans un même service devenant important, le chiffre considérable de manutentions opérées permet d'amortir économiquement les frais nécessités par l'installation d'une machine hydraulique et de tous ses accessoires.

Dans le cas dont il s'agit, le nombre de tonnes à manutentionner étant de 300 (nombre pouvant varier de 100 à 700) en moyenne par jour, une grue avec mécanisme de levage et mécanisme d'orientation mus par la vapeur, de dimensions et de dispositions convenablement appropriées à l'emplacement auquel elle est destinée, répondra au besoin du service.

Le chiffre du tonnage n'est pas assez élevé pour motiver une installation hydraulique.

La grue à vapeur doit être locomobile. — Le programme impose de pouvoir à volonté mettre en dépôt sur le quai les matériaux déchargés.

Cette obligation nécessite une grue locomobile établie sur une voie ferrée parallèle au canal.

Cette grue devra se déplacer sur la voie au fur et à mesure que les tas sont formés sur le quai.

Une grue fixe ne pourrait charger les matériaux qu'en tombereau pour être transportés de suite.

Force de la grue. — La houille forme la majeure partie des marchandises à débarquer; or, l'expérience a démontré qu'avec un chargement de cette nature, étant donné le nombre d'hommes qui peuvent, sans se gêner mutuellement, être employés à bord d'un bateau non ponté, analogue aux bateaux qui naviguent sur les canaux, on obtenait le maximum d'effet utile comme remplissage des bennes et comme transbordement par grue, avec des bennes contenant de 1,000 kil. à 1,500 kil. de charbon. Des bennes de capacité moindre nécessiteraient un nombre de manutentions auquel la grue suffirait difficilement.

Des bennes plus grandes seraient encombrantes dans le bateau, réduiraient par conséquent la rapidité du chargement et en augmenteraient le prix de revient.

Une benne contenant de 1,000 kil. à 1,500 kil. de charbon pèse vide environ 500 kil.; c'est donc une grue de 1,500 kil. à 2,000 kil. qu'il convient d'adopter.

Portée ou rayon d'action de la grue. — Pour prendre les matériaux à bord et les déposer soit à quai, soit directement dans le tombereau, il paraît suffisant de donner à la grue une volée maximum de 6 mètres de portée, mesurés horizontalement depuis l'axe du pivot jusqu'à l'axe du croc. (Voir dessin No 1.)

Le tas ainsi formé par le déchargement d'un bateau aurait 20 mètres de longueur en moyenne, la surface en sera complètement desservie par la grue, ainsi que le font voir les figures 1 et 2.

Pour plus de facilité dans le service, la grue devra être munie d'un mécanisme destiné à faire varier la portée, quoique nous ne jugions pas cette disposition indispensable.

Course verticale du croc. — Pour desservir le fond du bateau, la benne doit descendre à 1^m,50 en contre-bas de l'arête du quai; pour charger directement en tombereau, elle doit s'élever à 3^m,50 au-dessus du quai, soit donc une course totale de 5 mètres.

Nombre de manutentions à l'heure. — Pour obtenir un service rapide d'une grue mécanique manœuvrée par un seul homme, il faut non-seulement que le mécanisme de levage, mais encore que celui de l'orientation soit mû par la vapeur.

La rapidité, la précision dans les manœuvres, ainsi que le nombre des manutentions opérées à l'heure, dépendent essentiellement de la nature même du moteur, de son bon agencement, et enfin des relations qui existent entre les diverses parties de l'appareil.

L'on verra plus loin que la grue, dont les dessins sont annexés, peut opérer cinquante manœuvres à l'heure.

Ce qui donne, à raison de 1,500 kil. environ par benne, une manutention de 1,500 kil. $\times$ 50 = 75,000 kil. à l'heure, ou 75 $\times$ 10 = 750 tonnes par journée de dix heures. Elle peut donc, à elle seule, faire face aux besoins maxima qui peuvent se présenter.

C. — Description de la grue proposée.

(Dessins N°s 2 et 3.)

La grue représentée par les dessins ci-joints est une grue du genre dit à action directe, système Brown.

Dans cet appareil, les mécanismes moteurs du levage et de l'orientation diffèrent essentiellement, par leurs dispositions, de ce qui est ordinairement adopté dans les grues à vapeur, et rappellent plutôt les dispositions générales des grues hydrauliques de levage.

Mécanisme élévatoire. — Le mécanisme élévateur se compose de deux cylindres *JJ* à simple effet, sous le piston desquels agit la vapeur pour produire l'élévation du fardeau.

Ces deux cylindres à vapeur sont solidement assemblés entre eux, et avec le cylindre à eau *K* placé entre eux deux.

Les tiges de ces trois cylindres sont réunies entre elles à leur partie supérieure par une chappe en fonte *L*, portant un système de deux poulies mobiles. Deux autres poulies sont fixées à la partie inférieure des cylindres.

La chaîne de levage *M* entoure ce système de poulies, avec lequel elle forme un véritable palan, dont le garant est l'extrémité mobile de la chaîne, et porte le crochet de levage.

Chaque levée du fardeau correspond ainsi à une pulsation des cylindres, et égale la course des pistons multipliée par le nombre des brins de moufle.

Cette disposition, d'une extrême simplicité, évite toute cause de réparation par suite d'usure ou de détérioration; elle donne une grande vitesse au croc en n'exigeant qu'une faible vitesse des organes du moteur.

La fonction du cylindre à eau *K* dans ce système est très importante; c'est l'organe régulateur; il donne la sécurité et la précision d'une façon absolue.

Ce cylindre, toujours plein d'eau, est parcouru par un piston étanche à double effet.

Pendant la montée, l'eau de la partie supérieure repasse dans la partie. inférieure; le mouvement inverse se produit pendant la descente.

Dans l'un et l'autre cas, l'eau en circulation passe par l'intermédiaire d'un réservoir S. Ce réservoir est complètement fermé; à sa partie supérieure il renferme de l'eau, dont le niveau varie en raison du volume occupé par la tige du piston dans le cylindre K; à sa partie supérieure il renferme une couche d'air en pression, destinée à assurer la rentrée de l'eau dans la partie inférieure ou la partie supérieure du cylindre K, selon qu'a lieu la levée ou la descente du fardeau.

La vitesse de l'eau en circulation est réglée alternativement par l'une ou l'autre des soupapes a et b, dessin No 2; les sections de ces soupapes sont calculées de façon à régler pour ainsi dire automatiquement la vitesse du piston à eau.

En effet, au moment du démarrage, lorsque les frottements des pièces à mettre en mouvement sont considérables, la vitesse, et par suite les résistances dues aux pertes de charge de l'eau, sont nulles; au contraire, lorsque la vitesse croît, les résistances dues au mouvement de l'eau croissent en raison du carré des vitesses, de façon à équilibrer l'excédant de puissance motrice des pistons à vapeur même pendant la remonte à vide, et ce, sans que le crochet puisse acquérir une vitesse accélératrice dangereuse.

L'application de cette propriété qu'a l'eau en mouvement d'opposer une résistance croissant avec la vitesse, forme le complément indispensable du moteur à action directe à vapeur; elle annule les dangers que pourraient occasionner les efforts énormes qui sont en jeu, la différence qui existe par moment entre la puissance motrice et la résistance, l'absence de tout autre volant régulateur, et surtout enfin les effets dus à la détente de la vapeur.

En résumé, le cylindre à eau donne à ces grues à vapeur à traction directe les qualités de sûreté et d'exactitude des grues Armstrong, dont les bons résultats ont été consacrés depuis de longues années par l'expérience.

Pour éviter la perte de calorique due au refroidissement des cylindres à vapeur, ceux-ci sont entourés d'une couche de mastic isolant, recouvert d'une feuille de tôle.

Mécanisme d'orientation. — Le cylindre d'orientation se compose d'un cylindre à vapeur à double effet *N*.

Le piston de ce cylindre actionne une chaîne dont les deux extrémités sont fixées, et s'enroulent ou se déroulent sur manchon *P* boulonné à friction dure autour du pivot fixe.

La vapeur, par suite de ses propriétés élastiques, agit ici sans choc pour produire, modérer ou arrêter le mouvement giratoire de la volée.

Contrairement à ce qui aurait lieu pour le mécanisme du levage, si on supprimait le cylindre hydraulique dans le système d'orientation tel qu'il vient d'être décrit, la puissance vive considérable due à la masse du corps en mouvement et à leur vitesse, devient de suite assez importante pour faire volant régulateur du cylindre moteur *N*, modérer les écarts subits de vitesse, et enfin permettre une manœuvre douce, facile et sûre, sans avoir besoin de faire intervenir une régulation hydraulique.

Le mécanisme de l'orientation est disposé de façon à pouvoir obtenir une révolution complète (360°) de la volée.

Le tourillon supérieur du pivot est cémenté et trempé; il est surmonté de deux grains en acier trempé pour faciliter le mouvement de la partie tournante de l'appareil.

Une disposition spéciale permet de visiter, démonter et remplacer ces deux grains sans autre démontage de l'appareil.

Les mouvements de levage et d'orientation sont obtenus indépendamment et simultanément à volonté, et dans un sens ou dans l'autre, au moyen de deux leviers de manœuvre placés, l'un à la main droite, l'autre à la main gauche du mécanicien, qui règle ainsi les vitesses avec la plus grande facilité.

Le mouvement de translation de l'appareil est obtenu de deux manières :

1º Soit au moyen d'un mécanisme B' et de deux hommes agissant à la manivelle, lorsque l'appareil n'étant pas en service, la chaudière n'est pas allumée ;

2º Au moyen du mécanisme leveur, même lorsque la chaudière est en pression. A cet effet, une chaîne moufflée B'' (pl. 2, fig. 1), dont une des extrémités va se fixer au sol, reçoit l'action du crochet de levage.

Cette disposition très simple ne compliquant point l'appareil, permet d'opérer facilement le transport de la grue sur rails.

La volée est rendue abaissable de la façon la plus simple par un système de palan différentiel que fait mouvoir un cliquet à double mouvement, comme celui des verrins.

Générateur de vapeur. — Le générateur de vapeur est une chaudière verticale avec foyer intérieur et bouilleurs croisés ; elle est entourée extérieurement d'une couche de mastic isolant et d'une tôle mince.

Cette disposition de générateur permet de réunir sous un petit volume la surface de chauffe nécessaire à la production de la vapeur surchauffée, et le réservoir en vapeur et eau indispensable à l'emmagasinement du calorique en quantité suffisante pour éviter les écarts de pression manométrique que produirait la dépense intermittente de la vapeur dans un service comme celui d'une grue.

Les pièces principales de l'appareil, celles qui ont à supporter des efforts importants, c'est-à-dire le châssis, le pivot, la volée, sont entièrement en tôle ou fer forgé. Sous le rapport de la légèreté et de la sécurité, ce genre de construction remplace avantageusement la fonte, ou les assemblages généralement médiocres de pièces en fonte et tôle.

La volée, tout en conservant sa rigidité, est aussi légère que possible; les pièces lourdes sont placées à l'arrière de façon à contribuer à l'équilibre de l'appareil sans charge, et à obtenir ainsi le maximum de stabilité pour un poids d'appareil donné.

Les grues de ce genre, connues en Angleterre depuis quelques années seulement, y ont eu de nombreuses applications pour le service de quais, cours, magasins, chantiers.

Le port de Hambourg notamment en emploie trente à lui seul.

Elles rivalisent avec les grues hydrauliques de levage pour la simplicité du mécanisme moteur, la facilité, la rapidité des manœuvres, et enfin l'absence d'usure et d'entretien. Elles font le même service, et doivent par conséquent les remplacer toutes les fois que l'importance du trafic ne permet pas l'installation d'une machinerie hydraulique complète.

D. — Dimensions générales et vitesse.

Dimensions générales.

Charge levée $\begin{cases} \text{Benne environ} & 500^k \\ \text{Charbon } \text{»} & 1,500^k \end{cases}$ . . . 2,000^k

Ecartement de milieu en milieu des rails de circulation de la grue. . . . . 1^m,510

Portée ou rayon d'action de la volée (variable entre) . . . . 4^m,500 et 6^m,000

Hauteur sous flèche, mesurée depuis le sol jusqu'à l'axe de la poulie de flèche (minimum). 6^m,500

Course verticale du croc . . . . 6^m,000

Vitesse des mouvements.

Elévation du crochet sous charge ou à vide par seconde. . . . . 0^m,750 à 1^m,000

Orientation (vitesse à l'extrémité de la volée) par seconde. . . . . 1^m,000 à 1^m,500

Translation de l'appareil sur les rails

Mécanisme à bras, deux hommes aux manivelles, par minute environ . . . . 6^m,000

Mécanisme à vapeur, par minute environ . . . . 25^m,000

Temps nécessaire à une manœuvre.

1° Accrochage de la benne. . . . . 8″

2° Levage (1re période) 3^m . . . . 4″

3° Levage (2e période) et simultanément orientation (180°),

soit 1/2 $\dfrac{\pi \times 12^m}{1}$ . . . . 19″

4° Déclanchement du fond et vider la benne. . . . . 10″

5° Renclanchement du fond . . . . 5″

6° Orientation à vide (180°) . . . . 16″

7° Descente du crochet. . . . . 5″

8° Orientation pour se mettre à l'aplomb d'une autre benne 5″

                                                        ⎯⎯⎯

                                                        62″

Soit $\dfrac{3600^k}{62} = 58$, ou plus facilement, 50 manœuvres à l'heure.

E. — Stabilité.

(*Voir fig. 1 et 2.*)

1° *Sous charge.* — Les conditions les plus défavorables sont : la volée à son maximum de portée 6^m et tournée en travers de la voie (l'écartement des rails étant moindre que celui des essieux), le crochet à bas de course portant la charge nominale (2,000^k), et enfin l'approvisionnement d'eau et charbon à l'arrière épuisé. Dans ces conditions, l'appareil avec sa charge pèse 14,600^k.

Le système général prenant point d'appui pour se renverser sur les deux roues, côté de la volée, et le centre de gravité étant à 0^m,325 en dedans de ces deux roues, la surcharge à ajouter au crochet pour arriver à l'équilibre est donnée par la formule :

$$P = \frac{14600^k \times 0.325}{5^m,250} = 900^k.$$

Soit une surcharge égâle à près de moitié de la charge nominale. (*Voir fig. 1.*)

2° *A vide.* — Les conditions les plus défavorables à la stabilité sont dans ce cas :

La volée relevée à son minimum de portée 4^m,500 et tournée également en travers de la voie, le crochet en haut de course et à vide, et enfin l'approvisionnement d'eau et de charbon complet à l'arrière ; dans ces conditions l'appareil pèse 13,000^k.

Dans ce cas, le système tend à se renverser du côté de la chaudière, et le centre de gravité passe à 0.350 en dedans des roues.

La charge qu'il faudrait ajouter dans l'axe de la chaudière pour arriver à l'équilibre, est donnée par la formule :

$$P = \frac{13000^k \times 0.350}{1^m,000} = 4,650^k.$$

Le maximum de charge a lieu sur les roues lorsque la volée sous charge est tournée en diagonale au dessus du châssis en tôle ; la réaction sur la roue la plus chargée est alors de 5,506^k.

F. — Résistances des pièces principales.

Calculs de la section d'encastrement.

Pivot en fer forgé. — Cette section est située directement au dessus du châssis en tôle en *a b*.

Elle est soumise à un effort de rupture par flexion, et à un effort de rupture par compression. (*Voir fig. 6*).

Dans le cas de la volée à son maximum de portée et sous charge nominale, le moment de rupture par flexion est égal à la somme 14,355 des moments fléchissants dus aux poids placés du côté de la volée, diminués de la somme 9,484 des moments fléchissants dus aux poids placés du côté de la chaudière. Soit M^t différence $= + 14355 - 9484 = + 4871$.

Dans le cas de la volée à son minimum de portée et à vide, le moment de rupture par flexion est, comme ci-dessus, égal à la somme 1,597 des moments dus aux charges mortes côté de la volée, diminués de la somme 9,484 des moments dus aux poids placés à l'arrière.

Soit M^t différence $= + 1597 - 9484 = - 7887$.

Ce dernier cas est celui de plus grande fatigue du pivot. Moment de résistance de la section considérée $\dfrac{I}{n} = \dfrac{\pi\, r^3}{4} = 0.001.382.400$,

d'où $R = \dfrac{7887}{0.001.382.400} = 5.700.000$, soit $5^k,7$ par $^{mm^2}$ de section.

La compression maximum sur la section considérée est due au poids de la partie tournante de l'appareil sous charge, soit $12,400^k$.

Ce qui correspond à une charge par $^{mm^2}$ de :

$$\frac{12400^k}{0.785 \times 240^2} = \frac{12400^k}{45239^{mm^2}} = 0^k,27.$$

En résumé, l'effort sur la fibre la plus chargée est de :

par $^{mm^2}$ de compression dus à la flexion. $\qquad + 5^k,70$

de compression dus à la charge verticale. $\qquad + 0^k,27$

$$\text{Total} : + 5^k,97$$

Les moments fléchissants vont en diminuant depuis la section d'encastrement du pivot jusqu'au tourillon supérieur, lequel n'est plus soumis qu'à un effort tranchant et à la compression, l'effort total de compression étant constant sur chacune des sections.

Les diamètres de ces différentes sections ont été déterminés de façon que les coefficients de résistance soient toujours au-dessous de 6^k dans le cas le plus défavorable.

Calcul du tourillon supérieur.

La réaction horizontale produisant l'effort tranchant du tourillon est égale au moment de rupture dû aux forces extérieures, divisé par l'écartement des points d'appui sur le pivot, soit :

$$\frac{7887}{1^m,400} = 5634^k$$

D'où la valeur de R au cisaillement :

$$= \frac{5634^k}{0.785 \times 80^2} \quad \frac{5634^k}{5026^{mm^2}} = 1^k,10$$

par $^{mm^2}$ de section.

La compression sur cette même section est de :

$$\frac{12400^k}{0.785 \times 80^2} = \frac{12400^k}{5026} = 2^k,4$$

par $^{mm^2}$ de section.

Flexion.

La flèche est donnée par la formule :

$$f = \frac{P L^3}{3 E I} = \frac{5634^k \times 1.75^3}{3 \times 20000000000 \times 0.785 \times 0.124} = 0^m,0031$$

Détermination des efforts.

Volée. — Le cas le plus défavorable pour la résistance de la volée est celui où elle est sous charge et à son maximum de portée.

La flèche articulée en *o* est sollicitée à tourner autour de ce point par diverses forces indiquées en grandeur et en direction par la figure 4 ci-dessous.

Remplaçant ces diverses forces par une force verticale unique appliquée au point *m*, on a en ce point un effort $P = 2,390^k$. (*Voir fig. 3.*)

Cet effort de $2,390^k$ et les deux efforts dirigés suivant l'axe des tirants et de la flèche, forment un système de trois forces en équilibre, dans lequel chacune d'elles est égale et de sens contraire à la résultante des deux autres.

Construisant le parallélogramme des forces (fig. 3), on a la composante sur la flèche :

$$C = 2390^k \frac{\sin 56^\circ}{\sin 11^\circ} = 9860^k$$

Traction dans le plan des tirants :

$$T = 2390^{\text{k}} \times \frac{\sin 45°}{\sin 11°} = 8850^{\text{k}}.$$

(*Voir fig. 3.*)

Flèche. — Le moment d'inertie de cette section par rapport à l'axe ab (*voir fig. 5*) est notablement plus faible que dans le sens transversal, et il est de $I = 0.000034306$.

Pour la facilité du calcul, nous remplacerons cette section par celle d'une colonne creuse, qui aurait un diamètre extérieur de $0^{\text{m}},202$, un diamètre intérieur de $0^{\text{m}},176$. La section en $^{\text{mm}^2}$ de cette colonne et son moment d'inertie seraient alors équivalents à celui de la section ci-dessus.

La longueur de la flèche est de $7^{\text{m}},750$, et elle est articulée à ses extrémités sur deux axes parallèles à l'axe ab; la charge P qu'elle supporte avant d'attendre la limite d'élasticité est, dans ce cas, donnée par la formule :

$$P = 5300 \times \frac{d^{2.6} - d'^{2.6}}{l^{1.7}} = 64125^{\text{k}}.$$

d = diamètre extérieur de la colonne en centimètres.

d' = diamètre intérieur de la colonne en centimètres.

l = longueur du solide en décimètres.

Le rapport entre la charge effective et la charge de rupture est donc en dessous de $1/6$.

Tirants. — Les tirants sont rectangulaires, la section de chacun d'eux est de $60 \times 15 = 900^{\text{mm}^2}$, soit une section totale de $900^{\text{mm}} \times 2 = 1800^{\text{mm}^2}$.

L'effort de traction T étant de $8,850^{\text{k}}$, la valeur de R est de :

$$\frac{8850^{\text{k}}}{1800^{\text{mm}^2}} = 4^{\text{k}},8 \text{ par } ^{\text{mm}^2}.$$

Chaîne de levage. — La chaîne de levage est en fer de 17^{mm}, soit une section totale de $2 \times 0.785 \times 17 = 452^{\text{mm}^2}$.

Le brin de moufle le plus chargé est celui qui est attaché au point fixe du cylindre; il a à supporter l'effort dû à la charge utile, augmentée des charges mortes et des frottements de toutes les poulies; soit un effort total de 2,600^k.

D'où la valeur de R à la traction est de :

$$\frac{2600}{452} = 5^k,70$$

par $^{mm^2}$ de section.

Cette chaîne est essayée à la presse hydraulique, avant sa mise en service, sous un effort de 7230^k; soit à 2,8 fois la plus grande charge qu'elle aura à supporter.

Chaîne d'orientation. — La chaîne de l'orientation est en fer de 22^{mm}, soit une section totale de $2 \times 0.705 \times 22^m = 760^{mm^2}$.

Elle peut avoir à supporter l'effort total exercé par le piston, dont le diamètre est de 0^m,200.

La pression de la chaudière étant de 7^k par cent^2, cet effort est $P = 0.786 \times 20^2 \times 7 = 2198^k$.

D'où la valeur de R à la traction est de :

$$\frac{2198}{760^{mm}} = 2^k,90 \text{ par } ^{mm^2}.$$

Cette chaîne est essayée à la presse hydraulique sous un effort de 12,160^k.

G. — Justification du diamètre des cylindres et des dimensions du générateur.

Cylindre à vapeur du levage.

Surface.

Diamètre d'alésage . . . . 0^m,360   1017$^{cm^2}$,8
Course des pistons . . . . 1^m,500

La pression effective de la chaudière étant de 7^k par cent^2, l'effort théorique moteur est donc $P = 1017^{cm^2},8 \times 2 \times 7 = 14238^k$.

La résistance se compose de la charge utile, plus la charge morte à l'aplomb du crochet; soit 2075^k $\times$ 4 = 8300^k. (La différence 14238 — 8300^k étant employée à vaincre la résistance des frottements et à engendrer la vitesse.

D'où le coefficient de rendement :

$$= \frac{8300^k}{14238^k} = 0.58$$

Volume de vapeur dépensée par une pulsation des cylindres :
$$= 0^{m3},1017 \times 1^m,500 \times 2 = 610 \text{ litres.}$$

CYLINDRE DE L'ORIENTATION.

	Surface
Diamètre d'alésage 0ᵐ,200	314ᶜᵐ²
Course du piston 1ᵐ,050	
Rayon d'enroulement de la chaîne 0ᵐ,175	

D'où l'effort théorique moteur $314^{cm2} \times 7^k = 2198^k$, et le moment de cet effort $= 2198^k \times 0.175 = 384$.

La résistance à l'orientation se compose des frottements de la partie tournante de l'appareil sur la crapaudine et sur la partie inférieure du pivot.

Le moment de cette résistance dans le cas le plus défavorable, c'est-à-dire au moment du démarrage, est de 300.

L'excédant de 384 sur 300 est utilisé pour vaincre la résistance des garnitures du piston, des presse-étoupes et de la chaîne sur les poulies de renvoi.

Dépense de vapeur par l'orientation pour une manœuvre complète, soit une révolution complète de l'appareil :
$$V = 0^{m3},0314 \times 1^m,05 = 33 \text{ litres.}$$

Chaudière.

Diamètre extérieur. . . . . . , ...	0ᵐ,800
Diamètre du foyer	0ᵐ,626
Surface de chauffe.	4ᵐ,74
Timbre (effectif)	8ᵏ
Cube en eau	377ˡⁱᵗʳᵉˢ
Cube en vapeur . ·	254 »

La surface de chauffe étant directe, on peut, sans exagération, compter sur une production de 40ᵏ de vapeur par heure et par mètre carré de surface de chauffe; soit donc, pour la surface de chauffe totale, $40^k \times 4^{m^2},74 = 190^k$.

La consommation de vapeur, en comptant sur cinquante manœuvres à l'heure, est de :

$$50 \times (0^{m^3},610 + 0^{m^3},033) = 32^{m^3},150$$

A la pression de 7^k, le poids du mètre cube est de $3^k,890$.

Soit donc une dépense de vapeur $= 32^{m^3},15 \times 3^k,890 = 125^k$ théorique.

La quantité de calorique emmagasiné par la chaudière est telle que le manomètre baissera de $0^k,4$ pendant l'élévation du fardeau.

H. — Devis d'installation

(Non compris les droits de douane.)

		Poids.	Prix.	
1 grue complète montée sur place prête à fonctionner . (fonte. . . .		$6,910^k$		
Essayée livrée. . . } fer ou acier		$5,630^k$		
. . . . (bronze. . .		60^k		
. Total. . .		$12,600^k$	$1^f,35$	$16,850^f$
4 bennes contenant chacune $1,400^k$ } fonte. . . .		560^k		
environ de charbon. ' fer		$1,720^k$		
Total. . .		$2,280^k$	$1^f,05$	$2,400^f$

1 voie de $1^m,500$ d'écartement de milieu en milieu de rails, composée de rails ayant déjà servi, mais pouvant être changés de côté, pesant le mètre courant 35^k, ladite voie d'une longueur de 350 mètres, y compris pose et réfection du sol à 32 fr. le mètre courant . . . . $11,200^f$

(Il ne paraît pas indispensable d'établir immédiatement les 350 mètres de voie; on pourrait n'en établir de suite qu'une partie, et construire le reste au fur et à mesure que les ressources le permettront.)

Prix total de l'installation. . . . . . $30,450^f$

I. — **Prix de revient de la tonne manutentionnée.**

Dépense
annuelle.

Frais d'installation. — Les frais d'installation, conformes au devis ci-dessus détaillé, étant de 30,500 fr., ledit capital à amortir en dix années, le taux de l'argent étant 5%, l'annuité sera 4,900ᶠ

1 mécanicien conducteur de la grue aux appointements de 2,400ᶠ

8 manœuvres pour remplir les bennes à 5 fr. par jour; soit pour 200 jours de travail 8 × 5 × 200   8,000ᶠ

1 chef d'équipe à 6ᶠ,50 par jour, soit 6.50 × 200 =   1,300ᶠ

Allumage de la grue par jour. 0ᶠ,50
Charbon par jour de dix heures . . . . . . 9ᶠ,—
Huile, graisse, chiffons . . . . 1ᶠ,—

$$\overline{10^f,50}$$

Soit par an 200 × 10.50 . . . . 2,100ᶠ

Entretien et réparation de la grue et du matériel .   500ᶠ

Total. 19,200ᶠ

Le débarquement étant annuellement de 60,000 tonnes, le prix de revient de la tonne sera : $\dfrac{19,200}{60,000} =$ 0ᶠ,320 (trente-deux centimes).

Actuellement le prix de revient de la tonne débarquée à quai est de 0ᶠ,55 (cinquante-cinq centimes), soit donc une dépense annuelle de 60.000 × 0.55 =   33,000ᶠ

Bénéfice annuel 33,000 — 19,200 fr. = ...   13,800ᶠ
auquel on devra ajouter le prix du chargement en tombereau lorsque la grue chargera directement, et la suppression du déchet résultant du double transbordement à bras.

RAPPORT

présenté au nom du comité de mécanique, sur un projet d'instal-
lation d'une grue à vapeur, par M. Ernest Zuber.

Séance du 25 Juin 1873.

Il y a plus d'une année, Messieurs, vous receviez communication d'un mémoire portant pour devise : « Promptitude, sécurité,
quantité », dont les auteurs demandaient à concourir pour le prix
n° 45 des arts mécaniques. Ce prix, consistant en une médaille
de 1re classe, a pour objet de récompenser « les plans et devis
détaillés d'une grue destinée au déchargement des houilles en
morceaux ou menus fragments, tels que chaux, plâtre, terre,
sable, etc. »

Le rapport sur le mémoire présenté au concours eût dû être
déposé dès l'an dernier; il ne l'a pas été par suite de la difficulté
que votre comité a eu à se procurer les renseignements indispensables pour pouvoir juger de la valeur de l'appareil qui vous
était soumis.

Avant de passer à l'examen du travail qui fait l'objet de ce
rapport, je vous rappellerai, Messieurs, que dès le mois de
décembre 1871, nos collègues, MM. G. Dollfus et Heilmann,
avaient étudié les conditions d'établissement d'une grue à vapeur
pour le déchargement des houilles, qui devait être établie au
bassin de Mulhouse.

Dans un mémoire qui vous a été soumis en même temps qu'à
la Chambre de commerce de cette ville, ces messieurs ont longuement discuté et développé les avantages que présenterait l'installation d'une grue à vapeur. Ils concluaient en proposant de former,
sous le patronage de la Chambre de commerce et de la Société
industrielle, une société disposant d'un capital de fr. 20,000, en
vue de réaliser l'idée dont ils avaient pris l'initiative.

Une Commission à laquelle vous aviez renvoyé l'examen des données sur lesquelles reposent l'économie du projet de MM. Dollfus et Heilmann, vous a présenté, par l'organe de M. Grosseteste, un rapport entièrement favorable. Néanmoins il n'a été donné jusqu'à présent aucune suite à cette première étude, et il est permis de regretter que l'initiative tout à fait opportune et désintéressée de nos collègues n'ait pas trouvé plus d'écho au moment où elle s'est produite; mais on ne peut douter qu'elle portera ses fruits, et que l'attention des manufacturiers de cette ville ne se détournera pas d'une création dont l'utilité est incontestable.

Les données générales de la grue à vapeur présentée au concours des prix ne diffèrent de celles qu'avaient indiquées MM. Dollfus et Heilmann qu'en un seul point essentiel : la capacité des bennes. Elle a été fixée de 1,000 à 1,500 kil. de charbon dans le projet que nous avons sous les yeux, alors que nos collègues, se basant sur 60,000 tonnes à décharger en deux cents jours ou 300 tonnes par jour, avaient adopté une benne de 500 kil. Il en résulte qu'à égalité de nombre de manœuvres à l'heure, la grue proposée est capable de décharger 750 tonnes au lieu de 300 en dix heures.

Les frais de premier établissement de l'appareil se trouvent ainsi augmentés notablement, mais par contre, dans le cas d'arrivage simultané d'un grand nombre de bateaux, il sera à même de les décharger plus rapidement. Au surplus, la grue est roulante sur un chariot courant sur une voie parallèle au quai; elle a une portée de 6 mètres, une course verticale du croc de 5 mètres, et peut faire cinquante manutentions à l'heure. Le mouvement du levage et celui d'orientation sont produits directement par l'action de la vapeur. Une disposition, du reste incomplètement indiquée, permet d'allonger ou de raccourcir la portée dans de certaines limites, mais il ne paraît pas que ce mouvement de la volée soit d'une grande utilité, car la plupart des grues en sont dépourvues. On voit qu'à l'aide des trois mouvements de translation de la grue sur la voie ferrée, de rotation autour de son axe et de levage des bennes, il est possible de venir puiser en un point quelconque du bateau une benne de charbon et de la déposer à quai au point voulu.

La grue à vapeur proposée pour le bassin de Mulhouse est une grue du genre dit à action directe, système Brown.

Quoique le prix proposé ne vise pas la grue à vapeur en tant que machine, mais plutôt le projet d'installation général de l'appareil, votre comité a pensé avec raison qu'il y avait lieu d'examiner si les grues du système Brown, qui sont d'un usage peu généralisé, offraient des conditions de durée, d'entretien et de bon fonctionnement qui puissent en recommander l'adoption.

Nous avons puisé nos renseignements[1] à Mannheim, où deux grues semblables viennent d'être installées, et à Hambourg, où il en a été établi successivement quarante-cinq de divers modèles, mais tous du même système. Les indications qui nous ont été fournies sont favorables aux grues Brown, qui sont adoptées aujourd'hui au port de Mannheim de préférence aux grues à vapeur d'autres systèmes. Les avantages qu'on leur reconnaît consistent dans la facilité et la sûreté de leur manœuvre due à la simplicité de leur mécanisme exclusif de tout engrenage, et au remplacement du frein par un régulateur à eau analogue à celui qui est adopté aux grues hydrauliques Armstrong. L'entretien de ces appareils n'est pas plus coûteux que celui d'autres grues à vapeur; ils se manœuvrent aisément par un seul conducteur, sans autre aide, et on ne leur reproche qu'une consommation de vapeur un peu forte.

L'un des membres de votre comité de mécanique a eu récemment l'occasion de voir fonctionner dans les ateliers d'un constructeur de Paris deux grues du système Brown, et il a pu s'assurer que les mouvements de ces machines étaient parfaitement à la main de l'ouvrier. Armé dans chaque main de l'un des deux leviers actionnant la distribution des cylindres de levage et du cylindre d'orientation, le conducteur opérait le levage ou la des-

---

[1] Nous sommes redevables de ces renseignements à MM. Heilmann et Bohn

cente de la benne à grande et à faible vitesse en même temps que son orientation, et arrêtait tout mouvement sans la moindre difficulté[1].

Nous pouvons donc admettre que la grue dont le projet vous est soumis, se trouve dans des conditions de bon perfectionnement. Il convient seulement de faire des réserves sur le mode de distribution de la vapeur et d'introduction de l'eau régulatrice; ces parties de l'organisme de la grue sont, en effet, une innovation dont l'expérience n'a pas été faite durant un temps assez long.

L'auteur du mémoire dont nous nous occupons a fait suivre la description de la grue qu'il propose d'une analyse complète de cet appareil. Il a étudié successivement avec soin les conditions de stabilité de la grue dans tous les cas qui peuvent se présenter, la résistance des pièces principales aux efforts qui les sollicitent, les diamètres des cylindres à vapeur et les dimensions du générateur. Sous ces divers rapports son travail trace parfaitement le cadre dans lequel il y aurait lieu de se renfermer si l'on avait à étudier des grues semblables, mais de dimensions différentes.

Le devis d'installation de la grue proposée s'élevait, il y a un an, à la somme de 30,450 fr., et il convient d'observer qu'en raison de la hausse survenue depuis sur les métaux, cette somme serait aujourd'hui encore supérieure. De plus, il y faudrait ajouter un cheval-vapeur pour l'alimentation de la grue, et un hangar pour l'abriter. Mais par contre, l'établissement d'une voie de 350 mètres tout le long du bassin, lequel figure dans le devis pour 11,200 fr., ne paraît nullement indispensable.

Avec 180 à 200 mètres de voie, il serait possible de loger tout de son long six tas de 175 tonnes, prenant chacun, y compris les intervalles de séparation, environ 30 mètres.

---

[1] Notons en passant un inconvénient assez sérieux de ces grues lorsqu'elles doivent fonctionner à proximité d'habitations. Elles donnent lieu à une production de fumée d'autant moins agréable, qu'elle s'échappe dans l'air à une assez faible distance du sol. De plus, l'échappement de la vapeur des cylindres engendre un bruit presque continuel et fort assourdissant.

En faisant la part de ces diverses modifications au devis d'installation établi par l'auteur, la dépense peut être évaluée en bloc à une trentaine de mille francs.

Partant de là et en dégrevant l'installation à raison de $10°/_{o}$ l'an, le prix de revient du déchargement d'une tonne de houille se chiffre par $0^r,17$, si l'on calcule sur 60,000 tonnes annuellement; par $0^r,33$, si l'on suppose que ce chiffre se réduise à 30,000 tonnes. A ces chiffres il faut ajouter les $0^r,13$ constituant les frais de chargement de la houille, et qui, ainsi que MM. Dollfus et Heilmann l'ont amplement démontré, sont plus que suffisants. On peut donc dire que le prix du déchargement des houilles, au moyen de la grue à vapeur proposée, pourra varier entre $0^r,30$ et $0^r,46$.

Or, s'il est vrai de dire qu'il y a peu d'années le déchargement des houilles à la brouette s'est payé jusqu'à $0^r,40$, et qu'à ce taux une équipe de déchargeurs peut atteindre un salaire convenable, il ne s'ensuit pas moins que le prix payé actuellement à la tâche pour le déchargement d'une tonne de houille sur le bassin de Mulhouse, est de $0^r,70$, et qu'il a rarement été de $0^r,50$. Ces chiffres suffisent à indiquer l'importance de l'économie que l'installation d'une grue à vapeur pourra procurer aux établissemeuts de Mulhouse et des environs.

En résumé, Messieurs, votre comité est d'avis que l'auteur du mémoire qui vous est soumis a rempli les conditions tracées par votre programme. Il vous propose en conséquence de lui décerner la médaille de 1ᵉ classe proposée, et d'insérer son travail au Bulletin, ainsi que le présent rapport.

Toutefois je dois, avant de terminer, vous rendre attentifs à ceci : c'est que la solution du déchargement des houilles au moyen d'une grue à vapeur telle que l'entendait votre programme, ne paraît pas devoir être celle qu'il conviendra d'appliquer à Mulhouse. Vous savez, en effet, que dans un avenir plus ou moins prochain notre ville sera dotée de deux bassins entre lesquels se répartiront les quantités de houille à débarquer. Il résultera de là que, même en établissant une grue à vapeur sur quai au nouveau bassin, où les arrivages de houille auront le plus d'importance, cette grue se trouverait néanmoins frustrée d'une portion des 60,000 tonnes sur le déchargement desquelles nous nous sommes basés. D'un autre côté, les houilles déchargées par brouettes à l'ancien bassin le seront à des conditions relativement plus oné-reuses. Pour obvier à cet inconvénient, la meilleure solution pourrait être dans l'emploi d'une grue à vapeur établie sur ponton et susceptible d'être transportée d'un bassin à l'autre, et même de desservir les bassins de certains chantiers particuliers. Dans ce cas, le ponton est rangé le long du quai, entre ce dernier et le bateau à décharger. C'est ce qui se pratique dans divers ports, où les grues mobiles sur quai ne sont que rarement utilisées pour le déchargement des houilles. Une grue système Brown pourrait fort bien être installée sur ponton et fonctionnerait comme celle à quai, avec la seule différence que les tas de houille devraient être placés plus près de l'arête du mur de quai.

Nous ne pouvons qu'inviter les membres de la Société qui auront l'occasion de séjourner dans l'un des ports de la mer du Nord, à se rendre compte du fonctionnement des grues placées dans ces conditions, et à vouloir bien nous faire part du résultat de leurs observations.

RAPPORT GÉNÉRAL

sur l'Association alsacienne des propriétaires d'appareils à vapeur, à la fin de son sixième exercice, 1872-73, présenté à l'assemblée générale du 10 septembre 1873, par M. ERNEST ZUBER, président du Conseil d'administration.

MESSIEURS,

Notre Association a continué dans l'exercice passé la marche ascendante que j'ai eu la satisfaction d'avoir à vous signaler chaque année. De 822 auquel il s'élevait à la fin de l'exercice 1871-72, le nombre des chaudières ressortissant de notre Association s'est élevé dans le dernier exercice à 957, se répartissant comme suit :

ALSACE	Haute-Alsace	506
	Basse-Alsace..................	123
	Ensemble......	629
FRANCE	Département des Vosges	42
	» du Doubs	37
	» de la Haute-Saône	7
	» du Haut-Rhin........	32
	Ensemble......	118
GRAND-DUCHÉ DE BADE	Arrondissement de Lœrrach	70
	» de Schopfheim	20
	de Schœnau	20
	de Sæckingen	16
	de Waldshut	13
	de Constance........	10
	de Radolphzell et de Stockach	12
	de Saint-Blasien.....	4
	de Fribourg........	2
	A reporter	167

L'accroissement du nombre de nos chaudières a été, comparativement à l'an dernier, de 93 pour l'Alsace, de 27 pour la France et de 26 pour le grand-duché de Bade; la Suisse seule présente une diminution de 5 chaudières.

En se reportant à nos débuts et en rapprochant le chiffre de 241 chaudières appartenant à l'Association à la fin de 1868, première année de son existence, de celui des 957 générateurs que je viens de vous détailler, vous pourrez mesurer toute l'étendue du progrès réalisé en six années.

Vous remarquerez, Messieurs, que la Lorraine ne nous a, jusqu'à présent, fourni aucun contingent de chaudières.

Notre intention était, ainsi qu'en font foi nos deux derniers comptes-rendus, d'étendre jusqu'en Lorraine le cercle de notre action. Mais nous n'avons pu encore, faute d'un personnel suffisant, réaliser cette pensée, et nous avons préféré restreindre nos efforts sur le terrain précédemment conquis en donnant satisfaction à de nombreuses demandes de travaux extraordinaires, que d'élargir la sphère de notre activité au risque de ne pouvoir suffire à notre tâche. Je dois signaler, en effet, tout particulièrement à votre attention un accroissement marqué dans le nombre des essais et plans d'installation que nous avons eu à exécuter cette année.

Ce fait s'explique sans peine par la nécessité où se trouve l'industrie, en présence des hauts prix du combustible, de se rendre un compte exact du rendement des générateurs qu'elle utilise, et d'y faire les modifications de nature à l'améliorer.

Nous avons été cette année dans le cas de renouveler en partie notre personnel, l'un de nos inspecteurs, M. Eggenspieler, nous ayant quittés, et notre agent, M. Amsler, ayant été obligé de s'établir en France à la suite de son option. Il en est résulté pour nos ingénieurs durant plusieurs mois un surcroît de travail journalier qui a absorbé tout leur temps, et ne leur a pas permis d'entreprendre certains travaux qu'ils avaient en vue.

Nous avons heureusement réussi à compléter notre personnel, après un assez long temps de vacance, par l'adjonction de M. Arnold comme inspecteur et de M. Hafner comme employé de bureau. Pour éviter à l'avenir le retour des inconvénients que nous avait causé le départ presque simultané de deux de nos agents, votre Conseil d'administration a jugé utile de les rattacher à l'Association par des engagements de plusieurs années.

Nous n'avons au surplus qu'à nous louer du zèle apporté par notre personnel tout entier à l'accomplissement des fonctions qui lui sont dévolues, et nous devons faire remonter la plus grande part de cet éloge à nos ingénieurs, MM. Meunier et Hallauer.

Les bonnes dispositions de l'administration des mines à notre égard ne se sont pas démenties une seule fois dans le courant de l'année dernière, et nous devons reconnaître avec satisfaction que dans ses relations avec nous, elle a su parfaitement ménager le caractère d'institution privée qu'a notre Association, et auquel nous ne saurions laisser porter atteinte.

Notre situation financière est satisfaisante; nos recettes et nos dépenses sont en équilibre, grâce au supplément de recettes que nous ont procuré les travaux extraordinaires. De nouvelles adhésions qui nous sont arrivées depuis peu, assureront complètement notre position financière durant l'exercice actuel.

Vous aurez, Messieurs, à procéder à l'élection de trois membres du Conseil d'administration, en remplacement de M. Aug. Dollfus, membre sortant, et de M. Henri Thierry, que nous avons eu le regret de voir quitter Mulhouse et auquel votre Conseil d'administration propose de conférer le titre de membre correspondant, avec l'espoir qu'il voudra bien continuer de s'intéresser à notre Association, à la fondation de laquelle il avait pris une si large part. Enfin, Messieurs, vous aurez à désigner un troisième membre du Conseil, les fonctions de secrétaire du comité de mécanique de la Société industrielle étant actuellement exercées par l'un des titulaires que vous avez élus l'an passé.

RAPPORT

de M. CHARLES MEUNIER-DOLLFUS, *ingénieur en chef de l'Association alsacienne des propriétaires d'appareils à vapeur, sur les travaux exécutés sous sa direction pendant l'exercice 1872-1873.*

Séance du 24 septembre 1873.

MESSIEURS,

J'ai l'honneur de vous rendre compte des travaux des ingénieurs et des inspecteurs de l'Association alsacienne des propriétaires d'appareils à vapeur pendant l'exercice 1872-1873.

Exposé général des travaux.

SERVICE ORDINAIRE.

VISITES EXTÉRIEURES. — VISITES INTÉRIEURES. — CONCOURS DES CHAUFFEURS.

VISITES EXTÉRIEURES. — Le total des visites extérieures s'est élevé à 1,776; il a été de 1,028 l'exercice précédent.

VISITES INTÉRIEURES. — Le total des visites intérieures s'est élevé à 220; l'année dernière il a été de 162.

Ces visites ont mis en évidence de nombreux défauts qui ont été consignés dans les rapports et les lettres adressés aux divers membres de l'Association.

J'ai réuni dans le tableau suivant les principales observations qui ont été présentées aux industriels, sans y comprendre les remarques très fréquentes concernant l'entretien du matériel, quoique ces remarques aient également leur utilité.

Observations importantes soumises aux membres de l'Association.

OBJETS	NATURE DES DÉFAUTS	ALSACE-LORRAINE ET FRANCE	GRAND-DUCHÉ de BADE ET SUISSE	TOTAL DES OBSERVATIONS
Chaudières	Incrustations, fuites, déchirures........	12	7	19
Bouilleurs	Fuites. Coups de feu..	31	3	34
Réchauffeurs...........	Fuites. Corrosion	9	3	12
Soupapes de sûreté	Surchargées ou calées.	47	10	57
Niveaux d'eau...........	Bouchés ou sans verre.	48	8	56
Manomètres	Bouchés. Inexacts... .	24	2	26
Flotteurs et sifflets d'alarme	Ne fonctionnant pas ..	56	3	59
Alimentation, Tuyauterie .	Tuyaux obstrués.....	24	5	29
Supports de la chaudière ·	Insuffisants	14	2	16
Grille. Foyer. Maçonnerie.	Réparations urgentes..	61	20	81
Chauffage..............	Mal fait	40	8	48
	Total...	364	71	435

CONCOURS DES CHAUFFEURS. — Le concours des chauffeurs de 1873 a eu lieu pendant l'exercice 1872-1873; vingt-trois concurrents s'étaient présentés pour subir les épreuves; dix d'entre eux ont été désignés par le sort pour concourir.

Malgré les dispositions qui ont été prises comme les années précédentes, il s'est produit pendant le cours des épreuves des irrégularités qui ne permettent pas d'accorder une confiance absolue aux résultats obtenus. Dans ces conditions, la Commission chargée de la direction des essais a été d'avis de ne pas accorder de récompense cette année.

Un nouveau règlement est en voie d'élaboration pour prévenir le retour des erreurs qui ont été commises.

SERVICE EXTRAORDINAIRE.

ESSAIS A L'INDICATEUR DE WATT. — ESSAIS DE CHAUDIÈRES A LA PRESSE HYDRAULIQUE. — ESSAIS DE RENDEMENT DES CHAU- DIÈRES. — PROJETS D'INSTALLATION.

ESSAIS A L'INDICATEUR DE WATT. — Le nombre des essais à l'indicateur de Watt, qui était l'année dernière de 73, a été cet exercice de 86.

Comme nous avons multiplié les années précédentes les exemples curieux des diagrammes qui ont été relevés sur diverses, machines, nous n'entrerons plus cette fois dans les mêmes détails, d'autant plus que l'utilité de ces expériences est aujourd'hui bien reconnue.

ESSAIS A LA PRESSE HYDRAULIQUE. — Le nombre total des essais à la presse hydraulique, qui était l'année dernière de 111, a été cet exercice de 275.

Cette partie du service a pris une grande extension depuis que l'Association a été autorisée à essayer à la presse hydraulique les générateurs à vapeur, et à délivrer des certificats qui ont la même valeur légale que ceux des agents du gouvernement.

De plus, par suite de la modification apportée l'année dernière aux statuts de l'Association, les ingénieurs de l'Association ont provoqué des essais à la presse de chaudières anciennes, quand ils le jugeaient nécessaire.

ESSAIS DE RENDEMENT DES CHAUDIÈRES. — Les essais de rendement des chaudières ont porté cette année sur 39 générateurs; l'exercice précédent sur 19. Dans ce nombre sont comprises des chaudières de constructions diverses à foyer extérieur ou intérieur, avec ou sans réchauffeur.

La hausse considérable des combustibles[1], qui semble devoir se prolonger pendant un temps encore assez long, prête un intérêt nouveau à l'économie du combustible. Dans tout le rayon de l'Association, les industriels font de grands efforts, pour diminuer la consommation de la houille.

Plusieurs maisons ont demandé des essais pour établir le rendement actuel de leurs appareils, et pour déterminer ainsi dans quelle mesure il serait possible d'améliorer les résultats, soit par des modifications d'installation, soit par des additions de surface de chauffe.

L'*Economiser* de Green s'installe peu à peu auprès des chaudières dépourvues encore de réchauffeurs, et les résultats obtenus en grand dans la pratique journalière, confirment pleinement les avantages des réchauffeurs mis en lumière par les travaux présentés à la Société industrielle il y a une dizaine d'années.

Les générateurs à foyer intérieur, et par ceux-ci nous n'entendons parler que des chaudières de Cornouailles, commencent également à se répandre; aussi, en présence des prix élevés des combustibles et des préoccupations des industriels qui cherchent à réduire le plus possible les dépenses de houille, croyons-nous devoir cette année examiner plus en détail les rendements des

---

[1] Le tableau ci-joint résume le prix des combustibles avant la guerre et actuellement :

PRIX D'UNE TONNE ou mille kilogrammes de charbon A MULHOUSE		PROVENANCES	OBSERVATIONS	
en 1869-1870	1873			
21.50	32.00	Ronchamp tout venant		
20.50	36.50	Saarbrück 1re sorte	chargés	Le fret en 1869-1870 était
16.50	32.50 et 22	2e sorte	sur	en moyenne de fr. 6
12.50	21·50 et 20.50	3e sorte (mines Reden. Von der Heydt)	bateau	en 1873 de 8.50
18.50	27.50	Blanzy houille anthraciteuse		

appareils, et nous ne pensons pouvoir mieux faire qu'en publiant le tableau suivant qui résume les nombreux essais entrepris par l'Association.

Grâce au nombre considérable d'expériences citées ci-dessous, chaque industriel pourra se rendre compte, au moins par comparaison, des résultats que lui donnent ses appareils.

Les nombres compris dans ce tableau sont les moyennes d'essais prolongés souvent une semaine et au-delà; il n'y a pas d'expérience qui ait duré moins de deux journées. Ces essais représentent les résultats obtenus dans la pratique journalière: ils ont été faits pour constater les rendements ordinaires des générateurs, et les chauffeurs, pendant ces expériences, n'ont pas travaillé autrement que d'habitude; en un mot, les chiffres obtenus sont ceux de la pratique de chaque jour, et non l'expression de tours de force exceptionnels, comme aux concours de chauffeurs par exemple[1].

La consommation de houille indiquée est celle de douze heures de marche effective.

Dans la dernière colonne, nous indiquons la température moyenne de la fumée à la sortie de l'appareil; on sait que par suite des rentrées d'air, ainsi que nous l'avons démontré, M. Scheurer-Kestner et moi, ces chiffres n'ont pas une valeur absolue, mais enfin ils constituent une indication parfois utile à consulter.

Je me propose d'étudier par la suite d'une manière complète les divers appareils dont je me borne aujourd'hui à indiquer les résultats pratiques; mais cette étude ne trouverait pas ici sa place, et le but que je me suis proposé d'atteindre est que chaque industriel, en examinant ce tableau, en choisissant l'exemple qui se rapproche le plus des conditions dans lesquelles fonctionnent ses appareils, puisse se rendre compte d'une part de ce qu'il obtient

---

[1] Nous citons à dessein les expériences Nᵒˢ 4 et 5, qui sont celles des concours de chauffeurs de 1868 et de 1869, pour indiquer à quels rendements il est possible d'arriver avec des chaudières à bouilleurs sans réchauffeurs.

probablement et surtout de ce qu'il pourrait obtenir. *(Voir le tableau ci-contre.)*

On peut tirer de nombreuses déductions de ce tableau; nous nous bornerons à indiquer les faits principaux qui en découlent.

Ainsi, tandis que le rendement pur de la houille de Ronchamp tout-venant s'élève jusqu'à 10.282, il s'abaisse jusqu'à 6.284 suivant les appareils, la consommation, la conduite des feux, soit une différence de plus de 60°/₀. Certaines chaudières, avec de la houille de Saarbrück III, ont un rendement pur de 6.723, tandis que d'autres générateurs, avec de la houille de Ronchamp, n'atteignent que 6.284; or, la houille III Saarbrück coûte un peu plus de moitié que la houille de Ronchamp, rendue à Mulhouse.

Naturellement nous avons indiqué les rendements maxima et minima, afin de mieux faire ressortir combien sont larges les limites entre lesquelles varient les résultats donnés par les divers appareils.

Cet aperçu des rendements des appareils à vapeur dans notre rayon est la meilleure preuve de l'importance des économies de combustible réalisable. Si l'on groupe les différents résultats obtenus avec une même houille, on trouve :

N°° d'ordre des essais	CHAUDIÈ...			Rende-ment brut l'eau à 0° la houille telle quelle	Rende-ment pur l'eau à 0° la houille pure	Tempéra-ture de la fumée à la sortie des appareils
	A BOUILLEURS		...ies			
	sans réchauffeur	avec réchauffeur				
1	1	»	)0	4.416	5.661	?
2	1	»	27	4.822	6.284	316°
3	2	»	26	5.007	6.181	383°,5
4(*)	2	»	)6	7.333	8.235	?
5(**)	2	»	)9	6.746	7.239	?
6	»	2	)0	5.144	6.411	391°,5
7	»	5	25	7.093	8.893	224°
8	»	3	53	5.192	6.723	250°
9	»	5	49	7.068	9.163	136°,5
10	»	1	70	5.013	6.546	118°
11	»	1	38	5.955	7.396	220°
12	»	2	17	5.704	7.057	?
13	»	1	54	6.733	7.935	192°,5
14	»	2	36	5.510	6.032	243°,5
15	»	2	16	6.018	6.774	168°
16	»	1	)4	6.40	7.900	?
17	»	1	)2	5.894	7.363	?
18	»	3	38	5.580	6.600	175°
19	»	3	,9	7.370	8.020	174°
20(***)	»	3	30	7.445	9.520	161°
21	»	1	)4	4.808	6.994	253°,4
22	»	»	22	6.448	7.431	206°
23	»	»	)2	6.66	7.740	Fusion du plomb
24	»	»	)1	8.36	10.250	154°
25	»	»	.0	7.381	8.211	208°
26	1	»	18	6.850	7.627	»
27	»	»	38	6.268	7.278	»
28	»	»	72	6.930	8.422	122°,5
29	»	»	54	7.202	8.636	108°
30	»	»	)8	8.315	10.282	142°

(*) Concours des cl...
(**) Concours des cl...
(***) Ce chiffre est ur... 5, lire 8.030 et non 7.230.

N^os d'ordre des essais	PROVENANCE du COMBUSTIBLE	PROPORTION de scories 0/0	RENDEMENT brut l'eau à 0° la houille telle quelle	RENDEMENT pur l'eau à 0° la houille pure
2		23.27	4.822	6.284
12		19.17	5.704	7.057
5		16.09	6.746	7.239
17		20.02	5.894	7.363
11		19.68	5.955	7.396
16	Ronchamp Tout venant	18.94	6.400	7.900
4		10.96	7.333	8.235
7		20.25	7.093	8.893
9		22.49	7.068	9.163
20		21.80	7.445	9.520
24		19.01	8.360	10.250
30		19.08	8.315	10.282
26		10.18	6.850	7.627
19	Saarbruck (houille grasse I)	8.19	7.370	8.020
25		10.10	7.381	8.211
3		21.26	5.007	6.181
6		21.00	5.144	6.411
15		11.16	6.018	6.774
27	Saarbruck (houille flam-	13.88	6.268	7.278
22	bante II)	13.22	6.448	7.431
23		13.92	6.680	7.740
13		14.64	6.773	7.935
28		17.72	6.930	8.422
14	Louisenthal II	8.66	5.510	6.032
10		23.70	5.013	6.546
18	Saarbruck (menus III)	15.38	5.580	6.600
8		22.53	5.192	6.723
21		30.94	4.808	6.964

Les résultats obtenus avec les houilles menues de Saarbrück III⁰ sorte diffèrent peu entre eux, car ces combustibles ne peuvent être avantageusement utilisés que dans les chaudières bien montées et munies d'une grande surface de chauffe; les générateurs sur lesquels ont porté ces essais sont tous dans ce cas.

La consommation de combustible totale des maisons faisant partie de l'Association atteint au moins 400,000 tonnes, représentant un tribut d'environ 12 millions de francs que l'industrie paye chaque année aux différentes houillères. D'après les observations répétées faites par les agents de l'Association, je crois pouvoir affirmer qu'il serait possible d'économiser au moins 15 %, soit 60,000 tonnes, soit 1,800,000 fr. par année, et encore restons-nous bien au-dessous de la vérité.

Combien l'Association ne compte-t-elle pas encore de machines à vapeur consommant 15, 16 kilogrammes de vapeur par cheval effectif et par heure, tandis qu'une bonne machine en marche courante n'en consomme que de 10^k,50 à 12 kilogrammes!

Presque toutes les chaudières dépourvues de réchauffeurs permettent, par l'installation d'un appareil convenable, de réaliser des économies de combustible au moins aussi fortes que celle que nous avons indiquée plus haut comme une moyenne.

Il est juste de constater que depuis une année il s'est produit de grandes améliorations, de grands changements; aussi la hausse du combustible aura-t-elle du moins ce résultat heureux pour notre industrie, de provoquer de nouveaux progrès et de restreindre dans une certaine mesure l'augmentation sans cesse croissante de la consommation de la houille, en propageant forcément les appareils économiques.

Nous avons eu l'occasion de comparer pendant cet exercice, dans des expériences directes, les rendements obtenus en brûlant le même combustible dans de bonnes chaudières à bouilleurs et réchauffeurs et dans des chaudières de Cornouailles dépourvues de réchauffeurs; malgré ces conditions défavorables, les chaudières à foyer intérieur l'ont emporté sur celles à foyer extérieur de 8,84 %[1].

Ces essais ont donné lieu à un travail que nous avons présenté à la Société industrielle le 18 décembre 1872.

Nous avons eu également à examiner un ingénieux appareil dû à M. Ten Brink.

Le nouveau foyer construit par cet habile ingénieur a donné d'excellents rendements tout en étant parfaitement fumivore, et

---

[1] Les résultats sont ceux des essais N°s 22 et 15.

cependant les expériences ont eu lieu avec des houilles de Saar-brück, qui sont généralement assez fumeuses.

La chaudière de M. Ten Brink est à foyer intérieur, et elle est munie de réchauffeurs latéraux parfaitement installés; aussi les rendements ont-ils été très satisfaisants; ils sont de 11,7°/₀ plus élevés que ceux des chaudières à foyer intérieur sans réchauffeur; ces résultats sont inscrits au N° 26.

La constance des résultats obtenus avec les chaudières de Cornouailles dans la pratique courante, nous engagent à appeler de nouveau l'attention des industriels sur ces excellents appareils; l'expérience de plusieurs années de marche régulière sanctionne d'une façon irrécusable les déductions théoriques que nous avons tirées de nos essais, M. Auguste Scheurer-Kestner et moi, et si après nos premiers travaux il pouvait exister encore des doutes sur l'efficacité des foyers intérieurs, j'aime à croire qu'ils sont aujourd'hui définitivement écartés.

PROJETS ET PLANS D'INSTALLATION. — Les projets et plans d'installation de chaudières et d'appareils à vapeur faits par les ingénieurs de l'Association, qui étaient de 6 l'année dernière, ont été de 18 cet exercice, dont 13 pour 19 chaudières et 5 plans divers pour l'installation de réchauffeurs, de séchoirs, etc.

Statistique.

Le nombre des chaudières soumises au contrôle de l'Association, qui pendant le dernier exercice était de 822, s'est élevé en 1872-1873 à 970, dont 750 pour l'Alsace et la France, et 220 pour le grand-duché de Bade et la Suisse.

Accidents.

Nous avons la satisfaction de n'avoir à citer ce chapitre que pour mémoire; nous n'avons pas eu un seul accident de chaudière à constater.

Il s'est produit néanmoins deux accidents graves dans le pays pendant l'exercice 1872-1873, mais dans des maisons qui ne font pas partie de l'Association.

Nous indiquons comme précédemment, d'après les *Annales des mines,* les accidents survenus en France pendant les années 1870 et 1871.

Résumé des explosions survenues en France en 1870 et 1871, publié par les Annales des mines.

1870.

NOMBRE TOTAL D'EXPLOSIONS.............................. 13

NOMBRE DE VICTIMES $\Big\{$ Tués ou morts des suites de leurs blessures. 10

Blessés............................. 15

Répartition des accidents.

—

Par nature d'établissements :

Usine métallurgique..................................... 1

Mine... 1

Bateau... 1

Moulins à blé.. 2

Fabriques diverses (dont une sucrerie, une papeterie, etc.)..... 8

_____

13

Par nature d'appareils :

Chaudières cylindriques horizontales avec ou sans bouilleurs... 5

   Id.   id.   à foyer intérieur non tubulaire........ 1

   Id.   id.   verticale tubulaire................. 1

Récipients divers...................................... 4

_____

13

D'après les causes qui les ont occasionnés :

Défaut de surveillance ou négligence des propriétaires ou des
agents chargés de l'entretien ou de la conduite de l'appareil.   7
Vices de construction...........   3
Circonstances fortuites...............................   3
Cause indéterminée...................................   1
                                                        _____
                                                         14

_____

1871.

Nombre total d'explosions.............................   22

Nombre de victimes { Tués ou morts des suites de leurs blessures.   20
                    { Blessés...........................   25

Répartition des accidents.
—

Par nature d'établissements :

Houillères et carrières................................   3
Usine métallurgique, fonderie..........................   2
Bateau à vapeur..   1
Filatures et tissages..................................   5
Fabriques d'encollage, d'apprêts d'étoffes.............   2
Moulin à blé...   1
Fabriques diverses (dont une papeterie, une distillerie, etc.)....   8
                                                        _____
                                                         22

Par nature d'appareils :

Chaudières cylindriques horizontales avec bouilleurs..........   10
    Id.   id.   id.   et tubulaires...........   4
    Id.   id.   verticales à foyer intérieur..........   2
Récipients divers......................................   5
Observation. — En outre, un accident a eu lieu par suite de
l'ouverture maladroite d'une soupape qui n'a pu être refermée.   1
                                                        _____
                                                         22

D'après les causes qui les ont occasionnés :

Défaut de surveillance ou négligence des propriétaires ou des
agents chargés de l'entretien ou de la conduite de l'appareil.. 9
Vices de construction.................................... 8
Circonstances fortuites.................................. 2
Causes indéterminées.................................... 3
                                                         ——
                                                         22

Mulhouse, 25 novembre 1873

Monsieur KUHLMANN, *président de la Société industrielle de Lille.*

Je viens d'apprendre par M. Hirn que M. Leloutre s'est décidé
à offrir à votre Société industrielle de publier dans ses Bulletins
un travail sur les machines à vapeur, travail pour lequel il m'avait
choisi comme collaborateur.

Depuis deux ans que les circonstances nous ont séparés, j'ai
continué de mon côté à agrandir le cercle des recherches auxquelles il m'avait associé, et je me suis surtout attaché aux
machines horizontales, machines sur lesquelles nous n'avions pas
de renseignements suffisants lorsque je travaillais encore avec
M. Leloutre.

C'est ainsi que j'ai été amené à étudier les machines de
MM. Sulzer frères, de Winterthur, à soupapes équilibrées, et tout
récemment, dans un travail présenté le mois dernier à la Société
industrielle de Mulhouse, les machines Corliss construites par
Mme veuve André, de Thann.

J'ai eu soin de présenter le premier travail que j'ai publié
comme une simple application de la méthode d'analyse et d'essai
que M. Leloutre a dû vous exposer dans tous ses détails, ren-

Pour satisfaire au désir exprimé par M. Hallauer, la Société industrielle a décidé
l'impression de la lettre ci-dessus, adressée par lui à M. le président de la Société
industrielle de Lille.

voyant mes lecteurs à ce travail que M. Leloutre m'a dit être en voie de publication.

Dans l'analyse des machines Corliss, je me suis naturellement servi pour les égalités entre calories des formules qui sont développées dans le travail de M. Leloutre, formules que nous devons à l'obligeance de M. Hirn, qui nous a dirigé, M. Leloutre et moi, dans toutes nos recherches.

Dans cette dernière analyse j'ai été amené à traiter la question des enveloppes de vapeur; car, par une heureuse circonstance, j'ai pu faire des expériences sur deux machines de mêmes dimensions, ne différant entre elles que par cet organe essentiel, donnée qui nous manquait encore à l'époque où je travaillais avec M. Leloutre.

Je me fais un devoir de dire que si depuis que nous sommes séparés, M. Leloutre a élucidé dans le même sens que moi la série des effets de l'enveloppe, je suis tout prêt à reconnaître, comme lui revenant de plein droit, tout ce que nous pourrions avoir fait d'identique.

Je n'ai qu'une seule réserve à faire relativement à la proportion des calories utilisées et perdues dans les moteurs que j'ai étudiés.

Cette nouvelle manière de voir, dont l'idée première m'a été donnée par M. Hirn et que je n'ai fait que développer, n'a rien de commun avec la répartition du calorique dans les parois des cylindres, question déjà traitée par M. Leloutre lorsque j'étais son collaborateur.

Enfin je donne, au nom de M. Hirn, un problème fort intéressant comme application de la thermodynamique, et où il établit la provision de chaleur emmagasinée dans les parois d'un cylindre pour faire face à toutes les circonstances du travail.

Guidé par un sentiment naturel de justice, et craignant qu'en ce qui concerne un ensemble de travaux faits d'abord en commun avec un autre, on ne m'attribue ce qui pourrait revenir de droit à mon ancien et affectionné collaborateur, je vous prie, Monsieur le

président, de faire insérer cette courte notice historique dans les
Bulletins de votre Société industrielle.

Je la publierai de mon côté dans les Bulletins de la Société
industrielle de Mulhouse.

Veuillez agréer, Monsieur le président, l'assurance de ma parfaite considération.

O. HALLAUER.

ANALYSE

*de deux machines Corliss de mêmes dimensions, l'une sans enveloppe, l'autre pourvue d'une enveloppe ou chemise de vapeur.
— Interprétation physique et analytique de l'effet de l'enveloppe. — Comparaison de ces deux moteurs en prenant pour
unité les calories consommées par cheval* ABSOLU *et heure. —
Répartition des calories, ou proportion des calories utilisées
et perdues*[1], *présenté par* M. HALLAUER *dans la séance du
24 septembre 1873.*

Dans le dernier travail que j'ai présenté à la Société industrielle
(séance du 30 avril 1873), j'ai exposé la nouvelle méthode d'analyse et d'essai des moteurs à vapeur, donnant ensuite comme
application l'étude de trois moteurs de systèmes différents, tous
pourvus d'une enveloppe ou chemise de vapeur.

Cette exposition m'a permis d'affirmer que « la théorie rationnelle et pratique des moteurs à vapeur était faite d'une manière
complète, que l'on pouvait immédiatement en découvrir les points
faibles et, par suite, indiquer les modifications qui peuvent y
remédier en pratique. »

---

[1] Les formules qui donnent la loi de détente et le travail du moteur sont déjà
exposées dans l'ouvrage que M. Leloutre publie actuellement à la Société industrielle de Lille, ainsi que je l'ai déjà dit dans mon précédent travail.

Quant aux égalités entre calories et quantités de chaleur, je les dois à M. G.-A.
Hirn, qui a bien voulu nous diriger, M. Leloutre et moi, dans toutes ces recherches.

Comme les échanges rapides de chaleur entre les parois des cylindres et l'eau qui les tapisse, ainsi que l'influence notable que peut avoir l'enveloppe sur le travail et la consommation, avaient paru de nature à soulever quelques objections, je viens aujourd'hui vous donner l'analyse de ces deux moteurs, faite pour chaque dixième de la course[1], confirmant ainsi ce que j'avais avancé relativement aux transformations de la vapeur pendant la période de détente.

Reprenant ensuite l'étude de l'influence de l'enveloppe dont j'avais déjà, dans mon précédent travail, esquissé d'une manière complète tous les effets, j'interprète physiquement et analytiquement le mode d'action de cette chemise de vapeur.

Puis je compare ces deux moteurs d'après le poids de vapeur consommé par cheval *absolu*[2] et heure; me basant ensuite sur le nombre de calories dépensées pour la même unité de force et de temps (comparaison qui est la seule rationnelle), j'établis leur valeur relative exacte.

Enfin, la proportion des calories utilisées et perdues dans chacun d'eux, par coup de piston, vient caractériser d'une manière frappante l'ensemble des phénomènes physiques qui ont pour résultat le travail recueilli.

La marche à suivre est la même que celle que j'ai déjà indiquée; elle s'applique du reste invariablement à tous les moteurs à vapeur, quel qu'en soit le système; seulement ici j'emploie pour l'évaluation du travail, concurremment avec les formules, la surface des courbes ou fractions de courbes relevées directement au planimètre (Amsler) et correspondant à chaque période étudiée.

Les dimensions communes à ces deux machines sont les suivantes :

---

[1] Des tableaux analogues, mais concernant des moteurs de systèmes différents, figurent déjà dans le travail que publie M. Leloutre, et cité plus haut.

[2] Ce terme a déjà été défini dans la précédente étude : le travail ou puissance d'un volume de vapeur donné, en supposant le vide absolu sous le piston.

Diamètre du piston . . . . $0^m,510$

Course . . . . $1^m,060$

Diamètre de la tige . . . . $0^m,080$

Tours par minute . . . . 55^t

Volume engendré par le piston V_a . . . . $= 0^{m3},21121$

Volume des espaces nuisibles V_p . . . . $= 0^{m3},00716$

Volume total $V_a + V_p$ . . . . $= 0^{m3},21837$

Proportion des espaces nuisibles $\dfrac{V_p}{V_a + V_p}$ . . . . $= 3^{o/o},281$

Evaluation du travail.

MACHINE SANS ENVELOPPE.

Loi de détente. — Cette loi est caractérisée par l'exposant a dans la relation $\dfrac{P}{P'} = \left(\dfrac{V'}{V}\right)^a$ qui, résolue, donne

$$a = \frac{\log P \ - \log P}{\log V' - \log V}$$

$$= \frac{\log 3^k,061 \qquad - \log 0^k,512}{\log 0^{m3},20780 - \log 0^{m3},02828} = 0.90$$

En prenant comme valeurs de comparaison

$$P_2 = 3^k,061 \text{ et } V_2 = 0^{m3},02828$$
$$P_{20} = 0^k,512 \quad V_{20} = 0^{m3},20780$$

Cet exposant connu, la même relation donne le volume introduit V_0 en partant de la pression P_2, du volume V_2 qui, ainsi que la pression initiale pendant l'admission $P_0 = 5^k,155$, sont connus:

$$\frac{P_0}{P_2} = \left(\frac{V_2}{V_0}\right)^a$$

$$\log V_0 = \log V_2 - \frac{\log P_0 - \log P_2}{a}$$

$$= \log 0^{m3},02828 - \frac{\log 5^k,155 - \log 3^k,061}{0.90}$$

$$V_0 = 0^{m3},01585$$

---

[1] Ces dimensions correspondent à la partie avant du cylindre.

Le volume engendré par le piston pendant l'admission est :

$$V_0' = V_0 - V_p = 0^{m^3},01585 - 0^{m^3},00716 = 0^{m^3},00869$$

Il est impossible de prendre directement sur la courbe la valeur de ce volume V_0' engendré à pleine pression ; en la déduisant du calcul, elle a une exactitude suffisante pour servir à l'étude des transformations de la vapeur, surtout lorsque l'admission à pleine vapeur vient à dépasser le dixième de la course.

Avec la pression initiale $P_0 = 5^k,155$, j'ai actuellement toutes les valeurs qui sont indispensables à l'évaluation du travail.

Travail absolu avec espaces nuisibles. — Il s'effectue en deux périodes successives.

I. Travail à pleine pression :

$$F_p = P_0 \, V_0' = 51550^k \times 0^{m^3},00869 \ldots \quad = 447.97^{k \times m}$$

II. Travail par détente :

$$F_\delta = \frac{P_0 \, V_0}{1 - a} \left(\left(\frac{V_0}{V_n + V_p} \right)^{a-1} - 1 \right)$$

$$= \frac{51550^k \times 0^{m^3},01585}{1 - 0,90} \left(\left(\frac{0^{m^3},01585}{0^{m^3},21837} \right)^{0,90} - 1 \right) = 2450.39^{k \times m}$$

Le *travail absolu* total en kilogrammètres par course avec espaces nuisibles. . . . $F = 2898.36^{k \times m}$

Le *même* travail évalué directement d'après la surface de la courbe est $2865.4^{k \times m}$; ces deux travaux sont donc approchés

$$\text{à} \quad \frac{2898.36^{k \times m} - 2865.4^{k \times m}}{2898.36^{k \times m}} = 1°/_0,14$$

Et l'erreur porte autant sur le travail à pleine pression (les volumes V_0 et par suite V_0' étant, comme je l'ai dit plus haut, difficiles à obtenir exactement pour de petites introductions) ; que sur le travail par détente, la courbe déterminée par la loi a ne coïncidant pas avec celle que trace l'indicateur de Watt [1].

---

[1] Cette étude des lois de détente et de leur exactitude, nous avons pu la faire avec M. Hirn. grâce à l'idée ingénieuse qu'il a eu de placer sur le balancier un

Consommation. — Ces chiffres (travail absolu avec espaces nuisibles) nous donnent immédiatement la consommation par *cheval absolu* et heure, premier terme qui nous servira à la comparaison de ces moteurs.

$$\frac{M \times 270000}{F} = \frac{0^k,1122 \times 270000}{2865.4^k \times m} = 10^k,5723$$

$0^k,1122$ étant le poids de vapeur et eau directement jaugé, consommé par coup de piston.

Pertes de travail.

Par espaces nuisibles. — On évalue le *travail absolu* qu'aurait rendu le volume V_0 introduit et se détendant dans le cylindre V_1 supposé sans espaces nuisibles, la différence avec le travail précédemment obtenu avec espaces nuisibles donne la perte.

Les deux périodes sont :

I. Travail à pleine pression :

$$P_0 V_0 = 51550^k \times 0^{m3},01585 \dots\dots\dots = 817.07^{k\times m}$$

II. Travail par détente :

$$\frac{P_0 V_0}{1-a}\left(\left(\frac{V_0}{V_1}\right)^{a-1} - 1\right)$$

$$= \frac{51550 \times 0^{m3},01585}{1-0,90}\left(\left(\frac{0^{m3},01585}{0^{m3},21121}\right)^{0,90} - 1\right) = 2415.26^{k\times m}$$

Le *travail absolu* en kilogrammètres par course sans espaces nuisibles . . . . . $F_0 = 3232.33^{k\times m}$

La perte par espaces nuisibles est :

$$\frac{F_0 - F}{F_0} = \frac{3232.33^{k\times m} - 2898.36^{k\times m}}{3232.33^{k\times m}} = 10°/_0,33$$

Elle est, comme on voit, assez forte relativement au travail; ceci est dû à la faible introduction à pleine pression.

Perte par contre-pression. — Le vide ou contre-pression der-

pandynamomètre de flexion, qui donne aussi la pression sur le piston à chaque instant.

rière le piston de cette machine est $P_c^- = 0^k,1246$, d'où un travail négatif :

$$V_n\,P_c = 1246^k \times 0^{m^3},21121 = 263.17^k \times m$$

$$\text{Perte}: \frac{V_n\,P_c}{F_0} = \frac{263.17^k \times m}{3232.33^k \times m} = 8°/_0,14$$

Machine avec enveloppe de vapeur.

Loi de détente :

$$a = \frac{\log P - \log P'}{\log V' - \log V} = \frac{\log 4^k,542 - \log 0^k,835}{\log 0^{m^3},20780 - \log 0^{m^3},02828} = 0,85$$

Les valeurs de comparaison étant :

$$P_2 = 4^k,542 \qquad\qquad V_2 = 0^{m^3},02828$$
$$P_{20} = 0^k,835 \qquad\qquad V_{20} = 0^{m^3},20780$$

Nous connaissons P_2, V_2 et $P_0 = 5^k,224$, ce qui donne :

$$\log V_0 = \log V_2 - \frac{\log P_0 - \log P_2}{a}$$

$$= \log 0^{m^3},02828 - \frac{\log 5^k,224 - \log 4^k,542}{0.85}$$

$$V_0 = 0^{m^3},02398$$

Le volume engendré pendant l'admission :

$$V_0' = V_0 - V_p = 0^{m^3},02398 - 0^{m^3},00716 = 0^{m^3},01682$$

Le *travail absolu avec espaces nuisibles* s'effectue en deux périodes.

I. Travail à pleine pression :

$$F_p = V_0'\,P_0 = 52240^k \times 0^{m^3},01682\ldots\quad = 878.68^k \times m$$

II. Travail par détente :

$$F_\delta = \frac{V_0\,P}{1-a}\left(\left(\frac{V_0}{V_n + V_p}\right)^{a-1} - 1\right)$$

$$= \frac{52240^k \times 0^{m^3},02398}{1 - 0.85}\left(\left(\frac{0^{m^3},02398}{0^{m^3},21837}\right)^{0.85-1} - 1\right) = 3280.50^k \times m$$

Travail absolu en kilogrammètres par course avec espaces nuisibles . . . . $F\quad = 4159.18^k \times m$

Le travail relevé directement sur les courbes est $4196.5^{k}\times^{m}$;

différence $\dfrac{4196.5^{k}\times^{m} - 4159.18^{k}\times^{m}}{4196.5^{k}\times^{m}} = 0°/_{0},89$

d'où nous déduisons la consommation par cheval absolu et par heure; premier terme de comparaison :

$$\frac{M \times 270000}{F} = \frac{0^{k},1253 \times 270000}{4196.5} = 8^{k},0617$$

$0^{k},1253$ étant le poids vapeur et eau sorti de la chaudière par coup de piston, et directement jaugé.

Pertes de travail.

Par espaces nuisibles. — J'évalue le *travail absolu* qu'aurait rendu le volume introduit V_0, sans les espaces nuisibles.

I. Travail à pleine pression :

$P_0 V_0 = 52240^{k} \times 0^{m_3},02398 \dots \dots = 1252.72^{k}\times^{m}$

II. Travail par détente :

$$\frac{P_0 V_0}{1 - \alpha}\left(\left(\frac{V_0}{V_n}\right)^{\alpha - 1} - 1\right)$$

$$= \frac{52240 \times 0^{m_3},02398}{1 - 0.85}\left(\left(\frac{0^{m_3},02398}{0^{m_3},21121}\right)^{0,85 - 1} - 1\right) = 3221.99^{k}\times^{m}$$

Travail absolu en kilogrammètres par course
sans espaces nuisibles . . . . $F_0 = 4474.71^{k}\times^{m}$

d'où perte : $\dfrac{F_0 - F}{F_0} = \dfrac{4474.71^{k}\times^{m} - 4159.18^{k}\times^{m}}{4474.71^{k}\times^{m}} = 7°/_{0}05.$

Elle est moins forte que dans la machine précédente, grâce à une introduction de vapeur plus grande.

Perte par contre-pression. — Le vide de $0^{k},2327$ donne lieu à un travail négatif :

$$V_n P_c = 2327^{k} \times 0^{m_3},21121 = 491.48^{k}\times^{m}$$

et la perte : $\dfrac{V_n P_c}{V_0} \quad \dfrac{491.48^{k}\times^{m}}{4474.71^{k}\times^{m}} = 10°/_{0},98.$

Le vide ou contre-pression derrière le piston étant moins favorable que dans la machine sans enveloppe, cette perte relative a augmenté malgré un travail plus considérable rendu.

Etude des transformations de la vapeur.

J'ai réuni dans un tableau général[1] toutes les données déduites directement de l'observation et les résultats auxquels elles conduisent; ainsi, partant des pressions correspondantes à chaque dixième de la course depuis le commencement de la détente, je calcule, à l'aide des formules de MM. Regnault, Roche et Zeuner, les valeurs suivantes :

1° t la température de la vapeur correspondant à la pression et déduite de la relation

$$\log P^{m/m} = \overline{1}.9590414 + \frac{(20 + t)\, 0.0383385}{1 + 0.00478821\,(t + 20)}$$

2° λ la quantité de chaleur totale qu'il faut pour produire de la vapeur à une pression donnée :

$$\lambda = 606.5 + 0.305t$$

3° q la chaleur du liquide :

$$q = \int c\, dt = t + 0.00002t^2 + 0.0000003t^3$$

4° r la chaleur d'évaporation :

$$r = \lambda - q = 606.5 - 0.695t - 0.00002t^2 - 0.0000003t^3$$

5° ρ la chaleur potentielle :

$$\rho = r - Apu = 575.4 - 0.791t$$

6° γ la densité ou poids du mètre cube de vapeur :

$$\gamma = 0.6061\, P^{\text{atm}, 0.9393}$$

---

[1] Ainsi que je l'ai déjà dit, des tableaux analogues figurent déjà dans le travail publié par M. Leloutre. Dans celui que je donne, les fractions du travail par détente ont été évaluées directement au planimètre.

Cette dernière valeur nous servira à établir les différents poids de vapeur *présents* à chaque dixième de la course.

De ces données nous déduisons U^1 la *chaleur interne totale*, qui est : $U = m_v (\lambda - A\,pu) + (M_0 - m_v)\,q = m_v\,\rho + M_0\,q$; m_v est le poids de vapeur *introduit*[2] qui se trouve dans le cylindre, au point de la course où l'on s'arrête; M_0 le poids total du liquide, mélange de vapeur et eau passant par le cylindre et jaugé directement.

Evaluation du refroidissement au condenseur R_r

MACHINE SANS ENVELOPPE.

Je sais qu'il reste dans le cylindre, après l'échappement et par suite de la *compression*, un certain poids de vapeur que je détermine.

La *contre-pression* finale derrière le piston est de $0^k,103$, à laquelle correspond une densité $\gamma = 0^k,0687$. Au moment où le tiroir ferme à l'échappement, il reste derrière le piston un volume de $0^{m^3},0177$, et par suite un poids de vapeur $0^k,0012$. Ce poids de vapeur est, comme on le voit, assez faible : $\dfrac{0^k,0012}{0^k,1122} = 1°/_0,07$ du poids introduit mélange vapeur et eau directement jaugé; je commettrais donc une erreur négligeable en admettant qu'il ne change pas d'état calorique; ce qui simplifie les calculs.

A la fin de l'admission, commencement de la détente, j'ai relevé une pression de $5^k,155$ et un volume de $0^{m^3},0159$, le poids de vapeur présent :
$$V_0\,\gamma_0 = 0^{m^3},0159 \times 2^k,7373 = 0^k,0435.$$

Comme il est resté $0^k,0012$ de vapeur dans le cylindre, le poids introduit $m_{v_0} = 0^k,0435 - 0^k,0012 = 0^k,0423$.

---

[1] Cette valeur U je l'avais appelée J dans mon précédent travail; mais comme J est ordinairement employé pour la vapeur saturée sèche et qu'ici j'ai un mélange de vapeur et d'eau, j'ai pris la notation U. généralement employée dans ce cas.

[2] Je dis poids *introduits* et non poids *présents* dans le cylindre, car il reste. par suite de la compression et à chaque course. un certain poids de vapeur qui occupe un espace que celle qui afflue pendant l'admission ne peut remplir.

Il a passé par le cylindre, à chaque coup de piston, $M_0 = 0^k,1122$; le poids d'eau que contiennent ces $0^k,0423$ de vapeur se trouve être :

$$m_{e_0} = M_0 - m_{v_0} = 0^k,1122 - 0^k,0423 = 0^k,0699,$$

$$\text{soit} : \frac{0^k,0699}{0^k,1122} = 62 \text{°/}_o,30$$

en presque totalité déposée sur les parois.

La *chaleur interne totale* en ce moment est :

$$U_0 = m_{v_0}\,\rho_0 + M_0\,q_0 = 0^k,0423 \times 454^c,92 + 0^k,1122 \times 153,83$$
$$= 19^c,24 + 17^c,26$$
$$= 36^c,50$$

A la fin de la course nous avons de même :

$m_{v_n} = 0^k,0657 \quad m_{e_n} = 0^k,0465$, soit $41 \text{°/}_o,44$ d'eau déposée sur les parois.

Enfin $U_n = m_{v_n}\,\rho_n + M_0\,q_n = 0^k,0657 \times 511^c,45 + 0^k,1122 \times 81^c,14$
$$= 33^c,59 + 9^c,10$$
$$= 42^c,69$$

La chaleur absorbée par le travail *absolu* pendant la détente :

$$AF_\delta = \frac{2417.4^k \times m}{425} = 5^c,68$$

Le tiroir d'échappement ouvre alors la communication au condenseur; la vapeur s'y précipite immédiatement, et en même temps il se fait sur les parois et aux dépens de la chaleur qu'elles contiennent, une évaporation continue; la majeure partie de l'eau qui les recouvre se rend sous forme de vapeur au condenseur.

La chaleur qu'enlève cette nappe liquide est ce que j'appelle

R_c *refroidissement au condenseur*.

Cette valeur R_c est donnée une fois pour toutes par la condensation de la vapeur qui afflue pendant l'admission; c'est une portion constante de cette chaleur qui reste pour ainsi dire à l'état latent dans les parois du cylindre jusqu'à la fin de la course, tandis que le reste de cette chaleur qu'a rendu la condensation est absorbée par le travail effectué et les évaporations pendant la détente.

R_c s'obtient comme suit : il a fallu fournir pendant cette période de détente la différence entre les *chaleurs internes* totales au commencement de la détente et à la fin de la course, augmentée de celle qu'a absorbé le travail :

$$U_s + AF_{\mathfrak{I}} - U_0 = 48^c,37 - 36^c,50 \ldots \ldots = 11^c,87$$

plus le refroidisssement au condenseur, qui est toujours
à donner pendant l'échappement R_c . . . . $= R_c$
plus les pertes par rayonnement extérieur a . . . . $= 1^c,25$

$$\text{Total} \ldots \ldots R_c + 13^c,12$$

Mais comme toute communication est coupée avec la chaudière, cette chaleur n'a pu être fournie qu'antérieurement, c'est-à-dire pendant l'admission. Elle est due à la quantité de vapeur $0^k,1122 - 0^k,0423 - 0^k,0050 = 0^k,0699 - 0.005 = 0^k,0649$, ($0^k,0050$ étant l'eau entraînée[1]) qui s'est condensée pendant cette admission contre les parois du cylindre, et qui leur a communiqué :

$$0^k,0649 \times r_0 = 0^k,0649 \times 499^c,12 \ldots \ldots = 32^c,39$$

plus la chaleur qu'a donné le frottement du piston b $= 0^c,40$

$$\text{Total} \ldots \ldots 32^c,79$$

d'où
$$R_c + 13^c,12 = 32^c,79$$
$$R_c = 19^c,67$$

Machine avec enveloppe.

Comme dans le cas précédent, il reste après l'échappement, dans le cylindre de cette machine, un poids de vapeur correspondant à la contre-pression finale $0^k,172$, dont la densité est $\gamma = 0^k,1152$ et le volume $0^{m^3},0177$. Ce poids est de $0^k,0020$.

---

[1] Ce poids est les $4^o/_o,5$ du poids total $0^k,1122$ mélange vapeur et eau consommé par coup de piston, relevé directement en suivant la méthode de M. G.-A. Hirn.

A la fin de l'admission, commencement de la détente, la pression est $5^k,224$, le volume correspondant $V_0 = 0^{m^3},0240$, la densité $\gamma = 2^k,7717$, le poids de vapeur *présent*

$$V_0\, \gamma_0 = 0^{m^3},0240 \times 2^k,7717 = 0^k,0665$$

et le poids *introduit*

$$m_{vo} = 0^k,0665 - 0^k,0020 = 0^k,0645$$

Comme il s'est déposé dans l'enveloppe $0^k,0048$, soit $3°/_o,81$[1] du poids $0^k,1253$ consommé par course et directement jaugé, il a passé par le cylindre un mélange de vapeur et eau

$$M_0 = 0^k,1253 - 0^k,0048 = 0^k,1205.$$

L'eau contenue dans la vapeur à la fin de l'admission se trouve être :

$$m_{eo} = M_0 - m_{vo} = 0^k,1205 - 0^k,0645 = 0^k,0560,$$

$$\text{soit} : \frac{0^k,0560}{0^k,1205} = 46°/_o,47$$

Et la chaleur interne totale :

$$U_0 = m_{vo}\, \varrho_0 + M_0\, q_0 = 0^k,0645 \times 454.52 + 0^k,1205 \times 154^c,36$$
$$= 29^c,32 + 18^c,60$$
$$= 47^c,92$$

A la fin de la course nous avons :

$$m_{vn} = 0^k,1021 \quad m_{en} = 0^k,0184, \text{ soit } 15°/_o,27 \text{ d'eau.}$$

Enfin :

$$U_n = m_{vn}\, \varrho_n + M_0\, q_n = 0^k,1021 \times 501.81 + 0^k,1205 \times 93.44$$
$$= 51^c,23 + 11^c,26$$
$$= 62^c,49$$

Le travail *absolu* a absorbé pendant la détente :

---

[1] Ce poids de vapeur condensée dans l'enveloppe peut paraître faible relativement à la proportion qui se condense dans les machines de Woolf, et qui atteint $10°/_o$; mais dans le précédent travail que j'ai lu à la séance du 30 avril, j'ai donné le poids d'eau condensée dans l'enveloppe d'un cylindre horizontal de 200 chev.; elle est seulement de $6°/_o,38$, et pour une machine de cette dimension dont les deux fonds sont enveloppés, tandis que celle que j'étudie actuellement, de 90 chev. seulement, ne possède pas de chemise de vapeur sur l'un des fonds, de telle sorte que la proportion de surface qu'enveloppe la vapeur est moins considérable.

$$AF_\delta = \frac{3317.8^k \times m}{425} = 7°,80$$

Le tiroir d'échappement ouvre alors, et nous déterminons R_c comme précédemment.

Il a fallu fournir pendant la période de détente et jusqu'à la fin de la course :

$$U_1 + AF_\delta - U_0 = 70°,29 - 47°,92 \ldots \ldots = 22°,37$$

plus le refroidissement au condenseur R_c $\ldots \ldots = R_c$

plus le refroidissement extérieur a [1] $\ldots \ldots \ldots = 1°,50$

Total $\ldots \ldots \ldots R_c + 23°,87$

Qui n'ont pu être donnés que :

1° Par la provision de chaleur qu'avaient reçu les parois au moment de l'admission, provision qui est due à la condensation de la vapeur qui se trouve à l'état d'eau dans le cylindre à la fin de cette admission.

Or nous avons $0^k,0560$, dont $0^k,0063$ [2] d'eau entraînée, soit $0^k,0560 - 0^k,0063 = 0^k,0497$ de vapeur s'étant condensée en rendant :

$$0^k,0497 \, r_0 = 0^k,0497 \times 498°,75 \ldots \ldots \ldots = 24°,79$$

2° Par la condensation dans l'enveloppe de $0^k,0048$ de vapeur rendant $0^k,0048 \, r = 0.0048 \times 498°,35 = 2°,39$

3° Par la chaleur que rend le frottement du piston $b = 0°,40$

Total $\ldots \ldots \ldots$ $27°,58$

d'où $\quad\quad\quad R_c + 23°,87 = 27°,58$

$$R_c = 3°,71$$

Interprétation physique et analytique de l'effet de l'enveloppe.

Ces chiffres nous suffisent déjà pour établir l'influence de l'enveloppe de vapeur et interpréter son mode d'action.

---

[1] Comme cette machine est pourvue d'une enveloppe de vapeur, les surfaces rayonnantes sont plus considérables et à une température plus élevée que celles de la précédente.

[2] Ce poids est les 5 °/₀ du poids total $0^k,1253$ consommé par coup de piston, et relevé directement en suivant la méthode de M. G.-A. Hirn.

Cette chemise de vapeur, Watt l'a appliquée le premier, et cependant, malgré les expériences de M. Combes et de M. G.-A. Hirn, qui prouvent qu'elle peut donner lieu à une économie de près de 20%, l'utilité de son emploi est encore contestée de nos jours.

Voici quelle est la première interprétation de son effet; M. G.-A. Hirn l'a donnée dans son *Traité de la théorie mécanique de la chaleur* (édition 1865).

La vapeur, lorsqu'elle se détend sans recevoir de chaleur additionnelle du dehors, se condense en partie pendant l'expansion, tandis que l'application d'une chemise de vapeur lui fournit assez de chaleur pour rester saturée sans trace d'eau condensée.

Depuis lors, et à la suite de différents essais que nous avons entrepris, M. G.-A. Hirn et moi, dans ce but, nous sommes arrivés à établir de quelle manière l'enveloppe agit sur la vapeur qui se trouve dans l'intérieur des cylindres. Cette action, je l'avais déjà complètement esquissée dans mon précédent travail; si j'y reviens encore aujourd'hui, c'est pour confirmer ce que j'avançais à cette époque, en m'appuyant cette fois sur les chiffres qu'ont donnés deux machines identiques avec et sans enveloppe, chiffres qui figurent dans le tableau général; j'établirai aussi plus loin que l'économie réalisée est cette fois 23%,75.

Nous voyons tout d'abord que dans la machine sans enveloppe il y a évaporation continue sur les parois pendant la période de détente, puisque nous partons de 62%,30 d'eau pour arriver à fin de course avec 41%,44, donc 20%,86 passant à l'état de vapeur; d'où vient la chaleur qu'il a fallu pour cette transformation, puisque le travail pendant la détente en absorbe, lui aussi, et qu'il devrait au contraire se condenser une portion de la vapeur qui se trouve dans le cylindre.

Elle a été fournie par les parois, qui l'avaient emmagasiné, pour ainsi dire en condensant une portion considérable de vapeur,

62%,30 [1], pendant l'admission; j'ai du reste établi une première fois comment s'exerce cette influence des parois.

Mais examinons maintenant la machine à enveloppe; la proportion condensée pendant l'admission y est beaucoup plus faible, 46%,47 au lieu de 62%,30, et cependant il s'évapore 46%,47 — 15%,27 = 31%,20, au lieu de 20%,86 dans la précédente.

Cette augmentation des évaporations influe directement sur le travail recueilli, celui-ci dépendant des proportions de vapeur en chaque point de la course pendant la détente, et croissant avec elles.

Les deux effets simultanés que je viens de signaler : condensations moins énergiques pendant l'admission, évaporations plus fortes pendant la détente, amènent encore un troisième résultat tout aussi important, une proportion d'eau beaucoup plus faible à la fin de la course, 15%,27 au lieu de 41%,44; par suite, la portion de chaleur qu'enlève aux parois l'eau qui s'évapore pendant l'échappement, est plus faible, 3°,71, tandis que sans enveloppe nous avions 19°,67; c'est cette valeur que j'appelle R, *refroidissement au condenseur;* comme ce refroidissement est à fournir de nouveau pour le coup de piston suivant, c'est encore de ce chef une économie notable.

Cette influence de l'enveloppe va du reste diminuant lorsque le volume de vapeur introduit augmente à partir d'une certaine limite; elle est nuisible lorsque l'admission est totale, car alors la vapeur ayant à très près la même température à l'intérieur qu'à l'extérieur, l'enveloppe ne fournit de chaleur que pendant l'échappement, chaleur qui passe directement et en pure perte au condenseur.

Comparaison de ces deux moteurs

Le premier terme de cette comparaison, celui qui est le plus

---

[1] Dans ces proportions d'eau se trouve contenue l'eau entraînée; j'ai fait voir plus haut, en évaluant R, comment on en tient compte; pour plus de commodité, je prends dans cette exposition les poids bruts, puisque nous ne raisonnons que sur des différences.

facile à établir, est la consommation de vapeur par cheval *absolu* et par heure, obtenue directement par l'évaluation du travail et le jaugeage de l'eau.

La machine sans enveloppe de vapeur a consommé par cheval *absolu* et heure 10^k,5723 [1] de vapeur contenant 4°/$_o$,5 d'eau entraînée.

Celle avec enveloppe, 8^k,0617 de vapeur, avec 5°/$_o$ d'eau entraînée; elle est donc supérieure à la précédente de :

$$\frac{10^k,5723 - 8^k,0617}{10^k,5723} = 23°/_o,75$$

Bénéfice uniquement dû à l'enveloppe, ainsi que je l'ai fait voir plus haut.

Mais la véritable valeur relative exacte de ces deux machines ne peut s'évaluer qu'en calories; c'est ainsi que je l'ai déjà posé une première fois, la seule unité industrielle.

La machine sans enveloppe a consommé par cheval absolu et heure 10^k,5723, avec 4°/$_o$,5 d'eau entraînée, qui ont apporté dans le cylindre :

$$10^k,5723 (1 - 0.045) (606.5 + 0.305t) + 0.045 \times 10^k,5723q$$
$$= 10^k,0965 \times 652°,95 + 0^k,4758 \times 153°,85$$
$$= 6592°,51 + 73°,20 = 6665°,70$$

Et la machine à enveloppe, avec 5°/$_o$ d'eau entraînée :

$$8^k,0617 (1 - 0.050) (606.5 + 0.305t) + 0.05 \times 8^k,0617q$$
$$= 7^k,6586 \times 653°,11 + 0^k,4031 \times 154°,36$$
$$= 5001°,91 + 62°,22 = 5064°,13$$

Cette dernière l'emporte donc sur la précédente de :

$$\frac{6665°,70 - 5064°,13}{6665°,70} = 24°/_o,03$$

Cependant la machine Woolf du retordage de MM. Dollfus-

---

[1] Ce chiffre 10^k,5723 correspond bien à la consommation d'une bonne machine sans enveloppe de vapeur, employant la vapeur humide; nous avions déjà, avec M. Leloutre, obtenu en 1870, sur la machine de M. Hirn fonctionnant dans les mêmes conditions, 10^k,964.

Mieg ne consomme que 4848°,88, et se trouve par conséquent être encore supérieure de :

$$\frac{5064^{c},13 - 4848^{c},88}{4848^{c},88} = 4\,°/_{o},44$$

Malgré 11°/$_o$,64 qu'elle perd en plus sur le travail, en grande partie par suite des espaces nuisibles.

Quant aux pertes de travail, elles sont à très près les mêmes pour les deux machines Corliss :

Sans enveloppe : par espaces nuisibles . . . . . . 10°/$_o$,33

par contre-pression . . . . . . 8°/$_o$,14

Total. . . . . . 18°/$_o$.47

Avec enveloppe : par espaces nuisibles . . . . . . 7°/$_o$,05

par contre-pression. . . . . . . 10°/$_o$,98

Total. . . . . . 18°/$_o$,03

Soit 0°/$_o$,44 en faveur de cette dernière.

Répartition des calories ou proportion des calories utilisées et perdues par coup de piston.

Cette étude, pour laquelle il me manquait encore quelques chiffres (ainsi que je l'ai dit dans mon dernier travail), je viens la présenter aujourd'hui d'une manière complète.

Machine sans enveloppe. — Il est sorti de la chaudière et par coup de piston 0^k,1122 de vapeur contenant 0^k,0050 ou 4°/$_o$,5 d'eau entraînée; ce poids a traversé la machine apportant avec lui :

$$(0^{k},1122 - 0^{k},0050)(606.5 + 0.305t) + 0^{k},0050q$$
$$= 0^{k},1072 \times 652^{c},95 + 0^{k},0050 \times 153^{c},85$$
$$= 70^{c},00 + 0^{c},77 = 70^{c},77$$

La *chaleur interne totale* à la fin de la course a été trouvée plus haut :

$$U_{n} = 42^{c},69$$

S'il n'y avait eu dans ce moteur ni pertes ni refroidissements, tant extérieurs qu'au condenseur, ces $42^c,69$ passeraient seules au condenseur, et la différence :

$$70^c,77 - 42^c,69 = 28^c,08$$

aurait tout entière été utilisée en travail; c'est donc à cette différence $28^c,08$, que j'appelle *chaleur disponible totale*, qu'il nous faut rapporter celle qu'a absorbé le travail réellement recueilli.

J'ai déjà établi la valeur du travail *absolu total avec espaces nuisibles* :

$$F = 2865.40^k \times m.$$

Celle du travail négatif de la contre-pression :

$$V_n P_c = 263 \ 17^k \times m.$$

La différence de ces deux travaux est celle que l'on recueille sur le piston; le travail *extérieur produit*

$$F - V_n P_c = 2865.40^k \times m - 263.17^k \times m = 2602.23^k \times m$$

et il a consommé :

$$A (F - V_n P_c) = \frac{2602.23}{425} = 6^c,12$$

Mais nous avons *en chaleur disponible totale* $28^c,08$, et le travail *extérieur produit* n'en utilise que $6^c,12$.

$$\text{Soit} : \frac{6^c,12}{28.08} \ 21 \ ^o/_o,79$$

Le reste ou $78 \ ^o/_o,21$ a été enlevé par les refroidissements au condenseur et extérieurs, puis par les autres pertes.

Machine à enveloppe. — En opérant de même, nous avons $0^k,1253$ sortis de la chaudière, avec $0^k,0063$ ou $5 \ ^o/_o$ d'eau entraînée et traversant la machine; ce poids apporte :

$$(0^k.1253 - 0^k,0063) (606.5 + 0.305t) + 0^k,0063q$$
$$= 0^k,1190 \times 653^c,11 + 0^k,0063 \times 154^c,36$$
$$= 77^c,72 + 0^c,97 = 78^c,69$$

La chaleur interne totale à fin de course :

$$U_n = 62^c,49$$

D'où *chaleur disponible totale* :

$$78^c,69 - 62^c,49 = 16^c,20$$

D'un autre côté, le travail *absolu total avec espaces nuisibles* a été trouvé :

$$F = 4196.50^k \times m$$

Celui de la contre-pression :

$$V_n P_c = 491.48^k \times m$$

Par suite. le travail *extérieur produit :*

$$F - V_n P_c = 4196.50^k \times m - 491.48^k \times m = 3705.02^k \times m$$

Et la chaleur correspondante consommée :

$$A (F - V_n P_c) = \frac{3705.02^k \times m}{425} = 8^c,72$$

On a cette fois utilisé $8^c,72$ sur la *chaleur disponible totale* $16^c,20$, c'est-à-dire :

$$\frac{8.72}{16.20} = 53°/_o,83$$

Les refroidissements et pertes n'ont absorbé que $46°/_o,17$.

Cette machine, par suite de l'influence de son enveloppe, utilise donc $53°/_o,83 - 21°/_o,79 = 32°/_o,04$ de plus que la précédente sur la *chaleur totale disponible.*

Nous avons précédemment trouvé entre ces deux machines une différence de $24°/_o,03$, en partant des calories dépensées par cheval *absolu* et heure; mais ces deux méthodes sont parfaitement distinctes l'une de l'autre; la première, les calories dépensées par unité de force et de temps, exprime brutalement la valeur industrielle de ces deux moteurs.

La seconde, au contraire, établit leur valeur physique, embrasse et résume en un mot l'ensemble des phénomènes qui rendent la machine à enveloppe de beaucoup supérieure à celle qui en est dépourvue, et en même temps donne par différence l'ensemble total des pertes et refroidissements. Ainsi nous voyons que sans enveloppe, pour un travail *extérieur produit* de $2602.23^k \times m$, on a de disponible $28^c,08$, dont $21°/_o,79$ seulement sont utilisées; le reste, $78°/_o,21$, est enlevé par les différentes pertes. L'autre machine, au contraire, pour un *travail extérieur* produit de

3705. $2^k \times m$ presque une fois et demie plus fort, n'a de disponible que 16 calories, dont elle utilise par contre 53%,83; le reste, 46%,17, fournit aux pertes.

Résultat dû uniquement à l'application de l'enveloppe ou chemise de vapeur.

Détermination des fuites de vapeur à travers les pistons, tiroirs, fentes ou masticages de cylindres en mauvais état.

Je viens d'établir la proportion des calories utilisées et perdues; cette *nouvelle* manière d'analyser les phénomènes qui se passent dans un moteur, me conduit immédiatement à une valeur très approchée des fuites ou pertes de vapeur qui pendant la période de détente ont lieu à travers les pistons, tiroirs et fentes ou masticages de cylindres en mauvais état.

Nous avons trouvé dans le premier moteur, sans enveloppe, $28^c,08$ *de chaleur disponible totale;* le travail en a absorbé $6^c,12$; le reste, $28^c,08 — 6^c,12 = 21^c,96$, a dû être pris par le refroidissement au condenseur R_c, le refroidissement extérieur a diminué de la chaleur b qu'a rendue le frottement du piston; enfin par les fuites de vapeur x.

D'où I $\qquad R_c + a — b + x = 21^c,96$

Mais $\qquad R_c = 19^c,67; \ a = 1^c,25; \ b = 0^c,40$

D'où $\qquad 19^c,67 + 1^c,25 — 0^c,40 + x = 21^c,96$

$$x = 21^c,96 — 20^c,52 = 1^c,44$$

qui nous représentent en calories l'ensemble de toutes les pertes ou fuites de vapeur, et en poids [1] :

$$\frac{1^c,44}{635^c} = 0^k,00225; \text{ soit}: \frac{0^k,00225}{0^k,1122} = 2\%$$

du mélange vapeur et eau consommé par la machine.

Comme nous avons calculé R_c en supposant le cylindre par-

---

[1] Je suppose ici que les fuites ont lieu à une pression moyenne de 1^k environ pendant toute la durée de la détente; ce qui rend très simple l'évaluation du poids vapeur et ne donne lieu qu'à une erreur négligeable.

faitement hermétique, cette détermination a pu être entachée d'une erreur que j'évalue.

Le cylindre ayant perdu 2°/₀ ou $0^k,00225$ de vapeur pendant la période de détente, la nouvelle valeur de U_n sera :

$$U_n = m_{vn}\, \rho_n + (M_0 - 0^k,0022)\, q_n$$

Ces fuites portent seulement sur le poids de liquide, puisque le poids de vapeur m_{vn} déduit de la pression finale relevée directement, est bien réellement le poids de vapeur présent à fin de course dans le cylindre, qu'il y ait eu ou non des fuites.

$$U_n = 33^c,59 + (0^k.1122 - 0^k0022) \times 81^c,14$$
$$= 33^c,59 + 8^c,93$$
$$= 42^c,52$$

et $\qquad R_c + U_n + AF_{\delta} - U_0 + a = 0^k,0649\, r_0 + b$

$$R_c + 42^c,52 + 5^c,68 - 36^c,50 + 1^c,25 = 32^c,39 + 0^c,40$$
$$R_c = 32^c,79 - 12^c,95 = 19^c,84$$

En mettant cette nouvelle valeur de R_c dans l'équation *I*, où les $21^c,96$ sont devenues :

$$70^c,77 - U_n - AF = 70^c,77 - 42^c,52 - 6^c,12$$
$$= 22^c,13$$

on pourrait avoir par approximation successives les valeurs de x et de R_c mathématiquement exactes; celles qui résultent d'une première substitution sont déjà approchées à environ 1 °/₀, aussi exactes que nos observations directes, et par suite suffisantes.

La même série de considérations nous permet d'établir les fuites de la machine à enveloppe. *La chaleur disponible totale* est $16^c,20$; le travail en a absorbé $8^c,72$; reste $16^c,20 - 8^c,72 = 7^c,48$ pour les différents refroidissements et pertes.

$$R_c + a - b + x = 7^c,48$$
$$3^c,71 + 1^c,50 - 0^c,40 + x = 7^c,48$$
$$x = 7^c,48 - 4^c,81 = 2^c,67$$

représentant les fuites et la chaleur qu'emporte l'eau liquide qui sort de l'enveloppe ou $0^k,0048 \times 154^c,36 = 0^c,74$.

Les fuites sont donc en poids de vapeur :

$$\frac{2^c,67 - 0^c,74}{640} = \frac{1^c,93}{640} = 0^k,0030$$

$$\text{soit} : \frac{0^k,0030}{0^k,1253} = 2\,°/_o,39$$

du mélange vapeur et eau consommé par coup de piston.

La nouvelle valeur de U_n en tenant compte de ces fuites :

$$U_n = m_m\,\rho_n + (M_o - 0^k,0030)\,q_n$$
$$= 51^c,23 + 10^c,98 = 62^c,21$$

Celle de R_c que l'on en déduit :

$$R_c + U_n + AF_{\wp} - U_o + a = 0^k,0497\,r_o + 0.0048\,r_o + b$$

$$R_c + 23^c,59 = 27^c,58$$

$$R_c = 27^c,58 - 23^c,59 = 3^c,99$$

L'analyse de ces deux moteurs est actuellement faite de la manière la plus complète; mais on a pu remarquer que toutes les relations que je viens de poser, sont uniquement basées sur les considérations physiques les plus élémentaires.

Je vais maintenant mettre en relief l'exactitude mathématique des observations et de la méthode de calcul.

Comme tout ce qui précède est déduit des proportions d'eau et de vapeur qui se trouvent en chaque instant dans le cylindre, il nous faut, comme vérification, déterminer la quantité ou provision de chaleur emmagasinée dans les parois, sans passer par tous ces poids de vapeur condensée.

Je dois à l'obligeance de M. G.-A. Hirn la solution de ce problème, une des belles applications de la thermodynamique; voici la démonstration qu'il en donne :

Relation qui établit la quantité ou PROVISION de chaleur qu'il faut emmagasiner dans les parois pour fournir pendant la période de détente.

Si nous désignons par Q la quantité de chaleur ajoutée à une masse m_v de vapeur et $(M - m_v)$ d'eau pendant la détente, nous avons d'abord la relation tout à fait générale :

$$dQ = Mc\,dT + dm_v\,r - \frac{m_v\,r}{T}\,dT$$

Nous admettons que la quantité de chaleur reçue par les parois pendant l'admission et diminuée de R_c, se communique à la vapeur proportionnellement à la chute de température.

Cette quantité a pour valeur $(m_{e_0} r_0 - R_c)$, m_{e_0} étant le poids de vapeur condensé pendant l'admission.

Désignons par x le poids *en eau* des parois, etc., qui reçoivent la provision de chaleur $(m_{e_0} r_0 - R_c)$.

Nous avons
$$dQ = x\, c\, dT$$
et par suite

$$- x\, c\, dT = M c\, dT + d m_v\, r - \frac{m_v\, r}{T} d T$$

En divisant par T, il vient :

$$- (M + x)\, c \frac{dT}{T} = \frac{1}{T} d\, m_v\, r - \frac{m_v\, r}{T^2} d T$$

$$= d \frac{m_v\, r}{T}$$

D'où l'on tire facilement :

$$(M + x)\, c \operatorname{Log} \frac{T_0}{T} = \frac{m_v\, r}{T} - \frac{m_{v_0}\, r_0}{T_0}$$

Et par suite :

$$m_v = \left(\frac{m_{v_0}\, r_0}{T_0} + (M + x)\, c \operatorname{Log} \frac{T_0}{T} \right) \frac{T}{r}$$

Le travail absolu F_δ de la détente est dû :

1° A la variation $U_0 - U$ de la chaleur interne ;

2° A la quantité de chaleur cédée par les parois pendant la détente ; on a en un mot :

$$AF_\delta = U_0 - U + x (q_0 - q)$$

mais
$$U_0 - U = m_{v_0}\, \rho_0 + M q_0 - m_v\, \rho - M q$$
$$AF_\delta = m_{v_0}\, \rho_0 - m_v\, \rho + (M + x) (q_0 - q)$$

car la provision de chaleur a pour expression $x (q_0 - q)$, puisque x représente un poids d'eau convenable.

D'où nous tirons :

$$m_v = (- AF_\delta + m_{v_0}\, \rho_0 + (M + x) (q_0 - q) \frac{1}{\rho}$$

En mettant cette valeur à la place de celle que nous avons trouvée plus haut et réunissant les termes multipliés par $(M + x)$, on a enfin :

$$(M+x)\left(-(q_0-q)+c\frac{\rho T}{r}\mathrm{Log}\frac{T_0}{T}\right)=-AF_{\mathcal{S}}+m_{vo}\,\rho_0-\frac{m_{vo}\,r_0}{T_0}\times\frac{\rho T}{r}$$

que nous résolvons par rapport à $M + x$.

Prenons d'abord la machine sans enveloppe de vapeur :

$$T_0 = 272°,85 + 152°,31 = 425°,16 \quad \rho_0 = 454°,92 \quad r_0 = 499°,12 \quad q_0 = 153°,83$$
$$T = 272°,85 + 80°,65 = 353°,80 \quad \rho = 511°,45 \quad r = 550°,02 \quad q = 81°,14$$

$$AF_{\mathcal{S}} = \frac{2417.4^{\mathrm{k}}\times\mathrm{m}}{425} = 5°,68 \quad c = 1.026 \quad q_0 - q = 72°,69$$

$$m_{vo}\,\rho_0 = 0^{\mathrm{k}},0423 \times 454°,92 = 19°,24$$

$$\mathrm{Log}\frac{T_0}{T} = 2.303\,(\log 425°,16 - \log 353°,70) = 0.1840$$

$$\frac{m_{vo}\,r_0}{T_0} = \frac{0^{\mathrm{k}},0423 \times 499.12}{425°,16} = 0.0497$$

$$\frac{\rho T}{r} = \frac{511°,45 \times 353°,70}{550°,02} = 328.89$$

$$(M+x)(-72°,69+1.026\times328.89\times0.1840)=-5°,68+19°,24-0.0497\times328.89$$

$$(M+x)(-72°,69+62°,09)=-5°,68+19°,24-16°,35$$

$$M+x=\frac{2°,79}{10°,60}=0^{\mathrm{k}},2632 \quad x=0^{\mathrm{k}},2632-0^{\mathrm{k}},1122=0^{\mathrm{k}},151$$

Mais la provision de chaleur :

$$(m_{\infty}\,r_0 - R_c) = x\,(q_0 - q) = 0^{\mathrm{k}},151 \times 72°.69 = 10°,98$$

Or nous avons eu plus haut, en prenant directement les poids de vapeur condensée, plus la chaleur qu'a rendue le frottement du piston, 32°,79.

Le refroidissement extérieur a a demandé 1°,25, celui au condenseur $R_c = 19°,67$; la provision de chaleur directement relevée pour fournir au travail et transformations intérieures est donc :

$$32°,79 - 1°,25 - 19°,67 = 11°,87$$

au lieu de 10°,98 que donne la dernière méthode; différence :

$$11°,87 - 10°,98 = 0°,89$$

Mais les fuites par les pistons, tiroirs, etc., ont consommé, comme nous l'avons vu, $x = 1^c.44$; c'est donc à :

$$\frac{1^c,44 - 0^c,89}{70^c,77} = 0\,°/_°,77$$

Moins de $1\,°/_°$ que les formules générales de la thermodynamique applicables à toutes les vapeurs saturées viennent confirmer les calculs et *la nouvelle méthode élémentaire* employée pour analyser ces moteurs à vapeur.

Enfin ceci prouve une fois de plus *qu'un essai industriel bien fait* a réellement une *valeur scientifique;* les conséquences remarquables auxquelles il peut conduire, en font foi.

Machine avec enveloppe de vapeur.

$T_° = 272°,85 + 152°,82 = 425°,67 \quad \rho_° = 454°,52 \quad r_° = 498°,75 \quad q_° = 154°.36$

$T = 272°,85 + 93°,03 = 365°,88 \quad \rho = 501°,81 \quad r = 541°,43 \quad q = 93°,44$

$$AF_\delta = \frac{3317.8^k \times m}{425} = 7^c,80 \quad c = 1.026 \quad q_° - q = 60^c,92$$

$$m_{v°}\,\rho_° = 0^k,0645 \times 454^c,52 = 29^c,32$$

$$\mathrm{Log}\,\frac{T_°}{T} = 2.303\,(\log 425°,67 - \log 365°,88) = 0.1514$$

$$\frac{m_{v°}\,r_°}{T_°} = \frac{0^k,0645 \times 498^c,75}{425°,67} = 0.0755$$

$$\frac{\rho\,T}{r} = \frac{501^c.81 \times 365°,88}{541^c,43} = 339.11$$

et par suite :

$(M+x)\,(-60^c,92 + 1.026 \times 339.11 \times 0.1514) = -7^c,80 + 29^c,32 - 0.0755 \times 339.11$

$(M+x)\,(-60^c,92 + 52^c,67) = -7^c,80 + 29^c,32 - 25^c,60$

$$(M+x) = \frac{4^c,08}{8^c,25} = 0^k,4945; \quad x = 0^k,4945 - 0^k,1253 = 0^k,3692$$

et la provision de chaleur :

$$(m_{e°}\,r_° - R_c) = x\,(q_° - q) = 0^k,3692 \times 60^c,92 = 22^c,49$$

Nous avions déjà obtenu directement pour la chaleur rendue par les condensations et le frottement du piston, $27^c,58$; pour les refroidissements, $a + R_c = 1^c,50 + 3^c,71 = 5^c,21$, et par suite.

pour fournir au travail et transformations intérieures $27^c,58$ — $5^c,21 = 22^c,37$ au lieu de $22^c,49$; différence $0^c,12$, à laquelle il faut ajouter les fuites par les pistons, tiroirs, etc., $1^c,93$. C'est donc à $2^c,05$ ou $\dfrac{2^c,05}{78^c,69} = 2\,^0/_0,6$ que se fait la vérification.

Si nous avons ici une approximation moins grande, cela tient à ce que, dans le cas de l'enveloppe, l'hypothèse qui nous a servi à établir la relation donnant la provision de chaleur n'est plus aussi exacte; le calorique ne se transmet pas de l'enveloppe à l'intérieur du cylindre proportionnellement à la chute de température. D'un autre côté, la série de phénomènes fort compliqués auxquels vient donner naissance l'influence de l'enveloppe, phénomènes dont nous ne pouvons pas tenir compte avec autant d'exactitude que lorsque tout se passe dans l'intérieur même du cylindre, vient troubler les résultats que donne la formule générale.

Je viens d'établir avec les plus grands détails toute la série des calculs à effectuer pour obtenir la valeur exacte d'une machine; j'ai donné d'une manière complète l'interprétation physique et analytique des effets de l'enveloppe, puis *deux méthodes nouvelles*, l'une pour la répartition des calories utilisées et perdues, l'autre permettant de déterminer exactement les différentes fuites; enfin la vérification de tous les résultats obtenus par les formules générales de la thermodynamique.

Aussi dorénavant, lorsqu'il se présentera quelque cas remarquable, je donnerai, sous forme de tableaux, toutes les valeurs qui servent de base au calcul, ainsi que les résultats auxquels elles conduisent, en insistant simplement sur les conclusions qu'on est en droit d'en tirer.

NOTE.

Comme il peut être intéressant de connaître la proportion des calories utilisées et perdues dans la machine Woolf du retordage de MM. Dollfus-Mieg que j'ai analysée dans mon précédent travail, je viens donner ici ces différentes valeurs.

Ce moteur a consommé par coup de piston $0^k,7729$ de vapeur contenant $0^k,0309$ ou $4°/,$ d'eau entraînée; la chaleur apportée dans le cylindre est :

$$(0^k,7729 - 0.0309)\ 651°,17 + 0^k,0309 \times 147.83$$
$$= 483°,16 + 4°,58 = 487°,74$$

La chaleur interne finale : $U_s = m_m\, \rho_s + M_s\, q_s$.

$$= 0^k,6153 \times 512°,50 + 0^k,6956 \times 79.81$$
$$= 315°,29 + 55°,52 = 370°,81$$

Il est sorti de l'enveloppe avec l'eau condensée :

$$0^k,0773 \times 147°,83 = 11°,43$$

La *chaleur disponible totale* est donc :

$$487.74 - 370°,81 - 11°,43 = 105°,50$$

Le travail absolu total est $27220.8^{k \times m}$; celui de la contre-pression $3912.2^{k \times m}$; le travail externe réellement recueilli $= 27220.8 - 3912.2 = 23308.6^{k \times m}$, et la chaleur qu'il a absorbée $\dfrac{23308.6}{425} = 54°,84$

La machine utilise donc en travail $\dfrac{54°,84}{105°,50} = 51°/_{\circ},98$ de la *chaleur disponible totale;* le reste est emporté par les différentes pertes et fuites.

Mais les refroidissements extérieurs et au condenseur ont enlevé $R_s + a = 33°,14 + 9° = 42°,14$; le travail a absorbé $54°,84$; total : $96°,98$ au lieu de $105°,50$; la différence $8°,52$ doit être attribuée aux fuites à travers les pistons, tiroirs, etc., et représentent un poids de vapeur $\dfrac{8°,52}{630} = 0^k,0135$

Soit $\dfrac{0^k,0135}{0.7729} = 1°/_{\circ},75$ du poids mélange vapeur et eau consommée par coup de piston.

	Poent z	t		
	k.	o		
Fin admission	5.155	152.31	Poids de vapeur consommée par coup de piston..........................	k. 0.1122
²/₁₀	1.831	116.89		
³/₁₀	1.316	106.93	eau entraînée 4 % 5...............	0.0050
⁴/₁₀	1.017	99.56	Travail absolu total F............	k × m 2865.40
			Consommation de vapeur par chev. absolu et heure........................	k. 10.5728
⁵/₁₀	0.827	93.86		
⁶/₁₀	0.707	89.67	Consommation en calories..........	6665.09
			refroidissement au condenseur Rc......	19.67
⁷/₁₀	0.618	86.17		
⁸/₁₀	0.562	83.74		
⁹/₁₀	0.525	82.02		
Fin de course	0.501	80.85		

	Poent z	t		
	k.	o		
Fin admission	5.224	152.82	Poids de vapeur consommé par coup de piston...........................	k. 0.1253
²/₁₀	2.790	130.48	Poids de vapeur déposé dans l'enveloppe 3 % 84....................	0.0048
³/₁₀	2.018	119.94		
⁴/₁₀	1.653	113.74	eau entraînée 5 %..................	0.0063
			Travail absolu total F.............	k × m 4193.50
⁵/₁₀	1.367	108.05		
⁶/₁₀	1.161	103.30	Consommation de vapeur par cheval absolu et heure......................	8.0617
⁷/₁₀	1.025	99.77	Consommation en calories..........	c. 5068.58
⁸/₁₀	0.929	97.03	refroidissement au condenseur Rc......	3.71
⁹/₁₀	0.859	94.89		
Fin de course	0.802	93.03		

NOTES ET CROQUIS

sur les chaudières et les appareils à vapeur à l'Exposition de Vienne en 1873, par M. CHARLES MEUNIER-DOLLFUS, ingénieur en chef de l'Association alsacienne des propriétaires d'appareils à vapeur.

Séance du 29 octobre 1873.

MESSIEURS,

J'ai l'honneur de présenter à la Société industrielle le résumé des observations que j'ai faites à l'Exposition universelle de Vienne, où le Conseil d'administration de l'Association alsacienne des propriétaires d'appareils à vapeur m'a envoyé pour étudier les chaudières et les machines à vapeur.

Je passerai d'abord en revue les différents générateurs qui fonctionnaient et fournissaient la vapeur nécessaire aux machines de la grande halle, puis les chaudières simplement exposées; enfin les principaux appareils qui se rattachent à l'emploi des chaudières et des machines à vapeur.

CHAUDIÈRES A TROIS TUBES, D'APRÈS LE SYSTÈME DE FAIRBAIRN.

(Fig. 1, 2, 3, 4. Pl. I.)

Dreirohr-Kessel, nach Fairbairn's System.

La compagnie autrichienne, *Grazer Waggon-Maschinenbau-und Stahlwerks-Gesellschaft*, expose une chaudière construite d'après le système de Fairbairn, qui présente le plus grand intérêt.

Ce générateur est installé dans un local situé à l'extrémité de la galerie des machines, et fournit la vapeur nécessaire à cette section.

Fairbairn s'est proposé de construire un générateur ayant les précieuses qualités des chaudières de Cornouailles, sans présenter les mêmes inconvénients.

Les chaudières de Cornouailles obligent à admettre des diamètres considérables de 1^m,900 à 2 mètres, et par suite des tôles de grande épaisseur; une chaudière de ce genre, de 50$^{m^2}$ de surface de chauffe, timbrée à 5 kilogrammes, pèse 12,000 kilogrammes environ.

D'autre part, la couche d'eau qui recouvre le ciel du foyer, atteint généralement 0^m,250, de telle sorte que si le niveau de l'eau vient à baisser par suite de la négligence du chauffeur, le foyer peut rougir, se déchirer ou tout au moins s'écraser, en provoquant un accident très grave ou bien une réparation aussi longue que difficile.

Pour obvier à ces inconvénients, Fairbairn a adopté la disposition suivante :

Le générateur consiste en deux corps cylindriques, dont le supérieur est horizontal et forme réservoir d'eau et de vapeur; à l'avant il porte un avant-corps en fonte, qui reçoit les indicateurs de niveau d'eau et le manomètre.

Le cylindre inférieur est quelque peu incliné à l'avant, de façon à faciliter le dégagement de la vapeur au fur et à mesure de sa formation, et de manière à provoquer autant que possible l'accumulation de la vase et des dépôts vers l'avant du corps cylindrique au point le plus bas.

Il est traversé de part en part par un tube ou foyer intérieur qui reçoit la grille; les deux corps cylindriques sont réunis entre eux par deux larges tubulures en fer soudé.

Ce générateur peut donc être comparé à une chaudière alsacienne à trois bouilleurs, dans laquelle les bouilleurs auraient été remplacés par un foyer intérieur.

Comme le nettoyage intérieur du corps cylindrique serait très difficile, sinon impossible, à cause du faible intervalle qui sépare le foyer de l'enveloppe, le foyer intérieur est amovible.

A l'avant, le corps cylindrique est muni d'une bride en fer carré de 3 pouces, soit 0^m,079 d'épaisseur, contre laquelle vient s'appliquer le fond antérieur du foyer. Une bague de cuivre est maintenue entre les deux pièces par 48 boulons et écrous[1].

A l'arrière, le foyer intérieur porte une bride semblable, contre laquelle vient appuyer le fond postérieur du foyer; 24 boulons et écrous assurent l'assemblage. Une bague en terre réfractaire recouvre les boulons et les met à l'abri de la flamme, qui sans cela pourrait les détériorer.

Toutes les rivures qui se trouvent dans l'intérieur du foyer sont à tête fraisée, de manière à ne présenter aucune aspérité à la fumée. Les viroles, qui forment le foyer, sont réunies entre elles par les bagues de dilatation imaginées par Fairbairn; ces bagues sont en fer soudé.

Elles constituent une armature qui consolide sensiblement la résistance à l'écrasement du tube intérieur, et elles permettent au corps cylindrique et au foyer intérieur de se dilater sans qu'il en résulte des dislocations et par suite des fuites, comme il arrive parfois dans les générateurs dont l'enveloppe et le foyer sont reliés l'un à l'autre d'une façon rigide.

Les tuyaux d'alimentation et de vidange débouchent au point le plus bas du corps cylindrique, afin de faciliter l'évacuation des boues.

Un trou d'homme dépasse un peu la maçonnerie du massif, et permet de s'introduire facilement dans le réservoir d'eau et de vapeur.

Le dôme porte les prises de vapeur et les soupapes de sûreté.

Les tôles employées pour la construction du générateur sont des tôles de Styrie en fer au bois de la meilleure qualité.

Les constructeurs ont cherché à obtenir une grande solidité tout en n'employant que des tôles relativement minces; celles du corps cylindrique, du foyer intérieur, des tubulures et du dôme ont 0^m,011 d'épaisseur.

---

[1] Ce joint métallique a été employé avec succès par M. G.-A. Hirn dans ses appareils de surchauffe ; il était également appliqué aux chaudières exposées par MM. Farcot et fils à l'Exposition universelle de 1867, à Paris

Le timbre de la chaudière est de 6 kilogrammes; en Angleterre, dans les mêmes conditions, le timbre de ces chaudières est plus élevé[1].

La circulation de la fumée est triple; la flamme traverse le carneau intérieur, enveloppe le corps cylindrique inférieur, puis se rend à la cheminée après avoir léché le dessous du réservoir d'eau et de vapeur.

Les dimensions principales de la chaudière sont les suivantes:

Diamètre du foyer intérieur.	$= 0^m,790$
Diamètre du corps cylindrique.	$= 1^m,185$
Longueur du foyer intérieur	$= 6^m,796$
Diamètre du réservoir d'eau et de vapeur	$= 0^m,948$
Longueur du réservoir d'eau et de vapeur	$= 7^m,112$
Diamètre de l'avant-corps.	$= 0^m,500$
Longueur de l'avant-corps	$= 0^m,632$
Diamètre des tubulures	$= 0^m,395$
Longueur des tubulures	$= 0^m,720$
Diamètre du dôme	$= 0^m,632$
Hauteur du dôme.	$= 0^m,850$
Longueur de la grille	$= 1^m,896$
Largeur de la grille	$= 0^m,790$
Surface totale de la grille.	$= 1^{m^2},4978$
Epaisseur des tôles du foyer intérieur du corps cylindrique, des tubulures et du dôme	$= 0^m,011$
Epaisseur des tôles du réservoir d'eau et de vapeur.	$= 0^m,0087$

---

[1] *The Fairbairn Engineering C° Limited*, Manchester construit les chaudières système Fairbairn soit avec un, soit avec deux foyers; dans ce dernier cas la chaudière est appelee *Five-Tube Boiler;* les tôles ont une épaisseur de 7/16 de pouce, soit $11^m/^m1$, et le timbre est de 150 livres par pouce carré, soit $10^k,54$ par centimètre carré. D'après les ingénieurs de *The Fairbairn Engineering C°.*, une chaudière de ce système a été soumise pendant plusieurs heures à une pression de 100, 200, 300 et même 400 livres par pouce carré, soit $7^k,03$, $14^k,06$, $21^k,09$, $28^k,12$ par centimètre carré. sans qu'il fut possible de constater aucune déformation. Une petite fuite aux joints des extrémités du foyer, fuite rapidement bouchée. aurait été le seul effet produit par ces pressions considérables.

La surface de chauffe du générateur se décompose de la manière suivante :

Surface de chauffe du foyer intérieur . . $= 16^{\text{mq}},86$

Surface de chauffe du corps cylindrique. $= 25^{\text{mq}},29$

Surface du réservoir d'eau et de vapeur . $= 8^{\text{mq}},21$

Surface de chauffe totale. . . $= 50^{\text{mq}},36$

Le volume total du générateur est de . . . . . . $8^{\text{mc}},972$

Le volume occupé par l'eau est de. . . . . $6^{\text{mc}},265$

Le volume occupé par la vapeur est de. . . . . . $2^{\text{mc}},707$

La surface de chauffe par mètre cube d'eau est de . $8^{\text{mq}},038$

Le poids du générateur est de 9,025 kilogrammes ; le prix, y compris les accessoires, est de 5,000 florins, soit 11,250 francs.

Cette chaudière n'est pas munie de réchauffeur ; il est certain cependant que l'addition d'un appareil de ce genre serait très utile, car en admettant une consommation journalière de 1,200 kilogrammes, la température de la fumée à la sortie du générateur serait comprise entre 250 et 300°.

La chaudière Fairbairn, munie d'un réchauffeur convenablement installé, constitue un excellent appareil ; celui qui, d'après les expériences nombreuses entreprises par l'Association alsacienne, permet d'obtenir les rendements les plus élevés.

Aussi croyons-nous de notre devoir d'appeler l'attention des industriels sur cet appareil dû au grand ingénieur anglais, tout en remerciant la *Grazer Waggon-Maschinenbau- und Stahlwerks-Gesellschaft* de l'obligeance avec laquelle tous les renseignements nous ont été communiqués.

CHAUDIÈRE A FOYER INTÉRIEUR ET A FAISCEAU TUBULAIRE AMOVIBLE DE DINGLER.

(Fig. 1, 2. Pl. II.)

Dinglers'che Maschinen-Fabrik in Zweibrücken, bayr. Rheinpfalz.

M. Dingler, fabricant de chaudières et de machines à vapeur à Zweibrücken, en Bavière rhénane, expose une chaudière qui fournit la vapeur à une machine construite également dans ses ateliers, et installée dans la grande halle des machines.

Cette chaudière est à foyer intérieur, à faisceau tubulaire ; elle est munie d'un réchauffeur.

La chaudière consiste en deux corps cylindriques superposés, horizontaux, communiquant entre eux par deux larges tubulures.

La partie inférieure comprend le foyer ; la partie supérieure le réservoir d'eau et de vapeur.

Les joints des viroles du foyer sont relevés comme dans les chaudières anglaises et comme dans celles de MM. Sulzer frères, de Winterthur.

Une petite chambre de combustion sépare la grille de la plaque et du faisceau tubulaire ; celui-ci se compose de 31 tubes de 76^m/^{m} de diamètre extérieur. Le foyer et le faisceau tubulaires sont amovibles.

Les deux corps cylindriques présentent dans leur intérieur des récipients ou des poches où s'accumulent les boues provenant de l'impureté des eaux d'alimentation ; cette disposition, en facilitant les vidanges, permet de nettoyer moins fréquemment la chaudière.

Le constructeur a cherché à sécher la vapeur, sinon à la surchauffer de la manière suivante : le réservoir d'eau et de vapeur n'est rempli qu'à moitié, et les gaz, dans leur quatrième circulation, lèchent la partie supérieure du réservoir dont les parois ne sont en contact qu'avec la vapeur.

La circulation dans l'appareil est quintuple ; les gaz, au sortir de la grille, franchissent la chambre de combustion, le faisceau tubulaire, reviennent en enveloppant le corps cylindrique inférieur, lèchent la partie inférieure du réservoir d'eau et de vapeur, puis se trouvent en contact avec la partie supérieure de ce réservoir pleine de vapeur, et enfin se rendent dans la cheminée en passant par un cinquième carneau dans lequel se trouvent six tubes en fer forgé, à travers lesquels passe l'eau d'alimentation avant d'entrer dans la chaudière.

La surface de chauffe totale du générateur est de 31 mètres carrés, dont 25 mètres carrés pour le foyer, le faisceau tubulaire, l'enveloppe du foyer et le réservoir d'eau et de vapeur, et 6 mètres carrés pour le réchauffeur d'eau d'alimentation.

Cette chaudière est timbrée à 10 atmosphères effectives, soit 10 kilogrammes; d'après le constructeur, elle est faite pour brûler en moyenne 45 kilogrammes de houille ordinaire de Saarbrück par heure et pour un mètre carré de grille.

Le rendement indiqué par le constructeur est de 6 à 6.6.

Tous les appareils de sûreté, les soupapes, les indicateurs de niveau, les différents robinets pour la manœuvre de la chaudière sont placés sur la partie antérieure du générateur, et sont par conséquent bien à portée; cette disposition mérite sans doute d'être imitée, afin de dégager autant que possible la partie supérieure du massif des chaudières, et afin de faciliter les manœuvres aux chauffeurs.

L'examen attentif de la disposition du générateur soulève bien des critiques; l'appareil est extrêmement complexe, sans que l'on se rende compte nettement du but que le constructeur a cherché à atteindre.

Il ne nous semble pas prudent de soumettre un générateur à foyer intérieur, fixe, à une pression normale aussi considérable sans nécessité absolue.

Les chaudières de Cornouailles fonctionnent généralement à $2^k,5$ ou 3 kilogrammes; les chaudières de MM. Sulzer frères marchent d'une manière satisfaisante à 5 kilogrammes, mais il ne nous paraît nullement démontré que la chaudière Dingler, surtout avec l'amovibilité du foyer intérieur, puisse fonctionner pratiquement sans fuites après les nettoyages à fond du foyer intérieur.

En second lieu, il ne nous semble ni prudent, ni rationnel de chercher à sécher ou surchauffer la vapeur dans un récipient de grande dimension. Nous avons déjà démontré les illusions que certains constructeurs se font à ce sujet[1].

---

[1] Voir *Bull. de la Société indust. de Mulhouse*, t. XLIII, p. 234. (Juin et juillet 1873.)

Les tôles du réservoir supérieur ne tarderont pas à être recouvertes de suie, et comme la température de la vapeur à 10 atmosphères est de 180°, il faudrait que la température des gaz et par suite des tôles, fût assez élevée pour modifier l'état de la vapeur.

De deux choses l'une : ou ce mode de surchauffe est inefficace, et alors pourquoi l'appliquer? ou bien, au contraire, il produit l'effet désiré, et alors il peut être dangereux.

Enfin, le réchauffeur formé de six tubes en fer forgé ne peut manquer d'être rapidement rongé extérieurement par les produits acides de la combustion, ainsi que nous l'avons démontré, M. Auguste Scheurer-Kestner et moi, et cela d'autant plus vite, que la fumée, après avoir franchi quatre circulations successives dont l'une formée par un faisceau tubulaire, doit être assez froide.

CHAUDIÈRE TUBULAIRE A FOYER EXTÉRIEUR DE PAUCKSH ET FREUND.

(Fig. 1, 2, 3, 4. Pl. III.)

Maschinenbau-Gesellschaft zu Landsberg a. W.

MM. Pauckh et Freund, constructeurs à Landsberg a. W., exposent une chaudière tubulaire de leur système, qui fonctionne pour le service de l'Exposition.

Le générateur consiste simplement en un corps cylindrique de grand diamètre, traversé de part en part par un faisceau tubulaire.

La grille est installée directement au-dessous de la chaudière; la flamme lèche la partie inférieure de la chaudière, revient par les tubes, et les gaz se rendent à la cheminée après avoir enveloppé les deux côtés de la chaudière.

Les tubes sont disposées de telle sorte qu'il soit facile de les nettoyer, ainsi que la partie inférieure du générateur, et notamment celle qui se trouve au-dessus du coup de feu.

Ce générateur ne présente donc aucune particularité saillante; comme toutes les chaudières à foyer extérieur, il doit entraîner des pertes considérables de calorique; de plus, l'emploi des tubes peut entraîner des ennuis comme dans toutes les chaudières tubulaires.

Les constructeurs indiquent des rendements très élevés obtenus avec leur appareil, et comme dans des essais faits sur des chaudières analogues nous sommes arrivés à des résultats tout différents, nous croyons bon de le signaler.

D'après MM. Paucksh et Freund, une de leurs chaudières de 133$^{m^2}$,46, avec une grille de 2$^{m^2}$,46, sur laquelle on brûlait par heure 243 kilogrammes de houille de Silésie, donnait 8^k,15 de vapeur, tandis qu'avec la même consommation, la même grille et le même combustible, une chaudière de Cornouailles de 78$^{m^2}$,57 n'aurait donné que 6^k,08 de vapeur[1].

Les constructeurs n'indiquent pas quelle était la siccité de la vapeur dans les deux cas.

Nous sommes arrivés à des résultats tout différents dans une maison où se trouvent précisément des chaudières de Cornouailles et une chaudière tubulaire analogue à celle de MM. Paucksh et Freund.

Tandis que les chaudières de Cornouailles avec de la houille de Saarbrück donnent brut 7^k,06, la chaudière tubulaire avec le même combustible ne rend que 5^k,71.

CHAUDIÈRE VERTICALE A FOYER INTÉRIEUR ET FAISCEAU TUBULAIRE, DE MEYN.

(Fig. 1, 2, 3. Pl. IV.)

Meyn's Patent-Hochdruck-Rœhren-Dampfkessel-Actien-Gesellschaft der Holler'schen Carlshütte bei Rendsburg.

La Société de construction *Actien-Gesellschaft der Holler'schen Carlshütte bei Rendsburg* expose deux générateurs du système Meyn, qui alimentent de vapeur les machines allemandes placées dans la grande halle des machines.

La chaudière Meyn est une chaudière verticale à foyer intérieur, faisceau tubulaire et surchauffe de vapeur.

---

[1] En admettant l'exactitude des chiffres indiqués, il faut remarquer que les

CHAUDIÈRE A FOYER INTÉRIEUR ET A RÉCHAUFFEUR DE MM. SULZER FRÈRES, DE WINTERTHUR (SUISSE).

(Fig. 1, 2, 3, 4. Pl. V.)

Dampfofen für die Weltausstellung in Wien.

MM. Sulzer frères, constructeurs à Winterthur, exposent une chaudière à deux foyers intérieurs, munie d'un appareil réchauffeur; ce générateur fournit la vapeur nécessaire à leur moteur, qui fonctionne dans la halle des machines.

La chaudière est analogue à celle que nous avons essayée à Winterthur, et dont nous avons fait connaître les résultats[1].

L'appareil réchauffeur consiste en deux bouilleurs en tôle de 0^m,510 de diamètre, de 8^m,700 de longueur, reliés à leur extrémité postérieure à deux systèmes de tubes en fonte, en forme de serpentin.

L'eau d'alimentation passe d'abord à travers les tubes, s'y échauffe, puis au moment de l'alimentation elle passe dans les bouilleurs et de là dans la chaudière.

Cette disposition de réchauffeur est bien entendu en ce sens que l'eau arrive aux bouilleurs déjà suffisamment chaude pour mettre ceux-ci à l'abri des effets de corrosion qui peuvent se produire quand la consommation de combustible est faible, et que par suite la fumée est froide à la troisième circulation[2]. Des tampons permettent de nettoyer intérieurement les tubes de fonte.

Au-dessus des trois premières viroles près la grille se trouvent, à l'intérieur du générateur, des tôles placées concentriquement avec les foyers; cette disposition a pour but d'organiser une circulation réglée au-dessus des foyers et, par suite, d'empêcher la formation des dépôts au ciel du foyer.

---

[1] Voir *Bulletin de la Société industrielle de Mulhouse*, t. XLIII, p. 234. (Juin et juillet 1873.)

[2] Nous avons eu l'occasion de constater une corrosion assez forte à des réchauffeurs en tôle de cette construction; l'eau arrivait froide dans les réchauffeurs, la consommation de combustible était faible. La tôle des réchauffeurs était rongée sur 0^m,600 de longueur après trois années de marche seulement.

La grille de la chaudière est la grille de Mehl; elle consiste en quatre petits barreaux très minces placés à la suite l'un de l'autre, laissant entre eux un intervalle de quelques millimètres; cette grille convient parfaitement aux houilles menues et maigres.

La disposition du fourneau est très bien entendue; les constructeurs n'ont rien négligé pour éviter autant que possible les pertes par refroidissement.

Toutes les parois du fourneau et la partie supérieure du massif présentent des couches d'air isolantes.

La devanture est simple, proprement faite, et elle se maintient en bon état. Aussi le rayonnement à l'avant du foyer est-il très faible; il n'en est pas de même avec les chaudières construites en France ou en Angleterre.

La seule critique que nous ayions à présenter a trait au mode de circulation qui met en contact la fumée avec le réservoir de vapeur.

La flamme passe d'abord dans les foyers intérieurs, revient autour de la chaudière, puis lèche la chambre de vapeur, les bouilleurs, et se rend à la cheminée après avoir échauffé l'eau contenue dans le serpentin de fonte.

Dans les nombreuses visites intérieures que font nos inspecteurs, ils ont constamment constaté que les tôles du réservoir de vapeur étaient recouvertes de 2 ou 3 centimètres de suie; nous avons démontré d'autre part que la vapeur contenue dans le générateurs renferme une quantité d'eau entraînée de 6,56 °/₀ en marche normale; l'action des gaz chauds sur la vapeur est donc certainement nulle. Pour s'en convaincre, il suffirait d'examiner le volume de vapeur, la surface de chauffe exposée au gaz et la température de ceux-ci, et d'autre part les conditions toutes différentes dans lesquelles il faut se placer pour surchauffer la vapeur.

Cette disposition de chaudière est admissible avec la nouvelle loi allemande concernant les appareils à vapeur, car dans les chaudières à tirage naturel, les gaz peuvent se trouver en contact avec des parties de la chaudière ne contenant que de la vapeur, si les gaz, avant d'y parvenir, ont léché une surface de chauffe vingt fois plus grande que la superficie de la grille.

Cependant nous considérons ce mode de montage du fourneau comme défectueux; inutile dans la pratique journalière, quand les maçonneries sont en bon état, il pourrait devenir dangereux, si des briques de la voûte du premier carneau, en se détachant, permettaient au gaz d'être directement en contact avec le réservoir de vapeur dès la seconde circulation.

Les dimensions principales du générateur sont les suivantes :

Longueur de la chaudière................ 6^m,144
Diamètre de la chaudière................ 1^m,920
Diamètre des foyers intérieurs............ 0^m,720
Diamètre des bouilleurs réchauffeurs........ 0^m,510
Longueur des bouilleurs réchauffeurs....... 8^m,700
Diamètre des tubes de fonte............. 0^m,015

D'après les constructeurs, la surface de chauffe effective se répartit comme suit :

Chaudière........................... 47$^{m^2}$,80
Bouilleurs réchauffeurs................. 22$^{m^2}$,90
Réchauffeur tubulaire en fonte........... 13$^{m^2}$,00

Surface de chauffe totale............... 84$^{m^2}$,60

Les surfaces de chauffe de la chaudière et des réchauffeurs est bien répartie.

Le poids de la chaudière est de 9,250 kilogrammes; en y comprenant les réchauffeurs, le poids total est d'environ 15,000 kilogrammes.

MM. Sulzer exposent également une petite machine d'alimentation, appelée communément cheval alimentaire, qui est disposée de telle sorte qu'elle puisse mesurer l'eau injectée dans le générateur. (*Pl. VII, fig. 4.*)

L'appareil consiste en un cylindre à vapeur qui commande deux pompes, dont l'une élève l'eau dans un réservoir intermédiaire faisant corps avec le bâtis de la machine, et dont l'autre refoule l'eau dans la chaudière.

Cette seconde pompe reçoit donc l'eau avec une certaine pression, et en comptant le nombre de coups de la pompe avec un compteur de tours commandé par le piston de la pompe, on connaît très exactement le volume d'eau injecté.

Cette disposition n'est autre que celle imaginée par M. Aug. Scheurer-Kestner, appliquée depuis plus de dix années avec succès aux chaudières de la fabrique de produits chimiques de Thann, et que nous avons eu l'occasion de faire installer dans plusieurs établissements depuis quelques années.

Ainsi que M. Scheurer-Kestner l'a indiqué dans ses travaux avec une charge presque toujours facile à obtenir, avec de l'eau à 28 ou 30° au maximum, on peut mesurer l'eau injectée dans un générateur à moins de 1 °/₀ près.

Nous ne connaissons pas de compteur d'eau plus simple ni meilleur. Dans beaucoup d'usines on pourrait, à peu de frais, réaliser une organisation semblable, et il serait intéressant de l'appliquer aux pompes alimentaires des grands moteurs, ou à celles qui sont installées sur les transmissions. Quand bien même la température de l'eau atteindrait 40°, l'exactitude de l'appareil serait encore suffisante pour rendre des services dans la pratique,

CHAUDIÈRE TUBULAIRE A FOYER EXTÉRIEUR DE CATER.

(Fig, 1 et 2. Pl. VI.)

Cater's patent boiler.

MM. Cater et Walker, constructeurs à Southwork, London, S. E., exposent une chaudière de leur système, qui alimente une partie des machines anglaises qui fonctionnent dans la halle des machines.

La chaudière de MM. Cater et Walker consiste en une chaudière horizontale de grand diamètre, renfermant deux faisceaux tubulaires inclinés en sens inverse.

La fumée, au sortir de la grille installée sous la chaudière même, passe par les deux faisceaux tubulaires et se rend à la cheminée.

Il est assez singulier d'examiner le mode primitif d'installation du fourneau de cette chaudière, et de penser ensuite que les constructeurs se sont évidemment proposés d'obtenir de bons rendements en créant ce type de générateur.

La chaudière, comme la plupart en Angleterre, a sa partie supérieure entièrement à nu; la devanture également présente un rayonnement assez actif; en somme, ce générateur ne nous apporte aucune idée nouvelle, et si nous le citons dans cette nomenclature, c'est pour indiquer tous les types de construction que nous avons eus sous les yeux.

CHAUDIÈRES DE MM. W. J. GALLOWAY ET SONS.

MM. Galloway et Sons exposent deux chaudières de leur système qui sont en marche; ces générateurs sont analogues à ceux qui fonctionnaient à Paris, au Champ-de-Mars; la description se trouve déjà dans le *Bulletin de la Société industrielle*[1].

CHAUDIÈRES DE MM. ADAMSON.

MM. Adamson exposent deux chaudières de Cornouailles qui sont remarquablement bien construites; l'exécution de ce travail de chaudronnerie ne laisse rien à désirer.

Nous nous bornerons à signaler une précaution bonne à imiter: chaque robinet sur la devanture porte une inscription qui en indique l'usage.

Ces chaudières sont, par contre, mal maçonnées; les pertes par refroidissement provenant soit de la chaudière, soit de la devanture, sont assez fortes; il serait facile d'y remédier, comme l'ont fait MM. Sulzer frères.

---

[1] Voir *Bulletin de la Société industrielle*, t. XXXVII, p. 562

CHAUDIÈRE A CIRCULATION DE J. ET P. HOWARD.

(Fig. 3, 4. Pl. VI.)

J. et P. Howard, Britannia Iron Works, Bedford.

MM. J. et P. Howard, constructeurs à Bedford (Angleterre), exposent un générateur de leur système, qui fournit une partie de la vapeur nécessaire aux machines anglaises de l'Exposition.

La chaudière Howard est exclusivement composée de tubes en fer forgé placés verticalement ou inclinés, et contenant des tubes de plus petit diamètre, installés comme dans les tubes d'une chaudière Field.

Le générateur exposé à Paris en 1867 présentait une circulation pour les gaz de la combustion moins complète que dans la chaudière installée cette année à Vienne.

Dans le générateur dont nous donnons ici le croquis, la fumée change trois fois le sens de sa marche au moyen de deux chicanes en maçonnerie disposées dans le fourneau.

Les chaudières de ce genre ne nous semblent pas répondre à un besoin impérieux de l'industrie; le rendement de ces appareils, tels qu'ils sont disposés, doit être sensiblement influencé par les pertes dues au rayonnement des parties métalliques du fourneau.

Le générateur, par cela même que les constructeurs ont proscrit tout récipient d'un certain diamètre, ne présente qu'un faible réservoir de vapeur, sans qu'à notre connaissance la chaudière soit munie d'appareils régulateurs comme dans le générateur Belleville.

Le seul et sérieux avantage que pourraient offrir les chaudières Howard, serait d'être inexplosibles, non pas dans le sens absolu du mot, mais si une explosion avec un appareil de ce système n'entraînait pas de mort, de blessure grave ou de grands dégâts matériels.

Nous croyons savoir qu'il n'en est malheureusement pas ainsi, et qu'une explosion d'un semblable générateur peut entraîner de graves conséquences.

CHAUDIÈRE VERTICALE A FOYER INTÉRIEUR DITE CHAUDIÈRE
« A NOZZLES. »

(Fig. 5. Pl. VI.)

The Reading Iron Works, limited, Berkshire (Angleterre.)

La Société de construction *The Reading Iron Works, limited* comprend, au nombre des machines qu'elle expose, une chaudière à foyer intérieur, dite chaudière « à nozzles. »

Le générateur se compose d'une enveloppe cylindrique verticale qui reçoit le foyer intérieur; celui-ci est rond; au-dessous se trouve une chambre de combustion carrée traversée de part en part par quatre rangée de tubes placés horizontalement et à angle droit les uns des autres.

Ces tubes portent à leurs deux extrémités de petits coudes appelés « nozzles », et qui ont pour but d'organiser la circulation de l'eau et de la vapeur dans le générateur: les uns, à l'entrée de l'eau, sont tournés vers le bas; les autres, à la sortie de la vapeur, débouchent vers le haut.

La fumée s'élève dans le foyer circulaire, enveloppe le faisceau tubulaire, et se rend à la cheminée qui surmonte la chaudière.

L'enveloppe cylindrique présente un joint un peu au-dessus du foyer circulaire; ce joint est sans doute fait de telle sorte qu'il soit possible d'enlever la partie supérieure de l'enveloppe, si cela était nécessaire.

Ce générateur n'est pas trop complexe; avec de bonnes eaux d'alimentation et pour les petites forces, il semble appelé à rendre de bons services.

CHAUDIÈRE A FOYER INTÉRIEUR, TUBULAIRE ET AMOVIBLE.

(Fig. 1, 2, 3. Pl. VII.)

Société centrale de construction de machines, anciens établissements Weyher, Loreau et C°, à Pantin (Seine.)

La Société centrale de construction de machines à Pantin (Seine) expose différents appareils sortis de ses ateliers, notam-

ment des locomobiles et un modèle de générateur fixe à foyer
intérieur, tubulaire et amovible.

Ce générateur est une heureuse modification de la chaudière
Thomas et Laurent exposée à Paris en 1867, et dont la description a été donnée dans le *Bulletin* [1].

La disposition adoptée par la Société centrale de construction
de machines permet, à égale surface, d'employer une chaudière
de diamètre moindre que dans la chaudière de Thomas et Laurent, d'obtenir une hauteur d'eau au-dessus du ciel du foyer plus
considérable, de diminuer par suite les chances d'accident, et de
donner au générateur un réservoir de vapeur convenablement
proportionné.

Plusieurs constructeurs ont eu recours à la même combinaison,
qui consiste à former le générateur de deux parties : la chaudière
ou le vaporisateur proprement dit, et le réservoir d'eau et de
vapeur qui le surmonte; ces deux récipients sont réunis par de
larges tubulures.

Le joint antérieur, au moyen duquel sont réunis l'enveloppe
cylindrique inférieure et le foyer amovible, est fait au moyen de
deux brides reliées par des boulons et des écrous; une bande de
caoutchouc est prise entre les brides et assure l'étanchéité du
joint.

D'après les constructeurs, la rondelle de caoutchouc peut servir plusieurs années et supporter plusieurs démontages; le joint
dans lequel elle est prise, n'est pas à une température élevée,
puisqu'il est à l'air extérieur.

---

[1] Voir *Bulletin de la Société industrielle*, t. XXXVII, p. 497.

Le côté défectueux de ce générateur consiste dans l'emploi du faisceau tubulaire qui restreint considérablement la section de passage de la fumée, l'oblige
par suite à prendre une grande vitesse, de sorte que l'absorption du calorique se
fait mal; de plus, les tubes s'encrassent assez rapidement avec les houilles
fumeuses. Il faut remarquer enfin que les gaz ont naturellement tendance à suivre
de préférence les tubes de la partie supérieure du faisceau tubulaire.

Dans un générateur de ce système, où le foyer intérieur a $0^m,75$ de diamètre et,
par suite, une section de $0^{mq},4417$, le faisceau tubulaire ne présente guère une
section totale que de $0^{mq},08$ à $0^{mq},10$.

Ce joint toutefois ne nous semble pas présenter les garanties de durée d'un joint à anneau métallique, comme dans les chaudières de MM. Farcot ou Fairbairn.

Plusieurs locomobiles de la Société centrale de construction de machines fonctionnent à l'Exposition de Vienne.

Ces machines sont bien entendues, et il serait à désirer que toutes les machines locomobiles présentassent les mêmes garanties de sécurité; ces moteurs tombent souvent entre des mains inexpérimentées, surtout quand ils sont appliqués aux travaux agricoles, et ils sont parfois alimentés avec des eaux détestables.

Aussi dans la nomenclature publiée chaque année dans les *Annales des Mines,* remarque-t-on l'explosion assez fréquente d'appareils de ce genre.

Les machines construites par la Société centrale de construction sont simples, solides, et le générateur particulièrement offre ce grand avantage qu'il peut être nettoyé à fond, et cela facilement.

Les constructeurs ont adopté pour chaudière de la machine le générateur de Thomas et Laurent, dont on peut critiquer la valeur quand il s'agit de chaudières de grande dimension, mais qui fournit une bonne chaudière de locomobile.

Un joint placé à l'avant du générateur permet de retirer le foyer intérieur et le faisceau tubulaire, et de nettoyer à fond; il y aurait sans doute moyen, en disposant à l'intérieur de la chaudière des récipients convenablement placés, dans lesquels viendraient se rassembler les boues, et en procédant à des vidanges répétées, d'éviter sans danger les fréquences des nettoyages intérieurs.

La partie supérieure du générateur porte sur toute sa longueur un grand bâtis de fonte, unique, qui reçoit toutes les pièces du moteur; la machine se trouve donc ainsi à l'abri de l'influence des dilatations et des contractions de la chaudière, suivant qu'elle est en marche ou au repos.

Le cylindre est muni d'une enveloppe de vapeur; la vapeur

d'échappement est en partie utilisée par un réchauffeur d'eau d'alimentation.

La pompe alimentaire fonctionne constamment; quand le générateur est suffisamment pourvu d'eau, celle-ci, en tournant un robinet, retourne au réservoir placé sous le générateur.

On évite ainsi le désamorçage de la pompe; c'est une cause de danger écartée et une perte de temps évitée.

Nous croyons devoir appeler l'attention des industriels, qui auraient à faire usage de locomobiles, sur les appareils de la Société centrale de construction.

CHAUDIÈRE BELLEVILLE.

MM. J. Belleville et Cᵉ exposent une chaudière de leur système, qui alimente de vapeur les machines françaises de la grande halle des machines.

Nous avons donné la description complète d'un générateur de ce genre[1]; nous n'y reviendrons pas, mais nous décrirons deux perfectionnements importants que MM. Belleville et Cᵉ ont apportés à leur générateur depuis 1867.

La régularité de marche dans les chaudières à vapeur est généralement obtenue grâce à de puissants réservoirs d'eau et de vapeur; dans la chaudière Belleville il n'en est pas de même; aussi les constructeurs ont-ils cherché à obvier aux inconvénients des générateurs à circulation par un régulateur de tirage qui a été précédemment décrit, et par un régulateur d'alimentation.

Cet appareil (*pl. VII, fig. 8, 9, 10*) consiste en une cuvette en fonte *A*, renfermant un ressort à capacité étanche, composé de disques en laiton rivés par couples à leurs circonférences intérieure et extérieure, entre lesquels sont interposées des bandes de caoutchouc; la partie supérieure du ressort est fixée au couvercle *c* de la cuvette.

Quand la pompe alimentaire est mise en marche, l'eau refoulée dans la conduite précitée par le tuyau *I* soulève le clapet de

---

[1] Voir *Bulletin de la Société industrielle de Mulhouse*, t. XXXVIII, p. 430.

retenue *J*, entre dans la cuvette et se rend par le tuyau *K* au générateur.

Le ressort reçoit intérieurement par le raccord *H* la pression de la vapeur dans la chaudière ; extérieurement la pression de la conduite d'alimentation.

Sous cette action le ressort se comprime, soulève la tige *E*; l'écrou *G* soulève le levier de la soupape de décharge *D* quand le volume d'eau injectée est trop considérable.

Tant que la pompe fournit un volume d'eau supérieur à celui qui est nécessaire pour la dépense de vapeur, la pression sous laquelle se fait l'alimentation reste constante; elle est déterminée par la course de la tige *E*, c'est-à-dire par la compression du ressort, qui peut être réglée en conséquence.

Le tuyau d'alimentation porte un robinet gradué indiquant à chaque instant l'ouverture; la pression dans la conduite d'alimentation restant constante et l'ouverture du robinet étant connue, on peut connaître la quantité d'eau injectée dans le générateur.

Si le débit des pompes est insuffisant, le ressort se détend; la tige *E* descend et son extrémité vient commander un timbre avertisseur.

Cette disposition est ingénieuse; elle tend à supprimer la fatigue des tuyaux et à amortir les chocs dans les conduites d'alimentation.

L'idée de graduer le robinet d'alimentation nous semble bonne, car même en admettant qu'il ne soit pas possible de mesurer exactement le débit de l'eau, la connaissance de la section libre laissée au passage de l'eau peut être un indice de l'état des conduites, qui s'obstruent parfois assez vite quand les eaux sont calcaires.

Le second appareil dont est munie la chaudière de **MM.** Belleville et C°, est un *épurateur de vapeur.* (*Fig. 5, 6, 7. Pl. VII.*)

Cet appareil, dit *épurateur de vapeur à force centrifuge,* a pour but de débarrasser la vapeur de l'eau et des matières solides qu'elle peut entraîner.

L'épurateur consiste en un cylindre vertical en tôle, dans lequel la vapeur est amenée par une tubulure *B* et un tube spécial *c*, dont le diamètre est aussi réduit que le permet la quantité de vapeur à débiter.

D'après les constructeurs, sous l'influence de l'action centrifuge, les parties les plus denses, liquides ou solides, se portent contre les parois du tube *c;* celui-ci vient se terminer à une faible distance du récipient de l'épurateur sous un angle de 30° environ, et les matières solides ou liquides suivent les parois de l'épurateur et tombent au fond.

La vapeur, dégagée de ses impuretés, s'échappe de l'épurateur par la tubulure *D*.

L'eau rassemblée à la partie inférieure de l'épurateur est évacuée automatiquement au moyen d'un flotteur *E'*, qui commande un robinet *E* relié au récipient par un petit tuyau *F*. En *b* se trouve un tuyau qui permet de faire les extractions à la main.

En *H* se trouve un bouchon pour permettre le nettoyage du fond de l'épurateur.

L'appareil que nous venons de décrire, et dont MM. Belleville ont muni leurs chaudières, démontre que dans ces générateurs, malgré la surchauffe telle qu'elle est installée, la vapeur est encore humide.

Il serait intéressant d'essayer un épurateur de vapeur installé sur une chaudière dont nous avons mesuré l'état de siccité de la vapeur, afin de nous rendre compte exactement de la valeur de cette disposition.

CHAUDIÈRES DE G. SIGL.

Maschinen-Fabrik und Eisengiesserei (Vienne.)

M. G. Sigl, constructeur à Vienne, expose trois chaudières à deux bouilleurs, qui ne présentent rien de particulier si ce n'est la grille dont elles sont munies.

C'est la grille de Zeh (*Zeh'scher patentirter, beweglicher Rost*). (*Fig. 1, 2. 3. Pl. VIII.*)

Les barreaux de grille sont inclinés à environ 20°, et ils sont animés d'un mouvement en avant, puis en arrière au moyen d'un excentrique et d'une bielle attelés sur une transmission voisine faisant un à deux tours par minute. A l'Exposition, le mouvement est pris sur la petite machine qui alimente les générateurs.

En avant des têtes de barreaux se trouve une trémie, où le chauffeur jette la houille convenablement cassée.

A l'extrémité inférieure de la grille se trouve une petite grille horizontale sur laquelle s'accumulent les scories; ces barreaux sont mobiles, et on peut les faire basculer au moyen d'un levier à portée du chauffeur.

Nous croyons ne pas devoir recommander les différents appareils de ce genre dans toute localité où il est possible d'avoir de bons chauffeurs, car la conduite des feux est mieux entendue par un bon ouvrier; ces procédés mécaniques peuvent être utiles par contre dans les contrées où le chauffage est mal fait.

L'examen de tous les procédés de ce genre, sauf peut-être l'appareil de M. Ten Brink que nous avons récemment décrit, doit fortifier chez nous l'idée de développer encore les qualités des ouvriers chauffeurs de nos pays. Grâce aux soins apportés au chauffage dans les grandes maisons d'Alsace, aux concours de chauffeurs, à l'inspection fréquente dont ils sont l'objet, nos ouvriers chauffeurs d'Alsace ont une supériorité aussi marquée sur les chauffeurs que ne peuvent l'avoir les fileurs, les tisseurs et les imprimeurs de nos pays comparativement à ceux des autres centres industriels.

FOYER DE F.-A. GRÜNER, A ŒDERAN (SAXE.)

Patent Dampfkesselfeuerung mit selbstthœtiger Schieberbewegung.

M. F.-A. Grüner, d'Œderan (Saxe), expose un modèle de son système de foyer dont nous donnons le croquis ci-joint, appliqué à une chaudière à feu direct.

La houille est chargée par une ouverture ménagée dans une des parois latérales du fourneau; elle tombe sur une grille formée de trois rangées de barreaux inclinés en sens inverse; la dernière rangée de barreaux est mobile pour le nettoyage de la grille.

Une disposition très simple ferme le registre quand on ouvre la porte installée dans la devanture de la chaudière pour examiner le feu.

Cette précaution est bonne à prendre quand les générateurs marchent avec un tirage assez vif; les chauffeurs font difficilement cette manœuvre dans la pratique, parce que la flamme et la fumée les gênent fréquemment au moment où ils chargent.

En résumé de tout cet ensemble, ce qui nous semble le plus remarquable, ce sont : la chaudière de Fairbairn, les bagues de dilatation appliquées aux foyers intérieurs des chaudières, et la disposition des maçonneries dans le fourneau de la chaudière de MM. Sulzer frères.

RAPPORT

présenté au nom du comité de chimie, sur une nouvelle méthode pour doser l'indigotine avec l'hydrosulfite de sodium, par le D^r FR. GOPPELSRŒDER.

Séance du 27 août 1873.

MESSIEURS,

Vous m'avez chargé de déterminer la valeur de la méthode de dosage de l'indigotine proposée par M. Müller, méthode qui repose sur l'emploi de l'hydrosulfite de sodium.

Les nombreux essais que j'ai entrepris ont été faits avec le concours de M. Léonard, élève de l'Ecole de chimie, et de M. Trechsel, mon préparateur. Nous avons suivi scrupuleusement toutes les indications données par l'auteur, soit pour préparer l'hydrosulfite, soit pour en établir le titre à l'aide de la solution de sulfate de cuivre ammoniacal ou de celle de l'indigotine. L'appareil qui nous a servi pour effectuer ces dosages à l'abri de l'air se trouve encore monté au laboratoire de l'Ecole de chimie, et je le tiens à la disposition de tous ceux de nos collègues qui voudraient se familiariser avec la nouvelle méthode.

Je crois pouvoir me dispenser de décrire cette dernière en détail; le mémoire de M. Müller est assez explicite sur ce sujet; je me bornerai à rendre compte des essais de vérification qui ont été entrepris.

Nous avons préparé préalablement de l'indigotine par la méthode de Fritsche (cuve à la glucose). Nous avons eu soin de ne décanter que la moitié de la cuve après un jour de repos; l'indigotine que nous en avons retirée a été lavée à l'eau bouillante, puis avec un mélange bouillant d'eau et d'alcool, et enfin avec l'alcool bouillant seul. Le produit a été séché à 110°; il nous a servi à préparer une solution d'acide sulfindigotique correspondant à un gramme d'indigotine par litre. En titrant cette solution avec l'hydrosulfite de sodium, nous avons obtenu des chiffres très concordants; il n'en est pas de même de la solution de sulfate de cuivre ammoniacal (qui contient 1^{gr},904 de sulfate de cuivre cristallisé $CuSO^4 + 5 H^2O$) que M. Müller recommande pour établir le titre de l'hydrosulfite; elle ne nous a pas donné des résultats constants; cela tient à la réaction finale qui n'est pas aussi nette que dans le cas précédent. Comme exemple, je citerai les chiffres obtenus par M. Léonard.

20^{cc} de la solution titrée de sulfate de cuivre ont demandé :

13^{cc},5 — 13^{cc},3 — 13^{cc},7 — 13^{cc},8, moyenne 13^{cc},6, de la solution d'hydrosulfite de sodium, tandis que 20^{cc} de la solution d'indigotine ont demandé 13^{cc},5 du même hydrosulfite dans une série de six essais. L'écart entre les chiffres extrêmes est de 0^{cc},5, c'est-à-dire près de 4 °/$_0$.

Dans une série d'essais faits par M. Trechsel, l'écart a été encore plus grand; il a été de 2^{cc},3 ou de 15 °/$_0$. Voici les chiffres corres-

pondant à 20^{cc} de la solution de sulfate de cuivre, et qui se rapportent à une autre dissolution d'hydrosulfite :

15^{cc} — 15^{cc},5 — 15^{cc},9 — 14^{cc},3 — 14,^{cc},6 — 16^{cc},6 - 14^{cc},4
— 15^{cc},9, moyenne 15^{cc},2.

En présence de cette difficulté pratique, nous avons cherché à
remplacer le sulfate de cuivre ammoniacal par le permanganate
de potassium, et nous avons obtenu de fort bons résultats. La
solution que nous avons préparée contient par litre 1^{gr},576 de ce
sel.

20^{cc} de cette liqueur ont demandé, pour être décolorés :

Essai de M. Léonard.

9^{cc},2 — 9^{cc},2 — 9^{cc},1 — 9^{cc},1 — 9^{cc},2.

Essai de M. Trechsel.

9^{cc},1 — 9^{cc},1 — 9^{cc},1 — 9^{cc}.

20^{cc} de notre solution d'indigotine ont demandé :

6^{cc} — 6^{cc},1 — 6^{cc},1 — 6^{cc},2.

On voit que les résultats sont beaucoup plus concordants que
précédemment, et nous pensons que le permanganate remplacera
avec avantage le sulfate de cuivre ammoniacal.

Nous continuerons du reste, M. Trechsel et moi, à étudier les
relations qui existent entre le permanganate, l'indigotine et la
solution de la substance ou plutôt des substances appelées : hydrosulfite. Nous déterminerons rigoureusement l'équivalence entre
l'indigotine et le permanganate de potassium.

Pour le moment nous devons nous contenter de résumer nos
essais en reconnaissant que la méthode de dosage de l'indigotine
proposée par M. Müller est la plus nette et la plus exacte de
toutes celles que nous ayons eu l'occasion d'expérimenter et qui
se trouvent décrites dans les ouvrages spéciaux. Nous formulons
toutefois cette réserve, que le moyen de fixer le titre de la solution
d'hydrosulfite n'est pas satisfaisant; nous proposons le permanganate; mais on trouvera peut-être mieux. En attendant, nous
conseillons de titrer les échantillons d'indigo commercial par

l'hydrosulfite en les comparant soit à un type, soit à une solution
d'indigotine pure. Reste à savoir si les matières étrangères qui
accompagnent l'indigotine dans l'indigo n'agissent pas de manière
à troubler les résultats. Nous ne saurions naturellement nous
prononcer sur ce sujet; ce n'est qu'en comparant les résultats de
l'analyse avec ceux obtenus en grand par la teinture et l'impression, qu'on pourra se rendre compte du degré d'approximation
auquel l'emploi de l'hydrosulfite permet d'atteindre, c'est-à-dire
que la méthode directe usitée aujourd'hui dans les établissements
industriels, et qui est fondée sur les rendements en teinture, gar-
dera toujours sa valeur pratique.

RÉSUMÉ DES SÉANCES
de la Société industrielle de Mulhouse.

SÉANCE DU 26 NOVEMBRE 1873.

Président : M. AUGUSTE DOLLFUS.
Secrétaire : M. TH. SCHLUMBERGER.

Dons offerts à la Société.

1. Supplément à la statistique du Mecklenbourg. — 2. Statistique
du grand-duché de Bade. — 3. Traité pratique de la filature de laine,
par M. Ch. Leroux. — 4. Catalogue de la bibliothèque de la Société des
sciences de Cherbourg. — 5. Bulletin trimestriel de l'Association des
ingénieurs sortis de l'Ecole de Liége. — 6. Le N° 84 du Bulletin du
Comité des forges de France. — 7, Quatre numéros du Bulletin de la
Société académique de Poitiers.-- 8. Rapport sur le coton, par M. Alcan.
— 9. Communications sur les arts textiles et sur le traité du travail
des laines peignées, par M. Alcan. — 10. Bulletin trimestriel de la
Société d'histoire naturelle de Zurich. — 11. Congrès international de
Vienne sur le numérotage des filés. — 12. Revue du Portugal et du
Brésil. — 13. Rapport de la Société des fabricants de Mayence.—
14. *The Canadian patent office.* — 15 Rapport annuel de la Société de
Manchester. — 16. *Der elsässische Bienenzüchter.* — 17. Un trous-

seau de clefs et un fer de lance, trouvés à Rixheim, par M. Nicot. — 18 et 19. Collections d'échantillons de tissus divers, donnés par M. Carl Franck, et les héritiers de M. Lebert, au Musée industriel.

———

Ouverte à 5 1/4 heures, en présence de quarante membres, la séance commence par la lecture du procès-verbal de la dernière réunion, et l'énumération des objets offerts à la Société depuis un mois, et parmi lesquels M. le président signale tout spécialement deux collections de dessins et échantillons, l'une de la part de la famille de M. Lebert, ancien dessinateur, l'autre de la part de M. Karl Frank, tisseur d'articles façonnés très riches. — Des remercîments sont votés.

Correspondance.

M. E. Lacroix avise l'envoi d'un ouvrage de M. Ch. Leroux, « Traité de la filature des laines peignées et cardées », qui sera adressé au comité de mécanique.

M. Th. Reye, professeur, désire un exemplaire d'un des Bulletins contenant le mémoire de M. Hirn, publié en 1855, sur l'utilité des enveloppes; il a été difficile de faire droit à cette demande, vu l'épuisement presque complet de ce Bulletin, et M. le président se propose de revenir, à cette occasion, sur la question d'un nouveau tirage de certains mémoires.

L'Association française pour l'avancement des sciences, adresse une note sur la répartition et le mode de régulation des pressions dans un réseau de conduites à gaz, sujet traité en 1872 au Congrès de Bordeaux. — Renvoi à la commission du gaz, saisie déjà de cette question.

La Société des anciens ateliers R. Hartmann, à Chemnitz, envoie la description d'un dynamomètre. — Renvoi au comité de mécanique.

MM. H. Hæffely et C⁰ demandent à concourir pour le prix relatif à l'introduction d'une nouvelle industrie dans le département, et appuient leur instance sur la fabrication de l'article moleskine unie ou drap coton. — Renvoi au comité de mécanique.

M. H.-J. Wood, éditeur du journal *Of the Society of Arts*, qui vient d'insérer dans sa Revue le programme des prix de la Société industrielle, demande communication des rapports concernant les écoles et institutions fonctionnant sous la surveillance de la Société, et offre de fournir en échange les documents analogues qu'il pourra recueillir en Angleterre.

M. Gustave Bossange, chargé par la commission américaine des brevets de faire parvenir à destination les publications du département des brevets des Etats-Unis, s'informe de l'entremise qu'il doit employer pour s'acquitter de sa mission. -- Le libraire, correspondant de la Société, a été indiqué.

M. Risler Beunat, chimiste à Barcelone, prie la Société de procéder à la destruction de deux plis cachetés, N°⁸ 91 et 105, déposés par lui le 22 novembre 1864, et le 12 avril 1866.

M. O. Hallauer envoie copie d'une lettre adressée par lui au président de la Société industrielle de Lille et du Nord de la France, avec prière de la faire insérer au Bulletin de la Société de Mulhouse, en tête du mémoire en cours de publication, et concernant la répartition du calorique dans les moteurs à vapeur. — Avec la réserve que le comité de mécanique approuve cette demande, l'assemblée décide l'impression au Bulletin, en tête du mémoire en cours de publication, de la lettre dont il vient d'être donné lecture.

Au sujet du dynamomètre envoyé par la Société de constructions de Chemnitz, M. Gerber-Keller rappelle que le fondateur de ses vastes ateliers, M. Richard Hartmann, est originaire d'Alsace, et a acquis sa haute position après avoir eu des commencements très modestes.

Travaux.

Le conseil d'administration, sollicité par la nouvelle Société industrielle de Lille, de consentir à l'échange du Bulletin contre les publications de la jeune Société du Nord de la France, dont les deux premiers numéros ont paru, est d'avis d'accepter cette offre. — Adopté.

Suivant un vœu déjà souvent émis, et d'après un vote auquel il fut procédé à l'une des dernières séances, le comité de mécanique, d'accord avec le conseil d'administration, a choisi un certain nombre de rapports concernant les combustibles et les chaudières, et destinés à être imprimés en un volume spécial. D'après les nombreuses demandes journalières de ces documents qui parviennent à la Société, la garantie d'une centaine d'exemplaires que voudrait obtenir l'éditeur avant de procéder au tirage, semble plutôt une formalité qu'un engagement, et la Société autorise M. le président à traiter dans ces conditions. Selon le plus ou moins de succès de cette publication, le comité de mécanique sera invité à désigner une seconde série de travaux sur les moteurs à vapeur.

M. A. Thierry, trésorier, donne connaissance du mouvement des fonds pendant l'exercice 1873 (1ᵉʳ décembre 1872 au 30 novembre 1873); l'ensemble des recettes et des dépenses présentent un équilibre parfait, et les prévisions du budget se sont réalisées avec une entière exactitude, qui paraît encore plus saisissable après quelques explications de M. le président sur divers chapitres, tels que les dépenses afférentes au Musée de dessin industriel, à l'éclairage, aux frais de poste, etc. Les rentrées comprennent environ 34,000 fr. couvrant les frais de l'année, et laissant disponible le solde de 30,000 fr., provenant des exercices antérieurs.

Pour l'Ecole de dessin, la situation financière se présente dans les mêmes conditions favorables, donnant un actif de fr. 2817.55, dont le montant se réduira successivement par suite de dépenses extraordinaires que nécessiteront l'acquisition de nouveaux modèles, et l'installation d'un supplément de mobilier.

Comme d'ordinaire, la vérification des comptes est renvoyée à une commission composée de MM. Ernest Zuber, Amédée Schlumberger et Edouard Thierry-Mieg, et qui présentera son rapport à la séance de décembre. M. le trésorier soumet ensuite à l'assemblée le budget de l'année 1874, dont les éléments ont été fournis par les chiffres des comptes précédents, tant pour la Société industrielle que pour l'Ecole de dessin.— L'assemblée adopte ces prévisions, après avoir entendu les observations de M. le président, qui demande, au nom du conseil d'administration, une augmentation des appointements du concierge, et qui propose, au nom des comités de surveillance de l'Ecole de dessin linéaire et du conseil d'administration, une nouvelle combinaison concernant les heures de fréquentation des cours, et entraînant une dépense de bancs et de tables. En ce moment l'enseignement se donne à environ quatre-vingts élèves pendant dix heures chaque semaine, mais d'après les demandes d'inscription, il faudrait admettre au moins 120 élèves, et pour y arriver, on ne recevrait plus les jeunes gens que six heures par semaine, c'est-à-dire deux heures tous les deux jours, et on permettrait aux plus assidus, pour augmenter leur temps d'études, de tra-

vailler dans une autre salle, qu'il faudrait approprier au dessin, et
où ils ne se trouveraient plus sous la surveillance directe du professeur. — Le crédit demandé pour les bancs et l'éclairage est voté, sous
la condition que le comité de mécanique, qui a encore à se prononcer
sur ces nouveaux arrangements, émette un avis favorable.

Après examen de la demande faite par M. le Dr Goppelsrœder de
permettre aux élèves de l'Ecole municipale de chimie la fréquentation
de la Bibliothèque, le comité de chimie est d'avis d'autoriser cette visite
une heure par semaine, le samedi soir de 3 à 4 heures, en présence
du bibliothécaire, et à la condition que les ouvrages ne puissent être
emportés de la salle. — Accordé.

M. Ernest Zuber donne lecture d'une note sur un procédé de forage
des puits; ce travail, outre la description de la méthode employée par
M. Christ, abonde en données pratiques excessivement intéressantes,
et fournit des comparaisons utiles entre les divers systèmes en usage.
Renvoi au comité de mécanique.

Communication, au nom du comité de chimie, d'un rapport de
M. Albert Scheurer sur un procédé de teinture et d'impression au
moyen de l'indigo, par MM. Schützenberger et de Lalande.

Cette nouvelle manière de faire est basée sur l'emploi d'un réduc-
teur différent de ceux usités jusqu'ici : l'hydrosulfite de soude. Elle
paraît présenter des avantages considérables en teinture, et permettre
en impression l'association de couleurs non encore employées simultanément, comme le prouvent les échantillons soumis. — L'impression est
votée.

Pour se conformer aux désirs des comités de chimie et de mécanique, M. le président annonce que les procès-verbaux des réunions de
ces comités seront publiés dans le plus bref délai possible, après que
les séances auront été tenues.

La lecture d'un travail de M. Grad, sur l'industrie d'Alsace à l'Exposition de Vienne, vu l'heure avancée, est renvoyée à une prochaine
séance.

M. Arthur Favre, présenté comme membre ordinaire par M. Alfred
Favre, est admis à l'unanimité des voix.

La séance est levée à 7 heures.

PROCÈS-VERBAUX
des séances du comité de mécanique

Séance du 18 novembre 1873.

Seize membres sont présents.

Le procès-verbal de la dernière réunion est lu et adopté.

M. Schœn prévient le Comité que M. Rocheblave ayant retiré le compteur avec casse-fil, qui avait été renvoyé à une Commission dans la réunion précédente, il n'y a momentanément plus lieu de s'en occuper.

Le prospectus envoyé par MM. Pitoy frères, à Nancy, et relatif au piston universel Giffard, sera, en l'absence de toute autre donnée, déposé aux archives.

Il est donné lecture d'une lettre de M. G. Risler, de Cernay, par laquelle l'auteur recommande à l'attention du Comité un batteur-cardeur de son invention, destiné à remplacer l'épurateur qu'il avait précédemment imaginé. Un rouleau de coton Louisiane, sortant de sa machine, accompagne la lettre de M. Risler. Ce dernier, ayant encore quelques légères modifications à apporter à sa machine, désirerait simplement voir essayer le rouleau de coton cardé dont il a fait l'envoi à la Société. Le Comité, ne se considérant pas encore comme saisi de l'examen du batteur-cardeur de M. Risler, défère au désir de ce dernier en invitant l'un de ses membres à essayer officieusement la nappe d'échantillon qui accompagne sa lettre.

M. Meunier donne lecture d'une note en réponse à celle présentée au Comité par M. Gœrig, dans sa séance du mois de septembre. M. Gœrig, en rapprochant les rendements obtenus par MM. Meunier et Hallauer, dans leurs derniers essais comparatifs sur une chaudière à bouilleur et réchauffeur Marozeau, et sur une chaudière Sultzer à foyers intérieurs, d'autres résultats d'expérience consignés dans les Bulletins, avait cru pouvoir en déduire que la supériorité assignée aux chaudières à foyers intérieurs par le rapport de MM. Meunier et Hallauer n'était pas suffisamment démontrée par leurs essais dans les conditions où ils avaient été faits.

M. Meunier, après avoir discuté la valeur de quelques-unes des données sur lesquelles M. Gœrig s'était appuyé, montre, en prenant

pour terme de comparaison les rendements obtenus lors des essais de
la machine du retordage de MM. Dollfus-Mieg et C*, que le désaccord
signalé se renferme dans des limites très acceptables. A l'appui de
l'opinion favorable émise à l'égard des chaudières à foyers intérieurs,
il cite un grand nombre d'expériences sur des générateurs de ce
modèle, exécutées par l'Association alsacienne, et qui toutes confirment
l'excellence de ce type au point de vue du rendement. Il demande,
en terminant, des expériences pour contredire les faits avancés par
lui.

M. Gœrig reconnaît que les résultats indiqués par M. Meunier, s'il
les eût connus, ne lui auraient pas permis de taxer de prématurées les
conclusions tirées des essais cités plus haut. Toutefois il voudrait les
voir confirmer par des essais plus prolongés et faits dans des conditions aussi identiques que possible. A l'appui de cette opinion,
M. Wacker lit au Comité une note, dans laquelle, sans contester
positivement la valeur des chaudières à foyers intérieurs comme
rendement, il insiste sur les divers points de vue auxquels il faut se
placer pour juger dans leur ensemble la valeur relative des deux
systèmes de générateurs en présence. Il signale la plus grande
élasticité des chaudières à bouilleurs au point de vue de la production
de la vapeur, la nécessité de comparer le prix de revient des deux
systèmes par rapport à leur puissance d'évaporation, et de mettre en
regard leurs conditions de sécurité. Il termine en exprimant le vœu
que des expériences soient faites sur des chaudières de même surface
de grille, de même surface de chauffe, placées côte à côte, - chauffées
par le même chauffeur avec la même houille, de façon à couler la
question à fond.

Une longue discussion s'engage sur les diverses questions qui ont
été soulevées, et aboutit aux conclusions suivantes :

1° Le Comité se déclare satisfait des explications fournies par
M. Meunier en réponse à la note de M. Gœrig, et passe à l'ordre du
jour sur cette question.

2° Le Comité, désireux de vider une fois pour toutes la question du
mérite relatif des chaudières à bouilleurs et à foyers intérieurs
exprime le vœu que des expériences comparatives soient entreprises
sur des générateurs de ces deux types placés dans des conditions

identiques, ainsi que l'avait indiqué M. Wacker au cours de la discussion.

M. G. Ziegler ayant bien voulu déclarer à la demande du Comité, que la Société alsacienne de constructions mécaniques se prêterait a installer deux générateurs dans les conditions voulues pour obtenir des résultats indiscutables, le Comité décide, sur la proposition de M. Schœn, qu'une demande en forme sera adressée par lettre à la Société alsacienne.

Pendant la discussion, le secrétaire a fait observer qu'il était désirable que le Comité prît désormais pour règle de considérer les résultats expérimentaux qui lui ont été soumis dans des mémoires ou rapports, et dont l'impression au Bulletin a été décidée, comme acquise, et ne les laisse plus mettre eh discussion, à moins que ce ne soit en vue des résultats de nouvelles expériences, ou bien en apportant la preuve d'erreurs matérielles. De cette façon, le Comité évitera que les discussions auxquelles il se livrera, demeurent stériles.

Le secrétaire chargé par le Comité de lui proposer le cadre d'une publication destinée à condenser les divers travaux parus dans les Bulletins depuis une quinzaine d'années, et relatifs aux essais des chaudières à vapeur, présente à son approbation le programme suivant.

La publication aurait pour titre :

Etudes sur la combustion de la houille et sur le rendement des chaudières à vapeur ; et comprendrait les mémoires dont la nomenclature suit :

Notes sur la mesure des quantités d'air qui entrent sous les foyers des chaudières à vapeur, par M. Em. Burnat, (tome 29).

Note sur la combustion de la fumée dans les foyers des chaudières à vapeur, par le même (tome 29).

Rapport sur le concours du prix à décerner à celui qui aura fait fonctionner le premier dans le Haut-Rhin, une chaudière évaporant 7 1/2 kilog. d'eau par kilogramme de houille de Ronchamps, par MM. Em. Burnat et Dubied (tome 3).

Mémoire sur des expériences relatives aux chaudières à vapeur, faisant suite au rapport du Comité de mécanique sur le concours des chaudières de 1859, par M. Em. Burnat (tome 33).

Recherches sur la combustion de la houille par MM. A. Scheurer-Kestner et Meunier (tomes 38 et 39).

Lettre de M. G.-Ad. Hirn à M. Scheurer sur les méthodes propres à déterminer la quantité d'eau entraînée par la vapeur (tome 39).

Rapport de M. W. Grosseteste sur l'influence de l'état de propreté des surfaces sur l'utilisation des surfaces du calorique dans les générateurs à vapeur.

L'ensemble de ces travaux fournirait un volume de 500 pages, avec 11 tableaux et 14 planches.

Le Comité approuve ce programme, et est d'avis de réserver les mémoires sur les machines à vapeur pour d'autres publications, s'il y avait lieu.

Divers membres expriment toutefois le désir de voir figurer dans le volume qu'il s'agit d'éditer un résumé des résultats des concours des chauffeurs, accompagné de notes sur les observations auxquelles ces concours ont donné lieu sous le rapport du chauffage. M. Meunier est prié de préparer pour la prochaine séance un projet de résumé; le Comité verra, en rapprochant entre eux les résultats des concours, s'il y a lieu de les publier. Il est d'avis que le tirage pourra être de 500 exemplaires; le Conseil d'administration examinera s'il y a lieu pour la Société de souscrire à cette publication pour un certain nombre d'exemplaires, quoique le succès de la vente de l'ouvrage ne paraisse pas douteux.

L'heure avancée ne permettant pas de prendre communication détaillée du rapport de M. Meunier sur les chaudières à vapeur figurant à l'exposition de Vienne, ce travail reviendra à une prochaine séance. Mais l'impression en est immédiatement votée, afin de n'en pas retarder la publication.

Après un examen rapide des travaux en retard, la séance est levée à 7 1/2 heures.

PROCÈS-VERBAUX
des séances du comité de chimie.

Séance du 12 novembre 1873.

La séance est ouverte à 6 1/4 heures. — Treize membres y assistent.
Le procès-verbal de la dernière séance est lu et adopté.

M. Trechsel, par l'entremise de M. Goppelsrœder, transmet quelques détails complémentaires sur la binnite dont il a récemment fait l'analyse. Cette notice contient l'indication des caractères minéralogiques de cette substance, et servira d'introduction à la précédente analyse dont le Comité de chimie a demandé l'insertion au Bulletin.

M. Albert Scheurer donne lecture du rapport qu'il a été chargé de faire sur une note de MM. Schützenberger et de Lalande, relative à un nouveau procédé d'application de l'indigo. Le Comité demande l'insertion de cet intéressant travail, qui sera accompagné d'échantillons de tissus préparés par les soins de M. Albert Scheurer. Le premier de ces échantillons présente du bleu d'indigo à la cuve d'hydrosulfite, et les trois autres du bleu d'indigo associé avec noir d'aniline, avec orange de chrôme et avec rouge garancé.

M. le secrétaire signale au Comité les divers obstacles qui s'opposent à la publication rapide des travaux du Comité de chimie. Une des principales difficultés résulte de la nécessité de grouper les matériaux à publier, de manière à former chaque mois un Bulletin complet d'un nombre entier de feuilles d'impression.

En étudiant le mode opératoire d'une série de publications hebdomadaires ou bi-mensuelles, M. le secrétaire a constaté que les uns, comme les comptes-rendus de l'Académie des sciences, terminent chaque Bulletin par une revue bibliographique; d'autres, comme la Société chimique de Paris, par une analyse des travaux de chimie publiés en France et à l'Etranger, et par une revue des brevets français et anglais; d'autres enfin, comme la Société chimique de Berlin, par l'énumération des titres des mémoires qui ont paru dans tous les recueils scientifiques du monde.

Le *Bulletin de la Société industrielle,* par contre, n'utilisait, jusqu'à ce jour, dans le même but, que les procès-verbaux des divers Comités.

M. le président de la Société, pour satisfaire les vœux du Comité dans la mesure du possible, propose, pour l'avenir, de publier régulièrement chaque mois le procès-verbal du Comité de chimie, sauf à scinder au besoin les procès-verbaux des séances de la Société industrielle qui peuvent l'être sans trop d'inconvénient. Le comité accueille avec empressement la proposition de M. le président, en exprimant toutefois le vœu que ses publications puissent obtenir la priorité sur celles du Comité de mécanique, qui sont souvent accompagnées de planches dont la composition occasionne des retards.

M. le secrétaire exprime l'espoir que sous ce rapport également toute satisfaction pourra être accordée au Comité de chimie.

Sur la proposition du Conseil d'aministration, M. le secrétaire soumet au Comité le vœu, antérieurement formulé par M. le professeur Goppelsrœder, que les élèves de l'école municipale de chimie puissent être autorisés, dans une certaine mesure, à consulter les nombreuses publications périodiques qui arrivent à la bibliothèque de la Société industrielle. Le Comité de chimie, sous la réserve expresse de toutes les garanties reconnues indispensables à la conservation intégrale de la bibliothèque, procède à l'examen de cette question et arrive à formuler la proposition suivante :

« Les élèves de l'école de chimie, munis de cartes spéciales signées par M. Goppelsrœder, pourront être autorisés à consulter les journaux et revues scientifiques de la Société industrielle, en la présence du bibliothécaire, tous les samedis, de 3 à 4 heures. Ils pourront faire des extraits séance tenante, mais ils ne pourront emporter aucun ouvrage ni brochure. » Cette proposition sera soumise à la ratification de la Société industrielle.

M. Goppelsrœder annonce qu'il est parvenu à réaliser de nouveaux progrès dans le dégommage et le blanchiment des cocons et de la soie-fleuret, et qu'il a pu dégommer et blanchir des cocons de différentes qualités de l'extérieur jusqu'à la couche qui avoisine la chrysalide, et enlever les taches qui s'y trouvent souvent, sans qu'il en soit résulté aucune déformation du cocon. Il soumet au Comité divers échantillons de cocons traités par son procédé.

M. Goppelsrœder annonce également que plusieurs publications récemment faites en Allemagne, l'ont engagé à s'occuper, en collaboration de plusieurs élèves du laboratoire, de l'examen comparatif des différentes méthodes proposées par le dosage de l'acide nitrique contenu dans les nitrates et dans les eaux potables.

L'ordre du jour étant épuisé, la séance est levée à 7 1/4 heures.

Séance du 10 décembre 1873.

La séance est ouverte à 6 1/4 heures. — Onze membres y assistent.

Le procès-verbal de la dernière réunion est lu et adopté.

M. le secrétaire propose de nommer dans les diverses Sociétés industrielles de la France des membres correspondants chargés de tenir le comité de chimie au courant des travaux de ces Sociétés. Les envois réguliers de ces correspondants seraient analysés ou résumés par le secrétaire du Comité, et pourraient servir à compléter d'une manière intéressante les Bulletins. Le comité adopte avec empressement cette proposition, qui sera soumise à l'examen du Conseil d'administration.

M. le secrétaire donne lecture d'un mémoire de M. Wehrlin, présenté au concours pour le prix relatif au noir d'aniline vapeur. Ce travail, qui du traite ferrocyanure et du ferricyanure d'aniline, est confié à l'examen de M. Brandt.

Le Comité demandera à la Société l'adjonction de M. Wehrlin.

M. Gustave Schæffer donne lecture du rapport qu'il a été chargé de présenter sur le travail de M. Schlumberger, relatif à l'emploi des cylindres en fonte cuivrée. Le Comité de chimie, après avoir voté des remercîments au rapporteur, demande l'impression de la notice de M. Th. Schlumberger, suivie du rapport de M. Schæffer.

M. Emile Kopp, de Zurich, adresse un travail de M. Romigialli, de Sondrio (Valteline), intitulé : « Contribution à l'histoire de la théorie du rouge d'Andrinople. » M. le secrétaire, après avoir présenté une courte analyse de ce mémoire, fait observer au Comité que l'auteur ayant l'intention de publier les observations qu'il a pu recueillir, il y aurait opportunité à insérer au Bulletin un résumé de ce travail, résumé à faire soit par l'auteur lui-même, soit par les soins du Comité de chimie. Cette proposition est adoptée par le Comité, et M. le secrétaire veut bien se charger d'écrire dans ce sens à M. Kopp, sous la direction duquel a été exécuté le travail en question.

La séance est levée à 7 1/4 heures.

TABLE DES MATIÈRES

CONTENUES DANS LE QUARANTE-TROISIÈME VOLUME

BULLETIN D'AOUT (Supplément)

BULLETIN DE SEPTEMBRE

Lightning Source UK Ltd.
Milton Keynes UK
UKHW041032070119
334942UK00011B/1843/P

ISBN 978-1-333-44560-7
PIBN 10505451

English
Français
Deutsche
Italiano
Español
Português

www.forgottenbooks.com

Mythology Photography **Fiction**
Fishing Christianity **Art** Cooking
Essays Buddhism Freemasonry
Medicine **Biology** Music **Ancient
Egypt** Evolution Carpentry Physics
Dance Geology **Mathematics** Fitness
Shakespeare **Folklore** Yoga Marketing
Confidence Immortality Biographies
Poetry **Psychology** Witchcraft
Electronics Chemistry History **Law**
Accounting **Philosophy** Anthropology
Alchemy Drama Quantum Mechanics
Atheism Sexual Health **Ancient History**
Entrepreneurship Languages Sport
Paleontology Needlework Islam
Metaphysics Investment Archaeology
Parenting Statistics Criminology
Motivational

MARYLAND GEOLOGICAL SURVEY

MIOCENE

TEXT

MARYLAND

GEOLOGICAL SURVEY

MIOCENE

TEXT

BALTIMORE

THE JOHNS HOPKINS PRESS

1904

PRINTED BY

The Friedenwald Company

BALTIMORE, MD., U. S. A.

COMMISSION

EDWIN WARFIELD, ... President.
GOVERNOR OF MARYLAND.

GORDON T. ATKINSON, ...
COMPTROLLER OF MARYLAND.

IRA REMSEN, ... Executive Officer.
PRESIDENT OF THE JOHNS HOPKINS UNIVERSITY.

R. W. SILVESTER, ... Secretary.
PRESIDENT OF THE MARYLAND AGRICULTURAL COLLEGE.

SCIENTIFIC STAFF

Wm. Bullock Clark, ... State Geologist.
SUPERINTENDENT OF THE SURVEY.

Edward B. Mathews, . . . Assistant State Geologist.

George B. Shattuck, ... Geologist.

George C. Martin, ... Geologist.

L. C. Glenn, ... Geologist.

B. L. Miller, ... Geologist.

---- ----------

Harry Fielding Reid, ...
CHIEF OF THE HIGHWAY DIVISION.

L. A. Bauer, ...
CHIEF OF THE DIVISION OF TERRESTRIAL MAGNETISM.

And with the cooperation of several members of the scientific bureaus of the National Government.

LETTER OF TRANSMITTAL

To His Excellency Edwin Warfield,

Governor of Maryland and President of the Geological Survey Commission.

Sir:—Somewhat over three years ago the first volume of a series of reports dealing with the systematic geology and paleontology of Maryland was presented to the public. This publication which to the average reader might seem highly technical was most favorably received by geological experts both in this country and abroad. I now have the honor of presenting to you the second of this series which, on account of its size, is issued in two parts. It deals with a division of Maryland geology that has received the attention of students for nearly a century. The present work includes a summary of previous observations to which is added a large amount of new information. On account of the highly technical nature of this report it is perhaps fitting to state that a clear comprehension of our geological formations is based on a knowledge not only of the materials out of which the strata are composed but also of the remains of animal and plant life which the rocks contain. In order therefore that our results may receive the recognition of geologists now and in the future, accurate descriptions and illustrations have been considered to be requisite. The several authors of this report, many of whom, as explained later, are among the best known authorities in America upon the subjects herein discussed, have supplied chapters that will place the Maryland Miocene deposits conspicuously before geological workers everywhere.

Trusting the volume submitted may merit your approval, I remain,

Very respectfully,

William Bullock Clark,

State Geologist.

Johns Hopkins University,
Baltimore, *October*, 1904.

CONTENTS

ILLUSTRATIONS

PREFACE

The present volume is the second of a series of reports dealing with the systematic geology and paleontology of Maryland. The first of this series was confined to the Eocene while the present volume comprises a discussion of the next younger geological horizon known as the Miocene. Several other reports are in preparation, two of which are already practically completed. The Pliocene-Pleistocene report is ready for the press, and the Devonian for which the field observations are finished is largely in manuscript form. It is not the intention to issue these volumes in geological sequence as each forms a unit in itself. The following reports are finally contemplated:

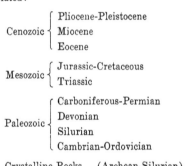

Cenozoic
- Pliocene-Pleistocene
- Miocene
- Eocene

Mesozoic
- Jurassic-Cretaceous
- Triassic

Paleozoic
- Carboniferous-Permian
- Devonian
- Silurian
- Cambrian-Ordovician

Crystalline Rocks   (Archean-Silurian)

Maryland contains a remarkably complete sequence of geological formations representing nearly every horizon from the Archean to the Pleistocene although the deposits vary greatly in thickness and in the completeness of the faunas and floras which they contain. Two of the divisions, the Crystalline Rocks and the Triassic, are nearly destitute of organic remains. The other seven divisions, however, contain rich faunas and floras. Three of them, the Carboniferous-Permian, the Jurassic-Cretaceous, and the Pliocene-Pleistocene, contain both animal and plant fossils in abundance. The Ordovician-Cambrian, the Silurian, the Devonian, the Eocene, and the Miocene all contain extensive faunas while few if any plant remains are known.

These reports when completed will give both to the geologist and to the general reader a comprehensive view of the past history of Maryland territory from the earliest geological period to the present day. They will be by far the most important publications of the Geological Survey and will have not only present but lasting value to the student of Maryland geology. Long after the general articles and county reports will have become antiquated they will be useful, and must necessarily afford the basis for all subsequent study of Maryland geology. The present volume on the Miocene deals with the middle period of the Cenozoic, and with the Eocene which precedes and the Pliocene which succeeds it embraces what is frequently denominated by geologists as the Tertiary, one of the most important geological horizons represented in Maryland.

The Miocene deposits of Maryland have been studied since the early days of American geology. Fifteen years ago they attracted the attention of the senior author of this report under whose direction Dr. Shattuck has carried out the elaborate stratigraphic studies described in later pages. These investigations have been in progress since the organization of the Survey and large collections of fossils were made both from the historic as well as from new localities. Dr. Shattuck has had in his work the active cooperation of all the members of the Survey, including especially that of the State Geologist, and of Dr. L. C. Glenn and Dr. G. C. Martin, who frequently visited the field to discuss obscure points with the author, while their paleontological studies were carried on in such a way that the results here presented represent the combined labors of the field geologist with the critical laboratory study of the paleontologist.

An important paper by Dr. W. H. Dall accompanies this report in which the results of his wide knowledge of the Miocene of this and other countries have been incorporated. This chapter is by far the most important contribution to the interpretation of the Maryland Miocene deposits which has been hitherto made and shows in a highly philosophical manner the relationship of the Maryland Miocene fauna to that of other regions and to the recent fauna.

The systematic paleontological investigations have been jointly conducted by several experts. Many of them are recognized authorities in the subjects which they have discussed. The Mammalia, Aves, and Reptilia have been studied and described by Dr. E. C. Case of Milwaukee, Wisconsin; the Fishes by Dr. Charles R. Eastman, of Harvard University, Cambridge, Massachusetts; the Ostracoda, Bryozoa, and Hydrozoa by Messrs. E. O. Ulrich and R. S. Bassler of the U. S. Geological Survey; the Corals by Mr. T. Wayland Vaughan of the U. S. Geological Survey; the Foraminifera by Dr. R. M. Bagg, Jr., of Springfield, Massachusetts; the Angiospermæ by Dr. Arthur Hollick of the New York Botanical Garden; and the Thallophyta by Mr. C. S. Boyer of Philadelphia, Pennsylvania. The remaining chapters have been prepared by members of the Maryland Geological Survey. The Malacostraca, the Cirripedia, the Cephalopoda, the Gastropoda, the Amphineura, the Scaphoda, the Brachiopoda, the Vermes, and the Radiolaria have been studied and described by Dr. G. C. Martin, lately appointed to the U. S. Geological Survey; the Pelecypoda by Dr. L. C. Glenn, now of Vanderbilt University, Nashville, Tennessee; and the Echinodermata by Dr. W. B. Clark, the State Geologist.

Very large collections of materials were made preparatory to this work and practically every Miocene fossiliferous locality in the State was exhaustively collected from. The long series of bluffs along the Chesapeake Bay and its tributaries afforded the greatest amount of material, while pits, well-borings, and other exposures of the strata likewise yielded

b

numerous specimens. The commoner species often occur in great profusion forming almost solid beds of shells many feet in thickness. In
general, the shells are hard and readily removed so that great numbers of
well-preserved specimens have been available for comparative study.
There have been for many years extensive collections of Maryland materials in several museums of the country, notably the U. S. National
Museum, the Academy of Natural Sciences of Philadelphia, the Wagner
Free Institute of Science of Philadelphia, and the Johns Hopkins University. Much larger and more exhaustive collections have been made
in recent years by the members of the Maryland Geological Survey. All
of the collections, however, have been drawn upon in the present study
of the Miocene. The Museum of the Academy of Natural Sciences of
Philadelphia contains many of Dr. Conrad's types which have been most
important in definitely determining many of the species hitherto
described.

The State Geological Survey desires to express its thanks for the aid
which has been rendered by the several experts who have contributed to
this volume; also to the U. S. Geological Survey, the Academy of Natural
Sciences of Philadelphia, the Wagner Free Institute of Science, the U. S.
National Museum and Cornell University, through Professor G. D. Harris, which have generously allowed the use of their materials and drawings
and have in every way facilitated the present investigation.

Many important suggestions have been received from Dr. W. H. Dall,
of the U. S. National Museum, Professor H. A. Pilsbury, of the Academy
of Natural Sciences of Philadelphia, and Mr. C. W. Johnson, of the
Boston Society of Natural History. The Survey desires especially to
thank Rev. Edward Huber, of Baltimore, who has generously placed at
the disposal of the Survey his collections of diatoms and radiolaria.

Thanks are particularly due to the artists, the late Dr. J. C. McConnell,
of the U. S. Army-Medical Museum; Mr. F. von Iterson, of Princeton,
New Jersey; and Mr. H. C. Hunter, of the U. S. Geological Survey, for

the beautiful and accurate drawings with which the report is illustrated. Most of the illustrations were prepared by Dr. J. C. McConnell, whose recent death is deeply deplored by all students of paleontology. His knowledge of the requirements of paleontological illustration made his contributions in this field to any scientific work almost equal in value to that of the recognized author. Dr. McConnell has prepared many hundreds of drawings for the various Maryland reports, not only for the Eocene and Miocene volumes now before the public, but likewise for the Devonian and Pliocene-Pleistocene reports which have yet to appear. It is a cause of deep regret to us that his work is ended.

THE MIOCENE DEPOSITS
OF MARYLAND

BY

WILLIAM BULLOCK CLARK

GEORGE BURBANK SHATTUCK

AND

WILLIAM HEALEY DALL

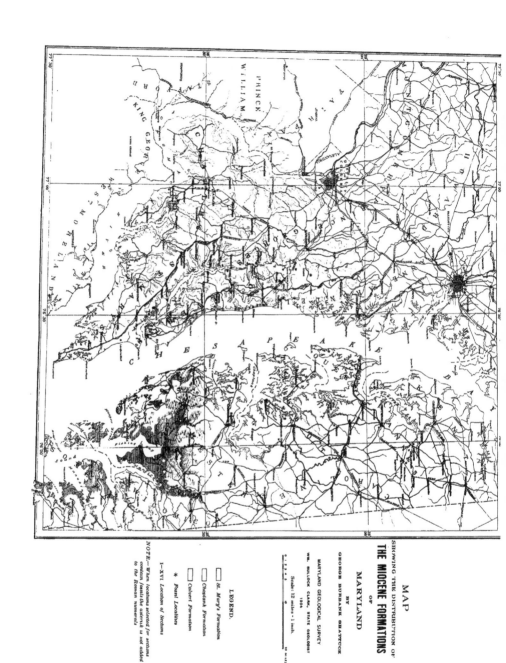

MAP

SHOWING THE DISTRIBUTION OF

THE MIOCENE FORMATIONS

OF

MARYLAND

BY

GEORGE BURBANK SHATTUCK

MARYLAND GEOLOGICAL SURVEY

WM. BULLOCK CLARK, STATE GEOLOGIST

1904

Scale: 12 miles = 1 inch.

LEGEND.

St. Mary's Formation

Choptank Formation

Calvert Formation

★ Fossil Localities

I–XVI Locations of Sections

NOTE.—When locations selected for sections
contain fossils the asterisk is not added
to the Roman numerals

INTRODUCTION

GENERAL STRATIGRAPHIC RELATIONS

BY

WILLIAM BULLOCK CLARK

INTRODUCTION.

Geologists recognize three great natural provinces in the Atlantic border region, which are commonly designated the Coastal Plain, the Piedmont Plateau, and the Appalachian Region. Each of these districts possesses distinctive physiographic and geologic characters that easily separate it from the others.

The oldest and most complicated district is the Piedmont Plateau, which is composed largely of ancient schists and gneisses of unknown age, part of which are certainly pre-Cambrian.

The Appalachian Region which adjoins the Piedmont Plateau on the west is mainly composed of Paleozoic sediments which throughout much of the district have been deformed into a series of folds that gradually decrease in intensity westward.

The Coastal Plain, the youngest of the three districts, is composed of a series of largely unconsolidated and horizontal sediments that represent a nearly complete sequence of deposits from the Middle Mesozoic to the present.

Each of these provinces can be traced from Pennsylvania and New Jersey southward to the Gulf States and is approximately parallel with the axis of the great mountain uplift of the Appalachian mountain system which from early geological times has marked the eastern border of the continent. It is evident therefore that a knowledge of Maryland geology cannot be complete without a careful comparison of the formations represented in our own State with those of adjacent commonwealths to the north and south of us. In fact, a solution of many of the problems presented can only be gained after taking into consideration the conditions that have controlled throughout the entire area.

Maryland, with the adjacent States of Delaware and Virginia, embraces what with propriety has been called the Middle Atlantic Slope, which comprises in its geology and mineral resources much that is typical of the entire Atlantic border region. In many particulars the record here presented is more complete than that afforded by the States farther to the north and south. No portion of the Atlantic border area has been more thoroughly studied since the early days of American geology, and much of the region may be considered as classic ground to the student of that science.

The present report is confined to a consideration of a part only of the Coastal Plain. This region embraces the eastern portion of Maryland, crossing the State from north to south in a broad belt of an average width of 75 miles and extending from the ocean border to the head of tide or slightly beyond on the various estuaries and rivers of the region.

Much interest has been manifested in the Coastal Plain geology and paleontology of the Middle Atlantic Slope since the early days of geological investigation in this country. Many of the most potent illustrations of the geologists of the early part of the century were drawn from this region, and although the relations of the deposits were not altogether comprehended, yet the recorded observations show an appreciation of many of the more difficult problems involved. Later, as the complicated geological history of the Coastal Plain became better known, it was recognized that if a full understanding of any single formation was to be gained it was necessary to study carefully not only its lithological and paleontological characteristics but also its relationship to the other members of the series. It was seen that only by an understanding of the broad conditions affecting the whole area could the strata of any one formation be properly interpreted. Recognizing this fact, the writer presents in later pages a brief discussion of the general relations of the strata composing the Coastal Plain in the Middle Atlan-

tic Slope. The fuller discussions will be found in other volumes of
the Survey dealing with these formations.

When we come to consider that assemblage of deposits early separated as the Tertiary, portions of which are the special subject of this
report, we find that it is divisible into several distinct formations. Even
at a relatively early date an older and a younger Tertiary were already
established, the former being correlated with the Eocene of England
and the European continent, and the latter somewhat later with the
Miocene or Pliocene. Attempts were made then and later to find their
exact equivalents in one or another of the already established local formations of the English or Continental series, but with very unsatisfac-
tory results.

Even after the American Tertiary strata had received somewhat detailed examination in the various sections of our own country and local
divisions had been established, attempts were made from time to time
to determine their equivalency. By common consent the diversified
and extensive deposits of the Gulf area came to be regarded as the type
for the Eocene and the various Eocene deposits of the Atlantic Coast
States were assigned to positions in this series. On the other hand,
the great development of later Tertiary deposits, which we now know
to be largely Miocene, in Maryland and the States immediately to the
south of it, led geologists to regard them as the most typical for the
Atlantic province and many terms derived from this district have found
a permanent usage in geological literature.

The Miocene deposits of Maryland have long been known to geologists for the rich faunas which they contain and great collections of
this material have for many years enriched the museums both of this
and foreign lands. The exhaustive studies which have been given to
the forms found in these deposits must necessarily prove of great interest and value to geologists and paleontologists everywhere.

The description of species of fossils is of little scientific importance
to the geologist, however, unless the object is something other than
the mere multiplication of new forms, which has too often been the
case in such investigations. When the work has in view the fullest
possible representation of a fauna or the clearing up of doubtful points
in the synonymy of already described species, as well as a more complete

knowledge of their geological and geographical ranges, it becomes of
the very greatest value, since one whole class of important criteria for
the interpretation of the strata is thus made accessible. The present
report includes the results of such an exhaustive study of the fauna of
the Miocene of Maryland, embracing both a critical review of the species
described by previous authors, as well as the description of a large number of new forms. It is believed that a much more accurate idea of
the faunal characteristics, as well as of the physical conditions prevailing during the Miocene period on the Middle Atlantic Coast, will result
from the methods pursued in this investigation. Certainly the data
for the comparison of the fauna with those of other areas will be
greatly increased.

General Stratigraphic Relations.

Our knowledge of the Tertiary geology and paleontology of the
Middle Atlantic Slope has been largely augmented since the days of
Conrad and Rogers, yet few fields have afforded better opportunities in
recent years for continued investigations, since very divergent opinions
have prevailed and even to-day find expression in the different inter-
pretations of the data.

Both the Eocene and the Miocene divisions of the Tertiary in this
area have broad surface exposures, and are represented by characteristic
sections along the leading waterways. Both are also highly fossiliferous, although the Miocene shows a greater diversity of species than
does the Eocene. This difference, however, is not so great as one would
infer from a perusal of the literature, since a large number of Eocene
species, many of them very common, have been until recently unrecog-
nized, or at least unrecorded.

A brief discussion of the general relations of the Coastal Plain deposits in the Middle Atlantic Slope is essential to a clear comprehension of the Miocene formations, and several pages will be devoted to this
aspect of the subject.

The Coastal Plain consists geologically of a series of formations that
were deposited as moderately thin sheets, one above another, along the
eastern border of the crystalline belt, elsewhere referred to as the Piedmont Plateau. The coastal deposits are slightly inclined eastward. so

that successively later members of the series are encountered in passing from the interior of the country toward the coast.

From the beginning of deposition in the coastal region until the present time sedimentation has apparently been constantly in progress over some portions of the area. Differential movements of the sea floor, with its accumulated sediments, took place, however, from time to time so that the formations present much complexity along their western margins. It is not uncommon to find certain members of the series lacking, as renewed deposition carried a later formation beyond its predecessors. In the absence of distinctive fossils the discrimination of the different horizons at such points is often attended with great uncertainty.

Deformation has also affected the region to a certain extent, the strata in places being slightly warped, so that they do not maintain a uniform strike and dip. This is particularly marked along the western border of the area where there have also been slight displacements in various localities.

Every geological period from the Cretaceous (possibly Jurassic) to the Pleistocene is represented, although in one or two instances the lack of characteristic fossils renders the taxonomic position of certain formations difficult of absolute determination.

CRETACEOUS

The Cretaceous (in part possibly Upper Jurassic) is extensively represented in the Middle Atlantic Slope. The deposits of this period consist of a series of basal formations that has been designated the Potomac group, comprising the Patuxent, Arundel, Patapsco and Raritan formations, no one of which was deposited under marine conditions. They are overlain in succession by the Matawan, Monmouth and Rancocas formations, which are distinctively marine in origin. All of these formations gradually disappear southward, the lower formations of the Potomac group alone of the Cretaceous deposits being recognized in Virginia. Unconformities characterize the several members of the Potomac group while the marine deposits are also unconformable to the older strata.

The Potomac group consists chiefly of sands and clays, the former frequently arkosic, with gravel at certain points where the shore accumulations are still preserved. The deposits of the Patuxent formation are highly arkosic, the sands and clays showing both a vertical and a horizontal gradation into one another. The sand layers are seldom widely extended, being generally lenticular masses which rapidly diminish in thickness from their centers. Dark-colored clays abound in the Arundel formation and have yielded large amounts of nodular carbonate of iron. Highly-colored and variegated clays largely make up the Patapsco formation. Thick-bedded and widely extended white sands with interstratified clays characterize the Raritan formation. The fossils consist chiefly of the bones of Dinosaurian reptiles and of leaf impressions, the former confined to the Arundel formation, the latter predominating in the Patapsco and Raritan formations. The plants show beyond a doubt the Cretaceous age of the two upper formations while the reptiles have been regarded by high authority to be Upper Jurassic.

The Matawan formation is formed largely of fine sands and clays, clearly stratified and in case of the clays often laminated. The clays and sandy clays are generally dark, often black in color. They are commonly micaceous and at times sparingly glauconitic. The very homogeneous and persistent character of the beds is in marked contrast to the deposits of the Potomac group which they overlie. The fossils consist largely of marine Mollusca which indicate the Upper Cretaceous age of the deposits.

The Monmouth formation consists chiefly of greensand deposits, although the glauconitic element is not so pronounced or so persistent south of the Chesapeake as in the more northern districts. The strata are more arenaceous, and as a result the materials weather more readily, showing generally in greater or less degree the characteristic reddish color of the hydrated peroxide of iron. The common and characteristic *Gryphæa vesicularis, Exogyra costata,* and *Belemnitella americana* are found, especially in the basal beds.

The Rancocas formation is also largely composed of greensands, generally more glauconitic than the Monmouth formation, although at times somewhat argillaceous. The strata are much weathered where exposed and often appear as a firm red rock, the grains being cemented by the iron oxide. The deposits have afforded *Terebratula harlani, Gryphæa bryani* and other characteristic species of the New Jersey area.

FIG. 1.—CLIFFS OF DIATOMACEOUS EARTH IN THE CALVERT FORMATION AT FAIRHAVEN,
ANNE ARUNDEL COUNTY.

FIG. 2.—NEARER VIEW OF ONE OF THE CLIFFS AT FAIRHAVEN, CARRYING ROLLED AND
REWORKED EOCENE FOSSILS AT THE BASE.

VIEWS OF MIOCENE SECTIONS.

EOCENE

The Eocene is represented in the Middle Atlantic Slope by a group of deposits stretching along the eastern margin of the Cretaceous formations, and overlying them unconformably. They have been discussed in much detail in an earlier volume,[1] where they were described under the names of Aquia and Nanjemoy formations, which together constitute the Pamunkey group.

The deposits of both formations consist largely of greensand marls, which may, however, by weathering lose their characteristic green color and by the deposition of a greater or less amount of hydrous iron oxide become firm red or brown sandstones or incoherent red sands. At times, notably in Southern Maryland and Virginia, the strata become highly argillaceous, the glauconitic elements largely or quite disappearing. Infrequently coarse sands and even gravels are found, the latter chiefly toward the base of the Aquia formation and near the ancient shore line, especially toward the northeast in central and eastern Maryland.

Very commonly the shells of organisms are so numerous as to. form the chief constituents of certain beds. Notwithstanding these facts, the deposits are remarkably homogeneous, although the recent investigations of the Survey have shown the necessity of dividing them into two formations on both lithologic and faunal grounds. The lower or Aquia formation is much more arenaceous than the upper or Nanjemoy formation, which, particularly in its lower part, is generally highly argillaceous. The Aquia formation is also much more calcareous than the Nanjemoy formation, indurated layers frequently appearing in the former.

MIOCENE

The Miocene deposits occupy the region to the southeast of and overlie those of the Eocene. They have long been known as the Chesapeake group, from the superb sections found exposed on the shores of Chesapeake Bay, and have been recently divided by the State Survey into three well-defined formations—the Calvert, Choptank, and St. Mary's for-

[1] Maryland Geological Survey, Eocene, 1901.

mations, so-called from Maryland localities where the strata are typically exposed.

The Miocene deposits lie unconformably upon those of the Eocene and overlap them along their western border. In Delaware and southern New Jersey they completely transgress the Eocene beds, the latter having disappeared beneath the cover of Miocene strata.

The Miocene deposits consist of sands, clays, marls, and diatomaceous beds. The last, composed almost exclusively of the tests of diatoms, are chiefly confined to the lower portion of the Calvert formation, where they afford striking, light-colored bluffs along many of the larger stream channels. The nearly-pure diatomaceous earth often reaches a thickness of 30 or 40 feet, although the remains of diatoms are found scattered in greater or less amounts throughout much of the overlying strata. The greater portion of the Chesapeake group, however, is composed of variously colored sands and clays, with which are frequently mingled vast numbers of molluscan shells. Sometimes the shelly materials form so large a proportion of the deposits as to produce nearly pure calcareous strata, which in a partially comminuted state may become cemented into hard limestone ledges. The organic remains are very numerous and show clearly the Miocene age of the deposits. Their great number early attracted the attention of geologists, in whose writings descriptions of them are frequently found. Several faunas have been distinguished on the basis of which, as well as on stratigraphic and structural grounds, the three well-defined formations, above referred to, have been recognized by the State Geological Survey.

The Calvert formation consists of clay, sand, marl and diatomaceous earth, the clayey and sandy elements being more or less combined and often filled with great numbers of fossils, affording a fossiliferous sandy-clay. The Choptank formation consists of clay, sand and marl with well-marked beds of fossils scattered through the formation. The St. Mary's formation is characteristically a fossiliferous sandy-clay with here and there beds of clay and marl, the latter often filled with great numbers of fossils.

PLIOCENE

Overlying the Miocene deposits in portions of southern Maryland and older deposits along the landward borders of the Coastal Plain is a formation composed of gravel, sand and clay, which thus far has afforded no distinctive fossils upon which to base a determination of its geologic age. From the fact that the deposits rest uncomformably upon the underlying Chesapeake and are in turn unconformably overlain by the Pleistocene, they have been thought to represent the Pliocene. The apparent similarity of these deposits to those in Mississippi, described by Hilgard under the name of the Lafayette formation, has led to the adoption of the same name for the strata of the Atlantic Coast. The beds of the Lafayette are very irregularly stratified and often change rapidly within narrow limits. Toward the ancient shore line the deposits are coarse gravel, through which is scattered a light-colored sandy loam, the whole cemented at times by hydrous iron oxide into a more or less compact conglomerate. The eastward extension of the formation shows a gradual lessening of the coarser elements and a larger admixture of loam. Arkosic materials are also present throughout the formation, while the coloring and manner of weathering are highly characteristic, the exposed surfaces presenting what is known as case-hardening.

PLEISTOCENE.

Superficially overlying the deposits hitherto described and with marked variations in thickness, composition and structure are the Pleistocene formations, which lie at various elevations from near sea-level to 200 feet in the different portions of the region. From their typical development in the District of Columbia all the Pleistocene deposits of the Middle Atlantic Slope received the name of Columbia formation by McGee, who described three distinct phases, viz., the fluvial, the interfluvial, and the low-level. Later Darton recognized high-level and low-level phases which he called earlier and later Columbia. More recently Shattuck, of the State Geological Survey, has shown that greater complexity exists in the Maryland Pleistocene deposits than had been before recognized and that the later Columbia will have to be further divided.

The Pleistocene deposits consist of gravel, sand, clay, and loam, the material in general becoming finer and more fully stratified with distance from the old shore-line and river-channels. In the latter instance

they at times contain large numbers of marine molluscan shells, forming a characteristic calcareous marl.   In general, however, the organic
remains consist largely of the branches and leaves of terrestrial plants,
many of which are exquisitely preserved.

The Pleistocene deposits of the Middle Atlantic Slope, widely
known hitherto under the name of the Columbia group, have been
divided by the Maryland Geological Survey into the Sunderland,
Wicomico, and Talbot formations.   The Sunderland formation, the
oldest member of the Columbia group, constitutes the highest of the
Pleistocene terraces and often covers the highest levels along the western shore of the Chesapeake Bay, and consists of gravel, sand and clay
overlain by loam often carrying ice-borne boulders.   The Wicomico
formation occupies lower levels skirting the high lands capped with
Sunderland deposits.   The Wicomico formation like the Sunderland,
is composed of gravel, sand and clay which is often capped with loam
and marly clay bearing here and there ice-borne boulders.   The Talbot
formation occupies the lower levels of the Coastal Plain, seldom reaching above 40 feet in altitude.   It is composed of gravel, sand and clay,
with here and there large deposits of peat, and is generally overlain with
loam frequently carrying ice-borne boulders.   The Talbot formation constitutes the lowest of the series of terraces previously described and has a
very much larger areal extent than any of the other members of the
Pleistocene.

GEOLOGICAL AND PALEONTOLOGICAL RELATIONS, WITH A REVIEW OF EARLIER INVESTIGATIONS

BY

GEORGE BURBANK SHATTUCK

HISTORICAL REVIEW.[1]

For a period of more than 200 years the Miocene deposits of Maryland have attracted the attention of geologists. Two conditions have been of special importance in creating this extraordinary interest; first, the extensive beds of fossil shells which occur throughout the Miocene formations, and second, the unusually fine exposures which dissect the beds in all directions. Notwithstanding the fact that Maryland holds the key to the Miocene stratigraphy of the Atlantic states the early contributions to our knowledge regarding this region were of little importance even as reconnoissance reports, and only very slowly have the true relations of the Miocene beds been brought to light.

As early as 1669 Nathaniel Shrigley wrote regarding "*Relations of Virginia and Maryland*," and mentioned fullers earth among the other natural resources found in that region. No definite locality was given where this deposit could be found, but it is probable that the author had in mind the extensive deposits of greenish sandy clay, which occur in the Calvert Cliffs and elsewhere and have long been known to the inhabitants of southern Maryland as "fullers earth."

---

[1] In citing books in this and the subsequent chapter on *Bibliography*, the author has not confined himself to articles pertaining to Maryland alone, but has also referred to important works which treat of similar deposits in neighboring states. As the geologic province extends from Marthas Vineyard southward to Florida and is not interrupted by political boundaries, some notice of neighboring regions must be given.

c

A few years later, in 1685, Martin Lister published a figure of *Ecphora quadricostata*. This was the first American fossil to be figured, and the original came from the Miocene of Maryland. Lister's work was republished by Dillwyn in 1823 and his figure of *Ecphora quadricostata* is reproduced as Plate LII, Fig. 3, of this volume.

Nothing more of geologic interest seems to have been written regarding this region until the year 1809 when Silvain Godon published a paper in which he assigned all the country between Baltimore Bay and the right bank of the Potomac, where Washington City is located, to "Alluvium." He did not give boundaries or indicate how far he wished to carry this classification toward Chesapeake Bay, but it is probable that the entire Coastal Plain south of Baltimore and east of the Potomac was included in his conception.

In the same year, 1809, a noteworthy paper was published by William Maclure. He included the entire Coastal Plain of Maryland in one formation, the "Alluvial," and so represented it on a geological map. He described the unconsolidated Coastal Plain deposits from Long Island southward, indicated the boundaries of the Alluvial formation and noted the presence of fossils. This paper was reprinted in substance in various magazines in 1811, 1817, 1818 and 1826. Maclure's views seemed to have attracted considerable attention at first, for in 1820 Hayden incorporated them in his "Geological Essays" and attempted to establish the theory that the Alluvial was deposited by a great flood which came down from the north and crossed North America from northeast to southwest. The following year Thomas Nuttall referred the Coastal Plain deposits to the Second Calcareous formation of Europe, pointed out the fact that it occupied the country east of the primitive and transition formations of the Piedmont Plateau, and fixed Annapolis as about its northern limit. The next year, 1822, Parker Cleaveland brought out his treatise on Mineralogy. In this interesting volume he reproduced Maclure's map and recorded the occurrence of selenite crystals in the Alluvial soil on the St. Mary's bank of the Patuxent river. He probably had in mind the locality directly opposite Solomons Island.

Professor John Finch, an Englishman, who was traveling in America at about this time, visited the Coastal Plain of Maryland and was so impressed with its interesting geology and vast deposits of fossils, that, on his return to Europe, he published an account of his experiences in southern Maryland, and drew some interesting conclusions regarding its geology. Finch in this book, which appeared in 1824, took exception to the classifications proposed by his predecessors. He believed that the deposits included under the term "Alluvial" were contemporaneous with the Lower Secondary and Tertiary of Europe, Iceland, Egypt and Hindoostan. He went further and divided Maclure's "Alluvial" up into Ferruginous Sand and Plastic Clay. He believed that the Plastic Clay was Tertiary, and based his conclusions on the presence of amber, which he found entombed in it at Cape Sable, correlating it with the amber of the Baltic. He also assigned to the Plastic Clay certain of the Indian kitchen-middens, which are found along the shore of Chesapeake Bay, thus opening a controversy regarding the age of these interesting deposits of oyster shells which did not reach a final settlement until many years later. He believed that the materials composing his Ferruginous Sand and Plastic Clay were deposited by a flood from the north or the northwest, agreeing somewhat closely with Hayden in this particular. His correlations were based almost entirely on lithologic distinctions, supported by a general similarity of fossil forms. No critical study of the fossils was undertaken, however, and few localities were given and no geologic boundaries whatever. It is consequently impossible to ascertain where he intended to place the formations which we now ascribe to the Miocene, and which he surely visited. He might have thought them to belong to the London Clay, together with those of the James and Rappahannock rivers, which he also visited and ascribed to this formation, but it is more likely that he placed them in the Plastic Clay. One thing, however, he perceived very keenly—that the deposits in the Coastal Plain would with future work be separated into many distinct formations. This prophecy has since been fulfilled. During the same year Thomas Say described the collection of fossil shells made by Finch, and among them appeared many Maryland forms. This collection is preserved in the British Museum.

In the year 1825 J. Van Renssellaer assigned the deposits of the Coastal Plain to the Tertiary, and divided them into Plastic Clay, London Clay and Upper Marine. He further correlated the deposits of Maryland which we now know as Miocene with the Upper Marine of Europe and probably in part with the London Clay. It should be noted here, however, that Finch had previously used Upper Marine in a different sense. He had applied it to the sand dune formations of Cape Henry and Staten Island, while Van Renssellaer adopted it for a true fossiliferous formation of very much greater age than the deposits which Finch had embraced under the same name. Three years later, in 1828, Morton, although accepting Van Renssellaer's correlation of the great deposits of fossil shells in the Maryland Coastal Plain with the Upper Marine of Europe, apparently used the term in a much wider sense than its author had employed. He also gave a list of the fossil forms occurring in the Upper Marine, and included some which have since been shown to be later than Miocene. During the same year Vanuxem divided the Alluvial and Tertiary of the Atlantic Coast into Secondary, Tertiary and Ancient and Modern Alluvial. In this classification the Miocene of southern Maryland was included in a part of the Tertiary. He stated further that vast numbers of "Littoral" shells occurred in the Tertiary analogous to those of the Tertiary of the Paris and English basins. He mentioned St. Mary's county particularly as being one of the Tertiary localities, and he also pointed out some of the differences between the faunas of the Secondary and Tertiary formations.

Conrad brought out his first publications bearing on the Miocene geology of Maryland in 1830. He agreed with Vanuxem in placing southern Maryland in the Tertiary and pointed out a number of localities where fossil shells could be found. Two years later Conrad published another paper in which he divided up the Coastal Plain deposits into six formations. This was the first time that the Coastal Plain had been classified so as to show its extreme complexity, and from this time on it has been dealt with, not as a deposit containing a few formations but as a series of deposits complex in composition and age. Conrad at this time ascribed the Miocene of Maryland to the Upper Marine

FIG. 1.—DIATOMACEOUS WORKS AT LYONS CREEK WHARF ON THE PATUXENT RIVER,
CALVERT COUNTY.

FIG. 2.—VIEW SHOWING CONTACT OF THE CALVERT FORMATION ON THE EOCENE AND
THE INDURATED BAND (ZONE 2) 5 FEET ABOVE IT, NEAR
LYONS CREEK, CALVERT COUNTY.

VIEWS OF MIOCENE SECTIONS.

and made it equivalent to the Upper Tertiary of Europe. The follow-ing year John Finch published another book on his travels in Mary-land which had been made almost a decade before. In this narrative, Finch gives a most interesting account of the great delight which he experienced in collecting from the enormous deposits of fossil shells in St. Mary's county. The same year Morton published another paper in which he proposed a classification of the Coastal Plain deposits. In this no distinct reference was made to Maryland but it is probable that he still regarded the Miocene of this state as Upper Marine. During the same year also Isaac Lea described some fossils from the St. Mary's river and regarded them as older Pleiocene. He, too, doubted the existence of the Miocene in Maryland. The next paper of import-ance was published by Conrad, in 1835, in which he assigned the Mio-cene deposits to the older Medial Pleiocene. In the following year Ducatel referred the deposits of St. Mary's and Calvert counties to older Pleiocene and distinctly stated that they were not Miocene. He also published a map of southern Maryland in which various deposits were marked and the names of the formations given in red letters.

W. B. Rogers was the first to recognize the presence of Miocene de-posits in Maryland. He made the announcement in 1836 that part of the Maryland Tertiary belonged to the Miocene. The following year Ducatel agreed that if the deposits of Upper Marlboro and Fort Wash-ington were Eocene then the blue marl of Charles county was Miocene. This view, he said, he had formerly entertained but had afterward abandoned it. During the next year Conrad ascribed formations to the Medial Tertiary and correlated them with the Crag of England. He noted the great difference between the fossil and living species, showing that the Medial Tertiary contained but 19 per cent. of living species. He thought that the extermination was due to a fall of temperature. In the same and the following years he described many fossils from the Miocene of Maryland and in 1842 he correlated his Medial Tertiary with the Crag of England and stated it was Miocene. The boundaries which he gave the Miocene at that time were not greatly different from the boundaries which are ascribed to the Chesa-peake Group of to-day. In 1844 Bailey described some ten species of diatoms from Maryland and Ehrenberg, in the same year enumerated sixty-eight species from Piscataway and included many Miocene forms among them. Rogers, in the same year, assigned the diatomaceous earth to a position near the base of the Miocene.

About this time much interest was created in the Miocene problem of Maryland by Sir Charles Lyell. He regarded these deposits as Miocene, and gave at some length his reasons for this opinion. He also stated that the Miocene of Maryland agreed more closely with the Miocene of Lorraine and Bordeaux than to the Suffolk Crag. Lonsdale also concluded from the corals collected in the Miocene which were submitted to him for examination, that the American deposits were probably accumulated while the climate was somewhat " superior " to that of the Crag and " perhaps " equal to that of the *faluns* of Lorraine but " inferior " to that of Bordeaux. In the same year Conrad described and figured many fossils from the Calvert Cliffs. In the year 1850 Higgins gave analyses of many samples of marl from Kent, Talbot and Anne Arundel counties. It is probable that many of these marls belong to the Miocene.

No more papers of importance appeared on the Maryland Miocene until 1863 when Dana brought out his first edition of the Manual of Geology. In this work he took occasion to propose the term " Yorktown epoch " for the period during which the Miocene of the Atlantic coast was deposited. The next paper of significance was published by Heilprin in 1881, in which he discussed the Miocene at some length, and divided it into an " Older period " and a " Newer period." The Older period contained the older portion of the Miocene of Maryland; and the Newer period, the later portion. He subdivided the Newer period again into the Patuxent Group and the St. Mary's Group. The next year, the same author revised his classification and divided the Miocene into three groups as follows: the Carolinian or the Upper Atlantic Miocene including the Sumpter epoch of Dana, the Virginian or Middle Atlantic Miocene including part of the Yorktown of Dana and the Newer group of Maryland, and the Marylandian or the Older Atlantic Miocene including the rest of Dana's Yorktown and the older period of Maryland. He suggested that the Virginian was of the same age as the second Mediterranean of Austrian geologists and the *faluns* of Tourraine, and that the Marylandian was, at least in part, equivalent to the first Mediterranean of Austrian geologists and *faluns* of Leognan and Saucats. Three years later the same author published a map showing the distribution of these formations along the Atlantic coast. In 1888 Otto Meyer took exception to Heilprin's correlation and conclusions, and introduced the term *Atlantic Group* to embrace the Tertiary of the Atlantic States, and *Gulf Group* for that of the Gulf States. The Maryland Miocene lay wholly within the Atlantic group.

Three years later Darton employed the term " Chesapeake Group " to cover a portion of the Miocene and in the following year Dall and Harris published their report on the Miocene deposits in the Correlation Papers of the U. S. Geological Survey, and used the term " Chesapeake Group " to include the Miocene strata extending from Delaware to Florida. These deposits were made during the Yorktown epoch of Dana and the group included a large part of Heilprin's Marylandian, Virginian and Carolinian. Two years later Harris, basing his work on a study of the organic remains found in the Miocene, subdivided the Miocene faunas of Maryland into the Plum Point fauna, the Jones Wharf fauna and the St. Mary's fauna.

The following year Darton, by bringing together a large number of well records throughout the Coastal Plain from New Jersey southward, rendered a most important service to the study of the Miocene problem in Maryland by suggesting the structure and extent of the beds throughout the region. In his Fredericksburg folio, published in the same year, he was the first one to express, on a contour map, the development of the Miocene throughout a portion of southern Maryland and eastern Virginia. The following year Dana admitted Harris's faunal zones but still retained the term " Yorktown," to part of which he assigned the Maryland beds. In 1896 Darton published a bulletin under the auspices of the U. S. Geological Survey, in which he brought together a large number of well records throughout the Coastal Plain. He also published the Nomini folio, and carried forward the mapping of the Miocene deposits which he had previously started in the Fredericksburg folio.

COMPARATIVE TAXONOMIC TABLE OF THE MIOCENE STRATA OF MARYLAND

Shattuck 1902	Dall 1898	Harris 1893	Dall & Harris 1892	Dall 1892	Darton 1891	Meyer 1888	Heilprin 1882	Heilprin 1881	Dana 1863	Conrad 1842
St. Mary's formation	St. Mary's zone	St. Mary's fauna	Chesapeake Group (in part)	Chesapeake Group (in part)	Chesapeake formation (in part)	Atlantic Group (in part)	Virginian (Middle Atlantic Miocene)	St. Mary's Group / Patux'nt Group (Newer Period)	Yorktown formation	Medial Tertiary
Choptank formation	Jones Wharf zone	Jones Wharf fauna								
Calvert formation	Plum Point zone[1]	Plum Point fauna					Marylandian (Lower Atlantic Miocene)	Older period		

[1] The Plum Point zone is not equivalent to the entire Calvert formation.

Conrad 1838	Rogers Bros. 1837	Ducatel 1837	W. B. Rogers 1836	Ducatel 1836	Conrad 1835	Lea 1833	Conrad 1832	Vanuxem 1828	Morton 1828	Van Rensselaer 1825	Finch 1824	Nuttall 1821	Maclure 1809
Medial Tertiary	Miocene (asserted)	Miocene (suggested)	Miocene (asserted)	Older Pliocene	Medial Pliocene (in part) / Older Pliocene	Older Pliocene	Upper Marine	Tertiary (in part)	Upper Marine	Upper Marine and probably some London	Plastic clay (in part)	Second Calcareous (in part)	Alluvial (in part)

(xl)

Fig. 1.—Cliffs Containing Beds of Diatomaceous Earth, Lyons Wharf,
Calvert County.

Fig. 2.—Diatomaceous Earth Pit of New York Silicite Company, Lyons Wharf,
Calvert County.

VIEWS OF MIOCENE SECTIONS.

In 1898 Dall published a most important summary of existing knowledge of the Tertiary of North America, in which he suggested a subsidence and classification of the Maryland Miocene deposits and correlated them with the strata of other parts of North America and of Europe.

BIBLIOGRAPHY.

1669.

SHRIGLEY, NATHANIEL. A True Relation of Virginia and Mary-Land; with the commodities therein, [etc.] London, 1669.
(Repub.) Force's Collection of Historical Tracts, vol. iii, No. 7, Washington, 1844, 51 pp.

1685.

LISTER, MARTINI. Historia sive synopsis methodicæ Conchyliorum. Pl. 1059, fig. 2. London, 1685.

1809.

GODON, SILVAIN. Observations to serve for the Mineralogical Map of the State of Maryland. (Read Nov. 6, 1809.)
Trans. Amer. Philos. Soc., o. s. vol. vi, 1809, pp. 319-323.

MACLURE, WM. Observations on the Geology of the United States, explanatory of a Geological Map. (Read Jan. 20, 1809.)
Trans. Amer. Philos. Soc., o. s. vol. vi, 1809, pp. 411-428.
———— Observations sur la Géologie des États-Unis, survant à expliquer une Carte Géologique.
Journ. de phys. de chem. et d'hist. nat., vol. lxix, 1809, pp. 204-213.

1811.

MACLURE, WM. Suite des observations sur la géologie des États-Unis.
Journ. de phys., de chem. et d'hist. nat., vol. lxxii. Paris, 1811. With map, pp. 137-165.

1817.

MACLURE, WM. Observations on the Geology of the United States of America, with some remarks on the effect produced on the nature and fertility of soils by the decomposition of the different classes of rocks. With two plates. 12mo. Phila., 1817.

1818.

MACLURE, WM. Observations on the Geology of the United States of America, with some remarks on the probable effect that may be produced by the decomposition of the different classes of Rocks on the nature and fertility of Soils. Two plates.

> Republished in Trans. Amer. Philos. Soc., vol. i, n. s., 1818, pp. 1-91.
> · Leon. Zeit. i, 1826, pp. 124-138.

MITCHILL, SAMUEL L. Cuvier's Essay on the Theory of the Earth. To which are now added Observations on the Geology of North America. 8vo. 431 pp. Plates. New York, 1818.

1820.

HAYDEN, H. H. Geological Essays; or an Inquiry into some of the Geological Phenomena to be found in various parts of America and elsewhere. 8vo. · pp. 412. Baltimore, 1820.

SAY, THOMAS. Observations on some Species of Zoophytes, etc., principally Fossil.

> Amer. Jour. Sci., 1820, vol. ii, pp. 34-45.

1821.

NUTTALL, THOMAS. Observations on the Geological Structure of the Valley of the Mississippi. [Read Dec., 1820.]

> Jour. Acad. Nat. Sci., Phila., vol. ii. 1st. ser., 1821, pp. 14-52.

1822.

CLEAVELAND, PARKER. An elementary treatise on Mineralogy and Geology. 6 plates. 2nd Edit. in 2 vols. Boston, 1822.

1823.

DILLWYN, L. W. Martini Lister Historia sive Synopsis Methodicæ Conchyliarum. Editio tertia. Oxonii, 1823.

1824.

FINCH, JOHN. Geological Essay on the Tertiary Formations in America. (Read Acad. Nat. Sci. Phila., July 15, 1823.)

> Amer. Jour. Sci., vol. vii, 1824, pp. 31-43.

SAY, THOMAS. An Account of some of the Fossil Shells of Maryland.

> Jour. Acad. Nat. Sci., Phila., vol. iv, 1st ser., 1824, pp. 124-155. Plates 7-13.
> Reprinted Bull. Amer. Pal., vol. i, No. 5, 1896, pp. 30-76; pl. 7-12.

1825.

ROBINSON, SAMUEL. A Catalogue of American Minerals, with their localities. Boston, 1825.

VAN RENSSELAER, JER. Lectures on Geology; being outlines of the science, delivered in the New York Atheneum in the year 1825. 8vo. pp. 358. New York, 1825.

1826.

PIERCE, JAMES. Practical remarks on the shell marl region of the eastern parts of Virginia and Maryland, and upon the bituminous coal formations of Virginia and the contiguous region.

Amer. Jour. Sci., vol. xi, 1826, pp. 54-59.

1828.

VANUXEM, L., and MORTON, S. G. Geological Observations on Secondary, Tertiary, and Alluvial formations of the Atlantic coast of the United States arranged from the notes of Lardner Vanuxem. (Read Jan., 1828.)

Jour. Acad. Nat. Sci., Phila., vol. vi, 1st ser., 1828, pp. 59-71.

1829.

MORTON, S. G. Description of two new species of Fossil Shells of the genus Scapphites and Crepidula: with some observations on the Ferruginous Sand, Plastic Clay, and Upper Marine Formations of the United States. (Read June 17, 1828.)

Jour. Acad. Nat. Sci., Phila., vol. vi, 1st ser., 1829, pp. 107-119.

1830.

CONRAD, T. A. On the Geology and Organic Remains of a part of the Peninsula of Maryland.

Jour. Acad. Nat. Sci., Phila., vol. vi, 1st ser., 1830, pp. 205-230, with two plates.

MORTON, SAMUEL G. Synopsis of the Organic Remains of the Ferruginous Sand Formation of the United States, with Geological remarks.

Amer. Jour. Sci., vol. xvii, 1830, pp. 274-295; vol. xviii, 1830, pp. 243-250.

1831.

CONRAD, TIMOTHY A. Description of Fifteen New Species of Recent and Three of Fossil Shells, chiefly from the Coast of the U. S.

Jour. Acad. Nat. Sci., Phila., vol. vi, 1st ser., 1831, pp. 256-268, plate.

OWEN, S. J.   Fossil Remains, found in Anne Arundel County, Maryland.

Amer. Jour. Geol., Phila., vol. i, 1831, pp. 114-118.

1832.

CONRAD, T. A.   Fossil Shells of the Tertiary Formations of North America illustrated by figures drawn on Stone from Nature.   Phila. 46 pp., vol. i, pt. 1-2 (1832), 3-4 (1833).

(Repub.) by G. D. Harris, Washington, 1893.

RUFFIN, ED.   An Essay on Calcareous Manures.   Petersburg, Va., 1832.

Second edition, Shellbanks, 1835; third edition, Petersburg, 1842.

MORTON, S. G.   On the analogy which exists between the Marl of New Jersey, &c., and the Chalk formation of Europe.

Amer. Jour. Sci., vol. xxii, 1832, pp. 90-95.
Also published separately.

1833.

CONRAD, T. A.   On some new Fossil and Recent Shells of the United States.

Amer. Jour. Sci., vol. xxiii, 1833, pp. 339-346.
[Refers to *Upper marine* = Miocene (?).]

FINCH, J.   Travels in the United States of America and Canada. 8vo.   455 pp.   London, 1833.

GOLDFUSS, AUGUST.   Petrefacta Germaniæ.   1833.   p. 23.   (Kalkversteinerung von den Ufern der Chesapeak Bay.)

The fern is *Madrepora palmata* Goldfuss.

LEA, ISAAC.   Contributions to Geology.   237 pp.   6 plates.   Phila. 1833.   pp. 209-216.

(Rev.) Amer. Jour. Sci., vol. xxv, 1834, pp. 413-423.

MORTON, SAMUEL G.   Supplement to the " Synopsis of the *Organic Remains of the Ferruginous Sand Formation of the United States*," contained in vols. xvii and xviii of this Journal.

Amer. Jour. Sci., vol. xxiii, 1833, pp. 288-294; vol. xxiv, pp. 128-132, plate ix.

1834.

CONRAD, T. A.   *Observations on the Tertiary and more recent formations of a portion of the Southern States.*

Jour. Acad. Nat. Sci., Phila., vol. vii, 1st ser., 1834, pp. 130-157.

DUCATEL, J. T., and ALEXANDER, J. H. Report on the Projected Survey of the State of Maryland, pursuant to a resolution of the General Assembly. 8vo. 39 pp. Annapolis, 1834. Map.

Md. House of Delegates, Dec. Sess., 1833, 8vo, 39 pp.
Another edition, Annapolis, 1834, 8vo, 58 pp., and map.
Another edition, Annapolis, 1834, 8vo, 43 pp., and folded table.
Amer. Jour. Sci., vol. xxvii, 1835, pp. 1-38.

MORTON, S. G. Synopsis of the organic remains of the Cretaceous group of the United States. To which is added an appendix containing a tabular view of the Tertiary fossils hitherto discovered in North America. 8vo, 88 pp. Phila. 1834.

(Abst.) Amer. Jour. Sci., vol. xxvii, 1835, pp. 377-381.

HARLAN, R. Critical Notices of Various organic remains hitherto discovered in North America. (Read May 21, 1834.)

Trans. Geol. Soc. Pa., vol. i, part 1, 1834, pp. 46-112.
Med. and Phys. Researches, 1835, [with a few additions].
Edinb. New Philos. Jour., xvii, 1834, pp. 342-363; xviii, pp. 28-40.

1835.

CONRAD, T. A. Observations on a portion of the Atlantic Tertiary Region.

Trans. Geol. Soc., Pa., vol. i, part 2, 1835, pp. 335-341.

——— Observations on the Teritiary Strata of the Atlantic Coast.

Amer. Jour. Sci., vol. xxviii, 1835, pp. 104-111, 280-282.

DUCATEL, J. T. Geologist's report 1834.

——— [Another edition.] Report of the Geologist to the Legislature of Maryland, 1834. n. d. 8vo, 50 pp. 2 maps and folded tables.

———, and ALEXANDER, J. H. Report on the New Map of Maryland, 1834, [Annapolis] n. d. 8vo, 59, i, pp. Two maps and one folded table.

Md. House of Delegates, Dec. Sess., 1834.

HARLAN, RICHARD. Notice of a Pleseosaurian and other fossil Reliquiae from the State of New Jersey.

Med. and Phys. Researches, 1835, pp. 383-385.

1836.

DUCATEL, J. T. Report of the Geologist. n. d. 8vo, pp. 35-84. Plate.

Separate publication (see Ducatel and Alexander).

———, and ALEXANDER, J. H. Report on the New Map of Maryland, 1835. 8vo, 84 pp. [Annapolis, 1836.]

Md. Pub. Doc., Dec. Sess., 1835.
Another edition, 96, 1 pp. and maps and plate.
Engineer's Report, pp. 1-34.

——— Report of the Engineer and Geologist in relation to the New Map to the Executive of Maryland.

Md. Pub. Doc., Dec. Sess., 1835 [Annapolis, 1836], 8vo. 84, 1 pp., 6 maps and plates.
Jour. Franklin Inst., vol. xviii, n. s. 1836, pp. 172-178.

FEATHERSTONHAUGH, G. W. Report of a Geological Reconnoissance made in 1835 from the seat of government by way of Green Bay and the Wisconsin Territory on the Coteau du Prairie, an elevated ridge dividing the Missouri from the St. Peters River. 169 pp. 4 plates. Washington, 1836.

ROGERS, WM. B. Report of the Geological Reconnoissance of the State of Virginia. Wm. B. Rogers. Phila. 1836. 143 pp. Plate.

1837.

DUCATEL, J. T. Outline of the Physical Geography of Maryland, embracing its prominent Geological Features.

Trans. Md. Acad. Sci. and Lit., vol. ii, 1837, pp. 24-54, with map.

———, and ALEXANDER, J. H. Report on the New Map of Maryland, 1836. 8vo, 104 pp. and 5 maps. [Annapolis, 1837.]

Md. House of Delegates, Sess. Dec., 1836.
Another edition, 117 pp.

ROGERS, W. B. and H. D. Contributions to the Geology of the Tertiary Formations of Virginia. (Read May 5, 1835.)

Trans. Amer. Philos. Soc., vol. v, n. s. 1837, pp. 319-341.

TYSON, PHILIP T. A descriptive Catalogue of the principal minerals of the State of Maryland.

Trans. Md. Acad. Sci. and Lit., 1837, pp. 102-117.

1838.

CONRAD, T. A. Fossils of the Medial Tertiary of the United States. No. 1, 1838. [Description on cover 1839 & '40.] 32 pp. Plates i-xvii.

Republished by Wm. H. Dall, Washington, 1893.

1839.

WAGNER, WILLIAM. Description of five new Fossils, of the older Pliocene formation of Maryland and North America. (Read Jan. 1838.)

Jour. Acad. Nat. Sci., Phila., vol. viii, 1st ser., 1839, pp. 51-53, with one plate.

1840.

CONRAD, T. A. Fossils of the Medial Tertiary of the United States. No. 2. 1840. [Description on cover 1840-1842.] pp. 33-56. Plates xviii-xxix.

Republished by Wm. H. Dall, Washington, 1893

1841.

BOOTH, J. C. Memoir of the Geological Survey of the State of Delaware; including the application of the Geological Observations to Agriculture. i-xi, 9-188 pp. Dover, 1841.

CONRAD, T. A. Description of Twenty-six new Species of Fossil Shells discovered in the Medial Tertiary Deposits of Calvert Cliffs, Md.

Proc. Acad. Nat. Sci., Phila., vol. i, 1841, pp. 28-33.

GOULD, AUGUSTUS A. A Report on the Invertebrate Animals of Massachusetts, comprising the Mollusca, Crustacea, Annelida, and Radiata. Published by the order of the Legislature. 8vo, pp. 373. Cambridge, Mass., 1841. [See p. 85.]

CONRAD, T. A. New Species of Fossil Shells from Calvert Cliffs, Md.

Proc. Acad. Nat. Sci., Phil., vol. i, 1841, pp. 28-33.

1842.

CONRAD, T. A. Observations on a portion of the Atlantic Tertiary Region, with a description of new species of organic remains.

2nd edit., 1854; 3rd edit., 1856.

—— Description of twenty-four new species of Fossil Shells chiefly from the Tertiary Deposits of Calvert Cliffs, Md. (Read June 1, 1841.)

Jour. Acad. Nat. Sci., Phila., vol. viii, 1st ser., 1842, pp. 183-190.

DE KAY, JAMES E. Zoology of New York or the New York Fauna.

Nat. Hist. of New York; 2 vol., pt. 1, Mammalia.

HARLAN, R. Description of a New Extinct Species of Dolphin from Maryland.

2nd Bull. Proc. Nat. Inst. Prom. Sci., 1842, pp. 195-196, 4 plates.

LYELL, CHAS. On the Tertiary Formations and their connection with the Chalk in Virginia and other parts of the United States.
Proc. Geol. Soc., London, vol. iii, 1842, pp. 735-742.

MARKOE, FRANCIS, JR. [Remarks and list of fossils from Miocene.]
2nd Bull. Proc. Nat. Inst. Prom. Sci., 1842, p. 132.

1843.

AGASSIZ, LOUIS. Recherches sur les Poissons Fossiles. Tome III.

CONRAD, T. A. Description of a new Genus, and Twenty-nine new Miocene and one Eocene Fossil Shells of the United States.
Proc. Acad. Nat. Sci., Phila., vol. i, 1843, pp. 305-311.

——— Descriptions of nineteen Species of Tertiary Fossils of Virginia and North Carolina.
Proc. Acad. Nat. Sci., Phila., vol. i, 1843, pp. 323-329.

1844.

BAILEY, J. W. Account of some new Infusorial Forms discovered in the Fossil Infusoria from Petersburg, Va., and Piscataway, Md.
Amer. Jour. Sci., vol. xlvi, 1844, pp. 137-141, plate iii.

EHRENBERG, C. G. Ueber zwei neue Lager von Gebirgsmassen aus Infusorien als Meeres-Absatz in Nord Amerika und eine Vergleichung derselben mit den organischen Kreide-Gebilden in Europa und Afrika.
Bericht. k. p. akad. Wiss., Berlin, 1844, pp. 57-97.
(Rev.) Amer. Jour. Sci., vol. xlviii, 1845, pp. 201-204. By J. W. Bailey.

ROGERS, H. D. Address delivered at the Meeting of the Association of American Geologists and Naturalists.
Amer. Jour. Sci., vol. xlvii, 1844, pp. 137-160, 247-278.

———, WM. B. [Tertiary Infusorial formation of Maryland.]
Amer. Jour. Sci., vol. xlvi, 1844, pp. 141-142.

1845.

BAILEY, J. W. Notice of some New Localities of Infusoria, Fossil and Recent.
Amer. Jour. Sci., vol. xlviii, 1845, pp. 321-343, plate iv.

——— [Summary and Review of Ehrenberg's Observations on the Fossil Infusoria of Virginia and Maryland, and a comparison of the same with those found in the Chalk Formations of Europe and Africa.]
Amer. Jour. Sci., vol. xlviii, 1845, pp. 201-204.

CONRAD, T. A. Fossils of the (Medial Tertiary or) Miocene Formation of the United States. No. 3. 1845. pp. 57-80. Plates xxx-xlv.

Republished by Wm. H. Dall, Washington, 1893.

LEA, HENRY C. Description of some new Fossil Shells from the Tertiary of Petersburg, Virginia.

Trans. Amer. Philos. Soc., vol. ix, pp. 229-274.

LONSDALE, W. Indications of Climate afforded by Miocene Corals of Virginia.

Appendix Quart. Jour. Geol. Soc., London, vol. i, 1845, pp. 427-429.

LYELL, CHAS. Travels in North America, with Geological Observations on the United States, Canada and Nova Scotia. 2 vols. 12°. New York, 1845.

Another edit., 2 vol., 12°, London, 1845. Another Edit. 2 vols., New York, 1852. Second English edit. London 1855. German edit., translated by E. T. Wolff, Halle, 1846.

——— On the Miocene Tertiary Strata of Maryland, Virginia and of North and South Carolina.

Quart. Jour. Geol. Soc., London, vol. i, 1845, pp. 413-427.
Proc. Geol. Soc., London, vol. i, 1845, pp. 413-427.

1846.

CONRAD, T. A. Observations on the Eocene formation of the United States, with descriptions of Species of Shells, &c., occurring in it.

Amer. Jour. Sci., 2nd ser., vol. i, pp. 209-221, 395-405.

——— Tertiary Fossil Shells.

Proc. Acad. Nat. Sci., Phila., vol. iii, 1846, pp. 19-27, 1 plate.

1847.

GIBBES, ROBT. W. Description of new species of Aqualides from the Tertiary Beds of South Carolina.

- Proc. Acad. Nat. Sci., Phila., vol. iii, 1846-7, pp. 266-268.

1848.

GIBBES, R. W. Monograph of the fossil Squalidae of the United States.

Jour. Acad. Nat. Sci., Phila., 2nd ser., vol. i, 1848, pp. 139-148, 191-206.

LEA, HENRY C. Catalogue of the Tertiary Testacea of the United States.

Proc. Acad. Nat. Sci., Phila., vol. iv, 1848, pp. 95-107.

d

1849.

BAILEY, J. W. New Localities of Infusoria in the Tertiary of Maryland.

Amer. Jour. Sci., 2nd ser., vol. vii, 1849, p. 437.

D'ORBIGNY, A. Note sur les Polypiers fossiles.

1850.

HIGGINS, JAS. Report of James Higgins, M. D., State Agricultural Chemist, to the House of Delegates. 8vo. 92 pp. Annapolis, 1850.

Md. House of Delegates, Dec. Sess. [G].

1851.

BAILEY, J. W. Miscellaneous Notices. 3 Fossil Infusoria of Maryland.

Amer. Jour. Sci., 2nd ser., vol. xi, 1851, pp. 85-86.

1852.

CONRAD, T. A. Remarks on the Tertiary Strata of St. Domingo and Vicksburg [Miss.].

Proc. Acad. Nat. Sci., Phila., vol. vi, 1852, pp. 198-199.

HIGGINS, JAMES. The Second Report of James Higgins, M. D., State Agricultural Chemist, to the House of Delegates of Maryland. 8vo. 118 pp. Annapolis, 1852.

Md. House of Delegates, Jan. Sess., 1852 [C], 8vo, 126 pp.

JOHNSON, ALEXANDER S. Notice of some undescribed Infusorial Shells.

Amer. Jour. Sci., 2nd ser., vol. xiii, 1852, p. 33.

LYELL, CHAS. Travels in North America, in the years 1841-2; with Geological Observations on the United States, Canada, and Nova Scotia. 2 vols. 8vo. New York, 1852.

1853.

CONRAD, T. A. Monograph on the genus Fulgur.

Proc. Acad. Nat. Sci., Phila., vol. vi, 1853, pp. 316-319.

HITCHCOCK, E. Outline of the Geology of the Globe and of the United States in particular, with geological maps, etc. 8vo. Boston, 1853.

2nd edit., 1854; 3rd edit., 1856.

MARCOU, JULES. A Geological Map of the United States and the British Provinces of North America, with an explanatory text, [etc.] 8vo. Boston, 1853.

1854.

DARWIN, CHARLES. A Monograph of the Fossil Balanidae and Verrucidae of Great Britain.
London Palaeontog. Soc., London, 1854, pp. 17-20, plate l.

HITCHCOCK, E. *O*utline of the Geology of the Globe and of the United States in particular, with geological maps, etc. 8vo. Boston, 1854. (2nd edition.)

1855.

MARCOU, J. Resumé explicatif d'un carte géologique des Etats-Unis et des provinces anglaises de l'Amérique.
Bull. Soc. Géol. Fr., 2 ser., tome xii, 1855, pp. 813-936; colored geological map.

—— Ueber die Geologie der Vereinigten Staaten und der englischen Provinse von Nord Amerika.
Petermann's Mitth., 1855, pp. 149-159.
Trans. in Geology of North America, pp. 58-70. Zurich, 1858.

1856.

EHRENBERG, C. G. Zur Mikrogeologie. 2 vols. and atlas, roy. folio, forty-one plates. Leipzig, 1854-56.

HIGGINS, JAMES. Fifth Agricultural Report of James Higgins, State Chemist, to the House of Delegates of the State of Maryland. 8vo. 91 pp. Annapolis, 1856 (published separately).
Also Md. House of Delegates, Jan. Sess., 1856.
Md. Sen. Doc.
Another edition, pp. 15-18 omitted, 8vo, 90 pp.

ROGERS, H. *D.* Geological Map of the United States and British North America.

1857.

TUOMEY, M., and HOLMES, F. S. Pleiocene Fossils of South Carolina. Containing descriptions and figures of the Polyparia, Echinodermata and Mollusca. Charleston, S. C., 1857. [1854-7], pp. 110.

1860.

TYSON, P. T. First Report of Philip T. Tyson, State Agricultural 145 pp. Annapolis, 1860. Maps.
Chemist, to the House of Delegates of Maryland, Jan. 1860. 8vo.
Md. Sen. Doc. [E].
Md. House Doc. [C].

—— Report of Chemist. n. d. [1860], 8vo, 4 pp.

1861.

CONRAD, T. A. Fossils of the (Medial Tertiary or) Miocene Formation of the United States. No. 4. 1861 [?]. pp. 81-89, index and plates xlv-xlix.

Republished by Wm. H. Dall, Washington, 1893.

FROMENTEL, E. DE. Introduction a l'etude des Ésponges fossiles.

Normandie Soc. Linn. Mém., xi. 1860.

JOHNSTON, CHRISTOPHER. Upon a Diatomaceous Earth from Nottingham, Calvert Co., Maryland.

Proc. Amer. Assoc. Adv. Sci., vol. xiv, 1861, pp. 159-161.

NORMAN, GEORGE. On some Undescribed Species of Diatomaceae. (Read Nov. 14, 1860.)

Trans. Microscopical Soc. of London, n. s. vol. ix, 1861, pp. 5-9.

ROGERS, W. B. Infusorial earth from the Tertiary of Virginia and Maryland. (Read May 4, 1859.)

Proc. Boston Soc. Nat. Hist., vol. vii, 1861, pp. 59-64.

TYSON, P. T. [Letter from Mr. Tyson of Maryland on Tripoli.] (Read Dec. 1860.)

Proc. Acad. Nat. Sci., Phila., vol. xii, 1861, pp. 550-551.

1862.

CONRAD, T. A. Catalogue of the Miocene Shells of the Atlantic Slope.

Proc. Acad. Nat. Sci., Phila., vol. xiv, 1862, pp. 559-582.

————— Description of New, Recent and Miocene Shells.

Proc. Acad. Nat. Sci., Phila., vol. xiv, 1862, pp. 583-586.

TYSON, PHILIP T. Second Report of Philip T. Tyson, State Agricultural Chemist, to the House of Delegates of Maryland, Jan. 1862. 8vo. 92 pp. Annapolis, 1862.

Md. Sen. Doc. [F].

1863.

DANA, JAMES D. Manual of Geology. Phila. 1863.

1864.

MEEK, F. B. Check list of the Invertebrate fossils of North America. Miocene.

Smith. Misc. Col., vol. vii, art. vii, 1864, 34 pp.

1866.

CONRAD, T. A. Illustrations of Miocene Fossils, with Descriptions of New Species.

Amer. Jour. Conch., vol. ii, 1866, pp. 65-74, plates 3 and 4.

———— Descriptions of new species of Tertiary, Cretaceous and Recent Shells.

Amer. Jour. Conch., vol. ii, 1866, pp. 104-106.

1867.

COPE, E. D. An addition to the Vertebrate Fauna of the Miocene Period, with a Synopsis of the Extinct Cetacea of the United States.

Amer. Jour. Conch., vol. iii, 1867, pp. 257-270.

COPE, E. D. An addition to the Vertebrate Fauna of the Miocene Period, with a Synopsis of the Extinct Cetacea of the United States.

Proc. Acad. Nat. Sci., Phila., vol. xix, 1867, pp. 138-156.

———— Extinct mammalia from Miocene of Charles Co., Maryland.

Proc. Acad. Nat. Sci., Phila., vol. xix, 1867, pp. 131-132.

GILL, THEODORE. On the Genus Fulgur and its Allies.

Amer. Jour. Conch., vol. iii, 1867, pp. 141-152.

HIGGINS, JAMES. A Succinct Exposition of the Industrial Resources and Agricultural advantages of the State of Maryland.

Md. House of Delegates, Jan. Sess., 1867 [DD], 8vo, 109, iii, pp.
Md. Sen. Doc., Jan. Sess., 1867 [U].

1868.

CONRAD, T. A. Descriptions of new Genera and Species of Miocene Shells, with notes on other Fossil and recent Species.

Amer. Jour. Conch., vol. iii, 1868, pp. 257-270.

———— Descriptions of Miocene Shells of the Atlantic Slope.

Amer. Jour. Conch., vol. iv, 1868, pp. 64-68.

COPE, E. D. [Extinct Cetacea from Miocene of Charles Co., Md.]

Proc. Acad. Nat. Sci., Phila., vol. xx, 1868, pp. 159-160.

———— Second Contribution to the History of the Vertebrata of the Miocene Period of the U. S.

Proc. Acad. Nat. Sci., Phila., vol. xx, 1868, pp. 159, 184-194.

———— [Remarks on extinct Reptiles.]

Proc. Acad. Nat. Sci., Phila., vol. xx, 1868, p. 313.

1869.

CONRAD, T. A. Descriptions of and References to Miocene Shells of the Atlantic Slope, and Descriptions of two new supposed Cretaceous Species.
Amer. Jour. Conch., vol. iv, 1869, pp. 278-279.

———— Descriptions of New Fossil Mollusca, principally Cretaceous.
Amer. Jour. Conch., vol. v, 1869, pp. 96-103, pl. ix.

———— Notes on Recent and Fossil Shells, with Descriptions of new Genera.
Amer. Jour. Conch., vol. iv, 1869, pp. 246-249.

———— Descriptions of Miocene, Eocene and Cretaceous Shells.
Amer. Jour. Conch., vol. v, 1869, pp. 39-45, pls. i and ii.

COPE, E. D. Third Contribution to the Fauna of the Miocene Period of the United States.
Proc. Acad. Nat. Sci., Phila., vol. xxi, 1869, pp. 6-12.

LEIDY, JOSEPH. The Extinct Mammalian Fauna of Dakota and Nebraska, including an account of some allied forms from other localities, together with a Synopsis of the Mammalian Remains of North America.
Jour. Acad. Nat. Sci., Phila., 2nd ser., vol. vii, pp. 1-472.

LOGAN, WM. E. Geological Map of Canada and the Northern United States.
(Rev.) Amer. Jour. Sci., 2nd ser., vol. xlix, 1870, pp. 394-398.

1870.

COPE, E. D. The Fossil Reptiles of New Jersey.
Amer. Nat., vol. iii, pp. 84-91.

MARSH, O. C. Notice of some Fossil Birds from the Cretaceous and Tertiary Formations of the United States.
Amer. Jour. Sci., ser. ii, vol. xlix, pp. 205-217.

1871.

COPE, E. D. Synopsis of the Extinct Batrachia, Reptilia and Aves of North America.
Trans. Amer. Philos. Soc., vol. xiv, pp. 1-252.

1872.

HITCHCOCK, C. H. Description of the Geological Map.
Ninth Census, vol. iii, Washington, 1872, pp. 754-756.

1874.

DANA, J. D. Manual of Geology. 2nd edition. New York, 1874. pp. 828.

1875.

COPE, E. D. Synopsis of the Vertebrata of the Miocene of Cumberland County, New Jersey.

Proc. Amer. Philos. Soc., vol. xiv, pp. 361-364.

JOHNSTON, CHRISTOPHER. About the rediscovery of the "Bermuda Tripoli" near Nottingham, on the Patuxent, Prince George's County, Md.

Proc. Boston Soc. Nat. Hist., vol. xvii, 1875, pp. 127-129.

SULLIVANT, J. [Letter to Professor Christopher Johnston on Bermuda Tripoli in Maryland.]

Proc. Boston Soc. Nat. Hist., vol. xvii, 1875, pp. 422-423.

1877.

LEIDY, J. Description of Vertebrate Remains, chiefly from the Phosphate beds of South Carolina.

Jour. Acad. Nat. Sci., Phila., 2nd ser., vol. viii, pp. 241, 242, 243, 245, pl. xxxi, figs. 14-18; pl. xxxii, figs. 6, 6a, 7, 7a; pl. xxxiii, figs. 4 and 5.

1880.

DANA, J. D. Manual of Geology. 3rd edit.

HEILPRIN, ANGELO. On the Stratigraphical Evidence Afforded by the Tertiary Fossils of the Peninsula of Maryland.

Proc. Acad. Nat. Sci., Phila., vol. xxxii, 1880, pp. 20-33.

1882.

HEILPRIN, ANGELO. On the relative ages and classification of the Post-Eocene Tertiary Deposits of the Atlantic Slope.

Proc. Acad. Nat. Sci., Phila., vol. xxxiv, 1882, pp. 150-186.

(Abst.) Amer. Jour. Sci., 3 ser., vol. xxiv, 1882, pp. 228-229. Amer. Nat., vol. xvii, 1883, p. 308. Science, 1882, p. 183.

1883.

BRANTLY, W. T. Maryland.

Encyclopedia Britannica, vol. xv, New York, 1883, pp. 602-605.

LECONTE, JAS. Elements of Geology. 2nd. edition. New York, 1883.

WILBUR, F. A. Marls.

Mineral Resources U. S., 1882, Washington, 1883, p. 522.

1884.

HEILPRIN, ANGELO.   Contributions to the Tertiary Geology and Paleontology of the United States. 4to. 117 pp., map. Phila., 1884.

———— The Tertiary Geology of the Eastern and Southern United States.

Jour. Acad. Nat. Sci., Phila., vol. ix, 2nd ser., 1884-85, pp. 115-154, pl. iv.

———— North American Tertiary Ostreidae.

4th Ann. Rept. U. S. Geol. Surv., 1882-83, Washington, 1884, pp. 309-316.·
(Appendix I to C. A. White's Fossil Ostreidae of North America).

1885.

WILLIAMS, A., JR. (Editor). Infusorial Earth.

Mineral Resources U. S., 1883-1884, Washington, 1885, p. 720.

ZITTEL, KARL A. Handbuch der Palaeontologie. I Abtheil. II Band. Munich und Leipzig, 1885. p. 270.

1886.

PAUTOCSEK, J. Beitrag. Kenntniss foss. Bacillarien Nuganis. Theil I, 1886, p. 35, pl. xxvii, fig. 262.

1887.

DAY, D. T. Infusorial Earth.

Mineral Resources, U. S., 1886, Washington, 1887, p. 587.

DUNCAN, P. M. On a new Genus of Madreporaria (Glyphastraea), with Remarks on the Morphology of Glyphastraea Forbesi Ed. & H. from the Tertiaries of Maryland, U. S.

Quart. Jour. Geol. Soc., London, vol. xliii, 1887, pp. 24-32, pl. iii.

HEILPRIN, A. The Miocene Mollusca of the State of New Jersey.

Proc. Acad. Nat. Sci., Phila., 1887, pp. 397-405.

———— Explorations on the West Coast of Florida and of the Okeechobee Wilderness.

Trans. Wagner Free Inst. Sci., vol. i, 1887, pp. 1-8, 1-134.
Abst. Amer. Jour. Sci., 3rd ser., vol. xxxiv, 1887, pp. 230-232.
Pop. Sci. Monthly, vol. xxxiii, 1887, pp. 418.

———— Fossils of the Pliocene (" Floridian ") Formation of the Caloosahatchie. Explorations on the West Coast of Florida, etc.

Trans. Wagner Free Inst. Sci., Phila., 1887, vol. i, pp. 68-104.

HITCHCOCK, C. H. The Geological Map of the United States.

Trans. Amer. Inst. Min. Eng., vol. xv, 1887, pp. 465-488.

1888.

CLARK, WM. B. On three Geological Excursions made during the months of October and November, 1887, into the southern counties of Maryland.

Johns Hopkins Univ. Cir. No. 63, vol. vii, 1888, pp. 65-67.

DAY, D. T. (Editor). Infusorial Earth.
Mineral Resources U. S., 1887, Washington, 1888, p. 554.

McGEE, W J. Three Formations of the Middle Atlantic Slope.

Amer. Jour. Sci., 3rd ser., vol. xxxv, 1888, pp. 120-143, 328-331, 367-388, 448-466, plate ii.
(Absts.) Nature, vol. xxxviii, 1888, pp. 91, 190.
       Amer. Geol., vol. ii, 1888, pp. 129-131.

HINDE, G. J. On the History and Characters of the Genus Septastraea, D'Orbigny (1849) and the Identity of its Type Species with that of Glyphastraea, Duncan (1887).

Quart. Jour. Geol. Soc., London, vol. xliv, 1888, pp. 200-227, pl. ix.

MEYER, OTTO. Some remarks on the present state of our Knowledge of the North American Eastern Tertiary.

Amer. Geol., vol. ii, 1888, pp. 88-94.

———— Upper Tertiary Invertebrates from West Side of Chesapeake Bay.

Proc. Acad. Nat. Sci., Phila., 1888, pp. 170-171.

UHLER, P. R. Observations on the Eocene Tertiary and its Cretaceous Associates in the State of Maryland.

Trans. Md. Acad. Sci., vol. i, 1888, pp. 11-32.

1889.

DALL, WILLIAM HEALEY. A Preliminary Catalogue of the Shell-bearing Marine Mollusks and Brachiopods of the Southeastern Coast of the United States.

Smith. Insu., U. S. Nat. Mus., Bull. xxxvii.

UHLER, P. R. Additions to observations on the Cretaceous and Eocene formations of Maryland.

Trans. Md. Acad. Sci., vol. i, 1889, pp. 45-72.

WOOLMAN, LEWIS. Artesian wells, Atlantic City, New Jersey.

New Jersey Geol. Survey, Report of State Geologist for 1889, pp. 89-99.

1890.

CLARK, WM. B. Third Annual Geological Expedition into Southern Maryland and Virginia.
Johns Hopkins Univ. Cir. No. 81, vol. ix, 1890, pp. 69-71.

COPE, E. D. The Cetacea.
Amer. Nat., vol. xxiv, pp. 599-616, pls. xx-xxiii.

DALL, W. H. Contributions to the Tertiary Fauna of Florida, with especial reference to the Miocene Silex-beds of Tampa and the Pliocene beds of the Caloosahatchie River. Part I. Pulmonate, Opisthobranchiate and Orthodont Gastropods.
Trans. Wagner Free Inst. Sci., Phila., vol. iii, part i, 1890, pp. 1-200, pl. i-xii.

DAY, D. T. Abrasive Materials.
Mineral Resources U. S., 1888, Washington, 1890.

MACFARLANE, J. R. An American Geological Railway Guide. 2nd edit. 8vo, 426 pp. Appleton, 1890.

ROTTHAY, J. Revision of the Genus Actinocyclus.
Jour. Luckett-Micro Club, ser. ii, vol. iv, No. 27, 1890, pp. 137-212.

UHLER, P. R. Notes on Maryland.
Macfarlane's An American Geol. R. R. Guide, 2nd Edit., Appleton, 1890.

——— Notes and Illustrations to " Observations on the Cretaceous and Eocene Formations of Maryland."
Trans. Amer. Acad. Sci., vol. i, 1890, pp. 97-104.

WOOLMAN, LEWIS. Geology of Artesian Wells at Atlantic City, N. J.
Proc. Acad. Nat. Sci., Phila., 1890, pp. 132-147.

1891.

CLARK, W. B. Report on the Scientific Expedition into Southern Maryland. [Geology; W. B. Clark. Agriculture; Milton Whitney. Archaeology; W. H. Holmes.]
Johns Hopkins Univ. Cir. No. 89, vol. x, 1891, pp. 105-109.

DALL, WM. H. Elevation of America in Tertiary Periods.
Geol. Mag. n. s. dec. iii, vol. viii, 1891, pp. 287-288.

——— Elevation of America in the Cenozoic Periods.
Amer. Nat., vol. xxv, 1891, pp. 735-736.

DARTON, N. H. Mesozoic and Cenozoic Formations of Eastern Virginia and Maryland.

Bull. Geol. Soc. Amer., vol. ii, 1891, pp. 431-450, map, sections.
(Abst.) Amer. Geol., vol. viii, 1891, p. 185.
Amer. Nat., vol. xxv, 1891, p. 658.

HARRIS, GILBERT D. On the Compounding of *Nassa triviltata* Say and *Nassa peralta* (Con. sp.)

Amer. Geol., vol. viii, 1891, pp. 174-176.

McGEE, W J The Lafayette Formation.

12th Ann. Rept. U. S. Geol. Surv., 1890-91, Washington, 1891, pp. 347-521.

―― Geology of Washington and Vicinity.

In Guide to Washington and its Scientific Institutions.
Compte rendu, International Congress of Geologists, 1891.
House Misc. Doc., 53rd Cong., 2nd sess., vol. xiii, No. 107.

―― Administrative Reports. Geologic and Paleontologic Investigations.

12th Ann. Rept. U. S. Geol. Surv., 1890-91, Washington, 1891, part i, pp 72, 76, 117.

· WOOLMAN, LEWIS. Artesian wells and water-bearing horizons of Southern New Jersey (with a "note on the extension southward of diatomaceous clays and the occurrence there of flowing artesian wells").

New Jersey Geol. Surv., Rept. State Geologist for 1890, 1891, pp. 269-276.
Also published separately.

1892.

DALL, W. H. Contributions to the Tertiary Fauna of Florida, etc. Part II. Streptodont and other Gastropods.

Trans. Wagner Free Inst. Sci., Phila., vol. iii, part ii, 1892, pp. 201-473, pl. xiii-xxii.

―― and HARRIS, G. *D.* Correlation Papers—Neocene.

Bull. U. S. Geol. Surv. No. 84, 1892.
House Misc. Doc., 52nd Cong., 1st sess., vol. xliii, No. 337.

DARTON, N. H. Physiography of the region [Baltimore and vicinity] and Geology of the Sedimentary Rocks. Guide to Baltimore, with an account of the Geology of its environs and three maps. Baltimore, 1892. pp. 123-139.

DAY, D. T. (Editor). Infusorial Earth.

Mineral Resources U. S., 1889-90, Washington, 1892, p. 459.
Eleventh Census Rept. Mineral Industries, 1892, pp. 707-708.
House Misc. Doc., 1st sess. 52nd Cong., vol. 50, pt. i, 1892; pp. 707-708.

WILLIAMS, G. H. (Editor). Guide to Baltimore, with an account of the Geology of its environs and three maps. Baltimore, 1892.

WOOLMAN, LEWIS. A review of Artesian Horizons in Southern New Jersey, etc.
New Jersey Geol. Surv., Rept. State Geologist for 1891, 1892, pp. 223-245. Also published separately.

1893.

DALL, WM. H. Republication of Conrad's Fossils of the Medial Tertiary of the United States, with Introduction. Phila., 1893.

DARTON, N. H. The Magothy Formation of Northeastern Maryland.
Amer. Jour. Sci., 3rd ser., vol. xlv, 1893, pp. 407-419, map.

———— Cenozoic History of Eastern Virginia and Maryland.
Bull. Geol. Soc. Amer., vol. v, 1893, p. 24.
(Abst.) Amer. Jour. Sci., 3rd ser., vol. xlvi, 1893, p. 305.

GEIKIE, A. Text Book of Geology. 3rd edit. 8vo. 1147 pp. London: Macmillan Co., 1893.

HARRIS, G. D. Republication of Conrad's Fossil Shells of the Tertiary Formations of North America, with Introduction. 8vo. 121 pp. 20 plates. Washington, D. C., 1893.

———— The Tertiary Geology of Calvert Cliffs, Md.
Amer. Jour. Sci., 3rd ser., vol. xlv, 1893, pp. 21-31, map.

——— Remarks on Dall's collection of Conrad's works.
Amer. Geol., vol. xi, 1893, pp. 279-281.

WILLIAMS, G. H. Mines and Minerals [of Maryland].
Maryland, its Resources, Industries and Institutions, Baltimore, 1893, pp. 89-153.

————, and CLARK, W. B. Geology [of Maryland].
Maryland, its Resources, Industries and Institutions, Baltimore, 1893, pp. 55-89.
(Rev.) Amer. Geo., vol. xi, 1893, pp. 396-398.

WOOLMAN, LEWIS. Artesian Wells in Southern New Jersey.
New Jersey Geol. Sur., Report State Geologist for 1892, 1893, pp. 275-311.

1894.

CLARK, WM. BULLOCK. The Climatology and Physical Features of Maryland.
1st Biennial Rept. Md. State Weather Service, 1894.

DALL, W. H. Notes on the Miocene and Pliocene of Gay Head, Martha's Vineyard, Mass., and of the "Land Phosphate" of the Ashley River district, South Carolina.
Amer. Jour. Sci., 3rd ser., vol. xlviii, 1894, pp. 296-301.

DARTON, N. H. An outline of the Cenozoic History of a Portion of the Middle Atlantic Slope.
Jour. Geol., vol. ii, 1894, pp. 568-587.

———— Artesian Well Prospects in Eastern Virginia, Maryland and Delaware.
Trans. Amer. Inst. Min. Eng., vol. xxiv, 1894, pp. 372-379, plates 1 and 2.

———— Fredericksburg Folio. Explanatory Sheets.
U. S. Geol. Surv. Geol. Atlas, folio No. 13, Washington, 1894.

WHITFIELD, ROBERT PARR. Mollusca and Crustacea of the Miocene Formations of New Jersey.
Mon. xxiv, U. S. Geol. Surv., 1894, pp. 112, 113, 123.

WOOLMAN, LEWIS. Artesian Wells in Southern New Jersey.
New Jersey Geol. Surv., Rept. State Geologist for 1893, 1894, pp. 389-421.

1895.

CLARK, WM. B. Description of the Geological Excursions made during the spring of 1895.
Johns Hopkins Univ. Cir. No. 121, vol. xv, 1895, p. 1.

———— Additional observations upon the Miocene (Chesapeake) deposits of New Jersey.
Johns Hopkins Univ. Cir. No. 121, vol. xv, 1895, pp. 6-8.

COPE, E. D. Fourth Contribution to the Marine Fauna of the Miocene Period of the United States.
Proc. Amer. Philos. Soc., vol. xxxiv, pp. 135-155.

DALL, W. H. Contributions to the Tertiary Fauna of Florida, etc. Part III. A New Classification of the Pelecypoda.
Trans. Wagner Free Inst. Sci., Phila., vol. iii, part iii, 1895, pp. 483-570.

———— Diagnosis of new Tertiary Fossils from the Southern United States.
Proc. U. S. Nat. Mus., vol. xviii, 1895, No. 1035, pp. 21-46.

EASTMAN, CHARLES R. Beiträge zur Kenntniss der Gattung Oxyrhina, mit besonderer Berücksichtigung von Oxyrhina Mantella Ag. (mit Taf. xvi-xviii).
Palaeontogr., vol. xli, pp. 149-192.

GANE, HENRY STEWART. A Contribution to the Neocene Corals of the United States.
Johns Hopkins Univ., Cir. No. 121, vol. xv, 1895, pp. 8-10.

WOOLMAN, LEWIS. Artesian Wells in Southern New Jersey and at Crisfield, Md.
New Jersey Geol. Surv., Rept. State Geologist for 1894, 1895, pp. 153-221.

1896.

CLARK, WM. B. The Eocene Deposits of the Middle Atlantic Slope in Delaware, Maryland and Virginia.
Bull. U. S. Geol. Surv. No. 141, 1896, 167 pp. 40 plates.
House Misc. Doc., 54th Cong., 2nd sess., vol. xxxv, No. 31.
(Abst.) Jour. Geol., vol. v, 1897, pp. 310-312.

COPE, E. D. Sixth Contribution to the Knowledge of the Marine Miocene Fauna of North America.
Proc. Amer. Philos. Soc., vol. xxxv, pp. 139-146.

DARTON, N. H. Artesian Well Prospects in the Atlantic Coastal Plain Region.
Bull. U. S. Geol. Surv. No. 138, 1896, 228 pp., 19 plates.
House Misc. Doc., 54th Cong., 2nd sess., vol. xxxv, No. 28.

———— Nomini Folio, Explanatory sheets.
U. S. Geol. Surv., Geol. Atlas, folio 23, Washington, 1896.

HARRIS, G. D. A Reprint of the Paleontological Writings of *Thomas Say*.
Bull. Amer. Pal., No. 5, 115 pp., Ithaca, 1896.

WOOLMAN, LEWIS. Report on Artesian Wells.
New Jersey Geol. Surv., Rept. State Geologist for 1895, 1896, pp. 65-95.

1897.

CLARK, W. B. Historical sketch embracing an account of the progress of investigation concerning the physical features and natural resources of Maryland.
Md. Geol. Surv., vol. i, pp. 43-138, pls. ii-v, 1897.

———— Outline of present knowledge of the physical features of Maryland, embracing an account of the physiography, geology, and mineral resources.
Md. Geol. Surv., vol. i, pp. 141-228, pls. vi-xiii, 1897.

PARKER, E. W. Abrasive Materials.
Eighteenth Annual Rept. U. S. Geol. Survey, pt. v (continued), Mineral Resources of the U. S., 1896, Washington, 1897, pp. 1229-1230.

SCHUCHERT, CHARLES. A Synopsis of American Fossil Brachiopoda.
Bull. U. S. Geol. Surv., No. 87, 1897, 464 pp.

WOOLMAN, LEWIS. Report on Artesian Wells in Southern New Jersey, etc.
New Jersey Geol. Surv., Rept. State Geologist for 1896, 1897, pp. 97-200.

1898.

BAGG, R. M. The Tertiary and Pleistocene Foraminifera of the Middle Atlantic Slope.
Bull. Amer. Pal., No. 10, 48 pp., 3 pls., Ithaca, 1898.

DALL, W. H. A Table of North American Tertiary horizons correlated with one another and with those of western Europe, with annotations.
18th Ann. Rept., U. S. Geol. Surv., pt. ii. pp. 327-348, 1898.

———— Contributions to the Tertiary Fauna of Florida, etc. Part IV. 1. Prionodesmacea; Nucula to Julia. 2. Teleodesmacea; Teredo to Ervilia.
Trans. Wagner Free Inst. Sci., Phila., vol. iii, part iv, 1898, pp. 571-947, pls. xxiii-xxxv.

———— Notes on the Paleontological Publications of Professor William Wagner.
Trans. Wagner Free Inst. Sci., Phila., vol. v, 1898, pp. 7-11, pls. i-iii.

SHATTUCK, GEORGE BURBANK. Two Excursions with Geological Students into the Coastal Plain of Maryland.
Johns Hopkins Univ. Circ. No. 137, vol. xviii, 1898, pp. 15-16. Also published separately.

WOOLMAN, LEWIS. Fossil Mollusks and Diatoms from the Dismal Swamp, Virginia and North Carolina; Indication of the Geological Age of the Deposit.
Proc. Acad. Nat. Sci., Phila., vol. l, pp. 414-428.

1899.

COSSMANN, M. Essais de Paléoconchologie comparée. Vol: iii, Paris, 1899, 201 pp., pl. i-viii.

GLENN, L. C. The Hatteras axis in Triassic and Miocene time.
Amer. Geol., vol. xxiii, pp. 375-379, 1899.

WOOLMAN, LEWIS. Artesian Wells in New Jersey.
New Jersey Geol. Surv., Report State Geol. for 1898, 1899, pp. 61-144.

1900.

BOYER, C. S.   The Biddulphoid Forms of North American Diatomaceae.
Proc. Acad. Nat. Sci., Phila., 1900, pp. 685-748.

DALL, W. H.   Contributions to the Tertiary Fauna of Florida, etc.
Part V.   Teleodesmacea: Solen to Diplodonta.
Trans. Wagner Free Inst. Sci., Phila., vol. iii, part v, pp. 948-1218, pl.
xxxvi-xlvii.

GANE, HENRY STEWART.   Some Miocene Corals of the United States.
Proc. U. S. Nat. Mus., vol. xxii, pp. 179-198, pl. xv.

WOOLMAN, LEWIS.   Artesian Wells.
New Jersey Geol. Surv., Rept. State Geologist for 1899, 1900, pp. 57-139.

1901.

BAGG, R. M., JR.   Protozoa.
Md. Geol. Surv., Eocene, 1901, pp. 234, 246, 248, 250.

BONSTEEL, JAY A.   Soil Survey of St. Mary's County, Md.
Field Operations of the Division of Soils, 1900, Washington, 1901, pp.
125-145.

———— and BURKE, R. T. AVON.   Soil Survey of Calvert County, Md.
Field Operations of the Division of Soils, 1900, Washington, 1901, pp.
147-171.

COSSMANN, M.   Essais de Paléoconchologie comparée.   Vol. iv, Paris,
1901, 293 pp., pl. i-x.

EASTMAN, CHARLES R.   Pisces.
Md. Geol. Surv., Eocene, 1901, pp. 98-122.

1902.

NEWTON, R. BULLEN.   List of Thomas Say's Types of Maryland Tertiary Mollusca in the British Museum.
Geol. Mag., Decade iv, vol. ix, No. 457, 1902, pp. 803-305.

SHATTUCK, G. B.   The Miocene Formation of Maryland.
Abst. Science, vol. xv, No. 388, p. 906.

HAY, O. P.   Bibliography and Catalogue of Fossil Vertebrata of
North America.
Bull. U. S. Geol. Survey, No. 179, 1902.

1903.

DALL, W. H.   Contributions to the Tertiary Fauna of Florida, etc.
Part VI.   Concluding the work.
Trans. Wagner Free Inst. Sci., Phila., vol. iii, part vi, 1903, pp. 1219-1654,
pl. xlviii-lx.

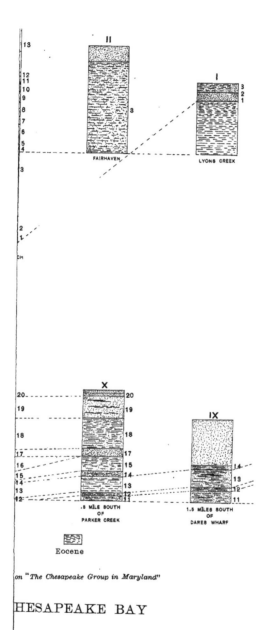

Eocene

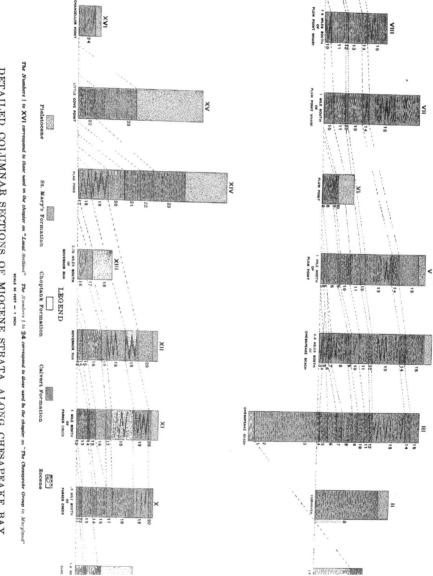

DETAILED COLUMNAR SECTIONS OF MIOCENE STRATA ALONG CHESAPEAKE BAY

LEGEND

Pleistocene   St. Mary's Formation   Choptank Formation   Calvert Formation   Eocene

The Numbers 1 to XVI correspond to those used in the chapter on "Local Sections"   The Numbers 1 to 24 correspond to those used in the chapter on "The Chesapeake Group in Maryland"

SCALE 50 FEET = 1 INCH

GEOGRAPHIC AND GEOLOGIC RELATIONS

DISTRIBUTION OF THE STRATA

The Miocene deposits of Maryland form a part of a more extensive series of Tertiary beds, which extend from Massachusetts to Mexico in what has been designated by *D*all and Harris as the Atlantic Coast Region. It is not known whether the Miocene beds in this province ever extended across it in an unbroken belt, but it is certain that the processes of erosion, sedimentation and coastal movements have destroyed much of their former continuity and that the Miocene beds are now found in disconnected areas throughout the region.

Massachusetts

The most northerly outcrop of Miocene beds is in the famous Gay Head cliffs of Martha's Vineyard, but material which has been questionably referred to the Miocene has been dredged on Georges Bank and the banks of Newfoundland, indicating, possibly, the extension of the Miocene deposits indefinitely northward beneath the sea. On Martha's Vineyard the Miocene beds rest uncomformably on pre-Tertiary deposits. They consist of two members which are strikingly different from each other in their lithologic composition. The lower member, the so-called "osseous conglomerate" of Hitchcock, is a bed from 12 to 18 inches thick. It is composed of medium sized pebbles of quartz, chert, calcedony and fragments of cetacean bones. The presence of these bones in the formation suggested the name "osseous conglomerate." The upper member which lies immediately above the osseous conglomerate, is a bed of greensand.which varies in thickness from nothing to 10 feet. At its base it carries rolled fragments of the under-lying stratum, showing that it was deposited unconformably on the osseous conglomerate.

New Jersey

Immediately south of Martha's Vineyard the Miocene beds disappear but come to the surface once more in New Jersey where they are well developed in the hills south of Matawan, as well as along the coast near Asbury Park. From here, uninterrupted save by shallow estuaries, the Miocene beds extend southwest across New Jersey to Delaware.

e

They cover, as they pass southward, an ever broadening belt extending from the coast westward to a line running from Matawan southwest through New Egypt, Pemberton, Blackwood and Penns Grove. In this region, two well defined members are recognized, the lower one being a greenish-blue, sandy clay abundantly supplied with fossils. This is seen only in the southern portion of the tract, near Shiloh and Salem. The other member lies above this and consists in part of clay and in part of a fine quartz sand, grading upward into gravel. This member covers by far the greater portion of the district and its upper gravelly portion has been designated by Professor R. D. Salisbury as the Beacon Hill formation.

Much discussion has centered about the age of the gravels which are included in the Beacon Hill formation. Certain features which they possess suggest their reference to the Lafayette formation but there has never yet been discovered a definite line of separation between the gravels above and the sands beneath but rather a gradual change indicating an oscillating character of currents between the time when the purely sandy member was deposited and the purely gravelly member. It is probable, therefore, that no break exists and that the Beacon Hill formation is actually a part of the Miocene.

Delaware

The state of knowledge regarding the Miocene formations of Delaware is far from satisfactory or complete. The surface of the state is covered with Pleistocene sands and gravels to such an extent as to effectually obscure the underlying formations. The information which has been secured from artesian wells and natural sections leaves little room to doubt that the central and southern portions of the state are underlain by the Miocene.

In the vicinity of Smyrna, a blue fossiliferous Miocene clay has been discovered and also near Fredericka the same formation comes to the surface. In both of these outcrops the best fossil-bearing layer is an indurated sand or gravel bed.

Maryland

A glance at the accompanying map (Plate I) will suffice to show the distribution of the Miocene formations in Maryland. They enter the state from Delaware a few miles south of Galena, and after crossing it from northeast to southwest continue on into Virginia. On the Eastern Shore the Miocene formations are found in Kent county, throughout a larger portion of Queen Anne's, Talbot, Caroline and a part of Dorchester counties, and on the Western Shore in southern Anne Arundel, most of Prince George's, a large part of Charles and almost the entire extent of Calvert and St. Mary's counties. Within the limits of Maryland the Miocene beds dip gently to the southeast and usually, where the contact has been seen, are found to lie on the eroded surface of the Eocene beds. Near Good Hope, however, and at Soldiers' Home, in the District of Columbia, the underlying formation belongs to the Potomac Group.

As the Miocene beds lie wholly within the tide-water region of Maryland, the streams which drain the territory are tidal estuaries throughout much of their courses and consequently are slow and sluggish. On the Eastern Shore we have the Chester and Choptank rivers and their tributaries, together with streams emptying into Eastern Bay; and on the Western Shore, the Patuxent and the Potomac and the tributaries which enter the latter below Washington. Throughout much of the area under discussion the country is low and featureless, seldom rising in the eastern counties to 80 feet in elevation. On the Western Shore, however, the surface is more rolling, and the general elevation of the higher portion amounts in certain instances to as much as 300 feet.

Southern Maryland is most favorably situated of all the districts in the northern portion of the Atlantic Coast province for the study of the Miocene formations. Within the borders of this district many of the features which are wanting in other regions find their full development. The materials composing the Miocene beds, which are obscured in some other regions, here differentiate into three well-defined formations, and the organic remains so indispensable to the geologist, while absent in some deposits in other regions, are in Maryland found in great beds many feet in thickness and miles in extent. In other localities the exploration of these deposits is greatly retarded through lack of exposures, but in this State we have, in the famous Calvert

Cliffs, an almost unbroken exposure for more than 35 miles. Southern Maryand is, therefore, the type locality for the Miocene beds of the Middle Atlantic slope.

Virginia

In Virginia, as in Delaware, the underlying formations have been so concealed by the late gravel and sand deposits that they are seldom exposed except along river courses. Sections of the Miocene beds, however, are often met with along the main drainage lines, each of the great rivers of Virginia having exposed portions of the Miocene for study. The best of these sections occurs at the famous Nomini Cliffs a few miles below Mathias Point on the Potomac. These cliffs, although only two miles in extent, surpass the Calvert Cliffs in height, and yield the most comprehensive Miocene section in Virginia. Along the Rappahannock river the exposures are not so important but the Miocene is cut through at intervals over a territory extending from Cherry Point to Mosquito Point.

On the Pamunkey river the Miocene is first met with, overlying the Eocene at Piping Tree. From here it may be traced down stream some little distance before it finally disappears beneath younger material. Lower down on the York river the Miocene is met with once more six miles above Yorktown and again at the famous locality, Bellefield, where it is packed with fossil remains of the most varied character, many of them in a most perfect state of preservation. Yorktown affords another fine exposure of Miocene fossils although they are not as abundant as at Bellefield.

On the James river the Miocene extends from Richmond some distance down the stream but finally disappears beneath its surface as the banks become occupied by younger material. The only other exposures on this river of importance are found at Kings Mill in the vicinity of Williamsburg. At this place, the river has cut into a high bank exposing a cliff crowded with finely preserved Miocene fossils.

North Carolina

In North Carolina the state of our knowledge regarding the Miocene is very imperfect. It is much obscured by a cover of younger material and appears to occupy isolated areas throughout the Coastal Plain, although it is possible it may be more continuous than at first appears. The exposures of the Miocene are found along many of its principal rivers.

South Carolina

The Miocene in South Carolina is not very well known and has not been carefully differentiated from the overlying Pliocene.

Gulf Coast

In Florida the Miocene is better known than in the Carolinas, and the beds probably continue around the southern borders of the Gulf States through Georgia, Alabama, Mississippi, Louisiana and Texas into Mexico.

THE CHESAPEAKE GROUP IN MARYLAND

The Miocene deposits of the Middle Atlantic slope have been described under the name of the Chesapeake Group. In Maryland, the materials which compose the formations of this group consist of clay, sandy-clay, sand, marl and diatomaceous earth. The sandy-clay members are, when freshly exposed, greenish to greenish-blue but slowly change under the influence of the weather to a slate or drab color. As the Miocene beds contain but little glauconite, it is not a difficult task on the basis of lithologic criteria to separate them from the Eocene deposits, and they are still more readily distinguished from the Cretaceous and Potomac beds beneath as well as from the Columbia loams and gravels above.

It has been found possible to separate the beds of the Chesapeake Group into three formations, which are designated, beginning with the oldest, the Calvert formation, the Choptank formation and the St. Mary's formation. The areal distribution of the several formations is shown on the accompanying geological map. (Plate I.)

THE CALVERT FORMATION.

Calvert county has suggested the name for this formation because of its typical development there. In the famous Calvert Cliffs along the eastern border of this county the waves of Chesapeake Bay have cut an almost unbroken exposure rising nearly 100 feet in height and extending from Chesapeake Beach to Drum Point, a distance of about 30 miles.

Areal Distribution.

The Calvert Formation which lies at the base of the Chesapeake Group in Maryland crosses the state from northeast to southwest. On the Eastern Shore it is found in the southeastern corner of Kent county, throughout almost the entire extent of Queen Anne's and the northern portions of Talbot and Caroline counties. Throughout this region the Calvert is so completely buried beneath the loam and sand of the Columbia formations that its boundaries cannot with certainty be established in all places. Its northern boundary, however, appears to enter the state in the southeast corner of Kent county, passes over into Queen Anne's near Crompton, and then continues along the southern bank of Chester river and crosses the southern half of Kent Island to the Bay. The location of the southern boundary of the Calvert formation cannot be definitely fixed, at the present stage of our knowledge. It appears, however, to enter the state near Greensboro and to cross Caroline and Talbot counties as it passes southwest to the mouth of the Choptank river.

On the Western Shore the Calvert formation is found extensively developed in Anne Arundel, Prince George's, Charles, Calvert and St. Mary's counties. It appears as a long line of outcrop extending from the hills near the head of South river estuary to a place on the Calvert Cliffs near Point of Rocks. With this breadth, it extends across southern Maryland from Chesapeake Bay to the Potomac river, and is developed along the latter stream from the hills north of Washington to the mouth of the Wicomico.

Notwithstanding this great development, the Calvert formation is seldom met with on the surface of the country but must be sought in the cliffs of the larger estuaries and in the walls of stream gorges. As on the Eastern Shore so on the Western, the Calvert formation is covered up by younger formations. Thus, north of a diagonal line running from Herring Bay to Popes Creek, which marks the disappearance of the Eocene beds beneath tide level, the Calvert formation rests on the Eocene deposits and is covered up by loam, sand and gravel belonging to both the Lafayette and Columbia formations, while south of the diagonal line the Calvert formation occupies the base of the sections and is overlain with sands and clays belonging to the Choptank formation, the next succeeding member of the Chesapeake Group.

The northern and southern margins of the Calvert formation, or the line of its contact with older and younger beds respectively, are not in all places definitely known. The heavy mantle of Lafayette and Columbia gravels makes it impossible to locate it accurately in all places, but enough contacts have been discovered to establish its position in many instances and to render the calculation of its presence possible in others.

Strike, Dip and Thickness

The strike of the Calvert formation is in general from northeast to southwest, but due to erosion and change in topography the outcrop frequently becomes very sinuous and the strike apparently changes. Thus on the Eastern Shore, where the country is low and very flat and has been little dissected by streams, the outcrop is regular and approximately coincides with the strike. But on the Western Shore the country is higher and the streams have carved out deep valleys, producing a most irregular outcrop which departs widely from the direction of strike.

The dip is, as a whole, about 11 feet to the mile toward the southeast. Apart from the exposures on the Calvert and Nomini cliffs, there are no good places for examining the dip and as it must be calculated as a whole over extensive regions, slight changes which may occur in the dip are not often brought to light.

The full thickness of the Calvert formation has been nowhere actually observed. The formation has been diagonally truncated above by the Choptank and younger formations under which it lies unconformably, so that in the region of Davidsonville the Calvert formation shows only about 50 feet in thickness. We are fortunate in possessing a reliable well-record at Crisfield in Somerset county, which passes through the entire thickness of Miocene strata. In this well, the thickness of the Calvert formation is apparently about 310 feet. Located as this is in the extreme southern portion of the state and well down the dip, the data probably indicate a rapid thickening of this formation as it passes southeast toward the ocean. At Crisfield, the Calvert formation lies 465 feet below the surface of the country, at Centerville it is found at a depth of 81 feet and is 65 feet thick, while at Chesapeake Beach on the Bay shore in Calvert county, a well which begins in the Calvert formation a little above tide, passes out of it at a depth of 60 feet.

The Calvert formation occupies the hilltops throughout the northern portion of its area and gradually dips to lower and lower levels as it passes toward the southeast until it finally sinks beneath tide level. The line along which it finally disappears on the Western Shore is a diagonal line extending from near Point of Rocks on Chesapeake Bay through the mouth of Indian creek on the Patuxent to the mouth of Wicomico river on the Potomac. On the Eastern Shore, as stated above, the country is everywhere flat and no marked difference in elevation of the Calvert formation is discernible.

Subdivisions.

The Calvert formation cannot be readily divided throughout the Eastern Shore, as it is so completely covered up by younger deposits that the bipartite division if present there has not been observed. On the Western Shore, however, the divisions are more clearly marked and have been traced from Chesapeake Bay to the Potomac river. The two divisions into which the Calvert formation falls are the Fairhaven diatomaceous earth and the Plum Point marls.

FAIRHAVEN DIATOMACEOUS EARTH.—This member lies at the base of the Calvert formation and is characterized by the presence of a large proportion of diatoms imbedded in a very finely divided quartz matrix. Calcareous material is present in this bed only in very small amounts. Beside diatoms, there are other Miocene fossils, usually in the form of casts, and organic remains reworked from the underlying Eocene beds. Fairhaven, Anne Arundel county, where the beds are well developed, has suggested the name for this division.

The contact of the diatomaceous earth with the Eocene beds lies about two feet beneath a band of siliceous sandstone from 4 to 8 inches in thickness, which carries casts of *Pecten humphreysii* and other Miocene

FIG. 1.—VIEW OF THE CALVERT CLIFFS FROM CHESAPEAKE BAY.

FIG. 2.—NEARER VIEW OF THE CALVERT CLIFFS SHOWING THE CONTACT OF THE
CHOPTANK AND CALVERT FORMATIONS AT GOVERNOR
RUN, CALVERT COUNTY.

VIEWS OF MIOCENE SECTIONS.

fossils. Above this sandstone is the diatomaceous earth proper. This diatomaceous bed, which is about 20 feet in thickness, is greenish-blue when fresh but weathers to brown or a light buff color on long exposure to the atmosphere. In the extensive pits at Lyons Creek, where the material is being worked for commerce, the transition from the greenish-blue to buff color may be seen in the masses removed progressing in concentric rings. In such specimens, the fresh greenish material is found at the center passing gradually into the buff-colored material toward the periphery.

The low cliffs which border Chesapeake Bay south of the pier at Fairhaven are composed of diatomaceous earth with a capping of Columbia gravel. From Fairhaven the beds cross southern Maryland in a northeast-southwest direction following the line of strike, and are worked at Lyons Creek on the Patuxent and again at Popes Creek on the Potomac. They may also be found at innumerable places between these points in cuttings made by water-ways. North of this diagonal line, extending between Fairhaven and Popes Creek, the diatomaceous beds gradually rise until they rest on hilltops, while south of the diagonal line, they gradually disappear below tide.

The diatomaceous earth, on account of its porosity and compactness, is used in water filters. It is reduced readily to a fine powder and makes an excellent base for polishing powders. On account of its porous nature, diatomaceous earth is used as an absorbent in the manufacture of dynamite, while its non-conductivity of heat makes it a valuable ingredient in packing for steam boilers and pipes, and in safes. This latter is the principal use to which it is put. It has been thought that the diatomaceous earth might be of use in certain branches of pottery manufacture which require on the part of the materials refractoriness and an absence of color when burned. Dr. Heinrich Ries tested a sample of the diatomaceous earth from Lyons Creek at cone 27 in the Deville furnace and found that the material fused to a drop of brownish glass. The non-refractory character of the diatomaceous earth is thus clearly demonstrated.

The Fairhaven diatomaceous earth has been subdivided into three zones, which may be characterized as follows:

Zone 1.—At the base of the Calvert formation and lying unconformably on the Eocene deposits is a bed of brownish sand carrying *Phacoides contractus*. This stratum varies somewhat in thickness from place to place, but does not depart widely from six feet on the average.

Zone 2.—Lying immediately above Zone 1 is a thin stratum of white sand of about one foot in thickness which is locally indurated to sandstone. It contains a large number of fossils, of which the following are the most important: *Ecphora tricostata, Panopea whitfieldi, P. americana, Corbula elevata, Phacoides contractus, Venericardia granulata, Astarte cuneiformis, A. thomasi, Thracia conradi, Pecten madisonius, P. humphreysii, Chione latilirata, Cytherea staminea.*

Zone 3.—This stratum when freshly exposed consists of a greenish colored diatomaceous earth which, on weathering, bleaches to a white or buff-colored deposit breaking with a columnar parting and presenting perpendicular surfaces. It is very rich in diatomaceous matter, the mechanical analysis of specimens yielding more than 50 per cent of diatoms. The thickness of this bed varies from place to place, but where it is penetrated at Chesapeake Beach by an artesian well it has a thickness of about 55 feet. At Fairhaven, where it is well exposed, it carries large numbers of *Phacoides contractus*. This zone is best exposed at Popes Creek, Lyons Creek, Fairhaven, and in stream gullies lying along the northern margin of the Miocene beds.

PLUM POINT MARLS.—The Plum Point marls occupy the remainder of the Calvert formation above the Fairhaven diatomaceous earth. Plum Point in Calvert county where the beds are typically developed, has suggested the name for this member. These marls consist of a series of sandy-clays and marls in which are imbedded large numbers of organic remains including diatoms. The color of the material is bluish-green to grayish-brown and buff. Fossil remains although abundant through the entire member are particularly numerous in two prominent beds from 30 to 35 feet apart. These beds vary in thickness from $4\frac{1}{2}$ to 13 feet. They may be easily traced along the Calvert Cliffs from Chesapeake Beach to a point 2 miles below Governor Run. At Chesapeake Beach they lie high up in the cliffs and pass gradually downward beneath the surface of the water as the formation is followed southward. Along the Patuxent river the Plum Point marls are not exposed so extensively as in the Calvert Cliffs but they are visible at intervals from the cliffs below Lower Marlboro southward to Ben Creek, in Calvert county. On the west bank of the river they may be occasionally seen from a point opposite Lower Marlboro down the stream to 1½ miles below Forest Wharf.

On the Potomac river, the banks are usually very low and composed of Columbia sand and gravel. In consequence of this the Plum Point marls are seldom met with. On the Maryland side of the river they may be seen in the low cliffs at the mouth of the Chaptico Bay and on the Virginia side a considerable thickness of the marls is exposed the entire length of the Nomini Cliffs.

When fresh, the Plum Point marls and the Fairhaven diatomaceous earth do not differ much in appearance from each other. The thickness of the Plum Point marls increases constantly down the dip and it is probable that the greater portion of the 310 feet of the Crisfield well section, which has been assigned to the Calvert formation, is to be referred to this member.

From a detailed study of the exposures along the Calvert Cliffs, it has been found possible to subdivide the Plum Point marls into 12 zones. They are characterized as follows:

Zone 4.—At the base of the Plum Point marls and lying conformably on Zone 3, the uppermost member of the Fairhaven diatomaceous earth is a six-inch deposit of greenish sandy clay carrying *Ostrea percrassa*. This zone first makes its appearance along the Calvert Cliffs at Chesapeake Beach and continues on down the shore for about 2½ miles, when it can be no longer distinguished. Throughout this distance, the zone does not dip toward the southeast in harmony with the other zones which are visible above it, but actually appears to rise slightly against the dip until it finally vanishes at the point indicated. The erratic behavior of this zone would seem to indicate a local migration and temporary occupation of this particular area by *Ostrea percrassa*. This zone corresponds to "Zone a" of Harris.[1]

Zone 5.—This zone is developed immediately above Zone 4 and at Chesapeake Beach has a thickness of 7 feet; as it is followed southward, however, along the Calvert Cliffs, it is found to thin rapidly until at

---

[1] Tertiary Geology of Calvert Cliffs, Maryland. Amer. Jour. Sci., vol. xlv, 1893, pp. 21-31.

a distance of about 2½ miles south of Chesapeake Beach it has a thickness of only 2 feet and 6 inches. At this point the base actually lies higher than at Chesapeake Beach, although on account of the thinning the top lies lower. From this point southward it dips away in harmony with the dip of the other beds of the Calvert formation. The materials making up this zone consist of a greenish sand clay, which carries scattered bands of *Corbula elevata.*

Zone 6.—This zone consists of a greenish sandy clay carrying large numbers of *Corbula elevata* which are distributed thickly throughout the stratum and not separated into scattered bands as in the zones immediately below and above it. At Chesapeake Beach, where this zone is best developed, it attains a thickness of eight feet, but thins rapidly toward the south, like the two preceding ones, until at a point 2½ miles south of Chesapeake Beach it has diminished to a thickness of two feet. From this place it continues at about the same thickness until it finally disappears beneath the beach at Plum Point.

Zone 7.—Lying immediately above the last is a layer of greenish sandy clay carrying scattered bands of *Corbula elevata,* resembling very much in appearance Zone 5.

Zone 8.—This stratum is lithologically like those immediately preceding, but varies from them in either being devoid of fossils or in carrying only a few poorly preserved fossil casts of a *Corbula,* which is probably *Corbula elevata.* It consists of a greenish sandy clay varying from 9 to 15 feet in thickness. It may be best seen along the Calvert Cliffs from Chesapeake Beach to Plum Point.

Zone 9.—This zone consists of greenish and greenish blue sandy clay carrying scattered layers of *Corbula elevata* and varying in thickness from 6 feet at Chesapeake Beach to 2 feet at Plum Point.

Zone 10.—On account of its great and varied assemblage of fossils this stratum is the most conspicuous zone in the entire Calvert formation. It conists of a grayish green or a yellow to a brown sandy clay varying in thickness from 6 to 9 feet and is continuously exposed along the Calvert Cliffs from Chesapeake Beach till it dips below tide two or three miles south of Plum Point Wharf. The following is a partial list of the fossils found in this zone: *Turritella indentata, Phacoides anodonta, Crassatellites melinus, Astarte cuneiformis, Ostrea*

FIG. 1.—VIEW OF DRUM CLIFF, NEAR JONES WHARF, ST. MARY'S COUNTY, SHOWING
THE CHOPTANK FORMATION.

FIG. 2.—ANOTHER VIEW OF DRUM CLIFF, SHOWING THE CHOPTANK FORMATION WITH
THE INDURATED LAYER AT BASE OF SECTION.

VIEWS OF MIOCENE SECTIONS.

sellæformis, Pecten madisonius, Macrocallista marylandica, Atrina har-risii, Arca subrostrata, Glycimeris parilis, etc. It corresponds to " Zone b " of Harris.[1]

Zone 11.—This stratum consists of a greenish blue to a brown sandy clay changing locally to a sand. It thickens somewhat as it passes down the dip from 5 feet where it is exposed in the bluffs at Chesapeake Beach to 13 feet 1½ miles south of Plum Point Wharf where it approaches tide level. It is unfossiliferous or carries a few imperfect fossil casts.

Zone 12.—When typically developed, this zone consists of a brownish sandy clay, although at times it changes to a bluish color. In many of its exposures only imperfect fossil casts can be distinguished, but in other places it is found to carry *Ecphora quadricostata var. umbilicata, Venus mercenaria, Cytherea staminea,* etc. It varies in thickness from two to four feet and corresponds to " Zone c " of Harris.[1]

Zone 13.—The materials of this zone consist of a bluish sandy clay more or less changed in sections to a yellowish or brownish color. It carries imperfect fossil casts and varies in thickness from 32 feet at Chesapeake Beach to 10 feet at a point one mile south of Parker Creek, thus gradually thinning as it passes down the dip.

Zone 14.—The materials which make up this stratum consist of a brownish to yellowish sandy clay abundantly supplied with *Isocardia fraterna.* It varies in thickness from 2 to 7 feet and corresponds to " Zone d " of Harris.[1]

Zone 15.—This zone is the uppermost member of the Calvert formation and consequently has been considerably eroded so that its true thickness is not definitely known. It consists of a yellowish sandy clay grading down locally into yellowish sand at its lower portions. At a point one mile south of Plum Point Wharf this zone shows a greater thickness than anywhere else along the Calvert Cliffs; at that place it measures 48½ feet. Sections north and south of this point have either been in great part replaced by Pleistocene sand or have suffered by the unconformable overlapping of the Choptank formation.

[1] Loc. cit.

THE CHOPTANK FORMATION.

The Choptank river has suggested the name for this formation be-cause of its great development on the northern bank of that estuary a short distance below Dover Bridge. In this locality the Choptank formation is very fossiliferous and may be seen at the base of a low cliff which borders the stream for some distance.

Areal Distribution.

The Choptank formation, which constitutes the second member of the Chesapeake Group in Maryland and lies immediately above the Calvert formation, is found in Caroline, Talbot and Dorchester counties on the Eastern Shore, and Anne Arundel, Calvert, Prince George's, Charles and St. Mary's counties on the Western Shore. On the Eastern Shore the Choptank formation is so completely buried beneath the surface cover of Columbia sand and loam that its exact areal distribu-tion is not definitely known. Its presence, however, has been detected in the area indicated in numerous marl pits and well borings, although the location of its northern and southern boundaries is largely a matter of conjecture. The northern boundary appears to enter Caroline county a little northeast of Greensboro and from there crosses in a south-western direction to the mouth of the Choptank river. The southern boundary follows a parallel course, cutting across southern Caroline county, crossing the Choptank river not far from Cambridge and reach-ing the Bay in about the middle of Taylor Island.

In Calvert county, on the Western Shore, the Choptank formation is not so much obscured by the Columbia deposits as it is in the counties of the Eastern Shore. It may be found in a long line of outcrops ex-tending from the hilltops just west of Herring Bay to a place on the Calvert Cliffs a little distance north of Cove Point. It is also found at intervals along the Patuxent river, but west of this estuary it is almost as much obscured by younger deposits as on the Eastern Shore. The boundaries of the Choptank formation in Calvert county, although in part conjectural, are better known than in any other portion of southern Maryland, but the limitations set to its distribution in certain parts of Prince George's and Charles counties have been determined more by calculation than from observation. They are believed, however, to be approximately correct and are fixed as accurately as our present knowledge warrants.

The streams of the Western Shore have cut deeper and more ramifying channels than those of the Eastern Shore and the contact of the Choptank with the Calvert formation appears consequently very irregular. The northern border of the Choptank formation extends in a N. E.-S. W. direction from the hills west of Herring Bay to the flat country at the head-waters of Wicomico river. The southern border of the Choptank formation is also a diagonal line running approximately parallel with the northern border and extending from near Cove Point on Chesapeake Bay to the mouth of Flood Creek on the Potomac river. This last locality is only approximately fixed as the Miocene beds in this region are obscured by younger deposits. The point where the Choptank formation dips below the tide cannot, however, be very far from the locality indicated.

Strike, Dip and Thickness.

The strike of the Choptank formation is in general from northeast to southwest; but due to erosion, particularly on the Western Shore, as pointed out above, the outcrop is very sinuous, and the strike appears to change locally. On the Eastern Shore, as the country is extremely flat, the rivers have not opened up extensive drainage lines and the outcrop is therefore approximately parallel to the strike.

The dip does not appear to be constant throughout the entire extent of the formation. In Calvert county, where the Choptank is best exposed, the northern portion of the formation down to Parkers Creek seems to lie almost horizontal; but south of this point the base of the formation dips away at about 10 feet to the mile. Due to this structure, the Choptank formation occupies hilltops in the northern portion of its area and gradually occupies lower and lower levels, until in the southern portion of its area it is found in river bottoms and finally disappears beneath tide. The best place to examine the dip of the Choptank formation is along the Calvert Cliffs between Parker Creek and Point of Rocks. Here an almost unbroken exposure of the Choptank may be seen dipping gradually toward the southeast.

The thickness of the Choptank formation is variable. In the Nomini

Cliffs, Virginia, it is present as a 50-foot bed between the Calvert formation below and the St. Mary's formation above. This is the thickest
exposure which is open to direct observation. In the well section at Crisfield, mentioned above in connection with the Calvert formation, the
Choptank formation attains a thickness of about 175 feet. It will thus
be seen that the Choptank formation, like the Calvert, thickens as it
passes down the dip.

Character of Materials.

The materials composing the Choptank formation are extremely variable. They consist of fine, yellow, quartz sand, bluish-green sandy-
clay, slate-colored clay and, at times, ledges of indurated rock. In
addition to these materials, there are abundant fossil remains dissemi-
nated throughout the formation. The sand phase is well shown in
the Calvert Cliffs from Parker Creek southward to Point of Rocks.
The sandy-clay and clayey members may be seen in the same cliffs near
Point of Rocks and southward. The indurated rock is well shown in
Drum Cliff on the Patuxent and at Point of Rocks, and the fossil remains are seen typically developed on the Choptank river, at Drum
Cliff and at Governor Run.

Stratigraphic Relations.

The Choptank formation lies unconformably on the Calvert formation. This unconformity is in the nature of an over-lap but is not
easily discernible even where the contact is visible. The best place to
observe the unconformity is in that portion of the Calvert Cliffs just
below the mouth of Parker Creek. Even here, the unconformity cannot be seen while standing on the beach but may be observed from a
boat a short distance from the shore. The unconformity of the Choptank on the Calvert formation is also proved from the fact that at the
above-mentioned locality the fossil bed which lies lowest in the
Choptank formation rests on the Calvert, while at Mt. Harmony and
northward the upper fossil bed of the Choptank rests on the Calvert
formation. There are also certain differences between the fauna of
the Calvert and that of the Choptank. How far this unconformity
continues down the dip after the beds disappear from view is not

FIG. 1.—VIEW FROM THE BLUFFS AT THE DOVER BRIDGE LOCALITY ON THE CHOPTANK
RIVER, TALBOT COUNTY.

FIG. 2.—VIEW SHOWING FOSSIL BED IN THE CHOPTANK FORMATION AT DRUM CLIFF,
NEAR JONES WHARF, ST. MARY'S COUNTY.

VIEWS OF MIOCENE SECTIONS.

known, as the data from well records are too meagre to draw any conclusion regarding this question. Above, the Choptank formation lies conformably beneath the St. Mary's formation.

Subdivisions.

Zone 16.—This zone varies in composition from yellowish sand to bluish or greenish sandy clay. It is about 10 feet thick and may be found exposed along the Calvert Cliffs from near Parker Creek southward to a point a little north of Flag Pond, where it disappears beneath the beach. Where the Choptank first makes its appearance in the Calvert Cliffs at Parker Creek this zone is absent, and Zone 17 of the Choptank rests immediately upon Zone 15 of the Calvert. Zone 16 is for the most part unfossiliferous, although about 3 miles south of Governor Run a few fossils have been discovered in it, of which the following are among the number: *Ecphora quadricostata, Venus campechiensis var. cuneata, Dosinia acetabulum, Phacoides contractus*, etc.

Zone 17.—The Choptank formation carries two well-defined fossil zones. Of these, Zone 17 is the lower one. The material composing this stratum is mostly yellow sand along the Calvert Cliffs. It is almost entirely composed of fossils, the yellow sand simply filling in the spaces between the organic remains. The fauna of this zone is extremely large, but the following will suffice to give an idea of some of the types: *Ecphora quadricostata, Turritella plebia, Panopea americana, Corbula idonea, O. cuneata, Metis biplicata, Macrocallista marylandica, Venus mercenaria, V. campechiensis var. cuneata, Dosinia acetabulum, Isocardia fraterna, Cardium laqueatum, Crassatellites turgidulus, Astarte thisphila, Pecten coccymelus, P. madisonius, Melina maxillata, Arca staminea*, etc. This zone makes its appearance along the Calvert Cliffs at Parker Creek, where it is about 6 feet in thickness, and is continuously exposed until it dips beneath tide a little north of Flag Pond. It may also be seen at various points on the Patuxent River and on the Eastern Shore. Zone 17 appears to thicken considerably southwestward along the strike, for where best exposed on the Patuxent River, as near the mouth of St. Leonards Creek, it is at least 18 feet thick, and over 30 feet thick at Drum Cliff. This zone corresponds to " Zone e " of Harris.[1]

[1] Loc. cit.

Zone 18.—This zone is for the most part unfossiliferous, although in places it carries some imperfect fossils and fossil casts. The material of which it is composed is for the most part yellowish sand above but grades down into bluish clay below and at times the entire stratum is composed of bluish clay. In thickness it varies from 18 to 22 feet along the Calvert Cliffs and is continuously exposed along the Calvert Cliffs from Parker Creek to a point a few miles south of Flag Pond. Where this zone is exposed at Drum Cliff it is thinned down to about 8 feet in thickness.

Zone 19.—This constitutes the upper of the two great fossiliferous zones of the Choptank formation. Like Zone 17 it is composed almost entirely of fossils with the interstices filled with reddish and yellow sand. It varies in thickness from 12 to 15 feet along the Calvert Cliffs and is continuously exposed from Parker Creek southward to near Cove Point, where the stratum dips beneath the beach. The following is a partial list of fossils found within this zone: *Balanus concavus, Corbula idonea, Macrocallista marylandica, Dosinia acetabulum, Cardium laqueatum, Phacoides anodonta, Crassatellites marylandicus, Astarte thisphila, Ostrea carolinensis, Pecten madisonius, Arca staminea,* etc. This zone corresponds to "Zone f" of Harris.[1]

Zone 20.—This zone lies at the top of the Choptank formation. It consists of greenish sand which is frequently oxidized to a red color, and at times it carries bands of clay. It seems to be devoid of fossils and is 15 feet thick, although it has frequently suffered by erosion. It may be best seen near Flag Pond, where it is overlain by the St. Mary's formation.

THE ST. MARY'S FORMATION.

The name of this formation has been suggested by St. Mary's county on account of its great development within that region. The formation is found exposed in numerous places along the St. Mary's river, in the vicinity of St. Mary's City as well as along the southern bank of the Patuxent river.

Areal Distribution.

The St. Mary's formation, like the Calvert and the Choptank formations, crosses the state from northeast to southwest. On the Eastern

[1] Loc. cit.

Shore, it is present, if at all, in Caroline, Talbot, Wicomico and Dorchester counties. This region, however, is covered by a heavy mantle
of sand and loam so that it has never been found extensively developed on
the surface, nor is there any paleontological evidence of its presence in the
records of excavations and well borings. This surface-cover makes it
extremely difficult to fix definitely the northern and southern boundaries
of the formation, and the lines which indicate them on the map are
only approximately correct. The northern boundary of the St. Mary's
formation probably enters Caroline county about midway between Den-
ton and Federalsburg, runs southwest, passing south of Cambridge and
on to Chesapeake Bay. The southern boundary doubtless runs in a
direction approximately parallel to the northern one. It probably
enters the state in the northern part of Wicomico county and then runs
southwest to the mouth of the Honga river. Throughout this region,
the country is low and flat. Streams have not opened up channels of
any importance, and the occurrence of the St. Mary's formation must be,
consequently, nearly coincident with the line of strike.

On the Western Shore the St. Mary's formation is found developed
in southern Calvert and in southern St. Mary's counties. In this
region, also, it is very much obscured by a mantle of younger material
belonging to the Columbia group and is, therefore, seldom seen on the
surface. Good exposures, however, are found along the Bay shore, the
Patuxent river and its tributaries and in the banks of the St. Mary's
river. The most extensive exposure is found in Calvert county along
the Bay shore from Point of Rocks to Drum Point. Other exposures
are found on both banks of the Patuxent river. In St. Mary's county,
exposures may be seen one-half mile west of Millstone on the Patuxent
river, where the beds contain beautiful clusters of gypsum crystals, and
along St. Johns Creek and Mill Creek. On St. Mary's river, the formations are exposed at intervals from Windmill Point up the stream toward
its head-waters.

The northern boundary of the St. Mary's formation on the Western
Shore is very sinuous and can only be approximately located on account
of the cover of surface loams which obscure the underlying formation.
The exact location of the southern border is also a matter of conjecture, but cannot be very far from correct. Marls belonging to the St.

Mary's formation have been found outcropping just west of St. Jerome Creek and in the head-waters to the east at Smith Creek. In the extreme southern portion of St. Mary's county, however, the St. Mary's formation seems to have been removed and loams and clays belonging to the Columbia group deposited in its stead.

Strike, Dip and Thickness.

The strike of the St. Mary's formation, like that of the two preceding ones, is from northeast to southwest. On the Eastern Shore, the occurrence and strike are approximately coincident; on the Western Shore, however, due to the greater diversity in the topography, the outcrop is extremely irregular and departs very widely from the direction of strike. The St. Mary's formation rests conformably on the underlying Choptank and is overlain unconformably by younger materials. The dip averages about 10 feet to the mile toward the southeast.

The thickness of the St. Mary's formation varies from nothing to about 280 feet. In the hilltops south of Prince Frederick, where the dip carries the formation up to an elevation of 100 feet or more, the thickness thins down gradually to nothing; while in the well boring at Crisfield it occupies a thickness of about 280 feet, although it is possible that the upper portion of this may be Pliocene.

Character of Materials.

The materials composing the St. Mary's formation consist of clay, sand and sandy clay. As exposed in Maryland, it is typically a greenish-blue sandy clay bearing large quantities of fossils and resembling very closely the sandy clay of the Calvert formation described above. Locally, the beds have been indurated by the deposition of iron and again in other localities, notably on the south bank of the Patuxent river about one-half mile west of Millstone Landing and again near Windmill Point, clusters of radiating gypsum crystals are found.

Stratigraphic Relations.

The St. Mary's formation lies unconformably on the Choptank formation. It is overlain unconformably by clays, loams, sands and gravels belonging to various members of the Columbia group. There are

FIG. 1.—VIEW SHOWING THE LOW SHORE-LINE NEAR ST. MARY'S CITY, ST. MARY'S
COUNTY.

FIG. 2.—VIEW SHOWING BLUFFS AT COVE POINT, CALVERT COUNTY, WITH THE ST.
MARY'S FORMATION EXPOSED AT BASE OF SECTION.

VIEWS OF MIOCENE SECTIONS.

certain faunal differences which separate it from the Choptank formation. It has been subdivided into the following zones:

Subdivisions.

Zone 21.—This zone lies at the base of the St. Mary's formation and conformably on the Choptank formation. It consists of a drab clay carrying sand bands of about the same color and appears to be devoid of fossils. It may best be seen aong the cliffs south of Flag Pond, where it has a thickness of about 15 feet.

Zone 22.—Lying immediately above the last mentioned stratum is another band of drab clay in which thin beds of fossils are developed. These first made their appearance in the cliffs south of Flag Pond, and although the continuity of this bed is interrupted along the Bay shore by talus slopes and overgrowth of woodland, still it is believed to be continuous with the fossil-bearing beds at the base of the cliff at Cove Point. The following are some of the more important fossils found in this zone: *Balanus concavus, Terebra inornata, Mangilia parva, Nassa peralta, Columbella communis, Ecphora quadricostata, Turritella plebeia, T. variabilis, Polynices heros, Corbula inæqualis, Pecten jeffersonius, Arca idonea,* etc. This stratum is about 14 feet in thickness. It corresponds to " Zone g " of Harris.[1]

Zone 23.—This zone is composed of drab clay and sand. It has suffered considerably from erosion, but along the Calvert Cliffs it carries some fossils of which *Turritella plebeia* is the most important. It shows a thickness of 30 feet but is unconformably overlain by the Pleistocene sands and gravels.

Zone 24.—A break in the stratigraphic continuity of the St. Mary's formation occurs south of Drum Point and the exact relation of this zone to those preceding is not definitely known. It is believed, however, to lie very close to Zone 24. At Chancellor Point on the St. Mary's river, where it has been studied, 15 feet of bluish sandy clay are exposed, overlain unconformably by Pleistocene loams. At this place a large number of fossils are present, of which the following may be mentioned: *Acteon ovoides, Retusa marylandica, Terebra curvilirata, Conus diluvianus, Surcula engonata, Fulgur fusiforme, Turritella varia-*

[1] Loc. cit.

*bilis, Panopea goldfussi, Callocardia sayana, Venus campechiensis var.
mortoni, Isocardia fraterna, Phacoides anodonta, Pecten madisonius, P.
jeffersonius,* etc.

LOCAL SECTIONS.

The formations and zones described above are based on a large number of local sections found scattered throughout the Miocene area of
Maryland. The most continuous and complete series of sections is found
along Chesapeake Bay from Fairhaven southward to Drum Point, but
other instructive and important sections are found in the valleys of the
Potomac and Patuxent rivers and along many of the rivers of the
Eastern Shore.

CHESAPEAKE BAY SECTIONS.

The most complete section of the Miocene deposits along the Atlantic
Coast occurs in the famous Calvert Cliffs from Chesapeake Beach southward to Drum Point. Throughout this distance the bluffs yield a complete sequence of the various beds of the formations, and the fossils are
numerous and usually very well preserved. The entire Chesapeake Bay
section is given in detailed columnar sections in Plate V, and the relations of zone to zone indicated. The detailed description of each of these
sections will now be given.

I. *Section on a southern branch of Lyons Creek.*

		Feet.
Miocene. Calvert Formation.	White diatomaceous clay (Zone 3)	5
	White sandstone containing following fossils: *Ecphora tricostata, Panopea whitfieldi, P. americana, Corbula elevata, Phacoides contractus, Venericardia granulata, Astarte cuneiformis, A. thomasi, Thracia conradi, Pecten madisonius, P. humphreysii, Chione latilirata, Cytherea staminea* (Zone 2)	1
	Brown sand containing *Phaciodes contractus* (Zone 1)	6
Eocene	Greenish gray sandy clay	35
	Total	47

II. *Section at Fairhaven, one-half mile south of wharf.*

		Feet.
Pleistocene.	Gravel, sand and clay	10
Miocene. Calvert Formation.	Diatomaceous sandy clay bleached to a whitish color, jointed so as to have a rough columnar appearance carrying *Phacoides contractus* (Zone 3, in part)	24
	Diatomaceous greenish sandy clay breaking with concoidal fracture, carrying *Phacoides contractus* and bearing rolled and reworked fossils from Eocene in lower 2½ feet (Zone 3, in part)	36
	Total	70

III. *Section at Chesapeake Beach.*

	Feet.	Inches.
Yellow sandy clay (Zone 15)...................	9	
Yellow sandy clay (Zone 14)...................	5	
Blue sandy clay changing to yellowish brown sandy clay in the upper 12 feet, fossiliferous throughout upper portion (Zone 13)........	32	
Greenish brown sandy clay bearing fossil casts (Zone 12)...................................	2	6
Greenish brown sandy clay (Zone 11).........	5	
Grayish green sand containing some clay containing following fossils: *Turritella indentata, Phacoides anodonta, Crassatellites melinus, Astarte cuneiformis, Ostrea sellæformis, Pecten madisonius, Macrocallista marylandica, Atrina harrisii, Arca subrostrata, Glycimeris parilis*, etc. (Zone 10)	6	
Greenish sandy clay carrying scattered layers of *Corbula elevata* (Zone 9)	6	
Greenish sandy clay apparently devoid of fossils (Zone 8).............................	9	
Greenish sandy clay carrying scattered layers of *Corbula elevata* (Zone 7)...............	6	
Greenish sandy clay carrying large numbers of *Corbula elevata* (Zone 6)...................	8	
Greenish sandy clay carrying *Thracia conradi* (Zone 5).................................	′	
Greenish sandy clay carrying *Ostrea percrassa* (Zone 4)...................................		6
Bluish-green sandy clay revealed in well-boring (Zone 3, 2 and 1)..........................	62	
Glauconitic sandy clay......................		
Total..................................	97	

Miocene. Calvert Formation. Eocene.

IV. *Section 2.5 miles south of Chesapeake Beach.*

	Feet.	Inches.
Yellowish sandy loam.......................	7	
Yellow sandy clay (Zone 15).................	19	
Fossiliferous yellowish sandy clay with an indurated portion at top (Zone 14)...........	5	
Brownish and bluish sandy clay containing imperfect fossil casts (Zone 13)...............	27	
Chocolate colored sandy clay carrying imperfect fossil casts (Zone 12)..................	3	
Unfossiliferous blue clayey sand (Zone 11)....	9	
Fossiliferous brown sand and clay (Zone 10)..	8	
Fossiliferous bluish clayey sand (Zone 9).....	3	
Brownish sand and clay containing poorly preserved casts of *Corbula* (Zone 8)...........	15	
Brownish sandy clay containing scattered bands of *Corbula elevata* (Zone 7)...............	2	6
Bluish clayey sand carrying large numbers of *Corbula elevata* (Zone 6)...................	2	
Bluish clayey sand carrying scattered bands of *Corbula elevata* (Zone 5)...................	2	6
Bluish clayey sand carrying *Ostrea percrassa* (Zone 4)...................................		6
Fossiliferous bluish clayey sand (Zone 3)......	4	
Total..................................	107	6

Pleistocene. Miocene Calvert Formation.

V. *Section one mile north of Plum Point.*

		Feet.	Inches.
Pleistocene.	Yellowish sandy loam.........................	7	
	Yellowish sandy clay (Zone 15)......	19	
	Yellowish sand carrying *Isocardia fraterna* (Zone 14).................................	7	
	Bluish and brownish sandy clay (Zone 13).....	25	
	Brownish sand (Zone 12)....................	4	6
	Bluish clay grading downward into brown sand (Zone 11).................................	10	6
Miocene.	Yellowish brown sandy clay bearing the following fossils: *Siphonalia devexa. Ecphora tricostata, Turritella plebeia, T. variabilis; T. variabilis var. cumberlandia, Polynices heros, Corbula inæqualis, Phacoides anodonta, Crassatellites melinus, Astarte cuneiformis, Pecten madisonius, Venus rileyi, chione latilirata, Cytherea staminea, Melina maxillata, Atrina harrisii, Arca subrostrata, Glycimeris parilis,* etc. (Zone 10).		
	Bluish green clayey sand carrying *Corbula elevata* (Zone 9)...........................	2	
	Bluish green clayey sand carrying imperfect casts of *Corbula elevata* (?) (Zone 8)......	10	
	Bluish green clayey sand containing large numbers of *Corbula elevata* (Zone 6)...........	3	
	Bluish green clayey sand containing fossil casts of *Corbula elevata* (Zone 5)..........	3	
	Total.................................	100	

(marginal label: Calvert Formation.)

VI. *Section at Plum Point.*

		Feet.
Pleistocene.	Yellowish sandy loam and gravel....................	14
Miocene.	Yellowish sandy clay bearing characteristic fossils (Zone 10)....................................	2
	Greenish sandy clay carrying scattered layers of *Corbula elevata* (Zone 9)............................	2
	Greenish blue clayey sand carrying few imperfect fossils (Zone 8)	10
	Bluish clayey sand carrying *Corbula elevata* (Zone 6)	1
	Total	29

(marginal label: Calvert Formation.)

VII. *Section one mile south of Plum Point Wharf.*

		Feet.	Inches.
Miocene.	Fossiliferous yellowish sandy clay grading into yellow sand in its lower portions (Zone 15)	48	6
	Brownish sandy clay containing *Isocardia fraterna* (Zone 14)...........................	7	
	Bluish clay breaking with conchoidal fracture (Zone 13)	13	6
	Brownish sandy clay carrying imperfect fossil casts (Zone 12)	2	6
	Unfossiliferous bluish clay (Zone 11)........	11	
	Greenish sand bearing characteristic fossils (Zone 10)	9	
	Total	91	6

(marginal label: Calvert Formation.)

VIII. *Section 1.5 miles south of Plum Point Wharf.*

			Feet.	Inches.
Miocene.	Calvert Formation.	Yellowish sandy clay (Zone 15)...............	19	
		Brownish sandy clay containing *Isocardia fraterna* (Zone 14)...........................	6	
		Bluish clay (Zone 13)........................	14	
		Brownish sandy clay containing *Ecphora quadricostata var. umbilicata, Venus mercenaria, Cytherea staminea* (Zone 12)...............	2	6
		Bluish clayey sand carrying few imperfect fossils (Zone 11)............................	13	6
		Bluish green sandy clay carrying characteristic fossils (Zone 10)..........................	6	
		Total...................................	61	

IX. *Section 1.5 miles south of Dares Wharf.*

			Feet.
Pleistocene.		Yellowish loam, sand and gravel....................	30
Miocene.	Calvert Formation.	Bluish sandy clay carrying *Isocardia fraterna* (Zone 14)......................................	3
		Bluish clay (Zone 13)............................	12
		Brownish sandy clay carrying *Ecphora quadricostata var. umbilicata, Venus mercenaria, Cytherea staminea* (Zone 12)	2
		Bluish clay (Zone 11)............................	8
		Total...	55

X. *Section .5 miles south of Parker Creek.*

			Feet.	Inches
Pleistocene.		Reddish sandy loam.......................	2	
Miocene.	Choptank Formation.	Reddish sand (Zone 20)	2	
		Reddish sandy clay containing *Balanus concavus, Corbula idonea, Astarte thisphila, Pecten madisonius, Venus campechiensis var. cuneata, Dosinia acetabulum, Cardium laqueatum, Arca staminea, etc.,* (Zone 19)	14	
		Yellowish sandy clay containing fossil casts (Zone 18)...............................	20	
		Yellow sand containing *Ecphora quadricostata, Turritella plebeia, Panopea americana, Corbula idonea, C. cuneata, Metis biplicata, Macrocallista marylandica, Venus mercenaria, V. campechiensis var. cuneata, Dosinia acetabulum, Isocardia fraterna, Cardium laqueatum, Crassatellites turgidulus, Astarte thisphila, Pecten coccymelus, P. madisonius, Melina maxillata, Arca staminea, etc.* (Zone 17)....	6	
	Calvert Formation.	Bluish clay (Zone 15).....................	9	
		Brownish sandy clay containing *Isocardia fraterna* (Zone 14)...........................	4	
		Bluish sandy clay (Zone 13)................	10	6
		Brownish sandy clay carrying *Ecphora quadricostata var. umbilicata, Venus mercenaria, Cytherea staminea* (Zone 12)...............	1	6
		Bluish clay (Zone 11)......................	4	
		Total...................................	73	

XI. *Section one mile south of Parker Creek.*

Feet.

Pleistocene.		Yellow sand...	7
Miocene.	Choptank Formation.	Red sand (Zone 20)...................................	2
		Yellow sand containing a little clay and carrying characteristic fossils (Zone 19)........................	14
		Yellowish sand above, grading into bluish clay below and carrying bands of poorly preserved fossils (Zone 18)................................'..........	22
		Yellow sand carrying characteristic fossils (Zone 17)	5
		Yellowish sand (Zone 16)........................	10
	Calvert Formation.	Bluish unfossiliferous clay (Zone 15)................	5
		Bluish clayey sand containing *Isocardia fraterna* (Zone 14)..	2
		Bluish unfossiliferous clay (Zone 13)...............	10
		Bluish clay carrying characteristic fossils (Zone 12)..	1

Total... 78

XII. *Section at Governor Run.*

Feet.

Pleistocene.		Reddish sandy loam.............................	5
Miocene.	Choptank Formation.	Reddish sand (Zone 20)...........................	13
		Yellowish sandy clay carrying characteristic fossils (Zone 19).......................'............	12
		Yellowish sandy clay carrying a few poorly preserved fossils (Zone 18)...............................	18
		Yellow sand carrying characteristic fossils (Zone 17)	5
		Bluish sandy clay (Zone 16).......................	13
	Calvert Formation.	Bluish clay (Zone 15)............................	4
		Brownish sandy clay carrying *Isocardia fraterna* (Zone 14).....................................	4
		Bluish clay (Zone 13)...........................	1

Total... 75

XIII. *Section 2.75 miles south of Governor Run.*

Feet.

Pleistocene.		Reddish yellow loam, sand and gravel...............	15
Miocene.	Choptank Formation.	Yellowish sand carrying characteristic fossils (Zone 17)	5
		Greenish sandy clay carrying *Ecphora quadricostata, Venus campechiensis var. cuneata, Dosinia acetabulum, Phacoides contractus*, etc. (Zone 16)	9

Total... 29

XIV. *Section at Flag Pond.*

Feet.

Pleistocene.		Reddish loam, sand and gravel.....................	40
Miocene.	St. Mary's Formation.	Drab clay and sand (Zone 23)......................	29
		Drab clay carrying scattered bands of fossils which contain the following species: *Balanus concavus, Spisula marylandica, Callocardia subnasuta,. Cardium laqueatum, Pecten madisonius, Melina maxillata, Yoldia lævis* (Zone 22).....................	14
		Drab clay with sandy bands (Zone 21)..............	15

Feet.

Miocene. — *Choptank Formation.*

	Feet.
Drab clay with sandy bands (Zone 20)	15
Sandy clay indurated above which contains the following species: *Balanus concavus, Corbula idonea, Macrocallista marylandica, Dosinia acetabulum, Cardium laqueatum, Phacoides anodonta, Crassatellites marylandicus, Astarte thisphila, Ostrea carolinensis, Pecten madisonius, Arca staminea*, etc. (Zone 19)	15
Bluish green sandy clay carrying a few fossil casts (Zone 18)	12
Bluish green sandy clay carrying characteristic fossils (Zone 17)	1
Total	141

XV. *Section at Little Cove Point.*

Feet

Pleistocene. Reddish and yellow loam, sand and gravel 62

Miocene. — *St. Mary's Formation.*

	Feet
Bluish sandy clay containing 8 feet from base a 6-inch layer of fossils consisting mostly of *Turritella plebeia* (Zone 23)	30
Bluish sandy clay containing numerous layers of fossils, among which are the following species: *Balanus concavus, Terebra inornata, Mangilia parva, Nassa peralta, Columbella communis, Ecphora quadricostata, Turritella plebeia, T. variabilis, Polynices heros, Corbula inæqualis, Pecten jeffersonius, Arca idonea*, etc., (Zone 22)	17
Total	109

XVI. *Section at Chancellor Point.*

Feet.

Pleistocene. Sandy loam 5

Miocene. — *St. Mary's Formation.*

	Feet
Bluish sandy clay containing the following fossils: *Actæon ovoides, Retusa marylandica, Terebra curvilirata, Conus diluvianus, Surcula engonata, Fulgur fusiforme, Turritella variabilis, Panopea goldfussi, Callocardia sayana, Venus campechiensis* var. *mortoni, Isocardia fraterna, Phacoides anodonta, Pecten madisonius, P. jeffersonius*, etc. (Zone 24)	15
Total	20

OTHER SECTIONS.

None of the other drainage lines exhibit as complete sections of the Miocene as are found along the Calvert Cliffs, but occasionally good exposures are met with, some of the more important of which are given below.

Section .25 miles below mouth of St. Leonards Creek.

Feet. Inches

Pleistocene. Yellowish gravel and sand 18   6

Miocene. — *Choptank Formation.*

	Feet.	Inches
Greenish sand partially indurated above; solidified to solid rock at base of section carrying the following species: *Balanus concavus, Panopea americana, Corbula idonea, Cardium laqueatum, Astarte thisphila, Pecten madisonius, Melina maxillata*, etc. (Zone 17, in part)	18	6
Total	37	

Section at Drum Cliff near Jones Wharf.

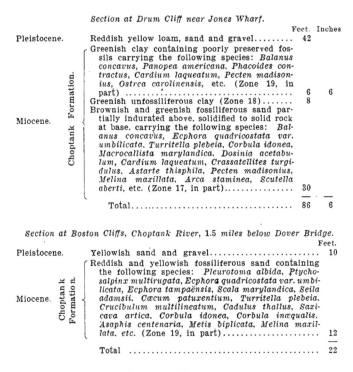

		Feet.	Inches
Pleistocene.	Reddish yellow loam, sand and gravel.........	42	
Miocene.	Greenish clay containing poorly preserved fossils carrying the following species: *Balanus concavus, Panopea americana, Phacoides contractus, Cardium laqueatum, Pecten madisonius, Ostrea carolinensis,* etc. (Zone 19, in part) ....:	6	6
	Greenish unfossiliferous clay (Zone 18).......	8	
	Brownish and greenish fossiliferous sand partially indurated above, solidified to solid rock at base, carrying the following species: *Balanus concavus, Ecphora quadricostata var. umbilicata, Turritella plebeia, Corbula idonea, Macrocallista marylandica, Dosinia acetabulum, Cardium laqueatum, Crassatellites turgidulus, Astarte thisphila, Pecten madisonius, Melina maxillata, Arca staminea, Scutella aberti,* etc. (Zone 17, in part)...............	30	
	Total..................................	86	6

Section at Boston Cliffs, Choptank River, 1.5 miles below Dover Bridge.

		Feet.
Pleistocene.	Yellowish sand and gravel........................	10
Miocene.	Reddish and yellowish fossiliferous sand containing the following species: *Pleurotoma albida, Ptychosalpinx multirugata, Ecphora quadricostata var. umbilicata, Ecphora tampaënsis, Scala marylandica, Seila adamsii, Cæcum patuxentium, Turritella plebeia, Crucibulum multilineatum, Cadulus thallus, Saxicava artica, Corbula idonea, Corbula inæqualis, Asaphis centenaria, Metis biplicata, Melina maxillata,* etc. (Zone 19, in part).....................	12
	Total	22

ORIGIN OF MATERIALS.

The materials which compose the Miocene deposits of Maryland may be divided in regard to their origin into two classes, viz., the silicious and arenaceous materials which are land-derived and the calcareous materials which are of organic origin. The ultimate source of the former was doubtless the rocks of the Piedmont Plateau and regions beyond in Western Maryland and neighboring territory, but more immediately they have been derived from older coastal plain deposits; the one which enters into the Miocene most conspicuously being the Eocene. Near the contact of the Miocene and Eocene, a rolled fauna derived from the latter is reworked in the former and occasionally grains of glauconite, which were in all probability formed in the Eocene occur in the lower portions of the Miocene.

The organic remains, which consist, for the most part, of shells of mollusks and bones of vertebrates, are usually in a very good state of preservation. They have been but slightly disturbed since deposited and evidently now occupy the same relative positions which they did at the time when they lived.

Geological and Geographical Distribution of Species.

The geological and geographical distribution of the species obtained from the Maryland Miocene has already been partly indicated in the discussion of the various zones. A more complete presentation of the occurrence of these forms is shown in the following tables as well as in the chapters on systematic paleontology.

Note.—In a few instances forms have been described in the literature as occurring at Maryland localities where members of the Maryland Survey have not been able to corroborate their occurrence. In such cases their presence is indicated in the following tables by a * and a superior letter indicating the authority. Thus:

*[c]	Indicates an occurrence on the authority of Conrad.
*[cp]	"	"	"	"	"	"	" Cope.
*[d]	"	"	"	"	"	"	" Dall.
*[f]	"	"	"	"	"	"	" Foreman.
*[s]	"	"	"	"	"	"	" Say.
*[w]	"	"	"	"	"	"	" Wagner.

The few instances in which specimens have been described from the deep well at Crisfield have been tabulated under "Crisfield well, St. Mary's Formation (?)" since the uppermost members of the Miocene there exposed belong to that formation and through possible accidents during the driving of the well forms may have fallen in from the upper horizons and been recorded as occurring at greater depth. The exact depths at which the forms were found are given in the text and footnotes. The base of the Miocene lies about 776 feet below the surface.

	LOCAL DISTRIBUTION.																																			
	CALVERT FORMATION.																																		Calvert Cliffs. } Calvert Formation	Plum Point(?) } Calvert Formation (?)
·ECIES.	Between McKindes and Pindell.	Blakes.	Burch.	Calvert C liffs.	Centerville.	3 miles west of Cehterv e.	Charles County near Patuxent River.	Chesapeake Beach.	¼ mile south of Chesapeake Beach.	3 miles south of Chesapeake Beach.	Church Hill.	Evans' Farm near Church Hill.	Fairhaven.	Friendsh p.	Good Hope H I.	¾ mile north of Governor Run.	Hd in Cliff.	Huntingtown.	Jewe .	Lyons Creek Wharf.	Magruder Ferry.	Parker Creek.	2 miles south of Parker Creek.	Plum Point.	3 miles north of Plum Point.	Popes Creek.	Reeds.	Skipton.	Southeast Creek.	Tilghmans Station.	Truman Wharf.	Wescott Farm near Church Hill.	White Landing.	Wye Mills.		
·AMMALIA.																																				
·cus Leidy						*																														'
·us Cope						*																														*
·abbi Cope						*																														*
·uschenbergeri Cope						*																														*
·acertosus Cope						*																														*
f) crassangulum Case														*																						
·raeus Cope																																				
·randaevus Leidy					*																															
·li (Leidy)						*																														
· Cope						*																														
·us Cope						*																														
·us Cope						*																														
·pondylus Cope						*																														
·tor Cope						*																														
· Cope																																				
·tus Cope						*																														
·adix Cope						*																														
·tensis (Harlan)																																			*	
·o Cope						*																														
·i (Hay)						*																														
·lanticus (Cope)																																				
·codilinus (?) Cope																																				
·asus Cope																																				
·onatus Cope																																				
·tlophysum Cope																																				
·um Trouessart																																				
·alum Cope						*																														
·insus Cope						*																														
·cus Leidy																																				
·kianus Cope																																				
·e																																				
·s Cope																																				
·siplana Cope																																				
·ven																																				
·teus (?) De Kay											*																									
AVES.																																				
·pe																																			*	
·Marsh																																				
REPTILIA.																																				
·s Cope					*																															
·					*																															
·					*																															
·																																				
') sericodon Cope																							*													
') sicaria Cope						*																														
') contusor Cope						*																														
') antiqua (Leidy)						*																														

	LOCAL DISTRIBUTION.							GENERAL DISTRIBUTION.
	CHOPTANK FORMATION.				ST. MARY'S FORMATION.	St. Mary's Formation (?)	CHESAPEAKE GROUP.	
	Zone 17 (Lower Bed).	Zone (?)	Zone 19. (Upper Bed).	Choptank Formation (?)				Choptank Formation.

The remainder of the page consists of a large distribution chart with columns listing individual localities under each formation heading and rows (numbered 1–36, 1–2, and 1–9) marked with asterisks (*) and question marks (?) indicating occurrences.

Locality column headings (left to right):

CHOPTANK FORMATION — Zone 17 (Lower Bed): Cuckold Creek. / Flag Pond (Lower Bed). / Governor Run (Lower Bed). / 2 miles south of Governor Run. / Jones Wharf. / Pawpaw Point. / St. Leonard Creek. / Turner. / Cordova. / David Kerr's. / Davis Mills. / Flag Pond.

Zone (?): Governor Run. / 1 mile north of Governor Run. / 2 miles south of Governor Run. / Greensboro. / Skipton.

Zone 19 (Upper Bed): Choptank River. / Dover Bridge. / Flag Pond (Upper Bed). / Governor Run (Upper Bed). / 2 miles south of Governor Run. / Peach Blossom Creek. / Sand Hill. / Trappe Landing.

Choptank Formation (?): Calvert Cliffs.

ST. MARY'S FORMATION: Bristol. / Jones Wharf. / Little Cove Point. / Drum Point. / Langley's Bluff. / Great Mills. / Mouth of Patuxent River. / Mouth of Potomac River. / Point-no-Point. / Pocomoke City Well, 53 to 63 feet deep. / Pocomoke City Well, 53 to 75 feet deep. / St. Mary's River.

St. Mary's Formation (?): Crisfield Well. / Mouth of Patuxent River. / St. Mary's River.

CHESAPEAKE GROUP: Centerville Well at depth of 170 feet. / Cambridge Well. / Chesapeake Group (?) / Locality (?) / Maryland. / New Town. / Pocomoke City Well. / Chesapeake Group. / Maryland or Virginia. / Nomini Cliffs. / Virginia.

GENERAL DISTRIBUTION: Calvert Formation. / Zone 17 (Lower Bed). / Zone 19 (Upper Bed). / Choptank Formation. / St. Mary's Formation.

LOCAL DISTRIBUTION.

CALVERT FORMATION.

SPECIES	Between McKindee and Pindell.	Blakes.	Burch.	Calvert Cliffs.	Centerville.	3 miles west of Centerville.	Charles County near Patuxent River.	Chesapeake Beach.	¼ mile south of Chesapeake Beach.	3 miles south of Chesapeake Beach.	Church Hill.	Evans' Farm near Church Hill.	Fairhaven.	Friendship.	Good Hope Hill.	¾ mile north of Governor Run.	Hollin Cliff.	Huntingtown.	Jewell.	Lyons Creek Wharf.	Magruder Ferry.	Parker Creek.	2 miles south of Parker Creek.	Plum Point.	3 miles north of Plum Point.	Popes Creek.	Reeds.	Skipton.	Southeast Creek.	Tilghmans Station.	Truman Wharf.	Wescott Farm near Church Hill.	White Landing.	Wye Mills.	Calvert Cliffs. Plum Point (?) } Calvert Formation (?)
PISCES.																																			
talis Eastman																								*											
e																																			
Cope			*																																
odon Cope			*																																
ens Eastman			*																																
us Agassiz			*																																
venius Agassiz			*				*																	*											
data (Agassiz)			*				*																	*											
ns (Agassiz)			*																					*											
Agassiz			*																					*											
s Agassiz			*				*																	*											
ni Gibbes			*																					*											
Agassiz			*																					*											
Agassiz			*																																
alodon (Charlesworth)			*																					*											
nodon) *egertoni* (Agassiz)			*	*			*																												
simus (Cope)			*				*																	*											
a Eastman			*	*																				*											
a (Cope)			*																																
ens Eastman			*	*	*																			*											
rtus Gibbes			*				*																	*											
us Agassiz			*				*																	*											
ster Eastman			*				*																	*	*										
i Agassiz			*																					*											
gassiz			*																					▸											
sa Leidy			*																																
alacostraca and Cirripedia.																																			
...				*																				*											
s Brown				*	*	*																		*					*						
PODA. Ostracoda.																																			
. Ulrich & Bassler																								*											
; *var. minuscula* U. & B.																								*											
alis Ulrich & Bassler																								*											
(?) Ulrich & Bassler																								*											
alvis Ulrich & Bassler																																			
Ulrich & Bassler																								*											
var. modica U. & B.																								*											
var. capax U. & B.																								*											
Ulrich & Bassler																								*											
ctata Ulrich & Bassler																																			
Ulrich & Bassler																																			
Ulrich & Bassler																																			
Ulrich & Bassler																																			
var. calvertensis U. & B.																								*											
rinta Ulrich & Bassler								*																											
i Ulrich & Bassler																																			
a Ulrich & Bassler																																			
s Ulrich & Bassler																																			

LOCAL DISTRIBUTION.																																																		GENERAL DISTRIBUTION.					
Choptank Formation.																							Choptank Formation (?)			St. Mary's Formation.										St. Mary's Formation (?)			Chesapeake Group.												Choptank Formation.				
Zone 17 (Lower Bed).						Zone (?)									Zone 19 (Upper Bed).																																								
Governor Run (Lower Bed).	2 miles south of Governor Run.	Jones Wharf.	Pawpaw Point.	St. Leonard Creek.	Turner.	Cordova.	David Kerr's.	Davis Mills.	Flag Pond.	Governor Run.	1 mile north of Governor Run.	2 miles south of Governor Run.	Greensboro.	Skipton.	Choptank River.	Dover Bridge.	Flag Pond (Upper Bed).	Governor Run (Upper Bed).	2 miles south of Governor Run.	Peach Blossom Creek.	Sand Hill.	Trappe Landing.	Calvert Cliffs.	Bristol.	Jones Wharf.	Little Cove Point.	Drum Point.	Langley's Bluff.	Great Mills.	Mouth of Patuxent River.	Mouth of Potomac River.	Point-no-Point.	Pocomoke City Well, 53 to 63 feet deep.	Pocomoke City Well, 53 to 75 feet deep.	St. Mary's River.	Crisfield Well.	Mouth of Patuxent River.	St. Mary's River.	Centerville Well at depth of 170 feet.	Cambridge Well.	Chesapeake Group (?)	Locality (?)	Maryland.	New Town.	Pocomoke City Well.	Chesapeake Group.	Maryland or Virginia.	Nomini Cliffs.	Virginia.	Calvert Formation.	Zone 17 (Lower Bed).	Zone 19 (Upper Bed).	Choptank Formation.	St. Mary's Formation.	
																																																		*					1
																																																		*					2
																																																		*					3
																																																		*					4
																																																		*					5
																																			*																			*	6
																																																		*					7
																																																		*					8
																																																		*					9
																																																		*					10
		*							*																																									*	*		*		11
																																																		*					12
																																										*													13
																																																		*					14
																																																		*					15
																																																		*					16
																																																		*					17
		*														*																																		*	*	*			18
																																																		*					19
																																																		*					20
													*																																					*			*		21
										*																																								*			*		22
																																																		*					23
																																																		*					24
																																																		*					25
																																																		*					26
																																																							27
		*			Qw	*				*			*			*			*	*		*				*																								*	*	*	*	*	1
	*	*	*	*	*	*			*	*			*			*			*	*	*	*				*									*															*	*	*	*	*	2
																																																	*	*					1
																																																	*	*					2
																																																	*	*					3
																																																		*					4
																																																		*					5
																																																	*	*					6
																																																		*					7
																																																		*					8
			*																																															*	*				9
																				*																													*	*		*			10
																				*																													*						11
																																																	*	*					12
																																																		*					13
																																																		*					14
																				*																																*			15
																																																	*						16
																				*																																*			17
			*																	*																															*				18

LOCAL DISTRIBUTION.

CALVERT FORMATION.

SPECIES.	Between McKindee and Pindell.	Blakes.	Burch.	Calvert Cliffs.	Centerville.	3 miles west of Centerville.	Charles County near Patuxent River.	Chesapeake Beach.	¼ mile south of Chesapeake Beach.	3 miles south of Chesapeake Beach.	Church Hill.	Evans' Farm near Church Hill.	Fairhaven.	Friendship.	Good Hope Hill.	¾ mile north of Governor Run.	Hollin Cliff.	Huntingtown.	Jewell.	Lyons Creek Wharf.	Magruder Ferry.	Parker Creek.	2 miles south of Parker Creek.	Plum Point.	3 miles north of Plum Point.	Popes Creek.	Reeds.	Skipton.	Southeast Creek.	Tilghmans Station.	Truman Wharf.	Wescott Farm near Church Hill.	White Landing.	Wye Mills.	Calvert Cliffs. } Calvert Formation	Plum Point (?) } (?)
CROPODA. Ostracoda.—Continued.																																				
e martini Ulrich & Bassler																									*											
e dorsicornis Ulrich & Bassler																									*											
e dorsicornis var. bicornis U. & B.																									*											
e lienenklausi Ulrich & Bassler																									*											
e producta Ulrich & Bassler																									*											
e micula Ulrich & Bassler																									*											
e exanthemata Ulrich & Bassler																									*											
e rugipunctata Ulrich & Bassler																									*											
e evax Ulrich & Bassler																									*											
e evax var. oblongula U. & B.																									*											
e spiniplicata Ulrich & Bassler																									*											
e (?) shattucki Ulrich & Bassler																									*											
eis cornuta var. americana U. & B																									*											
eis alaris Ulrich & Bassler.																									*											
idea subovata Ulrich & Bassler																									*											
idea (?) chesapeakensis U. & B.																									*											
ideis ashermani Ulrich & Bassler																									*											
ideis cylindrica Ulrich & Bassler																									*											
ideis subaequalis Ulrich & Bassler																									*											
ideis semicircularis Ulrich & Bassler																									*											
ideis longula Ulrich & Bassler		*																							*											
opteron nodosum Ulrich & Bassler																									*											
MOLLUSCA. Cephalopoda.																																				
us (?) sp.																									*											
MOLLUSCA. Gastropoda.																																				
n ovoides Conrad						*																			*											
n pusillus (Forbes)																									*											
n shilohensis Whitfield						*																			*											
n calvertensis Martin																									*											
a iota (Conrad)																									*											
a iota var. marylandica Martin																									*											
a iota var. diminuta Martin																																				
a iota var. calverta Martin																									*											
a iota var. patuxentia Martin																																				
a (Cylichnina) marylandica Martin																																				
a (Cylichnina) conulus (Deshayes)																																				
a (Cylichnina) subspissa (Conrad)																																				*
na (?) greensboroensis Martin																																				*
na calvertensis Martin																									*											
a unilineata Conrad																									*											
a (Acus) curvilineata Dall																									*											
a curvilineata var. whitfieldi Martin																									*											
a curvilineata var. dalli Martin					*	*																			*											
a curvilineata var. calvertensis ...tin																									*											
a (Acus) curvilirata Conrad																																				
a (Acus) sincera Dall																																				
ra (Hastula) simplex Conrad																																				
ra simplex var. sublirata Conrad																																				

	LOCAL DISTRIBUTION.		GENERAL DISTRIBUTION.

CHOPTANK FORMATION.			ST. MARY'S FORMATION.		CHESAPEAKE GROUP.

Zone 17 (Lower Bed). — Zone (?) — Zone 19 (Upper Bed). — St. Mary's Formation (?) — Choptank Formation — St. Mary's Formation.

Column headers:
Cuckold Creek. — Flag Pond (Lower Bed). — Governor Run (Lower Bed). — 2 miles south of Governor Run. — Jones Wharf. — Paw paw Point. — St. Leonard Creek. — Turner. — Cordova. — David Kerr's. — Davis Mills. — Flag Pond. — Governor Run. — 1 mile north of Governor Run. — 2 miles south of Governor Run. — Greensboro. — Skipton. — Choptank River. — Dover Bridge. — Flag Pond (Upper Bed). — Governor Run (Upper Bed). — 2 miles south of Governor Run. — Peach Blossom Creek. — Sand Hill. — Trappe Landing. — Calvert Cliffs. — Bristol. — Choptank Formation (?) — Jones Wharf. — Little Cove Point. — Drum Point. — Langley's Bluff. — Great Mills. — Mouth of Patuxent River. — Mouth of Potomac River. — Point-no-Point. — Pocomoke City Well, 53 to 63 feet deep. — Pocomoke City Well, 53 to 75 feet deep. — St. Mary's River. — Crisfield Well. — Mouth of Patuxent River. — St. Mary's River. — Centerville Well at depth of 170 feet. — Cambridge Well. — Chesapeake Group (?) — Locality (?) — Maryland. — New Town. — Pocomoke City Well. — Chesapeake Group. — Maryland or Virginia. — Nomini Cliffs. — Virginia. — Calvert Formation. — Zone 17 (Lower Bed). — Zone 19 (Upper Bed). — Choptank Formation. — St. Mary's Formation.

[Table of species distribution marks (asterisks/dots) across localities; row index numbers at right margin: 19, 20, 21, 22, 23, 24, 25, 26, 27, 28, 29, 30, 31, 32, 33, 34, 35, 36, 37, 38, 39, 40; then 1; then 1, 2, 3, 4, 5, 6, 7, 8, 9, 10, 11, 12, 13, 14, 15, 16, 17, 18, 19, 20, 21, 22, 23.]

LOCAL DISTRIBUTION.

CALVERT FORMATION.

SPECIES.	Detween McKindee and P'indell.	Blakes.	Burch.	Calvert Cliffs.	Centerville.	3 miles west of Centerville.	Charles County near Patuxent River.	Chesapeake Beach.	¼ mile south of Chesapeake Beach.	3 miles south of Chesapeake Beach.	Church Hill.	Evans' Farm near Church Hill.	Fairhaven.	Friendship.	Good Hope Hill.	¾ mile north of Governor Run.	Hollin Cliff.	Huntingtown.	Jewell.	Lyons Creek Wharf.	Magruder Ferry.	Parker Creek.	2 m les south of Parker Creek.	1' lim Point.	3 m les north of P lm Point.	Popes Creek.	Reeds.	Skipton.	Southeast Creek.	Tilghmans Station.	Truman Wharf.	Wescott Farm near Church Hill.	White Landing.	Wye Mills.	Calvert Cliffs. Plum Point (?) (Calvert Formation (?))
Gastropoda.—*Continued.*																																			
ula) *inornata* Whitfield																																			
tula) *patuxentia* Martin																																			
uus Green																																			
ndicus Green																																			
Hemipleurotoma) albida																																			
Hemipleurotoma) communis																																			
Hemipleurotoma) communis																																			
mmunis Martin																							*												
Hemipleurotoma) choptank-																																			
a																																			
emipleurotoma) bellacre-																							*												
a																																			
Hemipleurotoma) calverten-																							*												
a Conrad																							*												
andica Conrad																							*												*
enaria Conrad																							*												
ata Conrad																																			
ra Conrad																							*												
na Martin																																			
a (Conrad)																							*												
oidea Martin																																			
elliana Martin																							*												
uentia Martin																																			
phostoma) *obtusa* Martin																							*												
ra (Conrad)																																			
ra var. *angulata* Martin																							*												
ra var. *distans* (Conrad)																																			
ldi Martin				*																															
tensis Martin																							*												
la Conrad																							*												
la var. *dissimilis* Conrad																																			
la var. *pyramidalis* Martin																																			
burnea (Whitfield)																							*												
ternata Conrad				*			*																*												
goniata Conrad																																			
nata Conrad																																			
unicola Martin																							*												
ticulatoides Martin																																			
rbula Conrad																																			
Admete) *marylandica* Martin																																			
Trigonostoma) *perspectiva*																																			
Trigonostoma) biplicifera																							*												
Sveltia) *patuxentia* Martin																							*												
Sveltia) *calvertensis* Martin																							*												
Sveltia) *sp.*																							*												
ancellariella) *neritoidea* Martin																																			

LOCAL DISTRIBUTION.

No.	Choptank Formation.																								
	Zone 17 (Lower Bed).								Zone (?).									Zone 19 (Upper Bed).							
	Cuckold Creek.	Flag Pond (Lower Bed).	Governor Run (Lower Bed).	2 miles south of Governor Run.	Jones Wharf.	Pawpaw Point.	St. Leonard Creek.	Turner.	Cordova.	David Kerr's.	Davis Mills.	Flag Pond.	Governor Run.	1 mile north of Governor Run.	2 miles south of Governor Run.	Greensboro.	Skipton.	Choptank River.	Dover Bridge.	Flag Pond (Upper Bed).	Governor Run (Upper Bed).	2 miles south of Governor Run.	Peach Blossom Creek.	Sand Hill.	Trappe Landing.
24					*																				
25					*																				
26																									
27																									
28					*														*						
29																									
30																									
31					*											*									
32																									
33																									
34					*																				
35																									
36					*																				
37																									
38																									
39																									
40					*																				
41																									
42																									
43					*																				
44																									
45																									
46																									
47																									
48																									
49																									
50					*							*													
51																									
52																									
53																									
54					*											*		*c						?	
55																									
56																									
57																									
58																									
59																									
60																									
61																									
62					*																				
63					*																				
64																									
65																									
66					*																				

No.	Choptank Formation (?)			St. Mary's Formation.										St. Mary's Formation (?)		
	Calvert Cliffs.	Bristol.	Jones Wharf.	Little Cove Point.	Drum Point.	Langley's Bluff.	Great Mills.	Mouth of Patuxent River.	Mouth of Potomac River.	Point-no-Point.	Pocomoke City Well, 53 to 63 feet deep.	Pocomoke City Well, 53 to 75 feet deep.	St. Mary's River.	Crisfield Well	Mouth of Patuxent River.	St. Mary's River.
24				*												*
25																
26						*							*			
27																
28																
29				*		*							*			
30																
31																
32																
33																
34																
35																
36													*			
37													*			
38													*			
39													*			
40				*		*							*			
41													*			
42																
43																
44																
45				*									*			
46													*			
47													*			
48																
49																
50				*		*							*			
51				*		*							*			
52				*		*							*			
53																
54				*									*			
55																
56				*		*							*			
57																
58																
59																
60													*			
61													*			
62																
63																
64																
65																
66																

No.	Chesapeake Group.											General Distribution.				
	Centerville Well at depth of 170 feet.	Cambridge Well.	Chesapeake Group (?)	Locality (?)	Maryland.	New Town.	Pocomoke City Well.	Chesapeake Group.	Maryland or Virginia.	Nomini Cliffs.	Virginia.	Calvert Formation.	Zone 17 (Lower Bed). Choptank Formation.	Zone 19 (Upper Bed). Choptank Formation.	Choptank Formation	St. Mary's Formation.
24													*			*
25													*			
26																*
27				*												
28													*	*		
29																*
30												*				
31													*		*	
32												*				
33												*				
34												*	*			
35												*?				
36													*			*
37																*
38												*				*
39																*
40												*	*			*
41													*			
42												*				
43													*			
44									*			*				
45																*
46																*
47																*
48												*				
49												*				
50												*	*		*	*
51																*
52																*
53												*				
54												*	*	*		*
55												*				
56																*
57												*				
58												*				
59					*											
60																*
61																*
62												*	*			
63													*			
64												*				
65												*				
66													*			

SPECIES.	Between McKindee and Pindell.	Blakes.	Burch.	Calvert Cliffs.	Centerville.	3 miles west of Centerville.	Charles County near Patuxent River.	Chesapeake Beach.	¼ mile south of Chesapeake Beach.	3 miles south of Chesapeake Beach.	Church Hill.	Evans' Farm near Church Hill.	Fairhaven.	Friendship.	Good Hope Hill.	¾ mile north of Governor Run.	Hollin Cliff.	Huntingtown.	Jewell.	Lyons Creek Wharf.	Magruder Ferry.	Parker Creek.	2 miles south of Parker Creek.	Plum Point.	3 miles north of Plum Point.	Popes Creek.	Reeds.	Skipton.	Southeast Creek.	Tilghmans Station.	Truman Wharf.	Wescott Farm near Church Hill.	White Landing.	Wye Mills.	Calvert Cliffs.	Plum Point (?)
Gastropoda.—*Continued.*																																				
amarck									*																										*	
rtin																																				
ta Pfeiffer																								*												
culata Conrad																								*												
rtensis Martin																								*												
ria (Conrad)																																				
aia) mutabilis (Conrad)								*																												
aia) typus (Conrad)																								*												
aia) obtusa (Emmons)																								*												
emissa Conrad																																				
inii (T. & H.)																																				
lartin																																				
(Conrad) var																								*												
: Conrad																																				
tum Conrad																								*												
n Conrad																																				
n var. rugosum Conrad																								*												
(Conrad)																																				
t Conrad																																				
tuxentensis Martin																								*												
rilis Conrad																																				
ia (Conrad)																								*												
ms (Conrad)																																				
landica Martin																																				
alvertana Martin																								*												
onus) protractus																																				
tilis (Conrad)																								*												
ultirugata Conrad																								*												
enosa Conrad																								*												
rnassa) porcina (Say)																								*												
is Martin																								*												
ria Martin																																				
des (Whitfield)								*																												
oensis Martin																																				
ca Martin																																				
'onrad)																																				
s Martin									*	*																										
Say																																				
a Conrad																																				
ata Conrad																																				
andica Conrad																																				
yris) communis (Conrad)								*																												
rtensis Martin																								*												
itis) conradi Dall																								*												
a Conrad																								*												
ensis (Heilprin)																								*												
t Conrad																																				
t var. laevis Martin																																				
rakeanus Martin																								*												

LOCAL DISTRIBUTION.																																																	GENERAL DISTRIBUTION.					
CHOPTANK FORMATION.																						Choptank Formation (?)			ST. MARY'S FORMATION.										St. Mary's Formation (?)			CHESAPEAKE GROUP.																
Zone 17 (Lower Bed).					Zone (?)								Zone 19 (Upper Bed).																																							Choptank Formation.		
2 miles south of Governor Run.	Jones Wharf.	Pawpaw Point.	St. Leonard Creek.	Turner.	Cordova.	David Kerr's.	Davis Mills.	Flag Pond.	Governor Run.	1 mile north of Governor Run.	2 miles south of Governor Run.	Greensboro.	Skipton.	Choptank River.	Dover Bridge.	Flag Pond (Upper Bed).	Governor Run (Upper Bed).	2 miles south of Governor Run.	Peach Blossom Creek.	Sand Hill.	Trappe Landing.	Calvert Cliffs.	Bristol.	Jones Wharf.	Little Cove Point.	Drum Point.	Langley's Bluff.	Great Mills.	Mouth of Patuxent River.	Mouth of Potomac River.	Point-no-Point.	Pocomoke City Well, 53 to 63 feet deep.	Pocomoke City Well, 53 to 75 feet deep.	St. Mary's River.	Crisfield Well	Mouth of Patuxent River.	St. Mary's River.	Centerville Well at depth of 170 feet.	Cambridge Well.	Chesapeake Group (?)	Locality (?)	Maryland.	New Town.	Pocomoke City Well.	Chesapeake Group.	Maryland or Virginia.	Nomini Cliffs.	Virginia.	Calvert Formation.	Zone 17 (Lower Bed).	Zone 19 (Upper Bed).	Choptank Formation	St. Mary's Formation.	
			*									*																						*s															*	*		*	*	67
																																																	*					68
	*											*																																					*	*		*		69
																																		*																			*	70
																																																	*					71
																																		*															*				*	72
																									*									*																			*	73
	*								*																																								*	*		*		74
																																		*															*				*	75
																																									*													76
																																										*d												77
																																		*																			*	78
	*																																																*	*				79
																									*									*																			*	80
																									*									*																			*	81
																									?									*																			*	82
	*											*													*									*															*	*		*	*	83
																																		?c																			?	84
																																		*																			*	85
	*																																																*	*				86
																									*									*																			*	87
	*	*																																															*	*				88
																																																	*					89
																																		*																			*	90
																																																	*					91
																																																	*					92
																																		*																			*	93
															*																																		*		*			94
																																																	*					95
																																		?s																			?	96
																																																	*					97
																																																		*				98
	*																																																*	*		*		99
												*																																								*		100
																									*									*																			*	101
																									*		*							*																			*	102
	*											*									*																												*	*	*	*		103
																																					?																?	104
																									*									*																			*	105
																																		*																			*	106
																									*									*																			*	107
	*											*													*		*							*															*	*		*	*	108
																																																	*					109
																																		*																			*	110
	*																								*		*							*															*	*			*	111
																																																	*					112
																																		*																			*	113
																									*									*																			*	114
																											*							*															*				*	115
												*																																								*		116

SPECIES	LOCAL DISTRIBUTION.																																			
	CALVERT FORMATION.																																		Calvert Cliffs. } Calvert Formation (?)	Plum Point (?) }
	Between McKindee and Pindell.	Blakes.	Burch.	Calvert Cliffs.	Centerville.	3 miles west of Centerville.	Charles County near Patuxent River.	Chesapeake Beach.	¼ mile south of Chesapeake Beach.	3 miles south of Chesapeake Beach.	Church Hill.	Evans' Farm near Church Hill.	Fairhaven.	Friendship.	Good Hope Hill.	¾ mile north of Governor Run.	Hollin Cliff.	Huntingtown.	Jewell.	Lyons Creek Wharf.	Magruder Ferry.	Parker Creek.	2 miles south of Parker Creek.	Plum Point.	3 miles north of Plum Point.	Popes Creek.	Reeds.	Skipton.	Southeast Creek.	Tilghmans Station.	Truman Wharf.	Wescott Farm near Church Hill.	White Landing.	Wye Mills.		
Gastropoda.—Continued.																																				
mosa Conrad																																				
reus (Say) ?																																				
icus (Conrad)																																				
costata (Say)																																				
costata var. umbilicata																																				
ata Martin				*		*		*															*										*	*		
ensis (Dall)							*																?													
umberlandiana (Gabb)																																				
all																																				
ica Martin				*		*	*																*													
calvertensis Martin				*		*	*																*													
reticulata Martin																								*												
prunicola Martin																								*												
hytis) expansa Conrad																								*												
hytis) pachypleura Conrad																								*												
Conrad																								*												
ta (H. C. Lea)																								*												
s Conrad																								*												
urad				*																				*												
idea (Brocchi)																																				
rysallida) melanoides (Con.)																																				
aleu) mariana Martin																																				
rnola) marylandica Martin																								*												
rgulina) calvertensis Mart.				*																				*												
socycla) marylandica Mart.																																				
emnitzia) nivea Stimpson																																				
emnitzia) nivea Stimpson																																				
rgiscus) interrupta (Totten)				*																				*			*									
agula) gubernatoria Martin.				*																				*												
rosum (Conrad)				*																				*												
Martin																								*												
Conrad																								*												
a (Conrad)				*			*																	*												
H. C. Lea)																								*												
lvertensis Martin				*		*																														
bulata (Montagu)																																				
ylandica Martin																																				
tense Martin				*		*																														
ntium Martin				*																																
boroense Martin																																				
iferus (Say)				*		*																	*													
nicus (Conrad)				*		*																														
nta Conrad				*		*		*															*				*									
istriata Conrad	*			*		*		*	*	*																								*		
eia Say				*		*		*															*								*					
abilis Conrad																																				
abilis var. alticostata Con.																																				
abilis var. cumberlandia Con.				*		*		*															*				*						*			
abilis var. exaltata Conrad				*		*		*															*													

LOCAL DISTRIBUTION.																																																GENERAL DISTRIBUTION.					
CHOPTANK FORMATION.																								ST. MARY'S FORMATION.										St. Mary's Formation (?)			CHESAPEAKE GROUP.															
…e 17 …r Bed).				Zone (?)									Zone 19 (Upper Bed).																																						
Jones Wharf.	Pawpaw Point.	St. Leonard Creek.	Turner.	Cordova.	David Kerr's.	Davis Mills.	Flag Pond.	Governor Run.	1 mile north of Governor Run.	2 miles south of Governor Run.	Greensboro.	Skipton.	Choptank River.	Dover Bridge.	Flag Pond (Upper Bed).	Governor Run (Upper Bed).	2 miles south of Governor Run.	Peach Blossom Creek.	Sand Hill.	Trappe Landing	Calvert Cliffs. } Choptank Formation (?)	Bristol.	Jones Wharf.	Little Cove Point.	Drum Point.	Langley's Bluff.	Great Mills.	Mouth of Patuxent River.	Mouth of Potomac River.	Point-no-Point.	Pocomoke City Well, 53 to 63 feet deep.	Pocomoke City Well, 53 to 75 feet deep.	St. Mary's River.	Crisfield Well	Mouth of Patuxent River.	St. Mary's River.	Centerville Well at depth of 170 feet.	Cambridge Well.	Chesapeake Group (?)	Locality (?)	Maryland.	New Town.	Pocomoke City Well.	Chesapeake Group.	Maryland or Virginia.	Nomini Cliffs.	Virginia.	Calvert Formation.	Zone 17 (Lower Bed). } Choptank Formation.	Zone 19 (Upper Bed.	Choptank Formation.	St. Mary's Formation.	
																								*									*																			*	117
*																								*									*																*			*	118
																										*							*																			*	119
																								*									*																			*	120
*	*			*			*				*			*		*																																	*	*	*		121
																																																*					122
*	*													*						*																												*	*	*			123
											*																						*																		*	*	124
*			*								*													*		*							*																*		*	*	125
*			*	*						*	*			*						*																												*	*	*	*		126
																																																*					127
																																																*					128
																																																*					129
*																																	*																*			*	130
*																																	*															*	*			*	131
																																	*															*				*	132
																																	*																			*	133
																								*		*							*															*	*			*	134
																																																*					135
*								*																									*																*		*	*	136
																																				*																?	137
																																	*																			*	138
																																																*					139
																																																*					140
																																	*																			*	141
																																	*																			*	142
*																								*		*							*																*			*	143
*											*															*							*															*	*		*	*	144
								*																																									*				145
																																																*					146
																																																*					147
																																	*																			*	148
																																																*					149
*				*							*			*																																		*	*	*	*		150
																																																*					151
											*																																								*		152
																																	*																			*	153
																																																*					154
*				*				*			*			*				*																														*	*	*			155
											*																																								*		156
*											*																						*															*	*		*	*	157
*				*							*													*																								*	*		*	*	158
										*	?																																					*			*		159
																																																*					160
*	*			*			*			*	*			*		*	*	*						*		*							*															*	*	*	*	*	161
																								*		*							*																			*	162
	*			*			*	*		*	*			*				*																															*	*	*		163
*	*		*				*	*		*	*			*				*	*																													*	*	*	*		164
																																																*					165

SPECIES.	LOCAL DISTRIBUTION. CALVERT FORMATION.																																		
	Between McKindee and Pindell.	Blakes.	Burch.	Calvert Cliffs.	Centerville.	3 miles west of Centerville.	Charles County near Patuxent River.	Chesapeake Beach.	¼ mile south of Chesapeake Beach.	3 miles south of Chesapeake Beach.	Church Hill.	Evans' Farm near Church Hill.	Fairhaven.	Friendship.	Good Hope Hill.	¾ mile north of Governor Run.	Hollin Cliff.	Huntingtown.	Jewell.	Lyons Creek Wharf.	Magruder Ferry.	Parker Creek.	2 miles south of Parker Creek.	Plum Point.	3 miles north of Plum Point.	Popes Creek.	Reeds.	Skipton.	Southeast Creek.	Tilghmans Station.	Truman Wharf.	Wescott Farm near Church Hill.	White Landing.	Wye Mills.	Calvert Cliffs. } Calvert Formation	Plum Point (?) } (?)
Gastropoda.—*Continued*.																																				
llis var.							*		*			*											*									*		*		
erlaqueatus (Conrad)							*	*				*											*													
t (Say)							*	*															*													
dalli (Whitfield)							*	*															*													
tum Conrad								*															*									*		*		
rinum Dall					*			*																												
iarylandica Martin					*			*															*													
tidus S. Wood																																				*
tun (Say)					*		*	*				*																								
tum var. pileolum (H. C.																																				
rictum Conrad																								*												
lineatum Conrad																								*	*											
t (Solander)																								*	*							*				
ilis (Conrad)																								*												
sboroensis Martin																								*												
ta (Linné)					*																			*												
Say																								*												
ndica Martin																								*												
yliophora (Born)																								*												
ita) duplicatus (Say)							*	*																*												
ia) hemicryptus (Gabb)																								*												
ia) heros (Say)					*							*												*												
Conrad																								*												
m (Conrad)																								*												
nthropus (Conrad)																								*												
anthropus var.																																				
nicum (Conrad)																																				
ns (Conrad)																																				
eum (Wagner)								*																				*				*				
aeri Dall																																				
ium Dall																								*												
tveatum (Conrad)																								*												
le (Conrad)																																				
sum (Conrad)																								*												
ilandicum Martin																																				
rtanum Martin																								*												
m (Lea)																																				
rtense Martin					*																			*												
um (H. C. Lea)																								*												
isboroense Martin																								*												
ta Dall																																				
la Dall																																				
sta (Conrad)																																				
mi (Conrad)					*			*				*																								
andica (Conrad)							*																													
la (Conrad)																																				
icula (Say)																																				
ylandica Martin																																				

LOCAL DISTRIBUTION.					GENERAL DISTRIBU- TION.	
CHOPTANK FORMATION.			ST. MARY'S FORMATION.	St. Mary's Formation (?)	CHESAPEAKE GROUP.	
ne 17 er Bed).	Zone (?)	Zone 19. (Upper Bed).				

Column headings (vertical):

CHOPTANK FORMATION — ...miles south of Governor Run; Jones Wharf; Pawpaw Point; St. Leonard Creek; Turner; Cordova; David Kerr's; Davis Mills; Flag Pond; Governor Run; 1 mile north of Governor Run; 2 miles south of Governor Run; Greensboro; Skipton; Choptank River; Dover Bridge; Flag Pond (Upper Bed); Governor Run (Upper Bed); 2 miles south of Governor Run; Peach Blossom Creek; Sand Hill; Trappe Landing; Calvert Cliffs. } Choptank Formation (?); Bristol; Jones Wharf; Little Cove Point; Drum Point; Langley's Bluff; Great Mills.

ST. MARY'S FORMATION — Mouth of Patuxent River; Mouth of Potomac River; Pont-no-Point; Pocomoke City Well, 53 to 63 feet deep; Pocomoke City Well, 53 to 75 feet deep; St. Mary's River.

St. Mary's Formation (?) — Crisfield Well; Mouth of Patuxent River; St. Mary's River.

CHESAPEAKE GROUP — Centerville Well at depth of 170 feet; Cambridge Well; Chesapeake Group (?); Locality (?); Maryland; New Town; Pocomoke City Well; Chesapeake Group; Maryland or Virginia; Nomini Cliffs; Virginia.

GENERAL DISTRIBUTION — Calvert Format on; Zone 17 (Lower Bed). } Choptank Formation; Zone 19 (Upper Bed); Choptank Formation; St. Mary's Formation.

Row numbers (right margin):

166, 167, 168, 169, 170, 171, 172, 173, 174, 175, 176, 177, 178, 179, 180, 181, 182, 183, 184, 185, 186, 187, 188, 189, 190, 191, 192, 193, 194, 195, 196, 197, 198, 199, 200, 201, 202, 203, 204, 205, 206, 207, 208, 209, 210, 211, 212, 213, 214

LOCAL DISTRIBUTION.

CALVERT FORMATION.

SPECIES.	Between McKindeo and P ade	B akes.	Calvert Cliffs.	Calvert e.	3 m les west of Centerville.	Char es County near Patuxent R ver.	Chesapeake Beach.	¼ m le south of Chesapeake Beach.	3 m les south of Chesapeake Beach.	Church H 1.	Evans' Farm n-ar Church H l.	Fairhaven.	Friendship.	Good Hope Hill.	¾ mile north of Governor Run.	Hollin Cliff.	Huntingtown.	Jewell.	Lyons Creek Wharf.	Magruder Ferry.	Parker Creek.	2 miles south of Parker Creek.	Plum Point.	3 miles north of Plum Point.	Popes Creek.	Reeds.	Skipton.	Southeast Creek.	Tilghmans Station.	Truman Wharf.	Wescott Farm near Church Hill.	White Landing.	Wye Mills.	Calvert Cliffs. ¦ Calvert Formation	Plum Point (?) ¦ Calvert Formation (?)
CA. Amphineura.							*															*													
ulata (Say)							*															*													
CA. Scaphopoda.																																			
atum Say						*														*															
Meyer						*	*													*															
ide Dall						*	*													*					*										
Conrad)						*														*															
sis M. & Z..						*														*		*													
CA. Pelecypoda.																																			
) *producta* Conrad																																			
arcuata (Conrad)																																			
Say)																																			
t Dall									*										*				*											*	
i Wagner									*										*				*											*	
a Conrad									*														*											*	
(Linné)					*		*		*										*				*											*	
nrad																																			
s Say			*		*		*		*										*				*							*		*		*	
Say			*		*		*	*	*					*									*							*		*			
rad																																			
. C. Lea)																																			
a Conrad																							*												
na Glenn									*																										
all								*																											
n Lea																																			
ctra) *delumbis* (Conrad)				*																			*												
ctra) *marylandica* Dall	*																						*												
ctra) *curtidens* Dall		*																																	
ctra) *subponderosa*																																			
ctra) *confraga* (Conrad)							*																	*											
ctra) *subparilis* (Conrad)						*	*																*												
tra?) *chesapeakensis*																										*			*						
sp.																										*			*						
onrad)																							*						*						
onrad																							*												
natoria Glenn																							*												
ia (Conrad)																							*												
Conrad)					*		*		*														*								*				
ar. compacta Dall					*		*		*																						*				
(Say)							*		*														*												
(Scacchi)																							*												
i Glenn																							*												
s Conrad																							*												
rta Say																							*												
) *declivis* Conrad																							*												
) *producta* Conrad																							*												

LOCAL DISTRIBUTION.

GENERAL DISTRIBUTION.

CHOPTANK FORMATION.

Zone 17 (Lower Bed).

Zone (?).

Zone 19 (Upper Bed).

ST. MARY'S FORMATION.

St. Mary's Formation (?)

CHESAPEAKE GROUP.

Column headers (left to right):

- Cuckold Creek.
- Flag Pond (Lower Bed).
- Governor Run (Lower Bed).
- 2 miles south of Governor Run.
- Jones Wharf.
- Pawpaw Point.
- St. Leonard Creek.
- Turner.
- Cordova.
- David Kerr's.
- Davis Mills.
- Flag Pond.
- Governor Run.
- 1 mile north of Governor Run.
- 2 miles south of Governor Run.
- Greensboro.
- Skipton.
- Choptank River.
- Dover Bridge.
- Flag Pond (Upper Bed).
- Governor Run (Upper Bed).
- 2 miles south of Governor Run.
- Peach Blossom Creek.
- Sand Hill.
- Trappe Landing.
- Calvert Cliffs. } Choptank Formation (?)
- Bristol.
- Jones Wharf.
- Little Cove Point.
- Drum Point.
- Langley's Bluff.
- Great Mills.
- Mouth of Patuxent River.
- Mouth of Potomac River.
- Point-no-Point.
- Pocomoke City Well, 53 to 63 feet deep.
- Pocomoke City Well. 53 to 75 feet deep.
- St. Mary's River.
- Crisfield Well
- Mouth of Patuxent River.
- St. Mary's River.
- Centerville Well at depth of 170 feet.
- Cambridge Well.
- Chesapeake Group (?)
- Locality (?)
- Maryland.
- New Town.
- Pocomoke City Well.
- Chesapeake Group.
- Maryland or Virginia.
- Nomini Cliffs.
- Virginia.

General Distribution columns:
- Calvert Formation.
- Zone 17 (Lower Bed). } Choptank Formation.
- Zone 19 (Upper Bed). }
- Choptank Formation.
- St. Mary's Formation.

(Table of species distribution marked with asterisks; rows numbered 1–5, then 1–20, then 21–23, then 24–38 on the right margin.)

LOCAL DISTRIBUTION.

CALVERT FORMATION.

SPECIES.	Between McKindee and Pindell.	Blakes.	Burch.	Calvert Cliffs.	Centerville.	3 miles west of Centerville.	Charles County near Patuxent River.	Chesapeake Beach.	¼ mile south of Chesapeake Beach.	3 miles south of Chesapeake Beach.	Church Hill.	Evans' Farm near Church Hill.	Fairhaven.	Friendship.	Good Hope Hill.	¾ mile north of Governor Run.	Hollin Cliff.	Huntingtown.	Jewell.	Lyons Creek Wharf.	Magruder Ferry.	Parker Creek.	2 miles south of Parker Creek.	Plum Point.	3 miles north of Plum Point.	Popes Creek.	Reeds.	Skipton.	Southeast Creek.	Tilghmans Station.	Truman Wharf.	Wescott Farm near Church Hill.	White Landing.	Wye Mills.	Calvert Cliffs, Calvert Formation (?) Plum Point (?)

Pelecypoda.—Continued.

Species																																			
us) dupliniana Dall																								*											
us) umbra Dall																								*											
Conrad																								*											
(Conrad)							?																	*								*	*		
andica Glenn					*																			*											
sii Dall																																	*		
ei tensis Dall																								*											
Conrad					*																														
onrad																																			
onrad)																								*											
iria Linné																								*											
onrad)																								*											
hiensis var. tetrica Conrad																								*											
hiensis var. mortoni Conrad																								*											
hiensis var. cuneata (Conrad)																							?												
hiensis var. capax Conrad																								*											
ta (Conrad)			*		*		*							*	*						*														
ia Glenn																								*											
(Conrad)																								*											
marylandica (Conrad)				*		*	*																	*											
griopoma) subnasuta (Conrad)				*		*	*																	*											
griopoma) prunensis Glenn																								*											
griopoma) sayana (Conrad)																								*											
gona) staminea Conrad			*		*		*								*						*			*		*						*			
ulum Conrad																								*		*						*			
ceriformis (Wagner)						*																		*											
koei Conrad																								*											
lea Glenn																								*											
erna Say																								*											
lea Glenn																								*											
astoderma) laqueatum Conrad																						*		*											
astoderma) leptopleurum Con					*																			*											
astoderma) craticuloide Con.							*																	*											
stoderma) calvertensium Glenn																																*	*		
astoderma) patuxentium Glenn																																*	*		
gum) medium Linné																								*											
icardium) mortoni Conrad																								*											
paniorinus) cossmanni Dall.																								*											
tfieldi Dall																								*											
x Dall																								*											
ropolitana Dall																								*		*									
ssa Glenn																																			
xentia Glenn																								*											
uta Dall																								*											
udopythina?) americana Dall.																								*											
ertensis Glenn																								*											
a Glenn																								*											
landica Glenn					*																			*											
rdia Glenn																								*											
osa Glenn																								*											
oides (Conrad)																								*											

LOCAL DISTRIBUTION. Choptank Formation. Zone 17 (Lower Bed).								Zone (?)									Zone 19 (Upper Bed).								Choptank Formation (?)			St. Mary's Formation.										St. Mary's Formation (?)			Chesapeake Group.											GENERAL DISTRIBUTION.	Choptank Formation.				
Cuckold Creek.	Flag Pond (Lower Bed).	Governor Run (Lower Bed).	2 miles south of Governor Run.	Jones Wharf.	Pawpaw Point.	St. Leonard Creek.	Turner.	Cordova.	David Kerr's.	Davis Mills.	Flag Pond.	Governor Run.	1 mile north of Governor Run.	2 miles south of Governor Run.	Greensboro.	Skipton.	Choptank River.	Dover Bridge.	Flag Pond (Upper Bed).	Governor Run (Upper Bed).	2 miles south of Governor Run.	Peach Blossom Creek.	Sand Hill.	Trappe Landing.	Calvert Cliffs.	Bristol.	Jones Wharf.	Little Cove Point.	Drum Point.	Langley's Bluff.	Great Mills.	Mouth of Patuxent River.	Mouth of Potomac River.	Point-no-Point.	Pocomoke City Well, 53 to 63 feet deep.	Pocomoke City Well, 53 to 75 feet deep.	St. Mary's River.	Crisfield Well at depth of 776 feet.	Mouth of Patuxent River.	St. Mary's River.	Centerville Well at depth of 170 feet.	Cambridge Well.	Chesapeake Group (?)	Locality (?)	Maryland.	New Town.	Pocomoke City Well.	Chesapeake Group.	Maryland or Virginia.	Nomini Cliffs.	Virginia.	Calvert Formation.	Zone 17 (Lower Bed.)	Zone 19 (Upper Bed.)	Choptank Formation.	St. Mary's Formation.	
																																																				*					39
																																																				*					40
*	*	*	*	*		*		*										*	*	*	*		*					*																								*	*	*	*	*	41
				*																																																*	*				42
																																					*																			*	43
		*	*	*														*																																			*	*			44
				*																								*																								*	*			*	45
																																																				*					46
																																																				*					47
		*																																																		*	*				48
	*	*		*	*													*			*	*																														*	*	*			49
																																					*																			*	50
																												*									*																			*	51
		*	*	*	*			*			*				*			*				*						*									*															?	*	*	*	*	52
		*	*	*	*		*	*			*				*			*			*	*																															*	*	*		53
															*																																					*			*		54
																																																				*					55
																																					*																			*	56
*		*	*	*		*	*								*			*	*	*		*						?																								*	*	*		?	57
				*														*										*		*							*															*	*	*		*	58
																																																				*					59
				*																		*						*									*																*	*		*	60
																																																				*					61
		*	*	*	*	*	*	*							*			*	*	*	*	*	*	*				*		*							*															*	*	*	*	*	62
		*																					*					*									*															*	*	*		*	63
																																																				*					64
																																																				*					65
		*		*	*									*					*	*								?									*															*	*	*	*	*	66
																												?																												?	67
*		*	*	*	*	*	*								*			*	*	*	*		*					*		*							*																*	*	*	*	68
																																																				*					69
																																																				*					70
		*																																																		*	*				71
																																														*						*					72
																																					*																			*	73
																																																					*				74
																					*							*																								*		*		*	75
																																																				*					76
																																					*																			*	77
																																																				*					78
																												*																								*				*	79
																												*																												*	80
																																					*																			*	81
																									*																														*		82
																																																				*					83
																																																				*					84
																																																				*					85
																																																				*					86
																				*																																*		*			87
		*	*	*														*				*																															*	*			88

LOCAL DISTRIBUTION.

CALVERT FORMATION.

SPECIES.	Between McKindee and Pindell.	Blakes.	Burch.	Calvert Cliffs.	Centerville.	3 miles west of Centerville.	Charles County near Patuxent River.	Chesapeake Beach.	¾ mile south of Chesapeake Beach.	3 miles south of Chesapeake Beach.	Church Hill.	Evans' Farm near Church Hill.	Fairhaven.	Friendship.	Good Hope Hill.	⅜ mile north of Governor Run.	Hollin Cliff.	Huntingtown.	Jewell.	Lyons Creek Wharf.	Magruder Ferry.	Parker Creek.	2 miles south of Parker Creek.	Plum Point.	3 miles north of Plum Point.	Popes Creek.	Reeds.	Skipton.	Southeast Creek.	Tilghmans Station.	Truman Wharf.	Wescott Farm near Church Hill.	White Landing.	Wye Mills.	Calvert Cliffs. } Calvert Formation Plum Point (?). } (?)
Pelecypoda.—*Continued.*																																			
...la Dall				*																															*
...ndica Glenn																																			*
...ia Glenn																							*	*											
...la Glenn																								*											
(*Dicranodesma*) *calvertensis*																								*											*
...riana Dall																								*											
...a (Conrad)																								*											
...a var. *nuda* Dall																								*											
...osa Dall																								*											
...linis Conrad								*	*																										
...tohensis Dall																								*											
...ovexa (Conrad)																								*											
eudomiltha) *foremani* (Con.)																								*											
eudomiltha) *anodontus* (Say)							*	*																*											
...re) *trisulcatus* (Conrad) .						*	*	*																							*				
...cinoma) *contractus* (Say)						*	*	*	*											*	*														
...rvlucina) *crenulatus* (Con.)						*	*	*																											
...vlucina) *prunus* Dall ...																																			
...cinisca) *cribrarius* (Say) ...																																			
...ndrisucata (d'Orbigny) ...												*																							
...gata Conrad				*			*	*													*									*				
...cta (Conrad)																								*											
...ranulata Say				*			*	*													*									*				
...astrana Glenn						*	*																												
...melinus (Conrad)				*			*	*													*														
...marylandicus (Conrad)																								*											
...turgidulus (Conrad)																																			
...undulatus (Say)																																			
(*Crassinella*) *dupliniana* Dall.																																			
(*Crassinella*) *galvestonensis* (H.)																								*											
...Say							*																												
...sii Conrad																								*											
...tensis Glenn																																			
...trica Conrad																								*											
...ormis Conrad				*			*	*																*			*								
...na Glenn								*																			*								
...Conrad																																			
...tia Glenn																																			
...na Conrad																																			
...Dall																																			
(*tophora*) *crassidens* Conrad .																																			
...nerleyia) *lata* Dall																																			
...alta Conrad																																			
...ti Couthouy				*			*	*																*											
...abrupta (Conrad)				*			*	*																*							*				
...linus d'Orbigny																																			
(*toconcha*) *incurvus* Conrad .							*	*																*			*			*				
...balveata Conrad				*																				*			*								
...tensis Glenn																																			
...t Glenn																																			*

eorge's Co.," and elsewhere.

Cuckold Creek.	Flag Pond (Lower Bed).	Governor Run (Lower Bed).	2 miles south of Governor Run.	Jones Wharf.	Pawpaw Point.	St. Leonard Creek.	Turner.	Cordova.	David Kerr's.	Davis Mills.	Flag Pond.	Governor Run.	1 mile north of Governor Run.	2 miles south of Governor Run.	Greensboro.	Skipton.	Choptank River.	Dover Bridge.	Flag Pond (Upper Bed).	Governor Run (Upper Bed).	2 miles south of Governor Run.	Peach Blossom Creek.	Sand Hill.	Trappe Landing.	Calvert Cliffs. } Choptank Formation (?)	Bristol.	Jones Wharf.	Little Cove Point.	Drum Point.	Langley's Bluff.	Great Mills.	Mouth of Patuxent River.	Mouth of Potomac River.	Point-no-Point.	Pocomoke City Well, 53 to 63 feet deep.	Pocomoke City Well, 53 to 75 feet deep.	St. Mary's River. } St. Mary's Formation (?)	Crisfield Well	Mouth of Patuxent River.	St. Mary's River.	Centerville Well at depth of 170 feet.	Cambridge Well.	Chesapeake Group (?)	Locality (?)	Maryland.	New Town.	Pocomoke City Well.	Chesapeake Group.	Maryland or Virginia.	Nomini Cliffs.	Virginia.	Calvert Formation.	Zone 17 (Lower Bed).	Zone 19 (Upper Bed). } Choptank Formation.	Choptank Formation.	St. Mary's Formation.	
																																													*								*					89
																																												*								*					90
																																												*								*					91
																		?d	*																																		*			92
																																																				*		*		93
																																																				*		*		94
		*	*										*																															*								*		*		95
																																																				*		?	96
													*				*			*		*																							*							*		*	*	97
		*	*			*							*				*			*		*																							*							*			*	98
	*		*			*							*				*			*		*																							*							*		*	*	99
*	*		*			*			*				*				*			*		*																							*							*			*	100
*	*		*			*							*																																*							*			*	101
	*		*			*							*				*			*		*							*																*							*			*	102
		*	*		*	*							*				*			*	*	*	*								*														*					*		*		*	*	103
	*	*	*		*	*							*							*	*	*	*																						*							*		*	*	104
	*	*	*		*	*							*				*			*	*	*	*																						*					*		*		*	*	105
																																													*							*			*	106
																																				*									*							*		*	*	107
																																													*							*				108
																																													*							*				109
																																													*							*		*		110
*	*	*	*																																										*							*		*		111
																																													*							*				112
																																													*							*				113
																	*			*		*	*																						*							*		*		114
*	*	*	*										*				*			*		*																							*							*			*	115
																																									d				*							*			*	116
																																													*							*			*	117
																																													*							*		*	*	118
																																													*							*				119
																																																				*			*	120
																																																				*			*	121
																																						d							*							*			*	122
																																													*							*			*	123
																																													*							*			*	124
																																													*							*			*	125
*	*	*	*				*				*		*				*			*		*																							*							*		*	*	126
																																													*							*			*	127
																																																				*		*	*	128
																																																				*		?	*	129
																										*																										*		*	*	130
																																																				*			*	131
																																																				*			*	132
																																																				*			*	133
																										*																										*			*	134
*			*								*		*				*																																			*		*	*	135
																																																				*			*	136
		*	*								*		*				*			*																																*		*	*	137
																	*			*																																*		*	*	138

h

LOCAL DISTRIBUTION.

CALVERT FORMATION.

SPECIES.	Between McKinders and Pindell.	Blakes.	Calvert Cliffs.	Centerville.	3 miles west of Centerville.	Charles County near Patuxent River.	Chesapeake Beach.	¼ mile south of Chesapeake Beach.	3 miles south of Chesapeake Beach.	Church H)	Evans' Farm near Church Hill.	Fairhaven.	Friendship.	Good Hope Hill.	¾ mile north of Governor Run.	Hollin Cliff.	Huntingtown.	Jelve.	Lyons Creek Wharf.	Magruder Ferry.	Parker Creek.	2 miles south of Parker Creek.	P'lm Point.	3 miles north of Plum Point.	Popes Creek.	Reeds.	Skipton.	Southeast Creek.	Tilghmans Station.	Truman Wharf.	Wescott Farm near Church Hill.	White Landing.	Wye Mills.	Calvert Cliffs, Plum Point (?) } Calvert Formation (?)

Pelecypoda.—Continued.

Species																																	
atoria Glenn																																	
tii Conrad			*		*																	*			*								
cus (Conrad)																																	
lenn																							*										
is Glenn																																	
ι Glenn																							*										
d'Orbigny																							*										
ι Gmelin					?																		*										
nrad																																	
a Conrad							*																*										
ysii Conrad																																	
m) mortoni Ravenel	√	*	*			*										*					*		*					*	*			
musium) cerinus Conrad			*		*																*		*										
s) coccymelus Dall																																	
s) rogersi Conrad																																	
s) clintonius Say																																	
s) marylandicus Wagner			*		*		*	*	*														*					*				*	*
s) madisonius Say																																	
is) jeffersonius Say																																	
is) jeffersonius var. *edge-arad)*																																	
is) jeffersonius var. *septen-nis* var. *thomasii* (Conrad)			*√	*		*															*				*								
s Conrad																																	
asis Conrad																																	
a Conrad																																	
a (Deshayes)			*			*		*			*		*			*							*		*								
Dall			*			*					*												*								*		
ta Glenn			*			*					*																						
a) subrostrata Conrad			*			*					*											*	*		*				*				*
a) elnia Glenn			*			*					*												*		*								*
a) clisea Dall																																	
a) staminea Say																																	
a) arata Say																																	
a) idonea Conrad																																	
ncile Say																																	
) centenaria Say					*		*																										
) marylandica Conrad			*		*																	*											*√
) virginiæ Wagner																																	
lis (Conrad)																																	
vata (Say)			*		*	*																	*		*						*		
nrad)																																	
, amydra Dall			*			*																	*										
a (Say)																																	
Say)																																	
Say			*			*		*							*		*				*												
Dall																																	
Dall																																	
ta Dall			*		*																		*										

f 140 feet.

LOCAL DISTRIBUTION.

CHOPTANK FORMATION.

Zone 17 (Lower Bed). — Zone (?) — Zone 19 (Upper Bed).

ST. MARY'S FORMATION.

St. Mary's Formation (?)

CHESAPEAKE GROUP.

GENERAL DISTRIBUTION.

Column headers (left to right):

2 miles south of Governor Run. · Jones Wharf. · Pawpaw Point. · St. Leonard Creek. · Turner. · Cordova. · David Kerr's. · Davis Mills. · Flag Pond. · Governor Run. · 1 mile north of Governor Run. · 2 miles south of Governor Run. · Greensboro. · Skipton. · Choptank River. · Dover Bridge. · Flag Pond (Upper Bed). · Governor Run (Upper Bed). · 2 miles south of Governor Run. · Peach Blossom Creek. · Sand Hill. · Tanne Landing. · Choptank Formation (?) · Calvert Cliffs. · Bristol. · Jones Wharf. · Little Cove Point. · Drum Point. · Langley's Bluff. · Great Mills. · Mouth of Patuxent River. · Mouth of Potomac River. · Point-no-Point. · Pocomoke City Well, 53 to 63 feet deep. · Pocomoke City Well, 53 to 75 feet deep. · St. Mary's River. · Crisfield Well. · Mouth of Patuxent River. · St. Mary's River. · Centerville Well at depth of 170 feet. · Cambridge Well. · Chesapeake Group (?) · Locality (?) · Maryland. · New Town. · Pocomoke City Well. · Chesapeake Group. · Maryland or Virginia. · Nomini Cliffs. · Virginia.

General Distribution columns: Calvert Formation. · Zone 17 (Lower Bed). } Choptank Formation · Zone 19 (Upper Bed). · Choptank Formation. · St. Mary's Formation.

Row
139
140
141
142
143
144
145
146
147
148
149
150
151
152
153
154
155
156
157
158
159
160
161
162
163
164
165
166
167
168
169
170
171
172
173
174
175
176
177
178
179
180
181
182
183
184
185
186
187

| | LOCAL DISTRIBUTION. | | | | | | | | | | | | | | | | | | | | | | | | | | | | | | |
| | CALVERT FORMATION. | | | | | | | | | | | | | | | | | | | | | | | | | | | | | | |
SPECIES	Between McKindoe and Pindell.	Blakes.	Burch.	Calvert Cliffs.	Centerville.	3 miles west of Centerville.	Charles County near Patuxent River.	Chesapeake Beach.	¼ mile south of Chesapeake Beach.	3 miles south of Chesapeake Beach.	Church Hill.	Evans' Farm near Church Hill.	Fairhaven.	Friendship.	Good Hope Hill.	¾ mile north of Governor Run.	Hollin Cliff.	Huntingtown.	Jewell.	Lyons Creek Wharf.	Magruder Ferry.	Parker Creek.	2 miles south of Parker Creek.	Plum Point.	3 miles north of Plum Point.	Popes Creek.	Reeds.	Skipton.	Southeast Creek.	Tilghmans Station.	Truman Wharf.	Wescott Farm near Church Hill.	White Landing.	Wye Mills.	Calvert Cliffs, Plum Point (?) } Calvert Formation (?)
DEA. Brachiopoda.																																			
s (Conrad)					*		*		*							*										*									
OIDEA. Bryozoa.																																			
nsa Ulrich																																			
a Ulrich																																			
a Ulrich																																			
ongula Ulrich					*																*		*												
eunjera Ulrich																										*									
minosa Ulrich																																			
mana Ulrich																																			
vula Ulrich																										*									
oliata Ulrich																																			
idula Ulrich																																			
ula Ulrich																																			
nstrictum Ulrich																																			
ellus Ulrich																																			
lata (?) (Conrad)																																			
lliata Ulrich																																			
ta Ulrich																																			
bifoliata Ulrich																																			
ilica a (Lonsdale)																																			
rmata (Lonsdale)																																			
quadrata Ulrich																																			
sinuata Ulrich																																			
erensis Ulrich																																			
ulata Ulrich																																			
sis Ulrich																																			
a Ulrich						*																		*											
a Ulrich																																			
tica Ulrich																																			
rsa Ulrich																																			
voluta Ulrich																										*									
ctata Ulrich																										*									
s Ulrich						*																		*											
r Ulrich																										*									
VERMES.																																			
nsis Martin																								*											
MATA. Echinoidea.																																			
thonotum Conrad ..																																			
nrad																																			
MATA. Ophiuroidea.																																			
p.																																			
ERATA. Hydrozoa.																																			
ispinosa Ulrich							*																	*											
ans Ulrich																								*											
bramosus Ulrich																								*											

LOCAL DISTRIBUTION.   **GENERAL DISTRIBUTION.**

Column groupings (left to right):

CHOPTANK FORMATION.

Zone 17 (Lower Bed).
- Cuckold Creek.
- Flag Pond (Lower Bed).
- Governor Run (Lower Bed).
- 2 miles south of Governor Run.
- Jones Wharf.
- Pawpaw Point.
- St. Leonard Creek.
- Turner.

Zone (?).
- Cordova.
- David Kerr's.
- Davis Mills.
- Flag Pond.
- Governor Run.
- 1 mile north of Governor Run.
- 2 miles south of Governor Run.
- Greensboro.
- Skipton.

Zone 19 (Upper Bed).
- Choptank River.
- Dover Bridge.
- Flag Pond (Upper Bed).
- Governor Run (Upper Bed).
- 2 miles south of Governor Run.
- Peach Blossom Creek.
- Sand Hill.
- Trappe Landing
- Calvert Cliffs.

Choptank Formation (?)

ST. MARY'S FORMATION.
- Jones Wharf.
- Bristol.
- Little Cove Point.
- Drum Point.
- Langley's Bluff.
- Great Mills.
- Mouth of Patuxent River.
- Mouth of Potomac River.
- Point-no-Point.
- Pocomoke City Well, 53 to 63 feet deep.
- Pocomoke City Well, 53 to 75 feet deep.
- St. Mary's River.

St. Mary's Formation (?)
- Crisfield Well
- Mouth of Patuxent River

CHESAPEAKE GROUP.
- St. Mary's River.
- Centerville Well at depth of 170 feet.
- Cambridge Well.
- Chesapeake Group (?)
- Locality (?)
- Maryland.
- New Town.
- Pocomoke City Well.
- Chesapeake Group.
- Maryland or Virginia.
- Nomini Cliffs.
- Virginia.

GENERAL DISTRIBUTION.
- Calvert Formation.

Choptank Formation.
- Zone 17 (Lower Bed).
- Zone 19 (Upper Bed).
- Choptank Formation.

- St. Mary's Formation.

Row numbers (right margin): 1 / 1, 2, 3, 4, 5, 6, 7, 8, 9, 10, 11, 12, 13, 14, 15, 16, 17, 18, 19, 20, 21, 22, 23, 24, 25, 26, 27, 28, 29, 30, 31, 32 / 1 / 1, 2 / 1 / 1, 2, 3

LOCAL DISTRIBUTION.

CALVERT FORMATION.

SPECIES.	Between McKindee and Pindell.	Plakes.	Burch.	Calvert Cliffs.	Centerville.	3 miles west of Centerville.	Charles County near Patuxent River.	Chesapeake Beach.	¼ mile south of Chesapeake Beach.	3 miles south of Chesapeake Beach.	Church Hill.	Evans' Farm near Church Hill.	Fairhaven.	Friendship.	Good Hope Hill.	¾ mile north of Governor Run.	Hollin Cliff.	Huntingtown.	Jewol.	Lyons Creek Wharf.	Magruder Ferry.	Parker Creek.	2 miles south of Parker Creek.	Plum Point.	3 miles north of Plum Point.	Popes Creek.	Reeds.	Skipton.	Southeast Creek.	Tilghmans Station.	Truman Wharf.	Wescott Farm near Church Hill.	White Landing.	Wye Mills.	Calvert Cliffs, Plum Point (?)	Calvert Formation (?)

CRATA. Anthozoa.

ghani Gane

a (Goldfuss)

ι (Conrad)

ingia) conradi Vaughan

andica (Conrad)

ZOA. Radiolaria.

A. Foraminifera.

LOCAL DISTRIBUTION. | GENERAL DISTRIBUTION.

CHOPTANK FORMATION. — ne 17 / r Bed). | Zone (?) | Zone 19 (Upper Bed).

ST. MARY'S FORMATION. | St. Mary's Formation (?) | **CHESAPEAKE GROUP.**

Locality columns (left to right):

Jones Wharf. | Pawpaw Point. | St. Leonard Creek. | Turner. | Cordova. | David Kerr's. | Davis Mills. | Flag Pond. | Governor Run. | 1 mile north of Governor Run. | 2 miles south of Governor Run. | Greensboro. | Skipton. | Choptank River. | Dover Bridge. | Flag Pond (Upper Bed). | Governor Run (Upper Bed). | 2 miles south of Governor Run. | Peach Blossom Creek. | Sand Hill. | Trappe Landing. | Calvert Cliffs. | Choptank Formation (?) | Bristol. | Jones Wharf. | Little Cove Point. | Drum Point. | Langley's Bluff. | Great Mills. | Mouth of Patuxent River. | Mouth of Potomac River. | Point-no-Point. | Pocomoke City Well, 53 to 63 feet deep. | Pocomoke City Well, 53 to 75 feet deep. | St. Mary's River. | Crisfield Well. | Mouth of Patuxent River. | St. Mary's River. | Centerville Well at depth of 170 feet. | Cambridge Well. | Chesapeake Group (?) | Locality (?) | Maryland. | New Town. | Pocomoke City Well. | Chesapeake Group. | Maryland or Virginia. | Nomini Cliffs. | Virginia.

General Distribution columns:

Calvert Formation. | Zone 17 (Lower Bed). } Choptank Formation / Zone 19 (Upper Bed). | Choptank Formation. | St. Mary's Formation.

Locality → data	Row
* … * … * * … * … * … * … * …	1
	2
	3
	4
	5
	1
	2
	3
	4
	5
	6
	7
	8
	9
	10
	11
	12
	13
	14
	15
	16
	17
	18
	19
	20
	21
	1
	2
	3
	4
	5
	6
	7
	8
	9
	10
	11
	12
	13
	14
	15
	16
	17
	18
	19
	20

bridge well, 192-335.

LOCAL DISTRIBUTION.

CALVERT FORMATION.

Column headers (left to right):
Between McKindee and Pindell. | Blakes. | Burch. | Calvert Cliffs. | Centerville. | 3 miles west of Centerville. | Charles County near Patuxent River. | Chesapeake Beach. | ¾ mile south of Chesapeake Beach. | 3 miles south of Chesapeake Beach. | Church Hill. | Evans' Farm near Church Hill. | Fairhaven. | Friendship. | Good Hope Hill. | ¾ mile north of Governor Run. | Hollin Cliff. | Huntingtown. | Jewell. | Lyons Creek Wharf. | Magruder Ferry. | Parker Creek. | 2 miles south of Parker Creek. | Plum Point. | 3 miles north of Plum Point. | Popes Creek. | Reeds. | Skipton. | Southeast Creek. | Tilghmans Station. | Truman Wharf. | Wescott Farm near Church Hill. | White Landing. | Wye Mills. | Calvert Cliffs. | Calvert Formation (?) | Plum Point (?)

SPECIES.

Foraminifera.—Continued.

herellii (Jones)
ompressa d'Orbigny
ompressa var. striata Bagg
legantissima Parker & Jones
ibba (d'Orbigny)
actea (Walker & Jacob)
egina Brady, Parker & Jones
riensis d'Orbigny
æ d'Orbigny
striata Reuss
Bagg
ulum (Linné)
rata Terquem
nuis (Czjzek)

TÆ. Diatomaceæ.

tatos var. christianii Cleve
mifera Ehrenberg
aceus Ehrenberg
orona (Ehrenberg)
(Ehrenberg)
a (Ehrenberg)
decora (Ehrenberg)
piens Grunow
rpunctata (Grunow)
scircularis (Brightwell)
rbicularis Grunow
ellata (Greville)
a Grove & Brun
pinosus (Christian)
gersii (Bailey)
nspicuus Rattray
etiopelta Grunow
undulatus Kützing
coscinodiscus Ehrenberg
elegans Ehrenberg
pticus Grunow
miliformis Ralfs
piculatus Ehrenberg
steroides Truan & Witt
eteroporus Ehrenberg
wisianus Greville
neatus Ehrenberg
erforatus Ehrenberg

nal localities consult text.   [2] Norfolk well, 645 ft.   [4] Crisfield well at 776 feet.

	LOCAL DISTRIBUTION.							GENERAL DISTRIBUTION.
	CHOPTANK FORMATION.				ST. MARY'S FORMATION.	St. Mary's Formation (?)	CHESAPEAKE GROUP.	
	ne 17 er Bed).	Zone (?)	Zone 19 (Upper Bed).					Choptank Formation

Location columns (vertical headings), left to right:

2 miles south of Governor Run | Jones Wharf. | Pawpaw Point. | St. Leonard Creek. | Turner. | Cordova. | David Kerr's. | Davis Mills. | Flag Pond. | Governor Run. | 1 mile north of Governor Run. | 2 miles south of Governor Run. | Greensboro. | Skipton. | Choptank River. | Dover Bridge. | Flag Pond (Upper Bed). | Governor Run (Upper Bed). | 2 miles south of Governor Run. | Peach Blossom Creek. | Sand Hill. | Trappe Landing. | Calvert Cliffs. } Choptank Formation (?) | Bristol. | Jones Wharf. } | Little Cove Point. | Drum Point. | Langley's Bluff. | Great Mills. | Mouth of Patuxent River. | Mouth of Potomac River. | Point-no-Point. | Pocomoke City Well, 53 to 63 feet deep. | Pocomoke City Well, 53 to 75 feet deep. | St. Mary's River. | Crisfield Well. | Mouth of Patuxent River. | St. Mary's River. | Centerville Well at depth of 170 feet. | Cambridge Well. | Chesapeake Group (?) | Locality (?). | Maryland. | New Town. | Pocomoke City Well. | Chesapeake Group. | Maryland or Virginia. | Nomini Cliffs. | Virginia.

General Distribution columns:

Calvert Formation. | Zone 17 (Lower Bed.) } Choptank Formation | Zone 19 (Upper Bed.) } Choptank Formation | Choptank Formation. | St. Mary's Formation.

Row	Marks
21	* ... * ... ?
22	* ... 3 ... * ... *
23	* ... * ... * ... * ... *
24	* ... *
25	* ... *
26	* ... * ... *
27	* ... * ... *
28	?
29	3 ... ?
30	2 ... ?
31	3 ... ?
32	* ... * ... * ... *
33	* ... * ... * ... *
34	* ... *
1	* ... 1 ... *
2	1 ... *
3	1 ... *
4	1 ... *
5	1 ... *
6	1 ... *
7	1 ... *
8	1 ... *
9	1 ... *
10	1 ... *
11	1 ... *
12	1 ... *
13	1 ... *
14	* ... 1 ... *
15	1 ... *
16	1 ... *
17	1 ... *
18	1 ... *
19	1 ... *
20	1 ... *
21	1 ... *
22	1 ... *
23	1 ... *
24	? ... 1 ... ?
25	1 ... *
26	1 ... *
27	1 ... *
28	1 ... *

EXPLANATION OF CHARTS OF DISTRIBUTION.

The following charts contain only those Mollusca of the Maryland Miocene which are found in regions outside of the State or which range below or above the horizons from which they have been described in this report. The charts have been arranged as follows:

Column 1 gives the range in depth in terms of fathoms for the genera, sub-genera, species or varieties placed opposite. A zero indicates that the species occurs at low water mark. When no depth is given it is believed that the form inhabits shallow water near shore or between high and low tide. Column 2 gives their extreme northern range, and column 3 their extreme southern range so far as it is known. In the columns from 4 to 15, inclusive, are shown the conditions under which the forms were found. An asterisk (*) indicates that the form was picked up on the beach or secured between high water and fifty fathoms. A dagger (†) indicates that the form comes from fifty to eight hundred fathoms. When a dagger and asterisk are both present, in some locality the form was found or supposed to exist in both shallow and deep water.

Columns 16 to 38, inclusive, show the geological horizons in which the various formations have been found in regions outside of Maryland.

When an X is placed in the column, it indicates that the form has been reported from the horizon, but no locality given. The numbers refer to the various localities of which the following is the key:

LIST OF LOCALITIES.

1. Alabama.
2. Alaska.
3. Alligator Creek, Florida.
4. Alum Bluff, Lower Bed, Chattahoochee River, Florida.
5. Alum Bluff, Upper Bed, Chattahoochee River, Florida.
6. Antilles.
7. Archer, Florida.
8. Artesian Well, Galveston, Texas.
9. Ashley Phosphate, S. C.
10. Atlantic City Well, N. J.
11. Bailey's Ferry, one mile below Chipola River, Florida.
12. Ballast Point, Tampa Bay, Florida.
13. Bartow, Florida.
14. Bellefield, Va.
15. Bowden, Jamaica.
16. Bridgeton, N. J.
17. Cainhoy, S. C.
18. Caloosahatchie River, Florida.
19. Cape Fear River, N. C.
20. Cape May Well, N. J.
21. City Point, Va.
22. Cocoa Post Office, Choctaw Co., Alabama.
23. Coggins Point, Va.
24. Costa Rica.
25. Creole Bluff, Grant Parish, La.
26. Crosswicks, N. J.
27. Cumberland Co., N. J.
28. Darlington, S. C.
29. De Leon Springs, Florida.
30. Dinwiddie, York River, Va.
31. Dismal Swamp, Va.
32. Duplin Co., N. C.

33. Eastern United States.
34. Ecphora Bed, Alum Bluff.
35. Edgecomb Co., N. C.
36. Fail Post Office, Choctaw Co., Alabama.
37. Florida.
38. Gaskins Wharf, York River, Va.
39. Goose Creek, S. C.
40. Grove Wharf, Va.
41. Guion's (Mrs.) Marl Bed, Cape Fear River, N. C.
42. Gulf Coast.
43. Haiti.
44. Heislerville, N. J.
45. Hinds Co., Miss.
46. Jackson, Miss.
47. Jamaica.
48. James River, Va.
49. James River near Smithfield, Va.
50. Jericho, N. J.
51. Johns Island, S. C.
52. Jones Wharf, Va.
53. Lee Co., Texas.
54. Magnesia Spring, Alachua Co., Florida.
55. Magnolia, N. C.
56. Martin Station, Hernando Co., Florida.
57. Meherrin River, N. C.
58. Murfreesburg, N. C.
59. Myakka River, Florida.
60. Natural Well, Duplin Co., N. C.
61. Neuse River below Newberne, N. C.
62. Newton, Miss.
63. Nomini Cliffs, Va.
64. North Carolina.
65. North Creek, Osprey, Florida.
66. North Creek, Little Sarasota Bay, Florida.
67. Oak Grove, Santa Rosa Co., Florida.
68. Ocala, Florida.
69. Peach Creek near Arcadia, Florida.
70. Peedee River, S. C.

71. Petersburg, Va.
72. Point Shirley, Mass.
73. Portland, Maine.
74. Prairie Bluff, Alabama.
75. Purdy's (Mrs.) Marl Bed, Cape Fear River, S. C.
76. Sankaty Head, Nantucket, Mass.
77. San Domingo.
78. San Pedro, Cal.
79. Sapote, Costa Rica.
80. Santa Barbara, Cal.
81. Santo Domingo.
82. Shell Creek, Florida.
83. Shiloh, N. J.
84. Shoal River, Walton Co., Florida.
85. Simmons Bluff, S. C.
86. Snow Hill, N. C.
87. South Carolina.
88. Suffolk, Va.
89. Suffolk on Nansemond and York Rivers, Va.
90. Stone Creek, N. J.
91. Sumpter District, S. C.
92. Tarboro, Edgecomb Co., N. C.
93. Tilly's Lake.
94. Temple Place on York River, Va.
95. Turk Cave, Alabama.
96. Turkey Creek, S. C.
97. Urbanna, Va.
98. Vicksburg, Miss.
99. Virginia.
100. Volusia Co., Florida.
101. Waccamaw District, S. C.
102. Walton Co., Florida.
103. Wahtubbee, Carson Creek, Miss.
104. Warwick, Va.
105. West Florida.
106. White Beach, Little Sarasota Bay, Florida.
107. Williamsburg, Va.
108. Wilmington, N. C.
109. Woods Bluff, Alabama.
110. Yorktown, Va.

Columns 39 to 46, inclusive, give a summary of the geological distribution of the various forms.

In compiling this chart only data secured from the works of the more recent investigators have been admitted. Dr. William H. Dall, of the U. S. National Museum, has been most helpful in generously allowing the writer to freely consult unpublished notes.

SPECIES.	Range in Depth.	Northern Range.	Southern Range.	New Jersey.	Virginia.	Hatteras.	Georgia.	East Florida.	Florida Keys.	West Florida.	Texas.	West Indies.	Bermuda.	Europe.	Western America.
CA. Gastropoda.															
(Forbes)	7-2574	N. Atlantic	Brazil	†	†	†*	†	†*	†	†	†*	†*		†	
is Whitfield	111-450	N. Atlantic	Havana			†*		†	†	†		†		†	
	2-63	Cape Cod	Haiti			†*		*	*	*		*			
	5-200	Hatteras	Barbados			†*	†	*	*			*			
	5-1000	Norway	Brazil	†*		†*	†							†*	*
	31-294	Arctic Seas	St. Thomas	*		†*	†						?	*	*
	3-640	Maryland	Venezuela	*		*	*	†*	†*	*	†*	*		*	
rvilineata Dall															
vilin. var. whitfleldi Martin															
vilineata var. dalli Martin															
rvilirata Conrad															
) *inornata* Whitfield	0-200	Hatteras	Brazil			†*		*	*	†*	†*	*			
nipleurotoma)	26-1591	Hatteras	Bahia			†	†	*	†	†*	†*	*			
ipleurotoma) albida Perry	26-125	Cedar Keys	Barbados					†*	†	*					
	26-125	Cedar Keys	Barbados					†*	*						
Conrad)	0-2620	Arctic Seas	Brazil	†*	†	†*	†*	†*	†*	*†	†*	†*		†*	*
stoma)	15-447	East Florida	Barbados					†*	†*	†*	†*	†			
	3-1920	Rhode Island	Bahia	†		†*	†*	†*	†*	†*	†*	†*			
Martin															
nea Whitfield															
	3-49	Hatteras	Guadalupe			*	*	*	*	*	*	*			
sata Conrad															
onostoma)	18-49	Hatteras	Yucatan			*	*	*	†	*	*	*			
	0-73	Hatteras	Brazil			*	†*	*	*	*	*	†*			
marck	0-2	Hatteras	Vera Cruz	*		*	†*	*	†*	*	*	†*			*
	0-1002	Rhode Island	Brazil	†	†*	†*	†*	†*	†*	*	†*	†*		*	*
a Pfeiffer	5-294	Fernandina	Barbados			†	†	*	*	*	*	†			
ulata Conrad	5-294	Hatteras	Barbados			†*	†	†*	*	*	†*	†			
	10-509	Hatteras	Cuba			†*	†	†*	†*	†*	†*	†			
ia)	34-509	Hatteras	Cuba			†	†	†	†*	†*	*	†			
ta) mutabilis (Conrad)															
ia) obtusa (Emmons)															
mii (T. & H.)															
	7-640 ?	Cape Lookout	Bahia			†*	*	*	†*	†*	†*	*			*
(Conrad)	0-50	Beverly, Mass.	St. Thomas	*	†*	†*	*	*	*	*	*	*		*	*
	10-2083	Arctic Seas	Jamaica	†	†	†	†	†	†					†*	†*
	22-25	Hatteras	Brazil			*		*	*	*	*	*			
	388-966	Florida Sts.	Jamaica				†	†		†					
ilis (Conrad)															
nosa (Conrad)															
avanassa) porcina Con.															
ies (Whitfield)	0-191	Nova Scotia	Bahia	*		†*	†*	*	†*	*	*	*			
say	0-40	Nova Scotia	St. Augustine	*		†*	*								
Conrad															
ris)	0-1537	Arctic Seas	Maldonado	†*	*	†*	†*	†*	†*	†*	†*	†*	*	†*	*
	0-1255	Arctic Seas	Pernambuco	†*	*	†*	†*	†*	†*			†*		*	*
ris) communis (Con.)															

(Header spanning columns New Jersey through Western America: "Recent.")

Croatan Beds.	Waccamaw Beds.	Caloosahatchie Beds.	Undifferentiated Pliocene.	Calvert Formation.	Undifferentiated Chesapeake.	Undifferentiated (Miocene)	Ak Grove Sands.	Orthaulax Beds.	Chipola Beds.	Silex Beds.	Tampa Beds.	Chattahoochee Beds.	Undifferentiated Chipolan.	Shell Bluff Oup.	Beds.	Undifferentiated Vicksburgian.	Undifferentiated Oligocene.	Eocene.	Cretaceous.	Geological Range						
																				Recent.	Pleistocene.		Transitional Bts of Dall.	Oligocene.	Eocene.	Cretaceous.
																											1
																				*		*					2
		*		83		43? 47?														*		*					3
																											4
																											5
																											6
																											7
				50																		*					8
				50																		?					9
				50?																		*					10
				50																							11
				83	20																						12
																											13
																											14
		18				105, 81, 15			12							98				*		*		*			15
				50																		*					16
																						*					17
																											18
				50																		*					19
				50, 83																		*					20
				16, 50, 83																		*					21
																											22
																											23
		37	64, 87			64, 77, 105														*		*		*			24
																											25
		37				99														*		*					26
																											27
						82																					28
87,100						107, 110																*		*			29
					5	87, 87														*		*					30
																											31
						37, 64, 87, 99																*					32
																											33
						99																*					34
						110																*					35
						64, 87, 99																*					36
				50, 83																		*					37
						20														*		*					38
																											39
				50, 83		87																*					40

PECIES.	Range in Depth.	Northern Range.	Southern Range.	New Jersey.	V'g n a.	Hatteras.	Georgia.	East F orida.	Florida Keys.	West Florida.	Texas.	West Indies.	Bermuda.	Europe.	Western America.
astropoda.—Continued.															
.,s) *conradi* Dall	2-450	Hatteras	Venezuela			†	*	†	*	†	*	†	*		
....	127-400	Gulf of Mexico	Cuba					†			†				
nsis (Heilprin)	0-95	Cape Fear	St. Thomas			*	*	*	*	†	*		*		
....	14-2033	Rhode Island	Barbados	†		†		*		†	*	†	*	†	
us (Conrad)	0-938	Nova Scotia	Key West	*	*	†	*		†	*			*		*
tata (Say)															
sis (Dall)															
berlandiana (Gabb)	0-878	Hatteras	Barbados			†	†		†	*	†	*		*	
....	0-940	Arctic Seas	Brazil	†	*	†	*	†	*	†	*	†	*	*	*
....		Virginia	Brazil	*	*	*			*						
. Martin	8-294	Rhode Island	Martinique	†		†	†		†	*		†	*	*	
....	11-1062	Norway	West Indies	†	†	†	*		†	*	†	*	†	*	
rad		North Carolina	Florida Keys			†			†	†	*		*		*
d	7-116	Hatteras	Barbados			†	*		†	†	*		*		*
....		Hatteras	Barbados			†	*		†	*	*		*		
a (Brocchi)	2-200	Norway	Brazil	*	*	†	*	†	*	†	*	*	*		
....		Hammerfest	Gulf of Mexico												
....	6-168	Norway	Barbados			†	*		*	†	*		*		
....	1-1582	Nova Scotia	Brazil	†		†	*	*	†	*	†	*		*	
nitzia)		Nova Scotia	Brazil			†		*		*		*			
nitzia) nivea Stimpson		Nova Scotia	Brazil			†	*		*		*				
scus)	2-107	Nova Scotia	Barbados			†		*		*	*	†		*	*
scus) interrupta (Totten)	2-107	Nova Scotia	Barbados			†	*		*	†	*	†	*	*	
....	3-121	Hatteras	Bahia			*	*	†	*	†	*	†	*	*	*
....		North Carolina	West Indies		*	*	†	*	†	*	†	*	*		
....		Hatteras	Brazil			†	*	†	†	*	†	*	*		
....	0-53	Hatteras	Colon			†	*		*		*		*		
....	0-20	Mass. Bay	Haiti	*	*	*			*	*		*		?	*
C. Lea)		Mass. Bay	Jamaica			*			*		*		*		*
....	2-1181	Pr. Edward Isl'd	Brazil			†	*	†	*	†	*	†	*	*	*
ata Montague	2-5	Cape Cod	Grenada	*		*			*		*		*		
....	2-63	Cape Cod	Brazil	*		†	*			†	*		*		
....	37-805	Gulf of Mexico	Bahia						†	*	†	*		*	
us (Say)		....													
us (Conrad)		....													
....	3-640	Hatteras	Carthagena			†	*		†	*	†	*	†	*	
. Conrad		....													
lata Conrad		....													
. Say		....													
lis var. cumberlandia Con.															
. (Say)		Arctic Ocean	Fern'do Noronha	*		*	*	*	*	*	*	*	*	*	*
....		Rhode Island	Jamaica	†	†	†	*		*	†	*		*		
....	15-294	Rhode Island	Jamaica			*				*		*			
....	294	Fernandina	Jamaica						*				*		
dalli (Whitfield)		....													

Croatan Beds.	Waccamaw Beds.	Caloosahatchie Beds.	Undifferentiated Pliocene.	Calvert Formation.	Undifferentiated Chesapeake.	U · Miocene.	Oak Grove Sands.	Orthaulax Beds.	Chipola Beds.	Silex Beds.	Tampa Beds.	Chattahoochee Beds.	Undifferentiated Chipolan.	Shell Bluff Grp.	Guallava Beds.	Undifferentiated Vicksburgian.	Undifferentiated Oligocene.	Eocene.	Cretaceous.	Recent. Pleistocene.	...	Beds of Dall.	Oligocene.	Eocene.	Cretaceous.	
..	....	....	....	....	..	39	..	..	....	....							..	....	..			*				52
..	....	....	....	....	..	....	..	..	....	....							..	....	..			*				53
..	....	....	....	83	..	....	..	..	....	....							..	....	..			*				54
..	....	....	....	....	..	....	..	..	....	....							..	....	..			*				55
..	....	....	....	....	..	....	..	..	....	....							..	....	..			*				56
..	....	....	....	....	..	....	..	..	....	....							..	....	..							57
..	....	82	....	....	..	49	..	..	....	....							..	....	..			*				58
..	....	....	....	....	5	64, 87, 99	..	..	12?	....							..	....	..			*		?		59
..	....	....	....	50	..	....	..	..	12	....							..	....	..			*	*			60
..	....	....	....	50, 83	..	....	..	..	....	....							..	....	..							61
..	....	87	....	....	..	....	..	..	....	....							..	....	..							63
..	....	....	....	50	..	....	..	..	....	....							..	....	..	* * *		*				65
..	....	....	....	....	..	....	..	..	....	....							..	....	..							66
..	....	....	....	....	..	....	..	..	....	....							..	....	..							67
..	....	....	....	....	..	....	..	..	....	....							..	....	..	*	? ?					69
..	....	....	....	....	..	41	..	..	....	....							..	....	..			*				71
..	....	....	....	....	..	....	..	..	....	....							..	....	..							72
..	....	87	66	83	..	41	..	..	....	....							..	....	..	*	* *					74
..	....	....	....	....	..	....	..	..	....	....							..	....	..							75
..	....	....	....	....	..	....	..	..	....	....							..	....	..							76
..	64	....	....	....	..	....	..	..	....	....							..	....	..	* * *		*				78
64	87	59, 82	....	....	..	41, 75	..	..	....	....							..	....	..	* * *		*				80
..	....	....	....	....	..	....	..	..	....	....							..	....	..							82
..	....	....	....	....	..	....	..	..	....	....							..	....	..							83
..	....	....	....	....	..	....	..	..	....	....							..	....	..							84
64	87	37, 59, 82	....	....	..	64, 99	..	87	....	....							..	....	..	*	* *	*	*			86
..	....	87	....	....	..	64	..	..	....	....							..	....	..	*	* *	*				88
..	....	....	....	....	..	....	..	..	....	....							..	....	..							89
..	....	....	....	50	..	21	..	..	12, 106	....					56		..	....	..			*	*			91
..	....	....	....	83	..	70, 97	..	..	106	....							..	....	..			*	*			92
..	....	....	....	....	..	....	..	11	....	....							..	....	..				*			94
..	....	....	....	83	..	....	..	..	....	....							..	....	..			*				95
..	....	....	....	83	10	....	..	..	....	....							..	....	..			*				97
..	....	....	29	....	..	87, 108	..	..	....	....							..	....	..	* * *		*				99
..	....	....	....	....	..	....	..	..	....	....							..	....	..							100
..	....	....	....	....	..	....	..	..	....	....							..	....	..							101
..	....	....	....	50, 83	..	....	..	..	....	....							..	....	..			*				102

SPECIES.	Range in Depth.	Northern Range.	Southern Range.	New Jersey.	Virg nia.	Hatteras.	Georgia.	East Florida.	F. & da Keys.	West F'rida.	Texas.	West Ind es.	Bermuda.	Europe.	Western Amer ca.
astropoda.—Continued.															
.....	22–310	Rhode Island	Barbados	†?	··	†*	†	†	†	··	†*	··	··	*
.....	0–1290	Arctic Seas	Brazil	†*	··	†*	†	†	†	†*	†	··	†*	··
.....	10–1290	Norway	Brazil	†?	··	†*	··	··	*	*	†*	··	†*	··
dus S. Wood	15–25	North Atlantic	Cedar Keys	··	*	··	··	*	*	*	··	··	†*	··
.....	3–231	Nova Scotia	Barbados	*	··	*	··	†*	*	*	*	··	··	··
m var. pileolum (H.C. Lea)	.....	.....	Antilles											
ictum Conrad	.....													
ineatum (Conrad)	.....													
.....	6–62	Hatteras	Brazil	··	*	··	*	*	*	*	··	*	··	··
(Solander)	.....													
is (Conrad)		Hatteras	Sts. of Magellan											
.....	0–487	Nova Scotia	Montevideo	*	*	*	*	*	*	*	*	*	··	··
a (Linné)	0–15	Pr. Edward Island	Cartagena	*	*	*	*	*	*	*	*	*	··	··
ay	0–487	Pr. Edward Island	Bahia	*	*	*	*	*	*	*	*	*	?	··
.....	50–373	Key West	Bahia	··	··	*	··	†*	†	†*	†	*	··	*
liophora Born	14–274	Hatteras	Barbados	··	*	··	†*	†	†	†*	*	··	··
.....	14–250	Hatteras	Guadalupe	··	*	··	†*	†	†*	*	··	··	··
.....	0–640	Arctic Seas	Brazil	†*	*	*	†*	†*	†	†*	†*	*	··	··
ta)	140–200	Mass. Bay	Barbados	*	*	*	†*	†*	†	†*	*	†	··	··
a) duplicatus (Say)		Mass. Bay	Vera Cruz	*	*	*	*	†*	*	†*	*	··	··	··
a)	0–1356	Arctic Seas	St. Vincent	*	*	†*	†*	†	†	†*	?	··	··	··
a) hemicryptus (Gabb)	.....													
1) heros (Say)	0–288	Labrador	Virginia	*	†*	?	··	··	··	··	··	··	··	··
.....	54–84	New York	Brazil	*	*	†*	··	†*	†*	†*	··	··	··
.....	3–805	Rhode Island	Brazil	†	†*	*	†*	†*	†*	†*	··	··	··
(Conrad)	.....													
thropus (Conrad)	.....													
icum (Conrad)	.....													
s (Conrad)	.....													
m (Wagner)	.....													
e (Conrad)	.....													
um (Conrad)	.....													
.....	3–310	Hatteras	Barbados	··	†*	†*	†*	†	†*	··	†*	··	··
.....		South Carolina	Gulf of Mexico	··	*	··	*	··	*	*	··	··	··
ta Dall		Tampa	Gulf of Mexico	··	†*	··	*	*	*	*	··	··	··
.....	10–294	North Atlantic	Fernandina	··	†	··	··	··	··	··	··	†*
a (Conrad)	.....													
i (Conrad)	.....													
(Conrad)	.....													
ula (Say)	.....													
.....	6–640	Britain	Bahia	··	†	†	··	†*	··	†	†*	*	†*
A. Amphineura.															
.....	0–30	Cape Cod	Rio Janeiro	*	*	*	*	*	*	*	··	*	··	··
ulata (Say)	0–30	Cape Cod	Haiti	*	*	*	*	*	*	*	··	*	··	··
A. Scaphopoda.															
.....	2–1785	Arctic Seas	Brazil	†	†	†*	†	†	†*	†*	†*	†	†	†
tum Say	.....													

Croatan Beds.	Waccamaw Beds.	Pliocene.		Undifferentiated	Formation.	Undifferentiated Chesapeake.	Undifferentiated Miocene.	Transitional Beds of Dall. Oak Grove Sands.	Oligocene.									Eocene.			GEOLOGICAL RANGE.							
		Beds.						Orthaulax Beds. Beds.	Six Beds.	Tampa Beds.	Chattahoochee Beds.	Undifferentiated Chipolan.	Shell Bluff Group.	Guallava Beds.	Undifferentiated Vicksburgian.	Undifferentiated Oligocene.		Eocene.			Recent.	Pleistocene.	Pliocene.	Miocene.	Transitional Beds of Dall.	Oligocene.	Eocene.	Cretaceous.
																													103
																													104
	93						19, 60, 81	37													*		*	*	*	*		105, 106
		37, 82																						*		*			107, 108
				50	5	48, 64, 87	60	12																*		*			109, 110
				83			108	12										53, 93						*		*	*		111, 112
	37					60, 70, 71, 79	11															*		*		*			113, 114
	82	24, 81, 64, 87				64, 77, 87, 99	37														*		*		*			115
	37, 59					61, 64, 87, 99	37														*	*	*		*			116, 117, 118
	37, 82					75	11		18		37					46, 109	26, 74		*	*	*	*	*	*	*	119, 120
		*	50, 83		37, 64, 87, 99															*	*	*	*	*			121, 122, 123
			50, 83		99	12	11					79								*	*	*	*			124, 125, 126
					28, 32																		*			127, 128
					28 41 48 71 110																		*			129
					19, 88, 110																		*			130
			50, 83		75, 110																		*			131, 132
					71																	?	*			133, 134, 135
					71 ?																		*			136
					32, 41															*		*			137, 138
			50, 83		99																		*			139, 140
				16	5 28, 39, 58, 70																		*			141, 142
					99																					143
																					*						1, 2
		24			5 64, 87, 99																*	*					1, 2

SPECIES.	Range in Depth.	Northern Range.	Southern Range.	New Jersey.	V Fg n a.	Hatteras.	Georgia.	East F'd r da.	Florida Keys.	West Florida.	Texas.	West Indies.	Bermuda.	Europe.	Western America.
caphopoda.—_Continued._															
Meyer	7-1608	Nantucket	Barbados	†	†	†*	†*	†	†*	†*	†*	†*	†	..	†
Conrad)															
isis M. & A.															
CA. Pelecypoda.															
) _producta_ Conrad		Hatteras	Brazil			*	*	*	*	*	*				
J _arcuata_ (Conrad)		Maine	Brazil	*	*	*	*	*	*	*	*			*	*
i Dall	1-12	Britain	Trinidad	*	*	*		*	*	*	*	*		*	?
i Wagner															
_ia_ Conrad															
(Linné)	0-100	Arctic Seas	Barbados	*	*	*	*	*	*	*		†		*	*
	0-100	Arctic Seas	Barbados									†			
	2-450	Cape Cod	Brazil	*	*	†*	†	*	†*	†*	†*	†			
) _idonea_ Conrad															
elevata Conrad															
rbula) inaequalis Say															
rbula) cuneata Say															
	0-40	Arctic Seas	Maine	*	*	*	*							*	*
nrad															
. C. Lea)															
_a_ Conrad	12-31	Hatteras	Tampa			*		*							
	12-31	Hatteras	Tampa			*		*							
all	0-124	Hatteras	Brazil			†*	*		*			*	*		
		Labrador	Brazil	*	*	*	*	*	*	*					
ctra) delumbis (Conrad)															
ctra) marylandica Dall															
ctra) curtidens Dall															
ctra) confraga (Conrad)															
tra) subparilis (Conrad)															
		New Jersey	Brazil	*	*	*	*	*	*	*	*	*			
Conrad)	0-25	Labrador	Florida Keys	*	*	*	*	*	*						
	0-25	Labrador	Florida Keys	*	*	*	*	*							
Conrad		Charlotte Harbor	Trinidad						?*		?*				
		Charlotte Harbor	Brazil						*	*	*				
_a_ (Conrad)	2-124	Virginia	Bahia			*	?*		*	*	*	*	*		
Conrad)															
ar. compacta Dall															
Say)															
	14-1467	Arctic Seas	Brazil	†	†	†*	†*	*	†*	†*	†*	†		†	
(Scacchi)	50-1467	Arctic Seas	Granada	†	†		†*	*		†*	†*	†		†*	
	0-50	Pr. Edward Isl'd	Caracas	*	*	*	..	*	*	*	*				
_s_ Conrad															
	0-640	Gaspé	Brazil	*	*	†*	†*	*	†*	*	†*	†*	*	*	*

Croatan Beds.	Waccamaw Beds.	Caloosahatchie Beds.	Undifferentiated Pliocene.	Calvert Formation.	Undifferentiated Chesapeake.	Undifferentiated Miocene.	Oak Grove Sands.	Orthaulax Beds.	Chipola Beds.	Silex Beds.	Tampa Beds.	Chattahoochee Beds.	Undifferentiated Chipolan.	Shell Bluff Group.	Guallava Beds.	Undifferentiated Vicksburgian.	Undifferentiated Oligocene.	Eocene.	Cretaceous.	Geological Range	No.
						28, 32												4	1	* ... *	3
					5	32, 87, 110													46, 62	*	4
																	37			*	5
																				*	6
	101					70, 91														* *	1
	101					89														* *	2
				50																* *	3
				5		40, 63, 89	67		12											*	4
						23														*	5
		87	77, 80			2, 82, 83														* * *	6
					83	10														*	7
	93				83	5 55 88 89 96 108														* *	8
		18				28,55,60,110														*	9
						100														*	10
						55,60,71,100														*	11
	101					60, 100														* * *	12
							67													*	13
						10, 48, 100														*	14
						102														*	15
						55														*	16
						64, 99														*	17
						108														*	18
			87		5	71, 60	67													* * * *	19
						31, 55, 60, 89														*	20
						57,70,90,101														*	21
			75			28, 55, 60	67													* *	22
						8, 71, 110	84													*	23
						48 55 60 70 71														*	24

SPECIES.	Range in Depth.	Northern Range.	Southern Range.	Recent.											
				New Jersey.	Virgin a.	Hatteras.	Georgia.	East F or da.	Florida Keys.	West Florida.	Texas.	West Indies.	Bermuda.	Europe.	Western America.
Pelecypoda.—Continued															
] æquistriata Say	......	North Carolina	Brazil												
s declivis Conrad	......	....	....												
s producta Conrad	......	....	....												
s dupliniana Dall	......	....	....												
) umbra Dall	......	....	....												
onrad	......	....	....												
onrad)	2-100	Arctic Seas	Brazil	*	*	*	*	*	*	*	*	*	*		
aria) harrisii Dall	0-70	Pr. Edward Island	Brazil	*	*	*	*	†	*	*	*				
lopoma) sayana (Conrad)	2-200	Pr. Edward Island	Bahia	*	†	*	*	*	†	*	†	*			
rylandica (Conrad)	2-63	Pr. Edward Island	Tampa	*	*	†	*								
Conrad	0-300	Nova Scotia	Brazil	*	*	†	*	*	†	*	†	*	*	*	
s Linné	......	Nova Scotia	Yucatan	*	*	*	*	*	*	*		*			
na) staminea (Conrad)	......	Cape May	Brazil	*	*	*	*	*	*	*					
a Say	117	....	Trinidad					†							
derma) laqueatum Con.	0-300	Arctic Seas	Cape Good Hope	?	*	†	*	†	*	*	†	*	†	*	
oderma) craticuloide Con.	......	....	....												
m)	2-1	Cape Lookout	Brazil		*	*	*	†	*						
1) medium Linné	2-1	Cape Lookout	Brazil		*	*	*	*	†	*					
irdium)	0-	Nova Scotia	Brazil		*	*	*	*							
rdium) mortoni Conrad	0-55	Nova Scotia	Brazil		*	*	*		*						
iorinus) cossmanni Dall	......	....	....												
di Dall	......	....	....												
all	......	....	....												
litana Dall	......	....	....												
Dall	......	....	....												
(H. C. Lea)	8-15	Arctic Seas	Hatteras	?		†					?				
Conrad	......	....	....												
a Dall	2-294	Rhode Island	Brazil	†		†	†	*	†	*	†	*			
is Conrad	......	....	....												
iensis Dall	......	....	....												
ævella) subvexa Conrad	0-683	Arctic Seas	Brazil	†	†	†	†	*	†	*	†	*			
Conrad	0-18	Hatteras	Cape St. Roque			*			*						
Conrad	15-124	Cape Henry	Brazil		*	*	†	*	†	*					
	0-287	Hatteras	Brazil			†	*	†	*	†	*				
ta Conrad	0-52	Hatteras	Brazil		*	*	*		*						
racta Conrad	......	....	....												
ialis var. granulata Say	3-435	Arctic Seas	Charlotte Harbor	†	†	†	*	†		*			†	†	*
linus (Conrad)	50-485	Rhode Island	Hatteras			†	*								
	5-1568	Nova Scotia	Barbados	*		†	†	*	†	*	†	*			

Croatan Beds.	Waccamaw Beds.	Caloosahatchie Beds.	Undifferentiated Plio.	St. Formation.	Undifferentiated Chesapeake.	Undifferentiated Miocene.	Oak Grove Sands.	Urbaulax Beds.	Chipola Beds.	Silex Beds.	Tampa Beds.	Chattahoochee Beds.	Undifferentiated Chipolan.	Shell Bluff Group.	Guallava Beds.	Undifferentiated Vicksburgian.	Undifferentiated Oligocene.	Eocene.	Cretaceous.	GEOLOGICAL RANGE.						
																				Recent.	Pleistocene.	Plio.	Mio.	Transitional Beds of Dall.	Oligocene.	Eocene.
64	87	....	......	83	..	99	....	.	....	....	....	....	....				5, 15	....	....	*	:	*	*	...	*	...	45
..	....	82	......	......	..	71, 89	....	.	....	....	....	....	....				....	....	....	.	*	*	*	...	..	...	46
41,101	....	....	......	......	..	71	....	.	....	....	....	....	....				....	....	....	.	.	*	*	...	..	...	47
41,101	18	....	......	......	..	55, 60 108	....	.	....	....	....	....	....				....	....	....	.	.	*	*	...	..	...	48
..	18 ?	....	......	......	..	55, 60 108	....	.	....	....	....	....	....				....	....	....	.	.	?	*	...	..	...	49
..	....	....	......	......	..	....	....	.	....	....	....	....	....				....	....	....	.	.	.	*	...	..	...	50
..	....	....	......	......	..	....	67	.	....	....	....	....	....				....	....	....	.	.	.	.	...	*	...	51
..	....	....	......	......	..	....	....	.	....	....	....	....	....				....	....	....	.	.	.	.	...	*	...	52
..	....	....	......	......	..	14	....	.	....	....	....	....	....				....	....	....	.	.	.	.	...	*	...	53
..	....	....	......	......	..	....	....	.	....	....	....	....	....				....	....	....	.	.	.	.	...	*	...	54
..	....	....	......	10	..	....	....	.	....	....	....	....	....				....	....	....	.	.	.	.	...	*	...	55
..	....	....	......	10	..	....	....	.	....	....	....	....	....				....	....	....	*	.	.	.	...	*	...	56
..	....	....	......	......	..	....	....	.	....	....	....	....	....				....	....	....	*	.	.	.	...	*	...	57
..	....	....	......	53, 83	..	....	....	.	....	....	....	....	....				....	....	....	.	.	.	.	...	*	...	58
..	....	....	......	83	..	....	....	.	....	....	....	....	....				....	....	....	.	.	.	.	...	*	...	59
..	....	....	......	......	..	....	....	.	....	....	....	....	....				....	....	....	.	.	.	.	...	*	...	60
..	....	....	......	10	..	....	....	.	....	....	....	....	....				....	....	....	.	.	.	.	...	*	...	61
..	....	....	......	......	..	....	....	.	....	....	....	....	....				....	....	....	.	.	.	.	...	*	...	62
..	....	....	......	......	..	21, 107, 110	....	.	....	....	....	....	....				....	....	....	.	.	.	.	...	*	...	63
..	....	....	......	......	..	55, 60, 71	....	.	....	....	....	....	....				....	....	....	.	.	.	.	...	*	...	64
..	....	....	......	83	..	16	....	.	....	....	....	....	....				....	....	....	.	.	.	.	...	*	...	65
..	....	....	......	......	..	60	....	.	....	....	....	....	....				....	....	....	.	.	.	.	...	*	...	66
..	....	3 18 82	......	......	..	60	....	.	....	....	....	....	....				....	....	....	*	.	*	*	...	..	...	67
..	18, 82	....	......	......	..	71	....	.	....	....	....	....	....				....	....	....	*	*	*	.	...	..	...	68
..	....	....	......	52, 83	..	....	67	.	....	....	....	....	....				....	....	....	.	.	.	.	...	*	...	73
..	....	....	......	......	..	71	....	.	....	....	....	....	....				....	....	....	.	.	.	.	...	*	...	74
..	....	....	......	......	..	71	....	.	....	....	....	....	....				....	....	....	.	.	.	.	...	*	...	75
..	....	....	......	......	..	60	....	.	....	....	....	....	....				....	....	....	.	.	.	.	...	*	...	76
..	18, 82	....	......	......	..	28, 55, 60, 71	....	.	....	....	....	....	....				....	....	....	.	.	.	.	...	*	...	78
..	....	....	......	......	..	55 60 70 71 108	....	.	....	....	....	....	....				....	....	....	.	.	.	*	...	*	...	80
..	....	....	......	......	..	....	67	..	11	....	....	37	....				....	....	....	.	.	.	*	...	..	...	81
..	....	....	......	......	..	....	....	.	....	....	....	....	....				....	....	....	.	.	.	*	...	..	...	82
..	93	18, 102	......	83	..	32, 108	....	.	....	....	....	....	....				....	....	....	.	.	.	*	...	..	...	83
..	....	....	......	50, 83	..	49, 89	....	.	....	....	....	....	....				....	....	....	.	.	.	*	...	..	...	84
..	....	....	......	......	..	....	....	.	....	....	....	....	....				....	....	....	.	.	.	.	...	..	...	86
..	....	....	......	......	10	....	....	.	....	....	....	....	....				....	....	....	.	.	.	*	...	..	...	87
..	....	....	......	50	..	....	....	.	....	....	....	....	....				....	....	....	*	.	.	*	...	..	...	88
..	....	....	......	50, 83	..	64, 87, 99	....	.	....	....	....	....	....				....	....	....	*	.	.	*	...	..	...	90
..	....	....	......	83	..	....	....	.	....	....	....	....	....				....	....	....	.	.	.	.	...	..	...	91
..	....	....	......	......	10	....	....	.	....	....	....	....	....				....	....	....	.	.	.	*	...	..	...	93
..	....	....	......	83	..	....	....	.	....	....	....	....	....				....	....	....	.	.	.	*	...	..	...	94
..	....	....	......	......	..	....	....	.	....	....	....	....	....				....	....	....	.	.	.	.	...	..	...	95

SPECIES.	Range in Depth.	Northern Range.	Southern Range.	New Jersey.	V'rg'n a.	Hatteras.	Georg a.	East F'r da.	Florida Keys.	West F'lorida.	Texas.	West Indies.	Bermuda.	Europe.	Western America.
ecypoda.—*Continued.*															
Conrad															
inella) *galvestonensis* Hs.															
....	0-124	Arctic Seas	Florida Straits	*		†*			†	*	†*	†			*
....	10-1255	Labrador	Trinidad	*		†*	†	†*	*	†*	†*		†		
....	3-50	Labrador	Honduras	*		†*			*	†*	†*		*		
outhouy	3-15	Labrador	Hatteras	*		†*			*	†*	†*	†*			
....		Arctic Seas	Brazil	*	*	*	*	*	*	*	*	*	*	*	
d'Orbigny															
cha) *incurvus* Conrad															
eata Conrad		Florida Straits	Brazil			*	*		*	*		*			
....	5-124	Arctic Seas	Barbados		†	†*				*		†*		*	
Conrad	0-1000	Arctic Seas	Brazil	†*	*	†*	*	†*	†*	*	†*	†*	*	*	
(Conrad)															
....	0-100	Arctic Ocean	New Grenada	*		*	*	*	*	*	*	*	*	*	
....	0-640	Arctic Ocean	Martinique	*	*	*	*	*	*	*	*	*	*	*	
rbigny	0-12	Cape Sable	Martinique	*	†*	*	*	†*	*	*	†*	*	*	
melin	0-640	Arctic Ocean	Cape Fear	*	†*	*	*		*	*	*	*	*	*	
....	15-1450	Arctic Seas	Brazil		†*	†*	*	†	†*	*	†*	†*	*	†*	
....		Hatteras	Brazil	*	*	*	*	*	*	*	*	*	*		
onrad															
nrad		Pr. Edward Isl'd	Brazil	*	*	*	*	*	*	*	*	*			
Conrad															
nrad															
....	1-1813	Arctic Seas	Patagonia	†*	†*	†*	†*	†*	†*	†*	†*	*	†*	†*	†
....	30-1591	Bermuda	Barbados									†	†		
mortoni Ravenel	30-60	Gulf of Mexico	Haiti						†*	*	†*	†	†	
sium)	22-1750	Arctic Seas	Patagonia	†		†*	†		†	†		†		†	?
sium) cerinus Conrad.															
rogersi Conrad															
clintonius Say															
marylandicus Wagner															
madisonius Say															
jeffersonius Say															
jeffersonius var. edge-															
jeffersonius var. septen-															
....	1-1356	Labrador	Brazil	†*	†*	†*	†*	*	*	†*	†*	†*	*	†*	*
mphreysii Conrad															
Deshayes)															
ll	0-2021	Norway	Brazil	†*	*	†*	†*	*	†*	†*	†*	*		†*	*
	2-40	Cape Cod	Brazil	*	*	*	*	*	*	*	*	*		*	
subrostata Conrad															
taminea Say															
donea Conrad															

Croatan Beds.	Waw Beds.	Me Beds.	Undifferentiated	Calvert Formation.	Undiff. Chesapeake	Me	Oak Grove Sands.	Orthaulex Beds'/Chipola Beds.	Silex Beds.	Tampa Beds.	Chattahoochee Beds.	Undifferentiated Chipolan.	Shell Bluff Group.	Guallava Beds.	Undifferentiated Vicksburgian.	Undifferentiated Oligocene.	Eocene.	Cretaceous.	Geological Range.	
					10														*	96
						8													*	97
																				98
																				99
																				100
																			*	101
																			*	102
	101			50, 83		8, 28, 60													*	103
				50, 83		87										87			* *	104
				83															*	105
																			*	106
																			*	107
																			*	108
				50		60, 99													*	109
						110													*	110
																				111
																				112
	87	37	24			60, 89										81?			* * * * ?	113
						99														114
																				115
																				116
				50, 83			67	4	12				24	7	15	68			* * * *	117
														98	67, 106					118
			3, 69			35										22, 25, 36 45, 46, 95,			* * * *	119
				50, 83		87													*	120
						54														121
																				122
																				123
		18, 82			5	32, 39													* *	124
																			*	125
						9													*	126
						49													*	127
						23 40 48 57 58													*	128
						57, 71													*	129
				50, 83		23, 40, 52, 71, 86, 94													*	130
						14, 21, 23, 40, 64, 89													*	131
						23 38 40 88 92													*	132
						32, 70, 71													*	133
																			*	134
				83		87, 99													*	135
				50, 83		55													*	136
																			*	137
																				138
																				139
					10														*	140
					10	102													*	141
					5														*	142
					68	102													*	143

SPECIES.	Range in Depth.	Northern Range.	Southern Range.	Recent.											
				New Jersey.	Virginia.	Hatteras.	Georgia.	East Florida.	Florida Keys.	West Florida.	Texas.	West Indies.	Bermuda.	Europe.	Western America.
lecypoda.—*Continued.*															
le Say	......	Cape Cod	Brazil	*	*	··	*	*	*	*	*	*	*	··	··
ntenaria Say	0-169	Hatteras	Brazil	··	··	*	*	··	*	*	† *	··	··		
arylandica Conrad	......	....	....												
irginiæ Wagner	......														
	......	Hatteras	Sarasota Bay	··	··	*	··								
	2-2620	Arctic Seas	Trinidad	† *	† *	† *	† *	†	†	† *	† *	† *	†	† *	*
ay	3-	Texas	Trinidad												
	2-2020	Arctic Seas	Gulf of Mexico	† *	† *	† *	†	†	†	†	†	†	† *	*	
7)	2-2033	Arctic Ocean	Brazil	† *	† *	† *	†	†	†	† *	†	† ·	† *	*	
y	2-100	Nova Scotia	Charlotte Harbor	† *	*	† *	··	··	*						
11	......	....	....	··	*										

Croatan Beds.	Vew Beds.	??e Beds.	U ?id ?ne.	Calvert Formation.	?id ?c.	U ?d Mi n.	Transitional Beds of Dall.	Oak Grove Sands.	Orthaulax Beds.	?a Bs.	Silex Bs.	?a n.	?e Beds.	?d ?n.	Sil ??r Group.	Gualava Beds.	Undifferentiated Vicksburgan.	U ?d ?e.	Eocene.	Cretaceous. Gs.	GEOLOGICAL RANGE Pliocene	Miocene	Transitional Beds of Dall.	Oligocene	Eocene	Cretaceous	
						28 30 31 60 71																					144
																							*				145
			83			23, 40, 71, 110																	*				146
			83							5	12												*		*		147
						99																	*		*	*	148
																							*				149
																											150
						18																*	*		*		151
																											152
						31, 104																					153
																											154
			16, 50, 83			31, 110									18, 82							*	*		*	*	155
							67															*				*	156
						54, 60																				*	157
																											158

THE RELATIONS OF THE MIOCENE OF MARYLAND TO THAT OF OTHER REGIONS AND TO THE RECENT FAUNA

BY

WILLIAM HEALEY DALL.

The Director of the Maryland Geological Survey having requested me to prepare a chapter reviewing some of the relations of the Miocene in Maryland to that of other regions and to the recent fauna, and the permission of the Director of the U. S. Geological Survey having been kindly given, the following considerations are submitted. In pronouncing judgment upon them it should always be borne in mind that the stratigraphical relations of the more southern Miocene adjacent to that of Maryland, especially that of Virginia and the Carolinas, are still very imperfectly known, although the faunas of certain particular outcrops have been quite fully enumerated.

Before proceeding to the consideration of the local Miocene it will be well to recall the origin and scope of this term and what it stands for in European discussions of Tertiary Geology.

In the subdivisions of the Tertiary instituted by Lyell and Deshayes those faunas were denominated as Miocene which contain from 17 to 20 per cent of species which survive to the recent fauna. This definition, corresponding to the idea of evolution in the characteristic faunas, still lies at the foundation of our ideas of what constitutes a Miocene fauna, though to a greater or less extent modified by differences of opinion as to what constitutes a distinct species, and by a wider knowledge of modifications of faunas due to temperature, migration and the various factors which, taken together, form that group of influences which is denominated the environment. Since the modification of faunas not interfered with by catastrophic changes of temperature and environment must always be gradual, the exact limitation of the different series of which the Tertiary is made up has of late been expressed in terms of dynamic changes to which the terrains concerned have been subjected. The division of the Tertiary time into two great systems has been generally accepted by geologists. The first, which embraces all the recognized Eocene and nummulitic beds, has been called Eogene, and contains the Eocene and Oligocene series. The second, or Neogene, comprises the remainder of the Tertiary, the Miocene and Pliocene series, and was inaugurated and is limited by important dynamic changes in the earth's crust.[1]

According to De Lapparent with the Miocene were ushered in important changes in the geography and topography of Europe. First in order of importance, as the work of the Miocene period was the elevation of the Alps, or rather of that great zone of elevated plications which, extending from Morocco to Indo-China, the result of successive movements in elevation, forms the southern border of what has been called Eurasia. This immense upheaval was accompanied by the gradual draining of the great lakes which covered much of France and central Europe during the Oligocene, and, isostatically, by the sinking of other parts of the pre-existing land. Following the latter the sea penetrated into the heart of Europe, carrying its fauna with it. Coincidently the denudation of the elevated area gave rise to extended sedimentary deposits radiating from it. Subsequently the communications with the sea were cut off, the eastern basin of the Mediterranean separated from the Atlantic became less saline and the extension of brackishness in the sea to the northward made gradual progress westward, reaching Corsica and the valley of the Rhone, finally becoming in part a series of lakes, around which the great herbivorous mammals of the period found a pasturage. The termination of the Miocene and the beginning of the Pliocene in Europe was marked by a movement in depression of the Mediterranean axis, opening the strait of Gibraltar, giving the Atlantic access to the Mediterranean, where the subtropical members of the marine fauna were replaced by

---

[1] Cf. DE LAPPARENT, Traité de Géologie, éd. IV, pt. III, pp. 1409, 1513, et seq., 1900.

those of a more temperate type while the climate of the temperate zone, indicated by the land animals and vegetation became noticeably cooler than it had been during the Miocene epoch.

Having thus indicated the salient characteristics of the Miocene epoch as understood by European geologists, it becomes possible to compare them with those of the epoch referred to the Miocene in North America. The differentiation of faunas was well established before the beginning of the Tertiary, and Eogene faunas in America show American characteristics clearly, as compared with those of Europe. Other differences, suggesting migrations, occur in the relative time of appearance of certain groups; as, for instance, in America, the first influx of Nummulites is in the upper beds of the lower Oligocene just as they were about to disappear from the European fauna, where they had flourished in myriads at an earlier epoch though then unknown west of the Atlantic. Thus we may expect and shall find, on an inspection of the American Miocene, both differences and points of agreement. As in Europe, so in America, the Miocene was a period of elevation, of plication of the earth's crust with its attendant vulcanism, of denudation of the recently elevated areas, and the formation of extended areas of sediment, formed chiefly of clays, sands and marls, either consolidated into shales and sandstones, or remaining less compacted. The elevation of Middle America and the Antillean region, in harmony with that of southern Europe seems to have been more or less constant, since no marine Miocene beds have been definitely recognized in this area, and the antecedent Oligocene sediments were elevated several thousand feet, North and South America were united, the island of Florida became attached to the Georgian mainland, and the continent of North America on the whole assumed approximately its present outlines. Some modification of the coast line or seabottom, supposedly in the vicinity of the Carolinas or possibly connected with the elevation of the Antilles, diverted the warm currents corresponding to the present Gulf Stream so far off-shore in the early part of the Miocene as to permit of the invasion of the southern coast lines by a current of cold water from the north, bringing with it its appropriate fauna and driving southward or exterminating the pre-existent subtropical marine fauna of these shores. This resulted in the most marked faunal change which is revealed by the fossil faunas of the

Atlantic coast of America subsequent to the Cretaceous. A cool-temperate fauna for the time replaced the subtropical one normal to these latitudes, and has left its traces on the margin of the continent from Martha's Vineyard Island in Massachusetts south to Fort Worth inlet in East Florida, and westward to the border of the then existing Mississippi embayment. This seems to have been the limit of effectual invasion by the northern marine fauna since, though no outcrops occur, the Galveston artesian well-borings show two thousand feet of Miocene sediments west of the Mississippi, including a marked remnant of the Pacific fauna, cut off from its allies by the elevation of Middle America and barely surviving on this coast until the upper Miocene time. The preceding Oligocene fauna has left traces as far north as southern New Jersey, but denudation so accompanied the Miocene elevation that little sediment of this epoch has survived *in situ* north of Georgia, and even the Miocene sediments between northern Florida and North Carolina are represented chiefly by isolated patches in sheltered areas. The deep embayment of the Chesapeake region in Maryland and Virginia has retained the largest and least disturbed area of the marine Miocene sediments and given its name to them, as typical, on the Atlantic coast, of the faunal remains of this character, which they contain. Contrary to the conditions existing in Europe, in America no marked invasions by the sea or extensive depressions of continental land are characteristic of Miocene time, though in special localities the Miocene sediments transgress the remnants of the Eocene. In the western region some analogy may be found for the brackish water deposits of Europe, in the Miocene lake beds and their vertebrate remains. Between the upper Oligocene of the John Day beds of the West and the typical Chesapeake (Loup Fork) Miocene, Scott has recognized in the Deep River vertebrates a fauna strictly analogous to that of Sansans (Gers) in France, placed by Depéret, Gaudry and De Lapparent with the Helvétien. The latter author recognizes in the Miocene of Europe the following stages:

1. BURDIGALIEN.—This group has been the occasion of more or less controversy, and is introductory to the fully typical subsequent stages. Whether it is really a consistent whole, is, and has been for some time, a debateable matter. It is not improbable that some part of the beds included in this stage by many European geologists correspond to part

of the series grouped in later American classifications with the upper Oligocene. It has been united by Suess with the Oligocene Aquitanien. Being a matter in which nomenclature rather than geology is concerned its consideration may well be adjourned until a more thorough knowledge of the supposed American equivalents is available. The European characteristics of this stage comprise the earlier part of the period of elevation during which the disappearance of the inland lakes and the inception of fluviatile drainage were in progress.

2. HELVÉTIEN.—This corresponds more exactly to the American definition of the Miocene of Maryland and Virginia, being the period of uplifts and of culmination of the invasion of the southern sea into the resulting isostatic depressions.

3. TORTONIEN.—During this period the most extreme elevation of the uplifts was attained and with this some diminution of the marine transgression and of the apparent sea-temperatures. It is probable that this stage should be united with the preceding, as it is in a number of cases only indicated by a *facies,* and barely distinguishable from the Helvétien. It should be noted that the arms of the Mediterranean sea which deposited the marls of the Vienna Basin, the Mollasse of Switzerland, and the Miocene of Southern France, were inhabited by a fauna derived from the south, and of a subtropical character; hence in no case strictly comparable with a fauna, like that of the American Chesapeake, derived from cool-temperate seas. It is to the fragmentary Miocene of North Germany and Denmark that we should look, if at all, to find the time-analogues of our Chesapeake species.

4 and 5. SARMATIEN and PONTIEN or PANNONIEN.—During these stages, which might well be united, the Mediterranean sea became separated from its eastern inland extensions, which gradually lost their salinity and deposited the remarkable *Congeria* beds and other brackish water sediments or lake beds, with the formation of which European geologists regard their Miocene as having terminated.

In America, speaking broadly, as stated by Dr. Clark, the Miocene appears at its inception unconformably and suddenly upon the surface of the Eocene which in certain localities it transgresses. In the northern part of its range the Eogene strata seem to have suffered much more from denudation than in the corresponding series at the south on the

Gulf Coast. While faint traces remain, in the mechanically mixed marls of southern New Jersey, of the former presence of Oligocene sediments, it is only by the occurrence of a few Oligocene species, mixed with much more numerous Chesapeake forms, that this may be detected. South of New Jersey no trace of the whole Oligocene series may be recognized, as far as now known, north of Georgia. Nor is there described any remnant of the uppermost Eocene as represented in the Gulf column of formations. The beginnings of the Chesapeake in Maryland and Virginia are marked by the prevalence of beds of diatomaceous earth. Otherwise there is little that is distinctive in the successive beds of clay, sand and gray or bluish marl which make up the bulk of the series, divided, on the basis of its fauna, into three formations in Maryland, known as the Calvert, Choptank and St. Mary's. In Virginia we are greatly in need of more stratigraphical information but it is believed that the older beds in the main lie to the north and west, dipping southeasterly 8 to 10 feet per mile, and, as at Petersburg, are practically similar to the Maryland deposits. Passing to the southeast, beds higher in the scale are encountered, though the fauna is still very similar to that of Maryland. Finally on the southeastern border at the sea, along the York river and at various other localities we find beds of marl of a much lighter color, tinted yellow by the presence of iron oxide, and containing a larger proportion of recent forms, together with a still notable proportion of those which occur in the Maryland beds. These newer sediments culminate near Suffolk and about the upper Nansemond river district in the most recent beds of all, on the top of which, in the basin of the Great Dismal Swamp, have been collected mixed with unconsolidated Miocene marl, a few characteristic species of the Southern Pliocene. In Virginia and Maryland we appear to have the basis of material necessary to trace the development of a normally evolving fauna of a single origin, but when we reach North Carolina we come upon an association of species in the upper or Duplin Miocene, in which the introduction of a new factor is manifest. This is a change of fauna due (as in the recent fauna of the coast) not to earlier or later development, but to modifications due to temperature and the environment, which have produced an assemblage, perhaps simultaneously existing with that of Suffolk, Virginia, but of an obviously more southern character. At present the promontory of

Cape Hatteras serves as a landmark indicating the mutual boundary between the northern temperate and southern subtropical mollusk faunas of the present Atlantic coast; and it would seem as if in Miocene time a similar arrangement prevailed.

The upper surface of the Chesapeake in Virginia has been extensively denuded, and the equivalent, if any, of the Duplin beds has been removed over a great portion of the Miocene area. The dip of the remaining deposits, according to Darton, in the northeastern or older portion of the beds, is about ten feet to the mile; in the Nomini section about 7.7 feet to the mile; and in the newest, or Suffolk region, about 6.5 feet to the mile. The beds, as a whole, retain at most about 560 feet of their original thickness. The diatomaceous bed, when present, as is usually the case, lies at the base of the series, on the denuded surface of the Eocene, and if there were earlier deposits which should normally be associated with the Chesapeake, neither in New Jersey nor in Virginia do we find any trace of them remaining. In all cases and throughout its extent the fauna has the characteristics of a shallow-water assembly, without any marked littoral elements, but which might well have existed in the immediate vicinity of low, nearly level, muddy or sandy shores, and have extended off-shore to a distance more or less indefinite, but which did not include any area subject to the influences of an open and unsheltered ocean.

In Florida we first find, in passing southward from the North Carolina deposits, an extended area of undisturbed and little denuded Chesapeake sediments, and where, as at Alum Bluff on the Chattahoochee river and localities on the Chipola river, they have been carefully examined, they present, with some slight admixture of warmer water forms, a fauna essentially like that of the more northern deposits. Eliminating the species peculiar to the Florida beds alone, of the remainder about forty per cent are common to the Chesapeake of Maryland and fifty-seven per cent common to Florida and North Carolina. Since the northern fauna must have become well established before it could have, as a body, invaded the Florida province with the incursion of cold currents previously described, it is probable that the Alum Bluff Miocene represents in time a period somewhat subsequent to that of the Maryland beds, though in point of evolution of organic life nearly identical. About

fourteen per cent of the Alum Bluff species have survived to the present
time. Beyond the Mississippi embayment, though no Miocene beds have
been observed outcropping at the surface, the artesian well at Galveston
has penetrated over 1800 feet of strata containing many fossils, evidently
of upper Miocene age. This assembly is strongly tinctured with elements characteristic of the Miocene of the Pacific coast which have not
survived in the present fauna of the Gulf. These forms are probably
the remnant of those cut off from the Pacific waters by the elevation of
Middle America in the early Miocene, which for a short time survived
on the Gulf side. Owing to these peculiarities there seems no special
reason for instituting extended comparisons between the Texas beds
and those of Maryland and Virginia.

We may now proceed to consider somewhat more in detail the relations
between the Miocene faunas of Maryland, (1) among themselves, (2) to
the Miocene faunas of adjacent States, and (3) lastly to the fauna of
the European Miocene. Since the molluscan quota of the fauna is much
the largest and that with which the writer is most familiar the local
comparisons which are made will be chiefly based upon it.[2]

The three horizons into which the Maryland Chesapeake has been
divided contain altogether about three hundred and sixty-four species
of mollusks, of which 14 per cent are peculiar to the Calvert formation,
9 per cent to the Choptank formation and 10 per cent to the St. Mary's
formation, so that altogether one-third of the molluscan fauna of the
Maryland Chesapeake is peculiar to it. Ten per cent survive to the
present fauna. Of the whole, one hundred and forty-two species occur
in only one of the three subsidiary formations, while two hundred and
twenty-two are common to more than one of the three horizons, and
quite a number of Calvert species are absent from the Choptank but
reappear in the St. Mary's formation. Of those species which are

[2] The authors of the systematic lists in this volume have in large part followed in
their work the arrangement and determinations made in my Tertiary Fauna of Florida
and the collections of the U. S. Geological Survey in the U. S. National Museum.
There are naturally some differences due to the use of additional material and to per-
sonal. equation, which, in the following discussion, will be ignored, as they will in
any case hardly affect the percentages. The list as herein contained will be accepted
for statistical purposes, except that mere varieties will be left out of consideration;
though on some points I might still hold to my original opinion.

common to more than one of the Maryland horizons 17 per cent are also common to the Chesapeake of Florida at Alum Bluff and the Chipola river.

For reasons which have already been specified, the Miocene fauna of southern New Jersey is regarded by me as mixed with foreign elements which have been mechanically incorporated with it during the progress of denudation or by current action. Eliminating the doubtfully indigenous forms the remainder has much the aspect of the Calvert fauna of Maryland with which, on stratigraphic grounds, there is much reason to assimilate it.

In making comparisons with Virginia horizons we are met at once with the difficulty that no good modern lists of Virginia Miocene mollusks are available. To remedy this deficiency I have had the identified species from Virginia localities in the National Museum collection listed and have used them in making the following comparisons. Though these Virginia species comprise little more than half of those which occur in the horizons listed (many being yet unidentified), yet the numbers seem sufficiently large to ensure the approximate accuracy of the percentages derived from them. The lists comprise 71 species from Petersburg, 55 from the James river, 118 from the York river near Yorktown, and 57 from the newest beds of the Miocene near Suffolk, Va. The order in which they are cited is that of their relative age beginning with the oldest. The following table shows the proportion of surviving species in each of the mentioned horizons:

Virginia—Petersburg horizon .... 8.5 per cent
Maryland—Calvert formation .... 9.3 "   "
Virginia—James river beds.............11.0
Maryland—Choptank formation ....11.4 "   "
Maryland—St. Mary's formation..... .....12.1 "   "
New Jersey—Shiloh marls (mixture of
          faunas) ....13.0 "   "
Florida—Alum Bluff horizon.............14.0 "   "
Virginia—Yorktown beds ....17.0 "   "
Virginia—Suffolk beds ....19.0 "   "
North Carolina—Duplin beds...........20.0 "   "

It is likely that complete collections from each of the Virginia localities might bring about a change of one or two per cent in the proportion
of surviving species, so that too much stress should not be laid on small
differences of this kind; also, that, in the warmer regions, the proba-
bilities of survival among the smaller species are greater than in colder
waters. Making allowances for these factors it is probable that the age
(in descending order), of the several horizons, as measured by their
percentage of surviving species, would not differ greatly from the following scheme:

Duplin.

Suffolk.

Yorktown.

Alum Bluff.

St. Mary's.

{ Choptank.
{ James River.

{ Calvert.
{ Petersburg.

Taking the three subsidiary horizons of the Maryland Miocene, the
percentage of species in each of the cited Virginia horizons common to
each of the Maryland horizons is as follows:

Virginia.	Maryland.		
	Calvert.	Choptank.	St. Mary's.
Suffolk................	37%	33%	33%
Yorktown.............	34	35	27
James River..........	27	24	27
Petersburg	34	34	33

From this it may be concluded that the connection between the Maryland and Virginia Miocene, as well as between the several horizons in
each state, is very intimate, and while the groups may be divided the
divisions are less fundamental than the general unity of the Chesapeake
as a whole compared with, for instance, the Duplin Miocene, which has
in common with the Suffolk beds only ten per cent of common species,
while of the non-peculiar species of the far more distant Chesapeake of
Florida 39 per cent are common to the Chesapeake of Maryland.

We may, in considering the fauna of the Maryland Chesapeake, find the analogy of its location under present conditions in either of two ways. We may consider the present geographical distribution of the genera represented in it, or we may take the surviving species and consider their present distribution on our coasts. The latter is the most definite method leaving less to the judgment of the statistician. From twenty to twenty-five species survive from each of the Maryland horizons. Of these eleven at present extend from the existing boreal fauna to the subtropical waters of Florida, and therefore afford no more precise indication. Of the remainder seventy per cent now live in the fauna existing from Hatteras southward, while only thirty per cent are confined to the region from Hatteras northward. We may therefore conclude, (1) that the temperature conditions governing the fauna of the Maryland Chesapeake were those of the temperate rather than the boreal or subtropical faunas of the present coast; and, (2) that the temperature of the Chesapeake embayment was on the whole somewhat warmer than at present. This is what the genera represented also indicate. Between the several horizons of the Maryland Chesapeake there is but very slight indication of any temperature difference; so far as there is any, it points toward a progressive but slight cooling of the water from the Calvert to the St. Mary's; while the subsequent Pliocene was doubtless accompanied by a change in the opposite direction, a rise of temperature being indicated by the changes in the fauna.

It has been shown[3] that the shell-bearing mollusk fauna of the cool-temperate zone comprises normally about 400 species in any reasonably diversified area. When thoroughly done, collecting from marl beds will give much better results as regards completeness than can be had from any dredging in the actual sea, because the marl is so much more accessible than the seabottom. In the Maryland Miocene, omitting varieties, about three hundred and sixty-four species are recorded. It may be supposed that about forty species remain to be discovered in the Maryland beds.

Of the species known about ten per cent are supposed to survive. This small number is partly the result of the rather restricted limits

[3] U. S. Geological Survey, Bulletin 84, pp. 25-31, 1892.

adopted for species by the authors of this part of the volume, as compared with the views prevalent in the time of Lyell. However, about 13 per cent of the New Jersey species survive, and 14 per cent of the Floridian Chesapeake, so the estimate is not far from normal for the lower American Miocene. For the upper Miocene of Duplin about 20 per cent are estimated to survive, and 19 per cent in the Suffolk district of Virginia. The intermediate Yorktown beds have about 17 per cent of survivors.

I have already called attention to the fact that the Miocene of South Europe is of a more tropical character than that of our typical Chesapeake, and that a more appropriate comparison in detail may be had with the Miocene of Northern Europe, Belgium, North Germany and Denmark. Even the latter is less boreal or apparently lived in warmer waters than the species of the Maryland beds. It would seem that, in America, the change at the end of the Miocene was marked by a slight elevation and a distinctly warmer water fauna which pushed its way northward at least as far as Virginia, and possibly to Martha's Vineyard, where the genus *Corbicula,* a distinctly southern form, has been detected. From a survey of the available literature it would seem, however, that, on the continent of Europe, the Pliocene fauna which made its way southward was of a somewhat more northern type than the Miocene which it succeeded. If a change in the ocean currents corresponding to our present Gulf Stream, took place at the end of the Miocene, by which the tropical waters were directed over a longer extent of the Atlantic coast than was the case during the Chesapeake epoch, and hence became more or less cooled off before making the transit of the North Atlantic, the temperature conditions necessary to account for this difference in the faunas, would have been provided.

Of five hundred species of gastropods enumerated by Hoernes from the Vienna basin 20.6 per cent are regarded as surviving to the present epoch; a number without doubt too great from the standpoint of the average modern estimate of what constitutes a species. But it would carry us too far to attempt to rectify this estimate in detail.

In the work of Nyst (1843) on the Tertiary of Belgium the Diestien of Dumont and the fauna of the Bolderberg were referred to the Pliocene and the *O*ligocene. This view was afterward corrected by von Koenen [4] who showed that the Diestien and part of the Bolderien were a westward extension of a fauna which he identified with that of the North German Middle Miocene.

Of eighty-nine species of this Belgian fauna Nyst regarded 19 per cent as surviving, an estimate which must be materially reduced to bring it into harmony with modern views. Much more reliable from this standpoint is the estimate of von Koenen, who regarded out of one hundred and forty-two species of gastropods 11 per cent as identical with recent forms, a result practically agreeing with our estimates for the middle Chesapeake of Maryland and Virginia. Of these North German species 43 per cent are common to the fauna of the Vienna basin, 12 per cent are also known from the German *O*ligocene and 38 per cent from the Pliocene of South Europe. The relations with the Crag of Britain are less intimate, the latter being characterized by a rather colder water fauna.

In a general comparison of the European and American Miocene we find, among other things which may be cited as parallelisms: in land vertebrates the Sansans and Deep River mammals, and among cetaceans the presence of *Squalodon, Balaena, Priscodelphinus* and other dolphins. Among the sharks may be cited *Carcharodon megalodon, Hemipristis serra* and *Notïdanus primigenius. Oxyrhina, Carcharias, Galeocerdo* and various rays were abundant in the sea bordering the western continent during this period.

In Europe Corals are rare except at the south; in Maryland *Astrohelia* and *Septastrea* represent the group, the waters of Chesapeake time in this region having been too cold for reef corals and too shallow for the deep sea forms.

The Echinoids of the Miocene are as a rule few in species and profuse in individuals; *Clypeaster, Scutella* and *Spatangus* being the most prominent of European, *Amphidetus* and *Scutella* of American forms.

Among the Vermes *Spirorbis* is conspicuous, and *Balanus* among the Crustaceans.

---

[4] Das Miocäen Norddeutschlands und seine Molluskfauna. Schr. ges. Naturw. zu Marburg, X, 3te Abth., pp. 139-143, 1872.

Among the Foraminifera nummulites are absent, and, in America, *Orbitoides*. *Amphistegina, Ehrenbergia, Cassidulina,* and *Ellipsoidina* are prominent in Europe; *Polystomella, Planorbulina, Rotalia, Textularia, Polymorphina,* and *Uvigerina* in America. *Lithothamnion* is a common fossil in the marine Miocene of both continents.

There are left the Mollusca, which we may examine a little more closely.

Cephalopods are rare in the Miocene. The *Aturia* which in America does not persist beyond the middle of the Oligocene, in Europe is said to linger a little longer. *Nautilus* is known from both the east and west coasts of America in the Miocene.

In America, among the Toxoglossate gastropods, *Terebra* (represented by species of the subgenera *Hastula* and *Oxymeris*) is notable, there are many Pleurotomoids, the cones are few and coarse, *Cancellaria* is represented by a notable number of species. The same remarks apply almost equally to the North German Miocene.

American Rhachiglossa are numerous. A species of *Oliva* and one of *Scaphella* at least appear in both America and North Germany. *Busycon* in the former region is represented by *Tudicla* in the latter. *Fusus* is more abundant in Europe than in America but the peculiarly characteristic Miocene subgenus of *Chrysodomus, Ecphora,* is represented in North Germany by a form almost intermediate between the American *E. quadricostata* and *Chrysodomus decemcostatus*. *Ancilla, Murex, Purpura* and *Tritia* are conspicuous in the Miocene faunas of Europe, *Ptychosalpinx, Ilyanassa* and *Tritia* in America. The *Melanopsis* of Europe is paralleled by the *Bulliopsis* of America.

Among the Tænioglossa, *Turritella* is conspicuous in both continents, a form of *Cassis* (*Cassidaria* or *Sconsia*) is equally present. *Cypræa* is more numerous in Europe but represented in both regions; *Pyrula* occurs in both, more abundantly in Europe; as do the various types of *Tritoniidæ,* such as *Septa, Lotorium* and *Ranella*. *Pyrazus* is more abundant in Europe and the *Calyptræidæ* in America.

Among the Rhipidoglossa, *Calliostoma* is more representative in America and *Gibbula* in Europe.

Turning to the bivalves we find an equally noticeable parallelism. In Europe *Glycymeris, Barbatia* and *Scapharca* are very characteristic, as they are in America. *Ostrea* is large and numerous, large *Pectens* occur, though the latter are perhaps less characteristic of the Miocene than in America.

The conspicuous place of the *Cardiums* in our Miocene is hardly filled by the species in the European faunas, where also we find a notable number of *Isocardia. Mactra* in Europe is represented by *Spisula* in America. *Panopea* is about equally conspicuous in both, *Cardita* more so in Europe, *Astarte* in America. *Corbula* and *Saxicava,* are equally common to both regions. The very characteristic *Mytiloconcha* occurs · in both. A host of uncharacteristic forms, such as *Nuculidæ, Abra, Tellina, Ensis, Macrocallista, Timoclea, Lima, Phacoides, etc.,* are common to both, but in Europe *Venerupis, Paphia, Eastonia, Lutraria, Cardilia, Pecchiolia, Congeria* and *Adacna* are found with no American Miocene equivalents. *Crassatellites, Crassinella, Agriopoma, Rangia, Mulinia, Melina,* occupy the same, or nearly the same, position on the western continent, where the giant species of *Venus* make their first appearance.

In a general way, allowing for local peculiarities, the Miocene fauna of North Germany compares well and agrees closely with that of Maryland, while the Mediterranean Miocene finds a closer analogue in the more tropical fauna of the Duplin beds of the Carolinas. We have not in America any equivalent, faunally, of the *Congeria* beds of the upper Miocene of Eastern Europe.

CHARACTERISTIC SPECIES OF NORTH AMERICAN MIOCENE.

Deeming it interesting to know what species, as distinguished from genera, are characteristic of the North American Miocene I have carefully inspected the lists. By characteristic are meant the species which occur only in the Miocene, and occur in it from top to bottom, or, to exemplify, in the beds from Alum Bluff to Duplin, in the South, or from the Calvert to Yorktown or Suffolk, in Maryland or Virginia. It is not meant that they occur at every horizon or zone, but that they have existed throughout the Miocene somewhere, and disappear with the inauguration of the Pliocene.

The following list comprises the species so defined, and is to some extent a surprise, both by the presence of some species and the absence of others, the latter chiefly those which survived into the Pliocene. Some of the groups which are peculiar to a portion of the Miocene and do not occur throughout the system will be particularly missed. Doubtless the more thorough exploration of the southern Miocene will furnish material for modifying the list to some extent, but as far as our present knowledge goes it is emphatically characteristic of the epoch.

> *Drillia limatula* Conrad.
> *Cancellaria carolinensis* Emmons.
> *Scaphella trenholmii* (Tuomey and Holmes).
> *Fasciolaria rhomboidea* Rogers.
> *Busycon coronatum* Conrad.
> *Busycon incile* (Conrad).
> *Ecphora quadricostata* (Say).[5]
> *Fusus exilis* Conrad.
> *Anguinella virginica* Conrad (worm tube?).
> *Cassis (Sconsia) hodgei* Conrad.
> *Crucibulum constrictum* Conrad.
> *Polynices (Lunatia) perspectivus* (Rogers).
> *Polynices (Neverita) percallosus* (Conrad).
> *Calliostoma philanthropus* (Conrad).
> *Dentalium carolinense* Conrad.
> *Dentalium attenuatum* Say.
> *Cadulus thallus* (Conrad).
> *Yoldia lævis* (Say).
> *Arca (Barbatia) centenaria* Say.
> *Arca (Scapharca) scalaris* Conrad.
> *Arca (Scapharca) subrostrata* Conrad.
> *Arca (Noëtia) incile* Say.
> *Atrina harrisii* Dall.
> *Pecten madisonius* Say.
> *Modiolus ducateli* Conrad.
> *Margaritaria abrupta* (Conrad).
> *Pandora (Clidiophora) crassidens* Conrad.

[5] Including all the varieties and excluding the *Rapana* which has been too hastily united with it.

Crassatellites melinus (Conrad).
Crassatellites undulatus (Say).
Crassatellites psychopterus Dall.
Astarte obruta Conrad.
Astarte undulata Say.
Phacoides anodonta (Say).
Phacoides cribrarius (Say).
Solecardia cossmanni Dall.
Bornia triangula Dall.
Cardium acutilaqueatum Conrad.
Cardium laqueatum Conrad.
Isocardia fraterna Say.
Venus tridacnoides (Lamarck).
Chione ulocyma Dall.
Callocardia (Agriopoma) subnasuta (Conrad).
Macrocallista reposta (Conrad).
Dosinia acetabulum Conrad.
Tellina (Angulus) producta Conrad.
Semele subovata (Say).
Cumingia medialis Conrad.
Asaphis centenaria (Conrad).
Ensis ensiformis Conrad.
Spisula delumbis (Conrad).
Spisula subparilis (Conrad).
Spisula curtidens Dall.
Spisula marylandica Dall.
Mulinia milesii Holmes.
Mulinia congesta (Conrad).
Sphenia dubia (H. C. Lea).
Panopea reflexa Say.
Panopea goldfussi Wagner.
Discinisca lugubris (Conrad).

SYSTEMATIC PALEONTOLOGY

OF

THE MIOCENE DEPOSITS
OF MARYLAND

BY

E. C. CASE, C. R. EASTMAN, G. C. MARTIN, E. O. ULRICH,
R. S. BASSLER, L. C. GLENN, W. B. CLARK, T. W.
VAUGHAN, R. M. BAGG, Jr., ARTHUR
HOLLICK and C. S. BOYER

SYSTEMATIC PALEONTOLOGY

MIOCENE

MAMMALIA.......................................E. C. Case.

AVES..E. C. Case.

REPTILIA ....E. C. Case.

PISCES.......................................C. R. Eastman.

ARTHROPODA.

    MALACOSTRACA.........................G. C. Martin.

    CIRRIPEDIA ....G. C. Martin.

    OSTRACODA..............E. O. Ulrich and R. S. Bassler.

MOLLUSCA.

    CEPHALOPODA...........................G. C. Martin.

    GASTROPODA ....G. C. Martin.

    AMPHINEURA...........................G. C. Martin.

    SCAPHOPODA ....G. C. Martin.

    PELECYPODA............................L. C. Glenn.

MOLLUSCOIDEA.

    BRACHIOPODA..........................G. C. Martin.

    BRYOZOA................E. O. Ulrich and R. S. Bassler.

VERMES.......................................G. C. Martin.

ECHINODERMATA...........................W. B. Clark.

COELENTERATA.

    HYDROZOA...............................E. O. Ulrich.

    ANTHOZOA.............................T. W. Vaughan.

PROTOZOA.

    RADIOLARIA.............................G. C. Martin.

    FORAMINIFERA........................R. M. Bagg, Jr.

PLANTÆ.

    ANGIOSPERMÆ ....Arthur Hollick.

    THALLOPHYTA-DIATOMACEÆ..............C. S. Boyer.

VERTEBRATA.

Class MAMMALIA.

Order CETACEA.

The order CETACEA exhibits within itself forms of the widest divergence. Conforming in general to the fish-like form of body, the members show variations in size between *Balaenoptera sibbaldii*, 85 to 90 feet long, and *Platanista* about 4 feet; in dentition from the carnivorous form of *Orca* to the baleen plates of the Right Whale or the almost toothless *Monodon*. The superficial fish-like characters of the body are generally regarded as degenerative adaptations to the aquatic habitat. The almost total loss of the hair, the equally complete loss of the hind limbs, the flipper-form of the fore limbs and the development of hyperphalanges; the position of the external nostrils on the upper part of the skull; all these are found in general in animals originally terrestrial in habit, that have become aquatic. To these characters should be added the broad, flat tail developed in the horizontal instead of the vertical direction and devoid of bony support.

The following features of the skull have been mentioned by Beddard[1] as characteristic of the CETACEA:

"The separation of the two parietals by the intervention of the supra-occipital, or their concealment by its overlapping.

"The overlapping of the muzzle generally by the premaxillae.

"The loose attachment between the various bones surrounding or connected with the organ of hearing.

"The absence or feeble development of the coronary process of the lower jaw."

The scattered locations and the fragmentary condition of the material

---

[1] A Book of Whales. Putnam & Sons, New York, 1900. This book contains a most valuable semi-popular account of the Cetacea.

described in the following pages rendered impossible a complete revision of the forms. All that has been attempted is to place the known material in the most available form.

The classification of the CETACEA is in a very unsettled condition so that no one scheme can be said to be the correct one. The scheme here given follows that of Flower and Lydekker.[1]

Suborder ARCHAEOCETI.

Animals most nearly approaching the land-living ancestors of the group; the skull elongate with well-developed nasal bones and the teeth differentiated into an anterior, incisor series and a posterior, molar series. These teeth, especially the molars, are extended in the antero-posterior direction and have tuberculated cutting edges; the anterior series is single-rooted and the posterior two-rooted. The body was elongated and adapted to an aquatic life but the attachment of the ribs, the structure of the palatal region and other portions of the body are very seal-like in their relations.

There is but a single family, the ZEUGLODONTIDAE, which is confined to the Eocene formations. In the United States they are most abundantly found in the deposits of Alabama, Louisiana, and Mississippi.

Suborder ODONTOCETI.

Forms in which the skull has lost many of the typical mammalian features retained in the previous suborder, especially in the facial region; the external nares have retreated until they are simple openings on the top of the head, descending almost vertically through the skull just anterior to the front wall of the brain case. The retreat of the nares has driven the nasal bones back until they are mere nodules in the posterior wall of the upper portion of the nares. The nose is extended into a rostrum that may reach great length and slender proportions; the teeth are variable, in some forms they are quite similar to those of the preceding suborder, in others they are simple and conical; either present in large number or reduced to a single tooth in each half of the mandible. The vertebrae in the neck are, in the most

[1] Mammals Living and Extinct. Flower and Lydekker. London, 1890.

highly developed of the forms, anchylosed together in a short mass of bone, this leaves the animal with no apparent neck; in other forms the cervical vertebrae are all separate and the head and body are separated by a well-defined constriction. All forms show a distortion of the anterior portion of the skull, which in some reaches a high degree. The suborder has four families: SQUALODONTIDAE, PLATANISTIDAE, DELPHINIDAE, and PHYSETERIDAE.

Following is a scheme given by Cope[1] for the determination of the various families:

I. Teeth of two types, one and two-rooted.
 Neck longer; teeth in both jaws....................*Squalodontidae.*
II. Teeth uniformly one-rooted.
 a. Ribs nearly all two-headed.
 Teeth in both jaws; neck generally longer............*Platanistidae.*
 Teeth in lower jaw only; neck short.................*Physeteridae.*
 aa. Four or five anterior ribs only two-headed.
 Teeth in both jaws; neck short.......................*Delphinidae.*

In the same article he speaks of the characters here selected to designate the different families. He says: " All the above characters are those of divergence from the principal mammalian stem, and have relations to the conditions of aquatic life. Thus the posterior position of the nostrils permits inspiration without the elevation of the muzzle above water level, which is rendered difficult, if not impossible in the most specialized types, by reason of the extreme flatness and inflexibility of the cervical vertebrae. The absence of teeth is appropriate to the habits of the types which lack them.". (The confinement of the diet of the MYSTICOCETI to soft bodied animals.) " The disarticulation and the disappearance of the heads of the ribs in the MYSTICOCETI is appropriate to the support which all the viscera derive from the fluid medium in which these large animals live." Again, " The line of the successional modification of the CETACEA is found in the changes in (1) the shape of the skull; (2) the extinction of the dentition; (3) the shortening of the cervical vertebrae; and (4) in the separation of the ribs from articulation with the vertebral centra. The modification of the shape of the skull is related to the gradual transfer of the external nostrils to more and more posterior positions."

[1] Amer. Nat., vol. xxiv, 1890, p. 602.

Family SQUALODONTIDAE.

This family is peculiar in its group in that it possesses teeth of two kind as in the ARCHEOCETI; the anterior teeth are simple and conical while the posterior or molar teeth are more complex and are two-rooted (there are teeth in the premaxillary). The skull, however, presents the characters of the ODONTOCETI. There are no living members of this family.

Genus SQUALODON Grateloup.

SQUALODON ATLANTICUS Leidy.

Plate X, Figs. 1, 2, 3.

Macrophoca atlanticus Leidy, 1856, Proc. Acad. Nat. Sci. Phila., vol. viii, p. 220.
Squalodon atlanticus Cope, 1867, Proc. Acad. Nat. Sci. Phila., vol. xix, pp. 132, 144, 151, 153.
Squalodon atlanticus Leidy, 1869, Jour. Acad. Nat. Sci. Phila., 2nd ser., vol. vii, p. 416, pl. xxviii, figs. 4–7; pl. xxx, fig. 18.
Basilosaurus (?) atlanticus Cope, n. n.

Description.—The original specimens described as *M. atlanticus* consisted of three molar teeth from Cumberland county, New Jersey. They were described as follows by Leidy in 1856: " Crowns of the molar teeth broader than the length; laterally compressed conical; the anterior and posterior borders acute, the former with a series of acute two, and the latter with four conical tubercles having denticulated borders; inner and outer surfaces exceedingly roughened, especially toward the base, by longitudinally acute and broken ridges. Root composed of an antero-posterior pair of fangs confluent half their length.

" Length of largest tooth 2¼ inches; length of crown 10 lines, breadth 12 lines."

Cope in 1867 described a second specimen from Charles county, Maryland. " At least four of the most posterior molars were inserted in oblique alveolae, overlapping by their anterior fang the inner face of the posterior fang of the tooth in front, anterior to these the alveolae are less oblique, and separated by spaces. The palatal face is moderately convex, while the external surface is divided into two plane faces by an angulated line, which is strong posteriorly, vanishing anteriorly." The fragments are said to indicate a cranium about 30 inches long. The teeth " are longitudinally wrinkled and present a thick anterior and posterior cutting edge. The serrulations stand from behind, 3-2, 2-2, 3-2, 3-2, the anterior two of the last being very weak. The cutting edge of all these is serrulate. Not only in the number of the crests, but in the more elevated conic apex, do these teeth differ from those of *S. holmesii*."

A specimen in the Museum of the Philadelphia Academy of Sciences bears the name *Basilosaurus atlanticus* and purports to come from the Miocene of Maryland. No trace can be found of any description of such a species of *Basilosaurus* nor does the genus *Basilosaurus* occur in the Miocene. The label is by Cope and it is probable that it was intended for *Squalodon atlanticus*. The strong resemblance of the specimens to the teeth of the latter genus bears out this supposition.

Occurrence.—CALVERT FORMATION.[1] Charles county near the Patuxent river.

Collections.—The type specimen is in the Museum of the Philadelphia Academy of Natural Sciences.

SQUALODON PROTERVUS Cope.

Plate X, Figs. 4, 5.

Cynorca proterva Cope, 1867, Proc. Acad. Nat. Sci. Phila., vol. xix, pp. 144, 152.
Cynorca proterva Cope, 1868, Proc. Acad. Nat. Sci. Phila., vol. xx, p. 185.
Squalodon protervus Cope, 1869, Proc. Acad. Nat. Sci. Phila., vol. xxi, p. 151.
Squalodon protervus Leidy, 1869, Jour. Acad. Nat. Sci. Phila., 2nd ser., vol. vii, pp. 384-423, pl. xxviii, figs. 18-19.

Description.—In 1869 Cope gave the following description of this species: "This species is represented in the collection by a single canine tooth, which presents the usual small crown and broad fang of the CETACEA. The fang is, however, shorter than in the ' *Colophonodon* and *Stenodon*,' and, with the crown very much compressed in one plane. A shallow groove extends on each side of it to the narrowed and flattened truncate base. The tooth is widest at the middle of the fang; the crown is rapidly acuminate, narrow lenticular in section, and furnished with a rather thickened postero-internal cutting edge. The anterior or external aspect is worn away by the attrition of a corre-

---

[1] The mollusca collected by Cope at this time and from this locality and described by Conrad were from the Calvert formation.

sponding tooth, but was obtuse, and furnished with a longitudinal ridge on each side at the base of the crown. The surface of the enamel is rugose, more minutely on one side than on the other. The tooth is considerably curved. While the enamel is polished the fang is roughened and opaque.

Total length on middle 1 m. ....10.5 lines (48 mm.)
Length of crown ....
Width at base of crown .... 4.5 lines (9 mm.)
Width at middle of fang .... 5.25 lines (10.5 mm.)"

Occurrence.—CALVERT FORMATION. Charles county, near the Patuxent river.

Collection.—Philadelphia Academy of Natural Sciences.

Family PLATANISTIDAE.

The teeth are undifferentiated, conical and single-toothed; the premaxillary is without teeth; the nose is extended into a long and slender rostrum and in the lower jaw the symphysis is very long. Zittel says that it is at least half as long as the jaw. The cervical vertebrae are all separate and the ribs, except the most posterior, are two-headed. Noteworthy living members of this group are *Platanista* of the Ganges which is entirely fluvatile in its habits, never going into salt water, and *Pontoporia* of the South American coast which is found near the mouth of the La Plata river but has never been found in the fresh water of the river. This last form serves as a connecting link in habits between the PLATANISTIDAE and the succeeding family which is confined to salt water. Most of the fossil forms of ODONTOCETI described from Maryland belong to the PLATANISTIDAE.

Cope has given the following scheme[1] for the determination of the genera of the family PLATANISTIDAE:

I. Teeth with roots extended transversely.
    Teeth with lateral basal lobes; lumbar diapophyses wide......*Inia.*
II. Teeth with cylindrical roots.
    a. Caudal vertebrae plano-convex.
       No caudal diapophyses ....*Cetophis.*
    aa. Caudal vertebrae plane.

---

[1] Amer. Nat., vol. xxiv, 1900, p. 603.

β. Lumbar diapophyses spiniform.
    Lumbar and caudal vertebrae slender ....*Zarachis.*
    Lumbar and caudal vertebrae short ....*Ixacanthus.*
$\beta\beta$. Lumbar diapophyses wide, flat.
    Muzzle elongate, slender; cervical vertebrae long... *Priscodelphinus.*
    Muzzle slender, cervical vertebrae, shorter ....*Pontoporia.*
III. Teeth with longitudinally flattened roots.
    Teeth in entire length of maxillary bone; symphysis connate ....*Stenodelphis.*
    Teeth in all the jaws; symphysis not connate; an erect osseus crest on posterior part of the maxillary ....*Platanista.*
    Teeth at the base of the maxillary only; muzzle produced into a subcylindrical beak ....*Rhabdosteus.*
IV. No teeth; an alveolar groove; muzzle depressed, elongate....*Agabelus.*

The genus *Lophocetus* is not included in this scheme and it seems impossible to insert it as only the skull is known. Certainly it belongs in the second section; " forms with cylindrically rooted teeth."

Genus PRISCODELPHINUS Cope.

PRISCODELPHINUS GABBI Cope.

Plate X, Fig. 6.

Delphinapterus gabbi Cope, 1868, Proc. Acad. Nat. Sci. Phila., vol. xx, p. 191.
Tretosphys gabbi Cope, 1868, Proc. Acad. Nat. Sci. Phila., vol. xx, p. 191.
Tretosphys gabbi Cope, 1869, Proc. Acad. Nat. Sci. Phila., vol. xxi, pp. 7, 8.
Tretosphys gabbi Leidy, 1869, Jour. Acad. Nat. Sci. Phila., 2nd ser., vol. vii, p. 434.
Priscodelphinus gabbi Cope, 1890, Amer. Nat., vol. xxiv, p. 615.

Description.—Described from a single caudal vertebra. "It has pertained to a species of not more than half the length of *T. grandaevus,* and is less strongly constricted everywhere and especially below. In a caudal of near the same position, the ridges and chevron articular surfaces are much more elevated, especially those on the anterior part of the centrum. They embrace a very deep groove in this, a shallow one in the *T. gabbi.* An additional longitudinal ridge on each side the inferiors in front is wanting in *T. gabbi.* Both have a delicate one above the diapophyses in front, the *T. grandaevus* behind also. There is no posterior zygapophysis in the *T. gabbi.* The caudal of the latter is also relatively shorter.

    Length centrum ....2 in. (50 mm.)
    Depth articular face anterior.....1 in., 5.7 lines (11.4 mm.)
    Width articular face anterior.....1 in., 7 lines (14 mm.)"

Occurrence.—CALVERT FORMATION.   Charles county, near the Patuxent river.

Collection.—The type specimen is in the Museum of the Academy of Natural Sciences of Philadelphia.   It bears the label " Tretosphys gabbi Cope (Delphinapterus, Cope, type).   Caudal vertebra, E. D. Cope, Charles Co., Md."

PRISCODELPHINUS RUSCHENBERGERI Cope.

Plate X, Figs. 7, 8.

Delphinapterus ruschenbergeri Cope, 1868, Proc. Acad. Nat. Sci. Phila., vol. xx, p. 189.
Tretosphys ruschenbergeri Cope, 1869, Proc. Acad. Nat. Sci. Phila., vol. xxi, pp. 7–9.
Tretosphys ruschenbergeri Leidy, 1869, Jour. Acad. Nat. Sci. Phila., 2nd ser., vol. vii, p. 434 (mention only).
Priscodelphinus ruschenbergeri Cope, 1890, Amer. Nat., vol. xxiv, p. 615.

Description.—This species was about the size of *Ixacanthus stenus*. " They (the vertebrae) are also of a slender form, more so than in any species of the last genus (*Ixacanthus*).   What distinguishes it generally, is that instead of the slender diapophyses of the caudal it has the broad ones of the true Dolphins, though broader even than is usual in these, and it is perforated a little on one side of the middle by the foramen seen among the whales and dolphins generally.

" Articular faces transversely oval; centrum slightly constricted with an obtuse keel along the median line.   The two inferior keels of the caudal vanish on the middle part of the centrum.

```
Length of centrum ............1 in. 9   lines (68 mm.)
Height of centrum ...............10.3 lines (20.6 mm.)
Width of centrum ...............12.5 lines (25 mm.)
Width neural canal ............. 5.2 lines (10.4 mm.)
Width basis diapophysis lumbar ......10.5 lines (21 mm.)
Width basis diapophysis caudal .......10   lines (20 mm.)"
```

The type specimen consists of two vertebrae, a lumbar and a caudal vertebra.

Occurrence.—CALVERT FORMATION.   Charles county near the Patuxent river.

Collection.—Philadelphia Academy of Natural Sciences.

PRISCODELPHINUS LACERTOSUS Cope.

Delphinapterus lacertosus Cope, 1868, Proc. Acad. Nat. Sci. Phila., vol. xx, p. 190.

Tretosphys lacertosus Cope, 1868, Proc. Acad. Nat. Sci. Phila., vol. xx, p. 189.

Delphinapterus hawkinsi Cope, 1868, Proc. Acad. Nat. Sci. Phila., vol. xx, p. 190.

Tretosphys lacertosus Cope, 1869, Proc. Acad. Nat. Sci. Phila., vol. xxi, p. 7.

Tretosphys lacertosus Leidy, 1869, Jour. Acad. Nat. Sci. Phila., 2nd ser., vol. vii, p. 434.

Priscodelphinus lacertosus Cope, 1875, Proc. Amer. Philos. Soc., vol. xiv, p. 363.

Priscodelphinus lacertosus Cope, 1890, Amer. Nat., vol. xxiv, p. 615.

Description.—This species is described as " much the largest species of the genus. It is based on two lumbar vertebrae which have been united by exostosis and then separated. They are quite elongate and have broad diapophyses so far as their bases indicate. The articular faces are about as broad as deep, and slightly pentagonal in outline, not ovoid or discoid as in other species. The lower surface presents an obtuse median angle, with slightly concave sides."

There were two specimens; one from the mouth of the Patuxent river in Maryland consisting of a single vertebrae, and five others from the marl pits near Shiloh in Cumberland county, New Jersey. The type is in the museum of the Academy of Natural Sciences of Philadelphia. One of the vertebrae so preserved is labeled, on the specimen, *Delphinapterus lacertosus,* but the accompanying case label is " Tretosphys lacertosus Cope. (Delphinapterus lacertosus, Cope.)" Another specimen in the same lot bears the label " Delphinapterus Hawkinsi = *D*elphinapterus lacertosus, Cope."

Measurements of a vertebrae of *T. lacertosus.*

Length centrum ....3 in. 5.5 lines (85.5 mm.)

Height articular surface ....2 in. 2.5 lines (55 mm.)

Width articular surface ....2 in. 4.5 lines (59 mm.)

Width neural canal .... 7.5 lines (15 mm.)

Width base diapophysis ....1 in. 9 lines (45 mm.)

Occurrence.—ST. MARY'S (?) FORMATION. Mouth of the Patuxent river. CALVERT FORMATION. Charles county near the Patuxent river.

Collection.—Philadelphia Academy of Natural Sciences.

PRISCODELPHINUS (?) CRASSANGULUM n. sp.

Plate XI, Figs. 1a, 1b, 2, 3a, 3b.

Description.—An imperfect skull collected by the Maryland Geological Survey may belong to this genus. The teeth are all lost but the alveoli seem to indicate that the roots were very slightly flattened, if at all; in the anterior part of the series the alveoli seem to run together and to form an imperfect alveolar groove. If the teeth prove to have the cylindrical roots the form must be considered as a species of *Priscodelphinus* and only the discovery of vertebrae in connection with the skull can determine whether it is a new species or belongs to one already described. If the roots are found to be more flattened longitudinally it must be considered as a new form near to *rhabdosteus* but distinguished by the presence of teeth in the whole length of the jaw.

Rostrum very long and tapering gently, the sides straight. Superior portion of the upper jaw overlapping the lower, so that the alveoli of the teeth are on the inferior side of the angle at the side of the jaw; the upper surface of the jaw formed by the joined maxillaries and premaxillaries; the under surface marked by a deep straight groove which corresponds to a similar groove on the superior surface of the upper jaw; the opposed surfaces of the two jaws almost flat. The teeth were not opposed but extended out and forward from the sides of the jaw even in the posterior portion of the series; the teeth were simple and conical in form. The maxillaries did not extend posterior to the orbit, they were greatly expanded posteriorly in thick wing-like extensions that gave the base of the rostrum a considerable width, and passed gradually into the slender portion. Between the posterior portions of the maxillaries the vomer appears very slightly on the inferior surface. Above, the vomer is seen to be a rather short V-shaped bone, the posterior ends of which clasp the nodular and very rugose anterior end of the mesethmoid; the cartilaginous extension of this forward was of considerable extent. The premaxillaries were very long and slender, posteriorly they became flattened and thin; from a point just anterior to the nares they diverged as they retreated; anteriorly they were slender and rod-like, anchylosed to the maxillaries but seemingly separate in the median line. The frontal appeared at the posterior end of the maxillaries as a heavy flattened process overhanging the orbit, the outer edge of which was thick and depressed in the vertical direction. The basisphenoid has strong descending lateral processes that carry backward the pterygoid ridges, thus giving to the base of the skull much the appearance of the modern dolphins. The occipital condyle stood well out from the body of the bone; the occipital bone joined the squamosal at a very large angle so that the posterior edge of the zygomatic portion is almost as far back as any part of the skull; this gives a very wide back to the skull with a rather sharp angle between the sides and the back. The tympanic is rather simple in form. It is especially characterized by the slender trough-like extension of the anterior edges of the lips; the posterior side shows a wide shallow groove quite rugose on the sides and bottom.

Measurements:

From end of snout (incomplete) to posterior end of
symphysis .... .445 m.
Posterior end of symphysis to posterior end of ramus .199 m.
Width between posterior ends rami .... .14 m.
Width jaw at symphysis .... .05 m.
Width of jaw at about half the length .... .03 m.
Width jaw at anterior end, as preserved .... .01 m.
Number of teeth in five centimeters 3

Occurrence.—CALVERT FORMATION. ¾ mile north of Governor's Run.
Collection.—Maryland Geological Survey.

PRISCODELPHINUS URAEUS Cope.

Tretosphys uraeus Cope, 1869, Proc. Acad. Nat. Sci. Phila., vol. xxi, pp. 7, 8.
Tretosphys uraeus Leidy, 1869, Jour. Acad. Nat. Sci. Phila., 2nd ser., vol. vii, p. 435
(mention only).
Priscodelphinus uraeus Cope, 1875, Proc. Amer. Philos. Soc., vol. xiv, p. 363.
Priscodelphinus uraeus Cope, 1890, Amer. Nat., vol. xxiv, p. 614.

Description.—The species is founded upon a single lumbar from New Jersey with which Cope associated a single caudal from the mouth of the Patuxent river. The vertebrae are elongate as in the genus

Zarhachis but not to the extent reached in that genus. The articular face of the lumbar was injured " but evidently has been as deep as wide and perhaps nearly round. The median impression is punctiform and remarkably strong. The profile of the inferior outline is concave and constituted by an obtuse keel, on each side of which is a short longitudinal depression. The diapophyses have been broken off but their bases are both broad and deep, slightly filling the concavity of the infero-lateral face. The supero-lateral face strongly concave in both directions.

Length centrum 39   lines (78 mm.)
Length of basis of neurapophysis........28.5 lines (57 mm.)
Length of basis of diapophysis 20   lines (40 mm.)
Width neural canal 4   lines (8 mm.)"

" Caudal has broad diapophyses and a band-like impression passing in front of them, and converging at center of median line below; a character seen in many of the species of the genus. The points of attachment of the chevron bones are well marked; they entirely disappear on the middle portion of the centrum. The articular face is similar to that of the lumbar, but is a little broader than high. These surfaces are everywhere concave and are not marked by any longitudinal ridges.

Total length 39   lines (78 mm.)·
Length basis neurapophysis 25   lines (50 mm.)
Length basis diapophysis 24   lines (48 mm.)
Width neural canal .... 2.6 lines (5.2 mm.)
Width articular face ....25.5 lines (5.1 mm.)
Depth articular face ....21.3 lines (42.6 mm.)

" This is probably the second of the genera in length, and the third in bulk."

Occurrence.—St. Mary's Formation.   Mouth of Patuxent river.

Collection.—The location of the type specimen is unknown.   It was loaned to Cope by Tyson, then the State Agricultural Chemist of Maryland.

PRISCODELPHINUS GRANDAEVUS Leidy.

Plate XII, Figs. 1a, 1b, 1c.

Priscodelphinus grandaevus Leidy, 1851, Proc. Acad. Nat. Sci. Phila., vol. v, p. 327.
Priscodelphinus grandaevus Cope, 1890, Amer. Nat., vol. xxiv, p. 605, figs. 2a, 2b, 3a, 3b, 3c.

Description.—An atlas vertebrae corresponds very closely in size and appearance to the figures of *Priscodelphinus grandaevus* Leidy, published by Cope. The anterior face is deeply concave. The articular faces for the occipital condyles are concave, broader above than below and inclined obliquely outward. The opening is roughly triangular. The upper surface is thin and there is no elevation of the neural arch; the top of the arch is marked by a low spine and on either side of this is a large foramen. On the sides the transverse processes are bifurcate, a broader process pointing upward and outward and a narrower one outward and downward, the two processes are connected by a sharp ridge and on either side of this are several small foramina for nutritive vessels. The posterior face shows strong articular faces for the axis and the lower surface of the inside of the ring shows an articular face for a broad odontoid process; the articular surface covers about two-thirds of the inner face of the lower portion of the ring and is marked off from the anterior portion by a low rugose line. The lower face is marked by a strong peg-like rugosity pointing backwards. There is no trace of a tendency to coalescence of the cervical vertebrae.

Measurements:

Breadth across anterior face ....75 mm.
Height anterior face ....45 mm.
Breadth across transverse processes ....91 mm.

Occurrence.—CALVERT FORMATION. ¼ mile south of Chesapeake Beach.

Collection.—Maryland Geological Survey.

Genus IXACANTHUS Cope.

This genus was described with *I. coelospondylus* Cope as the type. The original generic description is as follows: " This genus is similar to the next (*Priscodelphinus*) in the cylindric spinous character of the diapophyses of the caudal and lumbo-sacral vertebrae, but differs from it and all other DELPHINIDAE with which I am acquainted in the manner of the attachment of the epiphyses of the vertebrae. Instead of being nearly plane and thin discs, they are furnished with two oblique faces above, which are capped by a projecting roof formed by the floor of the neural canal, while their central portion forms a knob which fits a corresponding shallow pit of the centrum."

IXACANTHUS CONRADI (Leidy).

Delphinus conradi Leidy, 1852, Proc. Acad. Nat. Sci. Phila., vol. vi, p. 35.
Delphinus conradi Cope, 1867, Proc. Acad. Nat. Sci. Phila., vol. xix, p. 144 (mention only).
Priscodelphinus conradi Cope, 1868, Proc. Acad. Nat. Sci. Phila., vol. xx, p. 188.
Priscodelphinus conradi Leidy, 1869, Jour. Acad. Nat. Sci. Phila., 2nd ser., vol. vii, p. 433 (mention only).
Belosphys conradi Cope, 1875, Proc. Amer. Philos. Soc., vol. xiv, p. 363.
Ixacanthus conradi Cope, 1890, Amer. Nat., vol. xxiv, p. 614.

Description.—The species was described by Leidy in 1852 from a single lumbar vertebra. " The epiphysial extremities of the vertebrae are pentahedral.

Length of vertebral body . . . . .2⅛ inches (55 mm.)
Breadth of epiphysial extremities . . . . . . .1¾ inches (43 mm.)
Breadth of base of transverse process. . . .1¾ inches (43 mm.)"

In 1868 Cope added from additional material: " Its affinities are apparently nearer the last mentioned species (*P. harlani*) than any other."

Occurrence.—CALVERT FORMATION. Charles county near the Patuxent river.

Collection.—The type specimen was probably placed in the museum of the Academy of Natural Sciences of Philadelphia but seems to be lost. Cope's specimens are there.

IXACANTHUS STENUS Cope.

Plate XIII, Figs. 1a, 1b.

Priscodephinus stenus Cope, 1868, Proc. Acad. Nat. Sci. Phila., vol. xx, p. 188.
Priscodephinus stenus Leidy, 1869, Jour. Acad. Nat. Sci. Phila., 2nd ser., vol. vii, p 433 (mention only). . .
Belosphys stenus Cope, 1875, Proc. Amer. Philos. Soc., vol. xiv, p. 363.
Ixacanthus stenus Cope, 1890, Amer. Nat., vol xxiv, p. 614.

Description.—The species was described from two lumbar vertebrae. " They indicate both the smallest and the most slender species of the genus. A section of the vertebrae would have an almost pentagonal form, though the articular faces are sub-round, and, what occurs in no ·other species, a little deeper than wide. The neural arch preserved in elevated and possesses a weak pair of zygapophyses. The bases of the broken diapophyses indicate that they are very wide. The lower face of the centrum has a strong median longitudinal angle, stronger than in any other species, and not prolonged into a keel. . . . The planes of the céntra are mostly straight."

" Length centrum ....1 in. 7.2 lines (39.4 mm.)
Height ....1 in. .5 lines (26 mm.)
Width ....1 in. .5 lines (26 mm.)
Width neural canal ....　　 5.8 lines (11.6 mm.)
Width basis diapophysis ....　10　lines (20 mm.)
Height neural canal ....　　6　lines (12 mm.)
Height zygapophysis ....　　8.2 lines (16.4 mm.)"

COPE, 1868.

Occurrence.—CALVERT FORMATION.　Charles county near the Patuxent river.

Collection.—Philadelphia Academy of Natural Sciences.

IXACANTHUS SPINOSUS Cope.

Plate XIII, Figs. 2, 3a, 3b, 4.

Priscodelphinus spinosus Cope, 1868, Proc. Acad. Nat. Sci. Phila., vol. xx, pp. 187, 188.
Priscodelphinus spinosus Leidy, 1869, Jour. Acad. Nat. Sci. Phila., vol. vii, p. 433 (mention only).
Belosphys spinosus Cope, 1875, Proc. Amer. Philos. Soc., vol. xiv, p. 363.
Ixacanthus spinosus Cope, 1890, Amer. Nat., vol. xxiv, p. 603, fig. 1, p. 615.

· *Description.*—The vertebrae are described as " about as broad as long, with articular faces transversely oval and general form depressed; sides of centrum nearly plane to a well marked obtuse median keel."

2

Length centrum lumbar ....1 in. 9   lines (43 mm.)
Width articular face ....1 in. 7.5 lines (40 mm.)
Height ....1 in. 6   lines (37 mm.)   ..
Length diapophysis ....2 in.   (50 mm.)
Width neural canal of ⎧ Posterior ⎫   3   lines (6 mm.)
Whole height of .... ⎨ lumbar   ⎬ 3 in. 8   lines (91 mm.)
Length diapophysis of ⎩   ⎭ 1 in. 6.5 lines (38 mm.)

This specimen consisted of 2 cervicals, 3 dorsals, and 8 lumbars; the lumbars are characterized by the long spinous transverse processes. Cope says of this species, "this is the type of the genus, for in it the peculiar form of the diapophyses extends much farther forward on the series of vertebrae than in any other." COPE, 1868.

Occurrence.—CALVERT FORMATION. Charles county near the Patuxent river.

Collection.—Philadelphia Academy of Natural Sciences.

IXACANTHUS ATROPIUS Cope.

Plate XIII, Figs. 5a, 5b, 6.

Priscodelphinus atropius Cope, 1868, Proc. Acad. Nat. Sci. Phila., vol. xx, pp. 187, 188.
Priscodelphinus atropius Leidy, 1869, Jour. Acad. Nat. Sci. Phila., 2nd ser., vol. vii, p. 433 (mention only).
Belosphys atropius Cope, 1875, Proc. Amer. Philos. Soc., vol. xiv, p. 363.
Ixacanthus atropius Cope, 1890, Amer. Nat., vol. xxiv, p. 614.

Description.—"The diapophysis of the caudal is short and spinous, as in the last species (*P. spinosus*), and the last lumbar has had a nearly similar process. The centra of all are very slightly compressed and constricted medially. The dorsals are broadly rounded in section without inferior carina; on the last lumbar the lateral face below becomes, as in other species, slightly concave."

" Length of dorsal (1) ....2 in. 2   lines (54 mm.)
Width articular face ....1 in. 11.5 lines (48 mm.)
Depth articular face ....1 in. 7   lines (39 mm.)
Height neural canal (2) ....   9.7 lines (44.4 mm.)
Length diapophysis (1) ....1 in. 4   lines (33 mm.)"

COPE, 1868.

This species differs from *P. harlani* in that the dorsals are less depressed, stouter and lack the inferior keel. There were three specimens considered in the formation of the species, representing among them vertebrae from the dorsal, lumbar and caudal regions.

Occurrence.—CALVERT FORMATION. Charles county near the Patuxent river.

Collection.—Philadelphia Academy of Natural Sciences.

IXACANTHUS COELOSPONDYLUS Cope.

Plate XIV, Figs. 1, 2.

Ixacanthus coelospondylus Cope, 1868, Proc. Acad. Nat. Sci. Phila., vol. xx, pp. 159, 187.

Ixacanthus coelospondylus Leidy, 1869, Jour. Acad. Nat. Sci. Phila., 2nd ser., vol. vii, p. 435 (mention only).

Ixacanthus coelospondylus Cope, 1890, Amer. Nat., vol. xxiv, p. 614.

Description.—In the report of his verbal communication Cope stated that the " form was allied to *Priscodelphinus* in its slender and pointed diapophyses of the lumbar and caudal vertebrae, but differed in the concave centrum, with four processes clasping the epiphysis."

The specific description is as follows: " Extremities of the centra deeply concave when epiphyses are removed; length of vertebrae less than breadth.

Length of centrum lumbar ......2 in. 4.5	lines	(59 mm.)
Width centrum lumbar ....2 in. 6.5	lines	(63 mm.)
Elevation centrum lumbar ......2 in. 4	lines	(58 mm.)
Width neural canal on dorsal....1 in.		(25 mm.)
Width neural canal on lumbar ...	.45 lines	(.9 mm.)
Length caudal vertebrae ....2 in. 6	lines	(62 mm.)
Transverse diameter ....2 in. 3	lines	(56 mm.)
Width diapophysis at base	6 lines	(12 mm.)
Lumbar, elevation of body and spine to anterior zygapophyses.4 in. 9.5	lines	(119 mm.)"

In the American Naturalist, Vol. XXIV, 1890, Cope remarks that this species was short and robust; about the size of the White whale (*Beluga*).

There are mentioned as belonging to this form 3 dorsals, 9 lumbo-sacrals and 1 caudal, not necessarily belonging to the same individual; of these only a portion are preserved in the museum of the Academy of Natural Sciences of Philadelphia. The others seem to be lost.

Occurrence.—CALVERT FORMATION. Charles county near the Patux-ent river.

Collection.—Philadelphia Academy of Natural Sciences.

Genus ZARHACHIS Cope.

ZARHACHIS FLAGELLATOR Cope.

Plate XIV, Fig. 3.

Zarhachis flagellator Cope, 1868, Proc. Acad. Nat. Sci. Phila., vol. xx, p. 189.
Zarhachis flagellator Cope, 1869, Proc. Acad. Nat. Sci. Phila., vol. xxi, p. 9.
Zarhachis flagellator Leidy, 1869, Jour. Acad. Nat. Sci. Phila., 2nd ser., vol. vii, p. 435 (mention only).
Zarhachis flagellator Cope, 1890, Amer. Nat., vol. xxiv, p. 614.

Description.—In 1869 Cope gave the following description of the genus: "This genus is established on vertebrae which bear a general resemblance to those of *Priscodelphinus,* but differ in the essential point of having flat and broad diapophyses of the caudals. It is therefore intermediate between that genus and *Delphinapterus.* The posterior caudals in our museum exhibit a narrowing of the diapophyses, as in certain of the lumbars do in *Priscodelphinus.*

"All these vertebrae are of a greater length as compared to the diameter than in any cetacean known by me except the great *Basilo-saurus.* The lumbars, when compared with those of *T.* (*Tretosphys*) *lacertosus,* differ in their broadly obtuse median line, which offers dis-tinct traces of two keels. An anterior caudal either exhibits unusually broad diapophyses, which are directed downwards, or else is a lumbar with two keels, and a median groove below, which is not seen in any other species. The caudals exceed in length those of any other species. One of these, from a large individual, resembles *P. atropius* in the narrow basis of the diapophysis, which is probably narrow, and not perforate. The length of the vertebra is nearly double the vertical depth of the articular faces. The diapophysis is nearly median; the basis of each neurapophysis is one-half the length of the centrum and median.

Length lumbar (epiphysis hypo-
thetical) ....3 in. 6.3 lines (87.6 mm.)
Depth ....2 in. 2 lines (54 mm.)
Width ....2 in. 3 lines (56 mm.)
Width neural canal ....2 in. 8 lines (66 mm.)
Length caudal (one epiphysis
supplied) ....3 in. 10.5 lines (96 mm.)
Depth caudal ....2 in. 4 lines (58 mm.)
Distance between inferior keels.. 10.5 lines (21 mm.)
Width basis diapophysis .... 10.5 lines (21 mm.)"

In 1869 the characters here given were corrected. "It was stated to differ from *Priscodelphinus* in that, while some caudals had spinous diapophyses, others possessed them flat, but imperforate. A vertebra supposed to indicate the latter characters I am now compelled to refer to another species and probably genus. Other vertebra assigned to *Z. flagellator* must be referred elsewhere. A lumbar vertebra represents another species of probably the same genus, while a third has evidently pertained to still a third species. The genus will be characterized by the extraordinary length and slenderness of the lumbar vertebrae, and similar, though slightly abbreviated form of the caudals. The latter have spinous diapophyses, and in one species the former also. While the width of the articular faces of the centra of these vertebrae in the typical *Priscodelphinus* is but few lines less than the length, in the species of this genus the diameter of the same is only from four-sevenths to one-half of the length. The nearest approach is made by *Priscodelphinus stenus,* where this diameter is six-sevenths of the length."

In the same article as the last quoted Cope gave a synopsis of the characters of the species of this genus.

" I. Median or anterior caudal with a strong longitudinal keel above the
diapophysis—which is therefore probably present on the distal
lumbars.
Epiphysis thicker, larger ....*Z. flagellator.*
II. No longitudinal keel on lumbars, Diapophyses broad, flat; epiphyses
thin, large ....*Z. tysonii.*
III. Diapophyses narrow, subspinous; epiphyses thin, small .....*Z. velox.*"

The species *velox* has not been reported from Maryland.

Occurrence.—CALVERT FORMATION.   Charles county near the Patuxent river.

Collection.—Philadelphia Academy of Natural Sciences.

ZARHACHIS TYSONII Cope.

Zarhachis tysonii Cope, 1869, Proc. Acad. Nat. Sci. Phila., vol. xxi, p. 9.
Zarhachis tysonii Leidy, 1869, Jour. Acad. Nat. Sci. Phila., 2nd ser., vol. vii, p. 435 (mention only).
Zarhachis tysonii Cope, 1890, Amer. Nat., vol. xxiv, p. 614.

Description.—This species was based on one posterior lumbar. "The attenuated form characteristic of the genus is accompanied by broad diapophyses showing that, as in *Priscodelphinus,* the species differ in the number of posterior vertebrae which exhibit the contraction of the diapophyses.

"The specimen preserved belonged to an adult animal. It was apparently one of the posterior lumbars, as there are two feeble longitudinal ridges beneath, whose interval is again obtusely ridge and perforated by several foramina. The inferior outline is strongly concave in longitudinal section, and all the planes are concave in transverse section. The articular faces are a little wider than deep. The neurapophyses occupy a base of .75 the length of the centrum. The diapophyses are about equidistant between them and the nearest inferior ridge.

Total length of centrum ....48 lines (96 mm.)
Transverse diameter articular face ......29 lines (58 mm.)
Vertical diameter articular face ....27 lines (54 mm.)
Width neural canal (internal) .... 5 lines (10 mm.)
Width between inferior ridges .... 8 lines (16 mm.)"

Occurrence.—ST. MARY'S FORMATION.   Near the mouth of the Patuxent river.

Collection.—Reported in the Museum of the Philadelphia Academy of Natural Sciences.

Genus CETOPHIS Cope.

CETOPHIS HETEROCLITUS Cope.

Plate XIV, Fig. 4.

Cetophis heteroclitus Cope, 1868, Proc. Acad. Nat. Sci. Phila., vol. xx, p. 185.
Cetophis heteroclitus Leidy, 1869, Jour. Acad. Nat. Sci., 2nd ser. vol. vii, p. 431 (mention only).
Cetophis heteroclitus Cope, 1890, Amer. Nat., vol. xxiv, pp. 603, 606.

Description.—This genus and species were founded upon caudal vertebrae. "They present an approximation to *Basilosaurus* in the great thickness of their epiphyses. In the more elongate vertebrae each epiphysis will measure the third in length of the centrum deprived of them; in the less elongate, they measure one-half the same; in the shortest, more than half the remaining centrum. One extremity of the vertebra is flat, the other strongly convex, and none have any trace of diapophyses." . . . "In two vertebrae, the longest and the shortest, the foramina which usually pierce the sides of the centra vertically, issue below, within the basal groove and above, below and outside the basis of the neurapophysis. In another specimen the foramen opens outside the inferior sulcus, and in one there is no foramen at all."

The original description of the species is as follows: "The longer or proximal caudal is subhexagonal in section, the median depressed and the smallest round in section. The larger median is nearly round in section. The epiphysis instead of retreating before a process of the centrum opposite the four apophyses, as in *Ixacanthus*, advances on the centrum at these points. The inferior groove is deep on the first and shallower on the succeeding; obsolete on the last.

Length smallest ....2 in. 1 line (49 mm.)
Length without epiphyses .... 11 lines (22 mm.)
Height flat extremity ....1 in. 10.5 lines (45 mm.)
Width flat extremity ....1 in. 11 lines (46 mm.)"

Occurrence.—CALVERT FORMATION. Charles county near the Patuxent river.

Collection.—Only one specimen of the type the smallest vertebrae is preserved. It is in the Museum of the Academy of Natural Sciences of Philadelphia.

Genus RHABDOSTEUS Cope.

RHABDOSTEUS LATIRADIX Cope.

Plate XV, Figs. 1, 2, 3a, 3b, 4a, 4b, 5.

Rhabdosteus latiradix Cope, 1867, Proc. Acad. Nat. Sci. Phila., vol. xix, p. 132
(report of verbal communication), and pp. 144, 145.
Rhabdosteus latiradix Leidy, 1869, Jour. Acad. Nat. Sci. Phila., 2nd ser., vol. vii,
p. 435 (mention only).
Rhabdosteus latiradix Cope, 1890, Amer. Nat., vol. xxiv, p. 607, fig. 4, p. 615.

Description.—In the report of the verbal communication of Cope we find the following: "*Rhabdosteus latiradix* Cope was a peculiar genus near the DELPHINIDAE, allied to *Priscodelphinus* Leidy, and perhaps *Platanista* of the Ganges. Characteristic of it was a muzzle formed of the usual elements but entirely cylindrical, the alveolar series approximated underneath, and ceasing near the middle. Beyond this the muzzle was 'prolonged like a cylindrical beak of a sword-fish, or *Coelorhynchus,* and probably much farther than the mandible. Alveolae longitudinal. Fragmentary specimens of this muzzle have been found by the discoverer 2.5 feet in length."

On page 145 of the same volume Cope gives the generic and specific description of the form. "This genus is either referable to a family not yet characterized, allied to the PLATANISTIDAE and DELPHINIDAE, or belongs to the first named of these recent families.

"Premaxillary and maxillary bones forming a cylinder, bearing teeth on its proximal portion, and prolonged in its distal portion into a slender straight beak. Teeth with the enlarged crown separated from the fang by a constriction."

The original description of the species is as follows: "A portion of the muzzle of this species which is preserved, measures 12 inches 7.5 lines in length, 12.5 lines in transverse, and 11 lines in vertical diameter at the base.

"The superior edge of the maxillary bone forms the external outline, while the remainder of this element is entirely inferior. The palatine face is convex, and the alveolar series approximated. The alveolae themselves are longitudinal, two in .75 of an inch, and separated from each other by spongy septa. The vomer does not appear in the portion of the muzzle at my disposal.

Width of premaxillary 6   lines (12   mm.)
Width superior face of maxillary.....4.75 lines (9.50 mm.)
Width palatine face of maxillary .....4.5 lines (9   mm.)

" Three teeth are referred with much probability to this species. The fangs are from equal to twice the length of the crowns, and are much compressed, widening downwards, and more or less prolonged at one inferior angle, in the same plane. The crown, compressed transversely to the root, and expanded above the base, straight or slightly curved in the direction of its plane. Enamel smooth, edges obtuse. The compressed fang corresponds to the longitudinal alveolus while the transverse dilatation of the crown is similar to the form of those of *Platanista.*

Length of the longest specimen.........12 lines (24 mm.)   ·
Length of the crown .... 5 lines (10 mm.)
Width of fang .... 3 lines (6 mm.)"

Occurrence.—CALVERT FORMATION. Charles county near the Patuxent river.

Collection.—The type specimen is preserved in the Museum of the Academy of Natural Sciences of Philadelphia.

Genus LOPHOCETUS Cope.

" Temporal fossa truncated by a horizontal crest above, prolonged backward and bounded by a projecting crest, which renders the occipital plane concave. The same crest prolonged upward and thickened, each not meeting that of the opposite side, but continued on the inner margins of the maxillary bones, turning outwards and ceasing opposite the nares. Front, therefore, deeply grooved. Premaxillaries separated by a deep groove. Teeth with cylindrical roots." Cope, 1867.

The genus was regarded as belonging very close to the living genera *Pontoporia* and *Inia.* " The resemblance to *Inia* is the closest. The only feature which renders a generic distinction certain is the cylindric form of the posterior alveolae, which renders it probable that the teeth were not furnished with lobes as in *Inia.*"

LOPHOCETUS CALVERTENSIS (Harlan).

Plate XVI, Figs. 1a, 1b, 1c.

Delphinus calvertensis Harlan. 1842, Proc. Nat. Inst., Bull. ii, p. 195, figs. 1_4.
Delphinus calvertensis Dekay, 1842, Nat. Hist. of New York, Zool., pt. i, p. 136.
Pontoporia calvertensis Cope, 1866, Proc. Acad. Nat. Sci. Phila., vol. xviii, p. 297.
Lophocetus calvertensis Cope, 1867, Proc. Acad. Nat. Sci. Phila., vol. xix, pp. 144–146.
Lophocetus calvertensis Leidy, 1869, Jour. Acad. Nat. Sci. Phila., 2nd ser., vol. vii, p. 435 (mention only).
Lophocetus calvertensis Cope, 1890, Amer. Nat., vol. xxiv, pp. 606, 615.

Description.—"In *Lophocetus calvertensis* the nasal bones are separated by a deep fissure. The maxillaries exhibit, on each side in front of the external nares, two oval roughened surfaces, which converge behind the nares. These appear to be insertions, perhaps for cartilaginous crests, comparable to the bony roofs of *Platinista*, less probably, for muscles connected with the external meatus.

" The form of the muzzle is not elongate, as in the known species of *Pontoporia*, and it is much expanded, proximally, instead of contracted, as in the latter."

On page 196 of Harlan's paper appears the following description: " The occipital and frontal ridges are strongly developed, indicating muscular strength, especially of the jaws. We find similar indications in the remains of the teeth, which have been large and robust. There are ten sockets remaining on the right side, with the teeth broken off at the rim. These organs approximate each other. The ten sockets include a line four and a half inches long. There has been about one and a half inches of the snout broken off, which would afford room for two or three more teeth, making twelve or thirteen, in all, on each side. The pyramidal eminence, anterior to the posterior nares, on the palatine surface, is strongly pronounced. It terminates opposite the last tooth. The excavations or longitudinal grooves, on each side of the upper portion of this eminence, are unusually deep. The palatine surface is slightly convex transversely. Above, the head is narrower across the occipital ridges than other allied species, and narrower than the transverse diameter of the base of the skull. The *ossa nasi* are longer than broad, and convex. The atlas vertebra adheres to the occiput, above the condyles. It measures, across the transverse processes, five inches; transverse diameter, three inches; and the ring is about one inch thick.

Dimensions:

Total length of head, from the temporal crest to
the presumed extremity of the jaw...........17 in. (425 mm.)
From the anterior borders of the spiracles to the
presumed extremity of snout ....11.5 in. (287.5 mm.)
Breadth of skull above, across the occipital crests. 5 in. (125 mm.)
Breadth at base, between the temporal bones..... 6.5 in. (162.5 mm.)
Longest diameter of largest tooth at the socket.. 3.5 in. (87.5 mm.)"

In the Museum of the Academy of Natural Sciences of Philadelphia there is a tray of vertebrae, one of which is labelled in ink *T.* (*Tretosphys*) *pseudogrampus*, over this there has evidently been pasted a paper label which is now lost. Three other vertebrae in the same tray bear pasted paper labels *Delphinapterus tyrannus*. There is a loose label in the tray marked " *Delphinus calvertensis* Harlan (Fossil Dolphin) Miocene, Calvert Cliffs, Md." This makes the identification of the specimens rather difficult. However, I have found no mention of the discovery of vertebrae belonging to *Lophocetus* (*Delphinus*) *calvertensis* and am inclined to believe that the last is a misplaced label.

Occurrence.—CALVERT (possible CHOPTANK) FORMATION. Calvert Cliffs.

Genus DELPHINODON[1] Leidy.

" The most characteristic tooth, represented in figures 7 and 8, plate xxx, supposed to be a premolar, is very unlike the corresponding teeth, so far as we are acquainted with them, in the distinct species of *Squalodon*. The crown of this tooth is subtrihedral conical, as broad

---

[1] This and the following genus, founded on teeth, are regarded by Cope as belonging to the PLATANISTIDAE but by Zittel as possibly belonging in the anterior series of some member of the SQUALODONTIDAE. The discovery of a more complete dentition, only, can settle this question. Cope's classification seems the most probable.

as it is long, ovoid in section at the base, and with a slight twist inwardly. The inner and outer surfaces are very unequal, and separated by linear, rugulose ridges. The back of the crown forms, at its basal half, a thick convex tubercle crossed by the posterior dividing ridge and bounded near the base by a short embracing ridge. The anterior dividing ridge of the crown pursues a sigmoid course from the summit postero-internally to the base antero-internally. The inner and outer surfaces of the crown are conspicuously wrinkled and the former has, in addition, an irregular curved ridge, terminating in a basal tubercle and dividing off the anterior more wrinkled third of the inner face of the crown, from the posterior two-thirds of the same surface. The fang is more than three times the length of the crown, strongly curved backward, slightly gibbous near the crown and compressed near the front.

"Length of the crown 6 lines (12 mm.); breadth 6 lines (12 mm.); thickness 4¾ lines (9.5 mm.)" Leidy, 1869.

DELPHINODON MENTO Cope.

Plate XVII, Figs. 1, 2.

Cetacean Wyman, 1850, Amer. Jour. Sci., vol. x, ser. ii, pp. 230–232, figs. 4–7.
Squalodon mento Cope, 1867, Proc. Acad. Nat. Sci. Phila., vol. xix, pp. 132, 144, 152.
Delphinodon mento Leidy, 1869, Jour. Acad. Nat. Sci. Phila., 2nd ser., vol. vii, p. 424, pl. xxx, figs. 7–9.
Delphinodon mento Cope, 1890, Amer. Nat., vol. xxiv, p. 614.

Description.—The species is "characterized from four molar teeth which were between two and three times as large as those belonging to *Squalodon wymani* (*Phoca* of Leidy) with similar short incurved crowns, but much more rugose. One molar had a smooth compressed fang, which was a little curved and with a groove on each side. The fangs of others were weathered, not grooved, curved and acute." Cope, 1867.

Occurrence.—CALVERT FORMATION. Charles county near the Patuxent river.

Collections.—The type is in the Museum of the Academy of Natural Sciences of Philadelphia.

DELPHINODON LEIDYI (Hay).

Plate XVI, Figs. 3, 4, 5.

Phoca wymani Leidy, 1856, Proc. Acad. Nat. Sci. Phila., vol. viii, p. 265.
Squalodon wymani Cope, 1867, Proc. Acad. Nat. Sci. Phila., vol. xix, pp. 151, 152 (*not* p. 132).
Delphinodon wymani Leidy, 1869, Jour. Acad. Nat. Sci. Phila., 2nd ser., vol. vii, p. 425, pl. xxx, fig. 10.
Delphinodon wymani Cope, 1890, Amer. Nat., vol. xxiv, p. 614.
Delphinodon leidyi Hay, 1902, Bull. 179, U. S. Geol. Survey, p. 591.

Description.—" One of the teeth (pl. xxx, fig. 10) bears a resemblance to the first described of the large species (*mento*).

" Its crown is proportionately longer, and the posterior tubercle and internal curved ridge of the crown are rudimental, but it has the same general form, with the abrupt curvature and slight twists of the summit backward and inward. The ridges defining the inner and outer surfaces of the crown are alike in their course and the enamel is likewise wrinkled.

" The fang has the same form but is comparatively less curved.

" Length of fang 5 lines (10 mm.); breadth 3¾ lines (7.5 mm.); thickness 3 lines (6 mm.)"

Occurrence.—CALVERT FORMATION. Charles county near the Patuxent river.

Collection.—The type is in the Museum of the Academy of Natural Science of Philadelphia.

Family DELPHINIDAE.

This family differs from the foregoing in the anchylosis of the cervical vertebrae; in the shortness of the nose which is never developed into a rostrum of any length; in the shortness of the symphysis which never exceeds one-third the length of the jaw. The teeth are usually simple and very numerous in both jaws but may be reduced to a single greatly elongated tooth in the upper jaw as in the male of the Narwhal (*Monodon*). To this family belong the common Porpoise (*Phocoaena*), the Dolphin (*Delphinus*), the Killer Whale (*Orca*) and many other living forms.

No members of this family have been described from the Miocene beds of Maryland.

Family PHYSETERIDAE.

Teeth entirely absent in the upper jaw and quite variable in the mandible, either numerous as in the sub-family PHYSETERINAE, or reduced even to a single tooth in each jaw as in some of the ZIPHIINAE. In both of these families the bones of the cranium posterior to the nares form an elevated crest that converts the facial region into a considerable concavity, it is in this concavity that the oily material from which spermaceti is refined finds lodgement. *Physeter, Mesoplodon* and *Hyperoodon* are living members of this family.

Genus HYPOCETUS Lydekker.[1]

" The genus *Paracetus* has recently been proposed by Lydekker[2] to include members of this family (PHYSETERIDAE) which possess a well developed series of teeth in the (?) premaxillary and maxillary bones. It is up to the present time represented by one species, the *Paracetus pouchetii* Moreno, of the Santa Cruz beds of eastern Patagonia, of the district of Chebut. The present species is apparently not distinctly related to that one. . . ." Cope, Proc. Amer. Philos. Soc., pp. 135-155, 1895.

HYPOCETUS MEDIATLANTICUS (Cope).

Plate XVII, Figs. 6a, 6b.

Paracetus mediatlanticus Cope, 1895, Proc. Amer. Philos. Soc., vol. xxxiv, p. 270.
Hypocetus mediatlanticus Hay, 1902, Bull. 179, U. S. Geol. Survey, p. 596.

Description.—" Char. Specif. As the posterior border of the skull and the extremity of the muzzle of the specimen are broken off, an exact idea of its outline cannot be given. However, the form was probably much as in the *P. pouchetii*, and more elongate than in the species *Cogia*. This form is subtriangular, with the base border convex, and the two lateral ones concave. The muzzle is probably, however, produced into a rostrum, as the maxillary borders are parallel at the point where it is broken off. On the right side, where the maxil-

[1] This genus is called *Hypocetus* in his Catalogue of the Fossil Vertebrata of North America.
[2] Anales del Museo de la Plata; Paleontologia Argentina; II, Cetacean Skulls from Patagonia, p. 8, pl. iii.

lary bone is best preserved, there are eight alveoli; the teeth are lost. The lateral border of the maxillary bone overhangs the tooth line considerably in front, and spreads away from it outwards and backwards in a gradually thinner edge to the deep notch which bounds the supraorbital region anteriorly. The rise of the anterior border of the facial basin is within this notch, and not without it, as in the species of *Cogia;* and is gradual, attaining a considerable elevation immediately in front of the temporal fossa, and a little within the vertical plane of the supraorbital border. The premaxillary bones are separated by the deep vomerine channel which they partially overroof on each side, and are separated posteriorly by the prenarial part of the vomer posteriorly. The latter forms an elevated crest directed forwards and unsymmetrically to the right. The premaxillaries spread gradually outwards posteriorly to a thin margin, and are concave opposite to the vomerine crest which separates them, that of the left hand descending to the narial orifice. The skull is broken off at the blowholes, so that it is difficult to affirm positively whether the right blowhole existed or not. It was apparently present, but smaller and posterior in position to the right one. The inferior surface of the maxillaries slopes upwards and outwards, leaving the inferior face of the vomer quite prominent below. The vomer forms the half of a circle in transverse section above, and extends as far anteriorly as the specimen extends.

" There is a large supraorbital foramen between the preorbital notch and the rising edge of the facial crest, as in the sperm whale; and there is a smaller one in a direct line posterior to it just exterior to a more elevated part of the crest, within a line above the posterior part of the supraorbital border. A longitudinal groove anterior to the supraorbital foramen is pierced in its fundus by two foramina. Anterior to the groove a depressed foramen pierces the maxillary bone near the premaxillary border. Anterior and interior to the corresponding foramen of the left side a depressed foramen pierces the premaxillary bone. This foramen is absent from the right side. On the other hand, the right premaxillary is pierced near the anterior part of the vomerine crest by a large round foramen, which is wanting from the left side.

A large foramen pierces the inner side of the lateral crest half-way to the superior border, and opposite the middle of the left blow-hole.

" The dental alveoli are subround, and are separated by narrow septa. They are not deep, the deepest equalling 50 mm., so that the teeth have been easily lost.

Measurements.

Length of fragment on middle line ....800 mm.
Width of skull at supraorbital notch; left side restored...800
Width of muzzle where broken off 172
Width of right premaxillary at middle of length.........100
Width of left premaxillary at middle of length..........150
Width of right premaxillary at vomerine keel 100
Width of left premaxillary at vomerine keel.............170
Elevation of lateral crest above orbit (apex broken off)....310
Length of series of eight teeth ....165"

Cope, 1895.

Occurrence.—St. Mary's Formation. Drum Point.
Collection.—Johns Hopkins University.

Genus ORYCTEROCETUS Leidy.

Cope in 1867 thus characterizes the genus. " *Orycterocetus* Leidy. This genus differs from *Physeter* in the extensive pulp cavity of the teeth, and the absence of the surface cementation."

ORYCTEROCETUS CROCODILINUS (?) Cope.

Plate XVII, Fig. 7.

Orycterocetus cornutidens Leidy, 1856, Proc. Acad. Nat. Sci. Phila., vol. viii, p. 255.
Orycterocetus cornutidens Emmons, 1858, Rept. N. Car. Geol. Survey, p. 211, fig. 33.
Orycterocetus crocodilinus Cope, 1867, Proc. Acad. Nat. Sci. Phila., vol. xix, p. 144.
Orycterocetus cornutidens Leidy, 1869, Jour. Acad. Nat. Sci. Phila., 2nd ser., vol. vii, p. 437.

Description.—" This species is based on a tooth belonging to an individual of one-third or one-fourth the size of the known species, *O. cornutidens* Leidy, but nevertheless adult, as attested by the obliquely worn apex of the crown. The general form is that of an elongate curved cone, with flattened sides, and a broad convex face within the curve, and a narrower one on the outside. The tooth is marked by numerous irregular transverse lines, similar to those frequently marking growth, and by longitudinal shallow grooves. The pulp-cavity extends for two-thirds the length of the tooth, being thus relatively deeper than in the known species, and is also very large, thinning the external wall out to an open basis. In the known species the walls are relatively thicker, and for a considerable distance parallel to each other. The form of the tooth is in some degree similar to the crown of the canines of some crocodiles. There is no enamel on the teeth of Cetaceans of this genus.

"Total length, 2 inches, 5 lines; long diameter at base, 8.25 lines; diameter at middle, 6 lines." Cope, 1867.

In 1869 Leidy repeats the characters of *O. cornutidens:* " conical, strongly curved, and proportionately much broader approaching the base than in the preceding species [*O. quadratidens*] ; nor does it assume a quadrate appearance, but is nearly circular or ovoidal in transverse section. The deep conical pulp cavity is defined by a sharp edge at the periphery of the base."

In this article Leidy remarks that Cope's *O. crocodilinus* is most likely a young individual of *O. cornutidens,* also he says that in the light of the great variability in the teeth of the PHYSETERIDAE in general that he regards it as very possible that all three species, described from teeth, belong to the same species.

Occurrence.—CALVERT FORMATION. Charles county near the Patuxent river.

Collection.—Cope's type of *O. crocodilinus* is in the Museum of the Academy of Natural Sciences of Philadelphia.

Suborder MYSTICOCETI.

In this suborder the teeth are never developed beyond an embryonic condition. Rudimentary teeth which disappear before birth are interesting indications of the ancestry of the forms. The upper jaws are greatly arched and from their lower sides depend the great plates of baleen, "whale-bone," which give to the animal its characteristic appearance; the lower jaws are greatly arched in a horizontal plane. The combination of these two give an enormous extent to the cavity of the mouth. The external nares are located on the top of the head but do not extend vertically downwards as in the ODONTOCETI, they extend more backwards and downwards and are roofed by plate-like nasal bones. The ribs are loosely articulated to the bodies of the vertebrae by a single head only. By some these members of this suborder are divided into two families, the BALAENIDAE and BALAENOPTERIDAE, founded mostly on external characters, but Flower and Lydekker consider that intermediate forms have rendered the division an unnecessary one. *Balaena,* the common Right Whale, and *Balaenoptera,* the Rorqual, are the best known of the living forms.

Family BALAENIDAE.

In 1895, Cope[1] described several new members of the family BALAE-NIDAE. He prefaced his descriptions with a summary of the characters and relations of the Neocene members of the family which it seems valuable to repeat here. He said: " I have remarked that the Mysticete with its single family, the Balænidæ[2] ' would seem to have derived their descent from some form allied to the Squalodontidæ, since their nasal bones are more elongated than those of the *O*dontoceti, and in Plesiocetus ' (Cetotherium) ' the superior cranial bones show some of the elongation of that family.' This elongation of the superior cranial wall is not seen in the genus Squalodon, but is moderately developed in the genus Prosqualodon of Lydekker, founded on the *P. australis* Lydd. from Patagonia. It is exhibited in a still more marked degree by the genus Agorophius g. n. Cope, which is represented by the *Zeuglodon pygmæus* of Müller, which was referred to Squalodon by Leidy. The form of the skull in this genus approaches distinctly that of Cetotherium of the Balænidæ, and the permanent loss of the teeth would probably render it necessary to refer it to the Mystacocete.

" Stages of transition from some such genus as Agorophius to the typical whalebone whales are represented by several genera from the Yorktown beds. Theoretically the loss of teeth *by failure to develop* would be accompanied by the loss of the interalveolar walls, leaving the dental

[1] Proc. Amer. Philos. Soc., vol. xxxiv, 1895, p. 139.
[2] " On the Cetacea," Amer. Nat., vol. xxiv, 1890, p. 611.

groove continuous and separate from the dental canal. A genus displaying these characters has not been discovered, but I have no doubt that it will be. The new genus Siphonocetus Cope exhibits the groove roofed over by ossification of the gum, and distinct from the dental canal. The genus Ulias indicates that a still farther degeneracy took place, in the fusion of the dental groove and dental canal, while the groove remained open. In Tretulias the same condition persists with the addition that the gingival passages and foramina are present, as in the genus Siphonocetus, and in the later genera. In Cetotherium and in later Balænidæ the groove and canal are fused, the gingival roof is complete, and it is perforated. It would appear, then, that Ulias may be descended from the undiscovered genus above mentioned, while Tretulias is descended from Siphonocetus. The exclusively Neocene genera may be tabulated as follows:

I. Alveolar groove and dental canal distinct.
 Alveolar groove open...............................Not discovered.
 Alveolar groove roofed over and perforate........*Siphonocetus* Cope.
II. Alveolar groove and dental groove confluent in a gingivodental canal.
 Gingivodental canal open; no gingival canals.............*Ulias* Cope.
 Canal open; gingival canals at one side.............*Tretulias* Cope.
 Canal with complete and perforate roof........*Cetotherium* Brandt."

Genus METOPOCETUS Cope.

"*Char. gen.* Lateral occipital crests continuous with anterior temporal crests which diverge forwards. Frontal bone elongate, not covered posteriorly by the maxillary, coössified with the nasals. Nasals short, coössified with each other, not projecting anterior to frontals.

"Accompanying the cranial fragment on which this genus is founded is a piece of a premaxillary bone of appropriate size, which presents the character of that of a whalebone whale. The true position of this genus is probably between Cetotherium and Agorophius. It is probably a mysticete which approximates the ancestral zeuglodont type which is represented in our present knowledge by the genus Agorophius. It is connected with Cetotherium by the new genus Cephalotropis, which is described below. The three genera form a group, which may be properly referred to the Balænidæ, which is characterized by the elongation of the frontal and parietal bones on the superior walls of the skull. They differ as follows:

A temporal ridge; maxillaries little produced posteriorly; nasals not produced beyond frontal, coössified with the frontal and with each other ....*Metopocetus* Cope.

A temporal ridge; maxillaries much produced posteriorly; nasals free from frontals and from each other, produced well anteriorly.*Cephalotropis* Cope.

No temporal ridge; maxillaries much produced posteriorly; . nasals free from frontals and from each other, well produced forwards........*Cetotherium* Brandt.

" The specimen on which the genus Metopocetus is founded is quite mature, so that the sutures are coössified. The frontomaxillary and frontopremaxillary sutures are, however, distinct, as they appear to me, and they are remarkable for their position. They extend but little posterior to the external narial openings. The latter are, in relation to the supraoccipital crest, anterior, but in relation to the position of the nasals, posterior. The nasals are short for a Balænid, although they enter wedge-like into the frontals for a considerable distance.

" The position of the genera Metopocetus and Cephalotropis may be similar to that of the genera Ulias and Tretulias, which are known from mandibular rami only. One or both of the former may be identical with one or both of the latter; but of this there is as yet no evidence." Cope, 1896.

METOPOCETUS DURINASUS Cope.

Plate XVIII, Figs. 1, 2a, 2b.

Metopocetus durinasus Cope, 1896, Proc. Amer. Philos. Soc., vol. **xxxv**, p. 141, pl. xi, fig. 3.

Description.—" The specimen which represents the *Metopocetus durinasus* is a cranium posterior to the nares, lacking the left exoccipital and squamosal regions, and the right zygomatic process. Both occipital condyles are preserved, and the basicranial region as far as the anterior nares.

" The supraoccipital extends well forwards and its lateral crests present a moderate concavity outwards and forwards. Its apex is represented by a semicircular mass, posterior to which it is deeply concave, and the concavity is divided by a longitudinal median crest. The temporal fossæ approach together on the median line, forming a short sagittal crest, which is about as wide as it is long. From this the temporal ridges diverge abruptly, and these extend in a nearly straight line forwards, diverging from the line of the axis of the skull at an angle of about twenty-five degrees. Between it and the lateral occipital crest the temporal fossa is concave to the line of the anterior border of the squamosal bone. At the latter point the line of the suture presents an angle, which extends downwards, outwards and forwards. Between it and the posterior temporal crest the surface is concave above.

" The exoccipital is flat vertically, and extends a little posterior to the transverse line of the occipital condyles. The postglenoid face of the squamosal is vertical, and it projects laterally beyond the exoccipital. The postglenoid crest is not conspicuous, and the glenoid cavity presents downwards, and very little forwards. The posterior temporal crest bounds a groove of the superior face of the part of the squamosal that lies posterior to it. The latter face is quite wide, and its external bounding angle is a right angle. It is continued as the superior face of the zygomatic process.

" The petrous bone has a peculiar form. Its mastoid portion presents externally a nearly discoid outline between the exoccipital and squamosal. Its inferior portion descends as a process which forms the short stem of a half-tubular horizontal portion, which opens downwards and posteriorly, forming a partial meatus auditorius.

" The lateral descending borders of the basioccipital are so prominent as to enclose a deep groove between them. The posterior nares are about opposite to the anterior border of the foramen lacerum.

" The frontal region at its posterior apex is convex from side to side. As it widens it presents three subequal faces, two lateral and one median. The median plane is separated from the laterals by a shallow groove on each side, which become deeper anteriorly, and turn abruptly outwards at the narial border. They appear to be the outlines of the nasal bones. Anteriorly the lateral planes become thickened longitudinally just external to these grooves. The entire anterior portion of the external planes is a sutural surface, with longitudinal grooves for a length averaging 40 mm. This surface can relate to nothing but the premaxillary and maxillary elements. This point of attachment is, however, anterior to that of any known genus of Mysticete; and is anterior to that in the *Agorophius pygmæus* Müll. In not extending so far posteriorly as the nasal bones, it leaves the frontals to embrace the latter anteriorly to an unusual extent. This is on the supposition that the indistinct grooves on each side of the middle line really represent the lateral borders of the nasal bones, which is not certain, except as to their anterior portions.

Measurements.

mm.

Width of skull at exoccipitals 406
Width of skull at postglenoid angles 570
Width of occipital condyles 150
Width of foramen magnum 65
Width of sagittal crest 17
Width of anterior border of nasal bones 90
Width of skull at sagittal crest 170
Width of sphenoid at middle of for. lacerum...........135
Anteroposterior diameter of glenoid surface 115
Length of nasal canal 250
Length from occipital condyles to anterior nares.........450
Length from foramen magnum to posterior end of sagittal
    crest (oblique) 210
Length of sagittal crest 15
Length from sagittal crest to anterior nares ....195"

Cope, 1896.

Occurrence.—ST. MARY'S FORMATION. Near the mouth of the Potomac river.

Collection.—Museum of the Woman's College of Baltimore.

Genus CEPHALOTROPIS Cope.

"*Char. gen.* Parietal bone separating supraoccipital and frontal by a considerable space and presenting a sagittal crest. Frontal extensively overlapped by the maxillaries, premaxillaries and nasals. Nasal elongate, distinct from the adjacent elements. Frontals presenting divergent temporal angles . . . . differ from Metopocetus in the free elongate nasal bones." Cope, 1896.

CEPHALOTROPIS CORONATUS Cope.

Plate XIX, Fig. 1.

Cephalotropis coronatus Cope, 1896, Proc. Amer. Philos. Soc., vol. **xxxv**, No. 151, p. 143, pl. xi, fig. 2.

Description.—" The specimen which represents this species is a portion of the cranium which includes the elements which surround the brain except the occipital, the superior part of the latter remaining; together with the posterior parts of the maxillaries, premaxillaries and the greater part of the nasals, and the basisphenoid and presphenoid in part, and a considerable portion of the left temporal. The sutures distinguishing the several elements are distinct, so that the boundaries of the latter can be readily distinguished. In describing this fragment I will compare it especially with the *Metopocetus durinasus* and *Cetotherium megalophysum,* where the corresponding parts are preserved.

" The supraoccipital angle is produced further anteriorly than in either of the species named, and the sagittal crest is longer than in either. The summit of the smooth occipital surface forms a transverse border, which cuts off the apex of the occiput, thus bounding posteriorly a triangular area, of which the sides are a little longer than the base. This triangle has a low, median keel, on each side of which the surface is concave, and is marked with numerous irregular fossæ. The surface has been evidently the seat of the insertion of something; but whether it was entirely of a ligamentous character or whether some tegumentary structure had its basis there I do not know. The superior border of the temporal fossa is regularly concave towards the middle line, and regarding the sagittal crest as restricted to the parietal bone, its truncate edge is wider at the extremities than at the middle. The narrowest portion of the crest is nearer the frontoparietal than the parietooccipital suture. The temporal ridge is in regular continuation of the edge of the sagittal crest, and becomes transverse in direction towards the orbital border of the frontal bone. This border is broken off.

" The vertical temporoparietal suture does not run along a ridge as in the *M. durinasus,* but its superior portion is on a low, obtuse angle. The frontoparietal suture extends posteriorly from the sagittal crest downwards, much posterior to the direction it presents in the *C. megalophysum,* where its direction on each side is a trifle anterior to transverse. Across the front the suture is coarsely serrate, differing from the sutures of the anterior border of the frontal bone, which are closely and deeply interdigitate, as in the *C. megalophysum.* The superficial median part of the frontal is about one-third as long as the corresponding part of the parietal. The nasomaxillary suture with the frontal is short in the transverse direction, not reaching the temporal ridge on each side. The frontomaxillary suture then becomes nearly longitudinal for a distance of 50 mm. and then turns outwards for 25 mm. On the opposite side the posterior border of the maxillary is more oblique and extends from the transverse median portion divergent from the line of the temporal ridge, forwards and outwards. The latter is probably the normal direction of the suture. The nasal bones are very narrow, but expand gradually anteriorly. They do not terminate posteriorly in an acute angle as they do in the *C. megalophysum* and *M. durinasus* (apparently), but are truncate. The premaxillaries are also narrow at this point. Their posterior extremities are broken off. The glenoid cavity presents downwards. The presphenoid is plane below anteroposteriorly and transversely posteriorly, but is slightly convex below anteriorly. It is hollow.

Measurements.

mm.

Length of supraoccipital triangle to occipitoparietal suture 80
Length of parietal on middle line 60
Length of frontal on middle line 25
Width of supraoccipital at base of supraoccipital triangle. .124
Width of base of cranium opposite supraoccipital triangle. .115
Width of sagittal crest 18
Width of nasals at base 28
Width of nasals 140 mm. anterior to base 50

" In the interstices of the specimen portions of matrix remain which
have the color and character of the material of the Yorktown formation. Embedded in this at certain points are fragments of Mollusca
of the genera Pecten, Lucina and Turritella. It was probably derived
from the Chesapeake region." Cope, 1896,

    Occurrence.—CHESAPEAKE GROUP. Probably from Maryland.

    Collection.—Johns Hopkins University.

Genus CETOTHERIUM Brandt.

CETOTHERIUM MEGALOPHYSUM Cope.

Plate XX, Fig. 1.

Cetotherium megalophysum Cope, 1895, Proc. Amer. Philos. Soc., vol. xxxiv, p. 146.
Cetotherium megalophysum Cope, 1896, Proc. Amer. Philos. Soc., vol. xxxv, pp. 143,
    146, pl. xi, fig. 1.

Description.—" This species is established on a cranium which is
complete from the condyles to near the anterior extremity of the nasal
bones inclusive. The apices of the zygomatic processes of the squamosal bones and the left auricular bulla are wanting. The presence
of the right bulla in the specimen enables comparisons to be made
with species in which this part is preserved and where the cranium is
wanting. The skull has lain in the water for a considerable time, as
numerous barnacles and oysters have attached themselves to it. The
matrix has been generally removed from it by the action of the water.

    " The cranium presents the characters of the genus in the close
approximation of the temporal fossæ on the middle line and the
elongation of the frontals anterior to this point. Portions of premaxillaries and maxillaries remain at positions much posterior to that of the
external nares. The glenoid surface is separated by a sharp angle
from the temporal fossa. The sphenoid and presphenoid are keeled on
the median line. The vomer is visible between the palatines on the
middle line below.

    " The lateral occipital crests form with a line connecting the exoc-
cipital processes across the foramen magnum, an isosceles triangle with
straight sides, each of which is rather shorter than the base-line mentioned. The apex of the supraoccipital is not elevated, and is well

produced forwards, so that the length of the cranium from the posterior border of the frontal bone is one and one-half times as long as the depth of the cranium at the same point.

"The tympanic bulla has the general form characteristic of species of this genus, but presents specific characters of its own. The part anterior to the posterior boundary of the external process is half as long again as the length posterior to it. The two measurements are equal in the *C. hupschii,* according to Van Beneden. The two ridges of the internal border unite 19 mm. posterior to the anterior extremity, forming a single acute angle. This character is not described by authors as occurring in any other species of this genus. The anterior extremity is squarely truncate, and is semicircular in outline, as the superior side is flat and the inferior convex. In *C. brialmontii,* according to Van Beneden, the bulla is not truncate in front nor is there a single acute edge on the inner side in front; the portions of the bulla anterior and posterior to the internal process are of equal transverse width; in the *O. megalophysum* the anterior portion is considerably narrower than the posterior portion. In *Mesocetus agramii,* according to Van Beneden, there is a single acute internal ridge on the bulla, but it is much longer than in the *Cetotherium megalophysum* and the anterior extremity of the bulla is rounded and not truncate in the former. The bulla in the species now described presents an angle posteriorly, as viewed from below, instead of the rounded outline seen in several species.

"The form of the skull differs from that of several species where that region is known. Thus in the *C. burtinii,* according to Van Beneden, the occipital bone is broadly rounded in outline instead of triangular. In *C. dubium* this region is triangular, but is much more elevated and less produced forwards than in the *C. megalophysum.* It is more elevated than the length from the frontal bone posteriorly, instead of being only two-thirds as high as long. In the *O. morenii,* from Chubut, Patagonia, Lydekker states that the lateral occipital crests are more elevated than the apex of the occipital bone, giving a cordate outline to the posterior profile. This does not occur in any known northern species. The tympanic bulla of this species is also quite different. The occipital region of the *C. hupschii* resembles that of the *C.*

megalophysum more nearly than that of any other species as far as known. In the *C. capellinii* Van Ben., according to the descriptions and figures of Capillini, the frontal is more elongate and narrower on the middle line and the tympanic bulla has not the posterior median angle when viewed from below such as exists in the *C. megalophysum*.

" Comparison with the species described by Brandt from Russia and Italy, discloses numerous important differences.[1] The frontoparietal region in the *C. priscum* Br. is materially shorter than in the *megalophysum*. The auricular bullæ of *O. priscum*, *C. meyerii* and *C. klinderii* are gradually acuminate to an acute apex, when viewed from the inner side, and are without the convexity of the lower side and the truncation of the apex characteristic of our species. The bulla of *C. rathkei* is a little more like that of the Chesapeake form, but it is nevertheless specifically distinct. It is, when viewed from above, broadly and subequally rounded at both extremities, instead of being truncate at the one and angulate at the other. The extremities are of subequal width, while the anterior portion is much narrower in the *C. megalophysum*.

" Finally the bulla of the *C. megalophysum* is of relatively larger size than in any of the species noticed above.

Measurements.

	m.
Length of fragment below	.565
Width of fragment	.515
Width of glenoid region from bulla	.150
Length of glenoid from bulla (least)	.100
Width of sphenoid between foramina lacera	.105
Length of tympanic bulla below	.100
Width of tympanic bulla in front of external process	.53
Width of tympanic bulla behind external process	.67
Width at exoccipital processes	.400
Length anterior to parietals above	.225
Length of occipital from base of foramen magnum to apex (on curve)	.290
Width of occipital condyles and foramen	.140

[1] Memoires Acad. Imp. Sci , St. Petersburg, 1873, vol. xx, p. 143.

" The mandible of this species is unknown. The size is not far from that of the *Cetotherium pusillum* and *Siphonocetus expansus* of Cope. Should either of these turn out, on the discovery of the skull, to be Cetotheriform, it will become necessary to compare them with the present species. The total length of the animal was about twenty or twenty-five feet.' Cope, 1895.

Occurrence.—St. Mary's Formation. Cove Point.

Collection.—Johns Hopkins University.

Cetotherium parvum Trouessart.

Plate XXV, Fig. 1.

Belaenoptera pusilla Cope, 1868, Proc. Acad. Nat. Sci. Phila., vol. xx, p. 159.
Eschrichtius pusillus Cope, 1868, Proc. Acad. Nat. Sci. Phila., vol. xx, p. 191.
Eschrichtius pusillus Cope, 1869, Proc. Acad. Nat. Sci. Phila., vol. xxi, p. 11.
Cetotherium pusillum Cope, 1890, Amer. Nat., vol. xxiv, p. 616.
Cetotherium pusillum Cope, 1895, Proc. Amer. Philos. Soc., vol. xxxiv, p. 145, pl. vi, fig. 6.
Cetotherium parvum Trouessart, 1898, Catalogus Mammalium, p. 1071.
Cetotherium parvum Hay, 1902, Bull. 179, U. S. Geol. Survey, p. 599.

Description.—In 1868 Cope said of this form that it was the smallest known fin whale, being about 18 feet long. In 1895 he says: " The fragment of the ramus of this species above referred to is longer than any that have come under my observation, which now number five individuals. Its length is 723 mm., and the diameters at a fracture near the middle are as follows: vertical, 71 mm.; transverse, 47 mm. It is a little larger than those I have seen hitherto, but agrees with them in every respect."

Occurrence.—St. Mary's (?) Formation. Near the mouth of the Patuxent river.

Collection.—Johns Hopkins University.

Cetotherium cephalum Cope.

Plate XXI, Fig. 1; Plate XXII, Figs. 1a, 1b, 2a, 2b; Plate XXIII, Figs. 1, 1a, 1b; Plate XXV, Figs. 8, 13.

Eschrichtius cephalus Cope, 1867, Proc. Acad. Nat. Sci. Phila., vol. xix, pp. 131, 144, 148.
Eschrichtius cephalus Cope, 1868, Proc. Acad. Nat. Sci. Phila., vol. xx, p. 195 (mention only).

Eschrichtius cephalus Cope, 1869, Proc. Acad. Nat. Sci. Phila., vol. xxi, pp. 10, 11
(mention only).
Eschrichtius cephalus Leidy, 1869, Jour. Acad. Nat. Sci., Phila., 2nd ser., vol. vii,
p. 442.
Cetotherium cephalus Cope, 1890, Amer. Nat., vol. xxiv, pp. 612-615, figs. 7, 8; pl.
xxii.
Cetotherium cephalus Cope, 1896, Proc. Amer. Philos. Soc., vol. xxxv, p. 146, pl.
xii, figs. 2, 3.

Description.—The description given for this form by Cope in 1867
is as follows: "The mandibular rami measure 9 feet 4 inches and
were referred to an individual 31 feet long. They were compressed,
and with a narrow superior ridge, without nutritive foramina. The
hitherto known Miocene Whales—*Balaena prisca* and *B. palaeatlantica* of Leidy—founded on portions of the mandibular rami, were
much less compressed, were furnished with numerous marginal nutritive
foramina, and the *B. prisca* was without superior ridge."

In 1890 he added: "The ear bulla is noticeably compressed, somewhat incurved, and with a nearly parallelogrammic outline from the
side."

Occurrence.—CALVERT FORMATION. Charles county near the Patuxent river, shore of Chesapeake Bay.

Collections.—Philadelphia Academy of Natural Sciences. Johns
Hopkins University.

Genus SIPHONOCETUS Cope.

SIPHONOCETUS EXPANSUS Cope.

Plate XXV, Fig. 3.

Megaptera expansa Cope, 1868, Proc. Acad. Nat. Sci. Phila., vol. xx, p. 193.
Eschrichtius expansus Cope, 1869, Proc. Acad. Nat. Sci. Phila., vol. xxi, p. 11.
Eschrichtius expansus Leidy, 1869, Jour. Acad. Nat. Sci. Phila., 2nd ser., vol. vii,
p. 422.
Cetotherium expansum Cope, 1890, Amer. Nat., vol. xxiv, p. 614.
Siphonocetus expansus Cope, 1895, Proc. Amer. Philos. Soc., vol. xxxiv, p. 140, pl.
vi, fig. 5.

Description.—The specimen was originally referred (1868) to *Megaptera* because of a supposed difference between the cervicals and those
of *Eschrichtius*. In 1869 the jaw was discovered to have the typical
form of *Eschrichtius*. The following is the description given of the

jaw: It presents "for a marked distance on the proximal portion, a flat plane on the upper face, instead of the usual angulate ridge, which is equally distinct from the outer and inner faces. In *E. priscus* the superior plane is only a continuation of the outer convex face, and accordingly the external series of nutritious foramina extends along it. The plane is occupied on the other hand, in the *E. expansus,* by the inner series.

" The inferior margin is a rather obtuse angle; the general form is not compressed, nor much convex externally, as in *E. priscus.*

Measurements.

Depth ramus ....2.75 in. (68 mm.)
Thickness ....1.65 in. (41 mm.)
Foramina (internal) two in............2.50 in. (75 mm.)"

Cope, 1869.

Occurrence.—St. Mary's (?) Formation. Mouth of the Patuxent river. The type came from Nomini cliffs.

Collection.—Johns Hopkins University. There are two rami said to be preserved in the Tyson collection in the Maryland Academy of Sciences.

SIPHONOCETUS PRISCUS (Leidy).

Plate XXV, Fig. 5.

Balaena prisca Leidy, 1851, Proc. Acad. Nat. Sci. Phila., vol. v, p. 308.
Balaenoptera prisca Cope, 1867, Proc. Acad. Nat. Sci. Phila., vol. xx, pp. 144, 147.
Balaenoptera prisca Cope, 1868, Proc. Acad. Nat. Sci. Phila., vol. xx, p. 192.
Eschrichtius priscus Cope, 1869, Proc. Acad. Nat. Sci. Phila., vol. xxi, p. 11.
Eschrichtius priscus Leidy, 1869, Jour. Acad. Nat. Sci. Phila., 2d ser. vol. vii, p. 441
Cetotherium priscum Cope, 1890, Amer. Nat., vol. xxiv, p. 616.
Siphonocetus priscus Cope, 1895, Proc. Amer. Philos. Soc., vol. xxxiv, p. 140, pl. vi, fig. 3.

Description.—Leidy gave the following description on the species in 1851: "The fragment of lower jaw, fourteen inches long, is of much more slender proportions than that of the preceding [*Balaena palaeatlantica*], it is also more uniform in its breadth and depth, and has a strong curve downwards as in B. rorqual, Lac. It is very nearly flat internally and demi-cylindrical externally. The upper margin is angular but not prominent, and forms the boundary between the inner and outer side. The gingival foramina, five in number in the specimen, are placed below the upper margin internally, are about one line in diameter, and open very obliquely forward into grooves almost horizontal, from half an inch to one inch long. The labial foramina, of which there are the remains of seven in the specimen, are about half an inch external to the upper margin, about two lines in diameter, and open very obliquely forward.

Vertical diameter ....3 inches [75 mm.]

Transverse diameter ....2 inches [50 mm.]"

In 1869 Cope described *Eschrichtius priscus* as intermediate in size between *E. cephalus* and *E. leptocentrus* and *E. expansus* and *E. pusillus*.

Occurrence.—CALVERT FORMATION. Charles county near the Patuxent river. (*Fide* Cope.)

Collection.—Philadelphia Academy of Natural Sciences.

SIPHONOCETUS CLARKIANUS Cope.

Plate XXV, Fig. 4.

Siphonocetus clarkianus Cope, 1895, Proc. Amer. Philos. Soc., vol. xxxiv, p. 140, pl. vi, fig. 4.

Description.—Described from fragment of mandibular rami. " The cranium of this genus is unknown, but it is probably similar in character to that of the Cetotherium of Brandt. This genus differs from Balænoptera in having the elements between the supraoccipital and the nasals much elongated, so that there is a sagittal crest of greater or less length, and in the non-union of the dia- and parapophyses into a vertebral canal,[1] in which it agrees with Eschrichtius of Gray. Some of the rami described belong possibly to species of Balænoptera, and it remains for future discoveries to ascertain which these are. . . . .

" In dimensions it . . . . is only exceeded by . . . . *Cetotherium leptocentrum* and *O. cephalus*. It compares more closely in dimensions with the *C. polyporum* from the Chesapeake group of North Carolina. From

[1] See American Naturalist, vol. xxiv, 1890, p. 611, where these genera are characterized; but Van Beneden's name, *Plesiocetus*, is used for *Cetotherium*, and the latter name for *Eschrichtius* of Gray.

the last named, and from the *C. cephalus,* it differs in the robust form of
the ramus, resembling in this respect rather such species as *C. palæatlanticum, S. priscus* (Leidy), and *S. expansus.*

"The fragment representing the *S. clarkianus* is from the part of
the ramus anterior to the base of the coronoid process, and is about
350 mm. in length. Both faces are convex, but the external is more
strongly so than the internal. The superior part of the latter is, however, not horizontal as in the *S. priscus,* nor is the internal face sub-
horizontal as in *S. expansus.* The two faces unite above at an obtuse
angle, which if perfect, would be nearly right. The inferior edge is
on the contrary a ridge which would be acute were it not rounded.
The section of the ramus is therefore lenticular, with one side more
convex than the other. Posteriorly the external convexity becomes
greater, and the internal convexity rises towards the base of the
coronoid, leaving a gentle concavity above the inferior border. The
external foramina are large, distant, and only a little further below
the superior ridge than those of the inferior internal row. The latter
are in two series; those of the superior smaller and quite near the
superior edge; the others larger and situated lower down, and separated
by intervals of about 40 mm. No trace of Meckelian or alveolar
grooves.

Measurements.

		mm.
Diameters at distal end	vertical	95
	transverse	72
Diameters near coronoid	vertical	114
	transverse	99

"The presence of two internal series of foramina distinguishes this
species from any of those known to me. The rami are less compressed
than those of the *C. pusillum,* while the external position of the external foramina distinguishes it from the *S. priscus* (Leidy). The presence of an acute-angled ridge below distinguishes it strongly from the
C. palæatlanticum. The species was larger than the *Cetotherium
megalophysum* above described, having probably attained a length of
forty feet." Cope, 1895.

Occurrence.—ST. MARY'S FORMATION. Chesapeake Bay near Point-no-Point (the specimen was dredged up from the bottom of the bay) *Collection.*—Johns Hopkins University.

The following characters of the genus *Siphonocetus* (*Eschrichtius*) were given by Cope in 1869:

> "Characters of the mandibular rami. Much compressed, outer face little convex; superior margin a narrow ridge without truncation; with a series of foramina on each side; the inner extending for a very short distance only; no marginal groove; inferior edge narrow.
>
> Very large...*S. cephalus.*
>
> Upper edge broad, with *outer* series of foramina, and meeting inner edge at a right angle, which is the highest line, and with inner series of foramina just below it; most convex externally.
>
> Large ....*S. priscus.*
>
> Upper edge broad behind only, and there bearing only the *inner* series of foramina. Elsewhere with a median ridge and rows of foramina below on each side; much decurved; less convex externally.
>
> Medium ....*S. expansus.*
>
> Upper edge nowhere broad, and with a deep or shallow groove below it on the inside; less decurved; less convex externally.
>
> Small ....*S. pusillus.*

To this list may be added the following brief analysis of the characters of *S. clarkianus.*

Upper surface a low ridge formed by the meeting of the outer and inner faces at almost a right angle; section of jaw lenticular; inner and outer faces convex, the external the most so; outer series of foramina large; inner series double, the superior are the smallest and situated quite near the superior edge.

Genus ULIAS Cope.

"*Char. gen.* Mandible with the gingivodental canal open throughout most of its length, closed only near its apex. Gingival foramina represented by a few orifices on the alveolar border near the distal extremity.

"This form is of much interest as representing in adult life a stage which is transitional in typical Balænidæ. The alveolar groove is continuous with the dental canal, and is permanently open. It is probable then that this genus possessed teeth during a longer period than the existing Balænidæ, and that they were retained in place by

4

a gum so long that the canal could not close, as is the case in the latter. The absence of the long series of mental foramina characteristic of the true whales is further evidence to this effect." Cope, 1895.

ULIAS MORATUS Cope.

Plate XXIV, Figs. 1a, 1b; Plate XXV, Fig. 6.

Ulias moratus Cope, 1895, Proc. Amer. Philos. Soc., vol. xxxiv, p. 141, pl. vi, fig. 1.

Description.—" This species is founded on a nearly entire right mandibular ramus. The condyle and angle are wanting, as is also a piece from the proximal part of the distal third of the length. This piece was found with the rest of the specimen, but has been, for the present at least, mislaid.

" The ramus is moderately curved horizontally, but is not decurved except towards the angle. A slight convexity of the inferior margin exists at the anterior part of the proximal two-fifths of the length. The superior border is occupied with the widely open alveolar groove, which gradually contracts in transverse diameter distally, so as to be closed for the terminal fourth of the length. On this region two or three large foramina issue from it on the middle line above, and the terminal mental foramen issues at the superior extremity of the distal end, a little below the internal ridge on the external side of it. Of the borders of the alveolar groove the internal is much lower than the external on the proximal sixth of the length. The edges are then equal for a short distance, and are acute. The internal then becomes the more elevated, and continues so until its point of union with the external. The internal wall of the groove is at first narrow, and its superior edge from being acute becomes narrowly rounded, but becomes more obtuse distally as the wall becomes thicker. The internal side of the ramus is very little convex. The external side of the ramus is strongly convex in vertical section, hence it is that the external edge of the groove becomes wider as it becomes lower, until at the beginning of the distal third of the length it forms a plane distinct from the convex external face. This external convexity growing rapidly less, the superior edge becomes proportionally narrower, and at the extremity of the ramus is about as wide as the internal superior ridge.

The extremity of the ramus is, in profile, truncated obliquely backwards and downwards to the obtuse angle at which it meets the slight rise in the outline of the inferior margin. The external plane is slightly con-. cave. The internal face exhibits two surfaces, a superior convex portion which widens downwards and backwards, and an inferior wider flat portion separated from the superior by a straight ledge. The inferior. border of the ramus is represented by an angle of about 70° for the greater part of the length. Below the region where the alveolar borders are equal the angle is more nearly right owing to the increased convexity of the external face. It is rounded below the coronoid process (which is broken off) and widens towards the angle. It is rounded on the distal third, becoming narrower rapidly towards the distal extremity.

Measurements.

Length of ramus restored; on curve	1.900 m.
Length of proximal fragment	.790
Length of distal fragment	.390
Transverse diameter near condyle	.070
Transverse diameter where alveolar borders are equal	.060
Transverse diameter at distal end of long fragment	.057
Vertical diameter where alveolar edges are equal	.073
Vertical diameter at distal end of long fragment	.074
Vertical diameter at proximal end of distal fragment	.079
Transverse diameter at proximal end of distal fragment.	.049
Vertical diameter of extremity	.065

" Besides the general characters, the *Ulias moratus* presents various specific differences from the various species of Balænidæ which are known. The flatness of the internal face and the lack of decurvature distinguishes it from several of them; and the absence of fissure at the distal mental foramen separates it from others. I know of no species which has only one series of foramina and that one on the median line, on the distal fourth, except the present one. The size of the ramus resembles that of the *Cetotherium palæatlanticum* of Leidy, and represents a species of about twenty-five feet in length." Cope, 1895.

Occurrence.—CHESAPEAKE GROUP. Maryland or Virginia.

Collection.—Johns Hopkins University.

Genus TRETULIAS Cope.

Dental canal obliterated, and dental groove without osseous roof. Gingival canals and foramina present at one side of the alveolar groove.

TRETULIAS BUCCATUS Cope.

Plate XXV, Fig. 2.

Tretulias buccatus Cope, 1895, Proc. Amer. Philos. Soc., vol. xxxiv, p. 143, pl. vi, fig. 2.

Description.—" This species is represented by parts of the mandibular rami of two individuals. . . One of these measures 607 mm. in length, and is in fairly good preservation; the other is a shorter fragment, and is considerably worn. They agree in all respects.

" The longer fragment is gently curved both inwards and downwards. It is compressed anteriorly, and more depressed posteriorly, so as to be but little deeper than wide. The external face is very convex, more so posteriorly than anteriorly, so that that part of the superior wall which is developed is horizontal, as in the *Siphonocetus priscus* Leidy. The internal face is little convex, and is slightly concave on a line near to and parallel to the inferior border. Generally this angle is obtuse, and is a little more than right; anteriorly, near the extremity it becomes more ridge-like. Posteriorly the section of the ramus represents more than a half-circle, the base being the internal face. The internal basal concavity referred to disappears posteriorly, but its place is occupied by a Meckelian fissure, which extends along the bottom of the groove, disappearing at the end of the terminal two-fifths of the length.

" The gingival canals are very oblique, extending horizontally forwards and outwards. The internal foramina issue at spaces of one and two inches, and they are not connected by a superficial groove. The superior (external) series are equally oblique, extending forwards and opening obliquely upwards. Only two of these canals are present on the specimen, and these are on the posterior two-fifths of the length. They are not complete on the external side, and are therefore only grooves. The common canal is open external to them, and separates the superior from the external face of the ramus. It has not the form of the section of the ramus as in other species, but is shallow, and with its long axis

oblique to that of the section, and parallel to that of the superior
oblique part of the external face. It is shallower than in the *Ulias
moratus,* and the species of Cetotherium, and is separated by a wide
osseous space from the inferior border. That this form is descended
from one with a larger canal is indicated by the fact that the fractures
of the ramus display a closed fissure extending from the floor of the
canal vertically downwards. The canal is overhung on the inner side
by a narrow free border of the superior perforate wall.

Measurements.

			m.
Length of fragment			.607
Diameters posteriorly	{	vertical	.077
		transverse	.078
Diameters more anteriorly	{	vertical	.070
		transverse	.065
Diameters near distal extremity	{	vertical	.073
		transverse	.056

" For a length of 200 mm. from the anterior extremity the borders
of the gingivodental groove are sufficiently well preserved to demon-
strate that it was not closed. The edges posterior to this are more or
less worn, so that the roof might be supposed to have been broken away
in the absence of other evidence. This is, however, forthcoming, for the
internal border is so far preserved near the posterior extremity for a
space of 135 mm. as to show that no roof has existed.

" Omitting consideration of the generic characters, the following
comparisons with other species may be made. In the *Ulias moratus*
the gingivodental groove is deeper and narrower, and the inner edge
is much narrower. The external face is not so convex. The *Siphonocetus priscus* of Leidy resembles it more nearly in form, but the superior
(external) foramina are not so far inwards, and the two canals taken
together conform nearly to the outline of the ramus in section, which
is far from being the case in the *Tretulias buccatus.* There is no
Meckelian groove. In the *Cetotherium palæatlanticum* Leidy, the external face is not so convex, and the internal gingival canals are,

according to Leidy, 'directed upward and moderately forward.' In the
T. buccatus they are directed forwards horizontally, and very little
upwards." Cope, 1895.

Occurrence.—CHESAPEAKE GROUP. Maryland or Virginia.

Collection.—Johns Hopkins University.

Genus BALAENOPTERA Dacep.

BALAENOPTERA SURSIPLANA Cope.

Plate XXIV, Fig. 2.

Balaenoptera sursiplana Cope, 1895, Proc. Amer. Philos. Soc., vol. **xxxiv**, p. 151.

Description.—In describing this species Cope says: " On comparison
with the Balænopteræ described by Van Beneden, it is to be observed
that they [the tympanic bones] all differ from the present form
in the convexity of superior face, where the dense layer or lip has a
different chord or face from that of the space which separates it from
the internal longitudinal marginal angle. In the *B. sursiplana* there
is but one superior plane from the eustachian orifice to the internal
edge, which is absolutely flat. In all these species also the dense layer
of the lip is reflected on the superior edge of the external thin wall at
its anterior end. In the present species this layer is reflected in a very
narrow strip underneath the free border, which overhangs it. In all
these species also the anterior extremity, as viewed from above or below,
is angulate, the angle marking the end of the inner border of the dense
layer or lip. In *B. sursiplana* the anterior extremity, viewed in the
same way, is truncate. The species which appears to approach nearest
is the *B. definita* Owen, which is figured by Lydekker.' This otolite
appears to be flatter above than the species described by Van Beneden
although the figure is not clear in this respect. It has the oblique
upwards and backwards looking face at the posterior extremity, which
is a conspicuous feature of the *B. sursiplana,* although it is not so
sharply defined by a strong transverse convexity of the superior surface,
as in the latter. Nor is there as strong a bevel of the anterior extremity of the superior face when viewed from within, as in *B. definita.* An

---

[1] Quar. Jour. Geol. Soc., London, 1887, vol. xliii, p. 11, pl. ii, fig. 3.

equally conspicuous difference is to be seen in the form of the inferior wall. According to Lydekker, this surface, when the bulla is viewed from within, consists of three planes separated by rounded angles, of which the median is longer than those at the ends. In the *B. sursiplana* this surface is regularly convex from end to end. In size this species is like that of the large Balænopteræ, including the *B. definita*.

Measurements.

mm.

Axial length of bulla 98

Width at posterior extremity of anterior hook at superior
border 71

Width at anterior extremity of orifice 35

Width at posterior extremity of orifice 53

Depth at middle (about) 55

Greatest depth of lip ....38"

Cope, 1895.

Occurrence.—CHESAPEAKE GROUP. Maryland or Virgina.

Collection.—Johns Hopkins University.

Genus BALAENA Dinn.

BALAENA AFFINIS Owen.

Balaena affinis Owen, 1846, A History of the British Fossil Mammals and Birds, London, p. 530, fig. 221.

Description.—In describing several specimens of ear bones of whales from the English Tertiary the author says: " One of the most complete of the fossil tympanic bones, which measures five inches in length, resembles the *Bal. antarctica* in the slight elevation of the outer part of the involuted convexity, and its gradual diminution to the Eustachian end of the cavity; it resembles both *Balænæ* in its traceable continuation to that end, and in the gradual continuation of the concave outer wall from the involuted convexity; this convexity is indented also, as in both recent Balænæ, by vertical fissures narrower than the marked indentation which distinguishes the *Bal. mysticetus*. . . . The upper surface of the bone maintains a more equable breadth from the posterior to the anterior end, the outer angle of

which, being well marked in the fossil, is rounded off in the recent
specimen; the under and outer surfaces of the timpanic bone meet at
an acute angle." *O*wen, 1846.

In a summary of the species described [plate to face page xlvi] occurs
the statement that while the specimen has been described as *Balaena*
it is very probable that the ear bones belong with certain teeth that
the author has described as *Balaenodon*. However, the name *Balaena*
is the one used and it has been shown that the teeth and ear bones do not
go together.

This is one of the most common of the Miocene Mysticocetes and
has a very general distribution.

Occurrence.—CHESAPEAKE GROUP. Maryland.

Collection.—Johns Hopkins University.

CETACEAN (?)

Plate XXIV, Figs. 3a, 3b.

A natural cast in sandy marl, shows the shape of the brain cavity of
some small member of the group. The general characters are shown
in the figures.

Occurrence.—CHESAPEAKE GROUP. Maryland.

Collection.—Johns Hopkins University.

Order SIRENIA.

Family MANATIDAE.

Genus TRICHECHUS Linné.

TRICHECHUS GIGANTEUS (?) (De Kay).

Plate XXVI, Fig. 1.

Manatus sp. Harlan, 1835, Med. and Phys. Res. p. 385.
Manatus giganteus DeKay, 1842, Nat. Hist. N. Y. Zoology, vol. i, p. 123.

Description.—The latter of these references gives only the name and
the fact that the specimen was discovered on the western shore of
Maryland. The original description mentions the presence of " a cervical and a caudal vertebra of a gigantic species of fossil *Manatus;* the

vertical diameter of the former is nine inches and a half; the transverse diameter of the former is nine inches and a half; the transverse diameter eleven inches." There is no further description and there are no figures.

In the collection of the Maryland Geological Survey there is a radius and ulna of what was evidently a small species of *Trichechus,* and a single isolated rib has much the appearance of belonging to the same genus.

Occurrence.—CALVERT FORMATION. Fairhaven.

Collection.—Maryland Geological Survey.

With the earliest Miocene the ODONTOCETI appear in considerable numbers, all the families and many of the genera being found in deposits of that age. The MYSTICOCETI appeared only later and reached their highest development in the Pleiocene and the recent.

The ancestry of the SIRENA is as little known as that of the CETACEA but the earliest known form has not reached quite such a high state of specialization as the earliest CETACEA. In *Prorastomus* from the Eocene of the Island of Jamaica, the single genus of the family PRORASTOMIDAE, the teeth are of the angulate type and are present in complete series in both the upper and the lower jaws. In the MANATIDAE the incisor and canine teeth are wanting and the cheek teeth are similar, while in the HALICORIDAE there is a large pair of incisor teeth which may be absent. In outward form the SIRENIA have taken on the fish-like form which is best adapted to the environment but there remains an imperfectly developed pelvis and the rudiments of the femoral bone.

The origin of the CETACEA and of the other aquatic order, the SIRENIA remains one of the most puzzling questions of phylogeny. To the first is generally accorded an origin from some primitive and generalized member of the carnivorous stem, and to the latter an equally obscure origin from the ungulates. The necessary connecting links to prove these suppositions are, however, sadly lacking. Beddard, in his recent book on Whales, would accord to the CETACEA an ungulate ancestry, but this he does with much diffidence. He says (page 99) : " It is to be feared that nothing can be done except, and that vaguely, to suggest an Ungulate-like ancestor." Albrecht would assign to the

CETACEA a very primitive position, making them the ancestral form of the mammals.[1] This idea has gained little credence. The settlement of the question must await further discoveries. Certain it is that the earliest forms that we know have already reached a very high degree of specialization, so high as to command a belief in an earlier origin than the fossils so far found would indicate.

CLASS AVES.

Order STEGANOPODES

Family SULIDAE (Gannets).

Genus SULA Briss

SULA LOXOSTYLA Cope.

Plate XXVI, Fig. 2.

Sula loxostyla Cope, 1871, Trans. Amer. Philos. Soc., vol. xiv, pp. 236, 237, fig. 53.

Description.—" This species is established on a single coracoid bone which I found at the foot of the Miocene cliffs in Calvert Co., Maryland. The furcular articular surface is broken off, as well as the exterior half of the posterior or sternal articular extremity. The extremity of the scapular surface is also injured. Sufficient of the bone remains to furnish many characteristic peculiarities, and to indicate its affinity to the totipalmate family of the Gannets or Sulidæ.

" The bone is stout, and indicates a bird of strong flight. The shaft proper is rather short, and subcylindric, with a trihedral tendency. This form, with the expanded distal extremity, indicates its wide distinction from the coracoid of the Gallinaceæ. Its subcylindric shaft marks considerable difference from the Lamellirostres and many other aquatic types. Its lack of inner subclavicular ala and foramen, distinguishes the type from Raptores, the majority of the Longipennes and many Grallæ. The presence of a marginal groove or rabbett distinguishes it not only from most Psittaci and Insessors, but from many Natatores also. After a study of the large collection of bird skeletons in

[1] Ueber die Cetoide Natur der Prommammalia, Anatomischer Anzeiger, 1, p. 338, 1886.

the Museum of the Academy [of] Natural Sciences, aided by the Oissaux Fossiles of A. Milne Edwards, I find it resembles closely the genus Sula.

" The glenoid articular face descends to opposite the proximal third of the length; it is transversely concave, and its inferior boundary is raised to separate it from the longitudinal concavity which extends to the head of the bone. A longitudinal angle separates this from the interior part of the inferior face. The anterior extremity is curved upwards and is thinned by a strong rabbett, which follows the convex margin. This margin is slightly obtuse. The outline is abruptly contracted below the glenoid surface. The inner outline is obtuse, and without trace of the intermuscular ridge, on subclavicular ala. The margin expands inwards to the distal articular extremity, remaining almost equally obtuse. The distal extremity is far less expanded towards the median line of sternum than in Sula bassana. It is also everted, the outer (inferior) projecting border, being turned out (down) from the line of the shaft. In Sula bassana this marginal rim appears, from Edwards' plate, to be in the plane of the shaft. The articular surface is divided by this rim into a narrow marginal external (inferior) and a very much wider, strongly concave inner portion. The latter is wider at the median end, where its inner (superior) margin is very convex; it then contracts abruptly, leaving the remaining portion only one-half as wide. The very slight prominence of the dividing angulate projecting margin distinguishes this genus from Sula bassana.

" There are three pneumatic foramina of no great size, in a short series commencing just within the head of the bone. I am only able to compare this bone with the figure of the same element of the Sula bassana given by Edwards, as our museum does not possess a skeleton referable to this genus.

" As compared with the above, the glenoid articular face descends more posteriorly (lower), and the superior (proximal) margin is more transverse. The shaft viewed from before (below), contracts gradually towards the distal expansion. The same contraction is visible when viewed from the inner side. On the same view we observe that the clavicular articulation is rather more posterior (lower down), and the distal articular marginal edge is far less prominent and acute. The inferior (outer) narrower articular margin is much narrower than in *S. bassana.*

Length to inner distal angle ....:....2.02 in. (50 mm.)
Length to posterior basis of scapular arti-
    culation .... .78 in. (1.56 mm.)
Width of head last point .... .57 in. (1.14 mm.)
Width of glenoid cavity .... .25 in. (.50 mm.)
Width of shaft .... .23 in. (.46 mm.)
Width of distal extremity to middle line
    of shaft produced .... .43 in. (86 mm.)
Thickness distal extremity .... .38 in. (76 mm.)

" This gannett was somewhat smaller than the S. bassana of our northern coasts, and approached more nearly those of the tropical seas."

Occurrence.—CALVERT (possibly CHOPTANK) FORMATION. Calvert Cliffs.

Collection.—American Museum of Natural History.

Order TUBINARES.

Family PROCELLARIDAE (Shearwaters).

Genus PUFFINUS Briss.

PUFFINUS CONRADI Marsh.

Plate XXVI, Figs. 3, 4.

Puffinus conradi Marsh, 1870, Amer. Jour. Sci., ser. ii, vol. xlix, pp. 212, 213.

Description.—" The collection of the Academy of Natural Sciences in Philadelphia has for many years contained the distal half of a left humerus, and the lower portion of a right ulna, of an aquatic bird, which were discovered in the Miocene of Maryland by T. A. Conrad, Esq. A brief mention of these specimens, and of some other ornithic remains from the United States, has already been made by Professor Leidy,[1] but no description of them has yet been published. The specimens are

---

[1] Proc. Acad. Nat. Sci. Phila, vol. xviii, 1866, p. 237.

so well preserved, and so characteristic, especially the humerus, that the affinities of the species they indicate can be determined with tolerable certainty. The most marked feature of the humerus is the transverse obliquity of its shaft and distal extremity. Both are much compressed, and so turned that the common plane of their longer diameters, instead of being nearly vertical, as in the brachium of most birds, is here highly inclined inward and downward. Among the other characters of importance may be mentioned, the unusually small size of the ulnar condyle, the very deep, oval impression for the attachment of the anterior brachial muscle, and the presence of an elongated, compressed apophysis, extending outward and upward from the exterior margin of the distal end, just in front of the radial condyle.

" This humerus has the following dimensions:

	mm.
Length of portion preserved	49.0
Vertical diameter of distal extremity	13.2
Transverse diameter of radial condyle	8.6
Transverse diameter of ulnar condyle	3.8
Length of impression of anterior brachial muscle	5.6
Breadth of impression of anterior brachial muscle	3.8
Longer diameter of shaft where broken	7.4
Shorter diameter of shaft where broken	5.0

" A comparison of the present fossils with the corresponding parts of recent birds readily shows that the nearest allies of this extinct species must be sought in the Auk family, or among the Petrels; as it is only in these groups of birds, that the peculiar obliquity of the humerus, noticed above, exists. In the *Alcidæ*, however, this oblique compression is greater than in the present specimen. The latter has, moreover, on its outer edge above the radial condyle, the long, pointed projection, which is not seen in the Auks, although present in the Petrels, Gulls, and some of the wading birds. The difference in size between the ulnar and radial condyles, and the remarkably deep, oval impression for the attachment of the anterior brachial muscle show unmistakably that this humerus belongs to one of the Shearwaters, and apparently should be placed in the genus *Puffinus,* with which it corresponds in all essential particulars. In size and general features it apparently resembles most nearly the brachium of the Cinereous Petrel (*Puffinus cinereus* Gmelin), of the Pacific coast, but there are some points of difference between them which clearly imply that the species are distinct. The flat apophysis on the outer edge of the distal extremity is in the fossil specimen more pointed; the impression, on the lower surface, of the anterior brachial muscle is deeper, and its outline more sharply defined, which is also the case with the small epicondylar depressions for the attachment of the muscles of the forearm. The bone indicates, moreover, a somewhat smaller bird.

" The distal half of the right ulna, which was found with the humerus, apparently belonged to a bird of the same species, although its size would seem to indicate that it pertained to a smaller individual." Marsh, 1870.

Occurrence.—CHESAPEAKE GROUP. Maryland.

Collection.—Philadelphia Academy of Natural Sciences.

CLASS REPTILIA.
Order CHELONIA.
Suborder TRIONYCHIA.
Genus TRIONYX Geoffroy.
TRIONYX CELLULOSUS Cope.

Trionyx cellulosus Cope, 1867, Proc. Acad. Nat. Sci. Phila., vol. xix, p. 142.

Description.—Known from a small part of the carapace. " The surface is marked by numerous closely placed pits, which are remarkably deep, producing the vesicular appearance of scoria. The resemblance is heightened by the irregular size of the pits. Edges of the septa rounded. The fragments are unusually thick, indicating species of large size.

Width of free portion of rib at origin . . . . .7.5 lines.
Depth of portion of carapace . . . . .4.33 lines.

Cope, 1867.

Occurrence.—CALVERT FORMATION. Charles county near the Patuxent river.

Collection.—Formerly in the Philadelphia Academy of Natural Sciences.

TRIONYX sp.

Trionyx sp. Cope, 1867, Proc. Acad. Nat. Sci. Phila., vol. xix, p. 143.

Description.—" An uncharacteristic portion of the carapace, which exhibits larger and more regular pits [than *T. cellulosus*], separated by wider partitions. The pits at one extremity are larger than those of the other, and the septa narrower." Cope, 1867.

Occurrence.—CALVERT FORMATION. Charles county near the Patuxent river.

Collection.—Formerly in the Philadelphia Academy of Natural Sciences.

Suborder CRYPTODIRA.
Family CHELONIDAE.
Genus CHELONE Linné.

CHELONE, sp.

Chelone sp. Cope, 1867, Proc. Acad. Nat. Sci. Phila., vol. xix, p. 143.

Description.—" A proximal portion of the costal plate has a thickness of three lines, but rapidly thins out. Its surface exhibits transverse rugæ at its proximal extremity; elsewhere the rugæ are longitudinal, and more distinct on one side than the other." Cope, 1867.

Occurrence.—CALVERT FORMATION. Near the Patuxent river in Charles county.

Collection.—Formerly in the Philadelphia Academy of Natural Sciences.

CHELONE sp.

Chelone sp. Cope, 1867, Proc. Acad. Nat. Sci. Phila., vol. xix, p. 143.

Description.—" Two fragments of the carapace of a large and convex species, each with a strongly marked groove for the margin of the dermal shields. The surface is without sculpture." This specimen was found with the one previously described.

Occurrence.—CALVERT FORMATION. Charles county near the Patuxent river.

Collection.—Formerly in the Philadelphia Academy of Natural Sciences.

CHELONE sp.

Plate XXVI, Fig. 5.

Description.—A fragment of the proximal portion of the scapula of a very large specimen; badly weathered but showing the scapular part of the humeral cotylus and the region of attachment of the coracoid.

Occurrence.—CALVERT FORMATION. Plum Point.

Collection.—Maryland Geological Survey.

Order CROCODILIA.
Suborder EUSUCHIA.
Family CROCODILIDAE.
Genus THECACHAMPSA Cope.

Thecachampsa Cope, 1867, Proc. Acad. Nat. Sci. Phila., vol. xix, p. 143.
Thecachampsa Cope, 1869, Proc. Acad. Nat. Sci. Phila., vol. xxi, p. 11.
Thecachampsa Cope, 1882, Amer. Nat., vol. xvi, p. 983.

In the original description the form is separated from *Crocodilus* by "the entire hollowness of the external stratum of 'the crowns of the teeth, and their composition of closely adherent concentric cones. These internal cones, which number at least three, may be homologous with the included crowns of the successional teeth of other Crocodilia, but they must be regarded as functional in a physiological sense, since they compose the bulk of the crown of the tooth within."

In 1869 Cope says: "Further investigation shows that this genus is gavial-like, and that the peculiarity which characterizes its dentition also belongs to Plerodon Meyer, of the European Miocene."

In 1882 he says, under the head *Crocodilus:* "A peculiarity of the composition of the crowns of some of the species has been noticed, on account of which I proposed a genus *Thecachampsa.* In this type the crown is composed of concentric hollow cones, one within the other. I have not been able to separate the crowns of the recent crocodiles into such bodies, and they are generally too thin to display more than a few such layers, were they so separable. This character was first observed in some species of the Atlantic Coast, e. g., *C. antiquus* Leidy, and *C. squankensis* Marsh; and the two Eastern Miocene species, *C. sericodon* Cope (type of *Thecachampsa*) and *C. sicaria* Cope."

Later, about 1895, Cope was again of the opinion that the genus *Thecachampsa* should stand. In consultation with Dr. W. B. Clark in regard to the preparation of the latter's Bulletin on the Eocene deposits of the Middle Atlantic States he was, according to Dr. Clark, "distinctly of mind that the genus should be called *Thecachampsa* instead of *Crocodilus*."

In the same article in which *T. sicaria* was described, Cope gave the following synopsis of the species of *Thecachampsa:*

"Crowns of teeth not compressed, with short cutting edges ....*T. antiquus* (*C. antiquus* L.)
Crowns cylindric, curved, with long and delicate cutting edges..*T. sericodon.*
Crowns compressed, with very long crenulate cutting edges, on a marginal base ....*T. sicaria.*"

THECACHAMPSA (?) SERICODON Cope.

Plate XXVII, Figs. 1, 2.

Thecachampsa ? sericodon Cope, 1867, Proc. Acad. Nat. Sci. Phila., vol. xix, p. 143.
Thecachampsa sericodon Cope, 1869, Proc. Acad. Nat. Sci. Phila., vol. xxi, p. 12.
Thecachampsa sericodon Cope, 1869, Amer. Nat., vol. iii, p. 91.
Thecachampsa sericodon Cope, 1871, Trans. Amer. Philos. Soc., vol. xiv, p. 64, pl. v, figs. 7 and 8. (Pp. 1–104 appeared in 1869.)
Thecachampsa sericodon Cope, 1875, Proc. Amer. Philos. Soc., vol. xiv, p. 368.
Thecachampsa (Crocodilus) sericodon Cope, 1882, Amer. Nat., vol. xvi, p. 984.
Thecachampsa sericodon (?) Case, 1901, Md. Geol. Survey, Eocene, p. 95, pl. x, fig. 3.

Description.—This species was based "on a number of specimens of elongate conic crowns, which resemble to a considerable extent those of *Crocodilus antiquus* Leidy, of the same epoch. They differ from *T. contusor* in their more compressed and elongate form, the presence of a subacute ridge on the apical three-fifths of the crown, the absence of the lateral grooves, and the chevron structure. They are, on the contrary, minutely striate, and possess a silky lustre.

"Length of the medium specimen 16.5 lines (23 mm.); base of the crown 9 lines (18 mm.)."

Occurrence.—CALVERT FORMATION. Charles county near the Patuxent river.

Collections.—The type specimens, two teeth, are in the museum of the Academy of Natural Sciences of Philadelphia.

5

THECACHAMPSA (?) SICARIA Cope.

Plate XXVII, Figs. 3, 4, 5.

Thecachampsa sicaria Cope, 1869, Proc. Acad. Nat. Sci. Phila., vol. xxi, p. 12.
Thecachampsa sicaria Cope, 1869, Amer. Nat., vol. iii, p. 91.
Thecachampsa sicaria Cope, 1871, Trans. Amer. Philos. Soc., vol. xiv, pp. 63, 64, pl.
     v, figs. 6, 6a, 6b. (Pp. 1–104 appeared in 1869.)
Thecachampsa (Crocodilus) sicaria Cope, 1882, Amer. Nat., vol. xvi, p. 984.

Description.—Described from teeth " with much compressed crowns of the tooth with prominent cutting edges." The specimens were loaned to Cope by Mr. P. T. Tyson, the State Geologist of Maryland.

Occurrence.—St. Mary's (?) Formation. " Near the mouth of the Patuxent River."

Collection.—Not known.

THECACHAMPSA (?) CONTUSOR Cope.

Plate XXVII, Figs. 6a, 6b.

Thecachampsa contusor Cope, 1867, Proc. Acad. Nat. Sci. Phila., vol. xix, p. 143.
Thecachampsa contusor Case, 1901, Md. Geol. Survey, p. 96, pl. x, fig. 4.
Crocodylus antiquus Hay, 1902, Bull. 179, U. S. Geol. Survey, p. 512. (In part.)

Description.—This species is of very doubtful value, it probably belongs with *Th. antiqua.* It was described from a single tooth, " remarkable for its short conic form. The basis is circular, and its diameter is three-fifth the length of the tooth. The apex is rather acute and circular in section, it is directed to one side, and the tooth is ·slightly flattened on the inside of the curve. This face is bounded by a low obtuse ridge on each side, for the basal two-thirds of the crown, which are not distinguishable from a series of ridges which mark, at a distance of a line, the basal three-fifths of the crown; they are less distinct on the convex aspect, and are separated by concave surfaces. Instead of the cutting ridges of *Crocodilus*, the apex is provided with a narrow flattened plane on each side. The surface of this portion and much of the convex, is marked by a minute decussation or chevroned structure.

" Vertical length 14.5 lines (29 mm.); diameter of the base of the crown 8.5 lines (17 mm.)."

Cope says in Trans. Amer Philos. Soc., vol. xiv, 1871, p. 64: " The peculiar form of the tooth on which *T. contusor* was based is due, I find, to attrition and partial destruction of the enamel."

Occurrence.—CALVERT FORMATION.—Charles county near the Patuxent river.

Collection.—Formerly in the Philadelphia Academy of Natural Sciences.

THECACHAMPSA (?) ANTIQUA (Leidy).

Plate XXVII, Figs. 7, 8, 9.

Crocodilus antiquus Leidy, 1851, Proc. Acad. Nat. Sci. Phila., vol. v, p. 307.
Crocodilus antiquus Leidy, 1852, Jour. Acad. Nat. Sci. Phila., 2nd ser., vol. ii, pp. 135–138, pl. xvi, figs. 1–5.
Crocodilus antiquus Emmons, 1858, Rept. N. Car. Geol. Survey, p. 215, fig. 35b.
Thecachampsa contusor Cope, 1867, Proc.`Acad. Nat. Sci. Phila., vol. xix, p. 143.
Thecachampsa antiqua Cope, 1869, Proc. Acad. Nat. Sci. Phila., vol. xxi, p. 12.
Thecachampsa antiqua Cope, 1869, Trans. Amer. Philos. Soc., vol. xiv, p. 64, fig. 16.
Thecachampsa (Crocodilus) antiqua Cope, 1882, Amer. Nat., vol. xvi, p. 983.
Crocodylus antiquus Hay, 1902, Bull. 179, U. S. Geol. Survey, p. 512. (In part.)

Description.—The description given by Leidy is as follows: "One of the teeth, represented in Fig. 1, Plate XVI, is a little less in breadth than the first anterior inferior tooth of the adult *Crocodilus biporcatus*. In the specimen the lower part of the fang has been broken away, but the tooth appears to have been as long, or nearly so, as that referred to of *O. biporcatus*. It is slightly less curved than that of the latter, and the crown, though as long, is much less robust, more slender, less curved, and more pointed at the summit. The enamel is more finely and sharply striated and at the apex of the crown is not so rugous, and its lateral carinated ridges are not so elevated and extend but a relatively short distance below the point of the tooth; upon one side disappearing entirely nine lines from the commencement, and on the other after five lines only. The fang is simply cylindrical and invested by a thin lamina of osteo-dentine continuous with the basal edge of the enamel. The large conoidal pulp cavity of the tooth extends to within eight lines of the summit of the crown. Within this cavity, in the specimen which was not at all worn off from use, was already formed a young tooth, represented in Fig. 2, closely corresponding in form with the half inch of the summit of that which ensheathed it, a circumstance, however, which is the ordinary one in the living species of Crocodile.

" The second specimen of the teeth, represented in Fig. 3, consists of a crown only, which is as long as that of the former tooth but slightly more slender, and the enamel is a little smoother, and its ridges, though not so elevated, are longer.

" The color of the deatinal substance and osteo-dentine of the teeth is umbreous brown or chocolate; the enamel is lighter colored, glistening, and delicately undulating and interruptedly striate.

Measurements.

First specimen:

Thickness of the broken edge of the pulp cavity,
three inches below the summit of the crown. 1¼ lines (3 mm.)

Probable length of the tooth in its perfect condition, if the parietes of the pulp cavity decreased in thickness at the same rate as a corresponding tooth of Crocodilus biporcatus .... 5 inches (125 mm.)

Length of crown laterally ....·...... 1½ inches (37 mm.)

Lateral diameter of base of crown.............10 lines (20 mm.)

Transverse diameter of base of crown .... 9¼ lines (18 mm.)

Lateral diameter of fang ....12 lines (24 mm.)

Transverse diameter of fang ....10½ lines (21 mm.)

Second specimen:

Length of crown laterally .... 1½ inches (37 mm.)

Lateral diameter at base of crown .... 9 lines (18 mm.)

" Dr. Wyman [1] has described and figured the crown of a tooth of a Crocodile from the Miocene, at Richmond, Virginia, which corresponds to the above descriptions, and probably belong to the same species.

" In relation to the specimens of the concavo-convex vertebrae, their size indicates a species of crocodile probably no less than eighteen feet in length.

" One of the specimens represented in Fig. 4, I judge to be an anterior dorsal, probably the second; the other is a posterior dorsal, or a lumbar vertebra.

[1] Amer. Jour. Sci., ser. ii, vol. x, 1850, p. 233, figs. 8a and 8b.

"In the former, the spinous process excepting its base, the transverse processes, the articular or oblique processes excepting part of the right anterior and left anterior, and right anterior margin of the body, with the corresponding lateral tubercle, are broken away. In form and general proportions, it bears a great resemblance to the corresponding vertebra of the *Crocodilus gangeticus*, and the most striking difference is observable in the spinal canal, which in the former is cordiform or trilateral with rounded angles and the apex downwards, while in the latter it is reversed. Judging from its base, the inferior spinous process has been relatively thicker and not so broad as in *Crocodilus gangeticus* or *Alligator lucius*. The junction of the body is hemispherical. The lateral tubercle for the head of the lob is formed upon a relatively broad base.

Measurements.

Length of the body from the bottom of the concavity to the summit of the convexity...... 3 inches (75 mm.)

Length laterally, exclusive of the convexity...... 3 inches (75 mm.)

Depth of concavity .... 10 lines (20 mm.)

Vertical diameter of concave extremity has been about .... 3 inches (75 mm.)

Transverse diameter of concave extremity....... 3 inches (75 mm.)

Vertical diameter of convexity at base.......... 2 in. 2 l. (54 mm.)

Transverse diameter of convexity at base........ 2½ inches (62 mm.)

Transverse diameter of body at middle from one suture to the other .... 3 inches (75 mm.)

Antero-posterior breadth of base of spinous process ....22 lines (44 mm.)

Vertical diameter of spinal foramen ....14 lines (28 mm.)

Transverse diameter of spinal foramen.......... 1 inch (25 mm.)

"The other vertebra, represented in Fig. 5, consists of the body only with the abutments of the neural arch and a small portion of the right anterior articular process. It is more compressed at the sides than in *Crocodilus gangeticus*, and therefore appears relatively deeper and narrower.

Measurements.

Length of the body from the bottom of the con-
cavity to the summit of the convexity ......3¼ inches (81 mm.)
Length laterally, exclusive of the convexity, has
been about .... 3¼ inches (81 mm.)
Vertical diameter of convexity has been about....3 inches (75 mm.)
Transverse diameter of convexity has been about. 3 inches (75 mm.)
Transverse diameter of body at middle from one
lateral suture to the other .... 2¼ inches (56 mm.)

" The fragment of rib consists of the vertebral third of one of the posterior ribs. It is thick and strong in accordance with the size of the animal, but presents nothing peculiar.

" The ungual phalanx appears, so far as I can ascertain from comparison with those of *Alligator lucius*, to be the first of the thumb. It is of large size and very robust. Its base is trilateral with rounded angles, and presents a transverse concave articulating surface. The depressions for the lateral ligaments just above the condyles are remarkably deep. Just postero-superiorly to one of the depressions is an oval tubercle for tendinous attachment.

Measurements.

Length of phalanx .... 2¼ inches (56 mm.)
Greatest breadth at base ....15 lines (30 mm.)
Greatest depth of base ....13 lines (26 mm.)
Breadth of condyles ....10½ lines (21 mm.)

" For the species to which the fragments of the skeleton described belonged, I propose the name *Crocodilus antiquus*."

Occurrence.—CHESAPEAKE GROUP. High Cliffs of the Potomac river, 40 miles above the mouth of the river in Westmoreland county, Virginia.

Collection.—The specimens consist of two teeth, two vertebrae, a fragment of a rib and an ungual phalanx. They are in the Museum of the Academy of Natural Sciences of Philadelphia.

Class PISCES.

Subclass ELASMOBRANCHII.

Order SELACHII.

Suborder TECTOSPONDYLI.

Family SQUATINIDAE.

Genus SQUATINA Duméril.

A single characteristic tooth of the "Angel-fish," *Squatina,* without lateral denticles and having a small median downward prolongation of the crown upon the front of the root below the large cone, was obtained by the Survey from the Calvert formation at Plum Point. The species appears to be distinct, and is interesting as being the first to be definitely recognized from this continent. It is probable, however, that the small undetermined teeth figured by Leidy in the Post-Pleiocene Fossils of South Carolina (Plate XXV, Figs. 9-13), also belong to *Squatina.*

SQUATINA OCCIDENTALIS n. sp.

Plate XXVIII, Figs. 1a, 1b.

Description.—Crown erect and comparatively stout, convex on both faces, and with sharp cutting edges. Enamel forming a blunt projection in front below the base of the crown, and extending as far as the lateral extremities of the root on the outer face. Root with a flat triangular inferior surface, and nutrient foramen situated in a slight median depression; upper surface of root elevated into a prominent transverse fold extending from the base of the crown to the innermost angle of the root. Total height of tooth in the type-specimen 6 mm.; length of base 9 mm.

Occurrence.—CALVERT FORMATION. Plum Point.

Collection.—Maryland Geological Survey.

Family RAJIDAE Müller and Henle.

Genus RAJA Cuvier.

It is customary to assign either to this genus or to *Trygon* the majority of detached dermal tubercles found in the Tertiary of various European localities. The teeth of these genera are sufficiently distinctive, but in the case of their dermal armor, including caudal spines, the determinations are necessarily very doubtful.

RAJA (?) DUX Cope.

Plate XXVIII, Fig. 2.

Raja dux Cope, 1867, Proc. Acad. Nat. Sci. Phila., vol. xix, p. 141.

Description.—This "species" was founded by Cope on a large and much abraded dermal tubercle from Charles county, the original description of which is as follows:

" This species is represented by a dermal plate, which was originally covered by enamel, and probably supported a spine; the latter, and a considerable portion of the former, have been lost. The form is unsymmetrically subpentagonal, longer than broad. One extremity truncate, the other obtusely narrowed. Inferior surface concave-flattened; superior rising to a small median plane, edges thin. Greatest elevation near the narrow extremity, where the spine stood; a groove extends from the position of the latter to the margin. Surface indistinctly ribbed at right angles to the margin. Enamel with slight wavy ribs, those near the centre much coarser than those near the circumference. Length of plate 15 lines; greatest width 12.75 lines; greatest depth 4 lines. A second plate, perhaps of the same species, differs in its narrower form; it is without enamel. This ray was larger than any described from the European Tertiary."

The type-specimen, of which a figure is given in the present volume for the first time, is preserved in the Museum of the Philadelphia Academy of Natural Sciences. Similar but smaller dermal tubercles from the Miocene of Wurtemberg are assigned by various authors[1] to the genera *Raja*, *Trygon*, *Acanthobatis* and even *Acipenser*.

Occurrence.—CALVERT FORMATION. Charles county near the Patuxent river.

Collection.—Philadelphia Academy of Natural Sciences.

---

[1] J. Probst, Beitiäge zur Kenntniss der fossilen Fische aus der Molasse von Baltringen (Württ. Jahresb., vol. xxxiii, 1877, pp. 97–99, pl. ii).—O. Jaekel, Ueber tertiäre Trygoniden (Zeit. d. deutsch. geol. Gesell., vol. xlii, 1890, p. 365).—Idem, Die eocänen Selachier vom Monte Bolca, p. 140, Berlin, 1894.

Family MYLIOBATIDAE Müller and Henle.

Genus MYLIOBATIS Cuvier.

The best account of the dentition of this genus, with valuable suggestions for the determination of fossil teeth, is given by A. S. Woodward.[1] The development of young teeth has also deen studied by Jaekel,[2] and the dentition of some hitherto misunderstood fossil forms correctly interpreted by him.

It is stated in the report on the Eocene of Maryland, pp. 264 and 265, that the " anterior end " of the large dental pavement of *Myliobatis magister* Leidy is shown uppermost in the figures, but as these were inadvertently turned upside down, the statement should be amended so as to read. *posterior* end. In most cases the orientation of Myliobatid dental plates can be readily determined. Traces of wear, due to the comminution of food during life, occur always at the anterior end; the transverse sutures of the median teeth are usually curved posteriorly along the lateral margins; and the superficial striae or wrinkels (when the gano-dentine layer is unabraded) always radiate outwards on passing from front to back. A longitudinal section shows that the median teeth are not only closely appressed against one another throughout their height, but they overlap in a tectiform manner, each tooth sloping obliquely backward.

Two species of *Myliobatis* have been described by Cope from the Eocene marls of New Jersey, which seem to have escaped general notice. These are *M. glottoides*[3] and *M. rectidens.*[3] *M. serratus* Leidy, founded on much abraded teeth from the same horizon and locality, is renamed *M. leidyi* by O. P. Hay,[4] the former specific title being preoccupied.

MYLIOBATIS GIGAS Cope.

Plate XXVIII, Figs. 3a, 3b; Plate XXIX, Figs. 1a, 1b.

Myliobatis gigas Cope, 1867, Proc. Acad. Nat. Sci. Phila., vol. xix, p. 140.
Myliobatis vicomicanus Cope. 1867, Proc. Acad. Nat. Sci. Phila., vol. xix, p. 140.

---

[1] Ann. Mag. Nat. Hist. [6], vol. i, (1888) pp. 36–47; Proc. Geol. Assoc., vol. xvi, (1899), p. 3.

[2] Die eocänen Selachier vom Monte Bolca, pp. 129–131, and 150–159. Berlin, 1894.

[3] Proc. Amer. Philos. Soc., vol. xi, 1870, pp. 293, 294.

[4] Amer. Nat., vol. xxxiv, 1899, p. 785.

Myliobatis gigas Leidy, 1877, Jour. Acad. Nat. Sci. Phila., 2nd ser., vol. viii, p. 241,
pl. xxxiii, fig. 4.
Myliobatis vicomicanus Leidy, 1877, Jour. Acad. Nat. Sci. Phila., 2nd ser., vol. viii
p. 242, pl. xxxiii, fig. 5.

Description.—Dentition large but comparatively thin, the smooth
coronal contour nearly flat in the lower jaw and but slightly arched
from side to side in the upper. Longitudinal superficial striae well-
marked, regularly deflected outwards on passing posteriorly. Median
teeth in the adult about nine times broader than long, more arched
at the sides than in the middle; lateral teeth longer than broad. Transverse sutures of median teeth slightly recurved posteriorly along the
sides, and to a lesser extent (in the lower dentition) also in the middle.

This species is remarkable for the great tenuity of the tesselated
pavement in proportion to its size, just as *M. pachyodon* is remarkable
for its excessive thickness. These differences are best understood by
a comparison of the cross-sections given on Plate XXVIII, Fig. 3b, and
Plate XXIX, Figs. 1b, of this volume, with Plate XIII, Fig. 1a, of the
Eocene volume. The lower dental pavement is relatively narrower than
the upper, and its median teeth are shorter. In the type-specimen of
the so-called "*M. vicòmicanus*," shown in Plate XXIX, Fig. 1, the
median teeth are fully nine times as broad as they are long. Cope's
types of this species have already been figured by Leidy, although for
some unexplained reason certain fragments belonging to the left-hand
side of the upper dentition in front were omitted by the artist.

The transverse sutures, especially those of the lower dental pavement
and the longitudinal superficial striae, are curved similarly to those of
M. magister from the Eocene Phosphate Beds of South Carolina; but the
median teeth are shorter, flatter and much thinner than in the Eocene
species. The lower dental pavement exhibits a shallow longitudinal
depression along the median line, in which the transverse sutures are
gently curved posteriorly. In this respect the lower dentition resembles
that of *M. magister* Leidy, *M. dixoni* Agassiz, and some other species,
while it is exactly opposite to the condition presented in the upper
dentition of *M. fastigiatus* Leidy.

The total length of the series of eleven median teeth in the lower
dental pavement shown in Plate XXIX, Fig. 1, (type of *M. vicomicanus*)

is 8 cm. and the width of the largest tooth 6 cm. The extreme length of the upper dental pavement measured in a straight line antero-posteriorly is rather more than 10 cm. or along the arc of its curved surface 12 cm. Its largest median tooth has a width of 8 cm. and a length of 1.1 cm.

Occurrence.—CALVERT FORMATION. Charles county near the Patuxent river.

Collection.—Philadelphia Academy of Natural Sciences.

MYLIOBATIS PACHYODON Cope.

Plate XXIX, Figs. 2a, 2b.

Myliobatis pachyodon Cope, 1867, Proc. Acad. Nat. Sci. Phila., vol. xix, p. 140.
Myliobatis pachyodon Leidy, 1877, Jour. Acad. Nat. Sci. Phila., 2nd ser., vol. viii, p. 242, pl. xxxii. fig. 6.

Description.—Dentition large and massive, the median teeth being unusually thick in proportion to their size. Except as regards thickness, the median teeth are shaped similarly to those of *M. gigas* Cope and the transverse sutures are similarly curved. The species is intermediate in character between the accompanying *M. gigas* and *M. magister* from the Eocene, the latter having longer median teeth and more strongly curved transverse sutures. The type of the present species, which appears to be unique, exhibits only the left half of four anterior median teeth and portions of three elongate lateral teeth. The median teeth have a length of 1.1 cm. and thickness of 2.1 cm. If, as indicated by the cross-section and longitudinal striae, the pavement is preserved for rather more than one-half its width, the median teeth must have been at least 6 cm. wide.

Occurrence.—CALVERT FORMATION. Charles county near the Patuxent river.

Collection.—Philadelphia Academy of Natural Sciences.

MYLIOBATIS FRANGENS n. sp.

Plate XXIX, Fig. 3.

Myliobatis sp. Leidy, 1877, Jour. Acad. Nat. Sci. Phila., 2nd ser., vol. viii, p. 243, pl. xxxii, figs. 7, 7a.

Description.—Lower dental pavement nearly flat and relatively very thin, in cross-section resembling *M. gigas* Cope. Median teeth about nine times broader than long, and with nearly straight transverse sutures.

The specimen upon which the above diagnosis is based was recognized by Leidy as belonging probably to a distinct species, its most obvious characteristic being the nearly straight course of the transverse sutures. The latter are not curved posteriorly at the sides nor in the middle, as in *M. gigas,* nor is there a median longitudinal depression, as in that and various other species. The median teeth are also relatively longer than in the lower dentition of *M. gigas,* but the cross-section is much the same in both.

In the specimen under consideration, which appears to be unique, the superficial layer of gano-dentine has been entirely removed, so that the triturating surface presents a punctate appearance where the numerous nutrient tubules are exposed. Indications of wear are very conspicuous on the three anterior teeth, as shown in the figure. Owing to the great amount of attrition which the median teeth have undergone, their thickness is nowhere more than 1 cm. The width of the second median tooth counting from the front may be safely estimated at 5 cm., and its length 0.9 cm. No significance is to be attached to the slight irregularities in the course of two of the transverse sutures.

Occurrence.—CALVERT FORMATION.   Charles county near the Patuxent river.

Collection.—Philadelphia Academy of Natural Sciences.

Genus AËTOBATUS Blainville.
AËTOBATIS ARCUATUS Agassiz.
Plate XXIX, Fig. 5.

Aëtobatis arcuatus Agassiz, 1843, Poiss. Foss., vol. iii, p. 327.

Aëtobatis arcuatus Eastman, 1901, Md. Geol. Survey, Eocene, p. 102, pl. xiii, figs. 3a, 3b, 8.

Aëtobatis arcuatus Hay, 1902, Bull. 179, U. S. Geol. Survey, p. 321.

This species is tolerably abundant in various Miocene localities of Maryland, Virginia, North Carolina and New Jersey, but the teeth invariably occur singly in the detached condition, and are more or less water-worn or otherwise abraded. An examination of the type-specimens of Cope's *A. profundus,* described from the Miocene of

Charles county, corroborates Leidy's opinion that these are only the worn anterior teeth of the species under consideration.

Occurrence.—ST. MARY'S FORMATION. St. Mary's River. CALVERT FORMATION. Charles county near the Patuxent river.

Collections.—Philadelphia Academy of Natural Sciences, Maryland Geological Survey, Museum of Comparative Zoology.

Suborder ASTEROSPONDYLI Haase.

Family NOTIDANIDAE Bonaparte.

Genus NOTIDANUS Müller and Henle.

Remains of this genus are uncommon in the American Tertiary formations. A single specimen assigned to *N. primigenius* is recorded by Gibbes from the Eocene (?) of Richmond, Virginia, and the same form is mentioned by Cope as occurring in the Miocene of New Jersey, Maryland and North Carolina. According to A. S. Woodward, the stout, awl-shaped teeth from the "marls of New Jersey," described by Leidy [1] under the name of *Xiphidolamia ensis,* are referable to the symphysis of the upper jaw of *Notidanus.* The same author also remarks the evolution of the multicuspidate teeth in this genus is analogous to that observed in the grinders of the elephant, there being in both cases a multiplication of similar parts when they occur in series. [2]

NOTIDANUS PRIMIGENIUS Agassiz.

Plate XXIX, Figs. 6a, 6b.

Notidanus primigenius Agassiz, 1843, Poiss. Foss., vol. iii, p. 218, pl. xxvii, figs. 6–8, 13–17 (? figs. 4, 5).
Notidanus primigenius Gibbes, 1849, Jour. Acad. Nat. Sci. Phila., 2nd ser., vol. i, p. 195, pl. xxv, fig. 95.
Notidanus primigenius Wyman, 1850, Amer. Jour. Sci., ser. ii, vol. x, p. 234.
Notidanus plectrodon Cope, 1867, Proc. Acad. Nat. Sci. Phila., vol. xix, p. 141.
Notidanus primigenius Woodward, 1886, Geol. Mag. [3], vol. iii, pp. 205, 253, 525.
Heptranchias primigenius Hay, 1902, Bull. 179, U. S. Geol. Survey, p. 300.

Description.—Principal cone of lower lateral teeth relatively large, with prominent anterior serrations on its basal half diminishing in size

[1] Jour. Acad. Nat. Sci. Phila., 2nd ser., vol. viii (1877), p. 252, pl. xxxiv., figs. 25–30.
[2] Nat. Sci., vol. i (1892), p. 674.

downwards; secondary cones usually six in number, all acutely pointed, and attached to a deep, laterally compressed root, beveled on its outer face. Principal teeth of the upper jaw less laterally elongated and with fewer cusps than those of the lower jaw. Lower median tooth with a well defined cusp.

The teeth of this species are intermediate in character between those of *N. serratissimus*, which are usually smaller, and *N. gigas*, which are longer and have a larger number of secondary cones. The average length attained by the lateral teeth is about 3 cm. Cope states of his so-called *N. plectrodon* that " it presents fewer denticles than any other species, and thus approaches distantly the *N. recurvus* of Agassiz." Comparisons show, however, that both of these species are founded on teeth referable to the upper jaw of *N. primigenius*. About a score of specimens have been obtained in all from the Miocene of Charles county, Plum Point and Fairhaven. The root is unfortunately injured in the specimen shown in Plate XXIX, Fig. 6.

Occurrence.—CALVERT FORMATION. Charles county near the Patuxent river, Plum Point, Fairhaven.

Collections.—Maryland Geological Survey, Johns Hopkins University, Philadelphia Academy of Natural Sciences, Museum of Comparative Zoology.

Family LAMNIDAE Müller and Henle.

Genus ODONTASPIS Agassiz.

ODONTASPIS CUSPIDATA (Agassiz).

Plate XXX, Figs. 1a, 1b.

Lamna cuspidata Agassiz, 1843, Poiss. Foss., vol. iii, p. 290, pl. xxxvii a, figs. 43-50.

Odontaspis cuspidata Eastman, 1901, Md. Geol. Survey, Eocene, p. 105, pl. xiv, figs. 1a, 1b, 6a, 6b.

Lamna cuspidata Hay, 1902, Bull. 179, U. S. Geol. Survey, p. 302.

This species occurs with rather less frequency in the Miocene than in the Eocene of this state, and is found principally at Plum Point and Fairhaven. All the examples observed are of the anterior dentition, and in the majority of cases are more or less water-worn.

Occurrence.—CALVERT FORMATION. Charles county near the Patuxent river, Plum Point, Fairhaven.

Collections.—Maryland Geological Survey, Johns Hopkins University, Philadelphia Academy of Natural Sciences, Museum of Comparative Zoology.

ODONTASPIS ELEGANS (Agassiz).

Plate XXX, Figs. 2a, 2b, 3.

Lamna elegans Agassiz, 1843, Poiss. Foss., vol. iii, p. 369, pl. xl. *b*, fig. 24, (*non* pl. xxxv, figs. 1–7, *nec* pl. xxxvii *a*, figs. 58–59).

Odontaspis elegans Eastman, 1901, Md. Geol. Survey, Eocene, p. 104, pl. xiv, figs. 2a, 2b, 2c, 3a, 3b, 3c.

Lamna elegans Hay, 1902, Bull. 179, U. S. Geol. Survey, p. 303.

Notwithstanding this is the most abundant of all sharks' teeth in the Eocene of Maryland and adjoining states, it is extremely uncommon in the Miocene. It is recorded by Cope from the Miocene of Charles county in this state, and from Cumberland county, New Jersey, but no examples are preserved in the Museum of the Philadelphia Academy of Natural Sciences with the rest of the Thomas Collection, which formed the basis of Cope's report. The dozen or so of specimens obtained by the Survey are all from Plum Point, and were found commingled with teeth of the preceding species.

Occurrence.—CALVERT FORMATION. Plum Point.

Collection.—Maryland Geological Survey.

Genus OXYRHINA Agassiz.

This genus is distinguished from *Lamna* by the prevailing absence of lateral denticles in the teeth, and as shown by several nearly complete skeletons from the Upper Cretaceous of this country and Italy, has remained practically constant from Mesozoic time to the present.

OXYRHINA DESORII Agassiz.

Plate XXX, Fig. 4.

Oxyrhina desorii Agassiz, 1843, Foiss. Foss., vol. iii., p. 282, pl. xxxvii, figs. 8–13.

Oxyrhina desorii Gibbes, 1847, Proc. Acad. Nat. Sci. Phila., vol. iii, p. 267.

Oxyrhina desorii Gibbes, 1849, Jour. Acad. Nat. Sci. Phila., 2nd ser., vol. i, p. 203, pl. xxvii, figs. 169–171.

Oxyrhina wilsoni Gibbes, 1849, Jour. Acad. Nat. Sci. Phila., 2nd ser., vol. i, p. 203, pl. xxvii, figs. 172, 173.

Oxyrhina desorii Emmons, 1858, Rept. N. Car. Geol. Survey, p. 236, fig. 67.

Isurus desorii Hay, 1902, Bull. 179, U. S. Geol. Survey, p. 305.

Description.—"Anterior teeth narrow, much elevated, and robust; crown much curved inwards, the outer coronal face nearly flat, the inner very convex; root with two elongated branches diverging at an acute angle. Lateral teeth more compressed, with a shorter root having more divergent branches; crown narrow, the cutting-edges in most cases gradually diverging to the extremities of the base, and the apex rarely reflexed."—Woodward.

The original of Plate XXX, Fig. 4, is an average-sized specimen of the anterior series of teeth; it belongs to the Museum of the Philadelphia Academy of Natural Sciences.

Occurrence.—CALVERT FORMATION. Plum Point, Charles county near the Patuxent river.

Collections.—Maryland Geological Survey, Philadelphia Academy of Natural Sciences, Museum of Comparative Zoology.

OXYRHINA HASTALIS Agassiz.

Plate XXX, Figs. 5a, 5b, 6a, 6b, 6c.

Oxyrhina hastalis Agassiz, 1843, Poiss. Foss., vol. iii, p. 277, pl. xxxiv, (*excl.* figs. 1, 2, ? 14).

Oxyrhina hastalis Eastman, 1895, Palaeontogr., vol. xlii, p. 178 (complete literature references and syonymy).

Oxyrhina hastalis Clark, 1895, Johns Hopkins Univ. Circ., vol. xv, p. 4.

Oxyrhina hastalis Clark, 1896, Bull. 141, U. S. Geol. Survey, p. 42.

Isurus hastalis Hay, 1902, Bull. 179, U. S. Geol. Survey, p. 306.

Description.—"Teeth attaining a large size, broad, thin, compressed; outer coronal face flat or concave, rarely with vertical wrinkles; root short, the branches very divergent, usually blunt and abbreviated. Anterior teeth large, triangular and relatively broad, the crown only gently curved outwards at the apex; coronal edges of the lateral teeth gradually curving to the extremities of the base, the apex often bent slightly outwards."—Woodward.

The teeth of this species are rather more abundant than those of *O. desorii*, which accompany it at Plum Point and in Charles county. The example figured is from the former locality, and is one of the largest lateral teeth in the collection, its total height being very nearly 6 cm.

Occurrence.—CHOPTANK FORMATION. Jones Wharf, Flag Pond. CALVERT FORMATION. Plum Point, Fairhaven, Charles county near the Patuxent river.

Collections.—Maryland Geological Survey, Johns Hopkins University, Philadelphia Academy of Natural Sciences, Museum of Comparative Zoology.

OXYRHINA SILLIMANI Gibbes.

Plate XXX, Fig. 7.

Oxyrhina sillimani Gibbes, 1847, Proc. Acad. Nat. Sci. Phila., vol. iii, p. 268.
Oxyrhina sillimani Gibbes, 1849, Jour. Acad. Nat. Sci. Phila., 2nd ser., vol. i, p. 202, pl. xxvii, figs. 165–168.
Isurus sillimani Hay, 1902, Bull. 179, U. S. Geol. Survey, p. 307.

Description.—Teeth attaining a total height of about 3 cm., and exhibiting much uniformity. Distinguished from *O. hastalis* by the greater thickness of the crown, which is slightly convex on its outer surface, and by having a deeper and more expanded root with divergent branches. Coronal apex sometimes curved backwards, but never bent out of the vertical plane.

This species occurs in about equal frequency with *O. desorii*, which it accompanies. The example figured is one of the lateral teeth and shows the characteristic form of the root which serves to distinguish this species from *O. hastalis*.

Occurrence.—CALVERT FORMATION. Plum Point, Fairhaven. Charles county near the Patuxent river.

Collections.—Maryland Geological Survey, Philadelphia Academy of Natural Sciences, Museum of Comparative Zoology.

OXYRHINA MINUTA Agassiz.

Oxyrhina minuta Agassiz, 1843, Poiss. Foss., vol. iii, p. 385, pl. xxxvi, figs. 36–39.
Oxyrhina minuta Gibbes, 1849, Jour. Acad. Nat. Sci. Phila., 2nd ser., vol. i, p. 202, pl. xxvii, figs. 161–163 (non fig. 164).
Isurus minutus Hay, 1902, Bull. 179, U. S. Geol. Survey, p. 306.

It is doubtful if the imperfect teeth from the Eocene of South Carolina assigned to this species by Gibbes properly belong here, and it is practically certain that the species is wrongly recorded by Cope as occurring in the Miocene of Maryland and New Jersey. The specimens

6

so determined by him appear to be young examples of *O. sillimani* and *O. desorii*, together with some that are clearly referable to *Carcharias*.

Genus OTODUS Agassiz.

OTODUS OBLIQUUS Agassiz.

Plate XXX, Figs. 8, 9.

Otodus obliquus Agassiz, 1843, Poiss. Foss., vol. iii, p. 267, pl. xxxi, pl. xxxvi, figs. 22–27.

Otodus obliquus Eastman, 1901, Md. Geol. Survey, Eocene, p. 106, pl. xv.

This species, so abundant in the Eocene, occurs very sparingly in the Miocene of this State, the few examples known having been obtained from Charles county, and forming part of the Thomas Collection.

Occurrence.—CALVERT FORMATION.   Charles county near the Patuxent river.

Collection.—Philadelphia Academy of Natural Sciences.

Genus CARCHARODON Agassiz.

CARCHARODON MEGALODON (Charlesworth).

Plate XXXI, Figs. 1a, 1b, 1c, 2, 3, 4a, 4b.

Carcharias megalodon Charlesworth, 1837 (*ex* Agassiz MS.), Mag. Nat. Hist. n. s., vol. i, p. 225, woodc. fig. 24.

Carcharodon megalodon Agassiz, 1843, Poiss. Foss., vol. iii, p. 247, pl. xxix.

Carcharodon megalodon Gibbes, 1849, Jour. Acad. Nat. Sci. Phila., 2nd ser., vol. i, p. 143, pl. xviii, pl. xix, figs. 8, 9.

Carcharodon rectus Agassiz, 1856, Rept. Pac. R. R. Explor. and Surv., vol. v, p. 314, pl. i, figs. 29–31.

Carcharodon rectus Agassiz, 1856, Amer. Jour. Sci., ser. ii, vol. xxi, p. 274.

Carcharodon megalodon Emmons, 1858, Rept. N. Car. Geol. Survey, p. 227, fig. 50.

Carcharodon ferox Emmons, 1858, Rept. N. Car. Geol. Survey, p. 229, figs. 52–54.

Carcharodon triangularis Emmons, 1858, Rept. N. Car. Geol. Survey, p. 232, fig. 59.

Carcharodon megalodon Leidy, 1877, Jour. Acad. Nat. Sci. Phila., 2nd ser., vol. viii, p. 253.

Description.—Teeth attaining a very large size, comparatively broad and robust, the outer coronal face flat or slightly convex, the apex sometimes gently curved outwards; distinct lateral denticles absent.

The teeth of *Carcharodon*, which are such a conspicuous feature in the Eocene of South Carolina and other states, appear to diminish in abundance proceeding northward, and ascending in the geological series.

They are extremely rare in the Maryland Eocene, and are not at all common in the Miocene. The lateral tooth from Fairhaven, shown in Plate XXXI, Fig. 3, is one of the largest found in this state, although it is exceeded in size by some of the same species from South Carolina, California and Peru. Those from Plum Point are mostly of small size, comparatively speaking, and have thinner and flatter crowns, as shown in Plate XXXI, Fig. 2. These agree with the teeth described by Agassiz as a distinct species under the name of *C. productus*, but now regarded as a variety of the present form. " *Carcharodon angustidens* " (= *C. auriculatus* Agassiz) is recorded from Charles county by Cope, but no examples exist in the collection.

Occurrence.—CALVERT FORMATION. Charles county near the Patuxent river, Plum Point, Fairhaven.

Collections.—Maryland Geological Survey, Johns Hopkins University, Philadelphia Academy of Natural Sciences.

Family CARCHARIIDAE Müller and Henle.

It is a noteworthy fact that the gradual decline of the LAMNIDAE during Tertiary time was accompanied by a remarkable increase in importance of the genera included under the CARCHARIIDAE, and evidence is not lacking to show the latter have been able to displace the LAMNIDAE by means of their more efficient organization. Although their dentition does not appear formidable in comparison with the gigantic teeth of *Carcharodon*, it is in reality more durable, making up in structure what it lacks in size. In the teeth of this family the nutrient canals are concentrated into a central pulp-cavity, and the greater part of the crown consists of vasodentine. Not only is there much variation among the teeth of the upper and lower jaws, but it often happens that teeth of the upper jaw in one species have the same form as those of the lower jaw in a different species, thus rendering the determination of isolated fossil teeth very uncertain.[1]

---

[1] Bei den Carchariden erschwert jene Verschiedenheit der Zähne in Ober- und Unterkiefer die specifische Bestimmung einzelner Zähne ungemein, weil häufig die Zahnformen des einen Kiefers einer Art im entgegengesetzten Kiefer einer nahe verwandten Art wiederkehren. Man muss sich infolge dessen zunächst immer klar zu

Genus CARCHARIAS Cuvier.

CARCHARIAS (PRIONODON) EGERTONI (Agassiz).

Plate XXXII, Fig. 1.

Corax egertoni Agassiz, 1843, Poiss. Foss., vol. iii, p. 228, pl. xxxvi, figs. 6, 7.
Glyphis subulata Gibbes, 1847, Proc. Acad. Nat. Sci. Phila., vol. iii, p. 268.
Galeocerdo egertoni Gibbes, 1849, Jour. Acad. Nat. Sci. Phila., 2nd ser., vol. i, p. 192,
   pl. xxv, figs. 66–69.
Glyphis subulata Gibbes, 1849, Jour. Acad. Nat. Sci. Phila., 2nd ser., vol. i, p. 194,
   pl. xxv, figs. 86, 87.
Galeocerdo egertoni Emmons, 1858, Rept. N. Car. Geol. Survey, p. 238, fig. 90.
Carcharhinus (Prionace) egertoni Hay, 1902, Bull. 179, U. S. Geol. Survey, p. 312.

Description.—" Upper teeth broad, triangular, prominently serrated, both margins slightly concave.   Lower teeth probably narrower than the upper, robust and prominently serrated."

This species occurs in about equal abundance with the teeth of *Galeocerdo contortus* and *Sphyrna prisca*, which accompany it at Plum Point, Fairhaven, Charles county, and other Maryland localities. Water-worn examples often show the characteristic hollow crowns.

Occurrence.—CALVERT FORMATION.   Fairhaven, Charles county near the Patuxent river, Chesapeake Beach.

Collections.—Maryland Geological Survey, Philadelphia Academy of Natural Sciences.

CARCHARIAS LAEVISSIMUS (Cope).

Plate XXXII, Fig. 2.

Galeocerdo laevissimus Cope, 1867, Proc. Acad. Nat. Sci. Phila., vol. xix, p. 141.
Galeocerdo laevissimus Hay, 1902, Bull. 179, U. S. Geol. Survey, p. 311.

---

machen suchen, ob man es mit einen oberen oder einem unteren Zahne zu thun hat. Eine Entscheidung hierüber ist zwar nicht immer möglich, aber im Allgemeinen machen sich doch die Zähne des Unterkiefers durch einen gedrungenen, kräftigen Ansatz der Krone kenntlich.

Auf die Kerbung der Seitenkanten hat man unstreitig einen viel zu hohen systematischen Werth gelegt, indem man allein daraufhin *Carcharias* in Untergattungen trennte.   Es liegt auf der Hand, dass eine solche Differenzierung überall und sehr leicht eintreten kann, und dass es vielfach nicht möglich sein wird, einen sehr schwach gekerbten Rand von einem ungekerbten Principiell zu unterscheiden . . . Wichtiger ist schon in systematischer Hinsicht das Vorkommen von Nebenzähnchen, weil ihre Ausbildung eine längere Differenzierung voraussetzt.—O. Jaekel, *Die eocänen Selachier vom Monte Bolca* (1894), p. 164.

Description.—A species only distinguished from *C. egertoni* by the absence of serrations on the coronal edges. Some teeth have the form of *Galeocerdo latidens* and *G. aduncus*, except that there are no denticulations.

At first sight these teeth might appear to be only worn examples of *C. egertoni*, or even of *Galeocerdo* (although the posterior notch is never conspicuous), but a study of numerous specimens shows that in all probability the species is well founded. It is found at the same localities as the preceding form. The original of Plate XXXII, Fig. 2, is one of Cope's type-specimens, and the first of this species to be figured.

Occurrence.—CALVERT FORMATION. Charles county near the Patuxent river, Fairhaven.

Collections.—Maryland Geological Survey, Philadelphia Academy of Natural Sciences.

CARCHARIAS COLLATA n. sp. (*ex* Cope MS.)

Plate XXXII, Figs. 3a, 3b, 4a, 4b, 5.

Description.—A species of moderate size, the teeth comparatively stout, with a narrow, usually erect crown, strongly convex on its inner and slightly so on its outer face; apex sometimes slightly curved inwards or backwards; coronal edges with extremely minute serrations disappearing toward the base. The enamel at base of crown extends much lower down in the middle of the outer than on the inner face. The root is considerably elongated, large and symmetrical.

The Thomas Collection belonging to the Philadelphia Academy of Natural Sciences contains about forty teeth of *Carcharias* which were evidently regarded by Cope as indicating a new species, since they bear his MS. label " *Sphyrna collata*," a title which is now made valid by the above description. Fifteen other teeth are preserved in the same collection under a different specific title, also unpublished, but a careful examination fails to reveal any important character by which they may be distinguished from the first lot. All of these specimens are from Charles county.

Under the name of *Prionodon antiquus*, two teeth of *Carcharias*, one with serrated and the other with unserrated edges, were described by Louis Agassiz[1] from the Tertiary of California, and ascribed by him to the upper and lower jaws of one and the same species. As far as can be determined from the published figures, this association does not appear to be justified, and the evidence of *Carcharias egertoni* and *C. collata* would go to show that two distinct species are represented. If such a division were to be made, the form with serrated edges shown in Agassiz's Plate I, Fig. 15, should be selected as the type of *C. (Prionodon) antiquus*, while the others with sharp narrow crowns like that shown in Fig. 16 of the same plate should be transferred to *C. collata*, which they closely resemble, or else should receive a new specific name.

Occurrence.—CHOPTANK FORMATION. Jones Wharf, Dover Bridge. CALVERT FORMATION. Charles county near the Patuxent river, Plum Point, Fairhaven, Chesapeake Beach.

Collections.—Maryland Geological Survey, Philadelphia Academy of Natural Sciences.

CARCHARIAS MAGNA (Cope).

Plate XXXII, Figs. 6a, 6b, 7a, 7b.

Sphyrna magna Cope, 1867, Proc. Acad. Nat. Sci. Phila., vol. xix, p. 142.
Sphyrna magna Hay, 1902, Bull. 179, U. S. Geol. Survey, p. 314.

Description.—Teeth of comparatively large size, attaining a total height of nearly 2 cm., and distinguished from *O. collata* by their wider, Oxyrhina-like crown and shorter root. Coronal edges sharp, non-serrated, or only slightly crimped at the base; enamel at base of crown much extended laterally over the root, which is short and considerably thickened on the inner face.

This species is established on three somewhat dissimilar teeth from the Miocene of Charles county, which are remarkable for their large size as compared with other species of *Carcharias* and *Sphyrna*. Owing to the width of the crown and the extension of its basal portion over the root, a certain resemblance to the teeth of *Oxyrhina* is to be noted, but the nearest affinities are evidently with the foregoing species. As

[1] Rept. Pac. R. R. Explor. and Surv., vol. v (1856), p. 314, pl. i, figs. 15, 16.

in that form, the root extends high up on the inner face, but is low on the outer.

Occurrence.—CALVERT FORMATION. Charles county near the Patux-ent river.

Collection.—Philadelphia Academy of Natural Sciences.

CARCHARIAS INCIDENS n. sp.

Plate XXXII, Fig. 8.

Description.—Teeth robust, triangular, prominently serrated along the entire coronal margin on both sides. Posterior margin only slightly concave, the anterior nearly straight. Root deep, not produced beyond the base of the crown on either side.

The unique example on which this species is founded resembles in general form certain species of *Corax* from the Cretaceous, and is read-ily distinguished from other teeth pertaining to *Carcharias*, the roots of which are expanded and the coronal margins less prominently and completely serrated. The form under consideration also bears some resemblance to that described by Noetling as *Galeocerdo dubius*, from the Prussian Eocene.[1] Both faces of the crown are convex, the inner more so than the outer. The total height of the tooth is 14 mm., the width 15 mm., and thickness of the crown at the middle of the base 4 mm.

Occurrence.—CALVERT FORMATION. Chesapeake Beach.

Collection.—Maryland Geological Survey.

Genus GALEOCERDO Müller and Henle.

GALEOCERDO CONTORTUS Gibbes.

Plate XXXII, Figs. 9a, 9b.

Galeocerdo contortus Gibbes, 1849, Jour. Acad. Nat. Sci. Phila., 2nd ser., vol. i, p. 193, pl. xxv, figs. 71-74.
Galeocerdo contortus Clark, 1895, Johns Hopkins Univ. Circ., vol. xv, p. 4.
Galeocerdo contortus Clark, 1896, Bull. 141, U. S. Geol. Survey, p. 62.

Description.—" A species of moderate size. Teeth very robust, with elevated crown; the apex above the posterior notch elongated, produced

---

[1] Abh. geol. Specialk. Preussen u. Thüring. Staaten, vol. vi, pt. 3 (1885), p. 97, pl. v, fig. 6.

to a sharp point, more or less twisted; anterior margin arched, somewhat sinuous, and finely serrated; margin below the posterior notch short, with comparatively small serrations."

The teeth of this species are quite abundant in the Eocene of South Carolina, Alabama and Virginia, and occur somewhat plentifully in the Miocene of Maryland and adjoining states. The illustration given in Plate XXXII, Fig. 9, is of an average-sized individual.

Occurrence.—CHOPTANK FORMATION. Greensboro. CALVERT FORMATION. Charles county near the Patuxent river, Fairhaven, 3 miles south of Chesapeake Beach, Plum Point.

Collections.—Maryland Geological Survey, Philadelphia Academy of Natural Sciences, Museum of Comparative Zoology.

GALEOCERDO LATIDENS Agassiz.

Plate XXXII, Fig. 10.

Galeocerdo latidens Agassiz, 1843, Poiss. Foss., vol. iii, p. 231, pl. xxvi, figs. 22, 23 (? figs. 20, 21).
Galeocerdo latidens Eastman, 1901, Md. Geol. Survey, Eocene, p. 109, pl. xiv, fig. 8.

This species is of rare occurrence in the Maryland Tertiary, only a single example being known from the Nanjemoy formation (Eocene) of Woodstock, and scarcely a dozen from the Miocene of Fairhaven and Charles county. The teeth exhibit considerable variation in form, some of them approaching closely to the type of *G. aduncus* except that they are more strongly serrated on the posterior margin (*cf.* Plate XXXII, Figs. 10, 11).

Occurrence.—CHOPTANK FORMATION. Governor Run. CALVERT FORMATION. Fairhaven, Charles county near the Patuxent river.

Collections.—Maryland Geological Survey, Philadelphia Academy of Natural Sciences, Museum of Comparative Zoology.

GALEOCERDO ADUNCUS Agassiz.

Plate XXXII, Fig. 11.

Galeocerdo aduncus Agassiz, 1843, Poiss. Foss. vol. iii, p. 231, pl. xxvi, figs. 24-28.
Galeocerdo aduncus Gibbes, 1849, Jour. Acad. Nat. Sci. Phila., 2nd ser., vol. i, p. 191, pl. xxv, figs. 54-58.

Galeocerdo productus Agassiz, 1856, Rept. Pac. R. R. Expl. and Surv., vol. v, p. 314, pl. i, figs. 1–6.

Galeocerdo productus Agassiz, 1856, Amer. Jour. Sci., ser. ii, vol. xxi, p. 273.

Galeocerdo latidens Emmons (*errore*) 1858, Rept. N. Car. Geol. Survey, p. 239, fig. 68 (*non* fig. 69; cuts 68 and 69 interchanged).

Description.—"A species with the dentition very similar to that of the existing *G. arcticus* but of smaller size. Anterior coronal margin much arched and finely serrated; the apex above the posterior notch short, broad, and sharply directed backwards; margin below the posterior notch relatively short in the principal teeth, with large serrations."—A. S. Woodward.

The teeth of this species occur with rather more frequency than those of *G. latidens,* but are by no means abundant. The specimen shown in Plate XXXII, Fig. 11, is an average-sized specimen of one of the principal teeth.

Occurrence.—CALVERT FORMATION. Charles county near the Patuxent river, Plum Point, Fairhaven.

Collections.—Maryland Geological Survey, Philadelphia Academy of Natural Sciences, Museum of Comparative Zoology.

GALEOCERDO TRIQUETER n. sp. (*ex* Cope MS.).

Plate XXXII, Fig. 12.

Description.—Teeth very robust, with elevated crowns, smaller and less twisted than those of *G. contortus,* and more faintly serrated along the coronal edges. Anterior margin only slightly arched, posterior notch inconspicuous. Root similar to that of *G. contortus,* and general aspect suggestive of *Oxyrhina macrorhiza* from the Lower Cretaceous. Height of crown in median line on outer face of the type-specimen 9 mm., on the inner face 6 mm., thickness of crown at its base 3.5 mm., thickness of root 5 mm.

The somewhat worn specimen upon which this species is founded appears to be unique, nothing like it having been found since the Thomas Collection, of which it forms a part, was first brought together. The trivial title adopted for it is taken from a manuscript label of Cope's attached to the specimen, which bears witness that he regarded it as a distinct species, although its description was for some reason omitted. Possibly this is the same specimen which is listed as " *Galeocerdo* ? sp. aff. *contorto* " in connection with his description of *G. laevissimus.*[1] What species is meant by his citation in the same place of the *nomen nudum,* " *Galeocerdo appendiculatus Ag.*" cannot now be even conjectured, as there are no specimens in the collection bearing that designation.

Occurrence.—CALVERT FORMATION. Charles county near the Patuxent river.

Collection.—Philadelphia Academy of Natural Sciences.

Genus HEMIPRISTIS Agassiz.

HEMIPRISTIS SERRA Agassiz.

Plate XXXII, Figs. 13a, 13b, 14a, 14b, 14c.

Hemipristis serra Agassiz, 1843, Poiss. Foss., vol. iii, p. 237, pl. xxvii, figs. 18–30.
Hemipristis serra Gibbes, 1849, Jour. Acad. Nat. Sci. Phila., 2nd ser., vol. i, p. 193, pl. xxv, figs. 75–85.
Lamna (Odontaspis) hopei Gibbes (*non* Agassiz), 1849, Jour. Acad. Nat. Sci. Phila. 2nd ser., vol. i, p. 198, pl. xxvi, figs. 120–123.
Hemipristis heteropleurus Agassiz, 1856, Rept. Pac. R. R. Explor. and Survey, vol. v, p. 315, pl. i, fig. 14.
Hemipristis heteropleurus Agassiz, 1856, Amer. Jour. Sci., ser. ii, vol. xxi, p. 274.
Hemipristis serra Emmons, 1858, Rept. N. Car. Geol. Survey, p. 235, fig. 63.
Hemipristis crenulatus Emmons, 1858, Rept. N. Car. Geol. Survey, p. 235.

Description.—" Marginal serrations in the broad upper teeth large, extending almost to the apex, which is gently curved backwards. Cutting edges of the anterior lower teeth very sharp distally. Inner face of the root bulging inwards, with a deep cleft."

This easily recognized species occurs in considerable abundance in the Eocene of South Carolina and Miocene of more northernly regions, extending as far as the cliffs of Gay Head on Martha's Vineyard. The lateral teeth are broad-based, strongly elevated along the middle of the inner face, and prominently serrated along the lateral edges. The serrations are oblique, rather more prominent on the posterior cutting-edge than on the anterior, and increase in size from the base of the crown to a point near the apex, where they cease altogether.

[1] Proc. Acad. Nat. Sci. Phila., vol. xix, 1867, p. 141.

The anterior teeth (Plate XXXII, Fig. 13) are stout and narrow, convex on both faces, between 3 and 4 cm. in total height, and with fewer and more irregular serrations than the lateral teeth. Many of these piercing teeth have the serrations reduced to slender cusps, more or less separated, and confined principally to the basal portion of the crown. The latter are obviously of different nature and origin from lateral denticles, properly so called, being merely retrogressive modifications of the cutting edge, and hence only of secondary importance, whereas lateral denticles represent the serial multiplication of entire crowns. Worn specimens of the anterior teeth are readily distinguished from *Lamna* and other forms by the pronounced swelling on the inner face of the root.

A large series of teeth has been collected from Charles county and other well-known Miocene localities in this and adjoining states. As is true also of *Oxyrhina desorii* and *Carcharodon megalodon*, the Eocene examples from South Carolina seem to have attained a somewhat larger size than their Miocene successors.

Occurrence.—CALVERT FORMATION. Plum Point, Fairhaven, Popes Creek, Charles county near the Patuxent river.

Collections.—Maryland Geological Survey, Johns Hopkins University, Philadelphia Academy of Natural Sciences.

Genus SPHYRNA Rafinesque.

SPHYRNA PRISCA Agassiz.

Plate XXXII, Fig. 15.

Sphyrna prisca Agassiz, 1843, Poiss. Foss., vol. iii, p. 234, pl. xxvi *a*, figs. 35–50.
Sphyrna denticulata Emmons, 1858, Rept. N. Car. Geol. Survey, p. 241, fig. 84*a*.
Sphyrna prisca Eastman, 1901, Md. Geol. Survey, Eocene, p. 110, pl. xiv, fig. 7.

The small, pointed and finely serrated teeth of this "Hammerhead shark" are met with quite frequently in the principal Miocene localities of this and adjoining states. It is very abundant in the Eocene of South Carolina, but the specimens figured under this name by Gibbes [1] have the appearance of belonging to *Carcharias* rather than to *Sphyrna*. Only two or three teeth of this species have been obtained from the Eocene of Maryland.

[1] Jour. Acad. Nat. Sci. Phila., 2nd ser., vol. i, 1849, pl. xxv, figs. 88–90.

Occurrence.—CALVERT FORMATION. Plum Point, Charles county near the Patuxent river, Chesapeake Beach.

Collections.—Maryland Geological Survey, Philadelphia Academy of Natural Sciences, Museum of Comparative Zoology.

UNDETERMINED SELACHIAN REMAINS.

Under this head a brief reference may be made to detached vertebrae and fragments of Selachian armor, such as dermal tubercles and spines, which are occasionally met with in Miocene strata. As a rule, the partially calcified vertebrae are not well preserved, and worn examples are quite impossible to determine. An exceptionally perfect centrum from the Calvert formation at Plum Point is represented in Plate XXXI, Figs. 4a, 4b, and this appears referable with tolerable certainty to the genus *Carcharodon*. Although the presence of *Raja, Trygon, Myliobatis,* etc., is indicated by other remains, no vertebrae of the Batoid type have been found in this state, and even Teleostome vertebrae are rare.

The spine shown in Plate XXIX, Fig. 4, has already been noticed in the discussion of *Myliobatis* remains (*v. supra*, p. 73). Less perfect spines of equally large size from the Miocene of Richmond, Virginia, are described by Leidy,[1] and referred by him rather doubtfully to the genera *Trygon* and *Myliobatis*. This author also describes in the same place, and from the same locality as the last, a dermal scute of *Acipenser ornatus,* and jaw-fragments of *Protautoga conidens,* but neither of these forms are known to occur in Maryland.

Subclass TELEOSTOMI.
Order ACTINOPTERYGII.

The only species of bony fishes recorded from the Miocene of this state is "*Sphyræna speciosa* Leidy,"[2] represented by a single laniary tooth from Charles county, of which a figure is given in Plate XXXII, Fig. 16. This and an allied form described by Cope under the name of *Sphyrænodus silovianus* occur in the Miocene of New Jersey in com-

---

[1] Contrib. Extinct Vert. Fauna W. Territ. (Rept. U. S. Geol. Surv. Territ., vol. i, 1873, p. 353, pl. xxxii, figs. 52–55).

[2] E. D. Cope, Proc. Acad. Nat. Sci. Phila., vol. xix, 1867, p. 142.

pany with three other Actinopterygians, as follows: *Phyllodus curvidens* Marsh, *Crommyodus irregularis* Cope, and *Phasganodus gentryi* Cope. The Eocene and Miocene of Virginia combined yield scarcely a half-dozen species of bony fishes, and this group is represented with equal meagreness in North and South Carolina. In all these states, however, and especially in the Eocene of Alabama and Mississippi, Teleostome otolites (Plate XXXII, Figs. 17, 18, 19) occur in considerable abundance and variety; and it happens that these insignificant appearing objects are the only record that remains of a once flourishing fish-fauna, which can be but inadequately reconstructed in imagination. Many of the Miocene otolites occurring in this state are indistinguishable from those figured under a variety of titles from the Eocene of Alabama and Mississippi by Koken.[1]

The problematical genus *Ischyrhiza*, to which attention was directed in the Eocene volume, may be dismissed with the statement that Cope's [2] reiterated assertion that "this or an allied genus is quite abundant in the Miocene of Maryland" remains up to the present time entirely uncorroborated. It is evident that this remark of Cope's applies only to the fused caudal fans, since he states immediately afterwards that "the teeth of the species have not been obtained." As for the tooth described by Leidy from North Carolina under the name of *I. antiqua*, Cope suggests it may have been a derived fossil of Cretaceous age, instead of Miocene. There is accordingly some reason for doubt whether either the teeth or the fans really continue into the Miocene, although they are unquestionably present in the Eocene. As already set forth in the preceding volume on the Eocene, the theoretical association of these teeth and fans under a single genus appears decidedly improper, and unwarranted by any facts. The name *Ischyrhiza* should be restricted to include only the teeth such as were first described by Leidy; and as for the fans, since they in all likelihood belonged to some of the Sword-fish tribe, they may be provisionally assigned to the genus *Xiphias*.

[1] E. Koken, Neue Untersuchungen an tertiären Fisch-Otolithen (Zeit. d. deutsch. geol. Gesell., vol. xliii, 1891, p. 77).

[2] E. D. Cope, Vert. Cret. Formation West (Rept. U. S. Geol. Survey Territ., vol. ii, 1875, p. 280).

ARTHROPODA.

Class CRUSTACEA.

Superorder MALACOSTRACA.

Order DECAPODA.

Family CANCROIDEA.

Description.—Claws belonging to an indeterminate genus of the CANCROIDEA are abundant at many localities. They indicate an animal of considerable size and abundance. The remains are largest and most abundant in the Choptank formation.

Occurrence.—ST. MARY'S FORMATION. Cove Point. CHOPTANK FORMATION. Jones Wharf, Governor Run, 2 miles south of Governor Run, Dover Bridge, Cordova, Trappe Landing, Peach Blossom Creek, Greensboro. CALVERT FORMATION. Plum Point, Chesapeake Beach.

Collections.—Maryland Geological Survey, Johns Hopkins University.

Superorder CIRRIPEDIA.

Order THORACICA.

Family BALANIDAE.

Genus BALANUS Lister.

BALANUS CONCAVUS Bronn.

Plate XXXIII, Figs. 1-6; Plate XXXIV, Figs. 1-7.

Balanus concavus Bronn, 1831, Italicus Tertiar-Gebilde.
Balanus finchii Lea, 1833, Contrib. to Geol., p. 211, pl. vi, fig. 222.
Balanus proteus Conrad, 1834, Jour. Acad. Nat. Sci. Phila., vol. vii, p. 134.
Balanus proteus Conrad, 1845, Fossils of the Medial Tertiary, No. 4, p. 77, pl. xliv, fig. 1.
Balanus proteus Conrad, 1842, Proc. Nat. Inst., Bull. ii, pp. 184, 187.
Balanus concavus Darwin, 1854, A Monograph of the Fossil Balanidæ and Verrucidæ of Great Britain, p. 17, pl. i, figs. 4a–4p.
Balanus concavus Meyer, 1888, Proc. Acad. Nat. Sci. Phila., vol. xl, p. 170.
Balanus proteus Whitfield, 1894, Mon. xxiv, U. S. Geol. Survey, p. 141, pl. xxiv, figs. 18–23.

Description.—This species which, because of its great variability and wide geographical and geological distribution, has been referred to under many names, was very fully described by Darwin. This description although written almost fifty years ago is more complete than anything which has since been published, and little can be added to it even now.

Darwin says: " Parietes and basis, but not the radii, permeated by pores; shells longitudinally striped with white and pink, or dull purple; sometimes wholly white; scutum finely striated longitudinally; internally, adductor ridge very or moderately prominent. . . . .

General Appearance.—Shell conical (fig. 4a), often steeply conical (fig. 4c), but sometimes depressed and smooth (fig. 4d); orifice generally rather small, varying from rhomboidal to trigonal, with the radii narrow, and generally in the fossil specimens very oblique; surface generally smooth, sometimes rugged, and in the Coralline Crag specimens commonly ribbed longitudinally, the ribs being narrow. . . . .

Scuta: These in young and moderately-sized specimens are striated longitudinally (fig. 4l), sometimes faintly, but generally plainly, causing the lines of growth to be beaded; but in large and half-grown specimens, the lines of growth are often extremely prominent, and being intersected by the radiating striæ, are converted into little teeth or denticuli. As the striæ often run in pairs, the little teeth frequently stand in pairs, or broader teeth have a little notch on their summits, bearing a minute tuft of spines. In very old and large specimens, the prominent lines of growth are generally simply intersected by deep and narrow radiating striæ (tab. I, fig. 4p). In one case, a single zone of growth in one valve was quite smooth, whilst the zones above and below were denticulated. The valve varies in thickness, which I think influences the prominence of the lines of growth and the depth of the striæ. These striæ often affect the internal surface (fig. 4h) of the basal margin, making it bluntly toothed. The articular ridge (fig. 4n) is rather small, and moderately reflexed. The adductor ridge (as already stated) varies remarkably; in most of the recent Panama specimens (fig. 4n), and in the fossils from Portugal, it is extremely prominent, and extends down to near the basal margin; in other specimens it is but slightly prominent, as in those from the Crag (4f); it is short, but rather prominent in the specimens (4h) from Maryland; whereas it is very slightly prominent in the specimens from Virginia. The cavity for the lateral depressor, also, varies greatly; it is often, as in recent specimens, bounded on the side towards the occludent margin by a very slight straight ridge, which occasionally folds a little over, making almost a tube; this, at first, I thought an excellent specific character, but far from this being the case, the cavity often becomes, in recent specimens as well as in the Crag specimens (4f), wide, quite open, and shallow. The whole valve in the Crag specimens (fig. 4e) is apt to be more elongated than in the recent or Portuguese specimens (fig. 4l), and especially than in the Maryland (fig. 4h) specimens.

Terga very slightly beaked; the surface towards the carinal end of the valve, in some of the fossil specimens, is feebly striated longitudinally. There is either a slight depression (fig. 4k), or more commonly a deep longitudinal furrow (fig. 4g, 4o) with the edges folded in and touching each other, extending down the valve to the spur, and causing the latter to vary in width relatively to its length. When the furrow is closed in, the spur is about one-fourth of the entire width of the valve, and has its lower end obliquely rounded, and stands at about its own width from the basi-scutal angle: when there is only a slight depression and no furrow (as is the case with young specimens, and in the specimens (4k) from Maryland), the spur is broader, equalling one-third of the width of the valve, with its lower end almost truncated, and standing at about half its own width from the basi-scutal angle. But the absolute length of the spur also varies considerably in the Coralline Crag specimens; it is often very long, (fig. 4g) compared to the whole valve. In many Italian specimens (4o) it is long and broad. The basal margin of the valve on the carinal side of the spur is sometimes slightly hollowed out; and when the longitudinal furrow is closed, this side slopes considerably towards the spur. Internally, the articular ridge and the crests for the tergal depressor muscles are moderately prominent.

Parietes.—The longitudinal septa sometimes stand near each other, making the parietal pores small. The *radii* have oblique summits, but to a variable degree; their septa are unusually fine, and are denticulated on their lower sides; the interspaces are filled up solidly. The *alæ* have their summits very oblique, with their sutural edges nearly or quite smooth. In most of the fossil specimens (Tab. I, fig. 4b, r), and slightly in some of the recent specimens, the surface of the sheath presents an unusual character, in a narrow longitudinal, slightly raised border, running along the sutures, on the rostral side of each suture.

Basis thin, porose; sometimes with an underlaying cancellated layer."

The best development of this species in Maryland, both in abundance and in size of the individuals, is in the Choptank formation. The Calvert forms are dwarfs and the exterior of the shell is strongly corrugated. The form described by Lea as *B. finchii* was a young individual. *B. proteus* Conrad is a typical *concavus* as was long ago established by Darwin, whose monograph is based largely on Maryland material.

The individuals in the Choptank and St. Mary's formations grow in clusters on Pectens and other large Molluscan shells.

This species occurs in the Miocene of the entire Atlantic Coast. It is very abundant in the Miocene and Pliocene of Europe. It is interesting to note that Darwin regards it as recent only in the Pacific, where it occurs on the coasts of California, South America, the Philippines, and Australia.

Basal diameter, 73 mm.; height, 52 mm.

Occurrence.—St. Mary's Formation. St. Mary's River, Cove Point, Pocómoke City (well 53-63 feet deep). Choptank Formation. Jones Wharf, Pawpaw Point, Flag Pond, Turner, St. Leonards Creek, Cordova, Governor Run, 2 miles south of Governor Run, Greensboro, Sand Hill, Peach Blossom Creek, Trappe Landing, Dover Bridge. Calvert Formation. Plum Point, Truman's Wharf, Chesapeake Beach, 3 miles south of Chesapeake Beach.

Collections.—Maryland Geological Survey, Johns Hopkins University, U. S. National Museum, Philadelphia Academy of Natural Sciences, Wagner Free Institute of Science, Cornell University.

Superorder OSTRACODA.

Family CYTHERIDAE.

Genus CYTHERE Müller.

CYTHERE CLARKANA n. sp.

Plate XXXV, Figs. 1-10.

Description.—Carapace rather irregular in outline but usually elongate-ovate, about 1.30 mm. in length, 0.65 mm. high and 0.6 mm. thick. Valve well rounded, the greatest convexity towards the posterior end, unequal, the left overlapping the right at the cardinal angles and in turn overlapped by the right along the ventral edge. Position of anterior hinge teeth marked by an oblique dorsal swelling. Hinge straight, the length being about three-fifths that of the entire carapace. Left valve obliquely rounded posteriorly, most prominent in the lower half; ventral edge straight or slightly arcuate; the posterior edge rather narrowly rounded, the curve generally straightened in the upper half, and the junction with the extremity of the hinge line sometimes obtusely angular. In the right valve the ends are more equal in breadth and curvature, although the ventral half of the anterior is also more strongly curved, and the ventral outline is faintly sinuate instead of arcuate. Surface of both valves coarsely reticulate, the meshes arranged somewhat concentrically about a subcentral point. The ridges forming the raised part of the network bear, especially at their junction angles, spines, the size and number of which vary with age. In the old condition, the surface is quite rough with these spines, the ridges thicker and the reticulation less obviously concentric. The lower two-thirds of the anterior and posterior margins of the left valve bear a series of small spines but on the right valves such spines have been observed only on the anterior edge and they are often wanting even there. Edge view lanceolate with the ends a little blunt or truncate. Hingement consists of a rather large anterior lateral tooth connected by a bar with a somewhat smaller posterior tooth and corresponding sockets in each valve.

This striking and characteristic fossil is very abundant in the Calvert formation at Plum Point. We know of no American species with which it might be confounded. Compared with European forms, *Cythere striatopunctata* (Roemer), *C. scrobiculata* (Münster), *C. nystiana* and *C. angulatopora* Bosquet as figured by Bosquet,[1] are more or less closely allied but it is so easily distinguished from each of those mentioned by differences in outline and surface markings that we have no doubt of its distinctness.

The specific name is given in honor of Professor William Bullock Clark, the State Geologist of Maryland.

Occurrence.—CALVERT FORMATION. Plum Point.[2] CHESAPEAKE GROUP. Yorktown, Pa.

Collections.—U. S. National Museum, Maryland Geological Survey.

CYTHERE CLARKANA VAR. MINUSCULA n. var.

Plate XXXV, Figs. 11-14.

Description.—The form for which we propose the above subordinate name is not uncommon in association with *C. clarkana,* yet, despite its very similar aspect, we have not observed any satisfactory connecting links proving it to be, as we believed at first, merely the young of the larger form. For the present therefore we assume that it represents a variety sufficiently distinct to deserve a name. So far as known it is distinguished by its much smaller size and relatively wider anterior end. The latter difference is noticeable in particular when right valves are compared.

Occurrence.—CALVERT FORMATION. Plum Point. CHESAPEAKE GROUP. Yorktown, Va.

Collections.—U. S. National Museum, Maryland Geological Survey.

CYTHERE PLANIBASALIS n. sp.

Plate XXXVIII, Figs. 1-3.

Description.—Valves ovate subtetragonal, dorsal margin rather short, straight, ventral margin gently convex; ends unequal, the anterior edge

---

[1] Desc. des Entomostraces Fossiles des Terrains Tertiares de la France et de la Belgique. Mem. Couron. Acad. Belg., Tome xxiv, 1851.

[2] The OSTRACODA described from this locality were picked by the writers from a small part (about a half pint) of extensive washings secured by Mr. Frank Burns for the United States National Museum. The figured specimens will be preserved in the National Museum, while a duplicate set, as nearly complete as possible, has been selected for the collection of the Maryland Geological Survey.

oblique, most produced about the middle of the lower half; posterior end narrower, the edge strongly curved, most produced about midway of the height, with three or four small spines beneath this point; cardinal angles moderately distinct, subequal in the right valve but in the left the posterior one probably more pronounced than the anterior and more nearly terminal than in the right valve; lower half of anterior margin with a row of small granules or spines. A well defined flattened, unpitted border encloses the ends and ventral side, very narrow in front and below but gaining considerably in width as it passes around the posterior end. Ventral edge very thick and nearly flat, the most prominent portion of the surface being on this side. From this abrupt ventral elevation, which is crowned by a row of blunt spines, the surface descends gradually to the dorsal edge and more rapidly to the anterior and posterior ventral margins. Surface markings consisting of large pits and internodes, the latter increasing in size and prominence toward the crest of the ventral ridge-like elevation. Pits generally occurring in furrows but without any definite order of arrangement except on the ventral edge where they are elongate and arranged longitudinally.

Length of a right valve 1.15 mm., greatest height of same 0.60 mm., greatest thickness of same 0.30 mm.

In a side view this species resembles *C. clarkana* greatly, but may be distinguished at once by its flattened ventral edge. It is probably more closely allied to, *C. angulatopora* (Reuss) as figured by Bosquet, but differs slightly in outline and surface markings, and in the greater thickness of the ventral edge. In Reuss' species the surface pits are more regularly arranged in concentric series, and their are no nodes between them, but there is a low submedian swelling, the like of which has not been observed in *C. planibasalis.*

Occurrence.—CHESAPEAKE GROUP. James River, Va. Probably also in the CALVERT or CHOPTANK FORMATION in Maryland.'

Collection.—U. S. National Museum.

CYTHERE CALVERTI n. sp.?

Plate XXXVIII, Figs. 11-13.

Comp. *Cythère angulatopora* (?Reuss) Bosquet, 1852, Desc. d. Entomostr. foss. d. Terr. Tert. de la France et Belgique, p. 68, pl iii, figs. 5, a, b, c, d; also *Cythere nystiana* Bosquet, op. cit., p. 65, pl. iii, figs. 3, a, b, c, d.

Description.—The valves of this species are oblong and obscurely trapesoidal in outline, with the dorsal and ventral margins subparallel, the former straight or very gently concave, the latter straight or very slightly convex, the ends subequal but converging dorsally so that the ventral half is longer than the dorsal half. Rim of valves distinct, double on the anterior end and narrow, growing almost obsolete about the middle of the ventral edge and wider again in the postventral region, near which also the surface has its greatest convexity. In the posterodorsal angle there is a well defined submarginal node, and just in front of the center of the valves a less distinctly defined small swelling. Excepting the marginal rims, which are smooth, the entire surface is covered with subangular pits, which occasionally present an irregular concentric arrangement. No marginal spines have been observed.

Length of a left valve 0.86 mm., height of same 0.46 mm., thickness of same 0.22 mm.

It is difficult to decide from the few left valves before us whether the relations of this species are nearer *C. angulatopora* (Reuss) Bosquet[1] or *C. nystiana* Bosquet. In having no marginal spines it corresponds with the latter and differs from the former, but when this feature is left out of consideration the relations are reversed. In most respects our species occupies an intermediate position between the two European OSTRACODA with which we have compared it, yet as it seems to possess a few characters not shared by either of them it has been deemed advisable to refer to the American form provisionally under a new name.

Occurrence.—CALVERT FORMATION. Plum Point.

Collections.—U. S. National Museum, Maryland Geological Survey.

CYTHERE INÆQUIVALVIS n. sp.

Plate XXXV, Figs. 15-17.

Description.—Carapace elongate, the outline approaching that of a parallelogram, very inæquivalved, 1.1 mm. to 1.2 mm. in length, 0.5 mm.

---

[1] According to Jones and Sherborn the *C. angulatopora* of Bosquet is not the same species to which Reuss applied that name. They have therefore proposed the new name *C. bosquetiana* for Bosquet's species.

to 0.55 mm. in height, and with the thickness about the same as the height. Valves moderately convex, the most prominent point being a little in front of the postventral fourth, and just beneath the posterior end of a single or double and more or less well defined longitudinal depression. Left valve obliquely rounded in front, the outline here being most produced in the lower half, and merging very gradually into the long dorsal edge, posterior margin also oblique, though less so and with the greatest prominence in the upper half; dorsal and ventral margins nearly straight and parallel, the slight curvature in both being upward; posteriorly a wide and rather sharply defined flattened border, narrowing ventrally, and a rather obscurely defined one anteriorly. Right valve smaller than the left and quite different in outline, the latter being due to two excisions at the extremities of the hinge, the anterior one of which is slight, the posterior one deep. Hingement strong, normal for the genus. Surface with scattered pits, sometimes obscure, often restricted to the broad, subcentral, longitudinal furrow or furrows.

We know of no described species with which this need be closely compared. It is probably nearest our *C. plebeia,* but the median furrow and the well developed posterior border of the left valve are both lacking in that species.

Occurrence.—CALVERT FORMATION. Plum Point.

Collections.—U. S. National Museum, Maryland Geological Survey.

CYTHERE PLEBEIA n. sp.

Plate XXXV, Figs. 20-29.

Description.—The carapace of this species closely simulates that of *C. inæquivalvis* in outline of both valves, the differences between them being chiefly in their surface markings. Thus, the valves of *C. plebeia* are more evenly convex and show no sign of the broad, subcentral longitudinal furrows characterizing *C. inæquivalvis* nor of the flattened border that is developed, particularly along the posterior edge of the left valve, in that species. The surface pits also are smaller and less irregular, and generally the pits exhibit the peculiarity of occurring in pairs. Comparing outlines of the left valves of the two species, it will be noticed that in *C. plebeia* the ends are more sharply curved, and the anterior margin often obliquely subtruncate, with the greatest prominence nearer the ventral edge. Finally, the posterior extremity of the right valve is narrower and a less oblique.

Length 1.1 mm. to 1.15 mm., height 0.54 mm. to 0.57 mm., thickness 0.5 mm. to 0.52 mm.

Occurrence.—CALVERT FORMATION. Plum Point. CHESAPEAKE GROUP. James River and Yorktown, Va.

Collections.—U. S. National Museum, Maryland Geological Survey.

CYTHERE PLEBEIA VAR. MODICA n. var.

Plate XXXV, Figs. 18, 19.

Description.—This variety, of which only left valves are known, is distinguished from the typical form of the species by its shorter and more ovate form. The surface pits also constitute a more conspicuous feature.

Occurrence.—CALVERT FORMATION. Plum Point.

Collections.—U. S. National Museum, Maryland Geological Survey.

CYTHERE PLEBEIA VAR. CAPAX, n. var.

Plate XXXV, Figs. 30-33.

Description.—This variety is distinguished from the typical variety by its greater height and finer surface pitting. The latter, in all the specimens seen, is restricted to the postcentral region of the valves. The outline of the right valve, furthermore, is more arcuate in its ventral and dorsal portions, while the posterior extremity is no less sharply rounded.

Occurrence.—CALVERT FORMATION. Plum Point.

Collections.—U. S. National Museum, Maryland Geological Survey.

CYTHERE BURNSI n. sp.

Plate XXXVI, Figs. 34-39.

Description.—This well marked species agrees in many respects with the associated *C. inæquivalvis* and *C. plebeia,* the dorsal half of the outline, especially of the left valve, being much as in the former, while the ventral half is as in the latter. It differs from both in having the surface punctæ arranged in longitudinal lines between more or less well developed ridges, in the greater width and more uniform curve of the posterior end of the valves, this difference being more particularly apparent when right valves are compared; and in the greater development of the cardinal teeth and thinner connecting bar in the right valve. Compared further with *C. inæquivalvis* it will be found that the carapace is higher, the ventral outline distinctly arcuate, instead of straight or sinuate, the ends of the left valve broader, the projection of the posterior extremity of the left valve beyond the posterior hinge tooth less, and the excision of the outline just behind this tooth also less. Finally, there is no sign of the broad subcentral longitudinal furrows characterizing that species. Continuing the comparison with *C. plebeia* and its varieties, we find that the dorsal outline of the right valve is much straighter and longer, and its ventral outline either faintly arcuate or straight in the middle but never sinuate, while the posterior end of this valve, as has been stated already, is wider and more obtuse. The posterior end of the left valve also is more obtuse and more uniformly curved, and usually is paralleled by a flattened border, while the postdorsal angle is more prominent and the whole dorsal outline straighter.

As in the cases of the preceding species, we have failed to find any exact match for *C. burnsi* among described Tertiary and recent species. A good many species of *Cythere* have been described and the fossil species, as a rule, are widely distributed in Europe, but so far as our investigations of American Tertiary OSTRACODA permit of coming to a conclusion on the point it appears that the number of new forms is far from being exhausted and the species are nearly always distinguishable from their European congeners.

Length about 1.15 mm., height 0.57 mm., thickness about 0.54 mm.

The specific name is given in honor of the veteran collector, Mr. Frank Burns, of the U. S. Geological Survey, who collected the material from which many of the OSTRACODA described in this volume were picked.

Occurrence.—CHOPTANK FORMATION. Pawpaw Point. CALVERT FORMATION. Plum Point. CHESAPEAKE GROUP. Yorktown, Va.

Collections.—U. S. National Museum, Maryland Geological Survey.

CYTHERE PAUCIPUNCTATA n. sp.

Plate XXXVIII, Figs. 7-9.

Description.—Carapace rather large, strongly convex, subelliptical in outline. Left valve with the ends subequal, slightly oblique, the curve of the anterior edge being a little sharper in the ventral half than in the upper, while the latter merges very gently into the straight dorsal outline; posterior margin with its greatest prominence and curve just above the mid-height, below passing gradually into the convex ventral outline, above turning more rapidly forward to the distinct though obtusely angular junction with the hinge line; ventral edge tumid, slightly overhanging the contact margin. Surface smooth except on the most convex portion, which lies a little behind the center of the valve. Here there are three rows of rather large and sometimes not very closely defined pits, three to five in each row. Right valve unknown, probably narrower than the left and varying similarly in shape as in related species.

Length of an average left valve 1.15 mm., height of same 0.61 mm., greatest thickness of same 0.32 mm.

This and several of the preceding species, notably *C. burnsi* and *C. plebeia,* are American representatives of the well marked section of the genus of which the common European Tertiary *C. jurinei* Münster is a good type. *C. paucipunctata* is distinguished from all the other Tertiary species of the section by slight peculiarities in its outline, greater convexity, and the limited number of surface pits.

Occurrence.—CHOPTANK FORMATION. Peach Blossom Creek, 3 miles southwest of Easton.

Collections.—U. S. National Museum, Maryland Geological Survey.

CYTHERE TUOMEYI n. sp.

Plate XXXVIII, Figs. 4-6.

Description.—Carapace moderately convex, subovate; anterior end considerably wider than the posterior, somewhat oblique, with the greatest prominence and curve in the lower half, the upper half merging more gradually into the straight dorsal margin; posterior margin rounded; cardinal angles obtuse, the anterior one, especially in the right valve, barely distinguishable. A wide, smooth, depressed border encloses the ends, grows narrow along the dorsal edge and appears to die out entirely, in a lateral view, along the ventral edge. Remainder of surface moderately tumid and marked by rather large pits arranged in lines, those in the posterior and central parts longitudinal, those along the ventral and anterior sides irregularly concentric and those on the dorsal slope somewhat obscurely radial. Just above and in front of the center of the valves there is sometimes a slight swelling which may cause more or less local irregularity in the arrangement of the pits.

Length of a left valve 0.65 mm., greatest height of same 0.33 mm., length of a right valve 0.62 mm., greatest height of same 0.32 mm.

A number of living and European Tertiary species of this type are known, but we could not satisfy ourselves that the exact specific match of *C. tuomeyi* has been described heretofore. Of American species the closest allies known to us are figures on Plate XXXVI. Among these *C. nitidula* and *C. calvertensis* are probably nearer than *C. porcella* and *C. burnsi*, agreeing better in their outlines and size, and in having a flattened border at their ends. They exhibit, however, appreciable differences even in the points of outline and surface contour, and a more obvious one in their surface ornamentation. In the last respect *C. tuomeyi* agrees rather better with *C. burnsi*, but that species commonly attains a much larger size and has nearly equal instead of decidedly unequal ends.

Occurrence.—CHOPTANK FORMATION. Peach Blossom Creek, 3 miles southwest of Easton. CHESAPEAKE GROUP. Yorktown, Va.

Collection.—U. S. National Museum.

CYTHERE PORCELLA n. sp.

Plate XXXVI, Figs. 26-33.

Description.—Carapace rather full and often appearing quite smooth, somewhat obliquely acuminate ovate, the anterior outline more or less produced below, the posterior outline much narrower, most prominent about the middle, and with the projection emphasized by usually three, occasionally four or even five minute marginal spines; length about 0.85 mm., greatest height about 0.45 mm. Right valve with the hinge line very gently arcuate and the dorsal angles generally obtuse and sometimes scarcely distinguishable. Left valve with the dorsal half of the outline more arcuate than the ventral, the latter sometimes being even a trifle sinuate near the middle. Posterior extremity of both valves generally with a rather faintly defined border. Surface porcellaneous and sometimes appearing quite smooth, but when the preservation is obviously good it usually exhibits numerous minute punctures, generally arranged in four to six curved series, over the post-central region of each valve. A small central spot, often slightly depressed, is usually distinguishable by its darker color. Hinge teeth rather strong in right valve, the anterior one the weaker. In the left valve here is a large socket only at the posterior end of the hinge and a small tooth and socket at the anterior extremity.

The small size and shape of the valves of this very common species are so distinctive when compared with associated species of the genus that little trouble is likely to be experienced in their recognition. Some of the species of *Cytheridae,* especially *C. subovata* of this report, might be confused with *Cythere porcella,* but it will require only a glance at the hingement to see that they have no true relation to each other.

Occurrence.—CALVERT FORMATION. Plum Point. Also at Yorktown, Va., in the CHESAPEAKE GROUP.

Collections.—U. S. National Museum, Maryland Geological Survey.

CYTHERE NITIDULA n. sp.

Plate XXXVI, Figs. 21-23.

Description.—This neat species is not nearly so common as *C. por-cella,* and at present the typical variety is known only from five or six left valves. These, however, are very constant in their peculiarities so that we cannot doubt they represent a distinct specific type. Compared with *C. porcella,* which they resemble more than any other species known to us, they are distinguished by the constant development of a well defined flattened border margining both ends. Then the posterior outline is blunter and differs particularly in the postcardinal region which is more prominent. Finally, the posterior margin is not spiniferous. The punctæ in the five or six centrally situated surface striæ are very fine, and the test unusually fragile.

Length about 0.87 mm., height of left valve about 0.48 mm.

Occurrence.—CALVERT FORMATION. Plum Point.

Collections.—U. S. National Museum, Maryland Geological Survey.

CYTHERE NITIDULA VAR. CALVERTENSIS n. var.

Plate XXXVI, Figs. 24-25.

Description.—This variety or closely related species differs from the typical form of *C. nitidula* in being a little more elongate and in the coarser pattern of the surface punctation. The test also is stronger and the anterior border narrower. While the three rows of surface puncture, on the left valve, occur in a flattened area defined below by a faint ridge. The outline approaches more nearly to that of *C. porcella* but is still clearly distinguished by the greater prominence of the dorsal third of the posterior curve.

The right valve represented by Plate XXXVI, fig. 25, is believed to belong to a variety of *C. nitidula* rather than to *C. porcella,* principally because of the slight arcuation of the ventral outline. The corresponding portion of the outline of right valves of *C. porcella* is always a trifle sinuate.

Length 0.8 mm., height 0.42 mm.

Occurrence.—CALVERT FORMATION. Plum Point.

Collections.—U. S. National Museum, Maryland Geological Survey.

CYTHERE PUNCTISTRIATA n. sp.

Plate XXXVIII, Figs. 22-24.

Description.—Carapace compressed convex, subrhomboidal in outline; anterior margin obliquely subtruncate, narrowly rounded below; posterior end, in the left valve especially, somewhat acuminate, sinuate above, convex and curving rapidly forward beneath the extremity; dorsal and ventral margins subparallel, the former gently convex, the latter very slightly sinuate. Posterior end with a wide, flattened border, anterior and ventral sides with a narrow one. Surface of valves having the greatest convexity just behind and a little beneath the center, the anterior and dorsal slopes appearing rather flat. Surface ornament consisting of single or double rows of minute punctæ situated in five or six shallow grooves, having their best development in the posterior half and so arranged that they converge toward the anteroventral angle. Most of the grooves and punctæ, however, become obsolete before reaching that point. Marginal spines wanting.

Length of a right valve 0.62 mm., greatest height of same 0.33 mm., greatest thickness of same 0.15 mm.

C. punctistriata might be compared with a number of European species, but we are at a loss to say to which of a dozen or more it is most allied. Under the circumstances it may suffice to express our conviction that it is specifically distinct from all previously described species of which we have seen either specimens or good figures. The next species, *C. vaughani,* is probably a nearer ally than any other known to us.

Occurrence.—CHOPTANK FORMATION. Peach Blossom Creek, 3 miles southwest of Easton. CALVERT FORMATION. Church Hill.

Collections.—U. S. National Museum, Maryland Geological Survey.

CYTHERE VAUGHANI n. sp.

Plate XXXVIII, Figs. 25-27.

Description.—Valves subacuminately produced posteriorly, oblique anteriorly, this end being rounded below and subtruncate above, also much wider than the other; dorsal outline wavy on account of the surface ornament, convex on the whole, with the cardinal angles fairly distinct in the right valve; left valve not seen; dorsal half of posterior edge sinuate, as is also the ventral outline; lower half of anterior rim and posterior two-thirds of ventral edge with a fringe of minute spines. Surface with four longitudinal ridges, of which the first forms the anterior half of the dorsal outline; the second begins at the postcardinal angle and extends forward beneath the first to a point under the anterocardinal angle where it is lost; the third begins a little in front of the postcardinal angle, near which it is very prominent, and extends quite across the valve to about the middle of the anterior rim; the fourth likewise extends nearly the full length of the valve, beginning at the posterior extremity and running parallel with and close to the ventral edge until it becomes obsolete near the anteroventral angle, attaining its greatest altitude in front of the midlength of the valve. The furrows separating the first and second and the second and third ridges are each occupied by a row of large pits, each pit of the second row being divided into two compartments. The middle third of the space between the third and fourth ridges contains three or four strong cross bars, the depressed spaces between these being taken up by small pits. The anterior third is divided longitudinally by a small ridge separating a row of large pits above from a row of smaller ones beneath. Between the posterior half of the ventral ridge and the ventral edge the steep slope is occupied by four pits decreasing in size posteriorly, while in front of these the slope carries several rows of much smaller pits. Between the ventral ridge and the postcardinal border there is a large depressed space.

Length of a right valve 0.81 mm., greatest height of same 0.39 mm., greatest thickness of same 0.29 mm.

Although related to our *C. punctistriata,* the differences between their respective surface markings are so striking that they cannot be confused. A closer ally perhaps is found in *C. truncata* (Reuss), a Tertiary fossil of Austria and France, but *C. vaughani* is more elongate and more acuminate posteriorly and differs also quite obviously in its surface markings.

Named for Mr. T. Wayland Vaughan, of the U. S. Geological Survey in appreciation of the excellent work he is doing on the Tertiary corals.

Occurrence.—CHESAPEAKE GROUP. James River, Va. Probably also in Maryland.

Collections.—U. S. National Museum, Maryland Geological Survey.

CYTHERE FRANCISCA n. sp.

Plate XXXVIII, Figs. 19-21.

Description.—Valves moderately and rather uniformly convex, acuminate-ovate in outline, the posterior extremity small, subacute, compressed, the anterior end broad, with a slightly oblique margin, curving most in the lower half, the upper portion turning very gradually into the dorsal outline; posterocardinal angle very obtuse; ventral outline long, nearly straight in the middle, though on the whole gently convex. Anterior end with a narrow border that continues on around the ventral side, but in a side view appears to die out before reaching half the distance to the posterior extremity. A similar but superimposed border encloses the postventral portion of the valve, while just within is a thin, raised line that above the posterior extremity forms a distinct margin to the anterodorsal region. Excepting the marginal portions and the compressed part of the posterior end, the entire surface is covered with minute pits, arranged more or less regularly in lines, many of them disposed in a concentric manner.

Length of a right valve 0.50 mm., greatest height of same 0.27 mm., thickness of same 0.11 mm.

A search of the literature has failed to reveal any described species to which this very neat little form might be referred. Of a number of related species those which seem to offer the greatest degree of resemblance are two of the species described in this contribution, viz., our *C. punctistriata* and *C. subovalis*. As may be seen by comparing the figures of the three species on Plate XXXVIII, *C. francisca* is longer and much more delicately pitted than *C. subovalis*, and further that it has narrow rim-like borders that do not occur in that species. From *C. punctistriata* it differs decidedly in outline, the difference being particularly evident when the comparison is restricted to the anterior halves. Then the surface ornamentation occupies a raised field in that species and the pits, instead of occurring in concentric or irregular rows, are placed in shallow, diverging furrows.

The specific name is intended as a small tribute to Miss Francisca M. Wieser, who has shown rare ability and care in her work on the illustrations of the OSTRACODA described in this volume.

Occurrence.—CHOPTANK FORMATION. Peach Blossom Creek, 3 miles southwest of Easton.

Collection.—U. S. National Museum.

CYTHERE SUBOVALIS n. sp.

Plate XXXVIII, Figs. 14-15.

Description.—Left valve moderately convex, with blunt edges, acuminate-ovate in outline, the posterior end small, the anterior end broad, scarcely oblique, and almost uniformly curved; ventral margin gently convex, the dorsal edge more arcuate, though the anterior extremity of the hinge seems to be about midway between the obtuse postcardinal angle and the anterior extremity of the valve. Surface with pits of moderate size, rather widely separated and with no very evident arrangement.

Length of a left valve 0.88 mm., greatest height of same 0.55 mm., greatest thickness of same 0.26 mm.

Of this species we have seen only a single left valve, but as it is a Maryland fossil and from an horizon from which comparatively few OSTRACODA are known, and as other specimens of it will almost certainly occur in our unpicked washings, we considered ourselves justified in proposing a new name for it and offering a brief description in this work.

In its general aspect this species reminds of *Cytheridae,* and to a less extent of *Xestoleberis,* rather than *Cythere,* but on account of the shape of its posterior end, in which it agrees with the two preceding species, it has seemed best to refer it, at least provisionally, to the same genus. For comparisons with other species see under *C. shattucki.*

Occurrence.—CHOPTANK FORMATION. Pawpaw Point.

Collection.—U. S. National Museum.

CYTHERE MARTINI n. sp.

Plate XXXVI, Figs. 11-15.

Description.—Carapace small, suboblong, widest anteriorly though the difference between the heights of the two ends is variable and sometimes does not exceed the difference between five and six. Right valve with a long, straight dorsal edge, terminating anteriorly and posteriorly in rather distinct angles; anterior edge with a thick border, obliquely subtruncate, and usually with a fringe of short spines in the middle and lower thirds; posterior outline sometimes uniformly curved. backward from the anterodorsal angle and then forward again into the nearly straight ventral margin, the curve into the latter being gradual. More commonly, however, especially when the posterior fringe of five or six spines is well developed, there is a small excision in the upper third of the outline. Often a small prominence is noticeable about the middle of the ventral edge. Left valve generally a little higher than the right, which it overlaps ventrally, and enclosed, except along the dorsal edge, by a thick rim, heaviest anteriorly and barely distinguishable in the anteroventral region. Usually there are no marginal spines at either end of this valve. Both valves exhibit a broad swelling, occupying the greater part of the anterior half, but it is nearly always more conspicuous on the left valves. The surface of the right valves, on the contrary, seems to be more protuberant near the posterior margin than the left. Occasionally the right valve bears also a small central protuberance. Surface of both valves reticulate or simply pitted, the pattern, as shown by the illustrations, being somewhat variable.

Length 0.75 mm. to 0.8 mm., height 0.39 mm. to 0.42 mm.

Named for Dr. G. C. Martin, of the Maryland Geological Survey.

Occurrence.—CHOPTANK FORMATION. Pawpaw Point, Peach Blossom Creek. CALVERT FORMATION. Plum Point. Also at Yorktown, Va., in the CHESAPEAKE GROUP.

Collections.—U. S. National Museum, Maryland Geological Survey.

CYTHERE DORSICORNIS n. sp.

Plate XXXVI, Fig. 16.

Description.—Of this species we have two varieties, both apparently rare. The Calvert form, with its single conical node or spine near the middle of the posterior half of the dorsum, should be considered as the typical variety. The general aspect of the valves of these two varieties is greatly like that of the associated *C. martini.* Still they may be distinguished even without taking into consideration the conical nodes which are wanting in that species. Thus, in *C. dorsicornis* the swelling of the anterior half of the valves is a little larger and moreover is divided into two parts by a curved sulcus. Next the posterior extremity is more produced and compressed while the length of the valve is proportionately less and the height of the anterior end slightly greater. Finally, the arrangement of the surface pits varies from that generally obtaining in *C. martini.* These differences are all of subordinate value and we were inclined at first to rank the Calvert form as a variety under that much more abundant species. When, however, the second variety was

8

secured it seemed a better plan to regard the two as representing a distinct though closely related species.   Perhaps it is worth while to add that *C. dorsicornis* is a trifle smaller than average specimens of *C. martini.*

Length of a left valve 0.68 mm., height of anterior end 0.39 mm., height of posterior end 0.27 mm.

Occurrence.—CALVERT FORMATION.   Plum Point.

Collection.—U. S. National Museum.

CYTHERE DORSICORNIS VAR. BICORNIS n. var.

Plate XXXVIII, Figs. 32, 33.

Description.—This variety differs from the typical form of the species (1) in having two instead of a single spine, the second one being situated near the opposite border of the valve; (2) in having fewer surface pits, these being restricted to the central part of the valve and mostly to the posterior half; (3) in having two low and inconspicuous swellings cn the depressed portion of the dorsal slope between the dorsal spine and the anterocardinal node; and (4) in being smaller:

Length 0.47 mm., greatest height 0.28 mm.

This form and, in a smaller degree, the typical variety of the species, as well, exhibits certain features that are more strongly developed in *C. baccata,* Jones and Sherborn, from the Pliocene of England.   Our species probably is more intimately related to this English species than appears at first sight, but their specific distinctness is too obvious to be questioned.

Occurrence.—CHOPTANK FORMATION.   Pawpaw Point.

Collection.—U. S. National Museum.

CYTHERE LIENENKLAUSI n. sp.

Plate XXXVIII, Fig. 31.

Description.—This very pretty and on the whole well marked species seems to be more closely related to our *C. martini* than to any other known to us.   It occurs associated with that species at Plum Point, but is a much less common and even smaller fossil.   The left valve, which is usually a little higher than the other in species of this type, is a trifle more elongate than the same valve of *C. martini,* but the principal difference lies in the marginal ridge which in that species is generally confined to the ends. In the present species, however, the ridge is distinguishable also along the ventral side, and moreover it is a double ridge, to outer division gradually turning into a narrow flattened border and thickening up again as it passes along the posterior edge. The inner division starts at a small knob in the anterodorsal angle and passes downward in a course paralleling the anterior edge into the ventral region where it bifurcates, the lower division continuing on and remaining parallel with the margin to the postcardinal angle, a second bifurcation occurring as it passes the postventral angle. The inner divison of the first bifurcation diverges at first slowly and then more rapidly in its course to a point lying a short distance in front of the postcardinal angle where it joins the upper extremity of the more nearly vertical inner part of the second bifurcation. A rather distinct though low and broad swelling of the surface occurs on the anterior half of the surface and behind this a second but smaller elevation is distin-- guishable. Between the dorsal edge and the marginal ridge, and also between the bifurcations of the latter, the surface is distinctly pitted, the pits being small and elongate and exhibiting a tendency to longitudinal arrangement.

Length of a left valve 0.60 mm., greatest height of same 0.31 mm., height of posterior extremity 0.20 mm.

Named for Mr. E. Lienenklaus, of Osnabrück, Germany, whose "Monographie der Ostrakoden des nordwest-deutschen Tertiärs" is a very capable piece of work.

Occurrence.—CALVERT FORMATION. Plum Point.

Collection.—U. S. National Museum.

CYTHERE PRODUCTA n. sp.

Plate XXXVI, Fig. 17. Plate XXXVIII, Figs. 28-30.

Description.—This species agrees in its more important characters rather closely with *C. martini* and its allies, but is distinguished from them all by its much greater proportional length, more nearly parallel ventral and dorsal edges, in having marginal spines at both ends of the left valve as well as the right and in being at least one-fifth larger. Compared further with average specimens of *C. martini*, the posterior extremity is much more produced and compressed, while the marginal spines are coarser. The surface markings are also coarser, but the anterior swelling is relatively smaller. The specimens exhibit some variety in the relative height of the posterior end, but as a rule it is nearly or quite as great here as across the middle of the valve.

Bosquet figures several related European Tertiary species but none is deemed close enough to require more than ordinary care in discriminating our species. It appears to be one of the most elongate of its section of the genus. In this respect as well as in its outline it is almost matched by *C. venustula* described by Jones and Sherborn from the Eocene of England, but in all other external features the two forms are very different, so that it is doubtful even that they have any close genetic relations.

Length of left valve 1.05 mm., greatest height of same 0.47 mm., length of right valve 0.90 mm., greatest height of same 0.40 mm.

Occurrence.—CALVERT FORMATION. Plum Point.

Collections.—U. S. National Museum, Maryland Geological Survey.

CYTHERE MICULA n. sp.

Plate XXXVI, Figs. 18-20.

Description.—This species also may be said to be rather closely related to *C. martini*, but it is very constant in its peculiarities and clearly deserves specific recognition. Closely compared with that species it is found to be constantly of much smaller size, with the posterior end relatively narrower, the marginal rim much thinner, causing the surface of the valves to appear more uniformly convex, and the pitting of the surface much finer. Furthermore, the surface swellings are relatively broader and so placed that a slight central depression is left that has no parallel in *C. martini*. Both ends of the left valve bear an extremely delicate fringe of spines. Such spines, however, have not been observed on the right valve.

This is the smallest species of the genus known to us, and on this account, though not uncommon, easily overlooked.

Length 0.5 mm. to 0.58 mm., height 0.27 mm. to 0.3 mm.

Occurrence.—CALVERT FORMATION. Plum Point. Also in the
CHESAPEAKE GROUP of Virginia, on the James River and at Yorktown.
Collections.—U. S. National Museum, Maryland Geological Survey.

CYTHERE EXANTHEMATA n. sp.

Plate XXXVI, Figs. 1-5.

Description.—Carapace oblong subquadrate or elongate subovate,
obliquely rounded at the ends, the greater curvature and prominence in
both cases being in the ventral half. Entire outline, excepting the
straight or slightly concave ventral edge, fringed with flattened spines,
those along the dorsal edge being of larger size than those on the ends.
Posterior end compressed and carrying a double series of spines, the
outer row sometimes occupying a low marginal ridge. Anterior end with
a thick border or marginal ridge within the spiny fringe, but this ridge
also breaks up into node-like spines in its lower third. Surface of valves
between these two end ridges covered with fifteen to eighteen large irregular blunt spines or excrescences. These spines may at first sight seem
to be arranged wholly without regard to any system, but on closer inspection they arrange themselves into three longitudinal rows, a rather
irregular one projecting over the dorsal line, a second regular series beginning with the nodes on the lower end of the anterior marginal ridge
and continuing in an increasing curve across the ventral and posterior
slopes, and a third and much less regular row lying between the other
two. Several of the nodes of the middle series are grouped on the summit of a broad anterior swelling of the valves. Hingement strong, typical
for the genus. The interior marginal plate is usually wide.

This extremely nodose and spiny carapace belongs to a section of
the genus of which one extreme is represented by our *C. martini* and
C. producta and the other led up to by numerous Tertiary species figured
by Bosquet and ending in species that Jones has included in his subgenus
Cythereis. We believe, however, that *Cythereis* should be restricted to
the *C. ceratoptera section,* of which our *C. cornuta var. americana* is a
good example, and the *C. exanthemata* section left with *Cythere* until the
time shall have arrived when a thorough revision of the family is possible.
The monographic work upon which the writers are engaged, it is hoped,

may result in a more natural and serviceable classification of the fossil species than the one now in use.

There is no described American species with which *C. exanthemata* might be compared. Of numerous European allies, among which *C. aculeata* and *C. formosa* of Bosquet are perhaps the closest, none is so coarsely tuberculated.

Dimensions of an average left valve: greatest length 0.9 mm., greatest height of anterior half 0.5 mm., height just beneath postcardinal angle 0.38 mm.

Occurrence.—CHOPTANK FORMATION. Pawpaw Point. CALVERT FORMATION. Plum Point. Also in the CHESAPEAKE GROUP, on the James River, and at Yorktown.

Collections.—U. S. National Museum, Maryland Geological Survey.

CYTHERE RUGIPUNCTATA n. sp.

Plate XXXVIII, Figs. 16-17.

Description.—This species is too much like the preceding *C. exanthemata* to require detailed description. Compared with that species it is distinguished at once by its peculiar surface marking, which is a combination of irregular, twisted or wrinkled plications, commonly arranged vertically across the posterior half of the valves—and unequal though usually rather large pits between the plications. Another striking difference is brought out in comparing the outlines of the valves of the two species. In *C. exanthemata* all of the margins except the central part of the ventral portion, or it may be its greater part, is lined with a row of spines producing a dentate outline. In *C. rugipunctata,* on the contrary, marginal spines occur only at the ends of the valves, the posterior end having three or four and the anterior margin about the same number.

Length of a left valve 0.71 mm., height at anterodorsal angle 0.38 mm., height at posterodorsal angle 0.31 mm., thickness of single valve 0.20 mm.

Occurrence.—CHESAPEAKE GROUP. James River, Va. Probably also in Maryland.

Collection.—U. S. National Museum.

CYTHERE EVAX n. sp.

Plate XXXVI, Figs. 6-8.

Description.—Right valves somewhat obliquely subovate, the middle halves of the dorsal and ventral edges nearly straight or very slightly arcuate, the cardinal angles rounded. Left valves differ in having more pronounced cardinal angles, the anterior one especially being much more prominent and thicker, and in the greater length and straightness of the dorsal margin. Both valves are decidedly narrower behind than in front. Entire surface of valves coarsely spinulose and pitted between the spines. The middle of the valves exhibits a more or less distinct vertical depression, separating an undefined swelling just in front of it from two more ridge-like prominences lying just behind it. Of the latter the lower one is the longer, and usually is prolonged anteriorly beneath the broader anterior swelling. Between this ridge and the ventral edge there is a furrow.

The only described species known to us, having close relations to *C. evax* is the *C. lyelliana* Bosquet, from the Eocene of Belgium. The typical form of our species, however, is much shorter and differs decidedly in the character, form, and marking of the swellings occupying the central part of the valves. The following *var. oblongula* agrees much better in its outline with the Belgian species, but differs, like the typical variety, in the lesser development of the anterior swelling and in the extension of the spinous surface ornament over the swelling. Bosquet represents the latter as perfectly smooth.

Length of a left valve 0.78 mm., greatest height of same 0.49 mm. In an average right valve of the same length the height is about 0.46.

Occurrence.—CALVERT FORMATION. Plum Point. Also in the CHESAPEAKE GROUP at Yorktown, Va.

Collections.—U. S. National Museum, Maryland Geological Survey.

CYTHERE EVAX VAR. OBLONGULA n. var.

Plate XXXVI, Figs. 9-10.

Description.—This variety is distinguished from the typical form of *C. evax* by the much greater length of its valves and in the more nearly equal height of their two ends, this greater equality of the ends being particularly striking when right valves are compared. In consequence of these differences the whole outline assumes a different shape so that it would be described as oblong subquadrate instead of subovate. The surface swelling and ornament are about the same in the two varieties.

Length of right valve 0.84 mm., greatest height of same 0.42 mm., length of left valve 0.90 mm., greatest height of same 0.48 mm.

Occurrence.—CALVERT FORMATION. Plum Point.

Collections.—U. S. National Museum, Maryland Geological Survey.

CYTHERE SPINIPLICATA n. sp.

Plate XXXVIII, Fig. 18.

Description.—Valves moderately convex, subovate, the anterior end somewhat oblique and a fifth or only a sixth wider than the posterior end; entire outline, excepting the central part of the ventral edge, denticulate, the anterior edge being provided with a double row of flattened spines; surface roughly echinulate, the spines irregularly disposed or covering the sides and crests of very irregular but on the whole vertically arranged plications. In certain lights the latter appear twice interrupted, this appearance being due to a low longitudinal central ridge and two narrow sulci defining it that in other lights are obscured by the plications.

Length of a right valve 0.90 mm., greatest height of same (across anterior end) 0.49 mm., thickness of same about 0.25 mm.

The rough surface and general aspect of this species is such that it could not for a moment be confounded with any of the known American forms, excepting possibly our *C. evax oblongula.* There are, however, several species in Tertiary and later deposits of Europe with which it might be compared, notably *C. scabropapulosa* Jones, from the Eocene of England, and *C. scabra* Münster, from the Miocene of Germany and France. Still, our species seems sufficiently distinct to render detailed comparisons unnecessary. In *C. evax* the surface ornament is not the same, though somewhat similar, and the central ridge is more prominent and broken up into two parts. Beneath it there is another ridge that has no counterpart in *C. spiniplicata.*

Occurrence.—CALVERT FORMATION. Plum Point (Rare).

Collection.—U. S. National Museum.

CYTHERE (?) SHATTUCKI n. sp.

Plate XXXVIII, Fig. 10.

Description.—Valves rather strongly convex in the ventral portion, sub-trapezoidal in outline, the dorsal angles very obtuse, the anterior margin obliquely rounded and somewhat truncate, the posterior end smaller, drawn out below so that the extremity is very sharply rounded and the outline from that point to the postdorsal angle only very slight convex; dorsal margin short, nearly straight, ventral edge long and straight excepting a slight protrusion just behind the mid-length; anterior end with a narrow flattened border; no spines of any sort. Surface somewhat tumid in the median ventral region, slightly depressed centrally and posteriorly, sloping more gradually toward the anterior and dorsal margins. Ornament consisting of small, widely separated pits.

Length of a left valve 0.63 mm., greatest height of same 0.32 mm., greatest thickness of same 0.17 mm.

This species resembles several of the species referred to *Cytherideis* in this work, and when the hinge, which is not clearly shown in the specimens so far obtained, is better known it may become necessary to remove it to that or one of the other genera of the family—perhaps *Cytheropteron*. Comparing *O. shattucki* with our *Cytherideis ashermani* and *C. longula* it may be distinguished at once by its ventral swelling. From the former it differs further in its more acuminate posterior extremity, and from the latter by its shorter form. The surface punctæ, finally, are smaller and more distant than in either of the species that, so far as we know, resemble it most.

Named for Dr. George Burbank Shattuck, of the Maryland Geological Survey.

Occurrence.—CHOPTANK FORMATION. Pawpaw Point.

Collection.—U. S. National Museum.

Genus CYTHEREIS Jones.

CYTHERE CORNUTA (Roemer).

Cytherina cornuta Roemer, 1838, Neues Jahrb. f. Minerl., p. 518, pl. vi, fig. 31;—
Reuss, 1845, Verstein. böhm. Kreideform., I, p. 105, pl. 24, fig. 20.

Cythere cornuta Bosquet, 1850, Desc. d. Entomost. Foss. d. Terr. Tert. de la Fr. et
Belg., p. 117, pl. vi, figs. 4a, b, c, d, Reuss, 1855; Egger, 1858; Speyer, 1863;
Lienenklaus, 1894.

Cythereis cornuta Jones, 1856, Monog. Tert. Entomost, Paleontogr. Soc., p. 39, pl.
iv, fig. 19, and pl. v, figs. 15a, 15b.

CYTHEREIS CORNUTA VAR. AMERICANA n. var.

Plate XXXVII, Figs. 29-33.

Description.—Carapace obliquely subquadrate, the dorsal margin straight and equaling a little more than half the entire length, the ventral edge straight in the middle and at the ends, curving more rapidly into the anterior margin, which is most prominent in the lower half, than into the posterior outline. The latter is the most prominent at a point about a third of the height of the left valve beneath the line of the dorsal edge, and from this point the outline turns anteriorly, at first at a right angle, then with a gentle upward curve on to the well defined postcardinal angle. The anterocardinal angle is sometimes indistinct and always blunter than the posterior angle. The right valve differs from the left principally in this, that both of the cardinal angles are indistinct. Both valves bear a fluted crest, always divided about its midlength, along the cardinal margin; and a ventral ridge that begins about the middle of the anterior margin with a gradually coalescing series of spines and continues to rise posteriorly until it terminates in a prominent sharp spine, projecting obliquely downward and backward, about one-third of the length of the valve from the posterior extremity. The inner slope of this ridge is fluted like the dorsal crest. From the terminal spine the ridge turns upward toward the postcardinal angle, gradually growing obsolete before reaching it. Two-thirds of the distance intervening between the two points are marked by prominences, the first being a rather prominent node, the second much more obscure. The compressed posterior end terminates in a series of strong spines, six on the left valve and five on the right, while a fringe of smaller spines forms the anteroventral edge. Surface of valves smooth and depressed between the marginal ridges, the valves being on the whole very shallow.

Length of a relatively short left valve 1.10 mm., greatest height of same 0.60 mm.; length of a proportionally long valve 1.20 mm., greatest height of same 0.58 mm. Height at posterior and anterior angles of cardinal margin respectfully as nine is to twelve, or four is to five.

These American specimens are too near the common European Tertiary *O. cornuta* (Roemer) to be distinguished specifically, but they exhibit sufficient minor differences to justify the subordinate name above proposed.

Occurrence.—CALVERT FORMATION. Plum Point. CHESAPEAKE GROUP. James River and Yorktown, Va.

Collections.—U. S. National Museum, Maryland Geological Survey.

CYTHEREIS ALARIS n. sp.

Plate XXXVIII, Figs. 34-36.

Description.—Carapace rather elongate, somewhat acuminate-subovate, the anterior half about one-third wider than the posterior; dorsal and ventral margins nearly straight, anterior outline broadly rounded, the dorsal angle indefinite; posterior edge most prominent near the middle, the lower half rounding regularly up from the ventral margin, the upper half distinctly concave and sloping strongly forward to the obtusely angular posterocardinal angle. Excepting the dorsal halves of both the anterior and posterior edges the rest of the outline is fringed with flattened spines, of which those along the dorsal edge and one on each side of the middle of the ventral edge are much larger than the others. Of the five or six spines along the dorsal edge the one just in front of the postcardinal angle is the largest and most prominent, especially in a view of the back. Valves on the whole appearing compressed, but exhibiting a broad swelling that takes up most of the anterior half of the surface, while behind it and beneath its center there is a wing-like ridge the crest of which is broken up into four or five unequal spines directed obliquely downward and forward. Posterior fourth of surface depressed, with a small tubercle near the postdorsal angle. Surface smooth.

Length of a left valve 0.34 mm., greatest height of same 0.50 mm., thickness at anterior swelling 0.18 mm., to summit of ventral ridge 0.22 mm.

The low swelling of the anterior half of the valves brings this well-marked species into comparison with Bosquet's *Cythere dumontiana,* with which it agrees rather closely also in outline and in the length of the spiny ventrolateral alation. That species, however, differs in wanting the marginal spines on the ventral and anterior edges, and in this respect our species agrees very closely with *C. fimbriata* Münster, which Lienenklaus says is the same as *Cythere ceratoptera* Bosquet. *C. alaris* therefore appears to occupy an intermediate position between the two European species mentioned.

Occurrence.—CHESAPEAKE GROUP.   James River, Va.   Probably also in Maryland.

Collection.—U. S. National Museum.

Genus CYTHERIDEA Bosquet.

CYTHERIDEA SUBOVATA n. sp.

Plate XXXVII, Figs. 1-8.

Description.—Carapace apparently somewhat variable in outline, subovate, a little narrower posteriorly than anteriorly; the ventral outline less arcuate than the dorsal.   Right valve narrower than the left, both its ventral and dorsal edges being overlapped; lower half of anterior margin usually carrying six to eight small spines, diminishing in size downwardly, while only three or four similar spines occur on the postventral corner.   No spines have been observed on the left valve.   Surface of valves usually nearly evenly convex and appearing quite smooth, but on close inspection a few very small scattered punctæ may be observed.

The specimens before us indicate two varieties that, should they prove constant enough, may later on be distinguished.   Of the one we have seen only the right valve shown in fig. 1 on plate XXXVII.   This differs from the typical form in the more uniform curve and relative bluntness of the posterior outline, and in the obtusely conical instead of almost uniformly convex elevation of the surface.

The second variety seems to be normal in all respects save that the left valves, which alone we have observed, are considerably narrower.

The crenulated hinge, as well as all other characters of the valves of this species, very clearly indicate *Cytheridea,* but it does not appear to have very close affinities with any of the described species of the genus. In a broad way these fall into two groups, the first, including such forms as *C. mülleri, C. debilis* and *C. sorbyana,* being characterized by an acuminate posterior extremity, while the second, embracing such species as *C. perforata, C. pinguis* and *C. incrassata,* the posterior end is blunt and the anterior end so wide that the outline is subtriangular, *C. subovata* evidently occupies an intermediate position though its affinities probably are with the second group rather than the first.

Length of a typical left valve 0.58 mm., height of same 0.50 mm., length of a typical right valve 0.93 mm., height of same 0.50 mm., thickness of perfect carapace 0.40 mm., length of left valve of a narrow variety 0.90 mm., height of same 0.47 mm., length of right valve of the short variety 0.78 mm., height of same 0.47 mm.

Occurrence.—CALVERT FORMATION. Plum Point.

Collections.—U. S. National Museum, Maryland Geological Survey.

CYTHERIDEA (?) CHESAPEAKENSIS n. sp.

Plate XXXVII, Fig. 9.

Description.—Right valve ovate-subtriangular, obtusely acuminate posteriorly, the dorsum arcuate and curving gradually into the anterior outline, which is rather narrowly rounded in the lower half; ventral margin straight in the anterior half and gently arcuate posteriorly. Surface rather strongly convex in the posterior half, sloping more gently forward. Ornament, consisting of small pits arranged in six or seven curved longitudinal rows, almost confined to the postventral third. Posterior extremity with a fringe of five or six small spines. Anterior edge with a narrow but sharply defined flat border. Test very thin. Hingement not satisfactorily determined, but it is certainly not like that of a true *Cythere.* The cardinal edge looks like that of a *Cytheridea,* but we failed to make out the denticles if these are really present. Possibly the species belongs to *Cytherideis.* Left valve unknown.

We are not entirely satisfied that the valve above described may not turn out to be the right valve of a species of *Cythere* like our *C. porcella,* but as the hinge, which appears to be in good condition, presented not a sign of the terminal teeth and sockets observed in that and all other species of *Cythere,* we felt obliged to classify the specimen in accordance with its known characteristics.

Length of a right valve 0.8 mm., greatest height of same 0.43 mm.

Occurrence.—CALVERT FORMATION. Plum Point.

Collections.—U. S. National Museum, Maryland Geological Survey.

Genus CYTHERIDEIS Jones.

CYTHERIDEIS ASHERMANI n. sp.

Plate XXXVII, Figs. 10-16.

Description.—Carapace moderately elongate, considerably wider posteriorly than anteriorly; ventral outline nearly straight, ends narrowly rounded and most prominent beneath the midheight, above curving toward the cardinal edge which is more gently arcuate. Ventral edge of right valve slightly sinuate. Surface rather coarsely punctate, the punctæ having no very striking arrangement though they often form irregular rows on the dorsal slope. On the longer specimens they constitute less of a feature than on the smaller examples.

Hingement consisting of a slight central overlap by the right valve and thin terminal bars that fit into corresponding sulci in the cardinal edge of the left valve.

This species compares perhaps best with *Cytherideis trigonalis* Jones, but is readily distinguished by its smaller size, more elongate form, more obtuse cardinal angles, and coarser markings.

The specific name is derived from that of Mr. George Asherman, of Cincinnati, Ohio, who has for years spent much time in the collection of these minute crustacea and to whom we are indebted for disinterested aid in the laborious task of picking specimens from our washings.

Length of a very large and unusually elongate right valve 0.94 mm., greatest height of same 0.44 mm., corresponding dimensions of a small right valve 0.62 mm. and 0.31 mm., length of a rather large left valve 0.80 mm., greatest height of same 0.41 mm., thickness of a complete carapace, having a length of 0.85 mm., about 0.3 mm.

Occurrence.—CALVERT FORMATION. Plum Point. Also in the CHESAPEAKE GROUP at Yorktown, Virginia.

Collections.—U. S. National Museum, Maryland Geological Survey.

CYTHERIDEIS CYLINDRICA n. sp.

Plate XXXVII, Fig. 17.

Description.—Carapace very frail, elongate, cylindrical, with rounded and nearly equal ends; ventral outline straight, dorsal very gently arcuate. A narrow marginal rim on the ends. Surface finely reticulate.

This is the most fragile of the *Ostracoda* occurring in the Plum Point washings. Its valves are always separated and they are not only difficult to mount without breaking, but, on account of the approximate quality of their ends, it is also difficult to distinguish the right from the left. The obtuse, subequal ends, the cylindrical form fragile test and reticulate ornament constitute a combination of characters not possessed by another species of the genus known to us. It is probably nearest our *Cytherideis longula.*

Length 0.9 mm., greatest height 0.37 mm.

Occurrence.—CALVERT FORMATION. Plum Point. (Not common.)

Collections.—U. S. National Museum, Maryland Geological Survey.

CYTHERIDEIS SUBÆQUALIS n. sp.

Plate XXXVII, Fig. 28.

Description.—Carapace elongate subreniform, with rounded, approximately equal ends, distinctly arcuate dorsum and slightly sinuate ventral outline. Left valve overlapping the right along the ventral margin. Test strong, surface sparsely pitted.

The general aspect of the closed carapace of this species is decidedly like that of a *Bythocypris,* and we deem it quite possible that its relations are with that family rather than the *Cytheridæ.* Still, considering the rather close agreement in external characters exhibited between it and the following two species, whose hingement is known to be in accordance with that of *Cytherideis,* we have considered ourselves justified in assuming provisionally that the same type of hingement pertains also to *C. subæqualis.* Compared with described Tertiary species there is none known to us from which it may not be distinguished with ease.

Length 0.88 mm., height 0.37 mm., thickness 0.35 mm.

Occurrence.—CALVERT FORMATION. Plum Point (Rare).

Collections.—U. S. National Museum, Maryland Geological Survey.

CYTHERIDEIS SEMICIRCULARIS n. sp.

Plate XXXVII, Figs. 18-20.

Description.—Carapace nearly semicircular in outline, the ventral border straight, the ends abruptly rounded. Left valve the larger, forming a slight dorsal and a longer ventral overlap. Greatest thickness of carapace just behind and a little below the middle. Surface closely pitted.

Distinguished by its semicircular outline.

Length of entire carapace 0.84 mm., greatest height of same 0.40 mm., thickness of same 0.37 mm., length of a right valve 0.75 mm., height of same 0.35 mm.

Occurrence.—CHOPTANK FORMATION. On Peach Blossom Creek, 3 miles southwest of Easton. CALVERT FORMATION. Plum Point.

Collections.—U. S. National Museum, Maryland Geological Survey.

CYTHERIDEIS LONGULA n. sp.

Plate XXXVII, Figs. 21-27.

Description.—Carapace elongate, subcylindrical, slightly curved, the ventral outline straight, the dorsal gently arcuate, the ends rounded, the posterior one much narrower than the anterior. Right valve the smaller, more arcuate dorsally than the left and very gently sinuate ventrally. Left valve with a sharply defined though narrow marginal rim on the anterior end; right valve with a similar flattened border on both ends. Surface pitted or reticulated, some variation in the size and distribution of the pits being shown among the abundant specimens before us. Hingement as demanded by the genus.

Distinguished from *C. subæqualis* by its greater length, unequal ends and marginal rims. *C. semicircularis* is shorter, a little thicker and differently outlined in lateral and ventral views. *C. cylindrica* has wider and more equal ends, a finer surface reticulation, and a less arcuate dorsal edge. The general aspect of *O. longula* is also very similar to that of the Eocene *Bythocypris parilis* Ulrich, but there are recognizable differences in their respective outlines, the dorsum of the *Bythocypris* being more arcuate and its ends more equal and without the flattened borders which are always present on the valves of *O. longula*. The reticulation or pitting of the surface also is a more conspicuous feature in the latter.

Length of entire carapace 0.90 mm., greatest height of same 0.36 mm., thickness of same 0.33 mm., length of a left valve 0.95 mm., greatest height of same 0.37 mm., length of a right valve 0.90 mm., greatest height of same 0.34 mm.

Occurrence.—CHOPTANK FORMATION. On Peach Blossom Creek, 3 miles southwest of Easton. CALVERT FORMATION. Plum Point and Church Hill.

Collection.—U. S. National Museum.

Genus CYTHEROPTERON G. O. Sars.

CYTHEROPTERON NODOSUM n. sp.

Plate XXXVIII, Figs. 37-40.

Description.—Of this remarkable species a single right valve only has been observed. It is strongly but very irregularly convex, with a low and broad swelling in the anterior half, another large protuberance in the postcardinal fourth, a third smaller node just within the depressed and somewhat produced posterior extremity, and a fourth, wing-like prominence, that attains a greater altitude than the other nodes, on the posterior end of a well-defined ventral ridge. In addition to these there is a small spine near the posteroventral angle and a small knob just within the anterodorsal angle. The outline is elongate, subtrapezoidal, the ends subequal, with the anterior slightly the wider, obliquely truncate, converging dorsally. The ventral outline is gently convex and slightly overhung by the posterior third of the ventral ridge. The dorsal outline is slightly concave, the concavity being due chiefly to the projection of the postcardinal node. The central part of the surface is depressed, forming a broad though not sharply defined sulcus. A sharply outlined, bevelled border encloses the ends, the posterior border continuing forward to about the middle of the ventral edge where the bevel is reversed and turned inward to form the small concave area that is more or less readily distinguishable on the majority of the OSTRACODA of this family. The anterior border does not meet the border coming from the opposite end but passes on above it as an impressed line which gradually becomes obsolete a short distance behind the middle of the ventral side. The surface ornament consists of somewhat scattered pits of moderate size.

Length of a right valve 0.68 mm., height of both ends each about 0.30 mm., greatest thickness about 0.25 mm.

The rudely nodose or hummocky surface of the valves of this species

9

will serve, we believe, in distinguishing it from all other described forms of the genus. Corresponding protuberances are indicated in two of Lienenklaus' species from the Miocene and Upper Oligocene of Germany, viz., in *C. denticulatum* very faintly, in *O. caudatum* more distinctly. This indication, however, consists of little more than what may be produced by the development of a median sulcus, so that there is still left a considerable gap between them and *C. nodosum*. Some resemblance is noted in comparing *C. nodosum* with *Cythere harrisiana* Jones, but we are not prepared to say that it indicates genetic relationship. However that may be, there can be no question concerning the specific distinctness of the two forms.

Occurrence.—CHESAPEAKE GROUP. James River, Va. Probably also in Maryland.

Collection.—U. S. National Museum.

SUBKINGDOM MOLLUSCA.

CLASS CEPHALOPODA.

Subclass TETRABRANCHIATA.

Order NAUTILOIDEA.

Suborder ORTHOCHOANITES.

Family NAUTILIDÆ.

Genus NAUTILUS Linné.

NAUTILUS (?) SP.

Plate XXXIX, Fig. 1.

A single fragment representing the peripheral portion of a septum of a large Nautiloid form has been found.

Length, 30 mm.; width, 25 mm.; depth, 6 mm.; thickness, 1.3 mm.

Occurrence.—CALVERT FORMATION. Plum Point.

Collection.—Cornell University.

Class GASTEROPODA.

Subclass EUTHYNEURA.

Order OPISTHOBRANCHIATA.

Suborder TECTIBRANCHIATA.

Family ACTÆONIDÆ.

Genus ACTÆON Montfort.

ACTÆON OVOIDES Conrad.

Plate XXXIX, Fig. 2.

Acteon ovoides Conrad, 1830, Jour. Acad. Nat. Sci. Phila., vol. vi, 1st ser., p. 227, pl. ix, fig. 24.
Actæon ovoides Conrad, 1842, Proc. Nat. Inst., Bull. ii, p. 186.
Actæon ovoides Conrad, 1863, Proc. Acad. Nat. Sci. Phila., vol. xiv, p. 570.
Actæon ovoides Meek, 1864, Miocene Check List, Smith. Misc. Coll. (183), p. 13.
Tornatella ovoides Meyer, 1888, Proc. Acad. Nat. Sci. Phila., vol. xl, p. 170.
Actæon ovoides Harris, 1893, Amer. Jour. Sci., ser. iii, vol. xlv, p. 28. Not *Actæon ovoides* Whitfield (*A. ovoidea* Gabb) = *Avellana ovoidea*.

Description.—" Shell ovate, smooth, polished, transversely striated; spire short and conical; aperture more than half the length of the shell; suture deeply impressed. The striæ are about twenty in number on the large whorl, and are impressed; the aperture is long and moderately wide, and the fold large." Conrad, 1830.

The shell is oblong-ovate, the most slender of our Maryland Actæons. The revolving lines alternate in strength, extend quite to the suture, and are punctate. There are sometimes as many as thirty revolving lines on the body whorl, and usually eight or ten on the earlier whorls.

Length, 10.5 mm.; diameter, 5.5 mm.

Occurrence.—ST. MARY'S FORMATION. Cove Point, St. Mary's River, Langley's Bluff. CHOPTANK FORMATION. Jones Wharf, Governor Run (lower bed), Greensboro. CALVERT FORMATION. Church Hill, Plum Point.

Collections.—Maryland Geological Survey, Johns Hopkins University, Philadelphia Academy of Natural Sciences, U. S. National Museum, Cornell University, Wagner Free Institute of Science.

ACTÆON PUSILLUS (Forbes).

Plate XXXIX, Fig. 3.

Tornatella pusilla Forbes, 1843, Rep. Brit. Assoc. Adv. Sci., p. 191.

Description.—" Shell ovate-globose, whitish; whorls 4, regularly and deeply punctate-striate; aperture oblong. Length 4, breadth 2 mm." Forbes, 1843.

This species does not seem to have ever been figured, and until authentic specimens have been seen the identification cannot be certain. The essential characters of the Maryland specimens are a short ovate-globose shell with a much depressed spire and with uniform, distant, regularly spaced revolving lines with faint punctæ.

Length, 4.5 mm.; diameter, 3 mm.

Occurrence.—ST. MARY'S FORMATION. St. Mary's River.

Collections.—Maryland Geological Survey, Johns Hopkins University, U. S. National Museum.

ACTÆON SHILOHENSIS Whitfield.

Plate XXXIX, Fig. 4.

Actæon punctostriatus Dall, 1890, Trans. Wagner Free Inst. Sci., vol. iii, pt. i, p. 14. (In part.)

Actæon Shilohensis Whitfield, 1894, Mon. xxiv, U. S. Geol. Survey, p. 137, pl. xxiv, figs. 15–17.

Description.—" Shell of about medium size, subglobular or broadly ovate, the transverse diameter being to the height about as three to five; spire short, the apical angle about 70 degrees. Volutions six, short in the spire, abruptly rounded on the top, giving an almost impressed suture line, and presenting a step-like appearance to the spire, rounded and full below; aperture moderately large, somewhat effuse below, the outer lip sharp; columella short and the fold very distinct and defined. Surface polished, with nearly equidistant impressed lines, except on the upper third of the height or on the exposed portion in the spire, where they are obsolete; lines generally clean, or free from punctæ or dots. Some of the interspaces on the lower part of the volution marked by an intermediate finer line.

" This species differs from several forms known in the Eocene formation in being more globular, and in having a shorter spire." Whitfield, 1894.

The specimens here referred to this species may be characterized as follows:

Shell twice as long as broad; mouth one-half the length of the shell; spire one-third the length of the shell; spire turreted, the later whorls regularly increasing in height; surface polished; lines of growth faint, slightly but uniformly convex toward the mouth; impressed revolving lines increasing in width and proximity toward the base of the whorl, with an intermediate revolving line most prominent in the middle of the whorl, principal revolving lines strongly punctate because of narrow raised longitudinal lines (of growth ?) which cross them.

The essential characteristics are that the striæ are alternate and are obsolete above the middle of the whorl. It differs from *A. punctostriatus* in being larger, more slender, and in having a larger part of the surface covered with the revolving striæ.

The type of *A. shilohensis* has a strongly turreted spire and no punctæ in the revolving striæ. If this is constant it makes the species distinct.

Actæon semistriatus Férussac has a strong resemblance to this form and is possibly identical with it. If so, Férussac's name will have priority. This question cannot be decided without authentic specimens.

Length, 10.5 mm.; diameter, 5.5 mm.

Occurrence.—ST. MARY'S FORMATION. Cove Point, Langley's Bluff. CALVERT FORMATION. Plum Point, 3 miles south of Chesapeake Beach.

Collections.—Maryland Geological Survey, Johns Hopkins University, U. S. National Museum.

ACTÆON CALVERTENSIS n. sp.

Plate XXXIX, Fig. 5.

Description.—Shell small, ovate and somewhat globose, loosely coiled, almost umbilicate, five-whorled; body whorl with about fourteen broad, almost flat, revolving ribs with narrower deeply-set grooves between them; lines of growth distinct and regular; surface polished.

Length, 4.5 mm.; diameter, 3 mm.

Occurrence.—CALVERT FORMATION. Plum Point.

Collection.—Cornell University.

Family TORNATINIDÆ.

Genus VOLVULA Adams.

VOLVULA IOTA (Conrad).

Plate XXXIX, Figs. 6, 7, 8, 9.

Bulla acuminata Conrad, 1830, Jour. Acad. Nat. Sci. Phila., vol. vi, 1st ser., p. 210.
Bulla acuminata Conrad, 1842, Proc. Nat. Inst., Bull. ii, p. 186.
Ovula iota Conrad, 1843, Proc. Acad. Nat. Sci. Phila., vol. i, p. 309.
Amphiceras iota Conrad, 1854, Proc. Acad. Nat. Sci. Phila., vol. vii, p. 31.
Volvula iota ? Harris, 1893, Amer. Jour. Sci., ser. iii, vol. xlv, p. 24.
Not Volvula acuminata Sowerby.

Description.—" Narrow-elliptical, with minute spiral lines towards the base; inner margin regularly arched above the middle of the shell, where the aperture is very narrow, widening a little towards the apex; aperture gradually expanding from the middle to the base; labrum very slightly rounded; labium reflected. Length, quarter of an inch." Conrad, 1843.

There are four varieties of *Volvula* in the Miocene of Maryland, some or all of which may be entitled to specific rank. It is very doubtful to which of these varieties Conrad intended the name *iota* to be applied. The original specimens came from Plum Point.

VOLVULA IOTA VAR. MARYLANDICA n. var.

Plate XXXIX, Fig. 6.

This is the form which Conrad referred to *acuminata*. It differs from the *acuminata* of the European authors in lacking a columella fold, and in being less elongate. It is distinguished from our other varieties by its sharp spire.

Length, 2.5 mm.; diameter, 1 mm.

Occurrence.—ST. MARY'S FORMATION. St. Mary's River, Cove Point, Langley's Bluff. CHOPTANK FORMATION. Paw Paw Point. CALVERT FORMATION. Plum Point.

Collections.—Maryland Geological Survey, Johns Hopkins University, U. S. National Museum.

VOLVULA IOTA VAR. DIMINUTA n. var.

Plate XXXIX, Fig. 7.

This form is long and slender and has a blunt spire. It is cylindrical and of nearly uniform diameter. It is to this form that Conrad applied the catalogue name " *diminuta.*"

Length, 4.7 mm.; diameter, 1.8 mm.

Occurrence.—ST. MARY'S FORMATION. St. Mary's River, Cove Point, Langley's Bluff.

Collections.—Maryland Geological Survey, Johns Hopkins University, U. S. National Museum.

VOLVULA IOTA VAR. CALVERTA n. var.

Plate XXXIX, Fig. 8.

This form also is cylindrical but differs from *var. diminuta* in being of much greater proportional diameter.

Length, 3.5 mm.; diameter, 1.5 mm.

Occurrence.—CALVERT FORMATION. Plum Point.

Collections.—Maryland Geological Survey, Johns Hopkins University, U. S. National Museum.

VOLVULA IOTA VAR. PATUXENTIA n. var.

Plate XXXIX, Fig. 9.

This form is somewhat shorter proportionally than *diminuta* and also differs from it in being much wider below than above. The sides are nowhere flat in profile but are gently rounded throughout.

In the National Museum are specimens from Duplin Co., N. C., which are identical with this variety, and which are labeled *V. oxytata Bush.* I have not seen authentic specimens of that species, but from the figures this would not seem to be the typical form.

Length, 5.5 mm.; diameter, 2 mm.

Occurrence.—CHOPTANK FORMATION. Jones Wharf, Governor Run, 2 miles south of Governor Run.

Collections.—Maryland Geological Survey, Johns Hopkins University, Cornell University.

Genus RETUSA Brown.

Subgenus CYLICHNINA Monterosato.

RETUSA (CYLICHNINA) MARYLANDICA n. sp.

Plate XXXIX, Fig. 10.

Description.—Shell small, nearly cylindrical, slightly smaller at the apex and with a suggestion of a constriction in the middle; surface covered with fine crowded longitudinal lines. This species resembles *Retusa sulcata* but is not as slender as that species.

Length, 3.5 mm.; diameter, 1.5 mm.

Occurrence.—ST. MARY'S FORMATION. St. Mary's River.

Collections.—Maryland Geological Survey, Johns Hopkins University, Cornell University, U. S. National Museum.

RETUSA (CYLICHNINA) CONULUS (Deshayes).

Plate XXXIX, Fig. 11.

Bulla conulus Deshayes, 1824, Desc. Coquilles Fossiles des Env. de Paris, vol. ii, p. 41, pl. v, figs. 34–36.

Description.—" Testâ ovato-conicâ, basi tenuissimè striatâ; columellâ subuniplicatâ, aperturâ supernè angustissimâ, basi dilatatâ; spirâ inclusâ, minimè perforatâ.

" Sa forme conique, son ouverture très-étroite, sa columelle marginée et qui offre un pli presque complet, sa petitesse, la finesse de ses stries et sa lèvre droite un peu sinueuse et souvent épaissie, sont de très-bons caractères. Les plus grands individus sont longs de cinq à six millimètres et larges de deux et demi à la base." Deshayes, 1824.

This is the first recognition of the occurrence of this widely distributed European Tertiary species on this side of the Atlantic.

Length, 5 mm.; diameter, 2 mm.

Occurrence.—CALVERT FORMATION. Plum Point, Church Hill, Centreville Well at depth of 170 feet.

Collections.—Maryland Geological Survey, Johns Hopkins University, Cornell University, U. S. National Museum.

RETUSA (CYLICHNINA) SUBSPISSA (Conrad).

Plate XXXIX, Fig. 12.

Bulla subspissa Conrad, 1848, Proc. Acad. Nat. Sci. Phila., vol. iii, p. 20, pl. i, fig. 29.
Bulla subspissa Conrad, 1863, Proc. Acad. Nat. Sci. Phila., vol. xiv, p. 571.
Bulla subspissa Meek, 1864, Miocene Check List, Smith. Misc. Coll. (183), p. 18.

Description.—" Oblong-oval, thick, ventricose in the middle; labium rounded or ventricose; margin of labrum straight above; base minutely umbilicated." Conrad, 1848.

This form is very rare. Perhaps it should be called a variety of *C. conulus,* to which it is most nearly related.

Length, 4 mm.; diameter, 2.5 mm.

Occurrence.—CALVERT FORMATION. Plum Point.

Collections.—Maryland Geological Survey, Cornell University, Philadelphia Academy of Natural Sciences, U. S. National Museum.

Family SCAPHANDRIDAE.

Genus CYLICHNA Loven.

CYLICHNA (?) GREENSBOROËNSIS n. sp.

Plate XXXIX, Fig. 13.

Description.—Small, slender, tapering anteriorly, surface everywhere non-cylindrical; sculpture absent; mouth widest below.

There is a specimen in the National Museum from Plum Point which apparently belongs to this species.

Length, 3.5 mm.; diameter, 1.5 mm.

Occurrence.—CHOPTANK FORMATION. Greensboro. CALVERT FORMATION (?). Plum Point (?).

Collections.—Maryland Geological Survey, U. S. National Museum.

CYLICHNA CALVERTENSIS n. sp.

Plate XXXIX, Figs. 14, 15.

Description.—Shell small, cylindrical, without sculpture; spire hidden; spiral end nearly flat; proportional length variable.

Length, 3 mm.; diameter, 1.3 to 1.5 mm.

Occurrence.—CALVERT FORMATION. Plum Point.

Collections.—Maryland Geological Survey, Johns Hopkins University, Cornell University, U. S. National Museum.

Subclass STREPTONEURA.

Order CTENOBRANCHIATA.

Suborder ORTHODONTA.

Superfamily TOXOGLOSSA.

Family TEREBRIDÆ.

Genus TEREBRA Adanson.

TEREBRA UNILINEATA Conrad.

Plate XL, Figs. 1-2.

Cerithium unilineatum Conrad, 1841, Amer. Jour. Sci., vol. xli, p. 345, pl. ii, fig. 4.

Cerithium unilineatum Conrad, 1843, Trans. Assoc. Amer. Geol. and Nat., p. 108, pl. v, fig. 4.

Acus unilineata Tuomey and Holmes, 1856, Pleiocene Fossils of South Carolina, p. 137, pl. xxviii, fig. 7.

Terebra unilineata Emmons, 1858, Rept. N. Car. Geol. Survey, p. 258, fig. 129.

Terebra (Acus) unilineata Conrad, 1863, Proc. Acad. Nat. Sci. Phila., vol. xiv, p. 565.

Description.—"Slightly turrited; volutions with each a spiral impressed line above the middle; space between this line and suture with oblique plicæ." Conrad, 1841.

"Shell thick, elongate bands alternate, acute, tapering gradually to a point; whirls many, seventeen or eighteen, and ornamented by revolving impressed lines, and passing just above the middle of the whirl; the upper part of the spire is also marked by short longitudinal ribs, which are interrupted by spiral lines. Oblique lines of growth are usually conspicuous. In old specimens, the ribs are obsolete." Emmons, 1858.

The body whorl of Emmons' figured specimen is proportionately longer than indicated in his figure.

We have a single fragment, the body whorl and part of the next. The sculpture is somewhat obsolete.

Length of fragment, 22 mm.; diameter, 13 mm.

Occurrence.—CALVERT FORMATION. Plum Point.

Collection.—Maryland Geological Survey.

Subgenus ACUS Adams.

TEREBRA (ACUS) CURVILINEATA Dall.

Plate XL, Figs. 3, 4, 5, 6, 7.

Terebra curvilirata Heilprin, 1887, Proc. Acad. Nat. Sci. Phila., vol. xxxix, p. 399.
Terebra simplex, small var. Harris, 1893, Amer. Jour. Sci., ser. iii, vol. xlv, p. 24.
Terebra curvilineata Whitfield, 1894, Mon. xxiv, U. S. Geol. Survey, p. 113, pl. xx,
    figs. 14–17.   (In part.)
Terebra (Acus) curvilineata Dall, 1895, Proc. U. S. Nat. Museum, vol. xviii, p. 36.
Not *Terebra (Acus) curvilineata* Meek.

Description.—" Shell acute-conic, solid, with 12 to 14 moderately convex whorls; early whorls more flatsided, with numerous narrow, transverse, slightly waved riblets extending from suture to suture, with about
equal interspaces; suture very distinct; sutural band formed by a vaguely
limited constriction, not a groove; a short distance in front of the suture
the ends of the ribs thus delimited from the rest have a tendency to
coronate the whorl; on the later whorls the ribs become less regular and
somewhat less prominent; aperture longer than wide; outer lip simple;
pillar elongated, twisted, smooth; siphonal fasciole very distinct. Longitude, 27; maximum diameter, 9.5 mm. in a specimen of 14 whorls."
Dall, 1895.

The range of variation covered by Dr. Dall's type specimens (which
include Whitfield's) and by his description is very considerable and several varieties may safely be recognized.

The name "*Terebra curvilineata*" first appeared as the result of a
misprint, being used by Meek in his "Check List" for *T. curvilirata*
Conrad. Whitfield then used the name for the New Jersey forms, igno-
rant both that Conrad's name was not "*curvilineata*" and that his own
specimens were not the same as Conrad's. Whitfield's specimens belong
to the varieties *whitfieldi* and *dalli* as here established. Heilprin had
already listed the New Jersey forms as *curvilirata* Conrad. A year after
Whitfield's paper appeared Dall described the species *curvilineata* as
new, basing it upon Whitfield's figured specimens together with material
from Greensboro which is here placed in the variety *dalli*. Associated
at Plum Point with the varieties above mentioned is a third, below named
calvertensis, which is as closely related to *dalli* and *whitfieldi* as they
are to each other.

The occurrence and further description is given below under each variety.

TEREBRA (ACUS) CURVILINEATA VAR. WHITFIELDI n. var.

Plate XL, Figs. 3, 4.

Terebra curvilineata Whitfield, 1894, Mon. xxiv, U. S. Geol. Survey, pl. xx, figs. 15–17.

Description.—Shell elongated, tapering slowly; whorls with a slight constriction below the suture (in the mature individuals) above which the longitudinal ribs are very slightly tuberculate. In the young shells the longitudinal ribs are continuous, without interruption or undulation, from suture to suture. Between the ribs are fine but sharp revolving striæ.

The young of this variety bears a very strong resemblance to *Terebra* (*Hastula*) *venusta* Lea, of the Claibornian Eocene, and probably *venusta* is the ancestral form. The resemblance is so close that if the characters did not change so much in the adult we would have to refer some of our young specimens to the Eocene species.

This variety occurs in the CALVERT FORMATION at Jericho, N. J., and is represented by figures 15 to 17 of Whitfield's report.

Length (of fragment), 16 mm.; diameter, 5.7 mm.

Occurrence.—CALVERT FORMATION. Plum Point.

Collections.—Maryland Geological Survey, U. S. National Museum.

TEREBRA (ACUS) CURVILINEATA VAR. DALLI n. var.

Plate XL, Fig. 5.

Terebra simplex, small var. Harris, 1893, Amer. Jour. Sci., ser. iii, vol. xlv, p. 24.
Terebra (Acus) curvilineata Dall, 1895, Proc. U. S. Nat. Museum, vol. xviii. [No. 1035], p. 36. (In part.)

Description.—Shell acute; whorls flat-sided or very slightly convex; ribs becoming obsolete on the later whorls, usually continuous—never entirely cut by a subsutural band; a slight subsutural constriction is sometimes present, but it produces merely a slight undulation in the ribs; revolving lines extremely faint or entirely absent.

This variety includes all those forms referred by *D*all to *curvilineata* except the specimen with sharp revolving lines which Whitfield had previously figured as " figs. 15-17." This variety is probably the predecessor of *T. simplex,* to which it has a strong resemblance.

Length, 27 mm.; diameter, 9.5 mm.

Occurrence.—CHOPTANK FORMATION. Greensboro, Jones Wharf, Sand Hill (?). CALVERT FORMATION. Plum Point, Church Hill, 3 miles south of Chesapeake Beach.

Collections.—Maryland Geological Survey, Johns Hopkins University, U. S. National Museum, Cornell University.

TEREBRA (ACUS) CURVILINEATA VAR. CALVERTENSIS n. var.

Plate XL, Figs. 6, 7.

Description.—Shell elongate, tapering slowly; whorls constricted about one-third of the way below the suture by a distinct groove above which the ribs are strongly tuberculate; ribs straight, regular, distant; no spiral sculpture.

Length (of fragment), 17 mm.; diameter, 5 mm.

Occurrence.—CALVERT FORMATION. Plum Point.

Collections.—Maryland Geological Survey, Johns Hopkins University, U. S. National Museum.

TEREBRA (ACUS) CURVILIRATA Conrad.

Plate XL, Fig. 8.

Terebra curvilirata Conrad, 1843, Proc. Acad. Nat. Sci. Phila., vol. i, p. 327.

Terebra curvilirata Conrad, 1863, Proc. Acad. Nat. Sci. Phila., vol. xiv, p. 565.

Terebra (Acus) curvilineata Meek, 1864, Miocene Check List, Smith. Misc. Coll. (183), p. 18.

Terebra curvilineata Whitfield, 1894, Mon. xxiv, U. S. Geol. Survey, p. 113. (In part.)

Terebra (Acus) curvilirata Dall, 1895, Proc. U. S. Nat. Museum, vol. xviii |No. 1035], p. 37.

Not *Terebra curvilirata* Heilprin.

Description.—" Subulate, whorls with a revolving impressed line below and near the suture; beneath this line the whorls are convex; ribs longitudinal, curved, acute, dislocated by the impressed line; revolving lines minute, crowded, obsolete; columella sinuous. Length one and a quarter inches.

" Differs from *Cerithium dislocatum,* Say, in wanting the distinct revolving lines, and the small dislocated portion of the ribs are not of a tubercular form; the aperture is longer and narrower." Conrad, 1843.

" The shell is small, not exceeding 30 mm. in length, with rather swollen whorls constricted narrowly above, much as in *Pleurotoma* of the section *Cymatosyrinx*. The ribs are about 12 to the whorl and most prominent at the periphery; their posterior ends are constricted off near the suture without any distinct groove or incised line; they are strongly curved in front of the constriction; the surface has extremely faint, obsolete spiral sculpture, only visible with the aid of a lens; the pillar thin, simple, and twisted, rather short; the nucleus is conical, of four smooth whorls like a small, very much elevated *Calliostoma*, except that the whorls are rounded. A specimen 15 mm. long had ten whorls, exclusive of the nucleus, and a maximum diameter of 4.75 mm." *Dall,* 1895.

Length, 27 mm.; diameter, 7 mm.

Occurrence.—St. Mary's Formation. St. Mary's River.

Collections.—Maryland Geological Survey, Johns Hopkins University, Philadelphia Academy of Natural Sciences, U. S. National Museum, Wagner Free Institute of Science, Cornell University.

Terebra (Acus) sincera Dall.

Plate XL, Fig. 9.

Terebra (Acus) sincera Dall, 1895, Proc. U. S. Nat. Museum, vol. xviii [No. 1035], p. 37.

Description.—" Shell small, thin, acute-conic, flat-whorled, with feeble sculpture; whorls ten, without the nucleus; anterior half of the whorls, with fine, feeble, spiral threading overrunning the ribs, posterior half without spirals, but divided into two equal parts by a spiral groove visible between the ribs; transverse sculpture of fine, low, even, narrow, arched riblets, with wider interspaces, extending clear across the whorls; suture distinct, sutural band obscure, not swollen; aperture longer than wide, outer lip thin, arched in harmony with the ribs; pillar short, smooth, or faintly excavated; canal recurved, not contracted. Longitude, 22; maximum diameter, 5 mm.

" When superficially eroded the ribs are more prominent, as is the succeeding whorl at the suture, and the whorls may have a slightly turrited appearance." Dall, 1895.

This form is most closely related to *T. curvilirata,* from which it differs in lacking distinct subsutural tubercles and in possessing strong spiral threading.

Length, 22 mm.; diameter, 5 mm.

Occurrence.—ST. MARY'S FORMATION. St. Mary's River.

Collections.—Maryland Geological Survey, U. S. National Museum, Wagner Free Institute of Science.

Subgenus HASTULA H. & A. Adams.

TEREBRA (HASTULA) SIMPLEX Conrad.

Plate XL, Fig. 10.

Terebra simplex Conrad, 1830, Jour. Acad. Nat. Sci. Phila., vol. vi, 1st ser., p. 226, pl. ix, fig. 22.

Terebra simplex Conrad, 1842, Proc. Nat. Inst., Bull. ii, pp. 185, 187.

Terebra simplex Conrad, 1863, Proc. Acad. Nat. Sci. Phila., vol. xiv, p. 565.

Terebra (Acus) simplex Meek, 1864, Miocene Check List, Smith. Misc. Coll. (183), p. 18.

Terebra (Subula) simplex Conrad, 1868, Amer. Jour. Conch., vol. iv, p. 68, pl. v, fig. 5.

Terebra simplex Harris, 1893, Amer. Jour. Sci., ser. iii, vol. xlv, p. 28.

Terebra simplex Dall, 1895, Proc. U. S. Nat. Museum, vol. xviii [No. 1035], p. 34.

Description.—" Shell elongate conical, smooth, with plain undivided whorls; sides straight; the lines of growth are very distinct, and the large whorl slopes abruptly towards the base; the aperture is rather large." Conrad, 1830.

" Subulate; volutions 10 to 12, sides nearly straight, slightly depressed above the middle; on the whorls toward the apex this depression is more like an impressed line near the suture; lines of growth distinct and curved; body whorl rather abruptly rounded at base." Conrad, 1868.

Length, 45 mm.; diameter, 12 mm.

Occurrence.—ST. MARY'S FORMATION. St. Mary's River, Cove Point, Langley's Bluff.

Collections.—Maryland Geological Survey, Johns Hopkins University, Philadelphia Academy of Natural Sciences, U. S. National Museum, Wagner Free Institute of Science, Cornell University.

TEREBRA (HASTULA) SIMPLEX VAR. SUBLIRATA Conrad.

Plate XL, Fig. 11.

Terebra sublirata Conrad, 1863, Proc. Acad. Nat. Sci. Phila., vol. xiv, p. 565.
(Name only.)
Terebra (Acus) sublirata Meek, 1864, Miocene Check List, Smith. Misc. Coll. (183),
p. 18.

Description.—General form like *simplex;* suture more distinct; whorls somewhat turreted; faint longitudinal lirations extend from suture to suture; an impressed subsutural line sometimes appears on the body whorl at about one-fourth the distance to the base.

Length, 38 mm.; diameter, 10 mm.

Occurrence.—ST. MARY'S FORMATION. St. Mary's River, Cove Point.

Collections.—Maryland Geological Survey, Johns Hopkins University, U. S. National Museum, Philadelphia Academy of Natural Sciences, Wagner Free Institute of Science, Cornell University.

TEREBRA (HASTULA) INORNATA Whitfield.

Plate XL, Figs. 12, 13.

Terebra inornata Whitfield, 1894, Mon. xxiv, U. S. Geol. Survey, p. 114, pl. xx,
figs. 11-13.
Terebra (Hastula) inornata Dall, 1895, Proc. U. S. Nat. Museum, vol. xviii [No.
1035], p. 35.

Description.—" Shell below medium size and very slender, consisting of twelve or more volutions; spire attenuated; volutions sloping abruptly for about one-third of their exposed surface below the suture, below which point their sides are vertical, parallel, and destitute of ornamentation other than fine lines of growth, except on a few of the apical volutions; where, when perfect, there are faint vertical ridges; aperture narrow, elongate, forming about three-fifths of the height of the body volution at its margin; outer lip thin and sharp; columella twisted, slightly excavated on its face, and marked by a thickened spiral rib near the base; channel slight." Whitfield, 1894.

" Shell small, slender, nearly smooth, without any sutural band or spiral sculpture, and with about a dozen whorls; early whorls with a few obsolete transverse riblets, other whorls with no sculpture except the somewhat irregular incremental lines; whorls rather flat, suture distinct, closely oppressed; aperture longer than wide; outer lip thin; nearly straight, simple; pillar short, simple, twisted; the canal moderately wide; base rounded, without a carina. Longitude, 18; maximum diameter, 4 mm." *Dall*, 1895.

This species does not occur at Shiloh, N. J., as Dr. Dall believed. Whitfield recorded his New Jersey specimens as from the Cape May well, where they are associated with other St. Mary's species.

Length, 21 mm.; diameter, 5 mm.

Occurrence.—St. Mary's Formation.   St. Mary's River, Cove Point, Langley's Bluff.   Choptank Formation.   Jones Wharf.

Collections.—Maryland Geological Survey, Johns Hopkins University, U. S. National Museum, Philadelphia Academy of Natural Sciences, Wagner Free Institute of Science, Cornell University.

Terebra (Hastula) patuxentia n. sp.

Plate XL, Fig. 14.

Description.—Shape like *inornata,* except that the sides of the whorls are flat.   Entire shell covered with fine, close, distinct spiral lines.   On the younger whorls are many narrow ribs running straight from suture to suture.   On the lower whorls these become obsolete and irregular, remaining most distinct immediately below the suture.

Length (restored), 13 mm.; diameter, 3 mm.

Occurrence.—Choptank Formation.   Jones Wharf.

Collection.—Maryland Geological Survey.

Family CONIDÆ.

Genus CONUS Linné.

Conus diluvianus Green.

Plate XL, Figs. 15, 16, 17.

Conus Deluvianus Green, 1830, Trans. Albany Institute, vol. i, p. 124.
Conus diluvianus Conrad, 1830, Jour. Acad. Nat. Sci. Phila., vol. vi, 1st ser., p. 211.
Conus diluvianus Conrad, 1842, Proc. Nat. Inst., Bull. ii, p. 187.
Not *Conus diluvianus* Tuomey and Holmes or Emmons.

Description.—" Shell conical, and somewhat elongated; spire elevated and rather acute; whorls slightly grooved and concave; base of the columella slightly twisted inwards; length three inches and less than half

10

as broad. A few transverse impressed lines may be seen in the aperture. It has some resemblance to the Marylandicus but differs from that shell in the spire not being carinated; in the whorls being concave, and in the general contour of the shell." Green, 1830.

Length, 67 mm.; diameter, 33 mm.

Occurrence.—St. Mary's Formation. St. Mary's River, Langley's Bluff.

Collections.—Maryland Geological Survey, Johns Hopkins University, Philadelphia Academy of Natural Sciences, U. S. National Museum, Cornell University.

Conus marylandicus Green.

Conus Marylandicus Green, 1830, Trans. Albany Institute, vol. i, p. 124, pl. iii, fig. 2.
Conus diluvianus Tuomey and Holmes, 1856, Pleiocene Fossils of South Carolina, p. 132, vol. xxvii, fig. 15.
Conus diluvianus Emmons, 1858, Rept. N. Car. Geol. Survey, p. 263, fig. 143.
Conus marylandicus Dall, 1895, Proc. U. S. Nat. Museum, vol. xviii [No. 1035], p. 42.

Description.—" Shell conical, pyriform, with 8 or 10 deep grooves at the base. In some specimens, upon a very close examination, impressed transverse lines may be discovered on the upper half of the body whorl; spire elevated and acute; the whorls channeled and carinated on their lower edges: length an inch and a half, and half as broad." Green, 1830.

There is nothing further to indicate that this species occurs in Maryland.

Family PLEUROTOMIDÆ.

Genus PLEUROTOMA Lamarck.

Subgenus HEMIPLEUROTOMA Cossmann.

Pleurotoma (Hemipleurotoma) albida Perry.

Plate XLI, Fig. 1.

Pleurotoma albida Perry, 1811, Conch., expl. pl. xxxii, fig. 4.
Pleurotoma albida Dall, 1890, Trans. Wagner Free Inst. Sci., vol. iii, pt. i, p. 28, pl. iv, fig. 8a.

Description.—Shell elongate, eight-whorled, spire and beak attenuate, spire sloping uniformly from the shoulder of the body-whorl; each whorl of the spire with one strong revolving rib in the center, with a secondary one on each side of it, and several intermediate ones between; body whorl with several ribs below those represented on the spire; notch on the shoulder (central rib), and marked rugose lines of growth.

Length (restored), 25 mm.; diameter, 8 mm.

Occurrence.—CHOPTANK FORMATION.   Jones Wharf, Dover Bridge.

Collection.—Maryland Geological Survey.

PLEUROTOMA (HEMIPLEUROTOMA) COMMUNIS Conrad.

Plate XLI, Figs. 2, 3.

Pleurotoma communis Conrad, 1830, Jour. Acad. Nat. Sci. Phila., vol. vi, 1st ser., p. 224, pl. ix, fig. 23.

Pleurotoma communis Conrad, 1842, Proc. Nat. Inst., Bull. ii, p. 186.

Pleurotoma communis Emmons, 1858, Rept. N. Car. Geol. Survey, p. 264.

Surcula communis Conrad, 1863, Proc. Acad. Nat. Sci. Phila., vol. xiv, p. 561.

Surcula communis Meek, 1864, Miocene Check List, Smith. Misc. Coll. (183), p. 21.

Pleurotoma communis Harris, 1893, Amer. Jour. Sci., ser. iii, vol. xlv, p. 28.

Description.—" Shell subfusiform, smooth, with one obtuse carina revolving in the middle of each whorl, except the last, which has three; the lowest one obsolete; beak attenuated and slightly recurved.

" This is a numerous species of the locality at St. Mary's River." Conrad, 1830.

The sides of each whorl are straight or nearly so, and the medial carina is sharply elevated.   The siphonal notch is not deep but is on the shoulder of the whorl.

Length, 25 mm.; diameter, 7 mm.

Occurrence.—ST. MARY'S FORMATION.   St. Mary's River, Cove Point, Langley's Bluff.

Collections.—Maryland Geological Survey, Johns Hopkins University, U. S. National Museum, Philadelphia Academy of Natural Sciences, Wagner Free Institute of Science, Cornell University.

PLEUROTOMA (HEMIPLEUROTOMA) COMMUNIS .VAR. PROTOCOMMUNIS n. var.

Plate XLI, Figs. 4, 5, 6.

Description.—Shell fusiform, elongate, of thick substance, nine-whorled; spire high; body whorl short, beak attenuate, straight; whorls constricted at the suture and obtusely angular and sometimes carinated in the center; whorls with a minor carina at the suture and usually 8 or 10 revolving lines on each whorl of the spire; body whorl strongly striate.

Length, 33 mm.; diameter, 10 mm.

Occurrence.—CALVERT FORMATION. Plum Point.

Collections.—Maryland Geological Survey, Cornell University, U. S. National Museum.

PLEUROTOMA (HEMIPLEUROTOMA) CHOPTANKENSIS n. sp.

Plate XLI, Fig. 7.

Description.—Shell subfusiform, nine-whorled; whorls moderately convex with sometimes a subsutural band which is flat or concave; lines of growth strong, sometimes developing oblique costæ on the shoulder; notch moderately deep, situated at or slightly above the shoulder; surface polished, and with faint impressed spiral lines, with slightly convex interspaces, on the lower part of the body whorl; anterior canal of moderate length, slightly curved.

This species is very abundant at Jones Wharf.

Length, 15 mm.; diameter, 4 mm. (maximum diameter, 7 mm.).

Occurrence.—CHOPTANK FORMATION. Jones Wharf, Greensboro.

Collections.—Maryland Geological Survey, Johns Hopkins University.

PLEUROTOMA (HEMIPLEUROTOMA) BELLACRENATA Conrad.

Plate XLI, Figs. 8, 9.

Pleurotoma bellacrenata Conrad, 1841, Proc. Acad. Nat. Sci. Phila., vol. i, p. 30.
Pleurotoma bellacrenata Conrad, 1842, Jour. Acad. Nat. Sci. Phila, vol. viii, 1st ser., p. 185.
Pleurotoma bellacrenata Conrad, 1842, Proc. Nat. Inst., Bull. ii, p. 181.
Surcula bella-crenata Conrad, 1863, Proc. Acad. Nat. Sci. Phila., vol. xiv, p. 561.
Surcula bella-crenata Meek, 1864, Miocene Check List, Smith. Misc. Coll. (183), p. 21.
Pleurotoma bellacrenata Harris, 1894, Amer. Jour. Sci., ser. iii, vol. xlv, p. 24.

Description.—" Fusiform; whorls much contracted below the middle, with obsolete spiral lines, and crenate above the suture and on the shoulder of body whirl; body whirl with five or six strong spiral striæ, and an intermediate fine line; back finely striated. Length 1⅜ inch." Conrad, 1841.

The siphonal notch is on the shoulder of the whorl and is very distinct. The lines of growth bend sharply at the base of the sinus.

The beak is very short and somewhat twisted at the end, the twist extending upward on the columella.

Length (restored), 45 mm.; diameter, 13 mm.

Occurrence.—CALVERT FORMATION. Plum Point.

Collections.—Maryland Geological Survey, Johns Hopkins University, U. S. National Museum, Cornell University.

PLEUROTOMA (HEMIPLEUROTOMA) CALVERTENSIS n. sp.

Plate XLI, Figs. 10, 11.

Pleurotoma calvertensis ? Harris, 1893, Amer. Jour. Sci., ser. iii, vol. xlv, p. 24. (Name only.)

Description.—Shell subfusiform, slender, eight-whorled; upper third of each whorl flat, with two or three impressed spiral lines; lower part strongly convex, with rounded oblique costæ which are sometimes recurved at the upper end, and are usually crossed by about four faint, regular, impressed spiral lines and another stronger one above the suture; body whorl with about fifteen distinct impressed spirals below the costated shoulder; lines of growth strong, sweeping in broad curves around the notch which is on the shoulder; surface polished; suture impressed; beak short and slightly twisted.

There is a specimen in the National Museum which differs from the normal forms in having the longitudinal ribs almost obsolete, and in having a deep impressed revolving groove a short distance below the suture.

Length, 21 mm.; diameter, 6 mm.

Occurrence.—CALVERT FORMATION. Plum Point.

Collections.—Maryland Geological Survey, Johns Hopkins University, U. S. National Museum, Cornell University.

Genus SURCULA H. and A. Adams.

SURCULA RUGATA Conrad.

Plate XLI, Figs. 12a, 12b.

Surcula rugata Conrad, 1862, Proc. Acad. Nat. Sci. Phila., vol. xiv, p. 285.
Surcula rugata Conrad, 1863, Proc. Acad. Nat. Sci. Phila., vol. xiv, p. 561.
Surcula rugata Meek, 1864, Miocene Check List, Smith. Misc. Coll. (183), p. 21.

Description.—" Fusiform, turriculate; whorls 10, lower half obtusely ribbed, upper half concave, subangular, with much curved, rugose lines

of growth; beneath the suture whorls obtusely subcarinated, distinct revolving lines over the ribbed portion, minute and obsolete above it;
suture profound; body whorl and beak striated; beak slightly curved."
Conrad, 1862.

The sinus is in the middle of the subsutural concavity. It is very
deep and distinct but gently rounded.

Length, 32 mm.; diameter, 12 mm.

Occurrence.—CHOPTANK FORMATION. Jones Wharf. CALVERT FOR-
MATION. Plum Point.

Collections.—Maryland Geological Survey, Johns Hopkins University,
U. S. National Museum, Philadelphia Academy of Natural Sciences.

SURCULA MARYLANDICA Conrad.

Plate XLI, Fig. 13.

Pleurotoma Marylandica Conrad, 1841, Proc. Acad. Nat. Sci. Phila., vol. i, p. 30.
Pleurotoma Marylandica Conrad, 1842, Jour. Acad. Nat. Sci. Phila., vol. viii, 1st.
    ser., p. 185.
Pleurotoma Marylandica Conrad, 1842, Proc. Nat. Inst., Bull. ii, p. 182.
Surcula Marylandica Conrad, 1863, Proc. Acad. Nat. Sci. Phila., vol. xiv, p. 561.
Surcula marylandica Meek, 1864, Miocene Check List, Smith. Misc. Coll. (183),
    p. 21.
? *Pleurotoma marylandica* Meyer, 1888, Proc. Acad. Nat. Sci. Phila., vol. xl, p. 170.
Pleurotoma marylandica Harris, 1893, Amer. Jour. Sci., ser. iii, vol. xlv, p. 24.

Description.—"Fusiform, with spiral wrinkled lines; upper half of
whorls of spire concave, the lower convex, and with oblique ribs. Length
2½ inches." Conrad, 1841.

The spire and beak are attenuate, and the beak straight. The whorls
are covered with distinct revolving spirals. The siphonal notch is above
the shoulder, making the ribs oblique where they cross the shoulder.
This species is distinguished by its oblique ribs, faint sculpture, and
long, straight beak.

Length, 50 mm.; diameter, 16 mm.

Occurrence.—CALVERT FORMATION. Plum Point.

Collections.—Maryland Geological Survey, Johns Hopkins University,
Philadelphia Academy of Natural Sciences, U. S. National Museum,
Cornell University.

SURCULA BISCATENARIA Conrad.

Plate XLI, Fig. 14.

Pleurotoma catenata Conrad, 1830, Jour. Acad. Nat. Sci. Phila., vol. vi, 1st ser., p. 223, pl. ix, fig. 13.
Pleurotoma biscatenaria Conrad, 1834, Jour. Acad. Nat. Sci. Phila., vol. vii, 1st ser., p. 140.
Pleurotoma biscatenaria Conrad, 1842, Proc. Nat. Inst., Bull. ii, p. 186.
Surcula biscatenaria Conrad, 1863, Proc. Acad. Nat. Sci. Phila., vol. xiv, p. 561.
Surcula biscatenaria Meek, 1864, Miocene Check List, Smith. Misc. Coll. (183), p. 20.
Not *Pleurotoma catenata* Lamarck.

Description.—" Shell subfusiform; with two approximate chainlike or nodose carinæ on each whorl; the large whorl with strong revolving and intervening finer striæ; spire elevated, conical; whorls concave on the upper part; beak slightly recurved.

" The carinæ upon the whorls of the spire are placed nearest the base: the old shells of this species become quite thick, and have the right lip much arcuated; the spire occupies about half the length of the shell." Conrad, 1830.

This species has the deep, narrow, sharply incised notch of a true *Pleurotoma,* but the notch is distinctly above the shoulder near the center of the subsutural concavity.

There are specimens in the National Museum which probably belong to this species, although they may represent a variety. The only difference of these forms is that the notch is somewhat less sharply incised.

Length, 40 mm.; diameter, 15 mm.

Occurrence.—ST. MARY'S FORMATION. St. Mary's River. CHOPTANK FORMATION. Jones Wharf. CALVERT FORMATION. Plum Point (?).

Collections.—Maryland Geological Survey, Johns Hopkins University, U. S. National Museum, Cornell University.

SURCULA ENGONATA Conrad.

Plate XLI, Fig. 15.

Surcula engonata Conrad, 1862, Proc. Acad. Nat. Sci. Phila., vol. xiv, p. 285.
Surcula engonata Meek, 1864, Miocene Check List, Smith. Misc. Coll. (183), p. 21.
Not *Cochlespira engonata* Conrad, 1865.

Description.—" Fusiform; whorls 8, turrited, nodulose on the angle, very minute revolving lines above the angle, distinct below it; one line more prominent near and below the suture; labrum margin rounded; body whorl with obsolete revolving lines." Conrad, 1862.

The subsutural band is deeply concave and the shoulder is very prominent and strongly nodular. The sinus is deep and gently rounded and is in the center of the subsutural band. The body whorl is as long as the spire, and the beak is attenuated and somewhat twisted.

Length, 16 mm.; diameter, 5 mm.

Occurrence.—St Mary's Formation. St. Mary's River.

Collections.—Maryland Geological Survey, Johns Hopkins University.

Surcula rotifera Conrad.

Plate XLI, Fig. 16.

Pleurotoma rotifera Conrad, 1830, Jour. Acad. Nat. Sci. Phila., vol. vi, 1st ser., p.
224, pl. ix, fig. 9.
Surcula rotifera Conrad, 1863, Proc. Acad. Nat. Sci. Phila., vol. xiv, p. 561.
Surcula rotifera Meek, 1864, Miocene Check List, Smith. Misc. Coll. (183), p. 21.

Description.—" Shell subfusiform; spire with an elevated crenulated carina on each whorl; two approximate carinæ near the middle of the large volution; sinus profound." Conrad, 1830.

The " *elevated crenulated carina* " occupies the middle of each whorl of the spire, and the shoulder of the body whorl. Below this, on the body whorl, are about ten elevated revolving lines, not carinated. The spire is coiled upon the second and most prominent of these. The sinus is deep and gently rounded and is situated half way between the shoulder and the suture.

Length, 25 mm.; diameter, 9 mm (8 whorls).

Occurrence.—St. Mary's Formation. St. Mary's River. Calvert Formation. Plum Point.

Collections.—Maryland Geological Survey, Johns Hopkins University, Philadelphia Academy of Natural Sciences, U. S. National Museum.

Surcula mariana n. sp.

Plate XLI, Fig. 17.

Description.—Shell six-whorled; whorls strongly convex and deeply constricted at the suture, each with three or four smooth revolving ridges; carinal ridge much stronger than the rest, next ridge closely above it and much smaller, and between that and the suture the surface is smooth save for faint, gently incurving lines of growth, which are obsolete elsewhere.

Length, 10 mm.; diameter, 4.5 mm.

This is referred to *Surcula* with considerable doubt, as the lip is broken and the growth lines almost obsolete.

Occurrence.—St. Mary's Formation. St. Mary's River.

Collection.—Maryland Geological Survey.

Genus MANGILIA Risso.

Mangilia parva (Conrad).

Plate XLII, Figs. 1, 2.

Pleurotoma parva Conrad, 1830, Jour. Acad. Nat. Sci. Phila., vol. vi, 1st ser., p. 225, pl. ix, fig. 18.

Surcula parva Conrad, 1863, Proc. Acad. Nat. Sci. Phila., vol. xiv, p. 561.

Surcula parva Meek, 1864, Miocene Check List, Smith. Misc. Coll. (183), p. 21.

Pleurotoma parva Harris, 1893, Amer. Jour. Sci., ser. iii, vol. xlv, pp. 24, 28.

Surcula parva ? Whitfield, 1894, Mon. xxiv, U. S. Geol. Survey, p. 117, pl. xxi fig. 1.

Description.—" Shell subfusiform, transversely striated, with oblique longitudinal ribs; upper part of the whorls concave and plain." Conrad, 1830.

Shell, small, seven- to nine-whorled; spire attenuate; beaks short, slightly curved; entire surface marked with fine, regular revolving lines; each whorl with about ten longitudinal ribs which terminate on the shoulder in obtuse nodes; above the shoulder is a concave constriction which extends to the suture and contains the siphonal notch.

Length, 10 mm.; diameter, 3 mm.

Occurrence.—St Mary's Formation. Cove Point, St. Mary's River, Langley's Bluff. Choptank Formation. Jones Wharf. Calvert Formation. Plum Point.

Collections.—Maryland Geological Survey, Johns Hopkins University, U. S. National Museum, Philadelphia Academy of Natural Sciences, Wagner Free Institute of Science, Cornell University.

MANGILIA PARVOIDEA n. sp.

Plate XLII, Fig. 3.

Description.—Shell small, fusiform, seven-whorled; whorls very con-vex, with numerous faint oblique longitudinal ribs and almost obsolete closely set spiral striæ; apex of spire obtuse.

This species has somewhat the general appearance of *M. parva,* with which it is associated and has been confused. It is less slender than *parva* (very much so in the spire), less constricted at the suture, and has less prominent ribs. It also lacks the abrupt angularity of that species and is generally larger.

Length, 10 mm.; diameter, 4 mm.

Occurrence.—ST. MARY'S FORMATION. St. Mary's River.

Collections.—Maryland Geological Survey, Johns Hopkins University, Cornell University.

MANGILIA CORNELLIANA n. sp.

Plate XLII, Fig. 4.

Description.—Shell small, slender, fusiform, eight-whorled; whorls moderately convex; body whorl with about twelve obtuse longitudinal ribs; near the center of each whorl are two equally prominent raised re-volving ribs with a very fine one between them, and on either side of them about four other spiral ribs intermediate in size between them and the medial one; lines of growth faint; sinus not deep; beak short, slightly curved, and strongly striated.

Length, 8 mm.; diameter, 2 mm.

Occurrence.—CALVERT FORMATION. Plum Point.

Collection.—Cornell University.

MANGILIA PATUXENTIA n. sp.

Plate XLII, Fig. 5.

Description.—Shell small, fusiform, five-whorled (without the two-whorled nucleus); later whorls strongly rugose, with 9 to 11 sharply elevated costæ crossed by two or three elevated revolving lines on each whorl of the spire and by many more on the body whorl; revolving lines obsolete between the ribs; ribs terminated below the suture by a narrow smooth band, above which is a strong revolving line which margins the suture; mouth $\frac{2}{3}$ the length of the shell, nearly uniform in width for the greater part of its length, but widening slightly near the upper end; beak slightly curved; nucleus two-whorled, globose, smooth for a whorl and a half, then with faint reticulate markings.

Length, 8 mm.; diameter, 2 mm.

Occurrence.—CHOPTANK FORMATION.   Jones Wharf.

Collection.—Maryland Geological Survey.

Subgenus GLYPHOSTOMA Gabb.

MANGILIA (GLYPHOSTOMA) OBTUSA n. sp.

Plate XLII, Fig. 6.

Description.—Shell short, six-whorled, spire $\frac{1}{3}$ the length of the shell; later whorls with about eight obtuse nodes; entire shell covered with faint raised revolving striæ of which there are two very distinct ones on the line of nodes; lines of growth faint; mouth narrow; labium with a large serrated callosity at the posterior end and about nine small denticles along the columella; labrum thickened, and with about eight denticles along its inner face.

Length, 10 mm.; width, 4 mm.

Occurrence.—CALVERT FORMATION.   Plum Point.

Collections.—Maryland Geological Survey, U. S. National Museum.

Genus DRILLIA Gray.

DRILLIA INCILIFERA (Conrad).

Plate XLII, Fig. 7.

Pleurotoma gracilis Conrad, 1830, Jour. Acad. Nat. Sci. Phila., vol. vi, 1st ser., p. 225, pl. ix, fig. 10.

Pleurotoma incilifera Conrad, 1834, Jour. Acad. Nat. Sci. Phila., vol. vii, 1st ser., p. 140.

Pleurotoma gracilis Conrad, 1842, Proc. Nat. Inst., Bull. ii, p. 187.

Surcula gracilis Conrad, 1863, Proc. Acad. Nat. Sci. Phila., vol. xiv, p. 561.

Surcula gracilis Meek, 1864, Miocene Check List, Smith. Misc. Coll. (183), p. 21.

Not *Pleurotoma gracilis* Brander.

Description.—" Shell subfusiform; spire and beak attenuated; whorls with two revolving rows of tubercles on each, divided by a striated sulcus; whorls strongly striated at the base; suture undulated; large whorl with strong distant revolving and intervening finer striæ. A variety occurs with only one row of tubercles on each whorl, and an impressed line beneath." Conrad, 1830.

Outline as shown in the figure, spire attenuate, beak of normal length for a *Drillia;* ten to fourteen oblique longitudinal ribs on each whorl, an impressed revolving line on the crest of the whorl divides them into two rows of tubercles. There are other impressed revolving lines, especially on the body whorl.

The specimens from St. Mary's River have a more attenuate spire and are more angular than those from Cove Point. They also grade in their character toward *var. distans.*

Length 16 mm., diameter 5.5 mm.

Occurrence.—St. Mary's Formation. St. Mary's River, Cove Point.

Collections.—Maryland Geological Survey, Johns Hopkins University, Philadelphia Academy of Natural Sciences, Cornell University.

Drillia incilifera var. angulata n. var.

Plate XLII, Fig. 8.

Description.—Spire pyramidal and sharply pointed; body whorl short, angular on the shoulder; beak short, curved; sculptured like that of *var. distans.*

Length, 16 mm.; diameter, 5-7 mm.

Occurrence.—St. Mary's Formation. St. Mary's River.

Collections.—Maryland Geological Survey, Johns Hopkins University.

Drillia incilifera var. distans (Conrad).

Plate XLII, Fig. 9.

Pleurotoma gracilis var. Conrad, 1830, Jour. Acad. Nat. Sci. Phila., vol. vi, 1st ser., p. 225.
Drillia distans Conrad, 1862, Proc. Acad. Nat. Sci. Phila., vol. xiv, p. 285.
Drillia distans Conrad, 1863, Proc. Acad. Nat. Sci. Phila., vol. xiv., p 562.
Drillia distans Meek, 1864, Miocene Check List, Smith. Misc. Coll. (183), p. 21.

Description.—"A variety " [of D. *incilifera*] " occurs with only one row of tubercles on each whorl, and an impressed line beneath." Conrad, 1830.

"Turriculate, whorls 6, scalariform, with distant obtuse ribs on the lower half; suture waved, with an impressed line above it; body whorl with an impressed revolving line above and four raised revolving lines inferiorly; upper sinus of labrum deep and rounded, lower obselete." Conrad, 1862.

The outline is very variable as the figures show.

Length, 20 mm.; diameter, 8 mm. Length, 15 mm.; diameter, 4 mm.

Occurrence.—St. Mary's Formation. St. Mary's River.

Collections.—Maryland Geological Survey, Johns Hopkins University, Philadelphia Academy of Natural Sciences, Cornell University.

Drillia whitfieldi n. sp.

Plate XLII, Fig. 10.

Drillia elegans Whitfield, 1894, Mon. xxiv, U. S. Geol. Survey, p. 115, pl. xxi, figs. 2-4.

Not *Pleurotoma elegans* Emmons.

Description.—"The features described by the author * are, perhaps, a little more pronounced on the New Jersey specimens than they would appear to have been on the specimens which he figures, while the line of nodes occurring above the sinus constriction are neither figured nor mentioned. Still, a species constructed according to his figure and description would scarcely fail to possess them. On the New Jersey specimens they are very conspicuous, while in all other features the specimens correspond well.

"There is much variation among the different individuals before me, especially in the comparative increase in the diameter of the shell in proportion to its length, to the amount of nearly or quite one-fourth of the whole diameter; also in the proportional strength and size of the nodes above the sutural band and in the strength of the spiral lines.

"The aperture of the shell is narrow and elongated and equal to more than one-third of the entire length of the shell. The outer lip appears to have been thickened, although all the specimens are too imperfect for positive statement. The inner lip has a decided callus at its upper end, while the notch is distinct but not deep. The longitudinal plicæ

---

* Whitfield refers to Emmons.

are nearly vertical and on the body whorl extend to near the lower end. The spiral lines are numerous and mark the entire volution below the sutural band, but are often stronger on the lower part than above." Whitfield, 1894.

The spire is attenuate and the beak short and very slightly curved; suture indistinct; below the suture is a line of tubercles, separated by a concave band from the lower, obliquely ribbed portion of the whorl; sinus below the line of tubercles; surface marked with obsolete, raised spiral lines which override the ribs and are much more distinct on the lower half of the whorl.

Emmons' species is entirely distinct from this, being more elongate and entirely lacking the subsutural line of tubercles.

Length, 14 (?) mm.; diameter, 5 mm.

Occurrence.—CALVERT FORMATION.   Church Hill.

Collection.—Maryland Geological Survey.

DRILLIA CALVERTENSIS n. sp.

Plate XLII, Fig. 11.

Description.—Shell small, slender, nine-whorled; spire high, tapering sharply; body whorl short, with ten to thirteen oblique longitudinal ribs terminating in a concave, subsutural constriction; raised revolving lines fine and close in the constriction, larger and more distant with many finer intermediate ones on the ribbed portion of the whorl; suture distinct, younger whorls overlapping the older; sinus deep, lines of growth sharp.

Length, 13 mm.; diameter, 4 mm.

Occurrence.—CALVERT FORMATION.   Plum Point.

Collections.—Maryland Geological Survey, U. S. National Museum.

Section CYMATOSYRINX Dall.

DRILLIA LIMATULA Conrad.

Plate XLII, Figs. 12, 13.

Pleurotoma limatula Conrad, 1830, Jour. Acad. Nat. Sci. Phila., vol. vi, 1st ser., p. 224, pl. ix, fig. 12.

Drillia limatula Conrad, 1863, Proc. Acad. Nat. Sci. Phila., vol. xiv, p. 561.

Drillia limatula Meek, 1864, Miocene Check List, Smith. Misc. Coll (183), p. 21.

Description.—" Shell subfusiform, glabrous, with short oblique longitudinal ribs; whorls concave above and plain; left lip reflected over the columella with a callus at its superior termination." Conrad, 1830.

The specimens from Jones Wharf have impressed revolving lines on the base of the body whorl. Those from Plum Point are intermediate between *limatula* and *lunata* of H. C. Lea. They might be considered as a variety of either species.

Length, 40 mm.; diameter, 11 mm. (Plum Point). Length, 22 mm.; diameter 7 mm. (St. Mary's River).

Occurrence.—ST. MARY'S FORMATION. St. Mary's River, Cove Point, Langley's Bluff. CHOPTANK FORMATION. Jones Wharf, Flag Pond. CALVERT FORMATION. Plum Point.

Collections.—Maryland Geological Survey, Johns Hopkins University, U. S. National Museum, Philadelphia Academy of Natural Sciences, Cornell University.

DRILLIA LIMATULA VAR. DISSIMILIS Conrad.

Plate XLII, Figs. 14, 15.

Pleurotoma dissimilis Conrad, 1830, Jour. Acad. Nat. Sci. Phila., vol. vi, 1st ser., p. 224, pl. ix, fig. 11.
Drillia dissimilis Conrad, 1863, Proc. Acad. Nat. Sci. Phila., vol. xiv, p. 562.
Drillia dissimilis Meek, Miocene Check List, Smith. Misc. Coll. (183), p. 21.

Description.—" Shell conical, smooth; spire with obsolete oblique nodules joining the suture at the base of each volution; suture impressed; left lip with a callus at its superior termination; columella truncated; a slight sinus at the base of the right lip." Conrad, 1830.

This differs from *limatula* only in that the nodular ribs are more nearly obsolete.

Length, 21 mm.; diameter, 7 mm.

Occurrence.—ST. MARY'S FORMATION. St. Mary's River, Cove Point, Langley's Bluff.

Collections.—Maryland Geological Survey, Johns Hopkins University, U. S. National Museum, Philadelphia Academy of Natural Sciences, Cornell University.

DRILLIA LIMATULA VAR. PYRAMIDALIS n. var.

Plate XLII, Fig. 16.

Description.—Spire pyramidal, variable in acuteness; shoulder of body whorl angular; beak short, slightly curved at extremity; columella straight.

This variety differs from *limatula* as *angulata* does from *incilifera.*

Length, 14 mm.; diameter, 5 mm.

Occurrence.—ST. MARY'S FORMATION. Cove Point, St. Mary's River, Langley's Bluff.

Collections.—Maryland Geological Survey, Johns Hopkins University.

DRILLIA PSEUDEBURNEA (Whitfield).

Plate XLII, Fig. 17.

Pleurotoma pseudeburnea Heilprin, 1887, Proc. Acad. Nat. Sci. Phila., vol. xxxix, p. 404.

Pleurotoma (Drillia) pseudeburnea Whitfield, 1894, Mon. xxiv, U. S. Geol. Survey, p. 114, pl. xxi, figs. 8–12.

Description.—" Spire elevated, of about ten volutions; apex papillate; whorls convex, porcellanous, strongly ribbed, somewhat impressed on the shoulder; ribs numerous, deflected, those of the several whorls alternating in position. No revolving lines.

" Aperture about one-third the length of shell; canal slightly deflected; columellar lip well defined.

" Length, slightly exceeding a half inch." Heilprin, 1887.

This species differs from *limatula* in being more slender, less angular about the body whorl; the longitudinal ribs are longer, less nodose, not terminating abruptly at the concave subsutural band but sometimes continuing from suture to suture. I have not seen the revolving lines which Whitfield mentions.

Length, 20 mm.; diameter, 6 mm.

Occurrence.—CALVERT FORMATION. Plum Point.

Collection.—Maryland Geological Survey.

Genus CANCELLARIA Lamarck.

Subgenus CANCELLARIA s. s.

CANCELLARIA ALTERNATA Conrad.

Plate XLIII, Figs. 1, 2, 3.

Cancellaria alternata Conrad, 1834, Jour. Acad. Nat. Sci. Phila., vol. vii, 1st ser., p. 155.

Cancellaria alternata Conrad, 1863, Proc. Acad. Nat. Sci. Phila., vol. xiv, p. 567.

Cancellaria alternata Meek, 1864, Miocene Check List, Smith. Misc. Coll. (183), p. 17.

Cancellaria alternata Conrad, 1866, Amer. Jour. Conch., vol. ii, p. 67, pl. iv, fig. 7.

Cancellaria alternata Whitfield, 1894, Mon. xxiv, U. S. Geol. Survey, p. 112, pl. xx, figs. 5–10.

Merica alternata Cossmann, 1899, Essais de Paléoconch. Comp., vol. iii, p. 15.

Description.—" Shell short subfusiform; whorls six, with nine or ten thick, longitudinal, oblique costæ, with prominent spiral and finer intermediate striæ; spire subconical; aperture less than half the length of the shell; labium with three plaits, decreasing in size inferiorly, as in Mitra; aperture semilunar. Length, half an inch." Conrad, 1834.

" Whorls 6, rounded, with nine or ten prominent ribs, and prominent revolving distant striæ, and an intermediate fine line; spire conical; aperture less than half the length of the shell, sub-ovate; columella 3-plaited, plaits decreasing in size towards the base; umbilicus small; summits of volutions flattened; 5 of the larger revolving lines on the penultimate whorl." Conrad, 1866.

" Very many specimens show six or seven prominent spiral striæ, while others have only the five mentioned in the description. Most of them show from four to six fine raised lines on the summit of the whorl, a feature not mentioned in either description, and all have several other lines below the prominent ones mentioned. The form of the aperture of course varies with the proportional length of the shell." Whitfield, 1894.

This species is very variable as the above descriptions show. Conrad's type, which was from the Choptank formation, and the New Jersey specimens have a distinct umbilicus. This feature is almost always absent in the other Maryland specimens. The Jones Wharf specimens differ from the others in being uniformly short, thick-set, strongly ribbed, and not constricted at the suture. The specimens from the St. Mary's formation approach *C. lunata* very closely (through intermediate

11

forms), but are separated by their greater strength of ribbing and lack of flat tops on the whorls. The intermediate line is not a constant character.

Length, 16 mm.; diameter, 10 mm.

Occurrence.—ST. MARY'S FORMATION. Cove Point, St. Mary's River. CHOPTANK FORMATION. Jones Wharf, Greensboro, Sand Hill (?), "Choptank River" (Conrad). CALVERT FORMATION. Plum Point, Church Hill, 3 miles west of Centerville.

Collections.—Maryland Geological Survey, Johns Hopkins University, U. S. National Museum, Philadelphia Academy of Natural Sciences.

CANCELLARIA ENGONATA Conrad.

Plate XLIII, Fig. 4.

Cancellaria engonata Conrad, 1841, Proc. Acad. Nat. Sci. Phila., vol. i, p. 32.
Cancellaria engonata Conrad, 1842, Jour. Acad. Nat. Sci. Phila., vol. viii, 1st ser., p. 188.
Cancellaria engonata Conrad, 1863, Proc. Acad. Nat. Sci. Phila., vol. xiv, p. 567.
Cancellaria engonata Meek, 1864, Miocene Check List, Smith. Misc. Coll. (183), p. 17.
Cancellaria engonata Conrad, 1866, Amer. Jour. Conch., vol. ii, p. 68, pl. iv, fig. 8.
Cancellaria engonata Harris, 1893, Amer. Jour. Sci., ser. iii, vol. xlv, p. 24.

Description.—" Short fusiform, with strong spiral prominent lines; and numerous longitudinal costæ, not so distinct as the transverse lines; spire scalariform, volutions 4; columella with three plaits, the middle one very oblique; submargin of labium with prominent transverse lines. Length, ¾ inch." Conrad, 1841.

" Short-fusiform, longitudinally ribbed, with prominent revolving lines, about 12 in number, from the shoulder to the base; whorls 5; spire conical, scalariform; aperture lunate; columella three-plaited, the middle one very oblique." Conrad, 1866.

Conrad's specimens were immature and his figure and descriptions are not characteristic. The species may be re-defined as follows:

Shell subfusiform, six-whorled; whorls very convex, deeply constricted at the suture, and widest about one-third the distance from the top; top of the whorl flat, slightly domed, or concave; whorls of the spire with twelve strong, raised, revolving ribs with wider interspaces; body whorl with twelve ribs below the shoulder, and nearly as many smaller

ones above; longitudinal costæ variable in distribution and development, often entirely absent; mouth widest above; labrum strongly
crenulated; columella with three plaits, of which the upper is the largest, the middle the most oblique, and the lower is obsolete in the whorls
of the spire.

This species differs from *C. lunata* in being much more constricted
at the suture, and in having less distinct longitudinal ribs.

Length, 23 mm.; diameter, 13 (?) mm.

Occurrence.—CALVERT FORMATION. Plum Point.

Collections.—Maryland Geological Survey, Johns Hopkins University,
U. S. National Museum, Philadelphia Academy of Natural Sciences,
Cornell University.

CANCELLARIA LUNATA Conrad.

Plate XLIII, Fig. 5.

Cancellaria lunata Conrad, 1830, Jour. Acad. Nat. Sci. Phila., vol. vi, 1st ser., p.
222, pl. ix, fig. 4.

Cancellaria lunata Lyell, 1845, Quart. Jour. Geol. Soc. London, vol. i, p. 421.

Cancellaria lunata Lyell, 1846, Proc. Geol. Soc. London, vol. iv, p. 555.

Cancellaria lunata Conrad, 1863, Proc. Acad. Nat. Sci. Phila., vol. xiv, p. 567.

Cancellaria lunata Meek, 1864, Miocene Check List, Smith. Misc. Coll. (183), p. 17.

Cancellaria scalarina Conrad, 1866, Amer. Jour. Conch., vol. ii, p. 68, pl. iv, fig. 17.

Cancellaria (Solatia) lunata Cossmann, 1899, Essais de Paléoconch. Comp., vol. iii, p. 12.

Not *Cancellaria scalarina* Lamarck.

Description.—" Shell turreted, with longitudinal oblique ribs; transversely sulcated; whorls of the spire narrowed at the base and flattened
on the summit; apex acute; right lip regularly toothed within; columella with three plaits, the upper one large and distant, and the last
plait uniting with the base of the columella; aperture lunate." Conrad, 1830.

Some individuals resemble *C. alternata*. This species differs from
alternata essentially in being proportionally longer, having a sharper
spire, thinner shell, longitudinal ribs not as strong, and the tops of the
whorls somewhat flat. In these characters it is intermediate between
alternata and *engonata* but is sharply separated from both.

Conrad could not have intended his figure and description for *C.
scalarina* Lamarck, which is a *Trigonostoma* somewhat resembling *T.
biplicifera*. Conrad's description of *scalarina* applies to our speci-

mens of *lunata* as well as does his original description of the latter species, while the figure is much better.

Length, 20 mm.; diameter, 11 mm.

Occurrence.—ST. MARY'S FORMATION. Cove Point, St. Mary's River, Langley's Bluff.

Collections.—Maryland Geological Survey, Johns Hopkins University, Philadelphia Academy of Natural Sciences.

CANCELLARIA PRUNICOLA n. sp.

Plate XLIII, Figs. 6a, 6b.

Description.—Shell turreted, nearly as broad as long, six-whorled; with broad, flat tops (concave on some specimens), and straight sides perpendicular to the tops; longitudinal ribs, small, distinct, and numerous, with many fine, sharp, intermediate lines of growth; broad, raised spiral striæ five in number on the side of each whorl except the body whorl which has twelve; tops of whorls almost without spirals; ribs and spirals at the same distance and of about the same prominence, giving a reticulate appearance; columella with three strong plaits; umbilicus small.

Length (restored), 24 mm.; diameter, 16 mm.

Occurrence.—CALVERT FORMATION. Plum Point.

Collections.—Maryland Geological Survey, U. S. National Museum.

CANCELLARIA RETICULATOIDES n. sp.

Plate XLIII, Fig. 7.

Description.—Shell small, oval, four-whorled without the nucleus; nucleus four-whorled, smooth, depressed-naticoid, with its axis somewhat inclined to the left; spire with about five narrow-raised revolving ribs on each whorl, and with regular longitudinal ribs which become fainter on the later whorls; body whorl with about fifteen revolving ribs and almost obsolete longitudinal ones; columella with three plaits, the largest above and nearly horizontal, the others nearly horizontal to the aperture, then bending sharply down the columella, below the largest plait are two small, oblique denticles on the columella; labrum with about six denticles; umbilicus small. The general form of this species is much like that of *C. reticulata.*

Length, 13 mm.; diameter, 8 mm.

Occurrence.—CALVERT FORMATION. Plum Point.

Collection.—Maryland Geological Survey.

Subgenus ADMETE Moller.

CANCELLARIA (ADMETE) MARYLANDICA n. sp.

Plate XLIII, Fig. 8.

Description.—Shell small, slender, subfusiform, fragile, five-whorled; whorls convex and somewhat angular in the middle; body whorl with fourteen weak longitudinal ribs perpendicular to the suture, and with numerous raised spiral striæ which have a tendency to alternate in size; mouth less than half the length of the shell; columella plaits small, especially at the mouth.

Length, 10 mm.; diameter, 5 mm.

Occurrence.—ST. MARY'S FORMATION. St. Mary's River.

Collections.—Maryland Geological Survey, Johns Hopkins University, Wagner Free Institute of Science.

Subgenus TRIGONOSTOMA Blainville.

CANCELLARIA (TRIGONOSTOMA) PERSPECTIVA Conrad.

Plate XLIII, Fig. 9.

Cancellaria perspectiva Conrad, 1834, Jour. Acad. Nat. Sci. Phila., vol. vii, 1st ser., p. 136.

Cancellaria perspectiva Hodge, 1841, Amer. Jour. Sci., vol. xli, p. 343.

Cancellaria perspectiva Conrad, 1863, Proc. Acad. Nat. Sci. Phila., vol. xiv, p. 567.

Cancellaria perspectiva Meek, 1864, Miocene Check List, Smith. Misc. Coll. (183), p. 17.

Cancellaria perspectiva Conrad, 1866, Amer. Jour. Conch., vol. ii, p. 67, pl. iii, fig. 6.

Description.—" Shell subglobose, with irregular oblique prominent distant ribs, and obtuse prominent spiral lines, alternated in size; spire very short, conical; whorls profoundly channeled above; aperture obovate, rather more than half the length of the shell; labrum striated within; columella with three compressed plaits; the superior one very prominent; umbilicus wide, striated within; exhibiting the volutions to the apex." Conrad, 1834.

The only specimen known from Maryland is young and badly broken. Length, 12 mm.; diameter, 8 mm.

Occurrence.—ST. MARY'S FORMATION. St. Mary's River.

Collection.—Wagner Free Institute of Science.

CANCELLARIA (TRIGONOSTOMA) BIPLICIFERA Conrad.

Plate XLIII, Fig. 10.

Cancellaria biplicifera Conrad, 1841, Proc. Acad. Nat. Sci. Phila., vol. i, p. 31.

Cancellaria biplicifera Conrad, 1842, Jour. Acad. Nat. Sci. Phila., vol. viii, 1st ser., p. 187.

? *Cancellaria antiqua* Wagner, 1848, plate iii, fig. 3 (plates privately distributed).

? *Cancellaria antiqua* Bronn, 1848, Hand. Gesch. Nat., Index Pal., pt. i, p. 208.

? *Cancellaria antiqua* Bronn, 1849, Hand. Gesch. Nat., Index Pal., pt. ii, p. 465.

Cancellaria (Trigonostoma) biplicifera Conrad, 1863, Proc. Acad. Nat. Sci. Phila., vol. xiv, p. 567.

Cancellaria (Trigonostoma) biplicifera Meek, 1864, Miocene Check List, Smith. Misc. Coll. (183), p. 17.

Cancellaria biplicifera Conrad, 1866, Amer. Jour. Conch., vol. ii, p. 67, pl. iii, fig. 4.

? *Cancellaria antiqua* Dall, 1898, Trans. Wagner Free Inst. Sci., vol. v, pt. ii, p. 11, pl. iii, fig. 3.

Description.—" Turrited, with thick longitudinal ribs, and spiral rather distant impressed lines; on the body whirl an occasional [" intermediate," 1841] fine line; space below the suture widely and deeply channelled; shoulder coronated; umbilicus small; columella concave, and with two plaits. Length 1½ inch." Conrad, 1842.

" Subovate, with rather thick, prominent ribs, and revolving, broad striæ, and an intermediate fine line; ribs slightly convex; summits of the whorls widely and deeply channelled; shoulder coronated; umbilicus small; columella concave, biplicate." Conrad, 1866.

This is the largest of the Miocene species of *Cancellaria* and one of the rarest.

There is little doubt that the form figured by Wagner but never described is of this species. The rest of his Miocene fossils were from Jones Wharf, which is the locality where this species occurs most abundantly and best developed.

Length, 57 mm.; diameter, 37 mm.

Occurrence.—CHOPTANK FORMATION. Jones Wharf. CALVERT FORMATION. Plum Point.

Collections.—Maryland Geological Survey, Johns Hopkins University, U. S. National Museum, Philadelphia Academy of Natural Sciences.

Subgenus SVELTIA Jousseaume.

CANCELLARIA (SVELTIA) PATUXENTIA n. sp.

Plate XLIII, Figs. 11a, 11b.

Description.—Shell small, slender, fragile, five-whorled; whorls deeply constricted at the suture, and strongly and regularly convex; body whorl with about 30 regular equidistant, raised spiral striæ, and with eight or nine strong, longitudinal ribs which are more prominent on the upper part of the whorl, and thus mask the regular convexity of the whorls, giving them the appearance of being flat on top, widest near the top, and sloping gently to the suture below; whorls of the spire with fifteen to twenty spiral striæ; protoconch depressed naticoid in shape, two whorled; mouth ovate; columella with two strong plaits above, and a very weak one below; labium thick, reflected; labrum broken in type.

Length, 10.5 mm.; diameter, 5.5 mm.

Occurrence.—CHOPTANK FORMATION. Jones Wharf.

Collection.—Maryland Geological Survey.

CANCELLARIA (SVELTIA) CALVERTENSIS n. sp.

Plate XLIII, Fig. 12.

Description.—Shell small, five-whorled; whorls of the spire regularly and strongly convex, with eight or nine strong, raised, longitudinal ribs, and about fourteen raised, revolving ribs; sutures deep and distinct; umbilicus small; columella with three plaits increasing in size above; labrum dentate.

This species resembles *C. patuxentia* but is more elongate.

Length, 8.5 mm.; diameter, 4 mm.

Occurrence.—CALVERT FORMATION. Plum Point.

Collection.—U. S. National Museum.

CANCELLARIA (SVELTIA) sp.

Description.—Shell small, slender, fragile; columella plaits, two, both very oblique; no umbilicus; longitudinal ribs small, distant; each whorl with eight or ten raised spiral striæ, with much broader interspaces.

This form has a general outline like *C. patuxentia,* but differs from that species in the characters noted above, and also in being less deeply constricted at the suture, and in having smaller and more distant longitudinal ribs.

The only specimen has been badly broken, so no attempt is made to name or illustrate the species.

Length, 7 mm.; diameter, 3 mm.

Occurrence.—CALVERT FORMATION.   Plum Point.

Collection.—Maryland Geological Survey.

Subgenus CANCELLARIELLA n. sub-g.

Shell small, depressed, Nerita-like.   Mouth strongly canaliculate, with a deep anterior siphonal notch.   Columella concave, with four plaits, of which there are two close together at the base, the upper being the strongest, one still stronger at the middle of the columella and one at the top which does not extend far in.   Between the two middle ones is a deep concavity which, within, becomes a deep furrow overhung by the plaits.   Back from the mouth all but the two medial plaits become obsolete.   Umbilicus broad and prominent.   Spire much depressed.

Type *Cancellaria (Cancellariella) neritoidea* Martin.

No other species has come to my notice which would fall in this subgenus.

CANCELLARIA (CANCELLARIELLA) NERITOIDEA n. sp.

Plate XLIII, Figs. 13a, 13b.

Description.—Whorls three; body whorl very large in proportion to the size of the shell; spire depressed; ornamentation consists of about twenty broad, impressed, revolving lines with broader, gently arched interspaces; lines of growth prominent; surface wrinkled by irregular varix-like undulations which are most prominent toward the suture; suture deeply impressed; ornamentation of the spire entirely destroyed if any ever existed; umbilicus long, crescent shaped, strongly wrinkled by lines of growth; mouth broadly subovate, and wider below than above; notch for the anterior canal very deep.

Length, 8 mm.; width, 8 mm.

Occurrence.—CHOPTANK FORMATION.   Jones Wharf.

Collection.—Maryland Geological Survey.

CANCELLARIA CORBULU Conrad.

Cancellaria corbulu Conrad, 1843, Proc. Acad. Nat. Sci. Phila., vol. i, p. 308.

Description.—" Short, subovate; whorls subscalariform, ribs 8 or 9 on the body whorl, prominent, flattened laterally, and crossed by prominent, alternate striæ, the larger ones rather distant and elevated; columella with three plaits, rectilinear; base subumbilicated; aperture nearly half the length of the shell. Length half an inch." " Loc. Maryland." Conrad, 1843.

No other reference has ever been made to this species, and the description is insufficient to identify it.

Superfamily RHACHIGLOSSA.

Family OLIVIDÆ.

Genus OLIVA Bruguiere.

OLIVA LITTERATA Lamarck.

Plate XLIV, Figs. 1a, 1b.

Oliva litterata Lamarck, 1810, Ann. du. Mus., vol. xvi, p. 315.
Oliva litterata Lamarck, 1822, Anim. sans Vertebr., vol. vii, p. 425.
Oliva litterata Lamarck, 1822, Tabl. Encyclop. et Meth., vol. iii, p. 651, pl. 362, figs. 1a, 1b.
Oliva sp. Say, 1824, Jour. Acad. Nat. Sci. Phila., vol. iv, 1st ser., p. 126.
Oliva litterata Conrad, 1841, Amer. Jour. Sci., vol. xli, p. 345, pl. ii, fig. 1.
Oliva litterata Conrad, 1843, Trans. Amer. Assoc. Geol. and Nat., p. 108, pl. v, fig. 1.
Strephona literata Tuomey and Holmes, 1856, Pleiocene Fossils of South Carolina, p. 140, pl. xxviii, fig. 13.
Oliva literata Emmons, 1858, Rept. N. Car. Geol. Survey, p. 259, fig. 30.
Dactylus Carolinensis Conrad, 1863, Proc. Acad. Nat. Sci. Phila., vol. xiv, pp. 563, 584.
Oliva carolinensis Meek, 1864, Miocene Check List, Smith. Misc. Coll. (183), p. 20.
Oliva litterata Dall, 1890, Trans. Wagner Free Inst. Sci., vol. iii, pt. i, p. 44.
Oliva Carolinensis Whitfield, 1894, Mon. xxiv, U. S. Geol. Survey, p. 109, pl. xix, fig. 8.
Oliva (Neocylindrus) carolinensis Cossmann, 1899, Essais de Paléoconch. Comp., vol. iii, p. 46, pl. ii, figs. 20, 24.

Description.—" O. cylindraceâ, elongatâ, cinereo fulvoque undatâ; fasciis duabus characteribus castaneo-fuscis inscriptis; spirâ acutâ." Lamarck, 1822.

Shell cylindroid, somewhat inflated above the middle of the body whorl thick, polished; spire short, obtuse, about $\frac{1}{5}$ or $\frac{1}{4}$ of the length of the shell; suture deeply canaliculate; columella plaited throughout.

Conrad's description of *O. carolinensis* is as follows: "Cylindrical; spire short, conical; whorls concave or angulated; columella strongly plaited throughout; substance of shell very thick at base." Whitfield's specimen is too fragmentary to determine the species with certainty.

Length, 28 mm.; diameter, 11 mm.

Occurrence.—ST. MARY'S FORMATION. St. Mary's River (*fide* Say). CHOPTANK FORMATION. Greensboro, St. Leonard's Creek. CALVERT FORMATION. Church Hill.

Collections.—Maryland Geological Survey, Johns Hopkins University, Philadelphia Academy of Natural Sciences.

OLIVA HARRISI n. sp.

Plate XLIV, Figs. 2, 3.

Oliva literata Harris, 1893, Amer. Jour. Sci., ser. iii, vol. xl, p. 24.
Not *Oliva litterata* Lamarck.

Description.—Shell elliptical, narrow, elongate, fragile; spire high, pointed, about $\frac{1}{4}$ or $\frac{1}{3}$ the length of the shell; body whorl gently inflated above, sides uniformly rounded; lower end of the columella strongly callous.

This species differs from *O. litterata* in having a higher spire, in being proportionally narrower throughout, and in having the greatest inflation of the body whorl at a greater distance from the suture.

Length, 37 mm.; diameter, 14.5 mm.

Occurrence.—CALVERT FORMATION. Plum Point.

Collections.—Maryland Geological Survey, U. S. National Museum.

Family MARGINELLIDÆ.

Genus MARGINELLA Lamarck.

MARGINELLA MINUTA Pfeiffer.

Plate XLIV, Fig. 4.

Marginella minuta Pfeiffer, 1840, Archiv für Naturgeschichte, vol. vii, p. 259.
Marginella conulus H. C. Lea, 1843, New Fossil Shells from the Tertiary of Virginia (Abst.),* p. 12.

---

* As all the forms in which this paper appeared are not generally known it may be well to call attention to the matter here.

A paper entitled "*Description of some new Fossil Shells from the Tertiary of Peters-*

Marginella conulus H. C. Lea, 1846, Trans. Amer. Philos. Soc., vol. ix, p. 273, pl. xxxvii, fig. 102.

Porcellana conulus Conrad, 1863, Proc. Acad. Nat. Sci. Phila., vol. xiv, p. 563.

Marginella (Volutella) conulus Meek, 1864, Miocene Check List, Smith. Misc. Coll. (183), p. 19.

Marginella minuta Dall, 1890, Trans. Wagner Free Inst. Sci., vol. iii, pt. i, p. 57.

Description.—" Testa ovata, glabra, alba; spira brevissima; anfract. 3; columella subquadriplicata; apertura augustissima. Long. 1, diam. ⅔ lin." Pfeiffer, 1840.

" Shell subovate, conoidal, thick, smooth, polished; spire conical, obtuse; sutures nearly obsolete; whorls three, flat; last whorl rounded; base smooth; mouth long, very narrow; columella with three folds near the base; outer lip thickened, rounded smooth." Lea, 1846.

The Maryland specimens have been compared with Lea's type and show no difference. Dr. Dall is authority for the equivalence of Lea's species with Pfeiffer's. The latter was described from Cuba and is recent, but also occurs in the Pliocene of North Carolina and Florida.

Great care has to be taken in separating this species from the young of *Erato perexigua* which occurs associated with it at Plum Point.

Length, 3.5 mm.; width, 2 mm.

Occurrence.—CHOPTANK FORMATION. Jones Wharf, Greensboro. CALVERT FORMATION. Plum Point.

Collections.—Maryland Geological Survey, Cornell University, U. S. National Museum.

MARGINELLA DENTICULATA Conrad.

Plate XLIV, Fig. 5.

Marginella denticulata Conrad, 1830, Jour. Acad. Nat. Sci. Phila., vol. vi, 1st ser., p. 225, pl. ix, fig. 21.

burg, *Virginia*," was read by Henry C. Lea before the American Philosophical Society on May 29, 1843. An abstract of this paper is contained in the Proceedings of the American Philosophical Society, vol. iii, p. 162, published in 1843, which contains merely a list of species with descriptions of the new genera. In the library of the Philadelphia Academy of Natural Sciences is a pamphlet entitled *"Abstract of a Paper read before the American Philosophical Society, May 29, 1843, entitled 'Description of some new Fossil Shells, from the Tertiary of Petersburg, Virginia,' by Henry C. Lea, Philadelphia,"* which contains twelve pages octavo (numbered "1-12") of Latin diagnoses of the new genera and species without figures, remarks or foot-notes. On the first page is written *"Issued Oct. 19th,* 1843." In 1845 there appeared a quarto excerpt which was identical with the final publication in vol. ix, of the Transactions of the American Philosophical Society, except that it had a pagination of its own. Vol. ix in which the article made its final appearance was published in 1846.

Marginella denticulata Conrad, 1845, Fossils of the Medial Tertiary, pt. iv, p. 86, pl. xlix, fig. 10.

Porcellana (Glabella) denticulata Conrad, 1863, Proc. Acad. Nat. Sci. Phila., vol. xiv, p. 564.

Marginella denticulata Meek, 1864, Miocene Check List, Smith. Misc. Coll. (183), p. 19.

Marginella denticulata Dall, 1890, Trans. Wagner Free Inst. Sci., vol. iii, pt. i, p. 51, pl. v, fig. 8.

Marginella (Eratoidea) denticulata Cossmann, 1899, Essais de Paléoconch. Comp., vol. iii, p. 88.

Description.—" Shell smooth, polished, spire conical; columella four plaited, the three lower plaits oblique; right lip denticulate within; aperture rather more than half the length of the shell." Conrad, 1830.

" Subovate, polished; spire conical; columella 4-plaited; labrum denticulate within, straight, rather more than half the length of the shell." Conrad, 1845.

Dr. Dall; in the paper referred to above, has discussed the synonomy and characteristics of this species in great detail.

Length, 6.5 mm.; diameter, 3 mm.

Occurrence.—ST. MARY'S FORMATION. St. Mary's River.

Collections.—Maryland Geological Survey, Johns Hopkins University, Philadelphia Academy of Natural Sciences.

MARGINELLA CALVERTENSIS n. sp.

Plate XLIV, Fig. 6.

Description.—Shell elongate, solid, surface highly polished, and with faint longitudinal ribs; whorls about five; spire about the length of the body whorl; whorls strongly convex, with a marked subsutural constriction which gives the spire a turreted appearance; inner lip with a slight callus; outer lip thick and flaring; plates four, lower three very oblique, the posterior the strongest and least oblique.

Length, 10 mm.; diameter, 4 mm.

Occurrence.—CALVERT FORMATION. Plum Point.

Collections.—Maryland Geological Survey, Johns Hopkins University, U. S. National Museum.

Family VOLUTIDÆ.

Genus SCAPHELLA Swainson.

SCAPHELLA SOLITARIA (Conrad).

Plate XLIV, Fig. 7.

Voluta solitaria Conrad, 1830, Jour. Acad. Nat. Sci. Phila., vol. vi, 1st ser., p. 218, pl. ix, fig. 7.
Voluta solitaria Conrad, 1863, Proc. Acad. Nat. Sci. Phila., vol. xiv, p. 563.
Voluta solitaria Meek, 1864, Miocene Check List, Smith. Misc. Coll. (183), p. 19.
Scaphella solitaria Dall, 1890, Trans. Wagner Free Inst. Sci., vol. iii, pt. i, p. 80.
Scaphella solitaria Harris, 1893, Amer. Jour. Sci., ser. iii, vol. xlv, p. 24.

Description.—" Shell ovate oblong, smooth; spire with the whorls concave above, and straight at the sides, having the angles tuberculated; aperture dilated at the base; columella four plaited.

" The large whorl is obsoletely striated at the base, and the plaits on the columella are oblique and subequal." Conrad, 1830.

There are a few important characteristics not noted in the original description. Dr. Dall states that the color pattern is the same as on the recent *S. junonia* Hwass, which is the type of the genus. The nucleus is very obtuse with no elevated point and its second whorl is marked by four deeply impressed, regularly spaced, revolving grooves which die out as the shoulder becomes tuberculate.

The specimens from Plum Point have a much more angular and more strongly tuberculate shoulder, with a deeper concavity above it, than those from the younger beds, and the body whorl is more strongly striate at the base. One specimen from Plum Point has faint revolving striæ above the shoulder of the body whorl. The specimens from St. Mary's River frequently have the shoulder entirely free from tubercles and not at all angular; this is especially true of the later whorls.

Length, 43 mm.; diameter, 23 mm.

Occurrence.—ST. MARY'S FORMATION. St. Mary's River. CALVERT FORMATION. Plum Point.

Collections.—Maryland Geological Survey, Johns Hopkins University, Philadelphia Academy of Natural Sciences, U. S. National Museum.

Subgenus AURINIA Adams.

SCAPHELLA (AURINIA) MUTABILIS (Conrad).

Plate XLIV, Figs. 8, 9.

Voluta Lamberti Morton, 1830, Jour. Acad. Nat. Sci. Phila., vol. vi, 1st ser., p. 119.
Fasciolaria Lamberti Conrad, 1830, Jour. Acad. Nat. Sci. Phila., vol. vi, 1st ser., p. 210.
(Not *Voluta lamberti* Sowerby.)
Fasciolaria mutabilis Conrad, 1834, Jour. Acad. Nat. Sci. Phila., vol. vii, 1st ser., p. 135.
Fasciolaria mutabilis Conrad, 1841, Amer. Jour. Sci., vol. xli, pp. 343, 346, pl. ii, fig. 7.
Fasciolaria mutabilis Conrad, 1843, Trans. Amer. Assoc. Geol. and Nat., p. 109, pl. v, fig. 7.
Voluta mutabilis Lyell, 1845, Quart. Jour. Geol. Soc. London, vol. i, p. 421.
Voluta mutabilis Lyell, 1846, Proc. Geol. Soc. London, vol. iv, p. 555.
Voluta mutabilis Tuomey and Holmes, 1856, Pleiocene Fossils of South Carolina, p. 128, pl. xxvii, figs. 5, 6.
Voluta mutabilis Emmons, 1858, Rept. N. Car. Geol. Survey, p. 262.
Voluta (Volutifusus) mutabilis Conrad, 1863, Proc. Acad. Nat. Sci. Phila., vol. xiv, p. 563.
Voluta (Volutifusus) mutabilis Meek, 1864, Miocene Check List, Smith. Misc. Coll. (183), p. 19.
Scaphella (Aurinia) mutabilis Dall, 1890, Trans. Wagner Free Inst. Sci., vol. iii, pt. i, p. 80.
Scaphella (Aurinia) mutabilis Dall, 1892, Trans. Wagner Free Inst. Sci., vol. iii, pt. ii, p. 227.
Scaphella (Aurinia) mutabilis Cossmann, 1899, Essais de Paléoconch. Comp., vol. iii, p. 129.

Description.—" Shell fusiform; spire conical with the whorls slightly contracted above, and the convex portion with longitudinal undulations, becoming obsolete in old shells; apex somewhat papillated; labrum arcuated; columella with two very oblique not much elevated folds, sometimes obsolete; beak slightly recurved; aperture more than two thirds the length of the shell. Length about four inches." Conrad, 1834.

Surface marked by very faint, wavy, revolving striæ; beak usually straight with the plaits almost or quite invisible at the mouth but rapidly becoming stronger within; but the beak is sometimes much bent and then the plaits show strongly at the mouth.

Length (restored), 180 mm.; diameter, 60 mm.

Occurrence.—ST. MARY'S FORMATION. St. Mary's River, Cove Point.

Collections.—Maryland Geological Survey, Johns Hopkins University, U. S. National Museum, Philadelphia Academy of Natural Sciences.

SCAPHELLA (AURINIA) TYPUS (Conrad).

Plate XLIV, Fig. 10.

Voluta mutabilis Conrad, 1842, Proc. Nat. Inst., Bull. ii, p. 182.

Volutifusus typus Conrad, 1866, Amer. Jour. Conch., vol. ii, p. 67, pl. iii, fig. 2.

Volutifusus typus Tryon, 1882, Manual of Conchology, vol. iv, p. 77, pl. iii, fig. 31.

Scaphella (Aurinia) virginiana Dall, 1890, Trans. Wagner Free Inst. Sci., vol. iii, pt. i, p. 80.

Scaphella (Aurinia) virginiana Dall, 1892, Trans. Wagner Free Inst. Sci., vol. iii, pt. ii, p. 227.

Scaphella typus Harris, 1893, Amer. Jour. Sci., ser. iii, vol. xlv, p. 24.

Scaphella (Aurinia) virginiana Cossmann, Essais de Paléoconch. Comp., vol. iii, p. 128, pl. vi, fig. 3.

Description.—"Fusiform, thick in substance; whorls 6, besides the initial one, slightly concave above, with an angle near the suture, obscurely plicated; labrum thick near the summit, with an acute margin; columella with two distinct, little prominent folds; beak sinuous." Conrad, 1866.

This species shows great variation in proportional dimensions, curve of the beak, and size of the columella plaits. The plaits are much stronger on the specimens from Jones Wharf than on those from Plum Point. They stop abruptly on reaching the mouth. The surface is covered with faint revolving striæ.

Dr. Dall says that the name *typus* is "inapplicable," "misleading," "contrary to fact," and "cannot be retained." I do not recognize that a well-established and accepted specific name can be changed for the reasons quoted above; but if it can, the name *virginiana* is equally "misleading," "inapplicable," etc., when applied to a fossil which has been reported only from Maryland and North Carolina, and must also be rejected. In that case I propose the name *Conradiana*.

Length, 85 mm.; diameter, 40 mm.

Occurrence.—CHOPTANK FORMATION. Jones Wharf, Governor Run. CALVERT FORMATION. Plum Point, Chesapeake Beach.

Collections.—Maryland Geological Survey, Johns Hopkins University, U. S. National Museum, Philadelphia Academy of Natural Sciences, Cornell University.

SCAPHELLA (AURINIA) OBTUSA (Emmons).

Plate XLIV, Fig. 11.

Voluta obtusa Emmons, 1858, Rept. N. Car. Geol. Survey, p. 263, fig. 141.

Voluta obtusa Conrad, 1863, Proc. Acad. Nat. Sci. Phila., vol. xiv, p. 563.

Voluta obtusa Meek, 1864, Miocene Check List, Smith. Misc. Coll. (183), p. 19.
Scaphella (Aurinia) obtusa Dall, 1890, Trans. Wagner Free Inst. Sci., vol. iii, pt. i,
  p. 80, pl. vii, fig. 7.
Scaphella (Aurinia) obtusa Dall, 1892, Trans. Wagner Free Inst. Sci., vol. iii, pt. ii,
  p. 227.
Scaphella (Aurinia) obtusa Cossmann, 1899, Essais de Paléoconch. Comp., vol. iii,
  p. 129.

Description.—" Shell fusiform, contracted above the body-whirl, and
forming thereby a sub-cylindrical spire; spire obtuse apex papillated
and hooked; body-whirl plaited longitudinally at its top; columellar lip
furnished with only two plaits." Emmons, 1858.

The body whorl is covered with fine, closely-set, revolving striæ, and
the shoulder is tuberculate. Aside from the size of the nucleus there is
no great difference between our Maryland specimens and the young of
S. typus.

Occurrence.—ST. MARY'S FORMATION. St. Mary's River. CALVERT
FORMATION. Plum Point.

Collections.—Philadelphia Academy of Natural Sciences, U. S.
National Museum.

TURBINELLA (?) DEMISSA Conrad.

Turbinella demissa Conrad, 1834, Jour. Acad. Nat. Sci. Phila., vol. vii, 1st ser.,
  p. 136.
Not *Caricella demissa* Conrad.

Description.—" Shell fusiform, with very obscure spiral striæ; whorls
slightly contracted above, the-convex part having obscure longitudinal
undulations; suture impressed; spire elevated; columella with three
profound thickened plaits; the superior one shortest and most thickened; beak produced, recurved. Length, two and a half inches.

" Locality, Choptank river, Md." Conrad, 1834.

This species has never since been found, nor referred to in the literature, nor has any gastropod of this size or at all of this general description been found on the Choptank. But this same bed contains at
Jones Wharf and Governor Run *Scaphella typus* which answers exactly
to the above description except that it has two folds on the columella
instead of three.

In the collections of the Philadelphia Academy of Natural Sciences is
a specimen labelled " *Voluta sinuosa miocene,*" which may be the type
of this lost species. Only part of the body whorl is present and the

external markings are not well shown, but the plaits and the beak are exactly as in the description of *demissa*. The matrix is a coarse, yellow, indurated sand.

SCAPHELLA TRENHOLMII (Tuomey and Holmes).

Voluta Trenholmii Tuomey and Holmes, 1856, Pleiocene Fossils of South Carolina, p. 128, pl. xxvii, figs. 7, 8.
Scaphella Trenholmii Dall, 1890, Trans. Wagner Free Inst. Sci., vol. iii, pt. i, p. 88.

Dr. Dall records this species from Maryland without locality.

Family MITRIDÆ.

Genus MITRA Lamarck.

MITRA MARIANA n. sp.

Plate XLIV, Fig. 12.

Description.—Shell small, solid, six-whorled; mouth half the length of the shell; labium with a callosity at the upper end; columella three-plaited, strongest plait above; sutures distinct; whorls slightly convex; surface with regular impressed revolving lines and longitudinal ribs, both of which are nearly obsolete on the body whorl; lines of growth faint.

Length, 8 mm.; diameter, 3 mm.

Occurrence.—ST. MARY'S FORMATION. St. Mary's River.

Collections.—Wagner Free Institute of Science, Cornell University.

Family FASCIOLARIDÆ.

Genus FULGUR Montfort.

FULGUR SPINIGER (Conrad) var.

Plate XLV, Figs. 1a, 1b.

Fusus spiniger Conrad, 1848, Jour. Acad. Nat. Sci. Phila., vol. i, 2nd ser., p. 117, pl. xi, fig. 32.
? *Busycon striatum* Conrad, 1863, Proc. Acad. Nat. Sci. Phila., vol. xiv, p. 584.
? *Busycon striatum* Conrad, 1866, Amer. Jour. Conch., vol. ii, p. 69, pl. iii, fig. 8.
Fulgur spiniger Dall, 1890, Trans. Wagner Free Inst. Sci., vol. iii, pt. i, p. 109.

Description.—"Fusiform, with revolving lines, and a series of elevated acute spines on the angle of the large whorl; the series continued

12

on the whorls of the spire near the suture; two upper whorls entire; sides above the tubercles flattened, with the revolving lines fine and indistinct; volutions seven; beak produced; labrum striated within." Conrad, 1848.

This species, which originated and flourished abundantly during the Oligocene, has evidently survived on through the lower and middle Miocene. At the close of the middle (Choptank) Miocene it apparently disappeared, leaving three descendants in the upper (St. Mary's) Miocene. These are *F. fusiforme*, *F. tuberculatum* and *F. fusiforme var.* It is possible the *F. scalaspira* Conrad represents this form. If not it represents another variety of *F. spiniger* or a transitional form between that species and *F. coronatum*.

Length, 80 mm.; diameter, 40 mm.

Occurrence.—CHOPTANK FORMATION. Jones Wharf. CALVERT FORMATION. Plum Point.

Collection.—Maryland Geological Survey.

FULGUR FUSIFORME Conrad.

Plate XLV, Figs. 2, 3a, 3b.

Fulgur carica Say, 1824, Jour. Acad. Nat. Sci. Phila., vol. iv, 1st ser., p. 130.
(Reprint, Bull. Amer. Pal., No. 5, 1896, p. 36.)
Pyrula carica Morton, 1829, Jour. Acad. Nat. Sci. Phila., vol. vi, 1st ser., p. 118.
Pyrula carica Conrad, 1830, Jour. Acad. Nat. Sci. Phila., vol. vi, 1st ser., p. 211.
Fulgur fusiformis Conrad, 1840?, Fossils of the Medial Tertiary, No. 2 (cover).
(Reprint, 1893, cover of No. 2, p. [80].)
Fulgur fusiformis Conrad, 1842, Proc. Nat. Inst., Bull. ii, pp. 183, 187.
Fulgur fusiformis Conrad, 1853, Proc. Acad. Nat. Sci. Phila., vol. vi, p. 318.
Busycon fusiforme Conrad, 1861, Fossils of the Medial Tertiary, No. 4, p. 82, pl.
xlvi, fig. 3. (Reprint, 1893.)
Busycon fusiforme Conrad, 1863, Proc. Acad. Nat. Sci. Phila., vol. xiv, p. 561.
Busycon fusiforme Meek, 1864, Miocene Check List, Smith. Misc. Coll. (183), p. 22.
Fulgur fusiformis Gill, 1867, Amer. Jour. Conch., vol. iii, p. 146.
Busycon fusiforme Conrad, 1868, Amer. Jour. Conch., vol. iii, p. 267, pl. xxiii, fig. 4.

Description.—"Shell fusiform, with spiral striæ, obsolete, except on the inferior half of the body whorl, where they are prominent, wrinkled, and alternated in size; spire elevated, whorls with obtuse little prominent tubercles at the angle, which is situated near the suture, and is obtuse." " Allied to *F. carica*." Conrad, 1840, 1853, 1861.

This species shows great variation in all its characters. The typical *fusiforme* is intermediate both in its genetic relationship and in its morphologic character between *spiniger* and *caricum*. It differs from the former in usually possessing a more depressed spire and in having the spiral striæ on the upper part of the body whorl more nearly obsolete. It is practically indistinguishable from the young of the latter, as would be expected of the ancestral form; but differs from the adult in not attaining as great size and in lacking in general those characters which distinguish the adult from the young of that species. Considering the extremely variable Calvert and Choptank descendants of *F. spiniger* as merely surviving varieties of that Oligocene species, the first appearance of *F. fusiforme* is in the St. Mary's Miocene. Here it shows considerable variation ranging on one hand to the short rugose form with a carinated shoulder which Conrad named *F. tuberculatum,* and on the other to a more elongate form with a smooth, rounded, somewhat polished shoulder which is here treated as an unnamed variety and figured (plate XLV, fig. 3).

The former died out without descendants at the end of the St. Mary's Miocene; and the latter did likewise, unless *F. maximum* of the Yorktown and Duplin Miocene and *F. rapum* of the Pliocene be considered descendants.

The typical form of the species, as stated above, is a link between *F. spiniger* and *F. carica,* and left in the Yorktown Miocene *F. filosum* as a descendant, either from which, or contemporaneously with which, appeared the Pliocene to Recent *F. carica.*

Length, 70 mm.; diameter, 36 mm.

Occurrence.—St. Mary's Formation.   St. Mary's River, Cove Point.

Collections.—Maryland Geological Survey, Johns Hopkins University, Philadelphia Academy of Natural Sciences, U. S. National Museum, Cornell University.

Fulgur tuberculatum Conrad.

Plate XLV, Figs. 4a, 4b.

Fulgur tuberculatus Conrad, 1840 ?, Fossils of the Medial Tertiary, No. 2, cover. (Reprint, 1893, cover of No. 2, p. [80].)

Fulgur tuberculatus Conrad, 1842, Proc. Nat. Inst., Bull. ii, p. 185.

Fulgur tuberculatum Conrad, 1853, Proc. Acad. Nat. Sci. Phila., vol. vi, p. 317.

Busycon tuberculatum Conrad, 1861, Fossils of the Medial Tertiary, No. 4, p. 82, pl. xlvi, fig. 2. (Reprint, 1893.)

Busycon tuberculatum Conrad, 1863, Proc. Acad. Nat. Sci. Phila., vol. xiv, p. 561.
Busycon tuberculatum Meek, 1864, Miocene Check List, Smith. Misc. Coll. (183),
     p 22.
Fulgur tuberculatus Gill, 1867, Amer. Jour. Conch., vol. iii, p. 146.
Busycon tuberculatus Conrad, 1868, Amer. Jour. Conch., vol. iii, p. 266, pl. xxiii,
     fig. 1.

Description.—" Shell fusiform with spiral striæ, obsolete on the upper part of the body whorl; spire elevated, whorls with a carinated line at the angle and compressed prominent tubercles; suture impressed and margined by an obtuse slightly prominent line."   Conrad, 1840.

" Fusiform, with revolving striæ; spire elevated; angle of the whorl carinated and crowded with prominent tubercles; body whorl ventricose.

"Allied to *F. fusiformis,* but is more ventricose, proportionally shorter. It may readily be distinguished by the carina of the volutions, which is very strongly marked towards the apex."   Conrad, 1853.

This variety, as stated above, is a descendant of the Calvert and Choptank varieties of *F. spiniger* and survived only during the St. Mary's Miocene. It was never numerically abundant, nor were its characteristics constant.

Length, 75 mm.; diameter, 42 mm.

Occurrence.—ST. MARY'S FORMATION. St. Mary's River, Cove Point.

Collections.—Maryland Geological Survey, Philadelphia Academy of Natural Sciences, Cornell University.

FULGUR CORONATUM Conrad.

Plate XLVI, Figs. 1a, 1b.

Pyrula canaliculata var. Conrad, 1830, Jour. Acad. Nat. Sci. Phila., vol. vi, 1st ser.,
     p. 220.
Fulgur coronatus Conrad, 1840 ?, Fossils of the Medial Tertiary No. 2, cover.
     (Reprint, 1893, cover of No. 2, p. [80].)
Fulgur coronatum Conrad, 1842, Proc. Nat. Inst., Bull. ii, pp. 183, 187.
Fulgur coronatum Conrad, 1853, Proc. Acad. Nat. Sci. Phila., vol. vi, p. 317.
Busycon coronatum Conrad, 1861, Fossils of the Medial Tertiary, No. 4, p. 82, pl.
     xlvi, fig. 1. (Reprint, 1893, p. 82, pl. 46, fig. 1.)
Busycon coronatum Conrad, 1863, Proc. Acad. Nat. Sci. Phila., vol. xiv, p. 560.
Busycon coronatum Meek, 1864, Miocene Check List, Smith. Misc. Coll. (183), p. 22.
Sycotypus coronatus Gill, 1867, Amer. Jour. Conch., vol. iii, p. 149.
Sycotypus coronatus Conrad, 1868, Amer. Jour. Conch., vol. iii, p. 267, pl. xxiv,
     fig. 1.
Fulgur coronatum Harris, 1893, Amer. Jour. Sci., ser. iii, vol. xlv, pp. 24, 28.

Description.—" Shell fusiform, ventricose, with crowded fine spiral wrinkles; spire short; whorls flattened above, and having elevated compressed tubercles or spines on the angle, which is somewhat salient; suture canaliculate and margined by an obtuse carinated line." Conrad, 1840?

" Very distinct from the recent *canaliculatum,* being less ventricose and having prominent tubercles in all stages of growth." Conrad, 1853.

The species as here restricted is characterized by having distant, elevated tubercles and fine, revolving lines. It is sometimes difficult to separate the following variety and it is not essential that it should be done.

Length, 130 mm.; diameter, 75 mm.

Occurrence.—ST. MARY'S FORMATION. St. Mary's River, Cove Point (?).

Collections.—Maryland Geological Survey, Johns Hopkins University, U. S. National Museum, Philadelphia Academy of Natural Sciences, Cornell University.

FULGUR CORONATUM VAR. RUGOSUM Conrad.

Plate XLVI, Figs. 2a, 2b.

Fulgur canaliculatus var. Say, 1824, Jour. Acad. Nat. Sci. Phila., vol. iv, 1st ser., p. 129. (Reprint, Bull. Amer. Pal., No. 5, 1896.)

Pyrula canaliculata Morton, 1829, Jour. Acad. Nat. Sci. Phila., vol. vi, 1st ser., p. 118.

Fulgur canaliculatus Conrad, 1842, Proc. Nat. Inst., Bull. ii, p. 187.

Fulgur rugosus Conrad, 1843, Proc. Acad. Nat. Sci. Phila., vol. i, p. 307.

Fulgur rugosus Conrad, 1853, Proc. Acad. Nat. Sci. Phila., vol. vi, p. 317. (In part.)

Fulgur canaliculatum Lyell, 1855, Manual of Geology, p. 182, fig. 164.

Busycon rugosum Conrad, 1861, Fossils of the Medial Tertiary, No. 4, p. 82, pl. xlvi, fig. 4. (Reprint, 1893.)

Busycon rugosum Conrad, 1863, Proc. Acad. Nat. Sci. Phila., vol. xiv, p. 560.

Busycon rugosum Meek, 1864, Miocene Check List, Smith. Misc. Coll. (183), p. 22.

Sycotypus rugosus Gill, 1867, Amer. Jour. Conch., vol. iii, p. 149.

Sycotypus rugosus Conrad, 1868, Amer. Jour. Conch., vol. iii, p. 267, pl. xxiv, fig. 24.

Description.—" Pyriform, with rather coarse rugose revolving lines, disposed to alternate in size, and very distinct numerous lines of growth; whorls scalariform, with a tuberculated carina, the margin of which presents a waved outline, the tubercles being obtuse; spire prominent, profoundly channelled at the suture, the margin of the channel carinated in young shells. Length, 3 inches. Conrad, 1861.

" Compared with *F. coronatus*, this species, when adult, is comparitively shorter and more inflated, with a shorter spire, much coarser revolving lines, which with the more numerous, more obtuse tubercles, give the shell a very different appearance from the *coronatus*. In an adult specimen of the latter species there are 13 spiniform tubercles on the body whorl. In the allied species, when adult, there are 17 much less elevated, more irregular, and more obtuse tubercles." Conrad, 1843.

This variety stands intermediate, as regards the development of tubercles between the typical *coronatum* and *canaliculatum*. The first four whorls of the latter species are indistinguishable from those of *rugosum*. This caused the confusion of the species so evident in the early literature. In the later stages of development there was a tendency for the tubercles to disappear, and some of the Miocene forms show in the adult an approximation to this character of their descendants. The species is perfectly distinct from the adult of *canaliculatum*.

Length, 170 mm.; diameter, 90 mm.

Occurrence.—ST. MARY'S FORMATION. St. Mary's River, Cove Point. CHOPTANK FORMATION. Jones Wharf, Greensboro. CALVERT FORMATION. Plum Point.

Collections.—Maryland Geological Survey, Johns Hopkins University, U. S. National Museum, Philadelphia Academy of Natural Sciences.

FULGUR ALVEATUM (Conrad).

Busycon alveatum Conrad, 1863, Proc. Acad. Nat. Sci. Phila., vol. xiv, p. 583.
Busycon alveatum Conrad, 1866, Amer. Jour. Conch., vol. ii, p. 68, pl. iii, fig. 7.
Fulgur pyrum var. incile, Dall, 1890, Trans. Wagner Free Inst. Sci., vol. iii, pt. i, p. 112.

Description.—" Fusiform; spire prominent, scalariform; angle of whorls situated much above the middle, not tuberculated; summits channelled and margined with a carina, which is most conspicuous on the body whorl, and beneath it is a flattened space. Length 3¼ inches, width 1½.

" Locality, St. Mary's River, Md.

"A single specimen only was found, which appears to be a mature shell, and is most nearly allied to *B. canaliculatum.* The spire is more elevated than in that species, and differs also in being without tubercles." Conrad, 1862.

This species has been found at the St. Mary's River by no one else and so the occurrence is considered doubtful.

Genus LIROSOMA Conrad.

LIROSOMA SULCOSA Conrad.

Plate XLVII, Fig. 1.

Pyrula sulcosa Conrad, 1830, Jour. Acad. Nat. Sci. Phila., vol. vi, 1st ser., p. 220, pl. ix, fig. 8.

Fusus sulcosus Conrad, 1832, Fossil Shells of the Tertiary No. 1, p. 18, pl. iii, fig. 3. (Reprint, 1893, p. 18 (p. 32).)

Fusus sulcosus Conrad, 1842, Proc. Nat. Inst., Bull. ii, p. 187.

Fasciolaria sulcosa Conrad, 1861, Fossils of the Medial Tertiary, No. 4, p. 86, pl. xlix, fig. 7.

Fasciolaria (Lirosoma) sulcosa Conrad, 1862, Proc. Acad. Nat. Sci. Phila., vol. xiv, p. 286.

Fasciolaria (Lyrosoma) sulcosa Conrad, 1863, Proc. Acad. Nat. Sci. Phila., vol. xiv, p. 561.

Fasciolaria (Lyrosoma) sulcosa Meek, 1864, Miocene Check List, Smith. Misc. Coll. (183), p. 21.

Lirosoma sulcosa Conrad, 1867, Amer. Jour. Conch., vol. iii, p. 267, pl. xxiii, fig. 3.

Lirosoma sulcosa Tryon, 1881, Manual of Conchology, vol. iii, p. 50, pl. xix, fig. 53.

Not *Fasciolaria (Lyrosoma) sulcosa* Whitfield, 1894.

Lirosoma sulcosa Cossmann, 1901, Essais de Paléoconch. Comp., vol. iii, p. 79, pl. iv, fig. 4.

Description.—"Shell pyriform; ventricose; transversely ribbed, and longitudinally sulcated; summit of the whorls flattened, and subcaniculate; right lip striated within; channel much contracted; beak straight or slightly recurved at the base." Conrad, 1830.

"Pyriform, body whorl rounded; spire short; summit of the volutions flattened, subcanaliculate; ribs prominent, revolving, crossed by longitudinal curved lines; labrum striated within; beak straight or slightly recurved at the base; channel much contracted; columella with a fold at base." Conrad, 1861.

Length, 25 mm.; diameter, 15 mm.

Occurrence.—ST. MARY'S FORMATION. St. Mary's River.

Collections.—Maryland Geological Survey, Philadelphia Academy of Natural Sciences, U. S. National Museum, Cornell University.

Family BUCCINIDÆ.

Genus CHRYSODOMUS Swainson.

CHRYSODOMUS PATUXENTENSIS n. sp.

Plate XLVII, Figs. 2, 3.

Description.—Shell small, fusiform, five-whorled; spire short, body whorl ⅔ the length of the shell; whorls carinated at about the middle by a broad revolving ridge, flat and straight below the ridge, slightly sloping above it—thus giving the whorls a strongly turreted appearance; whorls of the spire with one raised revolving line immediately below the suture, one or two fainter ones between that and the shoulder, and two stronger ones above the suture; body whorl with the same revolving lines and 12–18 additional revolving lines below them and on the beak; entire surface covered with numerous fine, sharp, regular lines of growth which bend at the shoulder; beak long, slightly bent; columella concave; aperture narrowing below.

There is great variation in the relative prominence of the different revolving ribs, and in the angularity at the shoulder. This is especially true of the Plum Point specimens.

Length, 16 mm.; diameter, 8 mm.

Occurrence.—CHOPTANK FORMATION. Jones Wharf. CALVERT FORMATION. Plum Point.

Collections.—Maryland Geological Survey, U. S. National Museum, Cornell University.

Genus BUCCINOFUSUS Conrad.

This genus was established by Conrad in 1868 with *Fusus parilis* as the type. Among the species which Conrad referred to it at that time is *F. berniciensis* King which is the type of *Troschelia* Mörch, 1876, and *Boreofusus* Sars, 1878. It is difficult to understand on what ground Fischer considers *Buccinofusus* a synonym of *Troschelia*.

BUCCINOFUSUS PARILIS Conrad.

Plate XLVII, Fig. 4.

Fusus cinereus Conrad, 1830, Jour. Acad. Nat. Sci. Phila., vol. vi, 1st ser., pp. 211. 223.

Fusus parilis Conrad, 1832, Fossil Shells of the Tertiary, No. 1, p. 18, pl. iv, fig. 2. (Reprint, 1893.)

Fusus parilis Conrad, 1842, Proc. Nat. Inst., Bull. ii, pp. 183, 185 (?), 187.

Fusus parilis Conrad, 1861, Fossils of the Medial Tertiary, No. 4, p. 85, pl. xlix, fig. 5.

Neptunea parilis Conrad, 1863, Proc. Acad. Nat. Sci. Phila., vol. xiv, p. 560.

Neptunea parilis Meek, 1864, Miocene Check List, Smith. Misc. Coll. (183), p. 22.

Buccinofusus parilis Conrad, 1868, Amer. Jour. Conch., vol. iii, p. 264.

Buccinofusus parilis Tryon, 1881, Manual of Conchology, vol. iii, p. 47, pl. xxviii, fig. 40.

Buccinofusus parilis Cossmann, 1901, Essais de Paléoconch. Comp., vol. iv, p. 33, pl. i, fig. 10.

Description.—" Fusiform, elongated, with longitudinal ribs or undulations, and rather distant revolving subacute ribs, between which are 6 or 7 fine, minutely crenulated or wrinkled striæ; beak produced and slightly reflected." Conrad, 1832.

Length, 112 mm.; diameter, 57 mm.

Occurrence.—ST. MARY'S FORMATION. St. Mary's River, Cove Point.

Collections.—Maryland Geological Survey, Wagner Free Institute of Science, Cornell University, Philadelphia Academy of Natural Sciences, U. S. National Museum.

Genus SIPHONALIA Adams.

SIPHONALIA DEVEXA (Conrad).

Plate XLVII, Figs. 5, 6.

? *Fusus parilis* Conrad, 1842, Proc. Nat. Inst., Bull. ii, p. 185.

Fusus devexus Conrad, 1843, Proc. Acad. Nat. Sci. Phila., vol. i, p. 309.

Fusus devexus Conrad, 1861, Fossils of the Medial Tertiary, No. 4, p. 86, pl. xlix, fig. 8.

Neptunea devexa Conrad, 1863, Proc. Acad. Nat. Sci. Phila., vol. xiv, p. 560.

Neptunea devexa Meek, 1864, Miocene Check List, Smith. Misc. Coll. (183), p. 22.

Fusus devexus Harris, 1893, Amer. Jour. Sci., ser. iii, vol. xlv, p. 24.

Description.—" Fusiform, with obtuse longitudinal ribs, obsolete near the upper margin where the whorls are somewhat contracted; ribs on the body whorl disappear just below the angle; above which the whorl is flattened, wide and profoundly declining; surface with robust, prominent and fine intermediate spiral lines: aperture more than half the length of the shell: beak sinuous. Length, two inches." Conrad, 1843.

Length, 85 mm.; diameter, 38 mm.

Occurrence.—CHOPTANK FORMATION. Jones Wharf, Pawpaw Point. CALVERT FORMATION. Plum Point.

Collections.—Maryland Geological Survey, U. S. National Museum, Philadelphia Academy of Natural Sciences, Cornell University.

SIPHONALIA MIGRANS (Conrad).

Plate XLVII, Figs. 7, 8.

Fusus migrans Conrad, 1843, Proc. Acad. Nat. Sci. Phila., vol. i, p. 309.
Fusus migrans Conrad, 1861, Fossils of the Medial Tertiary, No. 4, p. 85, pl. xlix, fig. 6.
Tritonifusus migrans Meek, 1864, Miocene Check List, Smith. Misc. Coll. (183), p. 22.
Fusus migrans Harris, 1893, Amer. Jour. Sci., ser. iii, vol. xlv, p. 24.

Description.—" Fusiform, elongated; surface with crowded unequal impressed spiral lines, and strong arched lines of growth; whorls contracted above, rounded towards the suture; whorls near the apex longitudinally ribbed; aperture half the length of the shell; beak much recurved. Length, three inches and a half." Conrad, 1843.

This species differs from *S. devexa* in lacking the longitudinal ribs on the later whorls, and in lacking the angulated shoulder of that species.

Length, 70 mm.; diameter, 30 mm.

Occurrence.—CALVERT FORMATION. Plum Point.

Collections.—Maryland Geological Survey, U. S. National Museum, Philadelphia Academy of Natural Sciences.

SIPHONALIA MARYLANDICA n. sp.

Plate XLVIII, Figs. 1a, 1b.

Description.—Fusiform, elongate; whorls seven, strongly and regularly convex; longitudinal undulations (as in *Buccinofusus parilis*) on the earlier whorls, but becoming obsolete, and entirely absent on the body whorl; body whorl and spire with about twenty broad rounded revolving ribs; earlier whorls with about six, alternating with these striæ are smaller ones, with sometimes a pair of still finer ones on either side of them; columella concave above. sharply bent at the beginning of the canal, with almost a plate; canal contracted, of the same width throughout; labrum only slightly sulcate, not flaring below; labium with a thick callosity.

This differs from *Buccinofusus parilis* in that its whorls are more strongly convex, its suture more distinct, the revolving ribs rounded instead of sharp, not having the fine sharp intermediate lines or the longitudinal ribs on the body whorl; the columella is callous and more sharply bent, the canal narrower, especially at the base, where it is bent down and slightly back; the canal and mouth more sharply separated, the body whorl is contracted at the base where it joins the beak.

Length, 100 mm.; diameter, 47 mm.

Occurrence.—St. Mary's Formation. St. Mary's River.

Collections.—Maryland Geological Survey, Cornell University, Wagner Free Institute of Science.

Siphonalia(?) calvertana n. sp.

Plate XLVIII, Fig. 2.

Description.—Shell subfusiform, slender; whorls three+, lower part of each straight, upper part sloping at an angle of about 45° with the lower part, angle of the whorl not marked by any distinct shoulder; mouth long, widest above and narrowing rapidly below into a long slightly bent canal; columella smooth, slightly twisted; body whorl with about 40 longitudinal ribs which become obsolete below, and about 10 broad revolving ribs with narrower interspaces, together giving the whorl a strongly reticulate appearance; beak with about 10 finer revolving ribs and with no longitudinal ones; spire with less distinct sculpture, the longitudinal ribs passing into crowded rugose lines of growth; first whorl of the nucleus smooth and depressed, second whorl elevated, angular, and differing from the succeeding whorls of the spire only in having very feeble sculpture.

Length, 10 mm.; diameter, 4 mm.

Occurrence.—Calvert Formation. Plum Point.

Collections.—Maryland Geological Survey, Cornell University, U. S. National Museum.

Genus PISANIA Bivona.

Subgenus CELATOCONUS Conrad.

The name *Celatoconus* was used by Conrad and by Meek as noted below but was not defined by them. The first diagnosis is that given by Dall, in 1892, when he established the subgenus with *O. protractus* Conrad as the type.

PISANIA (CELATOCONUS) PROTRACTUS (Conrad).

Plate XLVIII, Figs. 3a, 3b, 4.

Buccinum protractum Conrad, 1843, Proc. Acad. Nat. Sci. Phila., vol. i, p. 308.
Celatoconus protractus Conrad, 1863, Proc. Acad. Nat. Sci. Phila., vol. xiv, p. 566.
Celatoconus protractus Meek, 1864, Miocene Check List, Smith. Misc. Coll. (183),
    p. 17.
Cælatoconus protractus Conrad, 1868, Amer. Jour. Conch., vol. iii, p. 267, pl. xx,
    fig. 6.
Pisania (Celatoconus) protractus Dall, 1892, Trans. Wagner Free Inst. Sci., vol. iiv,
    pt. ii, p. 235.
Metula (Celatoconus) protracta Cossmann, 1901, Essais de Paléoconch. Comp., vol. ii,
    p. 166.

Description.—"Subfusiform, elevated; with robust flattened spiral ribs about as wide as the interstices, both ribs and furrows crossed by distinct prominent longitudinal lines; aperture long and elliptical; labrum with short, submarginal prominent lines; beak slightly recurved. Length, one inch and a third."   Conrad, 1843.

Conrad's description is fully adequate for the recognition of the species as there is nothing in the American Tertiary even generically resembling it except *Celatoconus nux* Dall from the Miocene of North Carolina.

There is a slight tendency for the revolving ridges to become alternating in size on the later whorls; the labrum is always denticulate, and the shell is generally less elongated than Conrad's figure indicates.

Length, 35 mm.; diameter, 15 mm.

Occurrence.—CALVERT FORMATION.   Plum Point.

Collections.—Maryland Geological Survey, Philadelphia Academy of Natural Sciences, U. S. National Museum.

Genus PTYCHOSALPINX Gill.

PTYCHOSALPINX ALTILIS (Conrad).

Plate XLVIII, Fig. 5.

Buccinum altile Conrad, 1832, Fossil Shells of the Tertiary, No. 1, p. 19, pl. iv,
    fig. 6.
Ptychosalpinx altilis Dall, 1892, Trans. Wagner Free Inst. Sci., vol. iii, pt. ii, p. 237.
Cominella (Ptychosalpinx) altilis Cossmann, 1901, Essais de Paléoconch. Comp., vol.
    iv, p. 150, pl. vi, fig. 19.

Description.—"Subovate, with numerous longitudinal undulations and obtuse spiral striæ; body whorl rather ventricose; spire conical; apex obtuse."   Conrad, 1832.

As is stated below (p. 191) the forms here and by Dall referred to *P. altilis* possibly are normal forms of the species figured by Say as *Buccinum porcinum* and *Buccinum aratum*. This possibility is suggested by the fact that Say's species have never since then been found at the St. Mary's River, while the forms here figured, which are by no means rare, were not distinguished by the early workers.

Length, 30 mm.; diameter, 18 mm.

Occurrence.—ST. MARY'S FORMATION. St. Mary's River.

Collections.—Maryland Geological Survey, Philadelphia Academy of Natural Sciences, Cornell University, U. S. National Museum.

PTYCHOSALPINX MULTIRUGATA Conrad.

Plate XLVIII, Fig. 6.

Buccinum multirugatum Conrad, 1841, Amer. Jour. Sci, vol. xli, p. 345.

Tritia multirugata Conrad, 1863, Proc. Acad. Nat. Sci. Phila., vol. xiv, p. 562.

Tritia multirugata Meek, 1864, Miocene Check List, Smith. Misc. Coll. (183), p. 20.

Ptychosalpinx multirugata Gill, 1867, Amer. Jour. Conch., vol. iii, p. 154.

Ptychosalpinx multirugata Conrad, 1868, Amer. Jour. Conch., vol. iii, p. 262.

Ptychosalpinx multirugata Dall, 1892, Trans. Wagner Free Inst. Sci., vol. iii, pt. ii, p. 237.

Cominella (Ptychosalpinx) multirugata Cossmann, 1901, Essais de Paléoconch. Comp., vol. iv, p. 151.

Description.—"*Ovato-conical*, with numerous wrinkled spiral lines, coarser and more distant near the suture and at base of the body whirl; base bicarinated and subumbilicated; columella with a thick fold at base." Conrad, 1841.

This is the rarest species of *Ptychosalpinx* from the Maryland Miocene. When more material is collected it will probably be found to grade into the *lienosa-fossulata* series.

Length, 36 mm.; diameter, 22 mm.

Occurrence.—CHOPTANK FORMATION. Dover Bridge. CALVERT FORMATION. Plum Point.

Collection.—U. S. National Museum.

PTYCHOSALPINX LIENOSA Conrad.

Plate XLVIII, Fig. 7.

Buccinum lienosum Conrad, 1843, Proc. Acad. Nat. Sci. Phila., vol. i, p. 308.

Buccinum bilix Conrad, 1843, Proc. Acad. Nat. Sci. Phila., vol. i, p. 308. (In part).

Buccinum fossulatum Conrad, 1843, Proc. Acad. Nat. Sci. Phila., vol. i, p. 308.

Tritia fossulata Conrad, 1863, Proc. Acad. Nat. Sci. Phila., vol. xiv, p. 562.

Tritia fossulata Meek, 1864, Miocene Check List, Smith. Misc. Coll. (183), p. 20.

Ptychosalpinx fossulata Conrad, 1868, Amer. Jour. Conch., vol. iii, p. 262.
Ptychosalpinx lienosa Conrad, 1868, Amer. Jour. Conch., vol. iii, pp. 262, 263, pl.
    xix, fig. 9.
Ptychosalpinx fossulata Dall, 1892, Trans. Wagner Free Inst. Sci., vol. iii, pt. ii, p. 237.
Ptychosalpinx lienosum Dall, 1892, Trans. Wagner Free Inst. Sci., vol. iii, pt. ii, p. 237.
Cominella (Ptychosalpinx) lienosa Cossmann, 1901, Essais de Paléoconch. Comp.,
    vol. iv, p. 151.

Description.—"*Obovate*, with distant spiral flattened, not very prominent lines, between which are usually 3 lines, the middle one largest;
whorls of the spire slightly convex; body whorl ventricose; lines of
growth distinct; columella with two distant plaits, the inferior one at
the angle which is prominent." Conrad, 1843.

It seems highly probable that when more material belonging to this
genus is collected from the Calvert formation, this species will be found
to be connected with *P. multirugata* by such a complete gradation series
that but a single species can be recognized. Then both *fossulata* and
lienosa will have to be considered synonyms of *multirugata*, or else
lienosa used as a variety.

Length, 45 mm.; diameter, 26 mm.

Occurrence.—CALVERT FORMATION. Plum Point.

Collections.—Maryland Geological Survey, U. S. National Museum,
Philadelphia Academy of Natural Sciences.

? Family NASSIDÆ.

? Genus ILYANASSA Stimpson.

Subgenus PARANASSA Conrad.

ILYANASSA? (PARANASSA) PORCINA (Say).

Plate XLVIII, Figs. 8, 9.

Buccinum porcinum Say, 1824, Jour. Acad. Nat. Sci. Phila., vol. iv, 1st ser., p. 126,
    pl. vii, fig. 3. (Reprint, Bull. Amer. Pal., No. 5, 1896, p. 32, pl. vii, fig. 3.)
? *Buccinum aratum* Say, 1824, Jour. Acad. Nat. Sci. Phila., vol. iv, 1st ser., p. 126,
    pl. vii, fig. 4. (Reprint, Bull. Amer. Pal., No. 5, 1896, p. 33, pl. vii, fig. 4.)
Buccinum porcinum Conrad, 1832, Fossil Shells of the Tertiary, No. 1, p. 19, pl. iv,
    fig. 4.
Buccinum porcinum Tuomey and Holmes, 1857, Pleiocene Fossils of South Caro-
    lina, p. 133, pl. xxviii, fig. 1.
Buccinum porcinum Emmons, 1858, Report N. Car. Geol. Survey, p. 256, fig. 122.
Tritia porcina Conrad, 1863, Proc. Acad. Nat. Sci. Phila., vol. xiv, p. 562.
? *Tritia arata* Conrad, 1863, Proc. Acad. Nat. Sci. Phila., vol. xiv, p. 562.
Tritia porcina Meek, 1864, Miocene Check List, Smith. Misc. Coll. (183), p. 20.
? *Tritia ovata* Meek, 1864, Miocene Check List, Smith. Misc. Coll., (183), p. 20.
    (No. 668, not No. 689.)

? *Tritia arata* Meek, 1864, Miocene Check List, Smith. Misc. Coll. (183), p. 20.
Ptychosalpinx porcina Gill, 1867, Amer. Jour. Conch., vol. iii, p. 154.
Ptychosalpinx (Paranassa) porcina Conrad, 1868, Amer. Jour. Conch., vol. iii, p. 262.
? *Ptychosalpinx (Paranassa) arata* Conrad, 1868, Amer. Jour. Conch., vol. iii, p. 262.
Ilyanassa (Paranassa) porcina Dall, 1892, Trans. Wagner Free Inst. Sci., vol. iii,
    pt. ii, p. 238.

Description.—" Subovate, acute, slightly undulated, and spirally striated; labrum toothed.

" *Shell* with numerous, subequal, slight undulations, disappearing on the body whorl, and about seventeen transverse, little elevated striæ: *whorls* nearly six, but little convex: *suture* very narrow, consisting of a mere indented line: *apex* acute: *aperture* moderate, rather more than half the length of the shell: *labium* covering the columella, concave: *labrum* not thickened; on the inner submargin with striæform teeth.

" Length one inch and a quarter, breadth rather more than three-fourths of an inch.

" This is shorter than the *reticosum* of Sowerby, the suture is not so deeply impressed, the undulations are not so obvious, and the concavity of the labium is much more profound." Say, 1824.

Say and Dall are the only ones who have recorded *porcina* or *arata* from Maryland, and Dall gave them on the authority of Say. It is of course possible that Finch found them while all later collectors have missed them. But considering the amount of material collected since then, it seems more probable either that Finch's specimens (of these species) came from Virginia, or that Say's figures are extremely bad representations of aberrant forms of the species here and by Dall referred to *Ptychosalpinx altilis* Conrad. Say's figure of *arata* is extremely bad in any case, and because of this reason and of the possibilities stated above, the references to *arata* are with query grouped in the above synonomy under *porcina*.

Occurrence.—ST. MARY'S FORMATION. St. Mary's River (?).

Family NASSIDÆ.

Genus NASSA Lamarck.

NASSA CALVERTENSIS n. sp.

Plate XLIX, Fig. 1.

Description.—Shell short, globose, six-whorled; body whorl large, rotund, or with a subangular shoulder; about 25 closely-set raised revolving lines with narrower interspaces and 25 curved longitudinal ribs on the body whorl; varices 270° apart, earlier ones obsolete; mouth subquadrate; anterior canal broad and short; labium with a thick callosity; columella very concave, with a sharp plait at the base, a large tooth immediately above the plait and a small tooth in the center of the concavity; labrum thick, lirate; spire short but sharp with concave sides; whorls of the spire with more angular shoulder and stronger longitudinal ribs than the body whorl.

Length, 8 mm.; diameter, 6 mm.

Occurrence.—CALVERT FORMATION. Plum Point.

Collections.—Maryland Geological Survey, U. S. National Museum.

NASSA GUBERNATORIA n. sp.

Plate XLIX, Fig. 2.

Description.—Shell small, slender, thick, seven-whorled, body whorl with about 15 broad, uniform, raised, revolving lines with interspaces half as wide, and very faint irregular longitudinal undulations; mouth small; anterior canal broad and very short; labium strongly callous, with a large tooth at the top; labrum very thick, with about five strong lirations extending far in.

Length, 9 mm.; diameter, 4 mm.

Occurrence.—CHOPTANK FORMATION. Governor Run (lower bed).

Collection.—Maryland Geological Survey.

NASSA TRIVITTATOIDES (Whitfield).

Plate XLIX, Figs. 3, 4.

Tritia trivittatoides · Whitfield, 1894, Mon. xxiv, U. S. Geol. Survey, p. 104, pl. xix, figs. 1–3.

Tritia trivittatoides, var. elongata Whitfield, 1894, Mon. xxiv, U. S. Geol. Survey, p. 105, pl. xix, figs. 4–6.

Description.—" Shell small, elongate-ovate or pupæform, not exceeding half an inch in total length, and few examples reaching that size. Whorls about seven in number, including the mammillar apical one, convex and moderately increasing in diameter with increased number; sutures distinct but not channeled or grooved. Aperture less than one-third of the entire length, the outer lip thickened and varix-like externally, and somewhat also internally, and marked by several tooth-like lines on the inner side. Inner lip also distinct and somewhat thickened with several tooth-like striæ, the posterior end of the aperture being slightly channeled and the front strongly so; beak distinctly constricted at its junction with the body whorl. Surface granularly cancellated with nearly direct vertical lines or ridges and raised spiral lines, forming granules or asperities at their intersection, and the last whorl having a single lip-like varix. Spiral lines eight or nine in number on the boly whorl, and the vertical lines eighteen or twenty, exclusive of the lip and varix. Volutions above the last not possessing lip-like varices." Whitfield, 1894.

Whitfield described the variety *elongata* as follows:

"A number of specimens of full growth, having many of the features of *T. trivittatoides* above described, occur in the collection. They vary from one-fourth of an inch to five-sixteenths of an inch in length, and are proportionally much more slender than are those of that species. They also possess a greater number of vertical lines, and two additional spiral lines on the body whorl. The surface features are much like those of that species, but on many of them the spiral lines are more distinctly raised ribs, and the line of nodes below the suture more distinctly separated from and proportionally larger than those below. The thickened outer lip is the same as on that shell, as also is the lip-like varix within the limit of the body whorl, but the teeth-like ridges on the columella and on the inside of the outer lip appear on most specimens somewhat stronger in proportion to the size of the shell, while the proportional length of the spire, as compared to that of the body whorl, is considerably greater. These features are so marked as to render it unsafe to include these specimens under the same specific head with *T. trivittatoides.*" Whitfield, 1894.

It is impossible to decide definitely here of the value of the *var. elongata* for the New Jersey fossils. The differences upon which it was established appear to be slight and the Maryland specimens which apparently represent both forms cannot be divided.

Length (restored), 14 mm.; diameter, 6 mm.

Occurrence.—CHOPTANK FORMATION.   Jones Wharf.   CALVERT FORMATION.   Plum Point, 3 miles west of Centerville.

13

Collections.—Maryland Geological Survey, Johns Hopkins University, U. S. National Museum.

NASSA GREENSBOROËNSIS n. sp.

Plate XLIX, Figs. 5a, 5b.

Description.—Shell small, narrow, elongate, six-whorled; whorls convex, separated by very distinct sutures; sculptured by faint longitudinal undulations which are overridden by about ten fine spiral striæ on each whorl; striæ separated by interspaces of the same width as the striæ; aperture broadly ovate; outer lip with four beads.

Length, 7 mm.; diameter, 3.3 mm.

Occurrence.—CHOPTANK FORMATION. Greensboro.

Collection.—Maryland Geological Survey.

NASSA MARYLANDICA n. sp.

Plate XLIX, Figs. 6, 7, 8.

Description.—Shell small, solid, elongate (except as noted below), eight-whorled; body whorl with 9 to 15 distant raised longitudinal ribs which extend to the suture without any constriction or subsutural tubercles, and with 25 to 30 faint revolving lines of uniform strength which never override the ribs; whorls of the spire with about 10 revolving lines.

This species differs from *N. peralta,* with which it is associated, in being generally smaller (and more elongated), in having a less distinct suture, in having constantly fewer and more distant ribs which are never overridden by the revolving lines and which extend from suture to suture without constriction.

Associated with this species are two forms which further study may show to be entitled to separate names, but at present it seems best to include them here as aberrant forms of this species. One is very short and globose (fig. 8), while the other has a distinct notch near the lower end of the labrum (fig. 7). Otherwise they have all the characteristics of this species.

Length, 14 mm.; diameter, 6 mm.

Occurrence—ST. MARY'S FORMATION. St. Mary's River, Cove Point.

Collections.—Maryland Geological Survey, Johns Hopkins University, Wagner Free Institute of Science.

NASSA PERALTA (Conrad).

Plate XLIX, Figs. 9, 10.

Nassa trivittata Conrad, 1830, Jour. Acad. Nat. Sci. Phila., vol. vi, 1st ser., p. 211.
Buccinum trivittatum Conrad, 1842, Proc. Nat. Inst., Bull. ii, p. 186.
Buccinum trivittatum Lyell, 1845, Quart. Jour. Geol. Soc. London, vol. i, p. 421.
Buccinum trivitatum Lyell, 1846, Proc. Geol. Soc. London, vol. iv, p. 555.
Tritia trivitata Meek, 1864, Miocene Check List, Smith. Misc. Coll. (183), p. 20.
Ptychosalpinx (Tritiaria) peralta Conrad, 1868, Amer. Jour. Conch., vol. iii, p. 264,
    pl. xix, fig. 5.
Ptychosalpinx (Tritaria) peralta Tryon, 1882, Manual of Conchology, vol. iv, p. 8,
    pl. iii, fig. 31.
Nassa trivittata Heilprin, 1884, U. S. Tertiary Geology, pp. 58, 61.
Nassa (Tritia) trivittata Clark, 1888, Johns Hopkins Univ. Circ., vol. vii, p. 66.
Nassa trivittata Clark, 1891, Johns Hopkins Univ. Circ., vol. x, p. 107.
Nassa peralta Harris, 1891, Amer. Geol., vol. viii, p. 174.

Description.—" Elongate turrited, whorls 8, longitudinally ribbed and with revolving impressed lines, about 5 in number on the penultimate volution; above near the suture on all the whorls there is a broader impressed line, which divides the ribs and forms a tuberculous ridge around the summits of the whorls; ribs narrow, numerous; spire acuminate." Conrad, 1868.

The body whorl is often much more expanded than any of the other whorls. The number of ribs on the body whorl (20-25) is characteristic of the species. The suture is deeply impressed.

The synonomy of this species has been the subject of an article by Professor Harris (see above), in which the bibliographic history of the species has been discussed in great detail.

Length, 20 mm.; diameter, 9 mm.

Occurrence.—ST. MARY'S FORMATION. St. Mary's River, Cove Point, Langley's Bluff.

Collections.—Maryland Geological Survey, Johns Hopkins University, Philadelphia Academy of Natural Sciences, U. S. National Museum, Cornell University, Wagner Free Institute of Science.

NASSA PERALTOIDES n. sp.

Plate XLIX, Fig. 11

Description.—Shell small, six-whorled; whorls gently convex; suture very distinct; labium with a thick callosity and with a tooth at the upper end; labrum sometimes lirate; body whorl with eighteen longitudinal ribs terminating in a subsutural row of tubercles, and with about sixteen sharply impressed spiral lines with much broader interspaces, the spiral lines (except the subsutural one) not crossing the longitudinal ribs; spire regularly pyramidal.

This species most closely resembles *N. peralta*, of which it is probably the ancestor. It differs from it in being much smaller, in having a less expanded mouth, and in not having the longitudinal ribs crossed by the spiral lines.

Length, 11 mm.; diameter, 5.5 mm.

Occurrence.—CHOPTANK FORMATION. Jones Wharf, Governor Run (lower bed), Greensboro, Trappe Landing. CALVERT FORMATION. Plum Point, Church Hill, Fairhaven.

Collections.—Maryland Geological Survey, Johns Hopkins University, Cornell University, U. S. National Museum.

NASSA TRIVITTATA Say.

Plate XLIX, Fig. 12.

Nassa trivittata Say, 1822, Jour. Acad. Nat. Sci. Phila., vol. ii, 1st ser., p. 231.

This species has been repeatedly listed from the Miocene of Maryland, but it has been supposed that in every case it was a misdetermination of *Nassa peralta* Conrad. The Johns Hopkins collection contains 8 undoubted specimens of this species which were in a tray of *N. peralta* from St. Mary's river. Probably they came from the Pleistocene at Cornfield Harbor (where they occur abundantly), and were mixed with the Miocene specimens by accident. Several quarts of specimens of *N. peralta* collected by the Maryland Geological Survey and by the Cornell and Wagner Institute expeditions have been carefully searched without finding a single specimen of *N. trivitatta*. In all probability the species is entirely post-Miocene. It is hoped that future collectors will give this question their careful attention.

Occurrence.—ST. MARY'S FORMATION (?). St. Mary's River (?).

Collection.—Johns Hopkins University.

Genus BULLIOPSIS Conrad.

BULLIOPSIS INTEGRA Conrad.

Plate L, Figs. 1, 2.

Buccinum integrum Conrad, 1842, Proc. Nat. Inst., Bull. ii, p. 194, pl. ii, fig. 5.
Buccinum pusillum H. C. Lea, 1843, New Fossil Shells from the Tertiary of Virginia, Abst., p. 12.
Buccinum pusillum H. C. Lea, 1845, Trans. Amer. Philos. Soc., vol. ix, p. 272, pl. 37.
Bullia (Bulliopsis) ovata Conrad, 1862, Proc. Acad. Nat. Sci. Phila., vol. xiv, p. 287.
Tritia (Bulliopsis) integra Conrad, 1863, Proc. Acad. Nat. Sci. Phila., vol. xiv, p. 562.
Tritia (Bulliopsis) ovata Conrad, 1863, Proc. Acad. Nat. Sci. Phila., vol. xiv, p. 562.
Tritia (Bulliopsis) integra Meek, 1864, Miocene Check List, Smith. Misc. Coll. (183), p. 20.
Tritia (Bulliopsis) ovata Meek, 1864, Miocene Check List, Smith. Misc. Coll. (183), p. 20.
Nassa (Bulliopsis) integra Conrad, 1866, Amer. Jour. Conch., vol. ii, p. 66, pl. iii, fig. 5.
Nassa (Bulliopsis) integra var. ovata Conrad, 1866, Amer. Jour. Conch., vol. ii, p. 66, pl. iii, fig. 4.
Melanopsis integra Conrad, 1868, Amer. Jour. Conch., vol. iii, p. 259.
Buccinanops variabilis Whitfield, 1894, Mon. xxiv, U. S. Geol. Survey, p. 107, pl. xvii, figs. 13–18.

Description.—" Shell short, subfusiform or elliptical; smooth; destitute of ribs or striæ; spire conical, the volutions convex; aperture elliptical, about half the length of the shell; columella thick; labium reflected." Conrad, 1842.

Whitfield named some young shells from the St. Mary's formation in a deep well at Cape May, *" Buccinanops variabilis,"* describing the species as follows :

" Shell rather small, not exceeding five-eighths of an inch in total length; the body of a somewhat subcylindrical form, sometimes wider below than above, and sometimes the reverse; spire short-obtuse, or subturreted; volutions of the spire round scalariform, with deep distinct sutures, the apical ones often quite pointed and attenuated, with a small, rounded, mammillary nucleus; aperture from half to three-fourths as long as the shell, according to the length of the spire, channeled at each extremity and constricted just below the suture on the body whorl, leaving the upper edge of the volution protruding fold-like, the lip expanding again below; inner lip extending upon the inner volution, forming a callosity which is thickened above, bordering the posterior canal; lower canal channeling the base of the columella within. Surface smooth, polished when entire, but generally eroded. showing under a glass fine lines of growth." Whitfield, 1894.

His specimens do not differ at all from young of *B. integra* from the Maryland localities.

Length, 23 mm.;.diameter, 12 mm.

Occurrence.—ST. MARY'S FORMATION. Cove Point, St. Mary's River.

Collections.—Maryland Geological Survey, Johns Hopkins University, Philadelphia Academy of Natural Sciences, U. S. National Museum.

BULLIOPSIS QUADRATA Conrad.

Plate L, Fig. 3.

Nassa quadrata Conrad, 1830, Jour. Acad. Nat. Sci. Phila., vol. vi, 1st ser., pp. 211, 226, pl. ix, fig. 16.

Buccinum quadratum Conrad, 1842, Proc. Nat. Inst., Bull. ii, p. 187.

Bullia (Bulliopsis) quadrata Conrad, 1862, Proc. Acad. Nat. Sci. Phila., vol. xiv, p. 287.

Tritia (Bulliopsis) quadrata Conrad, 1863, Proc. Acad. Nat. Sci. Phila., vol. xiv, p. 563.

Tritia (Bulliopsis) quadrata Meek, 1864, Miocene Check List, Smith. Misc. Coll. (183), p. 20.

Nassa (Bulliopsis) quadrata Conrad, 1866, Amer. Jour. Conch., vol. ii, p. 65, pl. iii, fig. 1.

Nassa (Bulliopsis) subcylindrica Conrad, 1866, Amer. Jour. Conch., vol. ii, p. 66.

Melanopsis quadrata Conrad, 1868, Amer. Jour. Conch., vol. iii, p. 259.

Description.—" Shell turreted; spire with the whorls rather square, and slightly projecting at the angles; left lip reflected over the columella, and thickened above." Conrad, 1830.

Length, 23 mm.; diameter, 1 mm.

Occurrence.—ST. MARY'S FORMATION. St. Mary's River.

Collections.—Maryland Geological Survey, Johns Hopkins University, Philadelphia Academy of Natural Sciences, U. S. National Museum.

BULLIOPSIS MARYLANDICA Conrad.

Plate L, Fig. 4.

Bullia (Bulliopsis) Marylandica Conrad, 1862, Proc. Acad. Nat. Sci. Phila., vol. xiv, p. 287.

Tritia (Bulliopsis) Marylandica Conrad, 1863, Proc. Acad. Nat. Sci. Phila., vol. xiv, p. 562.

Tritia (Bulliopsis) marylandica Meek, 1864, Miocene Check List, Smith. Misc Coll.
(183), p. 20.
Nassa (Bulliopsis) Marylandica Conrad, 1866, Amer. Jour. Conch., vol. ii, p. 65,
pl. iii, fig. 3.
Melanopsis Marylandica Conrad, 1868, Amer. Jour. Conch., vol. iii, p. 259.

Description.—"*O*blong-ovate, entire; whorls 6, slightly convex or subtruncated laterally; suture impressed; aperture about half the length of
the shell; columella profoundly callous above, the callus extending
beyond the lip." Conrad, 1862.

The surface is frequently marked with obsolete revolving lines.

Length, 32 mm.; diameter, 14 mm.

Occurrence.—ST. MARY'S FORMATION. St. Mary's River, Cove Point,

Collections.—Maryland Geological Survey, Johns Hopkins University,
Philadelphia Academy of Natural Sciences.

Family COLUMBELLIDÆ.

Genus COLUMBELLA Lamarck.

Subgenus ASTYRIS Adams.

COLUMBELLA (ASTYRIS) COMMUNIS (Conrad).

Plate L, Figs. 5, 6, 7.

Nassa lunata Conrad, 1830, Jour. Acad. Nat. Sci. Phila., vol. vi, 1st ser., p. 211.
(Not of Say.)
Buccinum lunatum Conrad, 1842, Proc. Nat. Inst., Bull. ii, p. 187.
Amycla (Astyris) communis Conrad, 1862, Proc. Acad. Nat. Sci. Phila., vol. xiv, p. 287.
Amycla (Astyris) communis Conrad, 1863, Proc. Acad. Nat. Sci. Phila., vol. xiv, p. 564,
Columbella (Astyris) communis Dall, 1890, Trans. Wagner Free Inst. Sci., vol. iii.
pt. i, p. 138.
Astyris communis Harris, 1893, Amer. Jour. Sci., ser. iii, vol. xlv, p. 28.
Amycla communis Whitfield, 1894, Mon. xxiv, U. S. Geol. Survey, p. 110, pl. xix,
figs. 12-15.

Description.—" Small, whorls six or seven, smooth and polished; spire
rather elevated; body whorl abruptly rounded in the middle, or subangular; submargin of labrum minutely dentate." Conrad, 1862.

Whorls slightly convex, covered with minute spiral lines visible only
through a lens; beak with from 8 to 12 distinct impressed revolving lines;
labrum sometimes straight, sometimes rounded; usually smooth within,
often strongly dentate; labium usually somewhat callous, sometimes dentate. The callous dentate labrum occurs only in specimens from the St.
Mary's Formation and most typically in those from Cove Point.

There occurs rather abundantly at Greensboro in association with this species a small form ranging in length from 2.5 mm. to 3.5 mm. This may represent *C. lunata* (Say), which has not hitherto been recognized in the Miocene of this region.

Length, 14 mm.; diameter, 6 mm.

Occurrence.—St. Mary's Formation.   St. Mary's River, Cove Point, Langley's Bluff.   Choptank Formation.   Jones Wharf, Governor Run (lower bed), Greensboro.   Calvert Formation.   Plum Point, 3 miles west of Centerville.

Collections.—Maryland Geological Survey, Johns Hopkins University, U. S. National Museum, Philadelphia Academy of Natural Sciences, Cornell University.

Columbella calvertensis n. sp.

Plate L, Fig. 8.

Description.—Shell thick, elongate, eight-whorled; spire elevated; whorls slightly convex; body whorl with about twenty-four narrow revolving grooves with flat interspaces about four times as wide; whorls of the spire with about six grooves; lines of growth very faint; mouth narrow; labrum thick, with about fourteen coarse teeth; canal short, slightly curved.

Length, 16 mm.; diameter, 6.5 mm.

Occurrence.—Calvert Formation.   Plum Point.

Collections.—U. S. National Museum, Maryland Geological Survey.

Family MURICIDÆ.

Genus MUREX Linné.

Subgenus PTERORHYTIS Conrad.

Murex (Pterorhytis) conradi Dall.

Plate L, Figs. 9a, 9b.

Cerostoma umbrifer Tuomey and Holmes, 1856, Pleiocene Fossils of South Carolina, expl. pl. xxviii, fig. 14.   (Not p. 141.)

Murex (Pterorhytis) Conradi Dall, 1890, Trans. Wagner Free Inst. Sci., vol. iii, pt. i, p. 143, pl. xii, fig. 11.

Ocenebra (Pterorhytis) conradi Cossmann, 1903, Essais de Paléoconch. Comp., vol. v, p. 43, fig. 3.

Description.—"This fine species has, like most of the species of this genus, only four varices. The spire is much shorter than in *M. umbrifer* and the form of the varices is different." Dall, 1890.

Shell of moderate size, very solid, five-whorled; varices four, broad, thick, reflexed, intervarical spaces with low, rounded, revolving ribs, and distant obscure lines of growth; central part of the whorl strongly carinated; face of the last varix with wavy lines caused by the edges of the laminæ; umbilicus small; canal barely closed, slightly reflexed.

Length, 36 mm.; diameter, 25.5 mm.

Occurrence.—ST. MARY'S FORMATION. St. Mary's River.

Collection.—U. S. National Museum.

Genus TYPHIS Montfort.

TYPHIS ACUTICOSTA Conrad.

Plate LI, Figs. 1, 2, 3.

Murex acuticosta Conrad, 1830, Jour. Acad. Nat. Sci. Phila., vol. vi, 1st ser., pp. 211, 217, pl. ix, fig. 1.

Typhis acuticosta Conrad, 1842, Proc. Nat. Inst., Bull. ii, p. 187.

Typhis acuticosta Conrad, 1861, Fossils of the Medial Tertiary, No. 4, p. 83, pl. xlviii, fig. 1.

Typhis acuticosta Conrad, 1863, Proc. Acad. Nat. Sci. Phila., vol. xiv, p. 560.

Typhis acuticosta Meek, 1864, Miocene Check List, Smith. Misc. Coll. (183), p. 22.

Typhis acuticostata Conrad, 1868, Amer. Jour. Conch., vol. iv, p. 64, pl. v, fig. 6.

Typhis acuticosta Dall, 1890, Trans. Wagner Free Inst. Sci., vol. iii, pt. i, p. 151.

Murex acuticostata Harris, 1893, Amer. Jour. Sci., ser. iii, vol. xlv, p. 30.

Description.—"Shell with four or five acute foliated varices ending above in a pointed, compressed spire, alternating with four shorter rounded varices ending above in a tube; aperture oval and entire; margin reflected; beak closed, and slightly recurved." Conrad, 1830.

Length, 21 mm.; diameter, 11 mm.

The form from Plum Point may be a distinct variety or species. It is very elongate, having a six-whorled spire and long spines and canal.

Length, 18 mm.; diameter, 8.5 mm.

Occurrence.—ST. MARY'S FORMATION. St. Mary's River, Cove Point, Langley's Bluff. CHOPTANK FORMATION. Jones Wharf. CALVERT FORMATION. Plum Point.

Collections.—Maryland Geological Survey, Johns Hopkins University, Philadelphia Academy of Natural Sciences, Cornell University, U. S. National Museum.

Genus MURICIDEA Swainson.

MURICIDEA SHILOHENSIS (Heilprin).

Plate LI, Figs. 4, 5, 6.

Murex Shilohensis Heilprin, 1887, Proc. Acad. Nat. Sci. Phila., vol. xxxix, p. 404.
Murex shilohensis Dall, 1890, Trans. Wagner Free Inst. Sci., vol. iii, pt. i, p. 141.
Murex Shilohensis Whitfield, 1894, Mon. xxiv, U. S. Geol. Survey, p. 97, pl. xvii,
    fig. 1.

Description.—" Whorls about seven, angular, flattened on the shoulder, which is crossed diagonally by the variceal ridges; varices about eight on the body-whorl, sub-equal, spinosely elevated on the shoulder angulation, and crossed by four sub-equal revolving ridges, which appear double on the crests of the varices; only two such ridges on the whorls above the body-whorl.

" Aperture somewhat more than half the length of shell, key-hole shaped, with the canal broadly deflected. Length nearly .75 inch." Heilprin, 1887.

Dr. Dall notes that the type of this species is suspiciously like *Muricidea spinulosa.*

Length, 17 mm.; diameter, 9 mm.

Occurrence.—CALVERT FORMATION. Plum Point.

Collections.—Maryland Geological Survey, Cornell University, U. S. National Museum.

Genus TROPHON Montfort.

TROPHON TETRICUS Conrad.

Plate LI, Figs. 7a, 7b.

Fusus tetricus Conrad, 1832, Fossil Shells of the Tertiary, No. 1, p. 18, pl. iii, fig. 6.
Fusus tetricus Conrad, 1842, Proc. Nat. Inst., Bull. ii, p. 187.
Fusus tetricus Conrad, 1861, Fossils of the Medial Tertiary, No. 4, p. 84, pl. xlviii,
    fig. 4.
Trophon tetricus Conrad, 1863, Proc. Acad. Nat. Sci. Phila., vol. xiv, p. 560.
Trophon tetricus Meek, 1864, Miocene Check List, Smith. Misc. Coll. (183), p. 22.

Description.—" Fusiform ; with longitudinal acute ribs, terminating above in short spines; whorls angular and flattened above; beak long and recurved." Conrad, 1832.

A feature which Conrad does not mention in his descriptions, but which shows distinctly, is the occurrence of three or four raised revolving ribs on the body whorl.

The shell is seldom perfect, the spines and the long beak being very easily broken off. The number of varices on the body whorl varies from 9 to 12.

Length, 18 mm.; diameter, 8 mm.

Occurrence.—ST. MARY'S FORMATION. St. Mary's River.

Collections.—Maryland Geological Survey, Johns Hopkins University, Philadelphia Academy of Natural Sciences, Cornell University.

TROPHON TETRICUS VAR. LÆVIS n. var.

Plate LI, Fig. 8.

Fusus tetricus Conrad (In part).

Description.—Shell six-whorled; body whorl with 9 to 13 varices; lower part of the body whorl almost or quite smooth, one of the four revolving ribs of *T. tetricus* sometimes faintly showing.

Conrad's description of *T. tetricus* applies exactly to this variety; but his figures show the character by the lack of which this variety is distinguished, i. e., four raised revolving ribs on the body whorl.

Length (restored), 27 mm.; diameter, 12 mm.

Occurrence.—ST. MARY'S FORMATION. St. Mary's River, Cove Point.

Collections.—Maryland Geological Survey, Johns Hopkins University, Cornell University.

TROPHON CHESAPEAKEANUS n. sp.

Plate LI, Figs. 9, 10.

Description.—Shell small, fusiform, six-whorled; spire elongate, pyramidal; body whorl much expanded above, constricted below into a long, narrow beak; shoulder of the whorl with about sixteen obtuse elongated nodes which die out immediately above the shoulder, leaving a smooth, slightly concave subsutural constriction; mouth wide, contracted suddenly below into a narrow, somewhat reflexed canal; columella bent near the lower end of the mouth, and somewhat callous at the angle; lines of growth irregular.

This species is very abundant at the St. Mary's River. At Plum Point a small, very elongated variety occurs.

Length, 10 mm.; diameter, 5 mm.

Occurrence.—ST. MARY'S FORMATION. St. Mary's River, Langley's Bluff. CALVERT FORMATION. Plum Point.

Collections.—Maryland Geological Survey, Johns Hopkins University, Wagner Free Institute of Science, Cornell University.

TROPHON SP.

A single specimen of Trophon was found at Greensboro which does not belong to either of the afore-described species, but as the specimen is immature it will not be given a name.

The specimen possesses five whorls. The body whorl has seven varices and has about twelve revolving ribs distributed from the shoulder to the base of the beak.

Length, 8 mm.; diameter, 4 mm.

Occurrence.—CHOPTANK FORMATION. Greensboro.

Collection.—Maryland Geological Survey.

Genus SCALASPIRA Conrad.

The name *Scalaspira* was used by Conrad in 1862 and subsequently by Meek in 1864 in their Check Lists. Each time it was used as a subgenus under *Fusus;* and neither time was the subgenus defined. *Fusus strumosus* Conrad was the only species included under it. As this species is surely not a true *Fusus* and cannot be with certainty assigned to any other genus, the name may be retained for a new genus defined as follows:

Shell fusoid, with angular cancellated whorls; anterior canal long, narrow; columella bent at the beginning of the canal, and somewhat callous; nucleus depressed, with faint revolving ridges and transverse striations.

Type *Fusus strumosus* Conrad.

Fischer considers *Scalaspira* a synonym of *Hanetia* of Jousseaume which he places as closely related to *Urosalpinx,* while Tryon and Cossmann consider it a synonym of *Urosalpinx.*

SCALASPIRA STRUMOSA Conrad.

Plate LI, Figs. 11, 12, 13.

Fusus strumosus Conrad, 1832, Fossil Shells of the Tertiary, No. 1, p. 18, pl. iii, fig. 4.

Fusus strumosus Conrad, 1842, Proc. Nat. Inst., Bull. ii, p. 187.
Fusus strumosus Conrad, 1861, Fossils of the Medial Tertiary, No. 4, p. 85, pl. xlix, fig. 3.
Fusus (Scalaspira) strumosus Conrad, 1863, Proc. Acad. Nat. Sci. Phila., vol. xiv, p. 560.
Fusus (Scalarispira) strumosus Meek, 1864, Miocene Check List, Smith. Misc. Coll. (183), p. 22.
Urosalpinx strumosus Tryon, 1880, Manual of Conchology, vol. ii, p. 152, pl. lxx, fig. 431.
Urosalpinx strumosus Cossmann, 1903, Essais de Paléoconch. Comp., vol. v, p. 49.

Description.—" Fusiform; cancellated; body whorl subquadrangular, with revolving tuberculated ribs, alternated in size; whorls of the spire striated, and tuberculated at the angle; beak straight." Conrad, 1832.

Length, 26 mm.; diameter, 13 mm. (specimen from Yorktown, Va.).

Length, 18 mm.; diameter, 9 mm. (specimen from Cove Point, Md.).

Occurrence.—St. Mary's Formation. St. Mary's River, Cove Point.

Collections.—Maryland Geological Survey, Johns Hopkins University.

Genus UROSALPINX Stimpson.

Urosalpinx cinereus (Say) ?.

Plate LI, Figs. 14, 15.

Fusus cinereus Say, 1822, Jour. Acad. Nat. Sci. Phila., vol. ii, 1st ser., p. 236. (Fig'd. 1830, Amer. Conch., pl. xxix.)
Fusus cinereus var. Say, 1824, Jour. Acad. Nat. Sci. Phila., vol. iv, 1st ser., p. 129, (Reprinted, 1896, Bull. Amer. Pal., No. 5, p. 35.)
Not *Fusus cinereus* Conrad, 1830, Jour. Acad. Nat. Sci. Phila, vol. vi, 1st ser., pp. 211, 223.
Fusus cinereus Conrad, 1832, Fossil Shells of the Tertiary, No. 1, p. 19, pl. iv, fig. 3.
Fusus cinereus Conrad, 1842, Proc. Nat. Inst., Bull. ii, pp. 183, 187.
? *Urosalpinx cinereus* Meyer, 1888, Proc. Acad. Nat. Sci. Phila., vol. xl, p. 170.

Description.—" *Volutions* cancellate, the transvere costæ eleven, robust; revolving lines filiform, irregularly alternately smaller, crenulating the edge of the exterior lip, which is acute, and alternating with the raised lines of the fauces; *fauces* tinged with chocolate colour; *beak* short, obtuse, not rectilinear; *labrum* not incrassated." Say, 1822.

The fossil which is here referred to *cinereus* often differs considerably from the typical specimens of that form in proportional length, character of sculpture, and straightness of beak; but it nevertheless grades into it so that a consistent separation is impossible. On the other hand the separation from its stratigraphic associate, *U. rustica,* though sometimes difficult, is much more distinct.

The St. Mary's fossil which Conrad referred to *cinereus* (*Fusus cinereus* Conrad, 1830) must from its size have been *Buccinofusus parilis,* then unnamed by him. There is considerable doubt as to the identity of the Miocene fossils referred by Say and by Meyer to *cinereus.*

Length, 38 mm.; diameter, 40 mm.

Occurrence.—St. Mary's Formation. St. Mary's River, Cove Point. Choptank Formation. Jones Wharf.

Collections.—Maryland Geological Survey, Johns Hopkins University, Wagner Free Institute of Science.

Urosalpinx rusticus (Conrad).

Plate LI, Figs. 16, 17.

Fusus errans Conrad, 1830, Jour. Acad. Nat. Sci. Phila., vol. vi, 1st ser., p. 223, pl. ix, fig. 2. (Not *F. errans* Sowerby.)

Fusus rusticus Conrad, 1830, Jour. Acad. Nat. Sci. Phila., vol. vi, 1st ser., p. 230.

Fusus rusticus Conrad, 1832, Fossil Shells of the Tertiary, No. 1, p. 18, pl. iv, fig. 1.

Fusus rusticus Conrad, 1842, Proc. Nat. Inst., Bull. ii, pp. 185, 187.

Fusus subrusticus Conrad, 1861, Fossils of the Medial Tertiary, No. 4, p. 84, pl. xlviii, fig. 5.

Neptunea rustica Conrad, 1863, Proc. Acad. Nat. Sci. Phila., vol. xiv, p. 560.

Neptunea rustica Meek, 1864, Miocene Check List, Smith. Misc. Coll. (183), p. 22.

Siphonalia rustica Conrad, 1869, Amer. Jour. Conch., vol. iv, p. 249.

Urosalpinx trossulus Dall, 1890, Trans. Wagner Free Inst. Sci., vol. iii, pt. i, p. 148. (In part.)

Fusus rusticus Harris, 1893, Amer. Jour. Sci., ser. iii, vol. xlv, p. 30.

Streptochetus rusticus Cossmann, 1901, Essais de Paléoconch. Comp., vol. iv, p. 30, pl. iv, fig. 20.

Description.—" Shell subfusiform, transversely striated, with short longitudinal ribs or undulations on the large whorl; spire conical, costated; upper part of the whorls concave and plain; right lip toothed within, and plicated on the margin; beak recurved. The striæ in general are alternately larger and smaller." Conrad, 1830.

Length, 42 mm.; diameter, 24 mm.

Occurrence.—St. Mary's Formation. St. Mary's River, Langley's Bluff.

Collections.—Maryland Geological Survey, Johns Hopkins University, Philadelphia Academy of Natural Sciences, Cornell University, U. S. National Museum.

Family PURPURIDÆ.

Genus ECPHORA Conrad.

Ecphora Conrad, 1843, Proc. Acad. Nat. Sci. Phila., vol. i, p. 310.
? *Stenomphalus* Sandberger, 1853.
Ecphora Conrad, 1866, Amer. Jour. Conch., vol. ii, p. 75.
Rapana Tryon, 1882, Manual of Conchology, vol. ii, p. 202. (In part.)
Stenomphalus Zittel, 1885, Handbuch der Paleontologie, Abth. 1², p. 270. (In part.)
Rapana Fischer, 1887, Manuel de Conchyliologie, p. 644. (In part.)
Ecphora Dall, 1890, Trans. Wagner Free Inst. Sci., vol. iii, pt. i, p. 124.
Rapana Cossmann, 1903, Essais de Paléoconch. Comp., vol. v, p. 63.

Careful study of large collections of material from the entire Atlantic slope has shown that this genus, formerly considered as most constant in its characteristics and most easy to recognize, should really be divided into several distinct species, the generic position of some of which are not at first sight apparent.

The difficulty encountered in assigning these forms to a satisfactory generic position can be seen from the great diversity of opinion already recorded in the synonomy of the genus itself and in that of the several species. This diversity of opinion becomes more evident when one notes the different positions assigned to the various genera in which the species have been included.

The recognition of *tampaënsis* as a member of the genus makes it very evident the genus itself belongs to the *Purpuridæ* and is very closely related to *Rapana*, rather than to the *Fusidæ*.

The European species *"Pyrula" jauberti* Grateloup from the Tertiary of Bordeaux, and *" Trophon" cancellata* Thomæ from the Tertiary of Mainz have been referred to this genus.

Ecphora quadricostata (Say).

Plate LII, Figs, 1, 2, 3.

——————— Lister, 1685, Historia Conchyliorium, pl. 1059, fig. 2.
Buccinum scala Dillwyn, 1823, Index of 3rd Edit. of Lister's Historia Conchyliorium.
Buccinum scala ? *var.* Say, 1824, Jour. Acad. Nat. Sci. Phila., vol. iv, 1st ser., p. 128.
Fusus 4-costatus Say, 1824, Jour. Acad. Nat. Sci. Phila., vol. iv, 1st ser., p. 127, pl. vii, fig. 5. (Reprinted, 1896, Bull. Amer. Pal., No. 5, p. 33, pl. vii, fig. 5.)
Fusus quadricostatus Conrad, 1830, Jour. Acad. Nat. Sci. Phila., vol. vi, 1st ser., p. 211.
Fusus quadricostatus Conrad, 1842, Proc. Nat. Inst., Bull. ii, p. 187 (not p. 185).
Ecphora quadricostata Conrad, 1843, Proc. Acad. Nat. Sci. Phila., vol. i, p. 310.

Colus quadricostatus Tuomey and Holmes, 1857, Pleiocene Fossils of South Caro-
    lina, p. 149, pl. xxx, fig 4.
Fusus quadricostatus Emmons, 1858, Rept. N. Car. Geol. Survey, p. 250, fig. 10.
Ecphora quadricostata Conrad, 1861, Fossils of the Medial Tertiary, No. 4, p. 83,
    pl. xlviii, fig. 2.
Ecphora 4-costatus Conrad, 1863, Proc. Acad. Nat. Sci. Phila., vol. xiv, p. 563.
Ecphora quadricostata Meek, 1864, Miocene Check List, Smith. Misc. Coll. (183), p. 20.
Rapana quadricostata Tryon, 1882, Manual of Conchology, vol. iv, p. 202, pl. lxii.
    fig. 341.
Ecphora quadricostata Dall, 1890, Trans. Wagner Free Inst. Sci., vol. iii, pt. i, p. 125.
Ecphora quadricostata Harris, 1893, Amer. Jour. Sci., ser. iii, vol. xlv, p. 28. (Not
    pp. 24, 27.)
Rapana (Ecphora) quadricosta Cossmann, 1903, Essais de Paléoconch. Comp., vol. v,
    p. 64, pl. iii, fig. 14.

Description.—" Ovate-ventricose; with a dilated umbilicus, and four much elevated belts, which are more dilated at their tops.

" *Spire* short, the volutions with but two belts, the others being concealed by the succeeding whorls: *body whorl* with four belts, which are equidistant, much elevated, wider at top than at the junction with the whorl, and with one or two deeply impressed lines; intervening spaces wrinkled, the wrinkles extending over the belts: *aperture* suboval: *canal* short and contracted: *labrum* with a groove corresponding with each of the exterior ribs: *umbilicus* dilated, large, not visibly penetrating to the inner summit; the exterior margin prominent and deeply dentated." Say, 1824.

The essential characters of this species as here restricted are: four revolving costæ, which in the adult are of equal prominence and T-shaped in cross section. The adult is more depressed than the young, and with this depression comes the flattening of the costæ, the flaring of the umbilicus, and a looser coiling of the whorls.

This species is apparently the only one at Cove Point and St. Mary's River and in the states south of Maryland. It has not been found at other Maryland localities than those mentioned above. Tuomey and Holmes' figure is so imperfect that it is impossible to state whether it represents the typical form of the species or the following variety.

Length, 120 mm.; diameter, 105 mm.

Occurrence.—St. Mary's Formation. St. Mary's River, Cove Point.

Collections.—Maryland Geological Survey, Johns Hopkins University, U. S. National Museum, Philadelphia Academy of Natural Sciences, Cornell University.

ECPHORA QUADRICOSTATA VAR. UMBILICATA (Wagner).

Plate LII, Fig. 4.

Fusus umbilicus Wagner, 1839, Plate 2, fig. 2.
Fusus quadricostatus Conrad, 1842, Proc. Nat. Inst., Bull. ii, p. 185.
Fusus quadricostatus Bronn, 1848, Hand. Gesch. Nat., Index Pal., pt. i, p. 517.
Fusus quadricostatus var. umbilicatus Bronn, 1849, Hand. Gesch. Nat., Index Pal.,
    pt. ii, p. 455.
Ecphora quadricostata Harris, 1893, Amer. Jour. Sci., ser. iii, vol. xlv, p. 27. (Not
    pp. 24, 28.)
Ecphora quadricostata var. Dall, 1898, Trans. Wagner Free Inst. Sci., vol. v, No. 2,
    p. 9.

Description.—This variety differs from the typical forms of the species in having a thinner shell, a more flaring umbilicus, more loosely coiled whorls, and ribs which are not T-shaped. Because of the thinner shell, the looser coiling, and the lithologic character of the formation in which the variety occurs, perfect specimens are far rarer than those of the typical *quadricostata* and the distinctness of the variety has not been generally recognized. The figure prepared by Wagner in 1839 was on one of those plates which were not regularly published until 1898, but of which a few copies were distributed with manuscript names attached.[1] Apparently no description of *var. umbilicata* has ever been published till now.

There are specimens of this variety in the National Museum from Alum Bluff, Fla. (upper bed).

Length, 70 mm.; diameter, 60 mm.

Occurrence.—CHOPTANK FORMATION. Jones Wharf, Dover Bridge, 2 miles south of Governor Run (lower bed), Governor Run (lower bed), Flag Pond, Pawpaw Point, Governor Run (upper bed), Greensboro, Cordova.

Collections.—Maryland Geological Survey, Johns Hopkins University, Cornell University, U. S. National Museum.

ECPHORA TRICOSTATA n. sp.

Plate LII, Figs. 5, 6, 7, 8.

Description.—Shell of moderate size, thin, chitinous, loosely coiled, six-whorled; nucleus smooth, elevated, conical, three-whorled; spire sharp,

---

[1] Dall, Trans. Wagner Free Inst. Sci., vol. v, No. 2, p. 9.

14

closely wound on the lower and smaller of three prominent elevated revolving ribs; longitudinal wrinkles most prominent on the early whorls;
body whorl large, with three very prominent elevated revolving ribs with
a fourth rudimentary one below it on the largest specimens; spaces between the elevated ribs and below them with many impressed revolving
lines between which the surface is gently convex; umbilicus widely flaring
in the largest specimens, almost absent in the young.

Length, 40 mm.; diameter, 36 mm.

Occurrence.—CALVERT FORMATION. Plum Point, Truman's Wharf,
Chesapeake Beach, 3 miles south of Chesapeake Beach, Fairhaven,
White's Landing.

Collections.—Maryland Geological Survey, Johns Hopkins University,
U. S. National Museum, Cornell University.

ECPHORA TAMPAËNSIS (Dall).

Plate LII, Figs. 9, 10.

Rapana tampaënsis Dall, 1890, Trans. Wagner Free Inst. Sci., vol. iii, pt. i, p. 153.
Rapana tampaënsis var ? Dall, 1892, Trans. Wagner Free Inst. Sci., vol. iii, pt. ii,
   p. 244, pl. xx, fig. 14.
Fasciolaria (Lyrosoma) sulcosa Whitfield, 1894, Mon. xxiv, U. S. Geol. Survey,
   p. 100, pl. xvii, figs. 9, 10. (Not of Conrad.)
Rapana (Ecphora) tampaënsis Cossmann, 1903, Essais de Paléoconch.Comp., vol. v, p.
   65.

Description.—" Shell rather small, short-spired; last whorl much the
largest; spiral sculpture of eight or nine primary ridges, elevated and
square-sided, of which one is near the suture, two others (a little larger)
with subequal interspaces in front of the first, then an interspace of greater
width with the strongest spiral in front of it, then the peripheral interspace, twice as wide as the strongest spiral, then another strong spiral
followed by a narrower channel, and three more basal spirals with diminishing interspaces on the base, and three or four rather obscure and less
elevated spiral cords on the canal; of secondary spirals much smaller than
the primaries, there are one or two in the wide peripheral channel, and
sometimes a single one elsewhere; lastly, the whole surface is more or less
sculptured by fine, incised spiral lines. The transverse sculpture is of
fine wrinkles, in harmony with the incremental lines, which cover most
of the shell; the ribs are slightly but irregularly undulated in some places;
aperture ovate, pillar-lip with a thin, smooth callus; edge of the outer lip
undulated by the sculpture, the interior lirate, with about ten sharp,

prominent liræ disposed somewhat in pairs; canal very narrow and deep, shorter than the aperture, umbilicus flaring, variable in diameter, deep, bounded by the rounded edge of the fasciole, within axially striated, but not otherwise sculptured. Lon. of shell —(?); of last whorl from the suture at the aperture forward 20.0; diam. of last whorl 21.5; of the umbilicus in two specimens 5.0 and 6.5 mm. respectively." Dall, 1890.

The variation which this species shows is amazing. In the material from Jones Wharf there are forms which one could hardly hesitate to refer to *Ecphora quadricostata*. These, by an increasing uniformity in the prominence of the ribs, a narrowing of the umbilicus, and the gradual appearance and increasing prominence of internal liræ on the labrum, grade into forms like that from Church Hill which Dall figured as *Rapana tampaënsis*. Another gradation consists in the appearance of a small fold on the columella. It was a specimen with this characteristic which Whitfield referred to *Fasciolaria* (*Lyrosoma*) *sulcosa*. In other specimens the ribs have become somewhat obsolete.

Length, 38 mm.; diameter, 25 mm.

Occurrence.—CHOPTANK FORMATION. Jones Wharf, Dover Bridge, Pawpaw Point, Trappe Landing. CALVERT FORMATION. Church Hill, Plum Point (?).

Collections.—Maryland Geological Survey, U. S. National Museum.

Family CORALLIOPHILIDÆ.

Genus CORALLIOPHILA Adams.

CORALLIOPHILA CUMBERLANDIANA (Gabb).

Plate LI, Figs. 18, 19, 20.

Cantharus Cumberlandiana Gabb, 1860, Jour. Acad. Nat. Sci. Phila., 2nd ser., vol. iv, p. 375, pl. lxvii, fig. 6.

Cronia ? tridentata Conrad, 1863, Proc. Acad. Nat. Sci. Phila., vol. xiv, p. 563. (In part. Not *Purpura tridentata* T. and H.)

Coralliophila cumberlandiana Dall, 1890, Trans. Wagner Free Inst. Sci., vol. iii, pt. ii, p. 130.

Cantharus Cumberlandianus Whitfield, 1894, Mon. xxiv, U. S. Geol. Survey, p. 103, pl. xvii, figs. 3–6.

Description.—" Fusiform; whorls five, prominent; spire not as long as the mouth; outer lip thick, with about eight teeth on its inner margin, inner lip smooth and thin, a large plate of enamel on the columella and a rudimentary tooth on the upper end near the suture; umbilicus distinct but imperforate; canal moderate and slightly curved; surface marked by about ten rounded, prominent, longitudinal ribs, crossed by 18 or 20 revolving lines between some of which exist traces of finer lines, the latter visible only on well preserved specimens. There are also visible the usual lines of growth." Gabb, 1860.

Length, 24 mm.; diameter, 14 mm.

Occurrence.—St. Mary's Formation. St. Mary's River. Choptank Formation. Greensboro.

Collections.—Maryland Geological Survey, Johns Hopkins University, Philadelphia Academy of Natural Sciences, Wagner Free Institute of Science, Cornell University.

Suborder STREPTODONTA.
Superfamily PTENOGLOSSA.
Family SCALIDÆ.
Genus SCALA Humphrey.
SCALA SAYANA Dall.

Plate LIII, Figs. 1, 2.

Scalaria clathrus Conrad, 1830, Jour. Acad. Nat Sci. Phila., vol. vi, 1st ser., p. 211.
Scalaria clathrus Conrad, 1842, Proc. Nat. Inst., Bull. ii, p. 187.
Scala sayana Dall, 1889, Bull. Mus. Comp. Zool., Har., vol. xviii, p. 308.
Scala sayana Dall, 1889, Bull. xxxvii, U. S. Nat. Mus., p. 122, pl. l, fig. 10.
Scala Sayana Dall, 1890, Trans. Wagner Free Inst. Sci., vol. iii, pt. i, p. 158.

Description.—"A white shell with nine well-marked varices continuous to the apex, which has a smooth, translucent, pale brown nucleus of about three whorls. . . . The interstices are polished, smooth, with occasional faint microscopic spiral striæ." Dall, 1889.

Shell elongate, ten-whorled; varices 7 to 11, usually 9, somewhat carinated; mouth elliptical. No spiral sculpture is visible on any of the Miocene specimens.

Length, 16 mm.; diameter, 5.5 mm.

Occurrence.—St. Mary's Formation. St. Mary's River, Cove Point, Langley's Bluff. Choptank Formation. Jones Wharf, Governor Run (lower bed), Turner, Greensboro.

Collections.—Maryland Geological Survey, Johns Hopkins University, Wagner Free Institute of Science, Cornell University.

SCALA MARYLANDICA n. sp.

Plate LIII, Fig. 3.

Scalaria multistriata Whitfield, 1894, Mon. xxiv, U. S. Geol. Survey, p. 126, pl. xxiii, fig. 5. Not Scalaria multistriata Say.

Description.—Shell small, smooth, moderately slender, eight-whorled, regularly conical; whorls round, firmly in contact but with a deep suture; varices 12 to 18 in number on the body whorl, slightly carinated, each made up of 4 lamellæ: mouth round or slightly elliptical: nucleus smooth, elevated, three-whorled.

This species differs from S. multistriata Say in being destitute of spiral sculpture; from S. sayana in having more varices, in being smaller, and in having a rounder mouth; and from S. teres in having fewer varices and in being less elongate.

Length, 10 mm.; diameter, 4 mm.

Occurrence.—CHOPTANK FORMATION. Jones Wharf, Greensboro, Dover Bridge, Cordova, Trappe Landing, 2 miles south of Governor Run, Turner. CALVERT FORMATION. Plum Point, Chesapeake Beach, 2 miles south of Chesapeake Beach, Church Hill.

Collections.—Maryland Geological Survey, Johns Hopkins University, Cornell University, U. S. National Museum.

Subgenus OPALIA Adams.

SCALA (OPALIA) CALVERTENSIS n. sp.

Plate LIII, Fig. 4.

Description.—Shell solid, elongated, many-whorled; whorls very convex, covered with fine revolving lines; varices about ten on each whorl; very broad and closely set, somewhat carinated, covered with very fine impressed longitudinal lines which appear to break up its surface into laminæ; intervarical spaces very narrow so that the spiral lines are frequently hidden; base with a spiral cord and axial fasciole as on S. De Bouryi Dall; mouth round.

Length (of two-whorled fragment), 19 mm.; diameter, 12 mm.

Occurrence.—CALVERT FORMATION. Plum Point, 3 miles south of Chesapeake Beach.

Collections.—Maryland Geological Survey, U. S. National Museum.

SCALA (OPALIA) RETICULATA n. sp.

Plate LIII, Fig. 5.

Description.—Shell small, slender, about ten-whorled; whorls convex and very closely set; varices very small but numerous, about 35 on the body whorl, and decreasing in number but increasing in size toward the apex; intervarical spaces with six rounded, raised, revolving lines with finer intermediate ones, both sets being absent above the suture for about twice the ordinary interval of the larger ones; mouth round; base flattened, covered with obsolete revolving lines. Over the greater part of the surface of the shell the varices and revolving ribs are of about equal prominence and at equal distances, thus giving a very noticeable reticulate appearance.

Length, 9 mm.; diameter, 3 mm.

Occurrence.—CALVERT FORMATION. Plum Point.

Collections.—Maryland Geological Survey, Cornell University, U. S. National Museum.

SCALA (OPALIA) PRUNICOLA n. sp.

Plate LIII, Fig. 6.

Description.—Shell of medium length and acuteness, with about eight whorls; whorls strongly and regularly convex, except at the periphery of the body whorl where there is a sharp angle; revolving ribs obtuse, irregular in distance, six in number; interspaces gently concave, marked with very fine, closely-set, revolving threads; entire surface of the shell covered with very fine, closely-set, longitudinal threads which cross the revolving ribs; varices small, irregular; base with fine· radiating, and finer concentric lines.

This species has a superficial resemblance to *S. reticulata,* but differs in lacking distinct and regular varices, in possessing very fine revolving and longitudinal sculpture, and in having more distant and more acute revolving ribs.

A single specimen has been found.

Length (of fragment), 10 mm.; diameter, 5.5 mm.

Occurrence.—CALVERT FORMATION. Plum Point.

Collection.—Maryland Geological Survey.

Subgenus STHENORHYTIS Conrad.

SCALA (STHENORHYTIS) EXPANSA Conrad.

Plate LIII, Fig. 7.

Scalaria expansa Conrad, 1842, Proc. Nat. Inst., Bull. ii, pp. 187, 194, pl. ii, fig. 3.
Scala (Sthenorhytis) expansa Conrad, 1863, Proc. Acad. Nat. Sci. Phila., vol. xiv,
   p. 565.
Scala (Sthenorhytis) expansa Meek, 1864, Miocene Check List, Smith. Misc. Coll.
   (183), p. 18.

Description.—"Shell acutely ovate, moderately thick, with numerous robust recurved ribs, twelve in number, counting from the summit of the aperture to the reflected lip, inclusive; whirls profoundly ventricose at the sides, somewhat flattened above; four or five in number." Conrad, 1842.

Obsolete impressed spiral lines are sometimes visible between the varices. The number of whorls is sometimes seven.

Length, 19 mm.; diameter, 16 mm.

Occurrence.—ST. MARY'S FORMATION. St. Mary's River. CHOPTANK FORMATION. Jones Wharf.

Collections.—Wagner Free Institute of Science, Cornell University.

SCALA (STHENORHYTIS) PACHYPLEURA Conrad.

Plate LIII, Fig. 8.

Scalaria pachypleura Conrad, 1841, Proc. Acad. Nat. Sci. Phila., vol. i, p. 30.
Scalaria pachypleura Conrad, 1842, Jour. Acad. Nat. Sci. Phila., vol. viii, 1st ser.,
   p. 186.
Scalaria pachypleura Conrad, 1842, Proc. Nat. Inst., Bull. ii, p. 181.
Scala (Sthenorhytis) pachypleura Conrad, 1863, Proc. Acad. Nat. Sci. Phila., vol. xiv,
   p. 565.
Scala (Sthenorhytis) pachypleura Meek, 1864, Miocene Check List, Smith. Misc. Coll.
   (183), p. 18.
Scalaria (Sthenorhytis) pachypleura Conrad, 1868, Amer. Jour. Conch., vol. iii,
   p. 259, pl. xxi, fig. 4.
Scala pachypleura Harris, 1893, Amer. Jour. Sci., ser. iii, vol. xlv, p. 25.

Description.—"Turrited; short in proportion to its width; volutions 6 or 7, rapidly diminishing in size; ribs very thick, prominent, reflected, terminating above in prominent angles. Length five-eighths of an inch." Conrad, 1842.

The mouth is round or very slightly elliptical. A very distinct basal cingulum extends from the upper end of the mouth around the body whorl to the last varix, being slightly displaced by each of the varices. It is this character which distinguishes the species from *S. expansa*.

Length, 17 mm.; diameter, 12 mm.

Occurrence.—ST. MARY'S FORMATION. St. Mary's River. CHOPTANK FORMATION. Jones Wharf. CALVERT FORMATION. Plum Point.

Collections.—Maryland Geological Survey, Johns Hopkins University, U. S. National Museum, Philadelphia Academy of Natural Sciences, Wagner Free Institute of Science, Cornell University.

Superfamily GYMNOGLOSSA.
Family EULIMIDÆ.
Genus EULIMA Risso.
EULIMA EBOREA Conrad.
Plate LIII, Figs. 9, 10.

Eulima eborea Conrad, 1848, Proc. Acad. Nat. Sci. Phila., vol. iii, p. 20, pl. i, fig. 21.
? *Eulima conoidea* Kurtz and Stimpson, 1851, Proc. Boston Soc. Nat. Hist., vol. iv, p. 115.
Eulima lœvigata Emmons, 1858, Rept. N. Car Geol. Survey, p. 269, fig. 157. (Not *Eulima lœvigata* H. C. Lea.)
Eulima eborea Conrad, 1863, Proc. Acad. Nat. Sci. Phila., vol. xiv, p. 566. (In part.)
Eulima eborea Meek, 1864, Miocene Check List, Smith. Misc. Coll. (183), p. 17.
Eulima eborea Meyer, 1888, Proc. Acad. Nat. Sci. Phila., vol. xl, p. 170.
? *Eulima conoidea* Dall, 1890, Trans. Wagner Free Inst. Sci., vol. iii, pt. i, p. 159, pl. v, fig. 11.

Description.—" Subulate, whorls 9; suture slightly defined; aperture somewhat oblique, ovate-acute." Conrad, 1848.

Shell slender, varying in outline between the extremes figured, thirteen whorled; right side of the body whorl straight from the suture to the middle of the labrum, then rapidly curving; left side of the body whorl straight not quite to a point opposite the upper end of the mouth, then curving gently and uniformly to the extremity of the shell.

Length, 11 mm.; diameter, 3 mm.

Occurrence.—ST. MARY'S FORMATION. St. Mary's River. CALVERT FORMATION. Plum Point, Church Hill, 3 miles west of Centerville.

Collections.—Maryland Geological Survey, Johns Hopkins University,

Wagner Free Institute of Science, Philadelphia Academy of Natural Sciences, Cornell University, U. S. National Museum.

EULIMA LÆVIGATA (H. C. Lea).

Plate LIII, Fig. 11.

Pasithea lævigata H. C. Lea, 1843, New Fossil Shells from the Tertiary of Virginia, Abst. p. 6.

Pasithea lævigata H. C. Lea, 1845, Trans. Amer. Philos. Soc., vol. ix, p. 252, pl. xxxv, fig. 47.

Not *Eulima lævigata* Emmons.

Eulima eborea Conrad, 1863, Proc. Acad. Nat. Sci. Phila., vol. xiv, p. 566. (In part).

Description.—" Shell elevated-conical, acuminate, imperforate, thick, smooth, ivory-like, shining; spire attenuate, conical, acute; sutures linear, very small, whorls flat; last whorl somewhat angular; base smooth; aperture obliquely quadrilateral, acutely angular above and below; effuse." Lea, 1845.

Sides straight to the line of continuation of the suture around the middle of the body whorl, here they are obtusely angular then curve to the extremity of the shell.

Length, 10 mm.; diameter, 2½ mm.

Occurrence.—ST. MARY'S FORMATION. St. Mary's River.

Collections.—Maryland Geological Survey, Johns Hopkins University, Cornell University, Wagner Free Institute of Science, U. S. National Museum.

EULIMA MIGRANS Conrad.

Plate LIII, Fig. 12.

? *Turbo subulata* Donovan, 1803, The Natural History of British Shells, vol. v, expl. pl. clxxii.

Eulima migrans Conrad, 1846, Proc. Acad. Nat. Sci. Phila., vol. iii, p. 20, pl. i, fig. 22.

Eulima subulata Emmons, 1858, Rept. N. Car. Geol. Survey, p. 269, fig. 158.

Eulima migrans Conrad, 1862, Proc. Acad. Nat. Sci. Phila., vol. xiv, p. 266.

Eulima migrans Meek, 1864, Miocene Check List, Smith. Misc. Coll. (183), p. 17.

Description.—" Subulate, very narrow or slender, suture indistinct; aperture direct, oblong-ovate, acute." Conrad, 1846.

" Shell subulate, tapering, pale flesh-color, glossy, fasciated with testaceous-brown. Aperture oval." *Donovan, 1803.*

This form resembles the original figures of *Eulima subulata* Donovan, and those given by Wood[1] and by Hoernes.[2] Till comparison can be made with authentic specimens of that species it is best to retain the American name.

Length, 7.5 mm.; diameter, 1 mm.

Occurrence.—ST. MARY'S FORMATION. St. Mary's River, Cove Point, Langley's Bluff. CHOPTANK FORMATION. Governor Run (lower bed). CALVERT FORMATION. Plum Point.

Collections.—Maryland Geological Survey, Johns Hopkins University, U. S. National Museum, Philadelphia Academy of Natural Sciences, Wagner Free Institute of Science, Cornell University.

Genus NISO Risso.

NISO LINEATA Conrad.

Plate LIII, Fig. 13.

Bonellia lineata Conrad, 1841, Proc. Acad. Nat. Sci. Phila., vol. i, p. 32.

Bonellia lineata Conrad, 1842, Jour. Acad. Nat. Sci. Phila., vol. viii, 1st ser., p. 188.

Bonellia lineata Conrad, 1842, Proc. Nat. Inst., Bull. ii, p. 188.

Bonellia lineata Conrad, 1848, Proc. Acad. Nat. Sci. Phila., vol. iii, p. 21, pl. i, fig. 23.

Niso lineata Conrad, 1863, Proc. Acad. Nat. Sci. Phila., vol. xiv, p. 566. (In part.)

Niso lineata Meek, 1864, Miocene Check List, Smith. Misc. Coll. (183), p. 17.

? *Niso lineata* Conrad, 1866, Amer. Jour. Conch., vol. ii, p. 69, pl. iv, fig. 13.

Niso lineata Dall, 1892, Trans. Wagner Free Inst. Sci., vol. iii, pt. ii, p. 245, pl. xx, fig. 4. (In part.)

Niso lineata Harris, 1893, Amer. Jour. Sci., ser. iii, vol. xlv, p. 25.

Description.—" Subulate, polished, with obsolete spiral lines, distinctly visible only on the body whirl; a spiral line margins the suture at base of each volution, causing the suture to appear profound; this line is continued on the middle of the body whirl." Conrad, 1841.

Conrad published two figures supposed to be of this species. The first is good and makes the species absolutely certain even if the description were insufficient. The second figure is bad and led Dall (who overlooked the earlier one) to suggest that H. C. Lea's name, *simplex*,[3] should

[1] A Monograph of the Crag Mollusca, vol. i, p. 97, pl. xix, fig. 3.

[2] Die Fossilien Mollusken des Tertiaer-Beckens von Wien, Band i, p. 547, Taf. xlix, fig. 20.

[3] *Actæon simplex* H. C. Lea, 1845, Trans. Amer. Philos. Soc., vol. ix, p. 32, pl. xxxvi, fig. 62.

be used instead of *lineata*. If Lea's figure represented this species it would be worse than Conrad's second one. But it is not this species or even a *Niso,* for according to the description there is a fold on the columella. Conrad's second figure probably represents still another species.

Length, 21 mm.; diameter, 8 mm.

Occurrence.—CALVERT FORMATION. Plum Point, 3 miles south of Chesapeake Beach.

Collections.—Maryland Geological Survey, Johns Hopkins University, U. S. National Museum, Philadelphia Academy of Natural Sciences, Cornell University.

Family PYRAMIDELLIDÆ.

Genus ODOSTOMIA Fleming.

ODOSTOMIA CONOIDEA (Brocchi).

Plate LIV, Figs. 3, 4.

Turbo conoideus Brocchi, 1814, Conchiologia Fossile Subapennina, Tome ii, p. 660, pl. xvi, fig. 2.
Odontostomia conoidea Dall, 1892, Trans. Wagner Free Inst. Sci., vol. iii, pt. ii, p. 250.

Description.—" Testa conica, glabra, anfractubus planiusculi, infimo subcarinato, aperta ovali, columella uniplicata."

" Questa conchiglia è terrestre o lacustre, ed appartiene al genere *Auricularia* di Lamarck. La sua lunghezza è di circa una linea e mezzo; ha una forma conica acuta, ed è composta di cinque anfratti perfettamente lisci ed appena alquanto convessi. L'inferiore di essi è lungo più di tuttigli altri presi insieme, e forma presso la base un angolo molto ottuso a guisa di carena. L'apertura è ovale, ed il labbro destro si unisce superiormente senza interruzione col sinistro. Nel mezzo della columella vedesi una piega acuta che si perde nella cavità interna." Brocchi, 1814.

The first recorded occurrence of this species in the American Miocene was made by Dall who found the species in the Calvert formation at Shiloh, N. J. The most abundant occurrence of the species in the Maryland Miocene is in the Choptank formation, especially at Jones

Wharf. The specimens from St. Mary's River are elongate and may belong to a distinct variety or species.

Length, 3.5 mm.; diameter, 1.5 mm.

Occurrence.—ST. MARY'S FORMATION. St. Mary's River. CHOPTANK FORMATION. Jones Wharf, Governor Run.

Collections.—Maryland Geological Survey, Wagner Free Institute of Science.

Subgenus CHRYSALLIDA Carpenter.

ODOSTOMIA (CHRYSALLIDA) MELANOIDES (Conrad).

Plate LIV, Fig. 1.

Acteon melanoides Conrad, 1830, Jour. Acad. Nat. Sci. Phila., vol. vi, 1st ser., pp. 207, 226, pl. ix, fig. 19.
Odostomia granulatus Holmes, 1859, Post-Pleiocene Fossils of South Carolina, p. 86, pl. xiii, figs. 11, 11a, 11b. Not *Acteon granulatus* H. C. Lea.
Actæon melanoides Conrad, 1863, Proc. Acad. Nat. Sci. Phila., vol. xiv, p. 570.
Actæon melanoides Meek, 1864, Miocene Check List, Smith. Misc. Coll. (183), p. 13.

Description.—" Shell conical, with about six volutions, strongly striated transversely; the striæ are three or four in number on the upper whorls, and the last has about eight; the aperture is ovate, with a fold in the centre." Conrad, 1830.

Shell small, conical, six-whorled; whorls of the spire with four equally distinct, raised, revolving ribs and with numerous (about 30) equally spaced and equally prominent longitudinal ribs which granulate the revolving ribs at their intersection, and finer intermediate longitudinal striæ; base of the body whorl with about eight additional revolving ribs which are not crossed by the more prominent longitudinal ones of the spire, but between which the finer striæ are very distinct; mouth elongate; fold near the upper end of the columella, prominent.

This species is most closely related to *Pyramidella (Chrysallida) granulata* (H. C. Lea), of which a figure is here given (Plate LIV, Fig. 2), and from which it differs only in being much less elongate.

Length, 3.5 mm.; diameter, 1.5 mm.

Occurrence.—ST. MARY'S FORMATION(?). St. Mary's River.

Collection.—Cornell University.

Subgenus EVALEA A. Adams.

ODOSTOMIA (EVALEA) MARIANA n. sp.

Plate LIV, Fig. 5.

Description.—Shell small, elongate-conical, six-whorled; whorls gently convex, marked with faint impressed revolving striæ; sutures very distinct; plait small, near the upper end of the columella.

Length, 2.8 mm.; diameter, 1 mm.

Occurrence.—ST. MARY'S FORMATION. St. Mary's River.

Collections.—Maryland Geological Survey, Cornell University.

Subgenus SYRNOLA Adams.

ODOSTOMIA (SYRNOLA) MARYLANDICA n. sp.

Plate LIV, Fig. 6.

Description.—Shell elongate, pyramidal, twelve-whorled; sutures not deep; whorls nearly flat; surface polished; lines of growth faint; spiral striæ irregular and often obsolete; base rounded; plait weak at the mouth, stronger within, situated near the upper end of the columella.

Length, 9 mm.; diameter, 3 mm.

Occurrence.—CALVERT FORMATION. Plum Point.

Collections.—Maryland Geological Survey, U. S: National Museum, Cornell University.

Subgenus PYRGULINA A. Adams.

ODOSTOMIA (PYRGULINA) CALVERTENSIS n. sp.

Plate LIV, Figs. 7, 8.

Description.—Shell small, pyramidal, twice as long as the basal diameter, five-whorled; whorls slightly convex, with many very fine, closely-set revolving lines and about twenty (on the body whorl) longitudinal ribs which are not overridden by the revolving lines; plait prominent, situated very high on the columella.

Length, 2.8 mm.; diameter, 1.3 mm.

Occurrence.—CALVERT FORMATION, Plum Point.

Collection.—Maryland Geological Survey.

Genus EULIMELLA Forbes.

Subgenus ANISOCYCLA Monterosato.

EULIMELLA (ANISOCYCLA) MARYLANDICA n. sp.

Plate LIV, Figs. 9, 9a.

Description.—Shell small, elongate, ten-whorled; whorls slightly convex; sutures distinct; surface highly polished; longitudinal ribs absent; sculpture consisting of about twelve sharp incised revolving grooves at somewhat variable intervals.

This species resembles the English species *Eulimella nitidissima,* which is the type of *Anisocycla,* but is much larger.

Length, 7 mm.; diameter, 2 mm.

Occurrence.—ST. MARY'S FORMATION. St. Mary's River.

Collections.—Maryland Geological Survey, Johns Hopkins University, Wagner Free Institute of Science, Cornell University.

Genus ·TURBONILLA Risso.

Subgenus CHEMNITZIA d'Orbigny.

TURBONILLA (CHEMNITZIA) NIVEA Stimpson.

Plate LIV, Fig. 10.

? *Turritella laqueata* Conrad, 1830, Jour. Acad. Nat. Sci. Phila., vol. vi, 1st ser., p. 221, pl. ix, fig. 17.
? *Pasithea exarata* H. C. Lea, 1843, New Fossil Shells from the Tertiary, of Virginia, Abst. p. 6.
? *Pasithea exarata* H. C. Lea, 1845, Trans. Amer. Philos. Soc., vol. ix, p. 251, pl. xxxv, fig. 44.
Chemnitzia nivea Stimpson, 1851, Proc. Boston Soc. Nat. Hist., vol. iv, p. 114.
Turbonilla nivea Holmes, 1859, Post-Pleiocene Fossils of South Carolina, p. 83, pl. xiii, figs. 3, 3a, 3b.
Turbonilla nivea Dall, 1892, Trans. Wagner Free Inst. Sci., vol. iii, pt. ii, p. 255.

Description.—" Shell aciculate, sub-cylindrical, white, shining; whorls eleven, flattened, longitudinally plicate; folds straight, interstices perfectly smooth." Stimpson, 1851.

It is possible, and perhaps even probable that this species was described by Conrad, in 1830, under the name of *Turritella laqueata.* Conrad's type is not in existence and the description and figure are not sufficient to identify the species with absolute certainty. There does not seem to be any other species at the St. Mary's River for which the description could have been intended. Conrad described the form as follows:

"Shell turreted, smooth, polished, longitudinally ribbed; whorls slightly convex; suture impressed; aperture ovate. One-fifth of an inch in length. It has some resemblance to the *Turbo simillimus* of Montagu, but the ribs are more numerous, and it is also a larger species."

"*Pasithea*" *exarata* H. C. Lea is a *Turbonilla* which differs from this in having elevated rounded ribs which are somewhat curved. It is probably a distinct species or at least a variety. If intermediate forms bridging the gap between *nivea* and *exarata* should be found, Lea's name would of course have priority. The material now at hand does not justify us in uniting the species.

The Maryland forms are exactly like those from the Pliocene and Pleistocene of the Carolinas which Dr. Dall referred to Stimpson's species, but they do not agree very closely with Stimpson's description. For example, instead of having the "raised longitudinal ribs" which Stimpson describes, the Miocene specimens have impressed longitudinal grooves with narrower interspaces. The grooves cease at the periphery of the whorl but the general level of the interspaces is maintained beyond on the base of the whorl.

Length, 6 mm.; diameter, 1½ mm.

Occurrence.—St. Mary's Formation. St. Mary's River.

Collections.—Maryland Geological Survey, Johns Hopkins University, Wagner Free Institute of Science.

Turbonilla (Chemnitzia) nivea Stimpson var.

Plate LIV, Figs. 11, 12.

Description.—Shell small, slender, varying in acuteness of spire; whorls, seven to ten gently convex; spiral sculpture absent; body whorl with about thirty irregular, sometimes obsolete longitudinal ribs which die out near the periphery of the body whorl; base rounded, mouth elongate.

Length, 5 mm.; diameter, 1 mm.

Occurrence.—St. Mary's Formation. St. Mary's River, Cove Point, Langley's Bluff. Choptank Formation. Jones Wharf.

Collections.—Maryland Geological Survey, Johns Hopkins University, Wagner Free Institute of Science.

Subgenus PYRGISCUS Philippi.

TURBONILLA (PYRGISCUS) INTERRUPTA (Totten).

Plate LIV, Figs. 13, 14.

Turritella interrupta Totten, 1835, Amer. Jour. Sci., vol. xxviii, p. 352, pl. i, fig. 7.
Turbonilla interrupta Holmes, 1859, Post-Pleiocene Fossils of South Carolina, p. 83, pl. xiii, figs. 4, 4a, 4b.
Turbonilla interrupta Dall, 1892, Trans. Wagner Free Inst. Sci., vol. iii, pt. ii, p. 259.

Description.—" *Shell,* small, subulate, brownish: *volutions* about ten, almost flat, with about twenty-two transverse, obtuse ribs, separated by grooves of equal diameter, and with about fourteen sub-equal, impressed, revolving lines, which are arranged in pairs, and entirely interrupted by the ribs: below the middle of the body whirl, the ribs become obsolete, and the revolving lines continuous: *sutures,* made quite distinct by a slight shoulder to each volution: *apertures,* ovate, angular above, regularly rounded below, about one-fifth the length of the shell: right lip, sharp, indistinctly sinuous." Totten, 1835.

The form described by H. C. Lea as *Pasithea subula* has some resemblance to this species but differs from it in having the spiral lines finer, and the body whorl less angular with the longitudinal ribs extending to near the base and dying out gradually instead of ending abruptly on the angle.

Length, 11 mm.; diameter, 2¼ mm.

Occurrence.—ST. MARY'S FORMATION. St. Mary's River, Langley's Bluff. CHOPTANK FORMATION. Jones Wharf, Greensboro. CALVERT FORMATION. Plum Point, Reeds, 3 miles west of Centerville.

Collections.—Maryland Geological Survey, Johns Hopkins University, Wagner Free Institute of Science.

Subgenus TRAGULA Monterosato.

TURBONILLA (TRAGULA) GUBERNATORIA n. sp.

Plate LIV, Fig. 15.

Description.—Shell small, short, conical, thick, six-whorled; whorls gently convex, with sixteen gently curved longitudinal ribs; lower half of the whorl with several impressed revolving lines which do not cross the longitudinal ribs; plait small, oblique, situated near the middle of the columella.

Length (of fragment), 2 mm.; diameter, 0.8 mm.

Occurrence.—CHOPTANK FORMATION. Governor Run (lower bed).

Collection.—Maryland Geological Survey.

Superfamily TÆNIOGLOSSA.

Family TRITONIDÆ.

Genus TRITONIUM Link.

TRITONIUM CENTROSUM (Conrad).

Plate LV, Figs. 1, 2.

Bursa centrosa Con. sp. nov. Cope, 1867, Proc. Acad. Nat. Sci. Phila., vol. xix, p. 139. (Name only.)
Bursa centrosa Conrad, 1868, Amer. Jour. Conch., vol. iii, p. 264, pl. xxi, fig. 10.

Description.—"Turrited; spire elevated; whorls with granulated revolving unequal lines, and a series of rounded, prominent, closely arranged nodes' on the angle which is situated below the middle of the whorls; body whorl with three distant nodular revolving ribs; the lower one small; columella with transverse irregular plaits." Conrad, 1868.

The first four or five whorls are polished, and shaped like a *Natica*. Then the sculpture abruptly begins. This sculpture consists of many granulated revolving lines, which override one to three revolving rows of nodes on and below the shoulder of the whorl, and which are in turn overridden by a series of microscopic, closely set, revolving lines and lines of growth.

Length, 28 mm.; diameter, 15 mm.

Occurrence.—CALVERT FORMATION. Plum Point, Charles county, near the Patuxent river (*fide* Cope).

Collections.—Maryland Geological Survey, Johns Hopkins University, U. S. National Museum, Philadelphia Academy of Natural Sciences, Cornell University.

15

Family DOLIIDÆ.

Genus PYRULA Lamarck.

PYRULA HARRISI n. sp.

Plate LV, Fig. 3.

Pyrula n. sp. Harris, 1893, Amer. Jour. Sci., ser. iii, vol. xlv, p. 25.

Description.—Shell globose, thin, five-whorled; spire low, whorls slightly convex, suture not deep; body whorl large, inflated; surface covered with raised revolving ribs with broader interspaces and with sometimes one or more narrow intermediate ribs; revolving ribs exceeding 65 on the body whorl, absent on a narrow band below the suture; lines of growth fine, closely set, occasionally rugose; mouth large, widest near the center, somewhat callous at the upper end; canal broad, short.

Fragments of this species are very abundant but it is seldom that good specimens can be found.

Length, 33 mm.; diameter, 25 mm.

Occurrence.—CALVERT FORMATION. Plum Point.

Collections.—Maryland Geological Survey, Johns Hopkins University, U. S. National Museum, Cornell University.

Family CASSIDÆ.

Genus CASSIS Lamarck.

CASSIS CÆLATA Conrad.

Plate LV, Fig. 4.

Cassis cælata Conrad, 1830, Jour. Acad. Nat. Sci. Phila., vol. vi, 1st ser., p. 211. (Name only.)

Cassis cælata Conrad, 1830, Jour. Acad. Nat. Sci. Phila., vol. vi, 1st ser., p. 218, pl. ix, fig. 14.

Cassis cælata Conrad, 1842, Proc. Nat. Inst., Bull. ii, p. 187.

Semicassis cælata Conrad, 1863, Proc. Acad. Nat. Sci. Phila., vol. xiv, p. 564.

Semicassis cælata Meek, 1864, Miocene Check List, Smith. Misc. Coll. (183), p. 19.

Description.—"Shell with transverse tuberculated ribs, and intervening striæ; whorls of the spire longitudinally ribbed; right lip toothed within; columella granulate and wrinkled.

" The transverse striæ of the grooves between the ribs are very distinct, and between each of the tubercles a longitudinal raised line crosses the grooves, giving the shell somewhat of a cancellated appearance." Conrad, 1830.

Length, 38 mm.; diameter, 28 mm.

Occurrence.—ST. MARY'S FORMATION. St. Mary's River.

Collections.—Maryland Geological Survey, Philadelphia Academy of Natural Sciences.

Family CYPRÆIDÆ.

Genus ERATO Risso.

ERATO PEREXIGUA (Conrad).

Plate LV, Fig. 5.

Marginella perexigua Conrad, 1841, Proc. Acad. Nat. Sci. Phila., vol. i, p. 32.
Marginella perexigua Conrad, 1842, Jour. Acad. Nat. Sci. Phila., vol. viii, 1st ser., p. 189.
? *Erato lævis*[1] ? Emmons, 1858, Rept. N. Car. Geol. Survey, p. 262, fig. 139.
? *Erato Maugeriæ* Emmons, 1858, Rept. N. Car. Geol. Survey, "Additions and Corrections."
Volutella sp. Dall, 1892, Trans. Wagner Free Inst. Sci., vol. iii, pt. ii, p. 226.
Volutella sp. nov. Harris, 1893, Amer. Jour. Sci., ser. iii, vol. xlv, p. 24.
Erato Emmonsi Whitfield, 1894, Mon. xxiv, U. S. Geol. Survey, p. 108, pl. xix, figs. 9–11.

Description.—" Very small, obtusely ovate; labrum profoundly thickened, the margin minutely crenulated; labium with 4 plaits; spire depressed; volutions concealed.

" A small species very much like a Cypræa in form. Length one-eighth inch." Conrad, 1842.

Whitfield describes the form from the New Jersey Miocene as follows: " Shell small, strongly obovate, swollen or inflated above, and contracted in the lower part; spire short or very obtuse, slightly coated so as to render the suture indistinct; aperture narrow, not quite as long as the body of the shell. Outer lip thickened outwardly and in the medial portion of its length on the inside and below, but scarcely so above; strongly crenulated over all the thickened parts, bearing ten distinct ridges on the only perfect example seen. Inner lip bearing four distinct

---

[1] Emmons' species has been generally known by this name. Everyone seems to have overlooked the fact that Emmons himself in the "*Additions and Corrections*" at the end of the volume changed the determination to *Erato Maugeriæ*.

ridges or teeth, the lower one of which is the most distinct.   The surface
of the shell has been polished when perfect."

There is little doubt that it is the same as the Maryland form.   The
identity of Emmons' species is a different question.

Length, 9 mm.; diameter, 6 mm.

Occurrence.—CALVERT FORMATION.   Plum Point.

Collections.—Maryland Geological Survey, U. S. National Museum,
Cornell University.

Family CERITHIOPSIDÆ.

Genus SEILA A. Adams.

SEILA ADAMSII (H. C. Lea).

Plate LV, Fig. 6.

Cerithium Emersonii var. C. B. Adams, 1839, Boston Jour. Nat. Hist., vol. ii, p. 285.
Cerithium terebrale C. B. Adams, 1840, Boston Jour. Nat. Hist., vol. iii, p. 320,
    pl. iii, fig. 7.
? *Cerithium clavulus* H. C. Lea, 1843, New Fossil Shells from the Tertiary of Virginia
    (Abst.), p. 11.
Cerithium Adamsii H. C. Lea, 1845, Trans. Amer. Philos. Soc., vol. ix, p. 268.
Cerithium annulatum Emmons, 1858, Rept. N. Car. Geol. Survey, p. 269, fig. 161.
Cerithiopsis annulatum Conrad, 1863, Proc. Acad. Nat. Sci. Phila., vol. xiv, p. 566.
Cerithiopsis annulatum Meek, 1864, Miocene Check List, Smith. Misc. Coll. (183).
    p. 17.
Seila Adamsii Dall, 1892, Trans. Wagner Free Inst. Sci., vol. iii, pt. ii, p. 267.

Description.—" Granules obsolete, with simple, broad, elevated, revolving lines, the middle one on several of the lower whorls as prominent
as the outer ones." Adams, 1839.

" *Shell* small, elongated, brown, frequently with a white band, with
rather slight incremental striæ; *whorls* eleven or twelve, flattened; *spire*
seven-eighths of the length of the shell, five-sixths of its bulk, its opposite
sides containing an angle of about 20°, conic, with four elevated, obtuse,
revolving lines on each whorl, of which the first and second, and third
and fourth are equidistant; the space between the second and third is
obviously less on the upper whorls, but approaches to an equality with the
other spaces, in the growth of the shell; the first three ridges are equal,
and the fourth small and depressed, so as to lie almost wholly beneath
the first of the succeeding whorl; the *suture* consequently appears on the

upper side of the first ridge, and is moderately impressed; spaces between the ridges crossed by more or less elevated irregular lines, or coarse striæ of growth; *last whorl* on the upper half, sculptured as the spiral whorls with a fifth smaller revolving line on the lower part; *aperture* ovate, one-eighth of the length of the shell, the line of its length making an angle of about 25° with the axis of the shell; *labrum* thin; *canal* rather more than a third as long as the aperture, turning to the left." Adams, 1840.

The question as to the name of this has been discussed in detail by Dr. Dall, but the question is further complicated by the possible equivalency of *Cerithium clavulus* H. C. Lea. If the Virginia Miocene species, *clavulus,* is the same as the recent species, *terebrale* Adams *non* Lamarck, then *clavulus* will have priority, as it dates from 1843, while the footnote in which Lea proposed *adamsii* as a substitute for *terebrale* Adams was omitted from the 1843 edition of Lea's paper and did not appear until two years later.

Length, 8 mm.; diameter, 2.5 mm.

Occurrence.—CHOPTANK FORMATION. Dover Bridge, Greensboro, Cordova, Jones Wharf. CALVERT FORMATION. Plum Point, Church Hill, 3 miles west of Centerville.

Collections.—Maryland Geological Survey, Johns Hopkins University, U. S. National Museum, Cornell University.

Genus CERITHIOPSIS Forbes and Hanley.

CERITHIOPSIS CALVERTENSIS n. sp.

Plate LV, Fig. 7.

Description.—Shell small, elongate, pyramidal, fragile, many-whorled; suture distinct, deep; four broad revolving ridges with broader interspaces crossed by about thirty raised longitudinal ribs which granulate the spirals at their intersection; the lower revolving ridge hidden by the succeeding whorl of the spire; base smooth, except for lines of growth.

This species may be readily distinguished from the following by having four revolving ridges almost equal in size instead of only two prominent ones, and by having the ridges less strongly nodular.

Length, 8 mm.; diameter, 2.5 mm.

Occurrence.—CALVERT FORMATION. Plum Point, Chesapeake Beach.

Collections.—Maryland Geological Survey, Johns Hopkins University, U. S. National Museum, Cornell University.

CERITHIOPSIS SUBULATA (Montagu).

Plate LV, Fig. 8.

Murex subulatus Montagu, 1808, Test. Brit. Suppl., p. 115, pl. xxx, fig. 6.

Cerithiopsis (Eumeta ?) subulata Dall, 1889, Bull. Mus. Comp. Zool. Har., vol. xviii, p. 252, pl. xx, fig. 4.

Cerithiopsis (Eumeta) subulata Dall, 1892, Trans. Wagner Free Inst. Sci., vol. iii, pt. ii, p. 268.

Description.—Shell small, pyramidal, twelve-whorled; whorls with two large and two small revolving ribs alternating in position, spire wound on the lower and smaller rib half concealing it; larger ribs with twenty-two large regular nodes; smaller rib between the two larger ones obsolete except on the later whorls; base smooth; canal short, sharply bent.

This species occurs very abundantly at Greensboro. The specimens have a very close resemblance to those from the Caloosahatchie river.

Length, 8 mm.; diameter, 2.5 mm.

Occurrence.—CHOPTANK FORMATION. Greensboro.

Collections.—Maryland Geological Survey, Johns Hopkins University.

Family PLEUROCERATIDÆ.

Genus GONIOBASIS Lea.

GONIOBASIS MARYLANDICA n. sp.

Plate LV, Fig. 9.

Description.—Shell thin, five-whorled; spire pyramidal, wound slightly below the shoulder of the whorl; sutures distinct but not deep; surface marked by low, narrow revolving ribs with much wider interspaces; revolving ribs about twelve on the body whorl and five on each whorl of the spire; lines of growth irregular; mouth large, widest below; columella concave; labium callous and marked by faint longitudinal striations. A single specimen of this interesting form has been obtained.

Length, 15 mm.; diameter, 6.5 mm.

Occurrence.—ST. MARY'S FORMATION. St. Mary's River.

Collection.—Maryland Geological Survey.

Family CÆCIDÆ.

Genus CÆCUM Fleming.

CÆCUM CALVERTENSE n. sp.

Plate LV, Fig. 10.

Description.—This species is marked by very fine, closely-set, irregular annulations, and no other sculpture.

Length of segment, 4 mm.; diameter (maximum), 0.8 mm.

Occurrence.—CALVERT FORMATION. Church Hill, 3 miles west of Centerville.

Collection.—Maryland Geological Survey.

CÆCUM PATUXENTIUM n. sp.

Plate LV, Figs. 11, 12.

Description.—The only sculpture consists of from 30 to 40 strong, regular, closely-set annulations.

This species bears a strong superficial resemblance to *C. floridanum* Stimpson, but differs from it in possessing no longitudinal markings.

Length of segment, 2.2 mm.; diameter, 0.5 mm.

Occurrence.—CHOPTANK FORMATION. Greensboro, Dover Bridge, Cordova, Peach Blossom Creek, Jones Wharf, Governor Run (lower bed).

Collection.—Maryland Geological Survey.

CÆCUM GREENSBOROËNSE n. sp.

Plate LV, Fig. 13.

Description.—Shell apparently smooth and highly polished, but under high magnification showing irregular, almost obsolete annulations which are strongest at the ends of the segments.

Length of segment, 3 mm.; diameter, 0.5 mm.

Occurrence.—CHOPTANK FORMATION. Greensboro.

Collection.—Maryland Geological Survey.

Family VERMETIDÆ.

Genus VERMETUS Adanson.

VERMETUS GRANIFERUS (Say).

Plate LV, Figs. 14, 15.

Serpula granifera Say, 1824, Jour. Acad. Nat. Sci. Phila., vol. iv, 1st ser., p. 154, pl. viii, fig. 4. (Reprint, 1896, Bull. Amer. Pal., No. 5.)
Serpulorbis granifera Dall, 1892, Trans. Wagner Free Inst. Sci., vol. iii, pt. ii, p. 303.
Anguinella virginiana Whitfield, 1894, Mon. xxiv, U. S. Geol. Survey, p. 132, pl. xxiv, figs. 1–5.

Description.—" Covered with longitudinal, contiguous, slightly elevated, granulated striæ.

" Shell subcylindric, contorted, inferior side flat; the whole surface is composed of very numerous, small, contiguous striæ, each consisting of a single row of granules; these series are alternately smaller.

" Diameter of the larger end three-tenths of the largest specimen two-fifths of an inch. The continuity of the tube within is interrupted by oblique diaphragms. It sometimes approaches the spiral form, and one specimen has three complete volutions of much regularity." Say, 1824.

Length of tube (longest observed fragment), 160 mm.; diameter of same tube, 8 mm.; maximum diameter, 15 mm.

Occurrence.—ST. MARY'S FORMATION.—St. Mary's River. CHOPTANK FORMATION. Jones Wharf, Governor Run (lower bed), Greensboro. CALVERT FORMATION. Plum Point, Chesapeake Beach, 3 miles west of Centerville.

Collections.—Maryland Geological Survey, Johns Hopkins University, U. S. National Museum.

VERMETUS VIRGINICUS (Conrad).

Plate LV, Fig. 16.

Serpula virginica Conrad, 1839, Fossils of the Medial Tertiary, cover of No. 1, p. 3, Reprint, 1893, p. [51].
Anguinella virginiana Conrad, 1845, Fossils of the Medial Tertiary, p. 77, pl. xliv, fig. 4.
Anguinella virginiana Conrad, 1863, Proc. Acad. Nat. Sci. Phila., vol. xiv, p. 568.
Anguinella virginiana Meek, 1864, Miocene Check List, Smith. Misc. Coll. (183), p. 16.
Vermetus ? (Anguinella) virginica Dall, 1892, Trans. Wagner Free Inst. Sci., vol. iii, pt. ii, p. 306.
Not *Anguinella Virginiana* Whitfield.

Description.—" Shell terete, slender, adhering in large groups, occasionally angulated, with sessile spiral convolutions; surface with acute prominent transverse wrinkles." Conrad, 1839.

" Terete, slender, adhering, with strong annular wrinkles; toward the apex are contiguous volutions, somewhat angular or subcarinated; the whorls with obsolete revolving lines and subcarinated near the base; internally furnished with vaulted septa." Conrad, 1845.

This species differs from *V. graniferus* in being less intricately coiled and in being destitute of all sculpture except annular wrinkles and lines of growth.

Diameter of tubes, 3 mm.

Occurrence.—ST. MARY'S FORMATION. Cove Point. CHOPTANK FORMATION. Jones Wharf, Greensboro, Cordova. CALVERT FORMATION. Plum Point, Chesapeake Beach.

Collections.—Maryland Geological Survey, Johns Hopkins University, U. S. National Museum.

Family TURRITELLIDÆ.

Genus TURRITELLA Lamarck.

TURRITELLA INDENTA Conrad.

Plate LVI, Figs. 1, 2.

Turritella indenta Conrad, 1841, Proc. Acad. Nat. Sci. Phila., vol. i, p. 32.
Turritella indenta Conrad, 1842, Jour. Acad. Nat. Sci. Phila., vol. viii, 1st ser., p. 188.
Turritella indenta Conrad, 1842, Proc. Nat. Inst., Bull, ii, pp. 182, 183.
Turritella indenta Conrad, 1863, Proc. Acad. Nat. Sci. Phila., vol. xiv, p. 568.
Turritella indenta Meek, 1864, Miocene Check List, Smith. Misc. Coll. (183), p. 16.
Turritella indenta Conrad, 1868, Amer. Jour. Conch., vol. iii, p. 258, pl. xxi, fig. 8.
Turritella indenta Dall, 1892, Trans. Wagner Free Inst. Sci., vol. iii, pt. ii, p. 308.
Turritella indenta Harris, 1893, Amer. Jour. Sci., ser. iii, vol. xlv, pp. 24, 25.

Description.—" Subulate, whirls about 15, contracted or indented above the middle, and with obsolete spiral striæ; suture profound, the lower margin obtusely carinated by the indentation; the upper margin also subcarinated; basal margin acutely angulated; base flat or slightly concave." Conrad, 1842.

" Broad at base; whorls each with two revolving obtuse lines, the inferior one largest, subtuberculated and margins the suture, and an impressed line marks its upper margin; the other revolves on the upper margin of the whorls; suture profoundly excavated, sides of volution slightly concave; revolving lines rugose, minute." Conrad, 1868.

Length, 62 mm.; diameter, 19 mm.

Occurrence.—CHOPTANK FORMATION. 2 miles south of Governor Run, Greensboro (?). CALVERT FORMATION. Truman's Wharf, Lyon's Creek, Plum Point, Chesapeake Beach, 3 miles south of Chesapeake Beach, Reed's, Skipton, " Huntingtown " (*fide* Conrad).

Collections.—Maryland Geological Survey, Johns Hopkins University, U. S. National Museum, Philadelphia Academy of Natural Sciences, Cornell University.

TURRITELLA ÆQUISTRIATA Conrad.

Plate LVI, Fig. 3.

Turritella æquistriata Conrad, 1863, Proc. Acad. Nat. Sci. Phila., vol. xiv, pp. 567, 584.

Turritella æquistriata Meek, 1864, Miocene Check List, Smith. Misc. Coll. (183), p. 16.

Turritella æquistriata Whitfield, 1894, Mon. xxiv, U. S. Geol. Survey, p. 128, pl. xxiii, figs. 12–14.

Description.—" Subulate, volutions 14, bicarinate, carinæ distant with a concave interval, the lower carina near the suture; surface covered with nearly equal fine closely-arranged striæ, with a minute intermediate line; aperture longer than wide." Conrad, 1862.

Length, 44 mm.; width, 12 mm.

Occurrence.—CALVERT FORMATION. Church Hill, Evans Farm near Church Hill, 3 miles west of Centerville, Plum Point, between McKendree and Pindell, Wye Mills.

Collections.—Maryland Geological Survey, Johns Hopkins University, Philadelphia Academy of Natural Sciences, U. S. National Museum.

TURRITELLA PLEBEIA Say.

Plate LVI, Figs. 4, 5, 6, 7, 8, 9.

Turritella plebeia Say, 1824, Jour. Acad. Nat. Sci. Phila., vol. iv, 1st ser., p. 125, pl. vii, fig. 1. (Reprint, Bull. Amer. Pal., 1896, No. 5.)

Turritella plebeia Conrad, 1830, Jour. Acad. Nat. Sci. Phila., vol. vi, 1st ser., p. 211.

Turritella octonaria Conrad, 1834, Jour. Acad. Nat. Sci. Phila., vol. vii, 1st ser., p. 144.

Turritella plebeia Conrad, 1842, Proc. Nat. Inst., Bull. ii, pp. 182, 187.
Turritella plebeia Conrad, 1863, Proc. Acad. Nat. Sci. Phila., vol. xiv, p. 568.
Turritella octonaria Conrad, 1863, Proc. Acad. Nat. Sci. Phila., vol. xiv, p. 568.
Turritella plebeia Meek, 1864, Miocene Check List, Smith. Misc. Coll. (183), p. 16.
Turritella octonaria Meek, 1864, Miocene Check List, Smith. Misc. Coll. (183), p. 16.
Turritella plebeia Harris, 1893, Amer. Jour. Sci., ser. iii, vol. xlv, pp. 25, 26, 27, 28.
Turritella (Mesalia ?) plebeia Whitfield, 1894, Mon. xxiv, U. S. Geol. Survey, p. 130,
   pl. xxiii, figs. 6–8.

Description.—" Whorls convex, hardly flattened in the middle, with about twelve revolving elevated striæ, the middle ones alternately somewhat smaller; transverse wrinkles distinct." Say, 1824.

The forms which have been referred to *plebeia* are considerably varied in character and Say's description will not apply to them all. The name is here used in a broad sense to cover all those Turritellas from these beds whose whorls are more or less convex; are covered with fine, uniform or uniformly alternating, raised, revolving striæ; and are not carinated. The typical form with very convex whorls, not flattened, occurs throughout the Miocene, but is the only form in the St. Mary's formation. A form (*var. A*) with almost flat whorls and an indistinct suture occurs in the Choptank and Calvert formations. The striæ are very uniform and closely set. At Plum Point the most abundant form (*var. B*) has deep sutures and flat-topped whorls. It is smaller than the typical form.

The variety which Conrad described as *Turritella octonaria* is characterized by having about eight prominent irregular revolving ribs with intermediate ones. It occurs only in the Choptank formation at Dover Bridge.

Length, 47 mm.; diameter, 13 mm. (*Typical form*).

Length, 22 mm.; diameter, 7 mm. (*var. A*).

Length, 35 mm.; diameter, 10 mm. (*var. B*).

Length, — mm.; diameter, 13 mm. (*var. octonaria*).

Occurrence.—ST. MARY'S FORMATION. St. Mary's River, Cove Point, Langley's Bluff. CHOPTANK FORMATION. Greensboro, Cordova, Peach Blossom Creek, Dover Bridge, Flag Pond, Governor Run (upper and lower beds), 2 miles south of Governor Run, Jones Wharf, Pawpaw Point, CALVERT FORMATION. Plum Point, Chesapeake Beach, 3 miles south of Chesapeake Beach, Truman's Wharf.

Collections.—Maryland Geological Survey, Johns Hopkins University, U. S. National Museum, Philadelphia Academy of Natural Sciences, Wagner Free Institute of Science, Cornell University.

TURRITELLA VARIABILIS Conrad.

Plate LVII, Fig. 1.

Turritella variabilis Conrad, 1830, Jour. Acad. Nat. Sci. Phila., vol. vi, 1st ser., p. 221, pl. x, fig. 3.
Turritella variabilis Conrad, 1842, Proc. Nat. Inst., Bull. ii, p. 187.
Turritella variabilis Conrad, 1863, Proc. Acad. Nat. Sci. Phila., vol. xiv, p. 568.
Turritella variabilis Meek, 1864, Miocene Check List, Smith. Misc. Coll. (183), p. 16.

Description.—" Shell subulate, turreted, tapering to an acute apex; whorls flattened in the middle, with from two to five smooth ribs on each, and transversely striated; suture impressed.

" The ribs are generally three in number, but a variety occurs with two only, or the intermediate one becomes obsolete. The largest specimens, which much exceed the figure in size, sometimes have five ribs on each whorl." Conrad, 1830.

This species is extremely variable and has been described under many names. The varieties described below with the synonyms quoted under each include all the names which have been applied to Maryland specimens. These varieties can be clearly recognized in the adult specimens, but the young cannot be separated.

The name *T. variabilis* has been applied only to specimens from St. Mary's River and the typical form of the species is here regarded as restricted to that horizon. It is distinguished by its moderately but uniformly convex whorls with many revolving ribs, from two to five of which are larger than the rest, uniformly distributed over the whorl, and of equal prominence.

Length (restored), 80 mm.; diameter, 12 mm.

Occurrence.—ST. MARY'S FORMATION. St. Mary's River, Cove Point, Langley's Bluff.

Collections.—Maryland Geological Survey, Johns Hopkins University, U. S. National Museum.

TURRITELLA VARIABILIS VAR. ALTICOSTATA Conrad.

Plate LVII, Fig. 2.

Turritella alticostata Conrad, 1834, Jour. Acad. Nat. Sci. Phila., vol. vii, 1st ser., p. 144.
Turritella alticostata Conrad, 1863, Proc. Acad. Nat. Sci. Phila., vol. xiv, p. 567.
Turritella terebriformis Harris, 1893, Amer. Jour. Sci., ser. iii, vol. xlv, p. 30.
Turritella terebriformis Dall, 1892, Trans. Wagner Free Inst. Sci., vol. iii, pt. ii, p. 311 (in part).

Description.—" Shell much elongated, subulate, whorls twelve to fourteen, each profoundly carinated near the base, and with prominent spiral striæ." Conrad, 1834.

This variety includes those forms from the Choptank formation which are characterized by the presence of very large revolving ribs on the lower half of the whorl. This condition was well developed only on the later whorls of large individuals.[1]

Length, unknown; diameter, 21 mm.

Occurrence.—CHOPTANK FORMATION. Greensboro, Dover Bridge, Peach Blossom Creek, Cordova, Flag Pond, Governor Run, 2 miles south of Governor Run, Pawpaw Point.

Collections.—Maryland Geological Survey, Johns Hopkins University, U. S. National Museum.

TURRITELLA VARIABILIS VAR. CUMBERLANDIA Conrad.

Plate LVII, Figs. 3, 4.

Turritella variabilis var. Conrad, 1830, Jour. Acad. Nat. Sci. Phila., vol. vi, 1st ser., p. 221.
Turritella Cumberlandia Conrad, 1863, Proc. Acad. Nat. Sci. Phila., vol. xiv, pp. 567, 584.
Turritella cumberlandia Meek, 1864, Miocene Check List, Smith. Misc. Coll. (183), p. 16.
Turritella cumberlandia Whitfield, 1894, Mon. xxiv, U. S. Geol. Survey, p. 129, pl. xxiii, figs. 9–11.

Description.—" Elongated, tapering gradually; volutions 24, bicarinated, carinæ nearly equal, distant; revolving lines unequal, wrinkled: sides of whorls concave between the carinæ, somewhat channeled beneath the lower one, and rounded at the base. Length 2⅜." Conrad, 1862.

---

[1] Dr. Dall referred to his *T. terebriformis* specimens from the Chipola beds, from the Miocene of Virginia (collected by Conrad) and Harris' specimen from Greensboro (not Yorktown, Va.). The last is identical with *alticostata*. The species *terebriformis* may still be valid if the Maryland specimens are eliminated.

This variety includes all those forms from the Choptank and Calvert formations which are characterized by the presence of two revolving ribs, approximately equal in size and equally distant from the upper and lower sutures of the whorls, with a somewhat smooth concave band between them.

This variety represents an archaic condition retained longest in the individuals from the Calvert formation, but almost always present on the early whorls of individuals from the Choptank formation, and occasionally seen on those from the St. Mary's formation.

Length, 70 mm.; diameter, 12 mm.

Occurrence.—CHOPTANK FORMATION. Greensboro, Dover Bridge, Peach Blossom Creek, Flag Pond, Governor Run, 2 miles south of Governor Run, Trappe Landing, Jones Wharf, Turner, Pawpaw Point. CALVERT FORMATION. Church Hill, Reed's, Plum Point, Chesapeake Beach, 3 miles south of Chesapeake Beach, Truman's Wharf.

Collections.—Maryland Geological Survey, Johns Hopkins University, U. S. National Museum.

TURRITELLA VARIABILIS VAR. EXALTATA Conrad.

Plate LVII, Fig. 5.

Turritella exaltata Conrad, 1841, Proc. Acad. Nat. Sci. Phila., vol. i, p. 32.
Turritella exaltata Conrad, 1842, Jour. Acad. Nat. Sci. Phila., vol. viii, 1st ser., p. 188.
Turritella exaltata Conrad, 1842, Proc. Nat. Inst., Bull. ii, p. 182.
Turritella exaltata Conrad, 1863, Proc. Acad. Nat. Sci. Phila., vol. xiv, p. 567.
Turritella exaltata Meek, 1864, Miocene Check List, Smith. Misc. Coll. (183), p. 16
Turritella exaltata Harris, 1893, Amer. Jour. Sci., ser. iii, vol. xlv, pp. 24, 25.

Description.—" Subulate, profoundly elongated; whirls convex, with spiral striæ; base of each with a slight groove, and carinated line which margins the suture; waved longitudinal rugæ robust." Conrad, 1842.

This variety includes all those forms in the Calvert formation which have convex whorls with a revolving rib near the base. It differs from *var. alticostata* in having a single revolving rib which is placed nearer the suture than is the more prominent rib of that variety.

Length, 140 mm.; diameter, 14 mm.

Occurrence.—CALVERT FORMATION. Plum Point, Chesapeake Beach, 3 miles south of Chesapeake Beach.

Collections.—Maryland Geological Survey, Johns Hopkins University, U. S. National Museum.

TURRITELLA VARIABILIS VAR.

Plate LVII, Figs. 6, 7, 8.

In addition to the varieties already described, there are in the Calvert formation several other forms which perhaps would be as worthy of retaining names as those already discussed. But the variation in this species is so extreme that it seems unwise to give additional names without stronger reasons than at present exist.

Var. A.—Much elongate, whorls with an elevated carination near the lower suture, surface concave on either side of the carination. There is a peculiar form from Skipton in the U. S. National Museum which resembles this, and which is labelled " *T. terstriata* Rogers."

Var B.—Much elongated, whorls strongly convex, sculpture almost obsolete.

Var. C.—Whorls flat, sculpture obsolete.

Occurrence.—CALVERT FORMATION. Plum Point, Chesapeake Beach, 3 miles south of Chesapeake Beach, Truman's Wharf, White's Landing, Fairhaven.

Collections.—Maryland Geological Survey, Johns Hopkins University, U. S. National Museum.

Genus TACHYRHYNCHUS Mörch.

TACHYRHYNCHUS PERLAQUEATUS (Conrad).

Plate LVII, Fig. 9.

Turritella perlaqueata Conrad, 1841, Proc. Acad. Nat. Sci. Phila., vol. i, p. 32.
Turritella perlaqueata Conrad, 1842, Jour. Acad. Nat. Sci. Phila., vol. viii, 1st ser., p. 189.
Turbonilla perlaqueata Conrad, 1863, Proc. Acad. Nat. Sci. Phila., vol. xiv, p. 566.
Turritella perlaqueata Meek, 1864, Miocene Check List, Smith. Misc. Coll. (183), p. 16.

Description.—" Subulate; whirls convex at base, longitudinally ribbed or fluted, with very fine spiral striæ, most profound towards the base of the larger volution. Length rather more than half an inch." Conrad, 1841.

Length, 13.5 mm.; diameter, 4.5 mm.

Occurrence.—CALVERT FORMATION. Plum Point.

Collections.—Philadelphia Academy of Natural Sciences, U. S. National Museum.

Family LITTORINIDÆ.

Genus LITTORINA Férussac.

LITTORINA IRRORATA (Say).

Plate LVIII, Fig. 1.

Turbo irroratus Say, 1822, Jour. Acad. Nat. Sci. Phila., vol. ii, 1st ser., p. 239.
Litorina irrorata Dall, 1892, Trans. Waguer Free Inst. Sci., vol. iii, pt. ii, p. 320.

Description.—" Shell thick, greenish or pale cinereous, with numerous revolving, elevated, obtuse, equal lines, which are spotted with abbreviated brownish lines; *suture* not indented; *spire* acute; *labium* incrassated, yellowish-brown; *labrum* within white and thick, at the edge thin, and lineated with dark brownish; *throat* white; *columella* with an indentation; *operculum* coriaceous." Say, 1822.

A single somewhat worn specimen of this species has been found. This is the first record of it in the Miocene.

Length (restored), 14 mm.; diameter, 11 mm.

Occurrence.—CHOPTANK FORMATION. Choptank River.

Collection.—U. S. National Museum.

Family FOSSARIDÆ.

Genus FOSSARUS Philippi.

Subgenus ISAPIS H. and A. Adams.

FOSSARUS (ISAPIS) DALLI (Whitfield).

Plate LVIII, Fig. 2.

Carinorbis (Delphinula) globulus Heilprin, 1887, Proc. Acad. Nat. Sci. Phila., vol. xxxix, p. 404.
Not *Delphinula globulus* H. C. Lea.
Trichotropis dalli Whitfield, 1894, Mon. xxiv, U. S. Geol. Survey, p. 127, pl. xxiii, figs. 1–4.

Description.—" Shell rather small, obliquely ovate, ventricose; body volution forming nearly the entire bulk, very ventricose on the side and below, and somewhat flattened on the shoulder. Volutions about four in number, the apex slightly mammillated; aperture round-oval, nearly as wide as long, the peristome entire, in contact with the preceding volution on the upper inner side, but not coalescent; umbilicus small but distinctly open. Surface marked by six strong, elevated, spiral ridges, with flattened interspaces, the upper ridge being a little the strongest. These spiral ridges often appear double on the surface, from the effect of weathering, but when perfect they are rounded. There are also finer but distinct transverse raised lines, which cross the spiral ridges, and are distinct on the interspaces, but faint or even obsolete on the spiral ridges. Inner margin of the lip faintly marked by depressions corresponding to the spiral lines." Whitfield, 1894.

Length, 16 mm.; width, 11 mm.

Occurrence.—CALVERT FORMATION. Church Hill, Plum Point, 3 miles south of Chesapeake Beach.

Collections.—Maryland Geological Survey, Johns Hopkins University, U. S. National Museum.

Family SOLARIIDÆ.

Genus SOLARIUM Lamarck.

SOLARIUM TRILINEATUM Conrad.

Plate LVIII, Figs. 3a, 3b, 3c.

Solarium trilineatum Conrad, 1841, Proc. Acad. Nat. Sci. Phila., vol. i, p. 31.

Solarium trilineatum Conrad, 1842, Jour. Acad. Nat. Sci. Phila., vol. viii, 1st ser., p. 186.

Solarium trilineatum Conrad, 1842, Proc. Nat. Inst., Bull. ii, p. 181.

Architectonica (Phillipia) trilineata Conrad, 1863, Proc. Acad. Nat. Sci. Phila., vol. xiv, p. 566.

Architectonica (Phillipia) trilineata Meek, 1864, Miocene Check List, Smith. Misc. Coll. (183), p. 17.

Architectonica trilineata Conrad, 1868, Amer. Jour. Conch., vol. iii, p. 260, pl. xx, fig. 5.

Solarium trilineatum Dall, 1892, Trans. Wagner Free Inst. Sci., vol. iii, pt. ii, p. 327.

Solarium trilineatum Harris, 1893, Amer. Jour. Sci., ser. iii, vol. xlv, p. 25.

Description.—" Depressed, conical; whirls with obsolete spiral lines, and fine transverse striæ, an impressed line below the suture; whirls carinated at base; suture deeply impressed; periphery carinated, and margined above and beneath by a carinated line; umbilicus profound, crenate on the margin, and with a submarginal impressed line, striæ radiating from the umbilicus, becoming obsolete towards the periphery. Width ½ inch." Conrad, 1841.

16

Height, 9 mm.; diameter, 14 mm.

Occurrence.—CALVERT FORMATION. Plum Point, 3 miles south of Chesapeake Beach.

Collections.—Maryland Geological Survey, Johns Hopkins University, U. S. National Museum, Philadelphia Academy of Natural Sciences, Cornell University.

SOLARIUM AMPHITERMUM Dall.

Plate LVIII, Figs. 4a, 4b.

Solarium amphitermum Dall, 1892, Trans. Wagner Free Inst. Sci., vol. iii, pt. ii, p. 330, pl. xxii, figs. 16, 16a.

Description.—" Shell moderately elevated, large, solid, with a blunt periphery and about seven whorls; nucleus sinistral, overturned and immersed in the succeeding coil; upper surface with a transverse sculpture of regularly spaced, impressed lines in harmony with the flexuous lines of growth; periphery marked by a strong, broad, blunt rib cut by the impressed lines so as to carry squarish nodulations. This is separated from a similar but less pronounced rib behind by a deep, very narrow groove; the surface hence to the suture may have one or two fine obsolete spiral raised lines, or may show merely the transverse impressed lines which sometimes gather at the appressed suture; base flattened, inside the rounded edge of the peripheral rib is a small beaded spiral; umbilicus small, bordered by a stout rib with about twelve denticles, outside of which is a smaller, undulated, flattish rib with a deep, narrow groove on each side; between this and the peripheral cord the surface is nearly smooth, or with a few fine obsolete raised lines transversely sculptured with impressed radiating lines strongest near the umbilicus; aperture subquadrate, wider than high, the end of the umbilical rib, when perfect, grooved and guttered. Max. diam. of shell 18.5; of umbilicus 5.0; alt. of shell, 10.0 mm. . . . . .

" *S. trilineatum* . . . . . is . . . . . smaller, proportionately more elevated and has a sharp periphery." Dall, 1892.

Height, 10 mm.; diameter, 18.5 mm.

Occurrence.—CHOPTANK FORMATION. Greensboro.

Collections.—Maryland Geological Survey, U. S. National Museum.

Family RISSOIDÆ.

Genus RISSOA Fréminville.

Subgenus ONOBA Adams.

RISSOA (*O*NOBA) MARYLANDICA n. sp.

Plate LVIII, Fig. 5.

Description.—Shell small, fragile, elongate, five-whorled; whorls convex; surface polished, with faint lines of growth and numerous fine revolving striæ which are most distinct at the base of the whorl; mouth wide; umbilicus distinct.

The specimens from the Calvert formation differ from the type which is from Cove Point in having a more solid shell, finer revolving striæ, and a smaller umbilicus.

Length, 4.5 mm.; diameter, 2.5 mm.

Occurrence.—ST. MARY'S FORMATION. Cove Point. CALVERT FORMATION. Plum Point, Church Hill, 3 miles west of Centerville.

Collections.—Maryland Geological Survey, Johns Hopkins University, Cornell University.

RISSOA SP.

A single fragment evidently represents a new species but is too imperfect to figure or to receive a name. The shell is elongate with very convex whorls which are sculptured by distinct revolving ridges with broader interspaces in which the lines of growth are very distinct.

Length (of fragment), $2\frac{1}{2}$ mm.; diameter, 1 mm.

Occurrence.—CALVERT FORMATION. 3 miles west of Centerville.

Collection.—Maryland Geological Survey.

Family ADEORBIDÆ.

Genus ADEORBIS S. Wood.

ADEORBIS SUPRANITIDUS S. Wood.

Plate LVIII, Figs. 6a, 6b, 6c.

Adeorbis supra-nitidus S. Wood, 1842, Catalogue of Crag shells, Ann. and Mag. Nat. Hist., vol. ix, p. 530.

Adeorbis supra-nitidus S. Wood, 1848, Mollusca of the Crag, pt. i, p. 137, pl. xv, figs. 5a, 5b.

Adeorbis supranitidus Dall, 1892, Trans. Wagner Free Inst. Sci., vol. iii, pt. ii, p. 344.

Description.—" Shell depressed, small, smooth, glossy, and naked above, with from one to three sharp carinæ, the upper one small, often wanting; volutions 3-4, with a depression or subcanal near the suture; umbilicus large, open, coarsely striated within; peritreme sharp, slightly interrupted by the body whorl.

" *Diameter,* ⅓ of an inch; *altitude,* ½ the diameter." Wood, 1848.

This form, which is very rare at the single Maryland locality where it has been found, has a wide distribution in the Miocene and Pliocene of the Atlantic coast of the United States, the Pliocene of Europe, and is living on both shores of the Atlantic.

Height, 1 mm.; diameter, 2 mm.

Occurrence.—ST. MARY'S FORMATION. St. Mary's River.

Collections.—Wagner Free Institute of Science, Cornell University, U. S. National Museum.

Family CALYPTRÆIDÆ.

Genus CRUCIBULUM Schumacher.

CRUCIBULUM COSTATUM (Say).

Plate LVIII, Figs. 7a, 7b.

Calyptræa costata Say, 1820, Amer. Jour. Sci., vol. ii, p. 40. (Reprint, 1896, Bull. Amer. Pal., No. 5.)

Dispotæa costata Say, 1824, Jour. Acad. Nat. Sci. Phila., vol. iv, 1st ser., p. 132. (In part.)

Not *Dispotæa costata* Conrad and others.

Dispotæa grandis Conrad, 1842, Proc. Nat. Inst., Bull. ii, p. 185. Not of Say.

Description.—" Oval, convex, with numerous slightly elevated, equal equidistant costæ, and crowded obtuse, concentric lines, which are regularly undulated by the costæ; *apex* mamillated inclining to one side; *inner valve* patelliform, dilated, attached by one side to the side of the shell, acutely angulated at the anterior junction, and rounded at the posterior junction, and rapidly tapering to an acute tip, which corresponds with the inner apex of the shell." Say, 1820.

The original locality of this species as given by Say is Upper Marlboro and the fossils which he mentioned as associated with it are all Calvert forms. Undoubtedly the material came from one of the numerous Miocene outliers in the vicinity of Upper Marlboro. Both the original locality and the original description clearly show that this is a Calvert and Choptank form and very distinct from the St. Mary's form, which all later authors and probably Say himself regarded as identical with it.

Height, 21 mm.; length, 43 mm.; width, 33 mm.

Occurrence.—CHOPTANK FORMATION. Jones Wharf, Governor Run, 2 miles south of Governor Run, Flag Pond, Peach Blossom Creek, Cordova, Sand Hill, St. Leonard Creek. CALVERT FORMATION. Plum Point, Chesapeake Beach, Church Hill, 3 miles west of Centerville, Wye Mills.

Collections.—Maryland Geological Survey, Johns Hopkins University, U. S. National Museum.

CRUCIBULUM COSTATUM VAR. PILEOLUM (H. C. Lea).

Plate LVIII, Figs. 8a, 8b, 9a, 9b, 10.

Dispotœa costata Conrad, 1842, Proc. Nat. Inst., Bull ii, p. 187.

Calyptrœa pileolus H. C. Lea, 1843, New Fossil Shells from the Tertiary of Virginia, Abst. p. 6.

Calyptrœa Pileolus H. C. Lea, 1845, Trans. Amer. Philos. Soc., vol. ix, p. 248, pl. xxxv, fig. 38.

Dispotœa costata Conrad, 1845, Fossils of the Medial Tertiary, No. 3, p. 79, pl. xlv, fig. 2.

Crucibulum costatum Conrad, 1863, Proc. Acad. Nat. Sci. Phila., vol. xiv, p. 568.

Crucibulum costatum Meek, 1864, Miocene Check List, Smith. Misc. Coll. (183), p. 15.

Crucibulum auricula var. costatum Dall, 1892, Trans. Wagner Free Inst. Sci., vol. iii, pt. ii, p. 349.

Description.—" Shell irregularly conical, thick, sulcate; sulci radiating, large, irregular; concentric striæ minute, small; apex smooth, twisted into two whorls; aperture sub-rotund; cyathus large, wide, angular." H. C. Lea, 1845.

" Somewhat conical, with profound irregular ribs, and very coarse concentric wrinkles; apex not central, prominent, obliquely inclined, margin profoundly scalloped; diaphragm ovate, profound, the margins free." Conrad, 1845.

This variety includes all the strongly costate forms with a cup free at the periphery in the adult.

Height, 25 mm.; length, 50 mm.; width, 42 mm.

Occurrence.—ST. MARY'S FORMATION. St. Mary's River, Cove Point, Langley's Bluff.

Collections.—Maryland Geological Survey, Johns Hopkins University, U. S. National Museum, Philadelphia Academy of Natural Sciences, Cornell University.

CRUCIBULUM CONSTRICTUM Conrad.

Plate LVIII, Fig. 11.

Dispotæa constricta Conrad, 1842, Proc. Nat. Inst., Bull. ii, p. 194, pl. i, fig. 2.
Dispotæa constricta Conrad, 1845, Fossils of the Medial Tertiary, No. 3, p. 80, pl. xlv, fig. 4.
Crucibulum constrictum Conrad, 1863, Proc. Acad. Nat. Sci. Phila., vol. xiv, p. 568.
Crucibulum constrictum Meek, 1864, Miocene Check List, Smith. Misc. Coll. (183), p. 15.
Crucibulum constrictum Dall, 1892, Trans. Wagner Free Inst. Sci., vol. iii, pt. ii, p. 350.

Description.—" Shell irregular, elevated; laterally compressed, marked with simple lines of growth; apex prominent, with one or two minute volutions; diaphragm very profound." Conrad, 1842.

" Very irregular, elevated, laterally compressed; transversely rugose; apex submedial, very prominent, obliquely inclined, and with 1 or 2 minute volutions; diaphragm extremely profound, adhering by nearly half the circumference of the margin." Conrad, 1845.

Height, 10 mm.; length, 12 mm.; width, 8 mm.

Occurrence.—ST. MARY'S FORMATION. St. Mary's River, Cove Point, Langley's Bluff.

Collections.—Maryland Geological Survey, Johns Hopkins University, U. S. National Museum.

CRUCIBULUM MULTILINEATUM Conrad.

Plate LVIII, Figs. 12a, 12b.

Dispotæa multilineata Conrad, 1842, Amer. Jour. Sci., vol. xli, p. 346, pl. ii, fig. 7.
Dispotæa multilineata Conrad, 1845, Fossils of the Medial Tertiary, No. 3, p. 80.
Crucibulum multilineata Tuomey and Holmes, 1856, Pleiocene Fossils of South Carolina, p. 107, pl. xxv, fig. 7.
Crucibulum multilineatum Emmons, 1858, Rept. N. Car. Geol. Survey, p. 276, fig. 192.
Crucibulum multilineatum Conrad, 1863, Proc. Acad. Nat. Sci. Phila., vol. xiv, p. 568.
Crucibulum multilineatum Meek, 1864, Miocene Check List, Smith. Misc. Coll. (183), p. 15.
Crucibulum multilineatum Dall, 1892, Trans. Wagner Free Inst. Sci., vol. iii, pt. ii, p. 351.

Description.—" Subovate, depressed; apex prominent; one side with squamose lines, the opposite with finer ramose lines destitute of scales; diaphragm contracted." Conrad, 1842.

Height, 7 mm.; length, 30 mm.; width, 25 mm.

Occurrence.—CHOPTANK FORMATION. Jones Wharf, Governor Run, 2 miles south of Governor Run, Flag Pond, Dover Bridge, Greensboro.

Collections.—Maryland Geological Survey, Johns Hopkins University.

Genus CALYPTRÆA Lamarck.

CALYPTRÆA APERTA (Solander).

Plate LIX, Fig. 1.

Trochus apertus Solander, 1766, Foss. Haut., p. 9, figs. 1, 2.
Calyptræa trochiformis Lamarck, 1804, Ann. Mus. d'Hist. Nat.,vol. i, p. 385, pl. xv, fig. 3.
? *Infundibulum gyrinum* Conrad, 1834, Jour. Acad. Nat. Sci. Phila., vol. vii, 1st ser., p. 134.
Infundibulum perarmatum Conrad, 1841, Proc. Acad. Nat. Sci. Phila., vol. i, p. 31.
Infundibulum perarmatum Conrad, 1842, Jour. Acad. Nat. Sci. Phila., vol. viii, 1st ser., p. 186.
Infundibulum perarmatum Conrad, 1842, Proc. Nat. Inst., Bull. ii, p. 182.
Infundibulum perarmatum Conrad, 1845, Fossils of the Medial Tertiary, No. 3, p. 80, pl. xlv, fig. 6.
Trochita perarmata Conrad, 1863, Proc. Acad. Nat. Sci. Phila., vol. xiv, p. 569.
Trochita perarmata Meek, 1864, Miocene Check List, Smith. Misc. Coll. (183), p. 15.
Calyptræa trochiformis Dall, 1892, Trans. Wagner Free Inst. Sci., vol. iii, pt. ii, p. 352.
Infundibulum perarmatum Harris, 1893, Amer. Jour. Sci., ser. iii, vol. xlv, pp. 24, 25.
Trochita perarmata Whitfield, 1894, Mon. xxiv, U. S. Geol. Survey, p. 124, pl. xxii, figs. 15–19.

Description.—" Trochus (*apertus*) testa gibboso-conica exasperata obliquata subtus concava, apertura augustata.

" Primo intuitu *Patellis* assimilatur illisque quæ *Labio interno* instructæ sunt, cfr. Linn. Syst. nat. n. 654-658. Specimina autem perfecta *spiram* ostendunt completam, *aufractus* licet pauciores quam in congeneribus; *Apertura* etjam magis contracta est.

" Testa magnitudine Juglandis sed depressior, sæpeque minor; tabulæ imposita conum formans gibbosiusculum, quo etjam a congeneribus differt; externe scabra, subtus lævis, concava.

"Apertura augustata, lateribus magis roduntatis quam in reliquis hujus generis." Solander, 1766.

Height, 20 mm.; diameter, 35 mm.

Occurrence.—CHOPTANK FORMATION. Greensboro. CALVERT FORMA-
TION. Church Hill, 3 miles west of Centerville, Reed's, Plum Point,
Chesapeake Beach, 3 miles south of Chesapeake Beach, White's Landing.

Collections.—Maryland Geological Survey, Johns Hopkins University,
U. S. National Museum, Philadelphia Academy of Natural Sciences, Cornell University.

CALYPTRÆA CENTRALIS (Conrad).

Plate LIX, Figs. 2a, 2b, 2c.

Infundibulum centralis Conrad, 1841, Amer. Jour. Sci., vol. xli, p. 348.
Infundibulum concentricum H. C. Lea, 1843, New Fossil Shells from the Tertiary of
　　Virginia, Abst., p. 6.
Infundibulum centralis Conrad, 1845, Fossils of the Medial Tertiary, No. 3, p. 80,
　　pl. xlv, fig. 5.
Calyptræa (Infundibulum) concentricum H. C. Lea, 1845, Trans. Amer. Philos. Soc.,
　　vol. ix, p. 249, pl. xxxv, fig. 39.
Trochita centralis Tuomey and Holmes, 1856, Pleiocene Fossils of South Carolina,
　　p. 109, pl. xxv, fig. 8.
Trochita centralis Emmons, 1858, Rept. N. Car. Geol. Survey, p. 276, fig. 139.
Trochita centralis Conrad, 1863, Proc. Acad. Nat. Sci. Phila., vol. xiv, p. 568.
Trochita concentrica Conrad, 1863, Proc. Acad. Nat. Sci. Phila., vol. xiv, p. 568.
Trochita centralis Meek, 1864, Miocene Check List, Smith. Misc. Coll. (183), p. 15.
Trochita concentrica Meek, 1864, Miocene Check List, Smith. Misc. Coll. (183), p. 15.
Calyptræa centralis Dall, 1892, Trans. Wagner Free Inst. Sci., vol. iii, pt. ii, p. 353.

Description.—"*Obtusely ovate, with fine concentric irregular lines;
apex central.*" Conrad, 1841.

" Suborbicular or obtusely ovate, tumid above, marked with transverse
wrinkles; apex medial, minutely spiral, prominent, acute." Conrad, 1845.

This species is distinguished by the entire absence of spines and the
presence of the irregular spiral lines or wrinkles, and also by a peculiar
reflected lip on the septum, under which is an umbilicus on the columella.

Height, 10 mm.; diameter, 18 mm.

Occurrence.—ST. MARY'S FORMATION. St. Mary's River.

Collections.—Maryland Geological Survey, Johns Hopkins University,
U. S. National Museum, Cornell University.

CALYPTRÆA GREENSBOROËNSIS n. sp.

Plate LIX, Figs. 3a, 3b.

Description.—Shell small, depressed, globose, very eccentric, three-
whorled; sutures indistinct, especially on the later whorls; whorls con-

vex; surface covered with irregular, closely-set, beaded, vermicular riblets; subseptal umbilicus large and flaring.

Height, 5 mm.; length, 11 mm.; width, 9 mm.

Occurrence.—CHOPTANK FORMATION. Greensboro.

Collections.—Maryland Geological Survey, Johns Hopkins University.

Genus CREPIDULA Lamarck.

CREPIDULA FORNICATA (Linné).

Plate LIX, Figs. 4a, 4b.

Patella fornicata Linné, 1758, Syst. Nat., ed. x, p. 781.
Crepidula fornicata Lamarck, 1801, Anim. sans Vert., vol. vii, p. 641.
Crepidula fornicata ? var. Say, 1822, Jour. Acad. Nat. Sci. Phila., vol. ii, 1st ser., p. 225.
Crepidula densata Conrad, 1843, Proc. Acad. Nat. Sci. Phila., vol. i, p. 311.
Crepidula ponderosa H. C. Lea, 1843, New Fossil Shells from the Tertiary of Virginia, Abst., p. 6.
Crepidula cornucopiæ H. C. Lea, 1843, New Fossil Shells from the Tertiary of Virginia, Abst., p. 6.
Crepidula cymbæformis Conrad, 1844, Proc. Acad. Nat. Sci. Phila., vol. ii, p. 173.
Calyptræa (Crepidula) ponderosa H. C. Lea, 1845, Trans. Amer. Philos. Soc., vol. ix, p. 249, pl. xxxv, fig. 40.
Calyptræa (Crepidula) cornucopiæ H. C. Lea, 1845, Trans. Amer. Philos. Soc., vol. ix, p. 250, pl. xxxv, fig. 41.
Crypta fornicata Tuomey and Holmes, 1857, Pleiocene Fossils of South Carolina, p. 110, pl. xxv, fig. 9.
Crepidula fornicata Emmons, 1858, Rept. N. Car. Geol. Survey, p. 276, fig. 194.
Crypta cymbæformis Conrad, 1861, Fossils of the Medial Tertiary, No. 4, p. 81, pl. xlv, fig. 7.
Crypta densata Conrad, 1861, Fossils of the Medial Tertiary, No. 4, p. 81, pl. xlv, fig. 9.
Crypta fornicata Conrad, 1861, Fossils of the Medial Tertiary, No. 4, p. 81, pl. xlv, fig. 10.
Crypta cornucopia Conrad, 1863, Proc. Acad. Nat. Sci. Phila., vol. xiv, p. 569.
Crypta cymbæformis Conrad, 1863, Proc. Acad. Nat. Sci. Phila., vol. xiv, p. 569.
Crypta densata Conrad, 1863, Proc. Acad. Nat. Sci. Phila., vol. xiv, p. 569.
Crypta fornicata ? Conrad, 1863, Proc. Acad. Nat. Sci. Phila., vol. xiv, p. 569.
Crypta cornucopia Meek, 1864, Miocene Check List, Smith. Misc. Coll. (183), p. 15.
Crypta cymbiformis Meek, 1864, Miocene Check List, Smith. Misc. Coll. (183), p. 15.
Crypta densata Meek, 1864, Miocene Check List, Smith. Misc. Coll. (183), p. 15.
Crypta fornicata Meek, 1864, Miocene Check List, Smith. Misc. Coll. (183), p. 15.
Crepidula rostrata Conrad, 1870, Amer. Jour. Conch., vol. vi, p. 77.
Crepidula virginica Conrad, 1870, Amer. Jour. Conch., vol. vi, p. 78.
Crepidula recurvirostra Conrad, 1870, Amer. Jour. Conch., vol. vi, p. 78.
Crepidula fornicata Meyer, 1888, Proc. Acad. Nat. Sci. Phila., vol. xl, p. 170.
Crepidula fornicata Dall, 1892, Trans. Wagner Free Inst. Sci., vol. iii, pt. ii, p. 356.
Crepidula fornicata ? Whitfield, 1894, Mon. xxiv, U. S. Geol. Survey, p. 123.

Description.—" P. testa integra ovali postice oblique recurva, labio pos-tico concavo." Linné, 1758.

This species shows great variability, as is testified by the synonyms cited above.

Length, 28 mm.; width, 22 mm.

Occurrence.—St. Mary's Formation. St. Mary's River, Cove Point. Choptank Formation. Jones Wharf, Greensboro, St. Leonard Creek, Sand Hill. Calvert Formation. Plum Point, 3 miles west of Center-ville.

Collection.—Maryland Geological Survey.

Crepidula plana Say.

Plate LIX, Figs. 5a, 5b.

Crepidula plana Say, 1822, Jour. Acad. Nat. Sci. Phila., vol. ii, 1st ser., p. 226.
Crepidula lamina H. C. Lea, 1843, New Fossil Shells from the Tertiary of Virginia, Abst., p. 6.
Calyptræa (Crepidula) lamina H. C. Lea, 1845, Trans. Amer. Philos. Soc., vol. ix, p. 250, pl. xxxv, fig. 42. (*Fide* Dall.)
Crypta plana Tuomey and Holmes, 1856, Pleiocene Fossils of South Carolina, p. 111, pl. xxv, fig. 12.
Crepidula plana Emmons, 1858, Rept. N. Car. Geol. Survey, p. 276, fig. 195.
Crypta plana ? Conrad, 1863, Proc. Acad. Nat. Sci. Phila., vol. xiv, p. 569.
Crypta plana Meek, 1864, Miocene Check List, Smith. Misc. Coll. (183), p. 16.
Crepidula plana Dall, 1892, Trans. Wagner Free Inst. Sci., vol. iii, pt. ii, p. 358.
Crepidula plana ? Whitfield, 1894, Mon. xxiv, U. S. Geol. Survey, p. 124.

Description.—" *Shell* depressed, flat, oblong oval, transversely wrinkled, lateral margins abruptly deflected; *apex* not prominent, and constituting a mere terminal angle, obsolete in the old shells; *within* white; *diaphragm* occupying half the length of the shell, convex, contracted in the middle and at one side.

" Length 1 and 1-10 of an inch." Say, 1822.

The forms from Plum Point differ from the other Maryland forms in possessing a very thick shell.

Length, 25 mm.; width, 16 mm.

Occurrence.—St. Mary's Formation. Cove Point. Choptank For-mation. Jones Wharf. Calvert Formation. Plum Point.

Collections.—Maryland Geological Survey, Johns Hopkins University.

Family AMALTHEIDÆ.

Genus AMALTHEA Schumacher.

AMALTHEA MARYLANDICA n. sp.

Plate LIX, Figs. 6a, 6b, 6c, 6d.

Description.—Shell small, irregular in shape; apex very posteriorly situated (overhanging the margin), elevated, arched, and dextrally twisted; surface with irregular lines of growth, and numerous, closely-set, alternating, granulated ribs; base irregular; margin smooth.

Height, 3 mm.; length, 9 mm.; width, 7.5 mm.

Occurrence.—CHOPTANK FORMATION. Greensboro, Jones Wharf.

Collection.—Maryland Geological Survey.

Family XENOPHORIDÆ.

Genus XENOPHORA Fischer.

XENOPHORA CONCHYLIOPHORA (Born).

Plate LIX, Figs. 7a, 7b, 7c.

Trochus conchyliophorus Born, 1780, Testacea Musei Cæsarei Vindobonensis, p. 333, pl. xii, figs. 21, 22.
Xenophora humilis Dall, 1890, Trans. Wagner Free Inst. Sci., vol. iii, pt. i, p. 182, pl. iv, figs. 10, 10a. (Not of Conrad.)
Xenophora conchyliophora Dall, 1892, Trans. Wagner Free Inst. Sci., vol. iii, pt. ii, p. 360.

Description.—" Testa convexo-conica, tenuis, sub-pellucida, testis Zoophytorum & Testaceorum adglutinatis onerati; Anfractibus declivis, imbricati, plicato-rugosi; Apertura compressa, subquadrangularis; Labrum integerrimum, falcatum; Labium horizontale, reflexum, imperforatum; Color albus, radiis obliquis curvatis luteis." Born, 1780.

This species has survived without essential change from the Cretaceous to the Recent.

Height, unknown; diameter, 43 mm.

Occurrence.—CHOPTANK FORMATION. Governor Run (lower bed). CALVERT FORMATION. Plum Point.

Collections.—Maryland Geological Survey, Johns Hopkins University, U. S. National Museum.

Family NATICIDÆ.

Genus POLYNICES Montfort.

Subgenus NEVERITA Risso.

POLYNICES (NEVERITA) DUPLICATUS (Say).

Plate LX, Fig. 1.

Natica duplicata Say, 1822, Jour. Acad. Nat. Sci. Phila., vol. ii, 1st ser., p. 247.
Natica duplicata Conrad, 1830, Jour. Acad. Nat. Sci. Phila., vol. vi, 1st ser., p. 211.
Natica duplicata Conrad, 1842, Proc. Nat. Inst., Bull. ii, pp. 185, 186.
Natica (Neverita) duplicata ? Conrad, 1863, Proc. Acad. Nat. Sci. Phila., vol. xiv, p. 564.
Neverita duplicata Meek, 1864, Miocene Check List, Smith. Misc. Coll. (183), p. 19.
Polynices (Neverita) duplicatus Dall, 1892, Trans. Wagner Free Inst. Sci., vol. iii, pt. ii, p. 368.
Natica duplicata Harris, 1893, Amer. Jour. Sci., ser. iii, vol. xlv, pp. 25, 26, 28.
Neverita duplicata Whitfield, 1894, Mon. xxiv, U. S. Geol. Survey, p. 121, pl. xxi, figs 13–16.

Description.—" *Shell* thick, sub-globose, cinereous, with a black line revolving on the spire above the suture, and becoming gradually diluted, dilated, and obsolete in its course; within brownish-livid; a large incrassated callus of the same color extends beyond the columella, and nearly covers the umbilicus from above; *umbilicus* with a profound sulcus or duplication." Say, 1822.

Height, 45 mm.; diameter, 52 mm.

Occurrence.—ST. MARY'S FORMATION. St. Mary's River, Cove Point, Langley's Bluff. CHOPTANK FORMATION. Dover Bridge, Greensboro, Peach Blossom Creek, Jones Wharf, Governor Run, 2 miles south of Governor Run. CALVERT FORMATION. Plum Point, Church Hill.

Collections.—Maryland Geological Survey, Johns Hopkins University, U. S. National Museum, Philadelphia Academy of Natural Sciences, Wagner Free Institute of Science, Cornell University.

Subgenus LUNATIA Gray.

POLYNICES (LUNATIA) HEMICRYPTUS (Gabb).

Plate LX, Fig. 2.

Natica hemicrypta Gabb, 1860, Jour. Acad. Nat. Sci. Phila., vol. iv, 2nd ser., p. 375, pl. lxvii, fig. 5.
Polynices (Lunatia) hemicryptus Dall, 1892, Trans. Wagner Free Inst. Sci., vol. iii, pt. ii, p. 371.
Natica (Lunatia) hemicrypta Whitfield, 1894, Mon. xxiv, p. 118, pl. xxii, figs. 1–5.
Not *Natica hemicrypta* Conrad.

Description.—" Globose; whorls four, rounded; spire elevated, suture faint; mouth rounded; callosity small, partly covers the umbilicus, which is deep, surface smooth." Gabb, 1860.

Height, 15 mm.; diameter, 11 mm.

Occurrence.—CHOPTANK FORMATION. Jones Wharf. CALVERT FORMATION. Plum Point, Church Hill, 3 miles south of Chesapeake Beach.

Collections.—Maryland Geological Survey, Johns Hopkins University, U. S. National Museum.

POLYNICES (LUNATIA) HEROS (Say).

Plate LX, Figs. 3, 4.

Natica heros Say, 1822, Jour. Acad. Nat. Sci. Phila., vol. ii, 1st ser., p. 248.

Natica interna Say, 1824, Jour. Acad. Nat. Sci. Phila., vol. iv, 1st ser., p. 125, pl. vii, fig. 2. (Reprint, Bull. Amer. Pal., No. 5.)

Natica heros Conrad, 1830, Jour. Acad. Nat. Sci. Phila., vol. vi, 1st ser., p. 211.

Natica heros Conrad, 1842, Proc. Nat. Inst., Bull. ii, p. 185.

Natica (Lunatia) catenoides Conrad, 1863, Proc. Acad. Nat. Sci. Phila., vol. xiv, p. 565. (Not of Wood.)

Natica (Lunatia) interna Conrad, 1863, Proc. Acad. Nat. Sci. Phila., vol. xiv, p. 565.

Lunatia catenoides Meek, 1864, Miocene Check List, Smith. Misc. Coll. (183), p. 19. (Not of Wood.)

Lunatia interna Meek, 1864, Miocene Check List, Smith. Misc. Coll. (183), p. 19.

Lunatia catenoides ? Conrad, 1868, Amer. Jour. Conch., vol. iii, p. 258, pl. xxiii, fig. 5.

Polynices (Lunatia) internus Dall, 1892, Trans. Wagner Free Inst. Sci., vol. iii, pt. ii, p. 372, pl. xx, fig. 7.

Polynices (Lunatia) perspectivus Dall, 1892, Trans. Wagner Free Inst. Sci., vol. iii, pt. ii, p. 373.

Polynices (Lunatia) heros Dall, 1892, Trans. Wagner Free Inst. Sci., vol. iii, pt. ii, p. 373.

Natica heros Harris, 1893, Amer. Jour. Sci., ser. iii, vol. xlv, pp. 25, 27, 28.

Natica (Lunatia) heros Whitfield, 1894, Mon. xxiv, U. S. Geol. Survey, p. 119, pl. xxii, figs. 9, 10.

Description.—" *Shell* suboval, thick, rufo-cinereous; *within* whitish; *columella* incrassated; *callous* not continued over the upper part of the umbilicus, hardly extending beyond a line drawn from the base of the columella to the superior angle of the labrum; *umbilicus* free, simple." Say, 1822.

Dr. Dall says in regard to this species as restricted by him: " This species is somewhat variable, and the difference between the sexes is very marked. In a pair from Nova Scotia having each a height of 50 mm.

the male measured 40 mm. in maximum diameter and the female 45 mm. The difference in form is even greater than these measurements would imply. The deep-water specimens are thin but growing to a very large size. This species is especially subject to decortication in the fossil state, and when so mutilated is difficult to recognize. Perfect adult specimens can usually be identified by their globose form, rounded but not turreted whorls, small ribless umbilicus and feeble callus. The young resemble *L. interna*, but want the umbilical rib, though it is sometimes quite difficult to separate immature specimens."

Dr. Dall also recognized *interna* Say and *perspectiva* Rogers as distinct species occurring in the Maryland Miocene. In regard to the former he says: "*Lunatia interna* may be discriminated by its low spire, its full and rounded whorls, and by the characters of the umbilicus, which shows a marked sulcus ascending spirally below a thickened, obscure rib, which are respectively indicated in mature and perfect specimens by an emargination and a callus on the pillar-lip. It has six or eight whorls, and attains a breadth of 26 and a height of 28 mm."

He defines *perspectiva* as follows:

"This is *N. heros* Conrad, *ex parte, non* Say, and *N. hemicrypta* Conrad, *ex parte,* not of Gabb. The species is much the same shape as *L. triserialis* Say, of the recent fauna, but is larger, heavier, and with a different umbilicus. It may be recognized by its smoothly arched spire, in which the rotundity of the whorls is not marked and the suture is smoothly appressed, as in a male *Neverita duplicata* of the elevated variety; by its umbilicus, which is wide below and obscurely spirally striate, with near the top of the umbilical wall a sharp, narrow spiral rib, which terminates between two obscure notches on the columellar callus. It is a narrower, heavier and smaller shell than the average adult *L. heros,* though decorticated specimens such as abound in the marls are difficult to recognize."

After a very careful study of large collections from all the Maryland horizons and localities it has been impossible to separate the material into the species recognized and re-defined by Dr. Dall, and it appears best for the present at least to refer all the fossil forms to *L. heros.*

Height, 65 mm.; diameter, 60 mm.

Occurrence.—ST. MARY'S FORMATION. St. Mary's River, Cove Point, Langley's Bluff. CHOPTANK FORMATION. Jones Wharf, Governor Run, 2 miles south of Governor Run, Pawpaw Point, Flag Pond, Dover Bridge, Sand Hill. CALVERT FORMATION. Plum Point, 3 miles west of Centerville, Fairhaven.

Collections.—Maryland Geological Survey, Johns Hopkins University, U. S. National Museum, Philadelphia Academy of Natural Sciences, Cornell University.

Genus Sigaretus Lamarck.

SIGARETUS FRAGILIS Conrad.

Plate LX, Figs. 5a, 5b.

Natica fragilis Conrad, 1830, Jour. Acad. Nat. Sci. Phila., vol. vi, 1st ser., p. 222, pl. ix, fig. 3.
Sigaretus fragilis Conrad, 1842, Proc. Nat. Inst., Bull. ii, p. 181.
Natica aperta H. C. Lea, 1843, New Fossil Shells from the Tertiary of Virginia, Abst., p. 7.
Natica aperta H. C. Lea, 1845, Trans. Amer. Philos. Soc., vol. ix, p. 254, pl. xxxvi, fig. 51.
Natica fragilis Emmons, 1858, Rept. N. Car. Geol. Survey, p. 267, fig. 153.
Sigaretus (Naticina) fragilis Conrad, 1863, Proc. Acad. Nat. Sci. Phila., vol. xiv, p. 565.
Sigaretus fragilis Meek, 1864, Miocene Check List, Smith. Misc. Coll. (183), p. 19.
Sigaretus fragilis Harris, 1893, Amer. Jour. Sci., ser. iii, vol. xlv, p. 25.

Description.—" Shell ovate, thin, fragile, smooth, with fine revolving impressed striæ; spire very small; apex acute; aperture extending about four-fifths of the length of the shell; columella much narrowed and arcuated, exhibiting the internal volutions." Conrad, 1830.

Height, 22 mm.; width, 18 mm.

Occurrence.—ST. MARY'S FORMATION. St. Mary's River, Cove Point. CHOPTANK FORMATION. Governor Run (lower bed). CALVERT FORMATION. Plum Point.

Collections.—Maryland Geological Survey, Johns Hopkins University, U. S. National Museum.

Superfamily RHIPIDOGLOSSA.

Family TROCHIDÆ.

Genus CALLIOSTOMA Swainson.

CALLIOSTOMA BELLUM (Conrad).

Plate LXI, Fig. 1.

Trochus bellus Conrad, 1834, Jour. Acad. Nat. Sci. Phila., vol. vii, 1st ser., p. 137.
Zizyphinus bellus Conrad, 1863, Proc. Acad. Nat. Sci. Phila., vol. xiv, p. 569.
Zizyphinus bellus Meek, 1864, Miocene Check List, Smith. Misc. Coll. (183), p. 15.
Calliostoma bellum Dall, 1892, Trans. Wagner Free Inst. Sci., vol. iii, pt. ii, p. 395.

Description.—"Shell conical, with prominent beaded spiral striæ; whorls slightly contracted above; periphery rounded; base with about eight large beaded elevated spiral striæ. Length half an inch." Conrad, 1834.

Height, 16 mm.; diameter, 14 mm.

Occurrence.—CALVERT FORMATION. Plum Point.

Collections.—Maryland Geological Survey, Wagner Free Institute of Science, Cornell University.

CALLIOSTOMA PHILANTHROPUS (Conrad).

Plate LXI, Figs. 2, 3.

Trochus philanthropus Conrad, 1834, Jour. Acad. Nat. Sci. Phila., vol. vii, 1st ser., p. 137.
Trochus philantropus Tuomey and Holmes, 1856, Pleiocene Fossils of South Carolina, p. 117, pl. xxvi, fig. 2.
Trochus philantropus Emmons, 1858, Geology of North Carolina, p. 272, fig. 167.
Zizyphinus philanthropus Conrad, 1863, Proc. Acad. Nat. Sci. Phila., vol. xiv, p. 569.
Zizyphinus philanthropus Meek, 1864, Miocene Check List, Smith. Misc. Coll. (183), p. 15.
Calliostoma philanthropus Dall, 1892, Trans. Wagner Free Inst. Sci., vol. iii, pt. ii, p. 390, pl. xviii, fig. 9a.

Description.—"Shell subconical, with the whorls slightly angular near their base; and with prominent spiral beaded lines, alternating in size; striæ on the base nearly smooth, not crenulated; subumbilicated; aperture obliquely quadrangular." Conrad, 1834.

This is one of the commonest and most variable of all the species of *Calliostoma* in the Atlantic Coast Miocene. The typical forms have three prominent beaded spirals with sometimes intermediate smaller spirals without beads. The periphery is square and sometimes somewhat concave. The base has about six broad spirals and additional smaller ones in the umbilical region which is always imperforate though sometimes slightly excavated.

The species is subject to considerable variation, which consists usually in the loss of the beads on some of the spirals.

Height, 12 mm.; diameter, 12 mm.

Occurrence.—St. Mary's Formation. Cove Point. Choptank Formation. Jones Wharf, Governor Run (lower bed), 2 miles south of Governor Run, Pawpaw Point, Greensboro. Calvert Formation. Plum Point.

Collections.—Maryland Geological Survey, Johns Hopkins University, U. S. National Museum, Cornell University.

Calliostoma philanthropus var.

Plate LXI, Fig. 4.

Description.—Earlier whorls with three spirals, the one below the suture coarsely beaded, the medial one with smaller, more closely set beads, the lower over-ridden by several revolving ribs which are each finely beaded; finer imbedded spirals on all except the earliest whorls; periphery of the body whorl with a revolving concavity between the lowest spiral described above and a slightly less prominent one which is hidden on all except the body whorl; base of the body whorl with seven broad spirals.

Later investigation may show that this is a distinct species, but as a single specimen is all that has been found, its distinctness or relationships cannot now be decided.

Length, 10 mm.; diameter, 9 mm.

Occurrence.—Choptank Formation. Jones Wharf, Pawpaw Point.

Collection.—Maryland Geological Survey.

Calliostoma virginicum (Conrad).

Plate LXI, Fig. 5.

Zizyphinus virginicus Conrad, 1875, Rept. N. Car. Geol. Survey, vol. 1, Appendix A, p. 22, pl. iv, fig. 4.

Calliostoma virginicum Dall, 1892, Trans. Wagner Free Inst. Sci.,vol. iii, pt. ii, p. 396, pl. xviii, fig. 2.

17

Description.—" Trochiform; spire and last volution equal in height; 2 prominent revolving lines on last volution immediately above the aperture, the upper one having a slight channel where it joins the volution, another line near the suture and only two lines on each of the other volutions at top and base; suture carinated; base with four large revolving lines on ribs and other unequal finer lines; subumbilicated." Conrad, 1875.

Shell of moderate size, solid, six-whorled; sculpture consisting of fine lines of growth, of numerous elevated closely-set revolving striæ and of three pronounced revolving ribs—one basal on which the whorl is wound and two equally distant from the sutures and with about half the width of the whorl between them; base with about nine broad raised flat-topped revolving ribs with narrower interspaces between them.

Height, 10 mm.; diameter, 10 mm.

Occurrence.—ST. MARY'S FORMATION.   St. Mary's River, Cove Point.

Collections.—Maryland Geological Survey, Wagner Free Institute of Science, Cornell University.

CALLIOSTOMA DISTANS (Conrad).

Plate LXI, Fig. 6.

Leiotrochus distans Conrad, 1862, Proc. Acad. Nat. Sci. Phila., vol. xiv, p. 288.

Monilia (Leiotrochus) distans Conrad, 1863, Proc. Acad. Nat. Sci. Phila., vol. xiv, p. 569.

Monilea (Leiotrochus) distans Meek, 1864, Miocene Check List, Smith. Misc. Coll. (183), p. 15.

Zizyphinus punctatus Conrad, 1868, Amer. Jour. Conch., vol. iii, p. 257, pl. iii, fig. 5.

Zizyphinus bryani Conrad, 1868, Amer. Jour. Conch., vol. iii, p. 258, pl. xxi, fig. 9.

Calliostoma (Eutrochus) distans Dall, 1892, Trans. Wagner Free Inst. Sci., vol. iii, pt. ii, p. 402.

Description.—" Trochiform; volutions 4; suture subcanaliculate near the apex; revolving lines, a few distant, distinct, impressed, the others very fine; periphery rounded; base convex-depressed, with six distant impressed revolving lines and very fine intermediate lines; umbilicus narrow, profound; subcarinated at base." Conrad, 1862.

Height, 10.5 mm.; diameter, 11 mm.

Occurrence.—ST. MARY'S FORMATION.   St. Mary's River.

Collections.—Maryland Geological Survey, U. S. National Museum.

CALLIOSTOMA EBOREUM (Wagner).

Plate LXI, Fig. 7.

Trochus eboreus Wagner, 1839, Jour. Acad. Nat. Sci. Phila., vol. viii, 1st ser., p. 52, pl. ii, fig. 5.

Monilia (Leiotrochus) eborea Conrad, 1863, Proc. Acad. Nat. Sci. Phila., vol. xiv, p. 569.

Monilea (Leiotrochus) eborea Meek, 1864, Miocene Check List, Smith. Misc. Coll. (183), p. 15.

Turbo eboreus Heilprin, 1887, Proc. Acad. Nat. Sci. Phila., vol. xxxix, pp. 399, 404.

Calliostoma eboreum Dall, 1892, Trans. Wagner Free Inst. Sci., vol. iii, pt. ii, p. 398.

Monilea (Leiotrochus) eborea Whitfield, 1894, Mon. xxiv, U. S. Geol. Survey, p. 135, pl. xxiv, figs. 7–10.

Description.—" Shell smooth and slightly polished; spire short, conical; whirls flattened laterally, margined above by a very obtuse obsolete carina; spiral lines obsolete; periphery sharply angulated, subcarinated; base flattened; subumbilicated columella grooved; aperture half the length of the shell." Wagner, 1839.

Dr. Dall says in regard to this species: " This species is a typical *Calliostoma,* with a rather angular periphery which forms a line over the suture below it, a polished surface, mostly smooth, with a few fine but distinct, elevated spiral threads, rather irregularly disposed and sometimes absent. The base is generally smooth, flattish, imperforate, with the usual arched pillar ending in an obscure projection (common to the genus) and a few spiral threads about the umbilical region. Old specimens have the last whorl less angular at the periphery, the base rounded and the aperture less quadrate than in smaller specimens. The threading is irregular and occasionally profuse or entirely absent."

This species may readily be confused with *C. wagneri* and *C. aphelium.* It is possible that the latter is the normal form of the adult.

Height, 6 mm.; diameter, 6.5 mm.

Occurrence.—CHOPTANK FORMATION. Jones Wharf. CALVERT FORMATION. 3 miles south of Chesapeake Beach, Reed's, Westcott Farm near Church Hill.

Collections.—Maryland Geological Survey, U. S. National Museum, Wagner Free Institute of Science.

CALLIOSTOMA WAGNERI Dall.

Plate LXI, Fig. 8.

Calliostoma (eboreum Wagner *var. ?) Wagneri* Dall, 1892, Trans. Wagner Free Inst.
Sci., vol. iii, pt. ii, p. 399, pl. xxi, fig. 8.

Description.—" Shell small, rather depressed, with a rather large, smooth nucleus and five subsequent whorls; surface of the shell smooth except for lines of growth; whorls at the periphery flattened, with two well-separated keels, the upper the more prominent; the suture in the earlier whorls is applied to the upper keel, but gradually recedes from it and runs about midway between them; immediately in front of the suture the whorl shows a narrow, rounded ridge parallel with the suture; between this ridge and the upper peripheral keel the surface of the whorl is excavated or impressed to an extent varying in different specimens; base smooth, umbilical region with a wrinkled callus, sometimes bounded by one or two spiral grooves, but often without them; pillar short, thick, with an obscure denticle; aperture subquadrate, outer lip simple, throat not lirate." Dall, 1892.

Height, 8.5 mm.; diameter, 10 mm.

Occurrence.—CHOPTANK FORMATION. Greensboro, Governor Run (lower bed).

Collections.—Maryland Geological Survey, U. S. National Museum.

CALLIOSTOMA APHELIUM Dall.

Plate LXI, Figs. 9, 10a, 10b, 11.

Calliostoma aphelium Dall, 1892, Trans. Wagner Free Inst. Sci., vol. iii, pt. ii, p.
400, pl. xxii, fig. 29.

Description.—" Shell small, somewhat depressed, with five whorls; suture impressed, not channelled; upper surface of the whorls smooth except for lines of growth and nearly invisible obsolete spiral markings, somewhat flattened; periphery prominent, almost carinated; base slightly rounded, without sculpture; umbilicus represented by a deep imperforate pit; umbilical fasciole strong, callous, irregularly vertically striated; aperture subquadrate, outer lip simple, sharp; inner lip broad, with a callous knob upon it; body with a thin wash of callus." Dall, 1892.

There is a subsutural row of white spots, and another row in the center of the base.

Height, 10 mm.; diameter, 11 mm.

Occurrence.—CHOPTANK FORMATION. Jones Wharf, Governor Run (lower bed), 2 miles south of Governor Run, Cordova.

Collections.—Maryland Geological Survey, Johns Hopkins University, U. S. National Museum, Wagner Free Institute of Science.

CALLIOSTOMA PERALVEATUM (Conrad).

Plate LXI, Fig. 12.

Trochus peralveatus Conrad, 1841, Proc. Acad. Nat. Sci. Phila., vol. i, p. 30.

Trochus peralveatus Conrad, 1842, Jour. Acad. Nat. Sci. Phila., vol. viii, 1st ser., p. 186.

Trochus peralveatus Conrad, 1842, Proc. Nat. Inst., Bull. ii, pp. 182, 183.

Trochus peralveatus Conrad, 1846, Proc. Acad. Nat. Sci. Phila., vol. iii, p. 21, pl. i, fig. 25.

Zizyphinus peralveatus Conrad, 1863, Proc. Acad. Nat. Sci. Phila., vol. xiv, p. 569.

Zizyphinus peralveatus Meek, 1864, Miocene Check List, Smith. Misc. Coll. (183), p. 15.

Description.—" Volutions 5 or 6, with each a deep groove near the base; space below the suture profoundly and widely channelled; upper margin of whirls acutely carinated; base with 5 profound grooves. Length, 1⅜ inch." Conrad, 1842.

Length, 13 mm.; diameter, 12 mm.

Occurrence.—CHOPTANK FORMATION. Jones Wharf. CALVERT FORMATION. Plum Point.

Collections.—Maryland Geological Survey, Philadelphia Academy of Natural Sciences, U. S. National Museum, Cornell University.

Section EUTROCHUS A. Adams.

CALLIOSTOMA HUMILE (Conrad).

Plate LXI, Figs. 13a, 13b, 13c.

Trochus humilis Conrad, 1830, Jour. Acad. Nat. Sci. Phila., vol. vi, 1st ser. p. 219, pl. ix, fig. 5.

Trochus humilis Conrad, 1842, Proc. Nat. Inst., Bull. ii, p. 187.

? *Trochus lens* H. C. Lea, 1843, New Fossil Shells from the Tertiary of Virginia, Abst., p. 10.

? *Trochus lens* H. C. Lea, 1845, Trans. Amer. Philos. Soc., vol. ix, p. 265, pl. xxxvii, fig. 83.

Zizyphinus humilis Conrad, 1863, Proc. Acad. Nat. Sci. Phila., vol. xiv, p. 569.

Zizyphinus humilis Meek, 1864, Miocene Check List, Smith. Misc. Coll. (183), p. 15.

Calliostoma (Eutrochus) humile Dall, 1892, Trans. Wagner Free Inst. Sci., vol. iii, pt. ii, p. 405. (In part.)

Description.—" Shell depressed, with very fine transverse striæ; sides straight: whorls with a very slight obtuse elevation revolving immediately above the suture; apex acute; aperture rhomboidal; umbilicated.

" The specimen from which the above description was taken exhibits part of the original markings; a band of light-colored minute spots revolves near the suture on the large whorl; and another band of similar, but larger spots revolves near the middle of the same volution; the striæ are very strong on the base, particularly near the umbilical margin." Conrad, 1830.

The color pattern referred to by Conrad has been observed on a number of specimens. A specimen belonging to the Wagner Free Institute of Science has three rows of spots, one just below the suture and two near the center of the whorl.

This is the most abundant species at St. Mary's River.

C. conus H. C. Lea differs from this species in being more elevated, in having more convex whorls, and a rounded basal margin.

Height, 13 mm.; diameter, 20 mm.

Occurrence.—ST. MARY'S FORMATION. St. Mary's River.

Collections.—Maryland Geological Survey, Johns Hopkins University, U. S. National Museum, Philadelphia Academy of Natural Sciences, Wagner Free Institute of Science, Cornell University.

CALLIOSTOMA RECLUSUM (Conrad).

Plate LXI, Figs. 14a, 14b, 14c.

Trochus reclusus Conrad, 1830, Jour. Acad. Nat. Sci. Phila., vol. vi, 1st ser., p. 219, pl. ix, fig. 6.
Trochus reclusus Conrad, 1842, Proc. Nat. Inst., Bull. ii, p. 187.
Zizyphinus reclusus Conrad, 1863, Proc. Acad. Nat. Sci. Phila., vol. xiv, p. 569.
Zizyphinus reclusus Meek, 1864, Miocene Check List, Smith. Misc. Coll. (183), p. 15.
Calliostoma (Eutrochus) humilis Dall, 1892, Trans. Wagner Free Inst. Sci., vol. iii, pt. ii, p. 405. (In part.)

Description.—" Shell much depressed; transversely striated; whorls flattened on the summit, with straight sides; aperture transversely ovate; umbilicus profound, carinated and slightly funnel-shaped.

" The carina within the umbilicus is visible on the two last whorls." Conrad, 1830.

This species is distinguished from *C. humile* by the flat-topped, beaded shoulder of the whorls.

Height, 15 mm.; diameter, 20 mm.

Occurrence.—St. Mary's Formation. St. Mary's River.

Collections.—Maryland Geological Survey, Johns Hopkins University, Philadelphia Academy of Natural Sciences, Wagner Free Institute of Science, Cornell University.

Calliostoma marylandicum n. sp.

Plate LXI, Figs. 15a, 15b.

Description.—Shell small, depressed, umbilicate; spire much depressed, domed; body whorl large; mouth round; top of the whorl with six sharply incised revolving lines; lines of growth faint; body whorl with faint oblique streaks of color.

Height, 7 mm.; diameter, 5.4 mm.

Occurrence.—Calvert Formation. Plum Point.

Collection.—U. S. National Museum.

Calliostoma calvertanum n. sp.

Plate LXI, Figs. 16a, 16b, 16c.

Description.—Shell small, much depressed, umbilicate; spire conic; periphery with a concave groove above, below which the whorl is wound; earlier whorls with three revolving ribs which gradually become obsolete; surface of later whorls smooth, highly polished, marked only by very fine closely-set lines of growth and still finer revolving striæ; base slightly convex; umbilicus large and·deep; umbilical periphery angular; mouth sub-quadrate.

Height, 3.5 mm.; diameter, 6 mm.

Occurrence.—Calvert Formation. Plum Point.

Collections.—Maryland Geological Survey, Johns Hopkins University.

Family UMBONIIDÆ.

Genus TEINOSTOMA Adams.

Teinostoma nanum (Lea).

Plate LXII, Figs. 1a, 1b, 1c, 2a, 2b, 2c.

Rotella nana Lea, 1833, Contrib. to Geology, p. 214, pl. vi, fig. 225.

Rotella umbilicata H. C. Lea, 1843, New Fossil Shells from the Tertiary of Virginia, Abst. p. 10.

Rotella umbilicata H. C. Lea, 1845, Trans. Amer. Philos. Soc., vol. ix, p. 264[1] pl. xxxvi, fig. 80.

Description.—" Shell orbicular, flattened above, smooth, margin rounded; substance of the shell rather thin; spire nearly concealed; outer lip sharp; callus impressed in the centre, bounded by a fine impressed line; mouth nearly round." Lea, 1833.

This species may be readily distinguished from the other Teinostomas of the Maryland Miocene by its smooth, highly-polished shell, and by the thick smooth callus which fills the umbilicus and which is bounded by a faint impressed revolving line.

Height, 1 mm.; maximum diameter, 2 mm.

Occurrence.—ST. MARY'S FORMATION. St. Mary's River, Cove Point.

Collections.—Maryland Geological Survey, Philadelphia Academy of Natural Sciences, Cornell University.

TEINOSTOMA CALVERTENSE n. sp.

Plate LXII, Figs. 3a, 3b, 3c.

Description.—Shell small, solid, much depressed; body whorl large, gently convex on top; spire small, domed; umbilicus small; mouth round; surface marked by rather strong, somewhat irregular lines of growth.

This species resembles *T. nanum* more closely than it does any other Maryland species. It differs from *nanum* in having an open umbilicus and in being much more depressed.

Height, 0.5 mm.; diameter, 1.5 mm.

Occurrence.—CHOPTANK FORMATION. Jones Wharf, Governor Run, CALVERT FORMATION. Plum Point, Church Hill.

Collections.—Maryland Geological Survey, Johns Hopkins University.

TEINOSTOMA LIPARUM (H. C. Lea).

Plate LXII, Figs. 4a, 4b, 4c.

Delphinula lipara H. C. Lea, 1843, New Fossil Shells from the Tertiary of Virginia, Abst., p. 9.

Delphinula lipara H. C. Lea, 1845, Trans. Amer. Philos. Soc., vol. ix, p. 261, pl. xxxvi. fig. 71.

Description.—" Shell orbicular, depressed, somewhat flattened, rather thick, smooth, shining; spire very short, rounded; sutures impressed; whorls five, convex, polished; last whorl rounded; base smooth; umbilicus very wide, deep; mouth round." Lea, 1845.

Height, 1 mm.; maximum diameter, 3 mm.

Occurrence.—St. Mary's Formation. St. Mary's River, Cove Point, Langley's Bluff. Choptank Formation. Jones Wharf. Calvert Formation. Plum Point.

Collections.—Maryland Geological Survey, Johns Hopkins University, Wagner Free Institute of Science, Cornell University.

Teinostoma greensboroënse n. sp.

Plate LXII, Figs. 5a, 5b, 5c.

Description.—Shell small, depressed, umbilicate; spire small, prominent; suture distinct; body whorl large, convex on top; periphery acute; mouth circular; umbilicus deep; surface with fine oblique revolving striæ and oblique radiating undulations which are very prominent on the sides and base of the body whorl.

This species resembles *T. undula* Dall.

Height, 0.6 mm.; diameter, 2 mm.

Occurrence.—Choptank Formation. Greensboro, Cordova, Jones Wharf.

Collections.—Maryland Geological Survey, Johns Hopkins University.

Genus COCHLIOLEPIS Stimpson.

Cochliolepis striata Dall.

Plate LXII, Figs. 6a, 6b, 6c.

Cochliolepis striata Dall, 1889, Rept. Blake Gastr., Bull. Mus. Comp. Zool. Harvard, vol. xviii, p. 360.

Cochliolepis striata Dall, 1892, Trans. Wagner Free Inst. Sci., vol. iii, pt. ii, p. 419, pl. xxiii, figs. 16, 17.

Description.—"A second species, larger and fewer whorled, has strong spiral striæ like a minute *Sigaretus perspectivus*, and was named *C. striata* by Stimpson in his manuscripts. It is about 6.5 mm. in greatest diameter and 1.5 mm. high. It has two whorls and a globular nucleus almost enveloped by the last whorl, and a very wide perverse umbilicus." Dall, 1889.

This species is very rare at Plum Point, and has not been found at any other locality at as low a geological horizon or as far north as this. Dr. Dall records it as living in Tampa Bay, and occurring fossil in the younger Miocene of North Carolina.

Maximum diameter, 4.6 mm.; height, 1.2 mm.

Occurrence.—CALVERT FORMATION. Plum Point.

Collection.—U. S. National Museum.

Family CYCLOSTREMATIDÆ.

Genus MOLLERIA Jeffreys.

MOLLERIA MINUSCULA Dall.

Plate LXII, Fig. 7.

Molleria minuscula Dall, 1892, Trans. Wagner Free Inst. Sci., vol. iii, pt. ii, p. 421.

Description.—" Shell very small, with the general form of *Lunatia interna* Say, turbinate, fully rounded, with two and a half whorls; surface smooth, suture distinct, not deep; base rounded; umbilicus very small; aperture rounded, hardly thickened, the margin internally with a perceptible ledge for the edge of the operculum." Dall, 1892.

No specimen except the type has been found, but the species is so small that very careful search should be made for it.

Height, 0.7 mm.; diameter, 1.0 mm.

Occurrence.—ST. MARY'S FORMATION. St. Mary's River.

Collection.—U. S. National Museum.

Superfamily ZYGOBRANCHIA.

Family FISSURELLIDÆ.

Subfamily EMARGINULINÆ.

Genus FISSURIDEA Swainson.

FISSURIDEA ALTICOSTA (Conrad).

Plate LXIII, Figs. 1a, 1b.

Fissurella alticosta Conrad, 1834, Jour. Acad. Nat. Sci. Phila., vol. vii, 1st ser., p. 142.

Fissurella alticosta Conrad, 1845, Fossils of the Medial Tertiary, No. 3, p. 78, pl. xliv, fig. 7.

Fissurella alticosta Conrad, 1863, Proc. Acad. Nat. Sci. Phila., vol. xiv, p. 570.

Fissurella alticostata Meek, 1864, Miocene Check List, Smith. Misc. Coll. (183), p. 14.

Fissuridea redimicula var. alticosta Dall, 1892, Trans. Wagner Free Inst. Sci., vol. iii, pt. ii, p. 425.

Description.—".Shell ovate, elevated, cancellated, with about seventeen elevated ribs and intermediate prominent striæ; the middle one largest; apex inclined, not nearly central; fissure regularly oval." Conrad, 1834.

" Subovate, with very prominent remote narrow ribs, about 18 or 20 in number, with intermediate unequal striæ, the middle one largest; foramen large, subovate; inner margin crenulated, angulated at the ends of the ribs." Conrad, 1845.

Height, 18 mm.; length, 35 mm.; width, 18 mm.

Occurrence.—ST. MARY'S FORMATION. St. Mary's River.

Collections.—Wagner Free Institute of Science, Philadelphia Academy of Natural Sciences.

FISSURIDEA GRISCOMI (Conrad).

Plate LXIII, Figs. 2a, 2b, 3a, 3b.

Fissurella Griscomi Conrad, 1834, Jour. Acad. Nat. Sci. Phila., vol. vii, 1st ser., p. 143.
Fissurella Griscomi Conrad, 1845, Fossils of the Medial Tertiary, No. 3, p. 78, pl. xliv, fig. 8.
Fissurella Griscomi Conrad, 1863, Proc. Acad. Nat. Sci. Phila., vol. xiv, p. 570.
Fissurella Griscomi Meek, 1864, Miocene Check List, Smith. Misc. Coll. (183), p. 14.
Fissuridea Griscomi Dall, 1892, Trans. Wagner Free Inst. Sci., vol. iii, pt. ii, p. 425.
Fissurella Griscomi Whitfield, 1894, Mon. xxiv, U. S. Geol. Survey, p. 136, pl. xxiv, figs. 11-14.

Description.—" Shell ovate-oval, compressed, rather elevated, cancellated; radiating ribs crowded, somewhat alternated in size; fissure oblong, inclined, nearest to the anterior end; within somewhat thickened on the margin which is crenulated; an impressed submarginal line." Conrad, 1834.

" Subovate, elevated, laterally compressed, with alternate radiating robust striæ, and strong prominent transverse lines; foramen narrow, subovate; inner margin crenulated." Conrad, 1845.

Height, 10 mm.; length, 24 mm.; width, 14.5 mm.

Occurrence.—CHOPTANK FORMATION. Jones Wharf, Pawpaw Point. CALVERT FORMATION. Church Hill, 3 miles west of Centerville.

Collections.—Maryland Geological Survey, Johns Hopkins University.

FISSURIDEA MARYLANDICA (Conrad).

Plate LXIII, Figs. 4a, 4b.

Fissurella Marylandica Conrad, 1841, Proc. Acad. Nat. Sci. Phila., vol. i, p. 31.

Fissurella Marylandica Conrad, 1842, Jour. Acad. Nat. Sci. Phila., vol. viii, 1st ser., p. 187.

Fissurella marylandica Conrad, 1842, Proc. Nat. Inst., Bull. ii, pp. 182, 183.

Fissurella Marylandica Conrad, 1845, Fossils of the Medial Tertiary, No. 4, p. 79, pl. xlv, fig. 1.

Fissurella Marylandica Conrad, 1863, Proc. Acad. Nat. Sci. Phila., vol. xiv, p. 570.

Fissurella marylandica Meek, 1864, Miocene Check List, Smith. Misc. Coll. (183), p. 14.

Fissuridea catilliformis Dall, 1892, Trans. Wagner Free Inst. Sci., vol. iii, pt. ii, p. 425. (In part.)

Not *F. catilliformis* Rogers.

Fissurella marylandica Harris, 1893, Amer. Jour. Sci., ser. iii, vol. xlv, p. 25.

Description.—" Elevated, with numerous striæ, alternated in size and minutely granulated by fine crowded concentric lines crossing them ; foramen large, regularly oval.   Length 1 inch.

" Closely allied to *F. Griscomi,* but is readily distinguished by a much larger foramen, finer concentric lines, in not being laterally compressed, &c."   Conrad, 1841.

Height, 20 mm. ; length, 43 mm. ; width, 29 mm.

Occurrence.—CALVERT FORMATION.   Plum Point, Chesapeake Beach, Fairhaven.

Collections.—Maryland Geological Survey, Johns Hopkins University, Philadelphia Academy of Natural Sciences, U. S. National Museum.

FISSURIDEA NASSULA (Conrad).

Plate LXIII, Figs. 5a, 5b.

Fissurella nassula Conrad, 1845, Fossils of the Medial Tertiary, No. 3, p. 78, pl. xliv, fig. 6.

Fissurella nassula Conrad, 1863, Proc. Acad. Nat. Sci. Phila., vol. xiv, p. 570.

Fissurella nassula Meek, 1864, Miocene Check List, Smith. Misc. Coll. (183), p. 14.

Fissuridea catilliformis Dall, 1892, Trans. Wagner Free Inst. Sci., vol. iii, pt. ii, p. 425. (In part.)

Not *F. catilliformis* Rogers.

Description.—" Subovate, not elevated ; sides flattened, cancellated with numerous closely-arranged unequal ribs and prominent transverse striæ ; foramen subovate, rather large ; inner margin crenulated."   Conrad, 1845.

Height, 19 mm.; length, 48 mm.; width, 34 mm.

Occurrence.—St. Mary's Formation (?). " St. Mary's River " (*fide* Conrad). Choptank Formation. Jones Wharf, Governor Run, 2 miles south of Governor Run, Greensboro, Dover Bridge.

Collections.—Maryland Geological Survey, Johns Hopkins University.

Fissuridea redimicula (Say).

Plate LXIII, Fig. 6.

Fissurella redimicula Say, 1824, Jour. Acad. Nat. Sci. Phila., vol. iv, 1st ser., p. 132, pl. viii, fig. 1. (Reprint, 1896, Bull. Amer. Pal., No. 5.)

Fissurella redimicula Conrad, 1845, Fossils of the Medial Tertiary, No. 3, p. 78.

Not *Fissurella redimicula* Tuomey and Holmes, 1856, Pleiocene Fossils of South Carolina, p. 113, pl. xxv, fig. 14.

Fissurella redimicula Emmons, 1858, Rept. N. Car. Geol. Survey, p. 277, fig. 196.

Fissurella redimicula Conrad, 1863, Proc. Acad. Nat. Sci. Phila., vol. xiv, p. 570.

Fissurella redimicula Meek, 1864, Miocene Check List, Smith. Misc. Coll. (183), p. 14.

Fissuridea redimicula Dall, 1892, Trans. Wagner Free Inst. Sci., vol. iii, pt. ii, p. 425.

Description.—" Ovate-oval a little oblong, conic-convex, with approximate longitudinal striæ; foramen ovate-oval, inclined.

" Longitudinal striæ slender, numerous, granulated, approximate; the granulations of the striæ give the appearance of concentric obsolete lines : *aperture,* inner margin crenate; thickened inner margin of the foramen truncate at one end." Say, 1824.

The typical form of this species, with uniform sculpture is not authentically known from Maryland, although the type is supposed to have come from the St. Mary's River. Possibly *F. alticosta* Conrad should be considered a variety or a synonym of this species.

Occurrence.—St. Mary's Formation. St. Mary's River.

Collection.—British Museum.

Genus EMARGINULA Lamarck.

Emarginula marylandica n. sp.

Plate LXIII, Figs. 7a, 7b.

Description.—Shell small, moderately thick, depressed; apex slightly posterior to the center; base oval; anterior slope broadly and regularly convex; posterior slope shorter, strongly concave above, straight for the lower two-thirds; sculpture consisting of about 30 raised rounded radiating ribs with intermediate smaller ones toward the periphery of the posterior end, and with rugose irregular lines of growth; notch nearly medial; interior smooth; margins of the notch thickened; the thickening extending nearly to the apex in a belt which is slightly depressed in the center; periphery slightly thickened.

Height, 2.5 mm.; length, 6.5 mm.; width, 5.5 mm.

Occurrence.—CHOPTANK FORMATION. Greensboro.

Collection.—Maryland Geological Survey.

CLASS AMPHINEURA.

Order POLYPLACOPHORA.

Suborder MESOPLACOPHORA.

Family ISCHNOCHITONIDÆ.

Genus CHÆTOPLEURA Shuttleworth.

CHÆTOPLEURA APICULATA (Say).

Plate LXIV, Figs. 1a, 1b, 2a, 2b, 2c.

Chiton apiculatus Say, 1834 (?), American Conchology, Appendix.
Chiton transenna H. C. Lea, 1843, New Fossil Shells from the Tertiary of Virginia, Abst., p. 5.
Chiton transenna H. C. Lea, 1845, Trans. Amer. Philos. Soc., vol. ix, p. 246, pl. xxxv, fig. 35.

Description.—" Valves eight; dorsal triangles with series of elevated points; lateral triangles with scattered elevated points.

" Inhabits the coast of South Carolina.

" Whitish; oval-oblong, convex, subcarinated; eight-valved; anterior valve with numerous, separate, elevated, equal, subequidistant, points; the six following valves have on their dorsal triangles from twenty to thirty longitudinal series of equal, elevated, approximate rounded points; their lateral triangles with elevated points, as on the anterior valve; posterior valve at base like the dorsal triangles, its broad margin with the points like those of the anterior valve. Length nearly half an inch." Say, 1834.

This species which is living on the Atlantic coast from Cape Cod to

Florida, was described by H. C. Lea from the Miocene of Petersburg, Virginia, as *Chiton transenna* n. sp. Lea's types which consist of a tail valve and several medial valves, show the identity of the Virginia form with the recent species and with the Maryland fossils.

Occurrence.—CALVERT FORMATION. Plum Point, 3 miles south of Chesapeake Beach.

Collections.—Maryland Geological Survey, U. S. National Museum.

CLASS SCAPHOPODA.

Order SOLENOCONCHIA.

Family DENTALIIDÆ.

Genus DENTALIUM Linné.

DENTALIUM ATTENUATUM Say.

Plate LXIV, Fig. 3.

Dentalium attenuatum Say, 1824, Jour. Acad. Nat. Sci. Phila., vol. iv, 1st ser., p. 154, pl. viii, fig. 3. (Reprint, 1896, Bull. Amer. Pal., No. 5.)

Dentalium attenuatum Conrad, 1830, Jour. Acad. Nat. Sci. Phila., vol. vi, 1st ser., p. 211.

Dentalium dentalis Conrad, 1842, Proc. Nat. Inst., Bull. ii, p. 187. (Not of Lamarck.)

Dentalium dentale Conrad, 1845, Fossils of the Medial Tertiary, No. 3, p. 78, pl. xliv, fig. 9.

Dentalium attenuatum Tuomey and Holmes, 1856, Pleiocene Fossils of South Carolina, p. 105, pl. xxv, fig. 1.

Dentalium attenuatum Emmons, 1858, Rept. N. Car. Geol. Survey, p. 274, fig. 188.

Dentalium attenuatum Conrad, 1863, Proc. Acad. Nat. Sci. Phila., vol. xiv, p. 570.

Dentalium attenuatum Meek, 1864, Miocene Check List, Smith. Misc. Coll. (183), p. 14.

Dentalium attenuatum Dall, 1892, Trans. Wagner Free Inst. Sci., vol. iii, pt. ii, p. 439.

Description.—" Arcuated; surface marked with from twelve to sixteen rounded ribs, intervening grooves simple; lines of growth numerous, distinct; aperture orbicular." Say, 1824.

Length, 39 mm.; diameter, 3.5 mm.

Occurrence.—ST. MARY'S FORMATION. St. Mary's River, Langley's Bluff. CHOPTANK FORMATION. Jones Wharf. CALVERT FORMATION. Plum Point, Chesapeake Beach.

Collections.—Maryland Geological Survey, Johns Hopkins University, U. S. National Museum, Philadelphia Academy of Natural Sciences, Cornell University.

DENTALIUM DANAI Meyer.

Plate LXIV, Fig. 4.

Dentalium Danai Meyer, 1885, Amer. Jour. Sci., ser. iii, vol. **xxix**, p. 462.
Dentalium Danai Meyer, 1886, Ala. Geol. Survey, Bull. i, pt. ii, p. 64, pl. iii, figs. 2, 2a.
Dentalium Danai Dall, 1892, Trans. Wagner Free Inst. Sci., vol. iii, pt. ii, p. 439.

Description.—" Smooth, section circular; smaller aperture with additional tube; margin distinctly notched on the convex side of the shell; slightly emarginate on the concave side." Meyer, 1886.

Length, 68 mm.; diameter, 4 mm.

Occurrence.—CALVERT FORMATION. Plum Point, Chesapeake Beach, 3 miles south of Chesapeake Beach, Truman's Wharf.

Collections.—Maryland Geological Survey, Johns Hopkins University, U. S. National Museum, Cornell University.

DENTALIUM CADULOIDE Dall.

Plate LXIV, Figs. 5a, 5b.

Dentalium caduloide Dall, 1892, Trans. Wagner Free Inst. Sci., vol. iii, pt. ii, p. 442, pl. **xxiii**, fig. 25.

Description.—" Shell small, thin, slightly curved, smooth but not polished, marked only with incremental lines which cross the tube somewhat obliquely; shell cylindrical, posterior orifice small, circular, the margin without notch or sulcus, rarely even perceptibly deviating from a circle except when worn or chipped." Dall, 1892.

Length, 12 mm.; diameter (maximum), 1.3 mm., (minimum) 0.5 mm.

Occurrence.—ST. MARY'S FORMATION. St. Mary's River, Cove Point, Langley's Bluff. CHOPTANK FORMATION. Greensboro, Jones Wharf. CALVERT FORMATION. Plum Point.

Collections.—Maryland Geological Survey, Johns Hopkins University, U. S. National Museum.

Genus CADULUS Philippi.

CADULUS THALLUS (Conrad).

Plate LXIV, Fig. 6.

Dentalium thallus Conrad, 1834, Jour. Acad. Nat. Sci. Phila., vol. vii, 1st ser., p. 142.
Dentalium thallus Conrad, 1845, Fossils of the Medial Tertiary, No. 3, p. 78, pl. xliv, fig. 5.
Dentalium thallus H. C. Lea, 1845, Trans. Amer. Philos. Soc., vol. ix, p. 230.
Dentalium thallus Tuomey and Holmes, 1857, Pleiocene Fossils of South Carolina, p. 106, pl. xxv, fig. 3.
Dentalium thallus Emmons, 1858, Rept. N. Car. Geol. Survey, p. 274, fig. 190.
Dentalium thallus Conrad, 1863, Proc. Acad. Nat. Sci. Phila., vol. xiv, p. 570.
Dentalium ? thallus Meek, 1864, Miocene Check List, Smith. Misc. Coll. (183), p. 14.
Cadulus thallus Dall, 1892, Trans. Wagner Free Inst. Sci., vol. iii, pt. ii, p. 445.

Description.—" Shell slightly curved, smooth, highly polished; swelling below the middle; aperture very regularly oval." Conrad, 1834.

" Subulate, slightly curved, smooth, polished, tumid below the middle." Conrad, 1845.

Length, 7 mm.; diameter, 1.5 mm.

Occurrence.—ST. MARY'S FORMATION. Cove Point. CHOPTANK FORMATION. Dover Bridge, Pawpaw Point, Peach Blossom Creek, Greensboro, Governor Run (lower bed), Trappe Landing, Jones Wharf. CALVERT FORMATION. Plum Point, 3 miles south of Chesapeake Beach, Reed's.

Collections.—Maryland Geological Survey, Johns Hopkins University, U. S. National Museum, Philadelphia Academy of Natural Sciences, Cornell University.

CADULUS NEWTONENSIS Meyer and Aldrich.

Plate LXIV, Fig. 7.

Cadulus Newtonensis Meyer and Aldrich, 1886, Cin. Jour. Nat. Hist., vol. ix, No. 2, p. 40, pl. ii, figs. 3a, 3b.
Cadulus newtonensis Dall, 1892, Trans. Wagner Free Inst. Sci., vol. iii, pt. ii, p. 444.

Description.—" Two depressed fragments from Newton show an aperture which is different from the other known apertures of Cadulus of the Southern Eocene. Two distant deep notches on the convex side, and two less distant emarginations on the concave side of the shell divide the

18

margin of the elliptical aperture into four appendages, of which the two small opposite ones are equal, the two larger ones, however, very unequal." Meyer and Aldrich, 1886.

Length, 7.5 mm.; diameter, 1.1 mm.

Occurrence.—CHOPTANK FORMATION. Jones Wharf.

Collections.—Maryland Geological Survey, U. S. National Museum.

CLASS PELECYPODA.
Order TELEODESMACEA.
Superfamily ADESMACEA.
Family PHOLADIDÆ.
Subfamily PHOLADINÆ.

Genus PHOLAS (Linné) Lamarck.

Subgenus THOVANA Gray.

PHOLAS (THOVANA) PRODUCTA Conrad.

Plate LXV, Fig. 1.

Pholas oblongata Tuomey and Holmes, 1856, Pleiocene Fossils of South Carolina,
    p. 103, pl. xxiv, fig. 5.
Not *Pholas oblongata* Say.
Pholas producta Conrad, 1863, Proc. Acad. Nat. Sci. Phila., vol. xiv, p. 571.
Pholas producta Meek, 1864, Miocene Check List, Smith. Misc. Coll. (183), p. 12.
Pholas (Thovana) producta Dall, 1898, Trans. Wagner Free Inst. Sci., vol. iii, pt.
    iv, p. 815.

Description.—"Shell oblong-ovate, inflated, transversely and longitudinally striated; striæ muricated, and elevated on the buccal side into ribs; buccal margin acutely rounded; anal margin compressed; dorsal margin anteriorly reflexed, forming a cavity; hinge callous, minutely striated transversely and longitudinally, and with about twelve cells." Tuomey and Holmes, 1856.

Occurrence.—CHOPTANK FORMATION. Greensboro.

Collection.—Maryland Geological Survey.

Genus BARNEA (Leach MS.) Risso.

Subgenus SCOBINA Bayle.

BARNEA (SCOBINA) ARCUATA (Conrad).

Plate LXV, Figs. 2, 3.

Pholas arcuata Conrad, 1841, Fossils of the Medial Tertiary, p. 3 of cover of No. 2.
Pholas acuminata Conrad, 1845, Fossils of the Medial Tertiary, p. 77, pl. xliv, fig. 2.

Pholas arcuata Conrad, 1863, Proc. Acad. Nat. Sci. Phila., vol. xiv, p. 571.
Pholas arcuata Meek, 1864, Miocene Check List, Smith. Misc. Coll. (183), p. 12.
Barnea (Scobina) arcuata Dall, 1898, Trans. Wagner Free Inst. Sci., vol. iii, pt. iv,
    p. 816.

Description.—" Shell oblong-ovate, with numerous ribs, elevated on
the posterior side, and concentric wrinkled striæ, lamelliform on the
anterior side; ribs squamose; base arcuated." Conrad, 1841.

This species differs from *P. costata* found so abundantly at Cornfield
Harbor by being smaller, by having a longer umbonal reflection, and
by being thicker and stronger. We have only a few broken valves.

Occurrence.—ST. MARY'S FORMATION. St. Mary's River.

Collection.—Maryland Geological Survey.

Genus MARTESIA Leach.

Section ASPIDOPHOLAS Fischer.

MARTESIA OVALIS (Say).

Plate LXV, Figs. 4, 5, 6, 7, 8, 9.

Pholas ovalis Say, 1820, Amer. Jour. Sci., vol. ii, p. 39.
Martesia (?) ovalis Dall, 1898, Trans. Wagner Free Inst. Sci., vol. iii, pt. iv, p. 820,
    pl. xxxvi, fig. 5.

Description.—" Tube equal, entire and rounded at base, and gradually attenuated towards the anterior termination. Shell subovate, de-
hiscent; valves with crowded, acute, elevated, transverse lines, somewhat decussate with longitudinal slightly indented ones, a more conspicuous longitudinal indented line before the middle, posterior basal
margin smooth; within equal, the posterior basal margin distinguished
by a slight undulation." Say, 1820.

Shell small, oval, elevated, thin, and fragile; a radial furrow extends
obliquely across the shell from the beak to a point on the ventral margin
slightly posterior to the middle, from this point a fine curved line extends diagonally forward and upward to the upper part of the anterior
margin, thus dividing the surface into three portions, the anterior one
being smooth, extremely thin and usually entirely broken off, the middle one being covered with fine, close, distinct, minutely crimped
lamellæ running parallel to the curved line, bounding them anteriorly;
the posterior portion with only rather coarse, irregular, concentric

growth lines: umbonal reflection small, heavy, standing almost vertically and curved posteriorly: within, chondrophore long, curved, narrow; posterior ligament area distinct, elongated, oval; median furrow showing as a slight ridge: umbonal area covered by a large, elongated oval or hour-glass shaped protoplax extending forward to below the middle of the anterior margin, backward nearly to the ends of the valves and covering a third of the side of the shell, being sometimes laterally contracted into a somewhat hour-glass outline: shell enclosed in a calcareous tube or siphonoplax lining the burrow, thin anteriorly, thickened and contracted posteriorly: other accessory plates absent.

This interesting little shell is found often riddling the valves of *Melina maxillata.* There can be no doubt of its identity with Say's species. *M. rhomboidea* H. C. Lea is, as remarked by him in describing it, not just identical with *M. ovalis,* although the differences are slight and may not be of specific value,—still it is thought best not to unite them without examining a series of specimens of Lea's species.

Length, 16 mm.; height, 10 mm.; diameter, 5.5 mm.

Occurrence.—ST. MARY'S FORMATION. Cove Point, St. Mary's River. CHOPTANK FORMATION. Jones Wharf, Pawpaw Point, St. Leonard Creek, Governor Run (lower bed), Cordova. CALVERT FORMATION. Plum Point, White's Landing, Reeds.

Collections.—Maryland Geological Survey, Johns Hopkins University, U. S. National Museum.

Superfamily MYACEA.

Family SAXICAVIDÆ.

Genus PANOPEA Ménard.

PANOPEA WHITFIELDI Dall.

Plate LXV, Fig. 10.

Panopæa Goldfussii Whitfield, 1894, Mon. xxiv, U. S. Geol. Survey, p. 89, pl. xvi, figs. 9–13.
Not *Panopea Goldfussii* Wagner, 1838.
Panopea Whitfieldi Dall, 1898, Trans. Wagner Free Inst. Sci., vol. iii, pt. iv, p. 829.

Description.—Shell elongate-ovate; beaks approximate, not prominent; anterior and posterior portions of the valves almost equal; anterior portion not or but slightly expanded; posterior not or but slightly contracted and produced; surface with irregular, concentric undulations, more or less strongly marked and sometimes lamellar.

It differs from *P. goldfussii* Wagner in being more equilateral, less expanded anteriorly and less contracted and produced posteriorly.

Length, 90 mm.; height, 51 mm.; diameter, 8 mm.

Occurrence.—CHOPTANK FORMATION. Governor Run (lower bed). CALVERT FORMATION. Plum Point, Lyon's Creek, White's Landing, Wye Mills, Fairhaven, New Town (?).

Collections.—Maryland Geological Survey, Johns Hopkins University, U. S. National Museum.

PANOPEA GOLDFUSSII Wagner.

Plate LXVI, Fig. 1.

Panopea Goldfussii Wagner, 1839, Jour. Acad. Nat. Sci. Phila., vol. viii, 1st ser., p. 52, pl. i, fig. 3. Probably published privately in 1838.
Panopœa porrecta Conrad, 1842, Fossils of the Medial Tertiary, p. 71, pl. xli, fig. 2.
Glycimeris Goldfussii Conrad, 1863, Proc. Acad. Nat. Sci. Phila., vol. xiv, p. 571.
Panopœa Goldfussii Meek, 1864, Miocene Check List, Smith. Misc. Coll. (183), p. 12.
Panopœa porrecta Meek, 1864, Miocene Check List, Smith. Misc. Coll. (183), p. 12.
Panopea Goldfussii Dall, 1898, Trans. Wagner Free Inst. Sci., vol. iii, pt. iv. p. 829.

Description.—" Shell oblong, subovate, ventricose; disks with concentric, unequal, shallow grooves; lines of growth coarse and prominent; anterior extremity slightly gaping; anterior margin rounded, anterior dorsal margin elevated; posterior side narrowed, somewhat produced, not reflected; posterior dorsal margin nearly rectilinear; cardinal teeth obliquely compressed, united at base to the nympha, short and not very prominent." Wagner, 1839.

Length, 117 mm.; height, 58 mm.; diameter, 21 mm.

Occurrence.—ST. MARY'S FORMATION. Cove Point, St. Mary's River. CHOPTANK FORMATION. Governor Run (lower bed), Jones Wharf, Pawpaw Point. CALVERT FORMATION. Plum Point, Wye Mills, New Town(?).

Collections.—Maryland Geological Survey, Johns Hopkins University, U. S. National Museum.

PANOPEA AMERICANA Conrad.

Plate LXVI, Fig. 2.

Panopœa Americana Conrad, 1838, Fossils of the Medial Tertiary, p. 4, pl. ii, fig. 1.
Glycimeris Americana Conrad, 1863, Proc. Acad. Nat. Sci. Phila., vol. xiv, p. 571.
Panopœa Americana Meek, 1864, Miocene Check List, Smith. Misc. Coll. (183), p. 12.
Panopea americana Dall, 1898, Trans. Wagner Free Inst. Sci., vol. iii, pt. iv, p. 830.

Description.—" Shell rhomboidal, flexuous, profoundly gaping at both extremities; surface undulate with coarse lines of growth; anterior margin obliquely truncated, nearly parallel with the posterior margin, which is also oblique and truncated; basal margin contracted in the middle; cardinal process very prominent and slender; nympha profound and very thick, its upper surface transversely striated; right valve with a wide and profound cardinal fosset." Conrad, 1838.

This species is very abundant, large, and well preserved in the Choptank formation.

Length, 190 mm.; width, 102 mm.; diameter, 34 mm.

Occurrence.—CHOPTANK FORMATION. Governor Run (upper and lower beds), 2 miles south of Governor Run (upper and lower beds), Flag Pond, St. Leonard Creek, Jones Wharf, Turner, Pawpaw Point, Peach Blossom Creek, Cordova, Greensboro. CALVERT FORMATION. 3 miles south of Chesapeake Beach, Reeds, Wye Mills, Lyon's Creek.

Collections.—Maryland Geological Survey, Johns Hopkins University.

Genus SAXICAVA Fleuriau de Bellevue.

SAXICAVA ARCTICA (Linné).

Plate LXVI, Figs. 3, 4, 5, 6.

Mya arctica Linné, 1767, Syst. Nat., 12th Edit., p. 1113.
Mya arctica Fabricius, 1780, Fauna Grönlandica, p. 407.
Saxicava distorta Say, 1822, Jour. Acad. Nat. Sci. Phila., vol. ii, 1st ser., p. 318.
Saxicava bilineata Conrad, 1838, Fossils of the Medial Tertiary, p. 18, pl. x, fig. 4.
Saxicava distorta Gould, 1841, Invert. Mass., p. 61, fig. 40.
Saxicava bilineata Conrad, 1863, Proc. Acad. Nat. Sci. Phila., vol. xiv, p. 571.
Saxicava bilineata Meek, 1864, Miocene Check List, Smith. Misc. Coll. (183), p. 12.
Saxicava insita Conrad, 1869, Amer. Jour. Conch., vol. v, p. 40.
Saxicava incita Conrad, 1869, Amer. Jour. Conch., vol. v, p. 101.
Saxicava arctica Gould (Binney's), 1870, Invert. Mass., p. 89.
Saxicava arctica Dall, 1898, Trans. Wagner Free Inst. Sci., vol. iii, pt. iv, p. 834. .

Description.—This shell varies extremely according to age and position and has received many names; for much fuller synonymy see Binney and Dall (*cit. supra*).

As most frequently found in Maryland the shell is roughly quadrilateral in outline; inequivalve, the right valve overlapping; beak nearly terminal; from it two ridges extend backward, one near the superior dorsal margin and the other, usually more prominent, to the posterior basal angle; exterior surface irregularly undulated and coarsely marked by lines of growth; anterior and posterior margins often almost squarely truncated; anterior basal margin at times contracted; teeth obsolete or at times one in either valve.

Instead of being quadrilateral, the outline may be very greatly modified by the production or curving of some portion of the margin. The ridges running back from the beak are perhaps the most constant character.

Length, 19 mm.; height, 9 mm.; diameter, 5 mm.

Occurrence.—ST. MARY'S FORMATION. Cove Point, St. Mary's River. CHOPTANK FORMATION. Governor Run (upper and lower beds), 2 miles south of Governor Run (upper and lower beds), Flag Pond, Jones Wharf, Turner, Pawpaw Point, St. Leonard Creek, Dover Bridge, Greensboro. CALVERT FORMATION. Chesapeake Beach, 3 miles south of Chesapeake Beach, Plum Point, White's Landing, 3 miles west of Centerville.

Collections.—Maryland Geological Survey, Johns Hopkins University, U. S. National Museum.

Family CORBULIDÆ.

Genus CORBULA (Bruguière) Lamarck.

Section CORBULA ss.

CORBULA IDONEA Conrad.

Plate LXVII, Figs. 1, 2, 3.

Corbula idonea Conrad, 1833, Amer. Jour. Sci., vol. xxiii, p. 341.
Corbula idonea Conrad, 1838, Fossils of the Medial Tertiary, p. 6, pl. x, fig. 6.
Corbula idonea Conrad, 1863, Proc. Acad. Nat. Sci. Phila., vol. xiv, p. 572.
Corbula idonea Meek, 1864, Miocene Check List, Smith. Misc. Coll. (183), p. 12.
Corbula idonea Whitfield, 1894, Mon. xxiv, U. S. Geol. Survey, p. 88, pl. xv, fig. 20.
Corbula (Corbula) idonea Dall, 1898, Trans. Wagner Free Inst. Sci., vol. iii, pt. iv, p. 852.

Description.—" Shell subtriangular, convex, thick, obscurely undulated; with a fold on the posterior submargin and the extremity angular; basal margin acute; cardinal tooth very thick and elevated. Length, one inch." Conrad, 1833.

Surface of left valve with obsolete concentric undulations, angular posteriorly; right valve with irregular, concentric undulations, beak more prominent and strongly curved than in lower valve; posterior submargin ridged, tooth massive.

Length, 34 mm.; height, 29 mm.; diameter, 13 mm.

Occurrence.—CHOPTANK FORMATION. Governor Run, 2 miles south of Governor Run, Flag Pond, Jones Wharf, Cuckold Creek, Turner, Pawpaw Point, Dover Bridge, Peach Blossom Creek, Trappe Landing, Cordova, Greensboro, Skipton. CALVERT FORMATION. Chesapeake Beach, 3 miles south of Chesapeake Beach, Plum Point, Reeds.

Collections.—Maryland Geological Survey, Johns Hopkins University.

Section ALOIDIS Megerle von Mühlfeld.

CORBULA ELEVATA Conrad.

Plate LXVII, Figs. 4, 5.

Corbula elevata Conrad, 1838, Fossils of the Medial Tertiary, p. 7, pl. iv, fig. 3.
Corbula elevata Conrad, 1863, Proc. Acad. Nat. Sci. Phila., vol. xiv, p. 572.
Corbula elevata Meek, 1864, Miocene Check List, Smith. Misc. Coll. (183), p. 12.
Corbula curta Conrad, 1867, Amer. Jour. Conch., vol. iii, p. 269, pl. xxi, figs. 6–8.
Corbula (Aloidis) elevata Dall, 1898, Trans. Wagner Free Inst. Sci., vol. iii, pt. iv, p. 852.

Description.—" Shell triangular, equilateral, height greater than the length; inferior valve ventricose, with regular numerous concentric impressed lines, which disappear on the posterior slope; umbo profoundly elevated; posterior slope with an obtuse furrow descending from the beak; extremity narrowed, slightly emarginate." Conrad, 1838.

Length, 12 mm.; height, 12.5 mm.; diameter, 4.5 mm.

Occurrence.—CALVERT FORMATION. Fairhaven, Chesapeake Beach, 3 miles south of Chesapeake Beach, Plum Point, Lyon's Creek, Truman's Wharf, White's Landing, Reeds, 3 miles west of Centerville.

Collections.—Maryland Geological Survey, Johns Hopkins University, U. S. National Museum.

Section CUNEOCORBULA Cossmann.

CORBULA INÆQUALIS Say.

Plate LXVII, Figs. 6, 7, 8, 9, 10, 11, 12, 13, 14.

Corbula inæquale Say, 1824, Jour. Acad. Nat. Sci. Phila., vol. iv, 1st ser., p. 153, pl. xiii, fig. 2;—not of Conrad, 1838, Fossils of the Medial Tertiary, p. 6.

Corbula cuneata Conrad, 1838, Fossils of the Medial Tertiary, p. 5 (excl. diag.), pl. iii, fig. 2.

Corbula inæquale Tuomey and Holmes, 1856, Pleiocene Fossils of South Carolina, p. 76, pl. xx, fig. 12.

Corbula inæqualis Meek, 1864, Miocene Check List, Smith. Misc. Coll. (183), p. 12.

Corbula subcontracta Whitfield, 1894, Mon. xxiv, U. S. Geol. Survey, p. 88, pl. xv, figs. 11-14.

Corbula cuneata Harris, 1896, Bull. Amer. Pal., No. 5, pp. 329, 346, pl. xiii, fig. 2;—not of Say, 1824.

? *Corbula.(Cuneocorbula) Whitfieldi* Dall, 1898, Trans. Wagner Free Inst. Sci., vol. iii, pt. iv, p. 849, pl. xxxvi, fig. 18.

Corbula (Cuneocorbula) inæqualis Dall, 1898, Trans. Wagner Free Inst. Sci., vol. iii, pt. iv, p. 853.

Corbula (Cuneocorbula) subcontracta Dall, 1898, Trans. Wagner Free Inst. Sci., vol. iii, pt. iv, p. 854.

Description.—" Shell convex, transversely ovate-trigonal, rough, with unequal coarse wrinkles: anterior margin with a very acute but short rostrum at its inferior termination, separated from the disk by an acute line: base rounded and a little contracted near the anterior angle: umbones not prominent." Say, 1824.

This species is somewhat variable in size, outline, thickness of shell, and strength of ornamentation. Specimens from Church Hill are quite small and agree with the types of *C. subcontracta*. The upper posterior angle in Whitfield's fig. 11 is not characteristic, his fig. 12 is much more typical. Between the larger Church Hill specimens, some from Plum Point, and specimens of *C. whitfieldi*, there seems to be very little, if any, essential difference. Specimens from the Jones Wharf horizon are often more finely striated than those from the Calvert formation, while those from the St. Mary's formation are largest, thickest and have the most rounded base. All agree in having rather coarse, irregular, concentric undulations.

Length, 10.5 mm.; height, 7 mm.; diameter, 2.6 mm.—St. Mary's River specimen.

Occurrence.—ST. MARY'S FORMATION. Cove Point, Langley's Bluff,

St. Mary's River. CHOPTANK FORMATION. Governor Run, 2 miles south of Governor Run, Flag Pond, Jones Wharf, Turner, Pawpaw Point, Dover Bridge, Peach Blossom Creek, Trappe Landing, Cordova. CALVERT FORMATION. Fairhaven, Chesapeake Beach, 3 miles south of Chesapeake Beach, Plum Point, Lyon's Creek, White's Landing, Truman's Wharf, Wye Mills, 3 miles west of Centerville, Church Hill.

Collections.—Maryland Geological Survey, Johns Hopkins University, U. S. National Museum.

CORBULA CUNEATA Say.

Plate LXVII, Figs. 15, 16, 17, 18, 19.

Corbula cuneata Say, 1824, Jour. Acad. Nat. Sci. Phila., vol. iv, 1st ser., p. 152, pl. xiii, fig. 3.

Corbula inæquale Conrad, 1838, Fossils of the Medial Tertiary, p. 6, pl. iii, fig. 3, (left hand one), (diagn. and remarks excluded.)

Corbula cuneata Meek, 1864, Miocene Check List, Smith. Misc. Coll. (183), p. 12.

Corbula (Cuneocorbula) cuneata Dall, 1898, Trans. Wagner Free Inst. Sci., vol. iii, pt. iv, p. 854.

Description.—" Shell transversely ovate-trigonal, acutely angulated or somewhat rostrated before, and depressed on the anterior slope, which is separated from the disk by a subacute line: surface of both valves similarly striate with equal, elevated, equidistant lines, forming grooves between them; the striæ on the smaller valve are rather more distant: umbones not prominent." Say, 1824.

It may be distinguished from *C. inæqualis* by having striæ that are much finer and more close set, equal, and equidistant than in *C. inæqualis*. It is also much less common. When found at all it is more commonly at the Jones Wharf horizon.

Length, 12 mm.; height, 7.5 mm.; diameter, 2.5 mm.

Occurrence.—CHOPTANK FORMATION. Governor Run, 2 miles south of Governor Run, Flag Pond, Jones Wharf, Pawpaw Point, Turner, Trappe Landing, Greensboro, Cordova. CALVERT CORMATION. Plum Point.

Collections.—Maryland Geological Survey, Johns Hopkins University, U. S. National Museum.

Family MYACIDÆ.

Genus MYA (Linné) Lamarck.

MYA PRODUCTA Conrad.

Plate LXVIII, Figs. 1a, 1b, 2.

Mya producta Conrad, 183⁻, Fossils of the Medial Tertiary, p. 1, pl. i, fig. 1.
Mya prælonga Conrad, 1842, Proc. Nat. Inst., Bull. ii, p. 185,—name only.
Mya producta Conrad, 1863, Proc. Acad. Nat. Sci. Phila.. vol. xiv, p. 572.
Mya producta Meek, 1864, Miocene Check List, Smith. Misc. Coll. (183), p. 12.
Mya producta Dall, 1898, Trans. Wagner Free Inst. Sci., vol. iii, pt. iv, p. 858.

Description.—"Shell profoundly elongated, elliptical, flexuous; surface coarsely wrinkled; beaks prominent, flattened posterior to the middle; base emarginate, corresponding to the furrow on the disk; left valve with obsolete radiating striæ; cardinal tooth profoundly dilated." Conrad, 1838.

"This is a fine and remarkably elongated species, gaping at both extremities, and very rare."

We have but one imperfect valve.

Length, 123 mm.; height, about 50 mm.; diameter, 14 mm.

Occurrence.—CHOPTANK FORMATION. Jones Wharf.

Collection.—Maryland Geological Survey.

Genus SPHENIA Turton.

SPHENIA DUBIA (H. C. Lea).

Plate LXVIII, Figs. 3, 4, 5, 6.

Panopæa dubia H. C. Lea, 1845, Trans. Amer. Philos. Soc., vol. ix, p. 236, pl. xxxiv, fig. 9.
Glycimeris dubia Conrad, 1863, Proc. Acad. Nat. Sci. Phila., vol. xiv, p. 571.
Panopæa dubia Meek, 1864, Miocene Check List, Smith. Misc. Coll. (183), p. 12.
Sphenia dubia Dall, 1898, Trans. Wagner Free Inst. Sci., vol. iii, pt. iv, p. 859.

Description.—"Shell quadrately elliptical, transverse, inequilateral, posteriorly truncate, anteriorly rounded, somewhat inflated, rather thick, striate; striæ concentric, regular; basal margin straight; beaks prominent; nymphæ large, exserted, very long; hinge with a small fosset." Lea, 1845.

The shape is quite variable according to the conditions of growth; shell moderately or markedly convex, produced and truncated or attenuated posteriorly; striæ not regular but somewhat irregular and changing into shallow undulations, those on the dorsal and posterior slopes meeting at nearly a right angle; left valve with a flat tooth internally smooth, externally slightly grooved and fitting into a well marked fosset in the right valve, which is bounded anteriorly by a slight ridge.

A remarkably fine large specimen from Jones Wharf measures in length, 18 mm.; height, 11 mm.; diameter, 4 mm.

Occurrence.—CHOPTANK FORMATION. Governor Run, Jones Wharf, Pawpaw Point, Greensboro. CALVERT FORMATION. Plum Point.

Collections.—Maryland Geological Survey, Johns Hopkins University.

Genus PARAMYA Conrad.

PARAMYA SUBOVATA Conrad.

Plate LXVIII, Figs. 7, 8.

Myalina subovata Conrad, 1845, Fossils of the Medial Tertiary, p. 65, pl. xxxvi, fig. 4.
Paramya subovata Conrad, 1860, Proc. Acad. Nat. Sci. Phila., vol. xii, p. 232.
Paramya subovata Conrad, 1863, Proc. Acad. Nat. Sci. Phila., vol. xiv, p. 572.
Paramya subovata Meek, 1864, Miocene Check List, Smith. Misc. Coll. (183), p. 12.
Paramya subovata Dall, 1889, Bull. xxxvii, U. S. Nat. Mus., p. 70.
Paramya subovata Dall, 1898, Trans. Wagner Free Inst. Sci., vol. iii, pt. iv, p. 861.

Description.—" Subovate, inequilateral, ventricose over the umbonal slope, slightly flattened from beak to base; surface with irregular concentric lines; ligament and basal margins straight, parallel; a spoon-shaped fosset in each valve, the lateral margins of which are carinated; fosset emarginate at base." Conrad, 1845.

Basal and ligament margins not parallel but divergent posteriorly. Quite rare.

Length, 5.5 mm.; height, 4 mm.; diameter, 1 mm.

Occurrence.—CHOPTANK FORMATION. 2 miles south of Governor Run, Jones Wharf. CALVERT FORMATION. Plum Point.

Collection.—Maryland Geological Survey.

Superfamily MACTRACEA.

Family MESODESMATIDÆ.

Subfamily MESODESMATINÆ.

Genus MESODESMA Deshayes.

MESODESMA MARIANA n. sp.

Plate LXIX, Figs. 1, 2, 3.

Description.—Shell ovate, depressed, inequilateral; anterior end much the longer; beak very low; anterior side straight; anterior end acutely rounded and much above the line of the base; base a regular curve continuous with curve of anterior end; posterior side and end bluntly curved, meeting the base at an angle on the line of the base; posterior adductor scar compact, oval; anterior scar elongated and largest below; pallial line distinct; pallial sinus moderately deep, rounded; exterior surface somewhat polished with some irregular fine concentric growth lines.

Length, 9.75 mm.; height, 6.5 mm.; diameter, 1.8 mm.

Occurrence.—ST. MARY'S FORMATION. Cove Point, St. Mary's River.

Collections.—Maryland Geological Survey, Johns Hopkins University.

Subfamily ERVILIINÆ.

Genus ERVILIA Turton.

ERVILIA PLANATA Dall.

Plate LXIX, Figs. 4, 5, 6.

Ervilia planata Dall, 1898, Trans. Wagner Free Inst. Sci., vol. iii, pt. iv, p. 915.

Description.—" Shell small, subtriangular, flattened, smooth or obscurely concentrically ridged, subequilateral; the beaks low, calyculate; the dorsal slopes slightly rounded, subequal; the base evenly arched, not projecting; hinge well developed, the marginal grooves in the right valve almost as long as the dorsal margins; pallial sinus small, rounded in front, falling considerably short of the vertical from the beaks. Lon. 3.25, alt. 2.25, diam. 1.5 mm." Dall, 1898.

Occurrence.—CALVERT FORMATION. Church Hill.

Collection.—Maryland Geological Survey.

Family MACTRIDÆ.

Subfamily MACTRINÆ

Genus MACTRA (L.) Lamarck.

MACTRA CLATHRODON Lea.

Plate LXIX, Figs. 7, 8, 9.

Mactra clathrodon Lea, 1833, Contrib. to Geology, p. 212, pl. vi, fig. 223.
Mactra subcuneata Conrad, 1838, Fossils of the Medial Tertiary, p. 28, pl. xv, fig. 3.
Mactra clathrodon Dall, 1898, Trans. Wagner Free Inst. Sci., vol. iii, pt. iv, p. 892.

Description.—" Shell subtriangular, thin, inequilateral, obscurely and transversely striate; beaks somewhat pointed; lateral teeth crossed by equidistant minute striæ; excavation of the pallial impression small and rounded; anterior and posterior cicatrices scarcely visible; cavity of the shell somewhat deep; cavity of the beaks rather deep." Lea, 1833.

Lea's type specimens are the young of the same species whose adult form Conrad later described as *M. subcuneata.*

Length, 33 mm.; height, 25 mm.; diameter, 7 mm.

Occurrence.—ST. MARY'S FORMATION. Cove Point, Langley's Bluff, St. Mary's River. CALVERT FORMATION. Plum Point, 3 miles west of Centerville.

Collections.—Maryland Geological Survey, Johns Hopkins University.

Genus SPISULA Gray.

Subgenus HEMIMACTRA Swainson.

Section MACTROMERIS Conrad.

SPISULA (HEMIMACTRA) DELUMBIS (Conrad).

Plate LXIX, Fig. 10.

Mactra delumbis Conrad, 1832, Fossil Shells of the Tertiary, p. 26, pl. xi.
Mactra delumbis Conrad, 1838, Fossils of the Medial Tertiary, p. 27, pl. xv, fig. 1.
Mactra delumbis Conrad, 1863, Proc. Acad. Nat. Sci. Phila., vol. xiv, p. 572.
Mactra delumbis Meek, 1864, Miocene Check List, Smith. Misc. Coll. (183), p. 11.
Mactra Virginiana Conrad, 1867, Amer. Jour. Conch., vol. iii, pp. 188, 269, pl. xxii, fig. 4.
Mactra (Schizodesma) delumbis Whitfield, 1894, Mon. xxiv, U. S. Geol. Survey, p. 82, pl. xv, fig. 10.
Spisula (Hemimactra) delumbis Dall, 1898, Trans. Wagner Free Inst. Sci., vol. iii, pt. iv, p. 897, pl. xxvii, fig. 26.

Description.—" Suboval, thin and fragile, with a fold on the posterior submargin; umbo prominent; beaks nearly central, approximate; lunule much elongated, lanceolate, slightly impressed." Conrad, 1832.

Surface nearly smooth, teeth prominent, fosset large, pallial sinus acutely rounded, distinguished from *S. marylandica* by having but one elevated line on upper posterior slope. No specimens obtained were perfect enough to measure.

Occurrence.—St. Mary's Formation. St. Mary's River. Choptank Formation. Governor Run, Jones Wharf. Calvert Formation. Chesapeake Beach.

Collections.—Maryland Geological Survey, Johns Hopkins University.

Spisula (Hemimactra) marylandica Dall.

Plate LXIX, Fig. 11.

Spisula (Hemimactra) marylandica Dall, 1898, Trans. Wagner Free Inst. Sci., vol. iii, pt. iv, p. 897, pl. xxviii, fig. 5.

Description.—" Shell large, suboval, thin, inflated, with a nearly smooth surface, marked chiefly by incremental and obsolete radiating lines; beaks high, subcentral, adjacent; anterior end excavated above, rounded in front, posterior sloping to a bluntly pointed end behind; anterior dorsal area smooth and deeply impressed; posterior area somewhat depressed, striated, flexuous, with three obscure, elevated lines, extending from the umbo to the margin outside of the area; base arcuate; pallial sinus rather narrow, extending nearly to the middle of the shell, bluntly pointed in front; hinge strong, with a large oblique chondrophore, very short, smooth lateral laminæ, and the anterior arm of the right cardinal tooth coalescent with the ventral lamina.

" This fine species is at once differentiated from *S. delumbis* by its more equilateral and inflated shell, and by having instead of only one three elevated lines radiating backward from the beak." Dall, 1898.

Length, 90 mm.; height, 67 mm.; diameter, 40 mm. (Dall).

Occurrence.—St. Mary's Formation. St. Mary's River. Choptank Formation. Jones Wharf. Calvert Formation. Plum Point.

Collections.—Maryland Geological Survey, U. S. National Museum.

SPISULA (HEMIMACTRA) CURTIDENS Dall.

Plate LXIX, Figs. 12, 13.

Spisula (Hemimactra) curtidens Dall, 1898, Trans. Wagner Free Inst. Sci., vol. iii,
    pt. iv, p. 898, pl. xxvii, figs. 2, 24.

Description.—" Shell large, not heavy, subtrigonal, with low, narrow, rather pointed beaks, the anterior being markedly longer than the posterior end; surface smooth or striated by incremental lines, and near the base by fine, obscure, irregular longitudinal wrinkles; valves moderated, inflated; anterior end produced, depressed above, rounded in front; posterior end short, flattened in front of the beaks, posterior dorsal area impressed and bounded by a rounded ridge which extends from the beak to the margin; anterior dorsal area impressed, with a somewhat flexuous surface; hinge with a large but not projecting chondrophore; in the right valve the dorsal laminæ are very short and smooth, the cardinal tooth quite ·compressed. Lon. (of young shell) 22, alt. 17, diam. about 9 mm.; but judging from the fragments found, the species reaches when adult a height and length of 90 mm.

" This fine *Spisula* is sharply distinguished from any other American species by its high and triangular form, short, excavated hinge-plate, and the inequilaterality of the shell." Dall, 1898.

Occurrence.—CHOPTANK FORMATION. *D*over Bridge (Dall). CAL-VERT FORMATION. Burch's (Dall).

Collection.—U. S. National Museum.

SPISULA (HEMIMACTRA) SUBPONDEROSA (d'Orbigny).

Plate LXX, Figs. 1, 2, 3, 4.

Mactra ponderosa Conrad, 1830, Jour. Acad. Nat. Sci. Phila., vol. vi, 1st ser., p. 228,
    pl. x, fig. 5,—not of Eichwald, 1830, Nat. Skizze von Lith., p. 207.
Mactra ponderosa Conrad, 1838, Fossils of the Medial Tertiary, p. 25, pl. xiv, fig. 1.
Mactra subponderosa d·Orbigny, 1852, Prod. Pal. Strat., vol. iii, p. 100.
Mactra ponderosa Conrad, 1863, Proc. Acad. Nat. Sci. Phila., vol. xiv, p. 572.
Mactra ponderosa Meek, 1864, Miocene Check List, Smith. Misc. Coll. (183), p. 11.
Mactrodesma ponderosa Conrad, 1869, Amer. Jour. Conch., vol. iv, p. 247.
Spisula (Hemimactra) subponderosa Dall, 1898, Trans. Wagner Free Inst. Sci., vol.
    iii, pt. iv, p. 899, pl. xxvii, figs. 3, 16.

Description.—" Shell subtriangular, convex, thick, concentrically undulated; anterior margin depressed, with an obtuse plication at the angle; beaks nearest the posterior margin.

" Three and a quarter inches in length and four and a quarter inches in breadth. The cardinal pit is large, thick, and subcordate, and the lateral teeth are short and very robust; when the valves are closed, the depression on the anterior slope forms a slightly concave area." Conrad, 1830.

Length, 108 mm.; height, 86 mm.; diameter, 28 mm.

Occurrence.—ST. MARY'S FORMATION. Cove Point, St. Mary's River.

Collections.—Maryland Geological Survey, Johns Hopkins University, U. S. National Museum.

SPISULA (HEMIMACTRA) CONFRAGA (Conrad).

Plate LXX, Figs. 5a, 5b.

Mactra confraga Conrad, 1833, Amer. Jour. Sci., vol. xxiii, p. 340, not spelled *confragosa.*

Mactra fragosa Conrad, 1838, Fossils of the Medial Tertiary, p. 26, pl. xiv, fig. 2.

Mactra incrassata Conrad, 1838, Fossils of the Medial Tertiary, p. 24, pl. xiii, fig. 2.

Mesodesma confraga Conrad, 1863, Proc. Acad. Nat. Sci. Phila., vol. xiv, p. 574.

Mesodesma incrassata Conrad, 1863, Proc. Acad. Nat. Sci. Phila., vol. xiv, p. 574.

Spisula confragosa Meek, 1864, Miocene Check List, Smith. Misc. Coll. (183), p. 11.

Spisula confragosa Dall, 1898, Trans. Wagner Free Inst. Sci., vol. iii, pt. iv, p. 900.

Description.—" Shell subtriangular; narrow, somewhat thick, with coarse concentric lines; umbo oblique; beaks a little elevated, approximate; posterior side longer and less obtuse than the anterior; fosset large cordate, oblique; lateral teeth strong; muscular impressions large. Length two inches." Conrad, 1833.

Occurrence.—ST. MARY'S FORMATION. St. Mary's River. CHOPTANK FORMATION. Governor Run, Jones Wharf, Cordova, Sand Hill. CALVERT FORMATION. Chesapeake Beach. Reed's.

Collections.—Philadelphia Academy of Natural Sciences, Maryland Geological Survey, Johns Hopkins University.

SPISULA (HEMIMACTRA) SUBPARILIS (Conrad).

Plate LXX, Figs. 6a, 6b.

Mactra subparilis Conrad, 1841, Amer. Jour. Sci., vol. xli, p. 346, pl. ii, fig. 12.

Mactra subparilis Conrad, 1845, Fossils of the Medial Tertiary, p. 69, pl. xxxix, fig. 4.

Standella subparilis Conrad, 1863, Proc. Acad. Nat. Sci. Phila., vol. xiv, p. 573.

Standella subparilis Meek, 1864, Miocene Check List, Smith. Misc. Coll. (183), p. 11.

Spisula (Mactromeris) subparilis Dall, 1898, Trans. Wagner Free Inst. Sci., vol. iii, pt. iv, p. 900.

19

Description.—" Triangular, elongated, moderately thick, convex-depressed; posterior side cuneiform; apex hardly oblique, subcentral; fosset wide; lateral teeth transversely striated." Conrad, 1841.

Only young specimens have been obtained in Maryland.

Occurrence.—CHOPTANK FORMATION. Governor Run, 2 miles south of Governor Run, Flag Pond, Jones Wharf, Pawpaw Point. CALVERT FORMATION. 3 miles south of Chesapeake Beach, Plum Point.

Collections.—U. S. National Museum, Maryland Geological Survey.

SPISULA (HEMIMACTRA ?) CHESAPEAKENSIS n. sp.

Plate LXXI, Fig. 1.

Description.—Shell large, thin, not inflated, subtrigonal, anterior and posterior sides nearly equal, surface smooth; anterior end well rounded, posterior end rather more sharply rounded; anterior hinge line straight, posterior hinge line gently convex, just posterior to the beak, otherwise straight; angle between anterior and posterior hinge lines about 105°; basal margin strongly curved anteriorly and posteriorly; hinge area broad; lateral teeth prominent; chondrophore long, narrow, triangular, oblique.

A single right valve of this magnificent species has been obtained. It is in the form of a cast, with a portion of the shell substance preserved and the outline and main hinge features easily distinguishable. It is much larger than any of the other Miocene Spisulas; *S. subponderosa* is nearest it in size, but is smaller, much heavier, more elevated, and has a curved posterior hinge line and a broader, shorter chondrophore.

Length, 130 mm.; height, 95 mm.

Occurrence.—CALVERT FORMATION. 3 miles north of Plum Point.

Collection.—Maryland Geological Survey.

Genus LABIOSA (Schmidt) Moller.

Subgenus RAËTA Gray.

LABIOSA (RAËTA) SP.

Description.—At Reed's marl pit have been found numerous fragments of a *Labiosa* showing an undular concentric sculpturing much stronger than *R. alta,* in fact as strong as *L. canaliculata.* As this latter species is known only in the Pleistocene and Recent it is very probable that the fragments found at Reed's belong to a new species. It is best not to attempt to name or describe a new species from the broken material at hand, but the presence of a species in the Miocene at this locality should be noted in the hope that some later investigator may be fortunate enough to secure material suitable for specific characterization.

Occurrence.—CALVERT FORMATION. Reed's.

Collection.—Maryland Geological Survey.

Superfamily SOLENACEA.

Family SOLENIDÆ.

Genus ENSIS Schumacher.

ENSIS DIRECTUS (Conrad).

Plate LXXI, Figs. 2, 3.

Solen ensis Conrad, 1842, Proc. Nat. Inst., Bull. ii, p. 191; not of Linné.
Solen directus Conrad, 1843, Proc. Acad. Nat. Sci. Phila., vol. i, p. 325.
Solen magnodentatus H. C. Lea, 1845, Trans. Amer. Philos. Soc., vol. ix, p. 236, pl. xxxiv, fig. 8.
Solen ensis Tuomey and Holmes, 1856, Pleiocene Fossils of South Carolina, p. 101, pl. xxiv, fig. 3.
Solen americanus Gould (Binney's), 1870, Invert. Mass., p. 42.
Ensatella americana Verrill, 1872, Amer. Jour. Sci., ser. iii, vol. iii, pp. 212, 284.
Ensatella americana Verrill, 1874, Rept. Invert. An. Vin. Sound, p. 674, pl. xxxii, fig. 245.
Ensis americana Dall, 1889, Bull. xxxvii, U. S. Nat. Mus., p. 72, pl. liii, fig. 4; pl. lv, figs. 4, 5.
Ensis directus Dall, 1900, Trans. Wagner Free Inst. Sci., vol. iii, pt. v, p. 954.

Description.—" Linear, straight, except towards the summit, where it is slightly recurved, gradually widening from the hinge downwards; basal margin rounded slightly towards the posterior extremity; anterior margin obliquely truncated, not reflected; cardinal teeth, one in the right valve, compressed, in the opposite valve two, the superior one very small and near the extremity, the other somewhat distant, elevated, robust, slightly recurved. Length, four inches." Conrad, 1843.

It is distinguished from *E. ensiformis* by being larger and by its more squarely truncated posterior end. It is almost impossible to secure more than broken pieces in the Maryland deposits.

Occurrence.—ST. MARY'S FORMATION. St. Mary's River.

Collection.—Maryland Geological Survey.

ENSIS ENSIFORMIS Conrad.

Plate LXXI, Figs. 4, 5, 6.

Solen ensiformis Conrad, 1843, Proc. Acad. Nat. Sci. Phila., vol. i, p. 326.
Solen ensiformis Conrad, 1845, Fossils of the Medial Tertiary, p. 76, pl. xliii, fig. 8.
Ensis ensiformis Conrad, 1863, Proc. Acad. Nat. Sci. Phila., vol. xiv, p. 571.
Ensis ensiformis Meek, 1864, Miocene Check List, Smith. Misc. Coll. (183), p. 12.
Ensis ensiformis Dall, 1900, Trans. Wagner Free Inst. Sci., vol. iii, pt. v, p. 955.

Description.—" Linear, slightly curved, gradually narrowed from the middle to the posterior extremity, which is subcuneiform; anterior margin obliquely subtruncated." Conrad, 1845.

Shell thin, fragile; teeth two in left valve, separated by a very narrow deep cleft, in right valve one; anterior extremity flaring; posterior extremity tapered, rounded and gaping.

Although quite abundant at Cove Point, it is almost impossible to obtain it except in fragments.

Occurrence.—St. Mary's Formation. Cove Point, St. Mary's River. Choptank Formation. Jones Wharf, Sand Hill, Greensboro. Calvert Formation. Fairhaven, Plum Point, Reed's.

Collections.—Maryland Geological Survey, Johns Hopkins University.

Superfamily TELLINACEA.

Family PSAMMOBIIDÆ.

Genus PSAMMOBIA Lamarck.

Subgenus PSAMMOBIA s. s. Dall.

PSAMMOBIA GUBERNATORIA n. sp.

Plate LXXI, Figs. 7a, 7b.

Description.—Shell long-ovate, thin, fragile, depressed or flat, inequilateral; anterior end being broader and longer than the posterior one; beak very low; anterior side slightly curved and for some distance from the beak nearly parallel with the base; anterior end regularly rounded and broad; posterior side with broad projecting hinge plate; posterior side declining; posterior end rounded and more nearly on line of base than anterior end; base only slightly curved; lateral teeth none, cardinals in right valve two; posterior adductor scar oval, anterior one larger and somewhat elongated, both distinct; pallial sinus profound, rounded, faint; exterior semi-polished with faint concentric growth lines discernible; dorsal and posterior slopes meeting in an abrupt curve running from beak to base and becoming less marked near the base.

Length, 35 mm.; height, 17 mm.; diameter, 3.5 mm.

Occurrence.—CHOPTANK FORMATION. Governor Run, Jones Wharf. CALVERT FORMATION. Plum Point.

Collection.—Maryland Geological Survey.

Genus ASAPHIS Modeer.

ASAPHIS CENTENARIA (Conrad).

Plate LXXI, Figs. 8, 9.

Petricola centenaria Conrad, 1833, Amer. Jour. Sci., vol. **xxiii**, p. 341.
Petricola centenaria Conrad, 1838, Fossils of the Medial Tertiary, p. 17, pl. **x**, fig. 1.
Psammocola regia H. C. Lea, 1845, Trans. Amer. Philos. Soc., vol. **ix**, p. 234, pl. **xxxiv**, fig. 17.
Psammocola pliocena Tuomey and Holmes, 1856, Pleiocene Fossils of South Carolina, p. 91, pl. **xxii**, fig. 8.
Pliorytis centenaria Conrad, 1863, Proc. Acad. Nat. Sci. Phila., vol. **xiv**, p. 576.
Asaphis centenaria Dall, 1900, Trans. Wagner Free Inst. Sci., vol. **iii**, pt. **v**, p. 981.

Description.—" Shell oblong oval, with numerous prominent radiating striæ, and concentric wrinkles; lunule small, cordate, profoundly impressed; hinge with two teeth in one valve and three in the opposite, the middle one bifid. Length, two inches." Conrad, 1833.

Shell somewhat variable in outline and in proportion of length to altitude; irregular surface undulations quite marked or almost absent; the fine radial ridges usually somewhat undulating and often more distant on the anterior slope; left valve with but two teeth, the anterior one bifid and bounded anteriorly by a deep socket; a well-marked groove backward from the beak across the posterior hinge area; pallial sinus profound and rounded anteriorly; shell slightly gaping posteriorly.

Length, 53 mm.; height, 35 mm.; diameter, 10 mm.

Occurrence.—CHOPTANK FORMATION. Governor Run, 2 miles south of Governor Run, Flag Pond, St. Leonard Creek, Jones Wharf, Pawpaw Point, Dover Bridge, Peach Blossom Creek, Greensboro. CALVERT FORMATION. Fairhaven, Plum Point, Lyon's Creek, Magruder Ferry.

Collections.—Maryland Geological Survey, Johns Hopkins University.

Family SEMELIDÆ.

Genus SEMELE Schumacher.

SEMELE CARINATA (Conrad).

Plate LXXII, Figs. 1, 2, 3.

Amphidesma carinata Conrad, 1830, Jour. Acad. Nat. Sci. Phila., vol. vi, 1st ser.,
p. 229, pl. ix, fig. 25.
Amphidesma carinata Conrad, 1838, Fossils of the Medial Tertiary, p. 37, pl. xix
[1st ed.], fig. 7; [2nd ed.], fig. 11, 1840.
Sinodesmia carinata d'Orbigny, 1852, Prod. Pal., vol. iii, p. 101, No. 1890.
Sinodesmia carinata Tuomey and Holmes, 1856, Pleiocene Fossils of South Carolina,
p. 93, pl. xxiii, fig. 2.
Abra carinata Conrad, 1863, Proc. Acad. Nat. Sci. Phila., vol. xiv, p. 574.
Abra carinata Meek, 1864, Miocene Check List, Smith. Misc. Coll. (183), p. 11.
Abra Holmesii Conrad, 1875, Rept. N. Car. Geol. Survey, vol. i, app. A, p. 19, pl.
iii, fig. 8.
Semele carinata Dall, 1900, Trans. Wagner Free Inst. Sci., vol. iii, pt. v, p. 988, pl.
xxxvi, figs. 23, 26.

Description.—" Shell transversely ovate, with concentric, rather distant, elevated, acute striæ; intervals transversely striated; anterior side with a slight fold; beaks rather prominent, with the apex acute; lateral teeth none." Conrad, 1830.

Fine concentric striæ between the distant, elevated ones; posterior side with a slight fold; posterior basal margin obliquely truncated; lateral laminæ in left valve small, in right valve lateral laminæ and sockets distinct; muscle impressions subequal; pallial sinus profound.

Length, 22 mm.; height, 16 mm.; diameter, 4 mm.

Occurrence.—ST. MARY'S FORMATION. Cove Point, St. Mary's River. CHOPTANK FORMATION. Cordova. CALVERT FORMATION. Chesapeake Beach, 3 miles south of Chesapeake Beach, Plum Point, Truman's Wharf.

Collections.—Maryland Geological Survey, Johns Hopkins University, U. S. National Museum.

SEMELE CARINATA VAR. COMPACTA Dall.

Plate LXXII, Figs. 4, 5a, 5b.

Semele carinata var. compacta Dall, 1900, Trans. Wagner Free Inst. Sci., vol. iii,
pt. v, pp. 988, 989, pl. xxxvi, figs. 23, 26.

Description.—This variety, to which the figures given by Dr. Dall for *S. carinata* (cited above) more directly belong, is discriminated by him from the *S. carinata* by having "a somewhat more elongated form and more uniform and close-set sculpture, especially over the posterior dorsal area. The size of those collected is also smaller than that of the full-grown Miocene specimens."

Occurrence.—St. Mary's Formation. St. Mary's River. Choptank Formation. Jones Wharf.

Collection.—Maryland Geological Survey.

Semele subovata (Say).

Plate LXXII, Figs. 6, 7, 8.

Amphidesma subovata Say, 1824, Jour. Acad. Nat. Sci. Phila., vol. iv, 1st ser., p. 152, pl. x, fig. 10.
Amphidesma subovata Conrad, 1840, Fossils of the Medial Tertiary, p. 36.
Syndosmya subobliqua Conrad, 1854, Proc. Acad. Nat. Sci. Phila., vol. vii, p. 29.
Abra ovalis Conrad, 1862, Proc. Acad. Nat. Sci. Phila., vol. xiv, p. 288.
Abra subovata Conrad, 1863, Proc. Acad. Nat. Sci. Phila., vol. xiv, p. 574.
Abra subovata Meek, 1864, Miocene Check List, Smith. Misc. Coll. (183), p. 11.
Semele subovata Dall, 1900, Trans. Wagner Free Inst. Sci., vol. iii, pt. v, p. 990.

Description.—"Shell transversely ovate-oval, with somewhat prominent and regular concentric striæ.

"Shell compressed; beaks rather before the middle, but little prominent; anterior submargin with an obsolete, obtuse undulation; lunule lanceolate; cardinal and lateral teeth prominent." Say, 1824.

This species may be distinguished from *S. carinata* by having all of its concentric striæ of about equal prominence and by having a somewhat more elongated and thinner shell. Lateral teeth in left valve not prominent, in the right prominent.

Length, 20.5 mm.; height, 14 mm.; diameter, 3 mm.

Occurrence.—St. Mary's Formation. Cove Point, St. Mary's River. Choptank Formation. Governor Run, 2 miles south of Governor Run, Jones Wharf, Peach Blossom Creek, Dover Bridge, Greensboro, Cordova. Calvert Formation. Fairhaven, 3 miles west of Centerville, Church Hill.

Collections.—Maryland Geological Survey, Johns Hopkins University.

Genus ABRA Leach.

ABRA LONGICALLUS (Scacchi).

Plate LXXII, Figs. 9a, 9b.

Tellina longicallus Scacchi, 1836, Notizie intorno alle Conchiglie ed a zoofiti fossili, p. 16, pl. i, fig. 7.

Description.—Shell ovate, thin, convex or vaulted; beak not prominent; anterior and posterior sides straight, meeting at an angle; anterior end broad and regularly rounded; posterior end very acutely rounded, much above the line of the base and gaping; base regularly curved; posterior adductor scar rounded; anterior one elongated; pallial sinus long and irregularly curved; in right valve the lateral lamina on either side rather short and bordered by a moderately deep groove; cardinals two, minute; chondrophore elongated, narrow, oblique, closely grown to the posterior hinge line; exterior surface smooth.

Length, 11.5 mm.; height, 7.1 mm.; diameter, 2 mm.

Occurrence.—CHOPTANK FORMATION. Jones Wharf.

Collection.—Cornell University.

ABRA MARYLANDICA n. sp.

Plate LXXII, Fig. 10.

Description.—Shell small, compact, stout, vaulted; anterior end produced and rounded; posterior end shorter, more pointed; and nearer the line of the base; anterior and posterior dorsal margins nearly straight, anterior one nearly parallel to the basal margin, posterior one much more declining; beak not prominent, but angular; exterior polished and smooth except for a few feeble concentric growth lines near the margin, muscle impressions and pallial line faint, interior polished; in left valve a narrow fosset directed posteriorly and close set against the posterior margin; anterior to it is a small triangular cardinal tooth, posterior to it the margin is slightly raised as if into a faint lamina and slightly flaring or reflexed near the beak.

Length, 7 mm.; height, 4.5 mm.; diameter, 1.6 mm.

Occurrence.—CALVERT FORMATION. Plum Point.

Collection.—Maryland Geological Survey.

Genus CUMINGIA Sowerby.

CUMINGIA MEDIALIS Conrad.

Plate LXXII, Figs. 11, 12.

Cumingia tellinoides Conrad, 1838, Fossils of the Medial Tertiary, p. 28, pl. xv, fig. 4.
Not *Cumingia tellinoides* Conrad, 1831.
Anatina tellinoides H. C. Lea, 1845, Trans. Amer. Philos. Soc., vol. ix, p. 237, pl. xxxiv, fig. 12.
Lavignon tellinoides d'Orbigny, 1852, Prod. Pal. Strat., vol. iii, p. 101, No. 1891.
Lavignon tellinoides Tuomey and Holmes, 1856, Pleiocene Fossils of South Carolina, p. 92, pl. xxiii, fig. 1.
Cumingia tellinoides Conrad, 1863, Proc. Acad. Nat. Sci. Phila., vol. xiv, p. 574.
Cumingia tellinoides Meek, 1864, Miocene Check List, Smith. Misc. Coll. (183), p. 11.
Cumingia medialis Conrad, 1866, Amer. Jour. Conch., vol. ii, p. 106.
Cumingia medialis Dall, 1900, Trans. Wagner Free Inst. Sci., vol. iii, pt. v, p. 999.

Description.—" Shell ovate-trigonal, thin, with numerous prominent concentric wrinkled striæ; anterior side ventricose; the posterior side contracted, subcuneiform; the base near the extremity slightly emarginate; cardinal fosset large; lateral teeth very prominent." Conrad, 1838.

The anterior side is inflated, the posterior side depressed, this depression extending to the base and producing a slight emargination near the posterior extremity; within, chondrophore prominent, projecting, spoon-shaped. Two left valves in some material belonging to the Johns Hopkins University are labeled from Jones Wharf, but their state of preservation and coloration makes it seem more probable that they are from Virginia.

Length, 25 mm.; height, 18 mm.; diameter, 5.5 mm.

Occurrence.—CHOPTANK FORMATION (?). Jones Wharf (?).

Collection.—Johns Hopkins University.

Family TELLINIDÆ.

Genus TELLINA (Linné) Lamarck.

Section MERISCA Dall.

TELLINA ÆQUISTRIATA Say.

Plate LXXII, Fig. 13.

Tellina æquistriata Say, 1824, Jour. Acad. Nat. Sci. Phila., vol. iv, 1st ser., p. 145, pl. x, fig. 7. Reprint, Bull. Amer. Pal., vol. i, No. 5, p. 321, pl. xxix, fig. 7.
Tellina (Merisca) æquistriata Dall, 1900, Trans. Wagner Free Inst. Sci., vol. iii, pt. v, p. 1020.

Description.—*" Shell* transversely ovate-orbicular, with an elevated line or fold on the anterior margin: *surface* with fine, somewhat elevated, concentric, nearly equal, numerous striæ, forming grooves between them: *apex* nearly central, acute: *cardinal teeth* deeply grooved: *lateral teeth* two; edge within, simple.

" Length seven-tenths, breadth nineteen-twentieths of an inch.

" In general outline, this species has a resemblance to *T. ostracea,* Lam. In one specimen the apex is central, and in another it is placed before the middle." Say, 1824.

This is one of Finch's collection, purporting to be from Maryland, but some of which were undoubtedly from Virginia. I am inclined to believe the reference of this species to Maryland probably incorrect, but give it on Finch's uncertain authority. A specimen in the collection of Johns Hopkins University labelled " Jones Wharf " is stained like the Yorktown, Va., material, and I think is most likely from there.

Occurrence.—CHOPTANK FORMATION (?). Jones Wharf (?).

Collection.—Johns Hopkins University.

Subgenus ANGULUS Megerle.

TELLINA (ANGULUS) DECLIVIS Conrad.

Plate LXXII, Fig. 14.

Tellina declivis Conrad, 1834, Jour. Acad. Nat. Sci. Phila., vol. vii, 1st ser., p. 131.
Tellina declivis Conrad, 1840, Fossils of the Medial Tertiary, p. 35, pl. xix, fig. 1.
Tellina declivis Conrad, 1863, Proc. Acad. Nat. Sci. Phila., vol. xiv, p. 573.
Tellina [Angulus] declivis Meek, 1864, Miocene Check List, Smith. Misc. Coll. (183), p. 10.
Tellina (Angulus) declivis Dall, 1900, Trans. Wagner Free Inst. Sci., vol. iii, pt. v, p. 1029.

Description.—" Shell somewhat elliptical, with the anterior side short, and the margin obliquely truncated; posterior end regularly rounded; beaks hardly prominent; lateral teeth distinct.

" It resembles in outline the *Amphidesma subreflexa,* nobis; and might, viewing the exterior only, be mistaken for that shell." Conrad, 1834.

The posterior dorsal margin of this species is more abruptly or angularly declining than in *T. producta.* The anterior dorsal margin is also less nearly parallel to the base, and hence the beak is more prominently angular.

Length, 13.4 mm.; height, 8 mm.; diameter, 1.95 mm.

Occurrence.—CHOPTANK FORMATION. Jones Wharf. CALVERT FORMATION. Plum Point.

Collections.—U. S. National Museum, Maryland Geological Survey.

TELLINA (ANGULUS) PRODUCTA Conrad.

Plate LXXII, Figs. 15, 16.

Tellina producta Conrad, 1840, Fossils of the Medial Tertiary, p. 36, pl. xix, fig. 5.

Tellina (Peronæderma) producta Conrad, 1863, Proc. Acad. Nat. Sci. Phila., vol. xiv, p. 573.

Tellina (Peronæoderma) producta Meek, 1864, Smith. Misc. Coll. (183), p. 10.

Tellina (Angulus) producta Dall, 1900, Trans. Wagner Free Inst. Sci., vol. iii, pt. v, p. 1029.

Macoma (Psammacoma ?) producta Dall, 1900, Trans. Wagner Free Inst. Sci., vol. iii, pt. v, p. 1054.

Description.—" Shell narrow-elliptical, compressed; posterior side pointed, extremity obtuse; fold submarginal, obscure; basal margin straight opposite the beak; lateral teeth none." Conrad, 1840.

Anterior dorsal margin is more nearly parallel to the base than in *A. declivis* and posterior portion is more produced, posterior dorsal margin being less declining.

Length, 11 mm.; height, 6.4 mm.; diameter, 1.4 mm.

Occurrence.—ST. MARY'S FORMATION. Cove Point, St. Mary's River (Meek; *fide* Dall). CALVERT FORMATION. Plum Point, Blake's (*fide* Dall).

Collections.—U. S. National Museum, Maryland Geological Survey.

TELLINA (ANGULUS) DUPLINIANA Dall.

Plate LXXIII, Fig. 1.

Tellina (Angulus) dupliniana Dall, 1900, Trans. Wagner Free Inst. Sci., vol. iii, pt. v, p. 1032, pl. xlvi, fig. 17.

Description.—" Shell small, solid, rather convex, inequilateral, dorsal margins rectilinear, diverging at an angle of about one hundred and eight degrees, anterior end longer, rounded evenly into the base, which is nearly parallel with the anterior dorsal margin; posterior end much shorter, pointed, the terminal angle slightly decumbent and the basal margin in front of it slightly incurved; beaks inconspicuous, hinge normal, the right adjacent lateral short and the anterior hinge-margin in front of it grooved for the edge of the opposite valve; middle of the disk smooth, the beaks, posterior dorsal area, and the portions of the disk near the basal margin more or less concentrically striated; interior with the pallial sinus rising to a small angle under the umbo, then descending in a somewhat wavy line to a point on the pallial line considerably short of the anterior adductor scar; in the left valve the sinus is not angulated above and extends somewhat nearer the adductor; the interior is marked with some faint radiations near the adductors, but no thickened ray appears.

"There is some little difference in the proportional height in different individuals, in the amount of inflation, and in the arcuation of the posterior dorsal margin; the posterior fold, or ridge bounding the posterior dorsal area, is not strongly marked. Compared with *T. tenella* Verrill, this species is a heavier and higher shell, with the posterior end more pointed and decurved. The dorsal margin of the right valve is not grooved in *T. tenella,* and the adjacent lateral is longer than in *T. dupliniana* of the same size." Dall, 1900.

Length, 12.5 mm.; height, 8 mm.; diameter, 4 mm.

Occurrence.—CALVERT FORMATION. Plum Point (*fide* Dall).

Collection.—U. S. National Museum.

TELLINA (ANGULUS) UMBRA Dall.

Plate LXXIII, Fig. 2.

Tellina (Angulus) umbra Dall, 1900, Trans. Wagner Free Inst. Sci., vol. iii, pt. v, p. 1033, pl. xlvi, fig. 13.

Description.—"Shell small, solid, markedly flexuous, moderately convex, inequilateral, nearly equivalve; anterior end longer, rounded; posterior end shorter, attenuated, bluntly pointed; beaks inconspicuous; whole surface covered with close-set, regular, even, concentric threads; hinge normal, right anterior lateral short and stout, posterior lateral small but prominent; pallial sinus long, slightly convex above, reaching to the anterior ray (which is obviously thickened), nearly similar in both valves, and wholly confluent below.

"This species is nearest to *T. sybaritica* Dall, but is a larger and less slender shell, with a less angular posterior end. It is doubtless the precursor of that species." Dall, 1900.

Length, 12.5 mm.; height, 6.5 mm.; diameter, 3.5 mm. (Dall).

Occurrence.—St. Mary's Formation. St. Mary's River (*fide* Dall). Calvert Formation. Plum Point.

Collections.—U. S. National Museum, Maryland Geological Survey.

Genus METIS H. and A. Adams.

Metis biplicata Conrad.

Plate LXXIII, Figs. 5, 6.

Tellina biplicata Conrad, 1834, Jour. Acad. Nat. Sci. Phila., vol. vii, 1st ser., p. 152.
Tellina biplicata Conrad, 1840, Fossils of the Medial Tertiary, p. 36, pl. xix, fig. 4; not of Tuomey and Holmes or Emmons.
Metis biplicata Conrad, 1863, Proc. Acad. Nat. Sci. Phila., vol. xiv, p. 573.
Metis biplicata Meek, 1864, Miocene Check List, Smith. Misc. Coll. (183), p. 11.
Metis biplicata Dall, 1900, Trans. Wagner Free Inst. Sci., vol. iii, pt. v, p. 1042.

Description.—" Shell suboval, inequivalve, slightly ventricose, with obscure radiating lines, and prominent filiform striæ, much elevated over the folds of the posterior side; folds two, one on each valve angular; cardinal teeth two in the right valve, much compressed, posterior one profoundly bifid; one similar bifid tooth in the opposite valve; hinge margin profoundly sulcated posteriorly; lateral teeth none." Conrad, 1834.

Length, 60 mm.; height, 51 mm.; diameter, 12 mm.

Occurrence.—St. Mary's Formation. Cove Point. Choptank Formation. Governor Run, 2 miles south of Governor Run, Flag Pond, Cuckold Creek, St. Leonard Creek, Jones Wharf, Sand Hill, Dover Bridge, Cordova. Calvert Formation. Plum Point, White's Landing, Wye Mills.

Collections.—Maryland Geological Survey, Johns Hopkins University.

Genus MACOMA Leach.

Macoma lenis (Conrad).

Plate LXXIII, Figs. 3, 4.

Tellina lenis Conrad, 1843, Proc. Acad. Nat. Sci. Phila., vol. i, p. 306.
Tellina lenis Conrad, 1845, Fossils of the Medial Tertiary, p. 72, pl. xli, fig. 9.
Tellina (Peronæderma) lenis Conrad, 1863, Proc. Acad. Nat. Sci. Phila., vol. xiv, p. 573.
Tellina (Peronæoderma) lens Meek, 1864, Miocene Check List, Smith. Misc. Coll. (183), p. 10 (typ. er.).
Macoma lenis Dall, 1900, Trans. Wagner Free Inst. Sci., vol. iii, pt. v, p. 1047.

Description.—" Subelliptical: beaks medial; anterior margin obliquely truncated, the extremity acutely rounded; dorsal margins equally oblique; posterior basal margin obliquely subtruncated; basal margin nearly straight in the middle and towards the anterior extremity where it is arched; the extremity considerably above the line of the base; posterior side with an oblique narrow fold." Conrad, 1843.

Shell very thin; surface crossed by fine concentric lines of growth; within, a well-defined ridge extending from the beak obliquely backward to the lower part of the posterior margin and there becoming obsolete.

Length, 50 mm.; height, 32 mm.; diameter, 7.5 mm.

Occurrence.—CHOPTANK FORMATION. Jones Wharf (rare). CALVERT FORMATION. Three miles south of Chesapeake Beach, Lyon's Creek (?).

Collection.—Maryland Geological Survey.

MACOMA MARYLANDICA n. sp.

Plate LXXIII, Fig. 7.

Description.—Shell very thin and fragile; basal and anterior dorsal margins nearly parallel; anterior side produced and anterior end rounded; anterior basal margin regularly arched; posterior dorsal margin declining and meeting basal margin much above the line of the base; anterior portion of shell convex and capacious, especially under the beak and anterior dorsal margin; posterior portion of shell contracted and somewhat pointed and posterior end gaping; exterior smooth except for faint growth lines; cardinal teeth two; beak not prominent.

Length, 15 mm.; height, 7.9 mm.; diameter, 1.8 mm.

Occurrence.—ST. MARY'S FORMATION. St. Mary's River.

Collection.—Maryland Geological Survey.

Superfamily VENERACEA.

Family PETRICOLIDÆ.

Genus PETRICOLA Lamarck.

Section RUPELLARIA Fleuriau.

PETRICOLA HARRISII Dall.

Plate LXXIII, Figs. 8, 9.

Petricola (Rupellaria) Harrisii Dall, 1898, Trans. Wagner Free Inst. Sci., vol. iii, pt. v, p. 1060, pl. xliii, fig. 1.

Description.—" Shell solid, ovate, distorted more or less by the irregularities of its *situs;* posterior end blunt, longer; anterior end shorter, rounded; sculpture of fine, nearly uniform radial rounded threads with wider interspaces, crossed by fine, rounded, slightly elevated incremental lines; beak moderately elevated, hinge short, with, in the left valve, one strong, apically grooved cardinal between two simple narrow diverging teeth; ligamentary nymph short, strong, deeply grooved; basal margin feebly crenulated by the external sculpture; pallial sinus wide, shallow." *Dall*, 1900.

Length, 20 mm.; width, .23 mm.; diameter, 7 mm.

Occurrence.—CHOPTANK FORMATION. Governor Run, 2 miles south of Governor Run, Jones Wharf, *D*over Bridge.

Collection.—Maryland Geological Survey.

Section PETRICOLARIA Stoliczka.

PETRICOLA CALVERTENSIS Dall.

Plate LXXIII, Figs. 10, 11, 12.

Petricola (Petricolaria) calvertensis Dall, 1900, Trans. Wagner Free Inst. Sci., vol. iii, pt. v, p. 1060, pl. xliv, fig. 14.

Description.—" Shell elongate-oval, with the beaks near the anterior third, solid, closely regularly sculptured with fine radiating threads, the interspaces wider, the threads a little stronger towards the ends of the shell, concentric sculpture only of fine somewhat irregular incremental lines; beaks rather elevated; shell moderately inflated, more or less irregular from nestling among rocks, sculpture near the beaks quite faint; hinge short, a spur from the lunular region extending over and past the cardinal teeth behind the beaks; hinge normal; margins entire; pallial sinus deep and rounded." Dall, 1900.

Height, 9 mm.; width, 17 mm.; diameter, 3.5 mm.

Occurrence.—ST. MARY'S FORMATION. Cove Point. CHOPTANK FORMATION. Jones Wharf, Calvert Cliffs (Burns and Harris).

Collections.—Maryland Geological Survey, U. S. National Museum.

Family VENERIDÆ.

Subfamily VENERINÆ.

Genus VENUS (Linné) Lamarck.

VENUS DUCATELLI Conrad.

Plate LXXV, Figs. 7, 8.

Venus Ducatelli Conrad, 1838, Fossils of the Medial Tertiary, p. 8, pl. iv, fig. 2.
Venus Ducatellii Conrad, 1863, Proc. Acad. Nat. Sci. Phila., vol. xiv, p. 574.
Venus Ducatellii Meek, 1864, Miocene Check List, Smith. Misc. Coll. (183), p. 9.
Venus Ducateli Whitfield, 1894, Mon. xxiv, U. S. Geol. Survey, p. 67 (in part),
    pl. xi, figs. 1–3.
Venus Ducateli Dall, 1903, Trans. Wagner Free Inst. Sci., vol. iii, pt. vi, p. 1309.

Description.—" Shell suborbicular, convex, thick; disks with numerous approximate, recurved ribs, laminar and much elevated towards the posterior margin; extremity obtuse; beaks distant from the anterior margin; umbo not inflated; lunule defined by an impressed line, not very profound; posterior margin rectilinear; two of the cardinal teeth in the left valve remote, thick, bifid; anterior tooth much compressed.

" This shell is related to *V. Mortoni,* but is much smaller, less ventricose, and has more prominent ribs. It is obtained in fragments only, but those are abundant. It is named in compliment to the state Geologist of Maryland, Professor Ducatel." Conrad, 1838.

Length, 70 mm.; height, 56 mm.; diameter, 20 mm.

Occurrence.—CALVERT FORMATION. Church Hill.

Collections.—Maryland Geological Survey, Johns Hopkins University.

VENUS RILEYI Conrad.

Plate LXXVI, Figs. 4, 5.

Venus Rileyi Conrad, 1838, Fossils of the Medial Tertiary, p. 9, pl. vi, fig. 1.
Venus Rileyi Tuomey and Holmes, 1856, Pleiocene Fossils of South Carolina, p. 78,
    pl. xxi, fig. 8.
Venus Rileyi Emmons, 1858, Rept. N. C. Geol. Survey, p. 292.
Mercenaria Rileyi Conrad, 1863, Proc. Acad. Nat. Sci. Phila., vol. xiv, p. 574.
Mercenaria Rileyi Meek, 1864, Miocene Check List, Smith. Misc. Coll. (183), p. 9.
Venus tridacnoides var. Rileyi Dall, 1903, Trans. Wagner Free Inst. Sci., vol. iii,
    pt. vi, pp. 1310, 1311.

Description.—" Shell obliquely ovate, slightly ventricose, thick, very inequilateral; disks with small crowded reflected concentric ribs; anterior side narrowed; umbo very oblique, prominent; posterior margin arcuate; inner margin deeply crenulated.

"This shell has probably been confounded with *V. tridacnoides,* but it is much thinner, not undulate on the disk, and the cardinal teeth are much less robust. Its narrowed and compressed anterior side will distinguish it from the other fossil species, and its ribs from the recent *V. mercenaria.* Young shells are compressed or plano-convex. The disks are generally worn, showing the radiating striæ common to all these large fossil species when the surface becomes decomposed. It is named in compliment to my scientific friend, Dr. William Riley of Baltimore." Conrad, 1838.

This species as found at Plum Point is not notably thick. The hinge area is narrow, and the teeth rather small. The umbo can scarcely be considered prominent. The great proportionate length of the shell distinguishes this species readily from the others of the Miocene. None of the Plum Point specimens show the great thickening or undulations on the disk so characteristic of the *tridacnoides* as found at numerous Virginia localities. For this reason, and because the Virginia beds in which thickened shells are found are much higher stratigraphically in the Miocene than the Plum Point beds the writer prefers to retain the name *rileyi* for a distinct species.

Length, 115 mm.; height, 80 mm.; diameter, 22 mm.

Occurrence.—CALVERT FORMATION. Plum Point.

Collections.—Maryland Geological Survey, Johns Hopkins University.

VENUS MERCENARIA Linné.

Plate LXXVIII, Figs. 1, 2.

Venus mercenaria Linné, 1758, Syst. Nat., Edit. x, p. 686.
Venus mercenaria Tuomey and Holmes, 1856, Pleiocene Fossils of South Carolina, p. 81, pl. xxi, fig. 6.
Venus mercenaria Emmons, 1858, Rept. N. Car. Geol. Survey, p. 292.
Mercenaria violacea Holmes, 1858, Post-Pleiocene Fossils of South Carolina, p. 33, pl. vi, fig. 11.
Mercenaria mercenaria Conrad, 1863, Proc. Acad. Nat. Sci. Phila., vol. xiv, p. 574.
Venus mercenaria Gould (Binney's), 1870, Invert. Mass., p. 133, fig. 445.?
Mercenaria concellata Whitfield, 1894, Mon. xxiv, U. S. Geol. Survey, p. 68, pl. xii, figs. 2-3.
Venus mercenaria Dall, 1903, Trans. Wagner Free Inst. Sci., vol. iii, pt. vi, p. 1311.

20

Description.—Shell solid, ovate cordate; beak curved well forward, not very prominent; outer surface with close-set, concentric lamellæ; lunule marked, cordate; hinge area rather short, broad; cardinal teeth strong, two in right valve strongly bifid; posterior margin arched; a broad, shallow impressed area or groove from beak to posterior margin just above its point of meeting with the base; muscle impressions large and distinct; pallial sinus acutely angular; inner margin crenulated.

Length, 96 mm.; height, 79 mm.

Occurrence.—CHOPTANK FORMATION. Governor Run. CALVERT FORMATION. Plum Point.

Collections.—Maryland Geological Survey, Johns Hopkins University.

VENUS PLENA (Conrad).

Plate LXXIX, Figs. 1, 2.

Mercenaria plena Conrad, 1869, Amer. Jour. Conch., vol. v, p. 100.
Venus Ducateli Whitfield, 1894, Mon. xxiv, U. S. Geol. Survey, p. 67 (in part), pl. xi, figs. 4–7.
Mercenaria plena Whitfield, 1894, Mon. xxiv, U. S. Geol. Survey, p. 69, pl. xii, figs. 4–6.
Venus plena Dall, 1903, Trans. Wagner Free Inst. Sci., vol. iii, pt. vi, p. 1309.

Description.—" Cordate, inequilateral, ventricose, oblique, with close concentric rugose lines; posterior side subcuneiform; lunule ovate; inner margin densely crenulated.

" . . . It approximates *M. capax* Conrad, but is shorter, less ventricose, more oblique; the hinge character differs, and the pallial sinus is deeper and more angular." Conrad, 1870.

In the type specimen the shell is rather thin and very convex or vaulted. The posterior end is not blunted as in *V. capax.* The hinge area in large specimens becomes broad and bears a striking resemblance to that of *V. cuneata,* as does also the general outline of the shell. It may be only the immature form or a variety of *V. cuneata.*

Length, 90 mm.; height, 78 mm.; diameter, 27 mm.

Occurrence.—CHOPTANK FORMATION. Governor Run, 2 miles south of Governor Run, Flag Pond, Jones Wharf, Pawpaw Point, Peach Blossom Creek, Dover Bridge, " Eastern Shore " (Cope). CALVERT FORMATION. Plum Point (Dall).

Collections.—Maryland Geological Survey, Johns Hopkins University, Academy of Natural Sciences of Philadelphia (type).

VENUS CAMPECHIENSIS VAR. TETRICA (Conrad).

Plate LXXX, Fig. 2, Plate LXXXI, Fig. 2.

Venus tetrica Conrad, 1838, Fossils of the Medial Tertiary, p. 7, pl. iv, fig. 1.
Mercenaria tetrica Conrad, 1863, Proc. Acad. Nat. Sci. Phila., vol. xiv, p. 574.
Mercenaria tetrica Meek, 1864, Miocene Check List, Smith. Misc. Coll. (183), p. 9.
Venus campechiensis Dall, 1903, Trans. Wagner Free Inst. Sci., vol. iii, pt. vi, pp.
    1315, 1317, 1318 (in part).

Description.—" Shell triangular, cordate, ventricose, moderately thick, with crowded concentric very prominent laminæ; posterior side subcuneiform, extremity angulated; summits very prominent; lunule defined by a deeply impressed line.

" This shell has nearly the outline of *V. mercenaria,* but may be distinguished by its very prominent laminæ of nearly equal elevation on every portion of the disk." Conrad, 1838.

Length, 122 mm.; height, 100 mm.; diameter, 27 mm.

Occurrence.—ST. MARY'S FORMATION. St. Mary's River.

Collections.—Maryland Geological Survey, Johns Hopkins University.

VENUS CAMPECHIENSIS VAR. MORTONI (Conrad).

Plate LXXVII, Figs. 1, 2.

Venus Mortoni Conrad, 1837, Jour. Acad. Nat. Sci. Phila., vol. vii, 1st ser., p. 251.
Venus Mortoni Conrad, 1838, Fossils of the Medial Tertiary, p. 8, pl. v, fig. 1.
Venus submortoni d'Orbigny, 1852, Prod. Pal. Strat., vol. iii, p. 108.
Mercenaria Mortoni Holmes, 1858, Post-Pleiocene Fossils of South Carolina, p. 34,
    pl. vi, fig. 12.
Mercenaria submortoni Conrad, 1863, Proc. Acad. Nat. Sci. Phila., vol. xiv, p. 574.
Mercenaria submortoni Meek, 1864, Miocene Check List, Smith. Misc. Coll. (183), p. 9.
Venus campechiensis Dall, 1903, Trans. Wagner Free Inst. Sci., vol. iii, pt. vi, pp.
    1315, 1317, 1318 (in part).

Description.—" Shell cordate, inflated, thick and ponderous, with prominent recurved concentric laminæ, more elevated on the anterior and posterior margins; ligament margin arcuate; umbones prominent; lunule large, cordate, defined by a deep groove; posterior extremity slightly emarginate; cavity of the cartilage profound; teeth large, prominent, grooved; muscular impressions very large; inner margin regularly crenulated." Conrad, 1837.

The shape and width of the hinge area and the elevation of the beak and general shape of the shell are much like *var. cuneata* of the older deposits at Jones Wharf.

Length, 88 mm.; height, 78 mm.; diameter, 27 mm.

Occurrence.—ST. MARY'S FORMATION.   St. Mary's River, Cove Point.

Collections.—Maryland Geological Survey, Johns Hopkins University.

VENUS CAMPECHIENSIS VAR. CUNEATA (Conrad).
Plate LXXXII, Fig. 3, Plate LXXXIII, Fig. 2.

Mercenaria cuneata Conrad, 1867, Proc. Acad. Nat. Sci. Phila., vol. xix, p. 139
(name only).

Mercenaria cuneata Conrad, 1868, Amer. Jour. Conch., vol. iv, p. 278, pl. xx, fig. 1.

Venus campechiensis Dall, 1903, Trans. Wagner Free Inst. Sci., vol. iii, pt. vi, pp.
1315, 1317, 1318 (in part).

Description.—" Subtriangular, ventricose medially, slightly flattened
or contracted above the umbo; outline of the disk nearly straight below
the middle; surface with coarse concentric lines; posterior side cuneiform,
lower half of posterior margin nearly rectilinear, extremity subacute;
inner margin minutely crenulated.

" This species may be distinguished from *M. mercenaria* in being less
oblique, proportionally shorter and more acute at the posterior extremity,
and in having a more elongated anterior cardinal tooth."   Conrad, 1868.

This species is readily distinguished by its short, massive and broad
hinge area, its great proportionate height, its massiveness, and its nearly
symmetrical triangular outline.   The dorsal and posterior slopes meet in
an abrupt curve.

Length, 112 mm.; height, 102 mm.; diameter, 37 mm.

Occurrence.—ST. MARY'S FORMATION.   Cove Point, St. Mary's River.
CHOPTANK FORMATION.   Governor Run, 2 miles south of Governor Run,
Flag Pond, Jones Wharf, Pawpaw Point, Peach Blossom Creek, Dover
Bridge, Greensboro, Cordova.   CALVERT FORMATION (?).   Charles
county (*fide* Cope).

Collections.—Maryland Geological Survey, Johns Hopkins University.

VENUS CAMPECHIENSIS VAR. CAPAX (Conrad).
Plate LXXX, Fig. 1, Plate LXXXI, Fig. 1.

Venus capax Conrad, 1843, Proc. Acad. Nat. Sci. Phila., vol. i, p. 324.

Venus capax Conrad, 1845, Fossils of the Medial Tertiary, p. 68, pl. xxxviii, fig. 4.

Mercenaria capax Conrad, 1863, Proc. Acad. Nat. Sci. Phila., vol. xiv, p. 574.

Mercenaria capax Meek, 1864, Miocene Check List, Smith. Misc. Coll. (183), p. 9.

Venus campechiensis Dall, 1903, loc. cit. supra.

Description.—" Cordate, suborbicular, ventricose, with concentric
lamelliform prominent lines; posterior margin curved, extremity trun-

cated, direct, and remote from the line of the base; basal margin profoundly curved; lunule dilated, cordate, defined by a groove, and not distinctly impressed; inner margin finely crenulated.

" This shell is of a more rotund, tumid form than any of the species allied to *V. mercenaria,* and much more capacious; the lunule is shorter and wider." Conrad, 1843.

The markedly anterior position of the beak, the compact, rounded outline and the prominent, square truncation of the posterior extremity serve to distinguish this from òther forms.

This variety is probably the ancestor of *var. mortoni* of the St. Mary's formation as it is practically indistinguishable from the young of that form.

Length, 62 mm.; height, 43 mm.; diameter, 18 mm.

Occurrence.—CHOPTANK FORMATION. Governor Run, 2 miles south of Governor Run, Flag Pond, Jones Wharf, Turner, Pawpaw Point, Peach Blossom Creek, Cordova, Greensboro, Dover Bridge.

Collections.—Maryland Geological Survey, Johns Hopkins University.

Genus CHIONE Megerle von Mühlfeld.

CHIONE LATILIRATA (Conrad).

Plate LXXVII, Figs. 3, 4, 5, 6.

Venus latilirata Conrad, 1841, Proc. Acad. Nat. Sci. Phila., vol. i, p. 28
Not *Venus latilirata* Tuomey and Holmes, 1856.
Venus latilirata Conrad, 1845, Fossils of the Medial Tertiary, p. 68, pl. xxxviii, fig. 3.
Circumphalus latiliratus Conrad, 1863, Proc. Acad. Nat. Sci. Phila., vol. xiv, p. 575.
Chione (Lirophora) latilirata Meek, 1864, Miocene Check List, Smith. Misc. Coll. (183), p. 9.
Chione (Lirophora) latilirata Dall, 1903, Trans. Wagner Free Inst. Sci., vol. iii, pt. vi, p. 1298, pl. xlii, fig. 3.

Description.—" Trigonal, convex depressed, ribs concentric, about 5 or 6 in number, flattened, reflected, irregular, one of them generally very wide; ribs irregularly sulcated on the posterior slope; inner margin finely crenulated. Smaller than *V. alveata,* and with broader, less prominent ribs, which do not diminish in size on the posterior margin." Conrad, 1841.

Often the reflected portion is broadly adherent or well plastered to the valve, and has a comparatively small groove beneath the reflected edge; ribs quite irregular in size and variable in number, usually about five.

Length, 23 mm.; height, 18 mm.; diameter, 6.5 mm.

Occurrence.—CHOPTANK FORMATION. Greensboro. CALVERT FORMATION. Fairhaven, Chesapeake Beach, 3 miles south of Chesapeake Beach, Plum Point, Lyon's Creek, Reed's, Jewell.

Collections.—Maryland Geological Survey, Johns Hopkins University.

CHIONE PARKERIA n. sp.

Plate LXXVI, Figs. 9, 10, 11.

Description.—Shell triangular, depressed, posteriorly somewhat cuneiform, anteriorly rounded; beaks projecting, acute, approximate; lunule distinct, cordate; base posteriorly emarginate; dorsal surface with about five to eight concentric ribs so perfectly flattened and closely appressed to the valve and each other as to become almost obsolete and be marked only by faint undulations and fine concentric impressed or laminated lines; ribs crossed from beak to base by numerous distinct, regular, radiating lines; cardinal teeth three in each valve; laterals none; muscle impressions deep; pallial sinus a slight notch; margin minutely crenulated. This species seems to be closely related to *C. ulocyma* Dall.

Length, 29 mm.; height, 23 mm.; diameter, 8 mm.

Occurrence.—CALVERT FORMATION. Parker Creek, 2 miles south of Parker Creek.

Collections.—Maryland Geological Survey, Johns Hopkins University.

CHIONE ALVEATA (Conrad).

Plate LXXVI, Figs. 1, 2, 3.

Venus alveata Conrad, 1831, Jour. Acad. Nat. Sci. Phila., vol. vi, 1st ser., p. 264, pl. xi, figs. 14, 15.

Venus alveata Conrad, 1838, Fossils of the Medial Tertiary, p. 9, pl. v, fig. 2.

Circumphalus alveatus Conrad, 1863, Proc. Acad. Nat. Sci. Phila., vol. xiv, p. 575.

Chione (Lirophora) alveatus Meek, 1864, Miocene Check List, Smith. Misc. Coll. (183), p. 9.

Chione (Lirophora) alveata Dall, 1903, Trans. Wagner Free Inst. Sci., vol. iii, pt. vi, p. 1298.

Description.—" Shell subtriangular, thick, with about six, much elevated, very thick and profoundly reflected concentric ribs, remote, and becoming smaller towards the posterior end; margin crenulated." Conrad, 1831.

Ribs well spaced, almost uniformly thin, but not uniformly recurved; deeply grooved beneath the recurved portion; beak profoundly curved anteriorly; muscle impressions small, subequal; pallial sinus a mere notch; marginal crenulation minute.

Length, 29 mm.; height, 26 mm.; diameter, 10 mm.

Occurrence.—St. Mary's Formation. St. Mary's River.

Collections.—Maryland Geological Survey, Johns Hopkins University.

Subfamily MERETRICINÆ.

Genus MACROCALLISTA Meek.

Macrocallista marylandica (Conrad).

Plate LXXIV, Figs. 1, 2.

Cytherea Marylandica Conrad, 1833, Amer. Jour. Sci., vol. xxiii, p. 343.
Cytherea Marylandica Conrad, 1838, Fossils of the Medial Tertiary, p. 15, pl. ix, fig. 1.
Dione Marylandica Conrad, 1863, Proc. Acad. Nat. Sci. Phila., vol. xiv, p. 575.
Dione marylandica Meek, 1864, Miocene Check List, Smith. Misc. Coll. (183), p. 9.
Dione Marylandica Whitfield, 1894, Mon. xxiv, U. S. Geol. Survey, p. 74, pl. xiii, fig. 1.
Macrocallista albaria Dall, 1903, Trans. Wagner Free Inst. Sci., vol. iii, pt. vi, p. 1253 (in part?).
Macrocallista (Chionella) marylandica Dall, 1903, Trans. Wagner Free Inst. Sci., vol. iii, pt. vi, p. 1255.

Description.—" Shell obtusely ovate, smooth, thick; umbo obtusely rounded posteriorly; lunule ovate-acute and slightly impressed; hinge with the anterior tooth very robust." Conrad, 1833.

Shell thick, ponderous, moderately inflated; surface polished, crossed by faint concentric undulations; anterior extremity gently rounded, posterior extremity acutely rounded; hinge area ponderous; anterior muscle impression profound; pallial margin distinct; pallial sinus not profound.

The young of this species is much thinner, flatter and longer in proportion to the height than the adult forms, having in fact the shape of *M. albaria,* and in Maryland at least has often been called *M. albaria.* Whether *M. albaria* from Virginia be really merely the young of *M. marylandica* or not I have no means of telling. I know of no authentic specimens of *M. albaria* from Maryland.

Length, 112 mm.; height, 90 mm.; diameter, 34 mm.

Occurrence.—ST. MARY'S FORMATION (?). Cove Point (?). CHOPTANK FORMATION. Governor Run, 2 miles south of Governor Run, Flag Pond, Jones Wharf, Turner, Cuckold Creek, St. Leonard Creek, *D*over Bridge, Peach Blossom Creek, Greensboro. CALVERT FORMATION. Chesapeake Beach, 3 miles south of Chesapeake Beach, Plum Point, Church Hill.

Collections.—Maryland Geological Survey, Johns Hopkins University.

Genus CALLOCARDIA A. Adams.

Subgenus AGRIOPOMA Dall.

CALLOCARDIA (AGRIOPOMA) SUBNASUTA (Conrad).

Plate LXXV, Figs. 1, 2, 3.

Cytherea subnasuta Conrad, 1841, Proc. Acad. Nat. Sci. Phila., vol. i, p. 28.

Cytherea subnasuta Conrad, 1842, Jour. Acad. Nat. Sci. Phila., vol. viii, 1st ser., p. 183.

Cytherea subnasuta Conrad, 1845, Fossils of the Medial Tertiary, p. 72, pl. xli, fig. 3.

Venus subnasuta d'Orbigny, 1852, Prod. Pal. Strat., vol. iii, p. 108, No. 2024.

Venus subnasuta Tuomey and Holmes, 1856, Pleiocene Fossils of South Carolina, p. 80, pl. xxi, fig. 3.

Dione subnasuta Conrad, 1863, Proc. Acad. Nat. Sci. Phila, vol. xiv, p. 575.

Dione subnasuta Meek, 1864, Miocene Check List, Smith. Misc. Coll. (183), p. 10.

Callocardia (Agriopoma) subnasuta Dall, 1903, Trans. Wagner Free Inst. Sci., vol. iii, pt. vi, p. 1264.

Description.—" Trigonal, thin, ventricose; anterior side narrowed, slightly produced and subangulated at the extremity; surface with rather prominent concentric wrinkles; posterior margin obliquely arched; beaks distant from anterior extremity, and not nearly central; length 1$\frac{1}{8}$ inch. Allied to *C. Sayana,* but is proportionally longer, less ventricose, narrowed, and more produced anteriorly." Conrad, 1841.

See also remarks under *C. sayana* for additional distinctions between the two species.

Length, 30 mm.; height, 24 mm.; diameter, 8.5 mm.

Occurrence.—ST. MARY'S FORMATION. Cove Point, Langley's Bluff, St. Mary's River. CHOPTANK FORMATION. Jones Wharf, *D*over Bridge, CALVERT FORMATION. 3 miles south of Chesapeake Beach, Plum Point.

Collections.—Maryland Geological Survey, Johns Hopkins University.

CALLOCARDIA (AGRIOPOMA) PRUNENSIS n. sp.

Plate LXXV, Figs. 4, 5, 6.

Description.—Shell small, oval, convex or vaulted; beak elevated, projecting; anterior side nearly straight; anterior end regularly rounded; posterior side gently convex; posterior end somewhat more acutely rounded than the anterior end; base regularly arched; teeth normal; cardinal area rather broad; ligament impressions and pallial sinus distinct; exterior polished, with a few shallow, concentric growth striæ here and there.

It differs from *C. elevata* H. C. Lea in its shape, in being polished and in lacking the gentle, irregular undulations or slight ridges characteristic of the *elevata*.

Occurrence.— CALVERT FORMATION. Plum Point.

Collection.—Maryland Geological Survey.

CALLOCARDIA (AGRIOPOMA) SAYANA (Conrad).

Plate LXXIII, Figs. 13a, 14.

Cytherea convexa Say, 1824, Jour. Acad. Nat. Sci. Phila., vol. IV, 1st ser., p. 149, pl. xii, fig. 3 ; not of Brogniart, 1811.
Cytherea Sayana Conrad, 1833, Amer. Jour. Sci., vol. xxiii, p. 345.
Cytherea Sayana Conrad, 1838, Fossils of the Medial Tertiary, p. 13, pl. vii, fig. 3.
Cytherea convexa Gould, 1841, Invert. Mass., p. 84, fig. 49.
Venus Sayana d'Orbigny, 1852, Prod. Pal. Strat., vol. iii, p. 108, No. 2011.
Venus Sayana Tuomey and Holmes, 1856, Pleiocene Fossils of South Carolina, p. 83, pl. xxi, fig. 9.
Cytherea Sayana Emmons, 1858, Rept. N. Car. Geol. Survey, p. 294, fig. 221.
Dione Sayana Conrad, 1863, Proc. Acad. Nat. Sci. Phila., vol. xiv, p. 575.
Dione Sayana Meek, 1864, Miocene Check List, Smith. Misc. Coll. (183), p. 10.
Cytherea convexa Gould (Binney's), 1870, Invert. Mass., p. 131, fig. 444.
Dione Sayana Whitfield, 1894, Mon. xxiv, U. S. Geol. Survey, p. 75, pl. xii, fig. 1.
Callocardia (Agriopoma) sayana Dall, 1903, Trans. Wagner Free Inst. Sci., vol. iii, pt. vi, p. 1261, pl. lvi, fig. 16.

Description.—"*Shell* subcordate; elevated convex, concentrically wrinkled, inequilateral; posterior tooth and fosset not striated; edge not crenated; umbo rather prominent; lunule dilated, cordate, marked by a simple line." Say, 1824.

As compared with *C. subnasuta,* the only species with which it is apt to be confused, the *sayana,* has a thicker shell, is more highly convex, has a

more projecting and more acute beak, is somewhat more acutely triangular in outline and within has a much more massive cardinal area
and larger teeth.

Length, 40 mm.; height, 34 mm.; diameter, 12 mm.

Occurrence.—ST. MARY'S FORMATION.   Cove Point, St. Mary's River.
CHOPTANK FORMATION.   Jones Wharf, Peach Blossom Creek.

Collection.—Maryland Geological Survey.

Genus CYTHEREA Bolton.

Subgenus ANTIGONA Schumacher.

CYTHEREA (ANTIGONA) STAMINEA Conrad.

Plate LXXVI, Figs. 6, 7, 8.

Cytherea staminea Conrad, 1838, Fossils of the Medial Tertiary, p. 46 (name only).
Cytherea staminea Conrad, 1839, Fossils of the Medial Tertiary, cover of No. 1, p. 3,
   pl. xxi, fig. 1.
Dione staminea Conrad, 1863, Proc. Acad. Nat. Sci. Phila., vol. xiv, p. 575.
Dione staminea Meek, 1864, Miocene Check List, Smith. Misc. Coll. (183), p. 10.
Artena staminea Conrad, 1871, Amer. Jour. Conch., vol. vi, p. 76.
Venus (Artena) staminea Whitfield, 1894, Mon. xxiv, U. S. Geol. Survey, p. 72, pl.
   xiii, figs. 3–10.
Cytherea (Artena) staminea Dall, 1903, Trans. Wagner Free Inst. Sci., vol. iii, pt. vi,
   p. 1279.

Description.—" Shell subtriangular, thick, with about ten very prominent acute slightly reflected concentric ribs, with an intermediate carina,
and crowded minute lamellar striæ; anterior tooth very small; margin
crenulated.   Length 1 inch."   Conrad, 1839.

Form compact, rounded, triangular; valves convex; beak not prominent; ribs perpendicular to the surface and at times as many as sixteen;
posterior edge of dorsal slope often marked by a slight ridge causing a
slight posterior basal emargination; cardinal teeth three in each valve;
anterior lateral tooth in left valve very small and rounded and fitting into
a correspondingly small socket in right valve; muscular impressions subequal; pallial sinus a mere notch.

Length, 27 mm.; height, 22 mm.; diameter, 8.5 mm.

Occurrence.—CALVERT FORMATION.   Chesapeake Beach, 3 miles south
of Chesapeake Beach, Plum Point, Lyon's Creek, Reed's, Church Hill.

Collection.—Maryland Geological Survey.

Subfamily DOSINIINÆ.

Genus DOSINIA Scopoli.

DOSINIA ACETABULUM Conrad.

Plate LXXXIII, Fig. 1, Plate LXXXIV, Fig. 1.

Artemis acetabulum Conrad, 1832, Fossil Shells of the Tertiary, p. 20, pl. vi, fig. 1.

Artemis acetabulum Conrad, 1838, Fossils of the Medial Tertiary, p. 29, pl. xvi, fig. 1.

Dosinia acetabulum Conrad, 1863, Proc. Acad. Nat. Sci. Phila, vol. xiv, p. 575.

Dosinia acetabulum Meek, 1864, Miocene Check List, Smith. Misc. Coll. (183), p. 10.

Dosinia acetabulum Whitfield, 1894, Mon. xxiv, U. S. Geol. Survey, p. 73, pl. xiii, fig. 2.

Dosinia (Dosinidia) acetabulum Dall, 1903, Trans. Wagner Free Inst. Sci., vol. iii, pt. vi, p. 1230.

Description.—" Lentiform, with numerous concentric striæ, which are rather sharp and elevated on the anterior and posterior sides; cardinal fosset large, oblong, profound; with age, almost obliterating the posterior tooth; right valve with three teeth, the posterior one long and sulcated longitudinally; two anterior teeth approximate; left valve with four teeth, three of them distant; the anterior tooth somewhat pyramidal and entering a groove formed by two slight elevations in the opposite valve." Conrad, 1832.

Length, 76 mm.; height, 77 mm.; diameter, 22 mm.

Occurrence.—ST. MARY'S FORMATION. Cove Point, Langley's Bluff, St. Mary's River. CHOPTANK FORMATION. Governor Run, 2 miles south of Governor Run, Flag Pond, Jones Wharf, Turner, Pawpaw Point, St. Leonard Creek, Sand Hill, Cordova, Greensboro, Trappe Landing, Peach Blossom Creek, Dover Bridge. CALVERT FORMATION. 3 miles south of Chesapeake Beach, Plum Point, White's Landing, Lyon's Creek, Reed's.

Collections.—Maryland Geological Survey, Johns Hopkins University.

Genus CLEMENTIA Gray.

CLEMENTIA INOCERIFORMIS (Wagner).

Plate LXXXII, Figs. 1, 2.

Venus inoceriformis Wagner, 1839, Jour. Acad. Nat. Sci. Phila., vol. viii, 1st ser., p. 51, pl. i, fig. 1.

Venus inoceriformis Conrad, 1845, Fossils of the Medial Tertiary, p. 70, pl. xl, fig. 1.

Clementia inoceriformis Conrad, 1863, Proc. Acad. Nat. Sci. Phila., vol. xiv, p. 575.

Clementia inoceriformis Meek, 1864, Miocene Check List, Smith. Misc. Coll. (183), p. 10.

Description.—" Shell oblique, suborbicular, thin and fragile, ventricose; disks with unequal, concentric undulations, forming prominent angulated carinæ; concentric striæ numerous, prominent; beaks prominent; no distinct lunule; cardinal teeth lamellar." Wagner, 1839.

Posterior hinge area marked by an angular ridge, posteriorly cuneiform and overlapping a deep, narrow groove and a shallow furrow running backward from the beak; concentric undulations prominent in interior of young thin shells; but obsolescent or obsolete in older thickened shells; pallial sinus large, profound and acutely terminated.

Length, 61 mm.; height, 64 mm.; diameter, 19 mm.

Occurrence.—St. Mary's Formation. Cove Point, St. Mary's River (*fide* Wagner). Choptank Formation. Governor Run, Sand Hill. Calvert Formation. Hollin Cliff, Wye Mills, Plum Point (Dall).

Collections.—Maryland Geological Survey, Cornell University.

Superfamily ISOCARDIACEA.

Family ISOCARDIIDÆ.

Genus ISOCARDIA Lamarck.

Isocardia markoëi Conrad.

Plate LXXXIV, Figs. 2, 3.

Isocardia Markoëi Conrad, 1842, Proc. Nat. Inst., Bull. ii, p. 193, pl. ii, fig. 1 (right hand figures only and diagnosis in part).
Isocardia Markoei Conrad, 1845, Fossils of the Medial Tertiary, p. 70, pl. xl, fig. 2 (right hand figures only and diagnosis in part).
Bucardia Markoei Conrad, 1863, Proc. Acad. Nat. Sci. Phila., vol. xiv, p. 576.
Glossus Markoei Meek, 1864, Miocene Check List, Smith. Misc. Coll. (183), p. 8.
Isocardia Markoei Dall, 1900, Trans. Wagner Free Inst. Sci., vol. iii, pt. v, p. 1067.

Description.—" Suborbicular; length and height nearly equal; inflated; umbo very prominent, and the beaks profoundly incurved; posterior margin direct, arched above, nearly straight below, and obtusely angulated at its junction with the base; base regularly, not profoundly arched; posterior slope slightly sinuous." Conrad, 1842.

Conrad has figured in each case cited above two forms that on comparison of a number of specimens show constant differences, and his description applies partly to one and partly to the other. It becomes necessary, therefore, to restrict his name, and as the remarkable elevation and pro-

found incurvature of the beaks seem to have been perhaps the most prominent characteristics in his mind—just as they produce the more striking
of the two forms—the name *I. markoëi* will here be used to designate the
species with highly elevated, narrow, prolonged, profoundly incurved
beaks, a feature well represented in the right hand drawing of each of his
figures. It is about as high as long; posterior margin quite or almost
entirely arched; dorsal slope crossed by two or three broad, deep, concentric undulations marking resting stages during growth.

Length, 48 mm.; height, 46 mm.; diameter, 27 mm.

Occurrence.—CALVERT FORMATION. Plum Point (rare).

Collection.—Maryland Geological Survey.

ISOCARDIA MAZLEA n. sp.

Plate LXXXIV, Figs. 4, 5.

Isocardia Markoëi Conrad, 1842, Proc. Nat. Inst., Bull. ii, p. 193, pl. ii, fig. 1 (left
hand drawing only and diagnosis in part).

Isocardia Markoei Conrad, 1845, Fossils of the Medial Tertiary, p. 70, pl. xl, fig. 2
(left hand drawing only and diagnosis in part).

Description.—Shell rounded, inflated; length greater than height;
umbo elevated, broad, short, only moderately incurved, not strongly projecting; dorsal slope crossed by several shallow and at times indistinct concentric undulations; posterior margin curved above, straight below and
meeting the base at an obtuse angle to which there extends a flattened
ridge which is bordered on the posterior slope by a broad, gently depressed
or grooved area. See also remarks under *I. markoëi.*

Length, 52 mm.; height, 46 mm.; diameter, 27 mm.

Occurrence.—CALVERT FORMATION. Plum Point (rare).

Collection.—Maryland Geological Survey.

ISOCARDIA FRATERNA Say.

Plate LXXXV, Figs. 3, 4.

Isocardia fraterna Say, 1824, Jour. Acad. Nat. Sci. Phila., vol. iv, 1st ser., p. 143,
pl. xi, fig. 1 a and b.

Isocardia rustica Conrad, 1838, Fossils of the Medial Tertiary, p. 20, pl. xi, fig. 1.

Isocardia Conradi d'Orbigny, 1852, Prod. Pal. Strat., vol. iii, p. 121.

Glossus rusticus Conrad, 1854, Proc. Acad. Nat. Sci. Phila., vol. vii, p. 29.

Bucardia fraterna Conrad, 1863, Proc. Acad. Nat. Sci. Phila., vol. xiv, p. 576.

Glossus fraterna Meek, 1864, Miocene Check List, Smith. Misc. Coll. (183), p. 8.

Isocardia fraterna Dall, 1900, Trans. Wagner Free Inst. Sci., vol. iii, pt. v, p. 1066.

Description.—" Cordate-globose, slightly oblique, with rather large concentric wrinkles, and lines of growth; an elevated undulation on the anterior submargin, marking the greatest length of the shell; *umbones* not very prominent, apex rather suddenly incurved, acute; impressed space behind the beaks, dilated and rather profound; anterior tooth striated externally, and placed on the middle of the anterior margin." Say, 1824.

Say had the anterior and posterior ends transposed so that for each reference to direction in the above description the opposite direction is to be understood. From the drawing and description, Say's large specimen was very probably a Virginia form. Specimens from Maryland are smaller and less rounded and have a more pronounced ridge and a basal angle where the dorsal and posterior slopes and margins meet. These differences seem constant but are not deemed of sufficient importance to justify separating the Maryland forms from those from Virginia.

Length, 73 mm.; height, 59 mm.; diameter, 29 mm.

Occurrence.—St. Mary's Formation. Cove Point (?), St. Mary's River. Choptank Formation. Governor Run, 2 miles south of Governor Run, Flag Pond, Jones Wharf, Pawpaw Point. Calvert Formation. Plum Point.

Collections.—Maryland Geological Survey, Johns Hopkins University.

Isocardia ignolea n. sp.

Plate LXXXV, Figs. 1, 2.

Description.—Shell oval, moderately elevated anteriorly, gently depressed posteriorly; beak depressed, moderately incurved; surface of shell with numerous gentle, somewhat irregular, close-set, concentric undulations most prominent on the marginal two-thirds of the surface; meeting of posterior and umbonal slopes marked by a ridge, of posterior and basal margins by an angle; posterior margin bluntly rounded; a cardinal and a posterior lateral tooth in left valve, two cardinals in right valve; ligament area curved, ridged, and grooved; interior smooth; muscle impressions and pallial margin distinct.

It is unfortunate that the locality from which this species comes is in some doubt. The only specimens—the two valves of the same individual—were found in a case of University material from Cove Point, but the color of the weathering, state of preservation, and incrusting material seem more characteristic of Plum Point than of Cove Point, so that while I am inclined to believe them to be from the latter place, the matter must be left undecided until further search shall perhaps reveal other specimens at one locality or the other.

Length, 67 mm.; height, 47 mm.; diameter, 26 mm.

Occurrence.—ST. MARY'S FORMATION. Cove Point (see above).

Collection.—Johns Hopkins University.

Superfamily CARDIACEA.

Family CARDIIDÆ.

Genus CARDIUM Linné.

Subgenus CERASTODERMA Mörch.

CARDIUM (CERASTODERMA) LAQUEATUM Conrad.

Plate LXXXVI, Fig. 1.

Cardium laqueatum Conrad, 1831, Jour. Acad. Nat. Sci. Phila., vol. vi, 1st ser., p. 258.

Cardium laqueatum Conrad, 1838, Fossils of the Medial Tertiary, p. 31, pl. xvii, fig. 1.

Cardium ingens Wagner, 1839, Dall, 1898, Trans. Wagner Free Inst. Sci., vol. v, p. 10, pl. iii, fig. 2.

Cardium (Cerastoderma) laqueatum Conrad, 1863, Proc. Acad. Nat. Sci. Phila., vol. xiv, p. 576.

Cardium (Cerastoderma) laqueatum Meek, 1864, Miocene Check List, Smith. Misc. Coll. (183), p. 9.

Cardium (Cerastoderma) laqueatum Dall, 1900, Trans. Wagner Free Inst. Sci., vol. iii, pt. v, p. 1092.

Description.—" Shell cordate, ventricose, thin, with about 33 subtriangular, transversely wrinkled ribs; umbones prominent; lunule not profoundly impressed and somewhat lanceolate; cardinal tooth subulate." Conrad, 1831.

The ribs vary in number from thirty-three to thirty-six. The number given in description published in 1838 (forty-three) is doubtless an error in copying. Cardinal tooth prominent, lateral teeth distinct; anterior and posterior muscle impressions and pallial line distinct; margin strongly dentate in harmony with the ribbing; shell almost always broken and so perfect specimens are rare.

Length, 116 mm.; height, 97 mm.; diameter, 38 mm.

Occurrence.—St. Mary's Formation. Cove Point, Langley's Bluff, St. Mary's River. Choptank Formation. Governor Run, 2 miles south of Governor Run, Flag Pond, Jones Wharf, Turner, Pawpaw Point, Cuckold Creek, St. Leonard Creek, Dover Bridge, Greensboro, Sand Hill.

Collections.—Maryland Geological Survey, Johns Hopkins University.

Cardium (Cerastoderma) leptopleurum Conrad.

Plate LXXXVI, Fig. 2.

Cardium leptopleura Conrad, 1841, Proc. Acad. Nat. Sci. Phila., vol. i, p. 29.

Cardium leptopleura Conrad, 1842, Jour. Acad. Nat. Sci. Phila., vol. viii, 1st ser., p. 184.

Cardium leptopleura Conrad, 1845, Fossils of the Medial Tertiary, p. 66, pl. xxxvii, fig. 5.

Cardium (Cerastoderma) leptopleura Conrad, 1863, Proc. Acad. Nat. Sci. Phila., vol. xiv, p. 576.

Cardium (Cerastoderma) leptopleura Meek, 1864, Miocene Check List, Smith. Misc. Coll. (183), p. 9.

Cardium (Cerastoderma) leptopleura Dall, 1900, Trans. Wagner Free Inst. Sci., vol. iii, pt. v, 1095.

Description.—" Subtrigonal, ventricose; ribs about 31, prominent, distant, angular, carinated; umbo prominent, oblique; lateral teeth very prominent; inner margin widely and deeply crenate." Conrad, 1841.

Ribs vary in number from twenty-eight to thirty-one; in transverse section, profile of each rib rounded and as broad across the base as tall, becoming in older specimens even broader and more flatly rounded or even flat; distance from beak to base rather short as compared with length of shell; hinge line proportionally long.

Length, 48 mm.; height, 47 mm.; diameter, 17 mm.

Occurrence.—Calvert Formation. Plum Point, near Jewell (rare).

Collections.—Maryland Geological Survey, U. S. National Museum.

Cardium (Cerastoderma) craticuloide Conrad.

Plate LXXXVI, Fig. 3.

Cardium craticuloides Conrad, 1845, Fossils of the Medial Tertiary, p. 66, pl. xxxvii, fig. 3.

Cardium (Cerastoderma) craticuloides Conrad, 1863, Proc. Acad. Nat. Sci. Phila., vol. xiv, p. 576.

Cardium (Cerastoderma) craticuloides Meek, 1864, Miocene Check List, Smith. Misc. Coll. (183), p. 8.

Cardium (Cerastoderma) craticuloides Whitfield, 1894, Mon. xxiv, U. S. Geol. Survey, p. 66, pl. x, figs. 16-19.

Description.—" Suborbicular, ventricose; ribs about 29, very much compressed, profoundly elevated, the summits reflected on both sides, consequently the ribs are as wide on the back as at base; summit of the umbo very prominent.

" Remarkable for the compressed form and great elevation of the ribs which are most remote on the anterior side; ribs not very regular, but somewhat sinuous." Conrad, 1845.

Ribs sometimes as many as thirty-two, in transverse section angular, very narrow, highly elevated, and wider on top than just beneath; distance from beak to base proportionally greater as compared with length than in *C. leptopleurum;* hinge line proportionally short; shell thin, easily broken; beaks approximate.

Length, 52 mm.; height, 62 mm.; diameter, 18 mm.

Occurrence.—CALVERT FORMATION. 3 miles south of Chesapeake Beach, Plum Point (rare).

Collection.—Maryland Geological Survey.

CARDIUM (CERASTODERMA) CALVERTENSIUM n. sp.

Plate LXXXVI, Fig. 4.

Description.—Shell elevated, rounded; beak prominent; ribs seventeen to twenty-two, rounded, rather distant, the interspaces as broad as, or broader than, the ribs; on anterior and posterior dorsal submargin ribs small to almost obsolete; entire interior of shell strongly grooved in harmony with the ribbing; cardinal and lateral teeth small, not prominent.

It may be readily distinguished from other species by its much fewer ribs, rounded form, strong internal grooving and small teeth. It is abundant as casts in the basal clays, but is very rare in the later deposits of the Miocene.

Length of shell broken along growth line, 37 mm.; height, 38 mm.; diameter, 14 mm.

Occurrence.—CALVERT FORMATION. Fairhaven, Plum Point, Governor Run (at base of cliff), White's Landing.

Collection.—Maryland Geological Survey.

21

CARDIUM (CERASTODERMA) PATUXENTIUM n. sp.

Plate LXXXVI, Fig. 5.

Description.—Shell large, moderately thick, elevated; beak elevated, prominent; ribs fine, rounded to flattened, close set and separated by a narrow groove, normally fifty-two or somewhat more—one specimen with but forty-five; cardinal tooth strong, elevated; lateral teeth prominent; interior smooth; interior margin not known.

This species may be easily distinguished by its large number of ribs.

Approximate measurements· are: length, 55 mm.; height, 50 mm.; diameter, 20 mm.

Occurrence.—CALVERT FORMATION. Truman's Wharf, White's Landing (as well-preserved casts of the exterior in the siliceous beds), New Town, Wye Mills.

Collection.—Maryland Geological Survey.

Subgenus FRAGUM Botten.

CARDIUM (FRAGUM) MEDIUM Linné.

Plate LXXXVI, Figs. 6a, 6b.

Cardium medium Linné, 1758, Syst. Nat., ed. x, p. 678.
Cardium medium Linné, 1768, Syst. Nat., ed. xii, p. 1122.
Hemicardium columba Heilprin, 1887, Trans. Wagner Free Inst. Sci., vol. i, p. 93, pl. xi, fig. 26.
Cardium (Fragum) medium Dall, 1900, Trans. Wagner Free Inst. Sci., vol. iii, pt. v, p. 1101.

Description.—" C. testa subcordata subangulata; valvulis angulatis sulcatis lævibus." Linné, 1758.

This species is distinguished by the amount of impression of the posterior area and the elevation of the upper part of the posterior margin projecting from the central part of the depression of the closed valve. The amount of depression varies very much and the range of variation is so complete that this characteristic is difficult to rely upon.

The Pliocene form of this species was described by Professor Heilprin as *Hemicardium columba*. He had only two specimens and they happen to₊ be end members of the gradation series.

Occurrence.—ST. MARY'S FORMATION. St. Mary's River.

Collection.—U. S. National Museum.

Subgenus LÆVICARDIUM Swainson.

CARDIUM (LÆVICARDIUM) MORTONI Conrad.

Plate LXXXVI, Figs. 7a, 7b.

Cardium Mortoni Conrad, 1831, Jour. Acad. Nat. Sci. Phila., vol. vi, 1st ser., p. 259,
pl. x, figs. 5, 6, 7.
Cardium Mortoni Gould, 1841, Invert. Mass., p. 91.
Liocardium Mortoni Stimpson, 1860, Check List E. Coast Shells, p. 2.
Lævicardium Mortoni Perkins, 1869, Proc. Bost. Soc. Nat. Hist., vol. xiii, p. 150.
Liocardium Mortoni Dall, 1889, Bull. xxxvii, U. S. Nat. Mus., p. 54, pl. lviii, fig. 8.
Cardium (Lævicardium) Mortoni Dall, 1900, Trans. Wagner Free Inst. Sci., vol. iii,
pt. v, p. 1111.

Description.—" Shell subovate, oblique, slightly ventricose, thin, destitute of ribs or radiating striæ; white, covered with a pale brown epidermis
darker towards the base and wrinkled at the ends; within striated, and
of a yellow colour; margin entire or obsoletely serrated, whitish, with
generally an oblong black or dark purple spot on the posterior side.

" This shell has not the polish nor distinctly serrated margin of *C. ser-
ratum* to which it is nearly allied; the striæ are occasionally obsolete or
only slightly serrate; the margins towards the anterior end, and the
young shells are marked with angular fulvous spots, similar to the young
of *C. lævigatum* and several other shells." Conrad, 1831.

Occurrence.—CHOPTANK FORMATION. Jones Wharf (*fide* Dall).

Collection.—U. S. National Museum.

Superfamily LEPTONACEA.

Family GALEOMMATIDÆ.

Genus SOLECARDIA Conrad.

Subgenus SPANIORINUS Dall.

SOLECARDIA (SPANIORINUS) COSSMANNI Dall.

Plate LXXXVII, Figs. 1, 1a, 2, 3, 4.

Solecardia (Spaniorinus) Cossmanni Dall, 1900, Trans. Wagner Free Inst. Sci., vol.
iii, pt. v, p. 1125, pl. xlv, figs. 27, 27a.

Description.—" Shell thin, nearly equilateral, rounded at both ends,
the posterior end blunter, shorter, and higher than the anterior; surface
with rather irregular obvious incremental lines, smoother near the

beaks; base nearly straight, posterior dorsal slope arcuate, descending; anterior arcuate, beaks low, inconspicuous; right valve with the tooth narrow, slender, in a transverse vertical plane, the anterior dorsal margin expanded slightly just in front of it, the scar of the resilium strong, narrow, oblique; left valve with the tooth flattened in a horizontal plane, the anterior part longer; interior with faint, obsolete radiations; adductor scars rather large, ovate; margins entire." Dall, 1900.

Length, 8 mm.; height, 5 mm.

Occurrence.—ST. MARY'S FORMATION. Cove Point. CHOPTANK FORMATION. 2 miles south of Governor Run. CALVERT FORMATION. Plum Point.

Collection.—Maryland Geological Survey.

Family SPORTELLIDÆ.

Genus SPORTELLA Deshayes.

SPORTELLA WHITFIELDI Dall.

Plate LXXXVII, Figs. 5a, 5b.

Syndosmya ? nuculoides Whitfield, 1894, Mon. xxiv, U. S. Geol. Survey, p. 81, pl. xv, figs. 7-9; not of Conrad.

Sportella Whitfieldi Dall, 1900, Trans. Wagner Free Inst. Sci., vol. iii, pt. v, p. 1128.

Description.—"The shell is rather elongate-ovate, and moderately convex, and extremely thin and delicate in texture. The beak is small, situated rather within the anterior third of the length, behind which the shell is narrowed, the posterior end being more narrowly rounded than the anterior; basal and cardinal margins subparallel; surface with very fine concentric lines only, and with a very faintly defined, oblique, mesial sulcus. Internally there is a single, moderately strong, direct tooth beneath the beak, with a deep, wide pit in front, in the right valve, and a slight projecting lamellar tooth near its extremity. No appearance of a posterior lateral tooth can be seen. Muscular imprints very faint, and a pallial sinus shallow and obscure. It is not an Abra, as there are no lateral teeth." Whitfield, 1894.

Length, 7.9 mm.; height, 5 mm.

Occurrence.—CALVERT FORMATION. Plum Point.

Collection.—Maryland Geological Survey.

SPORTELLA PELEX Dall.

Plate LXXXVII, Fig. 6.

Sportella pelex Dall, 1900, Trans. Wagner Free Inst. Sci., vol. iii, pt. v, p. 1131, pl. xliv, fig. 10.

Description.—" Shell small, solid, compressed, inequilateral, the posterior side quite short and blunt; beaks low, surface sculptured with fine, regular incremental lines, of which a few at wide intervals are more conspicuous; basal margin nearly straight, anterior end produced, rounded, posterior bluntly rounded; left valve with a strong hinge, the anterior lamella obsolete, but the one behind it prominent and strong, socket of the resilium deep, the hinge plate above it obscurely thickened, a narrow but distinct groove for the external ligament; interior polished, the adductor scars rather high up, the disk faintly radially striated, the margin entire.

" This species has a good deal the shape of a small *Mesodesma* and is nearest to *S. yorkensis,* compared with which it is higher and more inequilateral and with a more oblique anterior dorsal slope." Dall, 1900.

Length, 7.3 mm.; height, 5.5 mm.; diameter, 2 mm. (Dall).

Occurrence.—ST. MARY'S FORMATION. St Mary's River.

Collection.—Maryland Geological Survey.

SPORTELLA PETROPOLITANA Dall.

Plate LXXXVII, Fig. 7.

Sportella petropolitana Dall, 1900, Trans. Wagner Free Inst. Sci., vol. iii, pt. v, p. 1130, pl. xlv, fig. 10.

Description.—" Shell small, oblong, subequilateral, moderately convex, the dorsal slopes evenly arched, the base nearly straight, and the ends rounded; beaks low and inconspicuous; outer surface nearly smooth or sculptured with incremental lines; hinge with the cardinal tooth single, smooth and conical, the pit small, triangular, and the ligamentary ridge obscure. Lon. 5.75, alt. 3.75, diam. 2 mm." Dall, 1900.

Occurrence.—CALVERT FORMATION. Plum Point.

Collection.—U. S. National Museum.

SPORTELLA RECESSA n. sp.

Plate LXXXVII, Figs. 8, 9, 10.

Description.—Shell blunted-ovate, not greatly inflated; inequilateral, anterior part the longer; beak slightly projecting; anterior dorsal margin nearly straight, posterior one curved; posterior end more blunted than anterior one; basal margin gently curved; pallial line faint; adductor scars very faint, anterior one elongated, posterior one more rounded; external surface with fine, irregular, concentric, incremental lines.

Length, 4.6 mm.; height, 3.7 mm.; diameter, 1.1 mm.

Occurrence.—ST. MARY'S FORMATION. Cove Point. CALVERT FORMATION. Reed's.

Collection.—Maryland Geological Survey.

SPORTELLA PATUXENTIA n. sp.

Plate LXXXVII, Fig. 11.

Description.—Shell triangular, depressed, thick, inequilateral; anterior side the longer; anterior side declining, slightly curved; anterior end acutely rounded; posterior side very short; posterior end bluntly rounded; teeth strong; muscle impressions distinct; anterior one elongated and narrow, posterior one rounded; pallial line distinct, ragged, somewhat irregular; exterior surface with irregular concentric lines or grooves.

Length, 8 mm.; height, 6 mm.; diameter, 1.75 mm.

Occurrence.—ST. MARY'S FORMATION. Cove Point.

Collection.—Maryland Geological Survey.

Genus HINDSIELLA Stoliczka.

HINDSIELLA ACUTA Dall.

Plate LXXXVII, Figs. 12a, 12b, 13.

Hindsiella acuta Dall, 1900, Trans. Wagner Free Inst. Sci., vol. iii, pt. v, p. 1138, pl. xlv, fig. 9.

Description.—" Shell small, cuneate, inflated, subequilateral, the posterior side broader and rounded, the anterior narrower, more pointed and decurved; anterior dorsal margin declining, posterior arcuate;

middle of the base conspicuously insinuate; surface sculptured with crowded, rather prominent incremental lines, feebler towards the anterior end, which shows some faint radial markings; hinge-plate narrow, left valve with a prominent subumbonal tooth and a feeble lamella a little in front of it, a strong resiliary scar, and a minute, obsolete, very distant posterior lamella; right valve with an arcuate, short, umbonal lamina, a deep pit for the opposite cardinal above it, and a short, distant, sharp groove corresponding to the posterior lamella of the opposite valve; interior of the valves polished, faintly radially striate, the adductor scars rather low down.

"This species is especially characterized by its relatively acute anterior end, which, in all the individual variations noted, is still preserved." *Dall*, 1900.

Length, 6 mm.; height, 4 mm.; diameter, 3 mm (Dall).

Occurrence.—St. Mary's Formation.   St. Mary's River.

Collection.—Maryland Geological Survey.

Family LEPTONIDÆ.

Genus ERYCINA Lamarck.

ERYCINA CALVERTENSIS n. sp.

Plate LXXXVII, Fig. 16

Description.—Shell nearly ovate, base well arched and meeting posterior margin in a curve above the line of the base; anterior side slightly produced, beak rather prominent; anterior and posterior dorsal margins declining from the beak at an obtuse angle; teeth prominent; interior with muscle impressions and pallial line distinct; exterior smooth; shell depressed, thin.

Length, 4 mm.; height, 3 mm.; diameter. 0.8 mm.

Occurrence.—Calvert Formation.   Plum Point.

Collection.—U. S. National Museum.

ERYCINA PRUNA n. sp.

Plate LXXXVII, Fig. 17.

Description.—Shell small, short, ovate, depressed; beak slightly projecting; inequilateral, anterior end the longer; anterior and posterior sides and ends forming with the base regular curves; anterior end more acutely rounded and narrower than posterior one; lateral lamellæ short, strong and standing out from the hinge area well into the interior of the shell; lateral grooves short and deep; ligament impressions high up and elongated, the posterior being the larger and broader; pallial line indistinct; outer surface with light, uneven concentric lines and here and there a deeper, stronger groove marking, perhaps, a resting stage.

Length, 4.5 mm.; height, 3.8 mm.; diameter, 0.9 mm. *

Occurrence.—CALVERT FORMATION. Plum Point.

Collection.—Maryland Geological Survey.

ERYCINA MARYLANDICA n. sp.

Plate LXXXVIII, Figs. 1, 2, 3.

Description.—Shell small, ovate, depressed, beak very low; anterior and posterior sides straight near the beak and meeting in an angle there; anterior end regularly rounded; posterior end blunted; base regularly arched; lateral lamellæ distinct, rather long; posterior adductor scar rounded and not so high up as the narrower, elongated anterior one; pallial line well away from the margin; outer surface with irregular, concentric grooves or undulations here and there stronger than elsewhere.

Length, 3.9 mm.; height, 3.1 mm.; diameter, 0.9 mm.

Occurrence.—CALVERT FORMATION. 3 miles south of Chesapeake Beach, Plum Point.

Collection.—Maryland Geological Survey.

ERYCINA RICKARDIA n. sp.

Plate LXXXVIII, Figs. 4a, 4b.

Description.—Shell ovate-quadrate, thick, depressed; beak low but projecting slightly; very inequilateral, the anterior side being much the longer; anterior side concave near the beak; anterior end bluntly rounded, its curve being continuous with the base; posterior side and end a regular curve meeting the base at an angle and on a line with the base lateral laminæ and grooves quite prominent; adductor scars distinct, the anterior one the higher up; pallial line rather broad and remote from the basal margin; outer surface ornamented with fine, regular, close set concentric grooves, the narrow ridges between being rounded.

Length, 6.25 mm.; height, 5.1 mm.; diameter, 1 mm.

Occurrence.—CALVERT FORMATION. Plum Point.

Collection.—Cornell University.

ERYCINA SPECIOSA n. sp.

Plate LXXXVIII, Fig. 5.

Description.—Shell almost elliptically rounded, save for the slight projection of the beak; anterior end slightly longer; anterior basal margin slightly prolonged before curving upward; shell flattened with a lenticular slope or surface curvature near margins; teeth very strong and prominent, projecting; exterior smooth; interior polished.

Length, 4 mm.; height, 3.2 mm.; diameter, 0.9 mm.

Occurrence.—CHOPTANK FORMATION. Governor Run. CALVERT FORMATION. Plum Point.

Collections.—Maryland Geological Survey, U. S. National Museum.

Subgenus PSEUDOPYTHINA Fischer.

ERYCINA (PSEUDOPYTHINA?) AMERICANA Dall.

Plate LXXXVII, Figs. 14, 15.

Erycina (Pseudopythina ?) americana Dall, 1900, Trans. Wagner Free Inst. Sci., vol. iii, pt. v, p. 1146, pl. xliv, figs. 21, 25.

Description.—" Shell large, moderately convex, inequilateral, rounded at both ends, the posterior side shorter; beaks low, surface sculptured only with rather conspicuous incremental lines; anterior dorsal margin nearly parallel with the base, posterior dorsal margin arcuate; hinge-margin narrow, feebly channelled, edentulous, adductor scars small, narrow, high up; pallial line wide and radially striated." Dall, 1900.

Length, 16 mm.; height, 10.5 mm.; diameter, 7 mm.

Occurrence.—CALVERT FORMATION. "Calvert Cliffs" (= Plum Point?), (Burns).

Collection.—U. S. National Museum.

Genus BORNIA Philippi.

BORNIA MACTROIDES (Conrad).

Plate LXXXVIII, Figs. 6, 7, 8.

Lepton mactroides Conrad, 1834, Jour. Acad. Nat. Sci. Phila. vol. vii, 1st ser., p. 151.
Lepton mactroides Conrad, 1838, Fossils of the Medial Tertiary, p. 19, pl. x, fig. 5.
Lepton mactroides Conrad, 1863, Proc. Acad. Nat. Sci. Phila., vol. xiv, p. 577.
Lepton mactroides Meek, 1864, Miocene Check List, Smith. Misc. Coll. (183), p. 8.
Bornia mactroides Dall, 1900, Trans. Wagner Free Inst. Sci., vol. iii, pt. v, p. 1150.

Description.—" Shell triangular, subequilateral, thin, convex, smooth and polished; beaks prominent; central; basal margin straight; posterior extremity less obtusely rounded than the anterior. Length less than half an inch." Conrad, 1834.

Length, 10 mm.; height, 7.2 mm.; diameter, 2 mm.

Occurrence.—CHOPTANK FORMATION. Governor Run, 2 miles south of Governor Run, Jones Wharf, Peach Blossom Creek, Dover Bridge.

Collections.—Maryland Geological Survey, Johns Hopkins University.

BORNIA TRIANGULA Dall.

Plate LXXXVIII, Figs. 9a, 9b.

Kellia triangula H. C. Lea, MS., in Coll. Acad. Nat. Sci. Phila.
Bornia triangula n. sp. ? Dall, 1900, Trans. Wagner Free Inst. Sci., vol. iii, pt. v, p. 1151.

Description.— Shell compact, elevated, triangular; anterior and posterior dorsal margins declining at an obtuse angle from the beak; beak distinctly prosocœlous and situated anterior to the middle of the shell; anterior and posterior margins rounded; shell inflated just beneath the beaks but mesially compressed near the basal margin; teeth distinct, shell thin, polished; faint growth lines visible.

Length, 5 mm.; height, 4.45 mm.

Occurrence.—CALVERT FORMATION. 3 miles west of Centerville.

Collection.—Maryland Geological Survey.

BORNIA MARYLANDICA n. sp.

Plate LXXXVIII, Fig. 10.

Description.—Shell triangular depressed; inflated dorsally; gently compressed mesially near basal margin; beak low, very markedly prosocœlous; anterior dorsal margin direct, declining; posterior dorsal margin strongly arched or rounded; anterior side rounded cuneate; posterior side longer, more inflated and ovate; posterior end slightly truncate; teeth prominent; muscle impressions and pallial line distinct; interior radial striæ distinct, especially near basal margin; exterior polished; basal margin direct.

Length, 8 mm.; height, 7 mm.; diameter, 1.7 mm.

Occurrence.—CHOPTANK FORMATION. Greensboro. CALVERT FORMATION. Plum Point (U. S. National Museum).

Collections.—Maryland Geological Survey, U. S. National Museum.

BORNIA DEPRESSA n. sp.

Plate LXXXVIII, Fig. 11.

Description.—Shell rounded ovate; anterior side slightly produced; anterior end somewhat more sharply rounded than posterior end; base very gently curved; beak not prominent, rising very little above profile of dorsal margin; shell thin and only moderately convex; outer surface smooth, inner surface with very distinct muscle impressions and pallial line; teeth prominent, anterior one set almost transverse to hinge line, posterior one more declining.

Length, 4.6 mm.; height, 3.2 mm.; diameter, 0.9 mm.

Occurrence.—CALVERT FORMATION. Plum Point.

Collection.—U. S. National Museum.

Genus KELLIA Turton.

KELLIA ROTUNDULA n. sp.

Plate LXXXVIII, Figs. 12, 13.

? *Kellia sp. indet.* Dall, 1900, Trans. Wagner Free Inst. Sci., vol. iii, pt. v, p. 1154.

Description.—Shell delicate, rounded, elliptical; highly inflated; beak almost medial, not prominent; posterior end slightly truncated squarely; hinge area prominent; teeth distinct, moderately stout; muscle impressions and pallial line faint; faint interior radial markings visible; exterior polished, smooth.

Length, 7 mm.; height, 6 mm.; diameter, 1.4 mm.

Occurrence.—CHOPTANK FORMATION. Governor Run, Dover Bridge (?) (Dall).

Collections.—Maryland Geological Survey, U. S. National Museum (?).

Genus THECODONTA A. Adams.

Subgenus DICRANODESMA Dall.

THECODONTA (DICRANODESMA) CALVERTENSIS n. sp.

Plate LXXXVIII, Figs. 14, 15, 16, 17, 18.

Thecodonta ? (Dicranodesma) calvertensis (Glenn) Dall, 1900, Trans. Wagner Free Inst. Sci., vol. iii, pt. v, p. 1157, pl. xlv, figs. 23, 24, listed.

Description.—Shell compact, stout, ovate-triangular, vaulted, very inequilateral; beak acute, slightly projecting and very far anterior; anterior side and end continuous, nearly straight above but meeting the base in a regular curve; posterior side slightly convex; posterior end rounded; base gently curved; muscle impressions rounded, small, nearly equal in size and situated high up; pallial line broad and ragged; exterior polished, with fine, faint, irregular, concentric growth striæ or with stronger, more remote, concentric undulations; hinge strong, broad; teeth, anterior conical, posterior flattened.

Length, 4.6 mm.; height, 3.5 mm.; diameter, 1.2 mm.

Occurrence.—CALVERT FORMATION. Plum Point.

Collection.—Maryland Geological Survey.

Genus MONTACUTA Turton.

MONTACUTA MARIANA Dall.

Plate LXXXVIII, Fig. 19.

Montacuta mariana Dall, 1900, Trans. Wagner Free Inst. Sci., vol. iii, pt. v, p. 1173, pl. xlv, fig. 18.

Description.—" Shell small, ovate, moderately convex, sculptured chiefly by incremental lines and faint concentric wrinkles; beaks conspicuous, showing the prodissoconch, but not high, nearly central, the dorsal margin sloping almost equally each way from the beaks, the ends rounded, the base evenly arcuate; hinge with a single, small, subtrigonal anterior lamina in each valve, a small, oblique submarginal sulcus in each valve behind the beaks; interior of the valves smooth, muscular impressions faint but normal." Dall, 1900.

Length, 4 mm.; height, 3.25 mm.; diameter, 1.5 mm.

Occurrence.—ST. MARY's FORMATION. St. Mary's River. CALVERT FORMATION. Plum Point.

Collections.—U. S. National Museum, Maryland Geological Survey.

Genus ALIGENA H. C. Lea.

ALIGENA ÆQUATA (Conrad).

Plate LXXXVIII, Figs. 20, 21; Plate LXXXIX, Figs. 1, 2a, 2b, 3.

Amphidesma æquata Conrad, 1843, Proc. Acad. Nat. Sci. Phila., vol. i, p. 307.

Amphidesma æquata Conrad, 1845, Fossils of the Medial Tertiary, p. 65, pl. xxxvi, fig. 5.

Aligena striata H. C. Lea, 1845, Trans. Amer. Philos. Soc., vol. ix, p. 238, pl. xxxiv, fig. 13.

Amphidesma æquata Tuomey and Holmes, 1856, Pleiocene Fossils of South Caroline, p. 95, pl. xxiii, fig. 5.

Abra æquata Conrad, 1863, Proc. Acad. Nat. Sci. Phila., vol. xiv, p. 574.

Abra æquata Meek, 1864, Miocene Check List, Smith. Misc. Coll. (183), p. 11.

Aligena æquata Dall, 1898, Trans. Wagner Free Inst. Sci., vol. iii, pt. iv, pl. xxiv, figs. 8, 8a, 8b.

Aligena æquata Dall, 1900, Trans. Wagner Free Inst. Sci., vol. iii, pt. v, p. 1175.

Description.—" Longitudinally oval, convex, with about 17 laminated concentric striæ; anterior and posterior margins nearly equally rounded; basal margin very regularly rounded; beaks slightly prominent; one cardinal tooth in the right valve, and no lateral teeth. Length less than one-third of an inch." Conrad, 1843.

The strong concentric laminæ stand nearly perpendicular to the surface, are somewhat inequidistant and between them are numerous fine, close set striæ; main and subordinate striæ at times of nearly equal strength; within smooth, pallial margin and muscle impressions often, though not always, distinct; shell fragile.

Length, 12 mm.; height, 9.8 mm.; diameter, 3.4 mm.

Occurrence.—CHOPTANK FORMATION. Governor Run, 2 miles south of Governor Run, Flag Pond, Turner, Jones Wharf, Greensboro.

Collections.—Maryland Geological Survey, Johns Hopkins University.

ALIGENA ÆQUATA VAR. NUDA Dall.

Plate LXXXIX, Fig. 4.

Aligena æquata var. nuda Dall, 1900, Trans. Wagner Free Inst. Sci., vol. iii, pt. v, p. 1175-6, (*informe*).

" Occasional specimens [of *A. æquata*] are found in which the laminæ fail to develop, forming the variety *nuda*, Dall." Dall, 1900.

Occurrence.—CALVERT FORMATION.   Plum Point.

Collection.—Maryland Geological Survey.

ALIGENA PUSTULOSA Dall.

Plate LXXXIX, Figs. 5a, 5b.

Aligena pustulosa Dall, 1898, Trans. Wagner Free Inst. Sci., vol. iii, pt. iv, p. 928, pl. xxxiii, figs. 18, 22.

Aligena pustulosa Dall, 1900, Trans. Wagner Free Inst. Sci., vol. iii, pt. v, p. 1176.

Description.—" Shell small, thin, subtrigonal, moderately inflated, subequilateral, with small, pointed, inconspicuous beaks; valves with a well-marked carina extending downward and forward to the anterior angle of the basal margin, in front of which keel the surface is slightly impressed; surface sculptured with feeble incremental lines, along which are irregularly distributed, small, pointed, pustular elevations; beaks anteriorly twisted with a minute obscure tooth below them on the cardinal margin; ligamentary sulcus long and well marked; scars and pallial line much as in *Diplodonta;* margin entire, inner surface faintly radially striated. Alt. 6, lat. 5.2, diam. 4 mm." Dall, 1900.

Occurrence.—CALVERT FORMATION.   " Calvert Cliffs " (= Plum Point?).

Collection.—U. S. National Museum.

Superfamily LUCINACEA.

Family DIPLODONTIDÆ.

Genus DIPLODONTA Brown.

DIPLODONTA ACCLINIS Conrad.

Plate LXXXIX, Figs. 6a, 6b.

Lucina acclinis Conrad, 1832, Fossil Shells of the Tertiary, p. 21, pl. vi, fig. 2.

Mysia americana Conrad, 1838, Fossils of the Medial Tertiary, p. 30, pl. xvi, fig. 2.

Diplodonta acclinis Conrad, 1858, Proc. Acad. Nat. Sci. Phila., vol. ix, p. 166.

Mysia acclinis Conrad, 1863, Proc. Acad. Nat. Sci. Phila., vol. xiv, p. 577.

Mysia acclinis Meek, 1864, Miocene Check List, Smith. Misc. Coll. (183), p. 8.

Diplodonta acclinis Dall, 1898, Trans. Wagner Free Inst. Sci., vol. iii, pt. iv, pl. xxviii, figs. 2, 13.

Diplodonta acclinis Dall, 1900, Trans. Wagner Free Inst. Sci., vol. iii, pt. v, p. 1186.

Description.—" Suborbicular, or lentiform, a little oblique, with strong lines of growth; hinge with 2 diverging teeth in each valve; posterior tooth of the right valve bifid; anterior muscular impression not profoundly elongated." Conrad, 1832.

Length, 33 mm.; height, 31 mm.; diameter, 8 mm.

Occurrence.—ST. MARY'S FORMATION. St. Mary's River. CHOPTANK FORMATION. Governor Run, 2 miles south of Governor Run, Flag Pond, Jones Wharf, Turner, Dover Bridge, Greensboro. CALVERT FORMATION. Church Hill, Reed's, Fairhaven.

Collections.—Maryland Geological Survey, Johns Hopkins University.

DIPLODONTA SHILOHENSIS Dall.

Plate LXXXIX, Figs. 7, 8.

Mysia parilis Conrad, 1866, Amer. Jour. Conch., vol. ii, p. 71, pl. iv, fig. 1.
Not *Mysia parilis* Conrad, 1860, 1865.
Mysia parilis Whitfield, 1895, Mon. xxiv, U. S. Geol. Survey, p. 61, pl. ix, figs. 9–13.
Diplodonta shilohensis Dall, 1900, Trans. Wagner Free Inst. Sci., vol. iii, pt. v,
   p. 1184.

Description.—" Equilateral, nearly circular, ventricose, thin and fragile; basal and anterior margin regularly rounded." Conrad, 1866.

Beaks not prominent, situated just slightly anterior to the middle of the valve; shell very globular; curvature of margin very nearly circular; curvature of surface almost spherical.

Length, 10 mm.; height, 9 mm.; diameter, 4 mm.

Occurrence.—CHOPTANK FORMATION. Jones Wharf, Dover Bridge.

Collections.—Maryland Geological Survey, Johns Hopkins University.

Section SPHÆRELLA Conrad.

DIPLODONTA SUBVEXA (Conrad).

Plate LXXXIX, Figs. 9, 10.

Sphœrella subvexa Conrad, 1838, Fossils of the Medial Tertiary, p. 18, pl. x, fig. 2.
Erycina subconvexa d'Orbigny, 1852, Prod. Pal. Strat., vol. iii, p. 115.
Sphœrella subvexa Conrad, 1863, Proc. Acad. Nat. Sci. Phila., vol. xiv, p. 577.
Sphœrella subvexa Meek, 1864, Miocene Check List, Smith. Misc. Coll. (183), p. 8.
Diplodonta (Sphœrella) subvexa Dall, 1900, Trans. Wagner Free Inst. Sci., vol. iii,
   pt. v, p. 1186.

Description.—" Shell globose, thin and fragile; disk with fine lines of growth; umbo very prominent, slightly oblique, nearly central; lunule undefined; margins rounded." Conrad, 1838.

Shell nearly hemispherical, length slightly greater than height; cardinal teeth small, projecting, in right valve three, in left valve two,
ligament area narrow; muscular impressions sometimes indistinct; external surface nearly smooth. Rare and very difficult to obtain entire.

Length, 34 mm.; height, 32 mm.; diameter, 14 mm.

Occurrence.—CHOPTANK FORMATION. Governor Run, Flag Pond,
Jones Wharf. CALVERT FORMATION. Plum Point.

Collections.—Maryland Geological Survey, Johns Hopkins University.

Family LUCINIDÆ.

Genus PHACOIDES Blainville.

Subgenus PSEUDOMILTHA Fischer.

PHACOIDES (PSEUDOMILTHA) FOREMANI (Conrad).

Plate XC, Figs. 1, 2.

Lucina Foremani Conrad, 1841, Proc. Acad. Nat. Sci. Phila., vol. i, p. 29.
Lucina Foremani Conrad, 1842, Jour. Acad. Nat. Sci. Phila., vol. viii, 1st ser., p. 184.
Lucina Foremani Conrad, 1845, Fossils of the Medial Tertiary, p. 71, pl. xl, fig. 4.
Lucina Foremani Conrad, 1863, Proc. Acad. Nat. Sci. Phila., vol. xiv, p. 577.
Lucina foremani Meek, 1864, Miocene Check List, Smith. Misc. Coll. (183), p. 8.
Phacoides (Pseudomiltha) Foremani Dall, 1903, Trans. Wagner Free Inst. Sci., vol.
    iii, pt. vi, p. 1378.

Description.—" *Orbicular*, ventricose, moderately thick; surface with
irregular shallow grooves, and rather distant prominent striæ, with
intermediate, fine, concentric lines; posterior margin subtruncated obliquely outwards; beaks prominent, not central; hinge edentulous.
Length, 1½ inch." Conrad, 1841.

It may be distinguished from *P. anodonta* by being smaller and much
more convex; as found in Maryland, the interior, prismatic portion of
the shell is often badly decayed, while the exterior portion is usually
well preserved; it is at times quite thick.

Length, 35.5 mm.; height, 34 mm.; diameter, 8.5 mm.

Occurrence.—CHOPTANK FORMATION. Governor Run. CALVERT FOR-
MATION. Plum Point.

Collections.—Maryland Geological Survey, Johns Hopkins University.

PHACOIDES (PSEUDOMILTHA) ANODONTA (Say).

Plate XC, Figs. 3, 4.

Lucina anodonta Say, 1824, Jour. Acad. Nat. Sci. Phila., vol. iv, p. 146, pl. x, fig. 9.
Lucina anodonta Conrad, 1840, Fossils of the Medial Tertiary, p. 39, pl. xx, fig. 4.
Lucina anodonta Tuomey and Holmes, 1856, Pleiocene Fossils of South Carolina,
    p. 55, pl. xviii, fig. 2.
Lucina Americana Conrad, 1863, Proc. Acad. Nat. Sci. Phila., vol. xiv, p. 577.
Lucina Americana Meek, 1864, Miocene Check List, Smith. Misc. Coll. (183), p. 8.
Phacoides (Pseudomiltha) anodonta Dall, 1903, Trans. Wagner Free Inst. Sci., vol. iii,
    pt. vi, p. 1378.

Description.—" Orbicular, slightly transverse, compressed; teeth obsolete.

"*Shell* with elevated wrinkles; orbicular, a little transverse, with a very slight impressed longitudinal line on the *anterior* margin; *anterior* and *posterior* ends equally curved; *apices* not prominent beyond the general curve of the shell, with a very short, deep emargination behind them; *teeth* obsolete; both the cardinal and lateral ones are generally altogether wanting; lunule short, cordate, profound. . . .

" The impressed line on the anterior part of the shell is hardly visible in many specimens, and is sometimes only a very slight undulation, not observable but on close inspection. . . ." Say, 1824.

Distinguished readily by its being flat, toothless and usually thick, with distinct pallial line and muscle impressions.

Length of very large specimen, 69 mm.; height, 65 mm.; diameter, 10 mm.

Occurrence.—ST. MARY'S FORMATION. Cove Point, St. Mary's River. CHOPTANK FORMATION. Governor Run, 2 miles south of Governor Run, Flag Pond, Jones Wharf, Turner, Dover Bridge, Peach Blossom Creek. CALVERT FORMATION. Chesapeake Beach, 3 miles south of Chesapeake Beach, Plum Point.

Collections.—Maryland Geological Survey, Johns Hopkins University.

Subgenus HERE Gabb.

Section CAVILUCINA Fischer.

PHACOIDES (HERE) TRISULCATUS (Conrad).

Plate XC, Figs. 7, 8, 9.

Lucina trisulcata Conrad, 1841, Amer. Jour. Sci., vol. xli, p. 346.
Lucina trisulcata Conrad, 1845, Fossils of the Medial Tertiary, p. 71, pl. xl, fig. 12.
22

Lucina trisulcata Tuomey and Holmes, 1856, Pleiocene Fossils of South Carolina, p. 62, pl. xviii, figs. 18, 19.

Lucina trisulcata Conrad, 1863, Proc. Acad. Nat. Sci. Phila., vol. xiv, p. 577.

Lucina trisulcata Meek, 1864, Miocene Check List, Smith. Misc. Coll. (183), p. 8.

Lucina trisulcata Whitfield, 1894, Mon. xxiv, U. S. Geol. Survey, p. 64, pl. x, figs. 1-4.

Lucina crenulata Whitfield, 1894, Mon. xxiv, U. S. Geol. Survey, p. 63, pl. x, figs. 7-15 (not of Conrad).

Phacoides (Cavilucina) trisulcatus Dall, 1903, Trans. Wagner Free Inst. Sci., vol. iii, pt. vi, p. 1369.

Description.—" *O*bovate, convex; with concentric lines, and two or three distinct concentric furrows; lunule profound. Differs from *L. alveata* of the lower tertiary in being less ventricose, and in the much more profoundly impressed lunule; the cardinal teeth are also very different." Conrad, 1841.

Shell inequilateral, being somewhat produced anteriorly; beak, consequently not medial; moderately convex or more usually rather flattened, especially anteriorly; a small, flattened groove or depressed band extending from the beak backward along the posterior submargin; the two or three concentric furrows very distinct or, again, very indistinct or entirely wanting; or at times only one furrow present, being either distinct or indistinct; margin crenulated.

Specimens that are rather elevated and ornamented by fine concentric ridges only approach rather closely to the form of *P. crenulatum,* but may be distinguished from it by having a heavier hinge area and a more profound lunule and by being somewhat produced anteriorly and not quite so elevated. Whitfield has figured as *P. crenulatum* the smoother form of *P. trisulcatum* from New Jersey.

Length of large specimen, 8 mm.; height, 8.5 mm.; diameter, 2 mm.

Occurrence.—CHOPTANK FORMATION. Greensboro, Cordova. CALVERT FORMATION. Chesapeake Beach, 3 miles south of Chesapeake Beach, Plum Point, Truman's Wharf, 3 miles west of Centerville, Church Hill.

Collections.—Maryland Geological Survey, Johns Hopkins University, U. S. National Museum.

Subgenus LUCINOMA Dall.

PHACOIDES (LUCINOMA) CONTRACTUS (Say).

Plate XC, Figs. 5, 6.

Lucina contracta Say, 1824, Jour. Acad. Nat. Sci. Phila., vol. iv, 1st ser., p. 145, pl. x, fig. 8.

Lucina contracta Conrad, 1840, Fossils of the Medial Tertiary, p. 40, pl. xx, fig. 5.

Lucina subplanata Conrad, 1841, Proc. Acad. Nat. Sci. Phila., vol. i, p. 29 (young).

Lucina subplanata Conrad, 1842, Jour. Acad. Nat. Sci. Phila., vol. viii, 1st ser., p. 184.

Lucina contracta Tuomey and Holmes, 1856, Pleiocene Fossils of South Carolina, p. 54, pl. xviii, fig. 1.

Lucina contracta Conrad, 1863, Proc. Acad. Nat. Sci. Phila., vol. xiv, p. 577.

Lucina subplanata Conrad, 1863, Proc. Acad. Nat. Sci. Phila., vol. xiv, p. 577.

Lucina contracta Meek, 1864, Miocene Check List, Smith. Misc. Coll. (183), p. 8.

Lucina subplana Meek, 1864, Miocene Check List, Smith. Misc. Coll. (183), p. 8.

Phacoides (Lucinoma) contractus Dall, 1903, Trans. Wagner Free Inst. Sci., vol. iii, pt. vi, p. 1380.

Description.—"*Shell* convex, suborbicular, with numerous, concentric, regular, equidistant, elevated, membranaceous striæ, and intermediate smaller transverse lines: *umbones* not very prominent: *apices* proximate, nearly central: *anterior hinge margin* rectilinear, to an obtuse angle near the middle of the anterior margin: *anterior submargin* with a very slightly impressed line: *posterior margin* rounded: *cardinal teeth* one in the left valve, and two in the right, the posterior one of which is subbifid at tip: *lateral teeth* none: *within* obsoletely striated towards the margin: *posterior muscular impression* perfectly rectilinear, elongated, and oblique." Say, 1824.

Easily distinguished by the elevated, concentric lamellæ. An impressed line extends from the beaks to the posterior margin; shell thin and rather fragile.

Length, 42 mm.; height, 39 mm.; diameter, 5.9 mm.

Occurrence.—ST. MARY'S FORMATION. St. Mary's River. CHOPTANK FORMATION. Governor Run, 2 miles south of Governor Run, Flag Pond, Pawpaw Point, Jones Wharf, Greensboro, Cordova. CALVERT FORMATION. Fairhaven, Lyon's Creek, 3 miles south of Chesapeake Beach, Plum Point, Jewell.

Collections.—Maryland Geological Survey, Johns Hopkins University.

Subgenus PARVILUCINA Dall.

PHACOIDES (PARVILUCINA) CRENULATUS (Conrad).

Plate XC, Figs. 10, 11, 12.

Lucina crenulata Conrad, 1840, Fossils of the Medial Tertiary, p. 39, pl. xx, fig. 2.

Lucina lens H. C. Lea, 1845, Trans. Amer. Philos. Soc., vol. ix, p. 240, pl. xxxiv, fig. 19.

Lucina crenulata Tuomey and Holmes, 1856, Pleiocene Fossils of South Carolina, p. 60, pl. xviii, figs. 14, 15.

Lucina crenulata Emmons, 1858, Rept. N. C. Geol. Survey, p. 291, fig. 217 (fig. poor).

Lucina crenulata Conrad, 1863, Proc. Acad. Nat. Sci. Phila., vol. xiv, p. 577.

Lucina crenulata Meek, 1864, Miocene Check List, Smith. Misc. Coll. (183), p. 8.

Not *Lucina crenulata* Whitfield, 1894, Mon. xxiv, U. S. Geol. Survey, p. 63, pl. x, figs. 7–15.

Phacoides (Parvilucina) crenulatus Dall, 1903, Trans. Wagner Free Inst. Sci., vol. iii, pt. vi, p. 1383, pl. lii, fig. 12.

Description.—" Shell lenticular, with numerous concentric laminæ; a submarginal fold on the posterior side; posterior extremity truncated; cardinal line straight, oblique; beaks central; cardinal and lateral teeth distinct; margin minutely crenulated." Conrad, 1840.

Shell orbicular in outline and highly convex or elevated; usually rather thin; hinge area not heavy or broad; anterior side not produced. For distinction from *P. trisulcatus* see remarks under that species.

Whitfield has figured as *L. crenulata* some of the smoother and more rounded forms of *P. trisulcatus*.

Length, 6.2 mm.; height, 6 mm.; diameter, 1.8 mm.

Occurrence.—ST. MARY'S FORMATION. Cove Point, Langley's Bluff, St. Mary's River. CHOPTANK FORMATION. Governor Run, 2 miles south of Governor Run, Flag Pond, Jones Wharf, Turner, Pawpaw Point, Trappe Landing, Peach Blossom Creek, Dover Bridge, Greensboro, Cordova. CALVERT FORMATION. Chesapeake Beach, 3 miles south of Chesapeake Beach, Plum Point, Reed's.

Collections.—Maryland Geological Survey, Johns Hopkins University.

PHACOIDES (PARVILUCINA) PRUNUS Dall.

Plate XC, Fig. 13.

Phacoides (Parvilucina) prunus Dall, 1903, Trans. Wagner Free Inst. Sci., vol. iii, pt. vi, p. 1384, pl. lii, fig. 8.

Description.—" Shell resembling *P. crenulatus* but flatter, more inequilateral, with thicker and more regular concentric ribs, no radial sculpture, the inner margins more finely crenulate or even smooth, lunule shorter and wider, and the posterior dorsal area narrower and more ventrical than in *P. crenulatus.* Alt., 6.5, lon., 7.0, diam., 4.0 mm.

"The beaks are much more prominent and more recurved over the small globular lunule, the ribs are wider than their interspaces, and the radial structure is seen only when the shell is decoricated." Dall, 1903.

Occurrence.—St. Mary's Formation. St. Mary's River. Calvert Formation. Plum Point.

Collection.—U. S. National Museum.

Subgenus LUCINISCA Dall.

Phacoides (Lucinisca) cribrarius (Say).

Lucina cribraria Say, 1824, Jour. Acad. Nat. Sci. Phila., vol. iv, 1st ser., p. 147, pl. xiii, fig. 1.

Lucina cribraria Conrad, 1842, Proc. Nat. Inst., Bull. ii, p. 187.

Phacoides (Lucinisca) cribrarius Dall, 1903, Trans. Wagner Free Inst. Sci., vol. iii, pt. vi, p. 1372.

Description.—The type specimen of this species has been generally thought to come from St. Mary's County, Maryland. The author knows of no authentic specimen from Maryland in any collection, notwithstanding the extensive collections which have been made by the Maryland Geological Survey. He is of the opinion that Say's type really came from Virginia.

Occurrence.—St. Mary's Formation. St. Mary's River. (Conrad).

Genus DIVARICELLA von Martens.

Divaricella quadrisulcata (d'Orbigny).

Plate XCV, Fig. 8.

Tellina divaricata Dillwyn, 1817, Cat. Rec. Sh., i, p. 102 (*ex parte*), and of many other authors.

Lucina quadrisulcata d'Orbigny, 1846, Voy. Am. Mér., p. 584.

Divaricella quadrisulcata Dall, 1903, Trans. Wagner Free Inst. Sci., vol. iii, pt. vi, p. 1389, pl. li, fig. 1.

Description.—This species has been listed from Maryland but the author knows of no authentic specimen in any collection and has failed to find it himself. Say's specimen of this species is also believed to have come from Virginia.

Dr. Dall says of it: "The chief characteristics of this species are the long, narrow, somewhat sinuous lunule, the straight hinge-line with the shell margin at its ends subangulate, the fine crenulation of the margin of the valves, and the absence dorsally of the rude denticulation due to the surface sculpture from which *D. dentata* Wood derives its name.

Occurrence.—CALVERT FORMATION. "Prince George County and elsewhere." (Dall).

Collection.—U. S. National Museum.

Superfamily CHAMACEA.

Family CHAMIDÆ.

Genus CHAMA Linné.

CHAMA CONGREGATA Conrad.

Plate XCI, Figs. 1, 2, 3.

Chama congregata Conrad, 1833, Amer. Jour. Sci., Vol. xxiii, p. 341.
Chama congregata Conrad, 1838, Fossils of the Medial Tertiary, p. 32, pl. xvii, fig. 2.
Chama congregata Tuomey and Holmes, 1855, Pleiocene Fossils of South Carolina, p. 23, pl. vii, figs. 7–10.
Chama congregata Conrad, 1863, Proc. Acad. Nat. Sci. Phila., vol. xiv, p. 576.
Chama congregata Meek, 1864, Miocene Check List, Smith. Misc. Coll. (183), p. 8.
Chama congregata Whitfield, 1894, Mon. xxiv, U. S. Geol. Survey, p. 65, pl. ix, figs. 14–18.
Chama congregata Dall, 1903, Trans. Wagner Free Inst. Sci., vol. iii, pt. vi, p. 1400.

Description.—"Shell sessile, dextral; superior valve a little convex, with numerous, erect, elevated, arched scales; beaks occasionally rostrated; apex subspiral; scales on the inferior valve broader and more elevated; inner margin crenulated." Conrad, 1833.

The shape of the lower valve is more or less modified by the surface to which it is attached; within, anterior and posterior muscle impressions and pallial line distinct. The curving of the beak to the right as well as the smaller size and much less massive character of the shell, readily separate it from *C. corticosa*.

Length, 32 mm.; height, 33 mm.; diameter, 12 mm.

Occurrence.—CALVERT FORMATION. Church Hill, abundant, and rare at the following localities: 3 miles west of Centerville, 3 miles south of Chesapeake Beach, Plum Point, Truman's Wharf.

Collections.—Maryland Geological Survey, Johns Hopkins University.

Superfamily CARDITACEA.

Family CARDITIDÆ.

Genus CARDITA (Bruguière) Lamarck.

Section CARDITAMERA Conrad.

CARDITA PROTRACTA (Conrad).

Plate XCI, Figs. 4, 5, 6.

Carditamera protracta Conrad, 1843, Proc. Acad. Nat. Sci. Phila., vol. i, p. 305.
Carditamera protracta Conrad, 1845, Fossils of the Medial Tertiary, p. 65, pl. xxxvii, fig. 2.
Cardita protracta d'Orbigny, 1852, Prod. Pal. Strat., vol. iii, p. 114, No. 2134.
Carditamera protracta Conrad, 1863, Proc. Acad. Nat. Sci. Phila., vol. xiv, p. 579.
Carditamera aculeata Conrad, 1863, Proc. Acad. Nat. Sci. Phila., pp. 578, 585.
Carditamera protracta Meek, 1864, Miocene Check List, Smith. Misc. Coll. (183), p. 7.
Carditamera aculeata Meek, 1864, Miocene Check List, Smith. Misc. Coll. (183), p. 7.
Carditamera recta Conrad, 1869, Amer. Jour. Conch., vol. iv, p. 279, pl. xx, fig. 2.
Carditamera aculeata Whitfield, 1894, Mon. xxiv, U. S. Geol. Survey, p. 58, pl. ix, figs. 7, 8.
Cardita (Carditamera) recta Dall, 1903, Trans. Wagner Free Inst. Sci., vol. iii, pt. vi, p. 1413.
Cardita (Carditamera) protracta Dall, 1903, Trans. Wagner Free Inst. Sci., vol. iii, pt. vi, p. 1414.

Description.—" Trapezoidal, elongated, compressed, widely contracted from beak to base; dorsal and basal margins nearly parallel; ribs about 15, the middle ones triangular and crenated; posterior ribs rounded and having distant, arched, squamose, coarse striæ; summit of the beaks scarcely prominent above the hinge line." Conrad, 1843.

There seems to be no sufficient ground for separating the Maryland Miocene *Carditameras*. They show a gradual decrease in the number of ribs from forms with about nineteen to twenty-one in the earlier deposits, as at Church Hill, to forms with fifteen to seventeen in later deposits, as at Jones Wharf. Occasionally a specimen is rather prolonged, or slightly thicker, or is not so widely contracted from beak to base, but these variations all seem too slight to be considered of even varietal value. The *C. aculeata* is merely a young form. *C. recta* is not more prolonged than many a Governor Run specimen of *C. protracta*. *C. carinata*, first described from Newbern, N. C., is listed by Conrad from Dover Bridge—the Choptank near Easton. If his identification were not wrong, then it is probable that *C. carinata* should be united with *C. protracta* and take precedence of the latter name.

C. arata was described by Conrad from Newbern, N. C. and from *Dover* Bridge (near Easton), Md. The figure and description fit the stouter, shorter southern Miocene species with its fewer ribs and short hinge-line, but does not fit the forms found by the writer at *Dover* Bridge or any other Maryland Miocene horizon. He believes that the Maryland forms referred by Conrad in 1832 to *C. arata* were different from the common Carolina form, *C. arata*, of which *C. carinata* is a synonym merely, and belonged to the then undifferentiated species *C. protracta* which occurs abundantly at Dover Bridge and was first described by Conrad in 1843. The latter is proportionally longer, thinner, with more numerous ribs and has more nearly linear and parallel dorsal and ventral margins.

Length, 39 mm.; height, 18 mm.; diameter, 7 mm.

Occurrence.—CHOPTANK FORMATION. Governor Run, 2 miles south of Governor Run, Flag Pond, Jones Wharf, Dover Bridge, Greensboro. CALVERT FORMATION. Fairhaven, Plum Point, Magruder's Ferry, Church Hill, 3 miles west of Centerville.

Collections.—Maryland Geological Survey, Johns Hopkins University.

Genus VENERICARDIA Lamarck.

VENERICARDIA GRANULATA Say.

Plate XCI, Figs. 7, 8, 9, 10.

Venericardia granulata Say, 1824, Jour. Acad. Nat. Sci. Phila., vol. iv, 1st ser., p. 142, pl. xii, fig. 1.

Cardita granulata Conrad, 1835, Amer. Jour. Sci., vol. xxviii, p. 110.

Cardita granulata Conrad, 1838, Fossils of the Medial Tertiary, p. 12, pl. vii, fig. 1.

Cardita granulata Tuomey and Holmes, 1856, Pleiocene Fossils of South Carolina, p. 66, pl. xix, figs. 7, 8.

Cardita tridentata Emmons, 1858, Rept. N. C. Geol. Survey, p. 302, fig. 236A; not of Say, 1826,

Actinobolus (Cardita) granulata Conrad, 1863, Proc. Acad. Nat. Sci. Phila., vol. xiv, p. 578.

Venericardia (Cardiocardites) granulata Meek, 1864, Miocene Check List, Smith. Misc. Coll. (183), p. 7.

Venericardia borealis var. granulata Dall, 1889, Bull. xxxvii, U. S. Nat. Mus., p. 46.

Cardita granulata Whitfield, 1894, Mon. xxiv, U. S. Geol. Survey, p. 56, pl. ix, figs. 1-4.

Venericardia (Cyclocardia) granulata Dall, 1903, Trans. Wagner Free Inst. Sci., vol. iii, pt. vi, p. 1431.

Description.—" Suborbicular, with about twenty-five convex ribs, and wrinkled across; inner margin crenate.

"Beaks nearly central, a little prominent, curved backward: ribs granulated on the umbones, and transversely wrinkled near the base, convex: *apices* somewhat prominent beyond the general curve of the shell: *inner margin* and *edge* crenate: *cardinal* teeth two.

" Length from the apex to the base four-fifths of an inch, breadth nearly the same.

" Rather proportionally longer than the *decussata* and more oblique." Say, 1824.

None of the Maryland specimens have as many as twenty-five ribs. Those from the Calvert formation have eighteen to twenty-one, those from the Choptank formation sixteen to eighteen, and those from St. Mary's formation, seventeen to nineteen. They approach *V. granulata,* therefore, in number of ribs.

From Calvert formation, length, 16 mm.; height, 17 mm.; diameter, 6.5 mm. From St. Mary's River, length 26 mm.; height, 28 mm.; diameter, 9.5 mm.

Occurrence.—St. Mary's Formation. Cove Point, St. Mary's River. Choptank Formation. Governor Run, 2 miles south of Governor Run, Flag Pond, Jones Wharf, Cuckold Creek. Calvert Formation. Chesapeake Beach, 3 miles south of Chesapeake Beach, Plum Point, Truman's Wharf.

Collections.—Maryland Geological Survey, Johns Hopkins University, U. S. National Museum, Academy of Natural Sciences of Philadelphia.

Venericardia castrana n. sp.
Plate XCI, Figs. 11, 12.

Description.—Outline suborbicular, beaks acute, prominent, curved forward; shell depressed or flattened; ribs twenty-four to twenty-seven, finely granulated and slightly convex near the beak and without granulations but crossed by fine concentric wrinkles or growth lines over the rest of the shell; the impressed lines between the ribs distinct near the beak but almost obsolete on the outer part of the shell; ribs almost perfectly flat on outer part of shell; teeth strong; muscle impressions and pallial line distinct; inner margin crenated.

The much greater flatness of the shell, the absence of granulations on the ribs except very near the umbo, the very slight convexity of the ribs themselves giving the surface an almost smooth appearance, as well as the number of the ribs, readily distinguish this species from any of the Maryland specimens of *Venericardia granulata*.

Length, 20 mm.; height, 21 mm.; diameter, 4.5 mm.

Occurrence.—CALVERT FORMATION. Church Hill, Reed's.

Collections.—Maryland Geological Survey, Johns Hopkins University.

Superfamily ASTARTACEA.

Family CRASSATELLITIDÆ.

Genus CRASSATELLITES Kruger.

CRASSATELLITES MELINUS (Conrad).

Plate XCII, Figs. 1, 2.

Crassatella melina Conrad, 1832, Fossil Shells of the Tertiary, p. 23, pl. ix, fig. 2.
Crassatella melina Conrad, 1838, Fossils of the Medial Tertiary, p. 22, pl. xii, fig. 2.
Crassatella melina Conrad, 1863, Proc. Acad. Nat. Sci. Phila., vol. xiv, p. 578.
Crassatella melina Meek, 1864, Miocene Check List, Smith. Misc. Coll. (183), p. 7.
Crassatella melina Whitfield, 1894, Mon. xxiv, U. S. Geol. Survey, p. 60, pl. viii, figs. 11–13.
Crassatellites (Scambula) melinus Dall, 1903, Trans. Wagner Free Inst. Sci., vol. iii, pt. vi, p. 1473.

Description.—" Ovate, thick, not compressed; anterior margin obtusely rounded; posterior margin oblique and angular; dorsal margin nearly straight; concentric lines coarse; umbonial slope subangular and scarcely curved; beaks with concentric grooves; inner margin entire." Conrad, 1832.

This species, as found in Maryland, is more properly described as subovate, convex-depressed, and rather thin except in old specimens, which are somewhat thicker and more convex. It is somewhat more produced posteriorly and hence is proportionally narrower along the obliquely truncated posterior margin than is represented in Conrad's figure. The dorsal slope has regular, well marked, angular, concentric undulations near the beak that become obsolete during later stages of growth; posterior and dorsal slopes separated by a distinctly angular line; posterior slope somewhat flattened; posterior dorsal margin but slightly concave; hinge area rather narrow, not massive; muscular impressions and pallial margin very distinct.

Length, 88 mm.; height, 47 mm.; diameter, 15 mm.

Occurrence.—CALVERT FORMATION. Fairhaven, Lyon's Creek, Chesapeake Beach, 3 miles south of Chesapeake Beach. Plum Point, Church Hill.

Collections.—Maryland Geological Survey, Johns Hopkins University, U. S. National Museum.

CRASSATELLITES MARYLANDICUS (Conrad).

Plate XCIII, Figs. 1, 2, 3.

Crassatella Marylandica Conrad, 1832, Fossil Shells of the Tertiary, p. 22, pl. viii, fig. 1.

Crassatella Marylandica Conrad, 1838, Fossils of the Medial Tertiary, p. 21, pl. xii, fig. 1.

Crassatella Marylandica Conrad, 1863, Proc. Acad. Nat. Sci. Phila., vol. xiv, p. 578.

Crassatella marylandica Meek, 1864, Miocene Check List, Smith. Misc. Coll. (183), p. 7.

Crassatellites (Scambula) marylandicus Dall, 1903, Trans. Wagner Free Inst. Sci., vol. iii, pt. vi, p. 1473 (in part).

Description.—" *O*vate oblong, thick and ponderous; posterior side narrowed and produced, with the extremity angular or obtusely rounded; umbonial slope subangular; inner margin entire." Conrad, 1832.

Shell convex; umbo elevated and prominent; regular concentric undulations on umbonal slope very slightly developed or obsolescent; surface marked by somewhat irregular growth lines; posterior basal margin often slightly emarginate; posterior and dorsal slopes meet in an angular line or ridge; posterior slope crossed by a slightly obtuse ridge extending from the beak to the upper end of the obliquely truncated posterior margin; posterior dorsal margin deeply concave, anterior one straight; hinge area broad; teeth robust; muscular impressions deep; pallial line distinct.

The young are convex, thick and massive also, with prominent beaks and but slightly produced posterior extremity, giving the shells a triangular outline. The regular, concentric undulations on the umbonal slope are small and not profound and are confined to the portion of the surface in the immediate vicinity of the umbo.

This species is likely to be confused in the adult stage with *C. turgidulus,* with which it is doubtless closely related. For distinctions between the two, see remarks under *C. turgidulus.*

Length, 84 mm.; height, 57 mm.; diameter, 17 mm.

Occurrence.—CHOPTANK FORMATION. Governor Run (upper bed only), Flag Pond (upper bed only), Turner, Peach Blossom Creek, Dover Bridge.

Collections.—Maryland Geological Survey, Johns Hopkins University, U. S. National Museum, Philadelphia Academy of Natural Sciences.

CRASSATELLITES TURGIDULUS (Conrad).

Plate XCII, Figs. 3, 4, 5.

Crassatella turgidula Conrad, 1843, Proc. Acad. Nat. Sci. Phila., vol. i, p. 307.
Crassatella turgidula Conrad, 1845, Fossils of the Medial Tertiary, p. 69, pl. xxxix, fig. 7.
Crassatella turgidula Conrad, 1863, Proc. Acad. Nat. Sci. Phila., vol. xiv, p. 578.
Crassatella turgidula Meek, 1864, Miocene Check List, Smith. Misc. Coll. (183), p. 7
Crassatellites (Scambula) marylandicus Dall, 1903, Trans. Wagner Free Inst. Sci., vol. iii, pt. vi, p. 1473 (in part).

Description.—" *O*blong-ovate, slightly ventricose; surface with coarse lines of growth, and concentric undulations obsolete except on the umbones, where they are strongly marked and wide; beaks submedial; umbones flattened; anterior dorsal margin straight; posterior extremity truncated and nearly direct, more oblique in young shells; basal margin swelling a little anteriorly, posteriorly straight to the extremity which is obliquely angulated." Conrad, 1843.

Shell thick, convex, and not strongly produced posteriorly; umbo not prominently elevated; posterior dorsal margin slightly concave or nearly straight; hinge area broad; teeth robust; muscular impressions deep; pallial line distinct.

The young are long-ovate in outline, thin and flat; surface with very prominent, regular, angular, concentric undulations on the umbonal slope and extending over a large portion of the entire surface of the shell; posterior dorsal margin straight or convex.

This species is likely to be confused with *C. marylandicus,* but may be separated in the adult stage by having a less prominent, broader, and more flattened umbo and a more profoundly and widely undulated umbonal slope, by being less produced posteriorly and by having a much less concave posterior dorsal margin. The young of the two species are quite distinct and need never be confused with each other.

This species seems to be confined to the lower of the two fossiliferous beds at Governor Run, Jones Wharf and that horizon elsewhere, and characterizes it just as the *C. marylandicus* seems confined to, and is characteristic of, the upper of these fossiliferous beds.

Length, 87 mm.; height, 55 mm.; diameter, 17 mm.

Occurrence.—CHOPTANK FORMATION. Governor Run (lower bed), 2 miles south of Governor Run (lower bed), Flag Pond (lower bed), Jones Wharf, Pawpaw Point, Cuckold Creek, Greensboro.

Collections.—Maryland Geological Survey, Johns Hopkins University, U. S. National Museum, Philadelphia Academy of Natural Sciences.

CRASSATELLITES UNDULATUS (Say).

Crassatella undulata Say, 1824, Jour. Acad. Nat. Sci. Phila., vol. iv, 1st ser., p. 142, pl. xii, fig. 2.
Crassatella undulata Conrad, 1832, Fossil Shells of the Tertiary, p. 23, pl. ix.
Crassatellites (Scambula) undulatus var. cyclopterus Dall, 1903, Trans. Wagner Free Inst. Sci., vol. iii, pt. vi, p. 1474.

Description.—This species is believed to be another of the Virginia forms given to Say by Finch and erroneously described as coming from Maryland. No authentic Maryland specimens of this species are known by the writer.

Occurrence.—" Maryland " (Dall).

Subgenus CRASSINELLA Guppy.

CRASSATELLITES (CRASSINELLA) DUPLINIANUS Dall.

Plate XCIV, Fig. 12.

Crassatellites (Crassinella) duplinianus Dall, 1903, Trans. Wagner Free Inst. Sci., vol. iii, pt. vi, p. 1478, pl. l, figs. 5, 6.

Description.—" Shell small, subtriangular, solid, with markedly acute beaks, which incline backward; anterior slope convexly arcuate, long; posterior slope nearly a straight or slightly concave line, shorter; lunule and escutcheon extending the whole length of their respective slopes, long and narrow, the latter more excavated than the former and wider;

both are smooth; base arcuate; disk sculptured with rather close-set, regular, subequal, flattish, concentric ridges with narrower interspaces; these are sometimes feebly elevated, but preserve their general close-set, regular character; hinge well developed, the posterior cardinal in the left valve often conspicuous. Height, 3.2, breadth, 3.2, diameter, 1.7 mm.

"This species is especially characterized by the closeness, regularity, and smoothness of its concentric ridges and the long and narrow lunule and escutcheon." *Dall*, 1903.

Length, 3.4 mm.; height, 3.24 mm.; diameter, 0.75 mm.

Occurrence.—CHOPTANK FORMATION. Gréensboro. CALVERT FORMATION. Plum Point (U. S. Nat. Mus.).

Collections.—Maryland Geological Survey, U. S. National Museum.

CRASSATELLITES (CRASSINELLA) GALVESTONENSIS (Harris).

Plate XCIV, Figs. 13, 14.

Eriphyla galvestonensis Harris, 1895, Bull. Amer. Pal., vol. i, p. 90, pl. i, figs. 2, a, b.
Crassatellites (Crassinella) galvestonensis Dall, 1903, Trans. Wagner Free Inst. Sci., vol. iii, pt. vi, p. 1478, pl. xlix, fig. 14.

Description.—"Form as indicated by the figures; hinge as in *E. lunulata;* exterior smooth, slightly undulating concentrically near the beaks; beaks, as in many species of *Astarte* and *Crassatella,* slightly flattened at the very apex but very gibbous just below." Harris, 1895.

Length, 7.2 mm.; height, 6.65 mm.

Occurrence.—ST. MARY'S FORMATION. St. Mary's River.

Collection.—Maryland Geological Survey.

Family ASTARTIDÆ.

Genus ASTARTE Sowerby.

ASTARTE VICINA Say.

Plate XCIII, Figs. 10, 11.

Astarte vicina Say, 1824, Jour. Acad. Nat. Sci. Phila., vol. iv, 1st ser., p. 151, pl. ix, fig. 6.
Astarte vicina Conrad, 1840, Fossils of the Medial Tertiary, p. 41.
Astarte exaltata Conrad, 1841, Proc. Acad. Nat. Sci. Phila., vol. i, p. 29.
Astarte exaltata Conrad, 1842, Jour. Acad. Nat. Sci. Phila., vol. viii, 1st ser., p. 185.
Astarte exaltata Conrad, 1845, Fossils of the Medial Tertiary, p. 66, pl. xxxvii, fig. 6.

Astarte vicina Conrad, 1863, Proc. Acad. Nat. Sci. Phila., vol. xiv, p. 578.
Astarte exaltata Conrad, 1863, Proc. Acad. Nat. Sci. Phila., vol. xiv, p. 578.
Astarte vicina Meek, 1864, Miocene Check List, Smith. Misc. Coll. (183), p. 7.
Astarte exaltata Meek, 1864, Miocene Check List, Smith. Misc. Coll. (183), p. 7.
Astarte vicina Dall, 1903, Trans. Wagner Free Inst. Sci., vol. iii, pt. vi, p. 1489.
Astarte exaltata Dall, 1903, Trans. Wagner Free Inst. Sci., vol. iii, pt. vi, p. 1489.

Description.—" Trigonal, with a distant, somewhat regular, impressed line; lunule much excavated; apices acute.

"Apices prominent: lunule dilated, deeply excavated, subcordate, separated from the disk, particularly near the beaks, by a subacute angle: beaks prominent, approximate, acute, curved backwards: ligament margin concave: umbones convex." Say, 1824.

Margin posterior to the beak nearly straight, anterior to the beak profoundly concave. The sulcations of the umbo gradually change into obscure undulations over the rest of the surface. Margin crenulated or smooth. The anterior, basal, and posterior margins form a nearly symmetrical curve. Umbonal region thick; cardinal teeth strong.

Length, 18 mm.; height, 18 mm.; diameter, 5 mm.

Occurrence.—St. Mary's Formation. St. Mary's River. Calvert Formation. 3 miles south of Chesapeake Beach, Plum Point.

Collections.—Maryland Geological Survey, Johns Hopkins University.

Astarte thomasii Conrad.

Plate XCIV, Figs. 1, 2.

Astarte Thomasii Conrad, 1855, Proc. Acad. Nat. Sci. Phila., vol. vii, p. 267.
Astarte Thomasii Conrad, 1863, Proc. Acad. Nat. Sci. Phila., vol. xiv, p. 578.
Astarte Thomasii Meek, 1864, Miocene Check List, Smith. Misc. Coll. (183), p. 7.
Astarte Thomasii Conrad, 1866, Amer. Jour. Conch., vol. ii, p. 72, pl. iv, fig. 16.
Astarte Thomasii Whitfield, 1894, Mon. xxiv, U. S. Geol. Survey, p. 55, pl. viii, figs. 3-7.
Astarte Coheni Dall, 1903, Trans. Wagner Free Inst. Sci., vol. iii, pt. vi, p. 1489 (in part).

Description.—" Triangular, not ventricose, inequilateral; ribs concentric, robust, recurved; concentric lines more or less marked, minute; toward the posterior end the ribs suddenly become obsolete; extremity truncated, nearly direct, or sloping inwards; inner margin crenulated; lunule large, ovate, acute, deeply excavated." Conrad, 1855.

Shell rather thick and solid, especially in the umbonal region; cardinal teeth well developed; margin crenulated or smooth.

Length, 22 mm.; height, 19 mm.; diameter, 6 mm.

Occurrence. — CALVERT FORMATION.   Plum Point, Lyon's Creek (rare).

Collections.—Maryland Geological Survey, Johns Hopkins University, Academy of Natural Sciences of Philadelphia.

ASTARTE CALVERTENSIS n. sp.

Plate XCIV, Figs. 3, 4.

Astarte calvertensis (Glenn) Dall, 1903, Trans. Wagner Free Inst. Sci., vol. iii, pt. vi, pp. 1492, 1494 (listed).

Description.—Triangular; shell nearly flat, with about forty-five regular, nearly equal concentric lines; apex moderately prominent, right angled or obtuse; anterior side shorter than posterior; lunule not deeply excavated; anterior basal margin a well rounded curve, posterior basal margin straight or slightly emarginate; posterior extremity above the line of the base and sharply rounded; posterior side straight; ligament areas impressed; teeth moderately prominent; basal margin crenate or smooth.

This species differs from *A. bella, A. concentrica* and *A. composnema* (all three synonymous?) to which it seems most closely related by being thinner, much flatter, less equilateral, more emarginate posteriorly and with less prominent and less projecting beaks.

Length, 25 mm.; height, 20 mm.; diameter, 4.5 mm.

Occurrence.—CALVERT FORMATION.   Plum Point.

Collection.—Maryland Geological Survey.

ASTARTE SYMMETRICA Conrad.

Astarte symmetrica Conrad, 1834; Jour. Acad. Nat. Sci. Phila., vol. vii, 1st ser. p. 134.
Astarte symmetrica Dall, 1903, Trans. Wagner Free Inst. Sci., vol. iii, pt. vi, p. 1488.

Description.—This species has not been found by the author among Maryland materials.

Occurrence.—ST. MARY'S FORMATION (?).   St. Mary's River.

Collection.—U. S. National Museum.

ASTARTE CUNEIFORMIS Conrad.

Plate XCIII, Figs. 4, 5, 6.

Astarte cuneiformis Conrad, 1840, Fossils of the Medial Tertiary, p. 42, pl. xx, fig. 9.
Astarte varians Conrad, 1841, Proc. Acad. Nat. Sci. Phila., vol. i, p. 29. ·
Astarte varians Conrad, 1842, Jour. Acad. Nat. Sci. Phila., vol. viii, 1st ser., p. 184.
Astarte varians Conrad, 1845, Fossils of the Medial Tertiary, p. 67, pl. xxxvii, fig. 7.
Astarte cuneiformis Conrad, 1863, Proc. Acad. Nat. Sci. Phila., vol. xiv, p. 578.
Astarte cuneiformis Meek, 1864, Miocene Check List, Smith. Misc. Coll. (183), p. 7.
Astarte varians Meek, 1864, Miocene Check List, Smith. Misc. Coll. (183), p. 7.
Astarte cuneiformis Whitfield, 1894, Mon. xxiv, U. S. Geol. Survey, p. 52, pl. viii,
fig. 10 only.
Astarte (Ashtarotha) cuneiformis Dall, 1903, Trans. Wagner Free Inst. Sci., vol. iii,
pt. vi, p. 1494.

Description.—" Shell trigonal, much compressed; umbo flat, with distant, shallow undulations, and acute little prominent ridges; apex very
acute; lunule very profound, with a sharply carinated margin; posterior
side produced, cuneiform, acutely rounded at the extremity; cardinal
teeth long and rather slender; margin crenulated." Conrad, 1840.

This shell is quite variable. The undulations near the beak may be
either coarse or quite fine and may extend over a good portion of the
surface, or they may be almost obsolete. The posterior side may be
much produced and acutely rounded, giving the shell a distinctly cuneiform shape; or it may be only very slightly, if at all, produced, when the
shell becomes more compact and triangular in outline. This shortening
may continue until some specimens approach *A. vicina* in outline. The
inner margin may be smooth. The base may be regularly arched or
may be emarginate posteriorly.

Length, 33 mm.; height, 23 mm.; diameter, 6 mm.

Occurrence.—CALVERT FORMATION. Chesapeake Beach, 3 miles south
of Chesapeake Beach, Plum Point, Truman's Wharf, Lyon's Creek.

Collections.—Maryland Geological Survey, Johns Hopkins University,
U. S. National Museum, Academy of Natural Sciences of Philadelphia,
Cornell University.

ASTARTE CASTRANA n. sp.

Plate XCIII, Figs. 7, 8, 9.

Astarte (Ashtarotha) obruta Dall, 1903, Trans. Wagner Free Inst. Sci., vol. iii, pt. vi,
p. 1490 (in part).

Description.—Shell triangular, nearly equilateral, with rounded base;
beak acute, turned slightly forward; shell flat or depressed; outer surface
23

with small, shallow concentric grooves near the beak, slightly undulated over the rest of the shell by obscure and irregular growth lines, or in some specimens almost perfectly smooth over this outer part; teeth robust; ligament areas impressed; pallial line distinct; margin smooth or crenulated.

This species is doubtless the ancestor of *Astarte thisphila* from which it may be readily separated by its much smoother surface, much flatter form and thinner shell, as well as by its lacking the flattening or depression near the umbo so characteristic of *thisphila*. It has a less prominent beak, is flatter, less symmetrically rounded, thinner and much less smooth on the surface than *Astarte obruta*. It is found only at a lower horizon than either of the other two species mentioned above.

Length, 25 mm.; height, 21 mm.; diameter, 4 mm.

Occurrence.—CALVERT FORMATION. Plum Point, Church Hill, Reed's.

Collections.—Maryland Geological Survey, Johns Hopkins University.

ASTARTE OBRUTA Conrad.

Plate XCIV, Figs. 5, 6.

Astarte obruta Conrad, 1834, Jour. Acad. Nat. Sci. Phila., vol. vii, 1st ser., p. 150.
Astarte obruta Conrad, 1840, Fossils of the Medial Tertiary, p. 43, pl. xxi, fig. 2.
Astarte obruta Conrad, 1863, Proc. Acad. Nat. Sci. Phila., vol. xiv, p. 578.
Astarte obruta Meek, 1864, Miocene Check List, Smith. Misc. Coll. (183), p. 7.
Astarte (Ashtarotha) obruta Dall, 1903, Trans. Wagner Free Inst. Sci., vol. iii, pt. vi,
　　p. 1490 (in part).

Description.—" Shell triangular, convex, smooth, with a few obsolete undulations; beaks prominent, sulcated, margin crenulated. . . .

" Allied to *A. undulata* Say, but is more convex and not profoundly undulated; the umbo is not flattened." Conrad, 1834.

Shell nearly equilateral, moderately thick; the sulcations on the beak usually not prominent and extending but a very short distance from the tip of the beak; the rest of the gently convex surface smooth except for a few broad, almost obsolete, undulations; surface occasionally crossed from beak to base by exceedingly faint, slightly impressed, radial lines; beak projecting, acute, with its very tip curved somewhat forward.

The gently rounded outline, and moderately convex, almost smooth surface serve to distinguish this species from any other. It is characteristic of the horizon of the upper fossiliferous bed at Governor Run, having been found, so far, at no other horizon.

Length, 27.5 mm.; height, 23.5 mm.; diameter, 6 mm.

Occurrence.—CHOPTANK FORMATION. Governor Run (upper bed), 2 miles south of Governor Run (upper bed), Flag Pond (upper bed), Turner, Dover Bridge, Peach Blossom Creek, Trappe Landing, Sand Hill.

Collections.—Maryland Geological Survey, Johns Hopkins University, Academy of Natural Sciences of Philadelphia.

ASTARTE THISPHILA n. sp.

Plate XCIV, Figs. 7, 8, 9.

Astarte undulata Conrad, 1842, Proc. Nat. Inst., Bull. ii, p. 185 (listed only); not of Say, 1824.

Astarte undulata Conrad, 1867, Proc. Acad. Nat. Sci. Phila., vol. xix, p. 139 (listed only).

Astarte obruta var. Harris, 1893, Amer. Jour. Sci., ser. iii, vol. xlv, pp. 26, 27 (listed only).

Astarte (Ashtarotha) undulata Dall, 1903, Trans. Wagner Free Inst. Sci., vol. iii, pt. vi, p. 1491 (in part).

Description.—Shell triangular; moderately thick, convex, but depressed or flattened near the beak; angular undulations on the beak prominent, becoming broader farther from the beak and extending well toward, or in some cases entirely to, the basal margin; tip of beak curved forward, producing a convex curve or shoulder on the dorsal margin just posterior to the apex; anterior margin regularly rounded; basal margin rounded anteriorly, straight or slightly emarginate posteriorly; posterior extremity above the line of the base and obtusely rounded; interior smooth except in quite young specimens, when it is sometimes slightly undulated; teeth strong.

This species is quite common at the horizon of yellowish sands so well exposed at Jones Wharf and has often been listed as *A. undulata* or as *A. obruta,* or *A. obruta var.* It differs from *A. undulata* Say by being usually less convex, by having coarser, broader undulations and a greater flattening near the beak, by being much less variable in its proportion of length to height—the height being less than the length while in *undulata* it is often greater—and by having a much more curved basal margin than the *undulata.*

It differs from the *A. obruta* by having a less symmetrically curved surface and outline, by being strongly undulated and by the characteristic

convex curve or shoulder just posterior to the tip of the beak. Stratigraphically its occurrence is distinct from that of *obruta* since it has only
been found in beds lower in the Miocene series than those containing the
obruta.

It differs from *A. distans* by being thicker and more convex, by having more numerous and more angular undulations, by having a beak that
is less acute and prominent and more abruptly and strongly curved forward. The *A. distans* cannot, moreover, be considered as the young of
this species.

The few specimens obtained from Plum Point agree with the typical
ones from Jones Wharf except that they have a somewhat less strongly
undulated surface. They were found at Plum Point only in a very sandy
stratum close to tide level. From this sand-loving characteristic it re-
ceives its name.

Length, 30 mm.; height, 26 mm.; diameter, 7 mm.

Occurrence.—CHOPTANK FORMATION. Governor Run (lower bed),
2 miles south of Governor Run (lower bed), Flag Pond (lower bed),
Jones Wharf, Pawpaw Point, Cuckold Creek, Cordova, Greensboro. CAL-
VERT FORMATION. Plum Point.

Collections.—Maryland Geological Survey, Johns Hopkins University,
U. S. National Museum, Philadelphia Academy of Natural Sciences.

ASTARTE PERPLANA Conrad.
Plate XCIV, Figs. 10, 11.

Astarte perplana Conrad, 1840, Fossils of the Medial Tertiary, p. 43, pl. xxi, fig. 3.
Astarte planutata [sic.] Conrad, 1842, Proc. Nat. Inst., Bull. ii, p. 187, (listed only).
Astarte perplana Conrad, 1863, Proc. Acad. Nat. Sci. Phila., vol. xiv, p. 578.
Astarte planulata Conrad, 1863, Proc. Acad. Nat. Sci. Phila., vol. xiv, p. 578.
Astarte perplana Meek, 1864, Miocene Check List, Smith. Misc. Coll. (183), p. 7.
Astarte planulata Meek, 1864, Miocene Check List, Smith. Misc. Coll. (183), p. 7.
Astarte (Ashtarotha) perplana Dall, 1903, Trans. Wagner Free Inst. Sci., vol. iii, pt.
　　vi, p. 1493.

· *Description.*—"Shell triangular, inequilateral, much compressed; disks
coarsely wrinkled and obscurely undulated; posterior side subcuneiform;
extremity rounded; beaks prominent, acute, with angular grooves; lunule
long, elliptical; inner margin crenulated." Conrad, 1840.

The strength of the undulations is somewhat variable; shell rather
thick and solid; inner margin crenulated or smooth.

Length, 36 mm.; height, 29 mm.; diameter, 6 mm.

Occurrence.—St. Mary's Formation. St. Mary's River.

Collections.—Maryland Geological Survey, Johns Hopkins University, U. S. National Museum.

Astarte parma Dall.

Plate XCIV, Fig. 15.

Astarte (Ashtarotha) parma Dall, 1903, Trans. Wagner Free Inst. Sci., vol. iii, pt. vi, p. 1493, pl. lvii, fig. 22.

Description.—" Shell very flatly compressed, inequilateral, rostrate, the beaks at the anterior third low, acutely pointed, slightly recurved; lunule narrow, deeper than wide; escutcheon, narrow, deep, as long as the posterior slope, which is almost straight; sculpture of the beaks with about five small, fine ribs, close together, followed by three or four very distant, much wider ripples, obsolete towards the ends and ventral margin, with a few irregularly spaced linear concentric sulci beyond; posterior dorsal profile slightly arcuate, basal margin slightly emarginate behind; anterior end rounded, posterior end pointed; inner ventral margins crenate; hinge-plate broad and flat with two long, narrow cardinals in each valve. Height, 25.0, length, 28.5, diameter, 7.0 mm.

"This curious form differs from *perplana* by its more compressed, flatter, and more acutely pointed valves, and by its umbonal sculpture." Dall 1903.

Occurrence.—Calvert Formation. Skipton, Plum Point.

Collection.—U. S. National Museum.

Order ANOMALODESMACEA.

Superfamily ANATINACEA.

Family PANDORIDÆ.

Genus PANDORA Hwass.

Subgenus CLIDIOPHORA Carpenter.

Pandora (Clidiophora) crassidens Conrad.

Plate XCV, Figs. 1, 2.

Pandora crassidens Conrad, 1838, Fossils of the Medial Tertiary, p. 2, pl. i, fig. 2.
Pandora crassidens Conrad, 1863, Proc. Acad. Nat. Sci. Phila., vol. xiv, p. 572.
Pandora crassidens Meek, 1864, Miocene Check List, Smith. Misc. Coll. (183), p. 12.

Description.—"Shell perlaceous, concentrically wrinkled; the large valve extending much beyond the posterior base of the lesser; anterior side very short, margin widely subtruncate; posterior obtusely rounded inferiorly, terminating above in a very short and obtuse rostrum; dorsal submargin of the larger valve with two approximate carinæ; lesser valve with only one distinct carina placed very near the margin; anterior cardinal tooth of the larger valve very long, thick, and slightly oblique, the posterior one very near the dorsal line, sulcate or fosset shaped; the middle one short and linear; in the flat valve, two oblique, very thick and prominent teeth, anterior to which is a shallow groove, bounded anteriorly by a rudimentary linear tooth; muscular impressions impressed; pallial impression punctate." Conrad, 1838.

Length, 20 mm.; height, 15 mm.; diameter, 4 mm.

Occurrence.—St. Mary's Formation. Cove Point, St. Mary's River.

Collection.—Maryland Geological Survey.

Subgenus KENNERLEYIA Carpenter.

PANDORA (KENNERLEYIA) lata Dall.

Plate XCV, Fig. 7.

Pandora (Kennerleyia) lata Dall, 1903, Trans. Wagner Free Inst. Sci., vol. iii, pt. vi, p. 1520, pl. lvii, fig. 18.

Description.—"Shell small, left valve very convex, patulous below behind, with a rather broad escutcheon bounded by a strong carina; anterior area short, posterior area very narrow; rostrum very short and blunt, slightly recurved; surface concentrically striated; hinge-teeth short and small; lunule very deep, compressed, so as to appear linear; right valve slightly concave, concentrically striated, with traces of the usual impressed radiating lines. Length 19.0, height 10.5, diameter 3.5 mm.

This species is shorter and thicker than *P. arenosa* and much less acute. Its exact provenance is not known, as it was received from the old National Institute, but the specimens have the livid purple color characteristic of many of the St. Mary's fossils, and it is possible it was collected in that region." Dall, 1903.

Occurrence.—St. Mary's Formation (?). St. Mary's County (?).

Collection.—U. S. National Museum. (National Institute Collection).

Family PERIPLOMATIDÆ.

Genus PERIPLOMA Schumacher.

PERIPLOMA PERALTA Conrad.

Plate XCV, Fig. 3.

Periploma alta Conrad, 1863, Proc. Acad. Nat. Sci. Phila., vol. xiv, pp. 572, 585.
Not *Anatina alta* C. B. Adams, 1852.
Periploma alta Meek, 1864, Miocene Check List, Smith. Misc. Coll. (183), p. 11.
Periploma alta Conrad, 1866, Amer. Jour. Conch., vol. ii, p. 70, pl. iv, fig. 10.
Periploma peralta Conrad, 1867, Amer. Jour. Conch., vol. iii, p. 188.
Periploma peralta Dall, 1903, Trans. Wagner Free Inst. Sci., vol. iii, pt. vi, p. 1529.

Description —" Suborbicular, subequilateral, anterior side subrostrated, end truncated, direct; basal margin profoundly rounded medially and posteriorly; anteriorly obliquely truncated or very slightly emarginate.

"A much larger species than *P. (Anatina) papyracea,* Say, but closely allied." Conrad, 1863.

Shell large, depressed, thin; valves subcircular; external surface minutely pustulose.

Length, 63 mm.; height (of fragment), 55 mm.

Occurrence.—ST. MARY'S FORMATION. Cove Point.

Collection.—Maryland Geological Survey.

Family THRACIIDÆ.

Genus THRACIA Leach.

THRACIA CONRADI Couthouy.

Plate XCV, Fig. 4.

Thracia declivis Conrad, 1831, Amer. Mar. Conch., p. 44, pl. ix, fig. 2; not of
    Pennant, 1777, Brit. Zool., vol. iv, p. 15; nor of Donovan (*fide* Couthouy)
    Conrad's synonymy excluded.
Thracia Conradi Couthouy, 1839, Bost. Jour. Nat. Hist., vol. ii, p. 153, pl. iv, fig. 2.
Thracia Conradi Gould, 1841, Invert. Mass., p. 50.
Thracia Conradi DeKay, 1843, Nat. Hist. N. Y., Zoology vol. i, p. 237, pl. xxviii,
    fig. 284.
Thracia Conradi Gould (Binney's), 1870, Invert. Mass., p. 69, fig. 384.
Thracia Conradi Dall, 1889, Bull. xxxvii, U. S. Nat. Mus., p. 64, pl. lxix, fig. 9.
Thracia Conradi Dall, 1903, Trans. Wagner Free Inst. Sci., vol. iii, pt. vi, p. 1524.

Description.—" Shell transversely ovate, ventricose, very light, brittle and thin, rather faintly diaphanous by reason of its want of thickness, subequilateral, slightly gaping at both extremities, inequivalve, the right valve being the more convex, its whole margin projecting considerably beyond that of the left; beaks protuberant, large and cordiform, inclining a little backwards, the summit of the right one excavated or emarginate to receive the opposing one; incremental striæ numerous and distinct, occasionally forming feeble concentric ridges; the anterior portion of the shell is regularly rounded and its superior margins very thin; the posterior extremity is rather narrower and somewhat truncated, with an obtuse carination extending obliquely from the beaks to the angle of the basal and posterior margins; between this carination and the superior and posterior margins the shell is slightly compressed. The basal margin is sinuous, curving outwardly in its central portion, correspondent to the most convex part of the shell. Ligament externally very prominent, and prolonged in a thin membrane the whole length of the corselet which is strongly marked and extends from the beaks to the extremity; the internal portion of the ligament is attached to a strong, thick nymphal callosity, projecting obliquely along the cardinal edge in each valve, wider toward the beaks and having its surface but slightly hollowed. Hinge destitute of a cardinal ossiculum. External color a pale, ashy-white surface covered with a thin, light, cinereous epidermis, strongly adherent and forming numerous irregular, minute corrugations at the extremities, especially on the posterior one, but not shagreened as in *T. corbuloides*. Interior color a chalky white, not glassy, but somewhat inclining to nacre near the cardinal edge. Muscular impressions tolerably large, remote, the anterior narrow, elongated, contracted and tapering to a point towards the hinge margin; the posterior subtriangular or pyriform; pallial impression very superficial, like the others, with a profound, subangular excavation posteriorly.   •

"Length two and eighteen-twentieths, height two and four-twentieths, diameter one and six-twentieths inches." Couthouy, 1839.

The fossil shell seems usually to be larger than Couthouy's living ones. Although often abundant, all specimens the writer has seen have been more or less broken and flattened. Because of this distortion their exact shape is difficult to determine and the writer prefers to retain until more perfect material is obtainable the name *conradi*. When such material is secured it will very probably show the fossil to be at least varietally different from the living species. In this event Dr. Dall's proposed varietal name *harrisi* will apply.

Length, 75 mm.; height, 60 mm.; diameter, about 14 mm.

Occurrence.—CALVERT FORMATION. Fairhaven, Lyon's Creek, Plum Point, Chesapeake Beach.

Collection.—Maryland Geological Survey.

Family PHOLADOMYACIDÆ.

Genus MARGARITARIA Conrad.

MARGARITARIA ABRUPTA (Conrad).

Plate XCV, Figs. 5, 6.

Pholadomya abrupta Conrad, 1832, Fossil Shells of the Tertiary, p. 26, pl. xii.
Pholadomya abrupta Conrad, 1838, Fossils of the Medial Tertiary, p. 3, pl. i, fig. 4.
Pholadomya abrupta Tuomey and Holmes, 1856, Pleiocene Fossils of South Carolina, p. 101, pl. xxiv, fig. 2.
Pholadomya abrupta Emmons, 1858, Rept. N. Car. Geol. Survey, p. 300, fig. 231.
Pholadomya (Margaritaria) abrupta Conrad, 1863, Proc. Acad. Nat. Sci. Phila., vol. xiv, p. 572.
Margaritaria abrupta Meek, 1864, Miocene Check List, Smith. Misc. Coll. (183), p. 12.
Margaritaria abrupta Dall, 1903, Trans. Wagner Free Inst. Sci., vol. iii, pt. vi, p. 1532.

Description.—" Oblong oval, much compressed, with from three to five subacute distant ribs or ridges diverging from the apex; one side rather thick and strong, rounded at the extremity; the opposite side extremely thin, and reflected, with a truncated margin; muscular and pallial impressions distinct." Conrad, 1832.

The shell is pearly and fragile and is readily identified by the radial ridges crossing the dorsal portion of the shell from the beak to the base. The Survey possesses only some fragments.

Occurrence.—ST. MARY'S FORMATION. Cove Point, St. Mary's River. CALVERT FORMATION. White's Landing.

Collection.—Maryland Geological Survey.

Order PRIONODESMACEA.

Superfamily MYTILÆEA.

Family MYTILIDÆ.

Genus MYTILUS Bolten.

MYTILUS CONRADINUS d'Orbigny.

Plate XCVI, Figs. 1a, 1b.

Mytilus incrassatus Conrad, 1841, Amer. Jour. Sci., vol. xli, p. 347; not of Deshayes 1830.
Mytilus incrassatus Conrad, 1845, Fossils of the Medial Tertiary, p. 74, pl. xlii, fig. 4.
Mytilus Conradinus d'Orbigny, 1852, Prod. Pal. Strat., vol. iii, p. 127.
Mytilus incrassatus Tuomey and Holmes, 1856, Pleiocene Fossils of South Carolina, p. 32, pl. xiv, figs. 1, 2.
Mytiloconcha incrassata Conrad, 1862, Proc. Acad. Nat. Sci. Phila., vol. xiv, p. 291.
Mytiloconcha incrassata Conrad, 1863, Proc. Acad. Nat. Sci. Phila., vol. xiv, p. 579.
Mytiloconcha incrassata Meek, 1864, Miocene Check List, Smith. Misc. Coll. (183), p. 7.
Mytilus Conradinus Dall, 1898, Trans. Wagner Free Inst. Sci., vol. iii, pt. iv, p. 787.

Description.—"Thick, much inflated; anterior margin slightly incurved near the middle; basal margin not obtusely rounded; hinge thick, with slightly prominent robust teeth." Conrad, 1841.

A remarkably large and almost perfect left valve from Plum Point shows the following characters: Shell highly convex, apically acute, laterally curved and posteriorly rounded in outline; external surface marked by distinct, inequidistant, concentric undulations with finer subordinate ones between; dorsal margin a convex curve; ventral margin a gently concave curve; beak heavy, solid; posterior portion of shell moderately thin; interior dull pearly; hinge or tooth ridge long, narrow, curved and prolonged on the beak as a marginal groove; beak not medially grooved.

The apical portions are usually the only part preserved. When young and badly worn, as is often the case, it becomes very difficult to separate *M. conradinus* from *M. incurvus.*

Length, 180 mm.; width, 78 mm.; diameter, 34 mm.

Occurrence.—CHOPTANK FORMATION. Governor Run, Flag Pond, Jones Wharf, Peach Blossom Creek, Dover Bridge, Greensboro. CALVERT FORMATION. Chesapeake Beach, 3 miles south of Chesapeake Beach, Plum Point, Church Hill.

Collections.—Maryland Geological Survey, Johns Hopkins University, U. S. National Museum, Philadelphia Academy of Natural Sciences.

Subgenus MYTILOCONCHA Conrad.

MYTILUS (MYTILOCONCHA) INCURVUS Conrad.

Plate XCVI, Figs. 2, 3, 4.

Myoconcha incurva Conrad, 1839, Fossils of the Medial Tertiary, p. 3 of cover of No. 1; p. 52, pl. xxviii, fig. 1, 1840.

Mytilus incurvus Conrad, 1854, Proc. Acad. Nat. Sci. Phila., vol. viii, p. 29.

Mytilus (Myoconcha) incurvus Conrad, 1861, Fossils of the Medial Tertiary, No. 4, p. 88.

Mytiloconcha incurva Conrad, 1862, Proc. Acad. Nat. Sci. Phila., vol. xiv, p. 291.

Mytiloconcha incurva Conrad, 1863, Proc. Acad. Nat. Sci. Phila., vol. xiv, p. 579.

Mytiloconcha incurva Meek, 1864, Miocene Check List, Smith. Misc. Coll. (183), p. 7.

Mytiloconcha incrassata Whitfield, 1894, Mon. xxiv, U. S. Geol. Survey, p. 38, pl. v, figs. 10, 11; not of Conrad.

Mytilus (Mytiloconcha) incurvus Dall, 1898, Trans. Wagner Free Inst. Sci., vol. iii, pt. iv, p. 789.

Description.—" Shell incurved, thick, narrowed towards the apex; posterior side with a submarginal furrow; hinge with a narrow straight groove for the cartilage, and a broad furrow on the posterior side." Conrad, 1839.

This shell is heavier, more sharply curved, has a longer and more massive cardinal area and more nearly equidistant dorsal and ventral margins than *M. conradinus;* teeth strong, two in left and one in right valve, becoming obsolete in old age. As the cardinal area increases in length with growth the teeth are prolonged apically as ridges with a furrow on each side; area otherwise flat except for a marginal ligament groove extending along the posterior side of the area to the apex.

Length of imperfect valve, 120 mm.; width, about 35 mm.

Occurrence.—CHOPTANK FORMATION. Greensboro, Cordova, near Skipton, Dover Bridge (Dall). CALVERT FORMATION. Church Hill, Truman's Wharf. Also at an unknown horizon in Calvert County (Conrad).

Collections.—Maryland Geological Survey, U. S. National Museum, Philadelphia Academy of Natural Sciences.

Genus LITHOPHAGA Bolten.

LITHOPHAGA SUBALVEATA Conrad.

Plate XCVII, Fig. 1.

Lithophaga subalveata Conrad, 1866, Amer. Jour. Conch., vol. ii, p. 73, pl. iv, fig. 4.
Lithophaga subalveata Whitfield, 1894, Mon. xxiv, U. S. Geol. Survey, p. 40, [pl. v, fig. 9.

Description.—" *O*blong, very thin and fragile, ventricose, posterior side produced, a slight wide furrow marks the umbonal slope, on and behind which are concentric grooves and lines; basal line slightly emarginate or contracted." Conrad, 1866.

A single broken valve shows a produced posterior side with a slight, wide, flat furrow on the umbonal slope crossed by concentric grooves with posterior end narrow and somewhat bluntly rounded. From a comparison with Conrad's broken and poorly patched type in the Academy of Natural Sciences, the two shells seem to be the same.

Occurrence.—CALVERT FORMATION. 3 miles west of Centerville.

Collections.—Maryland Geological Survey, Philadelphia Academy of Natural Sciences.

LITHOPHAGA IONENSIS n. sp.

Plate XCVII, Figs. 2, 3.

Description.—Shell very thin and fragile, anterior end rounded,· posterior region broadened, posterior end rounded; external surface either smooth or concentrically wrinkled across the umbonal slope; ventral margin slightly convex; dorsal margin straight to the posterior end of the hinge line, then rounded and declining; within, a slight submarginal dorsal thickening or ridge just beneath, and ʀxtending the length of, the hinge and minutely grooved for the ligament; beak not prominent; no sulci.

Some specimens are less inflated and posteriorly broadened and more cylindrical with nearly straight ventral margin, and dorsal margin at posterior end of hinge line more angular than the type. These differences, however, do not seem to be of enough value to warrant varietal distinction. Specimens are found in the shells of *Melina, Ostrea* and *Pecten,* at times riddling these shells by their boring.

Length, 13 mm.; width, 6 mm.; diameter, 2 mm.

Occurrence.—CHOPTANK FORMATION. Jones Wharf, Dover Bridge, Greensboro, Cordova.

Collections.—Maryland Geological Survey, Johns Hopkins University.

Genus CRENELLA Brown.

CRENELLA VIRIDA n. sp.

Plate XCVII, Fig. 4.

Description.—Shell very small, thin, delicate, of pearly gray luster, elongated ovate in shape, elevated; beak projecting and sharply rounded; margins gracefully curved; radial scupture of fine, close-set, narrow, rounded, raised lines, their number increasing by dichotomy and by intercalation between older lines.

As compared with *C. dupliniana* this species is more elongated, less elevated, less robust, has coarser sulcations and these sulcations are more branching than in *C. dupliniana*.

Length, 1.65 mm.; width, 1.25 mm.

Occurrence.—CHOPTANK FORMATION. Greensboro.

Collection.—Maryland Geological Survey.

CRENELLA GUBERNATORIA n. sp.

Plate XCVII, Fig. 5.

Description.—Shell small, stout, rounded ovate, anteriorly broadened; shell depressed; beak rounded and projecting very slightly; radial sculpture prominent and coarse, ridges flattened and with narrow interspaces, some being dichotomous, other added ribs are intercalated between previously existing ones.

This is a less elevated, more rounded, more coarsely sculptured and stouter species than *C. virida*.

Length, 1.72 mm.; width, 1.5 mm.

Occurrence.—CHOPTANK FORMATION. Governor Run.

Collection.—Maryland Geological Survey.

Genus MODIOLUS Lamarck.

MODIOLUS DUCATELII Conrad.

Plate XCVII, Figs. 6, 7.

Modiola Ducatellii Conrad, 1840, Fossils of the Medial Tertiary, p. 53, pl. xxviii, fig. 2.
Perna Ducatellii Conrad, 1863, Proc. Acad. Nat. Sci. Phila., vol. xiv, p. 579.
Volsella Ducatellii Meek, 1864, Miocene Check List, Smith. Misc. Coll. (183), p. 7.
Modiolus Ducatelii Dall, 1898, Trans. Wagner Free Inst. Sci., vol. iii, pt. iv, p. 793.

Description.—" Shell profoundly elongated, ventricose, valves contracted obliquely from the apex to the middle of the basal margin; lines of growth coarse and prominent; extremity of hinge line salient and rounded; posterior extremity regularly rounded; anterior extremity rather prominent and pointed." Conrad, 1840.

This shell is rarely found entire. But its identification should give no difficulty, especially if the beak is present.

Length, 133 mm.; width, 55 mm.; diameter, 21 mm.

Occurrence.—ST. MARY'S FORMATION. Cove Point. CHOPTANK FORMATION. Governor Run, 2 miles south of Governor Run, Jones Wharf, Turner, Dover Bridge, Cordova. CALVERT FORMATION. Chesapeake Beach, 3 miles south of Chesapeake Beach, Plum Point, Reed's.

Collections.—Maryland Geological Survey, Johns Hopkins University, Maryland Academy of Science, U. S. National Museum.

Section GREGARIELLA Monterosato.

MODIOLUS VIRGINICUS (Conrad).

Plate XCVII, Figs. 8a, 8b.

Modiolaria virginica Conrad, 1867, Amer. Jour. Conch., vol iii, p. 267, pl. xxii, fig. 3.
Modiolaria virginica Dall, 1898, Trans. Wagner Free Inst. Sci., vol. iii, pt. iv, p. 806.

Description.—"Oblong, subarcuate, ventricose anterior side without radiating lines; umbonal slope raised, rounded with close, crenulated, radiating lines, extending to the posterior margin and disposed to bifurcate towards the base; beaks nearly terminal." Conrad, 1867.

In front of the smooth area extending from the umbonal area to the ventral margin there is a small area near the beak with radiating crenulated lines; edge of valve finely beaded; dorsal margin not angular but curved.

There seem to be no good generic grounds for separating *M. virginicus,* *M. dalli* and *M. ionensis* from each other, and hence, largely from the pronounced Gregariella features of *M. ionensis,* it has seemed best to place the three species under that section of *Modiolus* rather than to consider them under *Modiolaria.*

Length, 7.5 mm.; width, 4 mm.; diameter, 2.3 mm.

Occurrence.—St. Mary's Formation. St. Mary's River.

Collection.—Maryland Geological Survey.

MODIOLUS DALLI n. sp.

Plate XCVII, Figs. 9, 10.

Description.—Shell small, thin, delicate, somewhat perlaceous, vaulted, elongated; posterior dorsal margin subangulated at end, rest of margin rounded, posterior margin and posterior portion of basal margin strongly crenulated, anterior and dorsal margins partly faintly crenulated, mid-basal margin smooth; ligament groove narrow, straight; interior of shell smooth; posterior and anterior areas of outer surface of shell sculptured with fine rounded radial threads reticulated or granulated by concentric lines, near posterior basal margin additional fine radial lines produced by branching or by intercalation between longer lines; posterior slope rudely undulose, especially in its superior portion; slope from beak to posterior basal margin distinctly elevated and ridged, anterior to which the surface is depressed or almost grooved at junction of sculptured and smooth areas; smooth area crossed by irregular concentric growth striæ; anterior radial sculpturing faint.

This species is much more produced, is thinner and more finely and delicately sculptured than *M. virginicus,* which is a compact, stout and somewhat coarsely sculptured species. It is named in honor of Dr. W H. *D*all.

Length, 8.9 mm.; height, 4.5 mm.; diameter, 2 mm.

Occurrence.—Choptank Formation. Pawpaw Point.

Collection.—Maryland Geological Survey.

MODIOLUS IONENSIS n. sp.

Plate XCVII, Figs. 11, 12.

Description.—Shell small, exceedingly thin and fragile, highly perlaceous, translucent to nearly transparent, elongated, narrowed and curved, moderately inflated; beak depressed, not prominent; posterior portion of shell made oblique by strong arching of dorsal margin and incurving of basal margin; marginal crenulations entire except on a part of the basal margin; those just anterior to the beak especially strong and almost like teeth; ligament groove very narrow, shallow and inconspicuous; interior of shell showing exterior radiating sculpture; exterior with broad area extending from beak to emarginate base and smooth except for faint concentric growth lines, this smooth area separating anterior and posterior radially sculptured areas; radial sculptured lines crossed by irregular concentric lines producing irregular granulation; umbonal slope back to posterior basal margin highly elevated; medial smooth area flattened.

This species is more produced, much more delicate and fragile, and has a much more strongly incurved basal margin than *M. dalli.*

Length, 7 mm.; height, 3 mm.; depth, 1 mm.

Occurrence.—CHOPTANK FORMATION. Jones Wharf.

Collection.—Maryland Geological Survey.

Genus MODIOLARIA Beck.

MODIOLARIA CURTA n. sp.

Plate XCVII, Fig. 13.

Description.—Shell small, thin, fragile, pearly, short and compactly rounded, highly vaulted; radial sculpturing on dorsal and posterior portions very distinct, ridges broader than interspaces and flattened somewhat on top; sculpturing just beneath beak distinct; from beak to mid-basal margin a broad area without radial sculpturing, but with concentric growth lines visible; beak high and slightly projecting; interior showing external radial ridging very distinctly.

Length, 3.8 mm.; height, 2.9 mm.

Occurrence.—CALVERT FORMATION. Plum Point.

Collection.—Cornell University.

Superfamily ANOMIACEA.

Family ANOMIIDÆ.

Genus ANOMIA (Linné) Müller.

ANOMIA SIMPLEX d'Orbigny.

Plate XCVIII, Fig. 1.

Anomia simplex d'Orbigny (1845, Spanish ed.), 1853, Moll. Cubana, vol. ii, p. 367, pl. xxxviii, figs. 31–33.
Anomia ephippium var. Conrad, 1845, Fossils of the Medial Tertiary, p. 75, pl. xliii, fig. 4.
Anomia Conradi d'Orbigny, 1852, Prod. Pal. Strat., vol. iii, p. 134, pl. xxv, fig. 30.
Anomia ephippium Tuomey and Holmes, 1855, Pleiocene Fossils of South Carolina, p. 18, pl. v, fig. 4.
Anomia ephippium Holmes, 1858, Post-Pleiocene Fossils of South Carolina, p. 11, pl. ii, fig. 11.
Anomia ephippium Emmons, 1858, Rept. N. Car. Geol. Survey, p. 277.
Anomia Conradi Conrad, 1863, Proc. Acad. Nat. Sci. Phila., vol. xiv, p. 582.
Anomia Conradi Meek, 1864, Miocene Check List, Smith. Misc. Coll. (183), p. 4.
Anomia simplex Dall, 1889, Bull. xxxvii, U. S. Nat. Mus., p. 32, pl. liii, figs. 1, 2.
Anomia simplex Dall, 1898, Trans. Wagner Free Inst. Sci., vol. iii, pt. iv, p. 784.

Description.—Shell thin, translucent, irregularly circular in outline; superior valve strongly convex or inflated; exterior surface with very faint irregular concentric growth striations or, more commonly, smooth; within, byssal scars distinct, subequal, close; lower valve irregularly flat, with irregular concentric growth striæ.

Length, 15 mm.; width, 15 mm.; diameter, 6 mm. (small upper valve).

Occurrence.—ST. MARY'S FORMATION. St. Mary's River.

Collection.—Maryland Geological Survey.

ANOMIA ACULEATA Gmelin.

Plate XCVIII, Figs. 2, 3, 4, 5.

Anomia aculeata Gmelin, 1792, Syst. Nat., t. vi, p. 3346.
Anomia aculeata Gould, 1841, Invert. Mass., p. 139, fig. 90.
Anomia aculeata Gould (Binney's), 1870, Invert. Mass., p. 204, fig. 498.
Anomia aculeata Verrill, 1873, Rept. U. S. Fish Com. for 1871-2, p. 697, pl. xxxii, figs. 239-240a.
Anomia aculeata Dall, 1889, Bull. xxxvii, U. S. Nat. Mus., p. 32, pl. liii, figs. 5-8.
Anomia aculeata Dall, 1898, Trans. Wagner Free Inst. Sci., vol. iii, pt. iv, p. 784.

24

Description.—Shell irregularly rounded; upper valve irregularly and moderately convex, beak but slightly prominent and very near the margin, the external surface ornamented near the beak with fine, radiating, undulated lines of minute scales which become rounded pustules nearer the margins; within almost smooth: lower valve flat, smooth except for slight, irregular, concentric growth lines.

The shape varies according to the position occupied during growth but is usually irregular. A magnificent specimen of an upper valve from Plum Point, with beak broken, is very thick, symmetrical and profoundly and regularly elevated, being in height 45, width 46, and diameter 13 mm. At several localities young specimens have been found that in some cases show the ornamentation of *A. aculeata* and have been referred to it, while in others no ornamentation has developed and they are considered as indeterminate, though most probably they are also the young of *A. aculeata.*

Height, usually about 37 mm.; width, 35 mm., but see preceding description.

Occurrence.—St. Mary's Formation. St. Mary's River, Cove Point (?). Choptank Formation. Jones Wharf, Trappe Landing (?). Calvert Formation. Plum Point, 3 miles south of Chesapeake Beach (?).

Collections.—Maryland Geological Survey, Johns Hopkins University, U. S. National Museum.

Superfamily PECTINACEA.

Family LIMIDÆ.

Genus LIMA (Bruguière) Cuvier.

LIMA PAPYRIA Conrad.

Plate XCVIII, Fig. 6.

Lima papyria Conrad, 1841, Proc. Acad. Nat. Sci. Phila., vol. i, p. 30.
Lima papyria Conrad, 1845, Fossils of the Medial Tertiary, p. 76, pl. xliii, fig. 7.
Lima papyria Conrad, 1863, Proc. Acad. Nat. Sci. Phila., vol. xiv, p. 582.
Lima papyria Meek, 1864, Miocene Check List, Smith. Misc. Coll. (183), p. 4.

Description.—"*O*bliquely obovate, thin and fragile, inflated; with prominent radiating lines, distant towards the anterior margin; anterior margin angulated at base of the ear, truncated or slightly concave below, and abruptly rounded where it joins the basal margin; ears small. . . ." Conrad, 1841.

This species has very rarely been collected. It seems confined to a thin band found here and there at an elevation of three or four feet above tide in the cliff just south of Plum Point. It is very fragile and difficult to obtain entire.

Height, 25 mm.; width, 21 mm.; diameter, 7 mm.

Occurrence.—CALVERT FORMATION. Plum Point.

Collection.—Maryland Geological Survey.

Family SPONDYLIDÆ.

Genus PLICATULA Lamarck.

PLICATULA DENSATA Conrad.

Plate XCVIII, Figs. 7, 8, 9.

Plicatula densata Conrad, 1843, Proc. Acad. Nat. Sci. Phila., vol. i, p. 311.
Plicatula densata Conrad, 1845, Fossils of the Medial Tertiary, p. 75, pl. xliii, fig. 6.
Plicatula densata Conrad, 1863, Proc. Acad. Nat. Sci. Phila., vol. xiv, p. 582.
Plicatula densata Meek, 1864, Miocene Check List, Smith. Misc. Coll. (183), p. 4.
Plicatula densata Whitfield, 1894, Mon. xxiv, U. S. Geol. Survey, p. 35, pl. v, figs. 3–8.
Plicatula densata Dall, 1898, Trans. Wagner Free Inst. Sci., vol. iii, pt. iv, p. 763.

Description.—"*O*vate, thick, profoundly and irregularly plicated; inferior valve ventricose; ribs acute, with arched spiniform scales; cardinal teeth large, curved, laterally striated, crenulated on the margins; larger cardinal tooth in each valve slightly bifid, broad; muscular impression prominent. . . . The valves have about ten folds, and the lower valve closely resembles a variety of *Ostrea Virginiana*." Conrad, 1843.

This species is distinguished from the *P. marginata* Say, by its broader, rounder, flatter form, more irregular and less prominent as well as finer plications and greater tendency to lateral curvature of the beaks.

Length, 37 mm.; width, 31 mm.; diameter, 6 mm.

Occurrence.—CALVERT FORMATION. Church Hill.

Collections.—Maryland Geological Survey, Johns Hopkins University.

Family PECTINIDÆ.

Genus PECTEN Müller.

Subgenus PECTEN ss.

PECTEN (PECTEN) HUMPHREYSII Conrad.

Plate XCVIII, Figs. 10, 11, 12.

Pecten Humphreysii Conrad, 1842, Proc. Nat. Inst., Bull. ii, p. 194, pl. ii, fig. 2.
Vola Humphreysii Conrad, 1863, Proc. Acad. Nat. Sci. Phila, vol. xiv, p. 582.
Pecten Humphreysii Meek, 1864, Miocene Check List, Smith. Misc. Coll. (183), p. 4.
Vola Humphreysii Whitfield, 1894, Mon. xxiv, U. S. Geol. Survey, pp. 32–34, pl. iv,
    figs. 6–9.
Pecten (Pecten) Humphreysii Dall, 1898, Trans. Wagner Free Inst. Sci., vol. iii,
    pt. iv, pp. 720, 721.

Description.—" Suborbicular, inferior valve convex; superior flat, and with about seven remote, narrow, convex ribs, and concentrically wrinkled; towards the apex is a concave depression; ears equal, sides direct and straight; inferior valve with the ribs wide, approximate, plano-convex and longitudinally striated; one of the ears emarginate at the base." Conrad, 1842.

The inferior valve has usually seven or eight broad elevated ribs, one with eleven ribs, however, was much less convex, showing probably that the requisite strength having been obtained by an increase in the ribbing, the marked convexity characteristic of the seven ribbed valves was no longer necessary. Fine concentric striæ are very characteristic of the upper valve and are simulated by the concentric growth lines of the lower one.

Length, 110 mm.; width, 125 mm.

Occurrence.—CALVERT FORMATION. Fair Haven, Lyon's Creek, Chesapeake Beach, Plum Point, Truman's Wharf, White's Landing, Reed's, Centerville, Burch (Dall), (not abundant).

Collections.—Maryland Geological Survey, Johns Hopkins University, U. S. National Museum.

Subgenus AMUSIUM Bolten.

PECTEN (AMUSIUM) MORTONI Ravenel.

Plate XCIX, Fig. 1.

Pecten Mortoni Ravenel, 1844, Proc. Acad. Nat. Sci. Phila., vol. ii, p. 96.
Pecten Mortoni Tuomey and Holmes, 1855, Pleiocene Fossils of South Carolina,
    p. 27, pl. x, figs. 1, 2.

Pecten Mortoni Emmons, 1858, Rept. N. Car. Geol. Survey, p. 281.
Amusium Mortoni Conrad, 1863, Proc. Acad. Nat. Sci. Phila., vol. xiv, p. 582.
Amusium Mortoni Meek, 1864, Miocene Check List, Smith. Misc Coll. (183), p. 4.
Pecten (Amusium) Mortoni Dall, 1898, Trans. Wagner Free Inst. Sci., vol. iii, pt. iv,
    p. 757.

Description.—" *O*rbicular, thin, both valves moderately convex, one more so than the other—outside, with numerous concentric obsolete striæ; inside,—with from eighteen to twenty-four radiating double ribs, slightly elevated; ears large, subequal, striated externally." Ravenel, 1844.

This large, thin, flattened species is rarely obtained entire. It is quite rare in Maryland, the Survey having no specimens. A few broken pieces in the National Museum are labelled " Fairhaven and Cove Point." These specimens are probably from Cove Point and the reference to Fairhaven a mistake, since the two localities are separated geographically by about thirty miles and stratigraphically by about almost the entire Maryland Miocene column, rendering it unlikely that through accidental admixture part of the material came from one place and part from the other. The character of the shell substance in the specimens is sound and not unlike that found at Cove Point; while in the Fairhaven cliffs all the shells have entirely lost their shell substance through decay and exist only as casts, except *Ostrea percrassa*, in which the shell substance is still present but very badly decayed, and *Discinisca lugubris* which is here as everywhere else still fresh and polished.

Length,—the fragments indicate a length of about 160 mm.

Occurrence.—ST. MARY'S FORMATION. Cove Point.

Collection.—U. S. National Museum.

Subgenus PSEUDAMUSIUM H. and A. Adams.

PECTEN (PSEUDAMUSIUM) CERINUS Conrad.

Plate XCIX, Fig. 2.

Pecten cerinus Conrad, 1869, Amer. Jour. Conch., vol. v, p. 39, pl. ii, fig. 2.
Pecten (Pseudamusium) cerinus Dall, 1898, Trans. Wagner Free Inst. Sci., vol. iii,
    pt. iv, p. 753.

Description.—" Subovate, extremely thin, compressed; ears equal; right valve radiately ribbed; ribs very slightly raised and rounded; surface ornamented by minute, close divaricating lines, left valve without ribs." Conrad, 1869.

"Shell small, thin, polished, compressed; left valve more convex, with about twenty faint, flat, rather irregular obsolete ribs, separated by narrower, shallow sulci, the whole surface with minute Camptonectes striation; right valve with concentric incremental lines and a few faint threads near the beaks and anterior submargin; ears small, subequal; ctenolium present; cardinal and auricular crura developed; interior of left valve faintly fluted, but without liræ. . . .

"In some of the specimens there are a few feeble concentric undulations near the beak of the left valve." Dall, 1898.

Length, 19 mm.; width, 18 mm.

Occurrence.—CHOPTANK FORMATION. Jones Wharf. CALVERT FORMATION. Plum Point, Charles county near the Patuxent river (*fide* Cope). (Very rare and quite small.)

Collections.—Maryland Geological Survey, U. S. National Museum, Philadelphia' Academy of Natural Sciences.

Subgenus CHLAMYS Bolten.

Section CHLAMYS ss.

PECTEN (CHLAMYS) COCCYMELUS Dall.

Plate XCIX, Fig. 3.

Pecten (Chlamys) coccymelus Dall, 1898, Trans. Wagner Free Inst., vol. iii., pt. iv, p. 741, pl. xxxiv, fig. 1.

Description.—"Shell small, ovate, inflated, strongly sculptured, with unequal ears; disk with eighteen narrow, high compressed ribs, with wider interspaces, which near the basal margin carry one or two very small radial threads; the backs of the ribs support numerous high, evenly spaced, distally guttered, small spines; in the interspaces only transverse sculpture of wavy incremental lines; submargins small, narrow, with fine, beaded radial threads, which in the left valve also extend over the ears; hinge line short, the cardinal crura developed, sharply cross-striated; auricular crura present; interior of the disk fluted in harmony with the external ribs. . . .

"A single left valve of this elegant species was obtained. From the young of *P. Madisonius,* which sometimes approach it, it is easily distinguished by its more oval and inflated form, nearly smooth interspaces, and compressed ribs." Dall, 1898.

Gradient forms show a close genetic relationship with *P. madisonius* as found in the Calvert formation.

Length, 30 mm.; width, 25 mm.; diameter, 5 mm.

Occurrence.—CALVERT FORMATION. Plum Point, Chesapeake Beach, 3 miles south of Chesapeake Beach.

Collections.—Maryland Geological Survey, Johns Hopkins University, U. S. National Museum.

Section NODIPECTEN Dall.

PECTEN (CHLAMYS) ROGERSI Conrad.

Plate XCIX, Fig. 4.

Pecten Rogersii Conrad, 1834, Jour. Acad. Nat. Sci. Phila., vol. vii, 1st ser., p. 151.
Pecten Rogersii Conrad, 1840, Fossils of the Medial Tertiary, p. 45, pl. xxi, fig. 9.
Pecten Rogersi Conrad, 1863, Proc. Acad. Nat. Sci. Phila., vol. xiv, p. 581.
Pecten Rogersi Meek, 1864, Miocene Check List, Smith. Misc. Coll. (183), p. 4.
Pecten (Nodipecten) Rogersi Dall, 1898, Trans. Wagner Free Inst. Sci., vol. iii, pt. iv, p. 730.

Description.—" Shell ovate, compressed; with four very large and broad convex ribs and numerous radiating lines; ears small. Length and height, one inch and one-eighth." Conrad, 1834.

" Shell with four large and two smaller lateral simple ribs; internally lirate; submargins narrow, minutely scabrous, not radiated; the rest of the disk entirely covered with fine, squared, elevated, minutely scaly radial threads; ears subequal, finely radiated; sinus well-marked; ctenolium and cardinal crura developed." Dall, 1898.

Length, about 13 mm., specimen broken and young.

Occurrence.—CHOPTANK FORMATION (?). Near Skipton.

Collection.—U. S. National Museum.

Section PLACOPECTEN Verrill.

PECTEN (CHLAMYS) CLINTONIUS Say.

Plate XCIX, Fig. 5.

Pecten Clintonius Say, 1824, Jour. Acad. Nat. Sci. Phila., vol. iv, 1st ser., p. 135, pl. ix, fig. 2.
Pecten Clintonius Conrad, 1840, Fossils of the Medial Tertiary, p. 47, pl. xxiii, fig. 1.
Pecten Clintonius Conrad, 1863, Proc. Acad. Nat. Sci. Phila., vol. xiv, p. 581.
Pecten Clintonensis Meek, 1864, Miocene Check List, Smith. Misc. Coll. (183), p. 5.
Pecten (Placopecten) Clintonius Dall, 1898, Trans. Wagner Free Inst. Sci., vol. iii, pt. iv, p. 725.

Description.—" Auricles equal; surface with from one hundred and forty to one hundred and eighty elevated longitudinal lines.

" Shell suborbicular, compressed, with very numerous, regular, elevated striæ, which are muricated with minute scales formed by transverse wrinkles, that are sparse in the middle of the length, and crowded each side of the shell; the intervening spaces are regularly concave, and in parts very distinctly wrinkled: auricles equal, striated like the general surface: within simple, margin striated." Say, 1824.

This flattened, thin, finely striated shell is very rare in Maryland. It is given on the authority of Dr. Foreman who gave no locality, however. No other one has reported it from the State.

Length, about 100 mm.; width, rather more (Say).

PECTEN (CHLAMYS) MARYLANDICUS Wagner.

Plate XCIX, Fig. 6.

Pecten Marylandicus Wagner, 1839, Jour. Acad. Nat. Sci. Phila., vol. viii, 1st ser., p. 51, pl. [2], fig. 2. (Possibly printed privately in 1838.)

Pecten tenuis H. C. Lea, 1845, Trans. Amer. Philos. Soc., vol. ix, p. 246, pl. xxxv, fig. 38.

Pecten Marylandicus Conrad, 1863, Proc. Acad. Nat. Sci. Phila., vol. xiv, p. 581.

Pecten tenuis Conrad, 1863, Proc. Acad. Nat. Sci. Phila., vol. xiv, p. 581.

Pecten marylandicus Meek 1864, Miocene.Check List, Smith. Misc. Coll. (183), p. 4.

Pecten tenuis Meek, 1864, Miocene Check List, Smith. Misc. Coll. (183), p. 4.

Pecten (Placopecten ?) marylandicus Dall, 1898, Trans. Wagner Free Inst. Sci., vol. iii, pt. iv, p. 728.

Description.—" Shell ovate, compressed; ribs numerous, consisting of narrow, nearly smooth striæ, disposed in pairs; interstitial spaces each with a carinated line; ears unequal; inferior valve very slightly convex; ribs similar to those of the opposite valve; inner margin of the valve with profoundly elevated lines.

" This Pecten is allied to *Pecten Madisonius* Say, but can readily be distinguished by its want of broad, elevated ribs, and a surface destitute of scales...." Wagner, 1839.

A comparison of numerous specimens shows that the lower valve is more convex than Wagner's description would indicate. The upper valve is but slightly convex, and its ear has the byssal notch well marked. The interior of each valve is gently fluted in harmony with the external ribs.

Length, 69 mm.; width, 67 mm.; diameter, 11 mm.

Occurrence.—CHOPTANK FORMATION. Governor Run, 2 miles south of Governor Run, Flag Pond, St. Leonard Creek, Jones Wharf, Dover Bridge. CALVERT FORMATION. White's Landing, near Friendship in railway cutting.

Collections.—Maryland Geological Survey, Johns Hopkins University, Philadelphia Academy of Natural Sciences.

Section LYROPECTEN Conrad.

PECTEN (CHLAMYS) MADISONIUS Say.

Plate C, Fig. 1.

Pecten Madisonius Say, 1824, Jour. Acad. Nat. Sci. Phila., vol. iv, 1st ser., p. 134.
Pecten Madisonius Conrad, 1840, Fossils of the Medial Tertiary, p. 48, pl. xxiv, fig. 1.
Pecten Madisonius Emmons, 1858, Rept. N. Car. Geol. Survey, p. 282, fig. 200.
Pecten Madisonius Conrad, 1863, Proc. Acad. Nat. Sci. Phila., vol. xiv, p. 581.
Pecten Madisonius Meek, 1864, Miocene Check List, Smith. Misc. Coll. (183), p. 4.
Pecten Madisonius Whitfield, 1894, Mon. xxiv, U. S. Geol. Survey, p. 30, pl. iv, figs. 1–5; pl. ii, fig. 8.
Pecten (Lyropecten) Madisonius Dall, 1898, Trans. Wagner Free Inst. Sci., vol. iii, pt. iv, p. 724.

Description.—" Much compressed, with about sixteen striated ribs.

" *Shell* rounded, much compressed; the whole surface covered with scaly striæ: *ribs* elevated, rounded, with about three striæ on the back of each; intervening grooves rather profound: *ears* equal, sinus of the ear of the superior valve profound, extending at least one-third of the length of the ear." Say, 1824.

The ribs are usually about sixteen or seventeen, but occasionally as few as twelve; lower valve convex, upper one nearly flat. The young from the Calvert formation often have but one prominent elevated spinose line on the back of each rib, with a faintly marked one on either side especially near the margin of the shell. A series of intermediate specimens from here shows a close relationship with *P. coccymelus* found at the same horizon. Another series of intermediate forms from the Choptank formation suggests a relationship to the *P. marylandicus* found at that horizon. From *P. madisonius* is probably descended *P. jeffersonius,* the offshoot occurring in the St. Mary's formation probably, so that the transitional forms found here render the discrimination of the two

species difficult at this horizon.   For criteria for this discrimination see
remarks under *P. jeffersonius.*

. Length, 160 mm.; width, 200 mm.; diameter, 40 mm.

Occurrence.—St. Mary's Formation.   Cove Point, St. Mary's River,
Langley's Bluff (Dall).   Choptank Formation.   Governor Run, 2
miles south of Governor Run, Flag Pond, Jones Wharf, Cuckold Creek,
St. Leonard Creek, Turner, Pawpaw Point, Sand Hill, Dover Bridge.
Trappe Landing, Peach Blossom Creek, Cordova, Greensboro (Md. Geol.
Sur.) ; near Skipton (Dall).   Calvert Formation.   Fairhaven, Chesa-
peake Beach, 3 miles south of Chesapeake Beach, Plum Point, Truman's
Wharf, Church Hill, 3 miles west of Centerville, Reed's, White's Land-
ing, Wye Mills, Lyon's Creek, Magruder's Ferry.

Collections.—Maryland Geological Survey, Johns Hopkins University,
U. S. National Museum, Philadelphia Academy of Natural Sciences.

Pecten (Chlamys) jeffersonius Say.

Plate C, Fig. 2.

Pecten Jeffersonius Say, 1824, Jour. Acad. Nat. Sci. Phila., vol. iv, 1st ser., p. 133,
pl. ix, fig. 1.

Pecten Jeffersonius Conrad, 1840, Fossils of the Medial Tertiary, p. 46, pl. xxii, fig. 1.

Pecten Jeffersonius Emmons, 1858, Rept. N. Car. Geol. Survey, p. 282, fig. 199.

Pecten Jeffersonius Conrad, 1863, Proc. Acad. Nat. Sci. Phila., vol. xiv, p. 581.

Pecten Jeffersonius Meek, 1864, Miocene Check List, Smith. Misc. Coll. (183), p. 4.

Pecten (Lyropecten) Jeffersonius Dall, 1898, Trans. Wagner Free Inst. Sci., vol. iii,
pt. iv, p. 722.

Description.—" Subequivalve, with from nine to eleven striated ribs.

" Shell rounded, convex, not quite equivalved, one of the valves being
a little more convex than the other; the whole surface covered with
approximate scaly striæ: ribs elevated, rounded, with six or seven striæ
on the back of each; intervening grooves profound: ears equal; sinus of
the ear of the superior valve, not profound, being barely one-eighth part
of the length of the ear: within with broad rounded flattened ribs." Say,
1824.

This species is very probably a descendant of *P. madisonius* and is at
times hard to distinguish from it.   In general, *jeffersonius* is the more
convex, the upper and lower valves being nearly equi-convex; while in
madisonius the upper valve is flatter than the lower.   The ribs of *jeffer-*

sonius are broader and the radial threads finer and more numerous. The best criterion, however, for their separation is found in the character of the byssal ear. " In *Jeffersonius* it is sculptured with fine, uniform, numerous threads, and the notch is shallow and leaves an inconspicuous fasciole. In *Madisonius* the upper part of the ear is provided with comparatively few and coarse threads, and the notch is wide and deep with a broad and well marked fasciole." *Dall, loc. cit.*

Length, 130 mm.; width, 140 mm.; diameter, 25 mm., though often found considerably larger.

Occurrence.—St. Mary's Formation. St. Mary's River.

Collections.—Maryland Geological Survey, Johns Hopkins University.

PECTEN JEFFERSONIUS VAR. EDGECOMBENSIS (Conrad).

Plate C, Fig. 3.

Pecten Edgecomensis Conrad, 1862, Proc. Acad. Nat. Sci. Phila., vol. xiv, p. 291.
Pecten edgecomensis Conrad, 1863, Proc. Acad. Nat. Sci. Phila., vol. xiv, p. 581.
Pecten Jeffersonius var. edgecomensis Dall, 1898, Trans. Wagner Free Inst. Sci., vol. iii, pt. iv, p. 722.

Description.—" Suborbicular; height not quite equal to the length; lower valve-ribs 16 to 17, prominent, but not elevated, square or convex-depressed, not quite as wide as the intervening spaces, radiately lined with finely squamose striæ, most conspicuous towards the margins, interstices of ribs carinated, in the middle squamose and finely striated; ears with fine close unequal squamose radiating lines, the larger ones prominent on the posterior side; margins of ligament pit carinated." *Dall,* 1898.

The number of ribs in this variety varies from twelve to seventeen or occasionally more. In the middle of the spaces between the ribs the fine radial striæ become somewhat larger.

Length, 170 mm.; width, 185 mm.; diameter, 30 mm.

Occurrence.—St. Mary's Formation. St. Mary's River, Langley's Bluff.

Collections.—Maryland Geological Survey, U. S. National Museum.

PECTEN JEFFERSONIUS VAR. SEPTENARIUS Say.

Plate C, Fig. 4.

Pecten septenarius Say, 1824, Jour. Acad. Nat. Sci. Phila., vol. iv, 1st ser., p. 136, pl. ix, fig. iii.

Pecten septemnarius Conrad, 1840, Fossils of the Medial Tertiary, p. 47, pl. xxii, fig. 2.

Pecten septenarius Tuomey and Holmes, 1856, Pleiocene Fossils of South Carolina, p. 31, pl. xiii, figs. 1–4.

Pecten septenarius Conrad, 1863, Proc. Acad. Nat. Sci. Phila., vol. xiv, p. 581.

Pecten septenarius Meek, 1864, Miocene Check List, Smith. Misc. Coll. (183), p. 4.

Pecten Jeffersonius var. septenarius Dall, 1898, Trans. Wagner Free Inst. Sci., vol. iii, pt. iv, p. 722.

Description.—" Shell convex, suborbicular: auricles subequal: surface with numerous slightly scaly striæ, and about seven remote ribs, of which the three intermediate ones are much elevated, rounded or slightly flattened on the top.

" The striæ are equally distinct on the ribs, and in the intermediate spaces. The scales are rather thick, very small, and not confined to the striæ, but are also observable in the spaces between the striæ." Say, 1824.

In the young the ribs are flat-topped, transversely angular, and as broad across the top as at the base or even broader. In the old the ribs become more rounded transversely. Number of ribs seven or eight.

Height, 90 mm.; width, 93 mm.; diameter, 21 mm.

Occurrence.—St. Mary's Formation(?). St. Mary's River(?).

Collections.—Maryland Geological Survey, U. S. National Museum.

Superfamily OSTRACEA.

Family OSTREIDÆ.

Genus OSTREA Lamarck.

Ostrea sellæformis var. thomasii (Conrad).

Plate C, Figs. 5a, 5b.

Ostrea thomasii Conrad, 1867, Proc. Acad. Nat. Sci. Phila., vol. xix, p. 139 (listed only).

Description.—Shell small, thin to moderately thick, fan-shaped to pear-shaped in outline; beaks laterally curved; ligament groove excavated; ribs on lower valve fifteen to twenty, of thin imbricated scales somewhat elevated; each margin in the lower valve just backward from the hinge line marked by a short punctate impressed line; upper valve thin, slightly convex, surface concentrically marked by the edges of the thin flat lamellæ; margins near the beak transversely denticulated or striated.

This is one of the species named by Conrad and published by Cope (*loc. cit.*) that has never been described. The original specimens from Charles county are in the Academy of Natural Sciences in Philadelphia.

This shell is closely allied to the upper Oligocene varieties of *O. sellæformis* and may be considered an early Miocene variety of the same species.

Length, 58 mm.; width, 43 mm.; diameter, 15 mm.

Occurrence.—CALVERT FORMATION. Charles county near the Patuxent river (Cope); Plum Point, Truman's Wharf, Chesapeake Beach, 3 miles south of Chesapeake Beach.

Collections.—Maryland Geological Survey, Johns Hopkins University, U. S. National Museum, Philadelphia Academy of Natural Sciences.

OSTREA TRIGONALIS Conrad.

Plate CI, Figs. 1a, 1b.

Ostrea trigonalis Conrad, 1854, Walles' Rept. Agric. and Geol. Miss., p. 289, pl. xiv, fig. 10 (name and figure only).
Ostrea trigonalis Conrad, 1855, Proc. Acad. Nat. Sci. Phila., vol. vii, p. 259.
Ostrea trigonalis Dall, 1898, Trans. Wagner Free Inst. Sci., vol. iii, pt. iv, p. 681.

Description.—" Triangular, flat, surface irregular, with some indistinct radiating lines; muscular impression obliquely suboval, situated nearer the summit than the base; margin somewhat ascending, submargin carinated." Conrad, 1855.

" The species is wide spread and recognized by its flat upper valve, few-ribbed lower valve, straight hinge line, flat hinge area, with excavated central channel and the peculiar vermicular sculpture of the submargin on each side near the hinge line." Dall, 1898.

Length, 90 mm.; width, 70 mm.

Occurrence.—CHOPTANK FORMATION. Jones Wharf, Greensboro (rare in Maryland).

Collections.—Maryland Geological Survey, U. S. National Museum.

OSTREA CAROLINENSIS Conrad.

Plate CI, Figs. 2, 3, 4.

Ostrea Carolinensis Conrad, 1832, Fossil Shells of the Tertiary, p. 27, pl. xiv, fig. 1.
Ostrea carolinensis Dall, 1898, Trans. Wagner Free Inst. Sci., vol. iii, pt. iv, p. 686.

Description.—"*O*bovate, oblique, thick, compressed; superior valve flat; inferior valve convex, with concentric imbricated lamellæ which are transversely plicated; beaks broad and prominent; fosset large and defined by broad prominent lateral ridges." Conrad, 1832.

The Maryland specimens are smaller and usually thinner than the original Carolina ones. The ribs are fine and regular on some, on others irregular. The submargin of the upper valve near the beaks is transversely striated. This species is often very abundant.

Length, 100 mm.; width, 75 mm.; diameter, 25 mm.

Occurrence.—St. Mary's Formation. St. Mary's River(?). Choptank Formation. Governor Run, 2 miles south of Governor Run, Flag Pond, Jones Wharf, Turner, Cuckold Creek, St. Leonard Creek, Peach Blossom Creek, *D*over Bridge.

Collections.—Maryland Geological Survey, Johns Hopkins University, U. S. National Museum.

OSTREA PERCRASSA Conrad.

Plate CII, Figs. 1, 2.

Ostrea percrassa Conrad, 1840, Fossils of the Medial Tertiary, p. 50, pl. xxv, fig. 1.
Ostrea percrassa Conrad, 1863, Proc. Acad. Nat. Sci. Phila., vol. xiv, p. 582.
Ostrea percrassa Meek, 1864, Miocene Check List, Smith. Misc. Coll. (183), p. 3.
Ostrea percrassa Heilprin, 1884, 4th Ann. Rept. U. S. Geol. Survey, p. 313, pl. lxvii, fig. 3.
Ostrea percrassa Whitfield, 1894, Mon. xxiv, U. S. Geol. Survey, p. 29, pl. iii, figs. 1–4.
Ostrea percrassa Dall, 1898, Trans. Wagner Free Inst. Sci., vol. iii, pt. iv, p. 683.

Description.—"Shell extremely thick and ponderous; hinge very broad; cartilage fosset wide and shallow; muscular impression exhibiting a very profound cavity." Conrad, 1840.

Lower valve convex exteriorly, deeply concave within; upper valve more nearly flat; shell substance of innumerable fine lamellæ, often the home of boring forms.

Length, 110 mm.; width, 95 mm.; diameter, 40 mm.

Occurrence.—Calvert Formation. Chesapeake Beach, 3 miles south of Chesapeake Beach, Plum Point, Hollin Cliff, Magruder Ferry, White's Landing, Reed's, Fairhaven. near Friendship, Milltown Landing.

Collections.—Maryland Geological Survey, Johns Hopkins University, Cornell University.

OSTREA sp.

In addition to the above described species of *Ostrea* some indeterminate valves were obtained at Church Hill, Skipton, and three miles west of Centerville.

Superfamily PTERIACEA.

Family MELINIDÆ.

Genus MELINA Retzius.

MELINA MAXILLATA (Deshayes).

Plate CII, Fig. 3; Plate CIII, Fig. 1.

Perna maxillata Lamarck, 1819, An. sans Vert., vi, i, p. 142, (syn. excl.): ed. Deshayes, 1836, vii, p. 78 (*fide* Dall).
Perna torta Say, 1820, Amer. Jour. Sci., vol. ii, p. 38.
Perna maxillata Conrad, 1840, Fossils of the Medial Tertiary, p. 52, pl. xxvii, fig. 1.
Isognomon torta Conrad, 1863, Proc. Acad. Nat. Sci. Phila., vol. xiv, p. 579.
Melina torta Meek, 1864, Miocene Check List, Smith. Misc. Coll. (183), p. 6.
Perna torta Whitfield, 1894, Mon. xxiv, U. S. Geol. Survey, p. 36, pl. v, figs. 12, 13.
Melina maxillata Dall, 1898, Trans. Wagner Free Inst. Sci., vol. iii, pt. iv, p. 667.

Description.—Shell angularly pointed and slightly curved anteriorly, posteriorly ovate, surface moderately convex, with irregular shallow concentric undulations marking growth lines; ventral edge thickened and somewhat inrolled; ligament area broad with fifteen to twenty shallow transverse grooves; exterior covered by a thin prismatic layer, interior layer pearly, thick, composed of many thin shelly laminæ, interior surface nacreous.

This shell is very rarely obtained entire. The prismatic layer is almost always gone entirely, and of the shelly, pearly portion, only the heavy anterior part is usually preserved. The shell is very often bored by *Martesia ovalis* and other burrowing forms. Perfect valves are very rare but may be obtained at Plum Point, Jones Wharf or Pawpaw Point at water level.

Length, 165 mm.; width, 90 mm.; diameter, 17 mm., though fragments of larger individuals are often found.

Occurrence.—ST. MARY'S FORMATION (?). Cove Point (?). CHOP-TANK FORMATION. Governor Run, Jones Wharf, Pawpaw Point, Dover Bridge, Greensboro, Cordova, Skipton, St. Leonard Creek. CALVERT

FORMATION. Church Hill, 3 miles west of Centerville, Chesapeake Beach, Plum Point, Hollin Cliff, Reed's, White's Landing.

Collections.—Maryland Geological Survey, Johns Hopkins University, U. S. National Museum, Philadelphia Academy of Natural Sciences.

Family PINNIDÆ.

Genus ATRINA Gray.

ATRINA HARRISII Dall.

Plate CIII, Figs, 2, 3.

Atrina Harrisii Dall, 1898, Trans. Wagner Free Inst. Sci., vol. iii, pt. iv, p. 663, pl. xxix, fig. 11.

Description.—" Shell rather thick (the fibrous layer lost in the specimens), ovately rounded behind, moderately convex; hinge line straight, ventral margin slightly incurved; the surface of the pearly layer shows the dorsal region with numerous fine longitudinal elevated lines, below which the shell is at first nearly smooth, then the ventral region is sculptured with numerous close-set concentric riblets. Length of portion preserved about 150, max. width 60, diam. 32 mm." Dall, 1898.

More perfect specimens show the hinge line to be slightly convex; the fine lines dorsally become obsolete toward the posterior end, the prismatic layer there showing only faint irregular concentric growth riblets that become stronger on the ventral slope; prismatic layer thin; ventral margin thickened and angularly incurved.

Length, about 170 mm.; width, 85 mm.; diameter, 28 mm.

Occurrence.—CHOPTANK FORMATION. Pawpaw Point, Jones Wharf. CALVERT FORMATION. Plum Point, Truman's Wharf, Chesapeake Beach, White's Landing.

Collections.—Maryland Geological Survey, Johns Hopkins University, U. S. National Museum, Philadelphia Academy of Natural Sciences.

ATRINA PISCATORIA n. sp.

Plate CIV, Fig. 1.

Description.—Pearly layer of shell thin, prismatic layer thick; moderately convex, rounded posteriorly; hinge line nearly straight; ventral margin incurved; ventral and dorsal margins forming an angle of about

45 degrees with each other; dorsal region smooth; ventral region sculptured by rather distant irregularly spaced concentric riblets.

This is much larger and broader and less acute anteriorly than *A. harrisii,* and is without the fine parallel lines characteristic of the dorsal region in that species. The specimen had been flattened so that the diameter given below is less than the true diameter.

Length, about 200 mm.; maximum width, about 120 mm.; diameter, 25+mm.

Occurrence.—CALVERT FORMATION. Chesapeake Beach.

Collection.—Maryland Geological Survey.

Superfamily ARCACEA.

Family ARCIDÆ.

Subfamily ARCINÆ.

Genus ARCA (Linné) Lamarck.

Subgenus SCAPHARCA (Gray) Dall.

Section ANADARA Gray.

ARCA (SCAPHARCA) SUBROSTRATA Conrad.

Plate CIV, Figs. 2, 3a, 3b.

Arca subrostrata Conrad, 1841, Proc. Acad. Nat. Sci. Phila., vol. i, p. 30.
Arca subrostrata Conrad, 1842, Jour. Acad. Nat. Sci. Phila., vol. viii, 1st ser., p. 185.
Arca subrostrata Conrad, 1845, Fossils of the Medial Tertiary, p. 58, pl. xxx, fig. 7.
Scapharca subrostrata Conrad, 1863, Proc. Acad. Nat. Sci. Phila., vol. xiv, p. 580.
Scapharca subrostrata Meek, 1864, Miocene Check List, Smith. Misc. Coll. (183), p. 6.
Scapharca tenuicardo Conrad, 1869, Amer. Jour. Conch., vol. v, p. 39, pl. ii, fig. 4.
Scapharca subrostrata Whitfield, 1894, Mon. xxiv, U. S. Geol. Survey, p. 45, pl. vi, figs. 11-13.
Scapharca (Anadara) subrostrata Dall, 1898, Trans. Wagner Free Inst. Sci., vol. iii, pt. iv, p. 655.

Description.—" Ovate; profoundly ventricose; ribs about 30, little prominent, flat, longitudinally sulcated; posterior side produced, cuneiform; rounded at the extremity; hinge linear in the middle, teeth obsolete, except towards the extremities; within slightly sulcated; crenulations of the margin sulcated in the middle." Conrad, 1841.

Cardinal area grooved with numerous somewhat irregular, though nearly parallel grooves; posterior umbonal slope angulated near the

25

umbo, rounded near the base; ribs sulcated by a strong median groove, supplemented usually by a finer groove on either side of the median one; posterior side flattened, ribs there but slightly prominent.

Length, 53 mm.; height, 34 mm.; diameter, 15 mm.

Occurrence.—CALVERT FORMATION. Chesapeake Beach, 3 miles south of Chesapeake Beach, Plum Point, Truman's Wharf, White's Landing, Church Hill, 3 miles west of Centerville, Reed's, Wye Mills, near Skipton.

Collections.—Maryland Geological Survey, Johns Hopkins University, U. S. National Museum.

ARCA (SCAPHARCA) ELNIA n. sp.

Plate CIV, Figs. 4a, 4b.

Description.—Shell large, moderately thick, but slightly elongated, not inflated, with prominent prosocœlous beak; cardinal area wide, with numerous irregular, zigzag, longitudinal grooves, bounded by a single deep curved groove from the beak to the ends of the hinge line; hinge line narrow; teeth small, obsolete medially, tending to become irregular at both ends of the series; right valve with about thirty-one low ribs hardly as wide on anterior dorsal slope as intervening spaces, broader and more elevated on posterior dorsal slope; each rib mesially sulcated by a groove with one or more subordinate grooves on either side; growth lines distinct; margin a continuous curve from anterior end of hinge line to posterior end of base, there sharply curved; posterior margin oblique to hinge line; interior margin crenulated; dorsal and posterior slopes meet in an angle that becomes rounded near the basal margin.

This species seems to be intermediate between *A. staminea* and *A. subrostrata,* being perhaps more nearly related to the latter.

Length, 60 mm.; height, 48 mm.; diameter, 22 mm.

Occurrence.—CHOPTANK FORMATION. Jones Wharf, lower bed at Governor Run, 2 miles south of Governor Run.

Collection.—Maryland Geological Survey.

ARCA (SCAPHARCA) CLISEA Dall.

Plate CV, Fig. 1.

Scapharca (Anadara) clisea Dall, 1898, Trans. Wagner Free Inst. Sci., vol. iii, pt. iv, p. 657, pl. xxxiii, fig. 25.

Description.—" Shell large, heavy, inflated, short, with small, high, somewhat prosocœlous beaks, the two halves of the wide cardinal area inclined to one another in the adult at an angle of about forty-five degrees; left valve with about thirty strong, flattened subequal radial ribs with narrower interspaces; in the young the ribs are furnished with small transverse nodulations, which gradually become obscure in the adult; the only transverse sculpture is of the ordinary incremental lines; the ribs in the adult are flat-topped and rarely show any tendency to mesial sulcation, and when present it appears only on a few of the anterior ribs near the margin; the anterior end is obliquely rounded to the base, the posterior end a little produced basally; the cardinal area is exceptionally wide, with a single impressed line joining the beaks and six or seven concentric lozenges defined by sharp grooves; a deep groove also bounds the area; hinge line straight with numerous small vertical teeth, becoming much larger distally and tending to break up into granules at both ends of the series in the senile shell. . . ." Dall, 1898.

This shell seems more closely related to *A. idonea* than to any other.

Length, 51 mm.; height, 53 mm.; diameter, 53 mm.

Occurrence.—ST. MARY'S FORMATION. St. Mary's River, Crisfield well at depth of 140 feet (U. S. National Museum).

Collections.—Maryland Geological Survey, U. S. National Museum.

Section SCAPHARCA ss.

ARCA (SCAPHARCA) STAMINEA Say.

Plate CV, Figs. 2, 3, 4, 5, 6.

Arca staminea Say, 1832, Amer. Conch., pl. xxxvi, fig. 2.
Arca elevata Conrad, 1840, Fossils of the Medial Tertiary, No. 1, 2d p. of cover.
Arca callipleura Conrad, 1840, Fossils of the Medial Tertiary, p. 54, pl. xxix, fig. 2.
Arca triquetra Conrad, 1843, Proc. Acad. Nat. Sci. Phila., vol. i, p. 305.
Arca triquetra Conrad, 1845, Fossils of the Medial Tertiary, p. 59, pl. xxxi, fig. 2.
Scapharca callipleura Conrad, 1863, Proc. Acad. Nat. Sci. Phila., vol. xiv, p. 579.
Scapharca triquetra Conrad, 1863, Proc. Acad. Nat. Sci. Phila., vol. xiv, p. 580.
Scapharca callipleura Meek, 1864, Miocene Check List, Smith. Misc. Coll. (183), p. 6.
Scapharca triquetra Meek, 1864, Miocene Check List, Smith. Misc. Coll. (183), p. 6.
Arca (Scapharca) callipleura Whitfield, 1894, Mon. xxiv, U. S. Geol. Survey, p. 43, pl. vi, figs. 8, 9.
Scapharca (Scapharca) staminea Dall, 1898, Trans. Wagner Free Inst. Sci., vol. iii, pt. iv, p. 642.

Description.—" Shell thick prominently convex; with about twenty-eight ribs which are rounded and narrower than the intervening spaces, excepting on the anterior side, where they are broader, and simply wrinkled, those of the anterior part of the disk have one or two longitudinal impressed lines; they are crossed by numerous transverse, elevated lines, which are hardly more distant from each other than their own width; intervening spaces wrinkled: beaks distant, curved a little backward, and the tip a little behind the hinge margin: area flattened, a little curved, rather spacious, with obvious impressed, oblique lines: hinge margin rectilinear, with small, numerous teeth: posterior margin regularly arcuated: base subrectilinear, very deeply crenated: anterior margin oblique, rectilinear: anterior side abruptly compressed." Say, 1832.

Shell very elevated and ventricose; umbonal and posterior slopes forming almost a right angle, near which the ribs are striated instead of granulated; basal margin regularly curved or in the more elongated specimens slightly incurved posteriorly.

A careful comparison of what are doubtless the type specimens of *A. callipleura* shows that it is but a short, elevated, thickened and well sculptured form of *A. staminea.*

Length, 44 mm.; height, 38 mm.; diameter, 21 mm.

Occurrence.—CHOPTANK FORMATION. Governor Run, 2 miles south of Governor Run, Flag Pond, Jones Wharf, Cuckold Creek, Turner, Dover Bridge, Peach Blossom Creek, Greensboro.

Collections.—Maryland Geological Survey, Johns Hopkins University, U. S. National Museum, Philadelphia Academy of Natural Sciences.

ARCA (SCAPHARCA) ARATA Say.

Plate CV, Figs. 7a, 7b.

Arca arata Say, 1824, Jour. Acad. Nat. Sci. Phila., vol. iv, 1st ser., p. 137, pl. x, fig. 1.
Arca arata Conrad, 1845, Fossils of the Medial Tertiary, p. 58, pl. xxx, fig. 6.
Scapharca arata Conrad, 1863, Proc. Acad. Nat. Sci. Phila., vol. xiv, p. 579.
Scapharca arata Meek, 1864, Miocene Check List, Smith. Misc. Coll. (183), p. 6.
Scapharca (Scapharca) arata Dall, 1898, Trans. Wagner Free Inst. Sci., vol. iii, pt. iv, p. 643.

Description.—" Shell transversely oblong, subrhomboidal, with about twenty-six longitudinal ribs; basal edge nearly parallel to the hinge margin, which latter terminates anteriorly in an angle.

"*Ribs* somewhat flattened, as wide or rather wider than the intervening spaces; the whole surface concentrically wrinkled: *umbones* not remarkably prominent: *apices* remote, the intervening space rhomboidal, with continued indented lines, arcuated under the apices: *hinge margin* perfectly rectilinear, angulated at the extremities, the anterior one a little projecting: *teeth* with a continued, uninterrupted line, parallel, excepting at the two extremities of the line, which decline a little, and the teeth are there decidedly longer and oblique with respect to the others of the range: *posterior end* obliquely rounded to the base: *base* nearly rectilinear and parallel to the hinge margin, and deeply crenated on the inner margin: *anterior end* produced below the middle, and rounded, and a little contracted near the superior angle." Say, 1824.

Length, 55 mm.; height, 34 mm.; diameter, 16 mm.

Occurrence.—ST. MARY'S FORMATION. St. Mary's River (quite rare).

Collections.—Maryland Geological Survey, U. S. National Museum.

ARCA (SCAPHARCA) IDONEA Conrad.

Plate CVI, Figs. 1, 2.

Arca idonea Conrad, 1832, Fossil Shells of the Tertiary, p. 16, pl. i, fig. 5.

Arca stillicidum Conrad, 1832, Fossil Shells of the Tertiary, p. 15, pl. i, fig. 3 (young).

Arca idonea Conrad, 1840, Fossils of the Medial Tertiary, p. 55, pl. xxix, fig. 3.

Arca stillicidum Conrad, 1840, Fossils of the Medial Tertiary, p. 55.

Arca idonea Emmons, 1858, Rept. N. Car. Geol. Survey, p. 285.

Latiarca idonea Conrad, 1862, Proc. Acad. Nat. Sci. Phila., vol. xiv, p. 289.

Scapharca idonea Conrad, 1863, Proc. Acad. Nat. Sci. Phila., vol. xiv, p. 579.

Scapharca idonea Meek, 1864, Miocene Check List, Smith. Misc. Coll. (183), p. 6.

Arca (Latiarca?) idonea? Whitfield, 1894, Mon. xxiv, U. S. Geol. Survey, p. 47, pl. vii, fig. 1.

Scapharca (Scapharca) idonea Dall, 1898, Trans. Wagner Free Inst. Sci., vol. iii, pt. iv, p. 639.

Description.—" Cordate, inequivalve, ventricose, and slightly sinuous; ribs about 25, narrow and crenulated; the crenulations most distinct on the larger valve; beaks very prominent and distant; area with undulated grooves; hinge with the series of teeth contracted in the center, and a little decurved at the ends." Conrad, 1832.

The shell is thick and large with a more or less sharply angular slope from the beak to the posterior extremity of the base. Near this angulation the ribs of both valves are finely striated. The more angular variety resembles *A. staminea,* its probable progenitor. The ribs vary from twenty-five to thirty-one, twenty-eight or twenty-nine being quite common. The teeth are fine, narrow, close set and tend to become irregular at the anterior and posterior ends of the dental area.

Length, 68 mm.; height, 55 mm.; diameter, 28 mm.

Occurrence.—St. Mary's Formation. Cove Point, Langley's Bluff, St. Mary's River.

Collections.—Maryland Geological Survey, Johns Hopkins University, U. S. National Museum.

Subgenus NOËTIA Gray.

Arca (Noëtia) incile Say

Plate CVI, Figs. 3, 4.

Arca incile Say, 1824, Jour. Acad. Nat. Sci. Phila., vol. iv, 1st ser., p. 139, pl. x, fig. 3.
Arca incile Conrad, 1832, Fossil Shells of the Tertiary, p. 16, pl. ii, fig. 1.
Arca incile Conrad, 1840, Fossils of the Medial Tertiary, p. 56, pl. xxix, fig. 5.
Arca incile Tuomey and Holmes, 1856, Pleiocene Fossils of South Carolina, p. 35, pl. xiv, figs. 6, 7, 18.
Arca incile Emmons, 1858, Rept. N. Car. Geol. Survey, p. 284.
Anomalocardia incile Conrad, 1863, Proc. Acad. Nat. Sci. Phila., vol. xiv, p. 580.
Anadara incile Meek, 1864, Miocene Check List, Smith. Misc. Coll. (183), p. 6.
Noëtia protexta Conrad, 1875, Rept. N. Car. Geol. Survey, vol. i, app. A, p. 19, pl. iii, fig. 5 (*fide* Dall).
Arca (Noëtia) incile Dall, 1898, Trans. Wagner Free Inst. Sci , vol. iii, pt. iv, p. 632.

Description.—" Shell transversely rhomboidal, with about twenty-seven ribs; anterior hinge margin compressed and angulated.

"*Disk* prominent from the beaks to the anterior part of the base: *ribs* with transverse granules; those anterior to the middle alternating with very slender and but little prominent lines, and with a groove on each: *anterior margin* longer to the base than the posterior end, and contracted in the middle: *series of teeth* nearly rectilinear, entire; interval between the teeth and the apices with a few transverse lines or wrinkles; a single oblique groove from the apex to a little before the middle, and six or seven narrow ones from the teeth outwards behind the apices: *beaks* placed very far backward: *inner margin* crenated: *muscular impressions* a little elevated, posterior one short: *basal margin* not parallel with the hinge margin." Say, 1824.

In Say's description above the two ends have been transposed, so that for anterior, posterior, before, behind, etc., read the opposite term. The very anterior position of the beak, the longer line of finer, narrower teeth and smaller size of the shell distinguish it from *A. limula*.

Length, 40 mm.; height, 22 mm.; diameter, 11 mm.

Occurrence.—CHOPTANK FORMATION. Jones Wharf, Dover Bridge (rare and small).

Collection.—U. S. National Museum.

Subgenus BARBATIA (Gray) Adams.

Section STRIARCA Conrad.

ARCA (BARBATIA) CENTENARIA Say.

Plate CVI, Figs. 5, 6.

Arca centenaria Say, 1824, Jour. Acad. Nat. Sci. Phila., vol. iv, 1st ser., p. 138, pl. x, fig. 2.

Arca centenaria Conrad, 1832, Fossil Shells of the Tertiary, p. 16, pl. i, fig. 4.

Arca centenaria Conrad, 1840, Fossils of the Medial Tertiary, p. 55, pl. xxix, fig. 4.

Arca centenaria Tuomey and Holmes, 1856, Pleiocene Fossils of South Carolina, p. 37, pl. xiv, figs. 11, 12.

Arca centenaria Emmons, 1858, Rept. N. Car. Geol. Survey, p. 285, fig. 205.

Striarca centenaria Conrad, 1863, Proc. Acad. Nat. Sci. Phila., vol. xiv, p. 580.

Striarca centenaria Meek, 1864, Miocene Check List, Smith. Misc. Coll. (183), p. 6.

Arca (Striarca) centenaria Whitfield, 1894, Mon. xxiv, U. S. Geol. Survey, p. 42, pl. vi, figs. 5–7.

Barbatia (Striarca) centenaria Dall, 1898, Trans. Wagner Free Inst. Sci., vol. iii, pt. iv, p. 628.

Description.—" Shell transversely-oval, subrhomboidal, obtusely contracted at base, with numerous alternate longitudinal striæ.

" Striæ from one hundred to one hundred and eighty and more in number; disappearing on the hinge margin; with hardly obvious transverse minute wrinkles, and larger, remote, irregular ones of increment; beaks but little prominent, not remote; base widely but not deeply contracted, nearly parallel with the hinge margin; anterior and posterior margins obtusely rounded; series of teeth rectilinear, uninterrupted, decurved at the tips; space between the beaks with numerous grooves proceeding from the teeth; inner margin not very distinctly crenated; muscular impressions elevated, and forming a broad line each side, from the cavity of the beak to the margin." Say, 1824.

Length, 20 mm.; height, 12 mm.; diameter, 6 mm.

The Virginia specimens are often twice these dimensions or larger.

Occurrence.—CHOPTANK FORMATION. Jones Wharf. Rare and small. CALVERT FORMATION. Church Hill, Fairhaven.

Collection.—Maryland Geological Survey.

Section CALLOARCA Gray.

ARCA (BARBATIA) MARYLANDICA Conrad.

Plate CVI, Fig. 7.

Byssoarca marylandica Conrad, 1840, Fossils of the Medial Tertiary, p. 54, pl. xxix, fig. 1.

Barbatia Marylandica Conrad, 1863, Proc. Acad. Nat. Sci. Phila., vol. xiv, p. 580.

Barbatia marylandica Meek, 1864, Miocene Check List, Smith. Misc. Coll. (183), p. 6.

Barbatia Marylandica Whitfield, 1894, Mon. xxiv, U. S. Geol. Survey, p. 48, pl. vii, figs. 2-4.

Barbatia (Calloarca) marylandica Dall, 1898, Trans. Wagner Free Inst. Sci., vol. iii, pt. iv, p. 623.

Description.—" Shell oblong, compressed, thin, with very numerous radiating granulated striæ; beaks not prominent; base much contracted or emarginate anterior to the middle; posterior side dilated, the superior margin very oblique and emarginate; extremity angulated, and situated nearer to the line of the hinge than to that of the base; cardinal teeth minute, except toward the extremities of the cardinal line where they are comparatively very large and oblique; inner margin entire." Conrad, 1840.

It may be readily identified by its general shape, or when found in fragments, as is usually the case, by the granulations of the striæ.

Length, 30 mm.; height, 27 mm.

Occurrence.—CALVERT FORMATION. " Cliffs of Calvert " (Conrad), 3 miles west of Centerville, Plum Point, Centerville.

Collections.—Maryland Geological Survey, U. S. National Museum.

Section GRANOARCA Conrad.

ARCA (BARBATIA) VIRGINIÆ Wagner.

Plate CVI, Fig. 8.

Arca virginiæ Wagner, 1839 ?—See Dall, below.

Arca virginiæ Bronn, 1848, Hand. Gesch. Nat., Index Pal., pt. i, p. 99.

Arca virginiæ Bronn, 1849, Hand. Gesch. Nat., Index Pal., pt. ii, p. 283.

Arca virginiæ Dall, 1898, Trans. Wagner Free Inst. Sci., vol. v, pt. ii, p. 9, pl. i,
    fig. 3.
Barbatia (Granoarca) virginiæ Dall, 1898, Trans. Wagner Free Inst. Sci., vol. iii,
    p. 627, pl. xxxii, fig. 23.

Description.—"*Arca virginiæ* is a large, solid, elongated shell, equivalve
but very inequilateral, the beaks being situated near the anterior fifth of
the length, low and prosogyrate, distant and separated by a wide cardinal
area with numerous (nine) slightly angular longitudinal concentric
grooves; sculpture of about twenty-five strong radial ribs, smaller on the
posterior dorsal area, somewhat flattened, and on the posterior part with
a shallow, wide mesial furrow, hinge line ╫ as long as the shell; teeth
vertical, in two series, beginning mesially very small, distally larger, and
with a tendency to break up or become irregular; muscular impressions
deep; margin fluted in harmony with the ends of the ribs. . . . "   Dall,
op. cit., vol. iii, p. 628.

Two imperfect and much worn shells from the St. Mary's River, 48
and 34 mm. in length, respectively, probably belong to this species.

Length, 83 mm.; height, 52 mm.; diameter, 42 mm.

Occurrence.—ST. MARY'S FORMATION.   St. Mary's River.

Collections.—Maryland Geological Survey, Wagner Free Institute of
Science.

Subfamily PECTUNCULINÆ.

Genus GLYCYMERIS Da Costa.

GLYCYMERIS PARILIS (Conrad).

Plate CVII, Figs. 1, 2.

Pectunculus lentiformis Conrad, 1842, Proc. Nat. Inst., Bull. ii, pp. 181, 183 (listed
    only).
Not *Pectunculus lentiformis* Conrad, 1837, Fossil Shells of the Tertiary, 2nd. Edit.,
    p. 86.
Pectunculus parilis Conrad, 1843, Proc. Acad. Nat. Sci. Phila., vol. i, p. 306.
Pectunculus parilis Conrad, 1845, Fossils of the Medial Tertiary, p. 64, pl. xxxvi,
    fig. 2.
Pectunculus parilis Conrad, 1863, Proc. Acad. Nat. Sci. Phila., vol. xiv, p. 580.
Pectunculus parilis Meek, 1864, Miocene Check List, Smith. Misc. Coll. (183), p. 5.
Glycymeris parilis Dall, 1898, Trans. Wagner Free Inst. Sci., vol. iii, pt. iv, p. 609.

Description.—"*O*rbicular, slightly oblique; height and length equal;
posterior superior margin obliquely subtruncated; ribs defined by slightly

impressed narrow radii; radiating striæ minute and obsolete; marginal teeth prominent." Conrad, 1843.

This is the common species of the Calvert formation. Conrad has caused some confusion by listing in 1842, as *P. lentiformis,* some specimens from the Calvert formation at Hance's and Wilkinson's, that must have been the then undiscriminated *P. parilis.* I know of no true *P. lentiformis* specimens that have been found in Maryland.

Height, 90 mm.; width, 88 mm.; diameter, 23 mm.

Occurrence.—St. Mary's Formation. St. Mary's River (Dall). Calvert Formation. Chesapeake Beach, 3 miles south of Chesapeake Beach, Plum Point, Truman's Wharf, Church Hill, Wye Mills, Reed's, Tilghman's Station, Skipton (Dall).

The St. Mary's River reference is probably a mistake. No one else has listed it from there. Careful search has failed to find it there, and no specimens from St. Mary's River could be found in the National Museum.

Collections.—Maryland Geological Survey, Johns Hopkins University, Philadelphia Academy of Natural Sciences, U. S. National Museum, Cornell University.

Glycymeris subovata (Say).

Plate CVII, Figs. 3, 4.

Pectunculus subovatus Say, 1824, Jour. Acad. Nat. Sci. Phila., vol. iv, 1st ser., p. 140, pl. x, fig. 4.
Pectunculus subovatus Conrad, 1832, Fossil Shells of the Tertiary, p. 17, pl. x, fig. 3.
Pectunculus subovatus Conrad, 1845, Fossils of the Medial Tertiary, p. 62, pl. xxxiv, fig. 1.
Pectunculus subovatus Emmons, 1858, Rept. N. Car. Geol. Survey, p. 286, fig. 207.
Pectunculus subovatus Conrad, 1863, Proc. Acad. Nat. Sci. Phila., vol. xiv, p. 581.
Pectunculus subovatus Meek, 1864, Miocene Check List, Smith. Misc. Coll. (183), p. 5.
Glycimeris subovata Dall, 1898, Trans. Wagner Free Inst. Sci., vol. iii, pt. iv, p. 611.

Description.—" Longitudinally short ovate, with about thirty longitudinal impressed acute lines, the intervals a little convex.

"*Shell* increasing in width by a slightly curved line from the apex to beyond the middle: *lateral curvatures* equal: *apices* separate, small, central; intervening space with but little obliquity to the plane of the shell, with obsolete angulated lines: *teeth* forming a regularly and much arcuated series, which is rectilinearly truncated above so as to leave in that part a mere edentulous elevated line: *within* destitute of striæ: *margin* with elevated angular lines: *exterior surface* with about thirty longitudinal, impressed, acute lines, the intervals a little convex." Say, 1824.

The specimens in the Philadelphia Academy of Natural Sciences labelled " Md." are similar in color to ones from the Yorktown, Va., region and have material between the teeth and in some holes in the shell very suggestive of the same locality. I very much doubt their having come from Maryland.

Height, 33 mm.; width, 36 mm.; diameter, 11 mm. This is less than usual size as found in Virginia and elsewhere.

Occurrence.—CHOPTANK FORMATION. Greensboro, Davis's Mill on Choptank, near Skipton.

Collections.—Maryland Geological Survey, U. S. National Museum.

Superfamily NUCULACEA.

Family LEDIDÆ.

Genus LEDA Schumacher.

LEDA LICIATA (Conrad).

Plate CVII, Figs. 5, 6, 7, 8.

Nucula liciata Conrad, 1843, Proc. Acad. Nat. Sci. Phila., vol. i, p. 305.
Nucula liciata Conrad, 1845, Fossils of the Medial Tertiary, p. 64, pl. xxxvi, fig. 3.
Nucula liciata Conrad, 1863, Proc. Acad. Nat. Sci. Phila., vol. xiv, p. 581.
Nucula liciata Meek, 1864, Miocene Check List, Smith Misc. Coll. (183), p. 5.
Leda acrybia Dall, 1898, Trans. Wagner Free Inst. Sci., vol. iii, pt. iv, p. 590.
Leda phalacra Dall, 1898, Trans. Wagner Free Inst. Sci., vol. iii, pt. iv, p. 592.

Description.—" Ovate-acute, ventricose, with about fifteen concentric lamelliform striæ; posterior side much shorter than the anterior; anterior side slightly recurved, with an oblique slight submarginal furrow, causing a slight emargination of the base near the extremity." Conrad, 1843.

The above is Conrad's original description. His specimens are in the Philadelphia Academy of Natural Sciences. A study of abundant material shows that the concentric striæ vary from fifteen, or fewer, to wellnigh thirty, becoming at the same time finer and more indistinct over the umbonal slope and partially or entirely obsolete near the margin. In other specimens a larger and larger portion of the surface in this way becomes smooth, until they finally grade over into perfectly smooth polished forms. One having but a few valves belonging to different portions of the series would naturally consider them distinct species.

Leda acrybia is a typical *L. liciata* and stands at one end of the series. *L. phalacra* is one of the intermediate forms with the striæ partially obsolete, while *L. amydra* is the smooth, polished variety forming the other end member of the series. It has not been practicable to separate the intermediate forms from the *liciata*. They are accordingly grouped together, while the smooth polished end member, *L. amydra,* has been retained as a variety.

Length, 10.5 mm.; height, 6.1 mm.; diameter, 2.5 mm.

Occurrence.—CHOPTANK FORMATION. Greensboro. CALVERT FORMATION. Chesapeake Beach, 3 miles south of Chesapeake Beach, Plum Point, Truman's Wharf.

Collections.—Maryland Geological Survey, Johns Hopkins University, U. S. National Museum, Philadelphia Academy of Natural Sciences.

LEDA LICIATA VAR. AMYDRA Dall.

Plate CVII, Figs. 9, 10.

Leda amydra Dall, 1898, Trans. Wagner Free Inst. Sci., vol. iii, pt. iv, pp. 591, 592.

Description.—" Shell small, smooth, polished, subequilateral, moderately convex, with an evenly arcuate base, no lunule, and the escutcheon small, narrow, excavated, bounded outside by a raised line beyond which is a second furrow extending nearly to the end of the rostrum; the chondrophore is small and deep-seated with about a dozen small teeth on each side of it; the rostrum is short, rounded, and without any internal partition. . . .

" This shell is remarkably like a small *Leda* from the Claiborne sands which I have without a name, but is more rounded behind. More material is needed to establish its exact relations." Dall, 1898.

Dr. Dall's description was from a single valve found at Plum Point. It is but a variety of *L. liciata* and distinguished from the other members of the series of which it is an end member, by its smooth, polished surface.

Length, 11.5 mm.; height, 6 mm.; diameter, 2.3 mm.

Occurrence.—CALVERT FORMATION. Plum Point.

Collections.—Maryland Geological Survey, Johns Hopkins University, U. S. National Museum.

LEDA CONCENTRICA (Say).

Plate CVIII, Figs. 1, 2.

Nucula concentrica Say, 1824, Jour. Acad. Nat. Phila., vol. iv, 1st ser., p. 141.
Nucula concentrica Say, 1831, Amer. Conch., pl. xii.
Nucula concentrica Conrad, 1845, Fossils of the Medial Tertiary, p. 57, pl. xxx, fig. 3.
Nucula eborea Conrad, 1846, Proc. Acad. Nat. Sci. Phila., vol. iii, p. 24, pl. i, fig. 4.
Not *Yoldia eborea* Conrad, 1860, Jour. Acad. Nat. Sci. Phila., 2nd ser., vol. iv,
   p. 295, pl. xlvii, fig. 26; nor Conrad, 1863, Proc. Acad. Nat. Sci. Phila., vol.
   xiv, p. 581; nor Meek, 1864, Miocene Check List, Smith. Misc. Coll. (183), p. 5.
Nucula concentrica Conrad, 1863, Proc. Acad. Nat. Sci. Phila., vol. xiv, p. 581.
Nucula concentrica Meek, 1864, Miocene Check List, Smith. Misc. Coll. (183), p. 5.
Leda concentrica Dall, 1898, Trans. Wagner Free Inst. Sci., vol. iii, pt. iv, p. 588.

Description.—" Transversely elongate-subovate, rostrated, concentrically striated.

" *Shell* convex; *rostrum* considerably narrowed towards the tip: *surface* concentrically striated with numerous, regular, equidistant, rounded lines: *beaks* rather behind the middle: *ligament margin* a little concave: *series of teeth* angulated at the beaks. . . .

" The regularly striated surface gives this shell a very pretty appearance. In outline it has some resemblance to the *rostrata.*" Say, 1824.

Length, 6 mm.; height, 4 mm.; diameter, 1.1 mm.

Occurrence.—ST. MARY'S FORMATION. St. Mary's County (Say); Pocomoke City at a depth of 53 to 75 feet in a well boring where it may be later than Miocene.

Collections.—Maryland Geological Survey, Johns Hopkins University, Wagner Free Institute of Science.

Genus YOLDIA Moller.

YOLDIA LÆVIS (Say).

Plate CVIII, Figs. 3, 4.

Nucula lævis Say, 1824, Jour. Acad. Nat. Sci. Phila., vol. iv, 1st ser., p. 141, pl. x,
   fig. 5.
Nucula lævis Say, 1831, Amer. Conch., pl. xii.

Nucula limatula Conrad, 1845, Fossils of the Medial Tertiary, pp. 57, 58, pl. xxx, fig. 4.

Nucula limatula Tuomey and Holmes, 1856, Pleiocene Fossils of South Carolina, p. 52, pl. xvii, figs. 13–15 (not of Say).

Yoldia lævis Conrad, 1863, Proc. Acad. Nat. Sci. Phila., vol. xiv, p. 581.

Yoldia lævis Meek, 1864, Miocene Check List, Smith. Misc. Coll. (183), p. 5.

Yoldia lævis Dall, 1898, Trans. Wagner Free Inst. Sci., vol. iii, pt. iv, p. 596.

Description.—" Transversely elongate-subovate, rostrated, nearly smooth.

" Shell compressed, thin, fragile, polished, smooth, slightly wrinkled toward the base; beaks nearly central, hardly prominent beyond the hinge margin, rounded, approximate; series of teeth subrectilinear, a little arcuated behind; teeth prominent; hinge margin exteriorly both before and behind the beaks rather abruptly compressed; posterior margin rounded; anterior margin somewhat rostrated, the anterior hinge margin rectilinear, very little reflected at tip; inner margin simple." Say, 1824.

This species has often been confused with the Pleistocene and Recent *Y. limatula,* of which it is doubtless the ancestor. " It differs from the latter by its proportionally larger chondrophores, smaller and more numerous teeth, somewhat more pointed posterior end and less compressed escutcheon." Dall.

Casts from three miles north of Plum Point reach a very large size, being 5 cm. in length and 2 cm. in height. Specimens from other places are a half to a third these dimensions.

Occurrence.—St. Mary's Formation. Cove Point, St. Mary's River, Langley's Bluff. Choptank Formation. Jones Wharf, Sand Hill. Calvert Formation. Church Hill, Fairhaven, Parker Creek, 3 miles north of Plum Point, Lyon's Creek, White's Landing.

Collections.—Maryland Geological Survey, Johns Hopkins University, U. S. National Museum.

Family NUCULIDÆ.

Genus NUCULA Lamarck.

NUCULA PROXIMA Say.

Plate CVIII, Figs. 5, 6.

Nucula obliqua Say, 1820, Amer. Jour. Sci., vol. ii, p. 40; not of Lamarck, 1819.

Nucula proxima Say, 1822, Jour. Acad. Nat. Sci. Phila., vol. ii, 1st ser., p. 270

Nucula proxima Tuomey and Holmes, 1856, Pleiocene Fossils of South Carolina, p. 53, pl. xvii, figs. 7–9.

Nucula proxima Emmons, 1858, Rept. N. Car. Geol. Survey, p. 287, fig. 208B.

Nucula proxima Dall, 1889, Bull. xxxvii, U. S. Nat. Mus., p. 42, pl. lvi, fig. 4.

Nucula proxima Whitfield, 1894, Mon. xxiv, U. S. Geol. Survey, p. 50, pl. vii, figs. 7–10.

Nucula proxima Dall, 1898, Trans. Wagner Free Inst. Sci., vol. iii, pt. iv, p. 574.

Description.—" Shell subtriangular, oblique, concentrically wrinkled, and longitudinally marked with numerous, hardly perceptible striæ; posterior margin very short and very obtusely rounded, a submarginal impressed line; anterior margin very oblique and but slightly arcuated; umbo placed far back; within perlaceous, polished, edge strongly crenated; teeth of the hinge robust, the posterior series very distinct and regular.

" Very much resembles *N. nucleus,* but is proportionally wider, and the posterior series of teeth is more regular and distinct. It may possibly prove to be only a variety, when numerous specimens are carefully examined and compared." Say, 1822.

Those from Church Hill are much larger than those from the other localities given below, the measurements being: length, 12 mm.; height, 10.5 mm.; diameter, 4 mm.; and length, 6.5 mm.; height, 5.3 mm.; diameter, 2.1 mm., respectively.

Occurrence.—CHOPTANK FORMATION. Dover Bridge, Cordova. CALVERT FORMATION. Church Hill, 3 miles west of Centerville, Fairhaven, 3 miles south of Chesapeake Beach, Plum Point, Truman's Wharf.

Collections.—Maryland Geological Survey, Johns Hopkins University, U. S. National Museum.

NUCULA SINARIA Dall.

Plate CVIII, Figs. 7, 8.

Nucula sinaria Dall, 1898, Trans. Wagner Free Inst. Sci., vol. iii, pt. iv, p. 575, pl. xxxii, fig. 7.

Description.—" Shell small, solid, trigonal, polished, with fine, radial striæ, more distinct near the basal margins, and faint, concentric, rather irregular furrows, obsolete over most of the valve, but tending to be stronger near the anterior and posterior slopes; here and there one crosses the whole shell like the indication of a resting stage; dorsal slopes nearly straight, base arcuate, ends rounded; lunule absent, escutcheons impressed; striated, the margins not pouting in the middle; beaks prominent, obtuse; interior brilliantly pearly, muscular impressions deep; the basal margins finely crenulate; hinge strong, wide; the chondrophore oblique, heavy; anterior teeth wide, strong, about seventeen, posterior about seven. . . .

"This species differs from the preceding [*N. chipolana*] by its more trigonal, heavy, and pearly shell, its wider and proportionately heavier hinge, and its impressed instead of merely flattened escutcheon. The Maryland specimens are usually larger and more worn than the types from West Florida; both retain a purplish tint in their nacre." *Dall,* 1898.

Length, 4.75 mm.; height, 4 mm.; diameter, 2.5 mm. (*Dall*).

Occurrence.—ST. MARY'S FORMATION. Cove Point, Langley's Bluff, St. Mary's River. CHOPTANK FORMATION. Jones Wharf.

Collections.—Maryland Geological Survey, Johns Hopkins University, U. S. National Museum.

NUCULA TAPHRIA Dall.

Plate CVIII, Figs. 9, 10, 11.

Nucula taphria Dall, 1898, Trans. Wagner Free Inst. Sci., vol. iii, pt. iv, p. 576, pl. xxxii, fig. 14.

Description.—"Shell small, very solid, rounded cuneiform, with few strong, distant concentric grooves, like marks of resting stages, which extend clear over the shell, otherwise smooth; beaks prominent, turgid; lunule absent; escutcheon faintly indicated; posterior end subtruncate, anterior produced and rounded, base moderately arcuate; interior hardly nacreous, muscular impressions large and distinct; basal margins entire; hinge strong and heavy; chondrophore wide, distinct, a little oblique; anterior teeth thirteen, posterior six or seven. . . .

"This interesting species is related to the recent *N. delphinodonta* Mighels, which is a more rounded and less oblique shell, without the strong concentric grooves of *N. taphria.*" Dall, 1898.

Length, 2.9 mm.; height, 2.25 mm.; diameter, 1.5 mm. (Dall).

Occurrence.—ST. MARY'S FORMATION. St. Mary's River. CHOPTANK FORMATION. Jones Wharf.

Collections.—Maryland Geological Survey, Johns Hopkins University, U. S. National Museum.

NUCULA PRUNICOLA Dall.

Plate CVIII, Figs. 12, 13, 14.

Nucula prunicola Dall, 1898, Trans. Wagner Free Inst. Sci., vol. iii, pt. iv, p. 576, pl. xxxii fig. 9.

Description.—" Shell small, inflated, polished, very inequilateral; surface with obsolete, obscure radial striæ, strong where they cross between the concentric ridges and near the ventral margin; beaks, dorsal slopes, escutcheon, and the posterior two-thirds of the sides of the shell smooth or nearly so; on the anterior third sculpture of moderately elevated concentric lamellæ separated by wider radially grooved interspaces; these lamellæ break off abruptly anteriorly, and posteriorly become gradually obsolete in front of the middle of the shell; they are strongest in front and near the margin; lunular area lanceolate, large, not impressed, marked by the cessation of the lamellæ; escutcheon roundly cordate, impressed; the margins pouting in the middle; there is no circumscribing line; beaks turgid, recurved; interior brilliantly pearly, the basal margin strongly crenulate, the muscular impressions feeble; base arcuate, ends rounded; chondrophore narrow, not prominent, anteriorly directed; the anterior line of teeth long, slightly arched, the posterior meeting it at nearly a right angle, short, straight; anterior teeth about twenty; posterior six or seven. . . ." Dall, 1898.

This species may be readily distinguished by the concentric ridges or raised lamellæ on the anterior third of the shell.

Length, 6 mm.; height, 4.5 mm.; diameter, 3.7 mm.

Occurrence.—CALVERT FORMATION. Chesapeake Beach, 3 miles south of Chesapeake Beach, Plum Point.

Collections.—Maryland Geological Survey, Johns Hopkins University, U. S. National Museum.

MOLLUSCOIDEA.

Class BRACHIOPODA.

Order NEOTREMATA.

Superfamily DISCINACEA.

Family DISCINIDÆ.

Genus DISCINISCA Dall.

DISCINISCA LUGUBRIS (Conrad).

Plate CIX, Figs. 1a, 1b, 2a, 2b, 3.

Capulus lugubris Conrad, 1834, Jour. Acad. Nat. Sci. Phila., vol. vii, 1st ser., p. 143.

Orbicula lugubris Hodge, 1841, Amer. Jour. Sci., vol. xli, p. 344.

Orbicula lugubris Conrad, 1842, Proc. Nat. Inst., Bull. ii, pp. 182, 183, 185.

Orbicula lugubris Conrad, 1845, Fossils of the Medial Tertiary, No. 3, p. 75, pl. xliii, fig. 2.

Orbicula lugubris var. A Conrad, 1845, Fossils of the Medial Tertiary, No. 3, p. 75.

Orbicula multilineata Conrad, 1845, Fossils of the Medial Tertiary, No. 3, p. 75, pl. xliii, fig. 3.

Capulus lugubris H. C. Lea, 1845, Trans. Amer. Philos. Soc., vol. ix, p. 230.

Orbicula lugubris Tuomey and Holmes, 1857, Pleiocene Fossils of South Carolina, p. 17, pl. v, fig. 1.

Orbicula multilineata Tuomey and Holmes, 1857, Pleiocene Fossils of South Carolina, p. 18, pl. v, fig. 2.

Orbicula lugubris Emmons, 1858, Rept. N. Car. Geol. Survey, p. 274, fig. 187.

Orbicula lugubris Conrad, 1862, Proc. Acad. Nat. Sci. Phila., vol. xiv, p. 582.

Orbicula multilineata Conrad, 1862, Proc. Acad. Nat. Sci. Phila., vol. xiv, p. 582.

Discina lugubris Meek, 1864, Miocene Check List, Smith. Misc. Coll. (183), p. 3.

Discina multilineata Meek, 1864, Miocene Check List, Smith. Misc. Coll. (183), p. 3.

Discina lugubris Harris, 1893, Amer. Jour. Sci., ser. iii, vol. xlv, p. 21.

Discina "acetabula" [misprint for *lugubris*] Harris, 1893, Amer. Jour. Sci., ser. iii, vol. xlv, p. 25.

Discina lugubris Whitfield, 1894, Mon. xxiv, U. S. Geol. Survey, p. 23, pl. i, figs. 1–3.

Discinisca lugubris Schuchert, 1897, Bull. 87, U. S. Geol. Survey, p. 219.

Discinisca multilineata Schuchert, 1897, Bull. 87, U. S. Geol. Survey, p. 219.

Discinisca lugubris Dall, 1898, Trans. Wagner Free Inst. Sci., vol. v, p. 9, pl. i, fig. 2, A, B.

Discinisca lugubris Dall, 1903, Trans. Wagner Free Inst. Sci., vol. iii, pt. vi, p. 1534, pl. lxiii, fig. 13.

Description.—" Shell irregular, suboval, depressed, laminated; with radiating crenulating striæ; apex slightly prominent; nearly terminal. Length, half an inch." Conrad, 1834.

"Suborbicular, irregular, with radiating rugose lines, obsolete or wanting except on the space anterior to the apex, where they are distinct.

"*Var. A.* Apex remote from the margin; lines distinct over the whole disk, and reticulated by fine wrinkles." Conrad, 1845.

"Suboval, compressed; surface uneven, with radiating rugose closely-arranged lines." Conrad, 1845. (Description of *Orbicula multilineata*.)

Dorsal valve subcircular to oval, usually deep but sometimes almost flat; substance cornaceous, thick; apex prominent, varying in position from terminal to very slightly eccentric, nearer the center in the thinner, flatter, more nearly circular valves; external surface with very distinct concentric lines of growth, and with very variable radiating vermicular threads which are often obsolete on part or all of the valve; muscular scars very prominent; anterior scars large, elongate, not varying much in width from one end to the other, nearest together at the center of the valve, increasing in distance posteriorly; posterior scars small, distant, very prominent, somewhat elevated: ventral valve thin, flat or shaped by the surface to which it adheres; septum small, narrow, elevated; longitudinal fissure small, broad.

Dorsal valves are very abundant as their composition makes them more easily preserved than any other species in this fauna. Ventral valves are, however, very rare. They are so thin that they are never preserved, except when they have remained attached to some foreign object with the dorsal valve still in position. The ventral valve here figured, which is apparently the only one which has been found in Maryland, was attached to the exterior of a large *Ecphora quadricostata*.

There is great variation within this species due chiefly to the object of attachment and other conditions of environment. In addition to the typical form which was described from Stow Creek, New Jersey, and which was characterized by having semiobsolete radiating lines and a marginal apex, Conrad recognized an unnamed variety, from St. Mary's county (probably from Jones Wharf), which had a subcentral apex and distinct radiating lines, and a supposedly distinct species *multilineata* which had a depressed dorsal valve with a subcentral apex and very rugose radiating sculpture.

As has already been pointed out, the thickness of the shell and the depth of the valve increase, while the amount of sculpture decreases with the eccentricity of the apex. There is such complete gradation throughout the series that the separation of two species seems impossible. The individuals from the Calvert formation appear to be almost or quite restricted to the typical form. In the Choptank formation where the species attains its maximum development there is extreme variation in form. The St. Mary's formation has yielded few specimens. It will be in material from this formation, and probably in Virginia or the Carolinas, that *multilineata* will, if ever, be recognized as a valid species.

Length, 25 mm.; width, 25 mm.; height, 6.5 mm.

Occurrence.—ST. MARY'S FORMATION. Cove Point, near Great Mills. CHOPTANK FORMATION. Jones Wharf, Governor Run, 2 miles south of Governor Run, Pawpaw Point, Turner, St. Leonard Creek, Trappe Landing, Dover Bridge, Cordova, Peach Blossom Creek. CALVERT FORMATION. Chesapeake Beach, 3 miles south of Chesapeake Beach, Truman's Wharf, Lyon's Creek, Fairhaven.

Collections.—Maryland Geological Survey, Johns Hopkins University, U. S. National Museum, Philadelphia Academy of Natural Sciences, Cornell University.

CLASS BRYOZOA Ehrenberg.

Order CYCLOSTOMATA Busk.

Family IDMONEIDÆ Busk.

Genus IDMONEA Lamouroux.

IDMONEA(?) EXPANSA n. sp.

Plate CIX, Figs. 6, 7, 8.

Description.—Zoarium adnate, beginning with a single zoœcium to which others are added rapidly until an irregular flabellate expansion is produced that with further growth becomes more or less lobate. In the older examples the lobes are seen to be due to the development of the zoœcia in systems composed of two pinnate series of transverse rows springing alternately from the opposite sides of a zigzag or wavy median line. In the rows the zoœcial apertures, which are rounded quadrate in shape and elevated, are in contact, with four to six in each row and this greater number in about 0.8 mm. The furrows between the rows of apertures are often irregular, and where this is the case the rows themselves are not continuous. When the arrangement is normal the average width of the furrows is a little less than that of the rows of apertures, allowing about four of the latter to come within the space of 1.0 mm. The growing margins of the expansions are occupied by numerous crowded angular cells, decreasing in size toward the extreme edge. Zoœcial walls minutely porous.

Young zoaria have the aspect of a short-celled *Tubulipora,* but we believe the pinnate arrangement of the zoœcia shown in maturer examples is a surer indication of the true affinities of the species. Compared with other species of *Idmonea* we know of none having anything like a flabellate zoarium, all being strictly ramose.

Pergens [1] retains d'Orbigny's *Reptotubigera,* 1852, for the adnate section of the genus *Idmonea* as currently understood, but since Lamouroux's type of *Idmonea* (*I. triquetra* Lamx., 1821) is also the type of *Reptotubigera,* it seems to us d'Orbigny's name has absolutely no claim to recognition. Besides the separation of *Idmonea* into two genera, the one comprising adnate forms the other erect, seems to find no sufficient justification in either nature or convenience.

Occurrence.—ST. MARY'S FORMATION. Cove Point (on *Pecten madisonius*).

Collection.—Maryland Geological Survey.

Genus CRISINA d'Orbigny.

It seems to us there should be no question of the desirability of this generic or subgeneric division. It is certainly convenient and as natural as the difficulties of a genetic classification of the CYCLOSTOMATA will. permit. As we see it, precisely the same kind of difference separates *Crisina* from *Idmonea* as that which distinguishes *Truncatula* Hagenow from *Osculipora* d'Orbigny, *Plethopora* Hag. from *Cyrtopora* Hag., *Unicytis* d'Orb. from *Frondipora* Imperato, and *Corymbosa* Michelin from *Fasciculipora* d'Orb.

[1] Revision des Bryozoaires du Cretacé figurés par d'Orbigny, Bull. Soc. Belge de Géol., 1890, p. 338–340.

CRISINA STRIATOPORA n. sp.

Plate CXVII, Figs. 1, 2, 3, 4.

Description.—Zoarium erect, ramose, probably not exceeding 1 cm. in height, dividing dichotomously at intervals of about 1.5 mm.; branches subovate in cross-section, thickest, uniformly convex and traversed longitudinally by from sixteen to twenty punctate striæ on the reverse side, narrower and carrying alternating series of zoœcial apertures on the obverse side. Zoœcial apertures rarely three usually four in each series, in contact laterally, the inner one of each series largest, most prominent, and subcircular, the outer one smallest, drawn out distally and apparently grading into the pores lying between the longitudinal ridges of the reverse side. Series of zoœcia curving first forward then slightly backward, separated by a deep interspace averaging about 0.2 mm. in width; about five rows in 2.0 mm. Over the basal part of the zoarium the zoœcial apertures are covered one after the other by the growth of the striato-punctate dorsal integument.

This handsome species is readily distinguished from all others known to us having the character of *Crisina,* by the frequent dichotomization of the branches. Differences in cross-sections of the branches and in other respects also are to be observed when compared with most of the species.

Occurrence.—CHOPTANK FORMATION. Jones Wharf.

Collection.—Maryland Geological Survey.

Family FASCIGERIDÆ.

Genus THEONOA Lamouroux.

THEONOA GLOMERATA n. sp.

Plate CIX, Figs. 4a, 4b, 4c, 5a, 5b.

Description.—Zoarium cake-shaped when young and growing irregular with age, the under side covered with a concentrically wrinkled epitheca, the upper side with short or broken irregularly arranged celluliferous ridges separated by deep interspaces. Ridges abruptly elevated, their flattened summits usually exhibiting a double row of subangular zoœcial apertures. Here and there, probably through confluence of two or more ridges, considerable clusters of apertures occur, while other groups may not contain more than three or four cells. Occasionally an irregular radial arrangement of the ridges is apparent. About four zoœcial apertures in 1.0 mm.

The ridges or as they may be more appropriately called, the elevated bundles of zoœcial apertures, are smaller and more interrupted, and the deep interspaces relatively greater than in any other species of *Theonoa* known to us. Excepting that the radial arrangement of the ridges is much less apparent and the zoarium thicker, *T. glomerata* presents considerable resemblance to *Kololophos terquemi* (Haime) Gregory, and it would not require any very essential modification of Gregory's proposed genus to receive it. But as there is some question in our minds as to the necessity of *Kololophos* and less doubt concerning the intimate relations of our species to *Theonoa* we have thought it better, for the present at least, to place it into the old genus rather than to modify the new genus in a direction probably not acceptable to its founder.

Occurrence.—ST. MARY'S FORMATION. St. Mary's River.

Collection.—Maryland Geological Survey.

Order CHILOSTOMATA Busk.

Family MEMBRANIPORIDÆ.

Genus MEMBRANIPORA Blainville.

MEMBRANIPORA OBLONGULA n. sp.

Plate CX, Figs. 2, 3, 4, 5.

Description.—Zoarium incrusting, forming delicate expansions often of considerable extent over shells of mollusca and other foreign objects; occasionally in superimposed layers. Zoœcial apertures arranged in longitudinal series, usually elongate, occupying the entire opesium, the length often nearly or quite twice the width; when normally developed, elongate, ovate or subquadrate but contingencies of growth and development cause many variations without, however, ever seriously affecting the general plan of the specific characteristics; measuring longitudinally 10 or 11 in 5 mm., transversely the average is about 10 in 3 mm. Wall varying in thickness, usually about two-thirds the width of the opesium, rarely less, and often much thicker, the extremes observed being shown in the illustrations; surface of wall with delicate transverse striæ, usually sharply rounded or angular in the middle, but when very wide the median line is depressed. Numerous thin spines project from the walls into the apertures but they are usually confined to the posterior half or two-thirds of the opening.

This extremely abundant and despite its variations, really very constant species apparently belongs to the group of *M. membranacea,* which is characterized by the absence of both avicularia and ovicells. It has close relations to several European Tertiary and to certain living species, but does not appear to be identical with any of the described forms. Whatever rank it may be given when the MEMBRANIPORIDÆ are finally revised, its importance as a highly characteristic species of the American Miocene demands recognition. There is no associated species with which it might be confounded.

Canu[1] erects a new genus for the reception of *M. membranacea* L. with which as above indicated we believe the affinities of *M. oblongula* lie. We have not thought it wise, however, to employ the new genus until our studies of the whole family arrive at a stage where we have confidence in the generic grouping.

Occurrence.—CHOPTANK FORMATION. Jones Wharf, Peach Blossom Creek, Greensboro, *D*over Bridge, Governor Run. CALVERT FORMATION. Plum Point, Reed's, Chesapeake Beach.

Collections.—Maryland Geological Survey, U. S. National Museum.

MEMBRANIPORA FOSSULIFERA n. sp.

Plate CX, Fig. 1.

Description.—Zoarium forming a thin expansion upon foreign bodies. Zoœcia oblong, subquadrate, sometimes obscurely hexagonal, arranged in regular longitudinal and diagonally intersecting rows, with about 11 in 5 mm., measuring lengthwise, 9 to 10 in 3 mm., diagonally, and 11 to 13 of the longitudinal rows in 3 mm. Opesium elongate oval, generally about twice as long as wide. Walls nearly always a little less than half

---

[1] Bull. Soc. Géol. de France, 3rd ser., xxviii, p. 348, where the spelling is *Nistchina* and p. 350 as *Nichtina* although the genus is presumably named after Nitsche.

the width of the opesium, with a median channel, the ring-like elevation enclosing the opesium uniformly elevated except across the anterior end where it is higher and obliquely arched and elevated beneath, probably to form a cover for an oœcium, and is usually surmounted by a transverse rib terminating at each end in a small rounded prominence. Rarely the space of an ordinary zoœcium is taken up by a cell having a thicker wall and a smaller aperture varying from elongate to nearly circular, while in one instance, a small cell with an oblique opening, narrowed distally, is wedged in between three zoœcia.

This species probably belongs to the group of *M. corbula* as defined by Waters. Compared with described fossil species *M. fenestrata* Reuss, from the Miocene of Austria, seems the nearest. However, there are good specific distinctions between them, the shape of the zoœcia being somewhat different, and the transverse depressed line between their ends deeper and the ovicells less exsert in the Maryland species.

Occurrence.—CALVERT FORMATION. Reed's.

Collection.—Maryland Geological Survey.

MEMBRANIPORA CAMINOSA n. sp.

Plate CXI, Figs. 3, 4.

Description.—Zoarium adnate, forming a thin, single sheet of indefinite extent. Zoœcia arranged quincuncially, $6\frac{1}{2}$ measuring longitudinally and $7\frac{1}{2}$ to $8\frac{1}{2}$ diagonally, in 3 mm. Opesia subcircular, separated by one-half to two-thirds their diameter; when the oœcium is wanting, a rim-like border encloses the anterior half of the opening. Oœcia very high, with a rib across the top, and just in front of the latter a prominent chimney-like tube or hollow spine projecting obliquely over the zoœcium next above. When the oœcium is broken away a semi-ovate or quadrangular concave space is uncovered between the ends of following zoœcia. The hollow tubule behind the zoœcial aperture is always present but it is usually worn down so as to appear as merely a thick-rimmed pore. Where the zoœcial arrangement is irregular or changed, a second, or even a third tubule, each directed forward, may occur between three zoœcia.

This species has a rather peculiar aspect, and we are at a loss to point out its more intimate alliances.　Possibly it may fall under Canu's sub-genus *Rhynchotella,* but not without considerable modification of his definition.　An undescribed species occurring in the Cretaceous of New Jersey is nearer than any other known to us.

Occurrence.—CHOPTANK FORMATION.　Jones Wharf.

Collection.—Maryland Geological Survey.

MEMBRANIPORA GERMANA n. sp.

Plate CXI, Figs. 8, 9.

Description.—Zoarium forming a delicate crust upon foreign bodies, the largest seen being less than 1 cm. in diameter.　Zoœcia shallow, arranged in curved radiating lines in which about 6 occur in 3 mm.; measuring transversely, 11 to 12 of the rows in the same space.　Opesia large, more or less elongate-ovate, the length and width usually as 3 is to 2, separated laterally from their neighbors by about half their width, enclosed by a ring-like thickening formed by a furrow separating adjoining zoœcia.　At somewhat irregular intervals, the interzoœcial space widens and is occupied by a rounded cell that may have lodged some kind of avicularium.　These cells vary greatly in size but are always considerably smaller than the true zoœcia.　Occasionally the front margin of the zoœcium is more elevated than the rest of the circumference.　No ovicells observed.

This species is probably closely related to *M. plebeia* Gabb and Horn from the Cretaceous of New Jersey, the two having zoœcia very similar in shape and size but the older species exhibits a well marked difference in its numerous and equal sized interzoœcial pores (? avicularia).　There are several European fossil species and living forms with which it might be compared but none matches it exactly.

Occurrence.—ST. MARY'S FORMATION.　Cove Point.　CHOPTANK FORMATION.　Dover Bridge.

Collection.—Maryland Geological Survey.

MEMBRANIPORA PARVULA n. sp.

Plate CXI, Figs. 1, 2.

Description.—In its general zoarial and zoœcial characters this species resembles *M. germana* and *M. plebeia* Gabb and Horn, but it is readily distinguished by the smaller size and less elongate form of its zoœcia. The walls also are relatively thicker while the longitudinal arrangement of the zoœcia is more pronounced. Measuring longitudinally, 8 zoœcia occur in 3 mm. and transversely 12 may be counted in the same space.

Occurrence.—CALVERT FORMATION. Reed's.

Collection.—Maryland Geological Survey.

MEMBRANIPORA BIFOLIATA n. sp.

Plate CXII, Figs. 2, 3, 4.

Description.—Zoarium forming small, bifoliate, undulating fronds, the two halves of which separate readily. Zoœcia squarish-hexagonal on the front face, oblong-quadrate on the basal or inner side where the slightly curved end-walls show through the longitudinally fluted basal lamina, and where the ratio of length and breadth of the under side of the zoœcia varies from 3 to 2 to 4 to 2, respectively; arranged in longitudinal and diagonally intersecting rows, of which the former are the more conspicuous and regular. Measuring longitudinally about six zoœcia, rarely only five, occur in 3 mm.; diagonally six or seven and transversely eight or nine may be counted in the same distance. Opesia large, usually varying from narrow to broad-ovate, rarely subcircular. Walls nearly equally thick all around, usually with a narrow median furrow, and the apertural rims finely granulose or transversely striated, the striæ becoming stronger and the median furrow obscure with age. One or two small pits, with their mouths directed obliquely forward, generally present in the posterior angle or angles of each zoœcium. Occasionally a small node is associated with these pits or may take the place of one. No ovicells nor avicularia observed.

Of American fossil species the only one that may be considered as at all related is the *M. rimulata* Ulrich, from the Eocene at Upper Marlboro, Md. In that species, however, the zoœcia are more hexagonal and the zoarium adnate and not erect and bifoliate. It also has large vicarious avicularia of which no trace has been discovered in *M. bifoliata*.

Three of d'Orbigny's Cretaceous Biflustras, *B. emarginata, B. papyracea* and *B. cyclopora,* the first two of which Canu identifies with d'Orbigny's *B. ovalis,* are perhaps closely related to our species, but we are satisfied that the latter is not strictly identical with any. Reuss' *M. subtilimargo*, as figured, also shows resemblances, but as that species has been compared by competent observers with *M. lacroixii*, to which *M. bifoliata* certainly is not related, we have no doubt of its specific distinction.

Occurrence.—CHOPTANK FORMATION. Jones Wharf.

Collection.—Maryland Geological Survey.

MEMBRANIPORA NITIDULA n. sp.

Plate CXII, Fig. 1.

Description.—Zoarium apparently erect, bifoliate. Zoœcia oblong, subquadrate, the length twice the width, arranged rather regularly in longitudinal and diagonally intersecting series, rarely four, usually five in three mm. lengthwise, about seven diagonally, and ten or eleven transversely in the same space. Opesia elongate-elliptical, separated transversely by an obtusely ridge-shaped wall generally equalling about half their width; longitudinal interspaces about twice as great as the transverse, medially ridged with a crescentic ovicellar excavation below (i. e. in front of each opesium) and usually a small pore-like depression at each end of the ridge. Very minute spines or granules on inner slope of walls.

This species resembles several of d'Orbigny's Cretaceous Biflustras, especially *B. prolifica,* which Canu, in his revision of d'Orbigny's CHILOSTOMATA, unites, together with several other forms that also look very different in d'Orbigny's figures, with *M. (Biflustra) lachrymopora* (d'Orb.). In this case, at least, we believe Canu has gone too far in his zealous endeavor to reduce the Cretaceous bryozoa to reasonable specific limits for we can neither believe that any species can exhibit the degree of variability indicated by him for *M. lachrymopora* nor that d'Orbigny's illustrations are so utterly unreliable. As figured by Canu, *M. lachrymopora* differs decidedly in the character of its longitudinal interspaces from *M. nitidula,* and as we have found no other that matches the Maryland species any better, we have been obliged to propose the above new name for it.

Occurrence.—CHOPTANK FORMATION. Pawpaw Point.

Collection.—Maryland Geological Survey.

MEMBRANIPORA FISTULA n. sp.

Plate CXII, Fig. 5.

Description.—Zoarium so far as observed forming small, hollow, sub-cylindrical stems, about 1.5 mm. in diameter, composed of twelve to fifteen longitudinal rows of zoœcia. Walls about as wide as the zoœcial openings, obtusely carinate, the carinæ between the ends of the cells high and bent forward so as to impart a slightly imbricating appearance to successive cells. Opesial opening elongate elliptical; immediately behind it a minute pore is occasionally noticeable. Measuring longitudinally about 8 zoœcia in 5.0 mm. No avicularian nor vibracular cells observed.

Though numerous allied species, chiefly among those assuming the bifoliate mode of growth, are known, none is sufficiently close to cause us to think that *M. fistula* may be but another zoarial phase of it. For the present then we consider ourselves justified in proposing a new name and further in assuming that the zoarial characters above described are normal for the species. The cylindrical stems of *Flustrellaria texturata* Reuss, from the Miocene of Austria are very similar, the principal differences being that their apertures are shorter and rounder. With a large series of specimens *M. fistula* may prove to be but a variety.

Occurrence.—ST. MARY'S FORMATION. St. Mary's River.

Collection.—Maryland Geological Survey.

Genus AMPHIBLESTRUM Gray.

AMPHIBLESTRUM CONSTRICTUM n. sp.

Plate CXV, Figs. 6, 7.

Description.—Zoarium forming crusts of small extent upon shells, the types growing on a *Pecten*. Zoœcia arranged in rather irregular rows, 6 to 8 in 3 mm. Aperture subovate, more or less constricted in front of the midlength, enclosed a sloping and finely striated border, widest posteriorly. Frontal lamina very little developed forming the sloping and transversely striated border just mentioned. Ovicells abundant, large, moderately convex, the middle portion distinguished by being minutely pitted or porous. Avicularia of moderate

size, usually one, rarely two to each zoœcium, of the same type as in
A. flemingi but with the apex more prominent.

This species is closely related to *A. flemingi* (Busk) and *A. trifolium*
(Wood), both living in the seas of to-day and known also as fossils from
late Tertiary beds of England and Italy. It is distinguished from both
by the lesser development of the frontal lamina. The constriction of the
aperture is usually more pronounced in *A. constricta*.

Occurrence.—St. Mary's Formation. Cove Point.

Collection.—Maryland Geological Survey.

Amphiblestrum agellus n. sp.

Plate CXII, Figs. 7a, 7b.

Description.—Zoarium forming small patches upon molluscan shells.
Zoœcia irregularly subrhomboidal, sharply defined, 9 or 10 in 3 mm.
Aperture distinctly bilobed, the posterior lobe the wider; anterior lobe
enclosed by a distinct rim, terminating at the constriction in a small
hollow node; length of aperture scarcely exceeding half that of the entire
zoœcium. Lamina well developed, sloping inward, smooth. Ovicells
few, known only in the broken condition, when it appears as a large shallow depression in front of the aperture. Posterior end of zoœcium usually with a rather large, subcircular pore (? avicularium).

This is a very neat form, comparing very well in most of its characters
with the typical species of *Amphiblestrum,* but it differs markedly from
them in its avicularia, if the round pores near the posterior ends of the
zoœcia are really of that nature. The zoœcia are considerably smaller
also than in any of the species which it resembles in other respects.

Occurrence.—St. Mary's Formation. Cove Point.

Collection.—Maryland Geological Survey.

Family MICROPORIDÆ.

Genus CUPULARIA Lamouroux.

Cupularia denticulata (?) (Conrad).

Plate CXII, Fig. 6.

Lunulites denticulata Conrad, 1841, Amer. Jour. Sci., vol. xli, p. 348.
Lunulites depressa Conrad, 1841, Amer. Jour. Sci., vol. xli, p. 348.
Lunulites denticulata Lonsdale, 1845, Quart. Jour. Geol. Soc. London, vol. i, p. 503
Discoporella denticulata Gabb and Horn, 1862, Jour. Acad. Nat. Sci. Phila., 2nd ser.,
    vol. v, p. 242, fig. 25.

Description.—A single imperfect discoidal zoarium probably referable to this common Miocene species occurs in the Maryland bryozoa before us. It is ovate in outline, the largest and smallest diameters being respectively about 5.0 mm. and 3.5 mm. Concave under-surface marked by irregular impressed radial lines with the surface between them granulose. Convex surface celluliferous, the zoœcial arrangement rather obviously radial, though here and there an approach to the quincuncial arrangement, that is more apparent than the radial in typical specimens of the species, is perceptible. The zoœcial covers are gone, but remains of them occur in nearly all the cells as two or three blunt spines on each side of the aperture. Vibracular cell situated between the ends of the zoœcial apertures, large, sometimes attaining a length nearly half that of a zoœcium, usually rounded, though often with one side less curved than the other and sometimes nearly straight. The latter are oblong and vary between subquadrate and obscurely hexagonal. Four and a half to five occur in one of the radial rows in 2.0 mm. Walls thick, obtusely ridged. Where the exterior portion of the zoœcia is removed the inner part is seen to be thin walled and each zoœcium rounded rhomboidal in shape, while their arrangement here is decidedly quincuncial.

We cannot agree with Pergens [1] in placing Conrad's *Lunulites denticulata* as a synonym under *Cupularia umbellata* (Defrance). Its zoœcial apertures are always more hexagonal than rhomboidal, causing the radial arrangement to be more pronounced, while the walls are thicker.

Occurrence.—St. Mary's Formation. St. Mary's River.

Collection.—Maryland Geological Survey.

Family MICROPORELLIDÆ.

Genus MICROPORELLA Hincks.

MICROPORELLA PRÆCILIATA n. sp.

Plate CX, Fig. 6; Plate CXIII, Fig. 3.

Description.—Zoarium adnate, forming patches of two or three centimeters in diameter, composed, so far as observed, of but a single layer. Zoœcia subrhomboidal or hexagonal, the average length and breadth

[1] Pliocäne Bryozoen von Rhodos, Ann. K. K. Nat. Hofm., Bd. Il, p. 30, 1887.

respectively as three is to two, arranged in rather irregular diagonally intersecting series, along which about five may be counted in the space of 2.0 mm. The arrangement of the cells is more irregular in zoaria containing numerous ovicells, and the upper surface of the zoœcia is often nearly flat, and always less convex than in specimens having few or no ovicells. Upper or front wall of zoœcia abundantly and rather coarsely punctate. Orifice somewhat transverse, with the posterior angles rounded, enclosed by a thickened border, semielliptical in outline, its proximal side nearly straight, the distal portion curved and carrying seven or eight minute hollow granules or spines. Immediately behind the proximal border is a pore, usually elliptical, and also enclosed by a thickened border. Avicularia large, acuminate ovate, with an elevated border and divided into two portions by a delicate septum; usually one to each zoœcium and situated nearly always near either the right or the left lateral angle. Ovicells large, prominently convex, punctate.

This is probably one of the ancestors of the living type of the genus, *M. ciliata,* but is readily distinguished by its cribrose instead of granulose zoœcia. *Lepralia pleuropora* and *L. inamœna* Reuss from the Miocene of Austria, are both closely allied, but have smaller avicularia and ovicells.

Occurrence.—ST. MARY'S FORMATION. Cove Point. CHOPTANK FORMATION. Jones Wharf.

Collection.—Maryland Geological Survey.

MICROPORELLA INFLATA n. sp.

Plate CX, Fig. 7.

Description.—This species agrees in its more essential features closely with *M. prœciliata* excepting that the surface appears smooth, the ovicells even more inflated, the orifice set more obliquely in the front slope and its border less thickened and without oral spines, the pore behind it set further back and more elevated, and the avicularia smaller. The size of the zoœcia also is a trifle less. Under favorable light a faint reticulation of the surface of the zoœcia and ovicells may be detected. We know of no other species near enough to require comparison.

Occurrence.—CHOPTANK FORMATION. Jones Wharf.

Collection.—Maryland Geological Survey.

MICROPORELLA (?) BIFOLIATA n. sp.

Plate CXIII, Figs. 6, 7, 8.

Description.—Zoarium erect, bifoliate, not known to branch. Zoœcia subquadrate or hexagonal, arranged in regular longitudinal and diagonally intersecting series, four longitudinally and five diagonally in 2.0 mm. Appearance of surface varying greatly with age. In young examples the zoœcia are more or less convex and separated, especially transversely, by an impressed line containing one or more rows of pores; the orifice is somewhat transverse and subovate with the proximal side straightened, the peristome but little elevated, the front sparsely punctated, the avicularia, of which there is usually one to each zoœcium placed some distance beneath and to one side of the orifice, rather large, subcircular and divided into two nearly equal parts by a thin partition. In old examples the oral part is sunken and the rest of the surface abundantly punctate, while the avicularia have been somewhat reduced in size. Immediately behind the orifice there is always a small (? peristomial) pore. Ovicells large, rather strongly convex, punctate.

We know of no satisfactorily classified species that may be regarded as closely related to the form under consideration, and there is therefore some doubt as to its generic position. Possibly it would have been nearer the truth to call it a *Porina.*

Occurrence.—CHOPTANK FORMATION. Cordova.

Collections.—Maryland Geological Survey, U. S. National Museum.

Genus ADEONELLOPSIS Macgillivray.

ADEONELLOPSIS UMBILICATA (Lonsdale).

Plate CXIII, Figs. 4, 5; Plate CXIV, Fig. 5.

Cellepora umbilicata Lonsdale, 1845, Quar. Jour. Geol. Soc. London, vol. i, p. 507.
Reptocelleporaria umbilicata d'Orbigny, 1851, Pal. France, vol. v, p. 423.
Multiporina umbilicata Gabb and Horn, 1862, Jour. Acad. Nat. Sci. Phila., 2nd ser., vol. v, p. 145, fig. 27.

Description.—Zoarium forming irregular nodose masses, composed of numerous layers, growing over foreign bodies. Zoœcia of succes-

sive layers usually directly over each other so as to appear to form tabulated tubes. At the surface the zoœcia are irregular in shape and arrangement, with the central and anterior portion more or less elevated
and the outline marked usually by two rows of small pores, one on each
of the adjoining zoœcia. Mouths of pores direct and simple in
young expansions, but drawn out inwardly into short radially disposed
furrows in old specimens. Orifice anterior but not terminal, transverse, semielliptical, but with the angles rounded. Border more or
less thickened and elevated, especially at the proximal margin just
behind which there is nearly always a peculiar, generally prominent,
avicularian cell. Further back, and near the middle of the proximal
half of the zoœcium, is a well marked, usually semilunate pore. When
slightly worn, the orifice, avicularian cell and the semilunate pore form
a series of which the first usually is the largest, the second a little
smaller and 'the third the least. Measuring transversely about six
zoœcia occur in 2.0 mm.; lengthwise, four to five occur in the same
space. Gonœcia like the zoœcia except that they have no avicularia
and in the place of the orifice have numerous small pores like those
around the border of the cells.

This abundant and easily recognized bryozoan probably is a close ally
of *Cumulipora transylvanica* (Reuss) Manzoni,[1] though distinguished
readily enough by the larger size of its avicularian cell and in wanting
the row of pores within the marginal series that characterizes the Austrian species. Another related species is the late Tertiary and recent
Microporella violacea (Johnston) Hincks.

Concerning the generic position of the species we are not fully satisfied that it belongs to *Adeonellopsis*. Still this genus affords a more
natural association for the species than it had in previous arrangements
and probably will serve as well as any other until the classification of
the CHILOSTOMATA is more settled.

Occurrence.—CHESAPEAKE GROUP. Petersburg, Va. (common).
CHOPTANK FORMATION. Maryland (doubtfully identified).

Collection.—U. S. National Museum.

---

[1] Denkschr. d. k. Akad. Wiss. Wien., Bd. xxxvii, Abth. ii, p. 53, Taf. ii, fig. 7, 1877.

Family SCHIZOPORELLIDÆ.

Genus SCHIZOPORELLA Hincks.

SCHIZOPORELLA INFORMATA (Lonsdale).

Plate CXIV, Figs. 6-10.

Cellepora informata Lonsdale, 1845, Quar. Jour. Geol. Soc. London, vol. i, p. 505.

Reptocelleporaria informata d'Orbigny, 1852, Pal. France, vol. v,ıp. 422.

Reptocelleporaria informata Tuomey and Holmes, 1857, Pleiocene Fossils of South Carolina, p. 15, pl. iv, figs. 11, 12.

Reptocelleporaria informata Gabb and Horn, 1862, Jour. Acad. Nat. Sci. Phila., 2nd ser., vol. v, p. 132.

Description.—Zoarium forming irregular, generally botryoidal or nodulose masses by the superposition of layer after layer of zoœcia; average size of masses between two and four centimeters. Zoœcia often developed in direct sequence, and as they separate easily from their neighbors, vertical fractures generally exhibit a columnar structure. In each of the layers they are arranged more or less irregularly, the degree of irregularity being as a rule in proportion to the relative unevenness of the surface. Normally developed, they are oblong subquadrate or hexagonal with the sides slightly rounded or obtusely angular, the relation of length to breadth being as four is to three, or eight to five; average length about 0.5 mm. When crowded they take any suitable shape, some being wider than long, others much narrower than the normal form. Orifice terminal, subcircular though always somewhat transverse, in the same plane as the upper surface, surrounded by a distinct though but little elevated peristome; proximal notch narrow, deep, sharply defined. Surface of zoœcia convex, very distinctly punctate, except on a small spot a short distance beneath the orifice that is often raised into a low tubercle. Avicularia not often present, though a few may be detected on most specimens examined, of medium size, divided into two compartments, and situated on either side close to the proximal angle of the orifice.

Ovicells abundant in some specimens, rare or wanting in others, of an unusual type, consisting of subglobular, punctate inflations covering a whole zoœcium; usually broken as shown on Plate CXII, Fig. 10.

The peculiarities of the ovicell distinguish this species from all others of the genus known to us. Otherwise it is not far removed from

S. unicornis and its varieties, the most striking of the differences being the relatively unimportant one of having much fewer avicularia.

Occurrence.—CHESAPEAKE GROUP. Very common at Petersburg, Va., and at localities in South Carolina. CHOPTANK FORMATION (?). Maryland (?). (The specimens have been mislaid, and we cannot now verify its occurrence in the state.)

Collection.—U. S. National Museum.

SCHIZOPORELLA SUBQUADRATA [1] n. sp.

Plate CXIV, Fig. 1; Plate CXVIII, Figs. 5, 6.

Description.—Zoarium consisting of a single layer attached to foreign bodies. Zoœcia subquadrate, usually about a third longer than wide, averaging 0.7 mm. in length, arranged in rather regular radial and less regular concentric rows. Surface convex, punctate. Orifice subterminal, slightly transverse, enclosed by a thin peristome, widest and elevated only on the lower side; notch wide, occupying about a third of the straightened proximal outline of the orifice. Avicularia rather large, usually one, rarely two, to each zoœcium, situated on either side of the orifice, acuminate and prominent above.

Excepting that the oral sinus or notch is much wider than shown in Reuss' figures of his variety *tetragona* of *S. unicornis* (Johnston), *S. subquadrata* agrees almost exactly with it. Our species probably should be ranked as only another variety of *S. unicornis,* which as figured by Hincks [2] agrees better in the form of the orifice with the American fossils than does the Austrian variety.

Occurrence.—CHOPTANK FORMATION. Governor Run. (The label showing the exact locality of the specimen figured has been mislaid, but it is certainly from the Miocene of the southeastern states, and probably from the horizon of the Choptank formation.)

Collections.—U. S. National Museum, Maryland Geological Survey.

---

[1] Compare *Lepralia ansata* var. *tetragona* Reuss, 1874, Die foss. Bry. d. Öster.-Ungar. Miocäns, p. 19, pl. vii, figs. 1–3. Also *Schizoporella unicornis* (Johnston) Hincks. For full synonymy see Miss Jelly's Synonymic Catalogue of Marine Bryozoa.

[2] British Marine Polyzoa, 1880, pl. xxxv, figs. 1–5.

SCHIZOPORELLA LATISINUATA n. sp.

Plate CXIV, Figs. 2, 3, 4.

Description.—Zoarium forming thin parasitic expansions over foreign bodies. Zoœcia sharply distinguished from each other, rather irregularly arranged, often subrhomboidal, four or five in 2.0 mm.; surface coarsely punctate. Orifice terminal, directed somewhat obliquely forward, subcircular, broadly sinuate proximally, enclosed by a slightly elevated peristome. Avicularia rather small, prominent, one on either or both sides of the orifice, rarely wanting, situated close to the peristome; apparently not divided by a septum. Ovicells not observed.

The species, with its broad and very shallow oral sinus, scarcely gives one the impression of a true *Schizoporella,* but as the sinus is unusually wide also in our specimens of *S. unicornis* var. *tetragona* and in *S. doverensis,* and the other characters are very similar to several typical species of the genus, we deemed it preferable to name it as above rather than to place it under *Lepralia.*

Occurrence.—CHOPTANK FORMATION. Jones Wharf.

Collection.—Maryland Geological Survey.

SCHIZOPORELLA DOVERENSIS n. sp.

Plate CXVII, Fig. 1.

Description.—Zoarium a thin sheet on foreign bodies, the figured specimen growing on the reverse of *Retepora doverensis.* Zoœcia well distinguished from each other but with the surface rather flat; irregularly arranged, though their elongate form gives some prominence to the longitudinal rows; average length 0.6 mm., width 0.35 to 0.40 mm. Orifice terminal, slightly transverse, broadly notched on the proximal side, on the whole nearly circular. Surface reticulate, only slightly convex, the central portion appearing flattened. Avicularia of moderate size, usually one to each zoœcium, situated close to either side of the orifice. Ovicells not observed.

Occurrence.—CHOPTANK FORMATION. Dover Bridge.

Collection.—Maryland Geological Survey.

SCHIZOPORELLA CUMULATA n. sp.

Plate CXVII, Fig. 7.

Description.—Zoarium probably massive, composed of layers of zoœcia arranged very irregularly and piled upon each other much as in *Cellepora.* Zoœcia of irregular shapes, often broad ovate, convex, large, 0.5 mm. or 0.6 mm. in length and nearly 0.5 mm. in width. Orifice rounded, slightly transverse, the proximal side broadly notched; peristome somewhat elevated, thick. Surface distinctly and abundantly punctate. Avicularia rather variable in size, situated on only one or on both sides of the orifice, the acuminate end of the aperture elevated and turned outwardly. Ovicells not observed.

The general aspect of this bryozoan is decidedly like that of a *Cellepora,* and we can scarcely doubt that it is related to some of the species still referred to that genus. We have placed it under *Schizoporella,* not because we are satisfied that it really belongs there, but for the reason that its zoœcial orifices and the avicularia are almost exactly as in other species (*e. g., S. subquadrata* and *S. latisinuata*) that we have referred to this genus. From these it is distinguished principally by the extremely irregular arrangement and piling up of the zoœcia.

Occurrence.—CHOPTANK FORMATION. Jones Wharf.

Collection.—Maryland Geological Survey.

Genus RETEPORA Lamarck.

RETEPORA DOVERENSIS n. sp.

Plate CXI, Figs. 5-7; Plate CXV, Figs. 1-5.

Description.—Zoarium reticulate, fenestræ of variable size, averaging 0.8 mm. long and about 0.4 mm. wide. Branches varying from 0.2 mm. to 1.0 mm. wide, usually about 0.6 mm.; reverse solid, the surface generally smooth, occasionally minutely granulose, divided into irregular angular spaces by fine impressed or raised lines that may or may not correspond with the bases of the zoœcial walls Zoœcia immersed, with oblique imbricating and slightly flaring mouths, and a narrow notch in the elevated and angular proximal border. The ap-

pearance of the celluliferous surface varies greatly in different specimens, the difference being due chiefly to the presence or absence and
number of the avicularia and ovicells. The latter appear as bulbous
inflations with a slit running from the center to one edge. When they
occur at all it is usually in abundance. Of avicularia there are at
least two sets, the larger ones occurring on the front of the zoœcia,
forming its highest part and causing it to appear inflated. Those of
the smaller set occur in the depressed spaces, usually close beside the
zoœcial orifice, and rarely on the reverse of the branches.

This common species of the Choptank formation apparently belongs
to the *Retepora-cellulosa* group of Waters. Though resembling several of the species of the group rather closely we could not decide
that it was any nearer to one than to another. Still, having found it
difficult to make thoroughly satisfactory comparisons, we will not be
greatly surprised should future study prove *R. doverensis* to belong to
some previously described species.

Occurrence.—CHOPTANK FORMATION. Dover Bridge, Jones Wharf.

Collections.—Maryland Geological Survey, U. S. National Museum.

Family LEPRALIIDÆ.

Genus LEPRALIA Johnston.

LEPRALIA MACULATA n. sp.

Plate CXV, Figs. 8, 9; Plate CXVIII, Fig. 7.

Description.—Zoarium beginning as a thin sheet on shells of small
gastropoda to which other layers are added until masses as much as
two inches in diameter result. Surface of masses generally exhibiting more or less distinct, usually elevated, clusters of zoœcia slightly
larger than those occupying the intermediate spaces. Zoœcia convex, subovate, not sharply separated nor exhibiting any obvious plan
of arrangement; when in rows about six occur in 2.0 mm. Orifice
not terminal but situated in the anterior half, rounded and expanded
above, contracted below the middle where there is a small denticle on
each side, and nearly straight or curved slightly outward on the lower
side; peristome simple, not elevated. Surface punctate, excepting
over a space just beneath the orifice that is smooth and elevated into a

conical or obtuse umbo. Avicularia of two kinds and sizes, both sets very irregularly distributed. Those of the smaller set are ovate and less than half the size of the zoœcial orifice, and situated in one of the corners of a zoœcium; those of the larger set occupy each the place of a zoœcium, have a triangular or acuminate ovate aperture considerably larger than the zoœcial orifice and have the pointed end or side strongly elevated. Ovicells immersed, somewhat smaller than the zoœcia, convex, smooth centrally, punctate marginally, often with an eccentric smooth oval space distinguished from the rest of the surface by an impressed line.

This very common and characteristic species of the Calvert formation is closely related to *L. edax* Busk, and like that species had the power of absorbing the shell of certain univalves upon which it grew. Carefully compared *L. maculata* will be found to differ in having no distinct marginal line separating adjoining zoœcia, in having the surface of the cells more abundantly punctate and not radially furrowed, in the less acuminate mucro, and the acuminate ovate instead of spatulate form of the opening of the large avicularia, and in having the pointed end of these strongly elevated.

Like all the following species referred to *Lepralia,* we doubt very much that *L. edax* and *L. maculata* are strictly congeneric with the species commonly adopted as the type of the genus, but considering the present almost chaotic condition of the classification of the CHILOSTO-MATA it would be nothing less than folly to attempt generic revisions in a work like the one in hand. We have therefore contented ourselves with placing our species into the more or less firmly established genera to which they seemed to us to present the greatest affinities, leaving their final disposition for some more pretentious work of the future.

Occurrence.—CALVERT FORMATION. Plum Point, 3 miles south of Chesapeake Beach.

Collections.—U. S. National Museum, Maryland Geological Survey.

LEPRALIA MONTIFERA n. sp.

Plate CXVI, Fig. 5.

Description.—Zoarium parasitic, in one or more layers. Zoœcia not regularly arranged, subovate, averaging 0.5 mm. or a trifle more in length and about 0.35 mm. in width. Orifice oblique, depressed in front, transversely subovate; broadly sinuate below; peristome scarcely thickened. Central portion of surface very high, the slopes traversed by rows of large punctures in radially disposed furrows. Ovicells not observed; nor avicularia, unless certain elongate-acuminate, curved depressions, with a pore at the broader lower extremity, that sometimes may be observed close to the rim of the orifice, are of that nature.

This rather highly ornamented form reminds in certain respects of *Cribrilina,* but on the whole it agrees better with *Lepralia.* The strikingly monticular elevation and strongly puncto-radiate marking of the surface of the zoœcia will, we believe, serve very well in distinguishing the species.

Occurrence.—St. Mary's Formation. St. Mary's River.

Collection.—Maryland Geological Survey.

Lepralia marylandica n. sp.

Plate CXVII, Fig. 2.

Description.—Zoarium forming small patches on shells. Zoœcia oblong subquadrate, averaging 0.5 mm. long and only half as wide, arranged in irregular radial series; impressed border line between adjoining cells not sharply defined; surface coarsely punctate, very moderately convex. Orifice terminal, transverse, semielliptical to subquadrate, the lower border nearly straight, thick, and generally with a small central tubercle, the anterior rim usually a little depressed. Surface punctures variable, generally of smaller size for some distance behind the orifice, but sometimes consisting of two concentric rows of which those making up the inner row are quite as large as those in the outer row. Avicularia small, constantly one on each side of the orifice, the acuminate and more or less elevated anterior extremity pointing somewhat obliquely outward and forward. Ovicells not very numerous, a little larger than the zoœcial orifice, moderately convex, minutely punctate.

This species probably will not be allowed to remain under *Lepralia* when the classification of the Bryozoa has been advanced to an approximately final stage. At present, however, we cannot suggest a more natural arrangement, the species with which it seems to agree best being now classified under *Lepralia*. Of these *L. labiosa* and *L. subplana* Ulrich, from the Eocene of this state, are perhaps the nearest. In both species, however, the zoœcia are shorter and have a flatter and less coarsely punctate surface.

Occurrence.—St. Mary's Formation. Cove Point.

Collection.—Maryland Geological Survey.

Lepralia (?) reversa n. sp.

Plate CXIII, Figs. 1, 2.

Description.—Zoarium forming parasitic patches, several centimeters in diameter and composed of a single layer, on shells. Zoœcia oblong quadrate or subhexagonal, generally arranged in rather regular longitudinal and diagonally intersecting rows, each about 0.5 mm. in length and 0.3 mm. in width. Orifice rather large, rounded-quadrate, enclosed by a peristome of moderate thickness and elevation. Peristomes divided into two parts, anterior and posterior, the former either straight or slightly arcuate and not so prominent as the horseshoe-shaped portion enclosing the sides and proximal margins of the orifice. Distal extremities of the latter portion of the peristome often a little thickened and projecting slightly inward. Just behind the proximal border of the orifice there is constantly a rather small but prominently elevated and thick-walled avicularium, opening obliquely forward. Remainder of front of zoœcia with from one to three rows of large pores. Frequently adjoining zoœcia are separated by a thin raised line. Ovicells moderately convex, rather large, with a central pore and one or two somewhat radially disposed marginal rows of smaller pores. When broken they leave a sharply defined concave space in front of the orifice, slightly exceeding the latter in size.

The division of the peristome into two parts as described is unusual and produces the probably false appearance of a reversal of the ends of the operculum that has suggested the specific name. If it could be proved that the hinge of the operculum was really on the distal side of the orifice instead of the proximal, then this species would be distinct enough to justify the erection of a new genus for its reception; but until this unusual condition can be demonstrated we think it well to regard it as related to such species as *Lepralia pallasiana*. We know of none resembling it closely enough to require unusual care in its discrimination.

Occurrence.—St. Mary's Formation. Cove Point (on *Pecten madisonius*).

Collection.—Maryland Geological Survey.

Genus PALMICELLARIA Alder.

PALMICELLARIA CONVOLUTA n. sp.

Plate CXVI, Figs. 2, 3, 4.

Description.—Zoarium erect, forming loose masses 3 cm. or more in diameter, consisting of broad, bifoliate, convoluted, anastomosing leaves, 1.0 mm. or more in thickness. Zoœcia prominent, distinct, oval, rhomboidal or hexagonal, arranged in irregular quincunx, averaging between 0.9 mm. and 1.0 mm. in length, and about 0.45 mm. in width; surface rather coarsely punctured; orifice terminal, the proximal edge overhung by a prominent mucro containing an avicularium the sagittate opening of which is divided into two unequal parts by a septum and lies on the abrupt distal slope of the mucro so as to be nearly or entirely concealed in a front view. When the apex of the mucro is worn or broken away the cavity of the avicularium is exposed to view as a cell immediately behind the orifice and almost equalling it in size. Ovicells small, transverse, bulbous, closely united to the cell next above.

The mucro and avicularium may be absent on many cells of a zoarium, but more of these cells are further peculiar, as shown in fig. 4 on plate CXVI, in having no orifice. The nature of these cells is doubtful. Possibly they are gonœcia.

This seems to be a true *Palmicellaria,* and of the few species of the genus known *P. cribraria* (Johnston), which is the only other one described having the surface of its zoœcia punctate, is perhaps the nearest to *P. convoluta.* Unfortunately, Johnston's species is rare and not well known, and as we have no reliable figures with which to compare our species we cannot now say how close the relationship between them may be. Of other species, Hinck's variety *foliacea* of *P. skenei* (Ellis and Solander) agrees rather closely in its zoarial characters with *P. convoluta,* but there are good specific differences in their respective zoœcia.

Occurrence.—CALVERT FORMATION. Reed's.

Collection.—Maryland Geological Survey.

PALMICELLARIA PUNCTATA n. sp.

Plate CXVI, Fig. 1.

Description.—Of this species we have seen only the fragment of a bifoliate zoarium here figured. It has punctate zoœcia, with a subcircular orifice and a mucro like the preceding, but its zoœcia are much smaller and the mucro less prominent. The ovicells, on the other hand, are relatively larger and longer.

Occurrence.—CALVERT FORMATION. Reed's.

Collection.—Maryland Geological Survey.

Family CELLEPORIDÆ.

Genus CELLEPORA (Fabricius) Hincks.

CELLEPORA MASSALIS n. sp.

Plate CXVII, Figs. 3, 4.

Description.—Zoarium massive, composed of many layers, often nodose, always rough. Zoœcia erect, very irregularly arranged, four or five in 2.0 mm.; orifice circular, with a thin raised peristome. Generally the peristome of each zoœcium bears upon its inferior side a prominent rostrum containing a large avicularium pointing obliquely upward and outward. Surface of zoœcia, excepting the peristome, coarsely punctate. Ovicells not observed.

Though a common fossil, well-preserved specimens are rather rare. As a rule the surface of the masses appears merely cellulose or spongy and the zoœcia quite characterless. Several excellent examples, however, show that the species is closely related to *C. pumicosa* Linnæus, the adopted type of the genus, but we believe it is sufficiently distinguished by the punctate instead of smooth walls of its zoœcia to deserve another name.

Occurrence.—ST. MARY'S FORMATION. St. Mary's River. CHOP-TANK FORMATION. Greensboro. CALVERT FORMATION. Plum Point, Chesapeake Beach.

Collections.—Maryland Geological Survey, U. S. National Museum.

CELLEPORA CRIBROSA n. sp.

Plate CXVII, Figs. 5, 6.

Description.—Zoarium forming small irregular compressed masses. Zoœcia very irregularly disposed, some erect, others prostrate, 0.5 mm. to 0.7 mm. long, by 0.4 mm. to 0.6 mm. wide; surface strongly punctate; orifice rounded, the normal form showing a slight constriction a little below the middle, where a small tooth projects into the cavity from each side; peristome thick and more or less elevated, ring-like. Avicularia of moderate size, more or less acuminate ovate, attached to and projecting beyond the plane of the inferior side of the peristome; rarely absent. Ovicells few, known only in the broken condition in which they appear as deep semicircular excavations in front of the zoœcial orifices.

Though doubtless new as an American fossil, we are not by any means satisfied that this form has not been before described. It is like many other species now referred to *Cellepora,* but so far as we could learn not identical with any.

In its general aspect there is much to remind of our *Schizoporella cumulata,* but when carefully compared the zoœcial orifices and avicularia prove to be quite different.

Occurrence.—CALVERT FORMATION. Reed's.

Collection.—Maryland Geological Survey.

VERMES.

Class ANNELIDA.

Subclass CHÆTOPODA.

Order POLYCHÆTA.

Suborder TUBICOLA.

Genus SPIRORBIS Daudin.

SPIRORBIS CALVERTENSIS n. sp.

Plate CXVIII, Fig. 18.

Description.—Tubes small, thin, spirally coiled, attached by flat under side to molluscan shells; surface with indistinct somewhat irregular annulations which are most distinct on the tops of the younger coils; coils somewhat sharply ridged on top.

Diameter of coils, 1.3 mm.; diameter of tube, .4 mm.

Occurrence.—CALVERT FORMATION. Plum Point.

Collections.—Maryland Geological Survey, U. S. National Museum.

ECHINODERMATA.

Class ECHINOIDEA.

Order SPATANGOIDEA.

Family SPATANGIDÆ.

Genus ECHINOCARDIUM Gray.

ECHINOCARDIUM ORTHONOTUM Conrad.

Plate CXIX, Figs. 1a, 1b, 1c.

Spatangus Orthonotus Conrad, 1843, Proc. Acad. Nat. Sci. Phila., vol. i, p. 327.
Amphidetus virginianus Forbes, 1845, Quart. Jour. Geol. Soc. London, vol. i, pp. 425, 426, 3 figures.
Amphidetus virginianus Forbes, 1846, Proc. Geol. Soc. London, vol. vi, pp. 559, 560, 3 figures.

Amphidetus orthonotus Conrad, 1846, Am. Jour. Sci., ser. ii, vol. i, p. 220.

Amphidetus orthonotus McCrady, 1855, in Pleiocene Fossils of South Carolina, pp. 6, 7, pl. ii, figs. 1, 1a, 1b, 1c.

Echinocardium virginianum Desor, 1858, Syn. des Échinides Fossiles, p. 408.

Amphidetus virginianus Emmons, 1858, Rept. N. Car. Geol. Survey, p. 310, fig. 245 a, b, c.

Echinocardium orthonotus Conrad, 1865, Proc. Acad. Nat. Sci. Phila., p. 75.

Echinocardium pennatifidum (?) A. Agassiz, 1872–1874, Revision of Echini, Cat. Mus. Comp. Zool., No. vii, pp. 111, 351.

Amphidetus virginianus Schlüter, 1899, Zeit. d. Deutsch. geol. Gesell., Bd. li, p. 113.

Description.—" Ovate, convex-depressed; truncated at each end, more elevated anteriorly than posteriorly; dorsal line of the suture a little elevated, and curved gradually to the mouth of the anterior half; on the posterior, straight to the margin and parallel to the base; canal very wide and slightly impressed on the back, margined by an obtuse carinated line and slight furrow; on the periphery the canal is deep and angular; ambulacra rapidly expanding from the extremities toward the dorsal suture; pores disunited; in the middle of the back a slight furrow crosses obliquely each of the anterior ambulacra at its termination; base plano-convex; anus large and remote from the margin; granulations on the back minute and very closely arranged, in the canal much larger and unequal in size; base with large tubercles, becoming gradually smaller and more closely arranged towards the margins. Length, two inches and three-eighths; diameter, two inches and an eighth; height, one inch and an eighth." Conrad, 1843.

The " slight furrows " crossing the " anterior ambulacra " and the " slight furrow at the margin of the wide and slightly impressed canal " were probably parts of the shield shaped internal fasciole characteristic of the species.

" Body broadly ovate; elevated and truncate posteriorly. Back oblique; dorsal impression lanceolate-scutate, are a very slightly excavated; ambulacral spaces broad, triangular, depressed; interambulacral spaces slightly convex. Anteal furrow broad, shallow; sides slightly gibbous; subanal impression broadly obcordate; postoral spinous space broadly lanceolate.

" Dimensions of the smaller but more perfect specimen: Lon., unc. 1 11-12; lat., 1 8-12; alt., 1. Number of pairs of ambulacral pores:[1]

---

[1] In another specimen the number was found to be Ant. lat. dors. amb. 8 + 13. Post. lat. dors. amb. 11 + 11. And four pairs additional on each side of the ovarian holes.

Ant. lat. dors. amb. 8 + 10. Post. lat. dors. amb. 13 + 8." Forbes, 1845.

This form is quite rare, the single specimen which is figured being apparently the only well-preserved one found since the days of Conrad and Forbes. The specimens of both Conrad and Forbes were found near Coggin's Point on the James River, Virginia; that of Forbes being secured by Lyell. The locations of the types are not known, but Forbes' figures are very good, as are also those of *Amphidetus orthonotus* given by McCrady in Tuomey and Holmes' Pleiocene Fossils of South Carolina, and there can be little doubt that the Maryland specimen represents the species.

Occurrence.—CHOPTANK FORMATION. Jones Wharf. CHESAPEAKE GROUP. Coggin's Point, Virginia (Conrad, and Lyell and Forbes).

Collection.—Maryland Geological Survey.

Order CLYPEASTEROIDA.

Family SCUTELLIDÆ.

Genus SCUTELLA Lamarck.

SCUTELLA ABERTI Conrad.

Plate CXIX, Figs. 2, 2a; Plate CXX, Figs. 1a, 1b, 2a, 2b.

Scutella aberti Conrad, 1842, Proc. Nat. Inst., Bull. ii, p. 194.
Scutella alberti Meek, 1864, Miocene Check List, Smith. Misc. Coll. (183), p. 2.

Description.—" Discoidal, orbicular, very much depressed, but swelling towards the middle, and depressed at the apex; diameter five and a half inches." Conrad, 1842.

This large and abundant form has never been figured, but there is no doubt as to its identity. Perfect individuals are very rare, although fragments are extremely abundant in the thin bed to which it is restricted.

Length, 160 mm.; width, 150 mm.

Occurrence.—CHOPTANK FORMATION. Jones Wharf, Governor Run, Dover Bridge.

Collections.—Johns Hopkins University, Maryland Geological Survey.

INDETERMINATE ECHINOID SPINES AND PLATES.

Echinoid spines and fragments of plates are abundant at many localities in all of the Miocene formations of Maryland. They certainly represent several other species in addition to those here described, but are not sufficiently well preserved for identification.

Class OPHIUROIDEA.

Order OPHIUREÆ.

Genus OPHIODERMA Müller and Troschel.

OPHIODERMA (?) SP.

Plate CXX, Fig. 3.

Fragments of the arms of an Ophiurian occur in the indurated ledge just above sea level along St. Mary's River. It is impossible to determine the relations of the form with accuracy, but it is probably an *Ophioderma.* The fragments were found in the interior of the shells of large gastropods.

Occurrence.—ST. MARY'S FORMATION. St. Mary's River.

Collection.—Maryland Geological Survey.

COELENTERATA.

Class HYDROZOA Huxley.

Order TUBULARIÆ Allman.

Genus HYDRACTINIA v. Beneden.

HYDRACTINIA MULTISPINOSA [1] n. sp.

Plate CXXI, Figs. 1-9.

Description.—Skeleton laminated, forming crusts varying in thickness from 0.2 mm. to 2.5 mm. over the shells of gastropoda; invested shell often wholly absorbed and replaced by the growing coral. Surface rough, studded with closely and rather regularly arranged conical tubercles or

---

[1] Cfr. *Hydractinia circumvestiens* Wood, 1844, as figured and described by Nicholson, 1886, Monog. Brit. Stromatoporoids, Palæontographical Society, vol. for 1885, p. 68, pl. vi, figs. 7-13; also *H. pliocæna* Allman, 1872, Geol. Mag., No. 98, p. 337, and Carter, 1877, Ann. & Mag. Nat. Hist., vol. xix, 4th ser., p. 52, pl. viii, figs. 7-10; and *H. michelini* Fischer, 1857, Bull. Soc. Géol. France, vol. xxiv, p. 689 (= *Cellepora echinata* Michelin, 1847, Iconographie Zoophytologique, p. 74, pl. 15, fig. 4).

28

spines, usually six or seven in 5.0 mm., rarely five or six in the same space. Spines usually about their own diameter (0.4 to 0.5 mm.) in height, and nearly the same distance apart; when perfect often showing a small apical pit; when worn two or three may show. Interspaces flat or slightly concave, covered with minute, often confluent, granules or spines, generally arranged in numerous radiating rows on the slopes of the large spines. Between these granules the mouths of numerous small tubes half again as large as the granules surrounding them, may be seen, but it is difficult to detect them except in worn examples or those slightly etched with acid. Finally the surface may exhibit, but never as a conspicuous feature, delicate branching grooves—astrorhiza—traversing the middle of the spaces between the large spines.

A rough vertical fracture shows that the skeleton is traversed by numerous approximately vertical but more or less irregular tubules. The skeleton shows further an irregular lamination, due to the presence of interlaminar spaces or chambers occupying the spaces between the large spines and placed in roughly horizontal series. Small spines, representing the small superficial spines of previous layers, project from the lower floor of these chambers. The inner part of the skeleton, representing the portion that has replaced the shell of the gastropod, is not chambered, but appears to be made up wholly of minute irregular vertical fibers and tubules. Similar tissue, but arranged in somewhat concentric manner, makes up the thick walls of the large surface spines; which, apparently, are not continuous from layer to layer.

This extremely abundant hydrozoan evidently is a true member of the calcareous section of *Hydractinia*. When it first came to hand, I regarded it as probably the same species as *H. pliocæna* Allman, which must be very near, if not specifically identical with *H. circumvestiens* (Wood) and *H. michelini* Fisher. Careful comparisons with the published figures and descriptions of that and other European species, however, have shown that the Maryland specimens are characterized by much smaller and more closely arranged spines, so that I find myself somewhat reluctantly obliged to propose a new name for them. As a rule the large spines of *H. multispinosa* are but half the size, and twice as numerous in a given space, as those studding the surface of *H. circum-*

vestiens. Carter's two calcareous species, *H. calcarea* and *H. vicaryi,* also differ too obviously in this and in other respects to require comparison.

Occurrence.—CALVERT FORMATION. Plum Point, 3 miles south of Chesapeake Beach.

Collections.—U. S. National Museum, Maryland Geological Survey, Johns Hopkins University.

Order HYDROCORALLINÆ Moseley.

Genus MILLEASTER n. gen.

Encrusting (? or subramose) polyparia, composed of one or more layers. Upper surface rough, exhibiting two sets of large, more or less irregularly distributed pores, the one (? dactylozooids) with elevated margins and stellate orifices, the other (? gastrozooids) fewer in number and occupying the depressed spaces between the elevated apertures, being a little larger, irregularly rounded in shape and the centers from which the astrorhizal grooves diverge. A third set of pores, in this case rounded in form and less than half the size of the other sets, occurs scattered among the granules of the interspaces. No columella nor tabulæ observed. Septa of the elevated pores strong, not very regular, usually six in number, but varying from four to seven; sometimes joining laterally so as to leave but a minute central opening. Cœnenchyma cancellate, granulose at the surface. Skeleton calcareous, apparently composed of a loose network of fibers. Astrorhizal grooves always present, but conspicuous only on such portions of the surface where the zooidal pores are either wanting or more widely separated than usual.

This genus has much in common with *Hydractinia,* but differs radically in the character of its zooidal pores and really looks very different under a glass. The pseudo-septate pores are much more like those of the STYLASTERIDÆ, but are without the columella characterizing members of that family. From the latter *Milleaster* is further distinguished by having two distinct sets of large pores and a third smaller set, besides astrorhiza. Excepting the well-developed pseudo-septa of the elevated zooidal pores, *Milleaster* compares probably best with *Millepora,* and it is between this genus and the STYLASTERIDÆ that I believe the affinities of the new genus lie. *Hydractinia* is farther removed, though doubtless also related. Again, I think it possible that some relationship to the PORITIDÆ may be detected when fuller comparisons than are now possible can be made.

MILLEASTER INCRUSTANS n. sp.

Plate CXXI, Fig. 10.

Description.—Polyparium encrusting, growing on shells of gastropoda, over which it forms thin, rough, scabrous expansions, 1 mm. or less in thickness, that may be separated cleanly from the invested host, the shell showing no trace of being absorbed by the coral. Surface exhibiting irregularly distributed, elevated and thick-lipped pores, the mouths of which are distinctly, though often rather irregularly, stellate. Pseudo-septa strong, usually six in number, but varying from four to seven, usually leaving but a narrow space between them to form the rays of the stellate orifice, and sometimes even joining laterally so that nothing but a minute central opening remains. Greatest diameter of elevated rim enclosing this set of zooidal pores averaging about 0.25 mm.; where closest and most regularly disposed about four occur in 2.0 mm., but not infrequently the depressed interspaces may attain a width of fully 1.0 mm. In these interspaces usually somewhat larger and fewer openings occur. These are irregularly rounded and not septate like the elevated pores, though their apertures may appear to be irregularly stellate because of the astrorhizal grooves which empty into them. The latter, though always present, are never conspicuous, and where the elevated pores are abundantly developed may even be overlooked. The small rounded openings of a third set of pores are scattered among the granular surface terminations of the cœnenchymal tissue. The surface granules of the latter are usually separate, but may be confluent.

This hydrozoan is associated with *Hydractinia multispinosa* and like it apparently always grows on shells of gastropoda. But, so far as observed, it never absorbs the shell of its host. Aside from being much less common—indeed, it must be counted among the rare fossils—its peculiarities are so striking and distinctive that it should be recognized at once when found.

Occurrence.—ST. MARY'S FORMATION. St. Mary's River, Cove Point. CALVERT FORMATION. Plum Point.

Collections.—U. S. National Museum, Maryland Geological Survey.

MILLEASTER (?) SUBRAMOSUS n. sp.

Plate CXXI, Figs. 11a, 11b.

Description.—Polyparium attached apparently loosely to foreign bodies and consisting of several short branches or mere lobes springing from a slightly expanded base. Zooidal pores of the larger size almost confined to the growing extremities of the branches and lobes, their sides and the expanded base being occupied chiefly by cœnenchymal tissue the surface of which exhibits, besides numerous granules or spines, numerous small pores and is traversed by strong astrorhizal grooves. The stellate pores have only moderately elevated margins and, on the ends of the branches, these are in contact. Within their apertures the septa are nearly as well developed as in *M. incrustans.* The larger of the two sets of non-septate pores occurring in the spans between the septate pores in that species has not been certainly observed, but the smaller set is abundantly represented.

Vertical fractures of the basal expansion exhibit interlaminar chambers and small vertical tubuli very much like those occurring in *Hydractinia multispinosa* and shown in fig. 8 on Plate CXXI. Where one of the branches has been broken away the fracture shows, besides the tubulate interspaces, only transverse sections of septate pores looking much as they do at the surface. There is some evidence of tabulæ, but it is not conclusive.

In placing this species of *Milleaster* I rely principally upon the presence of a set of septate pores. Excepting that there are no large spines, the basal part of the polyparium is very much as in *Hydractinia,* but the septate pores on the ends of the branches have no parallel in that genus. These same septate pores forbid placing the species under *Millepora,* which is suggested by the generality of the other characters. Unfortunately the material at hand is too scanty to permit working out all the details of structure and until more is found the above provisional arrangement must suffice.

Occurrence.—CALVERT FORMATION.   Plum Point.
Collection.—U. S. National Museum.

CLASS **ANTHOZOA.**

Order **ACTINIÆ.**

Suborder **SCLEACTINIÆ.**

Family **CYATHOPHYLLIDÆ** Verrill.

Genus **PARACYATHUS** Milne-Edwards and Haime.

PARACYATHUS VAUGHANI Gane.

Plate CXXII, Figs. 1, 2, 3.

Paracyathus vaughani Gane, 1895, Johns Hopkins Univ. Circ., vol. xv, No. 121, p. 9.
Paracyathus vaughani Gane, 1900, Proc. U. S. Nat. Museum, vol. xxii, pl. xv, figs.
4–6.

Description.—Corallum small, broad and low, with the calice about
the same diameter as the base, above which the wall is somewhat constricted. Wall thin, costulate to its base. Costæ low, unequal, finely
granular, more prominent near the calicular margin where they are considerably thicker than their corresponding septa. Calice circular in the
young, slightly oval in the adult individual; fossa broad, moderately
deep. Septa in six systems of five cycles, lacking part of the sixth order
of the last cycle; in individuals of medium size only four cycles are present. Primaries and secondaries subequal, thick and stout, with summits
more broadly rounded and more strongly exsert than those of the remaining thin and slender septa; sides coarsely granulated, upper margins of all septa entire, the inner portion of the margins of the higher
cycles crenately dentate. Pali granular, consisting of several small lobes,
becoming confused with the papillæ of the columella, present before all
the septa but those of the last cycle, excepting in the most mature forms,
where they may be lacking before a part of the fourth as well as before all
of the fifth cycle of septa. Columella papillose, well developed.

In polishing down the base of the coral, the rings marking the existence of previous outer walls are clearly seen. In one specimen no less
than eight appear, showing the growth of the coral and its relation to
the development of its septa.

The individuals of this form generally occur alone attached to some shell, but occasionally they are found in clusters, being in close contact with one another at their sides or the outer edge of their bases.

Height of largest specimen, 4 mm.; breadth of calice, 11 mm.

Description modified from the one given by Gane, 1900.

Occurrence.—CHESAPEAKE GROUP. Carter's Landing, James River, and Yorktown, Virginia, and the Upper Miocene of Wilmington, North Carolina.

Collections.—U. S. National Museum (type), Wagner Free Institute of Science, Johns Hopkins University.

Family OCULINIDÆ Milne-Edwards and Halme.

Genus ASTRHELIA Milne-Edwards and Haime.

ASTRHELIA PALMATA (Goldfuss).

Plate CXXIII, Figs. 1-4.

Madrepora palmata Goldfuss, 1826–1833, Petrefacta Germaniæ, pt. i, p. 23, pl. xxx, figs. 6, a, b.
Oculina palmata Ehrenberg, 1834, Abh. Berlin Akad. Wiss. for 1832, pp. 305, 344.
Madrepora palmata de Blainville, 1834, Man. Act. ou Zooph., p. 390.
Madrepora palmata Lamarck, 1836, Hist. Nat. An. sans Vert., 2d ed., vol. ii, p. 450.
Oculina palmata Bronn, 1848, Hand. Gesch. Nat., Index Pal., pt. i, p. 835.
Astrhelia palmata Milne-Edwards and Haime, 1849, Compte Rendus Ac. Sci., xxix, p. 68.
Astrhelia palmata Milne-Edwards and Haime, 1850, British Fossil Corals Introd., p. 20.
Astrhelia palmata Milne-Edwards and Haime, 1850, Ann. Sci. Nat., 3d ser., vol. xiii, p. 74.
Astrhelia palmata Milne-Edwards and Haime, 1851, Archiv Mus. Hist. Nat. Paris, vol. v, p. 37.
Astrhelia palmata d'Orbigny, 1852, Prod. Pal. Strat., vol. iii, p. 146.
Astrhelia palmata Bronn, 1853–1856, Lethaæ Geognostica, pt. vi, p. 307.
Astrohelia palmata Milne-Edwards and Haime, 1857, Hist. Nat. des Corall., vol. ii, p. 111.
Astrohelia palmata de Fromentel, 1861, Introd. Étud. Polyp. Foss., p. 178.
Astrohelia palmata Meek, 1864, Miocene Check List, Smith. Misc. Coll. (183), p. 1.
Astrohelia palmata Gane, 1895, Johns Hopkins Univ. Circ., vol. xv, No. 121, p. 9.
Astrohelia palmata Gane, 1900, Proc. U. S. Nat. Museum, vol. xxii [No. 1193], pp. 185, 186.

Description.—*Corallum* presents three forms of growth; one, as irregular nodose branches, which may exceed 120 mm. in length; a second, as flattened coalescing branches; a third, as palmate branches.

Corallites, circular or subelliptical in cross-section, diameter from 2.25 to 5.25 mm. The corallites of young colonies are often larger than those of older ones, the usual diameter for what may be considered a fully developed corallum is about 3 mm.; separated by solid cœnenchyma excepting on young coralla, the usual distance apart is about 2.5 mm., though it may occasionally be as much as 5 or 7 mm. In some corallites there is considerable basal calcareous deposit, but it does not seem that a cavity is ever completely filled. In young specimens the calicular margins may be considerably elevated; but on old coralla there is only a slightly elevated calicular rim.

Cœnenchymal surface. In young specimens the cœnenchymal surface is costate, costæ corresponding to all septa, subequal in size, flattish or rounded above and frequently extending directly from one calice to the next, granulations are densely distributed over the surfaces of the costæ. In older coralla the costæ are usually, though not always, well marked around the calicular openings, and often may continue for some distance across the cœnenchymal surface. In addition to the costæ there may be fine striæ. Both costæ and striæ may be flexuous. In places there are neither costæ nor striæ, but densely crowded granulations.

Septa, straight or curved, not exsert, in three complete cycles; those of the first and second cycles, of the same size and *reach* the columella space, those of the third, much shorter and thinner, their inner edges unusually free, but sometimes joined to the sides of the member of the second cycle. The thickness of the septa is variable; they may be fairly thick or may be weak, but are always thick in the thecal ring. There is no appreciable thickening around the columella. The calices are fairly deep, especially on young specimens, and are widely open. The septal laminæ are narrow at the calicular margin and increase in width as the columella is approached. The septal margins are dentate. The dentations are more or less jagged or may be fine; they are irregular in size, form and number. Septal faces possess rather coarse granulations.

Dissepiments numerous, usually thick.

Columella, false, weak, poorly developed, formed by the loose fusion of the inner ends of a few principal septa in the corallite axis.

Very large suites of specimens of this species have been studied. Mr.

Frank Burns, of the U. S. Geological Survey, obtained many hundred specimens and fragments from Plum Point, and the Maryland Geological Survey possesses a fine collection gathered from many localities. Some specimens (ten altogether) from David Kerr's place, Talbot county, collected by P. T. Tyson, differ somewhat from the Plum Point and Jones Wharf specimens. The calices are usually smaller, 2 to 2.5 mm. being a frequent diameter, the septa and dissepiments are thinner, the costæ are less developed and the cœnenchymal surface more granulate. However, it does not appear that the two sets of specimens can be specifically differentiated.

Occurrence.—CHOPTANK FORMATION. 2 miles south of Governor Run, Dover Bridge, Flag Pond, Cordova, Jones Wharf, Turner, David Kerr's in Talbot county. CALVERT FORMATION. Church Hill, Skipton, Southeast Creek, Truman's Wharf, Reed's, Plum Point, 3 miles west of Centerville.

Collections.—U. S. National Museum, Maryland Geological Survey, Johns Hopkins University.

Family ASTRANGIDÆ Verrill.

Genus ASTRANGIA Milne-Edwards and Haime.

ASTRANGIA LINEATA (Conrad).

Plate CXXIV, Figs. 1-4.

Lithodendron lineatus Conrad, 1835, Trans. Geol. Soc. Penn., vol. i, pt. 2, p. 340, pl. xiii, fig. 4.

Anthophyllum lineatum Lyell, 1845, Quart. Jour. Geol. Soc. London, vol. i, p. 424.

Anthophyllum lineatum Lonsdale, 1845, Quart. Jour. Geol. Soc. London, vol. i, p. 495, fig. a.

Caryophyllia lineata Conrad (Manuscript label), 1845, Quart. Jour. Geol. Soc. London, vol. i, p. 495.

Lithodendrum lineatum Conrad, 1846, Amer. Jour. Sci., ser. ii, vol. i, p. 220.

Anthophyllum lineatum Bronn, 1848, Hand. Gesch. Nat. Index Pal., pt. i, p. 83.

Cladocora ? lineata Meek, 1864, Miocene Check List, Smith. Misc. Coll. (183), p. 1.

Astrangia lineata Gane, 1895, Johns Hopkins Univ. Circ., vol. xv, No. 121, p. 9.

Astrangia lineata Gane, 1900, Proc. U. S. Nat. Museum, vol. xxii, p. 187.

Description.—The following description is modified from that given by Gane (op. sup. cit.) :

Colony encrusting, consisting of conical or cylindrical corallites, the largest sometimes rising a centimeter above the surface of the basal expansion. Individual corallites divergent, but usually touching at their bases. Walls very thin at their calicular edge, thicker below. Epitheca extremely thin, finely granulated and in some forms showing parallel, somewhat sinuous, flat, broad striæ, corresponding to the costæ and extending to the base. Costæ distinct just below the calicular edge, not very prominent, alternately larger and smaller, sometimes slightly crested. Calices deep, as a rule circular, at times considerably compressed, 5 to 8 mm. in diameter. Septa thin, much narrowed at the top, in mature corallites in four complete cycles; septa of the last cycle much thinner and narrower than those of the preceding, often merely rudimentary; in the younger individuals septa but thirty-six; there is a tendency for the younger septa to turn toward and unite with the next older; inner edges strongly dentate, teeth frequently truncated or rounded, slightly coarser near the columella; sides granulated, though not stoutly so. Columella small, false, composed of more or less interlocking or twisted processes from the inner ends of the septa. Multiplication by budding chiefly from basal expansions, although it may take place well up on the side of the parent corallite.

Occurrence.—CHESAPEAKE GROUP. Bellefield, Yorktown, Carter's Landing, and City Point, Virginia.

Collections.—Johns Hopkins University, U. S. National Museum, Philadelphia Academy of Sciences, Wagner Free Institute of Science.

Subgenus CŒNANGIA Verrill.

ASTRANGIA (CŒNANGIA) CONRADI n. sp.

Plate CXXV, Figs. 1, 2.

Astræa bella Tuomey and Holmes, 1857, Pleiocene Fossils of South Carolina, p. 1, pl. i, figs. 1, 1a.
Cœnangia bella Gane, 1895, Johns Hopkins Univ. Circ., vol. xv, No. 121, p. 9.
Cœnangia bella Gane, 1900, Proc. U. S. Nat. Museum, vol. xxii, p. 189.
Astrangia (Cœnangia) bella Vaughan, 1901, Bull. U. S. Fish Com. for 1900, vol. ii, p. 299.
Astrea bella Conrad, 1841, Proc. Acad. Nat. Sci. Phila., vol. i, p. 33.

Description.—The following description is the one published by Gane for *Cœnangia bella,* somewhat modified:

Colony encrusting. Corallites thin walled, closely united. Calices irregularly prismatic, quite deep, with their fossæ narrow at the bottom;

breadth 3 to 6 mm. Septa in three complete cycles, the third less stout and usually curved toward and united, near the columella, to those of the preceding cycle; occasionally part of a fourth cycle is developed. Septa thin, with free edges sharply and roughly denticulated throughout; sides somewhat coarsely granulated, frequently granules are also present on the inside wall of the calice. Columella moderately developed, spongy, composed of contorted processes originating from the inner margins of the septa. Gemmation takes place in the interspaces between the corallites, and around the edge of the colony.

Gane identified the coral here named *Astrangia conradi* with Conrad's *Astrea bella*. I have been unable to determine Conrad's type in the collections of the Academy of Natural Sciences of Philadelphia, his description is not sufficient for identification, but he gives the locality of his type specimen as Newberne, North Carolina. We have many specimens from the Neuse River, below Newberne. The geologic horizon is Pliocene, and as only one species of coral, *Septastrea crassa* (Holmes), has been found there, it is most probable that Conrad's *Astrea bella* is the encrusting young of that species. I have therefore renamed Gane's *Cœnangia bella*, calling it *Astrangia conradi*.

The *Astrea bella* of Tuomey and Holmes (op. et loc. sup. cit.) and the *Astræa bella* of Holmes [1] are two entirely distinct species, as the study of the original specimens kindly loaned me by the American Museum of Natural History of New York has shown. The former is from the Miocene of the Darlington District, South Carolina, and is probably *Astrangia conradi* of Conrad; while the latter is a synonym of *Astrangia astreiformis* M. Edw. & H.

The type specimen is in the Wagner Free Institute of Science.

Occurrence.—CHESAPEAKE GROUP. Carter's Landing on James River, and Prince George county, Virginia.

Collections.—Wagner Free Institute of Science, U. S. National Museum.

Family ORBICELLIDÆ Vaughan.

This family was originally characterized as follows: "Calcareous tissues normally imperforate, except in the columellar region. Corallites

[1] Pleiocene Fossils of South Carolina, p. 1, pl. 1, fig. 2.

grouped into rounded, gibbous, or digitiform masses. Septal margins dentate. Reproduction normally by gemmation between the corallites, occasional abnormal reproduction by fission." [1]

Type genus *Orbicella* Dana.

Genus SEPTASTREA d'Orbigny.

SEPTASTREA MARYLANDICA (Conrad).

Plate CXXVI, Figs. 1a, 1b, 2; Plate CXXVII, Figs. 1-3;

Plate CXXVIII, Figs. 1, 2; Plate CXXIX.

Astrea sp. W. B. and H. D. Rogers, 1837, Trans. Amer. Philos. Soc., vol. v, p. 338.

Astrea marylandica Conrad, 1841, Proc. Acad. Nat. Sci. Phila., vol. i, p. 33.

Astrea marylandica Conrad, 1842, Jour. Acad. Nat. Sci. Phila., vol. viii, 1st ser., p. 189.

Columnaria (?) *sexradiata* Lyell, 1845, Quart. Jour. Geol. Soc. London, vol. i, pp. 416–424.

Astrea hirtolamellata (?) Lyell, 1845, Quart. Jour. Geol. Soc. London, vol. i, p. 424.

Columnaria (?) *sexradiata* Lonsdale, 1845, Quart. Jour. Geol. Soc. London, vol. i, p. 497, figs. a, b.

Astrea hirtolamellata Lonsdale, 1845, Quart. Jour. Geol. Soc. London, vol. i, p. 500, fig. (?)

Astræ marylandica Conrad, 1846, Amer. Jour. Sci., ser. ii, vol. i, p. 220.

Columnaria (Astroites ?) sexradiata Dana, 1846, Amer. Jour. Sci., ser. ii, vol. i, p. 221.

Pleiadia or *Astroites hirtolamellata* Dana, 1846, Amer. Jour. Sci., ser. ii, vol. i, p. 221.

Astroites sexradiata Dana, 1846, Zooph. Wilkes Expl. Exped., p. 722.

Columnaria (?) *sexradiata* Lonsdale, 1847, Amer. Jour. Sci., ser. ii, vol. iv, p. 358.

Astræa marylandica Lonsdale, 1847, Amer. Jour. Sci., ser. ii, vol. iv., p. 359.

(Allied to *Caryophyllia* family) Dana, 1847, Amer. Jour. Sci., ser. ii, vol. iv, p. 361.

? *Astræa marylandica* Tuomey, 1848, Report Geol. South Carolina, pp. 182, 208.

Dipsastræa hirtolamellata (?) Bronn, 1848, Hand. Gesch. Nat., Index Pal., p. 126.

Columnaria (?) *sexradiata* Bronn, 1848, Hand. Gesch. Nat., Index Pal., p. 321.

Septastrea subramosa (*nom. nud.*) d'Orbigny, 1849, Note sur des Polyp. Foss., p. 9.

Septastrea forbesi Milne-Edwards and Haime, 1849, Ann. Sci. Nat. Zool., 3rd ser., vol. xii, p. 164.

Septastrea forbesi Milne-Edwards and Haime, 1851, Archiv Mus. Hist. Nat. Paris, vol. v, p. 115.

Septastrea subramosa d'Orbigny, 1852, Prod. Pal. Strat., vol. iii, p. 146.

Astrea marylandica Tuomey and Holmes, 1857, Pleiocene Fossils of South Carolina, p. 2, pl. i, figs. 2, 2a.

Septastræa forbesi Milne-Edwards and Haime, 1857, Hist. Nat. Corall., vol. ii, p. 450.

Astrangia (?) *marylandica* Milne-Edwards and Haime, 1857, Hist. Nat. Corall., vol. ii, p. 615.

---

[1] Bull. U. S. Fish Com. for 1900, vol. ii, p. 300, 1901.

Astrangia ? bella (pars) Milne-Edwards and Haime, 1857, Hist. Nat. Corall., vol. ii, p. 615.

Septastræa forbesi de Fromentel, 1861, Introduction Étude Polyp. Foss., p. 175.

Astrangia ? bella (pars) de Fromentel, 1861, Introduction Étude Polyp. Foss., p. 237.

Astrea [?] *Marylandica* Meek, 1864, Miocene Check List, Smith. Misc. Coll. (183), p. 1.

Septastrea (?) *sexradiata* Meek, 1864, Miocene Check List, Smith. Misc. Coll. (183), p. 1.

Septastrea forbesi Meek, 1864, Miocene Check List, Smith. Misc. Coll. (183), p. 1.

Astrangia (Cœnangia) marylandica Verrill, 1870, Trans. Conn. Acad. Sci., vol. i, pt. 2, p. 530.

Astrea sp. W. B. and H. D. Rogers, 1884, Reprint Geology of the Virginias, p. 667.

Glyphastræa forbesi Duncan, 1886, Abstract Proc. Geol. Soc. London, No. 495, p. 18.

Glyphastræa forbesi Duncan, 1887, Quart. Jour. Geol. Soc. London, vol. xliii, p. 29, pl. iii.

Glyphastræa sexradiata Duncan, 1887, Quart. Jour. Geol. Soc. London, vol. xliii, p. 30.

Septastræa forbesi Hinde, 1888, Quart. Jour. Geol. Soc. London, vol. xliv, p. 218, pl. ix, figs. 1–5, 7–15, 17.

Septastræa sexradiata Hinde, 1888, Quart. Jour. Geol. Soc. London, vol. xliv, p. 219, pl. ix, figs. 6, 16.

Cœnangia marylandica Gane, 1895, Johns Hopkins Univ. Circ., vol. xv, No. 121, p. 10.

Septastrea sexradiata Gane, 1895, Johns Hopkins Univ. Circ., vol. xv, No. 121, p. 10.

Cœnangia marylandica Gane, 1900, Proc. U. S. Nat. Museum, vol. xxii, p. 190.

Septastræa sexradiata Gane, 1900, Proc. U. S. Nat. Museum, vol. xxii, p. 194.

Septastrea sexradiata Vaughan, 1901, U. S. Fish Commission, Bulletin for 1900, vol. ii, p. 299.

Description.—Corallum possesses an encrusting base from which rise more or less compressed stems with short rounded branches, or large flattened masses with lobate and digitiform expansions.

Corallites, externally hexagonal or pentagonal in cross-section, the walls of adjacent individuals are closely applied but are separate; internally, more or less cylindrical. The diameter varies from about 3 to 8.5 mm., with an average width of 5 or 6 mm. In immature specimens the walls are thin, but they become secondarily very much thickened by basal calcareous deposit. In the mature coralla the walls are thick, occasionally as much as 2 mm. The line of fusion between adjoining corallites is indicated by a distinct shallow furrow. Minute granules, densely crowded, occur over the surface of the wall, between and over the septa and on the columella. Internally below the calices the corallites are often completely filled by basal deposit.

Septa, in normal adult calices twelve large subequal septa that extend inward from the wall and meet in the axial area. The septa are narrow above the level of the columella but become wide below its upper surface. There is usually between each pair of large septa a small one. The smaller ones curve in pairs toward an included larger one, a member of the second cycle. The presence of members of the third cycle is not constant in the same specimen, thus destroying the basis used by Hinde for differentiating two species. In young calices there may be only one or two septa (Gane says there may be none). On the other hand, in very large calices there may be from eight to twelve members of the fourth cycle. The septal margins are distinctly dentate in places on the coralla where no great amount of basal deposit has been laid down. The dentations are not especially prominent and later are obscured by the basal deposit. Small granulations occur over the whole surface of the calice, over the septal faces and the septal margins.

Endotheca: Dissepiments abundant, usually rather thick, 1 to 1.5 mm. apart. The uppermost dissepiment is near the level of the upper surface of the columella and forms a base upon which the basal deposit is formed.

Calices, shallow, widely open.

Columella, false, at first weak, being originated by the loose fusion of the principal septa in the axial area, subsequently it becomes compacted and enlarged by basal deposit, forming a solid dome-shaped elevation in the bottom of the calice.

Asexual reproduction, normally by budding in the angle between the calices, also by dissepimental budding, i. e., a dissepiment is formed across one side of a calice, cutting off a peripheral portion, which forms another individual. This process of forming new individuals and its stages are represented on plate CXXVII, fig. 1. Fission occurs, plate CXXVIII, fig. 2, illustrates it. Plate CXXVII, fig. 3, exhibits budding in the angle between adjoining corallites.

Dr. G. J. Hinde, in a memoir entitled " On the History and Character of the Genus Septastræa d'Orbigny (1849), and the Identity of its Type Species with that of Glyphastræa Duncan (1887)," [1] has given an elaborate discussion of this species. Gane in his " Some Neocene Corals of the United States," [2] has made an additional contribution of value.

---

[1] Quart. Jour. Geol. Soc. London, vol. xliv (1888), pp. 200–227, pl. lx.
[2] Proc. U. S. Nat. Mus., vol. xxii, 1900, pp. 194–196.

Hinde provisionally recognized two species, *S. forbesi* Milne-Edwards & Haime, and *S. sexradiata* (Lonsdale), the latter being characterized by possessing a greater development of the third cycle of septa. Gane pointed out that this character was not constant, and merged the two. The *Astrangia marylandica* (Conrad) is clearly only the young of *Septastrea sexradiata;* in every essential character they are identical. Gane has intimated that they may be the same. As the name used by Conrad is the first one that was given to the species I have adopted it.

The only known specimen of this species from Maryland is in the Philadelphia Academy of Natural Sciences. The type (according to Hinde) is in the museum of King's College, London.

Occurrence.—ST. MARY'S FORMATION. St. Mary's River; Miocene of Bellefield, Yorktown and many points on the James River, Virginia; upper bed at Alum Bluff, Appalachicola River, Florida; Darlington District, South Carolina (as *Astrea marylandica, fide* Tuomey and Holmes).

Collections.—Johns Hopkins University, U. S. National Museum, Philadelphia Academy of Natural Sciences.

PROTOZOA.
Class RHIZOPODA.
Order RADIOLARIA.
Suborder PHEODARIA.
Superfamily PHÆOCYSTINA.
Family CANNORHAPHIDA.

The following forms which belong in this family are distinguished from the less highly specialized RADIOLARIA which make up by far the larger part of the Tertiary species, by not having a single complete skeleton, but instead an incomplete skeleton composed of many individual and entirely separated pieces which are scattered loosely around in the calymma and never radially arranged. The fossil forms are hence known only from the separate skeletal units and never as individuals. Inasmuch as the fossil species are still living in recent seas the morphology of the individuals is well known and complete identification is possible from a single skeletal unit.

Genus DISTEPHANUS Stöhr.

This genus consists of those CANNORHAPHIDA which have a skeleton composed of pileated pieces, which are truncated pyramids with a single girdle of meshes, on the summit of which is a simple apical ring.

DISTEPHANUS CRUX (Ehrenberg).

Plate CXXX, Figs. 1, 2.

Dictyocha crux Ehrenberg, 1840, Monatsberichte d. k. Akad. d. Wiss. Berlin, p. 207.
Dictyocha crux Ehrenberg, 1854, Mikrogeologie, pl. xviii, fig. 56; pl. xx, fig. 46, a, b, c; pl. xxxiii, Nr. xv, fig. 9.
Distephanus crux Haeckel, 1887, Chal. Rept., vol. xviii, pt. ii, p. 1563.

Description.—" *D.* cellulis quinque in formam quadratam ocello medio instructam conjunctis, angulis spinescentibus. Diam. $\frac{1}{52}'''$." Ehrenberg, 1840.

Each pileated piece of the skeleton consists of one square central mesh around which are four lateral pentagonal meshes. There are two parallel quadrilateral rings, which are connected by four beams each of which passes from a corner of the smaller ring to the middle of one side of the larger ring. From the corners of the latter are four spines radiating from a center within the space enclosed by the rings and bars but nearer the larger ring. The larger ring is subsquare, the smaller is oval and its size varies greatly in proportion to the size of the larger ring. The spines are of variable and unequal length. There is no regularity in the distribution of the various sizes. Three of them (and sometimes all) are roughly of the same size, the fourth is usually longer.

This is one of the most abundant RADIOLARIA in the Miocene of Maryland, but does not usually occur abundantly in association with other species.

Occurrence.—CALVERT FORMATION. Popes Creek, Boston Bay, Fairhaven, Claiborne, Cambridge Artesian Well (192 to 335 feet), Crisfield Artesian Well (485 to 500 feet).

Collections.—Maryland Geological Survey, Johns Hopkins University.

DISTEPHANUS SPECULUM (Ehrenberg).

Dictyocha speculum Ehrenberg, 1837, Monatsberichte d. k. Akad. d. Wiss. Berlin, p. 150.

Dictyocha speculum Ehrenberg, 1854, Mikrogeologie, pl. xviii, fig. 57; pl. xix, fig. 41; pl. xxi, fig. 44; pl. xxii, fig. 47.

Dictyocha speculum Stöhr, 1880, Palæontographica, vol. xxvi, p. 120, pl. vii, fig. 8.

Distephanus rotundus Stöhr, 1880, Palæontographica, vol. xxvi, p. 121, pl. vii, fig. 9.

Distephanus speculum Haeckel, 1887, Chal. Rept., vol. xviii, pt. ii, p. 1565.

Description.—Each pileated piece of the skeleton is composed of two parallel hexagonal rings, from the corners of the smaller of which six bars descend to meet the middle of each side of the larger ring. Six radiating spines project from the corners of the latter. Two opposite spines are usually about twice as long as the rest. Each set of spines contains members of equal length.

Occurrence.—CALVERT FORMATION. Popes Creek.

Collection.—Johns Hopkins University.

Genus DICTYOCHA Ehrenberg.

DICTYOCHA FIBULA(?) Ehrenberg.

Plate CXXX, Fig. 3.

Dictyocha fibula Ehrenberg, 1838, Abhand. d. k. Akad. d. Wiss. Berlin, p. 129.

Dictyocha fibula Ehrenberg, 1839, Abhand. d. k. Akad. d. Wiss. Berlin, p. 149, pl. iv, fig. xvi.

Dictyocha fibula Ehrenberg, 1854, Mikrogeologie, pl. xviii, fig. 54, a, b, c; pl. xix, fig. 43; pl. xx, fig. 45; pl. xxi, fig. 42.

Dictyocha fibula Haeckel, 1887, Chal. Rept., vol. xviii, pt. ii, p. 1561.

Description.—" Cellulis quaternis inæqualibus planis, totidem apiculis armatis." Ehrenberg, 1838.

" D. cellulis quaternis in formam concavam rhomboidem aut quadratam conjunctis, angulis spinosis."

" Die Form dieser Art wechselt in dem Verhältniss der Grösse der Zellen zu einander. Gewöhnlich sind 2 Zellen kleiner und diese durch einem Steg in der Mitte verbunden. Auch die Stacheln an den Ecken wechseln in der Länge. Bei der lebenden Form sind die Stacheln meist länger, doch besitze ich fossile Exemplare von Caltanisette die auch darin völlig übereinstimmen. Der weiche Thierkörper trägt dieses Gerüst von Kieselstäbchen wie ein Rückenschild über sich und ist farblos. Ortsveränderung war nicht zu kennen.—Durchmesser $\frac{1}{96}'''-\frac{1}{48}'''$." Ehrenberg, 1839.

29

Haeckel described this species as follows:—

"Each pileated piece of the skeleton stirrup-shaped, with two pairs of meshes, and a square basal ring, the four corners of which are prolonged into four perradial spines. Between the latter four interradial beams arise from the sides in pairs, and the two pairs are connected by a diagonal arch. Therefore the two opposite meshes are larger and pentagonal, the other two meshes (alternating with these) are smaller and square. No vertical spine on the apex.

"Diameter of the basal square ring (diagonal) 0.01 to 0.02, of the meshes 0.005."

A single specimen of this species has been found in Maryland.

Occurrence.—CALVERT FORMATION. Cambridge Artesian Well (192 to 335 feet).

Collection.—Johns Hopkins University.

Suborder NASSELLARIA.
Superfamily CYRTOIDEA.
Family LITHOCAMPIDA.
Genus LITHOCAMPE Ehrenberg.
LITHOCAMPE MARYLANDICA n. sp.

Plate CXXX, Fig. 4.

Description.—Shell smooth, hyaline, spindle-shaped, with four distinct joints and a constricted mouth; joints of different lengths = 7: 10: 12: 34; third and fourth joints nearly equal in breadth; pores large, somewhat irregular in size and shape; three rows of pores in each of the first three joints, and seven rows in the fourth joint.

Occurrence.—CALVERT FORMATION. Lyons Creek.

Collection.—Maryland Geological Survey.

Genus EUCYRTIDIUM Ehrenberg.
EUCYRTIDIUM CALVERTENSE n. sp.

Plate CXXX, Fig. 5.

Description.—Shell smooth, spindle-shaped, with five joints (and possibly a sixth broken away); cephalis subspherical, with a very short horn; proportional lengths of joints = 3 : 5 : 8 : 8 : 8 + ?; cephalis with a few scattered pores, second joint with numerous irregular pores, third joint with seven rows, fourth joint with six rows. and fifth joint with seven rows (+ ?) of large regular pores.

Occurrence.—CALVERT FORMATION. Lyons Creek.

Collection.—Maryland Geological Survey.

Genus STICHOCAPSA Haeckel.

STICHOCAPSA MACROPORA Vinassa.

Plate CXXX, Figs. 6, 7.

Stichocapsa macropora Vinassa, 1900, Mem. d. R. Accad. d. Sci. d. Istit. d. Bologna, ser. v, vol. viii, p. 253, pl. iii, fig. 47.

Description.—" Guscio assai grande e spesso, scabroso. Capo sferico perforato. Torace conico poco rigonfio; terza loggia slargata, quarta ed ultima grande, tondeggiante in basso. Pori ampi, circolari, non molto fitti, regolarmente alternanti." Vinassa, 1900.

Shell rough, pear-shaped, with two or three more or less distinct strictures and three annular septæ; cephalis small, subspherical; joints (except the cephalis) of approximately equal length; third joint broadest; pores quite large, irregular in size and shape.

The individuals here referred to Vinassa's species show considerable variation both among themselves and from Vinassa's figure. It is possible that further study will lead to the recognition of several species among the Maryland forms.

Occurrence.—CALVERT FORMATION. Popes Creek, Plum Point. CHESAPEAKE GROUP. Richmond, Va.

Collections.—Maryland Geological Survey, Johns Hopkins University, Rev. Edward Huber.

Family ANTHOCYRTIDA.

Genus ANTHOCYRTIUM Haeckel.

ANTHOCYRTIUM DORONICUM Haeckel.

Plate CXXX, Fig. 8.

Anthocyrtium doronicum Haeckel, 1887, Chal. Rept., vol. xviii, pt. ii, p. 1276, pl. lxii, fig. 18.

Description.—" Shell rough, with sharp collar stricture. Length of the two joints = 1 : 5, breadth = 1 : 3. Cephalis hemispherical, with small, circular pores and a stout conical horn of twice the length. Thorax campanulate, subcylindrical, with regular circular, quincuncial pores, three to four times as broad as the bars. Mouth scarcely constricted, with twenty-four to thirty vertical, nearly parallel, little curved feet, which are about half as long as the shell, broad, lamellar, rectangular, and in close contact with their edges.

" *Dimensions.*—Cephalis 0.025 long, 0.035 broad; thorax 0.12 long, 0.1 broad." Haeckel, 1887.

The single specimen here figured and referred to this species is incomplete, the feet being entirely missing. There is consequently some doubt as to the identification. But inasmuch as no other known species agrees with the specimen in as many essentials and as the specimen disagrees with this species in no observable characteristic, it is felt that the identification is reasonably sure.

Occurrence.—CALVERT FORMATION.   Popes Creek, Lyons Creek, Breton Bay.

Collections.—Maryland Geological Survey, Johns Hopkins University.

Suborder ACANTHARIA.
Superfamily ACANTHOMETRA.
Family CHIASTOLIDA.

This family, according to Haeckel's definition, includes all those RADIOLARIA whose skeleton grows from the center, is organic (made of acanthin), and consists of a variable number of simple radial spines which are grown together in pairs, each pair forming a single diametral spine. Two genera are included by Haeckel, one of which includes those forms with thirty-two and the other those with twenty radial spines. Another form has been discovered which possesses only ten radial (or five diametral) spines. This would seem to add another genus to the family. This form has already been described by Ehrenberg as *Lithasteriscus radiatus.* Other species of *Lithasteriscus* were described by Ehrenberg which evidently do not belong here, so perhaps a new name should be used for the third genus of the CHIASTOLIDA. The author has not, however, been able to find the definition of *Lithasteriscus* and prefers to retain the name, for the present, in this new position.

Genus LITHASTERISCUS Ehrenberg.

LITHASTERISCUS RADIATUS Ehrenberg.

Plate CXXX, Fig. 9.

Lithasteriscus radiatus Ehrenberg, 1844, Monatsberichte d. k. Akad. d. Wiss. Berlin, p. 89.
Lithasteriscus radiatus Ehrenberg, 1854, Mikrogeologie, pl. xviii, fig. 113.

Description.—" L. minor subglobosus superficie tuberculis elongatis acutis aut subacutis undique radiata. Diam. — $\frac{1}{75}'''$." Ehrenberg, 1844.

This species is so simple in form that a very few words of description suffice. The ten radial spines are apparently similar in form and size. They are smooth and acutely conical.

Occurrence.—CALVERT FORMATION. Crisfield Artesian Well (790 feet).

Collection.—Johns Hopkins University.

Suborder SPUMELLARIA.

Superfamily DISCOIDEA.

Family SPONGODISCIDA.

Genus SPONGASTERISCUS Haeckel.

SPONGASTERISCUS MARYLANDICUS n. sp.

Plate CXXX, Fig. 10.

Description.—Arms at equal distances, of approximately the same size, club-shaped, three times as long as broad at the outer end, four times as long as broad at the inner end; two concentric rings in the central disk; central disk surrounded by the suggestion of a patagium.

Occurrence.—CALVERT FORMATION. Lyons Creek.

Collections.—Maryland Geological Survey, Johns Hopkins University, Rev. Edward Huber.

Genus DICTYOCORYNE Ehrenberg.

DICTYOCORYNE PROFUNDA Ehrenberg.

Plate CXXX, Figs. 11, 12, 13.

Dictyocoryne profunda Ehrenberg, 1860, Monatsberichte d. k. Akad. d. Wiss. Berlin,
 p. 767. (Name only.)
Dictyocoryne profunda Ehrenberg, 1872, Monatsberichte d. k. Akad. d. Wiss. Berlin, p. 307.
Dictyocoryne profunda Ehrenberg, 1872, Abhand. d. k. Akad. d. Wiss. Berlin, pl.
 vii, fig. 23.
Dictyocoryne profunda Haeckel, 1887, Chal. Rept , vol. xviii, pt. i, p. 592.

Description.—" Forma obtuse triangularis triactis, radiis clavatis subæqualiter sine ordine cellulosis, connecticulo membranaceo laxius celluloso, cellulis sæpe subquadratis. Long. Max. $\frac{1}{10}'''$, radii a medio $\frac{1}{18}'''$. Cellulæ in capitulo transversæ fere 15." Ehrenberg, 1872.

Arms approximately of equal size and equidistant, club-shaped, from 2½ to 3 times as broad at the ends as in the narrowest part, broadest part twice the diameter of the central disk, length 2½ to 3 times the diameter of the central disk; central disk with three or four concentric rings; patagium reaching almost or quite to the ends of the arms.

The forms here referred to this species show considerable variation within themselves, and if they all remain here will make it necessary to broaden the descriptions given by Ehrenberg and by Haeckel. With the material now at hand it seems better to broaden the species than to describe new ones. The three figures show the range of variation observed in the Maryland forms.

It may be seen from the figures that the arms are not absolutely equidistant as they are supposed to always be in this genus. The maximum variation in this respect is shown in Fig. 11 where the angles between the arms are 105°, 122° and 133°. This does not invalidate the reference of this form to Dictyocoryne for Ehrenberg's figure of the type of the genus shows the arms as being at angles of 113°, 123° and 124°.

Occurrence.—CALVERT FORMATION. Lyons Creek, Popes Creek, Plum Point.

Collections.—Maryland Geological Survey, Johns Hopkins University, Rev. Edward Huber.

Genus RHOPALODICTYUM Ehrenberg.

RHOPALODICTYUM MARYLANDICUM n. sp.

Plate CXXX, Fig. 14.

Description.—Arms club-shaped, of different sizes, and at unequal distances; lengths of arms in proportion of 23 : 23 : 26; angles of arms = 100°, 130°, 130°; the longest arm opposite one of the larger angles; arms 2 times as long as the breadth at the end, breadth at the end 2½ times the breadth in the narrowest part; central disk ⅔ as wide as the end of an arm; two concentric rings in the central disk.

Occurrence.—CALVERT FORMATION. Popes Creek, Lyons Creek.

Collections.—Maryland Geological Survey, Johns Hopkins University, Rev. Edward Huber.

RHOPALODICTYUM CALVERTENSE n. sp.

Plate CXXX, Fig. 15.

Description.—Arms short, club-shaped, with large subspherical ends, greatest width of the arms seven-eighths the length, least width one-fourth the length; lengths of arms in the proportions 18 : 19 : 20; angles of the arms = 129°, 119° and 112°; greatest angle opposite the shortest, least angle opposite the longest, and medium angle opposite the medium arm; central disk with three concentric rings.

Occurrence.—CALVERT FORMATION. Lyons Creek.

Collections.—Maryland Geological Survey, Johns Hopkins University, Rev. Edward Huber.

Family PORODISCIDA.

Genus PORODISCUS Haeckel.

PORODISCUS CONCENTRICUS (Ehrenberg).

Plate CXXX, Fig. 16.

Flustrella concentrica Ehrenberg, 1838, Abhand. d. k. Akad. d. Wiss. Berlin, p. 132.
? *Flustrella concentrica* Ehrenberg, 1854, Mikrogeologie, pl. xix, fig. 61; pl. xx, fig. 42; pl. xxi, fig. 51; pl. xxxvi, fig. 29.
Trematodiscus concentricus Haeckel, 1862, Mon. d. Radiol., p. 493.
Flustrella concentrica Ehrenberg, 1875, Abhand. d. k. Akad. d. Wiss. Berlin, p. 72, Taf. xxii, fig. 13.
Trematodiscus concentricus Stöhr, 1880, Paleontographica vol. xxvi, p. 108.
Porodiscus concentricus Haeckel, 1887, Chal. Rept., vol. xviii, pt. i, p. 492.

Description.—" FLUSTRELLA concentrica, microscopica cellularum minutissimarum lævium seriebus concentricis, interdum spiralibus, apertura singularum parva rotunda." Ehrenberg, 1838.

" All rings of the disk circular, concentric of equal breadth, connected by numerous piercing radial beams. Chambers different in size, increasing from the center towards periphery. Pores regular, circular, one and a half to two on the breadth of each ring.

" *Dimensions.*—Diameter of the disk (with eight rings) 0.16 ; breadth of each ring 0.01 ; pores 0.003.

" Habitat.—Fossil in many Tertiary rocks—Barbados, Sicily, Greece, etc." Haeckel, 1887.

Occurrence.—CALVERT FORMATION. Popes Creek, Plum Point, Lyons Creek.

Collections.—Maryland Geological Survey, Johns Hopkins University, Rev. Edward Huber.

Family PHACODISCIDA.

Genus PHACODISCUS Haeckel.

PHACODISCUS CALVERTANUS n. sp.

Plate CXXX, Fig. 17.

Description.—Disk rather smooth, three times as broad as the outer and seven times as broad as the inner medullary shell; pores regularly circular, three or four times as broad as the bars; margin of the disk rounded.

Occurrence.—CALVERT FORMATION. Lyons Creek.

Collection.—Maryland Geological Survey.

Superfamily PRUNOIDEA.

Family CYPHINIDA.

Genus CANNARTIDIUM Haeckel.

CANNARTIDIUM sp.

Plate CXXX, Fig. 18.

Description.—The specimen on which the accompanying figure was based and which was intended to be used as the type of a new species of

Cannartidium was crushed before the drawing was completed. Under the circumstances it seems best not to attempt to name or describe the form, although it is undoubtedly an undescribed species of *Cannartidium*. The figure possibly does not adequately represent the species.

Occurrence.—CALVERT FORMATION. Popes Creek.

Collection.—Maryland Geological Survey.

Genus CANNARTISCUS Haeckel.

CANNARTISCUS AMPHICYLINDRICUS Haeckel.

Plate CXXX, Fig. 19.

Cannartiscus amphicylindricus Haeckel, 1887, Chal. Rept., vol. xviii, pt. i, p. 373.

Description.—" Cortical shell thick walled, rough, with subregular, circular pores, twice to four times as broad as the bars; six to seven on the half meridian, ten to twelve on the half equator of each chamber. Polar tubes cylindrical, on the distal end open (broken off?) nearly as long as the main axis, somewhat narrower than the spherical medullary shell. Pores of the tubes much smaller than those of the chambers.

" Dimensions.—Main axis (without tubes) 0.17, greatest breadth 0.12; pores 0.006 to 0.012, bars 0.003. Length of the polar tubes 0.15, breadth of them 0.03; pores 0.003, bars 0.002.

" Habitat.—Pacific, central area, Station 268, 29,000 fathoms; the same occurs fossil in the rocks of Barbados." Haeckel, 1887.

Occurrence.—CALVERT FORMATION. Popes Creek, Plum Point, Lyons Creek.

Collections.—Maryland Geological Survey, Johns Hopkins University, Rev. Edward Huber.

CANNARTISCUS MARYLANDICUS n. sp.

Plate CXXX, Fig. 20.

Description.—Cortical shell thick walled, rough, with an indistinct medial constriction; pores subcircular, irregular in size, two to five times as wide as the bars; polar tubes very rough and irregular in shape.

Occurrence.—CALVERT FORMATION. Plum Point.

Collections.—Maryland Geological Survey, Johns Hopkins University, Rev. Edward Huber.

Superfamily SPHÆROIDEA.

Family ASTROSPHÆRA.

Genus ACANTHOSPHÆRA Haeckel.

ACANTHOSPHÆRA PARVULA Vinassa.

Plate CXXX, Fig. 21.

Acanthosphæra parvula Vinassa, 1900, Mem. d. R. Accad. d. Sci. d. Istit. d. Bologna, ser. v, vol. viii, p. 234, pl. i, fig. 29.

Description.—" Sfera piccola, sottile, levigata, con pori numerosi, grandi, assai fitti, rotondi e tutti uguali. Aculei brevi conici, poco numerosi, irregolarmente sparsi.

" Diametro della sfera: mm. 0,065; altezza degli aculei: mm. 0,62." Vinassa, 1900.

This species may be at once distinguished from the other Radiolaria which have been observed in these beds by the presence of the small spines radiating in all directions. Its size also is characteristic.

Occurrence.—CALVERT FORMATION. Popes Creek.

Collection.—Maryland Geological Survey.

Family CUBOSPHÆRIDA.

Genus HEXALONCHE Haeckel.

HEXALONCHE MICROSPHÆRA Vinassa.

Plate CXXX, Fig. 22.

Hexalonche microsphæra Vinassa, 1900, Mem. d. R. Accad. d. Sci. d. Istit. d. Bologna, ser. v, vol. viii, p. 233, pl. i, fig. 23.

Description.—" Sfera corticale assai grande e spessa, scabrosa; pori ovali o rotondi, non molto grandi e profundi. Sfera midollare levigata, piccolissima, munita di piccoli pori rotondi, unita alla corticale da sotilli processi, quasi filiformi. Aculei conici, assai lunghi, acuti, non carenati.

" Diametro della sfera interna: mm. 0,02; della esterna: mm. 0,12; altezza degli aculei 0,056." Vinassa, 1900.

Cortical shell rough; pores circular or subcircular, not varying much in size, diameter slightly greater than the width of the bars, or about 1/12 the diameter of the cortical shell; medullary shell about 2/7 the diameter of the cortical shell; spines triangular-pyramidal, twisted, as long as the radius of the cortical shell, basal diameter ⅜ the diameter of the medullary shell.

Occurrence.—CALVERT FORMATION. Plum Point.

Collections.—Maryland Geological Survey, Johns Hopkins University, Rev. Edward Huber.

Genus HEXASTYLUS Haeckel.

HEXASTYLUS SIMPLEX Vinassa.

Plate CXXX, Fig. 23.

Hexastylus simplex Vinassa, 1900, Mem. d. R. Accad. d. Sci. d. Istit. d. Bologna, ser. v, vol. viii, p. 232, pl. i, fig. 20.

Description.—" Sfera grande, molto spessa, scabrosa, a pori rotondi, assai radi. Aculei muniti di una carena mediana, appuntiti.

" Ha qualche somiglianza coll' *H. marginatus* Hckl. (*Report on the Radiolaria*) figurato a tav. XXI, fig. 10, ma ha i pori assai meno numerosi e gli aculei molto meno lunghi ;

" Diametro della sfera : mm. 0,15 ; lunghezza degli aculei : mm. 0,06." Vinassa, 1900.

Occurrence.—CALVERT FORMATION. Lyons Creek.

Collections.—Maryland Geological Survey, Johns Hopkins University, Rev. Edward Huber.

Genus CENOSPHÆRA Ehrenberg.

CENOSPHÆRA POROSISSIMA Vinassa.

Plate CXXX, Figs. 24, 25.

Cenosphæra porosissima Vinassa, 1900, Mem. d. R. Accad. d. Sci. d. Istit. d. Bologna, ser. v, vol. viii, p. 229, pl. i, fig. 3.

Description.—" Guscio assai grande, non molto spesso, scabroso, con numerosi pori rotondi, equidistanti e fittissimi.

" Diametro della sfera : mm. 0,125." Vinassa, 1900.

Shell somewhat rough, pores regular and circular (or almost so), two to four times as broad as the bars, six to eight on the quadrant.

Occurrence.—CALVERT FORMATION. Lyons Creek, Plum Point.

Collections.—Maryland Geological Survey, Johns Hopkins University, Rev. Edward Huber.

Order FORAMINIFERA.

Suborder VITRO-CALCAREA.

Family NUMMULINIDÆ.

Genus NONIONINA d'Orbigny.

The genus *Nonionina* is so closely related to *Polystomella* that some authors consider that it should be allowed to lapse or at best be considered as only a subgeneric group of the true *Polystomella* type. Typically the shell is convolute with equilateral compression as in *Anomalina* so that it presents a symmetrical nautiloid form in which the final volution embraces all the others. The umbilicus is either depressed, flush, or filled with exogenous substance as in *N. asterizans,* and the septal markings are more or less depressed though the amount of depression varies with every species. The shell substance is hyaline, and distinctly perforate, often finely so. The aperture is situated on the inner margin of the ultimate segment and is either an arched fissure or subdivided into a number of porous openings as by some *Polystomellæ.* The genus does not seem to be recorded prior to the beginning of the Tertiary. At the present time it occurs at all depths and is cosmopolitan in distribution occurring in every latitude.

NONIONINA SCAPHA (Fichtel and Moll).

Plate CXXXI, Figs. 1, 2, 3.

Nautilus scapha Fichtel and Moll, 1803, Test. Microsc., p. 105, pl. xix, figs. d–f.
Nonionina scapha Brady, 1884, Chal. Rept., vol. ix, p. 730, pl. cix, figs. 14, 15 (and 16 ?).
Nonionina scapha Bagg, 1898, Bull. Amer. Pal., No. 10, p. 41, pl. iii, figs. 4a, 4b.

Description.—Test free hyaline, finely perforated, elongate, rather strongly compressed, peripheral margin broadly rounded, chambers numerous, narrow, long, rapidly increasing in size toward the ultimate chamber and separated by nearly straight septal lines; sutural limbations becoming more marked towards the ultimate chamber which is the largest and longest and extends fully two-thirds the length of the entire shell. Septal plane broadly oval or cordate; convolutions about three, twelve to fourteen chambers in the final volution; aperture a small concentric slit situated on the inner margin of the ultimate chamber.

This species is a common form in the Maryland and Virginia Miocene. Seguenza records it in the Miocene of Calabria and d'Orbigny described it from the Vienna Basin Miocene. It becomes more abundant in the later Tertiary.

Occurrence.—CHOPTANK FORMATION. Jones Wharf. CALVERT FORMATION. Chesapeake Beach.

Collection.—Maryland Geological Survey.

Genus POLYSTOMELLA Lamarck.

The shells of this beautiful and delicate genus consist of regular, equilateral, nautilus-shaped, convolute type in which but the final convolution is visible externally. The complex structure of the interior of the chambers is admirably worked out and portrayed by Dr. Carpenter in his Introduction to the Study of the FORAMINIFERA. Prof. Brady in the Challenger Report briefly but clearly defines the genus as follows: " The test of *Polystomella* is, as a rule, of lenticular or discoidal form. In the weaker modifications (e. g., *Polystomella striatopunctata*) the segments are more or less inflated, and the external furrows by which they are separated are bridged over at intervals by extensions of the inner margins of the segments, leaving rows of depressions or ' fossettes' to mark the septal lines. These marginal extensions of the segments are called ' retral processes' or in connection with their external shelly investment ' septal bridges' and throughout a considerable section of the genus their presence to a greater or less extent is the only advance in structure upon that of the *Nonioninæ*." This author adds that in more typical forms the septa are limbate externally and the retral processes develop into a series of transverse ridges which almost or completely connect the septa of contiguous chambers. It is this feature which characterizes the Miocene forms of the Maryland deposits. Dr. Uhlig records it as early as the Middle Jurassic but it is not well represented until late Tertiary time. We have but one specimen from the Miocene of Maryland but in the overlying Pleistocene of Cornfield Harbor further southward it becomes the most abundant foraminifera of the region.

POLYSTOMELLA STRIATOPUNCTATA (Fichtel and Moll).

Plate CXXXI, Fig. 4.

Nautilus striatopunctata Fichtel and Moll, 1803, Test. Microsc. p. 61, pl. iv, figs. a–c.

Description.—Test rounded, convolute, both sides equally compressed as in *Nonionina* types, peripheral margin obliquely rounded, becoming somewhat lobulated near the ultimate chamber; segments triangular, twelve in the last volution, separated by nearly straight septal depressions in the form of bridges which mark the retral processes of the shell. Septal plane is nearly round and the aperture is in the form of a series of pores or openings along the inner margin of the ultimate segment.

Its earliest occurrence is from the Eocene of the Paris Basin (Terquem).

Occurrence.—CHOPTANK FORMATION. Jones Wharf.

Collection.—Maryland Geological Survey.

Family ROTALIDÆ.

Genus DISCORBINA Parker and Jones.

The typical test of *Discorbina* consists of a trochoid spire with nearly flat base and sharp margin. Parker and Jones suggested a grouping of the various forms under three heads, namely, the conical, the vesicular and the outspread, complanate forms. The shell is hyaline and in larger forms is coarsely perforate though often small specimens and certain species have small pores. The superior surface is usually raised into a spire which shows the entire chambering of the shell and the arched septa, while the inferior face is quite flat or even depressed and only the final convolution is visible. The margin is generally well defined and sharp though by some few species it assumes the rounded or even squarely set borders found in other types. The aperture is usually protected by an overhanging fringe and is sometimes not apparent, while tubercles occur very rarely as in Asteriginæ types.

The genus does not make its appearance until near the close of Cretaceous time. In existing seas it is found in every clime being dredged from Davis Strait, to the Equator and from the Equator to Magellans Strait. It is more usually found in shoal waters and is quite scarce below 200 fathoms.

DISCORBINA ORBICULARIS (Terquem).

Plate CXXXI, Fig. 5.

Rosalina orbicularis Terquem, 1876, Anim. sur la Plage de Dunkerque, p. 75, pl. ix, fig. 4, a, b.

Description.—Test minute, trochoid, consisting of several rotaliform convolutions; marginal keel sharp, angular; superior surface conical, inferior, depressed and approximately flat. The chambers are remarkably curved and overlap in such a way as to make it rather difficult to clearly mark the several volutions. The septa are visible as graceful curved lines but are not depressed and the shell is finely porous in our specimens.

As a fossil we find it recorded in the Miocene of southern Italy and in the Upper Pliocene sands of Rome. At the present time it is best known, according to Brady, as a coral reef species but it is not confined to reefs. It ranges in depth from the littoral zone to about 400 fathoms.

Occurrence.—CHOPTANK FORMATION. Jones Wharf.

Collection.—Maryland Geological Survey.

Genus PLANORBULINA d'Orbigny.

The genus *Planorbulina* occupies a close relationship with two other generic types, namely, *Truncatulina* and *Anomalina*. It is typically characterized by its wide spreading flattened form, with coarse perforate shell and it is subject to great variation in aperture, marginal fringe, limbation of sutures and in sometimes possessing exogenous tubercles. It is at the present time common to seas of all latitudes and occurs from the littoral zone down to depths of 3000 fathoms. As a fossil it is known as early as the Carboniferous, is rare in the Lias, common again in the Cretaceous and is well represented throughout Tertiary time.

PLANORBULINA MEDITERRANENSIS d'Orbigny.

Plate CXXXI, Fig. 6.

Planorbulina mediterranensis d'Orbigny, 1826, Ann. Sci. Nat., vol. vii, p. 280, pl. xiv, figs. 4–6; Modele No. 79.

Description.—Test much flattened, wide-spread, consisting of a number of irregular vaulted chambers with depressed umbilical center. Margin is lobulated and no two specimens are identical in contour, number of chambers, etc.; all showing more or less variation as in *Truncatulina variabilis*.

D'Orbigny records the form from the Vienna Miocene; Seguenza, Parker and Jones mention it from the later Tertiaries of Italy and Sicily, and it is known in the English Crag and the Post Tertiary of Norway as well as in many other localities of Tertiary age.

It is commonest in depths of less than 50 fathoms at the present time and is not confined to any zone.

Occurrence.—CHOPTANK FORMATION. Jones Wharf. CALVERT FORMATION. Chesapeake Beach.

Collection.—Maryland Geological Survey.

Genus TRUNCATULINA d'Orbigny.

The genus *Truncatulina* finds its typical representation in the species *T. lobatula* in which the superior surface is flat or nearly so and all the segments are visible, while the inferior surface is somewhat vaulted and the form is so involute that only the last chambers of the final convolution become apparent. The amount of vaulting and even the flat superior surface is subject to considerable variation and in *Truncatulina variabilis* no two specimens are alike.

Under the group of *Planorbulina* forms belong a large number of species described under the names of *Planorbulina, Anomalina, Rosalina, Rotalia,* etc. It is one of the most abundant of all living species and is common in fossil deposits of later geologic age though its earliest appearance is in rocks of Carboniferous age.

TRUNCATULINA LOBATULA (Walker and Jacob).

Plate CXXXI, Fig. 7, 8.

Nautilus lobatulus Walker and Jacob, 1798 (*fide* Kanmacher's Ed.), Adam's Essays Microsc., p. 642, pl. xiv, fig. 36.
Truncatulina lobatula Brady, 1884, Chal. Rept., vol. ix, p. 660, pl. xcii, fig. 10; pl. xciii, figs. 1, 4, 5; pl. cxv, figs. 4, 5.
Truncatulina lobatula Bagg, 1898, Bull. Amer. Pal., No. 10, p. 35.
Truncatulina lobatula Bagg, 1901, Md. Geol. Survey, Eocene, p. 252, pl. lxiv, fig. 3.

Description.—Test plano-convex, moderately vaulted, last volution consisting of seven, eight, or nine chambers with slightly depressed septa;

septal lines being more curved on the superior surface; aperture a small neatly shaped arch at the inferior margin of the ultimate segment.

These characters are subject to considerable variation and when the forms become highly convex the species grade over into the *Truncatulina refulgens* type, while those forms more flattened constitute *Truncatulina wuellerstorfi*. Those regularly and symmetrically developed constitute *Truncatulina boueana* d'Orbigny and the less regular form the *Truncatulina variabilis* of the same author. Both of these forms *T. lobatula* and *T. variabilis* are abundant in the Atlantic coast Miocene deposits.

As a fossil it is one of the most abundant types and is very widely distributed over existing oceans. It is also of great range bathymetrically speaking, occurring at all depths down to 3000 fathoms.

Its geological appearance dates from the Carboniferous period.

Occurrence.—CHOPTANK FORMATION. Jones Wharf, Pawpaw Point, Governor Run, Peach Blossom Creek. CALVERT FORMATION. Plum Point.

Collection.—Maryland Geological Survey.

TRUNCATULINA VARIABILIS d'Orbigny.

Plate CXXXI, Figs. 9, 10.

Truncatulina variabilis d'Orbigny, 1826, Ann. Sci. Nat., vol. vii, p. 279, No. 8.
Truncatulina variabilis Terquem, 1878, Mém. Soc. Geol. France, ser. 3, vol. ii, Mem. iii, p. 1, figs. 18–25.
Truncatulina variabilis Bagg, 1898, Bull. Amer. Pal., No. 10, p. 36, pl. ii, fig. 5.

Description.—Test consisting of a depressed, plano-convex, exceedingly variable form, the segments of which are never uniform or regular in arrangement as in *Truncatulina lobatula* but are more or less evolute and vary also in the amount of compression and form. The shell is coarsely perforate. The aperture is a wide gaping arch extending along the inner margin of the final convolution.

This species is very abundant in the Miocene deposits of Maryland and Virginia. Its first recorded appearance as a fossil is from the Eocene of the Paris basin though it is probably of much earlier occurrence.

Occurrence.—CHOPTANK FORMATION. Jones Wharf, Pawpaw Point, Governor Run, Peach Blossom Creek. CALVERT FORMATION. Plum Point.

Collection.—Maryland Geological Survey.

30

Genus ANOMALINA d'Orbigny.

The genus *Anomalina* embraces a small section of *Planorbulinæ* forms which become so symmetrically convoluted that both sides of the shell are similar and the type becomes a true umbilicated nautiloid organism. This perfect symmetry does not always attain and d'Orbigny used the word to apply to two different types, one of which was a nearly equilateral compressed, subnautiloid *Planorbulina* while the other was plano-convex with sunken umbilicus. The forms are closely allied to *Truncatulina* and the distinction between the two is not very clear. It is unfortunate to still retain the name, but as it has some difference in method of growth, perhaps it is well to use the name making it to include all truly nautiloid forms which are symmetrical and with centrally located aperture.

ANOMALINA GROSSERUGOSA (Gümbel).

Plate CXXXI, Fig. 11.

Truncatulina grosserugosa Gumbel, 1868, Abhand. d. k. bayer. Akad. Wiss., ii, cl, vol. x, p. 660, pl. ii, fig. 104, a, b.

Description.—Test nautiloid, very coarsely porous; pores larger and more numerous upon the inferior surface; both sides convex; umbilici distinct; peripheral margin round; chambers large, inflated, septal lines nearly straight, depressed, aperture situated on inner margin, medial.

Gümbel's specimens were from the Eocene of the Bavarian Alps. In present oceans the species seems to occur sporadically at different localities and at various depths down to 2000 fathoms.

Occurrence.—CHOPTANK FORMATION. Peach Blossom Creek. CALVERT FORMATION. Chesapeake Beach.

Collection.—Maryland Geological Survey.

Genus ROTALIA Lamarck.

The genus *Rotalia* forms but a small division of the series of ROTALIDÆ forms. The walls of the test are finely perforate while the allied genus *Planorbulina* has coarsely perforate walls.

The general type is that of a turbinate spire which in typical forms like *R. beccarii* is nearly equally convex on both sides. Again by some the superior surface is trochoid while the inferior remains nearly flat and again the lower side becomes the arched and the superior the depressed area. In the normal Rotaliform arrangement of chambers the whole of the segments appear upon the superior surface and only those of the last volution on the lower aspect. Prof. Brady states that while the umbilicus is sometimes depressed more usually there is an exogenous deposit of shell substance over it. The aperture is normally a curved fissure on the inferior face of the final segment.

The present distribution of the genus is in tropical and temperate zones, and it is typically developed in shallow waters of tropical seas. Its first geological occurrence is in the Gault of England.

ROTALIA BECCARII (Linné).

Plate CXXXI, Figs. 12, 13.

Nautilus beccarii Linné, 1767, Syst. Nat., 12th ed., p. 1162 ; 1788, Syst. Nat., 13th (Gmelin's) edit., p. 3370, No. 4.

Description.—Test trochoid, shell wall finely porous and the form built into a compact low nearly circular spire; peripheral margin lobulated, obtusely rounded, chambers numerous, ten to forty, somewhat inflated, about ten in the final convolution. Septal lines depressed below and nearly straight; curved above and the whole number of chambers visible on the superior side. Convolutions about three, inferior surface thickened, and often beaded with exogenous granules at the umbilicus. Aperture a notched subdivided opening or a series of pores at the inner margin of the ultimate chamber. This foraminifer rare in the Miocene becomes plentiful in the Pleistocene of Cornfield Harbor, Md. Its fossil form begins with the middle Tertiary.

Occurrence.—ST. MARY'S FORMATION. Cove Point. CHOPTANK FORMATION. Jones Wharf.

Collection.—Maryland Geological Survey.

ROTALIA BECCARII VAR. BRŒCKHIANA Karrer.

Plate CXXXI, Fig. 14.

Rotalia brœckhiana Karrer, 1878, Drasche's Geol. d. Insel Luzon, p. 98, pl. v, fig. 26.

Description.—This variety of the *Rotalia beccarii* is only a thickened form of the type species and differs from the latter in the more convex spire and inferior surfaces. It seems to lack the surface umbilical tubercles and is somewhat more compactly built than the larger forms of the type. Only a few forms were dredged by the Challenger expedition from off the Ki Islands at a depth of 500 fathoms.

Occurrence.—CHOPTANK FORMATION. 1 mile north of Governor Run, Peach Blossom Creek.

Collection.—Maryland Geological Survey.

Family GLOBIGERINIDÆ.

Genus GLOBIGERINA d'Orbigny.

D'Orbigny in his " Tableau Methodique " describes the genus as follows: " Test free, trochoid, irregular; spire confused, formed of spherical chambers more or less distinct; aperture in the form of a more or less depressed hollow situated near the axis of the spire in the umbilical angle."

The shell substance is porous and the shell walls hyaline, and the several chambers connect with each other by the opening at the umbilical vestibule. The number of segments varies from three to as many as twenty. The genus is one of the most cosmopolitan known and exists in every latitude, and at every depth, but the forms are all found living at the surface of the sea except *G. pachyderma.* It dates from the Jurassic age in the fossil world and became so abundant in the Cretaceous as to form extensive beds of chalk of great thickness.

GLOBIGERINA BULLOIDES d'Orbigny.

Plate CXXXII, Figs. 1, 2.

Globigerina bulloides d'Orbigny, 1826, Ann. Sci. Nat., vol. vii, p. 277, No. 1—Modele No. 17 (young) and No. 76.
Globigerina bulloides Brady, 1884, Chal. Rept., vol. ix, p. 593, pl. lxxvii, lxxix, figs. 3–7.
Globigerina bulloides Bagg, 1898, Bull. Amer. Pal., No. 10, p. 33.
Globigerina bulloides Bagg, 1901, Md. Geol. Survey, Eocene, p. 250, pl. lxiii, figs. 15, 16, 16a.

Description.—" Test spiral, subtrochoid; superior face convex, inferior more or less convex but with deeply sunken umbilicus, periphery rounded, lobulated; adult specimens composed of about seven globose segments, of which four form the outer convolution; the apertures of the individual chambers opening independently into the umbilical vestibule. Diameter, sometimes 1-40th inch (0.63 mm.), but oftener much less." Brady, 1884.

This species is not uncommon in the Maryland Miocene. Its first geological appearance dates from the Cretaceous epoch. At the present time it exists in seas of all latitudes and at all depths.

Occurrence.—CHOPTANK FORMATION. Jones Wharf, Peach Blossom Creek. CALVERT FORMATION. Plum Point, Chesapeake Beach.

Collection.—Maryland Geological Survey.

GLOBIGERINA CRETACEA d'Orbigny.

Plate CXXXII, Fig. 3.

Globigerina cretacea d'Orbigny, 1840, Mém. Soc. géol. France, vol. iv, p. 34, pl. iii, figs. 12-14.

Description.—Test rotaliform but strongly depressed; superior surface flattened or but slightly convex, inferior side depressed toward the center and excavated at the umbilicus; periphery obtuse and lobulated; shell typically composed of three fairly distinct convolutions; the outermost consisting of from five to seven segments, the later relatively small, subglobular; the aperture opening into the umbilical vestibule.

This species, which is most abundant in the Cretaceous deposits of the globe, is very rare in our Maryland Miocene. Brady in the Challenger Report states that he never found typical forms of this species in any localities examined by the Challenger, but a few stoutly built modifications exist.

Occurrence.—CALVERT FORMATION. Chesapeake Beach.

Collection.—Maryland Geological Survey.

Family TEXTULARIDÆ.

Genus TEXTULARIA Defrance.

" The shell of *Textularia* essentially consists of a binary series of segments arranged symmetrically on the two sides of a longitudinal axis; the segments of one side alternating with those of the other, and each segment communicating with the segments anterior and posterior to it on the opposite side. As the size of the segments usually increases progressively, the outline of the shell is generally more or less triangular, the apex of the triangle being formed by the first segment, and its base by the last two." (Carpenter, Introduction to the Study of the Foraminifera.) The shells of this genus show great variation in structure, shape, and composition of the shell substance. Typical forms are hyaline with large, closely set pores, but the larger varieties are often composed of arenaceous grains and either have a siliceous base or calcareous matrix. The best examples come from shallow waters of temperate and tropical seas, but the genus is very widespread and is found at considerable depths. Its geological distribution is interesting since it is one of the earliest types we find developed and it is known from the Paleozoic deposits.

Textularia abbreviata d'Orbigny.

Plate CXXXII, Fig. 4.

Textularia abbreviata d'Orbigny, 1846, Foram. Fossiles Vienne, p. 249, pl. xv, figs. 9-12 (error for 7-12).
Textularia abbreviata Bagg, 1898, Bull. Amer. Pal., No. 10, p. 18.

Description.—Test short and thick, sharply pointed at the posterior end, rapidly enlarging above, laterally compressed, but not strongly so, being broadly elliptical in outline, with narrowly rounded margins approaching angularity. The chambers are narrow and increase in size rapidly towards the ultimate chamber; septal lines straight, apparent as fine lines, not depressed; aperture a semilunar arch on interior margin of final segment.

Occurrence.—CHOPTANK FORMATION. Governor Run.

Collection.—Maryland Geological Survey.

Textularia agglutinans d'Orbigny.

Plate CXXXII, Fig. 5.

Textularia agglutinans d'Orbigny, 1839, Foram. Cuba, p. 136, pl. i, figs. 17, 18; 32-34.
Textularia agglutinans Bagg, 1898, Bull. Amer. Pal., No. 10, p. 19.

Description.—Test agglutinous, elongated, tapering but slightly; of a dull gray color; laterally convex; peripheral margin lobulated, rounded;

chambers numerous, nine or ten in each series; septa somewhat curved, short. It is the most common variety of the *Textulariæ*. As a fossil it dates back to the Cretaceous period. It occurs at all depths and latitudes at the present time and is one of the most widely distributed of the Foraminifera.

Occurrence.—CHOPTANK FORMATION. Jones Wharf, 1 mile north of Governor Run. CALVERT FORMATION. Plum Point, Chesapeake Beach.

Collection.—Maryland Geological Survey.

TEXTULARIA ARTICULATA d'Orbigny.

Plate CXXXII, Figs. 6, 7.

Textularia articulata d'Orbigny, 1846, Foram. Fossiles Vienne, p. 250, pl. xv, figs. 16–18.

Textularia articulata Bagg, 1898, Bull Amer. Pal., No. 10, p. 19.

Description.—Test rather broad and laterally compressed; tapering only slightly towards the posterior end, which is somewhat rounded; peripheral margin sharp, provided with a marginal keel encircling the sides of the entire shell; chambers numerous, about ten in each series, separated by nearly straight depressed septal lines. Aperture a small median opening along the inner margin of the final segment. This species is closely related to *T. carinata* but differs in not possessing the marginal spines and irregularity and the sutures and is not quite so limbate.

Some of the specimens assume irregular shapes and are more or less bent or deformed.

Occurrence.—CALVERT FORMATION. Plum Point, Chesapeake Beach.

Collection.—Maryland Geological Survey.

TEXTULARIA GRAMEN d'Orbigny.

Plate CXXXII, Figs. 8, 9.

Textularia gramen d'Orbigny, 1846, Foram. Fossiles Vienne, p. 248, pl. xv, figs. 4–6.

Textularia gramen Bagg, 1898, Bull. Amer. Pal., No. 10, p. 19.

Description.—Test arenaceous, rough, stoutly built, laterally compressed; margin subangular; five to seven wide chambers in each series; very slightly convex; posterior end neatly rounded, general outline similar to *Textularia hauerii* d'Orb. but distinguished from that species by its more angular lateral edges, and differing from *Textularia abbreviata* d'Orb., which it also resembles, in being less short and thick.

Occurrence.—CHOPTANK FORMATION. Governor Run, Jones Wharf.

Collection.—Maryland Geological Survey.

TEXTULARIA CARINATA d'Orbigny.

Plate CXXXII, Fig. 10.

Textularia carinata d'Orbigny, 1846, Foram. Fossiles Vienne, p. 247, pl. xiv, figs. 32-34.

Description.—Test arenaceous, rather stoutly built and somewhat compressed, but tapering rather narrowly at the posterior end so that it is almost acuminate. The lateral margins are strongly carinate as in *Textularia articulata,* from which it is with difficulty distinguished, and it may well be doubted whether it is wise to separate the two as d'Orbigny has done. It has somewhat strongly marginal extensions, however, and these extensions are more broken and the sutures are less depressed. It is closely allied to *Textularia marginata* but differs from it in the flanged sides.

D'Orbigny's specimens were from Nussdorf, Austria.

Occurrence.—CHOPTANK FORMATION. Jones Wharf. CALVERT FORMATION. Chesapeake Beach.

Collection.—Maryland Geological Survey.

TEXTULARIA SAGITTULA Defrance.

Plate CXXXII, Figs. 11, 12.

Textularia sagittula Defrance, 1824, Dict. Sci. Hist., vol. xxxii, p. 177; vol. liii, p. 344; Atlas Conch., pl. xlii, fig. 5.
Textularia sagittula Bagg, 1898, Bull. Amer. Pal., No. 10, p. 20.
Textularia sagittula Bagg, 1901, Md. Geol. Survey, Eocene, p. 234, pl. lxii, fig. 2.

Description.—Test elongated, strongly compressed with sharp-angled peripheral margins; chambers numerous, closely set, separated by short, straight septal lines visible externally but not depressed. The aperture is linear, terminal. Its geological distribution is from the Cretaceous to the present time.

Occurrence.—CHOPTANK FORMATION. Jones Wharf. CALVERT FORMATION. Plum Point, Chesapeake Beach.

Collection.—Maryland Geological Survey.

TEXTULARIA SUBANGULATA d'Orbigny.

Plate CXXXII, Fig. 13.

Textularia subangulata d'Orbigny, 1846, Foram. Fossiles Vienne, p. 274, pl. xv, figs. 1-3.

Textularia subangulata Bagg, 1898, Bull. Amer. Pal., No. 10, p. 20.

Description.—Test consisting of a relatively small number of chambers which increase very rapidly in size from the posterior to the anterior end; peripheral margins sharp-angled. The sides of the shell are laterally compressed and parallel, only their extremities forming the sharp periphery. The posterior end is acuminate, anterior broad, obtusely rounded; ultimate chamber much elevated and larger than any other segment. The aperture is a median arched slit situated on the inner margin of the final segment.

Occurrence.—CHOPTANK FORMATION. Governor Run.

Collection.—Maryland Geological Survey.

Genus BOLIVINA d'Orbigny.

The genus *Bolivina* possesses the biserial or Textulariform development of its chambers, but it never loses the elongation and inversion of its lip so characteristic of the Bulimine type and this aperture is usually somewhat oblique. While possessing characters similar to both Textulariform and Bulimine types as above mentioned it also is allied closely with the genus *Valvulina* which has the same segment arrangement. Its earliest occurrence as a fossil is in the Cretaceous and it becomes more frequent in subsequent deposits. At the present time the genus is very evenly distributed over every latitude and Prof. Brady states that it is found at from a few to 2000 fathoms, but usually on bottoms of less than 300 or 400 fathoms.

BOLIVINA BEYRICHII VAR. ALATA Seguenza.

Plate CXXXII, Fig. 14.

Valvulina alata Seguenza, 1862, Atti dell' Accad. Gioenia, ser. ii, vol. xviii, p. 113, pl. ii, figs. 5, 5a.

Description.—This species is a modification of *B. beyrichii* and is closely related to *B. gramen* (*Valvulina gramen* d'Orb.). The former is, however, more slender and somewhat narrower and has greater depth and subtriangular outline of its later chambers. In the variety " *alata* " there is a well defined wing or keel around the periphery and the test is rather more flattened than in the *Bolivina beyrichii* types.

The prolongation of the aperture, together with its marginal keel, furnishes a sure key to the identification of the species. It is found in existing seas at depths from 50 to 800 fathoms.

Occurrence.—CALVERT FORMATION. Chesapeake Beach.

Collection.—Maryland Geological Survey.

Family LAGENIDÆ.

Subfamily NODOSARINÆ.

Genus CRISTELLARIA Lamarck.

The genus *Cristellaria* is represented in its typical form by a planospiral lenticular shell with the aperture always at the outer margin of the periphery. Sometimes, however, the later chambers of the shell become enlarged and drawn out so that the shell becomes very oblong and when the primary chambers are very small and the later ones extremely developed it resembles the Nodosarian type. The genus makes its first appearance in the Triassic. It is very widespread at the present time and occurs at all depths but is most common at depths of less than 300 fathoms.

CRISTELLARIA CULTRATA (Montfort).

Plate CXXXII, Fig. 15.

Robulus cultratus Montfort, 1808, Conch. Syst., vol. l, p. 214, 54th genre.
Cristellaria cultrata Bagg, 1898, Bull. Amer. Pal., No. 10, p. 26.

Description.—Test circular, biconvex, smooth and glistening; margin sharp and broadly keeled; chambers seven to eleven in the last volution, somewhat convex, either smooth or costate; aperture radiate. The width of the marginal keel is very variable, though always more or less developed, and this constitutes the essential feature of the species.

Occurrence.—ST. MARY'S (?) FORMATION. Crisfield Well (776 feet).

Collection.—Maryland Geological Survey.

CRISTELLARIA WETHERELLII (Jones).

Plate CXXXII, Fig. 16.

Marginulina wetherellii Jones, 1854, Morris's Cat. Brit. Foss., Ed. 2, p. 37.
Cristellaria wetherellii Brady, 1884, Chal. Rept., vol. ix, p. 537, pl. cxiv, fig. 14.
Cristellaria wetherellii Bagg, 1898, Bull. Amer. Pal., No. 10, p. 27.

Description.—Test elongate, compressed, pod-like, primordial segments more or less involute, ultimate segments extending into a straight or nearly straight series. The surface of the shell ornamented externally by raised tubercles more or less regularly arranged between the septal lines of some of the chambers and also upon the septal lines. Transverse sections are elliptical and show in some forms an angular periphery and when so they approach *Cristellaria decorata* Reuss in outline.

Occurrence.—ST. MARY'S (?) FORMATION. Crisfield well (776 feet).

Collection.—Maryland Geological Survey.

Subfamily POLYMORPHINÆ.

Genus POLYMORPHINA d'Orbigny.

The genus *Polymorphina* shows remarkable variation in its biserial arrangement of lageniform chambers. Usually the segments are arranged somewhat oblique to the principal axis and the segments are prolonged and overlap each other in such a manner as to render the whole shell very unsymmetrical. Sometimes the chambers are flattened, at other times they are nearly round and their surface decoration is equally varied.

The genus is closely related to *Textularia* in its method of growth, but it also presents strong affinities to *Uvigerina* and *Nodosaria*. The aperture is typically a radiating fissure.

It is most common at the present time in shoal waters and is known in waters of the arctic, temperate and tropical zones. Its earliest appearance as a fossil is in the Trias and it is especially plentiful in Tertiary strata. In the Maryland Miocene, however, it does not seem to be at all abundant and but few specimens occur.

POLYMORPHINA COMPRESSA d'Orbigny.

Plate CXXXIII, Fig. 1.

Polymorphina compressa d'Orbigny, 1846, Foram. Fossiles Vienne, p. 233, pl. xii, figs. 32–34.
Polymorphina compressa Bagg, 1898, Bull. Amer. Pal., No. 10, p. 29, pl. iii, figs. 1a, 1b.
Polymorphina compressa Bagg, 1901, Md. Geol. Survey, Eocene, p. 246, pl. lxiii, fig. 10.

Description.—" Shell oblong, inequilateral, compressed, more or less fusiform; chambers numerous, arranged in two inequal series, somewhat inflated; septal lines depressed; surface smooth or faintly striated; aperture variable, usually simple, circular, coronate; sometimes labyrinthic, or porous." Brady, Parker and Jones.

Occurrence.—CHOPTANK FORMATION. Jones Wharf, 1 mile north of Governor Run. CALVERT FORMATION. Plum Point, Chesapeake Beach.

Collection.—Maryland Geological Survey.

POLYMORPHINA COMPRESSA VAR. STRIATA n. var.

Plate CXXXIII, Fig. 2.

Description.—Test similar in size, amount of compression, arrangement of chambers and in their number to *P. compressa,* but it differs from the latter in having a number of definite costæ running over every chamber. There would be some doubt about the validity of this variety were it not for the fact that the amount of striation is so great and so entirely different from the common *P. compressa.* It is no doubt easy to find in Brady's illustrations of the species indications of costæ, but when these become constant and well-defined there is good reason to regard the forms as a variety.

Occurrence.—CHOPTANK FORMATION. Jones Wharf, Governor Run.

Collection.—Maryland Geological Survey.

POLYMORPHINA ELEGANTISSIMA Parker and Jones.

Plate CXXXIII, Fig. 3.

Polymorphina elegantissima Parker and Jones, 1865, Philos. Trans. of Roy. Soc., vol. clv, table x, p. 438.

Description.—Test ovoidal, anterior end acute, posterior obtusely rounded; chambers four or five, elongate, arranged in an inequilateral biserial manner and overlapping in such a way that while one side remains nearly flat the opposite is more or less irregularly vaulted and shows all the chambers in parallel arrangement; final segment broad below, embracing, and bearing the mammillate aperture upon the anterior end. Shell surface smooth; finely perforate. *Polymorphina anceps* Reuss, and *P. problema var. deltoidea* Reuss are probably identical with this species. The same species is found in the Eocene at Woodstock, Virginia.

Occurrence.—CALVERT FORMATION. Chesapeake Beach.

Collection.—Maryland Geological Survey.

POLYMORPHINA GIBBA (d'Orbigny).

Plate CXXXIII, Fig. 4.

Globulina gibba d'Orbigny, 1846, Foram. Foss. Vienne, p. 227, pl. xiii, figs. 13, 14.
Polymorphina gibba Bagg, 1901, Md. Geol. Survey, Eocene, p. 248, pl. lxiii, fig. 12.

Description.—Test subglobular, apex slightly produced, base obtusely rounded, consisting of from two to four chambers compactly joined and overlapping. The surface is smooth, unmarked by any septal constriction. Septa visible as fine oblique lines. In transverse section the shell appears almost circular. The aperture is mammillate and the specimens we have are rather small. It occurs in the Eocene of Maryland but is never a common species.

Occurrence.—CALVERT FORMATION. Chesapeake Beach.

Collection.—Maryland Geological Survey.

POLYMORPHINA LACTEA (Walker and Jacob).

Plate CXXXIII, Figs. 5, 6.

Serpula lactea Walker and Jacob, 1798 (*fide* Kanmacher's Ed.), Adams Essays, Microsc., p. 634, pl. xiv, fig. 4.
Polymorphina lactea Bagg, 1898, Bull. Amer. Pal., No. 10, p. 31.
Polymorphina lactea Bagg, 1901, Md. Geol. Survey, Eocene, p. 248, pl. lxiii, fig. 13.

Description.—This rather common form of *Polymorphina* has an ovate or subpyriform test, only slightly compressed and has but three or four chambers with flush sutures and faint septal lines. The aperture is terminal, radiate. It occurs as a fossil as early as the Jurassic and is present from there on with increasing numbers.

Occurrence.—CHOPTANK FORMATION. Jones Wharf. CALVERT FOR-
MATION. Plum Point.

Collection.—Maryland Geological Survey.

POLYMORPHINA REGINA Brady, Parker and Jones.

Plate CXXXIII, Fig. 7.

Polymorphina regina Brady, Parker and Jones, 1870, Trans. Linn. Soc. London,
vol. xxvii, p. 241, pl. xli, fig. 32, a, b.

Description.—The external ornament of closely set, regular longitudinal costæ serve to separate this species from its congenitors, *P. problema* and *P. oblonga.* There are six or seven chambers clustered about
a central axis and with deeply depressed septal lines. Species of striate
Polymorphina are comparatively rare and but few occur. In present
oceans this species is confined to shallow waters near islands in the Pacific.

Occurrence.—CALVERT FORMATION. Chesapeake Beach.

Collection.—Maryland Geological Survey.

Genus UVIGERINA d'Orbigny.

The essential features of the genus *Uvigerina* consist of an elongated
spire of irregular shaped chambers arranged in three series and terminating in an elongated tubular neck upon which is situated the everted
lip around the aperture. The normal triserial arrangement is not
always adhered to and biserial forms occur as well as those with more
than three chambers in one series. The surface of the shell is also
variously ornamented and in other cases the chambers are smooth.

Morphologically it is related to the *Polymorphinæ* but the aperture
alone is sufficient to distinguish the two. It dates from the Eocene
period and exists in present oceans at all depths and over all seas.

UVIGERINA CANARIENSIS d'Orbigny.

Plate CXXXIII, Fig. 8.

Uvigerina canariensis d'Orbigny, 1839, Foram. Canaries, p. 138, pl. i, figs. 25–27.
Uvigerina canariensis Bagg, 1898, Bull. Amer. Pal., No. 10, p. 31.

Description.—The test of *Uvigerina canariensis* is recognized by its
smooth surface although faint indications of striæ are sometimes seen here
and in the form described by d'Orbigny under the name of *U. urnula*

which is apparently the same species. The shell is of triserial arrangement of unequal lengths and chambers and ends in the characteristic tubular neck. The segments are more or less globose and distinct with definite suture with flaring aperture.

Occurrence.—ST. MARY'S FORMATION (?). Crisfield well (776 feet).

Collection.—Maryland Geological Survey.

UVIGERINA PYGMÆA d'Orbigny.

Plate CXXXIII, Fig. 9.

Uvigerina pygmœa d'Orbigny, 1826, Ann. Sci. Nat., vol. vii, p. 269, pl. xii, figs. 8, 9; Modele No. 67.

Uvigerina pygmœa Bagg, 1898, Bull. Amer. Pal., No. 10, p. 32.

Description.—Test more or less broadly ovate, stoutly built, with thick shell wall. The chambers are numerous, large and globose, separated by depressed septal lines. The surface is marked by a number of prominent longitudinal costæ which are less numerous and larger than in the longer and more tapering *Uvigerina tenuistriata* Reuss. The primordial end is rounded and the anterior extended into a short tubular neck with flaring aperture. This interesting little species occurs quite frequently in the well-boring at Crisfield. Its geological range is from the Miocene to Recent.

Occurrence.—ST. MARY'S (?) FORMATION. Norfolk well (645 feet).

Collection.—Maryland Geological Survey.

UVIGERINA TENUISTRIATA Reuss.

Plate CXXXIII, Fig. 10.

Uvigerina tenuistriata Reuss, 1870, Sitzungsb. d. k. Akad. Wiss. Wien, vol. lxii, p. 485, pt. i.

Uvigerina tenuistriata von Schlicht, 1870, Foram. Septar. Pietzpubl, pl. xxii, figs. 34-37.

Uvigerina tenuistriata Bagg, 1898, Bull. Amer. Pal., No. 10, p. 32.

Description.—Test much more finely striate than *Uvigerina pygmœa,* more slender, tapering to a small well-rounded end below and gradually increasing in size above. The chambers are not so globose and the septa are not so depressed as in *Uvigerina pygmœa.* The aperture at the end of a tubular neck as in typical *Uvigerina* forms. The species is less common than its near relative above referred to. Its geological range is from the Upper Oligocene to Recent.

Occurrence.—St. Mary's (?) Formation   Crisfield well (776 feet).

Collection.—Maryland Geological Survey.

Genus SAGRINA d'Orbigny.

D'Orbigny first used the generic term *Sagrina* for a biserial variety of *Uvigerina* with longitudinal costæ. Later he placed under the same a rough dimorphous Textularian which was distinguished from the genus *Gaudryina* in possessing a terminal raised aperture.

Parker and Jones have more recently applied the name *Sagrina* to a group of dimorphous *Uvigerinæ* which are typically textulariform in their primordial segments and nodosariform in their later ones. This dimorphous character is, however, not always followed and Brady has shown in the Challenger Report a number of forms wholly nodosarian in their growth. The shell is hyaline, perforate, and the exterior is subject to great variation of surface decoration. The aperture is in the form of a tubular raised neck with an everted phialine neck.

In existing oceans Brady says the genus is common in shallow waters of tropical seas. As a fossil it is not known prior to the Miocene epoch.

Sagrina spinosa n. sp.

Plate CXXXIII, Fig. 11.

Description.—This peculiar and interesting species somewhat resembles *S. raphanus* Parker and Jones, but differs from the latter in several particulars. The surface ridges in our specimen end in a series of projecting points which at the distal end become definite spines, though these are short and stubby. Again there are arched cross ridges between these costæ which while they may not indicate the internal structure of the chambers serve to mark their location. The aperture ends in a neatly raised phialine everted lip with central rounded orifice.

Occurrence.—Choptank Formation.   Jones Wharf.

Collection.—Maryland Geological Survey.

Suborder PORCELLANEA.

Family MILIOLIDÆ.

Genus MILIOLINA Williamson.

"Shell free; convoluted; inequilateral; usually oblong; consisting of numerous segments, each of which in turn extends over the entire length of the shell. Convolutions not disposed in the same plane, but constantly changing their direction, so that parts of from three to six visible segments contribute in various proportions to form the external surface of the shell. Septal orifice large, alternately occupying opposite extremities of the shell; furnished with an appendicular tooth." Williamson.

MILIOLINA SEMINULUM (Linné).

Plate CXXXIII, Fig. 12.

Serpula seminulum Linné, 1767, Syst. Nat., 12 edit., p. 1264, No. 791; 15 edit. (Gmelin's), 1788, p. 3739, No. 2.

Miliolina seminulum Williamson, 1858, Rec. Foram. Gt. Brit., p. 85, pl. vii, figs. 183–185.

Miliola Marylandica Lea, 1833, Contrib. to Geol., p. 215, pl. 6, fig. 227.

Miliolina seminulum Bagg, 1898, Bull. Amer. Pal., No. 10, p. 23.

Description.—Test free, calcareous, imperforate; elliptical or oblong in outline; consisting of five visible elongate, smooth segments. The segments are arranged in an inequilateral manner around a *Miliolina* axis. The two outer ones extend the entire length of the shell with ends overlapping and the aperture in the extremity of the larger segment forms a horseshoe-shaped opening with appendicular tooth in its center.

This species does not extend back prior to the Eocene. It is in existing oceans one of the most cosmopolitan species, extending from the extreme Arctic regions through the equator to the Antarctic region in the south and it is present at all depths from shallow pools to 3000 fathoms.

It is more abundant in Virginia than in Maryland. This species of *Miliolina* was the first foraminifer described from the Maryland Miocene. It was figured and described by Isaac Lea under the name *Miliola marylandica* in his "Contributions to Geology." From his description and figure there can be no doubt about the species referred to as a typical example of *M. seminulum.*

31

Occurrence.—ST. MARY'S FORMATION. St. Mary's River. CHOPTANK FORMATION. Jones Wharf, Governor Run.

Collection.—Maryland Geological Survey.

Genus SPIROLOCULINA d'Orbigny.

In the genus *Spiroloculina* the segments are arranged in one plane and the chambers extend the entire length of the shell in alternating series with the aperture successively changing from end to end as the form enlarges. This fact of the appearance of all the chambers upon both sides of the shell serves to distinguish the genus from *Miliolina* types of two or more overlapping chambers and the *Biloculina* type in which only two chambers ever appear externally. The genus is subject to considerable variation and the symmetry of the shell is not always followed. The genus inhabits shallow waters of tropical and temperate zones and is rarely met with at depths beyond 600 fathoms. As a fossil the genus is known from the several portions of the Lias and it has been recognized in almost every succeeding formation.

SPIROLOCULINA GRATA Terquem.

Plate CXXXIII, Fig. 14.

Spiroloculina grata Terquem, 1878, Mém. Soc. géol. France, ser. iii, vol. i, p. 55, pl. x, figs. 14–15.

Description.—Test broadly oval or almost circular in outline; chambers, four, Milioline, covered with definite striations upon their outer surface which is the chief characteristic of the species. The umbilical region is depressed and the outer chambers are somewhat enlarged towards their margin, suggesting a thickening of the shell as well as an increase in size. The surface striations are in our specimen nearly parallel to the several chambers, but Brady mentions the fact that these are sometimes oblique and often irregular. While in typical forms the aperture ends in an elongated neck. In our specimen it appears broken so that this feature is not apparent.

The only specimen we have of this peculiar tropical form is from the sands at Chesapeake Beach, where the Foraminifera are best developed in the Maryland beds. It is a coral reef species in existing seas and is a shallow water form. It is not known before the middle Tertiary.

Occurrence.—CALVERT FORMATION. Chesapeake Beach.
Collection.—Maryland Geological Survey.

SPIROLOCULINA TENUIS (Czjzek).

Plate CXXXIII, Fig. 13.

Quinqueloculina tenuis Czjzek, 1847, Haidinger's Naturw. Abhandl., vol. ii, p. 149, pl. xiii, figs. 31–34.

Description.—The test of *Spiroloculina tenuis* is in small delicate specimens Spiroloculine from beginning to end, but in larger forms it shows a thickening at the center on account of the earliest segments not being set in one plane, and it is probably on this account that the species has so often been grouped with *Quinqueloculina.* It has a rather broadly oval contour in our Miocene specimen and the several chambers are smooth and run in alternate series from end to end.

Fossil specimens are met with throughout the European Tertiaries and in existing seas it inhabits all great ocean basins and according to Brady it is especially abundant in the South Pacific. It occurs at all depths and good specimens are met with at considerable depths.

Occurrence.—CHOPTANK FORMATION. Pawpaw Point.
Collection.—Maryland Geological Survey.

PLANTÆ.
PHANEROGAMIA.
Class ANGIOSPERMÆ.
Subclass DICOTYLEDONEÆ.
Order FAGACEÆ.

Genus QUERCUS Linné.

QUERCUS LEHMANII n. sp.

Description.—Leaves small, narrow, about 1.3 in. long by 0.5 in. maximum width, irregularly lobed; lobes short, acuminate or wedge-

shaped, resembling coarse teeth; apex acuminate; base wedge-shaped
(?) ; midrib straight; secondary nerves slender and somewhat flexuous,
forming acute angles with the midrib, each terminating in the extremity
of a lobe, except the lowest ones, which curve upward sub-parallel to
the margin. This species closely resembles some forms of the living
Q. emoryi Torr. It is represented in the collection by a number of imperfect specimens. Named after the collector, Mr. W. V. Lehman.

Occurrence.—CALVERT FORMATION. Good Hope Hill Road.

Collection.—Maryland Geological Survey.

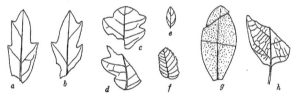

FIG. 1.—FOSSIL LEAVES FROM GOOD HOPE HILL, PRINCE GEORGE'S COUNTY.

Figs. *a*, b. Quercus lehmanii n. sp.   Fig. *f*. Ulmus basicordata n. sp.
Figs. *c*, d. Rhus milleri n. sp.   Fig. *g*. Picris scrobiculata n. sp.
Figs. *e*.   Cæsalpinia ovalifolia n. sp.   Fig. *h*. Phyllites sp. ?

Order ULMACEÆ.

Genus ULMUS Linné.

ULMUS BASICORDATA n. sp.

Description.—Leaf very small, 0.5 in. long by 0.3 in. wide, inequilateral, somewhat curved towards the narrower side, serrate; base cuneate-
cordate; secondary nerves numerous, about 8 on each side, simple or
the lower ones once-forked, irregularly disposed, forming varying angles
with midrib, all curving upward and terminating in the serrations of
the margin.

This little leaf has considerable resemblance to some of the forms of
Planera ungeri Ett. (Fos. Fl. Wein., p. 14, pl. ii, figs. 5-18) especially
to fig. 12, l. c., but in ours the base is more prominently and distinctly
rounded and cordate. It differs from this figure, however, far less than
Ettingshausen's figures differ between themselves.

Occurrence.—CALVERT FORMATION. Good Hope Hill Road.
Collection.—Maryland Geological Survey.

Genus CAESALPINIA Linné.

CAESALPINIA OVALIFOLIA n. sp.

Description.—Leaf very small, about 7/20 in. long by 3/20 in. maximum width, ovate-laceolate, slightly unsymmetrical, entire, tapering to an acute tip and to a somewhat rounded base, very short petioles; midrib slightly curved; secondary nerves forming acute angles with the midrib and curving upward.

This specimen apparently represents a leaflet of some compound leguminous leaf and it may be compared with a number of fossil forms described under the genera *Leguminosites, Caesalpinia,* etc. It resembles *C. townshendi,* Heer (Fl. Tert. Helvet., vol. iii (1859), p. iii, pl. cxxxvii, figs. 26-37) especially fig. 9, l. c.

Occurrence.—CALVERT FORMATION. Good Hope Hill Road.
Collection.—Maryland Geological Survey.

Order ANACARDIACEÆ.

Genus RHUS Linné.

RHUS MILLERI n. sp.

Description.—Leaves small, broad, about 9/10 in. long by 4/5 in. maximum width, irregularly lobed; lobes short, rounded or bluntly wedge-shaped; apex broad and obtuse; base rounded or cuneate; midrib somewhat curved; secondary nerves slender, slightly flexuous, forming obtuse angles with the midrib, the principal ones extending to the extremities of the lobes, the upper ones to the margin, the lower ones and others of intermediate rank apparently thickening out and anastomosing.

This species is one of the commonest in the locality where found. It closely resembles the leaflets of *R. mysurensis* Heyne, from the East Indies and also small forms of *R. toxicodendron* L., both of which are living species. There does not seem to be any recognized fossil form with which it may be compared. Named for Dr. B. L. Miller, who first collected it.

Occurrence.—CALVERT FORMATION. Good Hope Hill Road.

Collection.—Maryland Geological Survey.

Genus PIERIS Don.

PIERIS SCROBICULATA n. sp.

Description.—Leaf about 1.3 in. long by 0.6 in. wide at middle, ellipsoidal, narrowed to the base and rounded to an obtuse apex, entire; surface thickly punctate or pitted (?); midrib straight; secondary nervation not visible.

This leaf, represented in the collection by the single specimen figured, was apparently of a coriaceous texture, similar to many of our Ericaceous shrubs, and it was either rough or beset with hirsute appendages, which have given an appearance of punctation to the surface; or possibly this appearance may be due to the presence of some fungoid growth and not to any character of the leaf. Similar markings on fossil leaves have been described and figured under the genera *Sphæria* or *Sphærites* (*S. vaccinii* Sep., Fl. Foss. d'Aix, pt. i, p. 6, pl. i, fig. 5; *S. palæolauri*, Ett., Foss. Fl. Leoben, pt. i, p. 5 [265], pl. i, fig. 6 etc.) The leaf is similar, in general appearance, to those of the living *P. nitida* (Bartr) Beuth and Hook.

Occurrence.—CALVERT FORMATION. Good Hope Hill Road.

Collection.—Maryland Geological Survey.

Genus PHYLLITES Brongniart.

PHYLLITES sp. (?)

Description.—This specimen is too imperfect for either accurate comparison or adequate description, but the basal characters are so well preserved that it was thought advisable to depict it, pending the possible future discovery of more complete material.

Occurrence.—CALVERT FORMATION. Good Hope Hill Road.

Collection.—Maryland Geological Survey.

CRYPTOGAMIA.

THALLOPHYTA.

Class ALGÆ. `

Order DIATOMACEÆ.[1]

Tribe RAPHIDIEÆ.

Family CYMBELLEÆ.

Genus CYMBELLA, C. Azardk.

CYMBELLA CISTULA (Hemprick).

Family NAVICULEÆ.

Genus NAVICULA Bory.

NAVICULA PRAETEXTA Ehrenberg.

NAVICULA SCHAARSCHMIDTII Pantocsek.

NAVICULA SCHULTZEI Kain.

NAVICULA KENNEDYI Wm. Smith.

NAVICULA LYRA Ehrenberg.

Genus DIPLONEIS Ehrenberg.

DIPLONEIS MICROTATOS VAR. CHRISTIANII CLEVE.

Plate CXXXV, Fig. 5.

Rhapidodiscus marylandica Christian, 1887, The Microscope, vol. vii, p. 67.
Rhapidodiscus Christianii Gascoyne, 1887, The Microscope, vol. vii, p. 67.
Rhapidodiscus Febigerii Christian, 1887, The Microscope, vol. vii, pp. 66, 67. figs.
Diploneis microtatos var. *Christianii* Cleve, 1894, Naviculoid Forms, pt. i, p. 96, pl. ii, fig. 1.

Description.—Valve orbicular. *Diam.* .039 mm. Rows of alveoli radiating from the median line, indistinct in the middle. " Median line with distant central pores, and ending at a considerable distance from the

[1] The most common and important diatoms are alone figured and described. The undescribed forms have been determined by the author from several collections placed at his disposal.

margin. Furrows broad; their outer margins enclosing an elliptical space half as broad as the valve." Cleve, 1894.

This *Diploneis,* originally named *Rhapidodiscus* because when found it had been accidentally enclosed, as was proved later, in the rim of a *Melosira,* is of interest by reason of its orbicular form, although otherwise naviculoid. The *Naviculeae* appear to be introduced in the Miocene deposits by this genus, several forms of which are rather common, while *Navicula* proper is scarcely seen until a later period.

Occurrence.—CALVERT FORMATION. Plum Point, Cambridge Well (rare).

Collection.—Maryland Geological Survey.

DIPLONEIS CRABRO VAR. LIMITANA Schmidt.
DIPLONEIS DIDYMA (Ehrenberg).
DIPLONEIS PRISCA Schmidt.

Genus PINNULARIA Ehrenberg.

PINNULARIA PEREGRINA Ehrenberg.

Genus PLEUROSIGMA Wm. Smith.

PLEUROSIGMA NORMANII Wm. Smith.
PLEUROSIGMA NORMANII VAR. MARYLANDICA (Grunow).

Tribe PSEUDO-RAPHIDIEÆ.

Family FRAGILLARIEÆ.

Genus DIMEROGRAMMA Ralfs.

DIMEROGRAMMA FOSSILE Grunow.
DIMEROGRAMMA FULVUM (Gregory).
DIMEROGRAMMA NOVAE-CAESARAE Kain and Schültze.

Genus RHAPHONEIS Ehrenberg.

RHAPHONEIS GEMMIFERA Ehrenberg.

Plate CXXXV, Fig. 11.

Rhaphoneis gemmifera Ehrenberg, 1844, Monatsb. d. k. Akad. d. Wiss., Berlin, p. 87.
Rhaphoneis gemmifera Van Heurck, 1881, Syn. Diat. Belg., pl. xxxvi, fig. 31.

Description.—Valve rhombic-lanceolate, with large, rounded granules in longitudinal rows. L. of v. .095 mm.

Variable in size and outline, as are all the species of this genus. Intermediate forms are frequent, and some approach *Sceptroneis gemmata* which, also, in some forms is near *Sceptroneis caduceus.*

Occurrence.—CALVERT FORMATION. Flag Pond, ¾ mile south of Parker Creek, 3 miles north of Parker Creek, Plum Point, ½ mile north of Forest Wharf, Nomini Bay, Chesapeake Beach, God's Grace Point, Fairhaven, 1 mile west of Tracy Landing, 1½ miles southeast of Marriott Hill, 1 mile north of Jewell, 1 mile north of Jones Point, 1 mile south of Chesapeake R. R. Bridge, 1 mile northwest of West River, 1 mile east of Marriott Hill.

Collection.—Maryland Geological Survey.

RHAPHONEIS AMPHICEROS Ehrenberg.
RHAPHONEIS FUSUS Ehrenberg.
RHAPHONEIS LANCETTULA Grunow.
RHAPHONEIS LINEARIS (Grunow).
RHAPHONEIS RHOMBUS Ehrenberg.
RHAPHONEIS SCALARIS Ehrenberg.

Genus SCEPTRONEIS Ehrenberg.

SCEPTRONEIS CADUCEUS Ehrenberg.

Plate CXXXV, Fig. 12.

Sceptroneis caduceus Ehrenberg, 1844, Monatsb. d. k. Akad. d. Wiss., Berlin, p. 264.
Sceptroneis caduceus Ehrenberg, 1856, Mikrogeologie, pl. 33, xvii, fig. 15.
Sceptroneis caduceus Van Heurck, 1881, Syn. Diat. Belg. pl. xxxvii, fig. 5.

Description.—Valve lanceolate, larger at the middle and usually with one end more or less capitate. Surface with rounded granules in transverse lines. L. of v. .122 mm.

This species is variable in size and outline and appears to pass into *S. gemmata.*

Occurrence.—CALVERT FORMATION. Flag Pond, ¾ mile south of Parker Creek, 3 miles north of Parker Creek, Plum Point, ½ mile north of Forest Wharf, Nomini Bay, Chesapeake Beach, God's Grace Point, Fairhaven, 1 mile west of Tracy Landing, 1½ miles southeast of Marriott Hill, 1 mile north of Jewell, 1 mile north of Jones Point, 1 mile south of Chesapeake R. R. Bridge, 1 mile northwest of West River, 1 mile east of Marriott Hill.

Collection.—Maryland Geological Survey.

SCEPTRONEIS GEMMATA Grunow.

Genus SYNEDRA Ehrenberg.

SYNEDRA LINEA Ehrenberg.

Family TABELLARIEÆ.

Genus GRAMMATOPHORA Ehrenberg.

GRAMMATOPHORA STRIATA VAR. FOSSILIS Grunow.

Tribe CRYPTO-RAPHIDIEÆ.

Family CHÆTOCEROS.

Genus DICLADIA Ehrenberg.

DICLADIA CAPREOLUS Ehrenberg.

Genus HERCOTHECA Ehrenberg.

HERCOTHECA NEAMMILARIS Ehrenberg.

Genus PERIPTERA Ehrenberg.

PERIPTERA TETRACLADIA Ehrenberg.

Genus CHÆTOCEROS Ehrenberg.

CHÆTOCEROS DIPLONEIS Ehrenberg.

Genus DITYLIUM Bailey.

DITYLIUM UNDULATUM Ehrenberg.

Genus STEPHANOPYXIS Ehrenberg.

STEPHANOPYXIS APICULATA Ehrenberg.

STEPHANOPYXIS CORONA (Ehrenberg).

Plate CXXXV, Fig. 13.

Systephania corona Ehrenberg, 1844, Monatsb. d. k. Akad. d. Wiss., Berlin, p. 272.
Systephania corona Ehrenberg, 1856, Mikrogeologie, pl. 33, xv, fig. 22, etc.
Stephanopyxis corona Van Heurck, 1881, Syn. Diat. Belg. pl. lxxxiii, ter. figs. 10, 11.

Description.—Valves circular, dissimilar. Surface flat or convex, closely reticulate, the cells equal. A dense row of spines is placed near the margin. The valves differ from each other in convexity and in the nearness of spine to the margin. Diam. .072 mm.

Occurrence.—CALVERT FORMATION. Flag Pond, ¾ mile south of Parker Creek, 3 miles north of Parker Creek, Plum Point, ½ mile north of Forest Wharf, Nomini Bay, Chesapeake Beach, God's Grace Point, Fairhaven, 1 mile west of Tracy Landing, 1½ miles southeast of Marriott Hill, 1 mile north of Jewell, 1 mile north of Jones Point, 1 mile south of Chesapeake R. R. Bridge, 1 mile northwest of West River, 1 mile east of Marriott Hill.

Collection.—Maryland Geological Survey.

STEPHANOPYXIS LIMBATA Ehrenberg.

STEPHANOPYXIS TURRIS (Greville).

Genus PARALIA Heiberg.

PARALIA SULCATA (Ehrenberg).

Plate CXXXV, Fig. 9.

Gallionella sulcata Ehrenberg, 1840, Abhand. Berl. Akad., pl. iii, fig. 5.
Melosira sulcata Kützing, 1844, Bacill. p. 55, pl. ii, fig. 7.
Gallionella sulcata Ehrenberg, 1856, Mikrogeologie, pl. 33, xiv, fig. 13; xvi, figs. 12, 15.
Orthosira marina Wm. Smith, 1856, Brit. Diat., vol. ii, p. 59, pl. liii, fig. 338.
Paralia sulcata Cleve, 1894, Arctic Diat., p. 7.
Paralia sulcata Schmidt, 1875, Atlas der Diatomaceen-kunde, pl. clxxvi, figs. 35–37, 39.
Melosira sulcata Van Heurck, 1881, Syn. Diat. Belg., pl. xci, figs. 16–18.

Description.—Valves circular, the frustule attached in cylindrical filaments. Border of valve coarsely cellular, the central part depressed with delicate striæ covering from the ring forming the junction of the frustules, but not always reaching the center. Diam. .049 mm. (av).

Extremely abundant in all deposits. Occurs living and in fossil deposits in all parts of the world, especially in the Miocene.

Occurrence.—CALVERT FORMATION. Flag Pond, ¾ mile south of Parker Creek, 3 miles north of Parker Creek, Plum Point, ½ mile north of Forest Wharf, Nomini Bay, Chesapeake Beach, God's Grace Point, Fairhaven, 1 mile west of Tracy Landing, 1½ miles southeast of Marriott Hill, 1 mile north of Jewell, 1 mile north of Jones Point, 1 mile south of Chesapeake R. R. Bridge, 1 mile northwest of West River, 1 mile east of Marriott Hill.

Collection.—Maryland Geological Survey.

Genus STEPHANOGONIA Ehrenberg.

STEPHANOGONIA POLYGONA Ehrenberg.

STEPHANOGONIA QUADRANGULA Ehrenberg.

Family BIDDULPHIÆ.

Genus BIDDULPHIA Gray.

BIDDULPHIA ACUTA (Ehrenberg).

Plate CXXXIV, Fig. 6.

Triceratium acutum Ehrenberg, 1844, Monatsb. d. k. Akad. d. Wiss., Berlin, p. 272.

Triceratium acutum Brightwell, 1853, Quart. Jour. Roy. Mic. Soc., vol. i, p. 251,
pl. iv, fig. 16.

Triceratium acutum Van Heurck, 1881, Syn. Diat. Belg., pl. cviii, fig. 1.

Biddulphia acuta Boyer, 1901. Proc. Acad. Nat. Sci. Phila., vol. liii, p. 706.

Description.—" Valve triangular, sides slightly convex and processes at the angles somewhat acute. Surface flat, reticulated, cells hexagonal, 2 in .01 mm. at the centre, 3 in .01 mm. at the border, not radiate. L. of s. .04 mm. to .122 mm." Boyer, 1901.

Biddulphia acuta resembles *Biddulphia favus* (Ehrenberg) which does not occur in the Miocene deposits but is abundant in later deposits and is found living along the coast. The former is, probably, therefore, to be considered as the original or type form.

Occurrence.—CALVERT FORMATION. Marriott Hill, God's Grace Point. Not common.

Collection.—Maryland Geological Survey.

BIDDULPHIA AMERICANA (Ralfs).

BIDDULPHIA AURITA (Lyngbye).

BIDDULPHIA CONDECORA (Ehrenberg).

Plate CXXXIV, Fig. 7.

Triceratium condecorum Ehrenberg, 1844, Monatsb. d. k. Akad. d. Wiss., Berlin
p. 272.

Triceratium condecorum Schmidt, 1875, Atlas der Diatomaceen-kunde, pl. lxxvi,
fig. 28 (not 27 as given).

Biddulphia condecora Boyer, 1901, Proc. Acad. Nat. Sci. Phila., vol. liii, p. 720.

Description.—Valve triangular with nearly straight sides and obtuse angles. Surface flat or slightly depressed at the center, with rounded puncta arranged in rows which radiate in undulating lines from the center. L. of s. .145 mm.

The form as figured represents a well-developed specimen, but irregular and much smaller forms are frequent. It differs from *B. americana* (Ralfs) in the pearly character of the puncta and in the undulations of their rows. It is typical of the entire Miocene deposits of the eastern states and occurs rarely in the deposits of Oawain, New Zealand and in the *var. neogradeuse* Grunow has been noticed in the Hungarian deposits.

Occurrence.—CALVERT FORMATION. Flag Pond, ¾ mile south of Parker Creek, 3 miles north of Parker Creek, Plum Point, ½ mile north of Forest Wharf, Nomini Bay, Chesapeake Beach, God's Grace Point, Fairhaven, 1 mile west of Tracy Landing, 1½ miles southeast of Marriott Hill, 1 mile north of Jewell, 1 mile north of Jones Point, 1 mile south of Chesapeake R. R. Bridge, 1 mile northwest of West River, 1 mile east of Marriott Hill.

Collection.—Maryland Geological Survey.

BIDDULPHIA COOKIANA Kain and Schultze.

BIDDULPHIA DECIPIENS Grunow.

Plate CXXXIV, Fig. 8.

Biddulphia decipiens Van Heurck, 1881, Syn. Diat. Belg., pl. c, figs. 3, 4.

Amphitetras (Biddulphia) altenans, H. L. Smith, 1887, The Microscope, p. 67 (with fig.).

Biddulphia decipiens Boyer, 1901, Proc. Acad. Nat. Sci. Phila., vol. lii, p. 716.

Description.—Valve rhomboidal, with the sides turgid and produced, giving, therefore, a cruciform outline. Surface rising suddenly from near the margin into an ellipsoidal elevation, the major diameter of which is at right angles to the major axis of the valve, with hexagonal reticulations, about 5 in .01 mm., at the center, from which they radiate toward the processes and rounded angles of the sides where they are about 9 in .01 mm. Processes inflated at the base, small and obtuse. At the margin of the elevation, placed obliquely on each side, a strong spine projects. The figure represents a smaller but more common form.

Occurrence.—CALVERT FORMATION. Marriott Hill, God's Grace Point, 1 mile north of Jones Point. Not uncommon.

Collection.—Maryland Geological Survey.

BIDDULPHIA GRANULATA Roper.

BIDDULPHIA INTERPUNCTATA (Grunow).

Plate CXXXIV, Fig. 9.

Triceratium interpunctatum Grun., Schmidt, 1875, Atlas der Diatomaceen-kunde, pl. lxxvi, fig. 7.

Biddulphia interpunctata Boyer, 1901, Proc. Acad. Nat. Sci. Phila., vol. lii, p. 722.

Description.—Valve triangular with straight sides and rounded angles. Surface flat with rounded puncta, 3 in .01 mm. with much smaller puncta at intervals. L. of s. .075 mm. to .115 mm. Color blue, under low powers.

Occurrence.—CALVERT FORMATION. ½ mile north of Forest Wharf, 1 mile north of Jewell, 1 mile northwest of West River, 1 mile south of Chesapeake R. R. Bridge, 1 mile north of Jones Point. (Rather common.)

Collection.—Maryland Geological Survey.

BIDDULPHIA MOBILIENSIS Bailey.

BIDDULPHIA QUADRICORNIS (Grunow).

BIDDULPHIA RETICULUM (Ehrenberg).

BIDDULPHIA SEMICIRCULARIS (Brightwell).

Plate CXXXIV, Fig. 10.

Triceratium semicirculare Brightwell, 1853, Quart. Jour. Roy. Mic. Soc. vol. i, p. 252, pl. iv, fig. 21.

Triceratium obtusum Ehrenberg, 1856, Mikrogeologie, pl. xviii, fig. 49 (in part).

Triceratium semicirculare Van Heurck, 1881, Syn. Diat. Belg., pl. cxxvi, fig. 20.

Biddulphia semicircularis Boyer, 1901, Proc. Acad. Nat. Sci. Phila., vol. lii p. 726.

Description.—Valve lunate, appearing as if divided half-way between the center and the obtuse ends by two very faint costate lines. Surface elevated at the center and at the ends, with rounded puncta, about 3 in .01 mm., concentric and radiating from a hyaline center, smaller at the ends. L. of s. av. .099 mm.

Occurrence.—CALVERT FORMATION. ½ mile north of Forest Wharf, Nomini Bay, Chesapeake Beach, God's Grace Point, Fairhaven, 1 mile west of Tracy Landing, 1½ miles southeast of Marriott Hill, 1 mile north of Jewell, 1 mile north of Jones Point, 1 mile south of Chesapeake R. R. Bridge, 1 mile northwest of West River, 1 mile east of Marriott Hill.

Collection.—Maryland Geological Survey.

BIDDULPHIA RETICULOSA Grunow.

BIDDULPHIA SUBORBICULARIS Grunow.

Plate CXXXIV, Fig. 11.

Triceratium orbiculatum Shadbolt, 1854, Trans. Roy. Mic. Soc. London, p. 14, pl. i, fig. 6.

Biddulphia angulata Schmidt, 1875, Atlas der Diatomaceen-kunde, pl. cxli, figs. 7, 8.

Biddulphia suborbicularis Grun., Van Heurck, 1881, Syn. Diat. Belg. pl. c, figs. 15, 16.

Biddulphia suborbicularis Boyer, 1901, Proc. Acad. Nat. Sci. Phila., vol. lii, p. 705.

Description.—Valve suborbicular, frequently with several irregular, angular projections. Processes often unequal, inflated at the base and truncate. Surface elevated half-way between the processes and center, at which a depression occurs with reticulations from 5 to 8 in .01 mm., increasing in size toward the circumference and radiating in slightly undulating lines. Two, rarely three or four, stout spines are placed obliquely opposite half-way between center and circumference. L. of s. .089 mm.

Occurrence.—CALVERT FORMATION. 1 mile south of Chesapeake R. R. Bridge, 1 mile northwest of West River, 1 mile east of Marriott Hill.

Collection.—Maryland Geological Survey.

BIDDULPHIA SUBROTUNDATA Schmidt.

BIDDULPHIA TESSELLATA (Greville).

Plate CXXXIV, Fig. 12.

Triceratium tessellatum Greville, 1861, Trans. Roy. Mic. Soc. London, vol. ix, p. 71, pl. viii, fig. 14.

Triceratium robustum Greville, 1861, Trans. Roy. Mic. Soc. London, vol. ix, pl. viii, fig. 15.

Triceratium amoenum Greville, 1861, Trans. Roy. Mic. Soc. London, vol. ix, p. 75, pl. ix, fig. 7.

Triceratium secernendum Schmidt, Atlas der Diatomaceen-kunde, pl. lxxvi, fig. 34.

Biddulphia tessellata Boyer, 1901, Proc. Acad. Nat. Sci. Phila., vol. lii, p. 723.

Description.—Valve triangular, with straight or slightly concave sides and rounded angles. Surface usually somewhat convex at the center, with rounded, elliptical, hexagonal or subquadrate reticulations about 3 in .01 mm., but smaller at the center, arranged in more or less concentric rows and much smaller at the extremities of the angles which appear hyaline under low magnification, where they are from 8 to 15 in .01

mm. Small puncta occasionally occur scattered among the larger. L. of s. .049 mm. to .099 mm. Variable.

Occurrence.—CALVERT FORMATION. Flag Pond, ¾ mile south of Parker Creek, 3 miles north of Parker Creek, Plum Point, ½ mile north of Forest Wharf, Nomini Bay, Chesapeake Beach, God's Grace Point, Fairhaven, 1 mile west of Tracy Landing, 1⅓ miles southeast of Marriott Hill, 1 mile north of Jewell, 1 mile north of Jones Point, 1 mile south of Chesapeake R. R. Bridge, 1 mile northwest of West River, 1 mile east of Marriott Hill.

Collection.—Maryland Geological Survey.

BIDDULPHIA TRIDENS Ehrenberg.

Genus TERPSINOË Ehrenberg.

TERPSINOË AMERICANA (Bailey).

Genus ANAULUS Ehrenberg.

ANAULUS BIROSTRATUS (Grunow).

Genus HEMIAULUS Ehrenberg.

HEMIAULUS BIFRONS Ehrenberg.

HEMIAULUS POLYCISTUIORUM Ehrenberg.

HEMIAULUS SOLENOCEROS (Ehrenberg).

Genus PLOIARIA Pautocsek.

PLOIARIA PETASIFORMIS Pautocsek.

Genus GRAYA Grove and Brun

GRAYA ARGONAUTA Grove and Brun.

Plate CXXXV, Fig. 8.

Graya argonauta Grove and Brun, 1896, Van Heurck, in Treatise on the Diatomaceae, (Baxter's translation), p. 458, fig. 187.

Graya argonauta Boyer, 1901, Proc. Acad. Nat. Sci. Phila., vol. liii, p. 742.

Description.—Valve elliptical. Surface elevated at the center and ends, subtly punctate near the margin, the puncta becoming more prominent along the longitudinal axis, where they are about 7 in .01 mm., radiating from a nodular center. Zonal view quadrangular. L. of s. .099 mm. to .181 mm.

Occurrence.—CALVERT FORMATION. 1 mile east of Marriott Hill, 1 mile north of Jewell, Lyons Creek, 1 mile north of Jones Point, 1 mile south of Chesapeake R. R. Bridge.

Collection.—Maryland Geological Survey.

Genus ENCAMPIA Ehrenberg.

ENCAMPIA ZODIACUS Ehrenberg.

Genus DISCOPLEA Ehrenberg.

DISCOPLEA GRANULATA Ehrenberg.

Family EUPODISCEÆ.

Genus AULISCUS Ehrenberg.

AULISCUS CABALLI Schmidt.

AULISCUS PRUNOSUS Bailey.

Genus PSEUDAULISCUS Leuduger-Fortmorel.

PSEUDAULISCUS SPINOSUS (Christian).

Plate CXXXV, Fig. 10.

Auliscus spinosus Christian, 1887, The Microscope, fig. p. 68.
Pseudauliscus spinosus Rattray, 1888, Quart. Jour. Roy. Mic. Soc., London, vol. ii,
    p. 44.

Description.—Valve suborbicular, with a broad border nearly half the radius in width, separated from central part by a well-defined line. Markings about 10 in .01 mm., irregular at the center and radiating in curved lines toward the circumference, alternate rows on the border more evident, curving inwards near the ocelli. Margin striated. Ocelli circular, near the edge. A number of small spurs are found outside of the intermediate ring. On opposite sides half-way between the ocelli one or two small spines are seen. Diam. .056 to .171 mm.

Occurrence.—CALVERT FORMATION. Fairhaven, 1 mile northwest of West River, Cambridge Artesian Well. Rare. In the artesian well deposit of Mays Landing, New Jersey, the valves are quite large and not uncommon.

Collection.—Maryland Geological Survey.

PSEUDAULISCUS RADIATUS (Bailey).

PSEUDAULISCUS RALFSIANUS (Greville).

Genus AULACODISCUS Ehrenberg.

AULACODISCUS ROGERSII (Bailey).

Plate CXXXIV, Fig. 5.

Podiscus Rogersii Bailey, 1844, Amer. Jour. Sci., vol. xlvi, p. 137, pl. iii, figs. 1, 2.
Aulacodiscus Rogersii Schmidt, 1875, Atlas der Diatomaceen-kunde, pl. cvii, fig. 3.
Aulacodiscus Rogersii Rattray, 1888, Quart. Jour. Roy. Mic. Soc., London, ser. ii,
    vol. viii, pl. 372.

Description.—Valve circular, flat at center and then rising to near the

32

margin toward which it slopes abruptly. Surface coarsely reticulate and punctate. Processes, three to seven. *Diam.* av. .181 mm.

Occurrence.—CALVERT FORMATION. Flag Pond, ¾ mile south of Parker Creek, 3 miles north of Parker Creek, Plum Point, ½ mile north of Forest Wharf, Nomini Bay, Chesapeake Beach, God's Grace Point, Fairhaven, 1 mile west of Tracy Landing, 1½ miles southeast of Marriott Hill, 1 mile north of Jewell, 1 mile north of Jones Point, 1 mile south of Chesapeake R. R. Bridge, 1 mile northwest of West River, 1 mile east of Marriott Hill.

Collection.—Maryland Geological Survey.

AULACODISCUS CRUX Ehrenberg.

AULACODISCUS MARGARITACEUS VAR. MÖLLERI Grunow

AULACODISCUS SOLLITTANUS Norman.

Genus EUPODISCUS Ehrenberg.

EUPODISCUS INCONSPICUUS Rattray.

Plate CXXXV, Figs. 6, 7.

Eupodiscus inconspicuus Rattray, 1888, Trans. Roy. Mic. Soc. London, vol, ix, p. 911.

Description.—Valve circular with flat surface. Markings in irregular rows, hexagonal, finely punctate, 1½ to 2 in .01 mm., on the larger forms, smaller near the margin. *O*celli 3 to 11 on the narrow hyaline border. Diam. .171 mm. (of larger forms). Rattray's description applies to small forms only with 4 ocelli.

This form may possibly be *Eupodiscus radiatus* var. *antiqua* J. D. Cox (Ms.). Rattray states that "it shows no close affinity" to *E. radiatus*. The larger forms, however, approach very nearly in appearance, except in the number of ocelli, to the form known as *radiatus* so abundant along the southern coast of the United States.

Occurrence.—CALVERT FORMATION. Near Parker Creek, Plum Point, Flag Pond, Fairhaven, Chesapeake Beach, God's Grace Point. (Not common.)

Collection.—Maryland Geological Survey.

Family ACTINOPTYCHEÆ.

Genus ACTINOPTYCHUS Ehrenberg.

ACTINOPTYCHUS HELIOPELTA Grunow.

Plate CXXXIV, Fig. 3.

Actinoptychus heliopelta Grunow.
Heliopelta Metii Ehrenberg, 1844, Monatsb. d. k. Akad. d. Wiss., Berlin, p. 268.
Heliopelta Leeuwenhockii Ehrenberg, 1844, Monatsb. d. k. Akad. d. Wiss., Berlin, p. 268.
Heliopelta Euleri Ehrenberg, 1844, Monatsb. d. k. Akad. d. Wiss, Berlin, p. 268.
Heliopelta Leeuwenhockii Ehrenberg, 1856, Mikrogeologie, pl. 33, xviii, fig. 5.
Heliopelta euleri Ehrenberg, 1856, Mikrogeologie, pl. 33, xviii, fig. 6.
Actinoptychus heliopelta Schmidt, 1875, Atlas der Diatomaceen-kunde, pl. cix, fig. 2.
Actinoptychus heliopelta Van Heurck, 1881, Syn. Diat. Belg., pl. cxxiii, fig. 3.

Description.—Valve circular, divided into sectors, from six to twenty, alternately elevated and depressed. Central space stellate, hyaline. Border with numerous spine-like processes. Surface reticulate and granular. *Diam.* .297 mm. (av.).

This is the most elegant of all the American diatoms. Its presence in an undisturbed deposit is an undoubted indication of the lower horizon in which it is found.

The specific names quoted above, with numerous others, distinguished forms which differed from each other chiefly in the number of sectors or divisions of the valve.

Occurrence.—CALVERT FORMATION. 1 mile east of Marriott Hill, 1 mile south of Chesapeake R. R. Bridge, 1 mile northwest of West River, 1 mile north of Jewell, 1 mile north of Jones Point.

Collection.—Maryland Geological Survey.

ACTINOPTYCHUS PRAETOR Schmidt.

ACTINOPTYCHUS SPLENDENS Shadbolt.

ACTINOPTYCHUS UNDULATUS Kützing.

Plate CXXXIV, Fig. 4.

Actinocyclus sp. Bailey, 1842, Amer. Jour. Sci., vol. xlii, p. 105, pl. ii, figs. 9, 10, 11.
Actinocyclus undulatus Kützing, 1844, Bacill., p. 132, fig. xxiv.
Actinoptychus undulatus Ralfs, 1861, in Pritchard's Infusoria, p. 839, pl. v, fig. 88.

Description.—Valve circular, divided into six sectors, alternately elevated and depressed. Surface cellular and punctate. Processes three, at the margin of alternate sectors. Central space hexagonal, hyaline. Diam. quite variable.

This species is widely distributed both recent and fossil and is especially abundant in the Maryland Miocene. It appears to take the place in the middle and upper beds of *A. heliopelta* with which it may be connected by the variety *versicolor* Brun.

Occurrence.—

*Collection.—*Maryland Geological Survey.

ACTINOPTYCHUS VULGARIS VAR. VIRGINIAE Grunow.

Genus SCHNETTIA De Toni.

SCHNETTIA AMBLYOCEROS (Ehrenberg).

Family ASTEROLAMPREÆ.

Genus MASTOGONIA Ehrenberg.

MASTOGONIA ACTINOPTYCHUS Ehrenberg.

MASTOGONIA CRUX Ehrenberg.

MASTOGONIA SEXANGULATA Ehrenberg.

Genus ASTEROLAMPRA Ehrenberg.

ASTEROLAMPRA MARYLANDICA Ehrenberg.

ASTEROLAMPRA DALLASIANA Greville.

Family COSCINODISCEÆ.

Genus CRASPEDODISCUS Ehrenberg.

CRASPEDODISCUS COSCINODISCUS Ehrenberg.

Plate CXXXV, Fig. 3.

Craspedodiscus Coscinodiscus Ehrenberg, 1844, Monatsb. d. k. Akad. d. Wiss., Berlin, p. 266.
Craspedodiscus coscinodiscus Ehrenberg, 1856, Mikrogeolgie, pl. 33, xvi, fig. 8.
Craspedodiscus microdiscus Ehrenberg, 1856, Mikrogeologie, pl. 33, xvii, fig. 84.
Craspedodiscus coscinodiscus Ralfs, 1861, Pritchard's Infusoria, p. 832.
Craspedodiscus coscinodiscus Schmidt, 1875, Atlas der Diatomaceen-kunde, pl. lxvi, figs. 3, 4.

*Description.—*Valve circular, with sharply defined border equal in width to the semi-radius. Central part with small central space and somewhat indistinct hexagonal markings, 7 in .01 mm. Markings of border hexagonal, 3 in .01 mm. Diam. .132 mm.

*Occurrence.—*CALVERT FORMATION. Fairhaven, Nomini Bay, God's Grace Point, ½ mile north of Forest Wharf, 1 mile north of Jewell, 1 mile south of Chesapeake R. R. Bridge. Found also in the Barbadoes deposit and at Moron, Spain, Trinidad, and Nicobar Islands.

Collection.—Maryland Geological Survey.

CRASPEDODISCUS ELEGANS Ehrenberg.

Plate CXXXV, Fig. 4.

Craspedodiscus elegans Ehrenberg, 1844, Monatsb. d. k. Akad. d. Wiss., Berlin, p. 266.
Craspedodiscus elegans Bailey, 1845, Amer. Jour. Sci., vol. xlviii, pl. iv, fig. D.
Craspedodiscus elegans Ehrenberg, 1856, Mikrogeologie, pl. 33, xviii, fig. 2.
Craspedodiscus elegans Ralfs, 1861, Pritchard's Infusoria, p. 832.
Craspedodiscus elegans Schmidt, 1875, Atlas der Diatomaceen-kunde, pl. lxvi, fig. 1.

Description.—Valve circular with well-defined border equal in width to one-fourth the radius, its markings quadrate in oblique rows $1\frac{1}{2}$ in .01 mm. Central part undulating, markings hexagonal, 2 to 3 in .01 mm., larger at the center and near the semi-radius, rather coarsely punctate as are those of the border. Diam. .300 mm.

This appears to be exclusively a Maryland form found only in the lower or "Nottingham"[2] deposit, where, however, in certain cleanings, it is rather common.

Occurrence.—CALVERT FORMATION. 1 mile east of Marriott Hill, 1 mile south of Chesapeake R. R. Bridge, 1 mile north of Jewell.

Collection.—Maryland Geological Survey.

[2] Note on the "Bermuda" deposits. Professor J. W. Bailey of the U. S. Military Academy at West Point, published in Silliman's Journal, in 1845, an article entitled "Notice of Some New Localities of Infusoria, Fossil and Recent." On page 323 one of the localities is referred to as the "Bermuda Islands", certain material labelled "Tripoli from Bermuda" having been received from a correspondent, Mr. Tuomey. Professor Bailey believed that the deposit probably came from the Bermuda Islands, although he says that it is "remarkable that a deposit so silicious could be found among the coralline isles of Bermuda", and he sent a quantity of the earth to Ehrenberg who published in the Monatsberichte of the Berlin Academy in 1844 numerous descriptions of new genera and species which he had found. The locality given by Bailey and Ehrenberg, in mistake, has been, and still is, repeated so often by European diatomists that it may be well to state that a complete explanation has been given in the American Journal of Microscopy, (1877), pp. 141 and 157. It has been suggested that a district known as Bermuda Hundred, in Virginia, not far from Richmond, was the locality intended, but several observers have claimed that no such deposit occurs there. The conclusion has been reached that the material received by Bailey, containing, as it does, so many characteristic forms, must have come from Maryland. Certain of the forms are found nowhere else, not even in the Richmond deposit. Conspicuous outcrops occur near the village of Nottingham on the Patuxent river and the author is of the opinion that Bailey's and Ehrenberg's material came from this point.

Genus HYALODISCUS Ehrenberg.

HYALODISCUS LAEVIS Ehrenberg.

HYALODISCUS STELLIGER Bailey.

Genus ACTINOCYCLUS Ehrenberg.

ACTINOCYCLUS EHRENBERGII Ralfs.

ACTINOCYCLUS ELLIPTICUS Grunow.

Plate CXXXIV, Fig. 1.

Actinocyclus ellipticus Van Heurck, 1881, Syn. Diat. Belg., pl. cxxiv, fig. 10.
Actinocyclus ellipticus Rattray, 1890, Jour. Quekett Club, ser. ii, vol. iv, p. 192.

Description.—Valve rhombic-elliptical. Markings granular, 6 in .01 mm., irregular at the center and radiating toward the border where they are about 12 in .01 mm. Apiculi at irregular intervals. Pseudo-nodule small at or near the end of minor diameter. Diam. .066 mm. Smaller end with more minute markings than *Coscinodiscus lewisianus* for which it might be mistaken. .

Occurrence.—CALVERT FORMATION. 1 mile north of Jones Point, Marriott Hill. (Not common).

Collection.—Maryland Geological Survey.

ACTINOCYCLUS FACISCULATUS Castracane.

ACTINOCYCLUS MARYLANDICUS Rattray.

ACTINOCYCLUS MONILIFORMIS Ralfs.

Plate CXXXIV, Fig. 2.

Actinocyclus moniliformis Ralfs, 1861, Pritchard's Infusoria, p. 834.
Actinocyclus ehrenbergii Ralfs *var.* (*fide* Rattray).
Actinocyclus moniliformis Schmidt, 1874, Diat. Nordsee, pl. iii, fig. 31.
Actinocyclus moniliformis Van Heurck, 1881, Syn. Diat. Belg., pl. cxxiv, fig. 9; pl. cxxv, fig. 1.
Actinocyclus moniliformis Rattray, 1890, Jour. Quekett Club, ser. ii, vol. iv, p. 182.

Description.—Valve circular with striated border. Markings rounded in fasciculate rows, separated by hyaline lines showing more crowded near the circumference where the shorter rows are parallel. Central space rounded with a few scattered granules. Pseudo-nodule distinct. Apiculi opposite the hyaline spaces along each of which extends a single row of markings.

This form is by some authors united to *A. ehrenbergii* into which it passes by intermediate forms, and from which it differs chiefly in the less crowded arrangement of the granules and in the moniliform rows which radiate from the center. *A. ehrenbergii* is very common in most of the deposits, especially in the lower, where it occurs with large and brilliantly colored valves, while *A. moniliformis* is less common and not so highly colored. The diameter of both is quite variable.

Occurrence.—CALVERT FORMATION. Flag Pond, ¾ mile south of Parker Creek, 3 miles north of Parker Creek, Plum Point, ½ mile north of Forest Wharf, Nomini Bay, Chesapeake Beach, God's Grace Point, Fairhaven, 1 mile west of Tracy Landing, 1½ miles southeast of Marriott Hill, 1 mile north of Jewell, 1 mile north of Jones Point, 1 mile south of Chesapeake R. R. Bridge, 1 mile northwest of West River, 1 mile east of Marriott Hill.

Collection.—Maryland Geological Survey.

ACTINOCYCLUS PARTITUS (Grunow).

Genus LIRADISCUS Greville.

LIRADISCUS ELLIPTICUS Greville.

Genus STICTODISCUS Greville.

STICTODISCUS KITTONIANUS Greville.

Genus XANTHIOPYXIS Ehrenberg.

XANTHIOPYXIS CONSTRICTA Ehrenberg.

XANTHIOPYXIS GLOBASA Ehrenberg.

XANTHIOPYXIS OBLONGA Ehrenberg.

Genus COSCINODISCUS Ehrenberg,

COSCINODISCUS APICULATUS Ehrenberg.

Plate CXXXIV, Fig. 13.

Coscinodiscus apiculatus Ehrenberg, 1844, Monatsb. d. k. Akad. d. Wiss., Berlin, p. 77.
Coscinodiscus apiculatus Ehrenberg, 1856, Mikrogeologie, pl. xviii, fig. 43.
Coscinodiscus apiculatus Schmidt, 1875, Atlas der Diatomaceen-kunde, pl. lxiv, figs. 5–10.
Coscinodiscus apiculatus Rattray, 1890, Proc. Roy. Soc. Edinburgh, vol. xvi., p. 122.

Description.—Valve circular, convex. Surface with markings angular and compressed over part of the valve and rounded and separated over the other. Smaller toward the border. Central space minute, irregular. Border variable in width, coarsely striate. Diam. av. .108 mm.

Occurrence.—CALVERT FORMATION. Flag Pond, ¾ mile south of Parker Creek, 3 miles north of Parker Creek, Plum Point, ½ mile north of Forest Wharf, Nomini Bay, Chesapeake Beach, God's Grace Point, Fairhaven, 1 mile west of Tracy Landing, 1½ miles southeast of Marriott Hill, 1 mile north of Jewell, 1 mile north of Jones Point, 1 mile south of Chesapeake R. R. Bridge, 1 mile northwest of West River, 1 mile east of Marriott Hill.

Collection.—Maryland Geological Survey.

COSCINODISCUS ASTEROIDES Truan and Witt.

Plate CXXXIV, Fig. 14.

Coscinodiscus asteroides Truan and Witt, 1888, Die Diatomaceen der Polycystin-kreide von Jérémie in Hayti, p. 13, pl. iii, fig. 2.
Coscinodiscus asteroides Rattray, 1890, Proc. Roy. Soc. Edinburgh, vol. xvi, p. 24.

Description.—Valve circular, flat. Markings hexagonal, arranged in spiral rows, large at the center, suddenly decreasing and then gradually increasing to near the border where they are smaller.

In specimens from Jérémie, Hayti, "a ring of ten to twelve depressions in the middle of the valve" is seen, whence the specific name. In the Maryland forms these star-like depressions are scarcely, if at all, discernible.

Occurrence.—CALVERT FORMATION. "Cove, Calvert County" (Greville), Plum Point, "Nottingham" (Rattray).

Collection.—Maryland Geological Survey.

COSCINODISCUS ARGUS Ehrenberg.
COSCINODISCUS ASTEROMPHALUS VAR. OMPHALANTHA Grunow.
COSCINODISCUS BULLIEUS Schmidt.
COSCINODISCUS BIANGULATUS Schmidt.
COSCINODISCUS BIRADIATUS Greville.
COSCINODISCUS BOREALIS Bailey.
COSCINODISCUS COMPOSITUS Rattray.
COSCINODISCUS CENTRALIS Ehrenberg.
COSCINODISCUS CONCINNUS Wm. Smith.
COSCINODISCUS DURNISCULUS Schmidt.

COSCINODISCUS EXCENTRICUS Ehrenberg.

COSCINODISCUS ELEGANS Greville.

COSCINODISCUS EXCAVATUS VAR. GENNINA Grunow.

COSCINODISCUS GAZELLAE Janisch.

COSCINODISCUS GIGAS Ehrenberg.

COSCINODISCUS GRANDIVEUS Schmidt.

COSCINODISCUS HETEROMORPHUS Schmidt.

COSCINODISCUS HETEROPORUS Ehrenberg.

Plate CXXXIV, Fig. 15.

Coscinodiscus heteroporus Ehrenberg, 1844, Monatsb. d. k. Akad. d. Wiss., Berlin, p. 265.

Coscinodiscus heteroporus Schmidt, 1875, Atlas der Diatomaceen-kunde, pl. lxi, fig. 4.

Coscinodiscus heteroporus Rattray, 1890, Proc. Roy. Soc. Edinburgh, vol. xvi, p. 92.

Description.—Valve circular, with striated border. Markings hexagonal, increasing towards the semi-radius where they are about 2 in .01 mm., and then decreasing towards the border to 6 in .01 mm. "Diam. .072 to .112 mm." Differs from *C. bullieus* which, as Rattray remarks, is "sometimes confounded" within its larger size and the more uneven distribution of the lager cells near the semi-radius.

Occurrence.—CALVERT FORMATION. 1 mile east of Marriott Hill, 1 mile northeast of West River, 1 mile north of Jones Point.

Collection.—Maryland Geological Survey.

COSCINODISCUS LEWISIANUS Greville.

Plate CXXXIV, Fig. 16.

Coscinodiscus lewisianus Greville, 1866, Trans. Roy. Mic. Soc. London, vol. xiv, p. 78, pl. viii, figs. 8-10.

Coscinodiscus lewisianus Schmidt, 1875, Atlas der Diatomaceen-kunde pl. lxvi, fig. 12.

Coscinodiscus lewisianus Rattray, 1890, Proc. Roy. Soc. Edinburgh, vol. xvi, p. 150.

Description.—Valve elliptical, occasionally rhombic-elliptical. Markings, 3 in .01 mm. at center, irregular, or when central space is present somewhat radiating and becoming more or less parallel to major axis. Border sharply defined, usually broad, with oblique striae 8 to 10 in .01 mm. Diam. .072 to .087 mm.

A form at Wildwood, New Jersey, shows produced ends. In the Hungarian deposits the central dots are more evident. Found also at Moron, Spain, California, and Trinidad.

Occurrence.—CALVERT FORMATION. Marriott Hill, God's Grace Point, 1 mile north of Jones Point. (Not common).

Collection.—Maryland Geological Survey.

COSCINODISCUS LINEATUS Ehrenberg.

Plate CXXXV, Fig. 1.

Coscinodiscus lineatus Ehrenberg, 1838, Abhand. d. k. Akad. d. Wiss., Berlin, p. 129.
Coscinodiscus lineatus Ehrenberg, 1856, Mikrogeologie, pl. xviii, fig. 33.
Coscinodiscus lineatus Schmidt, 1875, Atlas der Diatomaceen-kunde, pl. lix, figs. 29, 30; pl. cxiv, fig. 13.
Coscinodiscus lineatus Rattray, 1890, Proc. Roy. Soc. Edinburgh, vol. xvi, p. 24.

Description.—Valve circular with a narrow border of minute granules 7 in .01 mm. Surface nearly flat, with hexagonal markings, 3 in .01 mm., arranged in almost straight parallel rows. Diam. .105 mm.

Occurrence.—CALVERT FORMATION. ½ mile north of Forest Wharf, Lyons Creek, God's Grace Point, 1 mile north of Jones Point, 1 mile west of Tracy Landing.

Collection.—Maryland Geological Survey.

COSCINODISCUS MARGINATUS Ehrenberg.
COSCINODISCUS NOTTINGHAMENSIS Grunow.
COSCINODISCUS OCULUS-IRIDES Ehrenberg.
COSCINODISCUS RADIATUS Ehrenberg.
COSCINODISCUS SYMBOLOPHORUS Grunow.
COSCINODISCUS SECERNENDUS Schmidt.
COSCINODISCUS SUBTILIS Ehrenberg.

COSCINODISCUS PERFORATUS Ehrenberg.

Plate CXXXV, Fig. 2.

Coscinodiscus perforatus Ehrenberg, 1844, Monatsb. d. k. Akad. d. Wiss., Berlin, p. 78.
Coscinodiscus perforatus Ehrenberg, 1856, Mikrogeologie, pl. xviii, fig. 46.
Coscinodiscus perforatus Schmidt, 1875, Atlas der Diatomaceen-kunde, pl. lxiv, figs. 12-14.
Coscinodiscus perforatus Rattray, 1890, Proc. Roy. Soc. Edinburgh, vol. xvi, p. 123.

Description.—Valve circular. Surface flat; markings angular, sometimes granular toward the border, larger at the semi-radius, with distinct central dots. Border narrow, striated. Central space large, irregular. Diam. av. .105 mm.

Distinguished from *C. apiculatus* by its more evident central dots, its narrow border and larger central space. In its size and the character of its markings the two are often similar.

Occurrence.—CALVERT FORMATION. Flag Pond, ¾ mile south of Parker Creek, 3 miles north of Parker Creek, Plum Point, ½ mile north of Forest Wharf, Nomini Bay, Chesapeake Beach, God's Grace Point, Fairhaven, 1 mile west of Tracy Landing, 1½ miles southeast of Marriott Hill, 1 mile north of Jewell, 1 mile north of Jones Point, 1 mile south of Chesapeake R. R. Bridge, 1 mile northwest of West River, 1 mile east of Marriott Hill.

Collection.—Maryland Geological Survey.

ERRATA.

Page cvi, No. 171, for *Solarium amphiterinum* read *Solarium amphitermum.*

Page cx, No. 61, for *Cythere (Antigona) staminea* read *Cytherea (Antigona) staminea.*

Page cxi, column 39, omit *at depth of 776 feet.*

Page cxvi, No. 2, for *Milleaster incurstans* read *Milleaster incrustans.*

Page 6, line 21, omit *acute* in " *series of acute two.*"

Page 7, lines 21, 24, for *1869* read *1867;* for *vol. xxi* read *vol. xix.*

Page 8, last line, for *1900* read *1890.*

Page 9, line 2, for *Zarachis* read *Zarhachis.*

Page 10, line 17, for *Ixacanthus* read *Zarhachis;* and for *generally* read *generically.*

Page 16, lines 16, 37, for *614* read *615.*

Page 16, line 22, for *1¾* read *1½.*

Page 19, line 14, for *614* read *615.*

Page 19, line 26, for *45 lines* read *4.5 lines.*

Page 20, line 16, for *1869* read *1868.*

Page 20, line 23, insert " The specific description is as follows."

Page 23, line 25, after *groove* insert *of the centrum.*

Page 28, line 14, for *front* read *point.*

Page 29, line 19, for *fang* read *the crown.*

Page 44, line 31, for Plate XXIII, Figs. 1, 1a, 1b, read Plate XXIII, Figs. 1, 2.

Page 57, lines 2, 3, strike out from " of " to " diameter " inclusive.

Page 65, line 28, after *on* insert "*each side.*"

Page 65, line 29, for *structure* read *sculpture.*

Page 66, line 27, for *of the crown* read *round the crown.*

Page 66, line 31, read " *of much of the convex face, is marked by a minute decussating or chevroned sculpture.*"

Page 69, line 3, for *left anterior* read *left posterior.*

Page 69, line 11, add " *with the neural arch is still indicated by suture in the specimen. The posterior convex head of the body.*"

Page 72, line 18, for *slight wavy ribs* read *slightly wavy ribs.*

Page 79, line before last, insert " *Oxyrhina desorii* Woodward, 1889, Cat. Fos. Fishes, Brit. Mus., pt. 1, p. 383."

Page 80, line 18, insert the following: " *Oxyrhina hastalis* Woodward, 1889, Cat. Fos. Fishes, Brit. Mus., pt. 1, p. 386."

Page 87, line 28, add " *Galeocerdo contortus* Woodward, 1889, Cat. Fos. Fishes, Brit. Mus., pt. 1, p. 443."

Page 89, line 5, add " *Galeocerdo aduncus* Woodward, 1889, Cat. Fos. Fishes, Brit. Mus., pt. 1, p. 445."

Page 90, line 24, add " *Hemipristis serra* Woodward, 1889, Cat. Fos. Fishes, Brit. Mus., pt. 1, p. 450."

Page 99, line 10, for *Yorktown, Pa.*, read *Yorktown, Va.*

Page 121, line 31, for *Cythere cornuta* read *Cythereis cornuta.*

Page 415, line 29, add " Plate CXVIII, Fig. 11."

GENERAL INDEX

Figures in *italics* indicate principal discussion.

PALEONTOLOGICAL INDEX

Figures in *italics* indicate principal discussion.

34

hauerii, 471.
marginata, 472.
sagittula, cxviii ; 472.
subangulata, cxviii ; 473.
Textulariæ, 471.
Textularidæ, 469.
Thallophyta, 1, 487.
Thecachampsa, 64.
antiqua, xciv ; 66, 67.
antiquus, 65.
contusor, xciv ; 65, 66, 67.
sicaria, xciv ; 65, 66.
sericodon, xciv ; 65.
Thecodonta, 332.
calvertensis, cxli ; 332.
Theonoa, 406.
glomerata, cxvi ; 406, 407.
Thoracica, 94.
Thovana, 274.
Thracia, cxxxiv ; 359.
conradi, lxxiv, lxxxvi, lxxxvii, cxii,
cxxxiv ; 359.
corbuloides, 360.
declivis, 359.
Thraciidæ, 359.
Timoclea, clili.
Tornatella ovoides, 131.
pusilla, 132.
Tornatinidæ, 134.
Toxoglossa, clii ; 138.
Tragula, 224.
Trematodiscus concentricus, 455.
Tretosphys gabbi, 9, 10.
grandaevus, 9.
lacertosus, 11, 20.
ruschenbergeri, 10.
uraeus, 13.
Tretulias, 35, 36, 52.
buccatus, xciv ; 52.
Triceratium acutum, 492.
amœnum, 495.
condecorum, 492.
interpunctatum, 494.
obtusum, 494.
orbiculatum, 495.
robustum, 495.
secernendum, 495.
semicirculare, 494.
tessellatum, 495.
Trichechus, 56, 57.
giganteus, xciv ; 56.
Trichotropis dalli, 240.
Trigonostoma, cxxiv ; 163, 165.
biplicifera, 163.
Trionychia, 62.
Trionyx, 62.
cellulosus, xciv ; 62, 63.
sp., xciv ; 63.

Tritia, clii.
arata, 190, 191.
fossulata, 189.
integra, 197.
marylandica, 198, 199.
multirugata, 189.
ovata, 190, 197.
porcina, 190.
quadrata, 198.
trivitata, 195.
trivittatoides, 192.
trivittatoides var. elongata, 192.
Tritonidæ, 225.
Tritonifusus migrans, 186.
Tritonium, cxxvi ; 225.
centrosum, civ ; 225.
Trochidæ, 256.
Trochita centralis, 248.
concentrica, 248.
perarmata, 247.
Trochus apertus, 247.
bellus, 256.
conchyliophorus, 251.
eboreus, 259.
humilis, 261.
lens, 261.
peralveatus, 261.
philanthropus, 256.
philantropus, 256.
reclusus, 262.
Trophon, cxxvi ; 202.
cancellata, 207.
chesapeakeanus, cii ; 203.
sp., cii ; 204.
tetricus, cii ; 202, 203.
tetricus var. lævis, cii ; 203.
Troschelia, 184.
Truncatula, 405.
Truncatulina, 463, 464.
boueana, 465.
grosserugosa, 466.
lobatula, cxviii ; 464, 465.
refulgens, 465.
variabilis, cxviii ; 464, 465.
wuellerstorfi, 465.
Trygon, 71, 72, 92.
Tubicola, 430.
Tubinares, 60.
Tubulariæ, 433.
Tudicla, clii.
Turbinella demissa, cii ; 176.
Turbo conoideus, 219.
eboreus, 259.
irroratus, 240.
simillimus, 223.
subulata, 217.
Turbonilla, cxxvi ; 222.
exarata, 223.
gubernatoria, civ ; 224.
interrupta, civ, cxxvi ; 224.
nivea, civ, cxxvi ; 222.